清华大学学术专著

量子力学的前沿问题

（第3版）

张礼 葛墨林 编著

清華大學出版社
北京

内 容 简 介

本书第1～7章主要介绍了关于量子力学概率诠释的爱因斯坦与玻尔争论问题的研究、波粒二象性进展以及量子力学基础理论在其他方面的发展，例如：波函数的几何相、拓扑相、量子力学与经典力学的界限与宏观水平量子力学等。第8～10章论述了腔量子电动力学、量子霍尔效应和玻色-爱因斯坦凝聚等领域的进展。第11～13章着重介绍了杨振宁-巴克斯特系统与量子力学的密切关系。

本书可供物理学工作者阅读、参考，可以对相关专业的大学本科生和研究生从基础理论学习过渡到专题科学研究起引导作用。

图书在版编目(CIP)数据

量子力学的前沿问题/张礼，葛墨林编著. —3版. —北京：清华大学出版社，2022.9(2023.11重印)
(清华大学学术专著)
ISBN 978-7-302-60363-4

Ⅰ.①量… Ⅱ.①张… ②葛… Ⅲ.①量子力学－研究 Ⅳ.①O413.1

中国版本图书馆CIP数据核字(2022)第044097号

责任编辑：戚 亚
封面设计：傅瑞学
责任校对：王淑云
责任印制：丛怀宇

出版发行：清华大学出版社
网 址：https://www.tup.com.cn，https://www.wqxuetang.com
地 址：北京清华大学学研大厦A座 **邮 编**：100084
社 总 机：010-83470000 **邮 购**：010-62786544
投稿与读者服务：010-62776969，c-service@tup.tsinghua.edu.cn
质量反馈：010-62772015，zhiliang@tup.tsinghua.edu.cn
印 装 者：三河市东方印刷有限公司
经 销：全国新华书店
开 本：185mm×260mm **印 张**：40.75 **字 数**：987千字
版 次：2000年4月第1版 2022年10月第3版 **印 次**：2023年11月第2次印刷
定 价：198.00元

产品编号：085754-01

前　言

写这本书的缘起，可以追溯到1983年，那一年杨振宁教授在美国纽约州立大学石溪分校开设了现代物理专题十二讲。作者葛墨林曾有幸听讲，受到很大启发。杨先生强调物理学研究课题会涉及不同的分支学科，问题的解决也需要融合各方面的知识。研究生在学习中应该广泛注意物理学各方面出现的新的概念、进展及其联系。

1986年杨振宁教授应中国科学技术大学研究生院邀请，在北京以"相位与近代物理"为题做了9次学术报告。内容涉及近代物理学中很多重要概念的萌芽、发展和确立，不仅深刻阐明了它们的理论内涵，还介绍了澄清概念的关键实验。杨先生在每次报告之后，都要和各单位的研究生代表共进工作午餐，进行无拘束的座谈。在讲座、报告及座谈中，杨先生对青年的工作、学习都给予了热情的关心和指导。他再三强调青年不仅要从事当前的课题研究，关心自己从事的研究方向，而且要关心物理学各方面出现的一些新概念，注意有关期刊上的报道。作者张礼听了全部讲座，深为杨先生严格精辟的报告和他对青年的关怀所折服。之后作者二人谈到听课的经历，有强烈的共识，决心要在各自的工作中实践杨先生的思想，并且决定合作写一本《量子力学的前沿问题》。

近年来，物理学的许多新进展都与量子力学中的一些概念发展有关，可以从量子力学的基础理论找到根源。在这些前沿领域中的进展同时也促进了量子力学理论本身的发展。在量子力学的概率诠释上存在著名的爱因斯坦与玻尔有关量子力学描述是否完备的争论。为了解决这个争论，多年来的理论与实验研究已经取得重要进展。有一些基础问题，例如电子通过双狭缝的干涉问题，从在经典物理学中形成的直观角度出发，是难以理解的。在量子力学的教科书中多用"想象中的实验"来解释。这些实际上不能实现的实验只能教人如何去思考，却不能令人信服。近年来，实验方法的惊人发展使想象变成了现实，一系列新的实验使许多概念上的难点得到澄清。在当前量子力学的研究领域开辟了一个极具挑战性的方向——量子信息学和量子计算。在这里被处理和传递的信息不再是经典的，它是量子态的叠加。这是基础科学和重大科技领域密切结合的又一个例子。近年来，量子力学波函数的几何和拓扑相位在许多问题中占据了主要位置。在量子力学与经典力学界限问题以及介观与宏观体系能体现量子相干性质等方面都有许多进展。上述的这些进展使人们对量子力学的本质和基础加深了认识，本书第1～7章介绍了这些内容。

在物理学的一些前沿领域，研究工作所得到的结果往往需要具有洞察力的分析。凝聚态物理中的分数量子霍尔效应能从二维电子集体态的波函数出发加以解释，从而揭示了一种新的量子流体的存在。这个例子说明量子力学的应用促进物理学各分支的发展，其成果也扩大了量子力学的用武之地。本书第8～10章选择了腔量子电动力学、量子霍尔效应、玻色-爱因斯坦凝聚等问题展开讨论。

杨振宁-巴克斯特系统是处理多体系统的一大类非线性量子可积模型的普遍理论。30年来的进展使它成为数学物理中的一个蓬勃发展的分支。理论物理中不少问题,包括量子力学中最基础的氢原子的对称性、波函数相位的量子化等问题,都和它密切相关。本书第 11～13 章从这个角度对它做了初步的论述。

量子力学前沿的研究方向和课题是很广泛的,本书仅涉及了部分重要内容。本书所讨论的问题以量子力学(包括二次量子化)及统计物理教程的知识为基础。对超出上述知识范围以外的必要理论概念,本书有较系统的介绍。物理学各分支之间有着极为密切的联系,概念、方法往往彼此借鉴、移植。对一个问题的研究也涉及多个分支,这一点在本书多个章节中有所反映。为了便于读者阅读有关参考书籍,在有关章节中列出了本书涉及较多的专著或会议文集。

本书的读者对象是物理学的研究者。在国际上往往通过学术会议、高等进修班或讲座的出版物对一些研究前沿进行较系统的报道。这些书籍或会议记录专业性很强,水平也较高,对初次接触这些内容的研究者,特别是高年级本科生和研究生会有不少困难。希望本书能帮助他们缩短进入研究工作的过程。

有关量子理论的书,公式推导占了相当篇幅。本书在推导中着重说明了推导的目的性、采取的关键步骤和必要的细节,以期读者不致为太多的"可以证明"且并不理解的"显然"所苦恼。物理学中重要概念的发展往往有一个过程,有的过程甚至是很曲折的。许多概念往往在物理学各分支出现,它们具有同一个根源。本书尽量不只用定义引入概念,尽可能从发展和概念的相互关系上做必要的说明。量子力学的创立与初期的发展是建立在实验基础上的。近年来,一些深刻的基础概念和多年的争论都通过许多高水平的实验所澄清或取得了更为深刻的认识。这些实验在人们面前打开了一片又一片的新天地。尽管描述实验不是我们所长,但还是努力介绍其设计构思及采用方法的精妙,并阐明这些实验对深入理解理论、澄清争论问题所起的作用和意义,希望读者能了解到现象背后的物理实质。

本书第 1 章至第 10 章由张礼执笔,第 11 章至第 13 章由葛墨林执笔。作者二人一起详细讨论了全书的指导思想和章节编排,并共同审定了各章内容。以我们的水平和能力,要想实现本书设定的目标,势必捉襟见肘,会有不少缺陷和错误。诚恳希望各位专家和读者提出批评改进意见。

张 礼
清华大学物理系 清华大学高等研究中心
葛墨林
南开大学数学研究所 清华大学高等研究中心
1999 年 11 月 15 日

关于第3版的说明

自本书第1版出版以来，十几年间积累的许多新的重要内容，使量子力学的理论不断深化。在本书第2版中，除了在相应章节中补充了相应标题的内容外，还增加了一章“量子缠绕及其在量子信息和量子计算的应用”。本书第2版于2012年3月出版。又过了十年，新的重要内容大量涌现，只能择要将其增补在各章节中，这就形成了篇幅足够大的第3版。

本书第3版在出版的过程中投入了相当长的时间，力图将前两版中的存疑尽可能地修改，并使新增的重要内容得以展现。量子物理学科的发展日新月异，书中难免存在错误和疏漏，殷切希望本书的读者给予理解、指正。

作者

2022年8月

目　录

第 1 章
波动、粒子二象性，并协原理，贝尔定理及有关实验

围绕量子力学的基本原理问题自 1925 年量子力学创建起就一直存在争论。随着实验工作和理论工作水平的不断提高，一些具体争议被解决了，但新的问题又提了出来，争论在更高的水平上进行着，在研究前沿上不断出现新的成果。

物质的波动、粒子二象性是量子力学的基础，电子和中子在晶体上的衍射早已为人所知。1961 年 C. Jönsson 做了电子双缝(以及三缝、四缝)衍射实验。量子力学教程中为了讲清概念，多用双缝衍射为例说明。在双缝衍射中涉及的基本概念包括：①电子落在屏幕上是作为粒子个别落下的。应该能演示在开始时电子落在屏幕上如夜空随机分布的点点星体，然后逐渐显出干涉条纹的极大和极小。条纹极大代表落在该处电子数目最多，而这个概率分布是由波函数确定的。②狄拉克(Dirac)在他的《量子力学原理》中指出，电子是自己和自己干涉。一定要允许它(一个电子)从两个缝通过才会有干涉发生。在实验上要演示这一点，要创造条件，在任何时间只能有一个电子处于狭缝与屏幕之间。在 20 世纪 80 年代末以前，要达到观察干涉条纹的积累过程以及保证在仪器中只能存在一个电子的条件是困难的。1.1 节介绍的殿村(A. Tonomura)在 1989 年所做的实验满足了以上要求。

光的双缝实验是 19 世纪初托马斯·杨(Thomas Young)首创的。从光的波动性讲，理解是很直接的。但如果按照二重性的观点把光也看成光子时，理解的难度和上文讨论的电子双缝实验一样，即一个粒子如何同时通过两个狭缝。更有甚者，常用的光源，包括激光器在内，都属于"经典光源"，无法保证在一个光子通过仪器时没有第二个光子存在，不论光源是多么弱。1.4 节介绍的单光子干涉实验(1986 年，Aspect)尝试解决与经典光源相联系的困难。

近年来，出现的"多光子干涉学"，实际上是演示一对关联的光子自己和自己的干涉现象，并且体现了单光子干涉与双光子干涉现象不能并存，这些都加深了对量子力学的理解。1.5 节将对此作出介绍。

处于量子力学原理争论核心的还是并协原理。它包括若干相互联系的问题。电子通过双缝能发生干涉，是因为给它提供了两条路径的选择可能，这样它才会显示波动性。如仍开放两条缝，但用光把缝照亮，使电子通过时能够"看见"它从哪一个缝通过——使它显出粒子性，这时条纹便会消失。这是量子力学的并协原理预言的，但果真如此吗？该实验被称为"想象中的实验"，意思是实际上是没法做的实验。其困难在于，光和电子的相互作用太弱。即使用光照亮狭缝，虽然绝大多数电子是通过了，却未被发现。现在，"想象"已变成了现实。如果用原子代替电子，并用调谐好的共振光进行照射，那么相互作用就足够强以至于原子难

以漏网(1995年，Pritchard)，便可以证实量子力学的预言。用光驻波作为衍射栅进行的原子干涉仪实验(1998年，Rempe等人)也对此明确给予了验证。我们将在1.2节介绍这些发展。

另一个有关的问题是：电子显示的波动性为什么在被光照射时会遭到破坏？过去的标准解释往往是，如果要观测它，例如用光照一下，光子在它上面散射时会改变它的动量。这类相互作用是无法控制的，因为光散射是概率过程，且给它的动量也是有一个分布的。在一些情况下，这会是主要原因，但不同情况也会有不同机制。例如在1.2节普里查德(Pritchard)的实验中，造成干涉损失的原因是光子散射造成的有效相移，这个有效相移是可以用实验控制的。有效相移加大，干涉条纹对比度减小。伦佩(Rempe)通过实验表明，路径与原子的可观察性质(在此情况下是原子的内部状态)的缠绕是干涉丧失的原因。传统的解释源于对海森堡(Heisenberg)不确定性原理的物理分析。其更"标准"的译法是"测不准原理"。是不是不测就可以准呢？1.6节将介绍的量子光学中微脉泽实验就避免了这种"不可控制的相互作用"，通过电子与光子自由度的关联(缠绕)而导致相干丧失；同样，如果抹去这个关联，相干就会恢复。1.6节的量子涂消器将介绍这个内容。

费曼(Feynman)说过："只有在一个装置中无法在物理上互相区分的状态才能干涉。"邹兴宇、王力军和曼德尔(Mandel)的实验表明，只要实验不提供区分的可能性，便有干涉，但若实验提供可能，甚至不必放探测器去实测，干涉就消失了(见1.5.4节)。

有一种说法，量子客体如何表现(例如表现波动性或粒子性)关键在于它如何"感知"测量装置的情况。你用一种方法，它根据装置的信息决定呈现波动性或粒子性。1978年惠勒(J. A. Wheeler)提出一个妙法，叫"推迟选择实验"，大意是：先设定好条件，等客体已经通过了设备(表现已经确定)，在探测它之前，再突然改变条件，看结果如何。本章中不止一个实验涉及推迟选择，如1.9节所述。当然，客体的行为只和最终的实验条件有关，它不会根据信息预做准备。

在所有的争论中，显然最著名的是爱因斯坦(Einstein)和玻尔(Bohr)的争论，或称"Einstein-Podolsky-Rosen(EPR)佯谬"。对于量子力学对微观客体性质做出的实验预言，早已没有什么异议，量子力学已经在科学和工程中大量、广泛地应用，并且很成功。爱因斯坦的挑战是，量子力学的描述是不完备的，即客体的性质比量子力学能描述得要多。多年来，许多研究人员打算去挖掘这种潜藏的可能。有的失败于不能自洽，但有的好像不无道理。这后面一类理论有一个共同名称叫"隐变量"理论，也叫"定域实在性"理论，对于它的争论十分激烈。1965年贝尔(Bell)提出了一个定理：定域实在性理论如果要和量子力学做出同样的预言，它就必然要满足一个不等式。这就为争论提供了一个极明晰的判据。从20世纪60年代后期起，一大批实验投入了不等式的验证，结果越来越精确地验证了不等式被破坏。从那时起过了30多年，争论一直没有停止。原因是任何一个实验都几乎不可能没有"漏洞"，于是便有人提出异议。近代物理学的实验方法的确使人叹服，目前已能使贝尔不等式的破坏超过了100个标准偏差。但这还不算完结，最近又出现了不涉及不等式的贝尔定理，用实验直接反驳"定域实在性"理论。这些将在1.7节～1.10节讨论。

1.1　电子干涉图像的累积

在量子力学教科书中常用电子双缝实验说明电子的波动性。在实验中电子通过狭缝落在屏幕上，被探测器逐个记录，星星点点地积累起来的电子逐渐形成干涉图像，干涉图像是

由两个狭缝的波 ψ_1 和波 ψ_2 叠加而形成的，其在屏幕上的强度和 $|\psi_1+\psi_2|^2$ 成正比。形成干涉图像的条件是电子的德布罗意波长要大于双缝距离，波的相干长度要大于两条干涉路径的程差，并且不对电子通过哪一个狭缝进行测量。如进行这类测量(例如在一个狭缝附近放置光源或使狭缝平面自由悬挂)，则在屏幕上记录的只是电子通过两个单狭缝图像的和，即 $|\psi_1|^2+|\psi_2|^2$。费曼[1]指出，“这是绝对不能用任何经典方式解释的。在其中包含了量子力学的核心。”“实际上它包含了唯一的奥秘。”他还指出，“这个实验尚没有实际进行过，因为仪器的尺度需做得无法实现地小。”原因是电子束的能量必须足够单一，而满足要求的电子束能量就显得太大，其德布罗意波长就比双缝的尺度小太多。这类实验被称为“想象中的实验”①，书中的实验是为了说明(而非证实)量子力学的基本原理。

塞林格(A. Zeilinger)[2-3]等人实现了中子干涉图像的积累形成。他们采用速度相当于 200m/s 的极冷中子，波长为 2nm。两个狭缝的宽度为 22μm 和 23μm，间距为 104μm。探测平面在狭缝平面下游 5m 处。所得干涉图样如图 1.1 所示。衍射实线代表理论预言(已经考虑了仪器的具体条件)。此外，观测到的中子强度低到平均 2s 1 个计数。实验演示了显出波动性的干涉图样实际上是由中子一个接一个落于观测平面上形成的，而且在中子单独通过仪器时是自己和自己干涉。

为了克服费曼提到的实验观测的困难，殿村等人[4]用配置了电子双棱镜的电子显微镜和位置灵敏电子探测系统实现了电子干涉图像的积累。电子双棱镜的工作原理如图 1.2 所示，双棱镜由两个平行接地的平板电极和一个半径为 a 的细丝组成，细丝与平板距离为 b，细丝处于正电势。静电场的势为 $V(x,z)$，入射波为 $e^{ik_z z}$。在有电磁场(其四维势为 A_μ)存在时的波函数 ψ 和在没有电磁场存在时的波函数 ψ_0 的关系是②

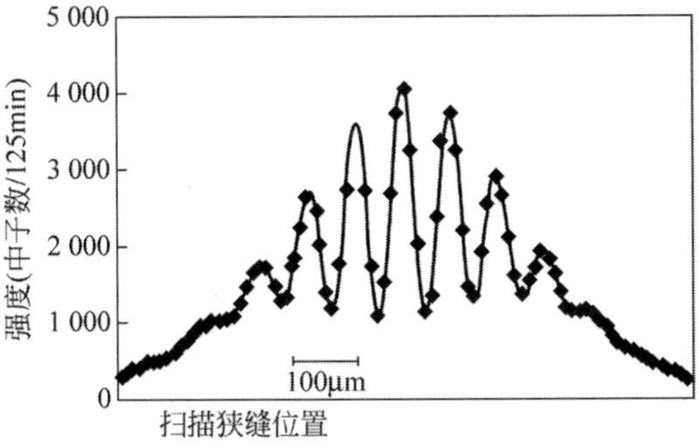

图 1.1 极冷中子的双缝衍射图样

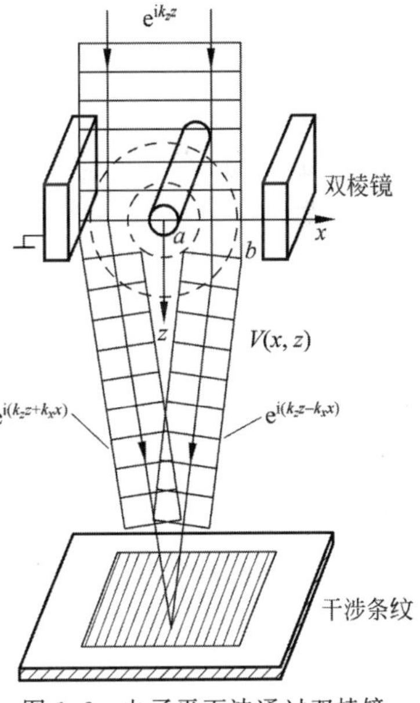

图 1.2 电子平面波通过双棱镜产生干涉条纹

① thought experiment，多译为“理想实验”。更确切的译法为“想象中的实验”，因为它们曾被认为是不可能实现的。

② 请参阅本书 3.1 节。

$$\psi(\xi)=\exp\left(-\frac{\mathrm{i}e}{\hbar}\int^{\xi}A_{\mu}(\eta)\mathrm{d}\eta^{\mu}\right)\psi_0(\xi) \tag{1.1.1}$$

指数上的积分是从任一参考点积至 ξ，ξ 与 η 均为四维时空坐标。四维势在此处只有标量分量 $A_0=V(x,z)$，而势 $V(x,z)$ 对坐标 x 是对称的，因此积分为

$$\int V(x,z)\mathrm{d}t=\int V(x,z)\frac{\mathrm{d}s}{v_z}=\frac{m}{\hbar k_z}\int V(x,z)\mathrm{d}s$$

此处 $v_z=\frac{\hbar k_z}{m}$ 是电子的速度，$\mathrm{d}s$ 为线元。取参考点为 $z=-\infty$，式(1.1.1)中的相因子为

$$\exp\left(-\frac{\mathrm{i}em}{\hbar^2 k_z}\int_{-\infty}^{z}V(x,z')\mathrm{d}z'\right)$$

进入双棱镜的电子波函数为

$$\psi(x,z)=\exp\mathrm{i}\left(k_z z-\frac{em}{\hbar^2 k_z}\int_{-\infty}^{z}V(x,z')\mathrm{d}z'\right) \tag{1.1.2}$$

电子在通过时的受力基本是在 x 方向，其大小为 $-e\frac{\partial V}{\partial x}$。将 V 在 $x=a$ 附近展开($x\geqslant a$)得

$$V(x,z')=V(a,z')+\left.\frac{\partial V(x,z')}{\partial x}\right|_{x=a}x$$

对于 $x\leqslant -a$，有 $\frac{\partial V(-x,z')}{\partial x}=-\frac{\partial V(x,z')}{\partial x}$。对 $x\geqslant a$，通过双棱镜的电子波函数是

$$\psi(x,z)=\exp\mathrm{i}\left(k_z z-\frac{em}{\hbar^2 k_z}\int_{-\infty}^{z}V(a,z')\mathrm{d}z'-x\frac{em}{\hbar^2 k_z}\int\left.\frac{\partial V}{\partial x}\right|_{x=a}\mathrm{d}z'\right)$$

括号中的第二项与 x 无关，归结为只与 z 有关的相因子。在电子通过后，获得在 x 方向的动量是(记它为 $-\hbar k_x$)

$$\int\mathrm{d}t\left(-e\frac{\partial V}{\partial x}\right)=\int\mathrm{d}z'\frac{m}{\hbar k_z}\left(e\frac{\partial V}{\partial x}\right)=-\hbar k_x$$

故 $\psi(x,z)$ 右方括号中的第三项实际上是 $-k_x x$。最后得到

$$\psi(x,z)=\exp\mathrm{i}(k_z z\mp k_x x+\phi(z)) \tag{1.1.3}$$

符号“$-$”适用于 $x>a$，符号“$+$”适用于 $x<-a$。两束波会聚后总的波函数为

$$\psi(x,z)=\mathrm{e}^{\mathrm{i}(k_z z+\phi(z))}(\mathrm{e}^{-\mathrm{i}k_x x}+\mathrm{e}^{\mathrm{i}k_x x})$$

干涉图像由下式给出

$$|\psi(x,z)|^2=4\cos^2 k_x x \tag{1.1.4}$$

对圆柱状细丝，在它附近的静电势为

$$V(x,z)=V_a\frac{\ln(\sqrt{x^2+z^2}/b)}{\ln(a/b)}$$

此处 V_a 为丝上的电势。从 k_x 的定义式可得

$$k_x=\frac{\pi e V_a}{\hbar v_z}\ln\frac{b}{a} \tag{1.1.5}$$

由实验装置的参数所确定的干涉条纹距离 $d=\frac{\pi}{k_x}$ 很小，不能直接观察。用电子光学的技术，可以在电子显微镜的像平面之后再加两个投影透镜将条纹距离 7 000Å(1Å$=10^{-10}$m)

放大 2 000 倍，达到 1.4mm，再采用位置灵敏的电子记录技术。电子在屏幕上的累积过程如图 1.3 所示。实验中电子到达探测平面的数目约为 10^3 个/s，从电子源(场发射尖端)到屏幕的距离为 1.5m，电子速度为 1.5×10^8 m/s。如果电子是均匀发射的，则两个电子间的平均距离是 150km，电子波包的长度只有 1μm。因此同时有两个电子位于棱镜区域的概率极小，波包重叠的可能性极小。实验记录 20min 就可以出现干涉条纹，最初的电子像是无规则地出现在探测平面各处，在电子总数达到 3 000 时初步呈现条纹的图像，最后在电子总数达到 70 000 时有 5 个条纹清晰可见。

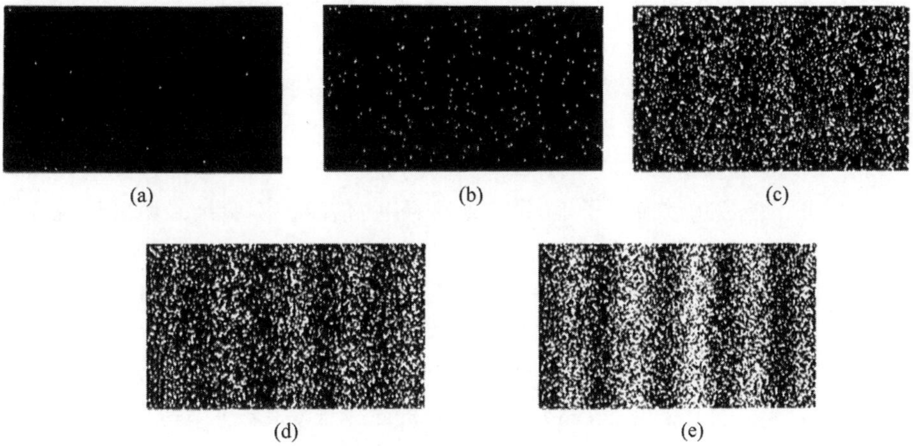

图 1.3 电子在屏幕上累积

取自文献[4]，由殿村教授提供

这个实验清楚地显示了电子的波粒二象性。单个电子通过双缝的波产生干涉条纹，而在探测器中电子是作为定域的粒子被记录的，它在探测平面某位置上出现的概率由式(1.1.4)确定。

费曼进一步分析，如果用光照一下某一个狭缝以便判定电子是否从这个狭缝通过，干涉条纹就不会产生。

可以定性地理解如下：在狭缝平面下游电子波函数为

$$\psi=\frac{1}{\sqrt{2}}(\psi_a+\psi_b)$$

此处 ψ_a 和 ψ_b 分别代表通过狭缝 a 和狭缝 b 的波。衍射图样取决于 ψ_a 和 ψ_b 在屏幕上不同点处的相位差。探测电子通过情况的光子在两波之一上散射，否则就得不到电子通过的信息。散射会改变 ψ_a 或 ψ_b 的相位，而改变是概率性的。因此，衍射图样会被抹匀，可见度降低甚至消失。

这个实验的"想象"程度很高，实际上能实现吗？在 1.2 节中将介绍实验物理学家是如何使它成为现实的。

1.2 并协原理的原子干涉仪验证

双缝实验提供的关于微观世界的认识是和经典物理完全不同的。如果要干涉条纹(波动性质显露)，就不可能确定电子通过的是哪个狭缝。如果要判断它通过了哪个狭缝(提供有关路径的信息，即粒子性质显露)，干涉条纹就会消失。这个认识由玻尔在 1927 年总结为并协原理(互补原理)。一个粒子的位置描述和动量描述可以看作量子状态的互补描述。在量子力学中不能像在经典力学中那样同时用这两个力学量给出运动轨迹。狄拉克称这个新的观点会“导致物理学家的世界观急剧地变化，也许是迄今发生的最大的变化”。玻尔不倦地通过各种演讲、会议、文章阐明这个原理是微观世界的现实，他的努力遇到很大的困难。开始时反对者众多，其中最具权威的是爱因斯坦(参阅1.7节)。可见如能直接在实验上演示它的正确性，意义是十分重大的。用电子或中子干涉仪实现费曼这个“想象中的实验”，困难在于电子及中子和光的相互作用都很弱。普里查德领导的研究组在麻省理工学院(MIT)用原子干涉仪实现了这个实验[5]。他们用共振光照射干涉仪中的原子，正像费曼指出的那样，如果光子的散射能向散射它的原子提供在干涉仪中走“哪一条路径”①的信息，原子的波动性质即被毁灭，而表现为粒子。但若由光子散射所引起的两条原子的路径程差小于光的波长的一半，散射的光子就不能提供散射原子的路径，波动性质就能保留。这个研究组进一步辨明了，如果只探测散射方向在一定窄范围内的光子，失去的干涉图像还能恢复，代价是这些散射光子并不能提供散射原子走“哪一条路径”的信息。实验结果明确地说明，并不是光子散射带来的干扰本身毁灭了波动性。光子散射是否毁灭波动性，在于它是否提供原子走“哪一条路径”的信息。相干的损失根源不在于光子所传递的动量，而在于随机的相移。这点将在下面详细讨论，这是并协原理十分直接的演示。

超声惰性气体流载带的钠原子(速度均匀度达均方根误差小于4%)被σ^+偏振的激光泵浦到$F=2, m_F=2$态上。用Stern-Gerlach分析磁体证实，泵浦率达95%。原子束经两个狭缝准直，进入由三个光栅(纳米工艺制造)组成的Mach-Zender干涉仪。图1.4中的垂直点线代表光栅，L为相邻光栅距离。原子在干涉仪中$z=0$处的分束、$z=2L$处的复合以及在$z=2L$处的反射是通过在光栅上的透射和布拉格(Bragg)反射实现的，原子束以布拉格角入射在第一光栅上。干涉条纹由$\overline{N}[1+C\cos(k_g x)]$给出。此处$k_g=2\pi/\lambda_g$，$\lambda_g$是光栅的周期；$\overline{N}$是平均计数率；$C$为干涉图像的对比度，也称“可见度”(visibility)。图1.5是实验的示意图。用σ^+偏振光(光子动量$\boldsymbol{k}_i$)将原子共振激发到$F'=3, m'_F=3$的状态。共振激发保证原子与光的强相互作用是实现这个“想象中实验”的保证。原子经自发辐射动量为$\boldsymbol{k}_f$的光子退激回基态。未经激光激发的原子在干涉仪中的路径由虚线(平行四边形)表示，原子在散射光子后的路径由实线表示。d代表在光子散射处干涉仪两臂间的距离。实验中干涉条纹对比度的损失将用d的函数衡量。

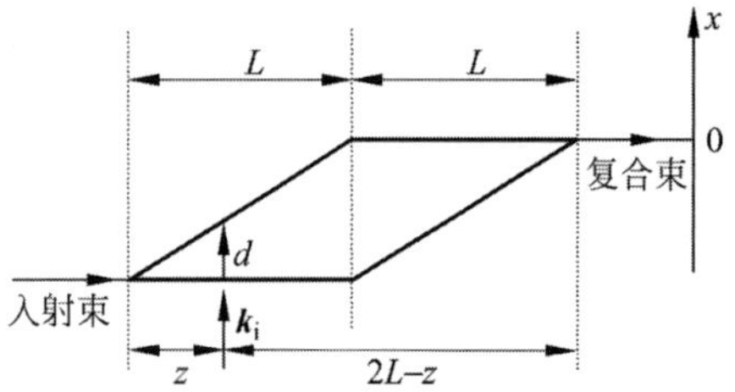

图1.4　Mach-Zender干涉仪中原子的路径

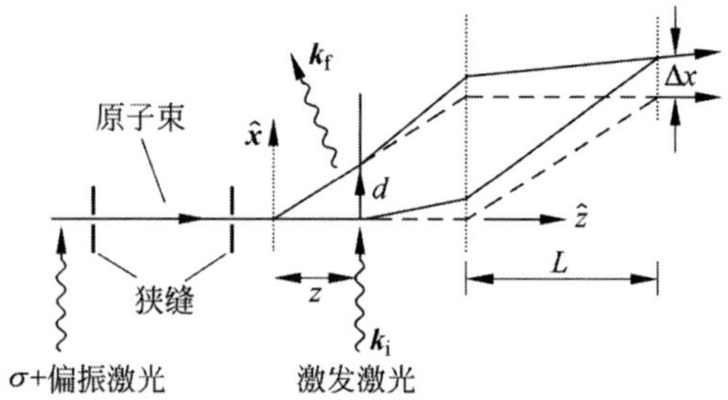

图1.5　光子散射对原子干涉的影响

① 英文which path或德文welcher Weg已成为描述这类实验的专用名词。

令 λ_g 为光栅周期。在白干涉条纹几何(white interference fringe geometry)条件下，复合光栅起条纹的掩膜作用。没有光子散射时在复合光栅处的原子波函数是

$$\psi(x) \propto u_1(x) + u_2(x)e^{ik_g x}$$

此处 u_1 和 u_2 是上束和下束的振幅(均为实数)，$k_g = \dfrac{2\pi}{\lambda_g}$。光子散射造成的影响如下：

① 光子动量变化为 $\Delta\boldsymbol{k} = \boldsymbol{k}_f - \boldsymbol{k}_i$，它的 x 分量记为 Δk_x。原子在散射光子后在 x 方向的动量变化的数值也是 Δk_x。因此干涉图像的包络线在 x 方向的移动是 $\Delta x = \dfrac{\Delta k_x}{\boldsymbol{k}_A}(2L - z)$，此处 $\boldsymbol{k}_A$ 是原子的动量，它和原子的德布罗意波长 λ_A 的关系是 $\boldsymbol{k}_A = \dfrac{2\pi}{\lambda_A}$。

② 沿干涉仪两臂的原子波相对相移变化 $\Delta\phi = \Delta\boldsymbol{k} \cdot \boldsymbol{d} = \Delta k_x d$。重要的是，光子散射是量子过程，因此 $\Delta\boldsymbol{k}$ 是有概率分布的。综合这两项影响后复合光栅处原子波函数改为

$$\psi'(x, \Delta k_x) \propto u_1(x - \Delta x) + u_2(x - \Delta x)e^{i(k_g x + \Delta\phi)} \tag{1.2.1}$$

如果观测所有的原子，即不考虑散射光子动量 $\boldsymbol{k}_f$ 的方向，则结果的干涉条纹应是相应不同相移 Δk_x 的干涉条纹的非相干叠加：

$$C'\cos(k_g x + \phi') = \int d(\Delta k_x) P(\Delta k_x) C\cos(k_g x + \Delta k_x d) \tag{1.2.2}$$

此处 $P(\Delta k_x)$是横向动量传输的概率分布，它由偶极辐射分布给出，示于图 1.6 的右上方。当动量传输为 0 时相当于向前散射；当其为 $2\hbar k$ 时相当于向后散射。动量传输的平均值 $\hbar\overline{\Delta k_x} = \hbar k$。$C$ 是无激光照射时干涉条纹的对比度。式(1.2.2)表明干涉图像对比度 C' 和相角 ϕ' 作为 d 的函数是动量传输分布函数 $P(\Delta k)$的傅里叶变换的大小和辐角。利用实验结果将使用激光时测得的条纹对比度 C' 与不用激光时的对比度 C 之比(相对对比度)以及相移作为 d 的函数绘于图 1.6。在实验中，共振激发激光束沿 z 轴方向移动(图 1.5)给出不同

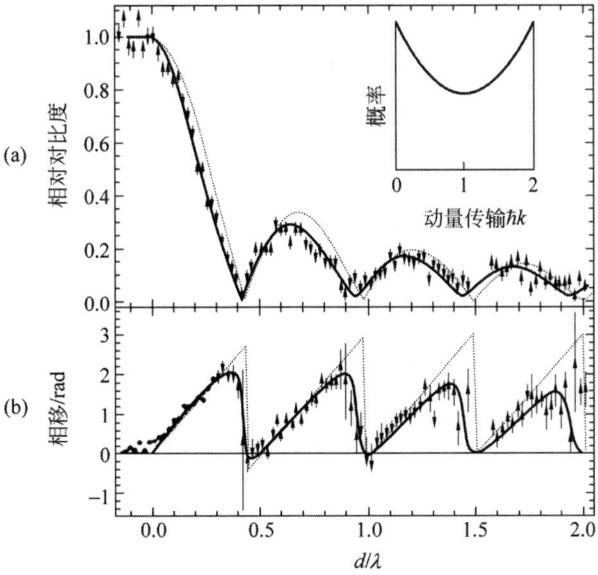

图 1.6 相对对比度和相移作为 d 的函数(λ 是激光波长)

的 d 值：$d=z\frac{\lambda_A}{\lambda_g}$。若 $d<0$，相当于 $z<0$，即激光束位于第一光栅之前。从结果可以看到，当 $d<0$ 或 $d>0$ 且 d 很小时，光子散射对原子干涉的对比度和相位没有影响。对 $\overline{\Delta k_x}d\ll\pi$，相移随 d 线性增长。对各向同性散射 $\overline{\Delta k_x}=k=\frac{2\pi}{\lambda}$（$\lambda$ 是激发激光的波长），$\overline{\Delta k_x}d=2\pi\frac{d}{\lambda}$，即平均相角随 d/λ 线性增长，斜率为 2π。相应地，相对对比度迅速下降。图中虚曲线对应单光子散射的理论计算，实曲线为对实验点的最佳拟合。此处考虑了有 5% 的原子没有吸收光子（未被泵浦激光带到 $F=2, m_F=2$ 态），另有 18% 的原子吸收了两个光子的实际情况。对比度随 d 的增加而急剧下降，到 $\overline{\Delta k_x}d\approx\pi$ 即 $d\approx\lambda/2$ 时降至 0。当 d 再行增加时，相角从 0 开始，此时对比度部分恢复，然后再随相角的增加而减少。这种趋势周期性重复。

有了以上结果，就可以讨论一个重要问题：相干损失（或称“去相干”，decoherence）的原因是什么，或把问题提得更具有普遍性些，是什么机制使并协原理成立。在经常讨论的例子中，例如爱因斯坦提出的自由悬挂的双缝平面，或费曼提出的用光照狭缝，最终都是海森堡的动量-位置不确定关系破坏了相干条件。在这个实验中，能够很自然地想到光子给予原子的动量传输。由于它引起干涉条纹在 x 方向移动以致最终把明暗抹平。在本实验中，干涉条纹包络线的移动 Δx 正是代表这个效应（Δx 与 Δk_x 成正比）。实验的实际数值 Δx 相当于 100～200 个条纹，它的变化很难说明条纹对比度的变化。相移 $\Delta\phi$ 最多只相当于几个条纹。实际上，当激光束位置向小的 z 值变化时，对给定的 $\boldsymbol{k}_f$，Δx 有所增加，而同时当 $z\to 0$ 时，相干损失和相移同步减小而趋于 0。因此，光子散射造成的有效相移是和对比度损失直接关联的。

在上述实验中，调整第三个光栅（复合处的光栅）的位置和宽度，就能探测出从光子接受了不同动量传输的原子，并把它们与光子的散射方向联系起来。实验结果示于图 1.7，图中Ⅰ代表光子基本是向前散射，Ⅱ相当于中间散射角，而Ⅲ代表基本是向后散射。探测器接收的 Δk_x 分布的 $P_i(\Delta k_x)$（$i=$Ⅰ，Ⅱ，Ⅲ）示于图 1.7(b) 的右上方，虚线是各种 Δk_x 全部接收的分布。图 1.7(a) 是相对对比度，图 1.7(b) 是相移。实线是根据实验具体几何条件计算的结果，虚线是对全部原子（不对 Δk_x 加以限制）都探测的计算曲线。图 1.7(a) 中Ⅱ的结果和Ⅰ差别不大，未在图中画出。Ⅰ，Ⅱ，Ⅲ限定的动量传输范围和相移曲线的斜率是相应的，分别接近于 $0, 3\pi$ 和 4π。从图 1.7(a) 可以看出对比度的下降比测量全部原子时慢得多。实际上当 $d\approx\lambda/2$ 时，对比度只降到约 60%。

这个结果显示出，测量和光子散射无关联和有关联的原子结果会如此不同。而光散射的条件和结果本来是一样的。被原子散射的光子可以有很多的终态 $\boldsymbol{k}_f$，而原子也有很多与 $\boldsymbol{k}_f$ 一一对应的状态。散射后的原子-辐射场体系实际是以薛定谔缠绕态[①]表示的。原子-辐射场体系没有耗散，是按照薛定谔方程演化的。原子的相干本来没有被消灭，只是被缠绕在为数众多的末态库中了。众多末态按一定概率分布，相移也随之按概率分布，总的效果就是把干涉条纹抹平了。一旦大大限制末态的数量，相干就会在一定程度上恢复。当然可以问，

① 设有两个体系 A 和 F（例如原子与辐射场），发生相互作用以后总体系的状态用 $\sum_i A_iF_i$ 表示，而不能简单地用一个乘积 AF 表示，这个线性组合被薛定谔（Schrödinger）称为“缠绕态”（entangled state），他说，“缠绕不是量子力学的特征之一，它就是唯一的特征。”

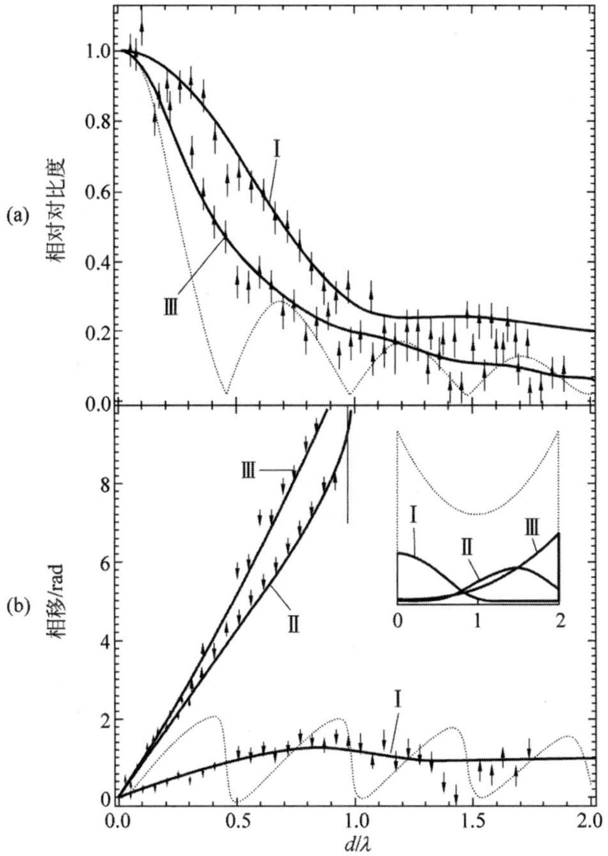

图 1.7　当探测与一定散射方向光子相关联的原子时干涉的相对对比度与相移

这个实验直接提供了走“哪一条路径”的信息了吗？原则上，测量散射光子的 $\boldsymbol{k}_f$ 可以提供相应原子的路径，在这个实验中并没有去测。因此，只要实验装置的安排(起决定性的是光子在原子上的散射)提供走“哪一条路径”信息的可能性，将粒子性推到前台，波动性就退隐了。关于这一点，此后的一个原子干涉仪实验[6]给予了进一步的阐明。这是用^{85}Rb 原子束做的“双狭缝”实验，只不过衍射栅由光的驻波构成。光频率 ω_0 相对于原子激发态与基态能级差 ΔE 有一定的失谐 Δ，$\Delta=\omega_0-\dfrac{\Delta E}{\hbar}$。驻波波节与波腹处光的强度 I 不同，从而对原子产生“光移势”(light shift potential)U，$U\propto\dfrac{I}{\Delta}$[7]。在原子入射角度为布拉格角时，这个周期势使原子发生布拉格反射[8]。在图 1.8 中，原子束 A 以布拉格角入射，光驻波将它分为透射束 C 与布拉格反射束 B，调整光的强度可以使驻波成为反射率为 50%的分束器。经自由传播时间 t_s，两束到达第二个驻波时已经分开距离 d，它相当于双缝的距

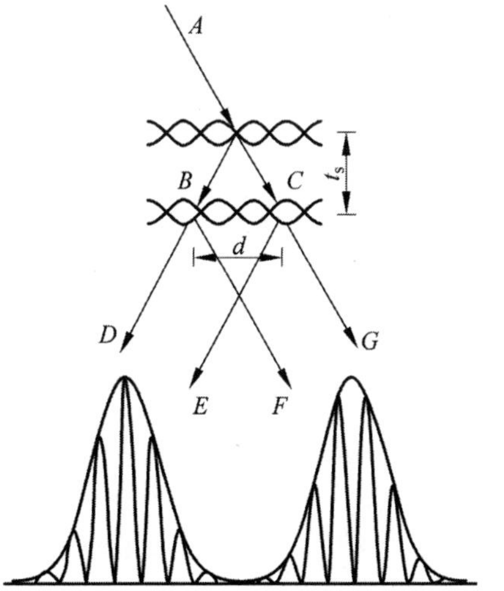

图 1.8　原子干涉仪示意图

离。通过第二个驻波时束 B 分为 D(透射)和 F(反射)，束 C 分为 G(透射)和 E(反射)。同方向的原子束在远场发生干涉形成干涉条纹。由于入射束与分束器并不垂直，故干涉条纹在左右包络线下并不对称，左峰下的极大对应右峰下的极小。条纹间的距离取决于原子与驻波相互作用时间的长短(可以用光源的开与关控制)，理论值与实验结果符合。

有关"哪一条路径"的信息可以储存在原子的内部状态中。如图1.9所示，^{85}Rb原子激发态 $5^2P_{3/2}$ 以 $|e\rangle$ 代表，基态 $5^2S_{1/2}$ 有两个超精细态，自旋分别为 $F=2$ 与 $F=3$，分别用 $|2\rangle$ 与 $|3\rangle$ 表示。光驻波频率 ω_0 调在 $|2\rangle\to|e\rangle$ 与 $|3\rangle\to|e\rangle$ 跃迁之间，即 $|2\rangle$ 与 $|e\rangle$ 跃迁失谐参数为负，$\Delta_{2e}<0$，而 $|3\rangle$ 与 $|e\rangle$ 跃迁失谐参数为正，$\Delta_{3e}>0$，且 $\Delta_{3e}=-\Delta_{2e}$，设入射原子处于 $|2\rangle$ 态，在它到达第一个分束器以前先经过微波场，其频率 ω_{mw} 等于 $|2\rangle$ 与 $|3\rangle$ 的能量差(除以 $\hbar$)。脉冲长短调节到使 $|2\rangle$ 与 $|3\rangle$ 混合为①$|3\rangle+|2\rangle$。当这束原子遇到第一个分束器时，透射束没有相移，而在布拉格反射束中，作用于 $|2\rangle$ 的光移势为负，相当于在光密介质上的反射，将有相移 π；作用于 $|3\rangle$ 的光移势为正，没有相移。因此，透射束为 $|3\rangle+|2\rangle$，反射束为 $|3\rangle-|2\rangle$。在分束器之后两束分离。再经过一个频率和脉冲长短都与前一个相同的微波场，透射束变为 $|3\rangle$，而反射束变为 $|2\rangle$。这样，走"哪一条路径"的信息便被巧妙地储存在原子的内部状态中了。当这两束再经过第二个分束器到达探测器平面时，就看不到干涉条纹了(图1.10)。这时在探测器平面上对 $|2\rangle$ 与 $|3\rangle$ 是一律探测而不加区别的，即实际上并没有去测量"哪一条路径"的信息。但只要这种信息有被获取的潜在可能性，干涉条纹就不再出现。当然，如果探测器区分 $|2\rangle$ 与 $|3\rangle$，计数率曲线形状仍与图1.10所示的相同，只是大小减半而已。干涉消失的原因是内部自由度与原子质心运动的缠绕。通过第二个分束器后的波函数是(图1.8和图1.9)

$$|\psi\rangle \propto -|\psi_D\rangle\otimes|2\rangle+|\psi_E\rangle\otimes|3\rangle+|\psi_F\rangle\otimes|2\rangle+|\psi_G\rangle\otimes|3\rangle$$

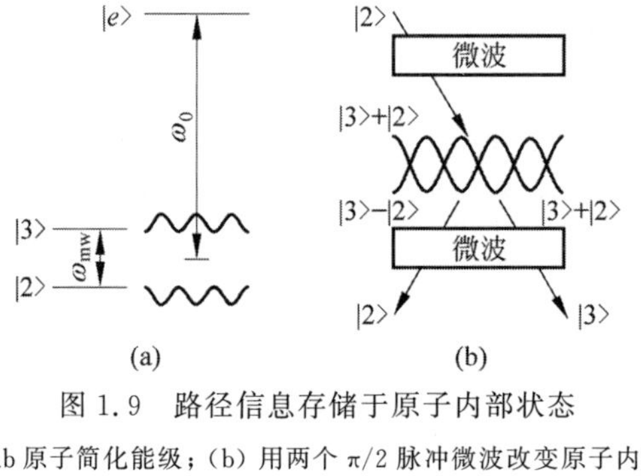

图1.9　路径信息存储于原子内部状态

(a) ^{85}Rb原子简化能级；(b) 用两个 $\pi/2$ 脉冲微波改变原子内部状态

$|2\rangle$ 在布拉格反射时相移 π(相因子 $e^{i\pi}=-1$)给出负号。与 $|\psi_D\rangle$ 直积的 $|2\rangle$ 反射一次给出负号，而与 $|\psi_F\rangle$ 直积的 $|2\rangle$ 因反射两次给出正号。在远场处左方包络线下(此处 ψ_F，ψ_G 为0)的原子位置(坐标 z)分布是

$$P_L(z)\propto|\psi_D(z)|^2+|\psi_E(z)|^2-\psi_{D^*}(z)\psi_E(z)\langle 2|3\rangle-\psi_{E^*}(z)\psi_D(z)\langle 3|2\rangle$$

上式右方第三、四项是干涉项，但由于 $|2\rangle$ 与 $|3\rangle$ 正交，它们都为0而使干涉条纹消失。有趣的是，在准备有关路径的信息时，微波场会给原子以干扰，造成原子动量的变化 Δp_z，但计算

① 略去归一化因子，本节以下推导中同此。关于两能级由共振电磁场所混合问题，请参阅本书8.2节。

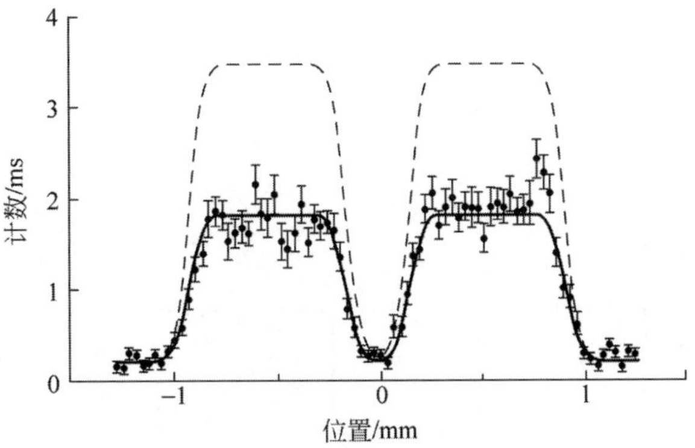

图 1.10　路径信息存储于原子内部状态后在包络线下干涉条纹消失

表明[6]，微波场在探测器平面上造成原子位置的移动是 $\Delta z = \pm 10\text{nm}$。和条纹位置图上的尺度毫米相比，这是观察不到的。干涉粒子与探测器的关联（缠绕）在任何“哪一条路径”的实验中都会出现。在费曼双缝衍射中用光显微镜观察粒子或爱因斯坦的悬挂反冲狭缝的例子中，这些缠绕本来都是存在的。但由于测量路径所带来的动量不确定性正好能说明干涉条纹的消失，教科书中便把它作为唯一的原因，而把态的缠绕推到后面去了。通过普里查德研究组的实验和上述分析，动量不确定性都不能说明条纹消失，就凸显了状态缠绕为其根本原因。

1.3　并协原理的量子光学验证

1.2 节提到，在爱因斯坦和费曼想象中的实验里，都是由于海森堡动量-位置不确定关系破坏了相干，从而使并协原理成立。M. O. Scully，B-G. Englert 和 H. Walther[9] 则想出一个绕过这个不确定关系的办法来判断走“哪一条路径”。他们的想法基于量子光学微脉泽（micromaser）①技术的新进展。一个处于长寿命激发态的原子在通过高品质的微脉泽腔时，会发射光子而退激到更低的状态上。这种利用腔的条件大大提高发射概率的现象是“腔量子电动力学”②的研究内容。建议的实验装置如图 1.11 所示。用激光将 Rb 原子共振激发到长寿命里德伯（Rydberg）态 $63p_{3/2}$。如果不放置微脉泽腔而让原子通过双缝，则在双缝后面原子的波函数是

$$\psi(\boldsymbol{r}) = \frac{1}{\sqrt{2}}[\psi_1(\boldsymbol{r}) + \psi_2(\boldsymbol{r})] \mid a\rangle \tag{1.3.1}$$

此处 $\boldsymbol{r}$ 是原子的质心坐标。$|a\rangle$ 代表原子的内部状态 $63p_{3/2}$。在屏幕上（坐标 $\boldsymbol{R}$）的概率密度由 $|\psi|^2$ 给出：

$$\begin{aligned} P(\boldsymbol{R}) = |\psi|^2 &= \frac{1}{2}[|\psi_1|^2 + |\psi_2|^2 + (\psi_1^* \psi_2 + \psi_2^* \psi_1)]\langle a \mid a\rangle \\ &= \frac{1}{2}[|\psi_1|^2 + |\psi_2|^2 + (\psi_1^* \psi_2 + \psi_2^* \psi_1)] \end{aligned} \tag{1.3.2}$$

方括号中的第三项表示干涉。微脉泽腔可以使位于 $63p_{3/2}$ 态的原子发射微波光子（约 21GHz）

① 参阅本书 8.4 节。
② 参阅本书第 8 章。

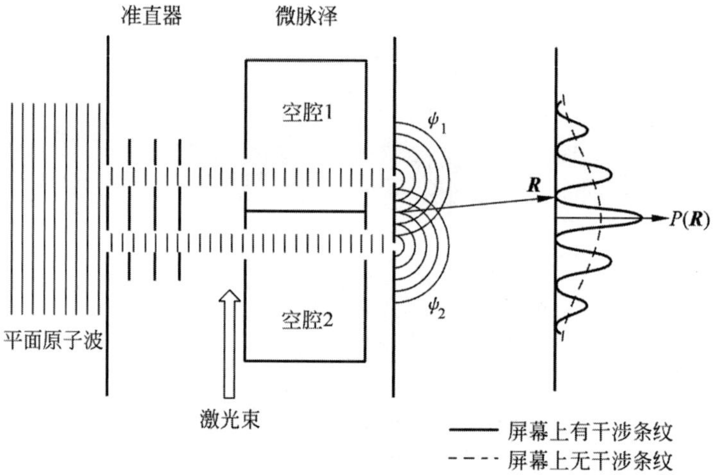

图 1.11 通过微脉泽腔的双缝干涉

而跃迁到 $61d_{5/2}$（记为 $|b\rangle$）或 $61d_{3/2}$（记为 $|c\rangle$）。设腔调谐到跃迁 $|a\rangle\to|b\rangle$，原子通过后发射光子，可以从哪一个腔中出现光子判断原子的路径。发射光子后原子的内部状态发生变化，但质心坐标的空间波函数不变①。由于发射光子，原子与微脉泽腔的状态出现了关联。原子-腔体系的状态是

$$\psi(\boldsymbol{r})=\frac{1}{\sqrt{2}}[\psi_1(\boldsymbol{r})\mid 1_1 0_2\rangle+\psi_2(\boldsymbol{r})\mid 0_1 1_2\rangle]\mid b\rangle \tag{1.3.3}$$

此处 $|1_1 0_2\rangle$ 代表腔 1 有 1 个光子，腔 2 没有，$|0_1 1_2\rangle$ 可以此类推。状态(1.3.3)与式(1.3.1)的根本不同处在于式(1.3.3)不再能像式(1.3.1)那样写成原子波函数与光子自由度的乘积②，而是薛定谔缠绕态。计算屏幕上的概率密度，得

$$\begin{aligned}P(\boldsymbol{R})&=\frac{1}{2}[|\psi_1|^2+|\psi_2|^2+\psi_1^*\psi_2\langle 1_1 0_2\mid 0_1 1_2\rangle+\psi_2^*\psi_1\langle 0_1 1_2\mid 1_1 0_2\rangle]\langle b\mid b\rangle\\&=\frac{1}{2}[|\psi_1|^2+|\psi_2|^2]\end{aligned} \tag{1.3.4}$$

这是因为 $|1_1 0_2\rangle$ 与 $|0_1 1_2\rangle$ 正交。可见，只要存在判断原子走"哪一条路径"的可能，干涉便消失了，根本用不着测量，这里海森堡不确定关系并没有发挥作用。干涉消失是原子质心波函数和光子自由度的关联所致。

从以上的讨论和 1.2 节的讨论可以看到并协原理得以实现，在不同的情况下会有不同的机制。1.2 节的讨论涉及相干的部分恢复问题，在本节的讨论中相干的消失是由于原子与光子自由度产生了关联。那么如果能抹去这个关联，相干能否恢复？这就是量子涂消器(the quantum eraser)的思想。下文讨论的是一个原理性的涂消器，其实现是不容易的。考虑图 1.12 中的原子-微脉泽腔系统。两个腔用探测器-光闸体系隔开，探测器的初态是它的基态 $|g\rangle$。如果它吸收了一个光子，就跃迁到激发态 $|e\rangle$。当原子通过了双缝之后，打开光

① 不计发射微波光子导致的原子动量变化。

② 例如式(1.3.1)便是 $\left\{\frac{1}{\sqrt{2}}[\psi_1(\boldsymbol{r})+\psi_2(\boldsymbol{r})]\mid a\rangle\right\}\mid 0_1 0_2\rangle$。

闸,“符合条件”的光子遇到探测器就会被吸收,两个腔都处于基态。此时“哪一个路径”的信息就被抹去。重要的一点是,此时原子已通过双缝,打开光闸和光子被吸收是不可能在物理上影响原子的①。难道相干能恢复吗?答案是肯定的,但需要探测器有一种特殊性质。光闸打开之前,原子-腔-探测器体系的波函数是

$$\psi(\boldsymbol{r})=\frac{1}{\sqrt{2}}[\psi_1(\boldsymbol{r})\ |1_1 0_2\rangle+\psi_2(\boldsymbol{r})\ |0_1 1_2\rangle]\ |b\rangle\ |\mathrm{g}\rangle \tag{1.3.5}$$

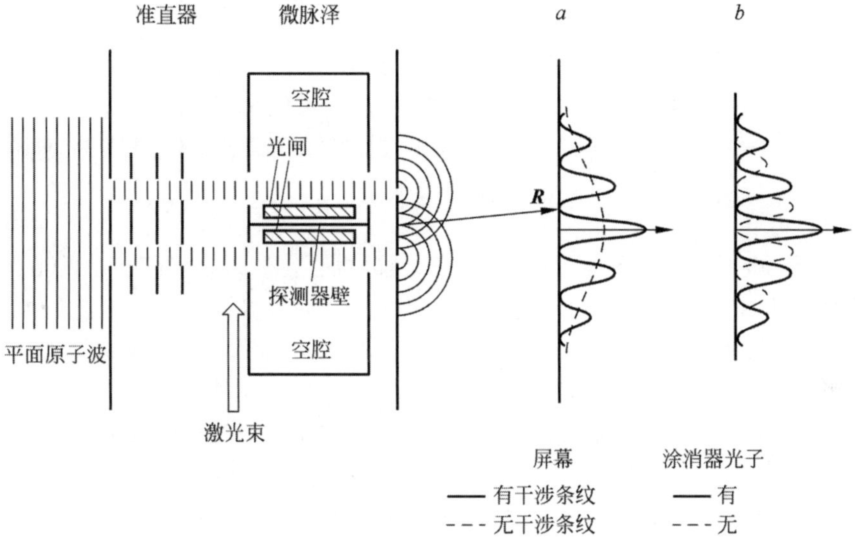

图 1.12 量子涂消器

定义原子质心波函数的对称态 ψ_+ 和反对称态 ψ_-:

$$\psi_{\pm}(\boldsymbol{r})=\frac{1}{\sqrt{2}}[\psi_1(\boldsymbol{r})\pm\psi_2(\boldsymbol{r})] \tag{1.3.6}$$

以及腔辐射场的对称态 $|+\rangle$ 和反对称态 $|-\rangle$

$$|\pm\rangle=\frac{1}{\sqrt{2}}[|1_1 0_2\rangle\pm|0_1 1_2\rangle] \tag{1.3.7}$$

波函数式(1.3.5)可以改写为

$$\psi(\boldsymbol{r})=\frac{1}{\sqrt{2}}[\psi_+(\boldsymbol{r})\ |+\rangle+\psi_-(\boldsymbol{r})\ |-\rangle]\ |b\rangle\ |\mathrm{g}\rangle \tag{1.3.8}$$

如果探测器只对光子 $|+\rangle$ 态灵敏而对 $|-\rangle$ 态不灵敏②,则在光闸打开之后总体系波函数就变为

$$\psi(\boldsymbol{r})=\frac{1}{\sqrt{2}}[\psi_+(\boldsymbol{r})\ |0_1 0_2\rangle\ |\mathrm{e}\rangle+\psi_-(\boldsymbol{r})\ |-\rangle\ |\mathrm{g}\rangle]\ |b\rangle \tag{1.3.9}$$

第一项来自式(1.3.8)中的光子 $|+\rangle$ 被吸收,变为无光子态,而探测器被激发到 $|\mathrm{e}\rangle$ 态,第二

① 这种措施称为“推迟选择”(delayed choice),参阅 1.9 节。

② 这就是上文提到的“特殊性质”。探测器的作用是吸收光子从而使两个腔均处于基态而抹去了“哪一条路径”的信息,而不是提供原子从哪一个腔通过的信息。

项没有变化。如果只求屏幕上的概率密度，则有

$$P(\boldsymbol{R})=\frac{1}{2}[|\psi_{+}(\boldsymbol{R})|^{2}+|\psi_{-}(\boldsymbol{R})|^{2}]=\frac{1}{2}[|\psi_{1}(\boldsymbol{R})|^{2}+|\psi_{2}(\boldsymbol{R})|^{2}] \tag{1.3.10}$$

没有干涉条纹。但如果求探测器位于激发态时屏幕上的概率密度，则有

$$P_{\mathrm{e}}(\boldsymbol{R})=\frac{1}{2}|\psi_{+}(\boldsymbol{R})|^{2}=\frac{1}{4}\{|\psi_{1}(\boldsymbol{R})|^{2}+|\psi_{2}(\boldsymbol{R})|^{2}+\mathrm{Re}[\psi_{1}^{*}(\boldsymbol{R})\psi_{2}(\boldsymbol{R})]\} \tag{1.3.11}$$

干涉条纹重现。如果只求探测器处于基态时屏幕上的概率密度：

$$P_{\mathrm{g}}(\boldsymbol{R})=\frac{1}{4}\{|\psi_{1}(\boldsymbol{R})|^{2}+|\psi_{2}(\boldsymbol{R})|^{2}-\mathrm{Re}[\psi_{1}^{*}(\boldsymbol{R})\psi_{2}(\boldsymbol{R})]\} \tag{1.3.12}$$

干涉也存在。由于干涉项与式(1.3.11)相比符号相反，可以称它为"反干涉条纹"，以虚线示于图1.9(b)。如果不理会探测器的状态，把所有到过屏幕的原子都记录下来，就有

$$P(\boldsymbol{R})=P_{\mathrm{e}}(\boldsymbol{R})+P_{\mathrm{g}}(\boldsymbol{R})=\frac{1}{2}(|\psi_{1}(\boldsymbol{R})|^{2}+|\psi_{2}(\boldsymbol{R})|^{2})$$

和式(1.3.10)完全一样。探测器提供了量子涂消的机会。如果在确切涂消的情况下(探测器处于激发态)再记录屏幕上的原子，则干涉条纹完全恢复，当然记录的粒子总数会减半。

以上分析在原理上确立了量子涂消的可能性。相干的消失在于形成缠绕态。如果能设法取消缠绕(取联合概率，丢开式(1.3.9)方括号中的第二项)，则相干恢复。重要的一点是，探测器的运作是在原子通过双缝以后，因此原子显示波动性或粒子性并非探测器"打招呼"的结果，这是微观系统本来的性质，这一点在讨论贝尔定理时会再次遇到。

以上描述的量子涂消器原理很理想，但真正实现起来是困难的。首先实现量子涂消的是乔瑞宇的研究组，他们使用了双光子干涉。我们将在1.6节讨论这个问题。

本节讨论的问题在1993年的一次会议上曾有过争论[10]。

史砚华等人在2000年展现了"推迟选择"的量子涂消器，我们在1.6节中再讨论这个装置。

1.4　单光子干涉实验

狄拉克在他的经典著作《量子力学原理》的第1章中讨论了量子力学对光子干涉的描述："每个光子只和它自己干涉"，多年来有许多实验企图直接演示这个结论。他们用不同的干涉仪、减弱的光源，还有"反聚束装置"，以"保证"在干涉仪中同一时刻只能有一个光子。在实验中观察到干涉条纹，因此做出证实狄拉克论断的结论。20世纪80年代对光的统计性质中的非经典效应的研究发展，对这个看来无懈可击的结论提出了挑战。

A. Aspect，P. Grangier 和 G. Roger[11]用分束器做反符合实验，原理示于图1.13。光源S发出光脉冲，射在分束器BS(beam splitter)上。发出脉冲的同时触发器对计数装置开一个时间间隔为 w 的窗口。光电倍增管 $\mathrm{PM_t}$ 和 $\mathrm{PM_r}$ 记录在透射(t)道和反射(r)道中的计数率 N_{t} 和 N_{r}。符合计数率为 N_{c}。令 N_{w} 为脉冲率，则反射、透射和符合计数概率分别为

$$P_{\mathrm{r}}=\frac{N_{\mathrm{r}}}{N_{\mathrm{w}}},\quad P_{\mathrm{t}}=\frac{N_{\mathrm{t}}}{N_{\mathrm{w}}},\quad P_{\mathrm{c}}=\frac{N_{\mathrm{c}}}{N_{\mathrm{w}}} \tag{1.4.1}$$

先从光的经典波动描述出发，设在一个时间窗口内的平均光强为 i，在分束器处光分为两束。令 α_{t} 代表分束器透射效率和透射道探测器效率的乘积，则有

$$P_{\mathrm{t}}=\alpha_{\mathrm{t}}wi$$

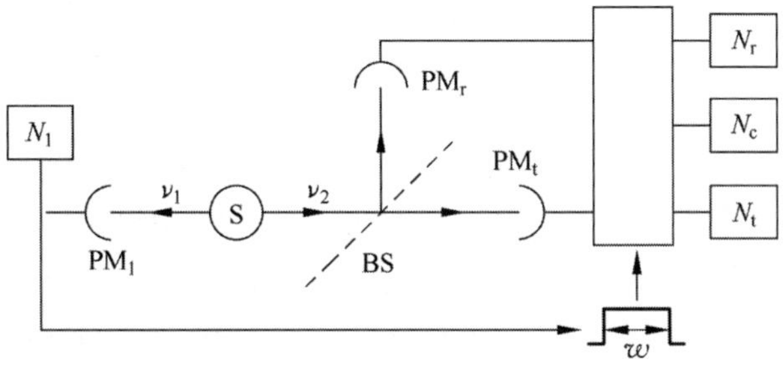

图 1.13 检验光源单光子发射的装置

类似地,有

$$P_r = \alpha_r w i,$$

$$P_c = \alpha_r \alpha_t w^2 i^2$$

对许多脉冲(窗口)做系综平均,有

$$P_t = \alpha_t w \langle i \rangle,$$

$$P_r = \alpha_r w \langle i \rangle,$$

$$P_c = \alpha_t \alpha_r w^2 \langle i^2 \rangle$$

据柯西-施瓦茨(Cauchy-Schwartz)不等式$\langle i^2 \rangle \geqslant \langle i \rangle^2$,有

$$P_c \geqslant P_t P_r \tag{1.4.2}$$

定义

$$\alpha = \frac{N_c / N_w}{\dfrac{N_t}{N_w} \dfrac{N_r}{N_w}} \tag{1.4.3}$$

则有

$$\alpha \geqslant 1 \tag{1.4.4}$$

如果光源发出的是光子,则这个装置应给出 $P_c = 0$,因为光子只能进入一个道,反射道或透射道,亦即 $\alpha = 0$。

Aspect 的研究组用光二极管进行测量。减弱的光源相当于 1 个计数/1 000 脉冲。探测器的效率约为 10%,相当于一个脉冲只有 0.01 个光子。测量结果 $\alpha \approx 1$,说明一般光源不论多么弱,只呈现经典性质。在经典光源中有宏观数量的原子处于激发态,可能有若干原子同时发射光子。自发发射是随机的。经典光源的光子发射统计性质是泊松分布(Poisson distribution)。不论光源如何弱(发射两个光子的平均间隔时间如何长),一个光子从光源发出,立即有第二个光子发出的概率是有限的,即不为 0。激光也属于经典光源,用经典光源所进行的干涉实验不能认为是对光子只能和自己干涉的确切证明。这个证明必须用非经典光源,即 α 要比 1 小很多(由于窗口 w 有限,偶然符合使 α 不能严格为 0)。Aspect 的研究组制成了"单原子发射光源"。用激光双光子共振激发 Ca 原子束到 $4p^{2\,1}S_0$ 态,它级联发射两个光子(相隔 4.7ns),其能级和跃迁示于图 1.14。第一个光子可用于触发光子探测器,第二个光子进入分束器。在实验条

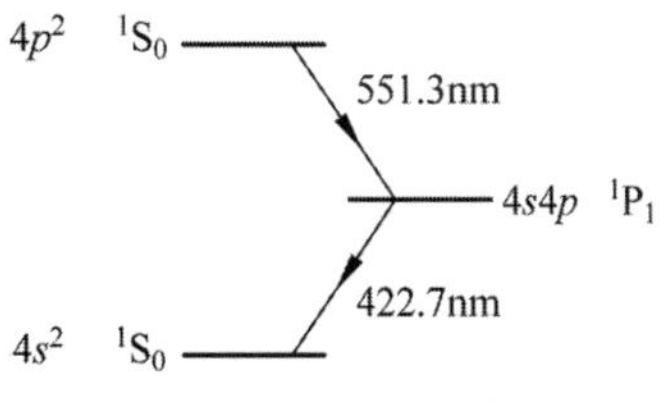

图 1.14 Ca 原子辐射级联,用于单原子发射光源

件下有另一个 Ca 原子同时发射一个光子并也进入分束器的可能性很小。在触发率为 8 800s^{-1} 时计数 5h，得出的结果是 $\alpha=0.18\pm0.06$，与最小经典值 $\alpha=1$ 比有 13 个标准偏差。

用单原子发射光源进行了干涉实验，图 1.15 是干涉仪示意图。MZ_1 和 MZ_2 是光电倍增管，虚线代表镀膜的分束器 BS_1 和 BS_2。通过移动反射镜可以调节两臂的光程差。光波在分束器上反射的一束和透射的一束相比有相角差 $\pi/2$。因此如果两臂长度相等，进入 MZ_1 的两束相差为 0，而进入 MZ_2 的两束相差为 π。因此 MZ_2 中不应有计数。当两臂长度差连续变化时，两个探测器中的计数周期变化且正好反相，结果示于图 1.16(计数时间为 15s/道)。光程差用通道数表示，一道相当于 $\lambda/50$。这个实验相当于光源参数 $\alpha=0.18$。结果表明，基本上同一时刻只有一个光子处于干涉装置之内，它实现了自己和自己的干涉。

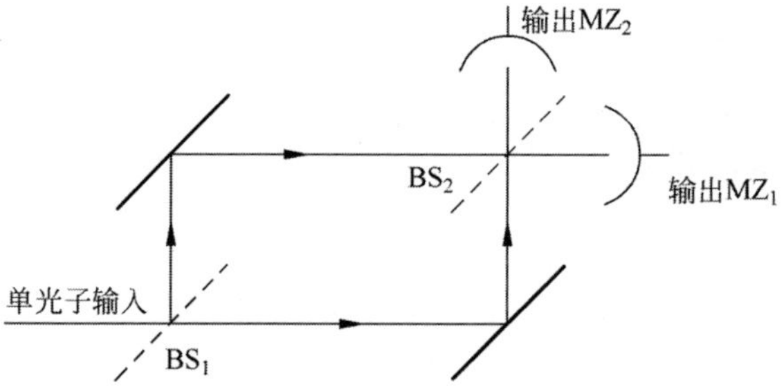

图 1.15　Mach-Zender 干涉仪示意图

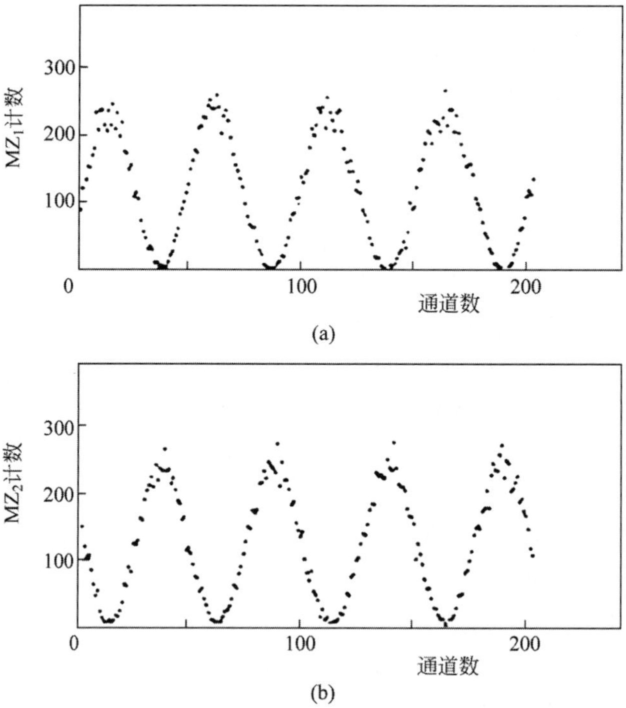

图 1.16　MZ_1 和 MZ_2 的输出计数，作为光程差的函数

独立光子束之间的干涉

一束光在分束器上分为两个分量，它们在此后重合并发生干涉。狄拉克[12]强调，每个光子只和它自己干涉，两个不同光子间的干涉永远不会发生。入射束中的每一个光子都分为两个分量。每个光子最终都和它自己干涉，即它的两个分量间发生干涉。狄拉克的判断没有预言、也没有否定两个独立光子是否干涉，或两个独立光束相重叠时是否干涉。

A. T. Forrester，R. A. Gudmundsen 和 P. Q. Johnson[13]进行了一个实验，他们观测到两个频率稍有不同的非相干光阵列的拍频现象。他们用的是^{202}Hg 光源的 546.1nm 谱线的两个塞曼(Zeeman)分量。这两个分量显然是从同一光源的不同原子发射出来的。光聚焦在光阴极上，被击出的电子引入微波腔，在腔中测出电子发射的周期性。由于不同谱线的非相干性和光阴极上不同地点拍频间的非相干性，测量的信号与噪声比极低，仅为 3×10^{-5}。在保持总强度为常数的情况下采用拍频的光调制，信号与噪声比提高到 2。拍频现象可以理解为干涉，因为这个现象体现了电磁场叠加的效应：是场强叠加而不是强度叠加。R. Hanbury Brown 和 R. Q. Twiss[14]研究了星体(热光源)的强度涨落。他们测量了两个探测器光电流的关联函数：

$$G^{(2)}(\boldsymbol{r}_1,t;\ \boldsymbol{r}_2,t)=\langle I(\boldsymbol{r}_1,t)I(\boldsymbol{r}_2,t)\rangle \tag{1.4.5}$$

此处⟨⟩是作为两个探测器间距离$|\boldsymbol{r}_1-\boldsymbol{r}_2|$函数的系综平均。他们得到了有趣的结果：$G^{(2)}$在$|\boldsymbol{r}_1-\boldsymbol{r}_2|=0$处呈现极大值，并且在$|\boldsymbol{r}_1-\boldsymbol{r}_2|$增大时逐渐减小到一个常数值。在 $G^{(2)}$ 减小到常数值时相应的$|\boldsymbol{r}_1-\boldsymbol{r}_2|$就是星体光到达地球时的横向相干长度。这是两个非相干光源间的干涉现象，作者用来估计星体的直径。从量子力学的观点看，这个现象是一种选择(光子 1 进入探测器Ⅰ，光子 2 进入探测器Ⅱ)与另一种选择(将两个光子交换)间的干涉。

许多研究者用激光束进行研究，发现在光束经过高度减弱之后仍能观察到干涉现象。弗莱格(R. L. Pfleeger)和曼德尔[15]采用了两个独立操控的单模激光。将光束减弱到一个光子被记录之后下一个光子才被光源发射出来的程度。这时仍能观察到干涉现象。由于每一轮实验记录的光子平均数目只有约 10 个，采用了光子关联技术得以展示干涉现象。作者测得了关联系数。对上述这些实验，经典电磁场理论得出的结果与实验完全符合，甚至在光束高度减弱时也是如此。理由是，对格劳伯(Glauber)态$|\alpha\rangle\equiv||\alpha|e^{i\theta}\rangle$，光束减弱可以使振幅减小，但相位不受影响，干涉的相位关系维持不变。保罗(H. Paul)[16]计算了强度关联函数式(1.4.5)。他考虑两个位于 $\boldsymbol{r}_{\mathrm{I}}$ 与 $\boldsymbol{r}_{\mathrm{II}}$ 并发出光子 $\boldsymbol{k}_1$ 与 $\boldsymbol{k}_2$ 的赫兹偶极振子。光子在 $\boldsymbol{r}_1$ 与 $\boldsymbol{r}_2$ 处进入探测器，得到的结果是

$$G^{(2)}(\boldsymbol{r}_1,t;\ \boldsymbol{r}_2,t)=4\boldsymbol{f}^4\tilde{a}^4\left\{1+\frac{1}{2}\cos\left[(\boldsymbol{k}_2-\boldsymbol{k}_1)(\boldsymbol{r}_{\mathrm{II}}-\boldsymbol{r}_{\mathrm{I}})\right]\right\} \tag{1.4.6}$$

此处 $\boldsymbol{f}$ 是与 $e^{-i\omega t}$ 因子相配的电场 $\boldsymbol{E}^{(+)}$ 的振幅，$\tilde{a}(t)=e^{-2\Gamma_t/2}$ 是偶极振子算符的阻尼因子。$G^{(2)}(\boldsymbol{r}_1,t;\ \boldsymbol{r}_2,t)$对$|\boldsymbol{r}_1-\boldsymbol{r}_2|$的依赖通过 $\boldsymbol{k}_2-\boldsymbol{k}_1$ 实现，假设两个偶极子间的距离比源——探测器距离小得多。

当我们研究两个受激原子发射的光子干涉时，情况会发生变化。这时电磁场不再能用格劳伯态的密度矩阵描述了。电磁场应是量子化的，光子是电磁场的量子。令 $\boldsymbol{E}^{(\pm)}(\boldsymbol{r},t)$ 代表在$(\boldsymbol{r},t)$电磁场的正、负频率部分，分别与湮灭算符和产生算符相配。干涉由以下强度关联函数描述：

$$G_{\text{qu}}^{(2)}(\boldsymbol{r}_1,t;\boldsymbol{r}_2,t)=\sum_{i,j}\langle E_i^{(-)}(\boldsymbol{r}_1,t)E_j^{(-)}(\boldsymbol{r}_2,t)E_j^{(+)}(\boldsymbol{r}_2,t)E_i^{(+)}(\boldsymbol{r}_1,t)\rangle \tag{1.4.7}$$

求和 $i,j=1,2,3$，得到

$$G_{\text{qu}}^{(2)}(\boldsymbol{r}_1,t;\boldsymbol{r}_2,t)=2\boldsymbol{f}^4\tilde{a}^4\{1+\cos[(\boldsymbol{k}_2-\boldsymbol{k}_1)(\boldsymbol{r}_{\text{II}}-\boldsymbol{r}_{\text{I}})]\} \tag{1.4.8}$$

将式(1.4.8)与式(1.4.6)比较，可以看出经典理论和量子理论有明显差别。经典 $G^{(2)}$ 的可能极小值是它的平均值的1/2，而量子理论的 $G_{\text{qu}}^{(2)}$ 的极小值是0。量子理论给出的关联要强得多。如保罗所指出的[16]，在格劳伯相干态中，经典理论与量子理论的等价性是光子数的不确定导致的，而且没有上限。但当我们处理的是两个受激原子的场时，光子数是有限的。在此情况下经典理论与量子理论不同。

最后要讨论这些实验是否和狄拉克的断言矛盾。曼德尔[17]指出它们不矛盾。实际上确实有两个光子被记录下来，它们的关联和相对相位有关，即观测到干涉现象。关键之处在于，是否可以将每个光子和两个原子分别联系起来。如果答案是肯定的，干涉就是在两个独立光子之间进行的，但实际情况恰恰相反。由光电测量记录下的光子排斥了确定光子动量的可能性，也就排斥了将光子归于两个原子(或两束光)之一的可能性。弗莱格和曼德尔[15]用不确定性关系演示了这个结论。这样就和常规的干涉学一样，每个光子都是部分地属于一束，又部分地属于另一束，而光子对自己和自己干涉。每个记录的光子是由两束建立的量子化电磁场中的一个量子，它不属于哪个特定的束(原子)，或者说，它属于两个束(原子)。两个原子间的干涉现象将在1.5节进一步讨论。保罗在文献[16]中的提法，“狄拉克关于两个不同光子之间的干涉永远不会发生的论述是不正确的”是不合适的。

1.5 多粒子干涉学

从20世纪80年代开始，一些实验室利用激光在非线性晶体中的“下转换”(down conversion)产生一对光子。这种过程可以用来构成“二光子缠绕态”，从而制成二粒子干涉仪。首先提出这个想法的是霍恩(M. A. Horne)和塞林格[18-19]，不少研究组都建立了设备，用此来集中研究量子力学基本问题的先导是曼德尔领导的研究组。这个研究方向呈现了光的新的非经典性质，并对贝尔不等式的破坏给予了更精确的实验验证。新的研究结果正不断涌现。

1.5.1 二粒子双缝干涉学

如图1.17所示，在 O 处有粒子源，长度为 d(图中未标出)。设有一位于 S 处的粒子衰变产生两个粒子。因为衰变粒子是静止的，所以两个衰变产物的动量基本上是相反的。A，B 与 A'，B' 是两对小孔。一对衰变产物可以通过 A 和 A' 落到探测屏幕上的 P 和 P' 点，但它们也可以通过 B 和 B' 落到这两点。这一对粒子的状态以

$$|\psi\rangle=\frac{1}{\sqrt{2}}(|A\rangle_1|A'\rangle_2+|B\rangle_1|B'\rangle_2) \tag{1.5.1}$$

表示。式中 $|A\rangle$ 代表粒子动量指向 A 点的状态，其余定义也与此类似。这一对粒子最终到达 P 和 P'，但它们各有两个选择，一个粒子可以选 SAP 或 SBP，另一个相应地选 $SA'P'$ 或 $SB'P'$。令衰变粒子距 O 为 x，记录点 P 距 Q 为 y，P' 距 Q' 为 y'，并令 L 代表 OAQ 的距

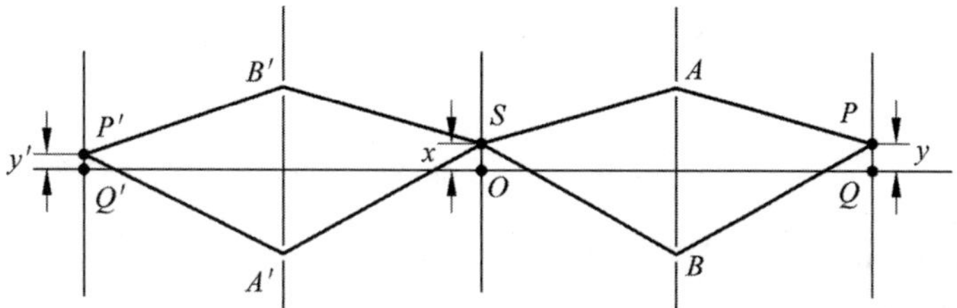

图 1.17 二粒子干涉示意图

离，θ 为 $\angle AOQ$，则有

$$SAP = L - x\theta - y\theta,$$
$$SBP = L + x\theta + y\theta$$

在 P 处的概率幅为

$$\psi(P) \propto e^{ikL}(e^{-ik(x+y)\theta} + e^{ik(x+y)\theta}) \propto \cos\frac{2\pi}{\lambda}(x+y)\theta \tag{1.5.2}$$

此处波矢 $k=2\pi/\lambda$，λ 为德布罗意波长。如果要测量源上各粒子衰变产物在 P 与 P' 处的符合计数，则其概率幅为

$$\psi(y,y') \propto \frac{1}{d}\int_{-d/2}^{d/2} dx\ \cos\frac{2\pi}{\lambda}(x+y)\theta\ \cos\frac{2\pi}{\lambda}(x+y')\theta \tag{1.5.3}$$

将被积分函数进行变换：

$$\cos\frac{2\pi}{\lambda}(x+y)\theta\ \cos\frac{2\pi}{\lambda}(x+y')\theta = \frac{1}{2}\cos\frac{2\pi}{\lambda}(y-y')\theta + \frac{1}{2}\cos\frac{2\pi}{\lambda}(2x+y+y')\theta$$

因此有

$$\psi(y,y') \propto \frac{1}{2}\cos\frac{2\pi}{\lambda}(y-y')\theta + \frac{1}{2d}\int_{-d/2}^{d/2} dx\ \cos\frac{2\pi\theta}{\lambda}(2x+y+y') \tag{1.5.4}$$

讨论两种极限情况：

(1) $d \gg \frac{\lambda}{\theta}$，此时式(1.5.4)中的第二项很小，可以略去。第一项正是“条件性条纹”，即如果确定 P' 点并令 P 变化，两处的符合计数将周期性变化；如果确定 P 点，令 P' 变化，情况也一样。这称为“双粒子干涉”。正是由于一对粒子都有相对应的两种选择，这两条路径就会产生干涉。

(2) $d \ll \frac{\lambda}{\theta}$，这样 x 在式(1.5.3)的被积分函数中就可以忽略，得到

$$\psi(y,y') \propto \cos\frac{2\pi}{\lambda}y\theta\cos\frac{2\pi}{\lambda}y'\theta \tag{1.5.5}$$

这是两个独立的单粒子干涉的乘积，两个粒子独立地自己和自己干涉。从动量空间分析，很容易理解上述两种情况。

(1) 根据不确定性原理，粒子横向动量的不确定性为 $\delta k_\perp \propto \frac{1}{d}$。如果 $d \gg \lambda/\theta$，则有

$$\delta k_\perp \ll \frac{\theta}{\lambda},\quad \frac{\delta k_\perp}{k_\perp} \ll \frac{\theta}{2\pi} \tag{1.5.6}$$

每个粒子的横向坐标不确定性太小，不足以包括 A，B（或 A'，B'）两个孔，因此它们都无法和自己干涉，没有单粒子条纹。

(2) 如果 $d\ll\frac{\lambda}{\theta}$，则有 $\frac{\delta k_{\perp}}{k_{\perp}}\gg\frac{\theta}{2\pi}$，每个粒子都可以"照亮"自己一侧的两个孔，因此就有单粒子条纹。但由于横向动量不确定性太大，无法保证一个粒子通过 A 就有另一个粒子通过 A' 的对应（B，B' 也是如此）。因此就破坏了二粒子缠绕态（式(1.5.1)），不能产生二粒子条件性条纹。

从上述分析可以看到，二粒子干涉与单粒子干涉存在一个重大不同。以光子而论，单粒子干涉可以用电磁波动理论描述，但双光子干涉是从缠绕态开始的，这是基于量子力学的原理，因此是非经典性的，属于非经典光学现象。

1.5.2　下转换光子干涉实验

激光通过非线性晶体的下转换使原有光子 $\boldsymbol{k}$ 转变为两个相互关联光子 $\boldsymbol{k}_A$ 和 $\boldsymbol{k}_C$，并有 $\boldsymbol{k}=\boldsymbol{k}_A+\boldsymbol{k}_C$。实验[20]和理论[21]显示，在 $|\boldsymbol{k}_A|\neq|\boldsymbol{k}_C|$ 的情况下，可以获得相对于入射光子方向不对称的下转换光子（图 1.18）。如图 1.19 所示，在下转换晶体 S 右方的光阑上取 4 个针孔，使从晶体中射出的关联光子对可以有两种选择：A 和 C 方向，或 D 和 B 方向，并且有

$$|\boldsymbol{k}_A|=|\boldsymbol{k}_D|,\quad |\boldsymbol{k}_B|=|\boldsymbol{k}_C| \tag{1.5.7}$$

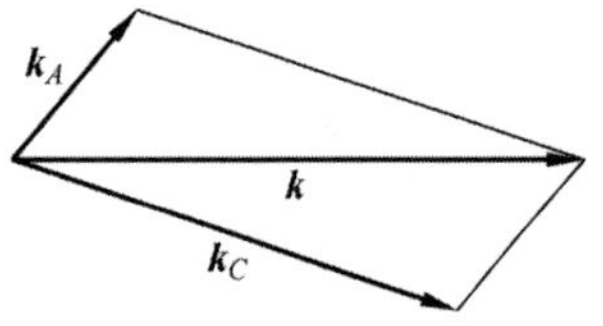

图 1.18　不对称下转换光子对

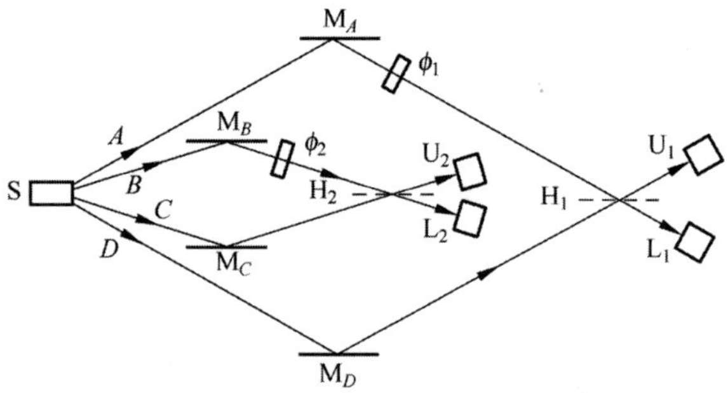

图 1.19　二粒子干涉仪示意图

这样就获得一对关联光子的缠绕态：

$$|\psi\rangle=\frac{1}{\sqrt{2}}[|\boldsymbol{k}_A\rangle_1\ |\boldsymbol{k}_C\rangle_2+|\boldsymbol{k}_D\rangle_1\ |\boldsymbol{k}_B\rangle_2] \tag{1.5.8}$$

在干涉仪（图 1.19）装置中，光子沿 A 经反射镜 M_A 到移相器 ϕ_1，再到分束器 H_1，之后或进入探测器 U_1，或进入 L_1。相应地，另一个光子沿 C 经反射镜 M_C 到达分束器 H_2，后之或进入探测器 U_2，或进入 L_2。以上是这对光子的第一种选择。它们的另一种选择是第一个光子沿 D 经 M_D，H_1 进入 U_1 或 L_1，第二个光子沿 B 经 M_B，ϕ_2，H_2 进入 U_2 或 L_2。探测器 U_1 和 L_1 接受的是第一个光子两条可能选择的路径 A 和 D 复合后的结果，U_2 和 L_2 则是第二个光子两条可能选择的路径 B 和 C 复合后的结果。需测量的是二光子的符合计数率，它作为相移 ϕ_1 和 ϕ_2 的函数，然后和量子力学理论计算进行比较。

设探测器的量子效率为 η，则探测器 U_1 和 U_2 的符合计数率为 $\eta^2|A(U_1U_2|\phi_1\phi_2)|^2$，

此处 $A(U_1U_2|\phi_1\phi_2)$ 是作为 ϕ_1 和 ϕ_2 函数的 U_1U_2 符合概率幅，它是和两对相关联路径(AC 与 DB)的概率幅的叠加：

$$A(U_1U_2 \mid \phi_1\phi_2)=\frac{1}{\sqrt{2}}\left[\left(\frac{1}{\sqrt{2}}\mathrm{i}\mathrm{e}^{\mathrm{i}\phi_1}\right)\frac{1}{\sqrt{2}}+\mathrm{e}^{\mathrm{i}\theta}\left(\frac{1}{\sqrt{2}}\right)\left(\frac{1}{\sqrt{2}}\mathrm{i}\mathrm{e}^{\mathrm{i}\phi_2}\right)\right] \tag{1.5.9}$$

此处 $\mathrm{e}^{\mathrm{i}\phi_1}$ 与 $\mathrm{e}^{\mathrm{i}\phi_2}$ 是在沿 A 与 B 路径通过相移器获得的相因子，$\frac{1}{\sqrt{2}}$ 与 $\frac{1}{\sqrt{2}}\mathrm{i}$ 分别对应在分束器处的透射与反射。式(1.5.9)方括号中的每项都有两个因子分别对应相互关联的第一个与第二个光子的路径。$\mathrm{e}^{\mathrm{i}\theta}$ 与反射镜和分束器的安排有关，与 ϕ_1 和 ϕ_2 无关。类似地可以得到

$$A(U_1L_2 \mid \phi_1\phi_2)=\frac{1}{\sqrt{2}}\left[\left(\frac{1}{\sqrt{2}}\mathrm{i}\mathrm{e}^{\mathrm{i}\phi_1}\right)\left(\frac{1}{\sqrt{2}}\mathrm{i}\right)+\mathrm{e}^{\mathrm{i}\theta}\left(\frac{1}{\sqrt{2}}\mathrm{e}^{\mathrm{i}\phi_2}\right)\left(\frac{1}{\sqrt{2}}\right)\right]$$

以及 $A(L_1U_2|\phi_1\phi_2)$，$A(L_1L_2|\phi_1\phi_2)$。两个探测器的符合计数率分别是 η^2 乘以符合概率幅的模平方：

$$P(U_1U_2 \mid \phi_1\phi_2)=P(L_1L_2 \mid \phi_1\phi_2)=\eta^2\left[\frac{1}{4}+\frac{1}{4}\cos(\phi_2-\phi_1+\theta)\right] \tag{1.5.10}$$

$$P(U_1L_2 \mid \phi_1\phi_2)=P(L_1U_2 \mid \phi_1\phi_2)=\eta^2\left[\frac{1}{4}-\frac{1}{4}\cos(\phi_2-\phi_1+\theta)\right] \tag{1.5.11}$$

符合计数率显示出二粒子干涉。如果只记录一个探测器(例如 U_1)的计数率，就有

$$P(U_1 \mid \phi_1\phi_2)=P(U_1U_2 \mid \phi_1\phi_2)+P(U_1L_2 \mid \phi_1\phi_2)=\frac{\eta^2}{2} \tag{1.5.12}$$

同样有

$$P(U_2 \mid \phi_1\phi_2)=P(L_1 \mid \phi_1\phi_2)=P(L_2 \mid \phi_1\phi_2)=\frac{\eta^2}{2} \tag{1.5.13}$$

一对关联光子的干涉现象把狄拉克的名言做了补充：“一对关联光子只和自己这一对干涉。”

文献[18]在此基础上讨论了以上实验安排的变种，包括许多研究组的双粒子干涉仪。

这和狄拉克的名言“两个不同光子之间的干涉永远不会发生”是否矛盾？回答是不矛盾。两个下转换光子处于缠绕态。这对光子的路径有两种缠绕的选择：A 与 C，或 D 与 B。干涉是在这两种选择间发生，而不是在两个光子间发生。实际上这两个光子根本不会相逢：一个进入探测器 U_1 或 L_1，另一个进入 U_2 或 L_2。这种情况在曼德尔等人[22]的另一个实验中可以看得更清楚。一对下转换光子在分束器上混合，每个光子都可以进入探测器 A 或探测器 B。两个探测器中任何一个的计数都不呈现干涉(因此两个光子间没有干涉)，而两个探测器的符合计数则可以显示干涉。很明显，在分束器上产生的每个光子的两个分量间发生了干涉。勒格罗(Legero)等人[23]进行的两个单光子量子拍频实验是另一个有趣的例子。两个独立的光子长脉冲到达分束器。一般来说，两个脉冲到达的时间有一个间隔，当然间隔也可以是零。每个脉冲都会进入探测器 A 或探测器 B。一个探测器首先记录了光子，这个测量将原始独立的两个光子缠绕起来。两个探测器的符合测量缠绕光子对的相干。每个光子都可以进入 A 或 B，但 A 或 B 的单独计数不呈现两个光子间的干涉，只有两个探测器的符合计数显示每个光子的两个模式(分量)之间的干涉。

1.5.3 发射时间的干涉

曼德尔[24]曾经指出，当两个独立的且在空间上分开的单原子光源使两个探测器产生符合计数，且记录的两个光子中的其中一个一定来自一个光源，而另一个来自另一个光源时，只要没有关于光子究竟来自哪一个光源的信息，就会发生干涉。J. Franson[25]提出另一个想法：只要无法判断光子是在什么时间发出的，就存在二光子干涉。乔瑞宇在 Franson 想法的基础上建立了高可见度干涉装置[26]①。图 1.20(a)为实验装置示意图，其中 M_1，M_2 是反射镜，$B1_1$，$B1_2$，$B2_1$，$B2_2$ 是分束器，F_1，F_2 是滤光片，D_1，D_2 是探测器。图 1.20(b)是装置的简化图，图中一对下转换光子同时到达探测器 D_1 和 D_2。在途中它们都有选择长途径和短途径的可能。长短途径所需的时间差在实验中是 4ns，而探测器的“同时”，实际是在窗口 1ns 内。由于两个光子在下转换中是同时产生的，所以，它们或是都选择了长途径，或是都选择了短途径。但装置中没有判断发射时间的可能，因此只能用线性组合表示这个缠绕态：

$$|\psi\rangle = \frac{1}{\sqrt{2}}(|s\rangle_1\ |s\rangle_2 + |l\rangle_1\ |l\rangle_2) \tag{1.5.14}$$

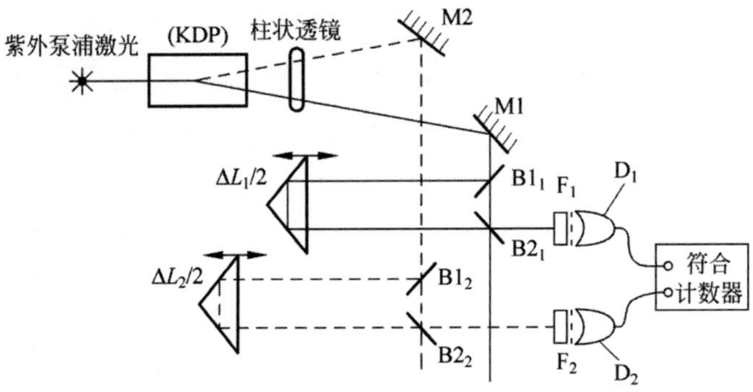

(a)

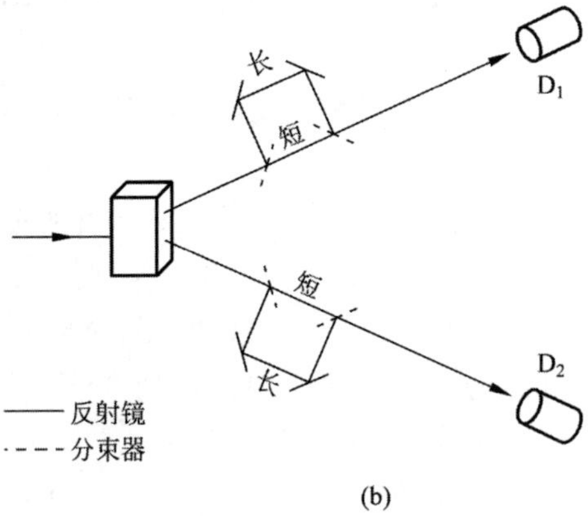

(b)

图 1.20　发射时间干涉仪装置

(a) 示意图；(b) 简化图

式中，s 代表短途径，l 代表长途径。变更一个光子的长途径长度（移动图 1.20(a)中的棱镜）就能改变 $|\psi\rangle$ 中两项的相对相角。令 $\Delta L_i = L_i - S_i$，此处 $i=1,2$，而 L_i 与 S_i 分别代表

① 这个装置还对贝尔不等式被破坏给予了精确的演示，见 1.8 节。

光子 i 的长途径与短途径长度。$|\psi\rangle$中两项的相对相角为

$$\Delta\phi=\omega_1\frac{\Delta L_1}{c}+\omega_2\frac{\Delta L_2}{c}=\frac{\omega_1+\omega_2}{2c}(\Delta L_1+\Delta L_2)+\frac{\omega_1-\omega_2}{2}(\Delta L_1-\Delta L_2)$$

此处 ω_1 与 ω_2 是两个光子的角频率。在实验中选择 $\omega_1\approx\omega_2$，即 $\omega_1-\omega_2\approx 0$。引入 $\omega_p=\omega_1+\omega_2$，$\omega_p$ 是产生下转换光子的角频率。因此

$$\Delta\phi=\frac{\omega_p}{2c}(\Delta L_1+\Delta L_2) \tag{1.5.15}$$

探测器的符合计数率 R 满足：

$$R\propto|1+e^{i\Delta\phi}|^2=2+2\cos\left[\frac{\omega_p}{2c}(\Delta L_1+\Delta L_2)\right] \tag{1.5.16}$$

理论上干涉的可见度应是 100%，实际上实验达到的是 80.4%。

在此后一个类似的实验[27]中，两个能量相同的下转换光子从非线性晶体同时发出，在光纤中各自传播达到相距 10.5km 的两个干涉仪。观测到的二光子干涉可见度达 81.6%。缠绕态能够保持如此远的距离，不仅在理论上证实了量子力学关联（并非鬼怪式的相互作用），而且对量子信息学（量子密码与量子远程传递）也有实际意义。

现在可以回到 1.4 节讨论的经典光源问题。通常具有大量能发出辐射的原子的光源被认为是经典源。发出辐射原子数量很少的源不能认为是经典源，因为经典电磁理论已不适于描述这类光源，而应该用量子场论来描述。曼德尔[24]发现场论的结果和经典电磁理论的结果相差很多。在原子数目较多的极限下，两种理论趋于一致，这是可以预期的。出人意料的是，当原子数目不多但具有泊松涨落时，量子理论的预言也和经典理论一致。因此，不论一个热光源是多么弱，它也是一个经典光源，其反符合系数 α 接近 1，起关键作用的是涨落。

1.5.4　相干与路径可区分性

费曼有一句格言：“只有在一个装置中无法在物理上互相区分的状态才能干涉。”邹兴宇、王力军和曼德尔的实验[28]对这个原则给予了明确的证明。图 1.21(b)的虚线 A 和 C 是分束器，入射的紫外光子在 A 处分为二束，各经反射进入非线性晶体 X_1 和 X_2。每个光子只能在一块晶体（X_1 或 X_2）中产生下转换，所以产生的是缠绕态：

$$\frac{1}{\sqrt{2}}(|d\rangle_1|e\rangle_2+|h\rangle_1|k\rangle_2)$$

束 d 和 h 都能进入 D_1。它们能干涉吗？如果能对 e 和 k 分别进行监察，就能判断 D_1 接收的是从哪一个晶体来的下转换光子：如果 e 有计数，则进入 D_1 的一定是 d；如果 k 有计数，则进入 D_1 的一定是 h。这样就不会有干涉。如果将 e 和 k 的路线重叠起来，就失去了判断的潜在可能，从而出现干涉。此时的状态

$$\frac{1}{\sqrt{2}}(|d\rangle+|h\rangle)_1|k\rangle_2$$

是乘积态而不是缠绕态。此时调节移相器 P 就会出现 D_1 中的干涉。具体分析如下：在分束器 A(半透明)处，束 a 变为束 b 与束 c 的线性组合，即

$$|a\rangle\rightarrow\frac{|b\rangle+i|c\rangle}{\sqrt{2}}$$

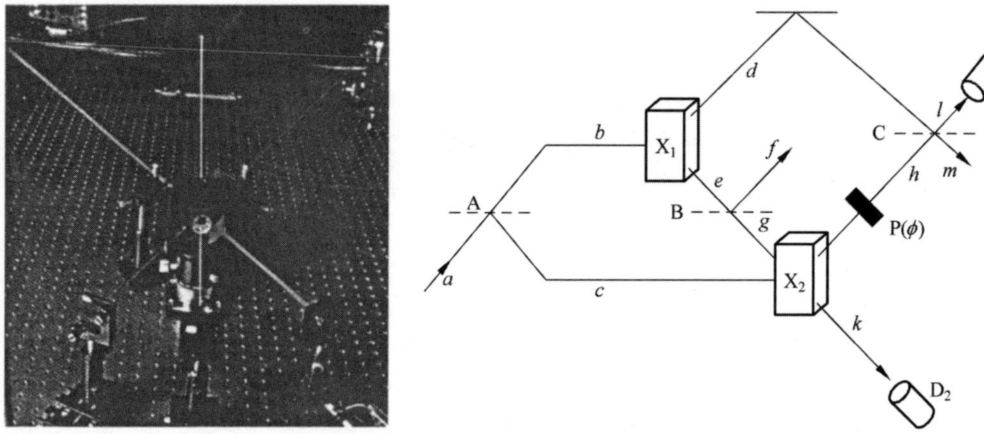

(a)　　(b)

图1.21　邹兴宇、王力军和曼德尔干涉仪的实验图和示意图

(a) 实验图；(b) 示意图

此处 i 表示反射束有 $\pi/2$ 相移。在 B 处(为了以下讨论，以实数 T 和 R 表示其透射和反射率)，

$$|e\rangle \to T\ |g\rangle + \mathrm{i}R\ |f\rangle$$

在 C(半透明)处

$$|h\rangle \to \frac{|l\rangle + \mathrm{i}\ |m\rangle}{\sqrt{2}}, \quad |d\rangle \to \frac{|m\rangle + \mathrm{i}\ |l\rangle}{\sqrt{2}}$$

在移相器 P 处

$$|h\rangle \to \mathrm{e}^{\mathrm{i}\phi}\ |h\rangle$$

在下转换晶体处(令 η 为下转换系数，为 10^{-6} 量级)，

$$|b\rangle \to \eta\ |d\rangle_1\ |e\rangle_2,$$
$$|c\rangle \to \eta\ |h\rangle_1\ |k\rangle_2$$

将 $|g\rangle$ 和 $|k\rangle$ 准直，有

$$|g\rangle \to |k\rangle$$

将以上各过程总结，有

$$\begin{aligned}|a\rangle &\to \frac{1}{\sqrt{2}}(|b\rangle + \mathrm{i}\ |c\rangle) \to \frac{\eta}{\sqrt{2}}(|d\rangle_1\ |e\rangle_2 + \mathrm{i}\ |h\rangle_1\ |k\rangle_2) \\ &\to \frac{\eta}{2}[(T - \mathrm{e}^{\mathrm{i}\phi})\ |m\rangle + \mathrm{i}(T + \mathrm{e}^{\mathrm{i}\phi})\ |l\rangle]_1\ |k\rangle_2 + \\ &\quad \mathrm{i}\ \frac{\eta}{2}R(|m\rangle + \mathrm{i}\ |l\rangle)_1\ |f\rangle_2 \end{aligned} \tag{1.5.17}$$

求 D_1D_2 的符合计数率，通过选取式(1.5.17)中 $|l\rangle_1|k\rangle_2$ 的系数，取其模平方即可：

$$\frac{\eta^2}{4}[(T + \cos\phi)^2 + \sin^2\phi] = \frac{\eta^2}{4}(1 + T^2 + 2T\cos\phi)$$

干涉条纹对比度为

$$\mathcal{V} = \frac{2T}{1 + T^2} \tag{1.5.18}$$

随 T 的增加而增加，从 $T=0$ 的 $\mathcal{V}=0$ 开始直到 $T=1$ 的 $\mathcal{V}=1$。如果只测探测器 D_1 的计数

率，则它是 $|l\rangle_1|k\rangle_2$ 与 $|l\rangle_1|f\rangle_2$ 的系数模平方之和：

$$\frac{\eta^2}{4}[(T+\cos\phi)^2+\sin^2\phi]+\frac{\eta^2}{4}R^2=\frac{\eta^2}{4}[1+T^2+2T\cos\phi+R^2]$$
$$=\frac{\eta^2}{2}(1+T\cos\phi)$$

最后的等式来源于 $T^2+R^2=1$，这时干涉条纹的可见度为

$$\mathcal{V}=T \tag{1.5.19}$$

考虑到实际的实验参数，即入射光能量在晶体中下转换的比例分数、泵浦波的强度和交叉关联，与 T 成正比关系的比例常数仅在极端情况下才为 1[28]，实验结果示于图 1.22。

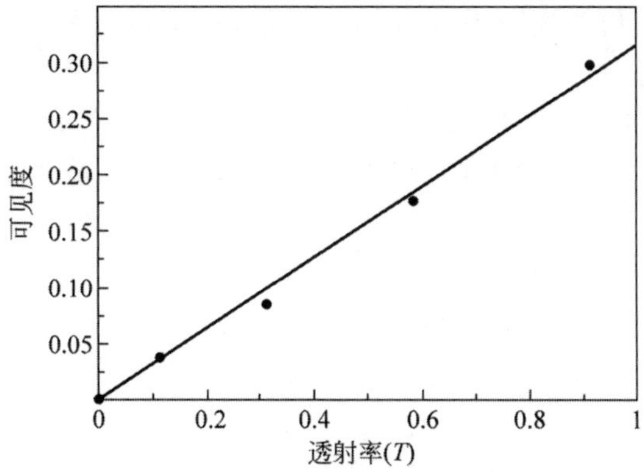

图 1.22　可见度与透射率的关系

取自文献[28]

重要的是，虽然 D_2 这一束并不在相干路径内，它却能影响 D_1 这一束的干涉条纹可见度。D_2 这一束的作用是：使"从哪一条路来"(从 X_1 还是从 X_2)的判断成为不可能。一对下转换光子(或称"共轭光子")是相互关联的，操纵一个就能影响第二个。$T=0$ 导致$\mathcal{V}=0$，是因为阻挡 e 束就能根据 k 束有无光子判断 D_1 中的光子是来自 X_1(k 束无光子)还是 X_2(k 束有光子)，这样 D_1 就不可能看到干涉条纹。在图 1.23 中，探测器 D_1 中的计数率 R_s 绘为曲线 A。它是图 1.21(b)中分束器 C 位移的函数，或等价地是图 1.21(b)中相移器相位 ϕ 的函数。当辅助束 e 被阻挡时($T=0$)计数率绘为曲线 B。

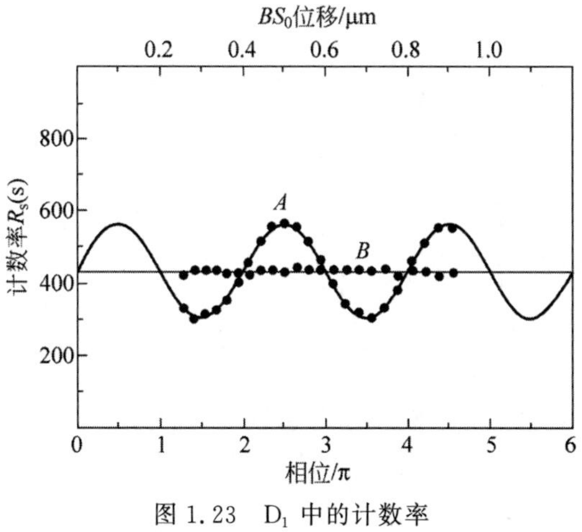

图 1.23　D_1 中的计数率

这个实验再次指明，毁掉相干的原因是潜在的信息，而非必须是实际掌握的信息，只要不把$|g\rangle$和$|k\rangle$准直，式(1.5.17)原有的$\frac{\eta}{2}\mathrm{i}(T+\mathrm{e}^{\mathrm{i}\phi})|l\rangle_1|k\rangle_2$就会变为$\frac{\eta}{2}(\mathrm{i}\mathrm{e}^{\mathrm{i}\phi}|l\rangle_1|k\rangle_2+\mathrm{i}T|l\rangle_1|g\rangle_2)$。再求$D_1D_2$符合，就只有$\eta^2/4$，不用实际去测$|g\rangle$和$|k\rangle$，相干就丢了。

1.6 双光子干涉仪量子涂消器

在1.3节中讨论了量子涂消器的概念，真正实现的首先是乔瑞宇研究组的双光子干涉仪[29]，图1.24是实验装置的示意图。氩离子激光器351.1nm的泵浦光子在非线性晶体KDP中下转换为两个平均值为702.2nm的共轭光子，用滤波器限制带宽为10nm。两个关联光子通过反射镜同时射到分束器上，两个输出道D_1，D_2测量单独计数和两道的符合计数。图1.25(a)是简化的干涉仪图，图1.25(b)是对符合计数有贡献的路径：两个光子在分束器处或者都是反射($r\times r$)或都是透射($t\times t$)。当两路程差为0时，符合计数是

$$P_c=|r\times r+t\times t|^2=\left|\frac{\mathrm{i}}{\sqrt{2}}\times\frac{\mathrm{i}}{\sqrt{2}}+\frac{1}{\sqrt{2}}\times\frac{1}{\sqrt{2}}\right|^2=0 \tag{1.6.1}$$

因子i来自分束器处反射带来的相位差$\pi/2$。当程差比相干长度大得多时，$r\times r$和$t\times t$两路不再相干，计数率是二者的模方之和：

$$P_c=\frac{1}{2} \tag{1.6.2}$$

由于每个光子在分束器处反射与透射的概率都是50%，符合计数应占1/2，另外1/2是两个光子进入同一个探测器的情况。实际上在分束器后的波函数为

$$\begin{aligned}|\psi\rangle_{\Delta x=0}&=\frac{1}{2}[|1_1 1_2\rangle+\mathrm{i}^2\,|1_1 1_2\rangle+\mathrm{i}\,|2_1 0_2\rangle+\mathrm{i}\,|0_1 2_2\rangle]\\&=\frac{\mathrm{i}}{2}[|2_1 0_2\rangle+|0_1 2_2\rangle]\end{aligned} \tag{1.6.3}$$

福克(Fock)态$|nm\rangle$代表向探测器D_1传播的有n个光子，向D_2传播的有m个光子。$\Delta x=0$代表程差为0。如果移动图1.24中的棱镜以调整两个路径的程差δL，则符合计数概率将从0增加，直到程差趋近相干距离，符合计数率趋向1/2并与程差无关，这时干涉消失。

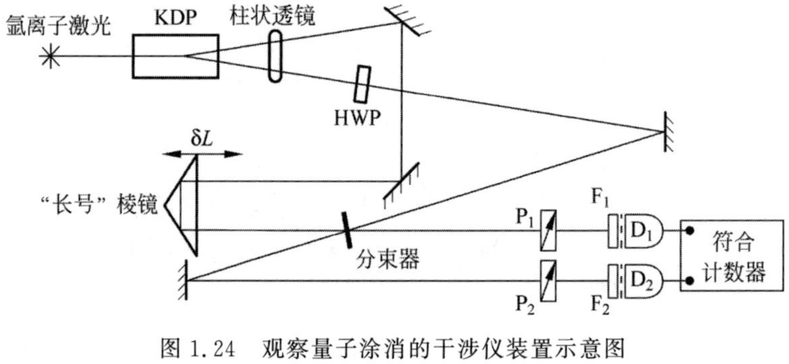

图1.24　观察量子涂消的干涉仪装置示意图

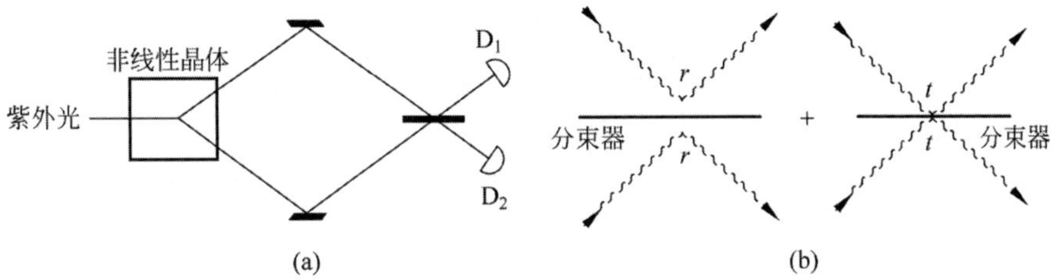

图 1.25 干涉仪简图和对符合计数有贡献的路径
(a) 干涉仪简图；(b) 对符合计数有贡献的路径

从式(1.6.3)可见，在程差为 0 时两个缠绕光子在同一方向离开分束器(去往探测器 1 或探测器 2)。这个现象是由曼德尔等人[22]最初发现的，此后被称为"光子聚团"(photon coalescence)。有趣的是，两个独立的光子也有同样现象。例如在 1.5 节中提到的勒格罗等人[23]的量子拍频实验。两个光子脉冲相继被记录到。第一个光子测量将两个光子缠绕起来，这就决定了第二个光子被任意一个探测器接收到的概率。相同频率的光子聚团最为明显。

下转换产生的两个光子都是水平偏振的。如果在一束中放置半波片，其光轴与水平偏振方向成 $\phi/2$ 角(图 1.24 中的 HWP)，这个光子的偏振方向就和水平成 ϕ，如果 $\phi/2=45°$，则偏振就变为垂直方向了。这样偏振就成为一个新的参数，可以用来辨认进入任何一个探测器的光子是从"哪一个路径"来的。可以预料，干涉现象将会消失。令 H 代表水平偏振，V 代表垂直偏振。光子通过半波片偏振变为 $H+\phi$，即偏振与水平成 ϕ：

$$|1^{H+\phi}\rangle = |1^{H}\rangle\cos\phi + |1^{V}\rangle\sin\phi \tag{1.6.4}$$

放置半波片后在分束器后面的波函数为

$$|\psi\rangle_{\Delta x=0} = \frac{1}{2}[|1_1^H 1_2^{H+\phi}\rangle + \mathrm{i}^2\ |1_1^{H+\phi} 1_2^H\rangle + \mathrm{i}\ |1_1^{H+\phi} + 1_1^H, 0_2\rangle + \mathrm{i}\ |0_1, 1_2^H + 1_2^{H+\phi}\rangle] \tag{1.6.5}$$

再用式(1.6.4)与式(1.6.5)中的 $|1_1^H 1_2^H\rangle\cos\phi$ 两项对消，余下的项为

$$|\psi\rangle_{\Delta x=0} = \frac{1}{2}[|1_1^H 1_2^V\rangle\sin\phi - |1_1^V 1_2^H\rangle\sin\phi + \mathrm{i}\ |2_1^H 0_2\rangle\cos\phi + \mathrm{i}\ |1_1^V + 1_1^H, 0_2\rangle\sin\phi + \mathrm{i}\ |0_1 2_2^H\rangle\cos\phi + \mathrm{i}\ |0_1 1_2^H + 1_2^V\rangle\sin\phi] \tag{1.6.6}$$

只有前两项与符合测量有关，因为其他福克态是 $|02\rangle$ 或 $|20\rangle$。符合测量的结果为

$$P_c = \frac{1}{4}[2\sin^2\phi] = \frac{1}{2}\sin^2\phi \tag{1.6.7}$$

这个结果是取了式(1.6.6)中 $|1_1^V 1_2^H\rangle$ 和 $|1_1^H 1_2^V\rangle$ 的系数，将它们平方再相加得来的。这两个状态都是两个探测器中各有 1 个光子，为什么没有干涉项呢？原因是这两个状态是正交的——偏振态正交。这是加了半波片的结果：它使两个状态正交，因而干涉为 0，这和提供分辨"从哪条路来"的潜在可能是共生的。不论测量与否，结果总是一样的。在图 1.26(a)中半波片方向的不同导致对干涉的不同效应。在图 1.26(b)中绘出了半波片角度函数的可见度。

进行量子涂消就是反其道而行之。在两个探测器前面各放一个检偏器 P_1 和 P_2，检偏方向分别为 θ_1 和 θ_2。设原来的半波片放置于 $\phi/2=45°$，则式(1.6.6)变为

$$|\psi\rangle_{\Delta x=0} = \frac{1}{2}[-|1_1^V 1_2^H\rangle + |1_1^H 1_2^V\rangle + \cdots] \tag{1.6.8}$$

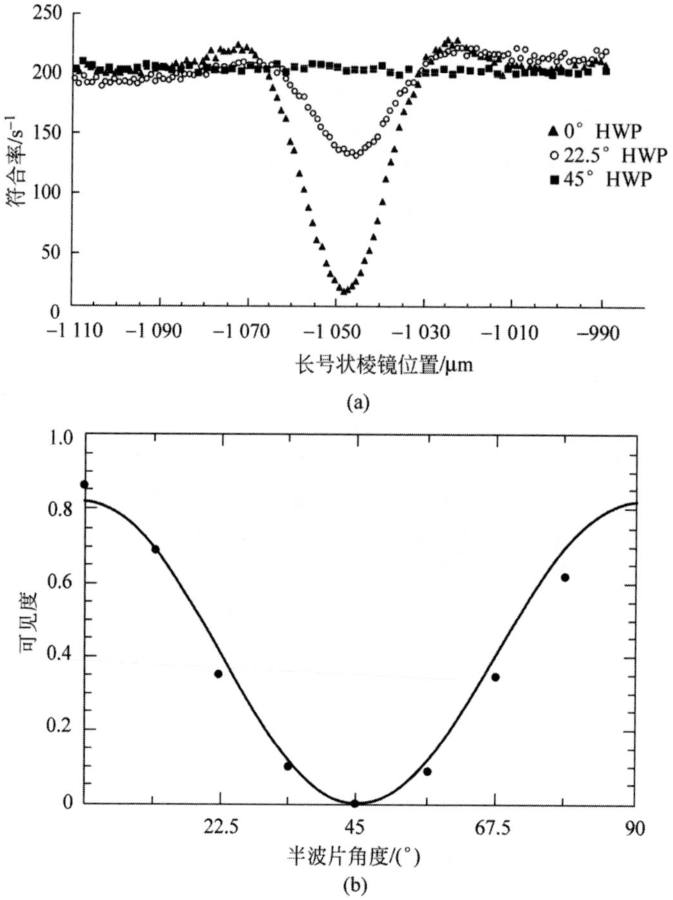

图 1.26　不同半波片方向对干涉产生的不同效应和半波片角度函数的可见度

取自文献[29]

(a) 不同半波片方向下表现干涉的符合计数率急降的轮廓；(b) 半波片角度函数的可见度

检偏器的作用是求出式(1.6.8)态在

$$\langle\theta_1| = \langle 1_1^H|\cos\theta_1 + \langle 1_1^V|\sin\theta_1$$

和

$$\langle\theta_2| = \langle 1_2^H|\cos\theta_2 + \langle 1_2^V|\sin\theta_2$$

上的投影。结果是

$$\langle\theta_1\theta_2|\psi\rangle_{\Delta x=0} = \frac{1}{2}(\cos\theta_1\sin\theta_2 - \sin\theta_1\cos\theta_2)$$

$$= \frac{1}{2}\sin(\theta_2 - \theta_1)$$

以及

$$P_c(0) = |\langle\theta_1\theta_2|\psi\rangle_{\Delta x=0}|^2 = \frac{1}{4}\sin^2(\theta_2 - \theta_1)$$

如果 $\theta_1=\theta_2$，则 $P_c(0)=0$ 完全恢复了量子干涉的值。如果程差大于相干长度，则式(1.6.8)的两项不再相干，求 P_c 时须将它们分别投影到$\langle\theta_1\theta_2|$，取模方再相加：

$$P_c(x > c\tau) \approx \left|\frac{1}{2}\langle\theta_1\theta_2 \mid 1_1^H 1_2^V\rangle\right|^2 + \left|\frac{1}{2}\langle\theta_1\theta_2 \mid 1_1^V 1_2^H\rangle\right|^2$$
$$= \frac{1}{8}\{\sin^2(\theta_2 - \theta_1) + \sin^2(\theta_2 + \theta_1)\} \tag{1.6.9}$$

由于半波片的作用，在 D_1，D_2 两个探测器道都有“哪一条路径”的信息，必须在两个探测器前都放置检偏器才能消去信息。另有很重要的一点：涂消是在干涉仪的输出口之后进行的，刚刚在两个探测器进行符合测量时恢复了干涉效应。检偏器角度的设置完全决定了这一对共轭光子的表现。理论与实验的比较示于图 1.27。图 1.27(a)是理论曲线，给出了两个检偏器设置角度不同时涂消的结果。图 1.27(b)中的点是实验数据，曲线是理论计算修正到可见度为 91%的结果。远离曲线最低点没有干涉现象，因此方位角无关紧要。在最低点附近，光子 2 极化的非定域塌缩导致了正弦曲线公式的变化。棱镜移动由步进压电电机完成，它的位置分辨率是 0.13μm。

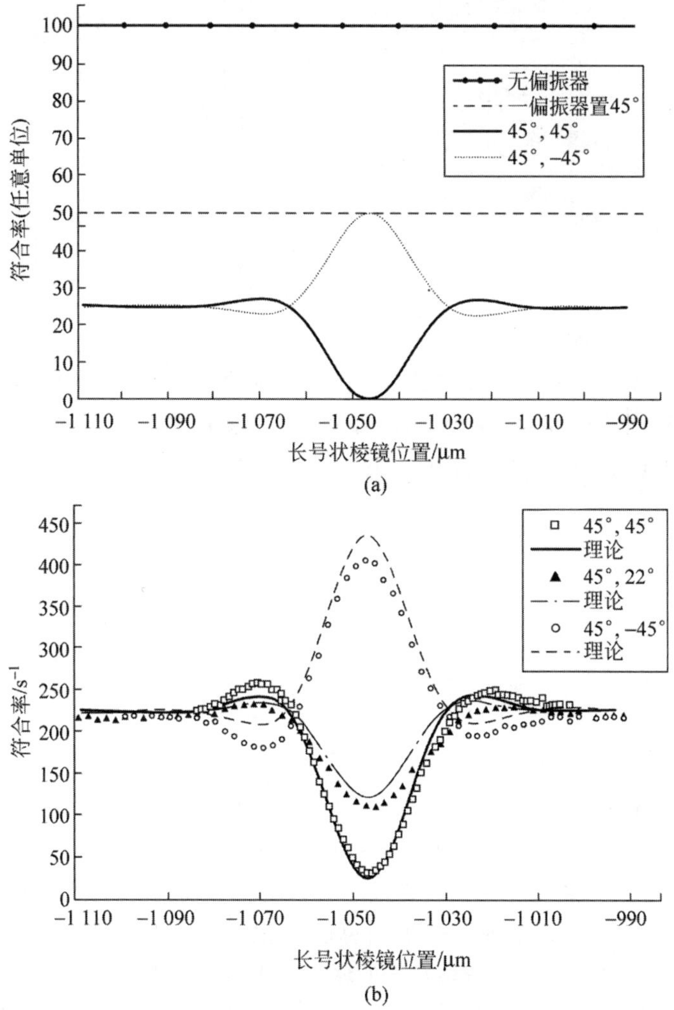

图 1.27 涂消器的理论与实验比较

(a) 检偏器的角度不同设置的涂消结果(理论)；(b) 实验数据，理论曲线已调整到可见度为 91%

史砚华等人[30]进行了一个推迟选择的量子涂消器实验，选择通过在分束器上的光子随机地做出，原理示于图1.28。标记为A或B的原子由弱激光器激发。激发原子(A或B)通过级联衰变发射一对缠绕光子。向右方传播的光子1由探测器D_0记录。D_0沿x轴方向扫描观察干涉条纹。向左方传播的光子2遇到50/50分束器。如果光子2是从原子A发射的，它将沿路径A遇到分束器BSA，以50%的概率反射或透射。如果它是从原子B发射的，就将沿路径B遇到分束器BSB，以50%的概率反射或透射。如果光子在分束器上透射，它将到达探测器D_3或D_4。由原子级联衰变产生的这对光子是处于缠绕态的：

$$|\psi\rangle=\frac{1}{\sqrt{2}}[|1\rangle_A\ |2\rangle_A+|1\rangle_B\ |2\rangle_B]$$

在探测器D_3或D_4记录到光子就能提供光子2的走“哪一条路径”的信息，而光子1的路径也因此成为已知。

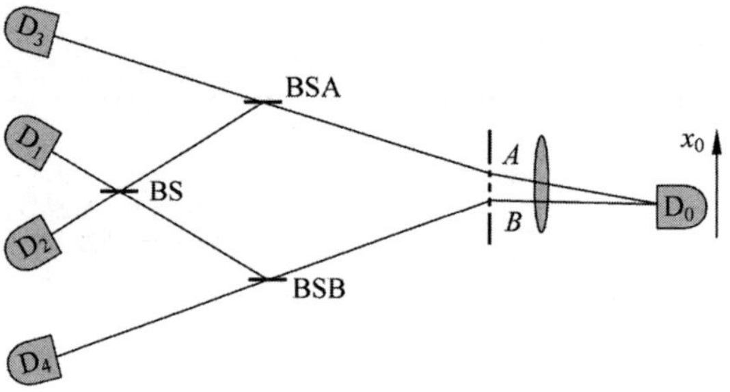

图1.28　量子涂消器实验

取自文献[30]

如果在任意一个分束器上光子2反射，它将遇到另一个50/50分束器BS而被探测器D_1或D_2探测到。由于分束器BS的存在，探测器D_1或D_2的触发涂消了光子1走“哪一条路径”的信息。因此可以通过设计光子的关联安排干涉的消失或恢复。两个光子的状态可以重新表述为

$$|\psi\rangle=\frac{1}{\sqrt{2}}[|1\rangle_+|2\rangle_++|1\rangle_-|2\rangle_-]$$

此处

$$|1\rangle_\pm=\frac{1}{\sqrt{2}}[|1\rangle_A\pm|1\rangle_B],\quad |2\rangle_\pm=\frac{1}{\sqrt{2}}[|2\rangle_A\pm|2\rangle_B]$$

这些状态都代表同一个光子两个状态的相干叠加，正是典型的双缝波函数。D_1或D_2记录到光子2导致波函数塌缩，显示光子1的状态由$|1\rangle_+$或$|1\rangle_-$给出，保持了干涉条纹。

实验设计中原子A，B和D_0的距离远小于A，B和分束器BSA，BSB的距离，有无路径信息的选择由光子2随机实现。在光子1触发探测器D_0之后，光子2仍然在去往分束器的途中。这个推迟选择是上面讨论过的惠勒的主旋律的更强的“变奏”。D_0与探测器$D_i(i=1,2,3,4)$中任意一个的延迟符合计数率(记为R_{0i})保证事件是由一对光子生成的。R_{01}与R_{02}的联合计数率显示D_0坐标x的函数的干涉图样。这反映了光子1的波动性。R_{03}与R_{04}的联合计数率则不显示干涉图样，因为提供了光子1走“哪一条路径”的信息。

在实际实验中，泵浦激光束通过双缝在 BBO 晶体中形成 A 与 B 两个区域。从 A 或 B 产生一对下转换光子。光子 2 的到达比信号光子 1 迟 7.7ns。图 1.29 给出了实验安排。

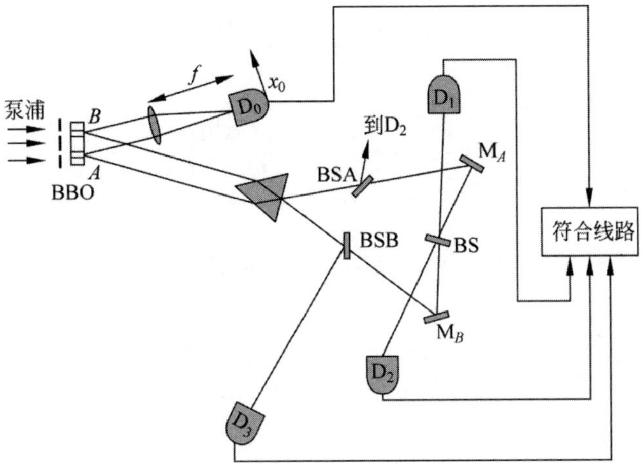

图 1.29　实验安排

取自文献[30]

图 1.30 给出了作为 x 函数的 R_{01} 与 R_{02}，观察到标准的杨氏干涉图样。它们是共轭的干涉条纹，相移为 π。它们之和当然是没有结构的常数值(图 1.31)。图 1.32 给出的 R_{03} 不显示干涉。

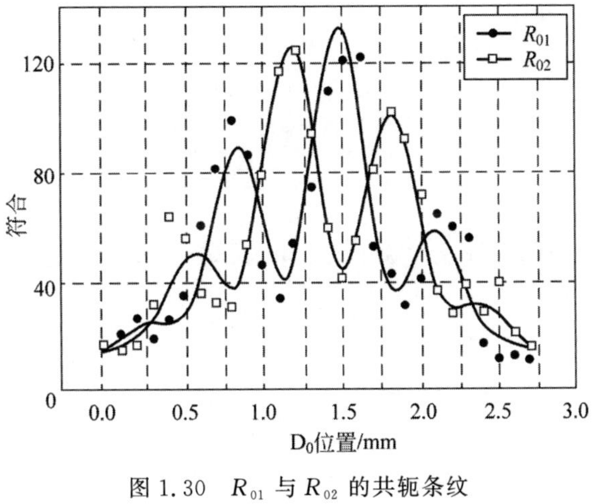

图 1.30　R_{01} 与 R_{02} 的共轭条纹

取自文献[30]

推迟选择涂消器的概念曾引起过不少争论，因为在过去记录下的光子 1 如何能受光子 2 在未来的行为影响？事实上，缠绕态 $|\psi\rangle$ 是决定物理状态的。究竟选择第一方案(确定“哪一条路径”)还是第二方案(两条路径)，是由光子 2 的行为随机选定的。实际上，在实验完成之后把 $D_1 \sim D_4$ 各探测器记录的数据分类处理才能把物理的全部内容揭示出来。单独由 D_0 记录的数据(图 1.31)给不出什么信息。

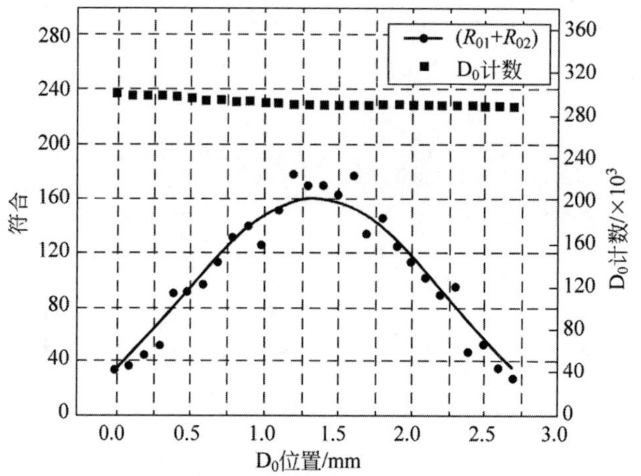

图 1.31　R_{01} 与 R_{02} 之和不呈现干涉

取自文献[30]

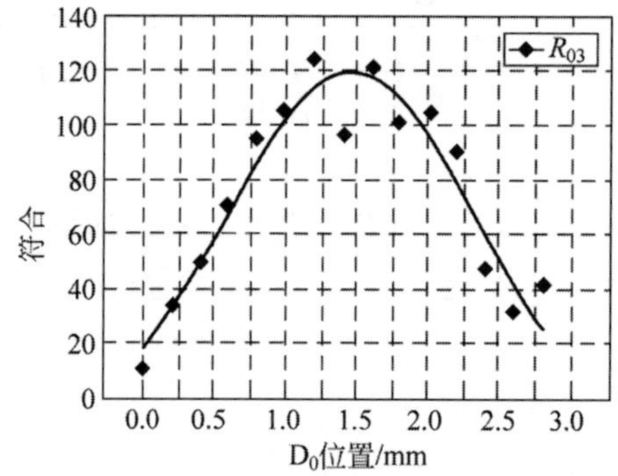

图 1.32　R_{03} 不呈现干涉

取自文献[30]

1.7　爱因斯坦和玻尔关于量子力学的争论,贝尔定理

20世纪两位最伟大的物理学爱因斯坦和玻尔曾在1930年和1935年就量子力学进行过两次争论。1935年的争论被称为“EPR佯谬”。关于这个问题的讨论从1965年起又成为非常热门的话题,研究工作空前地兴旺起来。原因是最初的争论仅限于理论概念和“假想实验”,而贝尔在1965年的一篇论文却提出了基于爱因斯坦观点的“隐变量理论”可以用实验检验,其判据后来被称为“贝尔不等式”。从20世纪60年代后期起进行了许多验证不等式的实验。20世纪80年代所进行的实验已经基本上达到过去只能在理论上讨论的“想象中实验”的水平。这些理论和实验的发展使人们对量子力学的基本问题有了进一步的认识,研究仍在继续。

1.7.1　1930年爱因斯坦对量子力学的批评:“量子力学是不自洽的。”

1930年在布鲁塞尔举行的塞尔维(Solvay)讨论会上,爱因斯坦提出一个假想实验。在一个密闭的盒中有辐射存在,事先测好盒的质量。由一个预先设计好的钟表机构开启盒上的快门，经短时间 T 后关闭。在此期间有一个光子逸出。快门关闭后再测盒的质量，两次测量值之差正好是逸出光子的能量 E。由于时间 T（由钟表机构测量）和光子能量（由盒的质量变化测量）两种测量是独立的、互不干扰的，测量精确度不互相制约，因而破坏了 $\Delta T \cdot \Delta E \geqslant \hbar$ 的不确定关系，他的结论是"量子力学是不自洽的"。对这个批评玻尔一时感到很困惑。对量子力学不确定性原理的正确性，玻尔是深信不疑的，但一时又找不到爱因斯坦论据的错误。经过一夜苦思，第二天玻尔在黑板上画了这个假想的实验装置(图 1.33)。玻尔指出，必须对测量过程做认真分析，才能找出时间和能量测量精确度之间的关系。在光子逸出时(时间测量)，盒子获得一个向上的动量：

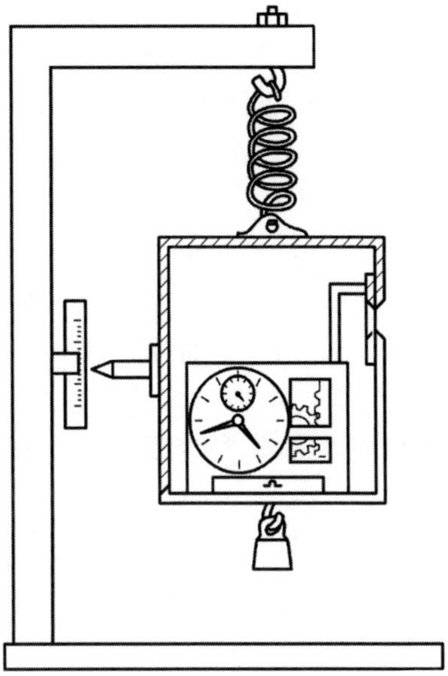

图 1.33 爱因斯坦之盒

$$p \leqslant T\frac{E}{c^2}g \tag{1.7.1}$$

此处 g 为重力加速度，而动量的不确定值为

$$\Delta p \leqslant T\frac{\Delta E}{c^2}g \tag{1.7.2}$$

盒子的两次平衡位置之差 Δx 是和 Δp 有关的：

$$\Delta p \geqslant \frac{\hbar}{\Delta x} \tag{1.7.3}$$

因此

$$\hbar \leqslant T\frac{\Delta E}{c^2}\Delta x g \tag{1.7.4}$$

T 的测量不确定值是由位置不确定值 Δx 引起的引力势不同，从而影响钟表快慢所致。据引力红移公式：

$$\frac{\Delta T}{T} = \frac{g\Delta x}{c^2} \tag{1.7.5}$$

将式(1.7.5)代入式(1.7.4)即得出

$$\Delta E \Delta T \geqslant \hbar \tag{1.7.6}$$

玻尔用爱因斯坦自己提出的引力红移回敬了他，说明量子力学是自洽的。从此爱因斯坦没有再提自洽性的问题。

1.7.2 Einstein-Podolsky-Rosen 佯谬："量子力学描述是不完备的。"

1933 年爱因斯坦等三人提出了对量子力学新的批评[31]，文献中将此称为"EPR 佯谬"。他们三人在分析量子力学理论是否完备时，考察了一个由两个粒子组成的一维系统，并提出了用于判断这个问题的 3 个前提：①对于任何两个互不接触且不可能直接作用的系统，对其中任何一个系统的测量，量子力学的预言是正确的。②要是对于一个系统没有干扰，我们能够确定地预测(概率等于1)一个物理量的值，那么对应于这一物理量，必定存在着一个物理实在的元素。③对于任何两个分开的系统，对其中一个系统做的任何物理操作不应立刻对另一个系统有任何影响，也可以说自然界没有超距作用。这就是历史上有名的爱因斯坦可分隔原则。现在考虑由两个粒子组成的一维系统。显然，粒子1的 x_1 和 p_1，粒子2的 x_2 和 p_2 互不对易。但是我们发现 x_1-x_2 和 p_1+p_2 这两个算符是互相对易的，由此可以找到一个态函数，它同时是算符 x_1-x_2 的本征值为 a 和算符 p_1+p_2 的本征值为0的本征函数，即 $\delta(x_1-x_2-a)$。如果测得粒子1的坐标 x_1 为 x，那么便可以确定粒子2的坐标 x_2 必为 $x-a$。另一方面，测得粒子1的动量 p_1 为 p，由此可以确定粒子2的动量 p_2 必为 $-p$。若设 a 为足够大，则对粒子1的任何物理操作，并不对粒子2引起任何干扰。按照上述三个前提之②，可断定对应于 x_1, p_1, x_2, p_2，存在着4个独立的物理实在的元素。而量子力学则指出，x_1 与 p_1，x_2 与 p_2 是不对易的，因此两对量各自只有一个独立的物理实在的元素与其对应。所以整个系统只能有两个独立的物理实在的元素与其对应。三人由此断言，量子力学理论的描述是不完备的。为了使所讨论的问题与实验更接近，我们介绍另一个版本的EPR佯谬，即玻姆(D. Bohm)版本的EPR佯谬[32]，并就此进行详细分析。

玻姆版本的EPR佯谬将原佯谬的系统中两个粒子的坐标和动量改换为三个自旋分量来考虑。设由两个自旋为1/2的粒子组成一个系统，处于总自旋为0的状态(单态)。其自旋波函数为

$$\psi=\frac{1}{\sqrt{2}}[u_\uparrow(1)\times u_\downarrow(2)-u_\downarrow(1)\times u_\uparrow(2)] \tag{1.7.7}$$

式中，$u_\uparrow$ 和 $u_\downarrow$ 分别代表自旋分量为1/2和−1/2的旋量波函数。自旋量子化轴 $\hat{\boldsymbol{n}}$ 的方向是任意的。该系统处于单态意味着两个粒子处于自旋反平行的状态。设两个粒子相距甚远，由式(1.7.7)可知，测量粒子1自旋 x 分量的结果是1/2或−1/2，概率各占一半。同时由式(1.7.7)可以判断，若粒子1的自旋 x 分量的测量值为1/2，与此相应，粒子2的自旋 x 分量必然是−1/2；若粒子1的自旋 x 分量的测量值为−1/2，与此相应，粒子2的自旋 x 分量必然是1/2。因此，一个观测者可以不干扰粒子2，就能确定地预言它的自旋 x 分量。根据同样的操作，观测者可以不干扰粒子2，就能确定地预言它的自旋 y 分量和自旋 z 分量。

对此，按照EPR佯谬前提来分析，根据前提②，由于测量 $S_x(1)$，$S_y(1)$，$S_z(1)$ 可以不对粒子2作任何干扰(前提③：没有超距作用)，便能确切地预言 $S_x(2)$，$S_y(2)$，$S_z(2)$。根据前提②可以得出结论，与粒子2的 $S_x(2)$，$S_y(2)$，$S_z(2)$ 相对应，存在3个独立的物理实在的元素。但是，根据量子力学的原则，$S_x(2)$，$S_y(2)$，$S_z(2)$ 互不对易，因此，不可能具有与之相对应的3个独立的物理实在的元素，而只能有1个物理实在的元素。如果由EPR佯谬的三个前提分析，可以得出结论，量子力学理论的描述是不完备的。

三个前提中，前提②是有问题的，该前提中有"我们能够确定地预测"的提法。要想确定地预测 $S_x(2)$，就必须安排实验测定 $S_x(1)$。此时我们就不能预测 $S_y(2)$ 和 $S_z(2)$。玻尔在对EPR佯谬挑战的回答[33]中指出："对粒子1的测量正是影响了对确定体系未来行为所做出的预言类型的条件。"这句话的意思是：对粒子1做 $S_x(1)$ 测量，就确定了对粒子2未来行为做出预言的类型，即 $S_x(2)$，而不能是 $S_y(2)$ 或 $S_z(2)$。由于决定自旋3个分量的安排是互相排斥的，因此只能确切预言粒子2的一个自旋分量，而不是3个，结论是不存在量子力学描述不完备的问题。

值得注意的是,在前提②中有“不对系统做任何干扰”的提法。在量子力学早期的文献或教科书中常把物理量 A 与 B 不能同时具有确定值归结为在测量 A 时干扰了粒子,影响了确定 B 的值。因此 EPR 佯谬强调的是既然没有干扰粒子 2,那么它所有的物理量都有确定值。海森堡和爱因斯坦讨论量子力学矩阵表述时说,只有可观测量才能进入理论。爱因斯坦[34]说:“哪些量是可观测量不应是我们的选择,而应由理论给出,由理论向我们提示。”自旋的 3 个分量能否同时存在相应的物理实在元素,不能人为地把经典力学搬到微观体系来认定,而应通过实验来考验量子力学理论的结果。在认定自旋的 3 个分量存在着相应的物理实在的元素这类问题上,爱因斯坦并未遵守他自己做出的正确判断。罗森菲尔德(L. Rosenfeld)评论[34]:“这是一个很聪明的见解,或许爱因斯坦自己应该记住的。”

在两个粒子相距很远时,对一个粒子的不同测量结果立即可以预言另一个粒子的不同性质。这是由角动量守恒通过波函数产生关联而产生的。对一个粒子进行测量,就从系统波函数中析出相关的部分(波函数编缩),其中包含了另一个粒子的信息,而不是对一个粒子进行的测量能对另一个粒子传递什么信息。果真如此,倒真是超距作用了,EPR 佯谬的第三个前提就是为此提出的。本章 1.9 节的推迟选择实验结果证明了在进行测量中不存在传递信息的问题。在 2.2.2 节讨论了纠缠态施密特(Schmidt)分解后还会进一步分析,对一个粒子进行测量没有信息传递给第二个粒子。

由于不能接受对量子力学关联(缠绕态)的描述,同时认为对第二个粒子信息的获得是一种物理上作用的结果,爱因斯坦把这种实际上不存在的作用称为“鬼怪式(spooklike)的超距作用”。“定域相互作用”在经典场论和量子场论中是被物理学家广泛接受的。但爱因斯坦提出“可分隔原则”反对超距作用。实际上,是否通过叠加原理建立量子力学关联,才正是量子力学的重要特征。爱因斯坦等三人提出的问题实际上不是佯谬,而是对建立一种新的理论的建议。他们的观点引出了大量的“隐变量理论”研究,这类理论认为量子力学的描述是不完备的。在标明系统状态的力学变量(它们都具有确定值)中,有一些在量子力学中是不出现的,它们被称为“隐变量[35]”。例如量子力学标明自旋状态,可以用 S^2 和 S_z,这里 S_x 和 S_y 就是隐变量。量子力学中对隐变量的测量值实际上是对一定系综的统计平均值。隐变量理论可以分成两类:一类企图重现量子力学的所有可观测结论,这时一些力学量会具有很奇特的性质,或需要引入很奇特的相互作用;另一类从一些基本原则出发(EPR 佯谬的 3 个前提),在一些简单情况下能重现量子力学的结果,但在有些情况下会得出不同于量子力学的结论。这些理论可以通过实验判明,是更引人注意的。在文献中称这类理论为“定域的(前提③)和实在性的(前提②)隐变量理论”,或“定域的、决定论的理论”。对 EPR 佯谬的挑战,多数物理学家持玻尔的观点,因此,长时间以来这个问题是物理学家谈论的话题,但并未进入物理学研究的主流。这种情况在 1965 年发生了变化,起决定作用的是贝尔的研究工作。

1.7.3 贝尔定理

隐变量理论能否和量子力学中力学量的对易关系相协调?关于此有过许多讨论。贝尔在 1965 年提出一个定理,现被称为“贝尔定理[36]①”:要构造一个定域的、决定论的隐变量理论且能和所有的量子力学预言相符是不可能的。贝尔是就 EPR 佯谬的玻姆版本进行分

① 有关贝尔定理在 1978 年 2 月以前的理论与实验进展总结见 J. F. Clauser 与 A. Shimony 的评述文章[37]。

析的。证明如下：令 $A_{\hat{a}}$ 和 $B_{\hat{b}}$ 分别代表粒子 1 在 $\hat{\boldsymbol{a}}$ 方向的自旋分量和粒子 2 在 $\hat{\boldsymbol{b}}$ 方向的自旋分量的测量结果，以 $\hbar/2$ 为单位，$\hat{\boldsymbol{a}}$ 和 $\hat{\boldsymbol{b}}$ 是任意两个单位矢量。考虑 $A_{\hat{a}}$ 和 $B_{\hat{b}}$ 的乘积。根据量子力学，它是厄密算符 $E(\hat{\boldsymbol{a}},\hat{\boldsymbol{b}})=\boldsymbol{\sigma}_1\cdot\hat{\boldsymbol{a}}\,\boldsymbol{\sigma}_2\cdot\hat{\boldsymbol{b}}$ 对波函数(式(1.7.7))的平均值，即

$$
\begin{aligned}
A_{\hat{a}}B_{\hat{b}} &= [E(\hat{\boldsymbol{a}},\hat{\boldsymbol{b}})]_{\psi}=\langle\psi\mid\boldsymbol{\sigma}_1\cdot\hat{\boldsymbol{a}}\,\boldsymbol{\sigma}_2\cdot\hat{\boldsymbol{b}}\mid\psi\rangle \\
&= -\hat{\boldsymbol{a}}\cdot\hat{\boldsymbol{b}}
\end{aligned} \tag{1.7.8}
$$

特例 $\hat{\boldsymbol{a}}=\hat{\boldsymbol{b}}$ 给出

$$
[E(\hat{\boldsymbol{a}},\hat{\boldsymbol{a}})]_{\psi}=-1 \tag{1.7.9}
$$

玻姆版本讨论的就是这个特例。量子力学结果(式(1.7.8))是否可以从定域决定论对隐变量作统计平均得到呢？从隐变量理论的观点看，可观测量都具有确定值。量子力学给出的测量结果会有概率分布，这是因为测量的体系是处在不同状态的，它们之间由一隐变量区别。量子力学对此一无所知，也正是由于其描述不完全才给出了概率分布。隐变量理论认为，量子力学中的一个状态，其实是一个包含大量同样体系的系综，体系的自旋状态由 λ 标定。状态 λ 张成空间 Λ，状态的分布函数是 $\rho(\lambda)$，归一条件是

$$
\int_{\Lambda}\rho(\lambda)\mathrm{d}\lambda=1 \tag{1.7.10}
$$

理论是定域的，没有超距作用，因此对粒子 1 的测量结果仅依赖于 λ，$\hat{\boldsymbol{a}}$，而和 $\hat{\boldsymbol{b}}$ 无关。同理，对粒子 2 的测量与 $\hat{\boldsymbol{a}}$ 无关。因此对任意 $\hat{\boldsymbol{a}}$，$\hat{\boldsymbol{b}}$ 和 $\lambda\in\Lambda$，下式成立：

$$
(A_{\hat{a}}B_{\hat{b}})(\lambda)=A_{\hat{a}}(\lambda)B_{\hat{b}}(\lambda) \tag{1.7.11}
$$

对任意的 λ，力学量都有确定值。对系综作统计平均，得

$$
E(\hat{\boldsymbol{a}},\hat{\boldsymbol{b}})=\int_{\Lambda}A_{\hat{a}}(\lambda)B_{\hat{b}}(\lambda)\rho(\lambda)\mathrm{d}\lambda \tag{1.7.12}
$$

在下文中，$E(\hat{\boldsymbol{a}},\hat{\boldsymbol{b}})$ 代表隐变量理论值，$[E(\hat{\boldsymbol{a}},\hat{\boldsymbol{b}})]_{\psi}$ 代表量子力学值。贝尔证明在定域性要求(式(1.7.11))下重现量子力学的结果，式(1.7.9)将导致 $E(\hat{\boldsymbol{a}},\hat{\boldsymbol{b}})$ 满足一个不等式。因 $E(\hat{\boldsymbol{a}},\hat{\boldsymbol{a}})=-1$，式(1.7.11)给出

$$
A_{\hat{a}}(\lambda)=-B_{\hat{a}}(\lambda) \tag{1.7.13}
$$

令 $\hat{\boldsymbol{c}}$ 为另一单位矢量，则有

$$
\begin{aligned}
E(\hat{\boldsymbol{a}},\hat{\boldsymbol{b}})-E(\hat{\boldsymbol{a}},\hat{\boldsymbol{c}}) &= \int_{\Lambda}[A_{\hat{a}}(\lambda)B_{\hat{b}}(\lambda)-A_{\hat{a}}(\lambda)B_{\hat{c}}(\lambda)]\rho(\lambda)\mathrm{d}\lambda \\
&= \int_{\Lambda}A_{\hat{a}}(\lambda)B_{\hat{b}}(\lambda)[1-A_{\hat{b}}(\lambda)A_{\hat{c}}(\lambda)]\rho(\lambda)\mathrm{d}\lambda
\end{aligned} \tag{1.7.14}
$$

此处用了式(1.7.13)和 $A_{\hat{b}}(\lambda)=\pm1$ 导致的 $A_{\hat{b}}(\lambda)A_{\hat{b}}(\lambda)=1$ 的结果。在式(1.7.14)中，因子 $A_{\hat{a}}(\lambda)B_{\hat{b}}(\lambda)$ 对不同的 λ 可以是 $+1$ 或 -1，这个因子对积分起到了部分抵消的作用，因此

$$
\mid E(\hat{\boldsymbol{a}},\hat{\boldsymbol{b}})-E(\hat{\boldsymbol{a}},\hat{\boldsymbol{c}})\mid\leqslant\int_{\Lambda}[1-A_{\hat{b}}(\lambda)A_{\hat{c}}(\lambda)]\rho(\lambda)\mathrm{d}\lambda
$$

再用 $A_{\hat{c}}(\lambda)=-B_{\hat{c}}(\lambda)$ 就得到

$$
\mid E(\hat{\boldsymbol{a}},\hat{\boldsymbol{b}})-E(\hat{\boldsymbol{a}},\hat{\boldsymbol{c}})\mid\leqslant 1+E(\hat{\boldsymbol{b}},\hat{\boldsymbol{c}}) \tag{1.7.15}
$$

这是一个贝尔不等式。经过 $\hat{a},\hat{b},\hat{c}$ 的巧妙选择，可以使不等式(1.7.15)和量子力学的结果不同。如图1.34中的选择，量子力学结果是

$$|[E(\hat{a},\hat{b})]_\psi-[E(\hat{a},\hat{c})]_\psi|=|-\hat{a}\cdot\hat{b}+\hat{a}\cdot\hat{c}|=1$$

但 $1+[E(\hat{b},\hat{c})]_\psi=1/2$ 明显地破坏了不等式(1.7.15)。通过这个反证证明了贝尔定理。贝尔定理的重要性在于它的普遍性。贝尔不是通过研究某一种隐变量理论而指出其错误，而是要证明爱因斯坦的定域性和实在性前提在一系列情况下会和量子力学的结论矛盾。

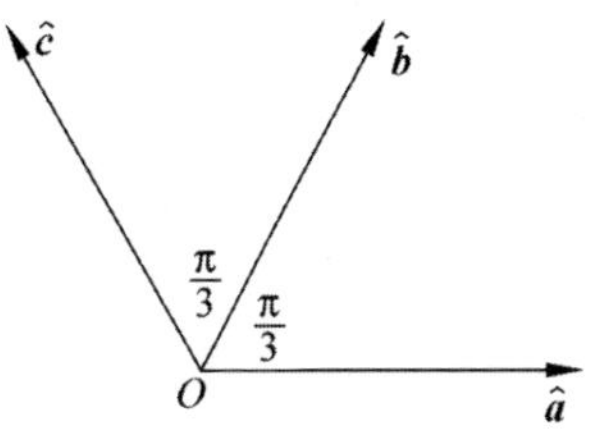

图1.34 一种 $\hat{a},\hat{b},\hat{c}$ 的选择，3个矢量共面

1.7.4 推广到现实系统的贝尔不等式

以上贝尔定理的证明指出了决定论的定域隐变量理论在一定情况下给出和量子力学不同的结果。证明是对理想体系进行的，但要用于和实验比较，面对的是实在系统，证明中所用的部分条件不再成立。探测器效率总是小于1，设定 $\hat{a}$ 和 $\hat{b}$ 的偏振分析器会有衰减，因此会发生以下4种情况：①两个粒子都被探测到；②粒子1被探测到，粒子2丢失；③粒子2被探测到，粒子1丢失；④两个粒子都丢失。如果只用第一种情况代表系综去和理论比较，就必须假设总系综分为4个亚系综的相对比例与 $\hat{a},\hat{b}$ 无关。但实验装置和测量过程都不能保证这一点，因此必须把4种情况都包括进来，此时总系综分布函数 $\rho(\lambda)$ 与 $\hat{a},\hat{b}$ 无关。贝尔在1971年的证明[38]考虑了这一点，而且将理论推广到可以包括随机变量甚至随机理论，但保持定域性和实在性条件。每一个测量会有3种结果：+1代表自旋向上，−1代表自旋向下，0代表粒子丢失。即有

$$A_{\hat{a}}(\lambda)=\begin{cases}+1\\0\\-1\end{cases},\quad B_{\hat{b}}(\lambda)=\begin{cases}+1\\0\\-1\end{cases}\tag{1.7.16}$$

对给定状态 λ，以 $\overline{A_{\hat{a}}}(\lambda)$ 和 $\overline{B_{\hat{b}}}(\lambda)$ 表示这两个量的期望值。由于粒子可能丢失，以及理论可以包含随意变量，因而

$$|\overline{A_{\hat{a}}}(\lambda)|\leqslant 1,\quad |\overline{B_{\hat{b}}}(\lambda)|\leqslant 1\tag{1.7.17}$$

定域性要求给出

$$E(\hat{a},\hat{b})=\int\overline{A_{\hat{a}}}(\lambda)\overline{B_{\hat{b}}}(\lambda)\rho(\lambda)\mathrm{d}\lambda\tag{1.7.18}$$

此处 $\rho(\lambda)$ 与 $\hat{a},\hat{b}$ 无关。令 $\hat{a}',\hat{b}'$ 代表对粒子1和粒子2自旋测量另外的取向。由式(1.7.18)可得

$$E(\hat{a},\hat{b})-E(\hat{a},\hat{b}')=\int_\Lambda\overline{A_{\hat{a}}}(\lambda)\overline{B_{\hat{b}}}(\lambda)[1\pm\overline{A_{\hat{a}'}}(\lambda)\overline{B_{\hat{b}'}}(\lambda)]\rho(\lambda)\mathrm{d}\lambda-$$
$$\int_\Lambda\overline{A_{\hat{a}}}(\lambda)\overline{B_{\hat{b}'}}(\lambda)[1\pm\overline{A_{\hat{a}'}}(\lambda)\overline{B_{\hat{b}}}(\lambda)]\rho(\lambda)\mathrm{d}\lambda$$

在上式右侧方括号内的正负两项是加进去的，因为它们与方括号前的因子相乘之后结果正

好抵消。再用式(1.7.17)得到

$$|E(\hat{\boldsymbol{a}},\hat{\boldsymbol{b}})-E(\hat{\boldsymbol{a}},\hat{\boldsymbol{b}}')|\leqslant\int_{\Lambda}[1\pm\overline{A_{\hat{a}'}}(\lambda)\overline{B_{\hat{b}'}}(\lambda)]\rho(\lambda)\mathrm{d}\lambda+\int_{\Lambda}[1\pm\overline{A_{\hat{a}'}}(\lambda)\overline{B_{\hat{b}}}(\lambda)]\rho(\lambda)\mathrm{d}\lambda$$

$$=2\pm[E(\hat{\boldsymbol{a}}',\hat{\boldsymbol{b}}')+E(\hat{\boldsymbol{a}}',\boldsymbol{b})]$$

因此有①

$$-2\leqslant E(\hat{\boldsymbol{a}},\hat{\boldsymbol{b}})-E(\hat{\boldsymbol{a}},\hat{\boldsymbol{b}}')+E(\hat{\boldsymbol{a}}',\hat{\boldsymbol{b}})+E(\hat{\boldsymbol{a}}',\hat{\boldsymbol{b}}')\leqslant 2 \tag{1.7.19}$$

重新定义 $\hat{\boldsymbol{a}},\hat{\boldsymbol{b}},\hat{\boldsymbol{a}}',\hat{\boldsymbol{b}}'$，可将式中负号移至任一项之前。式(1.7.19)代表了另一类贝尔不等式。

量子力学给出

$$[E(\hat{\boldsymbol{a}},\hat{\boldsymbol{b}})]_{\psi}=-C\hat{\boldsymbol{a}}\cdot\hat{\boldsymbol{b}} \tag{1.7.20}$$

由于实际条件，关联不如理想情况完全，这里引入一个正实数 $C\leqslant 1$，仅对理想系统 $C=1$。取 $\hat{\boldsymbol{a}},\hat{\boldsymbol{b}},\hat{\boldsymbol{a}}',\hat{\boldsymbol{b}}'$ 如图1.35所示，便可使量子力学结果破坏贝尔不等式。图1.35给出的两种几何条件：

$$[E(\hat{\boldsymbol{a}},\hat{\boldsymbol{b}})-E(\hat{\boldsymbol{a}},\hat{\boldsymbol{b}}')+E(\hat{\boldsymbol{a}}',\hat{\boldsymbol{b}})+E(\hat{\boldsymbol{a}}',\hat{\boldsymbol{b}}')]_{\psi}=\pm 2\sqrt{2}C \tag{1.7.21}$$

和式(1.7.19)相比，贝尔不等式在 C 值相当宽的范围内被破坏。从图1.36看出，式(1.7.21)左侧的实验值落在 $2\sim 2\sqrt{2}$ 和 $-2\sim -2\sqrt{2}$（图中波浪线范围），说明隐变量理论不能重现量子力学的结果。如果实验值落在 $-2\sim 2$，则不能给出明确结论，因为该结果可能由测量装置的缺陷使 C 值过小所致。

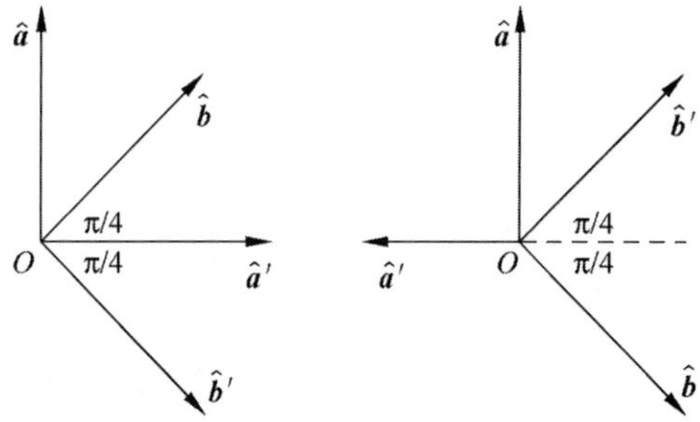

图1.35　两种 $\hat{\boldsymbol{a}},\hat{\boldsymbol{b}},\hat{\boldsymbol{a}}',\hat{\boldsymbol{b}}'$ 的选择，4个矢量共面

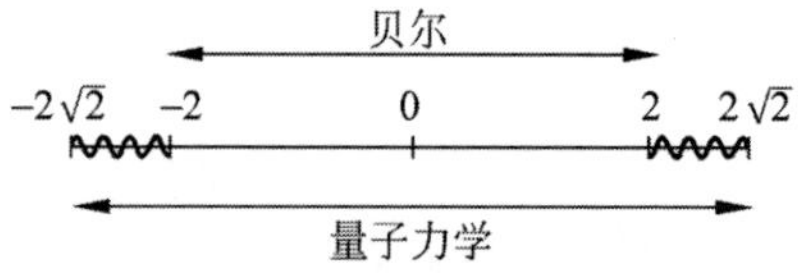

图1.36　量子力学和隐变量理论比较

贝尔不等式的检验要回答的是能否用定域决定论隐变量理论重现量子力学结果的问题。如果一系列实验证实不等式被破坏，就代表隐变量理论不能正确描述微观物理世界。

1.8　贝尔不等式的实验验证

从以上分析看出，在一定的实验范围内不能区别隐变量理论和量子力学，必须寻找实验的敏感区域（例如图1.35中的几何），也需要比较好的分析探测设备。

---

① 这类不等式此后被称为“CHSH(Clauser-Horne-Shimony-Holt)不等式”。

初期实验曾考虑过角动量为 0 的正电子湮没产生的两个光子的自旋关联。但对能量如此大的光子(0.51Mev),找不到有效的偏振分析器,因此只能通过间接测量,即测量光子产生的康普顿效应(Compton effect)截面来测得光子自旋状态。因为其中一项与偏振有关,实验结果最初不一致,后来逐步趋向一致:贝尔不等式不能被满足,这类结果因利用间接推断而有争议。

有明确说服力的实验是利用原子级联辐射跃迁,选择光子总角动量为 0 的情况,且光子能量较小,偏振分析效率高。这类工作始于 1969 年 Clauser 等人的实验[39],随后也有其他研究者做了类似实验。图 1.37 给出了实验装置的示意图,源发出两个光子 γ_1,γ_2,两个偏振分析器置于偏振方向 $\hat{\boldsymbol{a}}$ 和 $\hat{\boldsymbol{b}}$。测量 $\hat{\boldsymbol{a}}$ 与 $\hat{\boldsymbol{b}}$ 夹角为 θ 时两个探测器的符合计数率,它代表两个光子的角动量关联。对此,隐变量理论和量子力学给出了不同的结果。选择原子级联跃迁

$$J=0\xrightarrow{\gamma_1}J=1\xrightarrow{\gamma_2}J=0$$

式中,J 为原子能级角动量。由于始末态角动量相同,两个光子的角动量总和为 0。令 $R(\theta)$代表两个偏振分析器 $\hat{\boldsymbol{a}}$ 与 $\hat{\boldsymbol{b}}$ 夹角为 θ 时两个探测器的符合计数率。

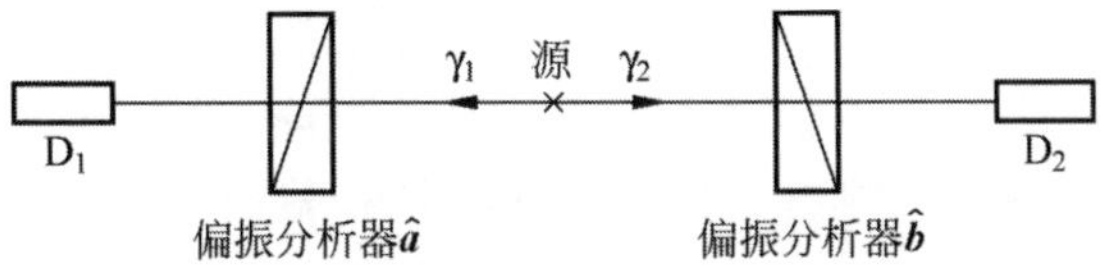

图 1.37 光子自旋关联实验装置示意图

Clauser,Shimony 等人给出在理想情况下隐变量理论的结果是[39]

$$\left|\frac{R(\pi/8)}{R_0}-\frac{R(3\pi/8)}{R_0}\right|_{\text{HVT}}\leqslant\frac{1}{4}$$

此处 HVT 是隐变量理论的缩写(hidden virable theory),R_0 为无偏振器时的符合计数率。量子力学结果是

$$\left|\frac{R(\pi/8)}{R_0}-\frac{R(3\pi/8)}{R_0}\right|_{\psi}=\frac{1}{4}\sqrt{2}$$

不满足贝尔不等式。

令 $R\equiv\frac{R(\pi/8)}{R_0}-\frac{R(3\pi/8)}{R_0}$,实测的结果如下:

(1) Freeman 和 Clauser 在 1972 年[40]采用 Ca 级联辐射

$$4p^{21}S_0\xrightarrow{5\,513\text{Å}}4p4s^1P_1\xrightarrow{4\,227\text{Å}}4s^{21}S_0$$

测得 $R=0.300\pm0.008$,破坏了贝尔不等式。

(2) Holt 和 Pipkin 在 1973 年[41]采用^{198}Hg 级联辐射

$$9^1P_1\xrightarrow{5\,676\text{Å}}7^3S_1\xrightarrow{4\,047\text{Å}}6^3P_0$$

这是 $J=1\to J=1\to J=0$ 级联,量子力学公式需做改变[35],结果是 $R=0.216\pm0.013$,与贝尔不等式相容。但批评者认为他们使用的装有电子枪和汞蒸气的硬玻璃器壁应力带来了系统误差,使他们的结果不能重复。

(3) Clauser 在 1976 年[42]重复进行了 Holt 和 Pipkin 实验,结果是 $R=0.288\,5\pm0.009\,3$,

破坏贝尔不等式。

（4）Fry 和 Thompson 1976 年[43]采用^{200}Hg级联辐射

$$7^3S_1 \xrightarrow{4\,358\text{Å}} 6^3P_1 \xrightarrow{2\,537\text{Å}} 6^1S_0$$

结果是 $R=0.296\pm0.014$，贝尔不等式被破坏。

Clauser 和 Shimony 的评述文章[37]介绍了 1978 年以前的许多实验。结果已经相当有说服力地证实贝尔不等式被破坏。以上讨论的光子自旋关联是采用“单通道”偏振分析器进行的，即平等偏振记录为 1，垂直偏振不记录。对此有的批评认为是“不完全测量”，有一定的争议。

20 世纪 80 年代的实验逐步改善，结果更加有说服力，甚至接近了理想情况。1981 年 Aspect[44]仍然选择 Ca 的级联辐射(图 1.38)，用双光子激发(Kr 离子激光器和可调染料激光器)将 Ca 原子激发到$^1S_0$。Ca 原子退激发出两个光子，角动量和为 0。测量它们的自旋关联 $R(\theta)/R_0$。由于采用激光激发，光源尺寸很小(0.5mm×0.05mm×0.05mm)，对探测道几何极为有利。加上其他控制条件，在几小时实验时间内漂移、涨落都小于 1%。单通道分析结果示于图 1.39。图中的量子力学结果已考虑了分析器立体角和探测效率，可见实验与量子力学符合极好。贝尔不等式被破坏，与实验值相差 9 倍标准偏差。Aspect 的研究组还进行了双通道分析器实验，装置如图 1.40(a)所示。分析器采用了偏振块，平行偏振光子得以直接通过，而垂直偏振光子则被反射偏转 90°，两种偏振的光子都可以通过光电倍增管(PM)被记录。通过符合线路可以得到 $N_{++}(\hat{\boldsymbol{a}},\hat{\boldsymbol{b}})$，$N_{--}(\hat{\boldsymbol{a}},\hat{\boldsymbol{b}})$，$N_{+-}(\hat{\boldsymbol{a}},\hat{\boldsymbol{b}})$，$N_{-+}(\hat{\boldsymbol{a}},\hat{\boldsymbol{b}})$，此处 $N_{+-}(\hat{\boldsymbol{a}},\hat{\boldsymbol{b}})$代表一个光子平行于 $\hat{\boldsymbol{a}}$(以＋表示)，另一个光子垂直于 $\hat{\boldsymbol{b}}$(以－表示)，其余以此类推。用这些量可以计算出

$$E(\hat{\boldsymbol{a}},\hat{\boldsymbol{b}})=\frac{N_{++}(\hat{\boldsymbol{a}},\hat{\boldsymbol{b}})+N_{--}(\hat{\boldsymbol{a}},\hat{\boldsymbol{b}})-N_{+-}(\hat{\boldsymbol{a}},\hat{\boldsymbol{b}})-N_{-+}(\hat{\boldsymbol{a}},\hat{\boldsymbol{b}})}{N_{++}(\hat{\boldsymbol{a}},\hat{\boldsymbol{b}})+N_{--}(\hat{\boldsymbol{a}},\hat{\boldsymbol{b}})+N_{+-}(\hat{\boldsymbol{a}},\hat{\boldsymbol{b}})+N_{-+}(\hat{\boldsymbol{a}},\hat{\boldsymbol{b}})} \tag{1.8.1}$$

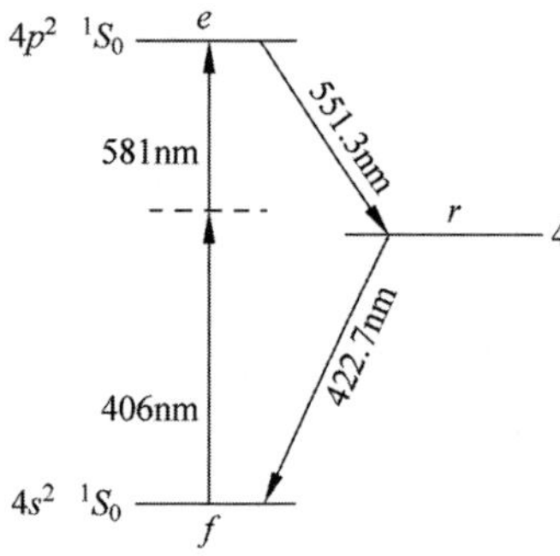

图 1.38　Ca 原子级联辐射

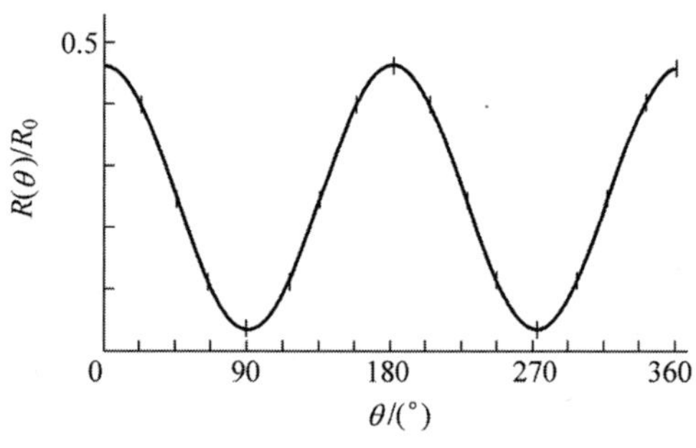

图 1.39　单通道分析器实验结果

实验结果示于图 1.40(b)，$E(\theta)$代表 $\hat{\boldsymbol{a}}$ 与 $\hat{\boldsymbol{b}}$ 夹角为 θ 时的 $E(\hat{\boldsymbol{a}},\hat{\boldsymbol{b}})$值，可见实验装置很接近理想情况：当 $\theta=0$ 时 $E(0)$很接近于 1。令

$$S=E(\hat{\boldsymbol{a}},\hat{\boldsymbol{b}})-E(\hat{\boldsymbol{a}},\hat{\boldsymbol{b}}')+E(\hat{\boldsymbol{a}}',\hat{\boldsymbol{b}})+E(\hat{\boldsymbol{a}}',\hat{\boldsymbol{b}}') \tag{1.8.2}$$

对如图 1.41 的安排，理想情况下的量子力学结果是

$$S_{QM}=2\sqrt{2} \tag{1.8.3}$$

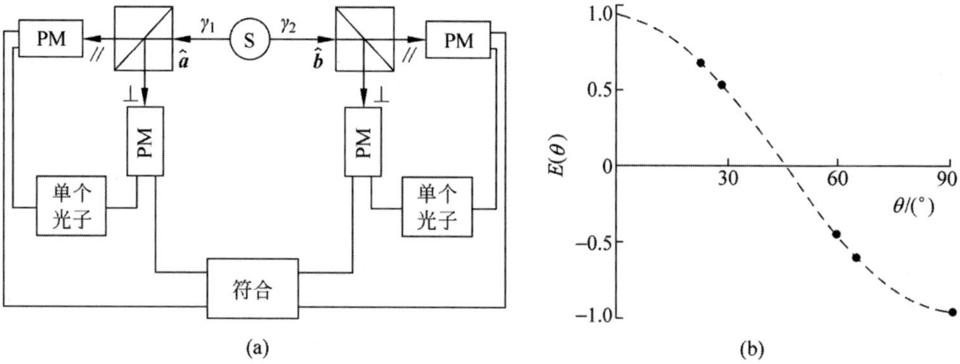

图 1.40 双通道分析实验

(a) 实验装置；(b) 实验结果

而隐变量理论的结果是

$$-2 \leqslant S_{\mathrm{HVT}} \leqslant 2 \tag{1.8.4}$$

实验结果是 2.697±0.015。对于现实情况(考虑分析器立体角和探测器效率),量子力学的结果是 $S_{\mathrm{QM}}=2.70\pm0.05$。实验结果与量子力学符合得极好,而破坏贝尔不等式达 40 倍标准偏差。

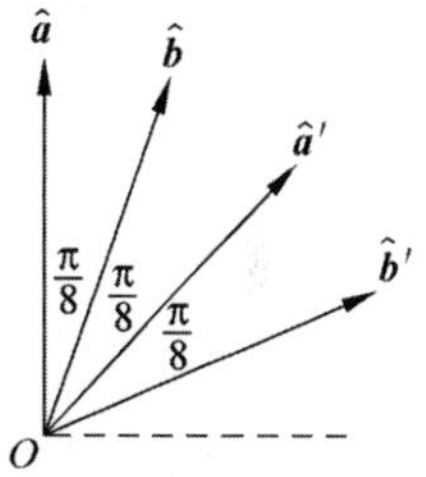

图 1.41 $\hat{a},\hat{b},\hat{a}',\hat{b}'$选择

关于隐变量理论能否正确描述物理世界一直存在争论。这个问题的另一方面就是量子力学的描述是否完备。贝尔定理提出后,实验研究和理论工作大量涌现,争论更加激烈。一个实验结果发表,往往伴随着认为实验有漏洞的声音。这些批评反而导致证明“漏洞不存在”的新实验产生,或是具有构思更巧妙的实验方法和性能更卓越的探测手段的不断产生。

光子在非线性晶体中的下转换提供了讨论 EPR 佯谬的实例。共轭光子能量之和等于泵浦光子,即 $k_1+k_2=\mathrm{const}$。这两个光子发射时间相同,即 $t_1-t_2=0$。而这相当于 $p_1+p_2=\mathrm{const}, x_1-x_2=0$,是爱因斯坦等三人在 1935 年提出的问题。在 1.5.3 节中讨论的高可见度干涉仪正是为了验证贝尔不等式建造的。乔瑞宇将定域隐变量理论用于这个实验的情况。由于 ΔL 远大于单光子相干长度,故分别在两个干涉仪内都没有单光子干涉。根据隐变量理论,双光子干涉的可见度最多是 50%,实测的结果是 80.4%±0.6%,使贝尔不等式破坏达 16 个标准偏差。

在这个实验基础上,乔瑞宇研究组提出了“无漏洞贝尔不等式实验”的建议[45]。方法包括使用两块非线性晶体,实现起来比较复杂。P. G. Kwiat 等人[46]提供了更简单的方法。他们使用非线性(beta barium borate,BBO)晶体,使用“非共线第二型相位匹配”,直接产生偏振缠绕态。在这类相位匹配中,下转换光子位于两个锥面上,一个是寻常偏振,另一个是非常偏振。将泵浦光方向与晶体轴间的角度调整合适,两个锥面就会重叠(图 1.42)。这样两个锥体相交线的两个方向各在泵浦光方向的一侧。沿着这两个方向(下标 1,2)出射的下转换光子正好是偏振缠绕态:

$$|\psi\rangle=\frac{1}{\sqrt{2}}(|H_1V_2\rangle+\mathrm{e}^{\mathrm{i}\alpha}\,|V_1H_2\rangle) \tag{1.8.5}$$

此处 H 和 V 分别代表水平(非常)和垂直(寻常)偏振。相对相角 α 来自晶体双折射。用附

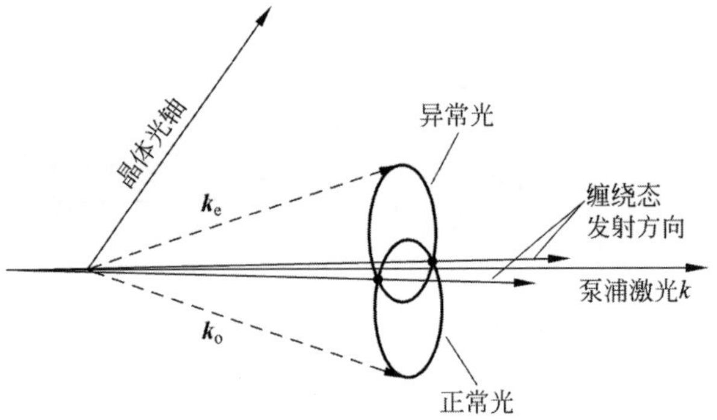

图 1.42　第二型相位匹配下转换偏振缠绕光子

加的双折射移相器可以将 α 调整为 0 或 π。通过在任何一路放置半波片可将 H 偏振和 V 偏振互换。因此就能产生以下 4 种 EPR-Bell 态的任一种：

$$\left.\begin{aligned}|\psi^{\pm}\rangle &= \frac{1}{\sqrt{2}}(|H_1V_2\rangle \pm |V_1H_2\rangle) \\ |\varphi^{\pm}\rangle &= \frac{1}{\sqrt{2}}(|H_1H_2\rangle \pm |V_1V_2\rangle)\end{aligned}\right\} \tag{1.8.6}$$

例如从$|\psi^{\pm}\rangle$出发，在第二束内放置半波片就可以得到$|\varphi^{\pm}\rangle$。由于光在晶体内有双折射，两束光的群速不同，会产生时间延迟和路径（水平、垂直方向）偏离，必须将它们限制在相干时间和相干长度内才能观察到干涉。实验装置示于图 1.43。在装置中用半波片 H_0 将 H 与 V 偏振互变，再通过相同的双折射晶体 C_1 与 C_2 可将时间延迟和空间偏离纠正。适当设定半波片 H_1 和 1/4 波片 Q，可获得任一种贝尔缠绕态（式(1.8.6)）。P_1 和 P_2 为检偏器，D_1 和 D_2 是硅雪崩光电二极管。研究组获得的最大可见度是 97.8%±1.0%。

用这个缠绕态检验贝尔不等式，理论与式(1.8.1)，式(1.8.2)和式(1.8.4)相同。令 $C(\theta_1,\theta_2)$代表检偏器读数为 θ_1 和 θ_2 时的符合计数率，定义

$$E(\theta_1,\theta_2) = \frac{C(\theta_1,\theta_2)+C(\theta_1^{\perp},\theta_2^{\perp})-C(\theta_1,\theta_2^{\perp})-C(\theta_1^{\perp},\theta_2)}{C(\theta_1,\theta_2)+C(\theta_1^{\perp},\theta_2^{\perp})+C(\theta_1,\theta_2^{\perp})+C(\theta_1^{\perp},\theta_2)} \tag{1.8.7}$$

此处

$$\theta_1^{\perp} = \frac{\pi}{2}+\theta_1, \quad \theta_2^{\perp} = \frac{\pi}{2}+\theta_2$$

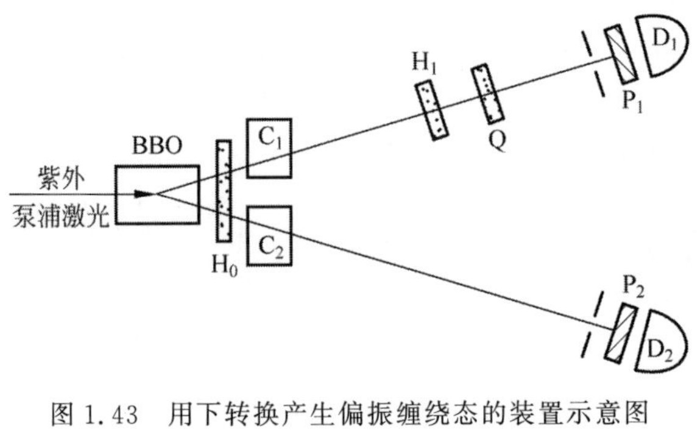

图 1.43　用下转换产生偏振缠绕态的装置示意图

观察到的关联用参数 S 表示：

$$S=E(\theta_1,\theta_2)+E(\theta_1',\theta_2)+E(\theta_1,\theta_2')-E(\theta_1',\theta_2') \tag{1.8.8}$$

定域实在性理论给出 $|S|\leqslant 2$。

实验设定 $\theta_1=-22.5°$，$\theta_1'=22.5°$，$\theta_2=-45°$，$\theta_2'=0°$。观察到的数据列于表 1.1。

表 1.1　不同贝尔态测得的关联参数

EPR-Bell 态	$C(\theta_1,\theta_2)$	S
$\|\psi^+\rangle$	$\sin^2(\theta_1+\theta_2)$	-2.6489 ± 0.0064
$\|\psi^-\rangle$	$\sin^2(\theta_1-\theta_2)$	-2.6900 ± 0.0066
$\|\varphi^+\rangle$	$\cos^2(\theta_1-\theta_2)$	2.570 ± 0.014
$\|\varphi^-\rangle$	$\cos^2(\theta_1+\theta_2)$	2.529 ± 0.013

由于缠绕态是从晶体直接产生的，比过去实验报道的强度大一个量级。5min 产生的数据所得的 S 参数突破隐变量理论上限达 100 个标准偏差。这在"无漏洞实验"方向上迈进了一大步。

1.9　惠勒的推迟选择实验

在 EPR 佯谬的有关讨论中，涉及是否存在超距作用的问题。对一个粒子测 S_x，根据结果就能对远方另一粒子的 S_x 做出确切预言。如果做另一种安排，测粒子的 S_y，则视结果就立即能对远方粒子的 S_y 做出预言。为什么对一个粒子的测量选择能影响远处另一粒子性质的预测呢？隐变量理论用不存在超距作用否定了量子力学的关联，并企图用定域理论取系综平均得出关联的结果。从贝尔不等式被破坏看出，这个企图是失败的。但能否用实验直接来判断对粒子的测量，或实验安排能否发出什么信息呢？1978 年，惠勒(J. A. Wheeler)[47]提出了问题：如果关于测量光子路径或干涉条纹的选择是在光子通过狭缝之后突然决定的，实验结果是否和早做安排时一致？如果实验安排给光子传递了信息，它就可以早做反应：是以波还是粒子的面貌出现。但若在它已通过狭缝后临时做出选择，即使光子收到信息也来不及改变了！因此，如果惠勒问题的答案是"一致"，就不是什么传递信号的问题。考虑如图 1.44 的安排，单个光子通过分束器 BS_1 进入干涉仪。如果没有分束器 BS_2，探测器 D_1 和 D_2 就能判别光子走的"哪一条路径"，因而没有干涉。但如果在光子已进入干涉仪、即将到达 BS_2 处的最后一刻装上 BS_2，仍然能得到干涉的结果，即和最初装有 BS_2 结果一致，就说明没有什么传递信息问题。1987 年有两个组做了推迟选择实验。其中一组 Hellmuth，Walter，Zajonc，Schleich[48]的实验安排即如图 1.44 所示。图 1.45 表示两束在透射和反射过程中的相位变化情况，ϕ 代表两束到达 BS_2 时的相位差。从 M_2 到 BS_2 束在反射时有相移 π，因为反射是从光疏到光密的①。从图 1.45 标明的进入探测器 D_1 和 D_2 的相干束相位可以判断在不同相位差 ϕ 情况下两个探测器的计数率，列于表 1.2。对任何确定的 ϕ，$N_1+N_2=N$(总计数率)。

① 分束器是未镀膜的。从光疏到光密介质分界处的反射束有半波损失，即有相差 π。

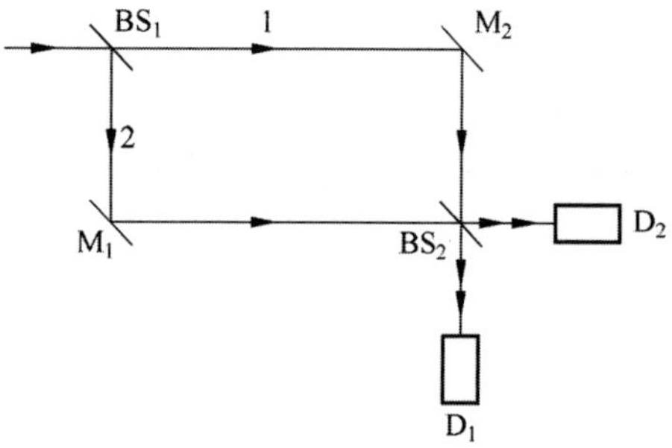

图 1.44　光子干涉实验装置

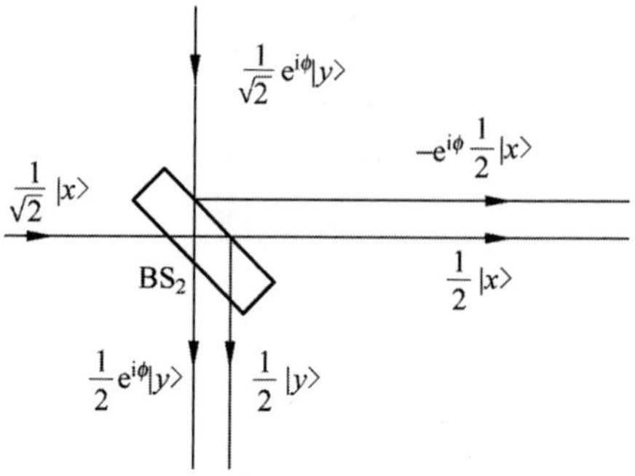

图 1.45　光束在分束器处组成相干束的相位关系

表 1.2　不同相位差下两个探测器的计数率

相位差	D_1 计数率 N_1/s	D_2 计数率 N_2/s
0	N	0
$\pi/2$	$N/2$	$N/2$
π	0	N

推迟选择实验的关键部件是泡克尔斯盒(Pockels cell,PC)。它可以在几纳秒(ns)时间中被激活或退激。在激活时它能使光偏振面旋转，在它后面放上偏振块，就能把偏振面旋转的光束反射偏转。图 1.46 表示在图 1.44 的 BS_1 和 M_2 之间放上泡克尔斯盒(PC)和偏振块(POL)。如果 PC 被激活，则从 BS_1 过来的光子就经反射进入探测器 D_3。如果 PC 不被激活，光子就到达 M_2。这种安排所做的选择是：PC 被激活——测光子路径(表现粒子性)，PC 不被激活——不测光子路径(表现波动性)。实验中采用皮秒(ps)Kr 离子激光器，脉冲宽度为 150ps，采取措施使两个脉冲之间的间隔足够大，并使用光学衰减器使每个脉冲的平均光子数为 0.2，入射束经 BS_1 分为两束后进入两条单模光纤。干涉由光电倍增管 D_1 和 D_2 探测。如果 PC 不被激活，则 N_1 和 N_2 随 ϕ 的变化就如表 1.2 所示，表示出干涉图像。如果 PC 被激活，则 $N_3=N/2, N_1=N_2=N/4$，与 ϕ 无关，即没有干涉发生。推迟选择实验的做法是：不激活 PC，所测计数表现干涉，这种安排称为“正常模式”。激活 PC，但在光脉冲已通过分束器 BS_1 后突然退激 PC，这种操作称为“推迟选择模式”。根据量子力学理论，两种模式应该得到相同的结果。在实验中激光脉冲交替进入正常模式或延迟选择模式。两种模式分别用点(·)和加号(+)表示于图 1.47 中。图 1.47(a)和图 1.47(b)分别是探测器 D_1 和 D_2 的 30s 计数。计数存入多道分析器，横坐标相当于时间，每一道相当于 0.25s。时间轴是由光纤因温度引起的折射系数变化决定的。从图中可以看出，两种模式给出的干涉图样相同。将两个探测器中两种模式计数之比随时间的变化画于图 1.48 中，得到

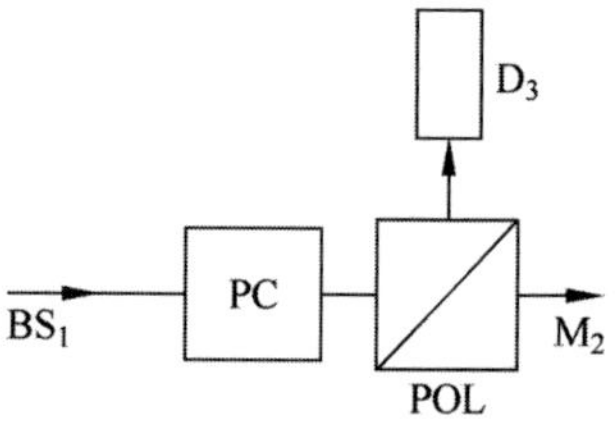

图 1.46　推迟选择模式安排原理图

$$\frac{\text{正常模式计数}}{\text{推迟选择模式计数}}=\begin{cases}1.00\pm0.02, & \text{探测器 } D_1\\ 0.99\pm0.02, & \text{探测器 } D_2\end{cases}$$

这和量子力学的结论是完全一致的。

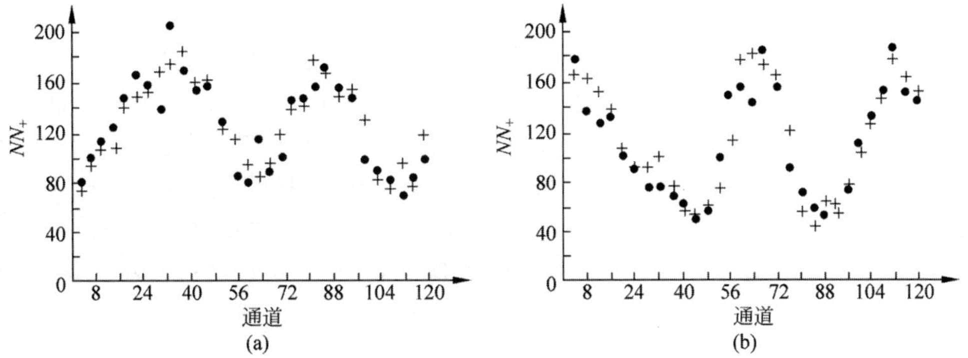

图 1.47 两种模式的干涉图样相同

(a) 探测器 D_1 的 30s 计数；(b) 探测器 D_2 的 30s 计数

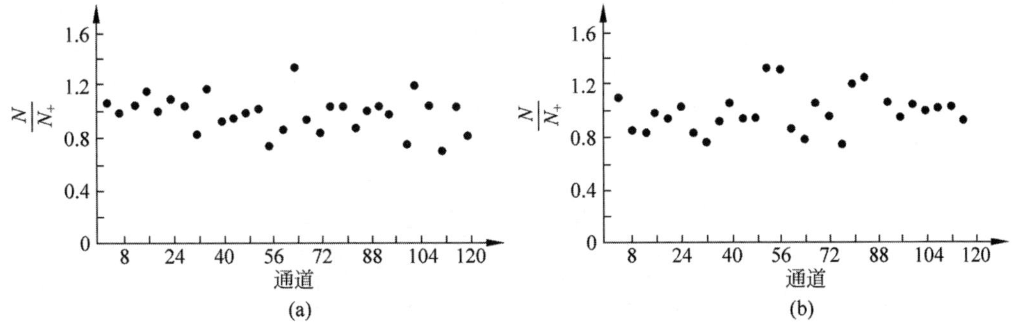

图 1.48 两种模式的计数比

(a) 探测器 D_1 的计数比；(b) 探测器 D_2 的计数比

隐变量理论和有关光的二象性延迟选择问题，都是涉及量子力学如何描述微观物理世界的根本问题。现在量子力学的描述是否带有什么根本性的问题呢？费曼的一段话[49]深刻地反映出实际情况："在了解量子力学代表的世界观方面，我们一向有很多困难……你们知道从来每个新的想法总要经过一代或两代人才能明显看出它不再有真正的问题。我不能表述出(量子力学的)真正的问题，因此我猜想没有真正的问题，但我并不肯定就没有真正的问题了。"

1.10 不涉及不等式的贝尔定理

1.10.1 三粒子完全关联

贝尔定理的证明从爱因斯坦等三人否定量子力学关联的"定域性"出发，导致它和量子力学的矛盾。对于二粒子关联，如果对一个粒子的测量结果可以给出第二个粒子某个性质的确切判断，则称这种关联为"完全关联"。如果仅能对第二个粒子的某种性质给出概率分布的判断，则称为"统计关联"。在 1.7.3 节讨论的玻姆版本的 EPR 佯谬，是通过对第一个粒子测 $\hat{a}$ 方向的自旋分量做出对第二粒子自旋 $\hat{b}$ 分量的判断。如果 $\hat{a}=\hat{b}$ 就是完全关联的，那么 $\hat{a}\neq\hat{b}$ 就是统计关联的。贝尔定理用 $\hat{a}\neq\hat{b}$ 导出了不等式。对二粒子系统在 $\hat{a}=\hat{b}$

的完全关联下，EPR佯谬的矛盾暴露不出来。D. M. Greenberger等人提出[50-51]，对于3个或更多的自旋1/2粒子系统在完全关联的情况下，可以证明定域性和实在性的原则是和量子力学不相容的。这样就不用不等式而证明了贝尔定理。N. D. Mermin[52-53]也有类似的考虑，下面描述的也是一个想象中的实验，但是有可能在实验室中实现。一个动量为0的粒子衰变为3个质量相同的粒子。如果3个粒子能量相同(可以在探测器前放上能量滤波器保证只记录能量相同的粒子)，则它们的动量方向间成120°(图1.49)。在粒子源周围开6个孔，衰变粒子或是通过a,b,c，或是通过a',b',c'射出。在孔外，三粒子体系的波函数是

$$|\Psi\rangle=\frac{1}{\sqrt{2}}(|a\rangle_1\ |b\rangle_2\ |c\rangle_3+|a'\rangle_1\ |b'\rangle_2\ |c'\rangle_3) \tag{1.10.1}$$

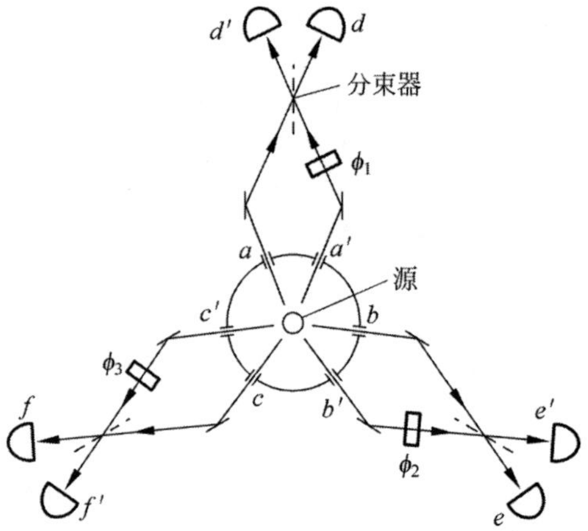

图1.49 三粒子干涉仪示意图

此处$|a\rangle_1$代表束a中的第一个粒子，以此类推。束a和束a'经反射后会聚于分束器。从分束器射出的两束进入探测器d和d'。在a'束途中有一个可调的移相器产生相移ϕ_1。因此$|a\rangle_1$和$|a'\rangle_1$的演化分别是

$$|a\rangle_1\rightarrow\frac{1}{\sqrt{2}}(|d\rangle_1+\mathrm{i}\ |d'\rangle_1) \tag{1.10.2}$$

$$|a'\rangle_1\rightarrow\frac{1}{\sqrt{2}}\mathrm{e}^{\mathrm{i}\phi_1}(|d'\rangle_1+\mathrm{i}\ |d\rangle_1) \tag{1.10.3}$$

反射束在分束器处有$\pi/2$相移。粒子2和粒子3的演化与此类似。3个粒子的状态演化使缠绕态式(1.10.1)变为以下的线性组合：

$$\begin{aligned}|\Psi\rangle\rightarrow\frac{1}{4}[&(1-\mathrm{ie}^{\mathrm{i}(\phi_1+\phi_2+\phi_3)})\ |d\rangle_1\ |e\rangle_2\ |f\rangle_3+(\mathrm{i}-\mathrm{e}^{\mathrm{i}(\phi_1+\phi_2+\phi_3)})\ |d\rangle_1\ |e\rangle_2\ |f'\rangle_3+\\&(\mathrm{i}-\mathrm{e}^{\mathrm{i}(\phi_1+\phi_2+\phi_3)})\ |d\rangle_1\ |e'\rangle_2\ |f\rangle_3+(\mathrm{i}-\mathrm{e}^{\mathrm{i}(\phi_1+\phi_2+\phi_3)})\ |d'\rangle_1\ |e\rangle_2\ |f\rangle_3+\\&(-1+\mathrm{ie}^{\mathrm{i}(\phi_1+\phi_2+\phi_3)})\ |d\rangle_1\ |e'\rangle_2\ |f'\rangle_3+(-1+\mathrm{ie}^{\mathrm{i}(\phi_1+\phi_2+\phi_3)})\ |d'\rangle_1\ |e\rangle_2\ |f'\rangle_3+\\&(-1+\mathrm{ie}^{\mathrm{i}(\phi_1+\phi_2+\phi_3)})\ |d'\rangle_1\ |e'\rangle_2\ |f\rangle_3+(-\mathrm{i}+\mathrm{e}^{\mathrm{i}(\phi_1+\phi_2+\phi_3)})\ |d'\rangle_1\ |e'\rangle_2\ |f'\rangle_3]\end{aligned} \tag{1.10.4}$$

第一项 3 个探测器 d, e, f 接收从 a, b, c 来的透射束(括号中的第一项是 1),也接收从 a', b', c'来的(经移相)反射束(括号中的第二项 $i^3=-i$)。和第一项相比,第二、三、四项包含一个带撇的探测器,有一个透射束和一个反射束对调。因此括号中的第一项变为 i,第二项的系数是 $i^2=-1$。第五、六、七项包含两个带撇的探测器,括号中的第一项是 $i^2=-1$,第二项的系数是 i。最后一项是三个带撇的探测器,括号中的第一项是 $i^3=-i$,第二项的系数是 1。假设探测器是完全的,因此每组 3 个衰变粒子会使 d 或 d' 的任意一个,e 或 e' 的任意一个,f 或 f′的任意一个记录粒子。从式(1.10.4)可得探测概率为

$$P_{def}(\phi_1, \phi_2, \phi_3) = \frac{1}{8}[1 + \sin(\phi_1 + \phi_2 + \phi_3)] \tag{1.10.5}$$

$$P_{d'ef}(\phi_1, \phi_2, \phi_3) = \frac{1}{8}[1 - \sin(\phi_1 + \phi_2 + \phi_3)] \tag{1.10.6}$$

如果带撇的探测器为偶(奇)数,则方括号中的第二项符号为正(负)。如果令粒子进入不带撇的探测器记+1,进入带撇的探测器记−1,则测量的期望值是

$$\begin{aligned} E(\phi_1 + \phi_2 + \phi_3) = & P_{def}(\phi_1, \phi_2, \phi_3) + P_{de'f'}(\phi_1, \phi_2, \phi_3) + \\ & P_{d'ef'}(\phi_1, \phi_2, \phi_3) + P_{d'e'f}(\phi_1, \phi_2, \phi_3) - \\ & P_{d'ef}(\phi_1, \phi_2, \phi_3) - P_{de'f}(\phi_1, \phi_2, \phi_3) - \\ & P_{def'}(\phi_1, \phi_2, \phi_3) - P_{d'e'f'}(\phi_1, \phi_2, \phi_3) \\ = & \sin(\phi_1 + \phi_2 + \phi_3) \end{aligned} \tag{1.10.7}$$

如果选择

$$\phi_1 + \phi_2 + \phi_3 = \pi/2$$

则有

$$E(\phi_1, \phi_2, \phi_3) = 1 \tag{1.10.8}$$

如果选择

$$\phi_1 + \phi_2 + \phi_3 = 3\pi/2$$

则有

$$E(\phi_1, \phi_2, \phi_3) = -1 \tag{1.10.9}$$

这两种情况都属完全关联。下面就可以演示 EPR 佯谬的前提彼此矛盾。由于定域性,对 3 个粒子分别测量,彼此完全独立。设在态 λ 对粒子 1(移相 ϕ_1)做测量,所得结果为 $A_\lambda(\phi_1)$,有记录为+1,无记录为−1。类似地,对粒子 2 和粒子 3 做测量,分别得 $B_\lambda(\phi_2)$, $C_\lambda(\phi_3)$。对式(1.10.8)的情况,有

$$\begin{aligned} & A_\lambda(\phi_1)B_\lambda(\phi_2)C_\lambda(\phi_3) = 1, \\ & \phi_1 + \phi_2 + \phi_3 = \pi/2 \end{aligned} \tag{1.10.10a}$$

对式(1.10.9)的情况,有

$$\begin{aligned} & A_\lambda(\phi_1)B_\lambda(\phi_2)C_\lambda(\phi_3) = -1, \\ & \phi_1 + \phi_2 + \phi_3 = 3\pi/2 \end{aligned} \tag{1.10.10b}$$

从式(1.10.10a)可得

$$A_\lambda(0)B_\lambda(0)C_\lambda\left(\frac{\pi}{2}\right) = 1 \tag{1.10.11a}$$

$$A_\lambda\left(\frac{\pi}{2}\right)B_\lambda(0)C_\lambda(0) = 1 \tag{1.10.11b}$$

$$A_\lambda(0)B_\lambda\left(\frac{\pi}{2}\right)C_\lambda(0)=1 \tag{1.10.11c}$$

由于这些数都是+1或−1,任何数都是自己的倒数。从式(1.10.11a)和式(1.10.11b)可得

$$A_\lambda(0)C_\lambda(0)A_\lambda\left(\frac{\pi}{2}\right)C_\lambda\left(\frac{\pi}{2}\right)=1 \tag{1.10.11d}$$

从式(1.10.11c)得

$$A_\lambda(0)C_\lambda(0)=\frac{1}{B_\lambda\left(\frac{\pi}{2}\right)}=B_\lambda\left(\frac{\pi}{2}\right) \tag{1.10.11e}$$

式(1.10.11d)和式(1.10.11e)给出

$$A_\lambda\left(\frac{\pi}{2}\right)B_\lambda\left(\frac{\pi}{2}\right)C_\lambda\left(\frac{\pi}{2}\right)=1 \tag{1.10.11f}$$

式(1.10.11f)是属于 $\phi_1+\phi_2+\phi_3=3\pi/2$ 范畴的,因此和式(1.10.10b)矛盾,即量子力学结果式(1.10.7)是不能被"定域实在性"理论重现的。图1.49所示的装置之所以被称为"三粒子干涉仪",是因为当固定两路相移而变更第三路相移时符合计数率(式(1.10.5)或式(1.10.6))呈正弦式的振荡:极小值为0,极大值是粒子从小孔中发射率的1/4。其产生的图像可以称为"三粒子的干涉条纹"。如果只测任意两个探测器(例如 e 和 f)的符合计数率,则从式(1.10.5)和式(1.10.6)可得

$$P_{ef}(\phi_1,\phi_2)=P_{def}(\phi_1,\phi_2,\phi_3)+P_{d'ef}(\phi_1,\phi_2,\phi_3)=\frac{1}{4}$$

即三粒子干涉仪不给出二粒子干涉图像。类似地,将 $P_{def}, P_{d'ef}, P_{de'f}, P_{d'e'f}$ 相加得到 $P_f=\frac{1}{2}$,也和 ϕ 无关,即不给出单粒子干涉图像。

虽然三粒子干涉仪在实现时会有困难,但是二粒子体系也可用于不经不等式直接验证贝尔定理的情况,这是理论工作的进展。

1.10.2　不涉及不等式的贝尔定理:二粒子情况

以下是L. Hardy[54-55]给出的证明。有两个粒子 $i=1,2$。选择正交归一基 $|\pm\rangle_i$,组成缠绕态

$$|\Psi\rangle=\alpha\,|+\rangle_1|+\rangle_2-\beta\,|-\rangle_1|-\rangle_2 \tag{1.10.12}$$

此处 α 和 β 是实数,并满足

$$\alpha^2+\beta^2=1 \tag{1.10.13}$$

引入另一组基 $|u_i\rangle$, $|v_i\rangle$:

$$|+\rangle_i=b\,|u_i\rangle+\mathrm{i}a^*\,|v_i\rangle \tag{1.10.14a}$$

$$|-\rangle_i=\mathrm{i}a\,|u_i\rangle+b^*\,|v_i\rangle \tag{1.10.14b}$$

此处

$$|a|^2+|b|^2=1 \tag{1.10.15}$$

原有基的正交性保证新基的正交性。式(1.10.14)的逆变换是

$$|u_i\rangle=b^*\,|+\rangle_i-\mathrm{i}a^*\,|-\rangle_i \tag{1.10.16a}$$

$$|v_i\rangle=-\mathrm{i}a\,|+\rangle_i+b\,|-\rangle_i \tag{1.10.16b}$$

用新基表示的 $|\Psi\rangle$ 是

$$|\Psi\rangle=(\alpha b^2+\beta a^2)|u_1\rangle|u_2\rangle+\mathrm{i}(\alpha a^*b-\beta ab^*)|u_1\rangle|v_2\rangle+$$
$$\mathrm{i}(\alpha a^*b-\beta ab^*)|v_1\rangle|u_2\rangle-\left(\alpha a^{*2}+\beta b^{*2}\right)|v_1\rangle|v_2\rangle \quad (1.10.17)$$

要求$|u_1\rangle|u_2\rangle$的系数为0①,即

$$\frac{a^2}{\alpha}=-\frac{b^2}{\beta}\equiv k^2$$

或

$$a=k\sqrt{\alpha},\quad b=\mathrm{i}k\sqrt{\beta} \quad (1.10.18)$$

此处取了正平方根。常数 k 可以通过适当选定 a 和 b 的相角为实数确定。式(1.10.15)和式(1.10.18)给出

$$k^2=\frac{1}{|\alpha|+|\beta|} \quad (1.10.19)$$

将式(1.10.18)代回式(1.10.17),并用式(1.10.19)得到

$$|\Psi\rangle=-\left[-\frac{\alpha\beta}{|\alpha|-|\beta|}|u_1\rangle|u_2\rangle+\sqrt{\alpha\beta}|u_1\rangle|v_2\rangle+\sqrt{\alpha\beta}|v_1\rangle|u_2\rangle+(|\alpha|-|\beta|)|v_1\rangle|v_2\rangle\right]$$
$$=\left[\frac{\sqrt{\alpha\beta}}{\sqrt{|\alpha|-|\beta|}}|u_1\rangle+\sqrt{|\alpha|-|\beta|}|v_1\rangle\right]\left[\frac{\sqrt{\alpha\beta}}{\sqrt{|\alpha|-|\beta|}}|u_2\rangle+\sqrt{|\alpha|-|\beta|}|v_2\rangle\right]$$
$$(1.10.20)$$

再换第三组基$|c_i\rangle$,$|d_i\rangle$:

$$|c_i\rangle=A|u_i\rangle+B|v_i\rangle \quad (1.10.21a)$$
$$|d_i\rangle=-B^*|u_i\rangle+A^*|v_i\rangle \quad (1.10.21b)$$

它的逆变换是

$$|u_i\rangle=A^*|c_i\rangle-B|d_i\rangle \quad (1.10.22a)$$
$$|v_i\rangle=B^*|c_i\rangle+A|d_i\rangle \quad (1.10.22b)$$

上两式中的 A 与 B 分别是

$$A=\frac{\sqrt{\alpha\beta}}{\sqrt{1-|\alpha\beta|}},\quad B=\frac{|\alpha|-|\beta|}{\sqrt{1-|\alpha\beta|}} \quad (1.10.23)$$

从 α,β 的归一化条件(式(1.10.13))得到 A 和 B 的归一化条件:

$$|A|^2+|B|^2=1 \quad (1.10.24)$$

用基$|c_i\rangle$和$|u_i\rangle$可以将$|\Psi\rangle$表示为

$$|\Psi\rangle=N(|c_1\rangle|c_2\rangle-A^2|u_1\rangle|u_2\rangle) \quad (1.10.25)$$

此处

$$N=\frac{1-|\alpha\beta|}{|\alpha|-|\beta|}$$

从式(1.10.25)出发,可以将$|\Psi\rangle$用不同的基表示为4种等价形式:

(1) 用 u_1,v_1; u_2,v_2(这是原有的形式):

$$|\Psi\rangle=N(AB|u_1\rangle|v_2\rangle+AB|v_1\rangle|u_2\rangle+B^2|v_1\rangle|v_2\rangle) \quad (1.10.26a)$$

① 这是关键的一步,其作用是导出下文的式(1.10.28a)。

(2) 用 c_1, d_1; u_2, v_2(用式(1.10.21a)置换 $|c_2\rangle$，用式(1.10.22a)置换 $|u_1\rangle$)：

$$|\Psi\rangle = N[|c_1\rangle(A\ |u_2\rangle + B\ |v_2\rangle) - A^2(A^*\ |c_1\rangle - B\ |d_1\rangle)\ |u_2\rangle] \tag{1.10.26b}$$

(3) 用 u_1, v_1; c_2, d_2(用式(1.10.21a)置换 $|c_1\rangle$，用式(1.10.22a)置换 $|u_2\rangle$)：

$$|\Psi\rangle = N[(A\ |u_1\rangle + B\ |v_1\rangle)\ |c_2\rangle - A^2\ |u_1\rangle(A^*\ |c_2\rangle - B\ |d_2\rangle)] \tag{1.10.26c}$$

(4) 用 c_1, d_1; c_2, d_2(用式(1.10.21a)置换 $|u_1\rangle|u_2\rangle$)：

$$|\Psi\rangle = N[|c_1\rangle\ |c_2\rangle - A^2(A^*\ |c_1\rangle - B\ |d_1\rangle)(A^*\ |c_2\rangle - B\ |d_2\rangle)] \tag{1.10.26d}$$

定义物理可观测量 U_i 和 D_i，相应的算符是

$$\hat{U}_i = |u_i\rangle\langle u_i|,\quad \hat{D}_i = |d_i\rangle\langle d_i| \tag{1.10.27}$$

它们的本征值是 0 或 1。例如 $\hat{U}_i|u_i\rangle = |u_i\rangle$，$\hat{U}_i|v_i\rangle = 0$。一般情况下，$\hat{U}_i$ 和 $\hat{D}_i$ 不对易，即对任意一个粒子，不能同时精确地量测其 U_i 与 D_i。从式(1.10.26a)可以看出，如果同时测量 U_1 和 U_2，有

$$U_1U_2 = 0 \tag{1.10.28a}$$

这是在式(1.10.17)中要求 $|u_1\rangle|u_2\rangle$ 的系数为 0 的结果。下面要为隐变量理论设计一个陷阱 $U_1(\lambda)U_2(\lambda) = 1$，显然此结果与式(1.10.28a)矛盾。从式(1.10.26b)可知，如果对粒子 1 测 D_1，对粒子 2 测 U_2，那么(因只有 $|d_1\rangle|u_2\rangle$ 项包含 $|d_1\rangle$)

$$\text{如果 } D_1 = 1,\quad \text{则有 } U_2 = 1 \tag{1.10.28b}$$

类似地，从式(1.10.26c)可知，如果对粒子 1 测 U_1，对粒子 2 测 D_2，那么

$$\text{如果 } D_2 = 1,\quad \text{则有 } U_1 = 1 \tag{1.10.28c}$$

最后，从式(1.10.26b)可知，如果对粒子 1 测 D_1，对粒子 2 测 D_2，那么

$$\text{测得 } D_1 = 1,\quad D_2 = 1 \text{ 的概率为 } |NA^2B^2|^2 \tag{1.10.28d}$$

以上都是量子力学的预言。

下面将直接证明定域实在性理论和量子力学不相容。用隐变量 λ 描述一对粒子，不同 λ 值的粒子对组成一个系综。待粒子彼此远离后再对它们进行测量。如果一次测量给出 $D_1 = 1$，$D_2 = 1$，这是量子力学式(1.10.28d)允许的。既然 $D_1 = 1$，则根据式(1.10.28b)，如果对 U_2 进行测量，应得 $U_2 = 1$。根据定域性的观点，这个结果应与对粒子 1 进行什么测量毫无关系，即 $U_2(\lambda) = 1$。同理，根据式(1.10.28c)，$D_2 = 1$ 意味着 $U_1 = 1$，用定域性有 $U_1(\lambda) = 1$。总结起来，如果测得 $D_1 = 1$，$D_2 = 1$，定域性预言 $U_1(\lambda)U_2(\lambda) = 1$，那么意为如果对这对粒子不测 D_1 和 D_2 而测 U_1 和 U_2，就应有 $U_1U_2 = 1$，这和量子力学的预言(式(1.10.28a))矛盾。实在性理论的前提要求：既然式(1.10.28b)和式(1.10.28c)分别预言了 $U_2 = 1$ 和 $U_1 = 1$(概率为 1)，而且在测量 D_1 时没有干扰粒子 2，在测量 D_2 时没有干扰粒子 1，U_1 和 U_2 就有“实在的元素”，这就导致了实在性理论与量子力学的矛盾。

以上证明取决于测得 $D_1 = 1$ 和 $D_2 = 1$ 的概率：

$$|NA^2B^2|^2 = \left[\frac{(|\alpha| - |\beta|)\ |\alpha\beta|}{1 - |\alpha\beta|}\right]^2$$

如果 α, β 其中之一为 0，此概率为 0。意为 $|\varphi\rangle$ 为乘积态，不是缠绕态。另外，$|\alpha| = |\beta|$，这

是最大缠绕态，概率也为 0。因此，Hardy 的证明表明对除最大缠绕态以外的任何二粒子缠绕态，贝尔定理成立。

T. F. Jordan[56] 和 S. Goldstein[57] 分别对二粒子态给出了贝尔定理的证明。

1.10.3 二粒子体系不涉及不等式贝尔定理的实验验证

实验的原理图示于图 1.50，该实验是由曼德尔的研究组进行的[58-59]。参量下转换(图 1.50 中 PDC)的两个光子同时从非线性晶体射出。用旋光器使两个光子偏振正交(以 x 和 y 表示)。它们从相反方向射在分束器 BS 上，并在此混合。两个混合束从方向 1 和方向 2 射出。分束器是非对称的。令 T 和 T' 分别代表方向 1 和方向 2 的透射系数，R 和 R' 分别代表向 2 和方向 1 的反射系数。由于光是接近法线入射的，这些系数可以认为与偏振无关。离开分束器的光子对量子状态是

$$|\psi\rangle = TT' \, |1\rangle_{1x} \, |1\rangle_{2y} + RR' \, |1\rangle_{1y} \, |1\rangle_{2x} + TR' \, |1\rangle_{1x} \, |1\rangle_{1y} + T'R \, |1\rangle_{2x} \, |1\rangle_{2y} \tag{1.10.29}$$

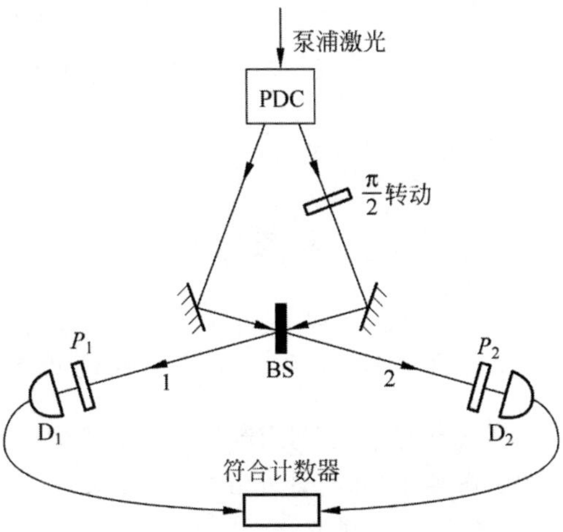

图 1.50 实验装置示意图

$|1\rangle_{2y}$ 代表 1 个光子向方向 2 传播，偏振为 y，其余以此类推。上式等号右侧第三、四项对符合计数没有贡献。光子经检偏器 P_1，P_2 后分别进入探测器 D_1，D_2。记 $P_j(\theta)$ 为探测器 $D_j(j=1,2)$ 探测光子的概率，θ 为检偏器设定的角度，$\bar{\theta}=\theta+\pi/2$ 是和 θ 正交的偏振方向。完全的检偏器和探测器保证 $P_j(\theta)+P_j(\bar{\theta})=1$。记 $P_{12}(\theta_1,\theta_2)$ 为检偏器设定角度分别为 θ_1，θ_2 时两个探测器同时各记录一个光子的概率，$P_{12}(\theta_1,-)$ 代表检偏器 P_1 设定于 θ_1、方向 2 没有检偏器时的符合计数概率。它满足

$$P_{12}(\theta_1,-) = P_{12}(\theta_1,\theta_2) + P_{12}(\theta_1,\bar{\theta}_2) \tag{1.10.30}$$

此处 θ_2 是任意的。类似地有

$$P_{12}(-,\theta_2) = P_{12}(\theta_1,\theta_2) + P_{12}(\bar{\theta}_1,\theta_2) \tag{1.10.31}$$

在给定参数 T，T'，R，R' 的情况下，可以找到 θ_1，θ_2，θ_1'，θ_2' 特定的值，使以下关系成立[59]：

$$P_{12}(\theta_1,\bar{\theta}_2') = 0 \tag{1.10.32a}$$

$$P_{12}(\bar{\theta}'_1,\theta_2)=0 \tag{1.10.32b}$$

$$P_{12}(\theta'_1,\theta'_2)=0 \tag{1.10.32c}$$

$$P_{12}(\theta_1,\theta_2)>0 \tag{1.10.32d}$$

这些是量子力学的结果。从式(1.10.30)和式(1.10.32a)可以得到

$$P_{12}(\theta_1,-)=P_{12}(\theta_1,\theta'_2) \tag{1.10.33}$$

这个等式的意义是，在方向1的光子偏振为θ_1时，方向2的光子偏振为θ'_2的概率为1。根据EPR佯谬的前提②，测得方向1光子的偏振不扰动方向2的光子且能预言它的偏振，故这个偏振是实在性的元素，从式(1.10.31)和式(1.10.32b)可以得到

$$P_{12}(-,\theta_2)=P_{12}(\theta'_1,\theta_2) \tag{1.10.34}$$

用与上文同样的推理，可断定θ'_1是实在性的元素，这相当于式(1.10.28b)和式(1.10.28c)。再考虑$P_{12}(\theta_1,\theta_2)>0$。既然$\theta_1$出现，就有$\Pi^\lambda(2)=\theta'_2$，此处$\Pi^\lambda(2)$是方向2的光子在隐变量$\lambda$所确定状态中的偏振。由EPR佯谬前提②确定它是$\theta'_2$。同理，有$\Pi^\lambda(1)=\theta'_1$。这样就应有$P_{12}(\theta'_1,\theta'_2)>0$，和式(1.10.32c)矛盾。推理办法与1.10.2节是一样的。在文献[58]和文献[59]的实验中，$|T|^2=0.70$，$|R|^2=0.30$，算出$\theta_1=74.3°$，$\theta_2=15.7°$，$\theta'_1=-56.8°$，$\theta'_2=-33.2°$。实验测出$P_{12}(\theta'_1,\theta_2)=P_{12}(\theta_1,\theta'_2)=0.98$，$P_{12}(\theta_1,\theta_2)=0.099$。根据EPR佯谬的原则，应有

$$P_{12}(\theta'_1,\theta'_2)=0.099\times0.98\times0.98=0.095$$

实验给出

$$P_{12}(\theta'_1,\theta'_2)=0.0070\pm0.0005$$

和EPR预言相差45倍标准偏差。

1.10.4　三光子缠绕态的实验实现和对定域实在论的否定

以上描述的三粒子干涉仪实现起来是有困难的。三粒子缠绕态的优越性在于能够对量子力学与定域实在性理论的矛盾给予“非统计性”的实验证明。“统计性”的证明则需要测量许多对缠绕粒子积累的数据，塞林格的研究组[60]提出用两对偏振缠绕光子实现三个光子的缠绕态，余下一个独立光子。这个想法已由同研究组在实验中实现[61]。在实验装置示意图1.51中，紫外光短脉冲经过BBO晶体产生两对缠绕光子，每一对缠绕光子的偏振状态由下式给出：

$$\frac{1}{\sqrt{2}}(|H\rangle_a|V\rangle_b-|V\rangle_a|H\rangle_b)$$

它代表a与b两束的偏振态的两种可能。H是水平偏振，V是垂直偏振，两种偏振可能是相干叠加的。束a射入偏振分束器(图1.51中PBS_1)，垂直偏振光子被反射，而水平偏振光子则透射进入探测器T。束b射入与偏振无关的分束器(图1.51中BS)，50％透射进入探测器D_3，50％被反射进入另

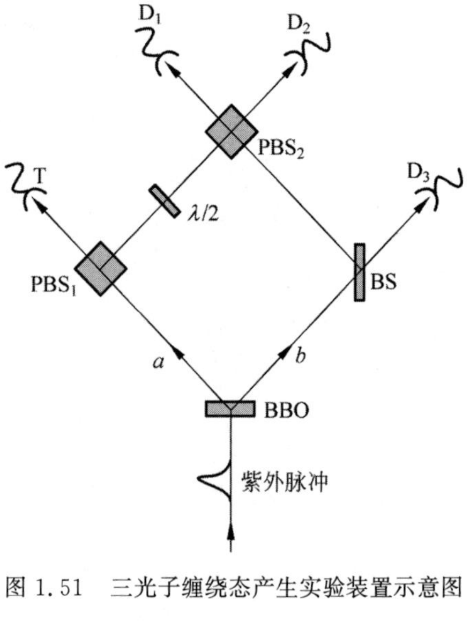

图1.51　三光子缠绕态产生实验装置示意图

一个偏振分束器 PBS_2，在此处 H 偏振光子透射进入探测器 D_1 而 V 偏振光子被反射进入探测器 D_3。设一个紫外光脉冲产生了两对缠绕光子，而 4 个光子都分别被 4 个探测器 T，D_1，D_2，D_3 符合探测到。以下将要证明，由于紫外光脉冲(约 200fs)远小于光子的相干时间(实验中达到 500fs)，当两对缠绕光子中的一个光子(触发光子)被探测器 T 记录时，其他三个光子即构成偏振缠绕光子：不可能区分哪两个光子本属于一对缠绕光子。理由如下：当符合发生时，探测器 T 记录的触发光子是 H 偏振的；它的伴侣一定是 V 偏振的，沿 b 束到达 BS。在此它有 50%的概率前往探测器 D_3 并被记录到，另外有 50%的概率被反射到达 PBS_2，再被反射进入探测器 D_2。先考虑第一种可能。此时，探测器 D_1 和 D_2 记录的必然是另一对缠绕光子。沿 a 束的光子必然是 V 偏振的，它在 PBS_1 处被反射到达 PBS_2。在此以前它通过半波片(图 1.51 中 $\lambda/2$)，偏振被旋转 45°，成为 V 与 H 的等权重相干叠加。沿 b 束的光子是 H 偏振的，在 PBS_2 处透射进入探测器 D_1。当 a 束光子到达 PBS_2 时，其 H 偏振成分(50%)透射进入探测器 D_2。这一对分别被 D_1，D_2 记录，与前一对组成四重符合。探测器记录的是

$$|H\rangle_1\ |H\rangle_2\ |V\rangle_3 \tag{1.10.35}$$

第二种可能是触发光子与其伴侣分别被探测器 T 和 D_2 记录。第二对光子中沿 b 束的是 H 偏振的，它在 BS 处透射进入 D_3，而它的伴侣在 PBS_1 处因其 V 偏振被反射，通过半波片 $\lambda/2$ 到达 PBS_2，并在此处因其 V 成分(50%)被反射而到达 D_1。探测器记录的是

$$|V\rangle_1\ |V\rangle_2\ |H\rangle_3 \tag{1.10.36}$$

一般来说，两个可能状态式(1.10.35)与式(1.10.36)并不形成相干叠加，因为它们源自两个独立光子对，它们在原则上是可以区分的，例如根据不同的发射时间。但这种信息可以因紫外激光的短暂(200fs)和光子相干时间很长而被涂消，此时就形成了 3 个偏振缠绕光子的 GHZ(Grunberger-Horne-Zeilinger)态：

$$\frac{1}{\sqrt{2}}(|H\rangle_1\ |H\rangle_2\ |V\rangle_3+|V\rangle_1\ |V\rangle_2\ |H\rangle_3) \tag{1.10.37}$$

上式两项中间的加号需要证明。初始两对光子的状态为

$$\frac{1}{\sqrt{2}}(|H\rangle_a\ |V\rangle_b-|V\rangle_a\ |H\rangle_b)(|H\rangle'_a|V\rangle'_b-|V\rangle'_a|H\rangle'_b) \tag{1.10.38}$$

不带撇的和带撇的极化状态分别指第一对光子和第二对光子。在装置中，式(1.10.38)的各分量演化为

$$\left.\begin{aligned} &|H\rangle_a\to|H\rangle_T, \quad |H\rangle_b\to\frac{1}{\sqrt{2}}(|H\rangle_1+|H\rangle_3)\\ &|V\rangle_a\to\frac{1}{\sqrt{2}}(|V\rangle_1+|V\rangle_2), \quad |V\rangle_b\to\frac{1}{\sqrt{2}}(|V\rangle_2+|V\rangle_3)\end{aligned}\right\} \tag{1.10.39}$$

第二对光子的演化与第一对相似。只取对四重符合有贡献的项，得到

$$\frac{1}{2}\{|H\rangle_T(|H\rangle'_1|H\rangle'_2|V\rangle_3+|V\rangle'_1|V\rangle_2\ |H\rangle'_3)+(|H\rangle_1\ |H\rangle_2\ |V\rangle'_3+|V\rangle_1\ |V\rangle'_2|H\rangle_3)\} \tag{1.10.40}$$

如果两对光子不能区别，就有

$$\frac{1}{\sqrt{2}}\ |H\rangle_T(|H\rangle_1\ |H\rangle_2\ |V\rangle_3+|V\rangle_1\ |V\rangle_2\ |H\rangle_3) \tag{1.10.41}$$

这印证了式(1.10.37)。在实验中如何能证明这是3个光子的缠绕态而不是这两项的混合态呢？尽管在实验中确证了上式中的两种偏振状态，但这还不够，还要证明它们是相干叠加的。在 D_1 前的检偏器置于45°，即 $|45°\rangle_1=\frac{1}{\sqrt{2}}(|H\rangle_1+|V\rangle_1)$，从而将上面的状态投影到

$$\frac{1}{\sqrt{2}}|45°\rangle_1(|H\rangle_2|V\rangle_3+|V\rangle_2|H\rangle_3)$$

将括号中的光子2和光子3的状态用 $|45°\rangle$，$|-45°\rangle$ 基表示，有

$$\frac{1}{\sqrt{2}}(|45°\rangle_2|45°\rangle_3-|-45°\rangle_2|-45°\rangle_3)$$

即光子2和光子3偏振态相同。$|45°\rangle_2|-45°\rangle_3$ 和 $|-45°\rangle_2|45°\rangle_3$ 态的不存在是光子偏振缠绕的明证。图1.52给出了三光子缠绕的证明。四重符合记数作为 a 束光程延迟的函数绘于图1.52(a)，偏振 $|45°\rangle_1|-45°\rangle_2|-45°\rangle_3$ 为实方点，$|45°\rangle_1|-45°\rangle_2|45°\rangle_3$ 为实圆点。当延迟为0时两条曲线的差别说明相干叠加，即后一种偏振状态不存在。图1.52(b)为 D_1 偏振置于0°时的情况。测量结果的可见度高达75%。延迟增加，两对光子趋于不能辨认，相干趋于消失。当然也可以认为，在零延迟时 D_1 和 D_3 的光子由于 D_2 的光子被投影到 $|-45°\rangle$ 而被投影到二粒子缠绕态。为了得到进一步的信息，将 D_1 处的起偏器置于0°(V 极化)。GHZ态另两个光子应处于 $|V\rangle_2|H\rangle_3$ 态，它在 $|45°\rangle$ 基上不给出这两个光子的任何关联。在图1.52(b)中不论延迟大小，方点与圆点没有区别，证明不存在二光子关联。

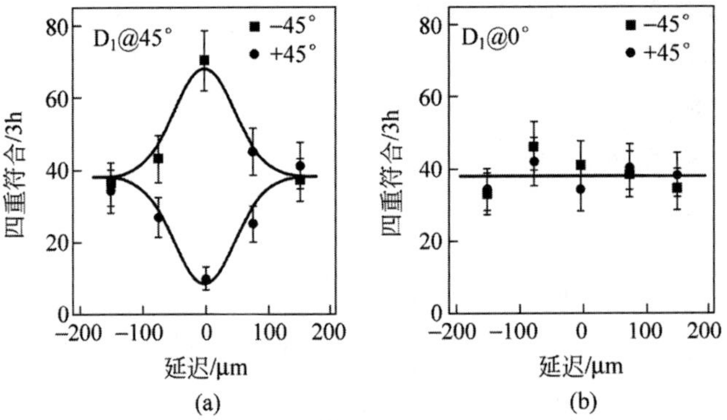

图1.52　三光子缠绕态的实验证明

(a) D_1 偏振置于45°；(b) D_1 偏振置于0°

同一个研究组[62]用另一个GHZ态

$$|\Psi\rangle=\frac{1}{\sqrt{2}}(|H\rangle_1|H\rangle_2|H\rangle_3+|V\rangle_1|V\rangle_2|V\rangle_3) \tag{1.10.42}$$

来检验量子非定域性。考虑不同的极化测量：从原来的 H/V 方向转45°，称为"H'/V' 测量"；或测量圆偏振，称为"L/R 测量"。新的极化态与原来的 H/V 态的关系为

$$\left.\begin{aligned}&|H'\rangle=\frac{1}{\sqrt{2}}(|H\rangle+|V\rangle),\quad |V'\rangle=\frac{1}{\sqrt{2}}(|H\rangle-|V\rangle)\\&|R\rangle=\frac{1}{\sqrt{2}}(|H\rangle+\mathrm{i}\,|V\rangle),\quad |L\rangle=\frac{1}{\sqrt{2}}(|H\rangle-\mathrm{i}\,|V\rangle)\end{aligned}\right\} \tag{1.10.43}$$

方便起见，称 H'/V' 测量为"x 测量"，L/R 测量为"y 测量"。GHZ态(1.10.42)可以用新

的基表示，例如对 yyx 测量它可以表示为

$$|\Psi\rangle=\frac{1}{2}(|R\rangle_1\ |L\rangle_2\ |H'\rangle_3+|L\rangle_1\ |R\rangle_2\ |H'\rangle_3+|R\rangle_1\ |R\rangle_2\ |V'\rangle_3+|L\rangle_1\ |L\rangle_2\ |V'\rangle_3) \tag{1.10.44}$$

用循环排列，可以得到对 yxy 和 xyy 测量的 GHZ 态。从这样的状态得出，对于两个光子，例如 1 和 2 进行测量，就可以确定地预言相应的第 3 个光子的极化状态。由于三光子缠绕态已经有了实验上有力的确证，定域实在论者应该对这些状态给予他们自己的诠释。预言与在测量中光子的距离和测量的时间顺序无关(假设对三个光子的测量是同时进行的)。EPR 佯谬定域性要求，对任何一个光子测量的结果应该和对另两个光子进行什么样子的测量及其结果无关。对于 GHZ 态的现实情况，必须假设每个光子对 x 测量和 y 测量都有“实在性的元素”，它们在测量结果中应该体现出来。记这些元素 $H'(V')$ 为 $X_i=+1(-1)$，元素 $R(L)$ 为 $Y_i=+1(-1)$。为了和 GHZ 态 $|\Psi\rangle$ 的量子理论预言符合，测量 yyx 的结果要求 $Y_1Y_2X_3=-1$，$Y_1X_2Y_3=-1$，$X_1Y_2Y_3=-1$。循环排列的结果也类似。根据定域实在论，任何一个特定的测量 x 都必须独立于对其他两个光子进行 x 或 y 测量。由于 $Y_iY_i=+1$，有 $X_1X_2X_3=(X_1X_2Y_3)(Y_1X_2Y_3)(Y_1Y_2X_3)=-1$。因此定域实在论的结论是，进行 xxx 测量的可能结果是 $V'V'V'$，$H'H'V'$，$H'V'H'$ 和 $V'H'H'$。将 $|\Psi\rangle$ 表示为 H'/V' 基，有

$$|\Psi\rangle=\frac{1}{2}(|H'\rangle_1\ |H'\rangle_2\ |H'\rangle_3+|H'\rangle_1\ |V'\rangle_2\ |V'\rangle_3+ |V'\rangle_1\ |H'\rangle_2\ |V'\rangle_3+|V'\rangle_1\ |V'\rangle_2\ |H'\rangle_3) \tag{1.10.45}$$

因此，量子力学给出的 xxx 测量结果和定域实在论直接矛盾，结果示于图 1.53。

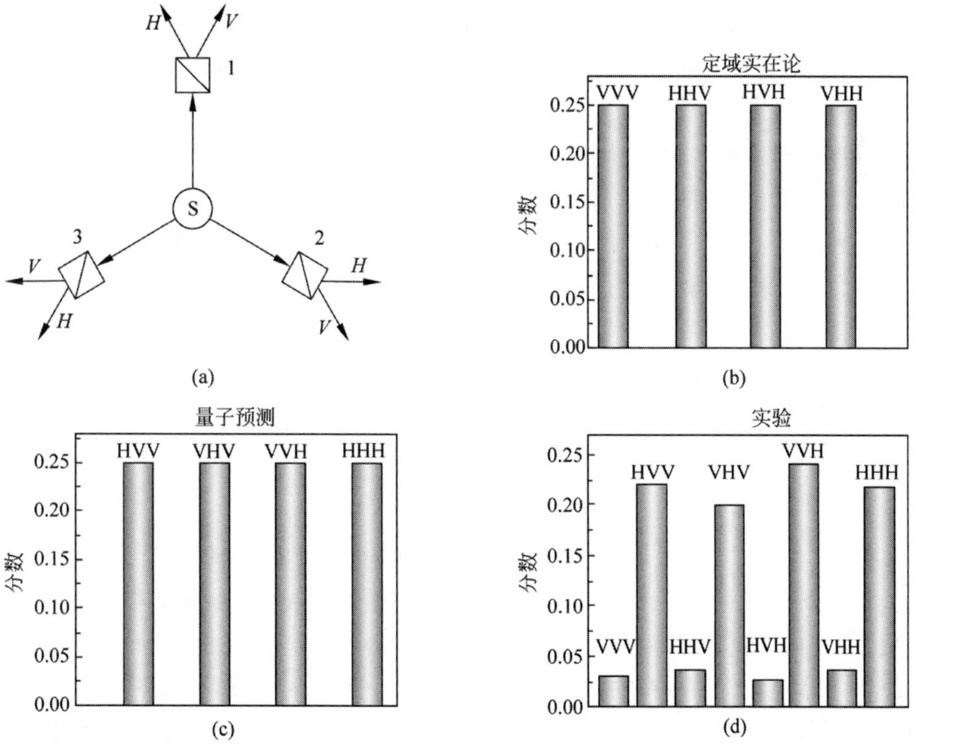

图 1.53 三光子缠绕 GHZ 态导致量子力学与定域实在论矛盾

取自文献[62]

1.10.5 在缠绕与非定域性意义下的EPR佯谬

EPR佯谬的原始意图是要说明量子力学是不完备的，因为在二粒子系统的一维运动中，x_2 和 p_2 的值可以准确决定，因此 $(\Delta x_2)^2(\Delta p_2)^2 \geqslant \hbar^2/4$ 被破坏。考虑EPR算符 $\hat{x}_1+\hat{x}_2$ 和 $\hat{p}_1-\hat{p}_2$。联合不确定性乘积 $\left(\Delta(\hat{x}_1+\hat{x}_2)\right)^2\left(\Delta(\hat{p}_1-\hat{p}_2)\right)^2$ 的值决定性地依赖量子态的性质：是可分离的还是缠绕的。段鲁明等人[63]从可分离性定义出发，证明了一个定理：对可分离的连续变量状态，联合不确定性乘积是有下限的，而它的值是源于不确定性关系的。因此破坏这个下限就是不可分离性（缠绕）的充要判据。S. Manchini 等人[64]证明了一个定理：对于任意可分离量子态定义算符 $u=q_1+q_2$，$v=p_1-p_2$，考虑到 $[q_j,p_j]$ 是个 c 数 $(j=1,2)$，不等式 $\langle(\Delta u)^2\rangle\langle(\Delta v)^2\rangle \geqslant \left|\langle[q_1,p_1]\rangle\right|^2$ 成立。对我们考虑的情况，这个定理的特例是：

$$\left(\Delta(\hat{x}_1+\hat{x}_2)\right)^2\left(\Delta(\hat{p}_1-\hat{p}_2)\right)^2 \geqslant \hbar^2$$

最大缠绕EPR态在实验室中不能实现，但一对参量下转换光子在适当条件下可以认为是这样态的近似。罗切斯特大学的研究组[65]进行了上述光子对的大距离位置和动量关联测量。BBO晶体用390nm激光束泵浦可产生参量下转换光子对。用棱镜把泵浦光和下转换光分离。两个光子极化态正交，可以用极化分束器(PBS)将它们分开。滤光器后面的显微镜物镜将通过的光聚焦到雪崩光二极管(APD)单光子计数装置上。

在测量光子的位置关联时，在分束器前放置一个透镜，将晶体的出射面聚焦在两个狭缝的平面上成像(图1.54(a))。一个狭缝固定在最大信号强度处，移动另一个狭缝以记录作为狭缝位移函数的光子符合计数率。要测量光子的横向动量关联，去掉PBS前的透镜，代以在每一个臂上各放一个透镜，透镜距狭缝平面距离为 f（焦距）(图1.54(b))。这两个透镜将横向动量映射为横向位置，使具有横向动量 $\hbar k_\perp$ 的光子聚集在狭缝平面后落在 $fk_\perp/k$ 处。将一个狭缝固定，移动另一个狭缝以得到符合计数率分布。

归一化符合分布后，得到条件概率函数为 $P(x_2|x_1)$ 和 $P(p_2|p_1)$，绘于图1.55。

这些条件概率密度函数就用以计算在给定光子1的位置或动量条件下，光子2的位置和动量不确定性：

$$\left.\begin{aligned}(\Delta x_2|_{x_1})^2 &= \int x_2^2 P(x_2 \mid x_1)\mathrm{d}x_2 - \left(\int x_2 P(x_2 \mid x_1)\mathrm{d}x_2\right)^2 \\ (\Delta p_2|_{x_1})^2 &= \int p_2^2 P(x_2 \mid x_1)\mathrm{d}x_2 - \left(\int p_2 P(x_2 \mid x_1)\mathrm{d}x_2\right)^2\end{aligned}\right\} \tag{1.10.46}$$

实验数据给出

$$(\Delta x_2|_{x_1})^2(\Delta p_2|_{p_1})^2 = 0.01\,\hbar^2 \tag{1.10.47}$$

这个结果证实了光子的关联性是如此之好，而EPR佯谬定域要求被破坏得如此厉害。但不要把此关系(1.10.47)当作不确定性关系，因为均方差值是在不同条件下计算的。不确定性关系 $(\Delta x_2)^2(\Delta p_2)^2 \geqslant \hbar^2/4$ 并未被破坏，两个均方差值同时为0不可能在任何量子状态上实现。对可分离态用联合概率 $P(x_1,x_2)$ 和 $P(p_1,p_2)$ 计算均方差，得到的结果是 $[\Delta(\hat{x}_1+\hat{x}_2)]^2[\Delta(\hat{p}_1-\hat{p}_2)]^2 \geqslant \hbar^2$。

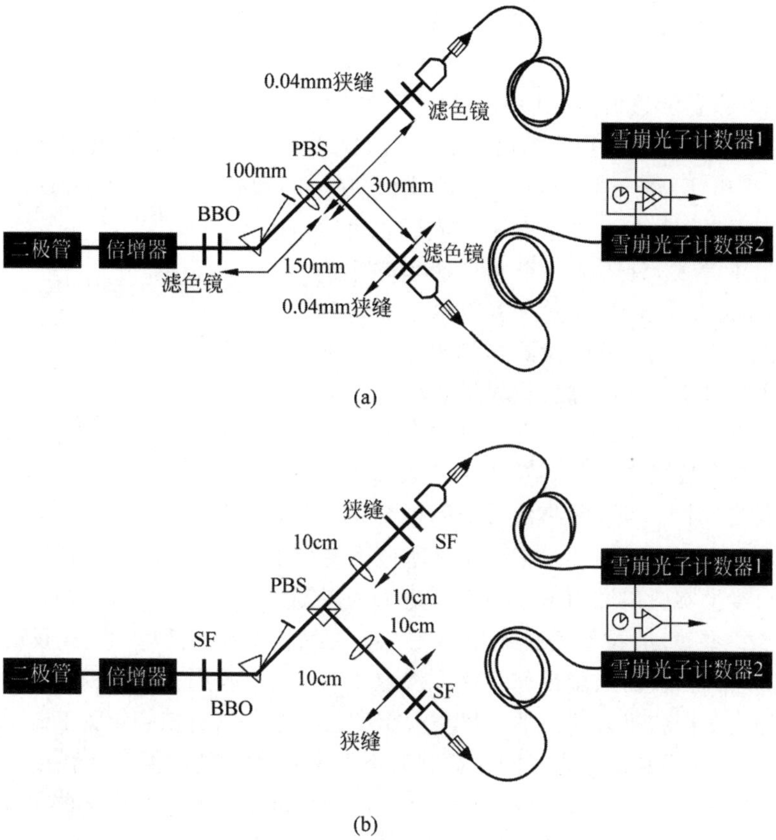

图 1.54 测量光子关联的实验装置示意图

取自文献[65]

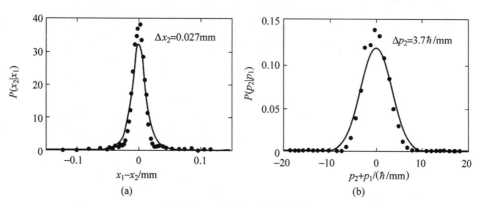

图 1.55 条件概率分布函数

取自文献[65]

1.10.6 单光子的非定域性

在 1.8 节中讨论的贝尔不等式实验检验涉及两个缠绕粒子的关联。考虑一个单个光子打到分束器上。它反向和透射的概率幅相等。状态由下式描述：

$$\frac{1}{\sqrt{2}}[|1\rangle_T|0\rangle_R+|0\rangle_T|1\rangle_R] \tag{1.10.48}$$

此处 T(R)指分束器的透射(反射)臂。以光子数状态为基,T 和 R 的关联互相排斥：如果在 T 臂探测器计数,R 臂的探测器必然无反应,反之亦然。但这并非我们感兴趣的量子力学关联(它涉及和量子数互补的相位)。将式(1.10.48)和式(1.8.6)的贝尔基比较,可以看出它们在数学上是同构的。意思是一个光子也可以用来检验贝尔不等式,只要把一个相位适当安排进去。此时 T 和 R 臂的探测器可以表明单个光子的两个"版本"之间的关联,即使探测器相距很远。实验研究是由 S. M. Tan, D. F. Walls 和 M. J. Collett[66]建议的。式(1.8.6)中光子对的关联可以通过调整起偏器角度设置测量。单光子和局域振子在分束器上混合(图 1.56),探测器无法判断探测到的光子是来自信号(单光子)还是来自振子所产生的相干态光子 $\alpha e^{i\theta}$。相位 θ 等同于 1.8 节中起偏器的角度。实验研究由 B. Hessmo 等人[67]完成。他们对 Tan,Walls 和 Collett[66]的原始建议作了一些改动,试验安排示于图 1.57。激光源产生飞秒脉冲,波长为 90nm,它泵浦了一个 BBO 下转换晶体,辅助光子进入探测器 D_T。D_T 收到光子就说明下转换光子对中的另一个信号光子即将进入分束器。局域振荡的由主激光器分出一束来驱动。设置并调整延迟线,保证振子光子和信号光子同时达到分束器。强度控制使振子光强度和信号强度相匹配以得到高度关联的测量可见度。振子光子的极化调整为和信号光子的极化正交。振子光子的相位由一臂的双折射晶体沿其光轴的转动来调整。D_1,D_2 和 D_T 的三重符合作为两臂相位差的函数记录下来,如图 1.58 所示。如果信号光子或振子光子遗失,就会得到平坦的与相位无关的关联曲线。用这个本底关联来修正关联-相移曲线,得到了可见度 91%±3%。贝尔不等式被破坏达到 71%。如文献[66]指出的,这个关联是纯量子力学的,其结果不同于经典波动理论,更不用说经典微粒理论了。

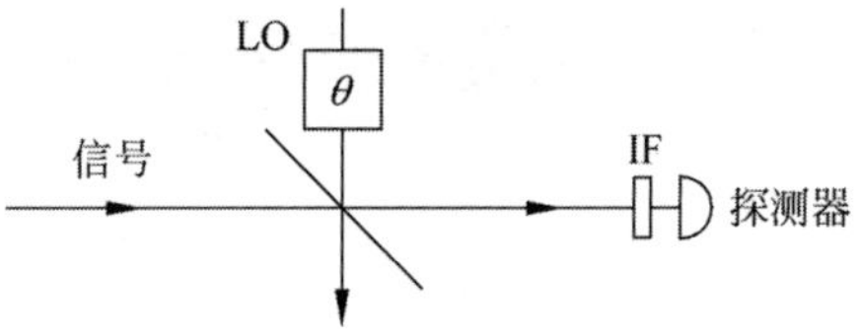

图 1.56　信号光子与局域振子(LO)产生光子的混合
取自文献[67]

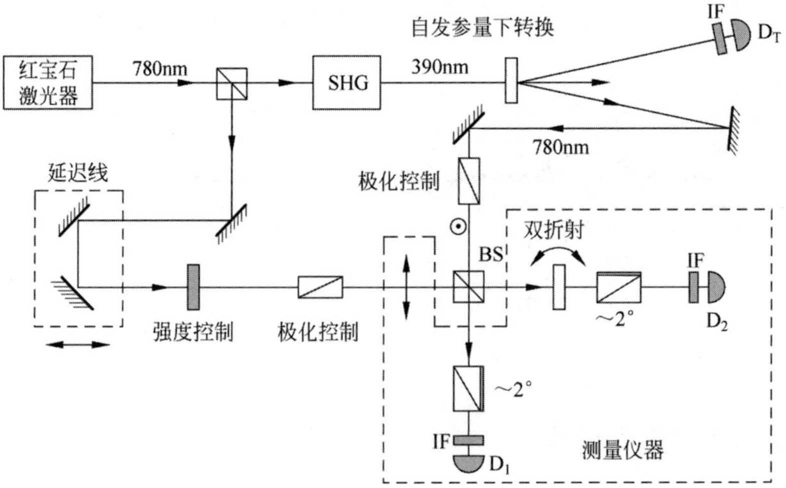

图 1.57　实验安排
参量下转换的一个单光子与局域振子的光子在分束器上混合
在分束器的输出两臂各有一个探测器,取自文献[67]

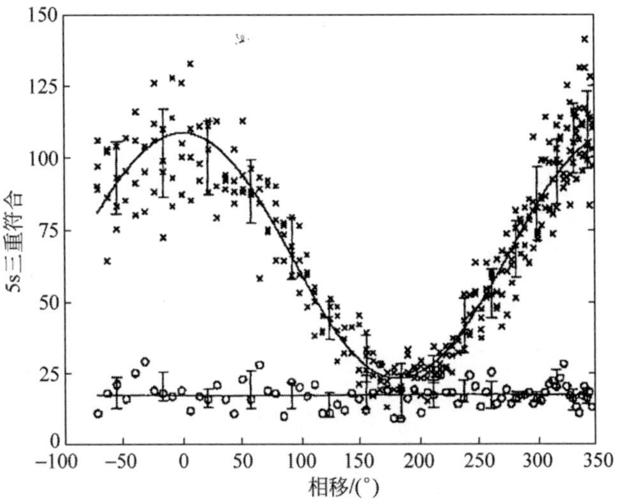

图 1.58　实验数据和曲线拟合

振荡曲线表明单光子两个“版本”的非经典关联（作为相移的函数），取自文献[67]

1.11　量子非破坏性实验简介

科学与技术的发展需要越来越高的精确度，例如引力波探测、压缩光、单原子阱等。在计算机科学的信息处理与传递中，量子测量也很重要。量子测量的理论也需要发展从而满足这些需要。量子非破坏性实验（quantum non-demolition experiment，QND 实验）和回避反作用实验（back action evading experiments，BAE 实验）都能在不确定原理这一基础性约束的制约之下提供最佳结果[68]。我们从一个例子开始。引力波探测器由重以吨计的 Al(Si，Nb)棒构成，它们在引力波的驱动之下以极小的振幅（估计为 $\delta x\approx 10^{-19}$ cm）振动。如果精确度要求如此之高，那么这样巨大的金属棒也要用量子力学处理。测量的重复频率是 $\tau\approx 10^{-3}$ s。如果从测量振动的振幅来测引力波，则相应的 Δx 会有动量的扰动 $\Delta p\geqslant \frac{\hbar}{2\Delta x}$，亦即有速度不确定性 $\Delta v\geqslant \frac{\hbar}{2m\Delta x}$。它在时间 τ 内引起位置的不确定性 $(\Delta x)'\geqslant \frac{\hbar\tau}{2m\Delta x}$。代入 $\Delta x=10^{-19}$ cm，$m=10\text{t}=10^7$ g，得 $(\Delta x)'\geqslant 5\times 10^{-19}$ cm，大于位置测量要求的精确度。这样，下一次测量就无法以需要的精确度完成。将棒做得更重是不现实的，进一步缩小测量时间间隔会减弱引力波信号。之所以造成这种情况，是因为位置测量是一种仪器对体系的反作用（back action），它带来了对动量（位置的共轭力学量）的干扰。这种污染被反馈回体系，在它的演化中造成附加的位置误差，破坏了下一次精确测量位置的可能性。我们能否更聪明一点呢？尝试测量金属棒在引力波驱动下获得的动量。令动量测量所需的精确度为 $\Delta p\approx 10^{-9}$ g · cm/s。相应的位置测量的不确定性为 $\Delta x>\frac{\hbar}{2\Delta p}\approx 5\times 10^{-19}$ cm。在 $\tau\approx 10^{-3}$ s 后再进行动量测量。由于悬挂的金属棒在很短的时间（远小于振荡周期）内可以认为是自由的，它的动量是守恒的，不确定 Δx 不能由自由演化引发新的动量不确定性

$(\Delta p)'$，因此，下一次动量测量仍能以同样精度进行。当然，一次次的动量测量会使位置不确定积累，但这不会带来不利影响。另外，引力波是会使金属棒动量变化的，测量动量以判断引力波的强度正是基于此点。但这是外力脉冲，体系的动力学演化仍是自由物体的。在自由物体演化中动量是守恒的，污染不能反馈进来。基于以上讨论，自由物体的动量测量可以是量子非破坏性的，而位置测量不是。或者说自由运动的动量是量子非破坏性的可观测量，而位置测量不是。综上所述，在位置测量中 $\delta x = p\tau/m$，p 的不确定性通过这个关系产生 x 的新不确定性。在自由运动中，$p=\text{const}$ 与 x 无关，因而动量测量产生的 x 的不确定性反馈不进来。在此，运动常数是起决定作用的。

1.11.1　标准量子极限与反作用回避实验

考虑一个自由粒子。设在 $t=0$ 时进行的位置测量不确定值是 $(\Delta x)_1$。相应的仪器反作用带来的动量不确定值是 $(\Delta p)_{ba}=\dfrac{\hbar}{2(\Delta x)_1}$。记 $(\Delta x)_2$ 为在时间 $t=\tau$ 进行的位置测量误差。在时间 τ 内反馈的污染造成的位置不确定值是

$$(\Delta x)' = \frac{(\Delta p)_{ba}\tau}{m} = \frac{\hbar\tau}{2m(\Delta x)_1}$$

两次位置测量可以确定动量的值

$$p = m\,\frac{x_2 - x_1}{\tau} \tag{1.11.1}$$

动量的不确定值为

$$\Delta p = \frac{m}{\tau}\left[(\Delta x)_1^2 + \frac{\hbar^2\tau^2}{4m^2(\Delta x)_1^2} + (\Delta x)_2^2\right]^{1/2} \tag{1.11.2}$$

$(\Delta x)_1$ 取什么值才能使 Δp 尽量小呢？简单的计算给出

$$(\Delta x)_{1\,\min} = \sqrt{\frac{\hbar\tau}{2m}} \equiv \Delta x_{\text{SQL}} \tag{1.11.3}$$

它使由 $(\Delta x)_1$ 导致的 $\Delta p = \sqrt{\dfrac{\hbar m}{\tau}}$。定义

$$\Delta p_{\text{SQL}} = \sqrt{\frac{\hbar m}{2\tau}} \tag{1.11.4}$$

式(1.11.3)和式(1.11.4)定义了 x 和 p 误差的"标准量子极限"(standard quantum limit, SQL)。式(1.11.4)的定义有一定任意性，它满足

$$\Delta x_{\text{SQL}}\Delta p_{\text{SQL}} = \frac{\hbar}{2}$$

式(1.11.2)中的 Δp 显然比 Δp_{SQL} 大，但属于同量级。这两个量的关系用符号 $\gtrsim$ 表示，即有

$$\Delta p \gtrsim \Delta p_{\text{SQL}} \tag{1.11.5}$$

再考虑谐振子

$$\begin{aligned} x(t) &= x(0)\cos\omega t + \frac{p(0)}{m\omega}\sin\omega t \\ &\equiv x_1\cos\omega t + x_2\sin\omega t \end{aligned} \tag{1.11.6}$$

x_1 和 x_2 称为谐振子的"求积振幅"(quadrature amplitude)，它们实际上是两个积分常数。

从 x 和 p 间的不确定关系可知,确定求积振幅的精确度需满足

$$\Delta x_1 \Delta x_2 \geqslant \frac{\hbar}{2m\omega} \tag{1.11.7}$$

如果它们有相同的精确度,则有

$$\Delta x_1 = \Delta x_2 \geqslant \sqrt{\frac{\hbar}{2m\omega}} \tag{1.11.8}$$

而标准量子极限就是

$$\Delta x_{\mathrm{SQL}} = \sqrt{\frac{\hbar}{2m\omega}} \tag{1.11.9}$$

谐振子的能量为

$$E = \frac{1}{2}m\omega^2 A^2 = \frac{1}{2}m\omega^2(x_1^2 + x_2^2)$$

此处 A 是振幅。如果振幅为小量,则

$$\begin{aligned}\Delta E &= m\omega^2 A \Delta A_{\mathrm{SQL}} = m\omega^2 \sqrt{\frac{2E}{m\omega^2}}\sqrt{\frac{\hbar}{2m\omega}} \\ &= \sqrt{\hbar\omega E}\end{aligned} \tag{1.11.10}$$

标准量子极限可以逾越吗?答案是肯定的。在得到这个极限时用了不确定关系,但二者不是等同的。标准量子极限与如何进行测量有关。以谐振子为例,它的能量取决于振幅 A,而和相角 ωt 无关。在测量求积振幅时,振幅和相角都要测。关于相角的信息对能量是没有用的,但仪器在测量相角时对体系的反作用会被反馈回体系造成附加的能量不确定性。因此测量能量最好的办法是不要任何关于相角的信息。这是 P. N. Lebedev 的办法:通过测量辐射压力获得辐射能量密度。可以用很长的时间来完成测量,相角的信息是不相干的。在尺度为 d 的腔体中用可移动的壁(动量不确定性 Δp)测量电磁能量 E,其不确定性为

$$\Delta E \approx \frac{d}{\tau}\Delta p \tag{1.11.11}$$

此处 τ 是测量时间。如果用足够长的时间进行很精确的动量测量,可以使 ΔE 足够小,小于标准量子极限。这类实验称为"反作用回避实验"(BAE 实验)。BAE 实验的条件可以从考虑体系和测量仪器间的相互作用得到。体系的可观测量 $\hat{A}$ 和仪器的可观测量 $\hat{M}$(仪器的读数)耦合哈密顿(Hamilton)量记为 $\hat{H}_{\mathrm{I}}$:

$$\hat{H}_{\mathrm{I}} = f(\hat{A}, \hat{M}) \tag{1.11.12}$$

这个相互作用正是仪器对体系的反作用,它通过量子运动方程导致 $\hat{A}$ 的变化:

$$\frac{\mathrm{d}\hat{A}}{\mathrm{d}t} = \frac{\mathrm{i}}{\hbar}[\hat{H}_{\mathrm{I}}, \hat{A}] \tag{1.11.13}$$

因此,如果 $\hat{A}$ 和 $\hat{H}_{\mathrm{I}}$ 对易,则在测量中对 $\hat{A}$ 就没有反作用。如果 $\hat{H}_{\mathrm{I}}$ 中不含体系的任何与 $\hat{A}$ 不对易的可观测量,它就和 $\hat{A}$ 对易,即 $\hat{H}_{\mathrm{I}}$ 不会导致 $\hat{A}$ 的本征态间的跃迁。以上粗略的讨论在文献[68]中有严格的证明。

1.11.2　量子非破坏性实验

可观测量 $\hat{A}$ 的量子非破坏性实验(QND 实验)是对 $\hat{A}$ 的一系列精确测量，在各次测量之间的演化中没有与 $\hat{A}$ 不对易的可观测量的污染反馈给 $\hat{A}$。只有很特殊的可观测量才能对污染反馈有免疫性。它们被称为“QND 可观测量”。如果，有且只有一个系统在海森堡图画中自由演化时与在不同时间的 $\hat{A}(t)$ 算符对易，即

$$[\hat{A}(t_i),\hat{A}(t_j)]=0,\quad t_i\neq t_j \tag{1.11.14}$$

$\hat{A}$ 就是 QND 可观测量。为了强调 QND 测量的重要性，仍以引力波探测为例。这个探测需要多次在不同时间重复对一个可观测量进行测量。如果我们有大量同样的系统处于相同状态，就可以在不同时间对许多系统进行测量，不必考虑一次测量对一个系统以后演化的影响。但对于引力波探测器，系统是唯一的。只能对一个棒多次进行测量，因此要求这些测量彼此不相干扰。QND 测量是绝对必须的。令 $\hat{A}$ 为 QND 可观测量。在海森堡图画中，在 t_0 时的测量得到 $A(t_0)$。这个测量制备了状态 $|\psi_0\rangle$，它是 $\hat{A}(t_0)$ 的本征态，相应的本征值为 $A(t_0)$。由于 $\hat{A}(t_0),\hat{A}(t_1),\hat{A}(t_2),\cdots$ 彼此对易，$|\psi_0\rangle$ 也是 $\hat{A}(t_1),\hat{A}(t_2),\cdots$ 的本征态，相应的本征值为 $A(t_1),A(t_2),\cdots$。即从第一次测量的结果就可以计算出以后任何时间的本征值。在时间 $t_1,t_2,\cdots$ 进行的完全后继测量必须给出已知的本征值。这里至关重要的是以下两个关系：

$$[\hat{A}(t),\hat{H}_{\mathrm{I}}]=0 \tag{1.11.15}$$

$$[\hat{A}(t_i),\hat{A}(t_j)]=0,\quad t_i\neq t_j \tag{1.11.16}$$

第一个关系保证在测量时没有仪器对可观测量产生反作用。当然对其他可观测量，例如 $\hat{C}$，不满足式(1.11.15)将受到反作用而被污染。第二个关系保证被污染的可观测量 $\hat{C}$ 等不会在体系的自由演化(此时仪器的相互作用已关闭)中将污染反馈给 $\hat{A}$。C. M. Caves[69] 等针对引力波探测的实际需要($\hat{H}_{\mathrm{I}}$ 不关闭)研究了 $\hat{A}$ 仍然成为 QND 可观测量的条件。引力波探测器要通过测量判断作用于棒上的力 $F(t)$，此过程中的动量要随时间变化。在理论上和实验上都还有许多更深入的讨论[70]。但从量子力学最基础的要求而言，式(1.11.15)与式(1.11.16)给出的两个关系是必须满足的。

参考文献

[1]　FEYNMAN R P, LEIGHTON R B, SANDS M. The Feynman lectures on physics: Ⅲ-quantum mechanics[M]. Reading: Addison-Wesley, 1965.

[2]　ZEILINGER A, GÄHLER R, SHULL C G, et al. Experimental status and recent results of neutron interference optics[C]//Neutron scattering-1981 (AIP Conference Proceedings, vol. 89, no. 1). [S.l.]: American Institute of Physics, 1982: 93-100.

[3]　ZEILINGER A, GÄHLER R, SHULL C G, et al. Single- and double-slit diffraction of neutrons[J]. Reviews of Modern Physics, 1988, 60(4): 1067-1073.

[4] TONOMURA A, ENDO J, MATSUDA T, et al. Demonstration of single electron buildup of an interference pattern[J]. American Journal of Physics, 1989, 57(2): 117-120.

[5] CHAPMAN M S, HAMMOND T D, LENEF A, et al. Photon scattering from atoms in an atom interferometer: Coherence lost and regained[J]. Physical Review Letters, 1995, 75(21): 3783-3787.

[6] DÜRR S, NONN T, RAMPE G. Origin of quantum-mechanical complementarity probed by a which-way experiment in an atom interferometer[J]. Nature, 1998, 395: 33-37.

[7] COHEN-TANNOUDJI C. Atoms in electromagnetic fields[M]. Singapore: World Scientific, 2004.

[8] KUNZE S, DÜRR S, REMPE G. Bragg scattering of slow atoms from a standing light wave[J]. Europhysics Letters (EPL), 1996, 34(5): 343-348.

[9] SCULLY M O, ENGLERT B G, WALTHER H. Quantum optical tests of complementarity[J]. Nature, 1991, 351: 111-116.

[10] MARTINI F D, DENARDO G, ZEILINGER A. Quantum Interferometry: Proceedings of the Adriatico Workshop[M]. Singapore: World Scientific, 1994.

[11] GRANGIER P, ROGER G, ASPECT A. Experimental evidence for a photon anticorrelation effect on a beam splitter: A new light on single-photon interferences[J]. Europhysics Letters (EPL), 1986, 1(4): 173-179.

[12] DIRAC P A M. The principles of quantum mechanics[M]. 4th edition. London: Oxford University Press, 1958.

[13] FORRESTER A T, GUDMUNDSEN R A, JOHNSON P O. Photoelectric mixing of incoherent light [J]. Physical Review, 1955, 99(6): 1691-1700.

[14] HANBUR Y BROWN R, TWISS R Q. A test of a new type of stellar interferometer on sirius[J]. Nature, 1956, 178: 1046-1048.

[15] PFLEEGOR R L, MANDEL L. Interference of independent photon beams[J]. Physical Review, 1967, 159(5): 1084-1088.

[16] PAUL H. Interference between independent photons[J]. Reviews of Modern Physics, 1986, 58(1): 209-231.

[17] MANDEL L. Quantum theory of interference effects produced by independent light beams[J]. Physical Review, 1964, 134(1A): A10-A15.

[18] HORNE M A, SHIMONY A, ZEILINGER A. Two-particle interferometry[J]. Physical Review Letters, 1989, 62(19): 2209-2212.

[19] GREENBERGER D M, HORNE M A, ZEILINGER A. Multiparticle interferometry and the superposition principle[J]. Physics Today, 46(8): 22-29.

[20] BURNHAM D C, WEINBERG D L. Observation of simultaneity in parametric production of optical photon pairs[J]. Physical Review Letters, 1970, 25(2): 84-87.

[21] HONG C K, MANDEL L. Theory of parametric frequency down conversion of light[J]. Physical Review A, 1985, 31(4): 2409-2418.

[22] HONG C K, OU Z Y, MANDEL L. Measurement of subpicosecond time intervals between two photons by interference[J]. Physical Review Letters, 1987, 59(18): 2044-2046.

[23] LEGERO T, WILK T, HENNRICH M, et al. Quantum beat of two single photons[J]. Physical Review Letters, 2004, 93(7): 070503.

[24] MANDEL L. Photon interference and correlation effects produced by independent quantum sources [J]. Physical Review A, 1983, 28(2): 929-943.

[25] FRANSON J D. Bell inequality for position and time[J]. Physical Review Letters, 1989, 62(19): 2205-2208.

[26] KWIAT P G, STEINBERG A M, CHIAO R Y. High-visibility interference in a bell-inequality

experiment for energy and time[J]. Physical Review A,1993,47(4): R2472-R2475.

[27] TITTEL W,BRENDEL J,GISIN B,et al. Experimental demonstration of quantum correlations over more than 10 km[J]. Physical Review A,1998,57(5): 3229-3232.

[28] ZOU X Y, WANG L J, MANDEL L. Induced coherence and indistinguishability in optical interference[J]. Physical Review Letters,1991,67(3): 318-321.

[29] KWIAT P G,STEINBERG A M,CHIAO R Y. Observation of a "quantum eraser": A revival of coherence in a two-photon interference experiment[J]. Physical Review A,1992,45(11): 7729-7739.

[30] KIM Y H,YU R,KULIK S P,et al. Delayed choice quantum eraser[J]. Physical Review Letters, 2000,84(1): 1-5.

[31] EINSTEIN A,PODOLSKY B,ROSEN N. Can quantum-mechanical description of physical reality be considered complete? [J]. Physical Review,1935,47(10): 777-780.

[32] BOHM D. Quantum theory[M]. Englewood Cliffs: Prentice-Hall,1951.

[33] BOHR N. Can quantum-mechanical description of physical reality be considered complete? [J]. Physical Review,1935,48(8): 696-702.

[34] ROSENFELD L. The wave-particle dilemma[C]//Mehra J. The physicist's conception of nature. Dordrecht: D. Reidel Publishing Company,1973: 251-263.

[35] BELL J S. On the problem of hidden variables in quantum mechanics[J]. Reviews of Modern Physics,1966,38(3): 447-452.

[36] BELL J S. On the Einstein Podolsky Rosen paradox[J]. Physics Physique Fizika,1964,1(3): 195-200.

[37] CLAUSER J F,SHIMONY A. Bell's theorem. experimental tests and implications[J]. Reports on Progress in Physics,1978,41(12): 1881-1927.

[38] CLAUSER J F,HORNE M A,SHIMONY A,et al. Proposed experiment to test local hidden-variable theories[J]. Physical Review Letters,1969,23(15): 880-884.

[39] FREEDMAN S J,CLAUSER J F. Experimental test of local hidden-variable theories[J]. Physical Review Letters,1972,28(14): 938-941.

[40] HOLT R A,PIPKIN F M. Quantum mechanics vs. hidden variables: Polarization correlation measurement on an atomic mercury cascade[R]. Harvard University Preprint,Boston: [S. N.],1971.

[41] CLAUSER J F. Experimental investigation of a polarization correlation anomaly[J]. Physical Review Letters,1976,36(21): 1223-1226.

[42] FRY E S,THOMPSON R C. Experimental test of local hidden-variable theories[J]. Physical Review Letters,1976,37(8): 465-468.

[43] ASPECT A,GRANGIER P,ROGER G. Experimental tests of realistic local theories via Bell's theorem[J]. Physical Review Letters,1981,47(7): 460-463.

[44] ASPECT A, GRANGIER P, ROGER G. Experimental realization of Einstein-Podolsky-Rosen-Bohm Gedankenexperiment: A new violation of Bell's inequalities[J]. Physical Review Letters, 1982, 49(2): 91-94.

[45] KWIAT P G,EBERHARD P H,Steinberg A M,et al. Proposal for a loophole-free bell inequality experiment[J]. Physical Review A,1994,49(5): 3209-3220.

[46] KWIAT P G, MATTLE K, WEINFURTER H, et al. New high-intensity source of polarization-entangled photon pairs[J]. Physical Review Letters,1995,75(24): 4337-4341.

[47] WHEELER J A. The "past" and the "delayed-choice" double slit experiment[M]//Marlow A R. Mathematical foundations of quantum theory. New York: Academic Press,1978: 10-48.

[48] HELLMUTH T, WALTHER H, ZAJONC A, et al. Delayed-choice experiments in quantum interference[J]. Physical Review A,1987,35(6): 2532-2541.

[49] FEYNMAN R P. Simulating physics with computers[J]. International Journal of Theoretical

Physics,1982,21(6-7): 467-488.

[50] GREENBERGER D M, HORNE M A, ZEILINGER A. Going beyod Bell's theorem[C]//Kafatos M. Bell's theorem, quantum theory and conceptions of the universe. Doldbrecht: Kluwer Academic Publishers,1989: 69-72.

[51] GREENBERGER D M, HORNE M A, SHIMONY A, et al. Bell's theorem without inequalities[J]. American Journal of Physics,1990,58(12): 1131-1143.

[52] MERMIN N D. Quantum mysteries revisited[J]. American Journal of Physics,1990,58(8): 731-734.

[53] MERMIN N D. What's wrong with these elements of reality? [J]. Physics Today,1990,43(6): 9-11.

[54] HARDY L. Quantum mechanics, local realistic theories, and lorentz-invariant realistic theories[J]. Physical Review Letters,1992,68(20): 2981-2984.

[55] HARDY L. Nonlocality for two particles without inequalities for almost all entangled states[J]. Physical Review Letters,1993,71(11): 1665-1668.

[56] JORDAN T F. Testing Einstein-Podolsky-Rosen assumptions without inequalities with two photons or particles with spin 1/2[J]. Physical Review A,1994,50(1): 62-66.

[57] GOLDSTEIN S. Nonlocality without inequalities for almost all entangled states for two particles[J]. Physical Review Letters,1994,72(13): 1951-1951.

[58] TORGERSON J, BRANNING D, MONKEN C, et al. Experimental demonstration of the violation of local realism without bell inequalities[J]. Physics Letters A,1995,204(5): 323-328.

[59] TORGERSON J, BRANNING D, MANDEL L. A method for demonstrating violation of local realism with a two-photon downconverter without use of Bell inequalities[J]. Applied Physics B, 1995, 60(2-3): 267-269.

[60] ZEILINGER A, HORNE M A, WEINFURTER H, et al. Three-particle entanglements from two entangled pairs[J]. Physical Review Letters,1997,78: 3031-3034.

[61] BOUWMEESTER D, PAN J W, DANIELL M, et al. Observation of three-photon greenberger-horne-zeilinger entanglement[J]. Physical Review Letters,1999,82: 1345-1349.

[62] PAN J W, BOUWMEESTER D, DANIELL M, et al. Experimental test of quantum nonlocality in three-photon greenbergerhornezeilinger entanglement[J]. Nature,2000,403: 515-519.

[63] DUAN L M, GIEDKE G, CIRAC J I, et al. Inseparability criterion for continuous variable systems [J]. Physical Review Letters,2000,84: 2722-2725.

[64] MANCINI S, GIOVANNETTI V, VITALI D, et al. Entangling macroscopic oscillators exploiting radiation pressure[J]. Physical Review Letters,2002,88: 120401.

[65] HOWELL J C, BENNINK R S, BENTLEY S J, et al. Realization of the einstein-podolsky-rosen paradox using momentum-and position-entangled photons from spontaneous parametric down conversion[J]. Physical Review Letters,2004,92: 210403.

[66] TAN S M, WALLS D F, COLLETT M J. Nonlocality of a single photon[J]. Physical Review Letters,1991,66: 252-255.

[67] HESSMO B, USACHEV P, HEYDARI H, et al. Experimental demonstration of single photon nonlocality[J]. Physical Review Letters,2004,92: 180401.

[68] BRAGINSKY V B, VORONTSOV YU I, THORNE K S. Quantum nondemolition measurements [J]. Science,1980,209: 547-557.

[69] CAVES C M, THORNE K S, DREVER R W P, et al. On the measurement of a weak classical force coupled to a quantum-mechanical oscillator. i. issues of principle[J]. Reviews of Modern Physics, 1980,52: 341-392.

[70] BRAGINSKY V B, KHALILI F Y, Thorne K S. Quantum measurement[M]. Cambridge: Cambridge University Press,1992.

第2章
量子缠绕及其在量子信息和量子计算的应用

量子计算的概念是从20世纪80年代初出现的。1982年P. Benioff[1-3]提出计算机在原则上可以用纯粹量子的方式运行。量子计算机会出错误,纠错会有不少麻烦。既然如此,它和经典计算机相比又有什么优越之处呢?经典计算机能存储矢量并旋转它们,将它们投影到正交基上,等等。实际上它也可以模拟量子过程,但当希尔伯特空间变得很大时,模拟效率变得越来越低。1982年费曼[4-5]指出,量子计算机模拟量子过程要容易得多,因此可以完成某些经典计算机无法完成的任务。如果量子计算机有并行结构,就可以实时模仿任何量子体系,不论其大小如何。相形之下,经典计算机模拟量子体系所需的步骤要随体系的大小和演化时间长短指数变化。特别是在20世纪90年代,量子信息与量子计算有了迅速发展。本章将着重介绍与量子信息和量子计算关系密切的量子缠绕的基本性质,也要介绍一些量子信息的基本概念。在量子信息与量子计算方面已有不少详细的评述文章和专著[6-9],本章内容参考最多的是J. Preskill的讲义[10]。

2.1 量子计算简介

2.1.1 量子数据和数据处理

经典比特用两个状态0和1代表。例如可以记为$|0\rangle$和$|1\rangle$。经典n-比特用一串n个比特代表,每个比特可能是0或1,n-比特总共有2^n个不同的状态,从000…0到111…1。量子比特(q比特)可以用两能级的微观体系实现,例如原子、核自旋或光子极化。量子比特和经典比特特征最大的不同在于它可以是$\alpha|0\rangle+\beta|1\rangle$状态,$\alpha$和$\beta$是复数并且满足$|\alpha|^2+|\beta|^2=1$。一对量子比特(2-q比特)可以是布尔(Bool)比特$|00\rangle$,$|01\rangle$,$|10\rangle$和$|11\rangle$四者之一,也可能是它们的组合,例如

$$\frac{1}{\sqrt{2}}(|00\rangle+|01\rangle)=|0\rangle\otimes\frac{1}{\sqrt{2}}(|0\rangle+|1\rangle) \tag{2.1.1}$$

这是一个直积态(可分离为两个q比特的乘积)。下面的q比特则是不能表示为乘积的组合:

$$\frac{1}{\sqrt{2}}(|00\rangle+|11\rangle) \tag{2.1.2}$$

它是不能分离的,称为"缠绕态"。一串 n-量子比特(n-q 比特)可以表示为

$$\psi = \sum_{x=(00\cdots0)}^{(11\cdots1)} c_x \mid x\rangle \tag{2.1.3}$$

此处 c_x 是复数,满足

$$\sum_x \mid c_x \mid^2 = 1 \tag{2.1.4}$$

n-q 比特的量子态用 2^n 维希尔伯特空间的一个矢量代表,每一维都是一个经典状态。

经典计算可以表示为一系列的 1-比特和 2-比特操作,例如 NOT 门(非门)和 AND 门(与门)。1-比特操作的 NOT 门是状态的翻转,即 $0\to1,1\to0$。作用于 a 和 b 的 AND 操作记为 $x=a\wedge b$,定义为仅当 a,b 都为 1 时 $x=1$,否则 $x=0$。量子计算也类似地表示为一系列的 1-q 比特和 2-q 比特量子门。1-q 比特状态表示为

$$\begin{pmatrix} \mid 0\rangle \\ \mid 1\rangle \end{pmatrix}$$

作用在它上面的量子门是幺正矩阵

$$\begin{pmatrix} \alpha & \beta \\ \gamma & \delta \end{pmatrix}$$

它将 $|0\rangle$ 映射为 $\alpha|0\rangle+\beta|1\rangle$,将 $|1\rangle$ 映射为 $\gamma|0\rangle+\delta|1\rangle$。布尔态 $|0\rangle$ 和 $|1\rangle$ 的经典对应是 0 和 1,但 $\alpha|0\rangle+\beta|1\rangle$ 却没有经典对应。2-比特布尔态的第一个比特称为"控制输入"(controlled input),第二个比特称为"靶输入"(traget input)。如果控制输入为 1,操作 CNOT (controlled NOT)将靶输入翻转;如果控制输入为 0,则不做任何事。它将 $|10\rangle$ 变为 $|11\rangle$,将 $|11\rangle$ 变为 $|10\rangle$,保持 $|00\rangle$ 和 $|01\rangle$ 不变。对 2-q 比特,有

$$\text{CNOT}: \mid a,b\rangle \to \mid a,a\oplus b\rangle \tag{2.1.5}$$

此处 $\oplus$ 是模为 2 的加法。量子门 XOR(exclusive OR,异域门)定义为

$$U_{\text{XOR}} \mid x,0\rangle = \mid x,x\rangle \tag{2.1.6}$$

它保持第 1 个 q 比特不变,而将第 2 个 q 比特改为第 1 个 q 比特的复制品。复制行为使人不禁要尝试一下,能否作用在典型量子比特 $|\psi\rangle=\alpha|0\rangle+\beta|1\rangle$ 上将它克隆?尝试的结果是

$$\mid \psi\rangle = \alpha \mid 0\rangle + \beta \mid 1\rangle \tag{2.1.7}$$

$$\begin{aligned} U_{\text{XOR}} \mid \psi,0\rangle &= \alpha U_{\text{XOR}} \mid 0,0\rangle + \beta U_{\text{XOR}} \mid 1,0\rangle \\ &= \alpha \mid 0,0\rangle + \beta \mid 1,1\rangle \end{aligned} \tag{2.1.8}$$

它不等于预期的 $|\psi,\psi\rangle$,而是一个纠缠态。这是对量子态普遍成立的"非克隆定理"的一个特例。我们将在 2.3.3 节讨论这个定理。

任何作用在量子数据上的幺正算符都可以由 2-q 比特操作 XOR 或 CNOT 以及 1-q 比特的幺正操作 $\begin{pmatrix} \alpha & \beta \\ \gamma & \delta \end{pmatrix}$ 构成。

2.1.2 量子并行性与有效量子算法

D. Deutsch[11] 将费曼的想法表述为更具体的形式。从一个具体的例子开始。函数 $f(x)$ 将一个 1-比特 x 变为另一个 1-比特 $f(x)$。我们想要判断一下,$f(0)$ 和 $f(1)$ 是否相等。经典计算机要分别计算 $f(0)$ 和 $f(1)$,然后比较它们做出判断。量子计算机能做得更好吗?定义一个幺正变换 U_f:

$$U_f : |x\rangle|y\rangle \to |x\rangle|y \oplus f(x)\rangle \tag{2.1.9}$$

如果 $f(x)=1$，它将第 2 个 q 比特翻转；如果 $f(x)=0$，它就什么也不做。如果 $|y\rangle=\frac{1}{\sqrt{2}}(|0\rangle-|1\rangle)$，就有

$$U_f : |x\rangle\frac{1}{\sqrt{2}}(|0\rangle-|1\rangle) \to |x\rangle\frac{1}{\sqrt{2}}(|f(x)\rangle-|1\oplus f(x)\rangle)$$

$$=|x\rangle(-1)^{f(x)}\frac{1}{\sqrt{2}}(|0\rangle-|1\rangle) \tag{2.1.10}$$

在此结果中，$f(x)$已不再是状态的标志，而是集中到相因子中了。令 $|x\rangle=\frac{1}{\sqrt{2}}(|0\rangle+|1\rangle)$，有

$$U_f : \frac{1}{\sqrt{2}}(|0\rangle+|1\rangle)\frac{1}{\sqrt{2}}(|0\rangle-|1\rangle) \to \frac{1}{\sqrt{2}}[(-1)^{f(0)}|0\rangle+(-1)^{f(1)}|1\rangle]\frac{1}{\sqrt{2}}(|0\rangle-|1\rangle) \tag{2.1.11}$$

将式(2.1.11)中右侧第 1 个 q 比特投影到基 $|\pm\rangle$ 上：

$$|\pm\rangle=\frac{1}{\sqrt{2}}(|0\rangle\pm|1\rangle) \tag{2.1.12}$$

结果是：如果 $f(0)=f(1)$就得到 $|+\rangle$，如果 $f(0)\neq f(1)$则得到 $|-\rangle$。可以把量子计算机想象成一个黑匣子，将 q 比特和操作输入，它会进行计算，然后把结果投影到基 $\{|0\rangle,|1\rangle\}$ 上。如果投影给出 $\{1,0\}$，则结果是 0；如果投影给出 $\{0,1\}$，则结果是 1。在这个例子中，输入的 q 比特是 $\frac{1}{\sqrt{2}}(|0\rangle+|1\rangle)\frac{1}{\sqrt{2}}(|0\rangle-|1\rangle)$，操作是 U_f。和通常不同的是，投影的基是 $|0\rangle$ 和 $|1\rangle$ 的两个线性组合 $\{|+\rangle,|-\rangle\}$。如果投影给出 $\{1,0\}$，则 $f(0)=f(1)$；如果投影给出 $\{0,1\}$，则 $f(0)\neq f(1)$。量子计算机完成计算只用了一步。这个算法由 I. L. Chuang 等人[12]实现。这是量子计算并行的一个例子，称为"Deutsch 问题"。该算法抽出了与 $f(0)$和 $f(1)$都有关的整体信息。令 $f(x)$为 N-比特的函数，有 2^N 个可能的宗量。如果用经典计算机计算 $f(x)$的函数表，则要进行 2^N 次计算。在 N 值很大时，这是不可想象的。用量子计算机执行

$$U_f : |x\rangle|0\rangle \to |x\rangle|f(x)\rangle \tag{2.1.13}$$

输入以下状态

$$\left[\frac{1}{\sqrt{2}}(|0\rangle+|1\rangle)\right]^N=\frac{1}{2^{N/2}}\sum_{x=0}^{2^N-1}|x\rangle \tag{2.1.14}$$

运算 U_f 一次，可以生成下列状态：

$$\frac{1}{2^{N/2}}\sum_{x=0}^{2^N-1}|x\rangle|f(x)\rangle \tag{2.1.15}$$

函数 f 的整体性质已经蕴藏在式(2.1.15)中了。巧妙地应用这个性质可以设计出强有力的算法。其中著名的有：

(1) 大数的因子化[13]。需要的时间是最好经典时间的对数多项式。指数式会加快是由于运用了一些并行计算路径的相消干涉。

(2) 在未分类的数据库中寻找一个对象[14]，这被称为"在草堆中寻找一根针"。在 N 个外观相同的物体中要找一个特定的物体，平均需要找 $N/2$ 次才能有 1/2 成功的概率。如果

用缠绕的 q 比特,则每一次寻找都会影响下一个操作。这样经过 $\sqrt{N}$ 次寻找就有 1/2 成功的机会。这个算法已经由 I. L. Chuang 等人[15]用核磁共振方法在实验上实现。但这个方法的缠绕性质仍在进一步探讨,量子计算的威力发挥也在进一步研究[16]。

(3) 量子模拟。解决多体问题,经典计算机所需时间随粒子数增加而指数上升。S. Wiesner[17],D. Abrams 和 S. Lloyd[18]追随费曼的想法,即量子计算机模拟量子系统没有困难,因为它们遵守的定律是完全一样的。在量子计算机中,根据哈密顿量设计的幺正变换作用于初态可以直接导致末态,不需要解薛定谔方程。这个办法远比在常规计算机上用数值方法解薛定谔方程和蒙特卡罗模拟优越。

2.1.3 量子信息

在讨论缠绕的量度、量子数据压缩等实际问题时,都需要涉及经典和量子信息的基础概念。在经典信息学中遇到的问题是：① 为了避免重复,一条信息可以压缩到什么程度；② 为了保护信息不被噪声带来的错误所破坏,需要多少冗余度(redundancy)。香农(Shannon)在 1948 年用熵的概念表征冗余度。考虑一条有 n 个字符的信息,$n\gg1$,每个字符都从二进制的数 1 和 0 选出,先验概率分别是 p 和 $1-p$,$0\leqslant p\leqslant1$。问题是能否用短一些的字串表达出基本相同的信息内容。对 n 很大时,字串包含大约 $n(1-p)$个 0 和 np 个 1。具有相同数目的 0 与 1 的不同字串共有$\binom{n}{np}$个。从斯特林(Stirling)大数公式

$$\log n!=n\log n-n+O(\log n) \tag{2.1.16}$$

可得

$$\begin{aligned}\log\binom{n}{np}&=\log\frac{n!}{(np)!\ [n(1-p)]!} \\ &\simeq n\log n-n-[np\log np-np+n(1-p)\log n(1-p)-n(1-p)] \\ &=nH(p)\end{aligned} \tag{2.1.17}$$

此处

$$H(p)=-p\log p-(1-p)\log(1-p) \tag{2.1.18}$$

称为“熵函数”。对数的底取为 2。这类字串(称为“典型字串”)的数目为 $2^{nH(p)}$ 个。具有不同数目 0 和 1 的字串称为“非典型字串”,它们出现的概率在 $n\to\infty$时微乎其微。因此,要传达在 n 位比特(0 或 1)字串中所携带的信息,选用一个框块编码(block code),赋予每一个典型字串以一个正整数就够了。这个编码有 $2^{nH(p)}$ 个字符,因此我们将每一个字符用一个长度为 $nH(p)$的字串表征即可。由于在 $0\leqslant p\leqslant1$ 情况下有 $0\leqslant H(p)\leqslant1$,而仅在 $p=\frac{1}{2}$时 $H(p)=1$。框块编码在任何 $p\neq\frac{1}{2}$的情况下将信息压缩。因此在 p 和$\frac{1}{2}$相差很多时,可以得到程度相当大的压缩。以上的推论可以从两种字符推广到 k 种字符的字符集,字符 x 出现的概率是 $p(x)$。有 n 个字符的字串,x 出现的概率是 $np(x)$,典型字串的数目是

$$\frac{n!}{\prod_x(np(x))!}\simeq 2^{nH(X)} \tag{2.1.19}$$

此处

$$H(X)=\sum_{x}-p(x)\log p(x) \tag{2.1.20}$$

是字符系综 $X=\{x,p(x)\}$的香农熵。这个系综中一个字符 x 平均携带信息 $H(x)$。可以用$\{\varepsilon,\delta\}$表述把以上的推论变得更加明确。一个特定的 n 字符信息 $x_1x_2\cdots x_n$ 出现的先验概率为

$$p(x_1\cdots x_n)=p(x_1)\cdots p(x_n)$$

$$\log p(x_1\cdots x_n)=\sum_{i=1}^{n}\log p(x_i) \tag{2.1.21}$$

中央极限定理给出

$$-\frac{1}{n}\log p(x_1\cdots x_n)\sim\langle-\log p(x)\rangle\equiv\frac{\sum_{x}-p(x)\log p(x)}{\sum_{x}p(x)}=H(X) \tag{2.1.22}$$

对于任何 $\varepsilon,\delta>0$ 和 x 足够大,每个典型字串的概率 P 满足

$$H(X)-\delta<-\frac{1}{n}\log p(x_1\cdots x_n)<H(X)+\delta \tag{2.1.23}$$

所有典型字串的总概率超过 $1-\varepsilon$。香农的无噪声编码定理判定最佳编码能渐近地将每个字符压缩到 $H(x)$比特。

当信息传输通过有噪声的通道时,收到信息中的 y 可能与送出信息中的 x 不同。噪声通道由条件概率 $p(y|x)$表征,它代表送出 x 而收到 y 的概率。对所有可能送出的 x,接收到 y 的概率是:

$$p(y)=\sum_{x}p(y\mid x)p(x) \tag{2.1.24}$$

在 y 被接收之后,x 的概率分布被刷新,根据贝叶斯法则(Bayes' theorem)

$$p(x\mid y)=\frac{p(y\mid x)p(x)}{p(y)} \tag{2.1.25}$$

刷新后的 x 分布不再是先验的了,它包括了在收到 y 之后的有关 x 的知识。替代原有的熵函数,现在是条件熵:

$$H(X\mid Y)=\langle-\log p(x\mid y)\rangle \tag{2.1.26}$$

它量化了用最佳编码时每个字符所携带的信息。联合概率由下式给出:

$$p(x,y)=p(x\mid y)p(y)=p(y\mid x)p(x) \tag{2.1.27}$$

由此,$H(X|Y)$变为

$$H(X\mid Y)=\langle-\log p(x\mid y)\rangle=\langle-\log p(x,y)\rangle-H(y) \tag{2.1.28}$$

从另一方面看

$$H(Y\mid X)=\langle-\log p(y\mid x)\rangle=\langle-\log p(x,y)\rangle-H(x) \tag{2.1.29}$$

由于知道了 Y,我们增获了有关 X 的信息。要量化这个概念,在知道 Y 以后,标明 X 所需的每字符比特数的减少量:

$$\begin{aligned}I(X;Y)&\equiv H(X)-H(X\mid Y)=H(Y)-H(Y\mid X)\\&=H(X)+H(Y)-H(X,Y)\end{aligned} \tag{2.1.30}$$

它被称为"相互信息"(mutual information),对 X 和 Y 是对称的。可以证明

$$H(X)\geqslant H(X\mid Y)\geqslant 0$$

因此 I 是非负的。$I(X;Y)$是当我们获取了 Y 之后增获的关于 X 的每字符的信息量,反之亦然。如果 $p(y|x)$表征一个噪声通道,$I(X;Y)$就是在给定先验概率分布 $p(x)$条件下每个字符的信息量。这就是香农的噪声通道编码定理。当 X 与 Y 没有关联时,有 $p(x,y)=p(x)p(y)$,因而 $I(X;Y)=0$,即获取 Y 对于了解和它没有关联的 X 毫无帮助。

上述的考虑可以推广到量子信息。量子状态的系综是制备包含 n 个字符信息的源。每个字符由密度矩阵$\boldsymbol{\rho}_x$ 表征,先验概率为 p_x。系综的密度矩阵为

$$\boldsymbol{\rho}=\sum_x p_x\boldsymbol{\rho}_x \tag{2.1.31}$$

它的冯纽曼熵(von Neumann entropy)定义为

$$S(\boldsymbol{\rho})=-\operatorname{tr}(\boldsymbol{\rho}\log\boldsymbol{\rho}) \tag{2.1.32}$$

如选择了使$\boldsymbol{\rho}$ 对角化的正交归一基$\{|a\rangle\}$,则有

$$\boldsymbol{\rho}=\sum_a\lambda_a\ |\ a\rangle\langle a\ | \tag{2.1.33}$$

以及

$$S(\boldsymbol{\rho})=\sum_a -\lambda_a\log\lambda_a=H(A) \tag{2.1.34}$$

此处 H 是系综 $A\{a,\lambda_a\}$的熵函数。

当 x 包含相互正交的纯态时,量子源还原为经典源,$S(\boldsymbol{\rho})=H(x)$。若状态$\boldsymbol{\rho}_x$ 不再是相互对易的,则量子源变为非平庸的。冯纽曼熵起双重作用,它既量化量子信息内容,即可靠地编码信息所需的最小每字符信息量,也量化经典信息内容,即在进行最好的测量时能获取的有关制备的最大每字符信息量(比特)。约化密度矩阵的冯纽曼熵也表征二组分纯态的缠绕度。

2.2 量子缠绕

在讨论贝尔定理时我们见到了 EPR-Bell 态。下文将在量子信息和量子计算的应用方面,进一步剖析它们的性质。

2.2.1 缠绕态的密度矩阵表征

考虑一个包含子体系 A 与 B 的体系,由关联波函数描述:

$$|\ \psi\rangle=a\ |\ 0\rangle_A\otimes|\ 0\rangle_B+b\ |\ 1\rangle_A\otimes|\ 1\rangle_B \tag{2.2.1}$$

此处$|0\rangle$与$|1\rangle$是正交的。对 A 进行力学量 M_A 的测量。对整个体系而言,它的算符是 $M_A\otimes 1_B$,它在状态$|\psi\rangle$中的期望值是

$$\begin{aligned}\langle\psi\ |\ M_A\otimes 1_B\ |\ \psi\rangle=&(a_A^*\langle 0\ |\otimes_B\langle 0\ |+b_A^*\langle 1\ |\otimes_B\langle 1\ |)\\&(M_A\otimes 1_B)(a\ |\ 0\rangle_A\otimes|\ 0\rangle_B+b\ |\ 1\rangle_A\ |\ 1\rangle_B)\\=&|\ a\ |_A^2\langle 0\ |\ M_A\ |\ 0\rangle_A+|\ b\ |_A^2\langle 1\ |\ M_A\ |\ 1\rangle_A\end{aligned} \tag{2.2.2}$$

此处用了正交性

$${}_B\langle 0\ |\ 1_B\ |\ 1\rangle_B=0 \tag{2.2.3}$$

关系式(2.2.2)可以用密度矩阵$\boldsymbol{\rho}_A$ 表示:

$$\langle M_A\rangle=\operatorname{tr}(M_A\boldsymbol{\rho}_A) \tag{2.2.4}$$

$$\boldsymbol{\rho}_A=|\ a\ |^2\ |\ 0\rangle_{AA}\langle 0\ |+|\ b\ |^2\ |\ 1\rangle_{AA}\langle 1\ | \tag{2.2.5}$$

上面的例子可以推广到任何两组分体系的任意状态，它的希尔伯特空间是 $H_A \otimes H_B$。体系的任何纯态可以展开为

$$|\psi\rangle_{AB} = \sum_{i,\mu} a_{i\mu} |i\rangle_A \otimes |\mu\rangle_B \tag{2.2.6}$$

并有

$$\sum_{i\mu} |a_{i\mu}|^2 = 1 \tag{2.2.7}$$

M_A 的期望值是

$$\begin{aligned}\langle M_A\rangle &= {}_{AB}\langle\psi| M_A \otimes 1_B |\psi\rangle_{AB} \\ &= \sum_{jv} a_{jv}^* ({}_A\langle j| \otimes {}_B\langle v|)(M_A \otimes 1_B) \sum_{i\mu} a_{i\mu} (|i\rangle_A \otimes |\mu\rangle_B) \\ &= \sum_{ijv} a_{jv}^* a_{iv}\, {}_A\langle j| M_A |i\rangle_A \\ &= \mathrm{tr}(M_A \boldsymbol{\rho}_A)\end{aligned} \tag{2.2.8}$$

此处①

$$\boldsymbol{\rho}_A = \mathrm{tr}_B |\psi\rangle_{AB\,AB}\langle\psi| = \sum_{ij\mu} a_{i\mu} a_{j\mu}^* |i\rangle_{A\,A}\langle j| \tag{2.2.9}$$

$\boldsymbol{\rho}_A$ 可以对角化，它的本征值是非负的，本征值之和为 1：

$$\mathrm{tr}\boldsymbol{\rho}_A = \sum_{i\mu} |a_{i\mu}|^2 = 1 \tag{2.2.10}$$

令$\{\varphi_\alpha\}$代表将$\boldsymbol{\rho}_A$对角化的基，有

$$\boldsymbol{\rho}_A = \sum_\alpha p_\alpha |\varphi_\alpha\rangle\langle\varphi_\alpha| \tag{2.2.11}$$

此处 $0<p_\alpha\leqslant 1$，$\sum_\alpha p_\alpha=1$。如果$\boldsymbol{\rho}_A$只有一个非零的本征值，使$\boldsymbol{\rho}_A^2=\boldsymbol{\rho}_A$，即$\boldsymbol{\rho}_A$代表的是纯态。否则 $\mathrm{tr}\boldsymbol{\rho}_A^2<\mathrm{tr}\boldsymbol{\rho}_A$，状态是混合态，它包含态 φ_α 的非相干组合，$p_\alpha\neq 0$。体系的纯态 $|\psi\rangle_{AB}$ 并不一定意味着子体系 A 也是纯态。只有在无相互作用子体系直乘态$|\psi\rangle_{AB}=|\varphi\rangle_A\otimes|\chi\rangle_B$ 的情况下才会如此。当子体系 A 与子体系 B 相互作用时，它们相互关联，或称“缠绕”，这就是在式(2.2.6)中遇到的情况。即使相互作用只短暂存在，缠绕也摧毁了子体系 A 状态间叠加的相干性，使在对子体系 A 进行测量时，某些相对相位不能被测出。对二能级体系($|0\rangle$,$|1\rangle$)，2×2 密度矩阵可以用泡利矩阵(Pauli matrix)和单位矩阵表示：

$$\begin{aligned}\boldsymbol{\rho}(\boldsymbol{P}) &= \frac{1}{2}(\boldsymbol{I}+\boldsymbol{P}\cdot\sigma) \\ &= \frac{1}{2}\begin{pmatrix} 1+P_3 & P_1-\mathrm{i}P_2 \\ P_1+\mathrm{i}P_2 & 1-P_3\end{pmatrix}\end{aligned} \tag{2.2.12}$$

由于泡利矩阵是无迹的，$\mathrm{tr}\boldsymbol{\rho}=1$ 的要求得以满足。从式(2.2.12)可以得到

$$\det\boldsymbol{\rho} = \frac{1}{4}(1-\boldsymbol{P}^2) \tag{2.2.13}$$

令$\boldsymbol{\rho}$的本征值为 p_1 和 p_2，由此 $\det\boldsymbol{\rho}=p_1p_2$。$\boldsymbol{\rho}$ 具有非负本征值的必要条件是$\boldsymbol{P}^2\leqslant 1$。这也是充分条件，因为 $\mathrm{tr}\boldsymbol{\rho}=p_1+p_2$ 意味着 p_1 和 p_2 不可能都为负值。此时 $\det\boldsymbol{\rho}\geqslant 0$ 就决定了

① $\mathrm{tr}|i\rangle\langle j| = \sum_k \langle k|i\rangle\langle j|k\rangle = \sum_k \langle j|k\rangle\langle k|i\rangle = \langle j|i\rangle$

p_1 和 p_2 为非负。在 $0\leqslant|\boldsymbol{P}|\leqslant 1$ 条件下的矢量 $\boldsymbol{P}$ 的端点必须在半径为 1 的球内或球面上。这个球称为“布洛赫球球”(Block ball)。在球面上的点 $|\boldsymbol{P}|=1$，即 $\det\boldsymbol{\rho}=0$，$\boldsymbol{\rho}$ 的本征值为 0 和 1，它表征一个纯态。$\boldsymbol{P}$ 由单位矢量 $\hat{\boldsymbol{n}}=(\sin\theta\cos\varphi,\sin\theta\sin\varphi,\cos\theta)$ 给出：

$$\boldsymbol{\rho}(\hat{\boldsymbol{n}})=\frac{1}{2}(\boldsymbol{I}+\hat{\boldsymbol{n}}\cdot\sigma) \tag{2.2.14}$$

$\boldsymbol{\rho}(\hat{\boldsymbol{n}})$满足关系

$$(\hat{\boldsymbol{n}}\cdot\sigma)\boldsymbol{\rho}(\hat{\boldsymbol{n}})=\boldsymbol{\rho}(\hat{\boldsymbol{n}})(\hat{\boldsymbol{n}}\cdot\sigma)=\boldsymbol{\rho}(\hat{\boldsymbol{n}}) \tag{2.2.15}$$

即$\boldsymbol{\rho}(\hat{\boldsymbol{n}})$是$\hat{\boldsymbol{n}}\sigma$ 的本征态，本征值为 1。它可以被诠释为指向 $\hat{\boldsymbol{n}}(\theta,\varphi)$方向的自旋。这个态由以下本征自旋量表示：

$$|\psi(\theta,\varphi)\rangle=\begin{pmatrix}\mathrm{e}^{-\mathrm{i}\varphi/2}\cos\dfrac{\theta}{2}\\ \mathrm{e}^{\mathrm{i}\varphi/2}\sin\dfrac{\theta}{2}\end{pmatrix} \tag{2.2.16}$$

这可以直接由计算验证：

$$\begin{aligned}\boldsymbol{\rho}(\hat{\boldsymbol{n}})&=|\psi(\theta,\varphi)\rangle\langle\psi(\theta,\varphi)|\\&=\begin{pmatrix}\cos^2\dfrac{\theta}{2} & \cos\dfrac{\theta}{2}\sin\dfrac{\theta}{2}\mathrm{e}^{-\mathrm{i}\varphi}\\ \cos\dfrac{\theta}{2}\sin\dfrac{\theta}{2}\mathrm{e}^{\mathrm{i}\varphi} & \sin^2\dfrac{\theta}{2}\end{pmatrix}\\&=\frac{1}{2}\boldsymbol{I}+\frac{1}{2}\begin{pmatrix}\cos\theta & \sin\theta\mathrm{e}^{-\mathrm{i}\varphi}\\ \sin\theta\mathrm{e}^{\mathrm{i}\varphi} & -\cos\theta\end{pmatrix}\\&=\frac{1}{2}(\boldsymbol{I}+\hat{\boldsymbol{n}}\cdot\sigma)\end{aligned} \tag{2.2.17}$$

2.2.2 施密特分解

二组分纯态可以表示为如式(2.2.6)所示的标准形式，即施密特分解(Schmidt decomposition)：

$$|\psi\rangle_{\mathrm{AB}}=\sum_{i\mu}a_{i\mu}|i\rangle_{\mathrm{A}}|\mu\rangle_{\mathrm{B}} \tag{2.2.18}$$

定义另一组基：

$$|\tilde{i}\rangle_{\mathrm{B}}=\sum_{\mu}a_{i\mu}|\mu\rangle_{\mathrm{B}} \tag{2.2.19}$$

它不一定是正交归一的。因此

$$|\psi\rangle_{\mathrm{AB}}=\sum_{i}|i\rangle_{\mathrm{A}}|\tilde{i}\rangle_{\mathrm{B}} \tag{2.2.20}$$

此处 $\tilde{i}$ 与式中的求和指标 i 有一一对应关系。假设基$\{|i\rangle_{\mathrm{A}}\}$使$\boldsymbol{\rho}_{\mathrm{A}}$ 对角化：

$$\boldsymbol{\rho}_{\mathrm{A}}=\sum_{i}p_i|i\rangle_{\mathrm{A}\,\mathrm{A}}\langle i| \tag{2.2.21}$$

则可以对 B 取迹得到$\boldsymbol{\rho}_{\mathrm{A}}$：

$$\begin{aligned}\boldsymbol{\rho}_{\mathrm{A}}&=\mathrm{tr}_{\mathrm{B}}(|\psi\rangle_{\mathrm{AB}\,\mathrm{AB}}\langle\psi|)\\&=\mathrm{tr}_{\mathrm{B}}\Big(\sum_{ij}|i\rangle_{\mathrm{A}\,\mathrm{A}}\langle j|\otimes|\tilde{i}\rangle_{\mathrm{B}\,\mathrm{B}}\langle\tilde{j}|\Big)\\&=\sum_{ij}{}_{\mathrm{B}}\langle\tilde{j}|\tilde{i}\rangle_{\mathrm{B}}(|i\rangle_{\mathrm{A}\,\mathrm{A}}\langle i|)\end{aligned} \tag{2.2.22}$$

比较式(2.2.21)与式(2.2.22)得到

$$ {}_{\mathrm{B}}\langle \tilde{j} \mid \tilde{i} \rangle_{\mathrm{B}} = p_i \delta_{ij} \tag{2.2.23} $$

基$\{|\tilde{i}\rangle_{\mathrm{B}}\}$是正交的,但未归一。定义

$$ | i' \rangle_{\mathrm{B}} = \sqrt{p_i} \; |\tilde{i}\rangle_{\mathrm{B}} \tag{2.2.24} $$

使基$\{|\tilde{i}'\rangle_{\mathrm{B}}\}$正交归一,就得到施密特分解的标准形式:

$$ | \psi \rangle_{\mathrm{AB}} = \sum_i p_i \mid i \rangle_{\mathrm{A}} \mid i' \rangle_{\mathrm{B}} \tag{2.2.25} $$

系数$\{\sqrt{p_i}\}$称为“施密特系数”,而$\boldsymbol{\rho}_{\mathrm{A}}$与$\boldsymbol{\rho}_{\mathrm{B}}$非零本征值的数目称为“施密特数”。

一般来说,两个不同的纯态$|\psi\rangle_{\mathrm{AB}}$和$|\varphi\rangle_{\mathrm{AB}}$不能用$\mathcal{H}_{\mathrm{A}}$与$\mathcal{H}_{\mathrm{B}}$的相同正交归一化基来展开。从式(2.2.23)开始,对A取迹,得到

$$ \boldsymbol{\rho}_{\mathrm{B}} = \mathrm{tr}_{\mathrm{A}} \mid \psi \rangle_{\mathrm{AB\,AB}} \langle \psi \mid = \sum_i p_i \mid i' \rangle_{\mathrm{B\,B}} \langle i' \mid \tag{2.2.26} $$

可以看到$\boldsymbol{\rho}_{\mathrm{A}}$与$\boldsymbol{\rho}_{\mathrm{B}}$共享相同的非零本征值。因为$\mathcal{H}_{\mathrm{A}}$与$\mathcal{H}_{\mathrm{B}}$可以有不同的维数,它们的零本征值数可能不同。如果$\boldsymbol{\rho}_{\mathrm{A}}$与$\boldsymbol{\rho}_{\mathrm{B}}$在0之外没有简并的本征值,$|\psi\rangle_{\mathrm{AB}}$的施密特分解就唯一地确定了。我们可以把$\boldsymbol{\rho}_{\mathrm{A}}$与$\boldsymbol{\rho}_{\mathrm{B}}$对角化以找出$|i\rangle_{\mathrm{A}}$和$|i'\rangle_{\mathrm{B}}$,把它们配起对来求和再乘以$p_i$,求和之后就得到了$|\psi\rangle_{\mathrm{AB}}$(精确到共同相位)。

暂时回到EPR佯谬。爱因斯坦等三人的反对意见之一就是对B的s_z测量得到$|\uparrow_z\rangle_{\mathrm{B}}$造成的状态塌缩瞬间给A传递了信息,使对A的即刻测量唯一地得到$|\downarrow_z\rangle_{\mathrm{A}}$。爱因斯坦等三人将它诠释为超距的相互作用。考虑总自旋为1的态

$$ | \psi \rangle_{\mathrm{AB}} = \frac{1}{\sqrt{2}} (| \uparrow_z \rangle_{\mathrm{A}} \mid \uparrow_z \rangle_{\mathrm{B}} + | \downarrow_z \rangle_{\mathrm{A}} \mid \downarrow_z \rangle_{\mathrm{B}}) \tag{2.2.27} $$

对B的测量导致在系综中对A自旋的制备:

$$ \boldsymbol{\rho}_{\mathrm{A}} = \frac{1}{2} \mid \uparrow_z \rangle_{\mathrm{A\,A}} \langle \uparrow_z \mid + \frac{1}{2} \mid \downarrow_z \rangle_{\mathrm{A\,A}} \langle \downarrow_z \mid \tag{2.2.28} $$

它有非零的简并本征态,因此式(2.2.27)的施密特分解不是唯一的。另一个分解

$$ | \psi \rangle_{\mathrm{AB}} = \frac{1}{\sqrt{2}} (| \uparrow_x \rangle_{\mathrm{A}} \mid \uparrow_x \rangle_{\mathrm{B}} + | \downarrow_x \rangle_{\mathrm{A}} \mid \downarrow_x \rangle_{\mathrm{B}}) \tag{2.2.29} $$

与式(2.2.29)的不同之处在于$\mathcal{H}_{\mathrm{A}}$与$\mathcal{H}_{\mathrm{B}}$基的选择不同。式(2.2.27)与式(2.2.29)描述了相同的状态,即自旋为1的二组分缠绕态,区别在于自旋量子化轴的不同。在对$|\cdot\rangle_{\mathrm{A}}$与$|\cdot\rangle_{\mathrm{B}}$同时进行幺正变换时,它们彼此转化。对B进行$s_x$的测量在系综中制备自旋态$\{|\uparrow_x\rangle_{\mathrm{A}}|\uparrow_x\rangle_{\mathrm{B}}\}$;对A进行$s_x$测量导致同样的密度矩阵式(2.2.28)。因此对A运行s_z测量并不能显现对B的测量所发出的信息,即对B测量的量子化轴可以在任何方向。这个性质将结合量子密钥分布问题进一步讨论。

施密特数用来表征两组分纯态的缠绕。在$\mathcal{H}_{\mathrm{A}}$与$\mathcal{H}_{\mathrm{B}}$中纯态的直积是可分离的二组分纯态

$$ | \psi \rangle_{\mathrm{AB}} = | \varphi \rangle_{\mathrm{A}} \otimes | \chi \rangle_{\mathrm{B}} \tag{2.2.30} $$

这个态的施密特数是1。对任何施密特数大于1的态,不能表示为这种形式,因为它是缠绕的。

最后提一下,两个可分辨粒子体系的缠绕是可以确切定义的,它的性质也充分研讨过。

对两个不可分辨粒子，其性质是非平庸的。J. Schliemann 等人[19-20]讨论了二费密子体系的缠绕，发现可以把可分辨二粒子体系的结果移植过来。对二玻色子体系的研究有不同方法的结果报告[21-22]。

2.2.3 EPR-Bell 态的进一步讨论

在 1.3 节中讨论过 EPR-Bell 态，用 q 比特语言表示：

$$
\begin{aligned}
|\phi^{\pm}\rangle &= \frac{1}{\sqrt{2}}(|00\rangle \pm |11\rangle), \\
|\psi^{\pm}\rangle &= \frac{1}{\sqrt{2}}(|01\rangle \pm |10\rangle)
\end{aligned}
\tag{2.2.31}
$$

它们是“最大限度的缠绕态”，意思是对 q 比特 B 取迹导致

$$
\boldsymbol{\rho}_{\mathrm{A}} = \mathrm{tr}_{\mathrm{B}}(|\phi^{+}\rangle_{\mathrm{AB\,AB}}\langle\phi^{+}|) = \frac{1}{2}\boldsymbol{I}_{\mathrm{A}}
\tag{2.2.32}
$$

类似地，对 A 取迹导致$\boldsymbol{\rho}_{\mathrm{B}} = \frac{1}{2}\boldsymbol{I}_{\mathrm{B}}$。即如果对自旋 A 在任何轴方向进行测量，导致自旋 B 的结果完全随机，向上和向下为 1/2 的等概率。在这样的缠绕态中，两个 q 比特的信息不能通过对 A 或 B 的定域测量获得。

缠绕态(2.2.31)是两个相互对易的算符 $\sigma_1^{(A)}\sigma_1^{(B)}$ 和 $\sigma_3^{(A)}\sigma_3^{(B)}$ 的同时本征态。$\sigma_3^{(A)}\sigma_3^{(B)}$ 的本征态被称为“宇称比特”(自旋平行或者反平行)，$\sigma_1^{(A)}\sigma_1^{(B)}$ 的本征态被称为“相比特”(在叠加时取＋或－)。每个状态携带的比特信息由表 2.1 给出。

表 2.1 EPR-Bell 态的宇称比特和相比特

状态	宇称比特	相比特
ϕ^+	+	+
ϕ^-	+	−
ψ^+	−	+
ψ^-	−	−

信息的发信人和收信人相距很远。他们各自分享一个缠绕比特的一个组分，每个人分别对在 A 处或 B 处的信息通过幺正变换进行操作。例如 Alice 对在 A 处的 q 比特作用以 $\boldsymbol{\sigma}_3$，将$|0\rangle_{\mathrm{A}}$ 和$|1\rangle_{\mathrm{A}}$ 的相对相位翻转，得到以下变化：

$$
\begin{aligned}
&|\phi^{+}\rangle \leftrightarrow |\phi^{-}\rangle, \\
&|\psi^{+}\rangle \leftrightarrow |\psi^{-}\rangle
\end{aligned}
\tag{2.2.33}
$$

她也可以对 q 比特作用以 σ_1，将自旋翻转$|0\rangle_{\mathrm{A}} \leftrightarrow |1\rangle_{\mathrm{A}}$，得到以下变化：

$$
\begin{aligned}
&|\phi^{+}\rangle \leftrightarrow |\psi^{+}\rangle, \\
&|\phi^{-}\rangle \leftrightarrow |\psi^{-}\rangle
\end{aligned}
\tag{2.2.34}
$$

这类定域幺正变换将一个缠绕态变为另外一个。Bob 也可以对 B 处的 q 比特作类似的变换。在变换过程中$\boldsymbol{\rho}_{\mathrm{A}} = \boldsymbol{\rho}_{\mathrm{B}} = \frac{1}{2}I$ 不变化，即存储于任一个 EPR-Bell 态的信息不可能由局域操作来获得，即使 Alice 和 Bob 可以对他们的测量结果进行经典信息的交换，了解他们测量结果的关联。设他们都测量了 σ_3。因为 $\sigma_3^{(A)}$ 和 $\sigma_3^{(B)}$ 都和算符 $\sigma_3^{(A)}\sigma_3^{(B)}$ 对易，测量不干扰宇

称比特，将测量结果合在一起就得到了宇称比特。另外的选择是测量 $\sigma_1^{(A)}$ 和 $\sigma_1^{(B)}$，他们获得了相比特的信息，代价是干扰了宇称比特。如果不去分别获得 $\sigma_3^{(A)}$ 和 $\sigma_3^{(B)}$ 的信息，只需测量乘积 $\sigma_3^{(A)}\sigma_3^{(B)}$，就可以不干扰 $\sigma_1^{(A)}\sigma_1^{(B)}$。这不能由定域的操作得到，而必须通过二人的共同努力。定义单 q 比特变换为哈达玛变换(Hadamard transform)：

$$H=\frac{1}{\sqrt{2}}\begin{pmatrix}1 & 1\\ 1 & -1\end{pmatrix}=\frac{1}{\sqrt{2}}(\sigma_1+\sigma_3) \tag{2.2.35}$$

它具有以下性质：

$$H^2=\boldsymbol{I}$$

$$\begin{cases}H\sigma_1 H=\sigma_3\\ H\sigma_3 H=\sigma_1\end{cases} \tag{2.2.36}$$

在布洛赫球语言中，它代表绕轴 $\hat{\boldsymbol{n}}=\frac{1}{\sqrt{2}}(\hat{\boldsymbol{n}}_1+\hat{\boldsymbol{n}}_3)$ 转 $\theta=\pi$ 角。它将 $\hat{\boldsymbol{z}}$ 转到 $\hat{\boldsymbol{x}}$，$\hat{\boldsymbol{x}}$ 转到 $\hat{\boldsymbol{z}}$：

$$R(\hat{\boldsymbol{n}},\theta)=\cos\frac{\theta}{2}+\mathrm{i}\hat{\boldsymbol{n}}\cdot\sigma\sin\frac{\theta}{2}\xrightarrow{\theta=\pi}\mathrm{i}\frac{1}{\sqrt{2}}(\sigma_1+\sigma_3)=\mathrm{i}H \tag{2.2.37}$$

我们还需要在 2.1.1 节中引入的 2-q 比特操作 CNOT：

$$\text{CNOT}:|a,b\rangle\rightarrow|a,a\oplus b\rangle \tag{2.2.38}$$

$$(\text{CNOT})^2=1 \tag{2.2.39}$$

它在量子电路图解中(图 2.1)为

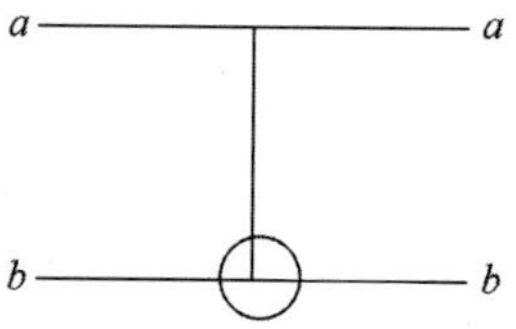

图 2.1　CNOT 图解

把这两种操作组合起来，就有以下图解(图 2.2)：

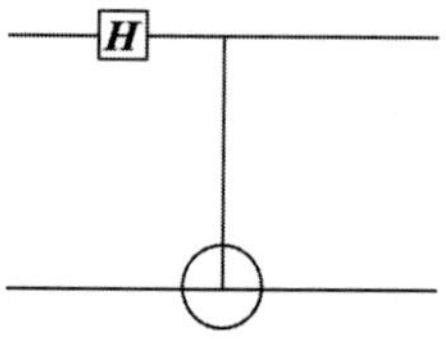

图 2.2　**H** 与 CNOT 组合图解

意思是将 H 用于 q 比特 a，再将 CNOT 用于其结果。作用于布尔态，联合变换导致 EPR-Bell 态①

$$\begin{aligned}
&|00\rangle\xrightarrow{H}\frac{1}{\sqrt{2}}(|0\rangle+|1\rangle)|0\rangle\xrightarrow{\text{CNOT}}|\phi^+\rangle\\
&|01\rangle\xrightarrow{H}\frac{1}{\sqrt{2}}(|0\rangle+|1\rangle)|1\rangle\xrightarrow{\text{CNOT}}|\psi^+\rangle\\
&|10\rangle\xrightarrow{H}\frac{1}{\sqrt{2}}(|0\rangle-|1\rangle)|0\rangle\xrightarrow{\text{CNOT}}|\phi^-\rangle\\
&|11\rangle\xrightarrow{H}\frac{1}{\sqrt{2}}(|0\rangle-|1\rangle)|0\rangle\xrightarrow{\text{CNOT}}|\psi^-\rangle
\end{aligned} \tag{2.2.40}$$

---

① 直接计算可以得到 $H|0\rangle=\frac{1}{\sqrt{2}}\begin{pmatrix}1 & 1\\ 1 & -1\end{pmatrix}\begin{pmatrix}1\\0\end{pmatrix}=\frac{1}{\sqrt{2}}\begin{pmatrix}1\\1\end{pmatrix}=\frac{1}{\sqrt{2}}(|0\rangle+|1\rangle)$，

$H|1\rangle=\frac{1}{\sqrt{2}}\begin{pmatrix}1 & 1\\ 1 & -1\end{pmatrix}\begin{pmatrix}0\\1\end{pmatrix}=\frac{1}{\sqrt{2}}\begin{pmatrix}1\\-1\end{pmatrix}=\frac{1}{\sqrt{2}}(|0\rangle-|1\rangle)$。

以上操作的逆将 EPR-Bell 变回布尔基各态。注意 CNOT 态是非定域操作，它对靶比特的作用取决于控制比特。现在可以对布尔态进行测量，结果显示出原始两个 EPR-Bell 态的两个 q 比特。

2.3 缠绕在量子信息学的应用

在 2.1.3 节中给出过一些例子，利用缠绕态完成经典计算很困难，甚至不可能完成。本节将详细讨论缠绕这个量子力学的基础概念在量子信息方面的一些应用。

2.3.1 致密编码

我们用以下的例子说明，传送量子比特比传送经典比特更为有利。Alice 可以制备$|\uparrow_z\rangle$和$|\downarrow_z\rangle$，Bob 可以通过测量判断她的选择。但实际上，Alice 可以利用缠绕态进行更有效的信息传递。她自己保留一个 q 比特，把缠绕态的另一个 q 比特传给 Bob。他们保留着各自分享的缠绕对就可以传递简短的信息。Alice 可以在她的 q 比特上进行下列变换之一。

(1) 全同变换：1。

(2) 绕 $\hat{x}$ 旋转 π：$e^{i\sigma_1\pi/2}=i\sigma_1$。

(3) 绕 $\hat{y}$ 旋转 π：$e^{i\sigma_2\pi/2}=i\sigma_2$。

(4) 绕 $\hat{z}$ 旋转 π：$e^{i\sigma_3\pi/2}=i\sigma_3$。

这些变换作用于$|\phi^+\rangle_{AB}$分别导致$|\phi^+\rangle_{AB}$，$|\psi^+\rangle_{AB}$，$|\psi^-\rangle_{AB}$，$|\phi^-\rangle_{AB}$各态。每个态携带两个 q 比特信息(宇称比特和相比特)。Alice 可以根据所需结果态的宇称比特和相比特(这就是她要传给 Bob 的信息)选择她的操作。她对自己的 q 比特进行操作并将操作后的 q 比特传给 Bob。接收到 q 比特后，Bob 就对现在他所有的一对 q 比特执行正交测量 $\sigma_1^{(A)}\sigma_1^{(B)}$ 和 $\sigma_3^{(A)}\sigma_3^{(B)}$，确定这一对的宇称比特和相比特。在此行动中，Alice 送出一个 q 比特，而 Bob 获得了两个 q 比特，这是经典信息学做不到的。通信的效率取决于应用事先存储的缠绕态。致密编码由 Innsbruck 研究组[23-24]实现。

2.3.2 量子密码学，EPR 量子钥分布

Alice 和 Bob 的通信是高度保密的。为了避免被窃听，他们要用只有他们二人才知道的密钥，这样才能对信息编码和解码。但如何才能使密钥绝对安全呢？最好的办法是在通信时才建立密钥，而且只使用一次。这种密钥首先由 C. H. Bennett 和 G. Brassard[25]用光子极化实现，未涉及缠绕。此后的协议都是利用量子缠绕的。设 Alice 和 Bob 分享一系列缠绕对，每一对都制备为$|\psi^-\rangle$态。他们达成一个协议以建立密钥。对共同享有的每一对 q 比特，每个人自己决定是测量 σ_1 还是 σ_3。对于每一对 q 比特，这个选择是随意的。每次测量后他们公开宣布自己的选择，但不公开测量的结果。如果他们选择测量的可观测量不同，就弃置这对 q 比特不用，因为结果是不相关的。当他们所选的可观测量相同时，他们的结果是反关联的，但也是随机的。这就建立了密钥，任何窃听者对此都是不了解的。即使窃听者能够接触到二人共享的某些 q 比特对，协议也是安全的。当窃听者接触到一个 q 比特对时，这对 q 比特便不再处于$|\psi^-\rangle$态，而是和窃听者的 q 比特缠绕起来了。在 Alice 和 Bob 宣布

所测的可观测量时，窃听者便可以测量自己的 q 比特以获得 Alice 和 Bob 测量的结果。他能够如愿以偿吗？最普遍的 AB 对和窃听者的 q 比特(E)的状态是：

$$|\gamma\rangle_{ABE}=|00\rangle_{AB}|e_{00}\rangle_E+|01\rangle_{AB}|e_{01}\rangle_E+ |10\rangle_{AB}|e_{10}\rangle_E+|11\rangle_{AB}|e_{11}\rangle_E \tag{2.3.1}$$

因为$|\psi^-\rangle$是$\sigma_1^{(A)}\sigma_1^{(B)}$和$\sigma_3^{(A)}\sigma_3^{(B)}$的本征态，Alice 和 Bob 可以验证他们所共享的这些 q 比特是否仍保持这个性质。他们牺牲一部分共享 q 比特所掌握的密钥来进行安全检查。如果测量的结果是肯定的，即 q 比特具有负的宇称比特和相比特，式(2.3.1)必须满足的要求是：

(1) 为了$\sigma_1^{(A)}\sigma_1^{(B)}=-1$，它必须是

$$|\gamma\rangle_{ABE}=|01\rangle_{AB}|e_{01}\rangle_E+|10\rangle_{AB}|e_{10}\rangle_E \tag{2.3.2}$$

(2) 为了$\sigma_3^{(A)}\sigma_3^{(B)}=-1$，它必须是

$$|\gamma\rangle_{ABE}=\frac{1}{\sqrt{2}}(|01\rangle-|10\rangle)|e\rangle_E \tag{2.3.3}$$

此处

$$\frac{1}{\sqrt{2}}|e\rangle_E\equiv|e_{10}\rangle_E=-|e_{01}\rangle_E \tag{2.3.4}$$

$\sigma_3^{(A)}\sigma_3^{(B)}=-1$的要求产生了式(2.3.3)，即 AB 对和 E 没有缠绕，窃听者就不可能通过测量自己的 q 比特了解到 Alice 和 Bob 的测量结果。检查获得的肯定结果使 Alice 和 Bob 可以确信密钥是安全的。如果窃听者得以把他的 q 比特和 Alice/Bob 的 q 比特对缠绕起来，检查的结果就是否定的，即$\sigma_3^{(A)}\sigma_3^{(B)}\neq-1$，Alice 和 Bob 就发现了窃听活动，就可以放弃密钥而建立新的。以上的协议是主题[26-27]，同时也有主题的“变奏①”。协议[26-27]由 Innsbruck 研究组实现[28]。在这个实现中 Alice 和 Bob 采用协议[25]建立 49984 比特密钥。Alice 通过 XOR 操作用密钥对图像加密，并通过计算机网络传给 Bob。Bob 用密钥对图像解密。解密后的图像仅有极少数错误(来自密钥中的比特错误)，结果示于图 2.3。

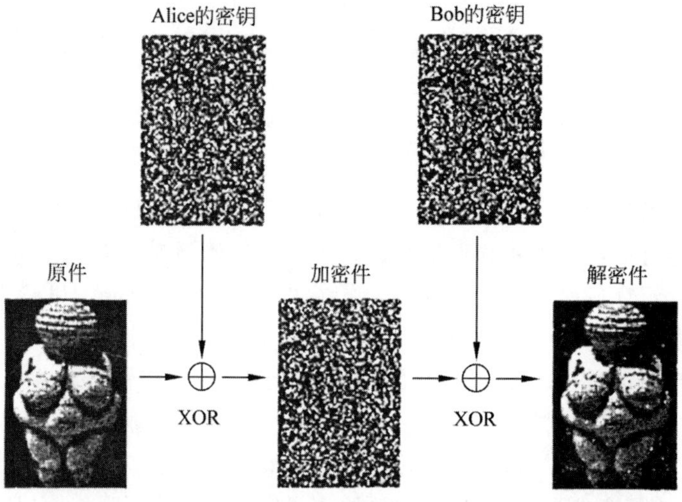

图 2.3　Willendorf 的维纳斯肖像(存于维也纳自然历史博物馆)的安全传送

取自文献[28]

① 见文献[10]的 4.2 节。

2.3.3 量子非克隆定理

一个聪明的窃听者本来可以不加干扰地复制 Alice 和 Bob 密钥的 q 比特，通过对复制品的测量获得他们的密钥。但量子密钥是受保护的，因为要想在没有干扰的条件下获得区别非正交量子态的信息是不可能的。令$|\psi\rangle$和$|\varphi\rangle$代表在 AB 的希尔伯特空间中的两个非正交态，$\langle\psi|\varphi\rangle\neq 0$。窃听者想要通过执行幺正变换将它们复制：

$$\left.\begin{aligned}|\psi\rangle\otimes|0\rangle_E &\to |\psi\rangle\otimes|i\rangle_E\\ |\varphi\rangle\otimes|0\rangle_E &\to |\varphi\rangle\otimes|j\rangle_E\end{aligned}\right\} \tag{2.3.5}$$

幺正性意味着

$$\begin{aligned}\langle\psi|\varphi\rangle &= ({}_E\langle 0|\otimes\langle\psi|)(|\varphi\rangle\otimes|0\rangle_E)\\ &= ({}_E\langle i|\otimes\langle\psi|)(|\varphi\rangle\otimes|j\rangle_E)\\ &= \langle\psi|\varphi\rangle{}_E\langle i|j\rangle_E\end{aligned} \tag{2.3.6}$$

对$\langle\psi|\varphi\rangle\neq 0$，有${}_E\langle i|j\rangle_E=1$，即$|i\rangle=|j\rangle$。窃听者对于$|\psi\rangle$和$|\varphi\rangle$得到同样的复制件，因此他不能区别非正交态。如果$|\psi\rangle$和$|\varphi\rangle$正交，情况就不同了。正交态$|0\rangle$和$|1\rangle$在原则上和经典比特一样不能免于在不被干扰的情况下被复制。幺正变换的作用如下：

$$\begin{aligned}U:|0\rangle_A|0\rangle_E &\to |0\rangle_A|0\rangle_E\\ |1\rangle_A|0\rangle_E &\to |1\rangle_A|1\rangle_E\end{aligned} \tag{2.3.7}$$

它将在 A 处的状态复制到 E 处。但如果在 A 处的是一个一般的 q 比特

$$|\varphi\rangle_A = a|0\rangle_A + b|1\rangle_A \tag{2.3.8}$$

就有

$$\begin{aligned}U:&(a|0\rangle_A + b|1\rangle_A)|0\rangle_E\\ &\to a|0\rangle_A|0\rangle_E + b|1\rangle_A|1\rangle_E\end{aligned} \tag{2.3.9}$$

它和原件与复制件的直积$|\psi\rangle_A|\psi\rangle_E$不同。因此对于一个一般的 q 比特，如果它和$|0\rangle$或$|1\rangle$不正交，就不能被复制。我们还可以将条件再放松一些。在原有的希尔伯特空间$\mathcal{H}_A$(原件)$\otimes$ $\mathcal{H}_E$(复制件)的基础上再包括一个辅助的$\mathcal{H}_F$，并定义最普遍的复制幺正变换：

$$\begin{aligned}U:|\psi\rangle_A|0\rangle_E|0\rangle_F &\to |\psi\rangle_A|\psi\rangle_E|i\rangle_F\\ |\varphi\rangle_A|0\rangle_E|0\rangle_F &\to |\varphi\rangle_A|\varphi\rangle_E|j\rangle_F\end{aligned} \tag{2.3.10}$$

此处$|\psi\rangle$和$|\varphi\rangle$是不同的两个非正交态。幺正变换给出：

$${}_A\langle\psi|\varphi\rangle_A = {}_A\langle\psi|\varphi\rangle_{A\,E}\langle\psi|\varphi\rangle_{E\,F}\langle i|j\rangle_F$$

即

$$1 = {}_E\langle\psi|\varphi\rangle_{E\,E}\langle i|j\rangle_F$$

对归一化的态有

$$\langle\psi|\varphi\rangle = 1 \tag{2.3.11}$$

意思是$|\psi\rangle$和$|\varphi\rangle$代表同一个射线态(只相差一个相因子的波函数)。没有任何一个幺正变换能同时复制两个有区别的、非正交的态。这就是量子非克隆定理。

2.3.4 量子远程传态

考虑一个奇特的处境。Alice 有一个 q 比特，但她却不知道它的状态。Bob 却需要这样

一个状态为他所用。二人之间有经典通道，此外他们还共享一个处于$|\phi^+\rangle_{AB}$态的缠绕对。这个缠绕对可以根据以下协议帮助他们完成愿望。Alice 对她的未知状态(记为$|\chi\rangle_C$)以及她分享的缠绕态的一个 q 比特进行 2.2.3 节描述的贝尔测量，从而把它们投影到 4 个 EPR-Bell 态$|\phi^{\pm}\rangle_{CA}$，$|\psi^{\pm}\rangle_{CA}$ 的其中之一。她将测量结果(一个宇称比特、一个相比特)通过经典通道传递给 Bob。收到信息后，Bob 对自己分享的 q 比特$|\cdot\rangle_B$ 进行幺正变换，变换与收到的 EPR-Bell 态的关系根据以下协议(表 2.2)规定。

表 2.2 量子远程传态协议

幺正变换	EPR 态	幺正变换	EPR 态
1_B	$\|\phi^+\rangle_{CA}$	$\sigma_2^{(B)}$	$\|\psi^-\rangle_{CA}$
$\sigma_1^{(B)}$	$\|\psi^+\rangle_{CA}$	$\sigma_3^{(B)}$	$\|\phi^-\rangle_{CA}$

这样做了之后，Bob 所掌握的正是$|\chi\rangle_B$态，证明如下。令 Alice 的未知 q 比特为$|\chi\rangle_C=a|0\rangle_C+b|1\rangle_C$，直接计算得出

$$\begin{aligned}|\chi\rangle_C\,|\phi^+\rangle_{AB}&=(a\,|0\rangle_C+b\,|1\rangle_C)\frac{1}{\sqrt{2}}(|00\rangle_{AB}+|11\rangle_{AB})\\&=\frac{1}{\sqrt{2}}(a\,|000\rangle_{CAB}+a\,|011\rangle_{CAB})(b\,|100\rangle_{CAB}+b\,|111\rangle_{CAB})\\&=\frac{1}{2}a(|\phi^+\rangle_{CA}+|\phi^-\rangle_{CA})\,|0\rangle_B+\frac{1}{2}a(|\psi^+\rangle_{CA}+|\psi^-\rangle_{CA})\,|1\rangle_B+\\&\quad\frac{1}{2}b(|\psi^+\rangle_{CA}-|\psi^-\rangle_{CA})\,|0\rangle_B+\frac{1}{2}b(|\phi^+\rangle_{CA}-|\phi^-\rangle_{CA})\,|1\rangle_B\\&=\frac{1}{2}\,|\phi^+\rangle_{CA}(a\,|0\rangle_B+b\,|1\rangle_B)+\frac{1}{2}\,|\psi^+\rangle_{CA}(a\,|1\rangle_B+b\,|0\rangle_B)+\\&\quad\frac{1}{2}\,|\psi^-\rangle_{CA}(a\,|1\rangle_B-b\,|0\rangle_B)+\frac{1}{2}\,|\phi^-\rangle_{CA}(a\,|0\rangle_B-b\,|1\rangle_B)\\&=\frac{1}{2}\,|\phi^+\rangle_{CA}\,|\chi\rangle_B+\frac{1}{2}\,|\psi^+\rangle_{CA}\sigma_1\,|\chi\rangle_B+\\&\quad\frac{1}{2}\,|\psi^-\rangle_{CA}(-\mathrm{i}\sigma_2)\,|\chi\rangle_B+\frac{1}{2}\,|\phi^-\rangle_{CA}\sigma_3\,|\chi\rangle_B\end{aligned}\tag{2.3.12}$$

结果表明，对 Alice 的 q 比特$|\chi\rangle_C$ 和共享的缠绕对中 Alice 的 q 比特$|\cdot\rangle_A$ 进行贝尔测量，结果是 4 种等概率出现的选择，而每一个都按照表 2.2 和 Bob 的 q 比特$|\chi\rangle_B$ 相联系。造成这种结果的正是测量过程，该过程一方面将 CA 对投影到贝尔态之一，同时改变了 Bob 的 q 比特。表 2.2 中规定的对应正是为了将 B 处的 q 比特经过适当的幺正变换恢复到状态$|\chi\rangle$。从效果上看，状态$|\chi\rangle$是从 A 远程传递到 B。这看起来有些令人困惑，一个经典通道如何能够传递关于 q 比特的信息。实际上起量子通道作用的是二人分享的缠绕对。重要的是，远程传态是和非克隆定理完全相洽的。q 比特$|\chi\rangle_C$ 在复制品$|\chi\rangle_B$ 产生前就被测量过程消灭了。这个妙法被称为“量子远程传态[29]”。

利用光子极化的量子远程传态是由 Innsbruck 研究组[24]实现的，成功率是 25%，此后由史砚华研究组[30]实现，成功率为 100%。连续变量的远程传态是由 L. Vaidman[31]建议

的，在实验上由加州理工大学研究组[32]实现。塞林格研究组[33]实现了跨过维也纳多瑙河600m远的光子高保真度远程传递。量子通道（光纤安装在河床下面的隧道中）暴露在温度涨落和其他环境因素干扰下，实验难度是很大的。一个微妙的问题是：Bob要根据Alice的贝尔测量结果准备幺正变换，换句话说他应该在分享的q比特到达之前准备好仪器。在这个实例中，Alice的测量结果通过经典的微波通道传递给Bob，比分享的q比特早到1.5μs，后者是通过光纤传递，速度是$\frac{2}{3}c$（c为光速）。Bob可以在这个时间间隔内激活他的电-光调制器。

2.4　六光子单态——免退相干态之一例

量子叠加态在与环境的各种相互作用中会经受退相干，但在这些相互作用中通常有一种是最重要的。因此，最好将信息用一种对这种相互作用具有"免疫性"的状态来编码。如果相互作用具有一种对称性，则不论它有多么强，总会存在一些状态对于相互作用是不变的。如果两个光子缠绕起来形成单态，则"集体噪声"（可以改变光子偏振态的噪声，但它的影响对于两个光子是同时并且是等同的）就不会产生退相干。H. Weinfurter等人[51]成功得到了对于集体噪声不变的二光子和四光子纠缠态。M. Bourennane等人[52]成功合成了六光子单态，它对于其组成的六个光子同时施加偏振旋转的作用是不变的。实验采用了紫外光脉冲，在非线性晶体上的参量下变换。M. Bourennane集中观察了变换后产生的三个彼此不可区分的光子对，见图2.4。每一对的两个光子在不同方向发射，六个光子形成两组，各有三个光子，在图中用实点表示。这些光子随后用分束器分开并进入偏振分析器，每个分析器由偏振分束器（图中的PBS）和两个光子探测器组成。

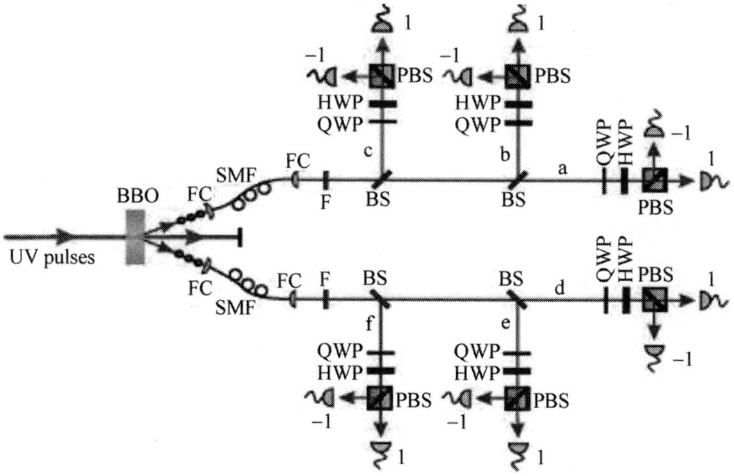

图2.4　产生和分析六光子偏振缠绕态的实验装置示意图

这个缠绕态是一个六光子的Greenberger-Horne-Zeilinger（GHZ）态和两个三光子W态乘积的叠加，即

$$|\Psi_6^-| = \frac{1}{\sqrt{2}}|GGZ_6^-\rangle + \frac{1}{2}(|\widetilde{W}|_3\rangle|W_3\rangle - |W_3|\widetilde{W}\rangle) \tag{2.4.1}$$

此处

$$|GHZ_6^-\rangle = \frac{1}{\sqrt{2}}(|HHHVVV\rangle - |VVVHHH\rangle)$$
$$|W_3\rangle = \frac{1}{\sqrt{3}}(|HHV\rangle + |HVH\rangle + |VHH\rangle) \tag{2.4.2}$$
$$|\widetilde{W}_3\rangle = \frac{1}{\sqrt{3}}(|VVH\rangle + |VHV\rangle + |HVV\rangle)$$

研究者采用了三种不同的偏振基的完全测量来演示“旋转不变性”，即采用了(H,V)，(L,R)和(D,A)，此处

$$\begin{cases}|L(R)\rangle = [|H\rangle \pm \mathrm{i}[V\rangle]/\sqrt{2} \\ |D(R)\rangle = [|H\rangle \pm [V\rangle]/\sqrt{2}\end{cases} \tag{2.4.3}$$

所得的三种图样几乎不可区分。实验观测结果和理论预期的重叠度达到了 88%。这是走向量子信息操控的一个重要的进展，因为要编码一个任意的、对集体噪声免疫的二量子比特的逻辑状态至少需要六个光子。在大洋两岸的信息发送者和接收者对于偏振态 H 和 V 的不同定义实际上就相当于一个作用于六个光子的幺正变换，因此是无关紧要的。

我们知道，每一个光脉冲在参量下变换的过程中会产生不同数目的光子对。如何选出六光子缠绕单态(而且要非破坏性地!)作为实际应用还是一个远未解决的问题。

2.5　本章小结

量子力学对量子信息学和量子计算的应用已经创建了一个新的方向，理论和实验成果大量涌现。作为反馈，这个新领域的问题也已经推进了量子力学基础概念、特别是缠绕态的研究。在上面的讨论中只涉及二组分纯缠绕态。下面简单列举在实现量子计算机的发展过程中得到推动的新进展。

在这个方向的主要问题之一是，各种干扰会导致叠加态的退相干、缠绕态的退化、在传输过程中和在 q 比特操作中发生错误等；而量子计算机在抗干扰方面往往是脆弱的。经典计算机也会发生错误，应对方法是采用纠错编码：将信息做好备份，当作控制。但由于量子非克隆定理，在量子计算中不能采用同样的方法。量子纠错编码[34]需要冗余信息，以备数据通过噪声通道时会有损失。编码将输入信息编为 5 个 q 比特的缠绕态①，当任何 q 比特遭遇破坏时，解码器就将第一个 q 比特恢复为原样，而将错误的效应分散在其他 4 个 q 比特，接着把它们抛弃。“容忍错误的量子计算”(quantum fault tolerating computation，见文献[35]评述)将量子纠错编码用于逻辑状态 $|\psi_L\rangle$，存储或进行运算，处理信息通过一束平行通道，周

① 令 $\psi = a|0\rangle + b|1\rangle$。克隆 $\psi \to \psi\otimes\psi\otimes\psi$ 是量子力学不允许的，但 $\psi = a|0\rangle + b|1\rangle \to a|000\rangle + b|111\rangle \neq \psi\otimes\psi\otimes\psi$ 是允许的。这是经典计算的“三重重复”的推广。量子纠错需要 5 个 q 比特，因为 Bool 态的叠加需要保护。

期性设置有恢复门阵列。在每个阵列中备有清洁的辅助 q 比特,纠正错误后误差的效应分散在一些辅助 q 比特中,此后将它们抛弃。在恢复阵列中也会出现错误,它们可以在下一个恢复阵列中得到改正。多粒子缠绕态在纠错中起重要作用。在 1.10.4 节中,三光子缠绕态[36]被用来检验“定域实在性理论”,它们是 8 种最大缠绕Greenberger-Horne-Zeilinger 态的例子[37]。同一个实验组获得了四光子缠绕态[38]。五光子缠绕态由潘建伟的中国科学技术大学实验组实现[39]。五个或更多的缠绕粒子的操控对于普适纠错和开放地址远程传态是需要的。四个俘获离子的缠绕态由美国国家标准和工艺研究院(NIST)的研究组[40]实现。在处理和传输过程中的退相干导致混合态缠绕[41]。为了恢复最大缠绕,需要一个纯化(蒸馏)过程[42],实验过程由 Innsbruck 研究组[43-44]实现。多粒子缠绕和混合态缠绕的理论是十分丰富和具有挑战性的,有很多未解决的问题等待进一步研究。

为了保持相干性,可以采用一个体系,将每一个 q 比特和一个辅助 q 比特配对,并将它们编码为保持相干状态[45],或者在无退相干子空间工作[46],它已在实验上实现[47]。

物理学各分支的实验研究往往被理论上的巨大进展所激励。在 1995 年 C. H. Bennett 和 D. P. DiVincenzo 发表了一篇文章,题为“量子计算——走向工程时代”[48]。在当时怀疑派还在打赌,“在一个 500 位的数被因子化以前连太阳都要烧完了”。从那时开始,有利于量子计算机的依据逐渐增加,但要将其实现还有很长的路要走。D. P. DiVincenzo 和 D. Loss[49]给出了一张表,列出了在达到最终目标以前需要解决的一些问题。对于近期的实验结果,读者可以参考专著[50]。

参考文献

[1] BENIOFF P. The computer as a physical system: A microscopic quantum mechanical Hamiltonian model of computers as represented by Turing machines[J]. Journal of Statistical Physics,1980,22:563-591.

[2] BENIOFF P. Quantum mechanical Hamiltonian models of Turing machines[J]. Journal of Statistical Physics,1982,29:515-546.

[3] BENIOFF P. Quantum mechanical models of Turing machines that dissipate no energy[J]. Physical Review Letters,1982,48:1581-1585.

[4] FEYNMAN R P. Simulating physics with computers[J]. International Journal of Theoretical Physics,1982,21(6-7):467-488.

[5] FEYNMAN R P. Quantum mechanical computers[J]. Optics News,1985,11(2):11-20.

[6] LANDAUER R. Information is physical[J]. Physics Today,1991,44(5):23.

[7] BENNETT C H,DIVINCENZO D P. Quantum information and computation[J]. Nature,2000,404(6775):247-255.

[8] FEYNMAN R P. Feynman lectures on computation[M]. Massachusetts:Addison-Wesley,1996.

[9] NIELSEN M A,CHUANG I L. Quantum computation and quantum information[M]. Cambridge:Cambridge University Press,2000.

[10] PRESKILL J. Lecture notes on quantum information and computation[EB/OL]. [2022-09-05]. http://www.theory.caltech.edu/people/preskill/ph229/.

[11] DEUTSCH D,PENROSE R. Quantum theory,the Church-Turing principle and the universal quantum computer[J]. Proceedings of the Royal Society of London. A. Mathematical and Physical Sciences,1985,400(1818):97-117.

[12] CHUANG I L, VANDERSYPEN L M K, ZHOU X, et al. Experimental realization of a quantum algorithm[J]. Nature, 1998, 393: 143-146.
[13] SHOR P W. Algorithms for quantum computation: discrete logarithms and factoring [C]// Proceedings 35th Annual Symposium on Foundations of Computer Science. Los Alamitos, CA: IEEE Computer Society Press. 1994: 124-134.
[14] GROVER L K. Quantum mechanics helps in searching for a needle in a haystack[J]. Physical Review Letters, 1997, 79: 325-328.
[15] CHUANG I L, GERSHENFELD N, KUBINEC M. Experimental implementation of fast quantum searching[J]. Physical Review Letters, 1998, 80: 3408-3411.
[16] SEIFE C. The quandary of quantum information[J]. Science, 2001, 293: 2026.
[17] WIESNER S. Simulations of many-body quantum systems by a quantum computer[EB/OL]. 1996. https://arxiv.org/abs/quant-ph/9603028.
[18] MATTLE K, WEINFURTER H, KWIAT P G, et al. Dense coding in experimental quantum communication[J]. Physical Review Letters, 1996, 76: 4656-4659.
[19] SCHLIEMANN J, LOSS D, MACDONALD A H. Double-occupancy errors, adiabaticity, and entanglement of spin qubits in quantum dots[J]. Physical Review B, 2001, 63: 085311.
[20] SCHLIEMANN J, CIRAC J I, KUŚ M, et al. Quantum correlations in two-fermion systems[J]. Physical Review A, 2001, 64: 022303.
[21] LI Y S, ZENG B, LIU X S, et al. Entanglement in a two-identical-particle system[J]. Physical Review A, 2001, 64: 054302.
[22] PAŠKAUSKAS R, YOU L. Quantum correlations in two-boson wave functions[J]. Physical Review A, 2001, 64: 042310.
[23] ABRAMS D S, LLOYD S. Simulation of many-body Fermi systems on a universal quantum computer [J]. Physical Review Letters, 1997, 79: 2586-2589.
[24] BOUWMEESTER D, PAN J W, MATTLE K, et al. Experimental quantum teleportation[J]. Nature, 1997, 390(6660): 575-579.
[25] BENNETT C H, BRASSARD G. Quantum cryptography: Public key distribution and coin tossing [C]//Proceedings of International Conference on Computers, Systems & Signal Processing, Dec. 9-12, 1984, Bangalore, India. Bangalore: Steering Committee, 1984.
[26] EKERT A K. Quantum cryptography based on Bell's theorem[J]. Physical Review Letters, 1991, 67: 661-663.
[27] BENNETT C H, BRASSARD G, MERMIN N D. Quantum cryptography without Bell's theorem [J]. Physical Review Letters, 1992, 68: 557-559.
[28] JENNEWEIN T, SIMON C, WEIHS G, et al. Quantum cryptography with entangled photons[J]. Physical Review Letters, 2000, 84: 4729-4732.
[29] BENNETT C H, BRASSARD G, CRÉPEAU C, et al. Teleporting an unknown quantum state via dual classical and Einstein-Podolsky-Rosen channels[J]. Physical Review Letters, 1993, 70: 1895-1899.
[30] KIM Y H, KULIK S P, SHIH Y. Quantum teleportation of a polarization state with a complete bell state measurement[J]. Physical Review Letters, 2001, 86: 1370-1373.
[31] VAIDMAN L. Teleportation of quantum states[J]. Physical Review A, 1994, 49: 1473-1476.
[32] FURUSAWA A, SØRENSEN J L, BRAUNSTEIN S L, et al. Unconditional quantum teleportation [J]. Science, 1998, 282: 706-709.
[33] URSIN R, JENNEWEIN T, ASPELMEYER M, et al. Quantum teleportation across the Danube[J]. Nature, 2004, 430(7002): 849-849.
[34] SHOR P W. Scheme for reducing decoherence in quantum computer memory[J]. Physical Review A,

1995,52: R2493-R2496.

[35] PRESKILL J. Reliable quantum computers[J]. Proceedings of the Royal Society of London. Series A: Mathematical,Physical and Engineering Sciences,1998,454(1969): 385-410.

[36] BOUWMEESTER D, PAN J W, DANIELL M, et al. Observation of three-photon Greenberger-Horne-Zeilinger entanglement[J]. Physical Review Letters,1999,82: 1345-1349.

[37] GREENBERGER D M,HORNE M A,ZEILINGER A. Going beyond Bell's theorem[M]//Kafatos M. Bell's theorem,quantum theory and conceptions of the universe. Dordrecht. Amsterdam: Springer Netherlands,1989: 69-72.

[38] PAN J W, DANIELL M, GASPARONI S, et al. Experimental demonstration of four-photon entanglement and high-fidelity teleportation[J]. Physical Review Letters,2001,86: 4435-4438.

[39] ZHAO Z,CHEN Y A,ZHANG A N,et al. Experimental demonstration of five-photon entanglement and open-destination teleportation[J]. Nature,2004,430(6995): 54-58.

[40] SACKETT C A,KIELPINSKI D,KING B E,et al. Experimental entanglement of four particles[J]. Nature,2000,404(6775): 256-259.

[41] BENNETT C H,DIVINCENZO D P,SMOLIN J A,et al. Mixed-state entanglement and quantum error correction[J]. Physical Review A,1996,54: 3824-3851.

[42] BENNETT C H,BRASSARD G,POPESCU S,et al. Purification of noisy entanglement and faithful teleportation via noisy channels[J]. Physical Review Letters,1996,76: 722-725.

[43] DEUTSCH D, EKERT A, JOZSA R, et al. Quantum privacy amplification and the security of quantum cryptography over noisy channels[J]. Physical Review Letters,1996,77: 2818-2821.

[44] PAN J W,SIMON C,BRUKNER Č,et al. Entanglement purification for quantum communication[J/OL]. Nature,2001,410(6832): 1067-1070. https://doi. org/10. 1038/35074041.

[45] DUAN L M,GUO G C. Preserving coherence in quantum computation by pairing quantum bits[J]. Physical Review Letters,1997,79: 1953-1956.

[46] LIDAR D A,CHUANG I L,WHALEY K B. Decoherence-free subspaces for quantum computation [J]. Physical Review Letters,1998,81: 2594-2597.

[47] KWIAT P G,BERGLUND A J,ALTEPETER J B,et al. Experimental verification of decoherence-free subspaces[J]. Science,2000,290: 498-501.

[48] BENNETT C H,DIVINCENZO D P. Towards an engineering era? [J]. Nature,1995,377(6548): 389-390.

[49] DIVINCENZO D,LOSS D. Quantum information is physical[J]. Superlattices and Microstructures, 1998,23(3): 419-432.

[50] BOUWMEESTER D,EKERT A,ZEILINGER A. The physics of quantum information[M]. Berlin: Springer,2000.

[51] BOURENNANE M, EIBL M, KURTSIEFER C, et al. Experimental detection of multipartite entanglement using witness operators[J]. Physical Review Letters,2004,92(8):087902.

[52] RȦDMARK M,WIEṠNIAK M,ŻUKOWSKI,M,et al. Experimental filtering of two-,four-,and six-photon singlets from a single parametric down-conversion source[J]. Physical Review A,2009,80(4).

第3章 量子力学中的几何相

考虑一个无限长的磁通管，全部磁通都局限在管内，因此外面的场强 $\boldsymbol{B}$ 为 0。电子在管外运动，它们会感到磁通管的存在吗？对这个问题的第一个反应可能是“不会”。如果仔细想一下，进入薛定谔方程的是势$(A_0,\boldsymbol{A})$而不是场强$(\boldsymbol{E},\boldsymbol{B})$，可能就会改变“不会”的想法了。虽然在磁通管外 $\boldsymbol{B}=0$，但矢量势 $\boldsymbol{A}$ 却不为 0。通过对这个问题的研究发现了著名的阿哈罗诺夫-玻姆(Aharonov-Bohm)效应。结果是，局域电子态感觉不到磁通管的存在，因为局域的场强为 0，而在通量管附近的波函数为有限的电子延展态，能感受到它的整体效应。这个结论在当时令不少物理学家感到惊讶，这个研究也得出了著名的结论，即在带电粒子的经典电动力学中，物理由场强决定；但服从量子力学薛定谔方程的粒子在电磁场中的运动是由杨振宁和吴大峻引入的不可积相因子决定的，场强是不足以决定物理的，它是欠定的，电磁势是超定的。关于这个问题将在 3.1 节～3.3 节中介绍。

阿哈罗诺夫-玻姆效应可以用微分几何中的概念如平行输运、连络等诠释，本章将在 3.4 节中介绍这些概念，使读者有准备地去接受另一个令人惊讶的概念——贝利相。量子力学中波函数的相位是一个微妙的概念。考虑与时间有关的薛定谔方程的解。方程中的势按事先确定好的时间的周期函数演化。当势经过一个周期回到初始的形式时，出现了非平庸的问题。波函数是否回到了它初始的形式呢？答案是否定的。出现了与时间有关的相位，能否将波函数重新定义从而将相因子吸收在其中呢？为了回答这个问题需要进行仔细的研究，由此产生的贝利相以及相关问题将在 3.5 节～3.7 节中介绍。贝利相不仅在量子力学中有重要的意义，而且在物理学的许多分支中都有深远的影响。

3.1 阿哈罗诺夫-玻姆效应

带电粒子(如电子)在给定电磁场中的运动问题在量子力学早期发展中就已得到解决。经典的例子是电子在库仑场(Coulomb field)场中的运动——类氢原子问题，以及电子在均匀磁场中的运动——朗道能级(Landou level)问题。电子在电磁场中运动的哈密顿量为

$$H=\frac{1}{2m}\left[-\mathrm{i}\,\hbar\nabla-\frac{e}{c}\boldsymbol{A}(x)\right]^2+eA_0(x) \tag{3.1.1}$$

此处$(A_0,\boldsymbol{A})$是电磁场的标量和矢量势。在电动力学中电磁场的场强和势的关系为

$$\boldsymbol{B}=\nabla\times\boldsymbol{A},\quad \boldsymbol{E}=-\nabla A_0-\frac{1}{c}\frac{\partial\boldsymbol{A}}{\partial t}\tag{3.1.2}$$

在势 $A_\mu(A_0,\boldsymbol{A})$ 的规范变换下

$$A_\mu\to A_\mu+\partial_\mu\Lambda\tag{3.1.3}$$

即

$$A_0\to A_0-\frac{1}{c}\frac{\partial\Lambda}{\partial t},$$

$$\boldsymbol{A}\to\boldsymbol{A}+\nabla\Lambda$$

$\boldsymbol{B}$ 和 $\boldsymbol{E}$ 是不变的。表征变换的 Λ 是时空坐标的任意函数。在经典电动力学中，代表电磁场的是场强。由于规范变换的自由，势与场强的关系不是一一对应的，而是多对一的。实验直接确定的是场强。在经典电动力学中势是有用的概念，但被认为是属于“导出的概念”(derived concept)。在量子力学中，直接进入基本方程的是势，而不是场强。在势的规范变换式(3.1.3)下，波函数必须作相应变化，即

$$\psi(x)\to\psi'(x)=\psi(x)\mathrm{e}^{(\mathrm{i}e/\hbar c)\Lambda(x)}\tag{3.1.4}$$

才能使薛定谔方程

$$\mathrm{i}\,\hbar\frac{\partial\psi}{\partial t}=H\psi$$

保持不变。规范变换式(3.1.3)，式(3.1.4)中的 Λ 是时空坐标的任意函数，这种变换称为“定域(local)规范变换”。

令 $\psi_0(\boldsymbol{x})$ 代表 $H_0=\frac{1}{2m}(-\mathrm{i}\,\hbar\nabla)^2+eA_0$ 的本征函数，则它和 H(式(3.1.1))的本征函数 $\psi(\boldsymbol{x})$ 之间存在以下关系：

$$\psi(\boldsymbol{x})=\psi_0(\boldsymbol{x})\exp\left[(+\mathrm{i}e/\hbar c)\int^x\boldsymbol{A}(\boldsymbol{x}')\cdot\mathrm{d}\boldsymbol{x}'\right]\tag{3.1.5}$$

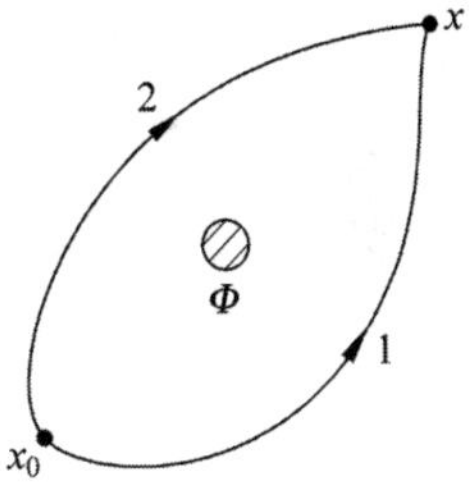

图 3.1 不可积相因子与路径有关

这个关系可以用直接代入方程 $H\psi=E\psi$ 而导致 $H_0\psi_0=E\psi_0$ 得到验证。式(3.1.5)中，指数上的积分上限为 x，下限可以选定任一空间点 x_0 作参考，这个下限在积分中就不标出了。从参考点 x_0 到 x 的线积分在一般情况下是和路径有关的。图 3.1 画出了在磁通 Φ 穿过平面的情况下，从 x_0 到 x 的两条路径 1 和 2。取沿不同路径的线积分之差，有

$${}_1\int_{x_0}^{x}\boldsymbol{A}(x')\cdot\mathrm{d}x'-{}_2\int_{x_0}^{x}\boldsymbol{A}(x')\cdot\mathrm{d}x'=\left({}_1\int_{x_0}^{x}+{}_2\int_{x}^{x_0}\right)\boldsymbol{A}(x')\cdot\mathrm{d}x'$$

$$=\oint\boldsymbol{A}(x')\cdot\mathrm{d}x'$$

用斯托克斯定理(Stokes' theorem)可得

$$\oint\boldsymbol{A}(x')\cdot\mathrm{d}x'=\int_S\nabla\times\boldsymbol{A}\cdot\mathrm{d}\boldsymbol{S}=\int_S\boldsymbol{B}\cdot\mathrm{d}\boldsymbol{S}=\Phi\tag{3.1.6}$$

此处 S 是闭合路径所围的面积，面积元 $\mathrm{d}\boldsymbol{S}$ 的方向垂直于平面，$\boldsymbol{B}$ 是矢量势 $\boldsymbol{A}$ 所决定的场强，$\boldsymbol{B}=\nabla\times\boldsymbol{A}$。磁通的存在使空间成为多联通的。由于积分与路径有关，式(3.1.5)的相因子就不可能写成一个单值函数，这个相因子称为“不可积相因子”。

在量子力学中一个波函数的总体相因子(overall phase factor)是不进入任何可观测量

表达式的，因此可以任意地设置为 1。但如果波函数是由两部分叠加的，即

$$\psi=\psi_1+\psi_2$$

则 ψ_1 和 ψ_2 的相对相因子是十分重要的，因为它确定了 ψ_1 与 ψ_2 的干涉。

1959 年阿哈罗诺夫(Y. Aharonov)和玻姆(D. Bohm)发表了一篇论文(《量子理论中电磁势的意义[1-2]》)，文中考虑了电子双缝衍射实验(图 3.2(a))。在缝后有一个很细的磁通量管，管内磁通为 Φ。这可以近似地用一个细长的螺线管来实现。磁场 $\boldsymbol{B}$ 被完全限制在管内，在管外各处 $\boldsymbol{B}=0$。管中磁通量的变化能影响屏幕上的干涉条纹吗？如果考虑到电子在衍射过程中没有感受到磁场 $\boldsymbol{B}$，干涉条纹似乎不应受 Φ 变化的影响。而如果严格按量子力学分析，双缝平面后的电子波函数在 $\Phi=0$ 的情况下为

$$\psi^{(0)}(x)=\psi_1^{(0)}(x)+\psi_2^{(0)}(x) \tag{3.1.7}$$

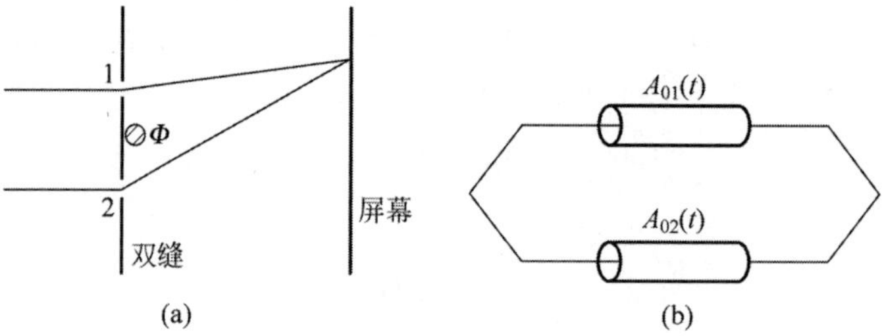

图 3.2 阿哈罗诺夫-玻姆效应

(a) 电子波通过有矢势的空间；(b) 电子波通过不同电压的导体圆筒

而在有通量 Φ 的情况下：

$$\psi(x)=\exp\left[(\mathrm{i}e/\hbar c)\int_{(1)}^{x}\boldsymbol{A}(x')\cdot\mathrm{d}x'\right]\psi_1^{(0)}(x)+\exp\left[(\mathrm{i}e/\hbar c)\int_{(2)}^{x}\boldsymbol{A}(x')\cdot\mathrm{d}x'\right]\psi_2^{(0)}(x) \tag{3.1.8}$$

式中(1)，(2)表示线积分路径通过狭缝 1 和 2。弃去式(3.1.8)中的一个总相因子，有

$$\psi(x)=\psi_1^{(0)}(x)+\exp\left[(\mathrm{i}e/\hbar c)\oint\boldsymbol{A}(x')\cdot\mathrm{d}x'\right]\psi_2^{(0)}(x)=\psi_1^{(0)}(x)+\mathrm{e}^{(\mathrm{i}e/\hbar c)\Phi}\psi_2^{(0)}(x)$$

和式(3.1.7)相比，相干两束波的相对相位差改变了 $\frac{e}{\hbar c}\Phi$，它称为“阿哈罗诺夫-玻姆相 S_{AB}”：

$$S_{\mathrm{AB}}=\frac{e}{\hbar c}\Phi \tag{3.1.9}$$

在 Φ 变化时，干涉条纹会有所移动，且当 $\Delta\Phi=\frac{\hbar c}{e}2\pi=\frac{hc}{e}$ 时，条纹变化一个周期，还原为 $\Delta\Phi=0$ 时的情况。

考虑电子分开的波束分别进入理想导体板制成的圆柱体，导体上施加电压 $A_{01}(t)$，$A_{02}(t)$(图 3.2(b))。电子在运动中并没有感受到电场。但相应哈密顿量

$$\left.\begin{aligned}H&=-\frac{\hbar^2}{2m}\nabla^2+eA_0(x,t)\\H_0&=-\frac{\hbar^2}{2m}\nabla^2\end{aligned}\right\} \tag{3.1.10}$$

的薛定谔方程的解 ψ 与 ψ_0 有以下关系：

$$\psi(x,t)=\psi_0(x,t)\exp\left[(-\mathrm{i}e/\hbar c)\int^t A_0(x,t')\mathrm{d}t'\right] \tag{3.1.11}$$

对于图 3.2(b)的情况，相干的波函数为

$$\psi(x,t)=\psi_1^{(0)}(x,t)+\exp\left\{(-\mathrm{i}e/\hbar c)\int^t [A_{02}(x,t')-A_{01}(x,t')]\mathrm{d}t'\right\}\psi_2^{(0)}(x,t) \tag{3.1.12}$$

因此也应随 A_{01} 和 A_{02} 的变化观察到干涉条纹的移动。这种在无场强的情况下由电磁势(A_0,$\boldsymbol{A}$)的变化导致量子干涉条纹移动的效应，称为“阿哈罗诺夫-玻姆效应”(Aharonov-Bohm effect)。

式(3.1.9)中的相对相因子是规范不变的。因为 Φ 取决于 $\boldsymbol{B}$，而 $\boldsymbol{B}$ 是规范不变的。式(3.1.12)中的相对相因子也是规范不变的，因为 A_{01} 和 A_{02} 改变了相同的 $\frac{1}{c}\frac{\partial \Lambda}{\partial t}$，它们的差没有变化。这两种情况可以概括为一个统一的不可积相因子：

$$\exp\left[(\mathrm{i}e/\hbar c)\int^x A_\mu \mathrm{d}x^\mu\right]=\exp\left[(\mathrm{i}e/\hbar c)\left(\int^x \boldsymbol{A}(x')\cdot \mathrm{d}x'-\int^t A_0(t')\cdot \mathrm{d}t'\right)\right] \tag{3.1.13}$$

阿哈罗诺夫-玻姆效应的意义是深远的。它明确地显示：在量子理论中，对电磁现象而言，场强是欠定的(underdetermine)，因为 Φ 变化时干涉条纹移动而场强却保持不变。以规范变换相联系的不同势函数却给出了同样的相对相因子。相位 $\frac{e}{\hbar c}\int^x A_\mu \mathrm{d}x^\mu$ 相差 2π 的整数倍也给出了同样的相因子。因此势对电磁现象是超定的(overdetermine)。电磁现象由不可积的相因子 $\exp\left[(\mathrm{i}e/\hbar c)\int^x A_\mu \mathrm{d}x^\mu\right]$ 完全决定，它包含了对电磁现象必要而充分的描述。这是杨振宁和吴大峻[3]在 1975 年表述的。

阿哈罗诺夫-玻姆效应强调了规范势的整体效应，即使场强定域地为 0。阿哈罗诺夫-玻姆相属于几何相，因为积分 $\int^x A_\mu \mathrm{d}x^\mu$ 不取决于任何运动速度，有别于动力学或运动学效应。它还是拓扑相，因为连续变化积分的封闭路径并不改变相位的值，只要这个变化不改变路径包围的磁通。应该着重说明的是，上面讨论的拓扑性质的产生是由于磁通在二维平面上造成的奇点，使平面成为多连通域。从平面上一点出发经封闭路径回到这一点，路径按照是否包括奇点在内分类。它们在拓扑上是不等价的。拓扑的性质是二维的，即在垂直于 Φ 的平面上。三维空间的一个奇点并不具有这种性质。

阿哈罗诺夫-玻姆效应完全是从量子力学的基本原理出发的，并未引入新的原理或假设，但同时又是出乎很多物理学家意料的。费曼在他的《物理讲座》中写道[4]：“像这样的东西就在我们周围 30 年之久①，却一直被忽视，是一件有趣的事。之所以被忽视，是由于存在一些定见，究竟什么是重要的，什么是不重要的。”在薛定谔方程中出现的是电磁势(A_0,$\boldsymbol{A}$)，它在经典力学领域的拉格朗日和哈密顿的描述中同样出现，但在写出运动方程时就被 $\boldsymbol{E}$ 和 $\boldsymbol{B}$ 取代了。在量子力学发展过程中，企图以 $\boldsymbol{E}$ 和 $\boldsymbol{B}$ 完全取代(A_0,$\boldsymbol{A}$)的尝试一直没有成功，原来这里蕴藏了深刻的原因。

① 指从量子力学建立到 1959 年这段时间。

阿哈罗诺夫-玻姆效应和磁通量子化有类似之处。1961年Deaver和Fairbank，以及Doll和Näbauer发现中空超导体圆柱内通过的磁通是量子化的，磁通量子值为$hc/2e$。拜尔斯(N. Byers)和杨振宁[5]指出，这是在超导体内形成库珀对(Cooper pair)的结果。设库珀对波函数① ψ 为

$$\psi=\sqrt{\rho}\,\mathrm{e}^{\mathrm{i}S} \tag{3.1.14}$$

并设在图3.3所示的大块超导体内 ρ 为常数，S 为实函数。ψ 是正则动量算符 $\hat{\boldsymbol{p}}=-\mathrm{i}\,\hbar\nabla$

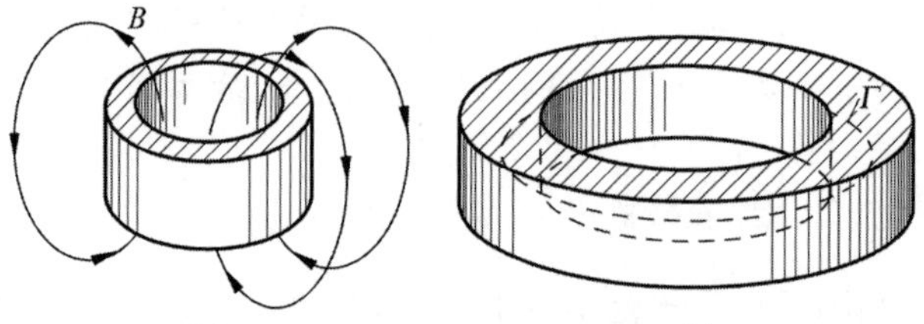

图3.3　穿过超导环的磁通量子化

(a) 磁通穿过中空超导圆柱；(b) 封闭积分路径 Γ

的本征态：

$$\hat{\boldsymbol{p}}\psi=\hbar\sqrt{\rho}\ \nabla S\,\mathrm{e}^{\mathrm{i}S}=\hbar\nabla S\psi \tag{3.1.15}$$

本征值$\hbar\nabla S$就是库珀对的正则动量值。因此其动力学动量 $2m\boldsymbol{v}$(m 是电子质量，$\boldsymbol{v}$ 为速度，库柏对质量为 $2m$)为

$$2m\,\boldsymbol{v}=\hbar\nabla S+2\,\frac{e}{c}\boldsymbol{A} \tag{3.1.16}$$

此处 e 是电子电荷的绝对值。在超导环体内选择一封闭路径 Γ 对式(3.1.16)积分，有

$$2m\oint_{\Gamma}\boldsymbol{v}\cdot\mathrm{d}\boldsymbol{s}=\hbar\oint_{\Gamma}\nabla S\cdot\mathrm{d}\boldsymbol{s}+2\,\frac{e}{c}\oint_{\Gamma}\boldsymbol{A}\cdot\mathrm{d}\boldsymbol{s} \tag{3.1.17}$$

超导圆柱厚度比穿透深度大得多，在 Γ 上 $\boldsymbol{v}=0$，因为超导电流只存在于表面。库珀对波函数是单值的，故有

$$\oint_{\Gamma}\nabla S\cdot\mathrm{d}\boldsymbol{s}=2\pi n \tag{3.1.18}$$

即相角从一点出发沿 Γ 走一圈回到原处，其值只能改变 $2\pi n$(n 为整数或0)。式(3.1.17)此时变为

$$\oint_{\Gamma}\boldsymbol{A}\cdot\mathrm{d}\boldsymbol{s}=\Phi=\frac{\hbar c}{2e}2n\pi=\frac{hc}{2e}n \tag{3.1.19}$$

Φ 是穿过柱心的磁通，它是磁通量子 $hc/2e$ 的整数倍。由于迈斯纳效应(Meissner effect)，超导体内没有磁场。库珀对在超导体内没有感受到磁场，但其波函数的单值性却对电磁场的整体性质(穿过圆柱心的通量值)产生了影响。

3.2　阿哈罗诺夫-玻姆效应的实验验证

阿哈罗诺夫-玻姆效应使许多物理学家感到震惊，也有不少人感到难以接受。最早的验证来自1960年R. G. Chambers的实验[6](图3.4)。点源发出的电子束入射到电子双棱镜上。它

① 请参阅本书6.1节和9.3节。

的结构是两个接地平板间有一处于正电位的细丝。入射的电子波从丝的两侧经过，被吸引而会聚发生干涉，在下面的平面上形成干涉图像。一个直径约 1μm 的磁化铁尖细丝，在一端是锥状尖端，其内部和外面的磁力线示于图 3.4(b)。在没有尖细丝时，两束电子波会聚于垂直于双棱镜细丝的平面内。由于尖细丝外的磁场，两侧的电子受到相反方向的磁场偏转力。它们会聚的平面和双棱镜细丝不再垂直而成一定角度，因而干涉条纹就倾斜了(图 3.4(c)上面一对箭头)。在锥状尖端前方(没有磁通)和后侧(磁通限于尖细丝内)没有磁场，干涉条纹仍然平行于细丝。中间的倾斜正好在两端和平行的条纹相连，表示了由尖细丝内磁通产生的条纹移动。

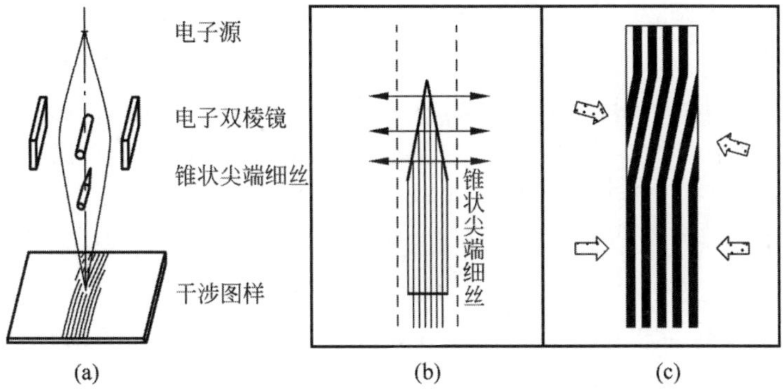

图 3.4 Chambers 的实验

(a) 电子光学系统；(b) 细丝内及附近的磁力线；(c) 干涉条纹

Möllenstedt 和 Bayh 在 1962 年的实验[7-9]也用了电子双棱镜，在两束电子波的中点放置细长的螺线管(图 3.5(a))。他们用了一个巧妙的办法，使螺线管内的电流连续增加(磁通随之连续增加)，同时使记录干涉条纹的底片连续移动，并用一个细缝使干涉图样只有一小部分落在底片上。这样便把磁通从 0 增到最大值的过程中导致的条纹移动连续记录了下来(图 3.5(b))。条纹倾斜源于磁通变化产生了感应电场。在磁通停止增加后，条纹相对于原来的位置有了移动，说明了阿哈罗诺夫-玻姆效应的存在。

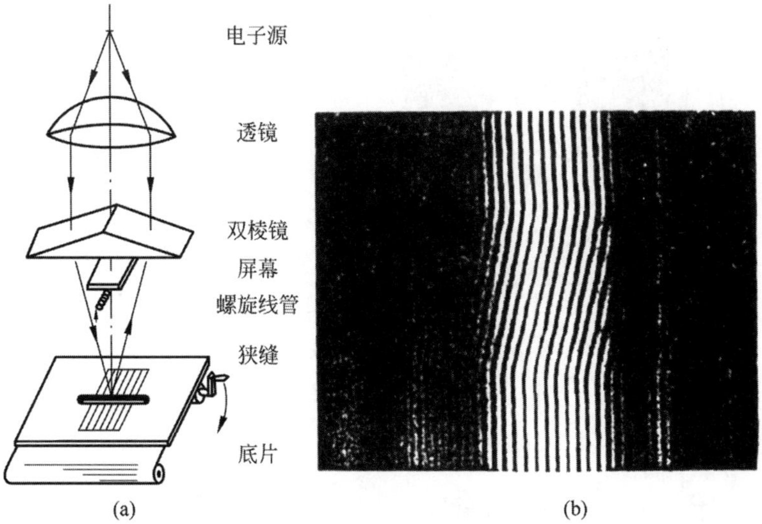

图 3.5 Möllenstedt 和 Bayh 的实验

(a) 电子光学系统示意图；(b) 干涉图像

自阿哈罗诺夫-玻姆效应提出以来，在30年中争论始终不断。一方面有许多工作集中在对实验的重新解释上。由于磁体的磁力线一般总要外泄，螺旋管的磁通在两端也要在空间中散开，电子也会进入螺线管等，这就有可能把观察到的效应和这些问题联系起来。另外一些理论则设法从根本上推翻阿哈罗诺夫-玻姆效应，甚至宣称它是“数学的编造”①。一直到1986年情况才产生了根本的变化。“判定性”的实验是殿村和他的合作者用超导体包围的环形磁体所作的电子全息干涉图[10-12]。这项研究充分反映了实验技术和工艺对基础物理研究的重要作用。用光刻微制造工艺及真空蒸发工艺制备了完全由超导体Nb包围的小环形坡莫合金磁体，厚度是200Å，Nb层厚2 500Å(图3.6)。制备完成之后将磁体从Nb桥上切下(桥是为了保证在制造过程中良好的导热)。另在磁体外蒸镀一层500～2 000Å的铜。在实验时处于超导的Nb因迈斯纳效应将磁通全都限制在坡莫合金磁体内，而铜金属层能阻挡电子进入。这两个问题正是许多对阿哈罗诺夫-玻姆效应持怀疑态度的物理学家的意见集中之处。电子全息图②是用图3.7(a)所示的设备拍摄的。150kV的场发射电子显微镜(电子的德布罗意波长为0.030Å)提供了高度相干的电子波源。这是用良好的准直度(准直角度为10^{-8}rad)保证的。和热电子源相比，该装置使电子双棱镜产生的干涉条纹数从300增至3 000。电子波的一半通过样品，环内和环外的波产生了相差，这部分称为“物波”。另一半称为“参考波”。物波和参考波通过电子双棱镜后交叠而产生干涉图样。由于通过环内和环外的物波有相差，它们和参考波产生的干涉条纹就有了相对移动。产生了全息图之后还要进行重构。重构是用He-Ne激光进行的，见图3.7(b)③。殿村研究组检验了磁通漏泄，用干涉电子显微术进行测量，只选用通量小于$hc/20e$的封闭环形磁体，注意这是在常温下的数值。当Nb进入超导态后，磁通泄漏的值应当比这个值小得多，Nb的厚度是2 500Å，而磁场的穿透深度只有1 100Å。关于电子可能进入有磁场区域的估计，由于Cu层和Nb层的厚度分别约是1 000Å和2 500Å，只有10^{-6}的电子波能进入。Cu层能有效阻止电子进入，这也可以通过在Cu层厚度从500Å变到2 000Å时，超导Nb包围磁体的干涉图像没有变化得到证实。

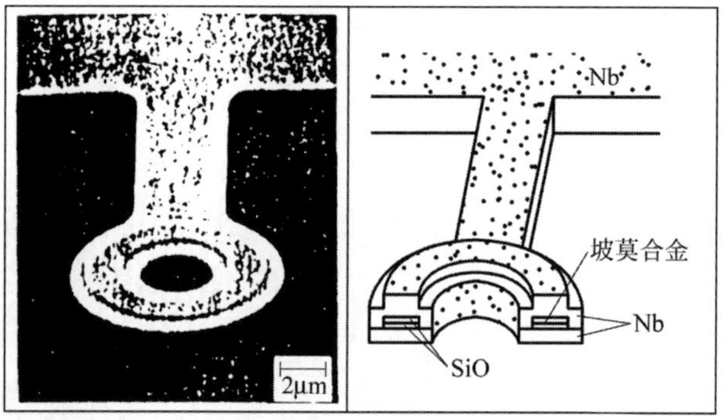

(a)　　　　(b)

图3.6　殿村实验所用的环形磁体

(a) 环形磁体的扫描电子显微图；(b) 结构示意图

① 请参阅文献[1]51页和殿村的文章。

② 和光学全息学类似，电子全息学用电子形成全息图。在重构干涉图像时用光学方法。电子全息方法是由殿村发展的[14]，关于原理的介绍可参阅文献[1]。

③ 关于重构不在此叙述了，请参阅文献[1]，文献[11]，文献[12]。

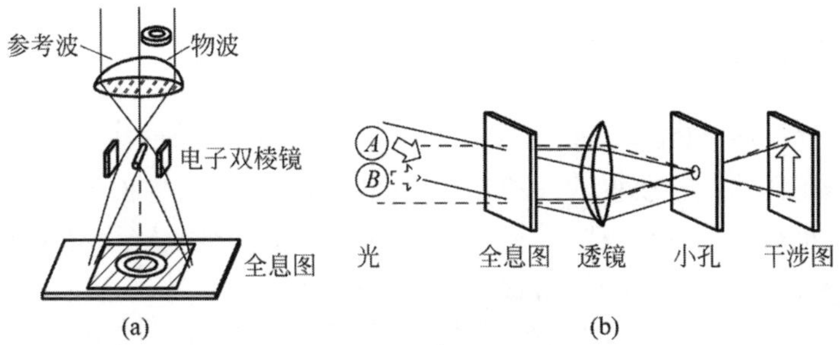

图 3.7　电子全息干涉图

(a) 电子光学系统；(b) 全息图激光重构

用超导 Nb 包围的磁体所产生的电子全息干涉图示于图 3.8。虽然原来磁体的磁通量在连续范围内变化，但在环外和环内通过的电子波与参考波的干涉条纹相差 π(上图)或 0(下图)。这可以从环孔内外干涉条纹的移动看到。图中虚线是为了帮助看清条纹移动画上的。磁通 Φ 产生的相差是 $\frac{e}{\hbar c}\Phi=\pi\frac{\Phi}{hc/2e}$，当 $\Phi=n\frac{hc}{2e}$ 时，相差是 $n\pi$。因此，超导体包围的磁通量子化只能给出相差 π(n 为奇)或 0(n 为偶)。如果在实验中将样品温度升到 Nb 超导临界温度 T_c(9.2K)之上，干涉条纹移动立刻发生变化，例如图 3.9 相当于 $\Phi=(0.32+2n)\pi$。从 $T<T_c$ 到 $T>T_c$，干涉图的变化完全是可逆的。这个系列的实验不仅验证了阿哈罗诺夫-玻姆效应，也印证了超导体包围的磁通是量子化的。此外，用殿村的方法还能直接观测单个磁通量子[1]。以上讨论的几个实验在专著[1]中有更详细的介绍。

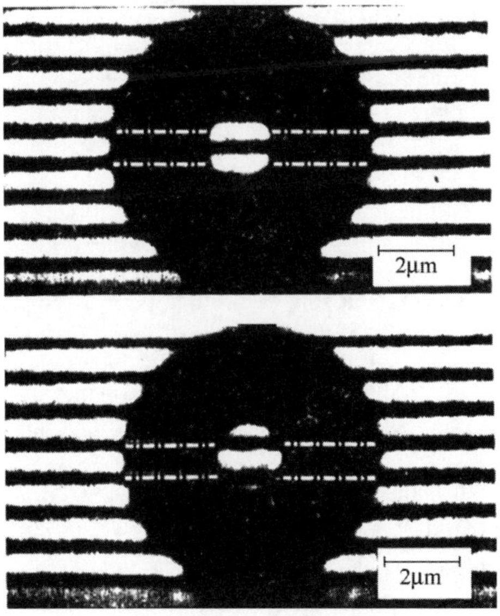

图 3.8　超导 Nb 包围的环状磁体的电子全息干涉图

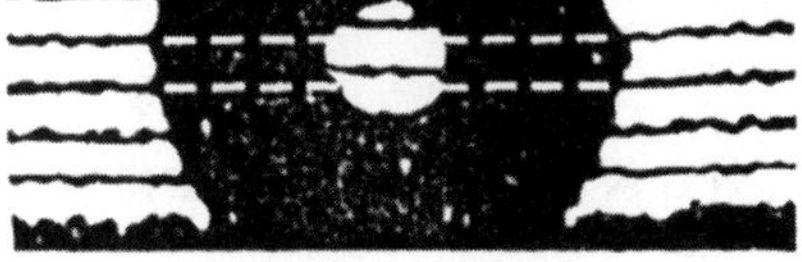

图 3.9　$T=15$K 时一个样品的电子全息干涉图

相位放大 2 倍

3.3 阿哈罗诺夫-卡舍尔效应

产生阿哈罗诺夫-玻姆效应的长螺线管可以看作由许多磁偶极矩沿轴线垒积而成。电子沿螺线管两侧不同路径会获得不同相位(图 3.10(a))。根据电磁理论的对偶性,将磁偶极矩换成沿轴的电荷,而一中性粒子(例如中子)带有磁矩(与轴平行),在线电荷两侧不同路径通过(图 3.10(b))也会获得不同相位。这是阿哈罗诺夫(Y. Aharonov)和卡舍尔(A. Casher)在 1984 年提出的[13]。这里有一个细致的问题:磁矩在运动中会感受到线电荷的磁场,但它的方向由 $\boldsymbol{v}\times\boldsymbol{E}$ 决定。$\boldsymbol{E}$ 在与直线垂直的平面内,磁矩的速度也在这个平面内。因此 $\boldsymbol{v}\times\boldsymbol{E}$ 和直线平行,亦即与磁矩平行,所以磁矩不受力。考虑一个螺线管(质量为 M,位于 $\boldsymbol{R}$,速度为 $\boldsymbol{V}$)和一个带电粒子(质量为 m,位于 $\boldsymbol{r}$,速度为 $\boldsymbol{v}$)相互作用。体系的拉格朗日量(Lagrangian)是

$$L=\frac{1}{2}m\boldsymbol{v}^2+\frac{1}{2}M\boldsymbol{V}^2+\frac{e}{c}\boldsymbol{A}(\boldsymbol{r}-\boldsymbol{R})\cdot(\boldsymbol{v}-\boldsymbol{V}) \tag{3.3.1}$$

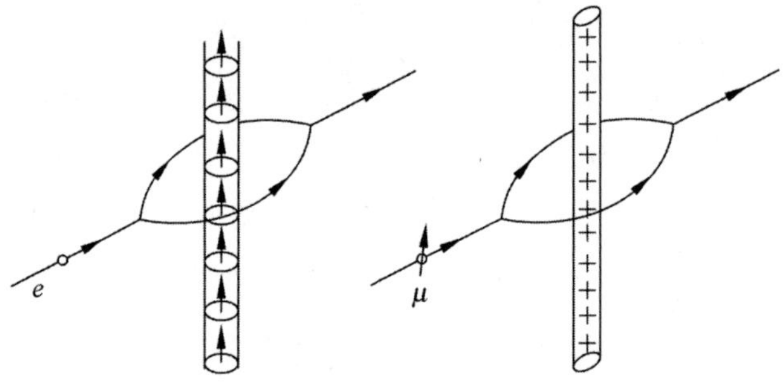

图 3.10 阿哈罗诺夫-玻姆效应和它的对偶阿哈罗诺夫-卡舍尔效应

它导致粒子的运动方程为

$$m\dot{v}_j+\frac{e}{c}\frac{\partial}{\partial r_i}A_j(v_i-V_i)-\frac{e}{c}\frac{\partial}{\partial r_j}A_i(v_j-V_j)=0$$

即

$$m\dot{\boldsymbol{v}}=\frac{e}{c}(\boldsymbol{v}-\boldsymbol{V})\times(\nabla_r\times\boldsymbol{A}(\boldsymbol{r}-\boldsymbol{R})) \tag{3.3.2}$$

类似地,还可以得到螺线管的运动方程,$-M\dot{\boldsymbol{V}}$ 正好等于式(3.3.2)的右侧,即

$$M\dot{\boldsymbol{V}}+m\dot{\boldsymbol{v}}=0 \tag{3.3.3}$$

因此有

$$M\boldsymbol{V}+m\boldsymbol{v}=\text{const} \tag{3.3.4}$$

拉格朗日量和运动方程都是伽利略不变和平移不变的。从式(3.3.1)有

$$\boldsymbol{p}=\frac{\partial L}{\partial\boldsymbol{v}}=m\boldsymbol{v}+\frac{e}{c}\boldsymbol{A},$$

$$\boldsymbol{P}=\frac{\partial L}{\partial\boldsymbol{V}}=M\boldsymbol{V}-\frac{e}{c}\boldsymbol{A} \tag{3.3.5}$$

由此,并用式(3.3.4)得

$$\boldsymbol{p}+\boldsymbol{P}=m\boldsymbol{v}+M\boldsymbol{V}=\text{const} \tag{3.3.6}$$

即动量守恒。在拉格朗日量式(3.3.1)中并没有明显显示出 m 和 M 哪一个是电荷,哪一个是磁矩,$\boldsymbol{A}$ 只与相对位置矢量 $\boldsymbol{r}-\boldsymbol{R}$ 有关。系统有互换对偶性,拉格朗日量描述的也可以是在 $\boldsymbol{R}$ 处质量为 M 的电荷和在 $\boldsymbol{r}$ 处质量为 m 的磁矩,在两种情况下螺线管的方向是相同的。因此一个磁矩在直线均匀带电体的场中运动时没有感到受力,但在两侧通过的波会有一个相差,即阿哈罗诺夫-卡舍尔相:

$$S_{\mathrm{AC}}=-\oint\frac{e}{\hbar c}\boldsymbol{A}(\boldsymbol{r}-\boldsymbol{R})\cdot\mathrm{d}\boldsymbol{R}=\frac{e}{\hbar c}\Phi \tag{3.3.7}$$

由于通量 Φ 就是偶极矩 μ 除以螺线管长度 ξ,有

$$S_{\mathrm{AC}}=\frac{1}{\hbar c}\frac{e}{\xi}\mu=\frac{1}{\hbar c}\lambda\mu$$

此处 λ 是电荷的线密度。中子的磁矩是 $g\dfrac{e\hbar}{2Mc}$,故有

$$S_{\mathrm{AC}}=\frac{\lambda}{e}g\,2\pi\alpha\frac{\hbar}{Mc} \tag{3.3.8}$$

$\alpha=e^2/4\pi\hbar c$ 是精细结构常数,作一估计:$g=O(1)$,康普顿波长(Compton wavelength)$\dfrac{\hbar}{Mc}=2\times10^{-14}\,\mathrm{cm}$。如果要产生易观测到的相差 $S_{\mathrm{AC}}=\pi/2$,则所需的电荷线密度甚大:

$$\lambda\approx e/10^{-15}(\mathrm{cm}^{-1}) \tag{3.3.9}$$

因此在实验室条件下所能观察到的相移是很小的。墨尔本大学和密苏里大学的合作研究组在1989年报道了观测结果[14]。他们使反应堆热中子进入硅晶体中子干涉仪,干涉仪的两臂之间有一中央电极置于45kV,该装置示于图3.11。对于这个装置,理论预计的相差是1.5mrad。为了积累足够的中子计数,数据获取用了几个月的时间。最后的结果是2.19mrad±0.52mrad。

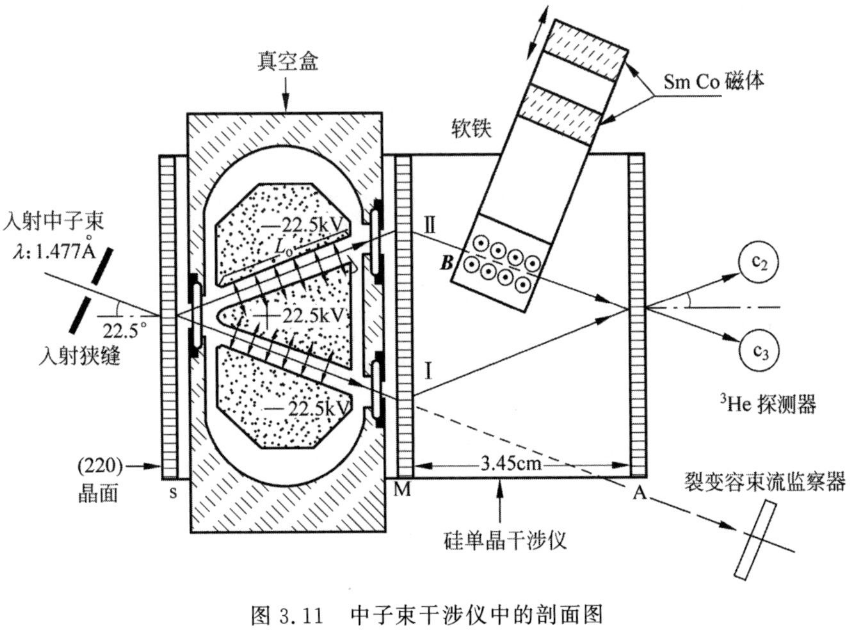

图 3.11 中子束干涉仪中的剖面图

3.4　平行输运，连络，曲率和非完整性

在物理学中首先应用微分几何概念的是爱因斯坦的广义相对论。规范场理论以其内部对称性提供了更丰富的与微分几何-纤维丛的联系。

外尔(H. Weyl)在广义相对论建立的引力与几何关系的鼓舞下，在1919—1921年尝试赋予电磁场以几何意义。他设想时空各点都有不同的尺度。从一点 x^μ 到 $x^\mu+\mathrm{d}x^\mu$，尺度变化为 $1+S_\mu \mathrm{d}x^\mu$。今有时空坐标函数 $f(x)$，在从 x^μ 到 $x^\mu+\mathrm{d}x^\mu$ 时的变化是

$$f(x) \to (f+\partial_\mu f \mathrm{d}x^\mu)(1+S_\mu \mathrm{d}x^\mu) \approx f+(\partial_\mu+S_\mu) f \mathrm{d}x^\mu \tag{3.4.1}$$

外尔尝试把尺度函数 S_μ 和电磁势 A_μ 联系起来，然而他的努力未获成功。量子力学诞生之后，人们了解到在哈密顿量中有 $\left(-\mathrm{i}\partial_\mu-\dfrac{e}{c}A_\mu\right)$ 作为动力学动量算符。和式(3.4.1)相比，原来 S_μ 和 $\mathrm{i}A_\mu$ 相当。电磁势并未提供一个实的尺度，而是由于虚数 i 使它与式(3.1.13)的不可积相因子有关。外尔在此基础上发展了电磁场的规范不变性理论，然而他并没有改变原来用于"尺度"不变性(gauge invariance)的名词，这个词就沿用至今了。

在弯曲空间中首先要介绍"平行输运[①]"的概念。在任何空间中要比较不同点处的矢量场 $\boldsymbol{V}_\mu(x)$ 和 $\boldsymbol{V}_\mu(x')$，先要把 $\boldsymbol{V}_\mu$ 从 x"平行输运"移到 x'。在平直空间中，这不需要特殊定义(图3.12(a))。假如空间是弯曲的，坐标轴在各点都不相同，平行输运的定义就是在将矢量移动时要使它保持与路径的切线间的角度不变。平行移到 x' 之后，矢量场变为 $\boldsymbol{V}_\mu+\delta\boldsymbol{V}_\mu$。如果 $x'=x+\mathrm{d}x$，$\delta\boldsymbol{V}_\mu$ 就线性依赖于 $\boldsymbol{V}^\nu$ 和 $\mathrm{d}x^\lambda$：

$$\delta\boldsymbol{V}_\mu=\Gamma^\nu_{\mu\lambda}\boldsymbol{V}_\nu \mathrm{d}x^\lambda \tag{3.4.2a}$$

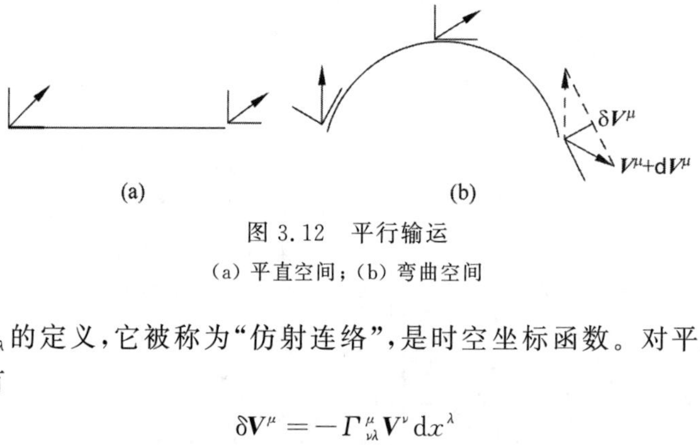

图3.12　平行输运
(a) 平直空间；(b) 弯曲空间

式(3.4.2a)是 $\Gamma^\nu_{\mu\lambda}$ 的定义，它被称为"仿射连络"，是时空坐标函数。对平直空间，$\Gamma^\nu_{\mu\lambda}=0$。由 $\delta(\boldsymbol{V}_\mu\boldsymbol{V}^\mu)=0$，有

$$\delta\boldsymbol{V}^\mu=-\Gamma^\mu_{\nu\lambda}\boldsymbol{V}^\nu \mathrm{d}x^\lambda \tag{3.4.2b}$$

在 x 和 $x+\mathrm{d}x$ 两点间矢量场的协变微分记为 $\mathrm{D}\boldsymbol{V}_\mu$，定义为

$$\begin{aligned}\mathrm{D}\boldsymbol{V}_\mu&=\boldsymbol{V}_\mu(x+\mathrm{d}x)-[\boldsymbol{V}_\mu(x)+\delta\boldsymbol{V}_\mu]\\&=(\partial_\lambda\boldsymbol{V}_\mu-\Gamma^\nu_{\mu\lambda}\boldsymbol{V}_\nu)\mathrm{d}x^\lambda\end{aligned} \tag{3.4.3}$$

括号中的量称为"协变导数"或"协变微商"。等价地有

$$\begin{aligned}\mathrm{D}\boldsymbol{V}^\mu&=\boldsymbol{V}^\mu(x')-[\boldsymbol{V}^\mu(x)+\delta\boldsymbol{V}^\mu]\\&=(\partial_\lambda\boldsymbol{V}^\mu+\Gamma^\mu_{\nu\lambda}\boldsymbol{V}^\nu)\mathrm{d}x^\lambda\end{aligned} \tag{3.4.4}$$

① 平行输运(parallel transport)在文献中也称"平行位移"(parallel displacement)。

通过将一个矢量沿一个封闭曲线平行移动可以定义曲率。图 3.13(a)是平直空间,平行输运矢量 1→2→3→4 没有变化。而在球面上(图 3.13(b))相应的平行输运回到起点,矢量转了 $\pi/2$。讨论一般情况,在图 3.14 中从 P 出发沿 PP_1P_2 和沿 PP_3P_2 平行输运的矢量 $\boldsymbol{V}_\mu$ 将得到不同结果。图中 PP_1 是矢量 $\boldsymbol{a}^\alpha$,PP_3 是矢量 $\boldsymbol{b}^\beta$,P_1P_2 是平行输运的 $\boldsymbol{b}$,即 $\boldsymbol{b}+\delta\boldsymbol{b}$,此处的 $\delta\boldsymbol{b}$ 是

$$\delta\boldsymbol{b}^\beta = -\Gamma^\beta_{\xi\eta}\boldsymbol{b}^\xi \mathrm{d}x^\eta \tag{3.4.5}$$

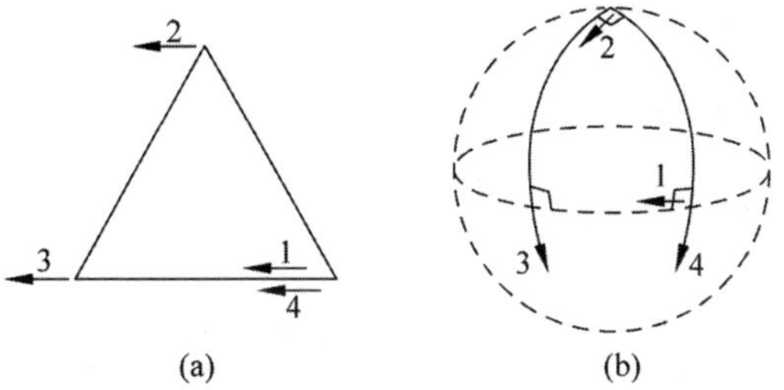

图 3.13 沿封闭曲线平行输运矢量

(a) 平直空间;(b) 球面

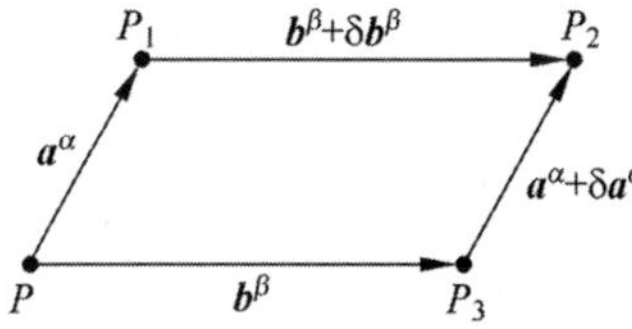

图 3.14 沿不同路径平行输运矢量场

P_3P_2 是平行输运的 $\boldsymbol{a}$,即 $a+\delta\boldsymbol{a}$,此处 $\delta\boldsymbol{a}$ 是

$$\delta\boldsymbol{a}^\alpha = -\Gamma^\alpha_{\xi\eta}\boldsymbol{a}^\xi \mathrm{d}x^\eta \tag{3.4.6}$$

经 PP_1P_2 输运的矢量场其输运的变化是

$$\delta\boldsymbol{V}_\mu = (\Gamma^\nu_{\mu\alpha}\boldsymbol{V}_\nu)_P\boldsymbol{a}^\alpha + (\Gamma^\nu_{\mu\beta}\boldsymbol{V}_\nu)_{P_1}(\boldsymbol{b}^\beta + \delta\boldsymbol{b}^\beta) \tag{3.4.7}$$

经过 PP_3P_2 输运的矢量场其输运的变化是

$$\delta\boldsymbol{V}'_\mu = (\Gamma^\nu_{\mu\beta}\boldsymbol{V}_\nu)_P\boldsymbol{b}^\beta + (\Gamma^\nu_{\mu\alpha}\boldsymbol{V}_\nu)_{P_3}(\boldsymbol{a}^\alpha + \delta\boldsymbol{a}^\alpha) \tag{3.4.8}$$

在 P_1 和 P_3 处取值的$(\Gamma^\nu_{\mu\beta}\boldsymbol{V}_\nu)$可以通过在 P 处取值的量表示:

$$\begin{aligned}(\Gamma^\nu_{\mu\beta}\boldsymbol{V}_\nu)_{P_1} &= (\Gamma^\nu_{\mu\beta} + \partial_\alpha\Gamma^\nu_{\mu\beta}\boldsymbol{a}^\alpha)(\boldsymbol{V}_\nu + \Gamma^\sigma_{\mu\alpha}\boldsymbol{V}_\sigma\boldsymbol{a}^\alpha) \\ (\Gamma^\nu_{\mu\alpha}\boldsymbol{V}_\nu)_{P_3} &= (\Gamma^\nu_{\mu\alpha} + \partial_\beta\Gamma^\nu_{\mu\alpha}\boldsymbol{b}^\beta)(\boldsymbol{V}_\nu + \Gamma^\sigma_{\mu\beta}\boldsymbol{V}_\sigma\boldsymbol{b}^\beta)\end{aligned} \tag{3.4.9}$$

将式(3.4.5),式(3.4.6),式(3.4.9)代入式(3.4.7),式(3.4.8),并取其差,得

$$\Delta\boldsymbol{V}_\mu = \delta\boldsymbol{V}_\mu - \delta\boldsymbol{V}'_\mu = R^\nu_{\mu\alpha\beta}\boldsymbol{V}_\nu\boldsymbol{a}^\alpha\boldsymbol{b}^\beta \tag{3.4.10}$$

此处

$$\boldsymbol{R}^\nu_{\mu\alpha\beta} = \partial_\alpha\Gamma^\nu_{\mu\beta} - \partial_\beta\Gamma^\nu_{\mu\alpha} + \Gamma^\lambda_{\mu\beta}\Gamma^\nu_{\lambda\alpha} - \Gamma^\lambda_{\mu\alpha}\Gamma^\nu_{\lambda\beta} \tag{3.4.11}$$

式(3.4.10)表明沿不同路径平行输运矢量变化之不同 ΔV_μ 与路径所围面积 $\sigma^{\alpha\beta}=\boldsymbol{a}^\alpha\boldsymbol{b}^\beta$ 以及被输运的矢量 $\boldsymbol{V}_\mu$ 成正比,而比例常数就是曲率张量 $\boldsymbol{R}^\nu_{\mu\alpha\beta}$(式(3.4.11))。

在阿贝尔规范场(Abelian gauge field)(例如电磁场)的条件下,费米子(fermion)波函数的协变微商是

$$\mathrm{D}_\mu\psi = \left(\partial_\mu + \mathrm{i}\,\frac{e}{c}\boldsymbol{A}_\mu\right)\psi \tag{3.4.12}$$

在非阿贝尔规范场的条件下[①]有

① 本书 7.6 节有关于非阿贝尔规范场的介绍,此处只从数学关系了解即可。

$$D_\mu\psi=(\partial_\mu+\mathrm{i}g\boldsymbol{A}_\mu)\psi \tag{3.4.13}$$

此处 ψ 为一具有内部对称性的 n 分量波函数。例如对 $SU(2)$ 对称，它是二分量波函数。$\boldsymbol{A}_\mu$ 是 $n\times n$ 矩阵。对于 $SU(2)$ 对称，它是 $\boldsymbol{A}_\mu=\frac{\boldsymbol{\tau}^a}{2}\boldsymbol{A}_\mu^a$，$a=1,2,3$；对于重复指标求和，$\boldsymbol{\tau}^a$ 就是泡利矩阵。从 x 到 $x+\mathrm{d}x$ 平行输运 ψ 带来的变化是

$$\delta\psi=\mathrm{i}g\boldsymbol{A}_\mu\psi\mathrm{d}x^\mu \tag{3.4.14}$$

和式(3.4.4)类比，规范势就相当于仿射连络，而从 x 到 x' 的变化是

$$P(x',x)\psi=\exp\left[\mathrm{i}g\int_x^{x'}A_\mu(y)\mathrm{d}y^\mu\right]\psi \tag{3.4.15}$$

由于 $\boldsymbol{A}_\mu=\frac{\boldsymbol{\tau}^a}{2}\boldsymbol{A}_\mu^a$，而 $\frac{\boldsymbol{\tau}^a}{2}$ 正是 $SU(2)$ 群的生成元，每一个路径 $x\to x'$ 就相当于一个 $SU(2)$ 群元素。$P(x',x)$ 正是不可积相因子，它就相当于平行输运。在非阿贝尔规范场理论中，规范场强和规范势的关系是

$$\boldsymbol{F}_{\mu\nu}=\partial_\mu\boldsymbol{A}_\nu-\partial_\nu\boldsymbol{A}_\mu-[\boldsymbol{A}_\mu,\boldsymbol{A}_\nu] \tag{3.4.16}$$

此处 $\boldsymbol{F}_{\mu\nu}$ 和 $\boldsymbol{A}_\mu$ 一样，也是 $n\times n$ 矩阵。将式(3.4.16)和式(3.4.11)相比，规范场强就相当于曲率，规范场理论几何意义的讨论涉及纤维丛理论。文献[3]中将规范场和纤维丛的概念作了对应。

阿哈罗诺夫-玻姆相实际上也是一个平行输运的例子。电子所在的空间没有场强，但有规范势。没有场强，空间曲率为0，是平直的。在磁通管周围的空间相应于一个圆锥面，各处曲率为0，除去其顶点之外。在顶点处曲率为∞，这是磁通集中之处。阿哈罗诺夫-玻姆相因子就是在锥面上绕一周的平行输运。如图3.15(a)所示，圆锥面可以沿通过顶点 A 的虚线切开展成平面(图3.15(b))。在平面上的矢量平行输运不会导致它旋转。但在虚线上的一点Ⓟ在锥面展开后却在锲面上成为两点(仍标为Ⓟ)。矢量沿 C 输运一周后和初始位置差了 α，即圆锥的锲角，它的值和磁通量有关。这个角称为“非完整角”(又译为“非和乐角”。holonomy 音译“和乐”，完整之意)。封闭曲线 C 可以任意扭曲，只要不触及奇点 A，绕行一周的角度非完整仍是 α。因此这是一个拓扑效应。

另一个非完整现象是傅科摆(Foucault pendulum)。它摆动的方向以单位矢量 $\hat{\boldsymbol{e}}$ 表示。它总是和所在地的铅直线(实际是地心到当地连线方向的单位矢量 $\hat{\boldsymbol{r}}$)保持垂直，并必须满足约束条件：即不能沿 $\hat{\boldsymbol{r}}$ 转动。当一昼夜后 $\hat{\boldsymbol{r}}$ 矢量转了一圈(沿当地的纬度小圆 C)，$\hat{\boldsymbol{e}}$ 却没有回到起始的方向(图3.16中 $\boldsymbol{e}_\mathrm{i}$ 和 $\boldsymbol{e}_\mathrm{f}$ 分别是起始和终结方向)。这种“局域没有变化(指 $\hat{\boldsymbol{e}}$ 和 $\hat{\boldsymbol{r}}$ 保持垂直，不沿 $\hat{\boldsymbol{r}}$ 转动)却带来整体的变化(指 $\hat{\boldsymbol{e}}$ 转一圆后与起始值差一个角度)”就是 $\hat{\boldsymbol{e}}$ 在球面上平行输运一周所导致的角度非完整性。$\hat{\boldsymbol{e}}$ 输运一周后的角度之差等于 C 在地心处所张的立体角：

$$\Omega=2\pi(1-\cos\theta)=2\pi(1-\sin\phi)$$

此处 θ 是小圆的极角，ϕ 是纬度。这个角度的非完整和沿 C 转一圈的速率无关，因此是几何相，但与立体角的大小有关，不是拓扑效应。

本节其他内容请参阅文献[15]。

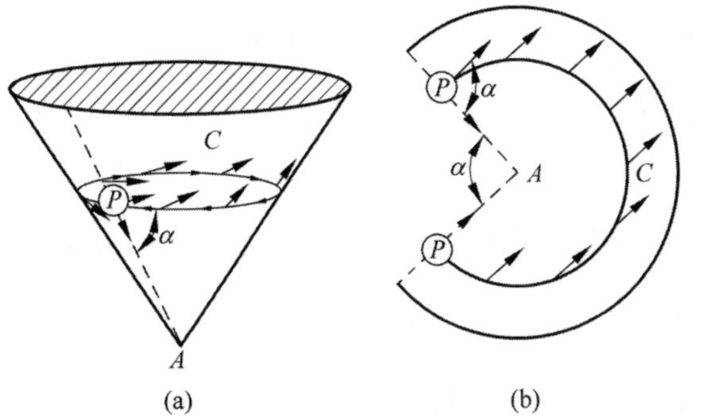

图 3.15 在圆锥面上矢量的平行输运

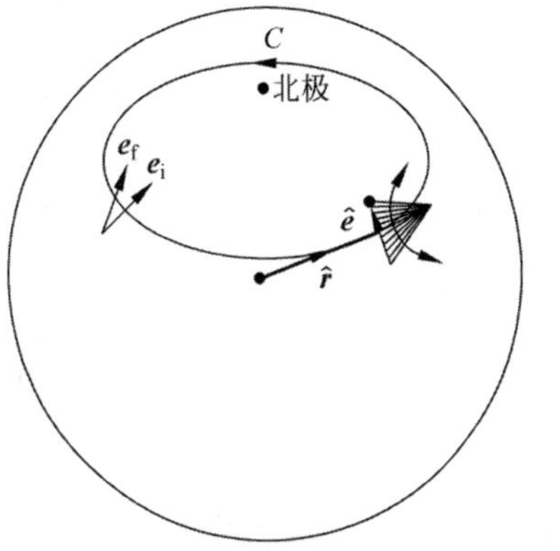

图 3.16 $\hat{e}$ 的平行输运一周带来的角度非完整

3.5 贝利相

在一些量子力学问题中可以把力学量分为两个集合。一个集合是随时间快变化的,一个集合是随时间慢变化的。在解这类复杂体系问题时,可先将慢变量固定,求解有关快变量的量子力学问题,然后允许慢变量变化,得到整个体系的解。玻恩-奥本海默近似(Born-Oppenheimer approximation)就是用这个方法求解分子问题的。令 $\boldsymbol{P}$ 和 $\boldsymbol{R}$ 为慢变量(例如原子核的动量和位置),$\boldsymbol{p}$ 和 $\boldsymbol{r}$ 为快变量(例如电子的动量和位置)。体系的哈密顿量为

$$H=\frac{\boldsymbol{P}^2}{2M}+\frac{\boldsymbol{p}^2}{2m}+V(\boldsymbol{R},\boldsymbol{r}) \tag{3.5.1}$$

先将慢变量冻结。快问题的哈密顿量为

$$h=\frac{\boldsymbol{p}^2}{2m}+V(\boldsymbol{R},\boldsymbol{r}) \tag{3.5.2}$$

此处 $\boldsymbol{R}$ 是作为参数出现的。设 h 的能量本征问题已经解决:

$$h(\boldsymbol{p},\boldsymbol{r},\boldsymbol{R})\mid m;\boldsymbol{R}\rangle=\varepsilon_m(\boldsymbol{R})\mid m;\boldsymbol{R}\rangle \tag{3.5.3}$$

此处$|m;\boldsymbol{R}\rangle$是快问题的一个本征态,量子数为 m,$\boldsymbol{R}$ 作为参数进入本征矢和本征值。$|m;\boldsymbol{R}\rangle$(不同的 m)组成分立、非简并态的正交归一完备集。现在将 $\boldsymbol{R}$ 当作随 t 慢变化的参数,求快变量问题中波函数随时间的演化。薛定谔方程为

$$\mathrm{i}\hbar\frac{\partial\psi}{\partial t}=h\psi \tag{3.5.4}$$

将 ψ 用$|m;\boldsymbol{R}\rangle$展开:

$$\psi=\sum_m a_m(t)\exp\left[-\mathrm{i}/\hbar\int_0^t\varepsilon_m(t')\mathrm{d}t'\right]\mid m;\boldsymbol{R}\rangle \tag{3.5.5}$$

指数因子是动力学相因子,ε_m 随时间的变化是由参数 $\boldsymbol{R}$ 随时间的慢变化造成的。将式(3.5.5)代入式(3.5.4)并用式(3.5.3),将结果从等号左侧乘以$\langle k;\boldsymbol{R}|$,就得到展开系数 $a_m(t)$的时

间微商①：

$$\dot{a}_k(t)=-\sum_m a_m\left\langle k;\boldsymbol{R}\left|\frac{\partial}{\partial t}m;\boldsymbol{R}\right.\right\rangle\exp\left\{-\mathrm{i}/\hbar\int_0^t[\varepsilon_m(t')-\varepsilon_k(t')]\mathrm{d}t'\right\}\tag{3.5.6}$$

$\frac{\partial}{\partial t}\left|m;\boldsymbol{R}\right\rangle$可以用式(3.5.3)通过$\frac{\partial h}{\partial t}$表示：将式(3.5.3)对 t 微商，并从左侧乘以$\langle k;\boldsymbol{R}|$，对 $k\neq m$ 情况就得到

$$\left\langle k;\boldsymbol{R}\left|\frac{\partial}{\partial t}m;\boldsymbol{R}\right.\right\rangle=\frac{1}{\varepsilon_m-\varepsilon_k}\left\langle k;\boldsymbol{R}\left|\frac{\partial h}{\partial t}\right|m;\boldsymbol{R}\right\rangle,\quad k\neq m\tag{3.5.7}$$

对 $k=m$，则从归一化条件$\langle k;\boldsymbol{R}|k;\boldsymbol{R}\rangle=1$ 得

$$\left\langle k;\boldsymbol{R}\left|\frac{\partial}{\partial t}k;\boldsymbol{R}\right.\right\rangle+\left\langle\frac{\partial}{\partial t}k;\boldsymbol{R}\left|k;\boldsymbol{R}\right.\right\rangle=0$$

即

$$\left\langle k;\boldsymbol{R}\left|\frac{\partial}{\partial t}k;\boldsymbol{R}\right.\right\rangle=\mathrm{i}\alpha_k(t)\tag{3.5.8}$$

上式等号右侧为纯虚数。设体系在 $t=0$ 时位于某定态$|n;\boldsymbol{R}(0)\rangle$，即 $a_m(0)=\delta_{mn}$。那么，有限时间体系在不同状态上的概率振幅是什么？设对 $k\neq n$ 的各态，式(3.5.6)右侧随时间慢变各量为常数，用式(3.5.7)和 $a_m=\delta_{mn}$，得

$$\dot{a}_k=\frac{1}{\varepsilon_k-\varepsilon_n}\left\langle k;\boldsymbol{R}\left|\frac{\partial h}{\partial t}\right|n;\boldsymbol{R}\right\rangle\exp\left[\frac{\mathrm{i}}{\hbar}(\varepsilon_k-\varepsilon_n)t\right],\quad k\neq n$$

积分后有

$$a_k(t)\approx\frac{1}{\mathrm{i}\,\hbar(\varepsilon_k-\varepsilon_n)^2}\left\langle k;\boldsymbol{R}\left|\frac{\partial h}{\partial t}\right|n;\boldsymbol{R}\right\rangle\exp\left[\frac{\mathrm{i}}{\hbar}(\varepsilon_k-\varepsilon_n)t\right],\quad k\neq n\tag{3.5.9}$$

$k\neq n$ 的各态概率振幅都随时间振荡，并没有表现出长时间稳定增长的趋势。尽管随时间推移，$\varepsilon_n(\boldsymbol{R})$和$|n;\boldsymbol{R}\rangle$都已发生了很大变化，但原位于任何一个定态的体系，现在仍然位于时间 t 的那个状态。在历史上，爱因斯坦和埃伦费斯特在量子力学诞生以前的 1911 年就设想到了这个结论，在 1928 年玻恩和福克证明了它。

哈密顿量 $H(t)$随时间缓慢演化的条件可以包含在以下不等式中[30]：

$$\hbar\left|\frac{\left\langle n;\boldsymbol{R}\left|\frac{\partial}{\partial t}m;\boldsymbol{R}\right.\right\rangle}{\varepsilon_n(t)-\varepsilon_m(t)}\right|\ll 1,\quad n\neq m,\quad t\in[0,T]$$

此处 T 是演化的时间。K.-P. Marzlin 和 B. C. Sanders[31]指出，对于绝热本征态变化显著的体系，不慎重地使用量子绝热定理会导致不自恰。全殿民等人[32]指出，必须在$\left\langle n;\boldsymbol{R}\left|\frac{\partial}{\partial t}m;\boldsymbol{R}\right.\right\rangle$和 $\varepsilon_n(t)-\varepsilon_m(t)$二者的时间依赖都可以忽略时，上述条件对于量子绝热定理的成立才是足

---

① 对定态问题薛定谔方程的解是

$$\psi=\sum_m a_m\mathrm{e}^{-(\mathrm{i}/\hbar)E_m t}\,|m\rangle$$

此处 a_m 与 t 无关。但在当前问题中$|m;\boldsymbol{R}\rangle$通过 $\boldsymbol{R}$ 与 t 有关，因此 $\exp\left[-\mathrm{i}/\hbar\int_0^t\varepsilon_m(t')\mathrm{d}t'\right]|m;\boldsymbol{R}\rangle$ 并不满足薛定谔方程。在展开式(3.5.5)中，a_m 就必须是 t 的函数。从式(3.5.6)看 $\dot{a}$ 不为 0 是因为$\frac{\partial}{\partial t}|m;\boldsymbol{R}\rangle$的存在。

够的。否则在演化足够长的时间之后，绝热本征态的变化就会变得显著，以至于某些本征态之间的跃迁就会由动力学所驱动。当考虑更为普遍的量子体系时，还要有附加的条件使量子绝热定理成立[11-12]。

上面的论据说明了状态$|n;\boldsymbol{R}(0)\rangle$随时间演化，到了时间$t$仍然保持在$|n;\boldsymbol{R}(t)\rangle$。核心的问题是：当哈密顿量随时间缓慢变化时，波函数如何随时间演化。举一个例子来说明思路。在磁场大小不变，但方向随时间变化时，带电粒子的自旋跟随磁场进动。当磁场回到初始方向时，粒子的自旋是否也回到初始方向？为了回答这个问题，我们要仔细分析在磁场方向缓慢变化的情况下，自旋状态如何随时间演化。对精确的本征态$|n\rangle$，随时间演化由动力学相因子$\exp(-\mathrm{i}\varepsilon_n t/\hbar)$决定。随时间缓慢变化的本征值$\varepsilon_n(t)$可以推广为$\exp\left[-\frac{\mathrm{i}}{\hbar}\int_0^t \varepsilon_n(t')\mathrm{d}t'\right]$。因此状态随时间的演化可以写作

$$\psi(t)=\exp\left[-\frac{\mathrm{i}}{\hbar}\int_0^t \varepsilon_n(t')\mathrm{d}t'\right]|n;\boldsymbol{R}(t)\rangle \tag{3.5.10}$$

此处$|n;\boldsymbol{R}(t)\rangle$为绝热本征态。这就是量子绝热定理。将这个表达式代入薛定谔方程，得到

$$\mathrm{i}\hbar\frac{\partial}{\partial t}\psi(t)=H(t)\psi(t)+\exp\left[-\frac{\mathrm{i}}{\hbar}\int_0^t \varepsilon_n(t')\mathrm{d}t'\right]\mathrm{i}\hbar\frac{\partial}{\partial t}|n;\boldsymbol{R}(t)\rangle$$

等号右侧第二项在绝热极限下趋于0：

$$\frac{\partial}{\partial t}|n;\boldsymbol{R}(t)\rangle=\frac{\partial\boldsymbol{R}}{\partial t}\cdot\partial_{\boldsymbol{R}}|n;\boldsymbol{R}(t)\rangle\to 0$$

当我们考虑绝热循环过程$\boldsymbol{R}(0)=\boldsymbol{R}(T)$时，就要考虑到式(3.5.10)在$t=T$时是否成立。贝利[16]加了一个相因子：

$$\psi(t)=\exp\left[-\frac{\mathrm{i}}{\hbar}\int_0^t \varepsilon_n(t')\mathrm{d}t'\right]\mathrm{e}^{\mathrm{i}\gamma_n(t)}|n;\boldsymbol{R}(t)\rangle \tag{3.5.11}$$

对于此，往往会提出问题：定义本征函数的式(3.5.3)并没有定出相因子，可以在等号两侧乘以一个相因子通过重新定义本征函数而把它吸收进去。为什么不能把式(3.5.11)中的$\mathrm{e}^{\mathrm{i}\gamma_n(t)}$吸收到$|n;\boldsymbol{R}(t)\rangle$中去呢？在研究了$\gamma_n(t)$的性质后才能真正明白这一点，从而理解贝利加进这个相因子是关键的一步。相γ_n就被称为“贝利相”，贝利诠释这个相是参数空间的几何性质。将式(3.5.11)代入式(3.5.4)就得到$\dot{\gamma}_n(t)$的方程：

$$\dot{\gamma}_n(t)=\mathrm{i}\left\langle n;\boldsymbol{R}\middle|\frac{\partial}{\partial t}n;\boldsymbol{R}\right\rangle=\mathrm{i}\dot{\boldsymbol{R}}(t)\cdot\left\langle n;\boldsymbol{R}\middle|\nabla_R n;\boldsymbol{R}\right\rangle \tag{3.5.12}$$

最后，等式的根据是$|n;\boldsymbol{R}\rangle$只通过$\boldsymbol{R}(t)$依赖时间。∇_R代表对$\boldsymbol{R}$取的梯度。正如式(3.5.8)所示，$\left\langle n;\boldsymbol{R}\middle|\frac{\partial}{\partial t}n;\boldsymbol{R}\right\rangle$是纯虚数，因而$\dot{\gamma}_n$为实数，即只要$\gamma_n$的初始值为实数，它就一直保持为实数。它是个相角。令

$$\boldsymbol{A}(\boldsymbol{R}(t))\equiv\mathrm{i}\langle n;\boldsymbol{R}|\nabla_R n;\boldsymbol{R}\rangle \tag{3.5.13}$$

式(3.5.12)即变为

$$\dot{\gamma}_n(t)=\dot{\boldsymbol{R}}(t)\cdot\boldsymbol{A}(\boldsymbol{R}) \tag{3.5.14}$$

贝利提出问题：令$\boldsymbol{R}(t)$随时间慢变化从$\boldsymbol{R}(0)$变到$\boldsymbol{R}(T)=\boldsymbol{R}(0)$，即经一周期回到初始值，

是否 $\gamma_n(T)$ 也回到初始值 $\gamma_n(0)$？计算一下，有

$$\gamma_n(T)-\gamma_n(0)=\int_0^T \mathrm{d}t\dot{\gamma}_n(t)=\int_0^T \mathrm{d}t\dot{\boldsymbol{R}}(t)\cdot\boldsymbol{A}(\boldsymbol{R})$$
$$=\oint_C \mathrm{d}\boldsymbol{R}\cdot\boldsymbol{A}(\boldsymbol{R})$$

此处 C 是 $\boldsymbol{R}(t)$ 从 0 到 T 回到初始值所描述的封闭路径。用斯托克斯定理，并记沿 C 的这个封闭积分为 $\gamma_n(C)$，有

$$\gamma_n(C)=\int_S \mathrm{d}\boldsymbol{S}\cdot\nabla_{\boldsymbol{R}}\times\boldsymbol{A}=\mathrm{i}\int_S \mathrm{d}\boldsymbol{S}\cdot\nabla_{\boldsymbol{R}}\times\left\langle n;\boldsymbol{R}\middle|\nabla_{\boldsymbol{R}}n;\boldsymbol{R}\right\rangle \tag{3.5.15}$$

这就是贝利相。S 为 C 所围出的表面。一般情况 $\boldsymbol{A}$ 不是无旋的，因此封闭积分不为 0，即 $\gamma_n(T)\neq\gamma_n(0)$，或 $\int_{\boldsymbol{R}_1}^{\boldsymbol{R}_2}\mathrm{d}\boldsymbol{R}\cdot\boldsymbol{A}(\boldsymbol{R})$ 与路径有关。$\gamma_n(t)$ 是不可积的，它不能表示为 $\boldsymbol{R}$ 的函数。由于 $|n;\boldsymbol{R}\rangle$ 只通过 $\boldsymbol{R}$ 和 t 有关，因此它不能把相因子 $\mathrm{e}^{\mathrm{i}\gamma_n(t)}$ 吸收进去。这说明了在式(3.5.11)中包括相因子的必要性。因式(3.5.15)$\gamma_n(C)$ 的值不依赖 $\boldsymbol{R}$ 完成封闭路径所需的时间(只要足够长以满足绝热近似)，所以贝利称之为“几何相”，这是和动力学相 $-\frac{1}{\hbar}\int_0^T\varepsilon_m(t)\mathrm{d}t$ 对应的。这个几何相是参数空间的性质。$\boldsymbol{R}$ 可以是体系的任何慢变量。封闭积分是沿抽象参数空间进行的。与此形成对照的，阿哈罗诺夫-玻姆相以封闭积分 $-\frac{\mathrm{ie}}{\hbar e}\oint\boldsymbol{A}\cdot\mathrm{d}\boldsymbol{S}$ 表示，因此是实空间的几何相。

式(3.5.13)定义了一个矢量函数，符号 $\boldsymbol{A}$ 不是偶然使用的。考虑将 $|n;\boldsymbol{R}\rangle$ 的相做一改变：

$$|n;\boldsymbol{R}\rangle\rightarrow\mathrm{e}^{\mathrm{i}\Theta(\boldsymbol{R})}|n;\boldsymbol{R}\rangle \tag{3.5.16}$$

则相应的改变有

$$|\nabla_R n;\boldsymbol{R}\rangle\rightarrow(\mathrm{i}\nabla_R\Theta)\mathrm{e}^{\mathrm{i}\Theta(\boldsymbol{R})}|n;\boldsymbol{R}\rangle+\mathrm{e}^{\mathrm{i}\Theta(\boldsymbol{R})}|\nabla_R n;\boldsymbol{R}\rangle,$$
$$\boldsymbol{A}\rightarrow-\nabla_R\Theta+\mathrm{i}\langle n;\boldsymbol{R}|\nabla_R n;\boldsymbol{R}\rangle=\boldsymbol{A}-\nabla_R\Theta \tag{3.5.17}$$

式(3.5.16)和式(3.5.17)正是一种规范变换。由于 $\gamma_n(C)$ 和 $\nabla\times\boldsymbol{A}$ 相关(见式(3.5.15))，在这一变换中它是不变量。这也是相位成为可观测量的必要条件。$\boldsymbol{A}$ 和 $\nabla\times\boldsymbol{A}$ 相应地是一种规范连络和曲率。从式(3.5.12)可知，$\langle n;\boldsymbol{R}|\nabla_R n;\boldsymbol{R}\rangle$ 也是纯虚数。式(3.5.13)和式(3.5.15)给出

$$\gamma_n(C)=\mathrm{i}\int_S\nabla_R\times\langle n;\boldsymbol{R}|\nabla_R n;\boldsymbol{R}\rangle\cdot\mathrm{d}\boldsymbol{S}$$
$$=-\mathrm{Im}\int\nabla_R\times\langle n;\boldsymbol{R}|\nabla_R n;\boldsymbol{R}\rangle\cdot\mathrm{d}\boldsymbol{S}$$
$$=-\mathrm{Im}\int\langle\nabla_R n;\boldsymbol{R}|\times|\nabla_R n;\boldsymbol{R}\rangle\cdot\mathrm{d}\boldsymbol{S}$$
$$=-\mathrm{Im}\int\sum_{m\neq n}\langle\nabla_R n;\boldsymbol{R}|m;\boldsymbol{R}\rangle\times\langle m;\boldsymbol{R}|\nabla_R n;\boldsymbol{R}\rangle\cdot\mathrm{d}\boldsymbol{S} \tag{3.5.18}$$

写出最后一个等式时插入了 $\sum_m|m;\boldsymbol{R}\rangle\langle m;\boldsymbol{R}|=1$。求和只包括 $m\neq n$，是因为 $\langle n;\boldsymbol{R}|\nabla_R n;\boldsymbol{R}\rangle$ 为纯虚数，故有 $\mathrm{Im}\langle\nabla_R n;\boldsymbol{R}|n;\boldsymbol{R}\rangle\times\langle n;\boldsymbol{R}|\nabla_R n;\boldsymbol{R}\rangle=0$。

对本征方程 $h|n;\boldsymbol{R}\rangle=\varepsilon_n(\boldsymbol{R})|n;\boldsymbol{R}\rangle$ 取 ∇_R，有

$$\nabla_R h \mid n;\boldsymbol{R}\rangle + h \mid \nabla_R n;\boldsymbol{R}\rangle = \nabla_R \varepsilon_n \mid n;\boldsymbol{R}\rangle + \varepsilon_n \mid \nabla_R n;\boldsymbol{R}\rangle$$

在等号左侧乘以$\langle m;\boldsymbol{R}|$并利用本征函数的正交性($m\neq n$,非简并),得

$$\langle m;\boldsymbol{R} \mid \nabla_R h \mid n;\boldsymbol{R}\rangle + \langle m;\boldsymbol{R} \mid h \mid \nabla_R n;\boldsymbol{R}\rangle = \varepsilon_n \langle m;\boldsymbol{R} \mid \nabla_R n;\boldsymbol{R}\rangle$$

即

$$\langle m;\boldsymbol{R} \mid \nabla_R n;\boldsymbol{R}\rangle = \frac{\langle m;\boldsymbol{R} \mid \nabla_R h \mid n;\boldsymbol{R}\rangle}{\varepsilon_n(\boldsymbol{R}) - \varepsilon_m(\boldsymbol{R})} \tag{3.5.19}$$

将式(3.5.19)代入式(3.5.18),即将 $\gamma_n(C)$用∇h 的矩阵元表示:

$$\begin{aligned}\gamma_n(C) &= -\int \mathrm{d}\boldsymbol{S}\cdot \mathrm{Im}\sum_{m\neq n}\frac{\langle n;\boldsymbol{R} \mid \nabla_{\boldsymbol{R}} h(\boldsymbol{R}) \mid m;\boldsymbol{R}\rangle \times \langle m;\boldsymbol{R} \mid \nabla_{\boldsymbol{R}} h(\boldsymbol{R}) \mid n;\boldsymbol{R}\rangle}{[\varepsilon_m(\boldsymbol{R}) - \varepsilon_n(\boldsymbol{R})]^2} \\ &\equiv -\int \mathrm{d}\boldsymbol{S}\cdot \mathrm{Im}\boldsymbol{V}(\boldsymbol{R})\end{aligned} \tag{3.5.20}$$

贝利的贡献在于证明了在循环绝热过程中不可积相因子的存在,并提示了它的几何意义。考虑贝利给出的二能级系统的例子,它的哈密顿量是 2×2 矩阵:

$$\boldsymbol{h} = \frac{1}{2}\begin{pmatrix} R_3 & R_1 - \mathrm{i}R_2 \\ R_1 + \mathrm{i}R_2 & -R_3 \end{pmatrix} = \frac{1}{2}\boldsymbol{\sigma}\cdot\boldsymbol{R}$$

将哈密顿量对角化后给出本征值:

$$E_+(\boldsymbol{R}) = -E_-(\boldsymbol{R}) = \frac{1}{2}(R_1^2 + R_2^2 + R_3^2)^{1/2} = \frac{1}{2}R$$

容易看出在 $R=0$ 时出现了偶然简并,$E_+(0)=E_-(0)=0$。从 $\boldsymbol{h}$ 的表达式得出$\nabla\boldsymbol{h}=\boldsymbol{\sigma}/2$,$\boldsymbol{V}(\boldsymbol{R})=\boldsymbol{R}/2R^3$。在此情况下,$\boldsymbol{V}$ 是在偶然简并发生时参数空间 $R=0$ 处的一个磁单极所产生的磁场。γ_C 就是参数空间中 $\boldsymbol{R}$ 的循环变化一周期描绘的封闭曲线所围面积上通过的磁通量,它正比于封闭曲线在 $R=0$ 处所张的立体角。最后考虑贝利的观点对玻恩-奥本海默近似的修正。现在不再对慢变量 $\boldsymbol{R}$ 规定既定的变化$\boldsymbol{R}(t)$,而将它作为力学量处理,总体系的波函数是

$$\Psi(\boldsymbol{R},\boldsymbol{r}) = \psi(\boldsymbol{R}) \mid n;\boldsymbol{R}\rangle \tag{3.5.21}$$

将它代入

$$H\Psi = \left[\frac{\boldsymbol{P}^2}{2M} + \frac{p^2}{2m} + V(\boldsymbol{R},\boldsymbol{r})\right]\Psi = E\Psi \tag{3.5.22}$$

并用式(3.5.3)

$$\left[\frac{p^2}{2m} + V(\boldsymbol{R},\boldsymbol{r})\right] \mid n;\boldsymbol{R}\rangle = \varepsilon_n(\boldsymbol{R}) \mid n;\boldsymbol{R}\rangle$$

即得到

$$-\frac{\hbar^2}{2M}\nabla_R^2\psi(\boldsymbol{R}) \mid n;\boldsymbol{R}\rangle + \psi(\boldsymbol{R})\varepsilon_n(\boldsymbol{R}) \mid n;\boldsymbol{R}\rangle = E\psi(\boldsymbol{R}) \mid n;\boldsymbol{R}\rangle \tag{3.5.23}$$

将第一项算出,整式用$\langle n;\boldsymbol{R}|$左乘,得

$$\begin{aligned}&-\frac{\hbar^2}{2M}\nabla_R^2\psi(\boldsymbol{R}) - \frac{\hbar^2}{2M}2\langle n;\boldsymbol{R} \mid \nabla_R n;\boldsymbol{R}\rangle\cdot\nabla_R\psi(\boldsymbol{R}) - \frac{\hbar^2}{2M}\psi(\boldsymbol{R})\langle n;\boldsymbol{R} \mid \nabla_R^2 n;\boldsymbol{R}\rangle + \\ &\quad \varepsilon_n(\boldsymbol{R})\psi(\boldsymbol{R}) = E\psi(\boldsymbol{R})\end{aligned}$$

再用$\frac{1}{2M}(\boldsymbol{P}-\hbar\boldsymbol{A})^2$ 的具体形式,上式可以写作如下形式:

$$\left[\frac{1}{2M}(\boldsymbol{P}-\hbar\boldsymbol{A})^2+\mathcal{V}(\boldsymbol{R})\right]\psi(\boldsymbol{R})=E\psi(\boldsymbol{R}) \tag{3.5.24}$$

其中

$$\mathcal{V}(\boldsymbol{R})=\varepsilon_n(\boldsymbol{R})+\frac{\hbar^2}{2M}(\langle\nabla_R n;\boldsymbol{R}\mid\nabla_R n;\boldsymbol{R}\rangle-\boldsymbol{A}^2) \tag{3.5.25}$$

式(3.5.24)是慢变量波函数的薛定谔能量本征方程。为慢变量运动提供有效势能$\mathcal{V}(\boldsymbol{R})$的主要是快运动的能量本征值$\varepsilon_n(\boldsymbol{R})$，$\frac{\hbar^2}{2M}$是修正项。和过去教科书中推导结果的不同之处在于$\boldsymbol{A}$的存在①。如果把$\gamma_n$“吸收”到本征函数$|n;\boldsymbol{R}\rangle$内，使它在任何时间$t$都能为实数，$\boldsymbol{A}$就为0。但上文已经分析过，在一般情况下这是不可能的。

容易验证$\mathcal{V}(\boldsymbol{R})$即式(3.5.25)在式(3.5.16)和式(3.5.17)所示的变换下是不变的。因此只要要求$\psi(\boldsymbol{R})\to e^{-i\Theta}\psi(\boldsymbol{R})$就能使方程(3.5.24)不变。$\psi(\boldsymbol{R})$的这个相变换和$|n;\boldsymbol{R}\rangle$的相变换(式(3.5.16))的相角正好反号。它们使体系总波函数$\Psi=\psi(\boldsymbol{R})|n;\boldsymbol{R}\rangle$在变换中不变。

如果本征态有简并，则相应的同一个ε_n还有以$a,b,\cdots$标出的若干状态。其结果是连络以矩阵元形式出现：

$$\boldsymbol{A}_{ab}=i\langle n,a;\boldsymbol{R}\mid\nabla n,b;\boldsymbol{R}\rangle \tag{3.5.26}$$

其相应的场强则是

$$\boldsymbol{B}_{ab}=\nabla\times\boldsymbol{A}_{ab}+i(\boldsymbol{A}\times\boldsymbol{A})_{ab} \tag{3.5.27}$$

和非阿贝尔规范场相对应[17-19]。

阿哈罗诺夫-玻姆相出现之后25年，贝利相的出现情况有一些类似。贝利相在物理学各个分支中的体现已经有很多报道。

自从贝利提出几何相以来，在物理学的许多领域都发现了它的存在，并进行了大量的研究工作。有趣的是：早在1956年S. Pancharatnam在光的偏振研究方面，1963年和1976年G. Herzberg和H. C. Longuet-Higgins在分子结构研究方面，1979年C. A. Mead和D. E. Truhlar在玻恩-奥本海默近似研究方面都有过存在几何相的结论。A. Shapere和F. Wilczek主编的*Geometric Phases in Physics*[20]一书包含评述性的章节和关于在物理学各分支中几何相的研究。

当循环过程并不是很慢时，可以对绝热近似做高阶修正[21]。

3.6　阿哈罗诺夫-阿南丹相

1987年阿哈罗诺夫和阿南丹(Anandan)[22]研究了循环演化一般条件下量子力学态的几何相。一个物理体系的状态随时间变化，在一段演化时间τ后回到原来的状态，称为“循环演化”。在量子力学中循环演化的始末态矢量之间的关系是

$$|\psi(\tau)\rangle=e^{i\phi}|\psi(0)\rangle \tag{3.6.1}$$

相因子$e^{i\phi}$可以有可观测效应。在希尔伯特空间$\mathscr{H}$中，$\psi(\tau)$与$\psi(0)$在$\phi\neq0$时并不是同一

① 该观点最早由C. A. Mead和D. G. Truhlar在玻恩-奥本海默近似中提出，其认为电子波函数的非完整性可以用在(包括规范势描述的)有效核哈密顿量中，是(Journal of Chemical Physics，1979，70：2284)。

矢量，故态矢的循环演化在 $\mathscr{H}$ 中描出的路径 C 并不是封闭的。$\mathscr{H}$ 的投影希尔伯特空间 $\mathscr{P}$ 不区分 $|\psi\rangle$ 与 $e^{if}|\psi\rangle$（f 为实数），因此 $|\psi(\tau)\rangle$ 与 $|\psi(0)\rangle$ 在 $\mathscr{P}$ 中是同一个矢量，而循环演化在 $\mathscr{P}$ 中所描述的路径 $\hat{C}$ 是封闭的。用 $\mathscr{P}$ 描述循环演化是更方便的。设 $|\psi\rangle \in \mathscr{H}$ 在哈密顿量 $H(t)$ 的驱动之下按薛定谔方程演化：

$$H(t)\mid\psi(t)\rangle = \mathrm{i}\,\hbar\frac{\mathrm{d}}{\mathrm{d}t}\mid\psi(t)\rangle \tag{3.6.2}$$

并在时间 τ 完成一个循环。$|\psi(t)\rangle$ 与 $|\psi(0)\rangle$ 的关系由式(3.6.1)给出。定义

$$\mid\widetilde{\psi}(t)\rangle = \mathrm{e}^{-\mathrm{i}f(t)}\mid\psi(t)\rangle \tag{3.6.3}$$

因此有

$$\begin{aligned}\mid\widetilde{\psi}(\tau)\rangle &= \mathrm{e}^{-\mathrm{i}f(\tau)}\mid\psi(\tau)\rangle = \mathrm{e}^{-\mathrm{i}[f(\tau)-\phi]}\mid\psi(0)\rangle \\ &= \mathrm{e}^{-\mathrm{i}[f(\tau)-f(0)-\phi]}\mid\widetilde{\psi}(0)\rangle\end{aligned} \tag{3.6.4}$$

如果要求

$$f(\tau) - f(0) = \phi \tag{3.6.5}$$

就有

$$\mid\widetilde{\psi}(\tau)\rangle = \mid\widetilde{\psi}(0)\rangle \tag{3.6.6}$$

$|\widetilde{\psi}(t)\rangle$ 就是 $\mathscr{P}$ 中的矢量，它在一个循环中描绘出一个封闭曲线。将式(3.6.3)代入式(3.6.2)就能求出 $f(t)$ 所满足的方程：

$$H\mid\psi\rangle = \mathrm{i}\,\hbar\frac{\mathrm{d}}{\mathrm{d}t}\mathrm{e}^{\mathrm{i}f}\mid\widetilde{\psi}\rangle = -\hbar\frac{\mathrm{d}f}{\mathrm{d}t}\mathrm{e}^{\mathrm{i}f}\mid\widetilde{\psi}\rangle + \mathrm{i}\,\hbar\mathrm{e}^{\mathrm{i}f}\frac{\mathrm{d}}{\mathrm{d}t}\mid\widetilde{\psi}\rangle$$

左乘以 $\frac{1}{\hbar}\langle\psi| = \frac{1}{\hbar}\mathrm{e}^{-\mathrm{i}f}\langle\widetilde{\psi}|$ 并移项，得①

$$-\frac{\mathrm{d}f}{\mathrm{d}t} = \frac{1}{\hbar}\langle\psi\mid H\mid\psi\rangle - \langle\widetilde{\psi}\mid\mathrm{i}\frac{\mathrm{d}}{\mathrm{d}t}\mid\widetilde{\psi}\rangle \tag{3.6.7}$$

$$\phi = f(\tau) - f(0) = -\frac{1}{\hbar}\int_0^\tau\langle\psi\mid H\mid\psi\rangle\mathrm{d}t + \int_0^\tau\langle\widetilde{\psi}\mid\mathrm{i}\frac{\mathrm{d}}{\mathrm{d}t}\mid\widetilde{\psi}\rangle\mathrm{d}t \tag{3.6.8}$$

在确定贝利相时需把动力学相去掉。对于定态，动力学相是 $-\frac{1}{\hbar}Et$；对于绝热定态，它是 $-\frac{1}{\hbar}\int_0^t E(t')\mathrm{d}t'$。现在考虑的是一般情况，动力学相是

$$\phi_{\mathrm{d}}(t) = -\frac{1}{\hbar}\int_0^t\langle\psi(t')\mid H\mid\psi(t')\rangle\mathrm{d}t' \tag{3.6.9}$$

式(3.6.8)等号右侧的第一项正是 $\phi_{\mathrm{d}}(\tau)$，因此第二项就是循环演化的几何相 β，有

$$\beta = \int_0^\tau\langle\widetilde{\psi}\mid\mathrm{i}\frac{\mathrm{d}}{\mathrm{d}t}\mid\widetilde{\psi}\rangle\mathrm{d}t \tag{3.6.10}$$

这个几何相是普适的，意思是对于投影到 $\mathscr{P}$ 中一个封闭路径 $\hat{C}$ 的无穷多的 $\mathscr{H}$ 中的循环演化路径 C，对应无穷多的 $H(t)$，它们的驱动状态沿着 C 演化，几何相式(3.6.10)是唯一的。它被称为“阿哈罗诺夫-阿南丹相”。

---

① 和绝热情况 $\phi_{\mathrm{d}} = -\frac{1}{\hbar}\int_0^t E(t')\mathrm{d}t'$ 相比，$E(t)$ 是绝热能量。在一般情况下将 $E(t')$ 置换为 $\langle\psi(t')|H|\psi(t')\rangle$。

3.7 贝利相的实验显现

贝利相的出现分为两类情况：一类是参数 $\boldsymbol{R}$ 能在实验中控制，这种情况可以通过不同相的状态间的干涉测出贝利相；另一类情况是，$\boldsymbol{R}$ 是更大体系的力学量，例如在分子结构的玻恩-奥本海默近似中，就需要将实测的本征值与式(3.5.24)和式(3.5.25)的理论结果相比较，反过来对贝利相的存在做出判断。以下只讨论第一种情况。

贝利[16]分析了粒子自旋慢变化一个循环后出现的几何相。自旋为 S 的粒子与慢变化的磁场 $\boldsymbol{B}$ 相互作用，其哈密顿量是

$$h(\boldsymbol{B})=\kappa\,\hbar\boldsymbol{B}\cdot\hat{\boldsymbol{S}} \tag{3.7.1}$$

κ 是与回转磁比值有关的常数，$\hat{\boldsymbol{S}}$ 是自旋算符。其能量本征值是

$$E_n(\boldsymbol{B})=\kappa\,\hbar Bn \tag{3.7.2}$$

n 是自旋在 $\boldsymbol{B}$ 方向的投影，取值自 $-S$ 到 S，$-S\leqslant n\leqslant S$。式(3.5.18)给出贝利相

$$\gamma_n(C)=-\int \mathrm{d}\boldsymbol{S}\cdot\boldsymbol{V}_n \tag{3.7.3}$$

其中 $\boldsymbol{V}_n$ 是

$$\boldsymbol{V}_n=\mathrm{Im}\frac{1}{B^2}\sum_{m\neq n}\frac{\langle n;\boldsymbol{B}|\hat{\boldsymbol{S}}|m;\boldsymbol{B}\rangle\times\langle m;\boldsymbol{B}|\hat{\boldsymbol{S}}|n;\boldsymbol{B}\rangle}{(m-n)^2} \tag{3.7.4}$$

为了计算上式的矩阵元，将 B 的方向定为 z 轴，并用

$$\begin{aligned}&(\hat{S}_x\pm \mathrm{i}\hat{S}_y)|n\rangle=[s(s+1)-n(n\pm1)]^{\frac{1}{2}}|n\pm1\rangle,\\&\hat{S}_n|n\rangle=n|n\rangle\end{aligned} \tag{3.7.5}$$

在计算 V_{nx} 和 V_{ny} 时，因矢量积都涉及 $\hat{S}_z$ 的矩阵元，而 $\hat{S}_z$ 的非对角矩阵元($m\neq n$)为0，所以 $V_{nx}=V_{ny}=0$。当计算 V_{nz} 时，只有 $m=n\pm1$ 才有贡献。因此有

$$\begin{aligned}V_{nz}(\boldsymbol{B})=\mathrm{Im}\frac{1}{B^2}[&\langle n|\hat{S}_x|n+1\rangle\langle n+1|\hat{S}_y|n\rangle-\langle n|\hat{S}_y|n+1\rangle\langle n+1|\hat{S}_x|n\rangle+\\&\langle n|\hat{S}_x|n-1\rangle\langle n-1|\hat{S}_y|n\rangle-\langle n|\hat{S}_y|n-1\rangle\langle n-1|\hat{S}_x|n\rangle]=\frac{n}{B^2}\end{aligned} \tag{3.7.6}$$

在一般坐标轴取向情况下，有

$$\boldsymbol{V}_n(\boldsymbol{B})=n\frac{\boldsymbol{B}}{B^3} \tag{3.7.7}$$

因此

$$\gamma_n(C)=-\int \mathrm{d}\boldsymbol{S}\cdot\boldsymbol{V}_n=-n\Omega(C) \tag{3.7.8}$$

在 $\boldsymbol{B}(B_x,B_y,B_z)$ 参数空间中，$\int \mathrm{d}\boldsymbol{S}\cdot\frac{\boldsymbol{B}}{B^3}$ 正是 $\boldsymbol{B}$ 描述一个封闭曲线 C 在空间原点处所张的立体角 $\Omega(C)$。贝利相因子是 $\mathrm{e}^{\mathrm{i}\gamma_n(C)}=\mathrm{e}^{-\mathrm{i}n\Omega(C)}$。这是自旋随着磁场(通过磁矩与磁场相互作用)慢变化一个周期产生的几何相，且它和 n 成正比。在实验上如果能制备粒子作为两个

不同 n 值的叠加态，则两部分的贝利相不同，发生干涉就能使贝利相显现。

3.7.1 光子贝利相的量子干涉现象

乔瑞宇和吴诙时[23]建议采用绕成螺旋形的光纤(图 3.17)。光沿光纤传播，其波矢 $\boldsymbol{k}$ 连续变化。当光纤方向再次回到初始值时，$\boldsymbol{k}(k_x, k_y, k_z)$空间中的代表矢量在球面上描出一个圆。如果这个圆在原点处张成一个圆锥，半顶角为 θ，则它所张的立体角为

$$\Omega(C) = 2\pi(1-\cos\theta) \tag{3.7.9}$$

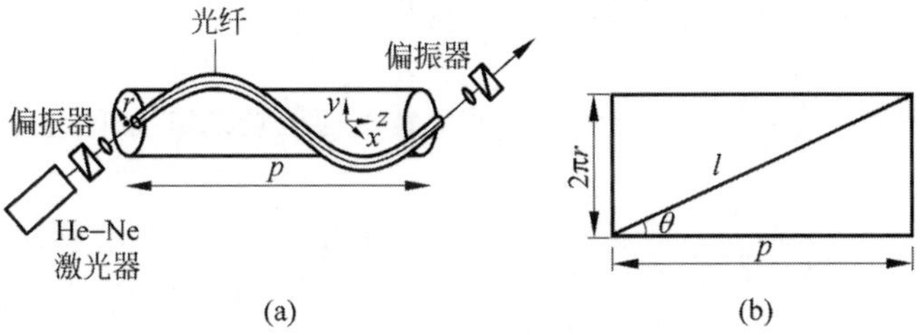

图 3.17 光在螺旋光纤中的贝利相

(a) 螺旋光纤实验示意图；(b) 打开圆柱面上的光纤路径

由于光子没有质量，保证了自旋沿 $\boldsymbol{k}$ 方向 s_k 只能为$+1$或-1。由于自旋跟随 $\boldsymbol{k}$ 慢变化，完成一循环时的贝利相是

$$\gamma(C) = -2\pi s_k(1-\cos\theta) \tag{3.7.10}$$

富田(Tomita)和乔瑞宇在此基础上进行了实验[24]。如图 3.17(a)所示，He-Ne 激光经线偏振器进入光纤，线偏振是 $s_k=+1$ 与 $s_k=-1$ 的等量叠加。通过光纤后 $\boldsymbol{k}$ 恢复最初方向，两种偏振间由于贝利相符号相反有了相差，致使合成的线偏振方向有所改变。均匀缠绕的螺旋线在打开了的圆柱面上如图 3.17(b)中斜线所示。光纤长为 l，圆柱长为 p，光纤方向与螺旋轴(圆柱轴)方向的夹角为 θ，称为“顶角”(apex angle)，则有

$$\cos\theta = \frac{p}{l} \tag{3.7.11}$$

因此

$$\gamma(C) = -2\pi s_k\left(1-\frac{p}{l}\right) \tag{3.7.12}$$

在实验中也采取了不同绕制光纤的几何条件。实验结果示于图 3.18。线偏振的旋转角与立体角成线性关系，和理论值符合得很好。曲线上不同形状的点代表不同绕制的几何条件，即均匀的和不同程度的非均匀绕制，这是为了验证在参数空间中封闭路径连续扭曲时 $\gamma(C)$是否始终与 $\Omega(C)$成正比。该验证是对贝利相的第一个实验验证。

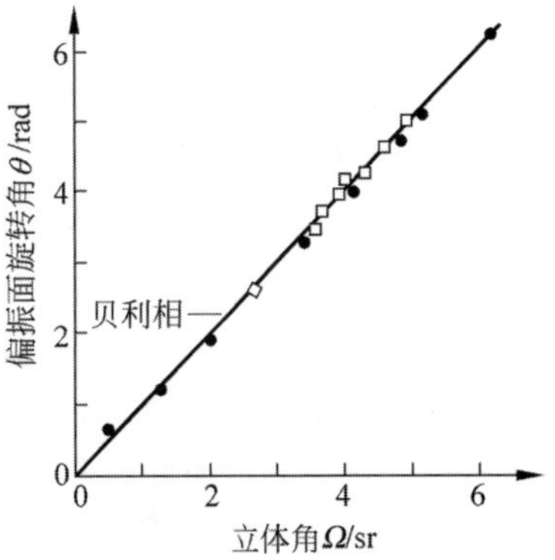

图 3.18 偏振旋转角与立体角 $\Omega(C)$关系

采用光子进行实验是很巧妙的。由于光子是玻色子(Bose)，所以对于个别光子的实验可以通过大量光子流来实现。光子自旋跟随动量循环出现

几何相的现象可以用经典物理的观点解释。偏振方向的旋转相当于在传播方向慢变化时，光波电矢量的平行输运产生的角度非完整，这只要通过麦克斯韦方程组（Maxwell's equations）就能得到[25]。因此，这个现象可以理解为一个在过渡到经典情况（$\hbar\to 0$）后仍能存在的量子现象。

3.7.2　螺旋磁场中中子自旋旋转的贝利相实验

T. Bitter 和 D. Dubbers[26]进行了中子自旋慢旋转产生贝利相的测量。如何使中子能处于一个慢旋转的磁场中呢？办法是让中子通过一个在空间按螺旋变化的磁场，这时中子所看见的就是随时间旋转的磁场。中子通过其磁矩与磁场的耦合使其自旋跟上慢变化，完成一个循环后就产生了贝利相。图3.19(a)给出了磁场矢量 $\boldsymbol{B}$ 沿封闭曲线 C 的绝热输运。图3.19(b)给出了产生在 xy 平面旋转的磁场分量 $\boldsymbol{B}_1$ 的螺旋线圈，另有线圈产生 B_z。令中子在 $t=0$ 处于状态 $|m\rangle$，m 为自旋 z 的分量。令 T 代表 $\boldsymbol{B}_1$ 转一周的时间（中子通过 $\boldsymbol{B}_1$ 在空间转一周的距离所需的时间），在此时间内中子的动力学相是

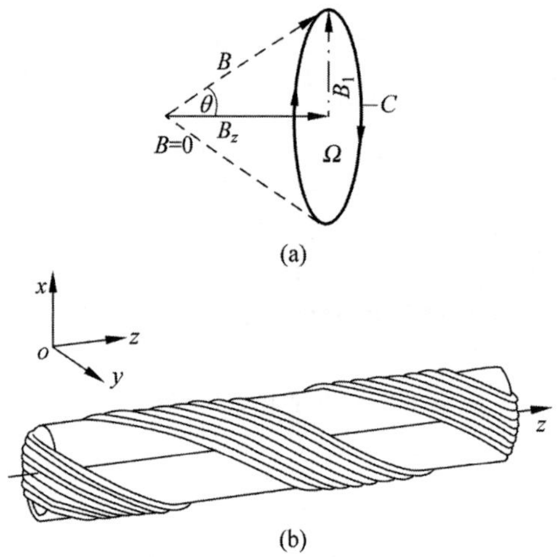

图3.19　磁场矢量 $\boldsymbol{B}$ 沿封闭曲线 C 的输运

(a) 原理图；(b) 产生 $\boldsymbol{B}_1$ 的螺旋线圈

$$\phi_d=\kappa\int_0^T B(t)\mathrm{d}t=\kappa BT$$

根据式(3.7.8)，贝利相的相位是 $-2\pi(1-\cos\theta)$，由此得到总相位 Φ_T 是①

$$\Phi_T=\kappa BT-2\pi(1-\cos\theta) \tag{3.7.13}$$

上式等号右侧两项分别为动力学相和贝利相。实验是用 Grenoble 的 Laue-Langevin 研究所反应堆提供的中子（可以得到极化束）进行的。令 $P_\alpha(0)$ 和 $P_\beta(T)$ 代表中子在 $t=0$ 和 T 时的极化分量；$\alpha,\beta=x,y,z$。实验测出的始末态极化用

$$P_\beta(T)=G_{\beta\alpha}P_\alpha(0)$$

确定系数 $G_{\beta\alpha}$ 并和 Dubbers 的理论结果比较[27]。

在 $B_z=0$（此时 $\theta=\pi/2$，$\gamma=-2\pi$）时测出的 G_{yy} 示于图3.20(a)，从数据得出的 Φ_T 和理论的比较示于图3.20(b)。定出的 γ 值为 2π，在 $B_z\neq 0$ 时定出的贝利相 γ 和立体角 Ω 的比较示于图3.20(c)。

D. J. Richardson，A. I. Kilvington，K. Green 和 S. K. Lamoreaux[28]所进行的正好是一个“互补”的实验。用 Laue-Langevin 研究所反应堆的极化超冷中子在旋转磁场中进行实验。超冷中子是速度 $\lesssim 5\mathrm{m/s}$ 的中子，对它们可以用“瓶子”来装。因为 Be 或 BeO 表面的费米势很高，以任何角度入射到表面的超冷中子几乎都会被反射。只要表面足够纯，储藏时间就是中子衰变寿命量级。他们验证了贝利相与参数空间（$\boldsymbol{B}$）的立体角关系，此外，还验证了多次循环的贝利相的相加性。

---

① 参考文献[26]和文献[27]在定义相角时把 m 作因子提出，在3.7.2节中均依此定义。

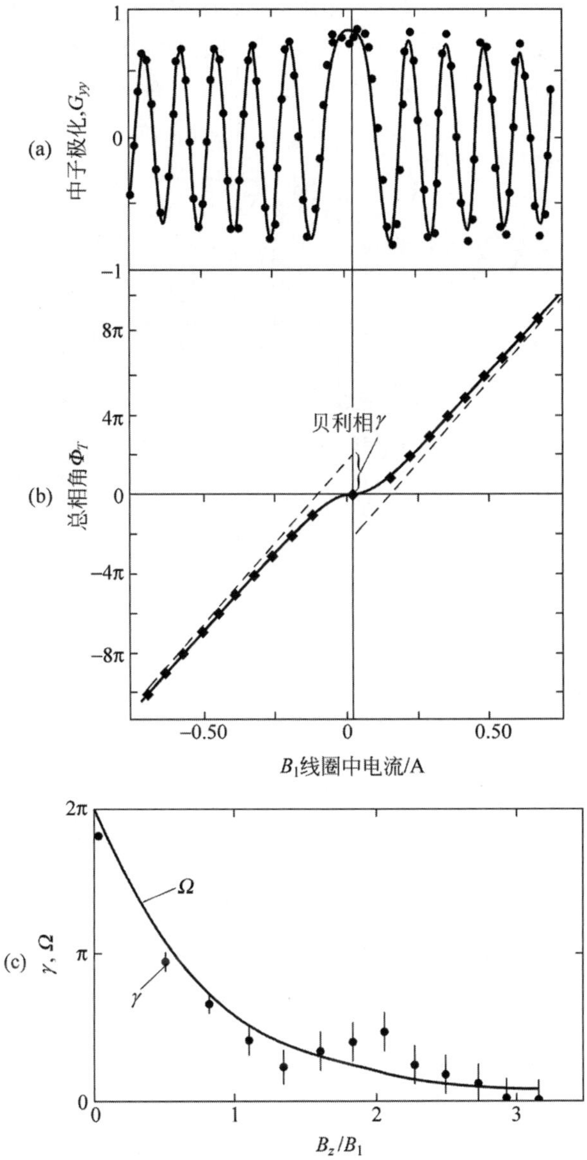

图 3.20 横向自旋在螺旋场 $\boldsymbol{B}_1$ 中的旋转

(a) 中子极化；(b) 总相角和贝利相；(c) 贝利相 γ 的理论(曲线)与实验(点)的比较

3.7.3 自旋绝热旋转造成的核四极共振频率分裂

R. Tycho[29]报道了一项核自旋的绝热旋转造成的核四极共振频率分裂研究，验证了贝利相。他选择了 $NaClO_3$ 单晶，^{35}Cl 核自旋为 $s=3/2$。自旋以晶体对称轴(记为 z')取向。这是四极耦合，其哈密顿量是

$$h=\omega_Q S_{z'}^2 \tag{3.7.14}$$

式中，ω_Q 是表征耦合的参量。用射频脉冲激发，^{35}Cl 核即处于不同 S_z 态的叠加态上。用在 z 轴方向绕制的螺线管线圈探测衰变信号得到核四极共振谱。不同的 $|S_z|$ 值给出了两个能

级，共振只有一条谱线(约 29.94MHz)。如图 3.21 所示，使晶体对称轴 z' 与 z 轴成 θ 角，并将晶体沿 z 轴以角频率 ω_R 慢速旋转($\omega_R \ll \omega_Q$)，$S_{z'}$ 随时间的变化是

$$S_{z'}(t)=S_z\cos\theta+S_x\sin\theta\cos\omega_R t+S_y\sin\theta\sin\omega_R t \tag{3.7.15}$$

$$H(t)=\omega_Q S_{z'}^2(t) \tag{3.7.16}$$

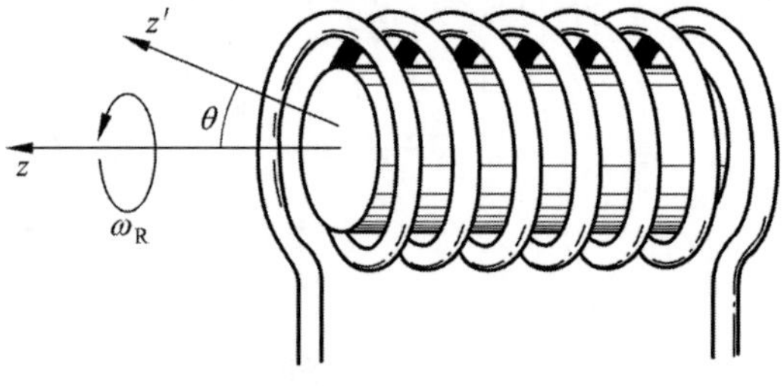

图 3.21　自旋绝热旋转导致核四极共振劈裂实验示意图

用 $S_{z'}$ 本征态表示的与时间有关的一组基是：

$$\begin{aligned}
|a\rangle&=\left|\frac{3}{2}\right\rangle,\\
|b\rangle&=\cos\frac{\xi}{2}\left|\frac{1}{2}\right\rangle-\sin\frac{\xi}{2}\left|-\frac{1}{2}\right\rangle,\\
|c\rangle&=\sin\frac{\xi}{2}\left|\frac{1}{2}\right\rangle+\cos\frac{\xi}{2}\left|-\frac{1}{2}\right\rangle,\\
|d\rangle&=\left|-\frac{3}{2}\right\rangle
\end{aligned} \tag{3.7.17}$$

此处

$$\tan\xi=2\tan\theta$$

考虑到算符 $S_{z'}$ 和它的某些本征态与 θ 有关，贝利相写作

$$\beta=2\pi\int_0^\theta \mathrm{d}\theta'\sin\theta'\langle\psi\mid S_{z'}\mid\psi\rangle \tag{3.7.18}$$

对式(3.7.17)各态，相应的贝利相是

$$\begin{aligned}
\beta_a&=3\pi(\cos\theta-1),\\
\beta_b&=-\pi[(4-3\cos^2\theta)^{1/2}-1],\\
\beta_c&=\pi[(4-3\cos^2\theta)^{1/2}-1],\\
\beta_d&=-3\pi(\cos\theta-1)
\end{aligned} \tag{3.7.19}$$

实验在 $\cos^2\theta=1/3$ 条件下进行。这样可能的相差就是 $-2\sqrt{3}\pi,0,2\sqrt{3}\pi(\mathrm{mod}2\pi)$。考虑两个本征态 $|\psi_1\rangle$ 和 $|\psi_2\rangle$，在 $t=0$ 时由射频脉冲产生。在时间 $T=2\pi/\omega_R$ 后，两个态间的相对贝利相相差是 $\gamma_1-\gamma_2$。但这个相差是随时间连续积累的，也就相当于频移

$$\Delta\omega=\frac{\gamma_1-\gamma_2}{2\pi}\omega_R \tag{3.7.20}$$

这样，原来的一条共振谱线就分裂成三条，$\Delta\omega$ 分别为 $-\sqrt{3}\omega_R,0,\sqrt{3}\omega_R$。实验结果证实了这个分析。图 3.22(a)是谱线随 ω_R 的变化，谱线的总体移动是因样品温度变化造成的。图 3.22(b)是两条边线频差随 ω_R 的变化，直线的斜率正是 $2\sqrt{3}$。

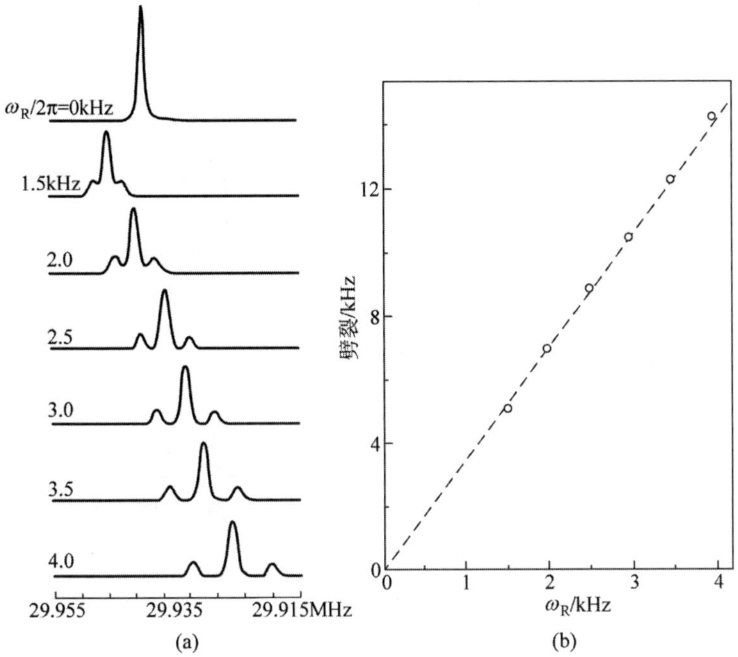

图 3.22 ^{35}Cl 核四极共振劈裂

(a) ^{35}Cl 核四极共振谱随 ω_R 的变化；(b) 两条边线频差劈裂与 ω_R 的关系

参考文献

[1] PESHKIN M, TONOMURA A. The Aharonov-Bohm effect[M]. Berlin: Springer-Verlag, 1989.

[2] AHARONOV r, BOHM D. Significance of electromagnetic potentials in the quantum theory[J]. Physical Review, 1959, 115: 485-491.

[3] WU T T, YANG C N. Concept of nonintegrable phase factors and global formulation of gauge fields [J]. Physical Review D, 1975, 12: 3845-3857.

[4] FEYNMAN R P, LEIGHTON R B, SANDS M. The Feynman lectures on physics: Ⅱ-quantum mechanics[M]. Reading: Addison-Wesley, 1963.

[5] BYERS N, YANG C N. Theoretical considerations concerning quantized magnetic flux in superconducting cylinders[J]. Physical Review Letters, 1961, 7: 46-49.

[6] CHAMBERS R G. Shift of an electron interference pattern by enclosed magnetic flux[J]. Physical Review Letters, 1960, 5: 3-5.

[7] MÖLLENSTEDT G, BAYH W. Kontinuierliche Phasenschiebung von Elektronenwellen im kraftfeldfreien Raum durch das magnetische Vektorpotential eines Solenoids[J]. Physikalische Blätter, 1962, 18(7): 299-305.

[8] MÖLLENSTEDT G, BAYH W. Messung der kontinuierlichen Phasenschiebung von Elektronenwellen im kraftfeldfreien Raum durch das magnetische vektorpotential einer Luftspule[J]. Naturwissenschaften, 1962, 49: 81-82.

[9] BAYH W. Messung der kontinuierlichen Phasenschiebung von Elektronenwellen im kraftfeldfreien Raum durch das magnetische Vektorpotential einer Wolfram-Wendel[J]. Zeitschrift für Physik, 1962, 169(492-510).

[10] TONOMURA A. Applications of electron holography[J]. Reviews of Modern Physics, 1987, 59: 639-669.

[11] TONOMURA A, OSAKABE N, MATSUDA T, et al. Evidence for Aharonov-Bohm effect with magnetic field completely shielded from electron wave[J]. Physical Review Letters, 1986, 56: 792-795.

[12] TONOMURA A, MATSUDA T, ENDO J, et al. Development of a field emission electron microscope [J]. Journal of Electron Microscopy, 1979, 28(1): 1-11.

[13] AHARONOV Y, CASHER A. Topological quantum effects for neutral particles[J]. Physical Review Letters, 1984, 53: 319-321.

[14] CIMMINO A, OPAT G I, KLEIN A G, et al. Observation of the topological Aharonov-Casher phase shift by neutron interferometry[J]. Physical Review Letters, 1989, 63: 380-383.

[15] BERRY M. Anticipations of the geometric phase[J]. Physics Today, 1990, 43(12): 34.

[16] BERRY M V. Quantal phase factors accompanying adiabatic changes[J]. Proceedings of the Royal Society of London. A. Mathematical and Physical Sciences, 1984, 392(1802): 45-57.

[17] WILCZEK F, ZEE A. Appearance of gauge structure in simple dynamical systems[J]. Physical Review Letters, 1984, 52: 2111-2114.

[18] MOODY J, SHAPERE A, WILCZEK F. Realizations of magnetic-monopole gauge fields: Diatoms and spin precession[J]. Physical Review Letters, 1986, 56: 893-896.

[19] JACKIW R. Angular momentum for diatoms described by gauge fields[J]. Physical Review Letters, 1986, 56: 2779-2780.

[20] SHAPERE A, WILCZEK F. Geometric phases in physics[M]. Singapore: World Scientific, 1989.

[21] SUN C P. High-order quantum adiabatic approximation and Berry's phase factor[J]. Journal of Physics A: Mathematical and General, 1988, 21(7): 1595-1599.

[22] AHARONOV Y, ANANDAN J. Phase change during a cyclic quantum evolution[J]. Physical Review Letters, 1987, 58: 1593-1596.

[23] CHIAO R Y, WU Y S. Manifestations of Berry's topological phase for the photon[J]. Physical Review Letters, 1986, 57: 933-936.

[24] TOMITA A, CHIAO R Y. Observation of Berry's topological phase by use of an optical fiber[J]. Physical Review Letters, 1986, 57: 937-940.

[25] BERRY M V. Interpreting the anholonomy of coiled light[J]. Nature, 1987, 326(6110): 277-278.

[26] BITTER T, DUBBERS D. Manifestation of Berry's topological phase in neutron spin rotation[J]. Physical Review Letters, 1987, 59: 251-254.

[27] MUSKAT E, DUBBERS D, SCHÄRPF O. Dressed neutrons[J]. Physical Review Letters, 1987, 58: 2047-2050.

[28] RICHARDSON D J, KILVINGTON A I, GREEN K, et al. Demonstration of Berry's phase using stored ultracold neutrons[J]. Physical Review Letters, 1988, 61: 2030-2033.

[29] TYCKO R. Adiabatic rotational splittings and Berry's phase in nuclear quadrupole resonance[J]. Physical Review Letters, 1987, 58: 2281-2284.

[30] SCHIFF L I. Quantum mechanics[M]. 3rd ed. New York: McGraw-Hill, 1968.

[31] MARZLIN K P, SANDERS B C. Inconsistency in the application of the adiabatic theorem[J]. Physical Review Letters, 2004, 93: 160408.

[32] TONG D M, SINGH K, KWEK L C, et al. Quantitative conditions do not guarantee the validity of the adiabatic approximation[J]. Physical Review Letters, 2005, 95: 110407.

第4章 量子力学与经典力学的界限，缠绕与退相干

在量子力学教程中，我们了解到量子力学是从原子和分子开始的微观世界的理论。作为更精确和更普遍的理论，它也应对宏观世界适用，而经典力学只是量子力学在涉及的作用量比$\hbar$大得多时的极限情况。从 1925 年量子力学初创时开始，对如何能演示上叙情况一直存在激烈的讨论和争议，更不用说去严格证明了。

从一个简单的问题说起。量子力学中谐振子本征态和经典振子的行为极度不同。量子力学的谐振子是否具有和经典振子相似的状态呢？在 1926 年，薛定谔从本征态构成了一个模拟经典振子往复运动的波包。在其鼓舞下，他致力于从氢原子本征态构成一个模拟开普勒运动(Kepler motion)运动的波包。因为谐振子的能量状态是等间距的，所以波包不扩散，但氢原子却不是这样，他并没有取得成功。考虑到氢原子的能级在量子数 n 越来越大时也越来越趋近等间距的情况，在 20 世纪 70 年代中期构成了高激发态的氢原子圆轨道波包。它确实模拟了开普勒圆轨道运动，但作为一个量子力学的客体，这个波包要变宽并扩散。为了形成椭圆轨道波包，需要找出能表征轨道形状的经典 Runge-Lenz 矢量的量子力学守恒量。研究者们在 20 世纪 80 年代末期完成了这个任务，构成了高激发的椭圆轨道波包。以上讨论将在 4.1 节，4.2 节和 4.4 节详细介绍。

能不经过解薛定谔方程就求出量子力学的能量本征态问题吗？答案是肯定的，只要能确切知道问题的动力学对称。对于氢原子，这个对称是 $SO(4)$。在一些局限条件下可以用角动量算符和量子力学 Runge-Lenz 算符构成这个群的生成元。这样氢原子的束缚态能谱除一个乘数因子外就完全确定了。4.3 节将对此详细介绍。

量子力学中的线性叠加原理起着极为重要的作用。对微观世界，它的推论是非常正确的。但对日常的经典现实，这个原理能给出荒谬的结论。它允许在日常生活中永不能共存的状态叠加，例如一只活猫和它自己的尸体叠加。它们不仅能同时存在，还要能相互干涉。这就是有名的“薛定谔的猫”的理论。当叠加的各项代表宏观状态时，必须存在某种机制能淬灭各项之间的干涉，即使它们不再相干。这时就有状态的各种结局以相应的概率出现，在经典意义上是完全可以接受的。几十年来，退相干的机制始终是集中研究和争论的课题，物理学家用模型演示这种机制，逐渐取得共识的是影响退相干的根源是环境。在 4.5 节～4.8 节将介绍退相干机制和一个动力学退相干模型，以及如何到达量子力学的经典极限。最后在 4.9 节中将讨论在实验室中实现的“薛定谔的猫”，即将两个宏观可区别的状态相干地叠

加起来，亦即宏观缠绕态。

从量子力学诞生起，它和经典力学的关系就一直是热门研究的课题。早期的理解是，经典力学适用于宏观客体，粒子运动遵循确定的轨道。量子力学适用于微观客体，其规律是概率性的。但作为物理学的基本规律，量子力学也应适用于宏观客体。在这种情况下它应给出经典力学的规律作为它的极限情况。超流与超导的发现告诉人们，某些宏观体系是服从量子力学规律的，这将在第6章中探讨。至于量子力学如何在极限情况下归结为经典力学，多年的研究已有不少成果，近10年来又有新的发展。

量子力学中力学量的平均值随时间的变化给出，在一维势 $V(x)$ 中的质量为 m 的粒子，其波函数为 ψ①，则其坐标的期待值 $\langle x\rangle=\int\psi^* x\psi\mathrm{d}x$ 满足下式：

$$m\frac{\mathrm{d}^2}{\mathrm{d}t^2}\langle x\rangle=-\left\langle\frac{\partial V}{\partial x}\right\rangle$$

这就是埃伦费斯特定理。在形式上它和经典运动方程类似。但量子力学中坐标期待值的运动和由 $-\partial V/\partial x$ 所决定的经典粒子运动只能在一定条件下才有相似之处。和经典粒子相似的是量子力学中的波包，它的波函数 $\psi(x)$ 只在 $\bar{x}=\langle x\rangle$ 附近的小区域内才显著地不为0，$\bar{x}$ 是波包中心的坐标。即使如此，$\bar{x}$ 的运动是否由经典方程

$$m\frac{\mathrm{d}^2}{\mathrm{d}t^2}\bar{x}=-\frac{\partial V(\bar{x})}{\partial\bar{x}}$$

给出？即是否有 $\left\langle\frac{\partial V}{\partial x}\right\rangle\bigg|_{\bar{x}}=\frac{\partial V(\bar{x})}{\partial\bar{x}}$？在一般情况下，双方是不相等的，设 $V(x)$ 是慢变函数，将 $\frac{\partial V}{\partial x}$ 在 $\bar{x}$ 附近展开，准确到 $\langle(x-\bar{x})^2\rangle\equiv\langle\Delta x^2\rangle$ 项：

$$\frac{\partial V}{\partial x}=\frac{\partial V(\bar{x})}{\partial\bar{x}}+\frac{1}{2}\frac{\partial^3 V(\bar{x})}{\partial\bar{x}^3}\langle\Delta x^2\rangle$$

因此，只有在

$$\left|\frac{\partial V(\bar{x})}{\partial\bar{x}}\right|\gg\frac{1}{2}\left|\frac{\partial^3 V(\bar{x})}{\partial\bar{x}^3}\right|\langle\Delta x^2\rangle$$

时，波包中心的运动才近似于经典粒子。但一般情况下波包总是要弥散的。即使在开始时上式成立，随着时间的流逝也会失效，波包中心的运动会越来越偏离经典运动。

我们将从薛定谔在1926年提出的谐振子波包开始，在这里量子力学和经典力学的对应是直接的。然后讨论氢原子的量子力学波包，这里它和经典开普勒轨道的相似和对应已经是不完全的了。除对应以外，还有作为量子力学特点的波动性的明确显示。

量子力学与经典力学的一个基本差异是线性叠加原理。在从量子力学到经典力学过渡时，是什么机制使叠加的各态间的相位关系丧失，从而使这些态不再相干而只贡献独立的概率？这个问题被称为“退相干问题”。除一般讨论外，我们还将介绍W. Zurek提供的一个答案，最后还将讨论实验室中实现的“薛定谔的猫”。

---

① ψ 是 x 与 t 的函数，在必要时会写出它对宗量的依赖。

4.1　薛定谔的谐振子波包，相干态

在创立量子力学的过程中，海森堡的观点是：类似电子轨道的这类概念应该完全否定，薛定谔却更多地考虑了量子力学和经典力学间的联系。量子力学中的一维谐振子是很好的例子。在低激发态，粒子的位置概率分布和经典分布差别极大，而当量子数 n 变得相当大时，量子力学分布逐渐接近经典分布，这是玻尔对应原理的体现。但能量本征态是定态，位置分布是和时间无关的。能否找到能模拟经典振子运动的量子力学的含时波函数？即能否找出能满足

$$\langle \Psi(t) \mid x \mid \Psi(t) \rangle = A\cos(\omega t + \alpha) \tag{4.1.1}$$

关系的波函数 $\Psi(x,t)$ 呢？这个问题是薛定谔在 1926 年解决的[1]，$\Psi(x,t)$ 应满足薛定谔方程

$$\mathrm{i}\hbar \frac{\partial \Psi(x,t)}{\partial t} = -\frac{\hbar^2}{2m}\frac{\partial^2 \Psi(x,t)}{\partial x^2} + \frac{1}{2}m\omega^2 x^2 \Psi(x,t) \tag{4.1.2}$$

构成方程解的方法是：将 $\Psi(x,0)$ 用谐振子能量本征态展开，将展开的各项分别乘上相应的动力学相因子 $\mathrm{e}^{-\mathrm{i}E_n t/\hbar}$，结果就得到满足起始条件 $\Psi(x,0)$ 的方程式(4.1.2)的解。一维谐振子的能量本征函数和本征值是

$$\psi_n = C_n \mathrm{e}^{-(m\omega/2\hbar)x^2} H_n\left(\sqrt{\frac{m\omega}{\hbar}}x\right) \tag{4.1.3}$$

$$E_n = \hbar\omega\left(n + \frac{1}{2}\right) \tag{4.1.4}$$

此处 C_n 是归一化常数

$$C_n = 2^{-n/2}(n!)^{-1/2}\left(\frac{m\omega}{\hbar\pi}\right)^{1/4} \tag{4.1.5}$$

H_n 是埃尔米特多项式(Hermite polynomial)。将 $\Psi(x,0)$ 用 ψ_n 展开，有

$$\Psi(x,0) = \sum_{n=0}^{\infty} c_n C_n \mathrm{e}^{-(m\omega/2\hbar)x^2} H_n\left(\sqrt{\frac{m\omega}{\hbar}}x\right) \tag{4.1.6}$$

展开系数 c_n 由下式决定：

$$c_n = \int_{-\infty}^{\infty} \psi_n^*(x)\Psi(x,0)\mathrm{d}x \tag{4.1.7}$$

在时间 t 的波包就是

$$\Psi(x,t) = \sum_{n=0}^{\infty} c_n \psi_n(x) \mathrm{e}^{-\mathrm{i}\left(n+\frac{1}{2}\right)\omega t} \tag{4.1.8}$$

波包的中心坐标是

$$\begin{aligned}\langle x \rangle &= \int_{-\infty}^{\infty} x \mid \Psi(x,t) \mid^2 \mathrm{d}x \\ &= \sum_{n=0}^{\infty}\sum_{k=0}^{\infty} c_n^* c_k \mathrm{e}^{-\mathrm{i}(n-k)\omega t}\int_{-\infty}^{\infty} \psi_n^*(x) x \psi_k(x)\mathrm{d}x\end{aligned}$$

记上式最后一行的积分为 x_{nk}，则上式可以写作

$$\langle x\rangle=\sum_{n=0}^{\infty}\sum_{k=0}^{\infty}c_n^{\ *}c_k x_{nk}\mathrm{e}^{-\mathrm{i}(n-k)\omega t}\tag{4.1.9}$$

用本征函数式(4.1.3)可算出

$$x_{nk}=\sqrt{\frac{\hbar}{m\omega}}\left[\sqrt{\frac{n}{2}}\delta_{k,n-1}+\sqrt{\frac{n+1}{2}}\delta_{k,n+1}\right]\tag{4.1.10}$$

将式(4.1.10)代回式(4.1.9)得

$$\langle x\rangle=\sqrt{\frac{\hbar}{2m\omega}}\sum_{n=1}^{\infty}\sqrt{n}\,(c_n^*c_{n-1}\mathrm{e}^{\mathrm{i}\omega t}+c_{n-1}^*c_n\mathrm{e}^{-\mathrm{i}\omega t})\tag{4.1.11}$$

为了令 $\Psi(x,t)$能够模拟经典运动式(4.1.1)，需对波包的初态 $\Psi(x,0)$做一些限制。令它的展开系数 $c_n=|c_n|\mathrm{e}^{\mathrm{i}\phi_n}$，令$|c_n|$随 n 缓慢变化，$|c_n|\approx|c_{n-1}|$，$\phi_{n-1}-\phi_n=\alpha$ 与n 无关，并令 c_n 只在n 较大的情况下才显著地不为0(因此 $E_n\approx n\hbar\omega$)，此时式(4.1.11)即变为

$$\begin{aligned}\langle x\rangle&=\sqrt{\frac{2}{m\omega^2}}\left(\sum_{n=0}^{\infty}\sqrt{E_n}\,|c_n|^2\right)\cos(\omega t+\alpha)\\&=\sqrt{\frac{2}{m\omega^2}}\langle\sqrt{E}\rangle\cos(\omega t+\alpha)\end{aligned}\tag{4.1.12}$$

在以上推导中用了

$$\langle\sqrt{E}\rangle=\sum_{n=0}^{\infty}\sqrt{E_n}\,|c_n|^2\tag{4.1.13}$$

式(4.1.12)正是经典谐振子的轨道。

回过来再考虑式(4.1.8)，这是一个周期函数。在 t 为经典周期 $T=2\pi/\omega$ 或其整数倍时，$\Psi(x,t_j)=\Psi(x,0)$。波包并不随时间的变化而扩散。

上面构造的状态是一种相干态(coherent state)。在量子力学中这是一个重要概念，在物理学许多领域都有应用[2]。以下对它做一个简单介绍。

4.1.1　相干态的基本性质

相干态是希尔伯特空间 $\mathscr{H}$的矢量$|l\rangle$，其标记 l 一般是多分量的。相干态有不同的定义，但它们之间有两点是共同的，即连续性和完全性(单位元分解)。定义矢量$|\psi\rangle$的范数(norm)为 $\|\,|\psi\rangle\,\|\equiv\langle\psi|\psi\rangle^{\frac{1}{2}}$。对$|l\rangle\neq0$，$\|\,|l\rangle\,\|$ 为正实数。相干态的连续性是：当标记 l 连续变化趋近l'时，有 $\|\,|l'\rangle-|l\rangle\,\|\to0$。这个条件决定了在一般情况下$|l\rangle$和$|l'\rangle$并不会因为 $l\neq l'$而正交。连续性质决定了分立的正交矢量集$\{|n\rangle:n=0,1,2,\cdots\}$不可能是相干态，因为 n 标记不是连续的。此外，归一为 δ 函数的连续正交矢量$\{|x\rangle:-\infty<x<\infty\}$也不是相干态。虽然标记 x 是连续的，但$\langle x|x'\rangle=\delta(x-x')$即矢量不是连续的：当 x 连续地趋向 x'时，只要它们在 x'的开邻域，$\|\,|x'\rangle-|x\rangle\,\|$ 就不连续趋向极限0。因此，通常的自伴随算符的本征矢量并不构成相干态集合。

相干态的完全性是：存在正值的测度 δl，使得单位算符 I 可以分解为

$$I=\int|\,l\rangle\langle l\,|\,\delta l\tag{4.1.14}$$

积分是在标记空间 $\mathscr{L}(l\in\mathscr{L})$中进行的。这个性质和自伴随算符本征矢量的完全性不同，后

者自动满足正交归一态$|n\rangle$的完全条件 $\sum_n |n\rangle\langle n|=I$，而相干态满足式(4.1.14)需要具体验证。如果式(4.1.14)得到满足，它就诱导出希尔伯特空间 $\mathscr{H}$ 的一个表示，称为"连续表示"。$\mathscr{H}$ 中的矢量$|\boldsymbol{\varphi}\rangle$和算符 B 可以表示为

$$|\boldsymbol{\varphi}\rangle=\int|l\rangle\langle l|\varphi\rangle\delta l \tag{4.1.15}$$

$$\langle\varphi'|B|\varphi\rangle=\int\langle\varphi'|l'\rangle\langle l'|B|l\rangle\langle l|\varphi\rangle\delta l\delta l' \tag{4.1.16}$$

$\langle l|\varphi\rangle$和$\langle l'|B|l\rangle$分别是矢量$|\boldsymbol{\varphi}\rangle$和算符 B 在连续表示中的代表。对范数有限的矢量$|\boldsymbol{\varphi}\rangle$（$\langle\varphi|\varphi\rangle$为有限），其连续表示的代表$\langle l|\varphi\rangle$是平方可积的，即 $\langle\varphi|\varphi\rangle=\int\langle\varphi|l\rangle\langle l|\varphi\rangle\delta l=\int|\langle l|\varphi\rangle|^2\delta l$ 为有限。连续表示的函数$\langle l|\varphi\rangle$ 满足积分方程

$$\langle l|\varphi\rangle=\int\langle l|l'\rangle\langle l'|\varphi\rangle\delta l' \tag{4.1.17}$$

积分方程的核

$$\mathscr{K}(l;l')=\langle l|l'\rangle \tag{4.1.18}$$

称为"复制核"(reproducing kernel)。由于连续性条件，核$\langle l|l'\rangle$是联合连续的，由于它在 $l=l'$时不为 0，因此在 l 的开邻域中的所有 l'处都不为 0。从 $\||l\rangle-|l'\rangle\|^2=\langle l'|l'\rangle+\langle l|l\rangle-2\mathrm{Re}\langle l'|l\rangle$看，连续性条件和复制核的联合连续是互为因果的。这点和通常的基不同。对通常的基，也有类似的积分方程。但由于正交归一性，它变为一个平庸的等式，不对函数给出任何限制，而式(4.1.17)是函数的真实条件。和通常的基不同，相干态是线性相关的：

$$|l'\rangle=\int|l\rangle\langle l|l'\rangle\delta l' \tag{4.1.19}$$

即任何相干态都可以表示为其他相干态的线性和或积分。因此，相干态可以称为"过完全"(overcomplete)的态的一族。

最后，我们注意到：

$$\||l\rangle-|l'\rangle\|^2=\langle l'|l'\rangle+\langle l|l\rangle-2\mathrm{Re}\langle l'|l\rangle$$

因此，矢量的连续性是复制核的联合连续性的简单结果。

上述连续性和单位元分解的两个性质及其推论，对各种相干态都适用。具体到某一类相干态，还会有其特定的性质。

4.1.2 正则相干态

正则相干态是消灭算符 a 和产生算符 $a^\dagger$ 生成的[①]。它们满足对易关系

$$[a,a^\dagger]=I \tag{4.1.20}$$

归一的基准态(或称"真空态")$|0\rangle$满足

$$a|0\rangle=0 \tag{4.1.21}$$

将 $a^\dagger$ 重复作用在$|0\rangle$上得到的各态张成状态空间，它的正交归一的基矢量为

① 请参阅量子力学教科书中有关二次量子化的内容。

$$|n\rangle=\frac{1}{\sqrt{n!}}(a^{\dagger})^{n}|0\rangle \tag{4.1.22}$$

从对易关系式(4.1.20)可知，$|n\rangle$是数算符

$$N=a^{\dagger}a \tag{4.1.23}$$

的本征态，相应的本征值是 n：

$$N|n\rangle=n|n\rangle \tag{4.1.24}$$

a 和 $a^{\dagger}$ 分别是减少和增加数本征值 1 个单位的算符：

$$\begin{aligned}Na|n\rangle&=(n-1)a|n\rangle,\\ Na^{\dagger}|n\rangle&=(n+1)a^{\dagger}|n\rangle\end{aligned} \tag{4.1.25}$$

正则相干态是在基准态$|0\rangle$上做幺正变换得到的：

$$|z\rangle=e^{za^{\dagger}-z^{*}a}|0\rangle \tag{4.1.26}$$

量子力学中最有用的公式之一是 Baker-Campbell-Hausdorff 公式①：

$$e^{A+B}=e^{A}e^{-\frac{1}{2}[A,B]}e^{B}=e^{B}e^{\frac{1}{2}[A,B]}e^{A} \tag{4.1.27}$$

该公式的另一形式是

$$e^{A}Be^{-A}=B+[A,B]+\frac{1}{2!}[A,[A,B]]+\cdots+\frac{1}{n!}[A,[A,[\cdots[A,B]]\cdots]]+\cdots \tag{4.1.28}$$

如果$[A,B]$与 A 和 B 对易，就有

$$e^{A+B}=e^{A}e^{B}e^{-\frac{1}{2}[A,B]}=e^{B}e^{A}e^{\frac{1}{2}[A,B]} \tag{4.1.29}$$

由于$[za^{\dagger},z^{*}a]=-zz^{*}$是 c 数，式(4.1.26)可以用式(4.1.29)写作

$$|z\rangle=e^{-\frac{1}{2}|z|^{2}}e^{za^{\dagger}}e^{-z^{*}a}|0\rangle \tag{4.1.30}$$

再用式(4.1.21)和式(4.1.22)，有

$$|z\rangle=\exp\left(-\frac{1}{2}|z|^{2}\right)e^{za^{\dagger}}|0\rangle=\exp\left(-\frac{1}{2}|z|^{2}\right)\sum_{n=0}^{\infty}\frac{1}{\sqrt{n!}}z^{n}|n\rangle \tag{4.1.31}$$

在定义式(4.1.26)中，z^{*}开始是出现的，但由于式(4.1.21)，z^{n} 最后并没有进入式(4.1.31)。因此，标记正则相干态只用 z 已经足够。从式(4.1.31)直接得到

$$\langle z_{2}|z_{1}\rangle=\exp\left(-\frac{1}{2}|z_{2}|^{2}+z_{2}^{*}z_{1}-\frac{1}{2}|z_{1}|^{2}\right) \tag{4.1.32}$$

它是 z_1 和 z_2 的连续函数，对任意两个复数 z_1 和 z_2 都不为 0。下面验证单位元的分解成立。对复数 z 的积分测度是(用极坐标)

$$d^{2}z=d(\mathrm{Re}z)d(\mathrm{Im}z)=|z|d|z|d\theta \tag{4.1.33}$$

因此

$$\begin{aligned}\frac{1}{\pi}\int|z\rangle\langle z|d^{2}z&=\frac{1}{\pi}\sum_{n,m}\frac{1}{\sqrt{n!\ m!}}\int e^{-|z|^{2}}z^{*n}z^{m}|m\rangle\langle n|d^{2}z\\&=\sum_{n}\frac{1}{(n!\ )}\int e^{-|z|^{2}}|z|^{2n}|n\rangle\langle n|d|z|^{2}\end{aligned}$$

① 在 W. H. Louisell 所著的 *Quantum Statistical Properties of Radiation* 中，关于算符代数的一章中有许多有用的定理和公式。

$$= \sum_n |n\rangle\langle n| = I \tag{4.1.34}$$

在上面的推导中用到了 $z^{*n}z^m = |z|^{m+n}e^{i(m-n)\theta}$ 和 $\int_0^{2\pi}d\theta e^{-i(m-n)\theta} = 2\pi\delta_{mn}$，最后的等式是因为 $|n\rangle$(式(4.1.22))是正交归一完备集而成立的,验证完毕。

经常会遇到计算对易子 $[e^{-za^\dagger}, a]$ 这类问题。如果函数 $f(a^\dagger)$ 可以通过 $a^\dagger$ 表示(例如展开为幂级数),则有

$$[f(a^\dagger), a] = \frac{\partial f}{\partial a^\dagger}[a^\dagger, a] = -\frac{\partial f}{\partial a^\dagger} \tag{4.1.35}$$

$$[f(a), a^\dagger] = \frac{\partial f}{\partial a}[a, a^\dagger] = \frac{\partial f}{\partial a} \tag{4.1.36}$$

从以上关系可得

$$[e^{-za^\dagger}, a] = ze^{-za^\dagger}$$

因此有

$$e^{-za^\dagger}ae^{za^\dagger} = a + z \tag{4.1.37}$$

将式(4.1.37)等号左右双方作用于 $|0\rangle$,得

$$e^{-za^\dagger}ae^{za^\dagger}|0\rangle = (a+z)|0\rangle = z|0\rangle$$

使用 $|z\rangle$ 的定义式(4.1.31),有

$$e^{-za^\dagger}ae^{za^\dagger}|0\rangle = e^{-za^\dagger}ae^{|z|^2/2}|z\rangle = e^{-za^\dagger}e^{|z|^2/2}a|z\rangle$$

令上面两式等号右侧相等,得

$$a|z\rangle = e^{za^\dagger}e^{-|z|^2/2}z|0\rangle = z|z\rangle \tag{4.1.38}$$

正则相干态是消灭算符 a 的本征态,本征值是 z,这是正则相干态的一个重要性质。它的标志 z 就是 a 的本征值。从式(4.1.38)得

$$\langle z|a|z\rangle = z$$

正则相干态的标记 z 就是消灭算符在相干态的平均值。算符 a 和 $a^\dagger$ 的不确定关系是

$$\langle a^\dagger a\rangle \geqslant \langle a^\dagger\rangle\langle a\rangle \tag{4.1.39}$$

对正则相干态,有①

$$\langle z|a^\dagger a|z\rangle = z^*z = \langle z|a^\dagger|z\rangle\langle z|a|z\rangle \tag{4.1.40}$$

即式(4.1.39)的等式成立。因此正则相干态是最小不确定态。

正规排序算符要求所有的消灭算符要位于所有产生算符的右侧。表示方法是在算符左右加上“:”。例如,$:aa^\dagger: \equiv a^\dagger a$。对正规排序算符取相干态的矩阵元,有

$$\langle z|:F(a^\dagger a):|z'\rangle = F(z^*, z')\langle z|z'\rangle \tag{4.1.41}$$

最后回到谐振子问题。谐振子可以用产生和消灭算符描述:

$$a = \sqrt{\frac{m\omega}{2\hbar}}\left(q + i\frac{p}{m\omega}\right) \tag{4.1.42a}$$

$$a^\dagger = \sqrt{\frac{m\omega}{2\hbar}}\left(q - i\frac{p}{m\omega}\right) \tag{4.1.42b}$$

---

① 式(4.1.38)的共轭是 $\langle z|a^\dagger = \langle z|z^*$。

此处 q 和 p 是谐振子的坐标和动量算符。哈密顿算符变为

$$H=\frac{1}{2m}p^2+\frac{1}{2}m\omega^2q^2=\hbar\omega\left(a^\dagger a+\frac{1}{2}\right) \tag{4.1.43}$$

粒子数算符 $N=a^\dagger a$ 的本征值为 $n(z=0,1,2,\cdots)$，谐振子的量子数 n 成为粒子数表示的粒子数 n。正则相干态表示为谐振子本征态

$$|z\rangle=\exp\left(-\frac{1}{2}|z|^2\right)\sum_{n=0}^{\infty}\frac{1}{\sqrt{n!}}z^n|n\rangle \tag{4.1.44}$$

这个相干态随时间如何变化呢？只要将 $e^{-(i/\hbar)\hat{H}t}$ 作用于 $|z\rangle$ 即可。暂时略去零点能 $\frac{1}{2}\hbar\omega$，它最终提供一个相因子 $e^{i(1/2)\omega t}$，不影响相干态的结果。演化算符 $e^{-(i/\hbar)\hat{H}t}=e^{-i\omega a^\dagger at}$。当它作用于 $|z\rangle$ 时有

$$\begin{aligned}e^{-i\omega a^\dagger at}|z\rangle&=\exp\left(-\frac{1}{2}|z|^2\right)\sum_{n=0}^{\infty}\frac{1}{\sqrt{n!}}z^ne^{-i\omega nt}|n\rangle\\&=\exp\left(-\frac{1}{2}|z|^2\right)\sum_{n=0}^{\infty}\frac{1}{\sqrt{n!}}(ze^{-i\omega t})^n|n\rangle=|e^{-i\omega t}z\rangle\end{aligned} \tag{4.1.45}$$

结果是一个新的相干态，其标记为 $e^{-i\omega t}z$。谐振子的正则相干态随时间的演化归结为其标记随时间的演化。它的演化过程是稳定的，即仍保持为相干态，且仍是最小不确定态。薛定谔给出的谐振子波包(式(4.1.6))及其演化(式(4.1.8))正是这种相干态。将 x 用 a 和 $a^\dagger$ 表示，有

$$x=\sqrt{\frac{\hbar}{2m\omega}}(a^\dagger+a) \tag{4.1.46}$$

因此

$$\langle z(t)|x|z(t)\rangle=\sqrt{\frac{\hbar}{2m\omega}}\langle z|e^{i\omega ta^\dagger a}(a^\dagger+a)e^{-i\omega ta^\dagger a}|z\rangle$$

利用 Baker-Campbell-Hausdorff 公式

$$\begin{aligned}\langle z(t)|x|z(t)\rangle&=\sqrt{\frac{\hbar}{2m\omega}}\left[\langle z|a^\dagger|z\rangle e^{i\omega t}+\langle z|a|z\rangle e^{-i\omega t}\right]\\&=\sqrt{\frac{\hbar}{2m\omega}}\left[z^*e^{i\omega t}+ze^{-i\omega t}\right]\\&=\sqrt{\frac{2\hbar}{m\omega}}|z|\cos(\omega t-\phi)\end{aligned}$$

这就是薛定谔的谐振子波包。

对受迫谐振子，外力可以线性依赖于振子的坐标 q 与动量 p，或等价地线性依赖于 a 与 $a^\dagger$，正则相干态的特点仍能保持①。

有关自旋相干态将在第 6 章中讨论。

4.2　氢原子圆轨道波包与径向波包

薛定谔在 1926 年发表的文章[1]中提到，氢原子中的电子运动轨道也可以用类似谐振子的办法处理，即用叠加能量本征态得到的量子力学波包来模拟。但在 1929 年他致函洛伦兹

① 可参阅 Merzbacher E. Quantum Mechanics. 2nd edition. New York: John Wiley, 1970, Chapter 15, § 9.

(Lorentz)时说，在这个问题上遇到了计算上的极大困难，之后便再没提及此事。分析一下谐振子波包的构成，就不难明白构成氢原子开普勒轨道波包的困难。式(4.1.8)是严格的周期函数，它在经过一个周期 $T=2\pi/\omega$ 或其整数倍后总要恢复原状。这是由于动力学相因子是

$$e^{-i(E_n/\hbar)t}=e^{-i(n+1/2)\omega t}$$

对 n 求和的叠加不会改变其周期性。这只在谐振子能级随 n 的变化是严格线性的情况下，即各能级是等距的情况下才会出现。氢原子的能级远不是等距的，对低激发态更是如此。要想模拟电子在氢原子轨道中的量子力学波包，只能利用很高激发态的能级。氢原子的能量本征值是

$$E_n=-\frac{(Ze^2)^2m}{2\hbar^2}\frac{1}{n^2} \tag{4.2.1}$$

由此得

$$\frac{\partial E_n}{\partial n}=\frac{(Ze^2)^2m}{\hbar^2}\frac{1}{n^3}\equiv\hbar\omega_{\mathrm{cl}} \tag{4.2.2}$$

此处 ω_{cl} 是电子在轨道 n 上的经典角频率①。在 n 值很大时，两个相邻能级间距的差别是 $O(n^{-3})$，用 n 值很大的波函数叠加有望获得模拟经典运动的波包。

L. S. Brown[3] 在 1973 年构成了沿氢原子圆轨道运动的波包。量子力学氢原子的波函数最接近圆轨道的是 $n,l=n-1,m=\pm l$ 态。$l=n-1$ 态的波函数在径向没有节点，$(l,m=\pm l)$ 的球谐函数有 $(\sin\theta)^l$ 因子，使 ψ 在 $\theta=\pi/2$(xy 平面)有极大值。$m=\pm l$ 与 $m=-l$ 由于相应的波函数为 $e^{\pm il\phi}$，可以和动力学相因子配合分别作为正反向运动的波包。在径向波函数方面，$l=n-1$ 的解是

$$u_{nl}(r)=\mathrm{const}\cdot r^n e^{-\kappa_n r},\quad \kappa_n=\frac{Ze^2m}{\hbar^2 n} \tag{4.2.3}$$

令 $\kappa_n r\equiv x$，则上式的函数形式为

$$f(x)=x^n e^{-x}$$

是泊松分布。它在 $x=n$ 处有极大值。实际上在 n 较大时，它会变为高斯分布(Gaussian distribution，又名正态分布，normal distribution)。令 $x=n+\xi$，此处 $\xi\ll n$，在 n 较大时有

$$x=n\left(1+\frac{\xi}{n}\right)\approx n\exp\left[\frac{\xi}{n}-\frac{1}{2}\left(\frac{\xi}{n}\right)^2\right]$$

并有

$$f(x)\approx n^n e^{-n}\exp\left[-\frac{1}{2}n(\xi/n)^2\right],\quad n\gg 1 \tag{4.2.4}$$

回到式(4.2.3)②，并用 $l=n-1$ 作为指标，写出常用的 $\frac{1}{r}u_{l+1,l}$ 形式：

$$\frac{1}{r}u_{l+1,l}(\boldsymbol{r})=\mathrm{const}\cdot\exp\left[-\frac{1}{2l}\left(l-\frac{r}{la}\right)^2\right],\quad l\gg 1 \tag{4.2.5}$$

---

① 从玻尔理论有 $\frac{Ze^2}{r^2}=mr\omega_{\mathrm{cl}}^2$，$r_n=\frac{n^2\hbar^2}{Ze^2m}$，故有 $\omega_{\mathrm{cl}}=\frac{(Ze^2)^2m}{n^3\hbar^3}$。

② 在式(4.2.4)中将最后的指数因子写成 $e^{-(1/2l)(\kappa r-l)^2}$，$\kappa=\frac{1}{na}$($a$ 为玻尔基态半径 $\hbar^2/Ze^2m$)。最后在式(4.2.5)中只保留指数上和 r 直接有关的部分，其他都并入常数因子。

它显示出高斯形式，r 在 $r_p=l^2a$ 处有极大值，分布的均方根值为 $\Delta r=(2l)^{-1/2}r_p$。角度的球谐函数是

$$Y_l^l(\theta,\phi)=\text{const}\cdot e^{il\phi}(\sin\theta)^l$$

在 l 较大时可取近似：

$$\sin\theta=\cos\left(\theta-\frac{1}{2}\pi\right)\approx 1-\frac{1}{2}\left(\theta-\frac{1}{2}\pi\right)^2\approx\exp\left[-\frac{1}{2}\left(\theta-\frac{1}{2}\pi\right)^2\right]$$

总的波函数结果是

$$\psi_{l+1,l,l}(\boldsymbol{r})=\text{const}\cdot e^{-(r-l^2a)^2/2l^3a^2}e^{il\phi}\exp\left[-\frac{1}{2}l(\theta-\pi/2)^2\right]\tag{4.2.6}$$

这是一个在 xy 平面上半径为 l^2a 的环状定态波包。要得到在这个环上以角频率 ω_{cl} 转动的球形波包，就需取在平均值 $\bar{l}$（很大）附近的这类波函数叠加：

$$\psi(\boldsymbol{r},t)=\sum A_l e^{-i(E_l/\hbar)t}\psi_{l+1,l,l}(\boldsymbol{r})\tag{4.2.7}$$

系数 A_l 在 $\bar{l}$ 处有很高的峰值。在 $\bar{l}$ 附近求和用指标 s 实现：

$$l=\bar{l}+s,\quad s\ll\bar{l}\tag{4.2.8}$$

$$E_l=E_{\bar{l}}+\left.\frac{\partial E_l}{\partial l}\right|_{\bar{l}}s+\frac{1}{2}\left.\frac{\partial^2 E_l}{\partial l^2}\right|_{\bar{l}}s^2+\cdots\tag{4.2.9}$$

从 $E_n=-(Ze^2)^2m/2\hbar^2n^2$ 可得

$$\frac{\partial E_l}{\partial l}=\frac{(Ze^2)^2m}{\hbar^2(l+1)^2}=\hbar\omega_{\text{cl}}\tag{4.2.10}$$

此处

$$\omega_{\text{cl}}=\frac{(Ze^2)^2m}{n^3\hbar^3}\tag{4.2.11}$$

是玻尔经典轨道的角频率。此外还有

$$\frac{1}{2}\frac{\partial^2E_l}{\partial l^2}=-\frac{3(Ze^2)^2m}{2\hbar(l+1)^4}=-\frac{3}{2}\frac{\hbar\omega_{\text{cl}}}{l+1}\tag{4.2.12}$$

将式(4.2.8)～式(4.2.12)代回式(4.2.7)，得

$$\boldsymbol{\Psi}(\boldsymbol{r},t)=e^{-i(E_{\bar{l}}/\hbar)t}\psi_{\bar{l}+1,\bar{l},\bar{l}}(\boldsymbol{r})F(\phi-\omega_{\text{cl}}t,t)\tag{4.2.13}$$

此处

$$F(\phi-\omega_{\text{cl}}t,t)=\sum_s A_{\bar{l}+s}e^{is(\phi-\omega_{\text{cl}}t)}\exp\left(i\,\frac{3}{2}\,\frac{\omega_{\text{cl}}t}{\bar{l}+1}s^2\right)\tag{4.2.14}$$

上式等号右侧第二个指数因子在 t 值很小时($\omega_{\text{cl}}t\ll\bar{l}$)接近于 1，暂时把它当作 1，这样就有

$$F(\phi-\omega_{\text{cl}}t,t)\approx f(\phi-\omega_{\text{cl}}t)=\sum_s A_{\bar{l}+s}e^{is(\phi-\omega_{\text{cl}}t)}\tag{4.2.15}$$

此处 F 只通过 $\phi-\omega_{\text{cl}}t$ 与 t 相关。如果选择 $A_{\bar{l}+s}$ 使 $f(\phi)$ 函数在 $\phi=\phi_p$ 处有峰值，则波包在时间为 t 时就在 $\phi=\phi_p+\omega_{\text{cl}}t$ 处有峰值。这相当于在圆轨道上的匀速转动，且是完全周期性的。但当时间足够长，在 $\omega_{\text{cl}}t\approx\bar{l}$ 时，第二个指数因子便起作用，使波包弥散。这个因子来源于$\left.\frac{\partial^2E_l}{\partial l^2}\right|_{\bar{l}}$，它反映了即使 $\bar{l}$ 很大时能级也有对等距的偏离。这个相位随 l 的变化导致

弥散。考虑高斯模型

$$A_{\bar{l}+s} = \text{const} \cdot e^{-s^2[\Delta\phi(0)]^2} \tag{4.2.16}$$

式(4.2.14)给出

$$F(\phi-\omega_{\text{cl}}t,t) = \text{const}\int_{-\infty}^{\infty} \text{d}s\ e^{-s^2[\Delta\phi(0)]^2} e^{\text{i}s(\phi-\omega_{\text{cl}}t)} \exp\left(\text{i}\,\frac{3}{2}\,\frac{\omega_{\text{cl}}t}{l}s^2\right)$$
$$= \text{const} \cdot \exp\left\{-\frac{1}{4}\,\frac{(\phi-\omega_{\text{cl}}t)^2}{[\Delta\phi(0)]^2-\frac{3}{2}\text{i}\omega_{\text{cl}}/\bar{l}}\right\} \tag{4.2.17}$$

因此

$$|F(\phi-\omega_{\text{cl}}t,t)|^2 = \text{const} \cdot \exp\left\{-\frac{(\phi-\omega_{\text{cl}}t)^2}{2[\Delta\phi(t)]^2}\right\} \tag{4.2.18}$$

其中

$$[\Delta\phi(t)]^2 = [\Delta\phi(0)]^2 + \left(\frac{3\omega_{\text{cl}}t}{2\bar{l}\,\Delta\phi(0)}\right)^2 \tag{4.2.19}$$

式(4.2.14)给出的分布保持了高斯形式,但它的宽度 $\Delta\phi(t)$是随时间增加的(式(4.2.19))。

关于用原子高激发态(里德伯态,Rydberg state)波包的讨论,从 20 世纪 80 年代后期又兴旺起来。原因是短脉冲激光器的发展,使在实验上产生波包成为可能。J. Parker 和 C. R. Srroud Jr. [4]的计算表明,皮秒(ps)激光短脉冲具有相当宽的频谱,能将原子相干地激发到相当数量的里德伯态上。脉冲过后形成的波包自由振荡,并发出辐射而衰变。这和经典轨道上的电子一样。此处波包还会扩展、弥散和恢复,显示出非经典的波动性质。波包的形成可以用半经典模型描述。令基态和激发态的相互作用绘景振幅为 $a_g(t)$和 $a_n(t)$,它们满足方程

$$\dot{a}_g = -\frac{1}{2}\text{i}\sum_n \Omega_n a_n(t) f(t) e^{-\text{i}\Delta_n t} \tag{4.2.20}$$

$$\dot{a}_n = -\frac{1}{2}\text{i}\Omega_n a_g(t) f(t) e^{\text{i}\Delta_n t} \tag{4.2.21}$$

此处 $f(t)$是激光脉冲的包络线,脉冲频率中心对 $g\rightarrow n$ 跃迁的失谐为 Δ_n。Ω_n 是跃迁的拉比频率①。将式(4.2.20)和式(4.2.21)对一些例子进行数值积分,用 6~10ps(半峰值处全宽度)脉冲,中心频率激发 $n=85$ 的里德伯态。令此 n 值为 $\bar{n}$。计算表明,此脉冲可显著地激发在 $\bar{n}$ 附近的 5~10 个能级。因此在形成波包时计算 $60\leqslant n\leqslant 110$ 的里德伯态是安全的。在自发衰变计算中考虑从 g(基态)一直到 $n=59$ 作为可能的末态。里德伯电子的波函数

$$\Psi_R(r,t) = \sum_n a_n(t) e^{-\text{i}\omega_n t} u_n(r) \tag{4.2.22}$$

ω_n 是从基态到各态的跃迁频率,$u_n(r)$是径向波函数。只用径向波函数叠加形成的波包称为“径向波包”。它在 $r_{\min}$ 到 $r_{\max}$ 之间振荡。由于角动量选择定则,激光不能激发足够数量的角动量态,因此在角度上波包是非定域的。图 4.1(a)绘出了波包 $r^2|\psi_R(r,t)|^2$ 在激光脉冲后的发展。曲线上的数值代表时间(ps)。波包形成,同时向经典转向点运动并变窄。用高斯脉冲包络线进行计算,在转向点处波包的不确定性是 $\Delta p\Delta r=0.53\,\hbar$,接近最小不确定

① 体系 $t=0$ 时位于态 i,在 t 时仍位于态 i 的概率为 $P=\cos^2\Omega_{ij}t$。Ω_{ij} 即为跃迁 $i\rightarrow j$ 的拉比频率。

波包。由于转向点相当于轨道的远日点，在它附近电子速度最小，故波包变高、变窄。图4.1(b)绘出了波包返回的情况。当波包趋近核的所在地时，会被库仑势散射。波包的往返周期正是$\bar{n}=85$态相应的开普顿轨道周期，测得为93.4ps。波包在几个往返之后会弥散，但经过相当长时间后又会重新恢复。如果增加激光脉冲频率使$\bar{n}$值增加，同时又不改变Δn的数值(这需要较窄的频谱，即更长的脉冲时间)，则波包能持续更长时间。

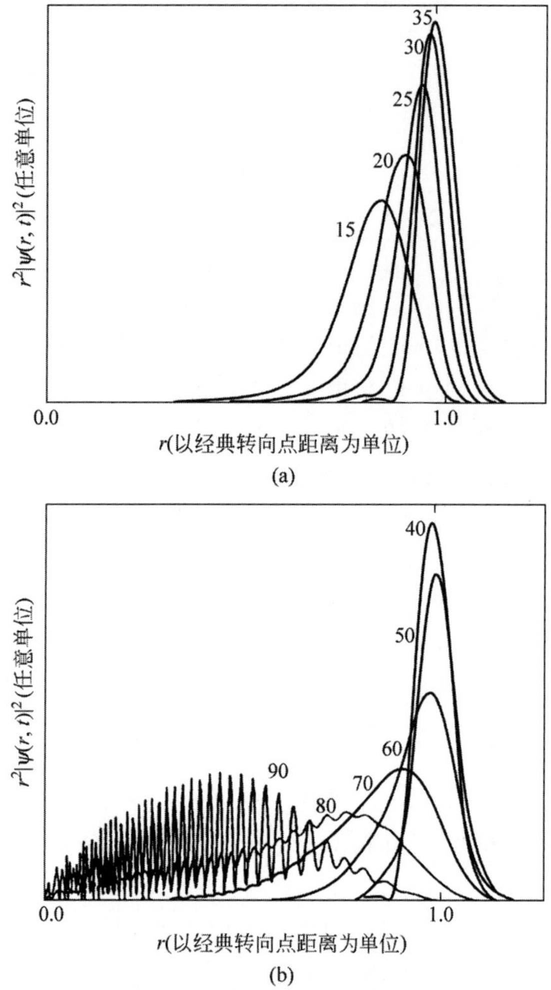

图4.1　径向波包的运动

取自文献[4]

(a) 波包向经典转向点运动；(b) 波包返回

原子偶极的自发辐射功率为

$$
\begin{aligned}
P(t) &= \frac{4e^2}{3c^3}\langle \Psi_R \mid \ddot{\boldsymbol{r}}(t)\cdot\ddot{\boldsymbol{r}}(t) \mid \Psi_R\rangle \\
&= \frac{4e^2}{3c^3}\left\langle \Psi_R \left| \frac{e^2\boldsymbol{r}}{mr^3}\cdot\frac{e^2\boldsymbol{r}}{mr^3} \right| \Psi_R \right\rangle
\end{aligned}
\tag{4.2.23}
$$

波包Ψ_R加速度平方的期待值显然是在近日点附近最大，在远日点附近最小。图4.2给出了自发辐射强度,时间间隔为 3ns,约为 32 个周期。开始时辐射强度明显地显示出在近日点附近的峰值,间隔正好为 93.4ps。在 2.6ns 附近再现了这种规律性,意为波包重新恢复。在它们之间出现复杂的图样:峰值出现的频率为基本频率的 2 倍、3 倍和 4 倍。欲求辐射功率随时间的变化,用式(4.2.21)的积分代入式(4.2.22)和式(4.2.23),得出结果如下:

$$P(t) \propto |\Phi(t)|^2$$

其中

$$\Phi(t) \propto \sum_n \mathrm{e}^{\mathrm{i}(n-\bar{n})\omega_{\mathrm{cl}}t} \exp\left[\mathrm{i}\,\frac{3}{2}\,\frac{\omega_{\mathrm{cl}}}{\bar{n}}(n-\bar{n})^2 t\right] \tag{4.2.24}$$

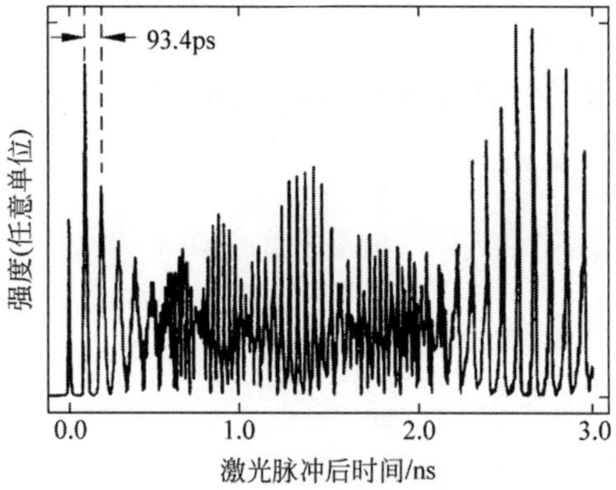

图 4.2 自发辐射强度

取自文献[4]

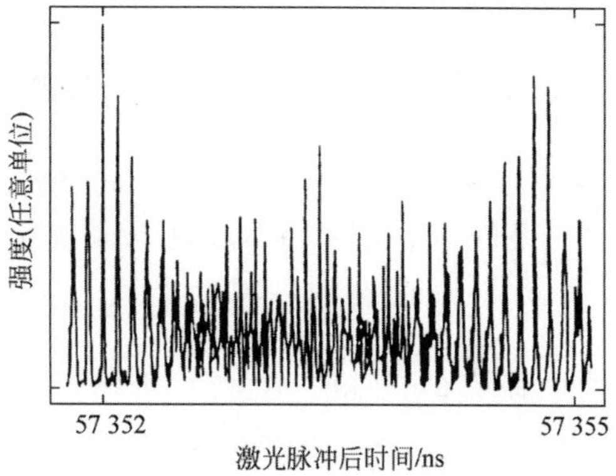

图 4.3 波包恢复

取自文献[4]

求和只取在 $\bar{n}$ 附近的少数能级(如上所述 6～10 个能级)已经足够。式(4.2.24)右侧的第一个因子是周期性的,第二个指数因子代表能级间距偏离常数的效应。在上面的式(4.2.14)也曾出现过这个因子,它导致波包弥散。波包弥散后经过较长时间 $t=\frac{\bar{n}}{3}\frac{2\pi}{\omega_{\mathrm{cl}}}\equiv\frac{\bar{n}}{3}T_0$($T_0$ 为经典运动周期),第二个因子变为 $\mathrm{e}^{\mathrm{i}\pi(n-\bar{n})^2}$,波包重新恢复,$P(t)$也恢复原值。恢复周期是

$$T_{\mathrm{rev}}=\frac{\bar{n}}{3}T_0 \tag{4.2.25}$$

在 Parker 和 Stroud 计算的例子中,$\bar{n}=85$,$T_{\mathrm{rev}}=2.636\mathrm{ns}$。在两次恢复之间还有"分数恢复",这将在 4.4 节讨论。在图 4.3 中可看出波包的恢复。在式(4.2.24)中没有写出的还有 E_n 随 $(n-\bar{n})$变化的高次项。相应的恢复时间分别与 $\bar{n}^2T_0$,$\bar{n}^3T_0$,…成正比。例如 $t=\bar{n}^3T_0=$ 57 352ns 能保证在$(n-\bar{n})^4$ 之前的各项都是周期性的。图 4.3 显示了这一更高阶的恢复。

4.3 氢原子的 *SO*(4)对称性,LRL 矢量,开普勒椭圆轨道波包

在组成椭圆轨道波包时,起关键作用的是与椭圆轨道直接有关的守恒量,即 LRL 矢量。它在量子力学中的推广成功构造了椭圆轨道波包。

更重要的是,量子力学的 LRL 矢量还使对氢原子问题的理解更为深入,即它具有 *SO*(4)动力学对称性。在量子力学中确定一个体系的能谱,通常要解哈密顿量的本征函数和本征

值问题,但也可以从对称性出发。如果对体系的对称性有充分的了解,就能够求得与对称性相应的守恒量完备集,则体系的性质,包括其能谱在内,就被完全解出了。称这类体系为"完全可积的",氢原子就是这样一个体系。泡利[5]首先发现了氢原子具有比 $SO(3)$(三维旋转对称)更高的对称性($SO(4)$),之后福克[6]也得到了同样结果。量子力学的 LRL 矢量算符就是将 $SO(3)$扩充到 $SO(4)$所需的附加生成元①。

4.3.1　经典开普勒运动的 LRL 矢量

经典开普勒运动是质量为 m 的质点在有心势场②

$$V(r)=-\frac{k}{r} \tag{4.3.1}$$

中的运动。对类氢原子,$k=Ze^2$。运动轨道是圆锥曲线,用极坐标(r,θ)表示,其方程是

$$\frac{1}{r}=\frac{mk}{l^2}(1+e\cos\theta) \tag{4.3.2}$$

此处 l 是角动量$\boldsymbol{L}=\boldsymbol{r}\times\boldsymbol{p}$ 的大小,e 是轨道离心率,它和 l 以及能量 E 的关系是

$$e=\left(1+\frac{2El^2}{mk^2}\right)^{1/2} \tag{4.3.3}$$

E 和 $\boldsymbol{L}$ 都是运动常数。对 $E>0$ 的轨道,$e>1$,是双曲线;对 $E<0$ 的轨道,$e<1$,是椭圆。椭圆轨道的特例 $e=0$ 是圆轨道,相应的能量为 $E=-\frac{mk^2}{2l^2}$。椭圆轨道的一个重要特性是,其半长轴 a 只取决于能量,证明如下。记长、短径③为 r_2 和 r_1,在这两点径向速度为 0,方位角方向速度为 l/mr,因此能量守恒关系是

$$E=-\frac{k}{r}+\frac{1}{2}\frac{l^2}{mr^2} \tag{4.3.4}$$

式中,r 取值为 r_1 或 r_2。整理为 r 满足的方程,得

$$r^2+\frac{k}{E}r-\frac{l^2}{2mE}=0 \tag{4.3.5}$$

方程的两个根之和应是

$$r_1+r_2=-\frac{k}{E}$$

它给出

$$a=\frac{r_1+r_2}{2}=-\frac{k}{2E} \tag{4.3.6}$$

证明了上面的提法。椭圆偏心率 e 与半长轴 a、半短轴 b 的关系是

$$e=(a^2-b^2)^{1/2}/a \tag{4.3.7}$$

从式(4.3.3)与式(4.3.6)可得

$$e=\left(1-\frac{l^2}{mka}\right)^{1/2} \tag{4.3.8}$$

---

① 用 LRL 矢量算符和角动量算符还可以构造更广泛的代数结构 Yangian,见本书第 11 章。

② 关于经典粒子的开普勒运动可参考 H. Goldstein 的 *Classical Mechanics*(第 2 版. Addison-Wesley. 1980)。关于 LRL 矢量和它的量子力学推广,可参考 L. Schiff 的 *Quantum Mechanics*(第 3 版. Magraw-Hill. 1968).

③ 从焦点到轨道上最远和最近的距离。

在运动常数 E，$\boldsymbol{L}$ 给出后，轨道的形状及轨道平面都已确定，平面与 $\boldsymbol{L}$ 垂直。但轨道在平面上的方位并未确定，实际上还有一个运动常数存在。从运动方程

$$\dot{\boldsymbol{p}} = -\frac{k}{r^3}\boldsymbol{r} \tag{4.3.9}$$

出发，取它与 $\boldsymbol{L}$ 的矢量积，得

$$\dot{\boldsymbol{p}} \times \boldsymbol{L} = -\frac{k}{r^3}\boldsymbol{r} \times (\boldsymbol{r} \times m\dot{\boldsymbol{r}}) = mk\left(\frac{\dot{\boldsymbol{r}}}{r} - \frac{\dot{r}\boldsymbol{r}}{r^2}\right)$$

由于 $\frac{\mathrm{d}\boldsymbol{L}}{\mathrm{d}t} = 0$，上式左侧可以写作 $\frac{\mathrm{d}}{\mathrm{d}t}(\boldsymbol{p} \times \boldsymbol{L})$，右侧可改写作 $mk\,\frac{\mathrm{d}}{\mathrm{d}t}\left(\frac{\boldsymbol{r}}{r}\right)$。因此有

$$\frac{\mathrm{d}}{\mathrm{d}t}\left(\boldsymbol{p} \times \boldsymbol{L} - mk\,\frac{\boldsymbol{r}}{r}\right) = 0 \tag{4.3.10}$$

定义

$$\boldsymbol{M} = \frac{1}{m}\boldsymbol{p} \times \boldsymbol{L} - k\,\frac{\boldsymbol{r}}{r} \tag{4.3.11}$$

前式给出

$$\frac{\mathrm{d}\boldsymbol{M}}{\mathrm{d}t} = 0 \tag{4.3.12}$$

即 $\boldsymbol{M}$ 是守恒量，被称为“LRL 矢量”。一个显然成立的关系是

$$\boldsymbol{M} \cdot \boldsymbol{L} = 0 \tag{4.3.13}$$

即 $\boldsymbol{M}$ 位于轨道平面内。再计算

$$\boldsymbol{M} \cdot \boldsymbol{r} = \frac{1}{m}\boldsymbol{r} \cdot \boldsymbol{p} \times \boldsymbol{L} - kr = \frac{1}{m}l^2 - kr$$

令 $\boldsymbol{M}$ 与 $\boldsymbol{r}$ 的夹角为 θ，就有

$$Mr\cos\theta = \frac{1}{m}l^2 - kr$$

或

$$\frac{1}{r} = \frac{mk}{l^2}\left(1 + \frac{M}{k}\cos\theta\right) \tag{4.3.14}$$

与式(4.3.2)比较，发现这正是轨道方程，θ 正是方位角。故 $\boldsymbol{M}$ 的方向是沿长轴的，且有

$$M = ke \tag{4.3.15}$$

从式(4.3.9)可直接算得

$$\boldsymbol{M}^2 = \frac{2H}{m}\boldsymbol{L}^2 + k^2 \tag{4.3.16}$$

此处 H 是哈密顿量：

$$H = \frac{1}{2m}p^2 - \frac{k}{r} \tag{4.3.17}$$

4.3.2　量子力学中的 LRL 矢量，动力学对称与氢原子能级

将 LRL 矢量(式(4.3.11))推广成为量子力学的算符，会遇到 $\boldsymbol{p}$ 与 $\boldsymbol{L}$ 的排序问题。泡利[5]采取对称化的排序，引入了

$$\boldsymbol{M} = \frac{1}{2m}(\boldsymbol{p} \times \boldsymbol{L} - \boldsymbol{L} \times \boldsymbol{p}) - k\,\frac{\boldsymbol{r}}{r} \tag{4.3.18}$$

依此定义,仍有

$$\boldsymbol{L}\cdot\boldsymbol{M}=\boldsymbol{M}\cdot\boldsymbol{L}=0 \tag{4.3.19}$$

从式(4.3.18)可得

$$\boldsymbol{M}^2=\frac{2H}{m}(\boldsymbol{L}^2+\hbar^2)+k^2 \tag{4.3.20}$$

上式和经典关系式(4.3.16)相比,多了一项$\hbar^2$。

在物理学中,守恒量是与对称性联系在一起的。在讨论与 LRL 算符有关的守恒量以前,先要弄清楚算符的代数关系(对易关系)。在开普勒问题中,L^2 和 L_z 守恒是与三维空间转动 $SO(3)$相联系的,这属于时空对称性。在推导守恒量 $\boldsymbol{M}$ 时会用到库仑作用(式(4.3.1))。这是哈密顿量 H 的性质,这种对称性被称为"动力学对称性"。现在有 6 个算符 L_x, L_y, L_z; M_x, M_y, M_z。已知对易关系

$$[L_x, L_y]=\mathrm{i}\,\hbar L_z \tag{4.3.21}$$

和另两个循环排列关系。$\boldsymbol{M}$ 与 $\boldsymbol{L}$ 分量的对易关系是

$$[M_x, L_x]=0 \tag{4.3.22}$$

$$[M_x, L_y]=\mathrm{i}\,\hbar M_z \tag{4.3.23}$$

$$[M_x, L_z]=-\mathrm{i}\,\hbar M_y \tag{4.3.24}$$

和另外 6 个循环排列的关系。$\boldsymbol{M}$ 分量间的对易关系比较复杂,涉及 H,它们是

$$[M_x, M_y]=-\frac{2\mathrm{i}\,\hbar}{m}HL_z \tag{4.3.25}$$

和另外两个循环排列的关系。因为 H 出现在代数关系中,6 个算符的 $\boldsymbol{L}$ 和 $\boldsymbol{M}$ 并不封闭。但如果将 H 局限于一个与本征值 E 有关的希尔伯特子空间中,H 就可以被 E 代替。进行重新标度,定义 $\boldsymbol{M}'$:

$$\boldsymbol{M}'=\left(-\frac{m}{2E}\right)^{\frac{1}{2}}\boldsymbol{M} \tag{4.3.26}$$

就有

$$[M'_x, M'_y]=\mathrm{i}\,\hbar L_z \tag{4.3.27}$$

和另两个循环排列关系。因式(4.3.22)、式(4.3.23)和式(4.3.24)对 $\boldsymbol{M}$ 的分量是线性的,它们对 $\boldsymbol{M}'$ 也是成立的。由此可见,局限于一个固定本征值 E 并进行重新标度化就得到了封闭的李代数(Lie algebra)。正因为标度化包括了因子 E,由代数关系便能决定能谱。

考虑四维空间旋转群 $SO(4)$,其生成元是

$$L_{ij}=r_i p_j-r_j p_i,\quad i,j=1,2,3,4 \tag{4.3.28}$$

共有 6 个独立的生成元,因为对角元 $i=j$ 为 0,而 $L_{ij}=-L_{ji}$。令

$$\left.\begin{aligned}&\boldsymbol{L}\ 为(L_{23}, L_{31}, L_{12})\\&\boldsymbol{M}'\ 为(L_{14}, L_{24}, L_{34})\end{aligned}\right\} \tag{4.3.29}$$

即可由

$$[r_i, p_j]=\mathrm{i}\,\hbar\delta_{ij},\quad i,j=1,2,3,4 \tag{4.3.30}$$

实现 $\boldsymbol{L}, \boldsymbol{M}'$分量的对易关系。$so(4)$代数[①]包含两个 $su(2)$子代数:

① 李代数用小写,以区别于相应的李群。

$$so(4)\supset su(2)\oplus su(2)$$

定义

$$\left.\begin{aligned}\boldsymbol{I}&=\frac{1}{2}(\boldsymbol{L}+\boldsymbol{M}')\\ \boldsymbol{K}&=\frac{1}{2}(\boldsymbol{L}-\boldsymbol{M}')\end{aligned}\right\}\tag{4.3.31}$$

容易验证任意 I 的分量与任意 K 的分量对易,而 $\boldsymbol{I}$ 与 $\boldsymbol{K}$ 分别组成两个 $su(2)$代数,即有

$$[I_x,I_y]=\mathrm{i}\,\hbar I_z\tag{4.3.32a}$$

$$[K_x,K_y]=\mathrm{i}\,\hbar K_z\tag{4.3.32b}$$

以及以上两式的循环排列关系。这两个代数是相互独立的:

$$[\boldsymbol{I},\boldsymbol{K}]=0\tag{4.3.33}$$

此外还有

$$[\boldsymbol{I},H]=0,\quad [\boldsymbol{K},H]=0\tag{4.3.34}$$

对易关系式(4.3.32)导致

$$\left.\begin{aligned}\boldsymbol{I}^2&=i(i+1)\,\hbar^2\\ \boldsymbol{K}^2&=\kappa(\kappa+1)\,\hbar^2\end{aligned}\right\}\quad i,\kappa=0,\frac{1}{2},1,\cdots(\text{整数或半整数})\tag{4.3.35}$$

$so(4)$是二秩代数,有两个卡西米尔算符(Casimir operator):它们由生成元构成,但和所有生成元对易,可以选择 $\boldsymbol{I}^2$ 和 $\boldsymbol{K}^2$,也可以选择它们的组合

$$\left.\begin{aligned}C&=\boldsymbol{I}^2+\boldsymbol{K}^2=\frac{1}{2}(\boldsymbol{L}^2+\boldsymbol{M}'^2)\\ C'&=\boldsymbol{I}^2-\boldsymbol{K}^2=\boldsymbol{L}\cdot\boldsymbol{M}'\end{aligned}\right\}\tag{4.3.36}$$

由于开普勒问题的特殊性,$\boldsymbol{L}\cdot\boldsymbol{M}'=0$,它相应的 $so(4)$是个特殊的例子 $\boldsymbol{I}^2=\boldsymbol{K}^2$,即量子数 $i=\kappa$。因此

$$C=2\kappa(\kappa+1)\,\hbar^2,\quad \kappa=0,\frac{1}{2},1,\cdots\tag{4.3.37}$$

从式(4.3.20)和式(4.3.26)有

$$C=\frac{1}{2}\left(\boldsymbol{L}^2-\frac{m}{2E}\boldsymbol{M}^2\right)=-\frac{mk^2}{4E}-\frac{1}{2}\,\hbar^2$$

和式(4.3.37)相比,解出 E,得

$$E=-\frac{mk^2}{2\,\hbar^2(2\kappa+1)^2}\tag{4.3.38}$$

令 $n=2\kappa+1$,由 κ 的取值 $0,\frac{1}{2},1,\cdots$(式(4.3.35))得到 n 的取值 $n=1,2,3,\cdots$,再代入 $k=Ze^2$,就有

$$E_n=-\frac{mZ^2e^4}{2\,\hbar^2n^2}\tag{4.3.39}$$

这正是氢原子的能级。这里没有解薛定谔方程,仅依靠动力学对称的代数性质就得出了能谱。福克[6]也提出了氢原子的 $SO(4)$对称性,可参考文献[7]和文献[8]。

动力学对称性在分析原子核的集体运动中起了重要作用,这就是“相互作用玻色子模型”。

4.3.3　开普勒椭圆轨道波包的构成

M. Nauenberg[9]用量子 LRL 矢量构造了开普勒椭圆轨道的量子力学波包。经典开普勒轨道位于 xy 平面，离心率为 e。相应的两个 $\boldsymbol{M}$ 分量 M_x，M_y 和 L_z 组成与库仑势束缚态哈密顿量 $SO(3)$ 对称的生成元①：

$$[M_x, M_y] = -2\mathrm{i}HL_z, \quad [L_z, M_x] = \mathrm{i}M_y, \quad [L_z, M_y] = -\mathrm{i}M_x \tag{4.3.40}$$

此处

$$H = \frac{p^2}{2} - \frac{1}{r} \tag{4.3.41}$$

我们考虑的实际上是二维氢原子问题②，它的能量本征值是

$$E_n = -\frac{m(Ze^2)^2}{2\hbar^2 n^2}, \quad n = \frac{1}{2}, \frac{3}{2}, \cdots \tag{4.3.42}$$

相应的本征函数是

$$\psi(\rho, \phi) \propto \mathrm{e}^{\mathrm{i}l\phi}\rho^{|l|}\ \mathrm{e}^{-\rho/n}F(-n_\rho, 2\mid l\mid + 1, 2\rho/n) \tag{4.3.43}$$

此处(ρ,ϕ)是极坐标，F 是合流超几何函数，三个量子数中只有两个是独立的：

$$\left.\begin{aligned} &l = 0, \pm 1, \pm 2, \cdots \\ &n_\rho = 0, 1, 2, \cdots \\ &n = n_\rho + \mid l \mid + \frac{1}{2} = \frac{1}{2}, \frac{3}{2}, \frac{5}{2}, \cdots \end{aligned}\right\} \tag{4.3.44}$$

从式(4.3.40)中 M_x 和 M_y 的对易关系可以得到相应力学量的不确定关系：

$$\Delta M_x \Delta M_y \geqslant \frac{1}{2} \mid \langle -2HL_z \rangle \mid \tag{4.3.45}$$

以下要证明，构成模拟经典轨道的量子波包的波函数是 H 的本征态并使 $\Delta M_x \Delta M_y$ 涨落最小，即等式(4.3.45)成立。这些状态满足以下本征方程：

$$(M_x + \mathrm{i}\delta M_y)\psi = \eta\psi \tag{4.3.46}$$

此处 δ 是实参数(将和离心率 e 联系起来)，η 是非厄密算符 $M_x + \mathrm{i}\delta M_y$ 的本征值，因此可以是复数。由于 M_x 与 M_y 不对易，ψ 并非它们的同时本征函数。ψ 同时还是 H 的本征函数：

$$H\psi = E_n\psi \tag{4.3.47}$$

构成波包的基石便从式(4.3.46)和式(4.3.47)的解中选择，它们和椭圆轨道的离心率 e 有关。式(4.3.46)给出

$$\langle M_x \rangle + \mathrm{i}\delta\langle M_y \rangle = \eta \tag{4.3.48}$$

用算符 $M_x - \mathrm{i}\delta M_y$ 左乘式(4.3.46)，得

$$\begin{aligned}(M_x^2 + \mathrm{i}\delta[M_x, M_y] + \delta^2 M_y^2)\Psi &= (M_x^2 + 2\delta HL_z + \delta^2 M_y^2)\psi \\ &= \eta(M_x - \mathrm{i}\delta M_y)\psi\end{aligned}$$

此式进一步给出

$$\begin{aligned}\langle M_x^2 \rangle + 2\delta E_n\langle L_z \rangle + \delta^2\langle M_y^2 \rangle &= \eta(\langle M_x \rangle - \mathrm{i}\delta\langle M_y \rangle) \\ &= \langle M_x \rangle^2 + \delta^2\langle M_y \rangle^2\end{aligned}$$

最后一个等式根据式(4.3.48)得到。将右侧两项移往左侧，有

---

① 在文献[9]中用原子单位 $Ze^2 = \hbar = m = 1$，本节(4.3.3节)内容依此。

② 参阅 H. Mavomatis 的 *Exercises in Quantum Mechanics*(第2版 Kluwer，1992)例8.3。式(4.3.42)中 m，Ze，$\hbar$ 都被恢复以便与三维情况比较。

$$(\Delta M_x)^2 + \delta^2 (\Delta M_y)^2 + 2\delta E_n \langle L_z \rangle = 0 \tag{4.3.49}$$

记 $\Delta M_x \Delta M_y = K$，式(4.3.49)能给出 K 为极小的条件：

$$(\Delta M_x)^2 = \delta K, \quad (\Delta M_y)^2 = \frac{K}{\delta} \tag{4.3.50}$$

代回式(4.3.49)，得

$$K = -E_n \langle L_z \rangle$$

因此，最小不确定性可以在以下条件下达到：

$$\left.\begin{aligned} (\Delta M_x)^2 &= -E_n \delta \langle L_z \rangle \\ (\Delta M_y)^2 &= -\frac{E_n}{\delta} \langle L_z \rangle \end{aligned}\right\} \tag{4.3.51}$$

它说明式(4.3.46)和式(4.3.47)的共同解能达到最小不确定性，即式(4.3.45)的等式成立。

引入升降算符 $A_\pm$：

$$A_\pm = \pm \frac{1}{(-2H)^{1/2}} (\delta M_x + \mathrm{i} M_y) - (1-\delta^2)^{1/2} L_z \tag{4.3.52}$$

参数 δ 的范围是 $0 \leqslant \delta^2 \leqslant 1$。考虑 $A_+\psi$：

$$A_+ \psi = \left[\frac{1}{(-2H)^{1/2}} (\delta M_x + \mathrm{i} M_y) - (1-\delta^2)^{1/2} L_z \right] \psi \tag{4.3.53}$$

左乘以 $(M_x + \mathrm{i}\delta M_y)$，并将此算符和 A_+ 交换，利用对易关系式(4.3.40)，得

$$\begin{aligned} (M_x + \mathrm{i}\delta M_y) A_+ \psi &= A_+ (M_x + \mathrm{i}\delta M_y)\psi + A_+ (-2H)^{1/2} (1-\delta^2)^{1/2} \psi \\ &= \eta A_+ \psi + (-2E_n)^{1/2} (1-\delta^2)^{1/2} A_+ \psi \\ &= \{\eta + [-2E_n(1-\delta^2)]^{1/2}\} A_+ \psi \end{aligned}$$

这个过程可以对 $A_+^2\psi, A_+^3\psi, \cdots$ 重复：

$$(M_x + \mathrm{i}\delta M_y) A_+^m \psi = \{\eta + m[-2E_n(1-\delta^2)]^{1/2}\} A_+^m \psi \tag{4.3.54}$$

即 $A_+^m\psi$ 仍是 $M_x + \mathrm{i}\delta M_y$ 的本征态，相应的本征值为 $\eta + m[-2E_n(1-\delta^2)]^{1/2}$。类似的推演证明 $A_-^m\psi$ 仍是 $M_x + \mathrm{i}\delta M_y$ 的本征态，相应的本征值为 $\eta - m[-2E_n(1-\delta^2)]^{1/2}$。LRL 矢量的方向为椭圆轨道长轴，大小是(原子单位)e。因此，如果选择 η 为实数，从式(4.3.48)就有

$$\langle M_x \rangle = \eta, \quad \langle M_y \rangle = 0 \tag{4.3.55}$$

从 $\eta = 0$ 的解开始，用 A_+ 在本征函数上作用 m 次就得到

$$e = \langle M_x \rangle = m[-2E_n(1-\delta^2)]^{1/2}, \quad \langle M_y \rangle = 0 \tag{4.3.56}$$

的解。显然，升降算符的作用会导致最高(最低)的 e 值。考虑 H 与 $M_x + \mathrm{i}\delta M_y$ 的共同本征态 ψ_n^δ，它满足

$$A_+ \psi_n^\delta = \left[\frac{1}{(-2H)^{1/2}} (\delta M_x + \mathrm{i} M_y) - (1-\delta^2)^{1/2} L_z \right] \psi_n^\delta = 0 \tag{4.3.57}$$

从式(4.3.57)可知，ψ_n^δ 态的有关期望值满足以下关系(先设定 $\langle M_y \rangle = 0$)：

$$\delta \langle M_x \rangle = (-2E_n)^{1/2} (1-\delta^2)^{1/2} \langle L_z \rangle \tag{4.3.58}$$

从定义式(4.3.54)可知，ψ_n^δ 态的 $\langle M_x \rangle$ 已达最大可能值，此时式(4.3.56)中的 m 已达最大值，记为 l_n，即 $\langle M_x \rangle = l_n[-2E_n(1-\delta^2)]^{1/2}$。从式(4.3.58)有 $\langle L_z \rangle = l_n\delta$。至此，$\psi_n^\delta$ 的性质已经完全确定：它是 H 的本征态，本征值是 $-\dfrac{1}{2n^2}$；它是 $M_x + \mathrm{i}\delta M_y$ 的本征态，本征值是

$\frac{l_n}{n}(1-\delta^2)^{1/2}$。此外还有$\langle M_x\rangle=\frac{l_n}{n}(1-\delta^2)^{1/2}$，$\langle M_y\rangle=0$，$\langle L_z\rangle=l_n\delta$，它也是最小不确定态。这就是构筑椭圆轨道波包的基石。量子数 l_n 是和最大离心率联系的，而从索末菲椭圆轨道理论(Sommerfeld's elliptical orbis theopy)可知，最大离心率轨道的角动量量子数是

$$\left.\begin{aligned} &l_n=n-1, &&\text{(三维氢原子)} \\ &l_n=n-\frac{1}{2}, &&\text{(二维氢原子)①} \end{aligned}\right\} \tag{4.3.59}$$

当 n 值很大时，$e=\langle M_x\rangle\to(1-\delta^2)^{1/2}$，与 l_n 无关。这一点对将来叠加不同 n 值(不同 l_n 值)的态得到模拟同一经典轨道(固定 e 值)的波包是十分重要的。从 ψ_n^δ 的$\langle L_z\rangle$值可得，$\delta=\frac{\langle L_z\rangle}{l_n}$。当 n 值很大时，$\delta\to\frac{\langle L_z\rangle}{n}=(-2E_n)^{1/2}\langle L_z\rangle$，因此有

$$e=(1-\delta^2)^{1/2}=(1+2E_n\langle L_z\rangle^2)^{1/2} \tag{4.3.60}$$

和氢原子经典轨道的离心率，即式(4.3.3)(用原子单位)

$$e=(1+2El^2)^{\frac{1}{2}}$$

相比，正好符合。

到此为止，还没有具体解出 ψ_n^δ。将 ψ_n^δ 用氢原子本征函数 $\psi_{n,l}(\boldsymbol{r})$(式(4.3.43))展开：

$$\psi_n^\delta(\boldsymbol{r})=\sum_{l=-l_n}^{l_n}C_{n,l}^\delta\psi_{n,l}(\boldsymbol{r}) \tag{4.3.61}$$

要求 ψ_n^δ 满足

$$(M_x+\mathrm{i}\delta M_y)\psi_n^\delta=\frac{l_n}{n}(1-\delta^2)^{1/2}\psi_n^\delta \tag{4.3.62}$$

即决定了式(4.3.61)的展开系数：

$$C_{n,l}^\delta=\frac{1}{2^{l_n}}\left(\frac{(2l_n)!}{(l_n+l)!\ (l_n-l)!}\right)^{1/2}(1-\delta^2)^{l_n/2}\left(\frac{1+\delta}{1-\delta}\right)^{1/2} \tag{4.3.63}$$

当 l_n 很大时，$C_{n,l}^\delta$ 可以用 l 的高斯分布近似：

$$C_{n,l}^\delta\approx\left[\frac{\pi}{2}l_n(1-\delta^2)\right]^{-1/4}\exp\left[-\frac{(l-\delta l_n)^2}{l_n(1-\delta^2)}\right] \tag{4.3.64}$$

$\psi_n^\delta(\boldsymbol{r})$是“相干能量本征态”，能量值为$-\frac{1}{2n^2}$，$n$ 是固定值，它是 l 态的叠加以给出 δ 参数，它的空间分布在相应离心率的开普勒轨道上有显著峰值。图4.4画出了 ψ_n^δ 的空间概率分布，$l_n=40$，$\delta=0.8$ 相应于 $e=0.6$，$\langle L_z\rangle=32$。在远日点处的峰也和经典分布相符，在此处轨道速度最小。这还不是在运动中的波包，因为它是定态波函数。

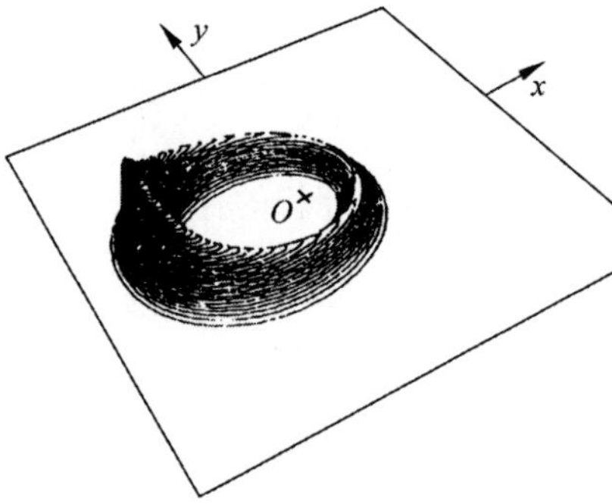

图4.4　相干能量本征态的空间概率分布
取自文献[9]

要得到定域的波包，取相干能量本征态对 n 的线性叠加：

$$\Psi^\delta(\boldsymbol{r},t)=\sum_n a_n\psi_n^\delta(\boldsymbol{r})\mathrm{e}^{-\mathrm{i}E_nt} \tag{4.3.65}$$

① 见式(4.3.44)，此处的 l_n 是式(4.3.44)的 $n_\rho+|l|$。

对系数 a_n，可以取高斯分布：

$$a_n = (2\pi\sigma^2)^{-1/4} e^{-(l_n - l_0)^2/4\sigma^2} \tag{4.3.66}$$

在图 4.5(a)，(b)中画出了二维情况的波包运动(数值计算结果)：$e=0.6$，$\langle L_z \rangle=32$，$\delta=0.8$，$l_0=40$，$\sigma^2=3.0$。图(a)中的 $t=0$，图(b)中的 $t=0.5T_0$（T_0 为开普勒周期）。从图中看出，从近日点开始，波包的运动变慢，形状收缩，到远日点处变得更陡。当波包转回近日点时，宽度比 $t=0$ 时增加，经过两个周期以后(图 4.6)，波包已经展宽得"首尾相接"了。量子力学的干涉效应使波包振幅在轨道上有了非均匀性的变化，出现了波包弥散、分数恢复相间以至整体恢复等量子力学的固有现象。

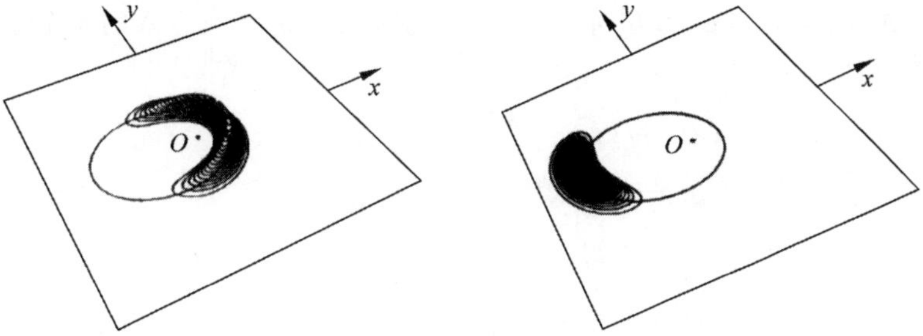

(a) (b)

图 4.5 波包的运动

取自文献[9]

(a) $t=0$； (b) $t=0.5T_0$

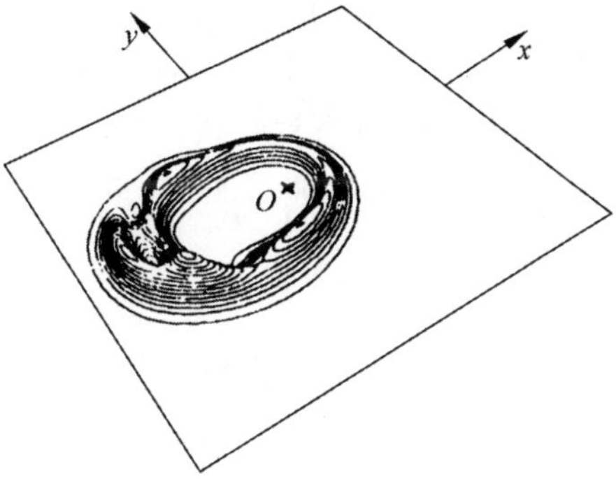

图 4.6 $t=2T_0$ 波包变宽

取自文献[9]

4.3.4 量子力学中的卢瑟福原子

所谓卢瑟福原子，是指在当年的卢瑟福原子模型(Rutherford atomic model)中，电子围绕原子核做开普勒运动，其轨道是非量子化的。那么，有可能构造一个不扩散的量子力学波包模拟电子在原子中的开普勒运动吗？答案是：在一个配角的协助下是可能的。这个配角可以是外场，或是作为第三体的另一个电子。故事要从在太阳-木星体系的稳定拉格朗日点处围绕太阳运动的特洛伊小行星(Trojan asteroids)说起。拉格朗日点是在一个局限的三体问题(太阳、一个行星以及一个质量为 m 的第三个物体——称为"试验质量")中的平衡点。行星围绕太阳(或更准确地说，围绕太阳和行星的质量中心)以角频率 ω 转动。在和行星共同转动的坐标系中有平衡点,在此处太阳与行星的引力正好和离心力平衡。试验质量位于此点可以在转动系中静止,或在太阳-行星惯性系中以角频率 ω 转动。如果拉格朗日点是稳定平衡点,试验质量可以在它附近做小振动。在转动系中,行星作用于试验质量的引力是一个常数矢量,它在惯性系中是绕太阳-行星质心以角频率 ω 转动的矢量。I. Bialynicki-Birula, M. Kalinski 和 J. H. Eberly[10-11]提出,这样的体系可以通过位于角频率 ω 的圆极化电磁场中的氢原子来实现。在库仑场和圆极化电磁场中有电子的稳定圆轨道存在,但它不是定态。在原子单位($e=m=\hbar=1$)中①,体系的哈密顿量是[12]:

$$H=\frac{\boldsymbol{p}^2}{2}-\frac{1}{r}+\varepsilon x-\omega L_z \tag{4.3.67}$$

此处 ε 是电场强度,角频率 ω 的方向沿 z 轴,场的方向沿转动坐标系的 x 轴。这个哈密顿量的本征函数(相应本征值 $E^j(\varepsilon)$)用氢原子波函数展开如下式:

$$\psi_\varepsilon(r,\theta,\phi)=\sum_{nlm}c_{nlm}\mathrm{R}_{nl}(r)\mathrm{Y}_{lm}(\theta,\phi) \tag{4.3.68}$$

定态薛定谔方程给出展开系数所满足的方程:

$$\varepsilon\sum_{n'l'm'}\boldsymbol{x}_{nlm}{}^{n'l'm'}c^j_{n'l'm'}=[E^j(\varepsilon)-E_n+m\omega]c^j_{nlm} \tag{4.3.69}$$

此处用 j 表示式(4.3.67)的能量本征值,$E_n=-1/2n^2$ 是氢原子的能量本征值,$\boldsymbol{x}_{nlm}{}^{n'l'm'}$ 是偶极矩阵元。如在4.2节中讨论的,波包可以用圆里德伯态 $|n,n-1,n-1\rangle$ 构造。考虑用 k 和 s 表示的多重态 $|n,n-1-k,n-1-k-s\rangle$,此处 $k\ll n, s\ll n$。偶极矩阵元的形式是已知的[13],而在条件 $k\ll n, s\ll n$ 时,不同多重态间矩阵元的值远小于相同多重态间的值,相比之下可以忽略。此外,我们将注意力集中在旋转坐标系中的本征函数,它们在角动量空间局限于展开式(4.3.68)中以某个值 n_0 为中心的有限数量的一些态。在上述条件下可以取所有非零的矩阵元为 $\boldsymbol{x}_{nlm}{}^{n'l'm'}=n_0{}^2/2=r_0/2$,此处 r_0 是量子数为 n_0 的玻尔轨道半径。n 值的局限可以允许将氢原子能量本征值在 n_0 附近展开到二阶,即有

$$E_n=-\frac{1}{2n_0{}^2}+\omega_c\delta n-\frac{3}{2}\frac{\delta n^2}{r_0^2} \tag{4.3.70}$$

此处 $\omega_c=1/n_0{}^3$ 是轨道 n_0 的开普勒频率,$\delta n=n-n_0$。本征方程式(4.3.69)化简后就是在傅里叶空间的马蒂尔方程(Mathieu function)。用以 $e^{i\delta n\phi}$ 为基的位形空间方程表示为

$$\left[\frac{3}{2}\frac{1}{r_0^2}\frac{\partial^2}{\partial\phi^2}+\varepsilon r_0\cos\phi\right]f=[E^j(\varepsilon)-E_{n_0}+(n_0-k-s)\omega]f \tag{4.3.71}$$

这是质量为 $-1/3$ 的量子摆的库仑方程。本征值 $E^j_{ks}(\varepsilon)$ 对强场和弱场情况都有解析表达式[12],量子数 k 和 s 与角动量有关,j 代表量子摆的激发状态。对比不进行细节讨论,只简单给出结果。在文献[11]中,作者用数值计算证实了里德伯形状不变的波包的存在。图4.7给出了在惯性系中波包随时间演化的等值图。每个周期取三幅图,分别是第1,2,3,5,7,10周期。参数如下:

$$\omega=209.049\mathrm{GHz},\quad \varepsilon=-2\,243.36\mathrm{V/m},\quad r_0=3\,394.71(\text{玻尔半径})$$

该图给人以波包形状保持的强烈印象,这是库仑能谱的非线性被压制的结果。文献[12]的

---

① 在原子单位体系中,长度单位是玻尔轨道半径 $a_0=\frac{\hbar^2}{e^2m_e}=5.29\times10^{-11}\mathrm{m}$,能量单位是氢原子结合能 $\frac{m_ee^4}{2\hbar^2}=13.6\mathrm{eV}$。其他单位均可由此导出。例如时间单位是光传播玻尔轨道半径长度所需的时间,即 $1.765\times10^{-19}\mathrm{s}$。

一个很重要的结果是：特洛伊波包可以通过从圆轨道开始将电磁场绝热引入而得到。图 4.8 显示了电子概率密度的角度局域化。它在 $t=0$ 以及在 6 个、14 个、20 个和 24 个周期时的 4 幅快照，表明了在场指数增加时角度的局域化增强。初态是 $n=20$ 的圆轨道。

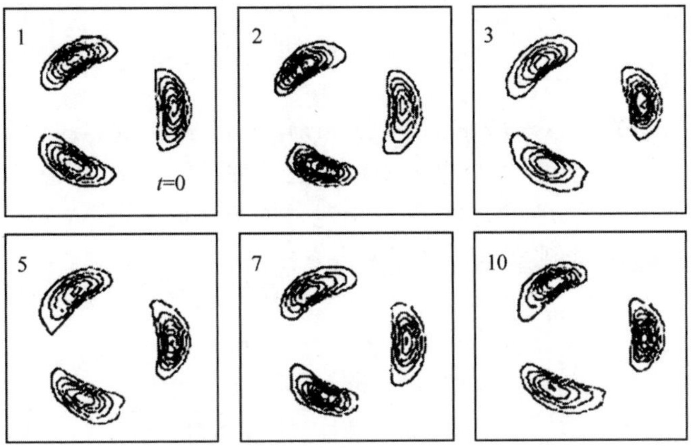

图 4.7 在惯性系中波包随时间的演化

取自文献[11]

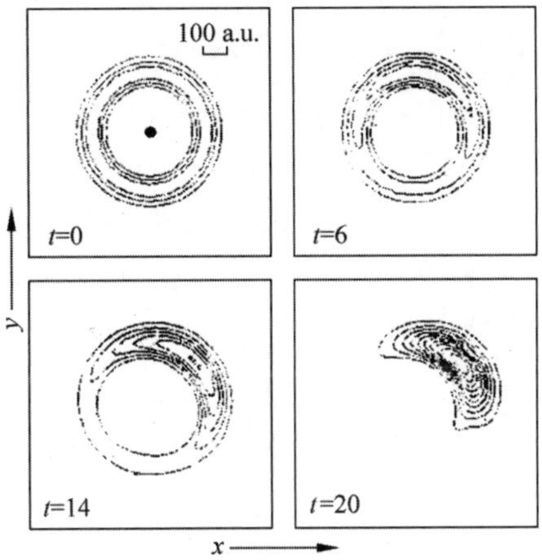

图 4.8 电子概率密度的角度局域化

取自文献[12]

原子中电子的不扩散的波包也可以不用外场的帮助而作为特洛伊小行星的模拟而实现[14-15]。在 2-电子原子中，两个电子非对称激发到里德伯态：$\langle r_1\rangle \ll \langle r_2\rangle$，电子 1 和电子 2 分别代表内电子和外电子。在经典绝热模型中，当外电子旋转一周时，内电子已经旋转了许多周。时间尺度的差别允许我们在此时应用绝热近似。外电子可以感受到内电子对于库伦势的展蔽效应，因而 $Z_{\text{eff}} \ll 1$。外电子提供了旋转电场，可使核心(原子核和内电子)极化，使内电子的椭圆轨道进动。两个电子的转动方向相反，内电子椭圆轨道的长轴绝热地跟随外电子，如图 4.9 所示。2-电子原子的含

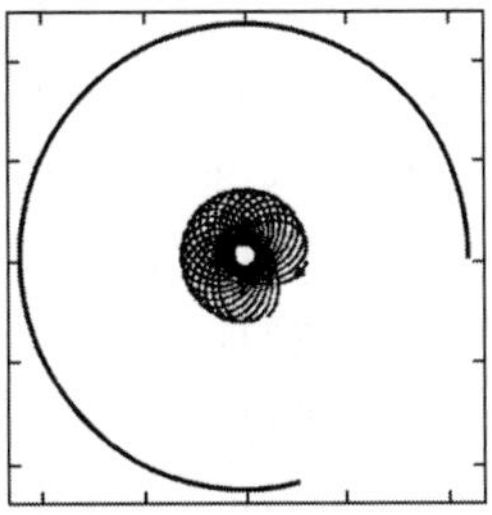

图 4.9 电子经典轨道的数值模拟

取自文献[15]

时哈特里方程(Hartree equation)是：

$$H_i\psi_i = \mathrm{i}\frac{\partial\psi_i}{\partial t},\quad i=1,2 \tag{4.3.72}$$

此处

$$H_i = -\frac{\nabla^2}{2} - \frac{2}{|\boldsymbol{r}|} + \int\frac{\rho_j(\boldsymbol{r},t)}{|\boldsymbol{r}-\boldsymbol{r}'|}\mathrm{d}\boldsymbol{r},\quad i\neq j \tag{4.3.73}$$

$$\rho(\boldsymbol{r},t) = \rho_1(\boldsymbol{r},t) + \rho_2(\boldsymbol{r},t) = |\psi_1(\boldsymbol{r},t)|^2 + |\psi_2(\boldsymbol{r},t)|^2 \tag{4.3.74}$$

忽略变换势(福克项)是安全的，两个电子相距很远，因此 $\psi_1(\boldsymbol{r})\psi_2(\boldsymbol{r})$ 对所有的点 $\boldsymbol{r}$ 都几乎为0。这种情况允许我们在 H_1 的多极展开中对外电子保留偶极项，对内电子保留单极项。这样哈特里方程就成为两个独立电子的薛定谔方程：

$$H_1 = -\frac{\nabla_1^2}{2} - \frac{1}{|\boldsymbol{r}_1|} + \frac{\boldsymbol{d}(t)\cdot\boldsymbol{r}_1}{|\boldsymbol{r}_1|^3} \tag{4.3.75}$$

$$H_2 = -\frac{\nabla_2^2}{2} - \frac{2}{|\boldsymbol{r}_2|} + \frac{1}{|\boldsymbol{r}_2-\boldsymbol{R}(t)|} \tag{4.3.76}$$

此处

$$\left.\begin{aligned}\boldsymbol{R}(t) &= \int\psi_1^*(\boldsymbol{r}_1,t)\boldsymbol{r}_1\psi_1(\boldsymbol{r}_1,t)\mathrm{d}\boldsymbol{r}_1\\ \boldsymbol{d}(t) &= \int\psi_2^*(\boldsymbol{r}_2,t)\boldsymbol{r}_2\psi_2(\boldsymbol{r}_2,t)\mathrm{d}\boldsymbol{r}_2\end{aligned}\right\} \tag{4.3.77}$$

对于 $\boldsymbol{R}$ 和 $\boldsymbol{d}$ 以相同角频率 ω 以及同样相位转动，有

$$\left.\begin{aligned}\boldsymbol{R}(t) &= R(\hat{\boldsymbol{x}}\cos\omega t + \hat{\boldsymbol{y}}\sin\omega t)\\ \boldsymbol{d}(t) &= d(\hat{\boldsymbol{x}}\cos\omega t + \hat{\boldsymbol{y}}\sin\omega t)\end{aligned}\right\} \tag{4.3.78}$$

将式(4.3.75)和式(4.3.76)中与时间有关的项线性化以后，耦合定态哈特里方程变为

$$\left.\begin{aligned}\left[-\frac{\nabla^2}{2} - \frac{1}{|\boldsymbol{r}|} - E_1x - \omega L_z\right]\phi_1 &= \varepsilon_1\phi_1\\ \left[-\frac{\nabla^2}{2} - \frac{2}{|\boldsymbol{r}|} + E_2x - \omega L_z\right]\phi_2 &= \varepsilon_2\phi_2\end{aligned}\right\} \tag{4.3.79}$$

耦合通过 E_1 和 E_2 实现，此处 $E_1=\frac{2d}{R^3}$，$E_2=\frac{1}{R^2}$。

我们看到了两个图画的等价性，一个是借助于外场，另一个是借助于第三个粒子。我们在此不叙述波包的构成过程，只给出结果[15]。两个电子与时间有关的概率密度的频闪快照示于图4.10。外电子处于特洛伊波包态，$n_1=60$，无量纲参数 $q=1/R^3\omega^2=0.956\,2$；内电子处于椭圆轨道，离心率 $\varepsilon=0.25$，$n_2=21$。外电子外接正方形占据空间10 800×10 800(任意单位)，内电子轨道是经过放大的，给出的时间数字以旋转周期为单位。

在实验方面，H. Meada 和 T. F. Gallagher[16]得到了 Li 原子里德伯态在微波场中的不扩散波包。他们还进一步将实验提高到用微波操控波包的水平[17]。此前的讨论强调了波包形状的保持，实际上波包的轨道是经典的，即轨道是非量子化的。轨道的玻尔半径 r_0 和旋转角频率 ω 都是非量子化的，即它们能连续变化。在实验[17]中通过在13～19GHz增减微波频率就能使电子的结合能和轨道大小连续变化。

氢原子的结合能是 $E_n=Ry/n^2$，此处 Ry 是里德伯常数。能级间距是 $\Delta E=-2Ry/n^3$。设波包包含 Δn 个状态。经典的开普勒频率是

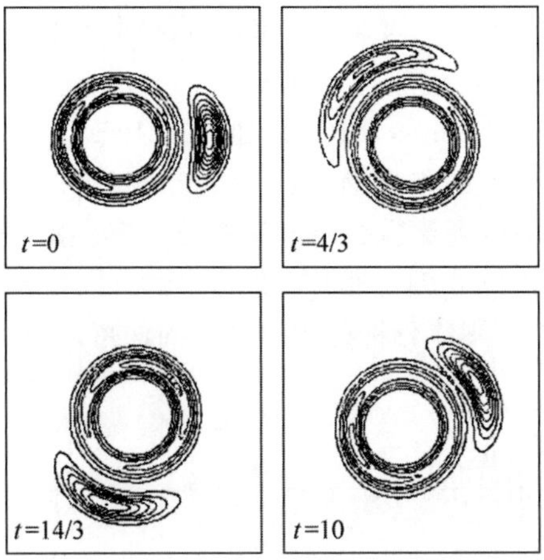

图 4.10 两个电子的概率密度随时间的演化

取自文献[15]

$$f_{\mathrm{K}}=\frac{\Delta E}{h}=\frac{2Ry}{hn^3}=6.6\times10^{15}\ \frac{1}{n^3}\mathrm{Hz}$$

$n=70$,$f_{\mathrm{K}}=19.2\mathrm{GHz}$,属于微波范围。在 x 轴方向线性极化的微波场中,最局域化的波包是当电子(和场的频率同步)运动在一个沿 x 轴具有高度离心率的轨道上实现的,如图 4.11 所示。Li 原子的价电子被激发,再用微波照射原子。微波频率最初调谐在开普勒频率上,此后连续调高或调低。微波场先将电子运动锁相,此后在连续调高或调低频率时增加或减小开普勒频率,同时改变轨道大小和结合能。当频率增高(降低)时,轨道增大(减小),结合能减小(增加)。在实验中观察到 n 的变化,并观察到在频率连续调整的过程中,电子运动与微波场保持锁相。当微波频率从 19GHz 调到 13GHz 时,最初在 $n=70$ 状态的原子转变为 $n=79$ 状态。

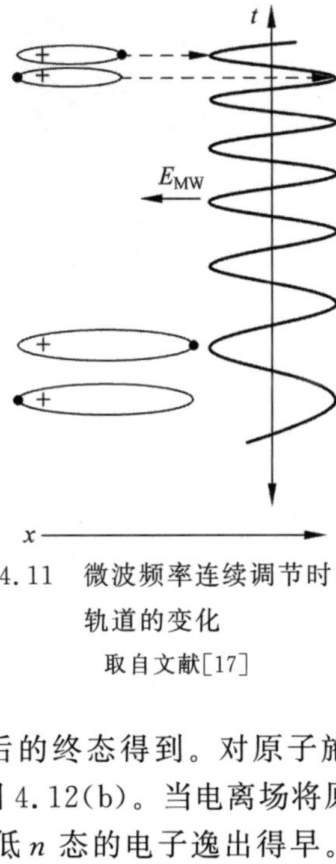

图 4.11 微波频率连续调节时电子轨道的变化

取自文献[17]

进行电子轨道的操控过程如下。用激光脉冲将 Li 原子价电子激发到 $65<n<90$,微波场最初调整到开普勒频率。微波频率的连续变化和电子轨道的变化示于图 4.11。n 的变化和锁相的持续可以从分析微波脉冲照射后的终态得到。对原子施加直流电离场,在 1μs 时间内从 0V/cm 增到 40V/cm,过程示于图 4.12(b)。当电离场将原子一侧的势垒降得足够低时,电子就可以逸出。高 n 态的电子比低 n 态的电子逸出得早。场电离的电子被探测,时间分辨的场电离信号就可以用来推断终态的分布,如图 4.13 所示。当 $n=70$ 的原子被 19GHz 脉冲照射时(图 4.13(a)),它们基本停留在这个状态上。在电离场达到 27V/cm 时,这个终态被电离。当微波场变得太强(约 4V/cm)时,原子被完全电离。当 $n=79$ 的原子被 19GHz 脉冲照射时(图 4.13(b)),原子停留在这个状态上,这是因为微波频率和 $n=79$ 态的开普勒频率相差太多,不易将原子状态重新分配。原子在电离场达到 18V/cm 时被电离。当 $n=70$ 的原子被频率连续调低(19～13GHz)的脉冲照射时(微波场为 0.5～1.4V/cm,图 4.13(c)),大多数原子从 $n=70$ 被转移到 $n=79$ 状态。以上结果演示了

连续变频的微波场将电子运动锁相,并将电子轨道的开普勒频率从19GHz减到13GHz,将量子数从70增到79的过程。锁相还可以用动量选择电离进一步证实,利用亚皮秒(sub-picosecond)半周脉冲(half cycle pulse,HCP),如图4.12所示。电子轨道是沿着x轴方向高度离心的,这个方向也是微波的极化轴。HCP给予电子在$+x$方向的动量转移Δp。如果电子沿$+x$方向运动,它会得到足够的能量从原子逃逸。如果它沿$-x$方向运动,将损失能量,不发生电离。在微波连续变频过程中,不同时间分几次用HCP对原子进行照射,以验证电子动量与微波场同步。具体分析证实了锁相的保持。

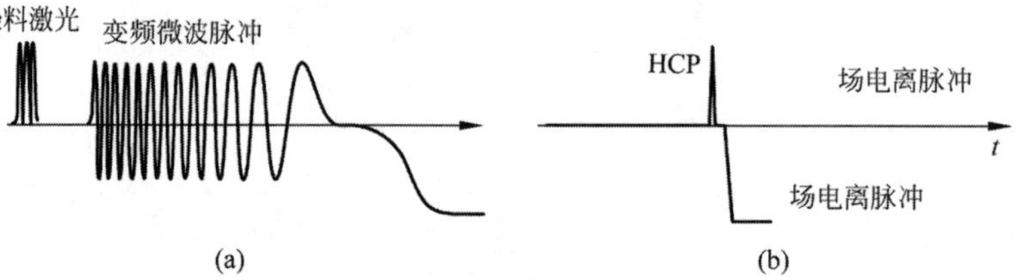

图4.12 实验中各种脉冲的时间安排

取自文献[17]

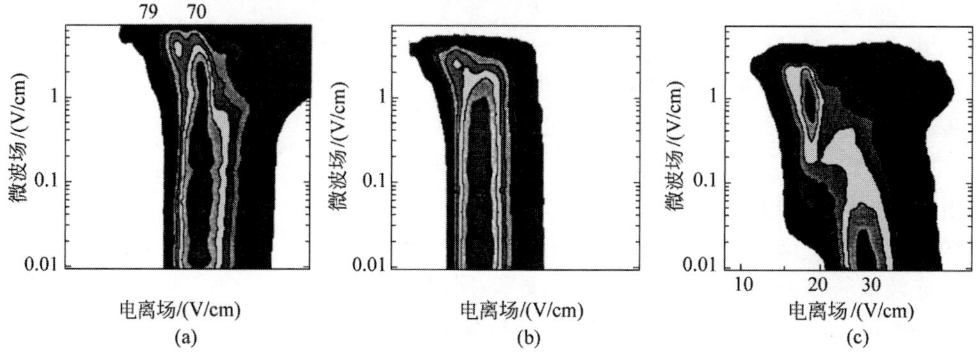

图4.13 照射微波脉冲后的终态分布

取自文献[17]

4.4 波包恢复和分数恢复

Z. D. Gaeta和C. R. Stroud Jr.[18]计算了氢原子圆轨道波包的传播、扩散、分数恢复和恢复过程,并给出了一个清楚的图像。按L. Brown[3]的做法,把$\psi_{n,n-1,n-1}(\boldsymbol{r})$对$n$的高斯分布叠加:

$$\Psi(\boldsymbol{r},t)=\frac{1}{(2\pi\sigma_n^2)^{1/4}}\sum_{n=1}^{\infty}\mathrm{e}^{-(n-\bar{n})^2/4\sigma_n^2}\psi_{n,n-1,n-1}(\boldsymbol{r})\mathrm{e}^{\mathrm{i}t/2n^2} \tag{4.4.1}$$

此处$\bar{n}$和σ_n是高斯分布的平均值和标准偏差,仍用原子单位。为了得到较窄和扩散较慢的波包,采用了较大的$\bar{n}$值(计算采用$\bar{n}=320,\sigma_n=2.5$)。波包的传播、扩散、恢复和分数恢复都源于动力学相因子。这在式(4.2.14)和式(4.2.24)也遇到过。将$t/2n^2$在$\bar{n}$附近展开:

$$\frac{t}{2n^2}=\frac{t}{2\bar{n}^2}\left(1-2\frac{\Delta n}{\bar{n}}+3\left(\frac{\Delta n}{\bar{n}}\right)^2-4\left(\frac{\Delta n}{\bar{n}}\right)^3+\cdots\right) \tag{4.4.2}$$

此处$\Delta n=n-\bar{n}$。如只取括号中的线性质,就有(只标出时间变量)

$$\Psi_{\mathrm{cl}}(t)=\sum_{n=1}^{\infty}w_n\psi_{n,n-1,n-1}\mathrm{e}^{-2\pi\mathrm{i}\Delta nt/T_0} \tag{4.4.3}$$

w_n 是高斯分布因子，T_0 是相当于 $\bar{n}$ 的轨道经典周期，$T_0=2\pi\bar{n}^3$。这是完全周期的“经典”波函数。波包在 $0\leqslant t\leqslant T_0$ 的传播情况示于图 4.14。由二阶项造成的波包扩展由式(4.4.19)给出。用式(4.2.25)$T_{\text{rev}}=\dfrac{\bar{n}}{3}T_0$($T_{\text{rev}}$ 是恢复时间)可将式(4.2.19)改写为

$$[\Delta\phi(t)]^2=[\Delta\phi(0)]^2+\frac{\pi^2}{[\Delta\phi(0)]^2}\left(\frac{t}{T_{\text{rev}}}\right)^2 \tag{4.4.4}$$

当上式右侧等于 $\pi^2/3$(随机变量在图上均匀分布时的方差)时，波包就扩展到整个圆轨道。对现在的情况，这个弥散时间记为 T_{sp}，且

$$T_{\text{sp}}=T_{\text{rev}}/8.713=12.2T_0$$

图 4.15 画出了波包扩展到整个圆轨道的情况，从此波包首尾相接，出现了量子力学特征的干涉现象。波包的恢复已在 4.2 节讨论过。I. Sh. Averbuch 和 N. F. Perelman[19] 给出了部分恢复的条件，在任何时间 $t=\dfrac{k_1}{k_2}T_{\text{rev}}$($k_1$ 与 k_2 互为质数)都可以发生分数恢复。在分数恢复时波包分裂成 K 个几乎相同的小波包：

$$\Psi(t)=\sum_{k=0}^{K-1}a_k\Psi_{\text{cl}}\left(t+\frac{kT_0}{K}\right) \tag{4.4.5}$$

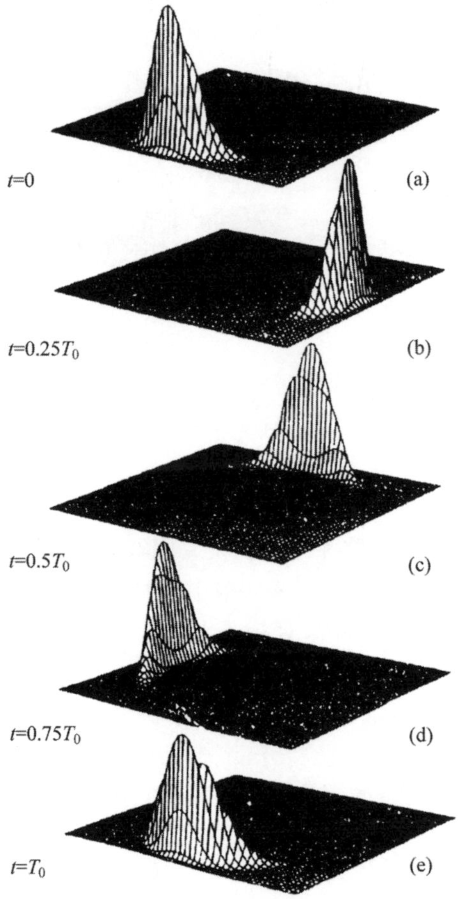

图 4.14 波包在初期演化阶段($t\leqslant T_0$)

取自文献[18]

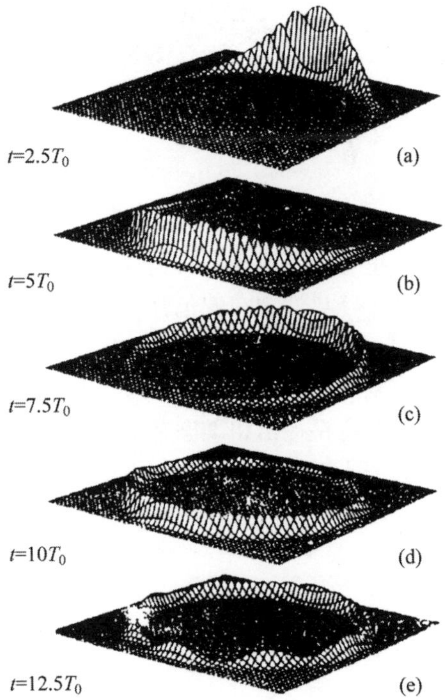

图 4.15 波包扩展到整个圆轨道

取自文献[18]

a_k 是相因子，ψ_{cl} 定义见式(4.4.3)。图4.16画出了 $K=2,3,4,5,6,7$ 的分数恢复和完全恢复的情况，注明了发生的时间。如果 K 值过大，分数恢复将不明显。

在实验方面，J. A. Yeazell和C. R. Stroud，Jr.[20]首先观测到在角度上定域的波包，并观测到分数恢复。径向波包实验的发现较早。G. Alber，H. Ritsch和P. Zoller[21]用时间延迟法二光子实验(第一个光子激发原子到里德伯态，第二个光子进行探测)测到径向波包，也发现了分数恢复现象。

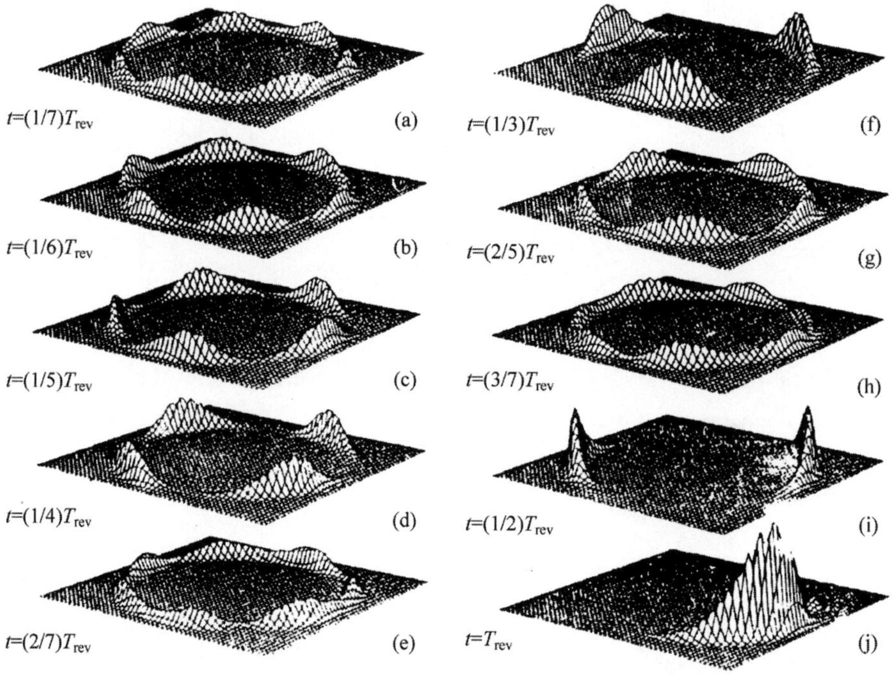

图4.16　波包的分数恢复

取自文献[19]

由里德伯态波函数所构成的开普勒轨道波包显示出许多经典性质，但它本质上是量子力学的。经典性质在波包弥散前($t<T_{sp}$)及在波包恢复时($t=T_{rev}$及此后的高阶恢复)是明显的。它表现为一个定域波包沿开普勒轨道传播。弥散和分数恢复是量子行为的体现。波包恢复所占据的时间之于整个波包的运动时间就像有理数嵌入实数中一样。

在薛定谔提出相干态是经典粒子运动的量子力学对应时，对量子力学的诠释问题还没有解决。当时物理学家曾寄希望于任何量子体系都能找到与经典轨道的对应。当量子力学诠释问题解决之后，这方面的努力就中止了。以上轨道波包的讨论有助于阐明经典性质及其局限。

4.5　态叠加原理与量子退相干

最突出地表明量子物理与经典物理不同的原理是态叠加原理。由于薛定谔方程是线性的，量子体系的波函数在最一般的初始条件下会演化为哈密顿量本征态的相干叠加。以最简单的二能级体系为例，在任意时间，波函数可以写作

$$\psi = c_1\psi_1 + c_2\psi_2 \tag{4.5.1}$$

$$|c_1|^2 + |c_2|^2 = 1 \tag{4.5.2}$$

对体系的状态进行测量,结果是 ψ_1(概率$|c_1|^2$)或 ψ_2(概率$|c_2|^2$)。状态 ψ 用密度矩阵$\boldsymbol{\rho}$ 表示,是

$$\boldsymbol{\rho} = |\psi\rangle\langle\psi| = |c_1|^2 |\psi_1\rangle\langle\psi_1| + c_1c_2^* |\psi_1\rangle\langle\psi_2| + c_2c_1^* |\psi_2\rangle\langle\psi_1| + |c_2|^2 |\psi_2\rangle\langle\psi_2| \tag{4.5.3}$$

测量改变了体系的状态,从状态 ψ 变成了混合态,它的密度矩阵是

$$\boldsymbol{\rho}_m = |c_1|^2 |\psi_1\rangle\langle\psi_1| + |c_2|^2 |\psi_2\rangle\langle\psi_2| \tag{4.5.4}$$

用矩阵形式表示,则有

$$\boldsymbol{\rho} = \begin{pmatrix} |c_1|^2 & c_1c_2^* \\ c_1^*c_2 & |c_2|^2 \end{pmatrix} \tag{4.5.5}$$

$$\boldsymbol{\rho}_m = \begin{pmatrix} |c_1|^2 & 0 \\ 0 & |c_2|^2 \end{pmatrix} \tag{4.5.6}$$

在测量过程中非对角元消失,这称为“波函数的编缩”。纯态与混合态的区别在于叠加态间的相对相位(出现于 ρ 的非对角元)。在电子通过双缝的衍射过程中,双缝后面的波函数由式(4.5.1)给出,两项的相干给出了干涉条纹。如果在缝后面放置计数器尝试确定电子从哪个缝通过,则式(4.5.5)的非对角元会和干涉图样一并消失。

在经典物理理论中,体系的演化不会有相干叠加出现。由于某些原因,例如初始条件的不确定,对体系状态的预言可以有概率的论断。但那是类似式(4.5.6)混合态的预言,而不可能有两个态的相干叠加,如式(4.5.5)。问题是,如果认为量子力学是普遍的,它对于宏观体系也应成立,态的叠加也不例外。是什么原因使密度矩阵的非对角元消失呢？在量子力学初创时期,这就是“薛定谔的猫”问题。他描述了一个“魔鬼的盒子”,其中有一个放射源,它在一小时后有50%的概率衰变。如果它衰变,放出的辐射将会启动一个装置放出剧毒物质,关闭在盒中的猫就一定会中毒而死。放射源的衰变服从量子力学规律,因此一小时后它的状态是$\frac{1}{\sqrt{2}}(|\uparrow\rangle + |\downarrow\rangle)$,此处$|\uparrow\rangle$代表未衰变的状态,$|\downarrow\rangle$代表衰变了的状态。以$|\smile\rangle$和$|\frown\rangle$分别代表活猫和死猫。一小时后总体系的状态就是

$$\frac{1}{\sqrt{2}}(|\smile\rangle|\uparrow\rangle + |\frown\rangle|\downarrow\rangle) \tag{4.5.7}$$

薛定谔巧妙地把量子体系(核)的叠加和宏观的猫的生与死缠绕在一起:猫就成为活猫和死猫的叠加。式(4.5.7)不仅表明猫的生、死概率各为50%,这对于经典物理领域来说是可以接受的;同时还显示了活猫和死猫的相干叠加,这是经典物理理论中从未出现的。是什么机制把这个相干去掉的呢？从量子力学(可能状态的相干叠加)到经典力学(允许不同的可能状态,但它们是互相排斥的)的过渡是从量子力学初创时期就不断引起激烈争辩的问题。

玻尔给出第一个解释。他认为应在量子领域和经典领域间划出明显界线。在进行测量时用的仪器是经典的,因此应使用经典定律。玻尔自己也知道不存在一个很固定的界限,因为仪器本身也可以作为量子体系,而被另一个经典仪器所测量。这个解释在物理角度不能令人满意,因为宏观物体的组成部分都是服从量子力学规律的。在适当的条件下,它们的集

合体所满足的经典规律应该能从其基础——量子力学规律——自然得出。此外也不能把宏观和经典、微观和量子等同起来。因此问题归结为：量子理论是普遍的，它本身应能解释量子系统各种可能状态的叠加，如何能在测量过程中实现这些可能状态的其中之一。近年来各种观点趋于一致：和环境的相互作用导致退相干(decoherence)，它使纯态转变为混合态。根据量子力学观点，一个宏观体系状态一般也是若干宏观状态的线性叠加。由于和环境的相互作用，部分关于叠加的信息(在密度矩阵非对角元中包含的部分)会泄漏给环境。泄漏的速率应依赖于体系的大小，或两个粒子间的距离。对于宏观体系，这个速率应该非常大，以致退相干可以"即刻"完成。在退相干完成后，密度矩阵仅有对角元，即体系处于混合态。在如何实现退相干方面，还有不同的模型或理论。下面的讨论基于 Zurek 的研究[22-25]。和玻尔不同，冯·诺依曼在 1932 年[26]提出，仪器的行为也遵守量子力学规律，Zurek 采纳了这个观点。考虑体系 S，它的希尔伯特空间由正交归一态 $|\uparrow\rangle$ 和 $|\downarrow\rangle$ 所张成。也可以采取其他的基：

$$\left.\begin{aligned}|\oplus\rangle &= \frac{1}{\sqrt{2}}[|\uparrow\rangle + |\downarrow\rangle]\\ |\otimes\rangle &= \frac{1}{\sqrt{2}}[|\uparrow\rangle - |\downarrow\rangle]\end{aligned}\right\} \tag{4.5.8}$$

或

$$\left.\begin{aligned}|\rightarrow\rangle &= \frac{1}{\sqrt{2}}[|\uparrow\rangle + \mathrm{i}|\downarrow\rangle]\\ |\leftarrow\rangle &= \frac{1}{\sqrt{2}}[|\uparrow\rangle - \mathrm{i}|\downarrow\rangle]\end{aligned}\right\} \tag{4.5.9}$$

如果 $|\uparrow\rangle$ 和 $|\downarrow\rangle$ 是 σ_z 的本征矢，则 $|\oplus\rangle$ 和 $|\otimes\rangle$ 是 σ_x 的本征矢，$|\rightarrow\rangle$ 和 $|\leftarrow\rangle$ 是 σ_y 的本征矢。探测器的希尔伯特空间由 $|\smile\rangle$ 和 $|\frown\rangle$ 张成。其可以替代的基有

$$\left.\begin{aligned}|+\rangle &= \frac{1}{\sqrt{2}}[|\smile\rangle + |\frown\rangle]\\ |-\rangle &= \frac{1}{\sqrt{2}}[|\smile\rangle - |\frown\rangle]\end{aligned}\right\} \tag{4.5.10}$$

或

$$\left.\begin{aligned}|\wedge\rangle &= \frac{1}{\sqrt{2}}[|\smile\rangle + \mathrm{i}|\frown\rangle]\\ |\vee\rangle &= \frac{1}{\sqrt{2}}[|\smile\rangle - \mathrm{i}|\frown\rangle]\end{aligned}\right\} \tag{4.5.11}$$

体系和探测器本身的哈密顿量在测量过程中不起重要作用①，它们之间由相互作用耦合：

$$\begin{aligned}H^{\mathrm{SD}} &= g[|\wedge\rangle\langle\wedge| - |\vee\rangle\langle\vee|] \otimes [|\uparrow\rangle\langle\uparrow| - |\downarrow\rangle\langle\downarrow|]\\ &\equiv gH\end{aligned} \tag{4.5.12}$$

SD 意为体系与探测器相互作用，g 是耦合常数。直积号 $\otimes$ 后面的算符作用于体系的状态，前面的算符作用于探测器的状态。可以算出

---

① 这是一个理想化的模型，目的是探讨去相干机制，并非要算出具体的体系及探测器的演化。模型的结果可以为更现实的情况提供引导，4.6 节最后有关于这个问题的讨论。

$$(H^{SD})^2=g^2H^2=g^2[|\wedge\rangle\langle\wedge|+|\vee\rangle\langle\vee|]\otimes[|\uparrow\rangle\langle\uparrow|+|\downarrow\rangle\langle\downarrow|]$$
$$=g^2I_D\otimes I_S\equiv g^2I \tag{4.5.13}$$

此处 I 是单位算符，计算中利用了基的正交性和完全性。体系和探测器的复合体的演化算符是(用式(4.5.13))

$$\exp\left(-\mathrm{i}\frac{H^{SD}}{\hbar}t\right)=\exp\left(-\mathrm{i}\frac{g}{\hbar}tH\right)=\left(\cos\frac{g}{\hbar}t\right)I-\mathrm{i}\left(\sin\frac{g}{\hbar}t\right)H \tag{4.5.14}$$

根据式(4.5.12)，有

$$H=-\mathrm{i}[|\smile\rangle\langle\frown|+|\frown\rangle\langle\smile|]\otimes[|\uparrow\rangle\langle\uparrow|-|\downarrow\rangle\langle\downarrow|]$$

令复合体从 $t=0$ 开始演化：

$$|\Psi(t=0)\rangle=[a|\uparrow\rangle+b|\downarrow\rangle]\otimes|\smile\rangle \tag{4.5.15}$$

有

$$|\Psi(t)\rangle=\exp\left(-\mathrm{i}\frac{g}{\hbar}tH\right)|\Psi(0)\rangle=\cos\frac{g}{\hbar}t[a|\uparrow\rangle+b|\downarrow\rangle]\otimes|\smile\rangle-$$
$$\sin\frac{g}{\hbar}t[a|\uparrow\rangle-b|\downarrow\rangle]\otimes|\frown\rangle \tag{4.5.16}$$

为了看到演化的结果，在上式中代入 $t=\pi\hbar/4g$，得

$$\left|\Psi\left(t=\frac{\pi\hbar}{4g}\right)\right\rangle=a|\uparrow\rangle\otimes|-\rangle+b|\downarrow\rangle\otimes|+\rangle \tag{4.5.17}$$

体系和探测器间的相互作用所带来的幺正演化导致了它们状态间的关联！但幺正演化并不能解决测量问题，因为如果代入两倍的时间，就会有

$$\left|\Psi\left(t=\frac{\pi\hbar}{2g}\right)\right\rangle=-\frac{1}{\sqrt{2}}[a|\uparrow\rangle-b|\downarrow\rangle]\otimes|\frown\rangle \tag{4.5.18}$$

关联又不见了。如果代入三倍的时间，有

$$\left|\Psi\left(t=\frac{3\pi\hbar}{4g}\right)\right\rangle=-[a|\uparrow\rangle\otimes|+\rangle+b|\downarrow\rangle\otimes|-\rangle] \tag{4.5.19}$$

关联和式(4.5.17)正好相反！仔细想一下倒也没有什么奇怪，因为幺正演化算符式(4.5.14)本来是时间的周期函数。此外还有一个问题，探测器知道它该测什么量吗？从式(4.5.17)看，它像是在测量 $|\uparrow\rangle$ 或 $|\downarrow\rangle$，但可以把式(4.5.17)改写为

$$\left|\Psi\left(t=\frac{\pi\hbar}{4g}\right)\right\rangle=\frac{1}{\sqrt{2}}[a|\uparrow\rangle+b|\downarrow\rangle]\otimes|\smile\rangle-\frac{1}{\sqrt{2}}[a|\uparrow\rangle-b|\downarrow\rangle]\otimes|\frown\rangle \tag{4.5.20}$$

对 $a=b=\dfrac{1}{\sqrt{2}}$，它是

$$\left|\Psi\left(t=\frac{\pi\hbar}{4g}\right)\right\rangle=\frac{1}{\sqrt{2}}[|\oplus\rangle\otimes|\smile\rangle-|\otimes\rangle\otimes|\frown\rangle] \tag{4.5.21}$$

探测器和体系的 $|\oplus\rangle$ 和 $|\otimes\rangle$ 发生了关联，即探测器测的是 $|\oplus\rangle$ 和 $|\otimes\rangle$，这说明连如何选基函数都还不确定，这正是量子关联的特点。为了强调量子关联和经典关联的区别，惠勒[27]举了一个例子。将一个硬币一劈为二，一个带有正面 $|h\rangle$，一个带有反面 $|t\rangle$。将它们各装入一个信封，送交距离为任意远的两个观测者。这里，选择观测的对象是肯定的：正面或反面，而且两个观测的结果是相互关联的。这个经典关联情况可以用混合态的密度矩阵

表示：

$$\boldsymbol{\rho}=\frac{1}{\sqrt{2}}[|h_1\rangle\langle h_1||t_2\rangle\langle t_2|+|t_1\rangle\langle t_1||h_2\rangle\langle h_2|] \tag{4.5.22}$$

量子关联的选择(测量什么)都是不确定的。作为量子关联的特点，在测量之前不仅两个自旋状态是未知的(这点和经典关联类似)，而且连状态都是未定的(究竟是 S_x 的、S_y 的还是 S_z 的本征态)。这正是量子力学的特征。这个状况是 EPR 佯谬的玻姆版本(本书 1.7 节)。冯・诺依曼了解这个问题，因此他引入了非幺正的态矢量(波函数)的编缩。纯态(见式(4.5.17))的密度矩阵是

$$\begin{aligned}\boldsymbol{\rho}^c=&|a|^2|\uparrow\rangle\langle\uparrow||-\rangle\langle-|+ab^*|\uparrow\rangle\langle\downarrow||-\rangle\langle+|+\\&a^*b|\downarrow\rangle\langle\uparrow||+\rangle\langle-|+|b|^2||\downarrow\rangle\langle\downarrow||+\rangle\langle+|\end{aligned} \tag{4.5.23}$$

态矢编缩的结果是非对角元的消失，从而得到混合态的约化密度矩阵$\boldsymbol{\rho}^r$：

$$\boldsymbol{\rho}^c\rightarrow\boldsymbol{\rho}^r=|a|^2\uparrow\rangle\langle\uparrow||-\rangle\langle-|+|b|^2|\downarrow\rangle\langle\downarrow||+\rangle\langle+| \tag{4.5.24}$$

这样对角元的系数$|a|^2$ 和$|b|^2$ 可以给以经典解释：它们是出现$|\uparrow\rangle$与$|\downarrow\rangle$的概率。放弃存储在非对角元中的信息，换来的是测量的选择已经确定：是$|\uparrow\rangle$或$|\downarrow\rangle$而非$|\oplus\rangle$或$|\otimes\rangle$。如果将对应式(4.5.22)的密度矩阵的非对角元去掉，测量选择的便是$|\oplus\rangle$和$|\otimes\rangle$。

冯・诺依曼的“非幺正过程”是外加的，并非量子理论本身的结果。量子退相干的原因应是宏观体系与环境的相互作用。

4.6　与环境相互作用导致的退相干

宏观量子系统永不能与其环境隔绝。考虑环境 E，它也是量子体系，与体系 S 及探测器 D 相互作用。它可以是仪器的一部分，具有许多自由度。它的作用是吸收密度矩阵非对角元所包含的信息从而导致波函数编缩，继而确定被测量的可观测量(称为“指针可观测量(pointer observable)”)及其本征态(称“指针基(pointer basis)”)。以下先做一般讨论，然后讨论具体模型。SDE 复合体演化如下：

$$|\Phi(t=0)\rangle=|\psi\rangle\otimes|D_0\rangle\otimes|E(t=0)\rangle \tag{4.6.1}$$

这是 $t=0$ 时的复合体状态。直积号隔开的依次是体系、探测器和环境的状态。由于体系和探测器相互作用，它们的复合体演化到 t_1，产生了一定的关联。在此之前，环境的相互作用尚未启动：

$$|\Phi(t=t_1)\rangle=\left\{\sum_n c_n|n\rangle\otimes|D_n\rangle\right\}\otimes|E(t_1)\rangle \tag{4.6.2}$$

根据 4.5 节的讨论，此时的指针观测量尚未确定。在上式中花括号内的体系-探测器状态也可以用其他的基展开。环境与探测器的相互作用从 t_1 开始投入，到 $t=t_2$ 的复合体状态演化为

$$|\Phi(t=t_2)\rangle=\sum_n c_n|n\rangle\otimes|D_n\rangle\otimes|E_n(t_2)\rangle \tag{4.6.3}$$

环境与体系、探测器建立了关联，也就确定了指针基$|n\rangle$。这是由 ED 相互作用选定的。环境与探测关联的建立是以部分体系-探测器关联的损失为代价的。因此，此时的体系-探测器复合体已经不能随意建立除$|n\rangle$与$|D_n\rangle$以外的其他关联。这是环境的重要作用之一。以下环境的作用是把体系-探测器状态从纯态转化为混合态，即使非对角元衰减。但在这样做以前，先要确定把什么基放在对角元上。对环境不做测量，因此在求 $t>t_2$ 时的约化密度矩

阵时,要对环境求迹:

$$\begin{aligned}\boldsymbol{\rho} &= \mathrm{tr}_{\mathrm{E}} \mid \Phi(t > t_2)\rangle\langle\Phi(t > t_2) \mid \\ &= \sum_{m,n} c_n c_m^* \mid D_n\rangle\langle D_m \mid \otimes \mid n\rangle\langle m \mid \otimes \mathrm{tr}_{\mathrm{E}} \mid E_n(t)\rangle\langle E_m(t) \mid\end{aligned} \tag{4.6.4}$$

下面将采用简单的可解模型演示在 t 足够大时,$\mathrm{tr}_{\mathrm{E}}|E_n(t)\rangle\langle E_m(t)| = \langle E_m(t)|E_n(t)\rangle$以指数趋近 δ_{nm},即$\boldsymbol{\rho}$ 的非对角元指数衰减:指针可观测量的各本征态间的相干随时间衰减,使系统进入指针可观测量的任何一个本征态而不是它们的叠加,从而完成退相干:

$$\rho \approx \sum_n \mid c_n \mid^2 \mid D_n\rangle\langle D_n \mid \otimes \mid n\rangle\langle n \mid \tag{4.6.5}$$

SD 复合体处于混合态。它可以是$|n\rangle\otimes|D_n\rangle$的任何态,几乎等于$|c_n|^2$,但不同 n 的态是独立的,故态叠加消失了。退相干就是这样出现的。

环境含有大量(N)二能级体系。其中第 k 个占据$|\smile)_k$ 态或$|\frown)_k$ 态,此处圆弧和下标用于标明环境状态。环境与原子间没有相互作用,也没有自己的哈密顿量。环境与探测器相互作用的哈密顿量为

$$H^{\mathrm{DE}} = \sum_n H_k^{\mathrm{DE}} \tag{4.6.6}$$

此处

$$H_k^{\mathrm{DE}} = g_k[\mid \smile\rangle\langle\smile \mid - \mid \frown\rangle\langle\frown \mid] \otimes [\mid \smile)(\smile \mid - \mid \frown)(\frown \mid]_k \otimes \prod_{j\neq k} 1_j \tag{4.6.7}$$

从式(4.6.7)可以看到,H_k^{DE} 的本征态是探测器的任何状态$|\smile\rangle$或$|\frown\rangle$与任意一个环境原子 k 的任何状态$|\smile\rangle_k$ 或$|\frown)_k$ 的直积,本征值是$\pm g_k$。令 $t=0$ 代表 DE 相互作用开始起作用的时间,而此时 S 与 D 已经有了关联:

$$\mid \Phi(0)\rangle = [a \mid \uparrow\rangle \otimes \mid \smile\rangle + b \mid \downarrow\rangle \otimes \mid \frown\rangle] \prod_{k=1}^{N} \otimes [\alpha_k \mid \smile)_k + \beta_k \mid \frown)_k] \tag{4.6.8}$$

由于探测器状态和环境原子状态的直积是 H^{DE} 的本征态,在 H^{DE} 作用下,$|\Phi(0)\rangle$演化到时间 t 的公式变为

$$\begin{aligned}\mid \Phi(t)\rangle = {} & a \mid \uparrow\rangle \otimes \mid \smile\rangle \prod_{k=1}^{N} \otimes [\alpha_k \mathrm{e}^{-\mathrm{i}g_k t/\hbar} \mid \smile)_k + \beta_k \mathrm{e}^{\mathrm{i}g_k t/\hbar} \mid \frown)_k] + \\ & b \mid \downarrow\rangle \otimes \mid \frown\rangle \prod_{k=1}^{N} \otimes [\alpha_k \mathrm{e}^{\mathrm{i}g_k t/\hbar} \mid \smile)_k + \beta_k \mathrm{e}^{-\mathrm{i}g_k t/\hbar} \mid \frown)_k]\end{aligned} \tag{4.6.9}$$

将环境态缩写为

$$\begin{aligned}\mid E_{|\smile\rangle}(t)\rangle &\equiv \prod_{k=1}^{N} \otimes [\alpha_k \mathrm{e}^{-\mathrm{i}g_k t/\hbar} \mid \smile)_k + \beta_k \mathrm{e}^{\mathrm{i}g_k t/\hbar} \mid \frown)_k], \\ \mid E_{|\frown\rangle}(t)\rangle &\equiv \prod_{k=1}^{N} \otimes [\alpha_k \mathrm{e}^{\mathrm{i}g_k t/\hbar} \mid \smile)_k + \beta_k \mathrm{e}^{-\mathrm{i}g_k t/\hbar} \mid \frown)_k]\end{aligned} \tag{4.6.10}$$

此处 E 的下标$|\smile\rangle$和$|\frown\rangle$为它们和探测器状态的关联(因此用尖括号表示)。式(4.6.9)变为

$$\mid \Phi(t)\rangle = a \mid \uparrow\rangle \otimes \mid \smile\rangle \otimes \mid E_{|\smile\rangle}(t)\rangle + b \mid \downarrow\rangle \otimes \mid \frown\rangle \otimes \mid E_{|\frown\rangle}(t)\rangle \tag{4.6.11}$$

从 $\Phi(0)$演化到 $\Phi(t)$确立了指针可观测量算符

$$\hat{\Lambda} = \lambda_1 \mid \smile \rangle\langle \smile \mid + \lambda_2 \mid \frown \rangle\langle \frown \mid \tag{4.6.12}$$

λ_1 和 λ_2 为实数。实际上$|\smile\rangle$和$|\frown\rangle$就是进入 H^{DE} 的探测器状态,即进入 H^{DE} 的状态将成为指针基。虽然在 $t=0$ 时,体系-探测器复合体也可以用其他基表示,环境却在各种可能的基中选中了$|\smile\rangle$和$|\frown\rangle$。体系-探测器复合体的约化密度矩阵是

$$\begin{aligned}\boldsymbol{\rho}^{SD} &= \mathrm{tr}_E \mid \Phi(t)\rangle\langle\Phi(t) \mid \\ &= |a|^2 \mid \uparrow\rangle\langle\uparrow \mid \otimes \mid \smile\rangle\langle\smile \mid + z(t)ab^* \mid \uparrow\rangle\langle\downarrow \mid \otimes \mid \smile\rangle\langle\frown \mid + \\ &\quad z^*(t)a^*b \mid \downarrow\rangle\langle\uparrow \mid \otimes \mid \frown\rangle\langle\smile \mid + |b|^2 \mid \downarrow\rangle\langle\downarrow \mid \otimes \mid \frown\rangle\langle\frown \mid\end{aligned} \tag{4.6.13}$$

此处

$$z(t) = \langle E_{|\smile\rangle}(t) \mid E_{|\frown\rangle}(t)\rangle = \prod_{k=1}^{N} [\cos(2g_k t/\hbar) - \mathrm{i}(|\alpha_k|^2 - |\beta_k|^2)\sin(2g_k t/\hbar)] \tag{4.6.14}$$

关联振幅 $z(t)$在退相干过程中起决定性作用,它的性质如下:

$$z(0) = 1 \tag{4.6.15}$$

$$|z(t)|^2 \leqslant 1 \tag{4.6.16}$$

$$\langle z(t)\rangle = \lim_{T\to\infty} T^{-1}\int_0^T z(t)\mathrm{d}t = 0 \tag{4.6.17}$$

$$\langle |z(t)|^2\rangle = 2^{-N}\prod[1 + (|\alpha_k|^2 - |\beta_k|^2)^2] \tag{4.6.18}$$

式(4.6.18)表明,除非环境的初始状态与哈密顿量的一个本征态组合(对所有的 k,有 α_k,β_k,其中之一为0,而另一个模为1),否则$|z(t)|^2$ 的期望值远小于1。图4.17给出了关联振幅 $z(t)$作为 t 的函数,由式(4.6.14)给出,$|\alpha_k|=|\beta_k|$,即 $z(t)=\prod\cos 2g_k t/\hbar$。图4.17(a)取 $N=5$,图4.17(b)取 $N=10$,图4.17(c)取 $N=15$。g_k 的值从(0,1)随机选出。从结果可以看到,当 $N=15$ 时这个数不大,但对退相干的效果已经很显著,且增加 N 的效果是明显的。在热力学极限 $N\to\infty$时,H^{DE} 变为不可逆的。它通过建立环境-探测器关联确立了指针基并编缩态矢。在以上的模型中,体系、探测器、环境都遵守量子力学规律,复合体及各部分的演化都是由有关的哈密顿量决定的。指针基的出现是动力学演化(关联建立)的结果,没有外加的非幺正过程。指针态间的相干之所以衰减,是与多自由度的环境相互作用的结果。关联振幅也会像统计力学中的物理量一样,有涨落与庞加莱复现(Poincaré recurrence theorem)。将模型讨论的机制用于一般量子体系及其关联的衰减、涨落、复现,在文献[22]和文献[23]中有进一步的讨论。

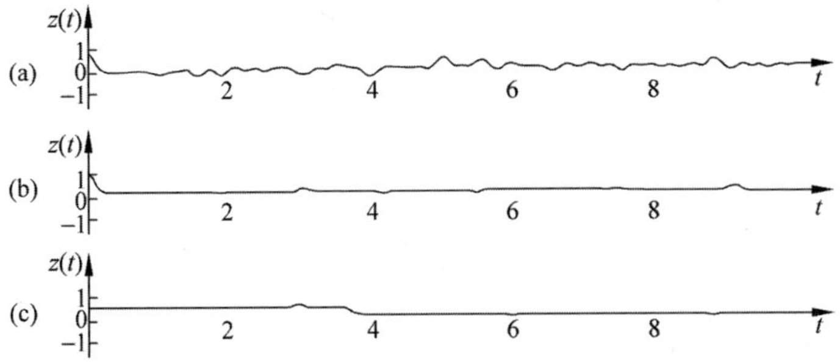

图4.17 关联振幅随时间的演化

取自文献[22]和文献[23]

(a) $N=5$;(b) $N=10$;(c) $N=15$

在写出相互作用哈密顿量(式(4.5.12))时,曾提及忽略自哈密顿量的问题。它带来的方便是:指针态都是定态,因此复合体的演化就可以直接写出(例如式(4.6.9))。这个假设对一些体系会失效,但宏观体系的开放性(与环境不能隔离)以及环境在宏观水平时使叠加原理失效的作用仍可作为其指导原则。当每一个指针态都不是定态时,就需要找出它的推广:对丧失纯态而变成混合态最有"抵抗力"的状态。W. Zurek, S. Habib 和 J. P. Paz[28] 研究了做量子布朗运动(Brownian motion)的谐振子,定义了线性熵,然后求熵增加最小的条件,结论是这种状态就是相干态。

4.7 一个退相干的动力学模型

自从 20 世纪 80 年代以来,开放体系的量子理论研究显著加强了。很多在实验上可以研究的体系都属于这个范畴。此类体系许多属于宏观量子体系,对于它们,环境问题是至关重要的。对环境问题的处理(或模拟)也能直接采用退相干。一个易于处理的环境模型是一组大量的谐振子,也可以采用与此等价的无质量量子场。前者是 A. Caldeira 等人[29] 的做法,是基于费曼等人[30] 关于量子体系和耗散体系相互作用的理论。我们将在 7.5 节详细讨论这个模型。后者是 W. Zurek 和 W. Unruh[31] 所用的模型。在这里,我们简单介绍模型的基本概念而不深入技术细节。记质量为 1 的谐振子坐标为 x(体系),它和在 q 方向传播的无质量标量场 $\varphi(q,t)$(环境)通过哈密顿量 H_{int} 相互作用:

$$H_{\text{int}} = \varepsilon x \frac{\partial \varphi}{\partial t} \tag{4.7.1}$$

此处 ε 是耦合常数。令 $\mathcal{L}$ 为拉格朗日密度。从体系的作用量 $\int \mathcal{L} \mathrm{d}t \mathrm{d}q$ 出发,可以导出谐振子与场的运动方程。谐振子的运动方程是

$$\ddot{x} + \frac{\varepsilon^2}{2}\dot{x} + \Omega_0^2 x = -\varepsilon \dot{\varphi}_0 \tag{4.7.2}$$

此处 Ω_0 是谐振子的角频率,φ_0 是自由传播场的解。方程式(4.7.2)可以看作朗之万方程(Legevin equation)。体系-环境相互作用的效应是双重的。它导致了阻尼力 $-\eta\dot{x}$,$\eta=\varepsilon^2/2$ 表示黏滞性,也导致了随机的涨落力 $-\varepsilon\varphi_0$。在通常的朗之万方程中,涨落力是 $\langle\dot{\varphi}_0(t)\dot{\varphi}(0)\rangle \sim \delta(t)$。在高温近似下仅考虑标量场的热激发,略去与温度无关的力,取

$$\langle\dot{\varphi}_0(t)\dot{\varphi}_0(0)\rangle \approx \frac{k_{\mathrm{B}}T}{2}\delta(t) \tag{4.7.3}$$

粒子的密度矩阵 $\boldsymbol{\rho}(x,x')$ 在位置表象中按主方程(master equation)演化:

$$\frac{\mathrm{d}\boldsymbol{\rho}}{\mathrm{d}t} = -\frac{\mathrm{i}}{\hbar}[H,\boldsymbol{\rho}] - \gamma(x-x')\left(\frac{\mathrm{d}\boldsymbol{\rho}}{\mathrm{d}x} - \frac{\mathrm{d}\boldsymbol{\rho}}{\mathrm{d}x'}\right) - \frac{2m\gamma kT}{\hbar^2}(x-x')^2\boldsymbol{\rho} \tag{4.7.4}$$

此处 H 是粒子的哈密顿量,γ 是弛豫率,T 是场 φ 的温度。γ 和黏滞系数 η 有关,而 η 取决于粒子和场在 H_{int} 中的耦合常数 ε,即有

$$\gamma = \frac{\eta}{2m},\quad \eta = \frac{\varepsilon^2}{2} \tag{4.7.5}$$

式(4.7.4)中的第一项是动力学演化,是薛定谔方程的推论。第二项是环境的耗散效应,第三项是导致布朗运动的涨落,是导致退相干的根源。Zurek 用一个例子对退相干时间尺度做了一个估计。考虑两个高斯波包的相干叠加:

$$\chi(x)=\chi^{+}(x)+\chi^{-}(x) \tag{4.7.6}$$

波包宽度为 δ，它们的中心相距 Δx，$\Delta x \gg \delta$，见图 4.18。密度矩阵

$$\boldsymbol{\rho}(x,x')=\chi(x)\chi^{*}(x') \tag{4.7.7}$$

在 (x,x') 平面上有 4 个峰(图 4.19)，两个来自对角元(峰的位置 $x=x'$)，两个来自非对角元($x=-x'$)。主方程式(4.7.4)的最后一项和 $(x-x')^2$ 成正比。它对对角元影响不大，但却是导致非对角元衰减的因子。衰减率可以直接从方程读出：

$$\tau_{\mathrm{D}}^{-1} \approx 2\gamma \frac{mkT(\Delta x)^2}{\hbar^2}$$

退相干时间 τ_{D} 是

$$\tau_{\mathrm{D}} \approx \tau_{\mathrm{R}} \frac{\hbar^2}{2mkT(\Delta x)^2}=\tau_{\mathrm{R}}\left(\frac{\lambda_{\mathrm{T}}}{\Delta x}\right)^2 \tag{4.7.8}$$

注意到 $\lambda_{\mathrm{T}}=\dfrac{\hbar}{\sqrt{2mkT}}$ 是热德布罗意波长，$\tau_{\mathrm{R}}=\dfrac{1}{\gamma}$ 是弛豫时间，τ_{D} 可以写作

$$\tau_{\mathrm{D}}=\tau_{\mathrm{R}}\left(\frac{\lambda_{\mathrm{T}}}{\Delta x}\right)^2 \tag{4.7.9}$$

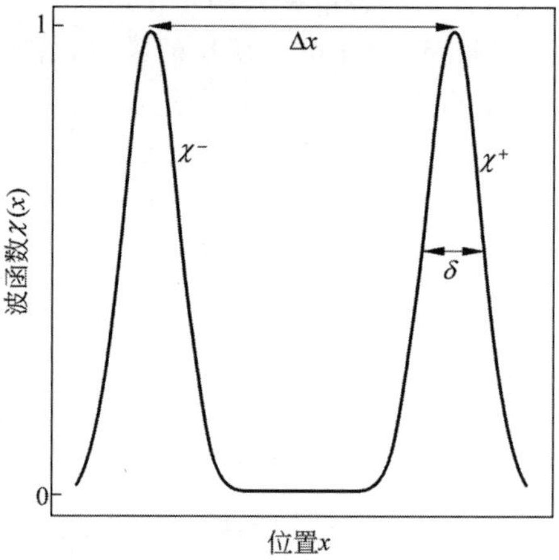

图 4.18　两个高斯波包的相干叠加

取自文献[25]

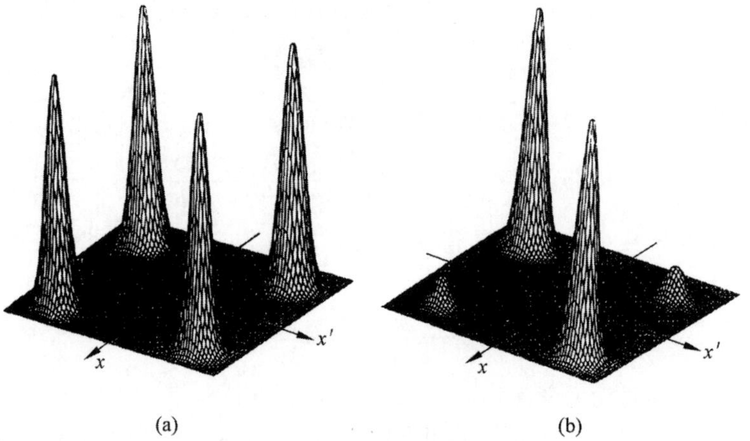

图 4.19　波包 χ 的密度矩阵

取自文献[25]

(a) 当 $t=0$ 时；(b) 部分退相干

对宏观物体，$\tau_D \ll \tau_R$。例如 $T=300\mathrm{K}, m=1\mathrm{g}, \Delta x=1\mathrm{cm}, \tau_D/\tau_R=10^{-40}$。宏观上可区别的位置间的退相干是在近于瞬间发生的。在图 4.19(b)中，非对角峰也接近消失，两个对角元的峰就可以当作经典的位置分布函数了。另一个极端情况是引力波探测器(低温韦伯棒(Weber bar)) $m=100\mathrm{kg}, T=10^{-3}\mathrm{K}, \Delta x=10^{-19}\mathrm{cm}$，它的 τ_D/τ_R 可以达到 10^{-2}。退相干被低温和所需的高精度位置测量大大延缓了。如此庞大的棒必须作为量子谐振子处理①。

4.8 量子动力学的经典极限

量子力学是在希尔伯特空间表述的，而经典力学是在相空间表述的。量子动力学和它的经典极限间的关系可以通过波函数的维格纳变换[32]表示：

$$W(x,p)=\frac{1}{2\pi\hbar}\int_{-\infty}^{\infty}\mathrm{e}^{\mathrm{i}py/\hbar}\psi^*\left(x+\frac{y}{2}\right)\psi\left(x-\frac{y}{2}\right)\mathrm{d}y \tag{4.8.1}$$

维格纳分布(Wigner distribution function) $W(x,p)$ 是实函数，但可能是负值，因此一般情况下不能作为分布函数诠释。但如果将 $W(x,p)$ 对 p 积分，则有

$$\int_{-\infty}^{\infty}W(x,p)\mathrm{d}p=\int_{-\infty}^{\infty}\delta(y)\psi^*\left(x+\frac{y}{2}\right)\psi\left(x-\frac{y}{2}\right)\mathrm{d}y=\psi^*(x)\psi(x) \tag{4.8.2}$$

该式正是 x 的分布函数。求 ψ 的傅里叶变换：

$$\phi(p)=\frac{1}{\sqrt{2\pi\hbar}}\int_{-\infty}^{\infty}\mathrm{e}^{-\mathrm{i}p\xi/\hbar}\Psi(\xi)\mathrm{d}\xi \tag{4.8.3}$$

其对 p 的分布函数是

$$\phi^*(p)\varphi(p)=\frac{1}{2\pi\hbar}\int_{-\infty}^{\infty}\mathrm{e}^{\mathrm{i}p(\eta-\xi)/\hbar}\psi^*(\eta)\psi(\xi)\mathrm{d}\xi\mathrm{d}\eta \tag{4.8.4}$$

令

$$\eta=x+\frac{y}{2},\quad \xi=x-\frac{y}{2} \tag{4.8.5}$$

有

$$\begin{aligned}\varphi^*(p)\varphi(p)&=\frac{1}{2\pi\hbar}\int_{-\infty}^{\infty}\mathrm{e}^{\mathrm{i}py/\hbar}\psi^*\left(x+\frac{y}{2}\right)\psi\left(x-\frac{y}{2}\right)\mathrm{d}x\mathrm{d}y\\&=\int_{-\infty}^{\infty}W(x,p)\mathrm{d}x\end{aligned} \tag{4.8.6}$$

即 $W(x,p)$ 对 x 积分给出 p 的分布函数。

对于最小不确定波包

$$\psi(x)\approx\exp\left[-\frac{(x-x_0)^2}{\delta^2}+\mathrm{i}\frac{p_0x}{\hbar}\right] \tag{4.8.7}$$

其维格纳分布函数是

$$W(x,p)=\frac{1}{\pi\hbar}\exp\left[-\frac{(x-x_0)^2}{\delta^2}-\frac{(p-p_0)^2\delta^2}{\hbar^2}\right] \tag{4.8.8}$$

这里 x 与 p 都是高斯分布，满足最小不确定关系，说明 ψ(式(4.8.7))是量子力学波函数(希尔伯特空间矢量)能给出的经典运动粒子(相空间中一点)的最逼近的模拟。

维格纳分布可以推广到密度矩阵

① 参阅本书 1.10 节。

$$W(x,p)=\frac{1}{2\pi\hbar}\int_{-\infty}^{\infty}\mathrm{e}^{\mathrm{i}py/\hbar}\,\boldsymbol{\rho}\left(x-\frac{y}{2},x+\frac{y}{2}\right)\mathrm{d}y \tag{4.8.9}$$

对于式(4.7.6)给出的两个高斯波包的相干叠加 $\chi=\chi^{+}+\chi^{-}$，它的维格纳分布是

$$W\approx\frac{W^{+}+W^{-}}{2}+\frac{1}{\pi\hbar}\exp\left[-\frac{p^{2}\delta^{2}}{\hbar^{2}}-\frac{x^{2}}{\delta^{2}}\right]\cos\left(\frac{\Delta x}{\hbar}p\right) \tag{4.8.10}$$

此外，W^{+} 和 W^{-} 是 χ^{+} 和 χ^{-} 的维格纳分布。图4.20(a)画出了式(4.8.10)给出的维格纳分布。除两个对 x 和 p 变量都是高斯型的分布外，还有由第二项带来的振荡式分布。由于 W 的振荡行为，它不能被诠释为相空间的分布。W 的运动方程可以从主方程式(4.7.4)给出：

$$\frac{\mathrm{d}W}{\mathrm{d}t}=\left(-\frac{p}{m}\frac{\partial W}{\partial x}+\frac{\partial V}{\partial x}\frac{\partial W}{\partial p}\right)+2\gamma\frac{\partial(pW)}{\partial p}+D\frac{\partial^{2}W}{\partial p^{2}} \tag{4.8.11}$$

此处 V 是势能，

$$D=2m\gamma kT=\eta kT \tag{4.8.12}$$

式(4.8.11)括号中的第一项就是经典的泊松括号(Poisson bracket)：

$$[H,W]_{\text{Poisson}}=\frac{\partial H}{\partial x}\frac{\partial W}{\partial p}-\frac{\partial H}{\partial p}\frac{\partial W}{\partial x} \tag{4.8.13}$$

这是因为有

$$\frac{\partial H}{\partial x}=\frac{\partial V}{\partial x}\quad\text{和}\quad\frac{\partial H}{\partial p}=\dot{x}=\frac{p}{m}$$

对于谐振子，经典动力学在相空间中的刘维尔(Liouville)形式从量子动力学得出。对于一般体系，式(4.8.11)右侧还应有量级为 $O(\hbar)$ 的量子修正。第二项是阻尼项。第三项是 W 在动量空间中的扩散，扩散系数为 D(式(4.8.12))。实际上，扩散项的效应是简单的。由于式(4.8.10)中的振荡项 $\cos\left(\frac{\Delta x}{\hbar}p\right)$ 是 $\frac{\partial^{2}}{\partial p^{2}}$ 的本征函数，扩散项倾向于减少振荡项，其衰减率为 $\tau_{\mathrm{D}}^{-1}=2m\gamma kT\left(\frac{\Delta x}{\hbar}\right)^{2}$。图4.20(a)中的负值谷将在 τ_{D} 时间量级被基本填平(图4.20(b))。这时就可以给 W 以概率分布的诠释。分布形成两个在 x 和 p 都是高斯型分布的波包，相当于在相空间中的两个点，它们的出现是等概率的。在这个例子中，退相干和阻尼是联系在一起的。

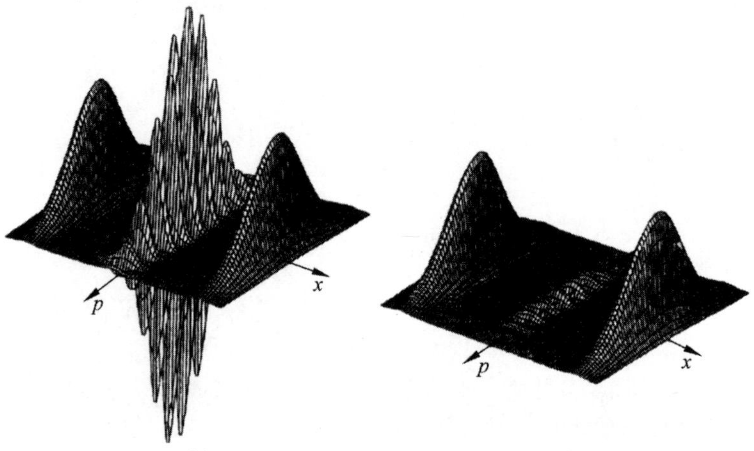

图4.20　阻尼导致退相干

取自文献[25]

(a) 相干波包叠加的维格纳分布；(b) 分布在动量空间扩散导致去相干

前面几节从量子力学规律的普遍性出发,讨论了宏观体系在环境的影响下退相干而显现出经典性质的情况。与此平行的还有另外一个问题,宏观体系是否有可能保持量子力学的性质呢?超流与超导的发现给人们以启示,某些宏观的粒子体系也有量子力学性质。环境的作用仍是重要的,但在一定条件下,相位的相干性仍能保持,这将在第6章中讨论。问题的两个方面实际上支持一个统一观点:量子力学的规律是普遍的,既适用于微观体系,也适用于宏观体系。在某些条件下,宏观体系显示量子行为,例如具有约瑟夫森结(Josephson junction)的超导环,或是重以吨计的引力波探测器;而在其他条件下作为量子力学定律的后果,显示经典行为。

退相干与波包编缩究竟是量子力学的推论,还是需要从量子力学之外给予假设,物理学家的意见是有分歧的。在20世纪60—70年代,第一种观点属于少数,从20世纪70年代起,持这种观点的人数持续增加。在这个方向上也有各种不同的、具体的实现方式[33-35]。这里只介绍了Zurek的观点,他的文章[25]发表后引起了激烈的讨论[36]。

上文讨论的很多模型都是专门设计的,以通过实现一个宏观极限达到理解经典性的量子原因的目的。其共同的面貌是量子体系在环境的连续监察之下,其他所有的结果则是因模型与施加条件的不同而异。Anglin, Paz 和 Zurek 指出了这个特征,并且强调了以下三点:

(1) 对一个作为两个相隔高斯态相干叠加的线性布朗振子(它们从原点被移动相等且相反的距离$\pm a$),它的相干时间标度为

$$\tau'_d=\frac{\hbar^2}{8M\gamma a^2 k_B T}$$

此式不是普适的。对低温或非欧姆阻尼环境,退相干速率$D(t)$一般不是线性的,退相干时间将是T和a的复杂函数。

(2) 始态制备。如果在开始时有爆发,其后就会有很快的退相干,这可能源于在始态中体系和环境很少缠绕。如在上例中,始态不是叠加高斯态,而是体系的基态,然后施加外力将布朗振子在一定时间内驱动到叠加高斯态,退相干即被抑制,不会发生起始的爆发。

(3) 退相干随增加的距离a而饱和。在以上情况1和情况2中,退相干时间与a^2成反比。在有的模型中,粒子与线性环境有准定域的非线性相互作用,退相干率就不再无限制地随a^2增加,而是在一定的时间饱和。

Anglin,Paz 和 Zurek 做出结论,从量子到经典体制的研究应该依据个案具体研究。在低温和非欧姆阻尼环境下,退相干很复杂,甚至在线性系统中也是如此:噪声可能是有色的(与频率有关),耗散项具有记忆(非马尔可夫过程),逆反应会有剧烈的效应。一般来说,退相干依赖于所有这些特征。最后他们建议,在一个很宽的范围调节退相干的实验。这个建议被 Sonnentag 和 Hasselbach 实现。在实验中,从源发射的电子波被带有负电的双棱镜丝分开并互相远离。静电四极将它们导向相互趋近。在相遇之前,它们在很小的高度z处通过一个有电阻的平面,横向相距Δx。感应电荷和电子波束一起运动,导致平面内的电子和声子气体的扰动,形成电子和平面的缠绕(图4.21的阴影处)。“走哪一条路”的信息随z的减小而增加,导致干涉图样的可见度减小。干涉图示于图4.22。可以看到横向距离Δx的增加导致了退相干的增加和角向相干的减小。

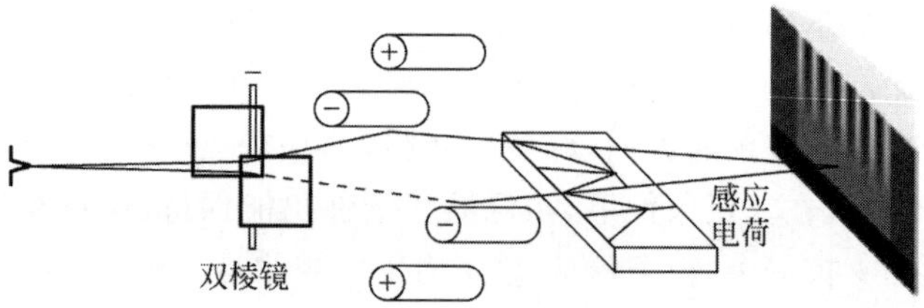

图 4.21 实验示意图

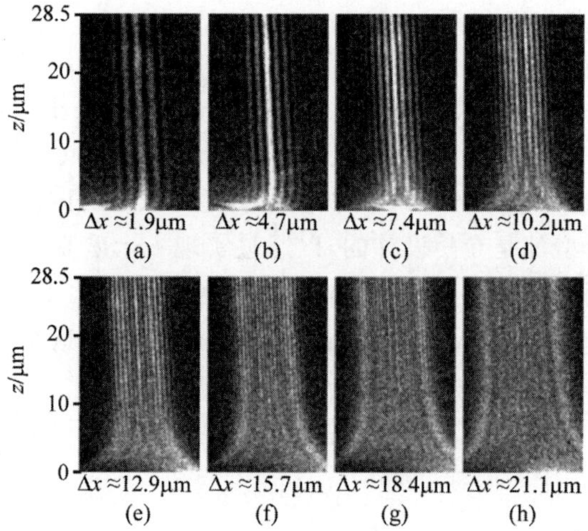

图 4.22 电子干涉图

4.9 实验室中实现的"薛定谔的猫"

一个量子力学体系(可以是微观的,也可以是宏观的)处于两个状态的相干叠加状态之中,而这两个状态必须是在宏观上可以区别的,该体系就是一只"薛定谔的猫"。"宏观上可区别"的意义需针对具体情况讨论。

4.9.1 单原子级的"薛定谔的猫"

1996 年有两份关于在实验室中制备了"薛定谔的猫"的报道。NIST 研究组(D. Wineland 和 C. Monroe 等人)[37-39]实现的是单原子级的"薛定谔的猫"。在这里,"宏观上可区别"的意思是一个原子处于在空间上明确分离的两个谐振子相干态的叠加态上。$^9Be^+$ 离子($n=2$,有一个电子)经激光冷却被捕陷于离子阱中。离子阱相当于一个三维谐振子势 $\frac{1}{2\pi}(\omega_x,\omega_y,\omega_z)=(11.2,18.2,29.8)$MHz。离子的有关电子能级是 $^2S_{1/2}(F=2,m_F=-2)$ 和 $^2S_{1/2}(F=1,m_F=-1)$,分别用 $|\downarrow\rangle_i$ 及 $|\uparrow\rangle_i$ 表示,i 为内部运动,括号中是与超精细结构有关的量子数。^{9}Be 核自旋为 3/2,核自旋与电子自旋耦合生成总自旋 $\boldsymbol{F}=\boldsymbol{s}+\boldsymbol{I}$,$F=2$ 或 1,m_F 是 $\boldsymbol{F}$ 的投影。量子化轴由外加磁场 $\boldsymbol{B}$ 提供,离子的内部运动(电子能级)和质心运动(在谐振子场中)通过激光束调控。图 4.23(a)给出 $|\uparrow\rangle_i$ 和 $|\downarrow\rangle_i$ 间的超精细劈裂是 $\omega_{HF}=1.250$GHz。它们又各有标为 0,1,2,…的态。这是质心运动的谐振子量子数。$|\uparrow\rangle_i$ 和

$|\downarrow\rangle_i$ 通过激光束 a 与 b 实现二光子耦合。a 和 b 的频差为 ω_{HF}，分别能将 $|\downarrow\rangle_i$ 和 $|\uparrow\rangle_i$ 激发到 $^2P_{1/2}(2,-2)$ 附近的虚能级上，失谐 $\Delta\approx-12\text{GHz}$。这样 $|\uparrow\rangle_i$ 和 $|\downarrow\rangle_i$ 通过二光子过程(以虚能级为中间态)往返跃迁(拉比振荡)。这种耦合称为“二光子拉曼耦合”。离子的内部(电子)态就是 $|\uparrow\rangle_i$ 和 $|\downarrow\rangle_i$ 的相干叠加，相关实验步骤如下。

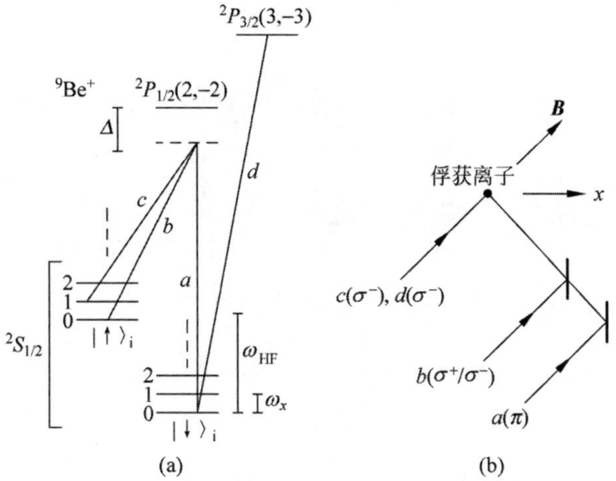

图 4.23 二光子拉曼耦合产生“薛定谔的猫”

取自文献[37]

(a) $^9\text{Be}^+$ 离子的电子能级与质心运动能级；(b) 激光束的几何及偏振状态和外磁场方向

(1) 通过调节激光束 a 和 b(称为“载带束”)的照射时间控制叠加系数的大小。例如，在开始时离子处于 $|\downarrow\rangle_i$ 态(图 4.24(a))，则用 $\pi/2$ 脉冲(时间为 1/4 拉比周期)可使 $|\uparrow\rangle_i$ 态和 $|\downarrow\rangle_i$ 态的权重相同。产生的态为(图 4.24(b))

$$\Psi_1=\frac{1}{\sqrt{2}}[|\downarrow\rangle_i|0\rangle_e-\mathrm{i}e^{-\mathrm{i}\mu}|\uparrow\rangle_i|0\rangle_e] \tag{4.9.1}$$

此处 $|0\rangle_e$ 代表质心运动基态，e 是外部运动之意。载带使两个态间产生一定相差。实验中共使用了三次载带束，相角是相对的。以最后一次载带为标准，设定它的相角为 0。此次相角为 $-\mu$，从 $|\downarrow\rangle_i$ 到 $|\uparrow\rangle_i$ 的相因子为 $-\mathrm{i}e^{-\mathrm{i}\mu}$。

(2) 为了使叠加(式(4.9.1))成长为两个宏观可区别的态的相干叠加，利用对质心运动的调控，把它们分开一个宏观的距离。方法是使用“移位”激光束 b 和 c，它们的频差为 $\omega_x/2\pi=11.2\text{MHz}$，正好使两个相邻的 x 方向的谐振子态二光子拉曼耦合起来。通过较长的照射时间，可以使核心运动 $|0\rangle_e$ 跃迁到相干态：

$$|\beta\rangle_e=e^{-|\beta|^2/2}\sum_n\frac{\beta^n}{(n!)^{1/2}}|n\rangle_e$$

此处

$$\beta=\alpha e^{\mathrm{i}\theta}$$

α 和 θ 为实数，见图 4.24(c)。相干态的平均量子数为 $\langle n\rangle=\alpha^2$，相应的谐振子振幅为 $2\alpha\sqrt{\frac{\hbar}{2m\omega_x}}$。通过激光束的偏振 $a(\pi)$，$b(\sigma^+/\sigma^-)$，$c(\sigma^-)$①，可以使移位束只影响内部态 $|\uparrow\rangle_i$，

① σ 与 π 分别为平行于和垂直于外磁场(激光束)方向，见图 4.23(b)。

因为 c 的偏振态 σ^- 不能将内部态 $|\downarrow\rangle_i$ 和任何虚 $^2P_{1/2}$ 态耦合起来。移位束使内部态和外部态产生缠绕。从 ω_x 的数值给出 $x_0=7.1\text{nm}$，这是相干态波包的均方根大小。操作后的状态为

$$\Psi_2=\frac{1}{\sqrt{2}}(|\downarrow\rangle_i|0\rangle_e-ie^{-i\mu}|\uparrow\rangle_i|\alpha e^{-i\phi/2}\rangle_e) \tag{4.9.2}$$

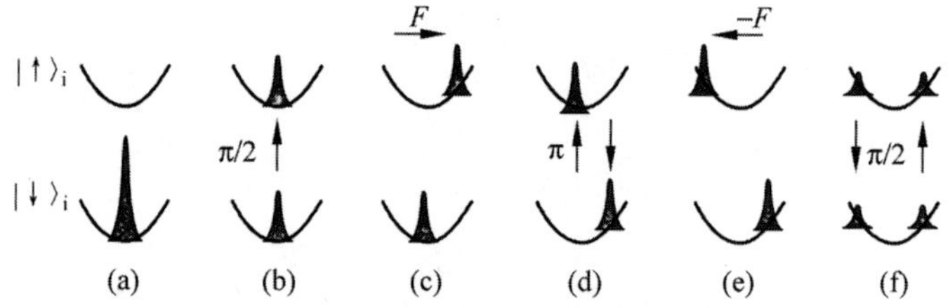

图 4.24　与内部态缠绕的波包演化

取自文献[37]

(a) 波包初始位置；(b) 第一次载带 π/2 脉冲，0.5μs；(c) 移位，约 10μs；(d) 第二次载带 π 脉冲，1.0μs；(e) 移位，约 10μs；(f) 第三次载带 π/2 脉冲，0.5μs

往 X 正向的移位束产生的相干态相位为 $-\phi/2$。图 4.24 中的抛物线代表谐振子势能。

(3) 为了扩大两个叠加态的距离，先使它们内部态互换：用 π 脉冲$\left(\text{时间为}\frac{1}{2}\text{拉比周期}\right)$载带束使 $|\uparrow\rangle_i\rightarrow|\downarrow\rangle_i$，$|\downarrow\rangle_i\rightarrow|\uparrow\rangle_i$。载带束的相角为 ν。$|\uparrow\rangle\rightarrow|\downarrow\rangle$ 跃迁带来的相因子为 $-ie^{i\nu}$。操作后的状态为(图 4.24(d))

$$\Psi_3=\frac{1}{\sqrt{2}}(ie^{-i\nu}|\uparrow\rangle_i|0\rangle_e+e^{i(\nu-\mu)}|\downarrow\rangle_i|\alpha e^{-i\phi/2}\rangle_e) \tag{4.9.3}$$

式中弃去了两项共同的负号。

(4) 使用移位束两次，将 $|\uparrow\rangle_i$，$|0\rangle_e$ 移向 $-x$ 方向，相位为 $\phi/2$。$|\downarrow\rangle_i$ 态不受影响，操作后的状态为(图 4.22(e))

$$\Psi_4=\frac{1}{\sqrt{2}}(ie^{-i\nu}|\uparrow\rangle_i|\alpha e^{i\phi/2}\rangle_e+e^{i(\nu-\mu)}|\downarrow\rangle_i|\alpha e^{-i\phi/2}\rangle_e) \tag{4.9.4}$$

此时两态相距达到最大。这时状态和"薛定谔的猫"最相似。离子只有一个，它的状态是两态的相干叠加。两态的内部状态不同，外部运动是高斯波包，相距一定的距离。对波包大小而言，这个距离是真正"宏观"的：实验中这个距离最大达到 80nm，而单个波包的大小约为 7nm，原子大小是 0.1nm。

(5) 最后使用载带束 π/2 脉冲，使 $|\uparrow\rangle_i$ 和 $|\downarrow\rangle_i$ 各一分为二。操作后的状态为(图 4.22(f))

$$\begin{aligned}\Psi_5=&\frac{1}{2}|\downarrow\rangle_i(|\alpha e^{-i\phi/2}\rangle_e-e^{i\delta}|\alpha e^{i\phi/2}\rangle_e)-\\&\frac{i}{2}|\uparrow\rangle_i(|\alpha e^{-i\phi/2}\rangle_e+e^{i\delta}|\alpha e^{i\delta/2}\rangle_e)\end{aligned} \tag{4.9.5}$$

此处载带束的相位为 0(标准)，上式中弃去了公共相因子 $e^{i(\nu-\mu)}$，$\delta=\mu-2\nu+\pi$。Ψ_5 可以进一步改写为

$$\Psi_5 = |\downarrow\rangle_i\,|S_-\rangle_e - i\,|\uparrow\rangle_i\,|S_+\rangle_e \tag{4.9.6}$$

此处

$$|S_\pm\rangle_e = \frac{1}{2}(|\alpha e^{-i\phi/2}\rangle_e \pm e^{i\delta}\,|\alpha e^{i\phi/2}\rangle_e) \tag{4.9.7}$$

对于 $\phi=\pi,\delta=0$，$|S_\pm\rangle$ 称为“偶猫”和“奇猫”。

通过实验可以测量 $P_\downarrow(\phi)$，即离子内部状态处于 $|\downarrow\rangle_i$ 的概率。探测的方法是用探测激光束 d 照射离子(图 4.23(a))，将 $^2S_{1/2}(2,-2)$ 激发到 $^2P_{3/2}(3,-3)$ 态，然后观测散射荧光。$P_\downarrow(\phi)$ 是外部运动相位 ϕ 的函数。与内部运动 $|\downarrow\rangle_i$ 关联的是 $|S_-\rangle_e$。随 ϕ 的不同，$|S_-\rangle_e$ 的两项所代表的波包距离也不同，当波包距离近时，干涉效应显著。波包的概率分布是 $|\langle x|S_-\rangle_e|^2$，考虑到随时间的演化，$\phi$ 是随时间线性变化的(式(4.1.45))。对于 $\delta=0$ 的情况，当 $\phi=\pm\pi$ 时，两个波包相距最远；当 $\phi=0$ 时，两个波包重合。但由于 $\delta=0$，S_- 是“奇猫”，两个波包正好抵消。$P_\downarrow(\phi)$ 正是分布函数对 x 的积分：

$$\begin{aligned} P_\downarrow(\phi) &= \int_{-\infty}^{\infty} |\langle x\,|\,S_-\rangle|^2 dx \\ &= \frac{1}{2}[1 - e^{-\alpha^2(1-\cos\phi)}\cos(\delta+\alpha^2\sin\phi)] \end{aligned} \tag{4.9.8}$$

对于足够大的 α，$P_\downarrow(\phi)$ 在 $\phi=0$ 附近显示振荡行为，这是两个波包干涉的表现(用猫的比喻，这是活猫与死猫的干涉)。对于 $\delta=0$，$P_\downarrow(\phi)$ 作为 ϕ 的函数对不同 α 值的情况绘于图 4.25。实验步骤不断重复进行：冷却，制备状态，探测，同时改变着相干态的相位 ϕ。图 4.25(a)～图 4.25(d)是实验(点)和理论的比较，图 4.25(e)是理论曲线。如果退相干发生，两个波包没有固定相位关系，则 $P_\downarrow(\phi)=\frac{1}{2}$。每个系列的测量都对应一定的 δ 值。可以用挡住移位束的方法($\alpha=0$)求得 δ，此时 $P_\downarrow(\phi)=\sin^2\frac{\delta}{2}$ 可以直接给出 δ。$P_\downarrow(\phi)$ 与 ϕ 的关系因 δ 的不同而不同。图 4.26 给出了 $\alpha\approx1.5$ 时不同 δ 值对应的 $P_\downarrow(\phi)$。图 4.26(a)的 $\delta=1.03\pi$，接近偶猫，因此在 $\phi=0$ 处对应相长干涉。图 4.26(b)的 $\delta=0.48$。图 4.26(c)的 $\delta=0.06\pi$，接近奇猫，在 $\phi=0$ 处是相消干涉。

在实验室实现“薛定谔的猫”并进行退相干研究，除在量子力学基本原理方面有重要意义外，对有潜在应用可能的量子计算机也是十分重要的。量子计算机在完成计算以前必须保持相干叠加状态，因此退相干时间成为它至关重要的指标。上文描述的实验还不能对退相干时间进行测量，NIST 研究组[40]在上述实验的基础上进行了退相干速率的研究，如图 4.27 所示。在实验中，退相干是由体系(俘获原子)和一个设计好的环境库的耦合诱导的，而这个耦合是能够控制的。系统是两个相干态的叠加：

$$|\psi\rangle = N(|\alpha_1\rangle + |\alpha_2\rangle) \tag{4.9.9}$$

它和环境库的耦合是通过相互作用实现的，相互作用正比于系统振动与环境的涨落幅的乘积。一个定标律①给出在退相干过程中的剩余相干性 $C(t)$：

$$C(t) = e^{-|\alpha_1-\alpha_2|^2\zeta t} \tag{4.9.10}$$

① 参阅 D. F. Walls, G. J. Milburn. *Quantum Optics*. Springer, 1994.

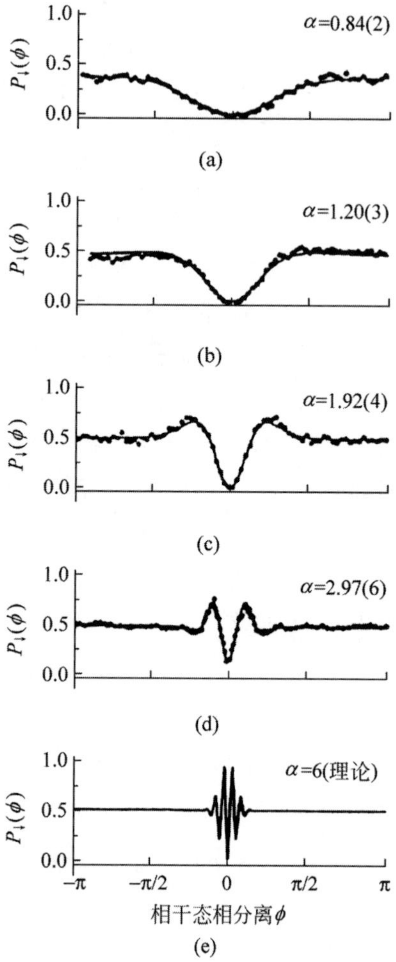

图 4.25　$\delta=0$ 时 $P_{\downarrow}(\phi)$的实验与理论比较

取自文献[37]

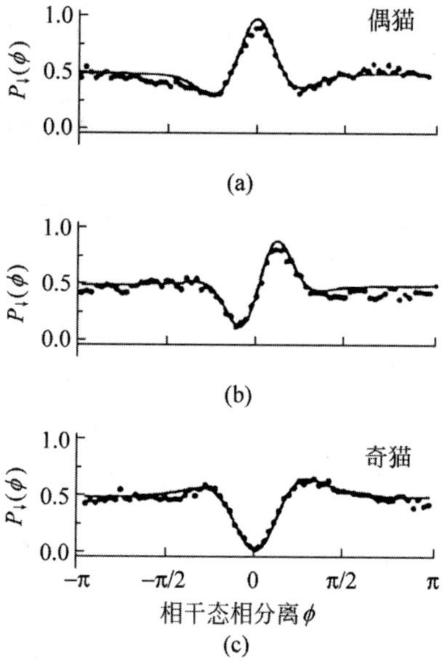

图 4.26　不同 δ 值时的 $P_{\downarrow}(\phi)$

取自文献[37]

此处 ζ 是体系与环境库的耦合，$|\alpha_1-\alpha_2|$可以看作两个状态 α_1 和 α_2 在“希尔伯特空间中的距离”，或“叠加的大小”。库中的内容是沿俘获阱轴方向的准随机电场，场的频率在粒子轴向运动的频率附近振荡。叠加的相干性由单原子干涉仪测量。从离子 $F=1, m_F=1$ 的自旋初态(记为$|\downarrow\rangle$)和外部运动的基态出发，用文献[39]描述的实验方法制备猫态。制备之后就将猫态和库耦合起来。然后将制备过程逆转以获得干扰后的叠加。最后确定结果状态的相干性。研究[40]得出离子在$|\downarrow\rangle$态的概率是

$$P_{\downarrow}=\frac{1}{2}(1-\mathrm{e}^{-2|\Delta\alpha|^2\sigma^2}\cos\delta) \tag{4.9.11}$$

此处 $\sigma^2\propto\langle V^2\rangle$，$V$ 是施加的随机电压，δ 是最后一个载带束与第一个载带束间的相差。结果示于图 4.27，此处条纹对比度定标在$\langle V^2\rangle=0$ 时为 1。叠加大小$|\Delta\alpha|$与位移束脉冲时间线性相关。实验数据与理论符合得很好。

一个单原子能看成“猫”吗？对于此物理学家的意见产生了分歧。Zurek 认为应该称它是“薛定谔的猫”的“仔”。

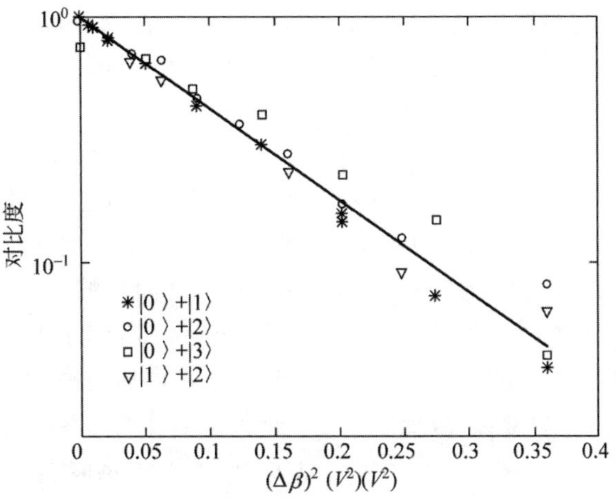

图 4.27 与环境相库耦合的福克态叠加的退相干

取自文献[40]

4.9.2 薛定谔的位相猫

阿罗什的研究组[41]利用腔量子电动力学方法制备了腔中电磁振荡相干态的叠加①。图 4.28 是实验装置示意图。图中 C 是高品质超导(Nb)腔。Rb 原子从炉 O 中引出,经过选定激光束激发之后,从盒 B 出来的是速度确定的位于“圆里德伯态”$n=51,l=50$ 的 Rb 原子。控制激光脉冲使原子间隔够大,通过超导腔的是单个原子(间隔 1.5ms)。将低 Q 腔 R_1 调到与 $n=51,l=50$(称为“e”)至 $n=50,l=49$(称为“g”)态跃迁频率($\nu_0=51.099$GHz)共振,并在 R_1 上加共振 $\pi/2$ 脉冲,使原子处于叠加态$\frac{1}{\sqrt{2}}(|e\rangle+|g\rangle)$。原子进入微波源 S 激励的超导腔 C,将 C 的频率调到与 ω_{eg} 的失谐为 δ,腔中的电磁场是格劳伯相干态$|\alpha\rangle$②:

$$|\alpha\rangle=e^{-|\alpha|^2/2}\sum_n\frac{\alpha^n}{(n!)^{1/2}}|n\rangle$$

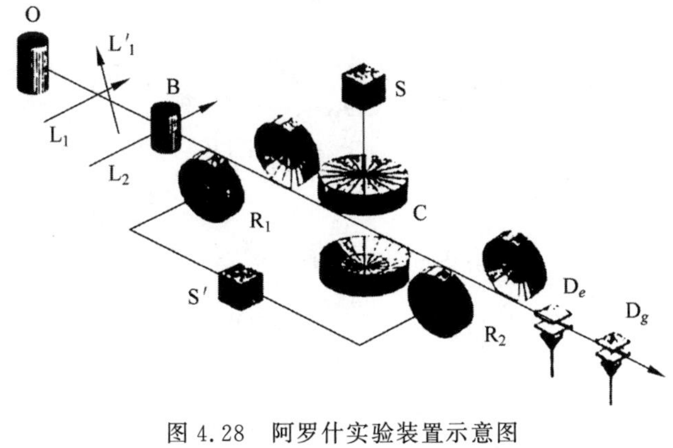

图 4.28 阿罗什实验装置示意图

取自文献[41]

① 形成缠绕态的叠加的物理过程将在本书 8.2 节讨论,见式(7.3.16)。

② 见本书 4.1 节的正则相干态,此处 n 代表光子数。

由于失谐，原子通过腔时不能发生$|e\rangle$与$|g\rangle$之间的跃迁，但由于原子与场的相互作用，$|e\rangle$与$|g\rangle$使场发生不同的相移①。因此$|e\rangle$和$|g\rangle$的相干产生了场的状态的相干。体系状态为

$$|\psi_1\rangle=\frac{1}{\sqrt{2}}(|e,\alpha e^{i\phi}\rangle+|g,\alpha e^{-i\phi}\rangle) \tag{4.9.12}$$

相移ϕ与失谐δ有关，且与δ成反比。因叠加态由相位ϕ和两分量的距离D所表征，此处$D=\alpha e^{i\phi}-\alpha e^{-i\phi}=2\alpha\sin\phi$，叠加态可以称为“相位移猫”，如果$D$能达到$O(1)$量级。通过调节失谐可以得到不同的$\phi$。$R_2$是与$R_1$结构相同的腔，用同样的微波源S′激励（π/2脉冲）。原子在离开腔C以后通过R_2。最后原子通过探测器D_e和D_g，它们是场电离探测器，施加不同的电压。D_e的电压低，刚好使$|e\rangle$态原子电离。D_g的电压高些，能使$|g\rangle$态原子电离。调节微波源S′的频率ν，使它扫过ν_0，测量$P_g^{(1)}(\nu)$，即原子处于$|g\rangle$态的概率。在10min内记录了50 000个事件，结果示于图4.29(a)。它表明当C中无场时，$P_g^{(1)}(\nu)$会显示拉姆齐条纹②，这是因为原子受到相隔$T=230\mu s$的两次脉冲（R_1和R_2）。因$e\to g$跃迁可能发生在R_1，也可能发生在R_2，两种不同可能的“路径”不可区别，在探测器处复合而发生量子干涉。图4.29(b)～图4.29(d)在C中有场的存在，$|\alpha|=\sqrt{9.5}=3.1$，即场平均光子数为9.5，失谐值分别为$\delta/2\pi=712kHz$，347kHz和104kHz。两种场的不同相位情况画在右侧插图内，插图中的直线夹角为ϕ。从图中可以看出除条纹移动外，条纹对比度明显地随ϕ的增加而减小。原子离开C时处于式(4.9.12)所示的状态。当ϕ很小时，测量场的相位所能给出的

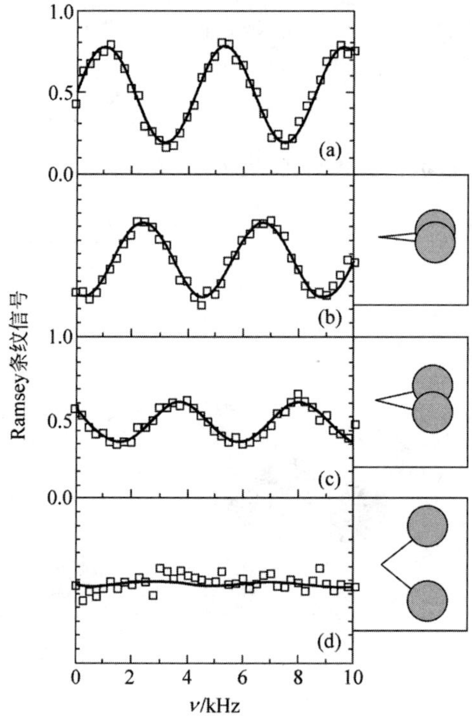

图4.29　$P_g^{(1)}(\nu)$表现出拉姆齐条纹

取自文献[41]

① 请参阅本书8.6节。

② 关于拉姆齐干涉仪，请参阅本书8.6节。

关于原子状态的信息不多，因此两条不同路径的干涉比较明显。当 ϕ 增大时，测量场的相位给出有关原子的信息增加，因此干涉必然减弱。

从图 4.26 可以看到，场的两种状态（相角 ϕ 和 $-\phi$）越是接近宏观可分辨（$|\phi|$较大），相干越弱，故明确给出了相干的宏观可分辨态。这个实验通过测量原子的状态给出了在一定距离以外的腔 C 中场的状态。此外，如果不放置腔 R_2，则场的状态是式(4.9.12)。测得原子位于$|e\rangle$或$|g\rangle$给出的远处场的状态是 ϕ 和 $-\phi$。但如果放置 R_2，它会再次混合两个里德伯态$|e\rangle$和$|g\rangle$。调节 S′脉冲的相位，可使通过 R_2 的原子位于$(|e\rangle+|g\rangle)/\sqrt{2}$和$(|g\rangle-|e\rangle)/\sqrt{2}$，而场的状态不变。原子通过 R_2 后的体系波函数变为

$$\psi_2=|e\rangle\frac{|\alpha e^{i\phi}\rangle-|\alpha e^{-i\phi}\rangle}{\sqrt{2}}+|g\rangle\frac{|\alpha e^{i\phi}\rangle+|\alpha e^{-i\phi}\rangle}{\sqrt{2}} \tag{4.9.13}$$

此时，测得原子位于$|e\rangle$或$|g\rangle$给出的场状态相应地是$(|\alpha e^{i\phi}\rangle-|\alpha e^{-i\phi}\rangle)/\sqrt{2}$和$(|\alpha e^{i\phi}\rangle+|\alpha e^{-i\phi}\rangle)/\sqrt{2}$。这不仅体现了远距离的量子关联（“非定域性”），而且可将是否放置 R_2 作为推迟选择：待原子通过腔后再做选择，结果是不同选择给出了场的不同状态。

这个实验的优越性还在于能对退相干进行研究。第一个原子在腔中产生了两个宏观可区别的场状态（相角 $-\phi$ 和 ϕ）。再发出一个原子通过腔，对场再产生相移，结果是出现了三种场，相移为 $-2\phi,0,+2\phi$。相移为 0 的这个分量有两种可能。其一是第一个原子以 e 状态通过，第二个原子以 g 状态通过（记为(e,g)），其二是(g,e)。这两种可能不能区分，因此在测量联合概率 $P_{ee}^{(2)},P_{eg}^{(2)},P_{ge}^{(2)},P_{gg}^{(2)}$ 时会有干涉。定义“二原子关联信号”η：

$$\eta=\frac{P_{ee}^{(2)}}{P_{ee}^{(2)}+P_{eg}^{(2)}}-\frac{P_{ge}^{(2)}}{P_{ge}^{(2)}+P_{gg}^{(2)}} \tag{4.9.14}$$

如果场处于量子相干（叠加）态$\frac{1}{\sqrt{2}}(|\alpha e^{i\phi}\rangle\pm|\alpha e^{-i\phi}\rangle)$，则 η 是常数。如果场变为非相干的统计混合，则 η 为 0。图 4.30 给出了 η 和 τ/T_r 的关系，τ 是两个原子通过腔的时间间隔，T_r 是腔的品质因数 Q 所决定的光子平均寿命（实验用的 $T_r=160\mu s$）。可以看出，当 τ/T_r 接近 1 时，η 已趋于 0，即相干已不存在。此外，退相干的时间与 ϕ 的大小有关，当 ϕ 较大时，退相干的时间要短得多。

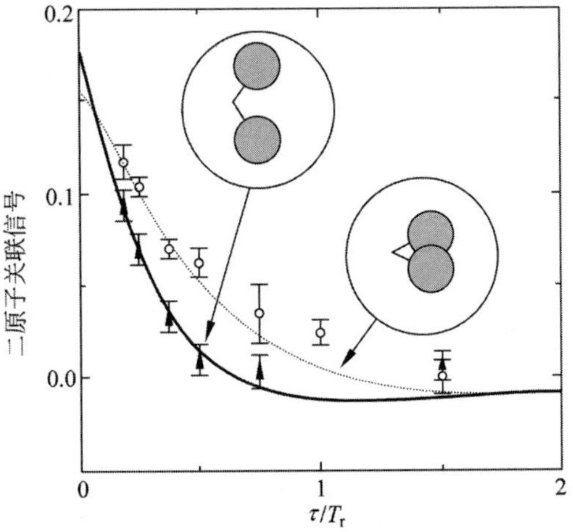

图 4.30　二原子关联信号与 τ/T_r 关系

取自文献[41]

关于退相干和实验室中实现“薛定谔的猫”的内容，可以参阅文献[42]。

4.9.3　宏观“薛定谔的猫”

纽约州立大学石溪校区研究组(C. J. Friedman)[43]在实验上验证了SQUID(超导量子干涉装置)的宏观量子相干现象，直接测量了叠加态的隧穿劈裂。在19世纪50年代，波戈留波夫引入了超导体中库珀对凝聚的波函数，建立了宏观量子体系的概念。约瑟夫森体系一直是宏观量子现象的研究对象①。SQUID是一个电感为L的超导环，环中嵌有一个电容为C、极限电流为I_C的约瑟夫森隧穿结。在平衡时可以有超导电流I流经环中，其产生的磁通量LI通过环中空间。当有外加磁通Φ_x(与超导电流的磁通方向相反)时，合成磁通量为$\Phi=\Phi_x-LI$。库珀对的波函数是单值的，因此波函数的相位沿环连续变化(除去在约瑟夫森结处)，当绕行一周回到原处时，相位的变化必须为2π的整数倍(f倍)。量子数f定义为SQUID环的通量态(fluxoid state)。当$f=0$(或1)时，超导电流抵消(或加强)外加通量Φ_x。在实验中，超导电流大于$1\mu A$，相当于每秒10^6个库珀对的流动，产生的磁矩可达$10^{10}\mu_B$。可以认为这个体系是宏观的。SQUID的动力学原理可以用穿过环中空间的磁通描述②，体系的哈密顿量为

$$H=\frac{1}{2}C\dot{\Phi}^2+V(\Phi) \tag{4.9.15}$$

式(4.9.15)右侧的第一项相当于动能，第二项是势能，

$$V(\Phi)=\frac{(\Phi_x-\Phi)^2}{2L}-I_C\frac{\Phi_0}{2\pi}\cos 2\pi\frac{\Phi}{\Phi_0} \tag{4.9.16}$$

此处Φ_0是磁通量子。对$\Phi_x=\Phi_0/2$，势能$V(\Phi)$是对称双阱，示于图4.31。当Φ_x偏离此值时，双阱是不对称的，示于图4.32(a)。两个通量态$f=0$和$f=1$相当于分别位于左阱和右阱的态。双阱是量子力学中一个有趣的话题。先考虑双阱中有一个粒子。低能量态$|L\rangle$和$|R\rangle$主要分别局域在左阱和右阱中，能量是简并的。当能级的能量越来越高时，隧穿阱间势垒的概率已不能忽略，$|L\rangle$和$|R\rangle$混合起来，能量本征态变为$\frac{1}{\sqrt{2}}(|L\rangle\pm|R\rangle)$，它们的能量差$\Delta$被称为“隧穿劈裂”，因为兼并是由于隧穿取消的。对称的叠加是基态。如果最初在左阱制备好$|L\rangle$态(由于隧穿不可忽略，它已经不再是本征态了)，体系的状态将在$|L\rangle$与$|R\rangle$之间周期性振荡，频率为$\Gamma=\Delta/\hbar$。这就是量子相干问题。它对于形成如NH_3这样的分子的化学键是很重要的③。问题在于，在如SQUID的宏观体系中，叠加态$\frac{1}{\sqrt{2}}(|L\rangle\pm|R\rangle)$是否仍然有意

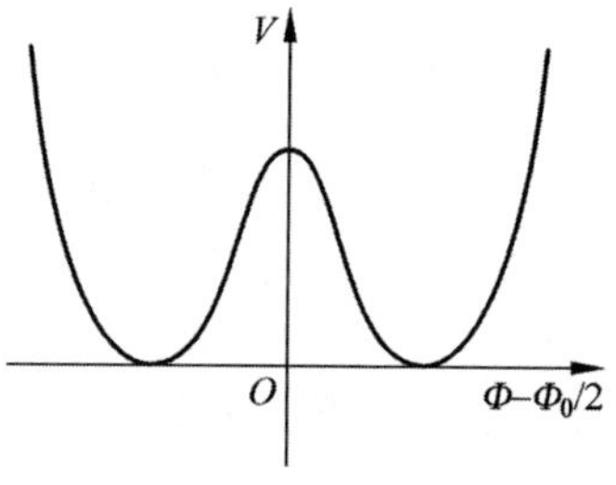

图4.31　SQUID对称双阱

---

①　见本书6.1节～6.3节。

②　虽然Φ在一般情况下是宏观的，但显示量子行为。通量正比于超导电流，且与波函数的相位有关。在哈密顿量式(4.9.15)中，电容能量要小得多，因此Φ可以在相位-粒子数不确定关系的限制下充分准确地描述，因为粒子数是宏观量，一定的误差是允许的。

③　参阅 *The Feynman Lectures on Physics*，卷Ⅲ，8.6节。

义。单粒子的量子相干源于隧穿，但对于永远和环境耦合的宏观体系，问题要复杂得多。在1983年A. Caldeira等人给出了对这个问题的系统回答①。如果体系和环境耦合很弱，体系仍能正常隧穿，叠加态就仍是体系的本征态，有隧穿劈裂。它们是宏观猫态。如果耦合是中等强度，隧穿仍有可能，但体系的隧穿不再是相干的了，即在阱间的跳跃已经不再是周期性的，而是随机的。这称为“断续跳跃”。“薛定谔的猫”态就没有意义了。在此前，SQUID的共振隧穿已在实验中被验证[32]。线性叠加的验证在于直接测量隧穿劈裂。为了这个目的，仔细考虑状态$|g\rangle=\frac{1}{\sqrt{2}}(|0\rangle+|1\rangle)$和$|e\rangle=\frac{1}{\sqrt{2}}(|0\rangle-|1\rangle)$的能量随式(4.9.16)中的参数变化。参数包括倾斜度ε和在$\varepsilon=0$时的势垒高度ΔU_0(图4.32(a))。在ε增加时，$|0\rangle$和$|1\rangle$的能量分别增加和减小，如图4.32(b)所示。在$\varepsilon=0$(对称阱)时，它们可能会交叉。但交叉不会发生，因为隧穿撤销了简并。这被称为“反交叉”(anticrossing)，或“被避免的交叉”(avoided crossing)。隧穿劈裂是很小的，因此难以测量。分辨这个劈裂的必要条件是线宽必须小于Δ。SQUID对噪声和耗散都极为灵敏，二者都会增加线宽。实验的挑战在于体系和探测仪器的耦合较弱，为了分辨相距甚近的能级需要足够的信号强度以及将系统和外来噪声屏蔽开来。这些都是过去实验观测SQUID量子相干失败的原因。图4.32(c)是实验装置示意图。为了屏蔽噪声，将SQUID置于PdAu盒内。外加磁通量$\Phi_{x,\mathrm{dc}}$，使其通过对约瑟夫森结的作用控制ΔU_0(式4.9.16)。磁通量Φ_x控制倾斜度ε。dc SQUID磁强计用以测量伴随磁通量Φ的反向数据，这代表SQUID状态的隧穿。在实验中用微波脉冲产生“光协助隧穿”来测量两个激发态的反交叉。微波产生激发态面临的势垒要低得多，这使隧穿概率加大，信号增强了很多。

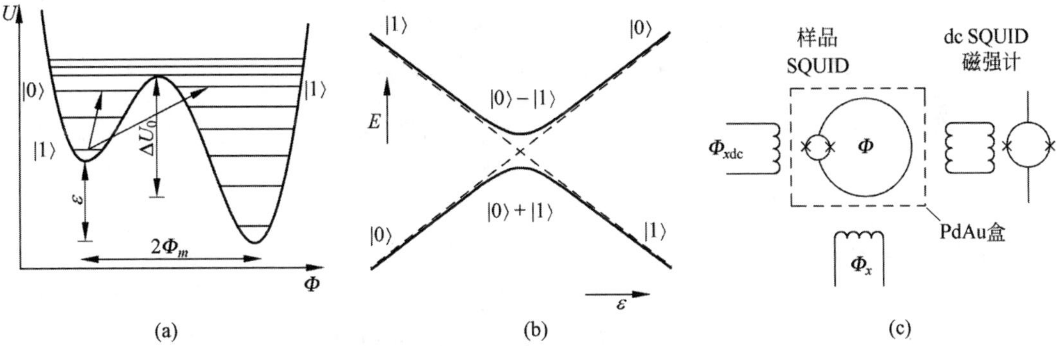

图4.32　SQUID共振隧穿实验

取自文献[43]

(a) SQUID势；(b) 能级反交叉；(c) 实验安排

体系的最初状态在左阱最低态$|i\rangle$，势垒很高，隧穿可以忽略。施加微波辐射：当初态和一个激发态的能量差与微波频率匹配时，体系有相当大的概率被激发，接着就隧穿到右阱。用数值解法在无阻尼的假设下解以下哈密顿量的能量本征值：

$$H=\frac{1}{2C}p_{\Phi}^{2}+V(\Phi,\Phi_x,\Phi_{x,\mathrm{dc}})$$

---

① 参阅本书6.6节。

（此处 $p_\Phi = -\mathrm{i}\partial/\partial\Phi$，$V$ 是式(4.9.16)的势)，就得到 SQUID 能级。在图 4.33 中将解出的能级($\Delta U_0 = 9.117\mathrm{K}$)作为 Φ_x 的函数画出(细实线)。计算的势垒顶用粗实线画出。点画线代表被微波辐射激发后的 $|i\rangle$ 态。在给定 Φ_x 值时，这条线与一个激发态相交(用箭头标出)，在此处体系吸收一个光子并隧穿。在垒高 $\Delta U_0 = 8.956\mathrm{K}$ 时，不同的 Φ_x 值对应的能级用虚线代表。不断减小势垒使能级向下移动，定出反交叉。将光子协助隧穿概率作为 Φ_x 函数，画出两个峰与反交叉的上下两支相对应。两个峰移动越来越近，然后远离，并不相遇。数值计算的能量值与实验符合得很好。Caldeira 等人提出的关于宏观量子相干的理论在 17 年后被证实。

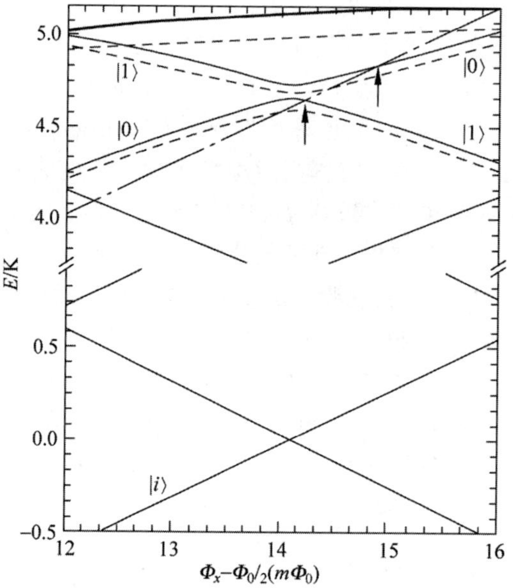

图 4.33　计算出的 SQUID 能级和光子协助隧穿

取自文献[43]

4.9.4　热辐射发射造成的退相干

量子体系与环境的相互作用把二者缠绕起来，量子体系的相位就被分配到环境的许多自由度中，使它不再能被观察到。大分子是研究退相干的极好对象，因为它具有许多内在模式。在激发能量通过辐射释出时，因为辐射显示了“哪一条路径”的信息而引起退相干。C^{70} 分子是很好的例子，它有 204 个振动模。塞林格领导的维也纳大学研究组[44]控制分子在进入干涉仪之前的温度，通过观测干涉条纹的对比度来研究物质波的退相干。

一束 C^{70} 分子通过聚焦激光束 16 次完成加热阶段。温度受到检测，发现最热的分子在进入干涉以前的温度约为 3 000K。Talbot- Lau 干涉仪有三个光栅。第一个光栅的作用是提供狭缝的周期阵列，第二个光栅是衍射元素，第三个是扫描探测掩膜。通过的分子用激光束电离，其强度作为在第三光栅处的横向位移的函数被记录下来。条纹可见度 $V = \dfrac{I_{\max} - I_{\min}}{I_{\max} + I_{\min}}$ 表征分子演化的相干性。V 随加热温度的变化示于图 4.34。可见度随加热功率的增加而减小。原因是光子的发射概率随温度增加而增加。当加热功率为 0 时，光子的发射概率为 47%；当加热功率为 3W 时为 29%；当加热功率为 6W 时为 7%；当加热功率为 10.5W 时为 0%。绝对计数率先随加热功率 P 的增加而上升，然后随加热功率 P 的增加而下降，原因是在加热过程中分子会电离和碎裂。

退相干也与分子速度有关：低速分子的归一化可见度随加热功率的增加而下降得更快。退相干与加热功率的关系数据与退相干理论符合得很好[45]。

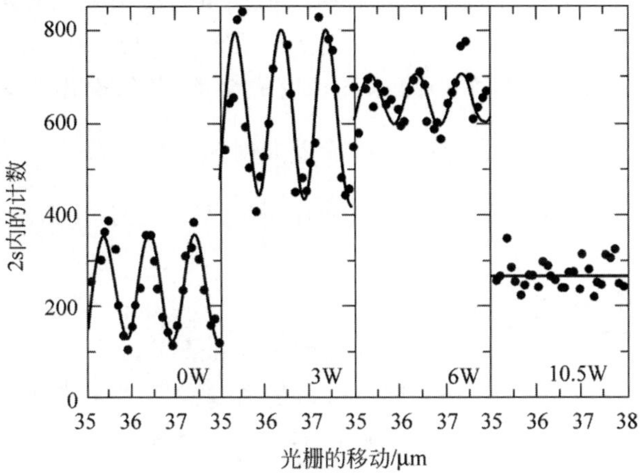

图 4.34 不同加热功率下 C^{70} 分子干涉图

取自文献[44]

分子速度为 $190\mathrm{m}\cdot\mathrm{s}^{-1}$

4.10 波函数塌缩和量子芝诺效应

冯·诺依曼引入的在测量过程中波函数塌缩的概念在量子力学的标准诠释中应用得很成功。这个概念能够在实验中验证吗？1977 年 Misra 和 Sudarshan[46] 提出了一个他们称为"量子芝诺效应"(quantum Zeno effect)的验证波函数塌缩概念的方法。考虑一下原子，它由激发态 ψ_2 跃迁到基态 ψ_1 的自然寿命为 τ。设它在时间 $t=0$ 时位于激发态。对它进行多次测量，每次测量使波函数塌缩并重新将时钟调零。如果测量进行得足够频繁，到基态的跃迁可以无限地被延迟。当 $t\ll\tau$ 时，跃迁概率是

$$P_{2\to1}=\frac{1}{\tau} \tag{4.10.1}$$

如果在时间 t 进行测量，则原子仍在激发态的概率是

$$P_2(t)=1-\frac{t}{\tau} \tag{4.10.2}$$

如果原子确实在激发态，则波函数塌缩为 ψ_2。在时间 $2t$ 进行第二次测量，原子仍处于激发态的概率是

$$\left(1-\frac{t}{\tau}\right)^2\approx1-\frac{2t}{\tau} \tag{4.10.3}$$

这个结果和我们没有进行的第一次测量相同，也是可以预料的。

但如果时间 t 非常小，情况就会完全不同。$P_{2\to1}$ 不再与 t 成正比，而与 t^2 成正比：

$$P_{2\to1}\propto \alpha t^2 \tag{4.10.4}$$

对此作如下解释。在任何标准量子力学教科书中可以在跃迁理论中找到跃迁概率的公式 $P_{2\to1}\propto \dfrac{\sin^2(\omega t/2)}{\omega^2}$，此处 ω 是跃迁的角频率。作为 ω 的函数，这个表达式表示一个尖峰图，高度为 $t^2/4$，宽度为 $4\pi/t$。这个宽度是符合时间与能量间的不确定关系的。对 ω 的积分给出峰下面的面积与 t 成正比，因而概率 $P_{2\to1}$ 与 t 成正比，这就产生了有限的单位时间跃迁概率和费米的黄金规则。而对于非常小的 t，图像就完全不同了，会出现一系列既低又宽的鼓包。在此情况下就不能只对中央的峰积分，而需要对所有的 ω 积分。结果是 $\frac{1}{4}t^2\int\rho(\omega)\mathrm{d}\omega$，$P_{2\to1}$ 就和 t^2 成正比。在这种情况下，原子在两次测量后仍处于激发态的概率为

$$(1-\alpha t^2)^2\approx 1-2\alpha t^2 \tag{4.10.5}$$

而如果不进行第一次测量，这个概率是

$$1-\alpha(2t)^2\approx 1-4\alpha t^2 \tag{4.10.6}$$

显然，在属于“与二次方成正比”的短时间所进行的测量减慢了跃迁过程。实际上，在时间 0 和 T 之间进行等间隔的 n（一个大数）次测量，而 T/n 在“与二次方成正比”的区域内，原子仍处于激发态的概率是

$$\left(1-\alpha\left(\frac{T}{n}\right)^2\right)^n=\left(1-\alpha\frac{T^2}{n}\frac{1}{n}\right)^n\xrightarrow{n\to\infty}\mathrm{e}^{-\alpha T^2/n} \tag{4.10.7}$$

它在 $n\to\infty$ 时趋于 1，表示一个连续被监测的激发原子根本不会衰变。对于原子的自发辐射而言，确定它的寿命和测量次数的关系极其困难，但对受激跃迁却是可以实现的。D. J. Wineland 等人[47]实现了 R. J. Cook 原先的建议，用单一的俘获离子测量了这个依赖关系。图 4.35 给出了能级示意图。能级 2 与能级 1 用共振射频微扰相耦合形成相干叠加态。测量由调谐到能级 1～能级 3 共振的连续染料激光器进行。原则上只要观察到散射光子就能确认离子处于能级 1 之上。假设离子在 $\tau=0$ 时处于能级 1 之上，且对它施加共振射频的 π 脉冲（时间间隔 $T=\pi/\Omega$，此处 Ω 是拉比频率）。当没有测量的激光脉冲时，在时间 $\tau=T$，离子位于能级 2 的概率 $P_2(T)$ 是 1。设测量脉冲在时间 $\tau=kT/n=k\pi/(n\Omega)$ 时使用，此处 $k=1,2,\cdots,n$。用二能级系统的矢量表示[48]，得到 $P_2(T)$ 的表达式[47]

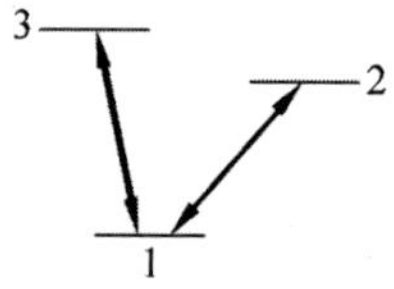

图 4.35　能级示意图

$$P_2(T)\approx\frac{1}{2}\left[1-\exp\left(-\frac{1}{2}\frac{\pi^2}{n}\right)\right] \tag{4.10.8}$$

因此在 $n\to\infty$ 时，$P_2(T)$ 趋于 0。图 4.36 与图 4.37 是[47]用 $^9Be^+$ 离子得出的作为测量脉冲数目 n 函数 1→2 和 2→1 跃迁概率的实验值和计算值。可以看到实验和理论结果符合得很好。

L. E. Ballentine[49]的一段评论显示出量子力学的一个不寻常的情况。对于实验的推论，大家的看法都是一致的，但对于理论诠释却有着无休止的争论。Ballentine 认为波函数塌缩的概念在他对量子力学的“统计诠释”[50]中不是必需的。他用自己的诠释把观测到的效应归结于测量脉冲对离子的强扰动。文献[47]的作者在对评论的回答[51]中说，量子力学有不同的诠释，在当前问题中，用或不用波函数塌缩的概念都能得到同样正确的结果。这样看来文献[47]虽然没有否定波函数塌缩的概念，但也不能作为它成立的肯定验证。

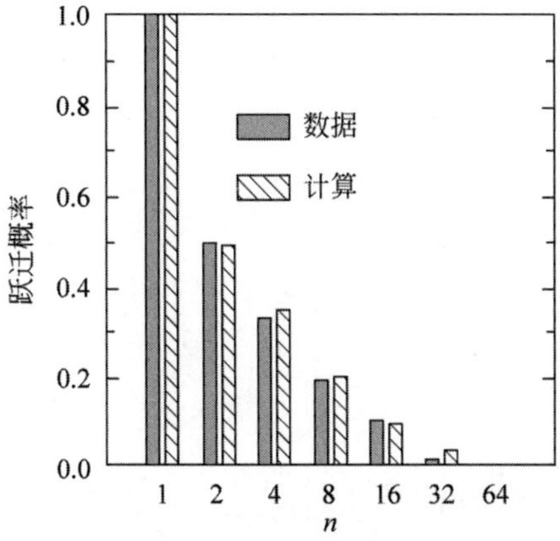

图 4.36 作为测量脉冲数目函数的 1→2 跃迁概率
取自文献[47]

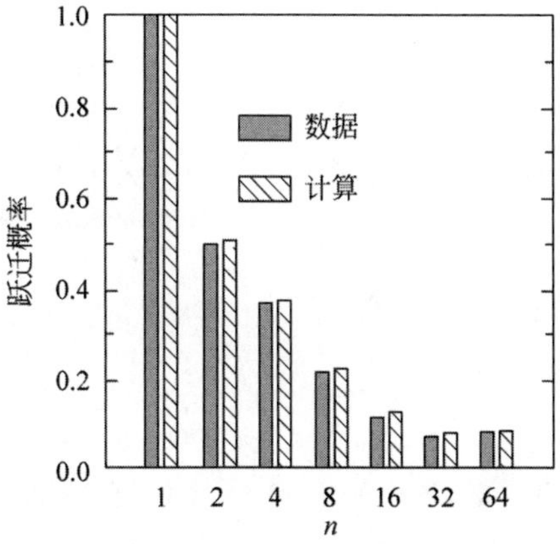

图 4.37 作为测量脉冲数目函数的 2→1 跃迁概率
取自文献[47]

4.11 压缩算符和压缩相干态

考虑角频率为 ω 的量子化单模电场

$$\boldsymbol{E}(t)=E\hat{\varepsilon}(a\mathrm{e}^{\mathrm{i}\omega t}+a^{\dagger}\mathrm{e}^{\mathrm{i}\omega t}) \tag{4.11.1}$$

消灭算符 a 和产生算符 $a^{\dagger}$ 满足对易关系

$$[a,a^{\dagger}]=1 \tag{4.11.2}$$

通过算符 a 和 $a^{\dagger}$ 引入厄密算符 X_1 和 X_2：

$$X_1=\frac{1}{2}(a+a^{\dagger}) \tag{4.11.3}$$

$$X_2=\frac{1}{2\mathrm{i}}(a-a^{\dagger}) \tag{4.11.4}$$

与质量为 m、角频率为 ω 的量子力学谐振子问题相比，X_1 和 X_2 正是无量纲的 x 和 p 算符：

$$x=\sqrt{\frac{\hbar}{m\omega}}\frac{a+a^{\dagger}}{\sqrt{2}} \tag{4.11.5}$$

$$p=\sqrt{m\hbar\omega}\frac{a-a^{\dagger}}{\sqrt{2}\mathrm{i}} \tag{4.11.6}$$

算符 X_1 和 X_2 满足对易关系

$$[X_1,X_2]=\frac{\mathrm{i}}{2} \tag{4.11.7}$$

通过算符 X_1 和 X_2，量子化电场可以表示为

$$\boldsymbol{E}(t)=E\hat{\varepsilon}(X_1\cos\omega t+X_2\cos\omega t) \tag{4.11.8}$$

现在可以将 X_1 和 X_2 看作场的两个相位差为 $\pi/2$ 的求积振幅(quadrature amplitude)。在复平面上复振幅 $X=X_1+\mathrm{i}X_2$ 表示为一个点。对易关系式(4.11.7)导致不确定性关系

$$\Delta X_1 \Delta X_2 \geqslant \frac{1}{4} \tag{4.11.9}$$

考虑相干态$|a\rangle$。在4.1节我们了解到相干态对于力学量x和p是最小不确定态。现在直接验证它对于X_1和X_2是最小不确定态:

$$\begin{aligned}(\Delta X_1)^2 &= \langle a \mid X_1^2 \mid a\rangle - \langle a \mid X_1 \mid a\rangle^2 \\ &= \frac{1}{4}\langle a \mid (a^2 + aa^\dagger + a^\dagger a + a^{\dagger 2}) \mid a\rangle - \frac{1}{4}[\langle a \mid (a + a^\dagger) \mid a\rangle]^2 \\ &= \frac{1}{4}\end{aligned} \tag{4.11.10}$$

此处我们运用了$a|a\rangle = a|a\rangle$。类似地,有$(\Delta X_2)^2 = \frac{1}{4}$,因此得到

$$\Delta X_1 \Delta X_2 = \frac{1}{4} \tag{4.11.11}$$

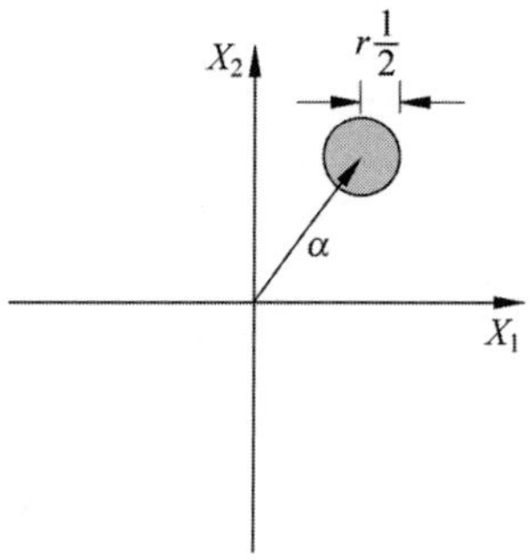

图4.38　相干态$|a,\xi\rangle$的误差圆

不确定性乘积是最小的,而且两个求积振幅的不确定性是平衡(相等)的:$\Delta X_1 = \Delta X_2$,图4.38在复平面(X_1, X_2)上给出了相干态以及两个求积振幅的误差圆。

将复振幅$X = X_1 + \mathrm{i}X_2$转动角度$\theta/2$来定义一组新的求积振幅:

$$Y_1 + \mathrm{i}Y_2 = (X_1 + \mathrm{i}X_2)\mathrm{e}^{-\mathrm{i}\theta/2} \tag{4.11.12}$$

相应地,定义幺正压缩算符

$$S(\xi) = \exp\left(\frac{1}{2}\xi^* a^2 - \frac{1}{2}\xi a^{\dagger 2}\right) \tag{4.11.13}$$

此处

$$\xi = r\mathrm{e}^{\mathrm{i}\theta} \tag{4.11.14}$$

为一复数,容易看出

$$S^\dagger(\xi) = S^{-1}(\xi) = S(-\xi) \tag{4.11.15}$$

从 Baker-Campbell-Hausdorff 公式

$$\mathrm{e}^A B \mathrm{e}^{-A} = B + [A, B] + \frac{1}{2!}[A[A, B]] + \cdots \tag{4.11.16}$$

可以得到

$$S^\dagger(\xi) a S(\xi) = a\cosh r - a\mathrm{e}^{\mathrm{i}\theta}\sinh r \tag{4.11.17}$$

$$S^\dagger(\xi) a^\dagger S(\xi) = a^\dagger\cosh r - a^\dagger\mathrm{e}^{-\mathrm{i}\theta}\sinh r \tag{4.11.18}$$

压缩相干态$|a,\xi\rangle$可以通过将压缩算符$S(\xi)$作用于相干态$|a\rangle$得到:

$$|\, a, \xi\rangle = S(\xi) \mid a\rangle \tag{4.11.19}$$

我们将看到相干态的两个转动后的求积振幅Y_1和Y_2的方差不相等(一个被压缩一个被延展)。通过式(4.11.12)、式(4.11.17)和式(4.11.18)可以决定压相干态$|a,\xi\rangle$对于新的一组Y_1和Y_2的方差,从式(4.11.12)可以看出

$$Y_1 = \frac{a\mathrm{e}^{-\mathrm{i}\theta/2} + a^\dagger\mathrm{e}^{\mathrm{i}\theta/2}}{2} \tag{4.11.20}$$

$$Y_2 = \frac{a\mathrm{e}^{-\mathrm{i}\theta/2} - a^\dagger\mathrm{e}^{\mathrm{i}\theta/2}}{2\mathrm{i}} \tag{4.11.21}$$

因此用式(4.11.17)和式(4.11.18)就得到

$$S^{\dagger}Y_1S=\frac{1}{2}(a\mathrm{e}^{-\mathrm{i}\theta/2}\cosh r-a^{\dagger}\mathrm{e}^{\mathrm{i}\theta/2}\sinh r+a^{\dagger}\mathrm{e}^{\mathrm{i}\theta/2}\cosh r-a\mathrm{e}^{-\mathrm{i}\theta/2}\sinh r)$$

$$=\frac{1}{2}(a\mathrm{e}^{-\mathrm{i}\theta/2}+a^{\dagger}\mathrm{e}^{\mathrm{i}\theta/2})\mathrm{e}^{-r} \tag{4.11.22}$$

用通过式(4.11.22)得到

$$(\Delta Y_1)^2=\langle a,\xi\mid Y_1^2\mid a,\xi\rangle-\langle a,\xi\mid Y_1\mid a,\xi\rangle^2$$

$$=\langle a\mid S^{\dagger}Y_1SS^{\dagger}Y_1S\mid a\rangle-\langle a\mid S^{\dagger}Y_1S\mid a\rangle^2$$

$$=\frac{1}{4}\mathrm{e}^{-2r} \tag{4.11.23}$$

类似地有

$$(\Delta Y_2)^2=\frac{1}{4}\mathrm{e}^{2r} \tag{4.11.24}$$

以及

$$\Delta Y_1\Delta Y_2=\frac{1}{4} \tag{4.11.25}$$

我们看到两个求积振幅的方差不再相等,一个被压缩、另一个被延展,取决于 r 的值大于或小于 1。不确定乘积的值保持不变,在复振幅平面上$|a,\xi\rangle$的误差轮廓变为一个椭圆(图 4.39)它的面积与$|a\rangle$的误差圆相同。椭圆的主轴沿 Y_1 和 Y_2 方向,从 X_1 和 X_2 分别转动 $\theta/2$ 角。

压缩态在最子光学和量子信息学方面有很多应用。

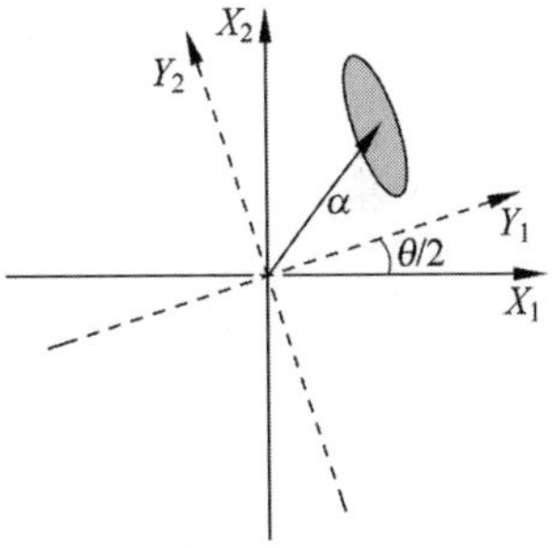

图 4.39 压缩相干态$|a,\xi\rangle$的误差椭圆

参考文献

[1] SCHRÖDINGER E. Der stetige Übergang von der Mikro-zur Makromechanik[J]. Naturwissenschaften, 1926,14(28): 664-666.

[2] KLAUDER J R, SKAGERSTAM B S. Coherent states: Applications in physics and mathematical physics[M]. Singapore: World Scientific,1985.

[3] BROWN L S. Classical limit of the hydrogen atom[J]. American Journal of Physics, 1973, 41(4): 525-530.

[4] PARKER J, STROUD C R. Coherence and decay of Rydberg wave packets[J]. Physical Review Letters, 1986, 56: 716-719.

[5] PAULI W. Über das Wasserstoffspektrum vom Standpunkt der neuen Quantenmechanik [J]. Zeitschrift für Physik A Hadrons and Nuclei, 1926, 36(5): 336-363.

[6] FOCK V. Zur Theorie des Wasserstoffatoms[J]. Zeitschrift für Physik, 1935, 98(3): 145-154.

[7] BANDER M, ITZYKSON C. Group theory and the hydrogen atom (Ⅰ)[J]. Reviews of Modern Physics, 1966, 38: 330-345.

[8] BANDER M, ITZYKSON C. Group theory and the hydrogen atom (Ⅱ)[J]. Reviews of Modern Physics, 1966, 38: 346-358.

[9] NAUENBERG M. Quantum wave packets on kepler elliptic orbits[J]. Physical Review A, 1989, 40: 1133-1136.

[10] BIALYNICKI-BIRULA I, KALIŃSKI M, EBERLY J H. Lagrange equilibrium points in celestial mechanics and nonspreading wave packets for strongly driven Rydberg electrons[J]. Physical Review Letters, 1994, 73: 1777-1780.
[11] KALINSKI M, EBERLY J H, BIALYNICKI-BIRULA I. Numerical observation of stable field-supported rydberg wave packets[J]. Physical Review A, 1995, 52: 2460-2463.
[12] KALINSKI M, EBERLY J H. Trojan wave packets: Mathieu theory and generation from circular states[J]. Physical Review A, 1996, 53: 1715-1724.
[13] BETHE H A, SALPETER E E. Quantum mechanics of one and two-electron atoms[M]. Berlin: Springer-Verlag, 1957.
[14] WEST J A, GAETA Z D, STROUD C R. Classical limit states of the helium atom[J]. Physical Review A, 1998, 58: 186-195.
[15] KALINSKI M, EBERLY J H, West J A, et al. Rutherford atom in quantum theory[J]. Physical Review A, 2003, 67: 032503.
[16] MAEDA H, GALLAGHER T F. Nondispersing wave packets[J]. Physical Review Letters, 2004, 92: 133004.
[17] MAEDA H, NORUM D V L, GALLAGHER T F. Microwave manipulation of an atomic electron in a classical orbit[J]. Science, 2005, 307: 1757-1760.
[18] GAETA Z D, STROUD C R. Classical and quantum-mechanical dynamics of a quasiclassical state of the hydrogen atom[J]. Physical Review A, 1990, 42: 6308-6313.
[19] AVERBUKH I, PERELMAN N. Fractional revivals: Universality in the long-term evolution of quantum wave packets beyond the correspondence principle dynamics[J]. Physics Letters A, 1989, 139(9): 449-453.
[20] YEAZELL J A, STROUD C R. Rydberg-atom wave packets localized in the angular variables[J]. Physics Letters A, 1987, 35: 2806-2809.
[21] ALBER G, RITSCH H, ZOLLER P. Generation and detection of Rydberg wave packets by short laser pulses[J]. Physics Letters A, 1986, 34: 1058-1064.
[22] ZUREK W H. Pointer basis of quantum apparatus: Into what mixture does the wave packet collapse? [J]. Physical Review D, 1981, 24: 1516-1525.
[23] ZUREK W H. Environment-induced superselection rules [J]. Physical Review D, 1982, 26: 1862-1880.
[24] ZUREK W H. Preferred States, predictability, classicality and the environment-induced decoherence [J]. Progress of Theoretical Physics, 1993, 89(2): 281-312.
[25] ZUREK W H. Decoherence and the transition from quantum to classical[J]. Physics Today, 1991, 44: 36.
[26] VON NEUMANN J. Mathematical foundations of quantum mechanics[M]. Princeton: Princeton University Press, 1995.
[27] TORALDDIFRANCIA E B. Problems in the foundations of physics[M]. Amsterdam: North-Holland, 1979.
[28] ZUREK W H, HABIB S, PAZ J P. Coherent states via decoherence[J]. Physical Review Letters, 1993, 70: 1187-1190.
[29] CALDEIRA A, LEGGETT A. Quantum tunneling in a dissipative system[J]. Annals of Physics, 1983, 149(2): 374-456.
[30] FEYNMAN R, VERNON F. The theory of a general quantum system interacting with a linear dissipative system[J]. Annals of Physics, 1963, 24: 118-173.
[31] UNRUH W G, ZUREK W H. Reduction of a wave packet in quantum Brownian motion[J]. Physics

Letters D,1989,40: 1071-1094.

[32] WIGNER E. On the quantum correction for thermodynamic equilibrium[J]. Physical Reviews,1932,40: 749-759.

[33] WHEELER J A. The "past" and the "delayed-choice" double slit experiment[M]//Marlow A R. Mathematical foundations of quantum theory. New York: Academic Press,1978: 10-48.

[34] BRAGINSKY V B, KHALILI F Y, THORNE K S. Quantum measurement [M]. Cambridge University Press,1992.

[35] NAMIKI M, PASCAZIO S. Quantum theory of measurement based on the many-hilbert-space approach[J]. Physics Reports,1993,232(6): 301-411.

[36] ANDERSON J L,GHIRARDI G,GRASSI R,et al. Negotiating the tricky border between quantum and classical[J]. Physics Today,1993,46: 13-15,81-90.

[37] MONROE C,MEEKHOF D M,KING B E,et al. A "Schrödinger cat" superposition state of an atom [J]. Science,1996,272(1131-1136).

[38] MONROE C,MEEKHOF D M,KING B E,et al. Resolved-sideband raman cooling of a bound atom to the 3d zero-point energy[J]. Physical Review Letters,1995,75: 4011-4014.

[39] MEEKHOF D M,MONROE C,KING B E,et al. Generation of nonclassical motional states of a trapped atom[J]. Physical Review Letters,1996,76: 1796-1799.

[40] MYATT C J,KING B E,TURCHETTE Q A,et al. Decoherence of quantum superpositions through coupling to engineered reservoirs[J]. Nature,2000,403(6767): 269-273.

[41] BRUNE M,HAGLEY E,DREYER J,et al. Observing the progressive decoherence of the "meter" in a quantum measurement[J]. Physical Review Letters,1996,77: 4887-4890.

[42] HAROCHE S. Entanglement,decoherence and the quantum/classical boundary[J]. Physics Today,1998,51: 36.

[43] FRIEDMAN J R,PATEL V,CHEN W,et al. Quantum superposition of distinct macroscopic states [J]. Nature,2000,406(6791): 43-46.

[44] HACKERMÜLLER L, HORNBERGER K, BREZGER B, et al. Decoherence of matter waves by thermal emission of radiation[J]. Nature,2004,427(6976): 711-714.

[45] JOOS E,ZEH H D. The emergence of classical properties through interaction with the environment [J]. Zeitschift für Physik B Condensed Matter,1985,59: 223.

[46] MISRA B, SUDARSHAN E C G. The Zeno's paradox in quantum theory[J]. Journal of Mathematical Physics,1977,18(4): 756-763.

[47] YANG X,BURGDÖRFER J. Parametric correlations and diffusion in quantum spectra[J]. Physical Review A,1992,46: 2295-2303.

[48] RABI I I,RAMSEY N F, SCHWINGER J. Use of rotating coordinates in magnetic resonance problems[J]. Review of Modern Physics,1954,26: 167-171.

[49] BALLENTINE L E. Comment on quantum Zeno effect[J]. Physical Review A,1991,43: 5165-5167.

[50] BALLENTINE L E. The statistical interpretation of quantum mechanics[J]. Review of Modern Physics,1970,42: 358-381.

[51] ITANO W M,HEINZEN D J,BOLLINGER J J,et al. Reply to comment on quantum Zeno effect [J]. Physical Review A,1991,43: 5168-5169.

第5章
路径积分方法，衰变态的瞬子方法

在普林斯顿大学惠勒教授的指导下进行博士学位论文研究时，费曼尝试选用去掉场的概念而只考虑带电粒子及其推迟相互作用以摆脱量子电动力学中的无限大电子自能困难。在最初的本意上他没有成功，却创造了与薛定谔、海森堡和狄拉克方法并列的一种表述量子力学的等价方法——路径积分方法。一个理论的各种等价表述在处理特定问题时是不同的。基于路径积分的瞬子方法在处理势垒隧穿以及衰变态问题上是十分有效的。第6章中的宏观量子现象和7.6节的非阿贝尔规范场的Θ真空都是用这个方法处理的。在非阿贝尔规范场的量子化问题上，路径积分提供了理想的框架(Faddeev 和 Popov)。一种处理耗散系统量子力学的方法也是基于路径积分方法的(6.5节)。本章致力于介绍这种路径积分方法。

5.1 量子力学中的路径积分方法

路径积分是费曼[1-2]创立的一种量子力学的表述方法。它不以希尔伯特空间的态矢量和物理量作为算符的概念，而将量子力学基本量的跃迁幅作为“对历史求和”的积分表示，称为“路径积分”。在路径积分中所有的量都是c数。对一个量子体系的所有物理信息都能从路径积分中得到。在这个表述方法中，经典力学的作用泛函起着重要作用。路径积分和统计物理中的配分函数有直接联系，因此这个方法在统计力学中也有许多应用[3]可以直接推广到量子场论。在规范场的量子化中，路径积分方法的应用使量子化的过程变得直接明确，有力地推动了理论的发展。路径积分方法已应用到物理学许多分支的研究工作中，有许多这方面的专著已经出版[4-5]。

令$|q\rangle$为坐标算符$\hat{Q}$的本征态(薛定谔绘景)，$|qt\rangle$为海森堡绘景的相应状态，相应地在时间t与t'间始末态交叠的跃迁幅是

$$\langle q't' \mid qt\rangle = \left\langle q' \left| \exp\left[-\frac{\mathrm{i}}{\hbar}\hat{H}(t'-t)\right] \right| q \right\rangle \tag{5.1.1}$$

将时间间隔$t'-t$分为n个等分$\delta t=\dfrac{t'-t}{n}$，跃迁幅可以写作

$$\left\langle q' \left| \exp\left[-\frac{\mathrm{i}}{\hbar}\hat{H}(t'-t)\right] \right| q \right\rangle = \int \mathrm{d}q_1 \cdots \mathrm{d}q_{n-1} \left\langle q' \left| \exp\left(-\frac{\mathrm{i}}{\hbar}\hat{H}\delta t\right) \right| q_{n-1} \right\rangle$$

$$\left\langle q_{n-1}\left|\exp\left(-\frac{\mathrm{i}}{\hbar}\hat{H}\delta t\right)\right|q_{n-2}\right\rangle\cdots\left\langle q_1\left|\exp\left(-\frac{\mathrm{i}}{\hbar}\hat{H}\delta t\right)\right|q\right\rangle \tag{5.1.2}$$

以上插入了 $n-1$ 个态的完备集：$1=\int \mathrm{d}q\mid q\rangle\langle q\mid$。下面将式(5.1.2)中的一个矩阵元进行变换：

$$\left\langle q_2\left|\exp\left(-\frac{\mathrm{i}}{\hbar}\hat{H}\delta t\right)\right|q_1\right\rangle=\left\langle q_2\left|\left(1-\frac{\mathrm{i}}{\hbar}\hat{H}\delta t\right)\right|q_1\right\rangle+O(\delta t^2) \tag{5.1.3}$$

哈密顿量算符的形式为

$$\hat{H}(\hat{P},\hat{Q})=\frac{\hat{P}^2}{2m}+V(\hat{Q})$$

它的矩阵元是

$$\begin{aligned}\langle q_2\mid\hat{H}(\hat{P},\hat{Q})\mid q_1\rangle&=\left\langle q_2\left|\frac{\hat{P}^2}{2m}\right|q_1\right\rangle+V\left(\frac{q_2+q_1}{2}\right)\delta(q_2-q_1)\\&=\int\frac{\mathrm{d}p}{2\pi}\langle q_2\mid p\rangle\left\langle p\left|\frac{\hat{P}^2}{2m}\right|q_1\right\rangle+V\left(\frac{q_2+q_1}{2}\right)\int\frac{\mathrm{d}p}{2\pi}\mathrm{e}^{\mathrm{i}p(q_2-q_1)}\\&=\int\frac{\mathrm{d}p}{2\pi}\mathrm{e}^{\mathrm{i}p(q_2-q_1)}\left[\frac{p^2}{2m}+V\left(\frac{q_2+q_1}{2}\right)\right]\end{aligned}$$

以上使用了 $1=\int\frac{\mathrm{d}p}{2\pi}\mid p\rangle\langle p\mid$，$\mid p\rangle$的归一化形式是$\langle q\mid p\rangle=\exp\left(\mathrm{i}\,\frac{p}{\hbar}q\right)$，它是算符 $\hat{P}$ 本征态的本征值 p。V 写成了对称化的形式。矩阵元式(5.1.3)已求值完毕：

$$\begin{aligned}\left\langle q_2\left|\exp\left(-\frac{\mathrm{i}}{\hbar}\hat{H}\delta t\right)\right|q_1\right\rangle&\approx\int\frac{\mathrm{d}p}{2\pi}\exp\left[\mathrm{i}\,\frac{p}{\hbar}(q_2-q_1)\right]\left\{1-\frac{\mathrm{i}}{\hbar}\delta t\left[\frac{p^2}{2m}+V\left(\frac{q_2+q_1}{2}\right)\right]\right\}\\&\approx\int\frac{\mathrm{d}p}{2\pi}\exp\left[\mathrm{i}\,\frac{p}{\hbar}(q_2-q_1)\right]\exp\left[-\frac{\mathrm{i}}{\hbar}H\left(p,\frac{q_2+q_1}{2}\right)\delta t\right]\end{aligned} \tag{5.1.4}$$

在式(5.1.4)的结果中，H 已是常数函数了。跃迁幅式(5.1.2)变为

$$\begin{aligned}\left\langle q'\left|\exp\left[-\frac{\mathrm{i}}{\hbar}\hat{H}(t'-t)\right]\right|q\right\rangle=\int\frac{\mathrm{d}p_1}{2\pi}\cdots\frac{\mathrm{d}p_n}{2\pi}\int\mathrm{d}q_1\cdots\mathrm{d}q_{n-1}\exp\left\{\frac{\mathrm{i}}{\hbar}\sum_{i=1}^{n}\delta t\,\cdot\right.\\\left.\left[p_i\left(\frac{q_i-q_{i-1}}{\delta t}\right)-H\left(p_i,\frac{q_i+q_{i-1}}{2}\right)\right]\right\}\end{aligned} \tag{5.1.5}$$

在式(5.1.2)中有 n 个因子，故有 n 个积分变量 p，而在间隔中插入了 $n-1$ 个完备集，故有 $n-1$ 个积分变量 q。式(5.1.5)可以在形式上写成(取 $n\to\infty$)

$$\left\langle q'\left|\exp\left[-\frac{\mathrm{i}}{\hbar}\hat{H}(t'-t)\right]\right|q\right\rangle=\int\left[\frac{\mathrm{d}q\,\mathrm{d}p}{2\pi}\right]\exp\left\{\frac{\mathrm{i}}{\hbar}\int_t^{t'}\mathrm{d}t[p\dot{q}-H(p,q)]\right\} \tag{5.1.6}$$

在式(5.1.5)的积分中，对 p_i 的部分可以利用高斯积分公式

$$\int_{-\infty}^{\infty}\frac{\mathrm{d}x}{2\pi}\mathrm{e}^{-ax^2+bx}=\frac{1}{\sqrt{4\pi a}}\mathrm{e}^{b^2/4a}$$

求出

$$\int\frac{\mathrm{d}p_i}{2\pi}\exp\left[-\frac{\mathrm{i}}{2m\,\hbar}\delta t p_i^2+\mathrm{i}\,\frac{p_i}{\hbar}(q_i-q_{i-1})\right]=\left(\frac{m}{2\pi\mathrm{i}\,\hbar\delta t}\right)^{1/2}\exp\left[\frac{\mathrm{i}m(q_i-q_{i-1})^2}{2\,\hbar\delta t}\right]$$

此处将积分公式中的系数作为虚数使用,可以理解为对虚时间作解析延拓。上式的指数因子和余下的因子重新合并为

$$\frac{\mathrm{i}}{\hbar}\delta t\left[\frac{m}{2}\left(\frac{q_i-q_{i-1}}{\delta t}\right)^2-V\left(\frac{q_i+q_{i-1}}{2}\right)\right]$$

式(5.1.5)就可以写作

$$\begin{aligned}&\left\langle q'\left|\exp\left[-\frac{\mathrm{i}}{\hbar}\hat{H}(t'-t)\right]\right|q\right\rangle\\&=\lim_{n\to\infty}\left(\frac{m}{2\pi\mathrm{i}\,\hbar\delta t}\right)^{\frac{n}{2}}\int\prod_{i}^{n-1}\mathrm{d}q_i\exp\left\{\frac{\mathrm{i}}{\hbar}\sum_{i=1}^{n}\delta t\left[\frac{m}{2}\left(\frac{q_i-q_{i-1}}{\delta t}\right)^2-V(q_i)\right]\right\}\\&\equiv N\int[Dq]\exp\left(\frac{\mathrm{i}}{\hbar}\int_t^{t'}\mathrm{d}\tau\left[\frac{m}{2}\dot{q}^2-V(q)\right]\right)\\&=N\int[Dq]\exp\left[\frac{\mathrm{i}}{\hbar}\int_t^{t'}\mathrm{d}\tau L(q\dot{q})\right]\\&=N\int[Dq]\exp\left(\frac{\mathrm{i}}{\hbar}S\right)\end{aligned}\tag{5.1.7}$$

在式(5.1.7)中,归一化常数 N 和测度$[Dq]$的乘积的定义包含在第一个等号右侧的极限中。这实际上是一个无穷维积分。$L(q\dot{q})$是轨道 $q(t)$的拉格朗日量,S 是轨道的作用量,定义都包含在式中。跃迁幅的诠释是:它是从(q,t)到(q',t')的不同"历史"(所有可能的轨道)的和(图5.1)。求和的权重是个相因子,相位是 S/h,S 也就是这个"历史"的作用量。每一个积分变量 q_i 是在时间 t_i 的粒子可能坐标,即对应不同历史在 t_i 时的 q 值(图中 t_i 处的直线与不同轨道的交点)。从式(5.1.7)可以看出,路径积分的表达方式与经典力学间的对应是明显的。在很多可能的历史中,有一个历史是特殊的,它就是使作用量取极值的经典轨道。和经典力学不同的是,其他轨道也可能有自己的权重函数(相因子)共同参与在求和中。这些都在以下的发展和例子中得到阐明。

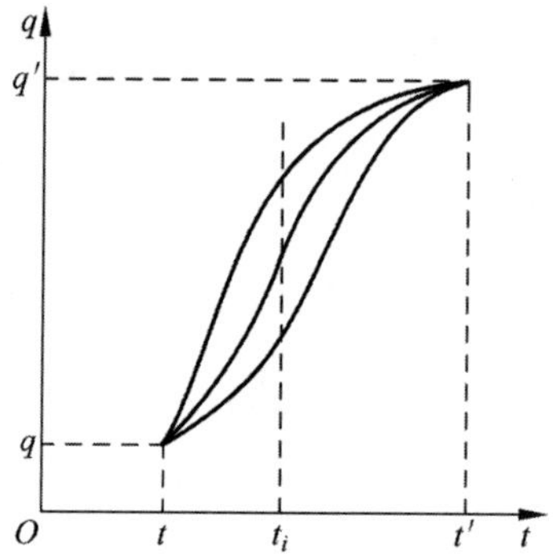

图 5.1 从(q,t)到(q',t')的不同历史

求解能量本征函数及本征值问题在路径积分中如何表现呢?记 $\hat{H}$ 的本征态为$|n\rangle$,对应的本征值为 E_n,即有

$$\hat{H}\mid n\rangle=E_n\mid n\rangle\tag{5.1.8}$$

跃迁幅$\langle x_\mathrm{f}t_\mathrm{f}|x_\mathrm{i}t_\mathrm{i}\rangle$是

$$\langle x_\mathrm{f}t_\mathrm{f}\mid x_\mathrm{i}t_\mathrm{i}\rangle=\sum_n\exp\left(-\mathrm{i}\frac{E_n}{\hbar}t\right)\langle x_\mathrm{f}\mid n\rangle\langle n\mid x_\mathrm{i}\rangle\tag{5.1.9}$$

此处 $t=t_\mathrm{f}-t_\mathrm{i}$。当对具体问题求出跃迁幅的路径积分后,通过和式(5.1.9)右侧相比就能得到 E_n 和 $\psi_n=\langle x|n\rangle$。在下面的谐振子举例中,将给出这个计算的概要。如果只求最低态,则可过渡到虚时间

$$t\equiv-\mathrm{i}\tau\tag{5.1.10}$$

此时跃迁幅变为

$$\left\langle x_{\mathrm{f}} \left| \exp\left(-\frac{\hat{H}}{\hbar}\tau\right) \right| x_{\mathrm{i}} \right\rangle = \sum_{n} \exp\left(-\frac{E_n}{\hbar}\tau\right) \langle x_{\mathrm{f}} \mid n \rangle \langle n \mid x_{\mathrm{i}} \rangle \tag{5.1.11}$$

计算出路径积分后,可将结果用 τ 展开,将展开式和式(5.1.11)右侧比较,就能得到低能量本征值和相应的本征函数。

现在讨论路径积分的计算。考虑质量 $m=1$ 的粒子,其拉格朗日量是

$$L = \frac{1}{2}\left(\frac{\mathrm{d}x}{\mathrm{d}t}\right)^2 - V(x) \tag{5.1.12}$$

其作用量是

$$S = \int_{t_{\mathrm{i}}}^{t_{\mathrm{f}}} L\left(x, \frac{\mathrm{d}x}{\mathrm{d}t}\right) \mathrm{d}t \tag{5.1.13}$$

在欧氏时空中$(x, \tau = \mathrm{i}t)$,路径积分中的相因子是

$$\exp\left(\frac{\mathrm{i}}{\hbar}S[x(t)]\right) = \exp\left\{-\frac{1}{\hbar}\int_{\tau_{\mathrm{i}}}^{\tau_{\mathrm{f}}} \left[\frac{1}{2}\left(\frac{\mathrm{d}x}{\mathrm{d}\tau}\right)^2 + V(x)\right] \mathrm{d}\tau\right\} \equiv \exp\left(-\frac{1}{\hbar}S_{\mathrm{E}}\right) \tag{5.1.14}$$

此处欧氏作用量 S_{E} 是

$$S_{\mathrm{E}} = \int_{\tau_{\mathrm{i}}}^{\tau_{\mathrm{f}}} \left[\frac{1}{2}\dot{x}^2 + V(x)\right] \mathrm{d}x \tag{5.1.15}$$

$\dot{x}$ 是 $\mathrm{d}x/\mathrm{d}\tau$ 的缩写。在以下的讨论中略去下标 E。要计算的跃迁幅是

$$\left\langle x_{\mathrm{f}} \left| \exp\left(-\frac{\hat{H}}{\hbar}\tau\right) \right| x_{\mathrm{i}} \right\rangle = N\int [Dx] \mathrm{e}^{-S/\hbar} \tag{5.1.16}$$

作用量的始末态坐标为

$$x_{\mathrm{i}} = x(\tau_{\mathrm{i}}), \quad x_{\mathrm{f}} = x(\tau_{\mathrm{f}}) \tag{5.1.17}$$

对路径积分式(5.1.16)的主要贡献来自给出最小作用量 S_0 的轨道,即经典轨道,记为 $X(\tau)$。远离经典轨道的轨道对路径积分贡献很小,可以略去。记其他满足条件式(5.1.17)的可能的邻近轨道为 $x(\tau)$,将 $x(\tau)$用经典轨道 $X(\tau)$和对它的偏离 $\delta x(\tau)$表示:

$$x(\tau) = X(\tau) + \delta x(\tau) \tag{5.1.18}$$

将 $\delta x(\tau)$用一正交归一完备集 $x_n(\tau)$展开,式(5.1.18)可以写作

$$x(\tau) = X(\tau) + \sum_{n} c_n x_n(\tau) \tag{5.1.19}$$

$[Dx]$可以写为

$$[Dx] = \prod_{n} \frac{\mathrm{d}c_n}{\sqrt{2\pi\hbar}} \tag{5.1.20}$$

数值因子直到归一因子取确定值以前都没有特殊意义。下面要证明的是路径积分式(5.1.16)和 $\mathrm{e}^{-S_0/\hbar}$成正比,此处 S_0 就是经典轨道的作用量,称比例因子为“前置因子”(prefactor),由偏离经典轨道的所有轨道贡献。将任意轨道的作用量泛函 $S[x(\tau)]$用经典作用量 S_0 和各阶变分表示:

$$\begin{aligned} S[x(\tau)] &= \int_{\tau_{\mathrm{i}}}^{\tau_{\mathrm{f}}} \left[\frac{1}{2}\left(\frac{\mathrm{d}x}{\mathrm{d}\tau}\right)^2 + V(x)\right] \mathrm{d}\tau \\ &= S[X(\tau) + \delta x(\tau)] = S[X(\tau)] + \delta S + \delta^2 S + \cdots \end{aligned} \tag{5.1.21}$$

$S[X(\tau)]$就是经典作用量 S_0。$S[x(\tau)] - S[X(\tau)]$取到 δx 一阶就是 δS,取到二阶量就是

$\delta^2 S$ 等。考虑到关系:

$$V(x)-V(X)=V'(X)\delta x+\frac{1}{2}V''(X)(\delta x)^2,$$

$$\left(\frac{\mathrm{d}X}{\mathrm{d}\tau}+\frac{\mathrm{d}}{\mathrm{d}\tau}\delta x\right)^2-\left(\frac{\mathrm{d}X}{\mathrm{d}\tau}\right)^2=2\frac{\mathrm{d}X}{\mathrm{d}\tau}\frac{\mathrm{d}}{\mathrm{d}\tau}\delta x+\left(\frac{\mathrm{d}}{\mathrm{d}\tau}\delta x\right)^2$$

以及上式右侧在积分 $\int\mathrm{d}\tau$ 下作分部积分,并用边界条件 $\delta x(\tau_{\mathrm{f}})=\delta x(\tau_{\mathrm{i}})=0$,有

$$2\frac{\mathrm{d}X}{\mathrm{d}\tau}\frac{\mathrm{d}}{\mathrm{d}\tau}\delta x\rightarrow-2\frac{\mathrm{d}^2X}{\mathrm{d}\tau^2}\delta x,$$

$$\left(\frac{\mathrm{d}}{\mathrm{d}\tau}\delta x\right)^2\rightarrow-\left(\frac{\mathrm{d}^2}{\mathrm{d}\tau^2}\delta x\right)\delta x$$ ①

最后得

$$\delta S=\int_{\tau_{\mathrm{i}}}^{\tau_{\mathrm{f}}}\mathrm{d}\tau\left[-\frac{\mathrm{d}^2X}{\mathrm{d}\tau^2}+V'(X)\right]\delta x \tag{5.1.22}$$

最小作用的要求由 $\delta S=0$ 给出

$$-\frac{\mathrm{d}^2X}{\mathrm{d}\tau^2}+V'(X)=0 \tag{5.1.23}$$

这就是作用量(式(5.1.21))为极值的欧拉-拉格朗日方程(Euler-Lagrange equation),即经典轨道满足的方程。由于 $\delta S=0$,有

$$S=S_0+\delta^2 S \tag{5.1.24}$$

$$\delta^2 S=\int_{\tau_{\mathrm{i}}}^{\tau_{\mathrm{f}}}\left[-\frac{1}{2}\frac{\mathrm{d}^2}{\mathrm{d}\tau^2}\delta x+\frac{1}{2}V''(X)\delta x\right]\delta x\,\mathrm{d}\tau \tag{5.1.25}$$

$\delta^2 S$ 是由偏离经典轨道给出的贡献。为了求出 $\delta^2 S$,需要对式(5.1.19)中的 x_n 给以具体规定。令它的本征方程为

$$\left[-\frac{\mathrm{d}^2}{\mathrm{d}\tau^2}+V''(X)\right]x_n=\lambda_n x_n \tag{5.1.26}$$

边界条件为

$$x_n(\tau_{\mathrm{i}})=x_n(\tau_{\mathrm{f}})=0$$

正交归一化条件是

$$\int_{\tau_{\mathrm{i}}}^{\tau_{\mathrm{f}}}x_m(\tau)x_n(\tau)\mathrm{d}\tau=\delta_{mn}$$

将 $\delta x=\sum c_n x_n$ 代入式(5.1.25)并用正交归一条件和式(5.1.26),得

$$\begin{aligned}\delta^2 S&=\int\mathrm{d}\tau\sum_{m,n}c_m x_m\left[-\frac{1}{2}\frac{\mathrm{d}^2}{\mathrm{d}\tau^2}+\frac{1}{2}V''(X)\right]c_n x_n\\&=\sum_{mn}\frac{1}{2}\lambda_n c_m c_n\delta_{mn}=\frac{1}{2}\sum_n c_n^2\lambda_n\end{aligned} \tag{5.1.27}$$

路径积分式(5.1.16)已经算出:

$$\left\langle x_{\mathrm{f}}\left|\exp\left(-\frac{\hat{H}}{\hbar}\tau\right)\right|x_{\mathrm{i}}\right\rangle=N\int[Dx]\mathrm{e}^{-S/\hbar}=N\mathrm{e}^{-S_0/\hbar}\int\prod_n\frac{\mathrm{d}c_n}{\sqrt{2\pi\hbar}}\mathrm{e}^{-\delta^2 S/\hbar}$$

---

① 这一项对 $\delta^2 S$ 有贡献。

$$
\begin{aligned}
&= N \mathrm{e}^{-S_0/\hbar} \int \prod_n \frac{\mathrm{d}c_n}{\sqrt{2\pi\hbar}} \exp\left(-\frac{1}{2\hbar}\sum c_n^2 \lambda_n\right) \\
&= N \left(\prod_n \lambda_n^{-\frac{1}{2}}\right) \mathrm{e}^{-S_0/\hbar}
\end{aligned} \tag{5.1.28}
$$

上面最后一步用了高斯积分公式。由于 λ_n 正是算符 $-\frac{\mathrm{d}^2}{\mathrm{d}\tau^2}+V''(X)$ 的本征值,因此有

$$
\prod_n \lambda_n^{-\frac{1}{2}} = [\det(-\partial_\tau^2 + V''(X))]^{-1/2} \tag{5.1.29}
$$

式(5.1.28)可改写为

$$
\left\langle x_{\mathrm{f}} \left| \exp\left(-\frac{\hat{H}}{\hbar}\tau\right) \right| x_{\mathrm{i}} \right\rangle = N\,[\det(-\partial_\tau^2 + V''(X))]^{-1/2} \mathrm{e}^{-S_0/\hbar} \tag{5.1.30}
$$

这是准到二阶变分的结果。更高阶的结果给出了 $O(\hbar)$ 的修正,即

$$
\left\langle x_{\mathrm{f}} \left| \exp\left(-\frac{\hat{H}}{\hbar}\tau\right) \right| x_{\mathrm{i}} \right\rangle = N\,[\det(-\partial_\tau^2 + V''(X))]^{-1/2} \mathrm{e}^{-S_0/\hbar}(1+O(\hbar))
$$

作为简单的例子,考虑抛物线势(图 5.2)。选择边界条件 $x_{\mathrm{i}}=x_{\mathrm{f}}=0$。因此经典轨道是 $X(\tau)=0$,经典作用量是 $S_0=0$。记 $V''(X(\tau))=V''(X=0)$ 为 ω^2,有

$$
\begin{aligned}
&\left\langle x_{\mathrm{f}} \left| \exp\left(-\frac{\hat{H}}{\hbar}\tau\right) \right| x_{\mathrm{i}} \right\rangle \\
&= N\,[\det(-\partial_\tau^2 + \omega^2)]^{-1/2} \mathrm{e}^{-S_0/\hbar}(1+O(\hbar))
\end{aligned}
$$

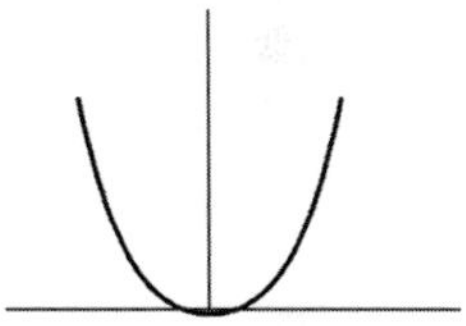

图 5.2 抛物线势

以下将要证明,当 $\tau_i=-\tau_0/2, \tau_f=\tau_0/2$ 以及 τ 值很大时,有

$$
\left\langle 0 \left| \exp\left(-\frac{\hat{H}}{\hbar}\tau\right) \right| 0 \right\rangle = N\,[\det(-\partial_\tau^2 + \omega^2)]^{-1/2} = \left(\frac{\omega}{\hbar\pi}\right)^{1/2} \mathrm{e}^{-\omega\tau_0/2} \tag{5.1.31}
$$

将式(5.1.31)和式(5.1.11)右侧相比较,就得到基态 $|0\rangle$ 的本征值和零点波函数:

$$
E_0 = \frac{1}{2}\hbar\omega(1+O(\hbar)),
$$

$$
\langle x=0 \mid 0\rangle = \left(\frac{\omega}{\hbar\pi}\right)^{\frac{1}{2}}(1+O(\hbar))
$$

下面根据文献[6]的附录给出式(5.1.31)的证明。考虑微分方程:

$$
(-\partial_\tau^2 + W(\tau))\psi = \mu\psi \tag{5.1.32}
$$

此处 $W(\tau)$ 是 τ 的有界函数,μ 是参数。令 $\psi_\mu(\tau)$ 为式(5.1.32)的解,且满足边界条件①

$$
\psi_\mu(-\tau_0/2)=0, \quad \partial_\tau\psi_\mu(-\tau_0/2)=1 \tag{5.1.33}
$$

算符 $(-\partial_\tau^2+W(\tau))$ 的本征值为 λ_n,它对应的本征函数满足边界条件

$$
\psi_{\lambda_n}\left(-\frac{\tau_0}{2}\right)=\psi_{\lambda_n}\left(\frac{\tau_0}{2}\right)=0
$$

可改写式(5.1.29)为

---

① 注意这是和式(5.1.26)不同的问题。由于边界条件不同,它对任意 μ 参数的值都有解,而式(5.1.26)仅对本征值 λ_n 有解。

$$\det(-\partial_\tau^2+W(\tau))=\prod_n \lambda_n \tag{5.1.34}$$

令 $W^{(1)}$ 和 $W^{(2)}$ 为两个不同的 τ 的函数,并令 $\psi_\mu^{(1)}$ 和 $\psi_\mu^{(2)}$ 为式(5.1.32)相应的解。考虑以下表达式:

$$\frac{\det(-\partial_\tau^2+W^{(1)}-\mu)}{\det(-\partial_\tau^2+W^{(2)}-\mu)}=\frac{\psi_\mu^{(1)}(\tau_0/2)}{\psi_\mu^{(2)}(\tau_0/2)} \tag{5.1.35}$$

上式等号左侧是复变量 μ 的半纯函数①,在每一个 $\mu=\lambda_n^{(1)}$ 处有一个单纯的0,在每一个 $\mu=\lambda_n^{(2)}$ 处有一个单纯的极点,这些 λ 都是正实数。除在正实轴上以外,函数是到处解析的。在复平面任何方向(正实轴除外)取极限 $\mu\to\infty$,函数趋于极限1。对于一个在一定区域内的解析函数,若它的值(沿一个在此区域内的连续曲线上)是一个常数,则它在整个区域内的值就等于这个常数。因此上式的右侧除在正实轴上以外都等于1。定义 N:

$$\frac{\det(-\partial_\tau^2+W)}{\psi_0(\tau_0/2)}=\pi\hbar N^2 \tag{5.1.36}$$

因为对于 $\mu=0$,上式的左侧(根据式(5.1.35))与 W 无关,N 一定是个常数。因此有:

$$N\left[\det(-\partial_\tau^2+W^{(1)})\right]^{-1/2}=\left[\pi\hbar\psi_0(\tau_0/2)\right]^{-1/2} \tag{5.1.37}$$

这个关系对于任何有界的函数 $W(\tau)$ 和相应的解 Ψ_μ 在 $\mu=0$ 时都适用。

回到谐振子问题,$W=\omega^2$ 是常数,满足式(5.1.32)和式(5.1.33)的解 ψ_0 是

$$\psi_0(\tau)=\frac{1}{\omega}\sinh\omega\left(\tau+\frac{\tau_0}{2}\right) \tag{5.1.38}$$

现在 $\psi_0\left(\frac{\tau_0}{2}\right)=\frac{1}{\omega}\sinh\omega\frac{\tau_0}{2}$,对于谐振子式(5.1.37)就是

$$N\left[\det(-\partial_\tau^2+\omega^2)\right]^{-1/2}=\left(\frac{\omega}{\hbar\pi}\right)^{1/2}\mathrm{e}^{-\omega\tau_0/2}$$

式(5.1.31)得证。前置因子的另一种算法见附录3。

闵可夫斯基时空(Minkowski space)按照普遍的跃迁幅计算的概要②计算的路径积分是

$$\langle x_b t_b \mid x_a t_a\rangle=\int[Dx]\exp\left(\frac{\mathrm{i}}{\hbar}S\right)\equiv\exp\left(\frac{\mathrm{i}}{\hbar}S_0\right)F_\omega(t_b-t_a) \tag{5.1.39}$$

式中

$$S=\int_{t_a}^{t_b}\frac{m}{2}(\dot{x}^2-\omega^2x^2)\mathrm{d}t \tag{5.1.40}$$

经典轨道方程是

$$\ddot{x}=-\omega^2x \tag{5.1.41}$$

满足边界条件的解是

$$X(t)=\frac{x_b\sin\omega(t-t_a)+x_a\sin\omega(t_b-t)}{\sin\omega(t_b-t_a)} \tag{5.1.42}$$

S_0 容易求得,但 F_ω 的计算比较复杂。结果是

$$\langle x_b t_b \mid x_a t_a\rangle=\frac{1}{\sqrt{2\pi\mathrm{i}\,\hbar/m}}\sqrt{\frac{\omega}{\sin\omega(t_b-t_a)}}$$

---

① 当复变函数仅有极点作为奇点时,称为“半纯函数”。

② 参阅文献[2]§2.4,§9.3。

$$\cdot \exp\left\{\frac{\mathrm{i}}{\hbar}\frac{m\omega}{2\sin\omega(t_b-t_a)}[(x_b^2+x_a^2)\cos\omega(t_b-t_a)-2x_bx_a]\right\} \tag{5.1.43}$$

路径积分可以用 $\hat{H}$ 的本征函数来表示，其本征值为

$$\langle x_b t_b \mid x_a t_a\rangle = \sum_n \psi_n(x_b)\psi_n^*(x_a)\mathrm{e}^{-\mathrm{i}E_n(t_b-t_a)/\hbar} \tag{5.1.44}$$

将它与式(5.1.43)比较就能得到本征函数和本征值。为此要用梅勒公式(Mehler's for mula)[①]：

$$\frac{1}{\sqrt{1-a^2}}\exp\left[-\frac{1}{1-a^2}(x^2+x'^2-2xx'a)\right]$$
$$=\mathrm{e}^{-x^2-x'^2}\sum_{n=0}^{\infty}\frac{a^n}{2^n n!}\mathrm{H}_n(x)\mathrm{H}_n(x')$$

此处 $\mathrm{H}_n(x)$是埃尔米特多项式。令 $a=\mathrm{e}^{-\mathrm{i}\omega(t_b-t_a)}$，$x=\frac{x_b}{\lambda}$，$x'=\frac{x_a}{\lambda}$，$\lambda=\sqrt{\frac{\hbar}{m\omega}}$，用梅勒公式变换式(5.1.43)，并和式(5.1.44)比较，得

$$\left.\begin{aligned}
&\psi_n(x)=N_n\lambda^{-1/2}\mathrm{e}^{-x^2/2\lambda^2}H_n(x/\lambda)\\
&N_n=(2^n n!\ \sqrt{\pi})^{-1/2}\\
&E_n=\hbar\omega\left(n+\frac{1}{2}\right)
\end{aligned}\right\} \tag{5.1.45}$$

这和解薛定谔方程的结果完全一样。

5.2 瞬子与双阱中能级的相干劈裂

考虑图 5.3(a)所示的双势阱。势对坐标 x 是对称的，即

$$V(-x)=V(x) \tag{5.2.1}$$

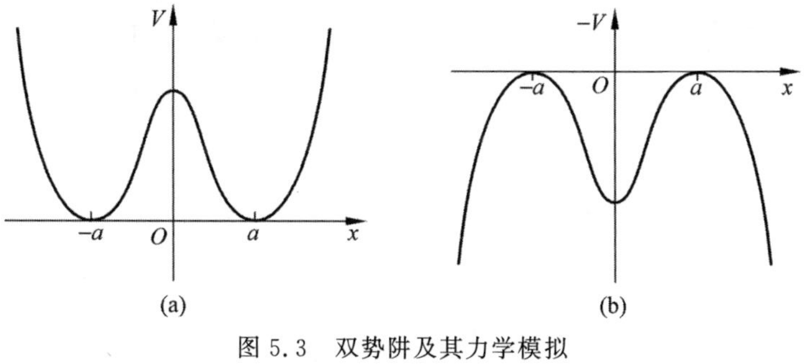

图 5.3 双势阱及其力学模拟

(a) 双势阱；(b) 双势阱的力学模拟

抛物线在 $x=\pm a$ 处为 0(极小值)，并有 $V''(\pm a)=\omega^2$。经典轨道的运动方程(欧氏时空)由式(5.2.1)给出：

$$\frac{\mathrm{d}^2X}{\mathrm{d}\tau^2}=V'(X)$$

将它与闵可夫斯基时空的运动方程($m=1$)

① Morse P M，Feshbach H. Method of Theoretical Physics，Vol. Ⅰ. New York：McGraw Hill，1953：781.

$$\frac{d^2x}{dt^2}=-V'(x)$$

比较，就可以把 X 在虚时间 τ 的运动和一个经典粒子在势 $-V$ 中的实时间运动相比拟(图 5.2(b))。这样就可以利用经典力学的概念来定性地分析经典轨道。这种方法被称为“力学模拟”。从双阱势的力学模拟分析，有两种简单的经典轨道：①对所有的 τ 值，$X(\tau)=-a$ 或 $X(\tau)=a$；② $X\left(-\frac{\tau}{2}\right)=-a, X\left(\frac{\tau}{2}\right)=a, \tau\to\infty$ 或 $X\left(-\frac{\tau}{2}\right)=a, X\left(\frac{\tau}{2}\right)=-a$，$\tau\to\infty$。在路径积分中要计算的跃迁幅是

$$\left\langle -a\left|\exp\left(-\frac{\hat{H}}{\hbar}\tau\right)\right|-a\right\rangle=\left\langle a\left|\exp\left(-\frac{\hat{H}}{\hbar}\tau\right)\right|a\right\rangle \tag{5.2.2}$$

和

$$\left\langle a\left|\exp\left(-\frac{\hat{H}}{\hbar}\tau\right)\right|-a\right\rangle=\left\langle -a\left|\exp\left(-\frac{\hat{H}}{\hbar}\tau\right)\right|a\right\rangle \tag{5.2.3}$$

考虑第二类解，由于 $\tau\to\infty$，从力学模拟角度分析，粒子在 $x=\pm a$ 时的速度为 0，因此势能和动能都为 0，是零能量解：$\frac{1}{2}\left(\frac{dx}{d\tau}\right)^2-V=0$。对于路径积分经典解，这相当于

$$\frac{dX}{d\tau}=\sqrt{2V} \tag{5.2.4}$$

它的解是

$$\tau=\tau_c+\int_0^X dx'(2V(x'))^{-1/2} \tag{5.2.5}$$

τ_c 是 $X=0$ 对应的虚时间，是个任意的积分常数。图 5.4 给出了式(5.2.5)，它称为“以 τ_c 为中心的瞬子”，也称“扭折解”(kink)。瞬子(instanton)在数学结构上与场论中粒子状的解——“孤子”很类似，所以称为“子”(-on)。由于它在很长的(虚)时间都位于 $-a$ 或 $+a$，只在一瞬间离开 $\pm a$ 从 $X=0$ 处掠过，故名“瞬子”。这一“瞬”是可以估计的。在 $r\to\infty, X\approx a$ 时，V 可以写为 $\frac{1}{2}\omega^2(a-X)^2$，从式(5.2.4)得 $\frac{dX}{d\tau}\approx\omega(a-X)$，解为 $a-X=e^{-\omega\tau}$。因此，只在 $1/\omega$ 这一瞬间 X 才明显远离 a。$X(-\infty)=a, X(+\infty)=-a$ 的解称为“反瞬子”。从式(5.2.4)可以得出瞬子(反瞬子)的经典作用量

$$S_0=\int d\tau\left[\frac{1}{2}\left(\frac{dX}{d\tau}\right)^2+V\right]=\int d\tau\left(\frac{dx}{d\tau}\right)^2=\int_{-a}^{a}dx\sqrt{2V} \tag{5.2.6}$$

由于在虚时间$(-\infty,\infty)$，$1/\omega$ 是个可忽略的量(一瞬)，瞬子(反瞬子)并不是唯一的近似经典解。由一系列瞬子-反瞬子连接而成的也是近似经典解。图 5.5 给出了这个系列，τ_1，τ_2，…为各个瞬子(反瞬子)的中心。在图上 $1/\omega$ 取为 0。对 n 个瞬子-反瞬子系列的经典作用量是 nS_0，因为根据式(5.2.6)，瞬子的作用主要来自 $X\approx 0$ 的那一瞬。路径积分前置因子$[\det(-\partial_\tau^2+V''(X))]^{-1/2}$ 的计算涉及问题较多。如果没有 $\tau_1,\tau_2,\cdots$ 这些瞬间，粒子就会位于 $+a$ 或 $-a$，在那里 $V''=\omega^2$，因此结果和谐振子(式(5.1.31))一样，即 $\left(\frac{\omega}{\pi\hbar}\right)^{1/2}e^{-\omega\tau_0/2}$。令单瞬子对前置因子的修正为因子 K(下面计算)，则 n 个瞬子-反瞬子的前置因子应该是

$$\left(\frac{\omega}{\pi\hbar}\right)^{1/2}e^{-\omega\tau_0/2}K^n \tag{5.2.7}$$

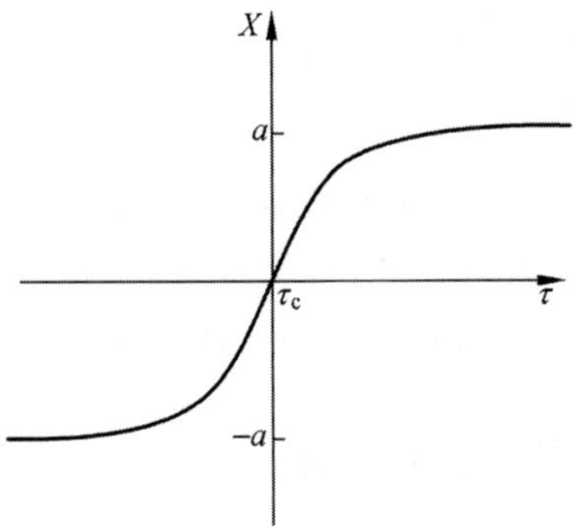

图 5.4 瞬子解

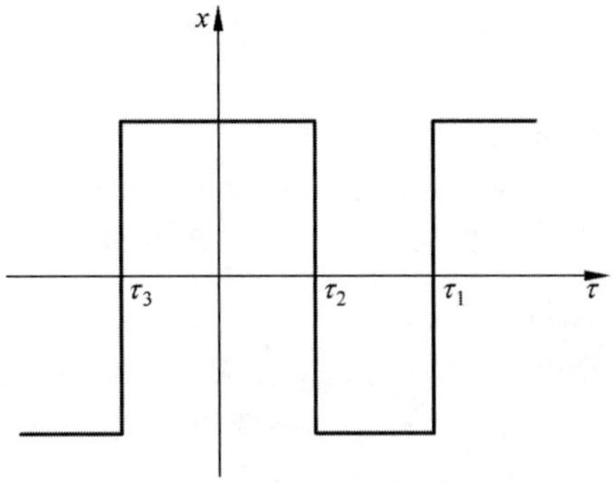

图 5.5 瞬子-反瞬子系列

由于 $\tau_1,\tau_2,\cdots$的位置是任意的,对所有的经典轨道求和也涉及对这些位置的积分。由于被积分函数与 $\tau_1,\cdots,\tau_2$ 的位置无关,因此有

$$\int_{-\tau_0/2}^{\tau_0/2}\mathrm{d}\tau_1\int_{-\tau_0/2}^{\tau_1}\mathrm{d}\tau_2\cdots\int_{-\tau_0/2}^{\tau_{n-1}}\mathrm{d}\tau_n=\frac{\tau_0^n}{n!} \tag{5.2.8}$$

还有一个细节是,如果 $X\left(-\frac{\tau_0}{2}\right)=X\left(\frac{\tau_0}{2}\right)$,则应取偶数的瞬子-反瞬子;如果 $X\left(-\frac{\tau_0}{2}\right)=-X\left(\frac{\tau_0}{2}\right)$,则应取奇数个瞬子-反瞬子。例如

$$\begin{aligned}\left\langle -a\left|\exp\left(-\frac{\hat{H}}{\hbar}\tau_0\right)\right|a\right\rangle &=\left(\frac{\omega}{\pi\hbar}\right)^{1/2}\mathrm{e}^{-\omega\tau_0/2}\sum_{n(\mathrm{odd})}\frac{K^n\mathrm{e}^{-nS_0/\hbar}\tau_0^n}{n!}\\&=\left(\frac{\omega}{\pi\hbar}\right)^{1/2}\mathrm{e}^{-\omega\tau_0/2}\frac{1}{2}[\exp(K\mathrm{e}^{-S_0/\hbar}\tau_0)-\\&\quad\exp(-K\mathrm{e}^{-S_0/\hbar}\tau_0)]\end{aligned} \tag{5.2.9}$$

$$\begin{aligned}\left\langle -a\left|\exp\left(-\frac{\hat{H}}{\hbar}\tau_0\right)\right|-a\right\rangle &=\left(\frac{\omega}{\pi\hbar}\right)^{1/2}\mathrm{e}^{-\omega\tau_0/2}\sum_{n(\mathrm{even})}\frac{K^n\mathrm{e}^{-nS_0/\hbar}\tau_0}{n!}\\&=\left(\frac{\omega}{\pi\hbar}\right)^{1/2}\mathrm{e}^{-\omega\tau_0/2}\frac{1}{2}[\exp(K\mathrm{e}^{-S_0/\hbar}\tau_0)+\\&\quad\exp(-K\mathrm{e}^{-S_0/\hbar}\tau_0)]\end{aligned} \tag{5.2.10}$$

和式(5.1.11)相比,$\hat{H}$ 的本征值是

$$E_{\pm}=\frac{1}{2}\hbar\omega\pm\hbar K\mathrm{e}^{-S_0/\hbar} \tag{5.2.11}$$

相应的本征态$|+\rangle$和$|-\rangle$(激发态和基态)与$|a\rangle$和$|-a\rangle$的内积为

$$\begin{aligned}|\langle+|\pm a\rangle|^2&=|\langle-|\pm a\rangle|^2=\langle a|-\rangle\langle-|-a\rangle=-\langle a|+\rangle\langle+|-a\rangle\\&=\frac{1}{2}\left(\frac{\omega}{\pi\hbar}\right)^{\frac{1}{2}}\end{aligned} \tag{5.2.12}$$

基态$|-\rangle$是$|a\rangle$与$|-a\rangle$的偶组合,激发态是它们的奇组合。以上的结果可以从

$$\left\langle +\left|\exp\left(-\frac{\hat{H}}{\hbar}\tau_0\right)\right|+\right\rangle=\exp\left(-\frac{E_+}{\hbar}\tau_0\right)=\mathrm{e}^{-\omega_0\tau_0/2}\exp(-K\mathrm{e}^{-S_0/\hbar}\tau_0) \tag{5.2.13}$$

$$\left\langle - \left| \exp\left(-\frac{\hat{H}}{\hbar}\tau_0\right) \right| - \right\rangle = \exp\left(-\frac{E_-}{\hbar}\tau_0\right) = \mathrm{e}^{-\omega_0\tau_0/2}\exp(K\mathrm{e}^{-S_0/\hbar}\tau_0) \tag{5.2.14}$$

两个要求得到。

上面实现的实际是二能级体系的相干劈裂。如果双阱中间的峰是无限高的，则两个阱中的基态是分别简并的。但峰是有限的，左右阱中的基态能通过隧穿而混合，因而$|+\rangle$与$|-\rangle$就有能量差$2\hbar K\mathrm{e}^{-S_0/\hbar}$。隧穿因子$\mathrm{e}^{-S_0/\hbar}$的出现是自然的。由于本征态是左右两阱基态的相干叠加，那么称这个劈裂为“相干劈裂”。

以下计算单个瞬子的前置因子K。令$X(\tau,\tau_c)$代表中心在τ_c的瞬子解。将τ_c移动小量$\delta\tau_c$后的解与原解之差为

$$X(\tau,\tau_c) - X(\tau,\tau_c+\delta\tau_c) = -\frac{\partial}{\partial\tau_c}X(\tau,\tau_c)\delta\tau_c = \frac{\partial}{\partial\tau}X(\tau,\tau_c)\delta\tau_c$$

上式最后一步是因为移动τ_c和反方向移动τ的原点等价。由于移动解并不变更作用量，可以从式(5.1.25)得到

$$\left[-\frac{\mathrm{d}^2}{\mathrm{d}\tau^2} + V''(X)\right]\delta X = 0$$

即

$$\left[-\frac{\mathrm{d}^2}{\mathrm{d}\tau^2} + V''(X)\right]\frac{\partial}{\partial\tau}X(\tau,\tau_c) = 0 \tag{5.2.15}$$

从此得到结论，$\dfrac{\partial X}{\partial\tau}$是算符$\left[-\dfrac{\mathrm{d}^2}{\mathrm{d}\tau^2}+V''(X)\right]$的本征函数，相应的本征值为0，称为“零模解”。记$x_0$为归一的零模解①：

$$x_0 = C\frac{\mathrm{d}X}{\mathrm{d}\tau}$$

其归一条件是

$$1 = C^2\int\mathrm{d}\tau\left(\frac{\mathrm{d}X}{\mathrm{d}\tau}\right)^2 = C^2 S_0 \tag{5.2.16}$$

式(5.2.16)最后一步的根据是式(5.2.6)。因此有

$$x_0 = (S_0)^{-1/2}\frac{\mathrm{d}X}{\mathrm{d}\tau} \tag{5.2.17}$$

在将任意解$x(\tau)$在$X(\tau)$附近展开，有

$$x(\tau) = X(\tau) + c_0 x_0 + \sum_{n=1} c_n x_n \tag{5.2.18}$$

对c_0积分，会给出$\lambda_0^{-1/2}$，而$\lambda_0=0$。不过实际上对c_0的积分等价于对τ_c的积分，而对τ_c的积分已经在上文对瞬子中心位置的积分式(5.2.8)做过了。现在只需找出等价的比例因子即可。当变化为$\mathrm{d}\tau_c$时，$x(\tau)$的变化是

$$\mathrm{d}x(\tau) = -\frac{\mathrm{d}X}{\mathrm{d}\tau}\mathrm{d}\tau_c = -S_0^{1/2}x_0\mathrm{d}\tau_c$$

而变化c_0带来的是

---

① 以下不涉及τ_c的变化，X只是τ的函数。在讨论零模解时就用$\dfrac{\mathrm{d}X}{\mathrm{d}\tau}$。

$$\mathrm{d}x(\tau)=x_0\mathrm{d}c_0$$

二者相比给出

$$\frac{1}{\sqrt{2\pi\hbar}}\mathrm{d}c_0=\sqrt{\frac{S_0}{2\pi\hbar}}\mathrm{d}\tau_c \tag{5.2.19}$$

这样,单子瞬子对路径积分的贡献已全部算出:

$$\left\langle a\left|\exp\left(-\frac{\hat{H}}{\hbar}\tau_0\right)\right|-a\right\rangle_1=N\tau_0\left(\frac{S_0}{2\pi\hbar}\right)^{\frac{1}{2}}\mathrm{e}^{-S_0/\hbar}\det{}'\left[-\frac{\partial^2}{\partial\tau^2}+V''(X)\right]^{-\frac{1}{2}} \tag{5.2.20}$$

det 上的撇号"′"代表不包括零本征值,而对 $\frac{\mathrm{d}c_0}{\sqrt{2\pi\hbar}}$ 的积分已被 $\tau_0\left(\frac{S_0}{2\pi\hbar}\right)^{\frac{1}{2}}$ 取代了。将式(5.2.9)中一个瞬子的贡献抽出:

$$\left\langle a\left|\exp\left(-\frac{\hat{H}}{\hbar}\tau_0\right)\right|-a\right\rangle_1=\left(\frac{\omega}{\pi\hbar}\right)^{\frac{1}{2}}\mathrm{e}^{-\omega\tau_0/2}K\mathrm{e}^{-S_0/\hbar}\tau_0$$

并考虑谐振子的前置因子(式(5.1.35)):

$$N\det\left[-\frac{\partial^2}{\partial\tau^2}+\omega^2\right]^{-1/2}=\left(\frac{\omega}{\pi\hbar}\right)^{\frac{1}{2}}\mathrm{e}^{-\omega\tau_0/2}$$

就得出

$$K=\left(\frac{S_0}{2\pi\hbar}\right)^{\frac{1}{2}}\left[\frac{\det\left(-\frac{\partial^2}{\partial\tau^2}+\omega^2\right)}{\det{}'\left(-\frac{\partial^2}{\partial\tau^2}+V''(X)\right)}\right]^{\frac{1}{2}} \tag{5.2.21}$$

从量子力学的通常表述(用 WKB 法解薛定谔方程)得出的结果与以上 K 的计算是符合的,可参阅文献[6]附录 B。但瞬子方法比 WKB 法更严密,可以计算更高阶的近似。

上文提到,路径积分的计算(指数上的经典作用量,二级变分给出的前置因子)相当于半经典近似。式(5.2.11)中对能量 $\frac{1}{2}\hbar\omega$ 的修正 $\hbar K\mathrm{e}^{-S_0/\hbar}$ 包含一个指数因子。半经典近似的结果只在 $O(\hbar)$ 情况才有意义。当 $S_0\gg\hbar$ 时,修正项会比 $O(\hbar^2)$ 还小。保留它是否有意义呢?作为修正项,它没有意义,但作为 $|+\rangle$ 和 $|-\rangle$ 的劈裂,它是带头项,因此是有意义的。

更多内容可参阅文献[6]。

5.3 密度矩阵与路径积分

考虑量子算符 $\hat{K}$,它的分立本征态 $\{|k_n\rangle\}$ 组成了正交归一完备集。一个量子体系的波函数 $|\psi\rangle$ 可以展开成这个集合的线性叠加:

$$|\psi\rangle=\sum c_n|k_n\rangle \tag{5.3.1}$$

展开系数 c_n 满足条件 $\sum|c_n|^2=1$。$|c_n|^2$ 是状态 $|\psi\rangle$ 位于本征态 $|k_n\rangle$ 的概率。叠加式(5.3.1)包含的信息比以上陈述更多,因为复系数 $\{c_n\}$ 包含了相干叠加中各项之间的相对相位。这样的态 $|\psi\rangle$ 是纯态。如果我们只知道量子体系的状态处于本征态 $|k_n\rangle$ 的概率,即

$\{w_n=|c_n|^2\}$，则此处的 $w_n(\leqslant 1)$ 是实数，并有 $\sum_n w_n=1$。当不为 0 的 w_n 大于 1 时，状态就是统计混合态。密度矩阵

$$\boldsymbol{\rho}=\sum w_n \mid k_n\rangle\langle k_n \mid \tag{5.3.2}$$

就是描述统计混合态的有效方法。$\boldsymbol{\rho}$ 可以看作一个对角矩阵，矩阵元为 $\rho_{nm}=w_n\delta_{nm}$①。在条件 $\sum w_n=1$ 下，有

$$\mathrm{tr}\boldsymbol{\rho}=1 \tag{5.3.3}$$

密度矩阵是厄密的：

$$\boldsymbol{\rho}^{\dagger}=\boldsymbol{\rho} \tag{5.3.4}$$

我们来计算 $\boldsymbol{\rho}^2$：

$$\begin{aligned}\boldsymbol{\rho}^2&=\sum_{m,n} w_n w_m \mid k_n\rangle\langle k_n \mid k_m\rangle\langle k_m \mid \\ &=\sum_n w_n^2 \mid k_n\rangle\langle k_n \mid\end{aligned} \tag{5.3.5}$$

这里用了本征态的正交性：$\langle k_n|k_m\rangle=\delta_{mn}$。一般情况下，$\sum w_n=1$ 意味着 $w_n^2<w_n$，除非只有一个系数 $w_l=1$ 而其他系数都为 0。一般情况下，有

$$\mathrm{tr}\boldsymbol{\rho}^2<\mathrm{tr}\boldsymbol{\rho} \tag{5.3.6a}$$

而在特殊情况下

$$\boldsymbol{\rho}^2=\boldsymbol{\rho} \tag{5.3.6b}$$

这个特殊情况是 $\boldsymbol{\rho}=|k_l\rangle\langle k_l|$，它相当于 $|\psi\rangle=|k_l\rangle$，是一个纯态。在此情况下，

$$\boldsymbol{\rho}=|\psi\rangle\langle\psi| \tag{5.3.7}$$

因此式(5.3.6a)是统计混合态的条件，而式(5.3.6b)是纯态的条件。密度矩阵是描述量子体系的灵活方法，不论它处于纯态还是统计混合态。如果式(5.3.7)中的态 $|\psi\rangle$ 是以叠加态式(5.3.1)表述的，就有

$$\boldsymbol{\rho}=\sum_{m,n} c_m c_n^* \mid k_m\rangle\langle k_n \mid \tag{5.3.8}$$

这里密度矩阵有非对角元，因为式(5.3.1)代表了表示的变换。式(5.3.7)的形式是对角矩阵，$w_\psi=1$，而所有其他的系数都为 0：$w_\varphi=0$，此处 φ 是和 ψ 正交的态。为了辨别一个密度矩阵代表的是纯态还是统计混合态，必须先把矩阵对角化，然后统计一下有多少非 0 的矩阵元。如果非 0 矩阵元的数目为 1，则代表纯态。如果非 0 矩阵元的数目大于 1，则代表混合态。

在 x 表示中，有

$$\boldsymbol{\rho}(x'x)\equiv\langle x' \mid \boldsymbol{\rho} \mid x\rangle=\sum_k w_k\langle x' \mid k\rangle\langle k \mid x\rangle=\sum_k w_k\psi_k(x')\psi_k^*(x) \tag{5.3.9}$$

在以 $\boldsymbol{\rho}$ 代表的状态中，任意可观测量 $\hat{A}$ 的期望值是

$$\begin{aligned}\langle\hat{A}\rangle&=\sum_k w_k\langle k|\hat{A} \mid k\rangle=\int \mathrm{d}x\mathrm{d}x' w_k\langle k \mid x\rangle\langle x' \mid A \mid x\rangle\langle x' \mid k\rangle \\ &=\int \mathrm{d}x\mathrm{d}x'\langle x \mid \boldsymbol{\rho} \mid x'\rangle\langle x' \mid A \mid x\rangle=\int \mathrm{d}x\mathrm{d}x'\rho(x,x')A(x',x)=\mathrm{tr}\boldsymbol{\rho}A\end{aligned} \tag{5.3.10}$$

---

① 在选定的表示中 $\boldsymbol{\rho}$ 是对角的。变换表示可以使它变为非对角的。

在统计力学中，考虑体系处于温度 T 的环境中。取本征态集 $|\varphi_i\rangle$，它们满足

$$\hat{H}\mid\varphi_i\rangle=E_i\mid\varphi_i\rangle \tag{5.3.11}$$

则体系处于 $|\varphi_i\rangle$ 的概率是

$$w_i=\frac{1}{Q}\mathrm{e}^{-\beta E_i} \tag{5.3.12}$$

此处

$$\beta=\frac{1}{kT} \tag{5.3.13}$$

$$Q=\sum_i \mathrm{e}^{-\beta E_i} \tag{5.3.14}$$

Q 是统计配分函数。密度矩阵可以写作

$$\boldsymbol{\rho}=\frac{1}{Q}\sum_i \mathrm{e}^{-\beta E_i}\mid\varphi_i\rangle\langle\varphi_i\mid=\frac{1}{Q}\mathrm{e}^{-\beta\hat{H}} \tag{5.3.15}$$

最后一步是将 $\mathrm{e}^{-\beta E_i}|\varphi_i\rangle$ 换成 $\mathrm{e}^{-\beta\hat{H}}|\varphi_i\rangle$，再用完备条件 $\sum_i\mid\varphi_i\rangle\langle\varphi_i\mid=1$ 得到的。有时为了简便，使用非归一的密度矩阵

$$\boldsymbol{\rho}(\beta)=\mathrm{e}^{-\beta\hat{H}} \tag{5.3.16}$$

此时，在求期待值等问题时需要小心。$\boldsymbol{\rho}(\beta)$ 满足的方程是

$$-\frac{\partial\boldsymbol{\rho}}{\partial\beta}=\hat{H}\boldsymbol{\rho} \tag{5.3.17}$$

$$\boldsymbol{\rho}(0)=1 \tag{5.3.18}$$

在 x 表示中，有

$$\boldsymbol{\rho}(x,x';\beta)=\langle x\mid\mathrm{e}^{-\beta\hat{H}}\mid x'\rangle \tag{5.3.19}$$

$$-\frac{\partial}{\partial\beta}\boldsymbol{\rho}(x,x';\beta)=\hat{H}_x\boldsymbol{\rho}(x,x';\beta) \tag{5.3.20}$$

$$\boldsymbol{\rho}(x,x';0)=\delta(x-x') \tag{5.3.21}$$

将式(5.3.19)与欧氏时空路径积分 $\left\langle x\left|\exp\left(-\frac{\hat{H}}{\hbar}\tau\right)\right|x'\right\rangle$ 比较，发现它们竟如此相似：只要设定

$$\tau=\hbar\beta=\frac{\hbar}{kT} \tag{5.3.22}$$

统计力学中的密度矩阵就可以用路径积分表示：

$$\boldsymbol{\rho}(x,x';\beta)=N\int[Dx(u)]\exp\left[-\frac{1}{\hbar}\int_0^U\left\{\frac{1}{2}m\dot{x}^2(u)+V[x(u)]\right\}\mathrm{d}u\right] \tag{5.3.23}$$

此处 $U=\hbar\beta$。体系所有的平衡态性质都能从密度矩阵得到。

为了印证用闵可夫斯基时空计算的式(5.1.43)，这里用欧氏时空计算谐振子的密度矩阵，利用路径积分的一个重要性质。经典轨道的运动方程是

$$\ddot{X}-\omega^2X=0,\quad X(0)=x,\quad X(U)=x' \tag{5.3.24}$$

其解是

$$X=\frac{(x'-x\mathrm{e}^{-\omega U})\mathrm{e}^{\omega u}+(x\mathrm{e}^{\omega U}-x')\mathrm{e}^{-\omega u}}{2\sinh\omega U} \tag{5.3.25}$$

经典作用可以直接计算：

$$S_0=\frac{m\omega}{2\sinh\omega U}[(x'^2+x^2)\cosh\omega U-2xx'] \tag{5.3.26}$$

将满足边界条件的任意轨道 x 用 X 表示：

$$x(u)=X(u)+y(u),\quad y(0)=y(U)=0 \tag{5.3.27}$$

其二阶变分是

$$\delta^2 S=\frac{m}{2}\int_0^U(\dot{y}^2+\omega^2y^2)\mathrm{d}u \tag{5.3.28}$$

前置因子和路径积分分别是

$$F(U)\equiv\int[Dy]\exp\left[-\frac{1}{\hbar}\int_0^U\left(\frac{m}{2}\dot{y}^2+\frac{m\omega^2}{2}y^2\right)\mathrm{d}u\right] \tag{5.3.29}$$

$$\rho(x,x';U)=\mathrm{e}^{-S_0/\hbar}F(U) \tag{5.3.30}$$

利用路径积分的基本性质：

$$\boldsymbol{\rho}(x,x';U_1+U_2)=\int\rho(x,x'';U_2)\rho(x'',x;U_1)\mathrm{d}x'' \tag{5.3.31}$$

它的意义是把“历史”分两步走：有一个中间阶段 x''，两步分别用了虚时间 U_1 和 U_2。对“历史”求和，中间值 x'' 是任意的，应该积分。用式(5.3.31)便可以解出前置因子 $F(U)$。将式(5.3.30)代入式(5.3.31)：

$$F(U_1+U_2)\exp\left[-\frac{S_0(x,x';U_1+U_2)}{\hbar}\right]$$
$$=\int\exp\left\{-\frac{1}{\hbar}[S_0(x,x'';U_2)+S_0(x'',x';U_1)]\right\}F(U_1)F(U_2)\mathrm{d}x''$$

将式(5.3.26)代入，对 x'' 积分，得到 $F(U)$ 满足的方程：

$$\begin{aligned}&F(U_1+U_2)\left[\frac{2\hbar\pi\sinh\omega(U_1+U_2)}{m\omega}\right]^{\frac{1}{2}}\\&=F(U_1)\left[\frac{2\hbar\pi\sinh\omega U_1}{m\omega}\right]^{\frac{1}{2}}F(U_2)\left[\frac{2\hbar\pi\sinh\omega U_2}{m\omega}\right]^{\frac{1}{2}}\end{aligned} \tag{5.3.32}$$

因此解是

$$\left[\frac{2\hbar\pi\sinh U}{m\omega}\right]^{\frac{1}{2}}F(U)=\mathrm{e}^{\alpha U}$$

或

$$F(U)=\left[\frac{m\omega}{2\hbar\pi\sinh U}\right]^{\frac{1}{2}}\mathrm{e}^{\alpha U} \tag{5.3.33}$$

α 可以从归一化决定。结果和式(5.1.43)相同。这里用了式(5.3.31)而没有直接对式(5.3.29)求积分，是个巧妙的办法[3]。

在文献[3]中讨论了耦合体系的密度矩阵，给出了计算步骤和最终结果。下面补充中间计算①。

考虑一个与宏观量子隧穿有关的问题。这是一个耦合的体系，一个体系质量为 M，坐标是 q，在势 $V(q)$ 中运动；另一个是谐振子，质量为 m，频率为 ω，坐标为 x；二者之间有耦合 $-\gamma xq$。其哈密顿量为

$$H=\frac{m\dot{x}^2}{2}+\frac{m\omega^2}{2}x^2+\frac{M\dot{q}^2}{2}+V(q)-\gamma xq \tag{5.3.34}$$

密度矩阵为

$$\boldsymbol{\rho}(x,x';U)=N\int[Dq][Dx]\exp\left[-\frac{1}{\hbar}\int_0^U\left(\frac{m\dot{x}^2}{2}+\frac{m\omega^2}{2}x^2-\gamma qx\right)\mathrm{d}u\right]\times$$
$$\exp\left[-\frac{1}{\hbar}\int_0^U\left(\frac{M\dot{q}^2}{2}+V(q)\right)\mathrm{d}u\right] \tag{5.3.35}$$

边界条件为

$$x(0)=x,\quad x(U)=x'$$

一般情况下，路径积分不能积出。但可以试图将 x 的泛函由积分积出，得到体系 q 的有效作用量。将符号稍作改变，对以下路径积分求值：

$$F[f;x,x']=\int[Dx]\exp\left[-\frac{1}{\hbar}\int_0^U\left(\frac{m}{2}\dot{x}^2+\frac{m}{2}\omega^2x^2+\mathrm{i}f(u)x\right)\mathrm{d}u\right]$$
$$x(0)=x,\quad x(U)=x' \tag{5.3.36}$$

从 x 的欧拉-拉格朗日方程看：

$$\ddot{X}-\omega^2X=\frac{\mathrm{i}}{m}f(u) \tag{5.3.37}$$

是受迫振子。仍用 $x=X+y$，则作用量变为

$$\begin{aligned}S&=\int_0^U\left[\frac{m}{2}(\dot{X}+\dot{y})^2+\frac{m\omega^2}{2}(X+y)^2+\mathrm{i}f(X+y)\right]\mathrm{d}u\\&=\int\frac{m}{2}\left[\dot{X}^2+\omega^2X^2+\frac{2}{m}\mathrm{i}fX\right]\mathrm{d}u+\int m\left[\dot{X}\dot{y}+\omega^2Xy+\frac{2}{m}\mathrm{i}fy\right]\mathrm{d}u+\\&\quad\int\frac{m}{2}(\dot{y}^2+\omega^2y)\mathrm{d}u\end{aligned}$$

第二个积分的第一项可以变换为 $\int\dot{X}\dot{y}\mathrm{d}u=\dot{X}y\Big|_0^U-\int_0^U\ddot{X}y\mathrm{d}u$，因此第二个积分变为 $\int m\left[-\ddot{X}+\omega^2X+\frac{\mathrm{i}}{m}f(u)\right]y\mathrm{d}u$，它由于运动方程而等于 0。第三个积分给出了谐振子的前置因子：$\sqrt{m\omega/2\pi\hbar\sinh\omega U}$。运动方程式(5.3.37)用参数变分法求解，即

$$X(u)=(c_1+y_1)\mathrm{e}^{\omega u}+(c_2+y_2)\mathrm{e}^{-\omega u} \tag{5.3.38}$$

此处

$$\left.\begin{aligned}y_1&=\frac{\mathrm{i}}{2m\omega}\int_0^u f(u)\mathrm{e}^{-\omega u}\mathrm{d}u\\y_2&=-\frac{\mathrm{i}}{2m\omega}\int_0^u f(u)\mathrm{e}^{\omega u}\mathrm{d}u\end{aligned}\right\} \tag{5.3.39}$$

① 吕嵘同志参加了结果的推导，特此致谢。

使用 $X(0)=x, X(U)=x'$，即可将 c_1 和 c_2 求出，它们是 x, x', U 以及两个常数 A 和 B 的函数：

$$\left.\begin{aligned} A &= \frac{\mathrm{i}}{2m\omega}\int_0^U \mathrm{e}^{-\omega u} f(u)\mathrm{d}u \\ B &= \frac{\mathrm{i}}{2m\omega}\int_0^U \mathrm{e}^{\omega(U-u)} f(u)\mathrm{d}u \end{aligned}\right\} \tag{5.3.40}$$

经典作用量的计算如下：

$$\begin{aligned} S_0 &= \frac{m}{2}\int_0^U \left(\dot{X}^2 + \omega^2 X^2 + \frac{2}{m}\mathrm{i}f(u)X\right)\mathrm{d}u \\ &= \frac{m}{2}\left[\dot{X}X\Big|_0^U + \int_0^U \left(-\ddot{X} + \omega^2 X + \frac{2}{m}\mathrm{i}f\right)X\,\mathrm{d}u\right] \\ &= \frac{m}{2}\left[\dot{X}X\Big|_0^U + \int_0^U \frac{\mathrm{i}}{m}f(u)X\,\mathrm{d}u\right] \end{aligned}$$

将 X（式(5.3.38)和式(5.3.39)）代入，结果是

$$\begin{aligned} S_0 = {} & \frac{1}{4m\omega}\int_0^U\int_0^U \mathrm{e}^{-\omega|u-u'|} f(u)f(u')\mathrm{d}u\,\mathrm{d}u' + \\ & \frac{m\omega}{2\sinh\omega U}[(x^2+x'^2)\cosh\omega U - 2xx' + 2A(x\mathrm{e}^{\omega U} - x') + \\ & 2B(x'\mathrm{e}^{\omega U} - x) + (A^2+B^2)\mathrm{e}^{\omega U} - 2AB] \end{aligned} \tag{5.3.41}$$

至此，已将 F（式(5.3.36)）算出：

$$F[f,x,x'] = \sqrt{\frac{m\omega}{2\pi\hbar\sinh\omega U}}\,\mathrm{e}^{-S_0/\hbar} \tag{5.3.42}$$

在实际应用中需要计算以下 f 的泛函：

$$\mathscr{E}[f] \equiv \frac{\int F[f,x,x]\mathrm{d}x}{\int F(0,x,x)\mathrm{d}x} \tag{5.3.43}$$

F 的前置因子不参与积分，在 $\mathscr{E}[f]$ 中约去。分母的积分为

$$\int \exp\left[-\frac{m\omega}{\hbar\sinh\omega U}(\cosh\omega U - 1)x^2\right]\mathrm{d}x = \left(\frac{\pi\hbar\sinh\omega U}{m\omega(\cosh\omega U - 1)}\right)^{1/2} \tag{5.3.44}$$

分子的 $F[f,x,x]$ 中的 $S_0|_{x'=x}$ 是

$$\begin{aligned} S_0|_{x'=x} = {} & \frac{1}{4m\omega}\int_0^U\int_0^U \mathrm{e}^{-\omega|u-u'|} f(u)f(u')\mathrm{d}u\,\mathrm{d}u' + \\ & \frac{m\omega}{\sinh\omega U}\Bigg[x^2(\cosh\omega U - 1) + (A+B)(\mathrm{e}^{\omega U} - 1)x + \\ & \left(\frac{A^2+B^2}{2}\right)\mathrm{e}^{\omega U} - AB\Bigg] \end{aligned} \tag{5.3.45}$$

上式的第二项经过整理，变为

$$\frac{m\omega}{\sin\omega U}\left\{(\cosh\omega U - 1)\left[x + \frac{1}{2}\,\frac{(A+B)(\mathrm{e}^{\omega U}-1)}{\cosh\omega U - 1}\right]^2 - AB(1+\mathrm{e}^{\omega U})\right\} \tag{5.3.46}$$

花括号中的第一项是与 x 有关的，代入式(5.3.43)分子的 $\int\exp[-S_0|_{x=x'}/\hbar]\mathrm{d}c$ 积分，结果

是 $\left[\frac{\pi\hbar\sinh\omega U}{m\omega(\cosh\omega U-1)}\right]^{1/2}$，正好和分母的积分式(5.3.44)约掉。至此，对 $\mathscr{E}[f]$有贡献的只余下式(5.3.45)的第一项和式(5.3.46)花括号中的第二项：

$$\mathscr{E}[f]=\exp\left[-\frac{1}{4m\omega\hbar}\int_0^U\int_0^U \mathrm{e}^{-\omega|u-u'|} f(u)f(u')\mathrm{d}u\mathrm{d}u'+\frac{m\omega}{\hbar\sinh\omega U}(1+\mathrm{e}^{\omega U})AB\right] \tag{5.3.47}$$

将

$$AB=-\frac{1}{4m^2\omega^2}\int_0^U\int_0^U \mathrm{e}^{-\omega u}\mathrm{e}^{-\omega(u-u')} f(u)f(u')\mathrm{d}u\mathrm{d}u' \tag{5.3.48}$$

代入，再经过整理，最后可以得到

$$\mathscr{E}[f]=\exp\left[-\frac{1}{4m\omega\hbar}\int_0^U\int_0^U \frac{\cosh\left(\omega\mid u-u'\mid-\frac{\omega U}{2}\right)}{\sinh\frac{\omega U}{2}} f(u)f(u')\mathrm{d}u\mathrm{d}u'\right] \tag{5.3.49}$$

5.4 衰变态的瞬子方法

考虑如图 5.6 所示的势和力学模拟。如果不考虑势垒隧穿，则在阱底可以有一个基态。现在有了隧穿，能否和双阱问题一样用路径积分计算对能量的修正呢？从力学模拟的角度看，经典轨道是从 $\tau=-\infty, X=0$ 到 $\tau=0, X=\sigma$，此时速度降为 0，开始走回头路，最后于 $\tau=+\infty$时回到 $X=0$。轨道示于图 5.7。这个解称为“回弹解”(bounce solution)，即它到了 σ 就被弹回了(图 5.6)。如果计算 $\left\langle 0\left|\exp\left(-\frac{\hat{H}}{\hbar}\tau_0\right)\right|0\right\rangle$，似乎和双阱类似，也能对一串回弹解求和，最后得到类似$\left(\frac{\omega}{\pi\hbar}\right)^{\frac{1}{2}}\mathrm{e}^{-\omega\tau_0/2}\times\exp(K\tau_0\mathrm{e}^{-S_0/\hbar})$的结果，当然 S_0 和 ω 与双阱情况不同。

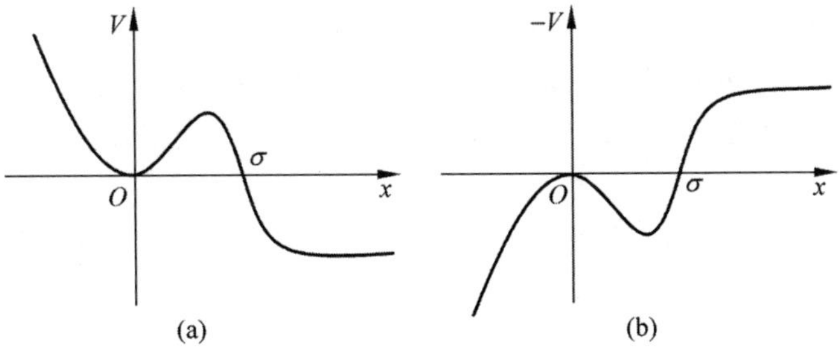

图 5.6 势和力学模拟

(a) 势；(b) (a)的力学模拟

然而，实际情况并不如此简单。首先，算出的修正比去掉的量还小，而且这里又没有劈裂，计算它有什么意义呢？其次，回弹解有一个极大值，即$\frac{\mathrm{d}X}{\mathrm{d}\tau}$在此为 0：它有一个节点。从束缚态能级的性质看，零模解有节点，就应该还有一个能量更低(能量为负值)的无节点的解，与 $\prod_i \lambda_i^{-1/2}$ 成正比的因子 K 就会是虚数。还有，从图 5.6(a)的势看，势垒穿透将使原居阱底的态成为不稳定的。

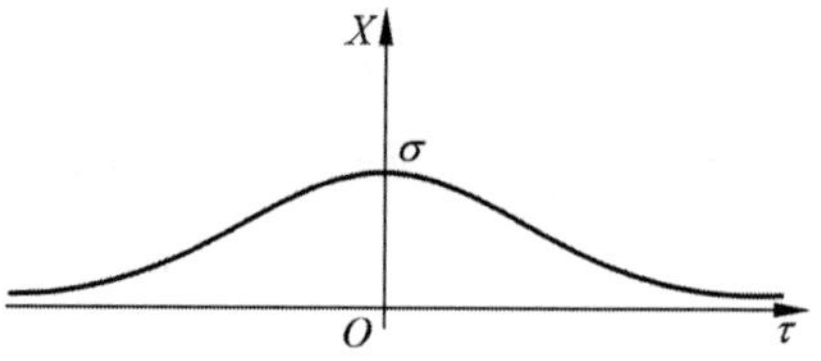

图 5.7 回弹解

确实，在阱中的态是不稳定的，这使它的能量有虚部，这个虚部决定态的衰变率。态的不稳定是由势垒隧穿造成的，也应由路径积分算出。对能量的修正如果是实的，则不好保留，因为弃去的部分还会比它大。但虚部恰恰是需要保留的，因为它已是带头项(不考虑隧穿的原能量没有虚部)，而且它要给出态的衰变率。结果的形式将会是

$$\mathrm{Im}E_0=\frac{\Gamma}{2}=\hbar|\ K\ |\ \mathrm{e}^{-S_0/\hbar} \tag{5.4.1}$$

Γ 是不稳定态的能级宽度。在计算前置因子中，令 λ_{-1} 代表本征问题的负本征值，c_{-1} 代表 $x(\tau)$ 展开时负本征值态 u_{-1} 前的系数。这样对 c_{-1} 的积分会是

$$\int\frac{\mathrm{d}c_{-1}}{\sqrt{2\pi\hbar}}\exp\left(-\frac{1}{2\hbar}c_{-1}^2\lambda_{-1}\right)=\int\frac{\mathrm{d}c_{-1}}{\sqrt{2\pi\hbar}}\exp\left(\frac{1}{2\hbar}\ |\ \lambda_{-1}\ |\ c_{-1}^2\right) \tag{5.4.2}$$

它是发散的。另一方面，从 $\prod_i \lambda_i^{-1/2}$ 看，有 $\frac{1}{\sqrt{\lambda_{-1}}}=\frac{i}{\sqrt{|\lambda_{-1}|}}$。实际情况究竟如何呢？可以试用解析延拓方法。先设式(5.4.2)左侧的 λ_{-1} 为正值，积分后得到 $\frac{1}{\sqrt{\lambda_{-1}}}$，然后将 λ_{-1} 延拓到负值，有 $\frac{\mathrm{i}}{\sqrt{|\lambda_{-1}|}}$。之后，会得到结果的形式是 $\mathrm{Im}E_0=\frac{\Gamma}{2}=\hbar|K|\mathrm{e}^{-S_0/\hbar}$，它只比正确值少一个因子 1/2。这说明解析延拓要做得更细些[8]。为了剖析解析延拓的做法，只在部分函数空间中考虑一族以实参数 z 表征的历史，有

$$J(z)=\int\frac{\mathrm{d}z}{\sqrt{2\pi\hbar}}\mathrm{e}^{-S(z)/\hbar} \tag{5.4.3}$$

这些轨道示于图 5.8。$z=1$ 相当于回弹轨道，它的作用量是极大值。z 更大的轨道由于粒子在大 x 值处(V 值为负)停留较长的(虚)时间，使作用量减小。作用量与 z 的关系示于图 5.9。由于随 z 的增加，$S(z)$ 迅速变为更大的负值，积分式(5.4.3)会发散。由于这类计算是对定态(而非衰变态)进行的，直接搬到图 5.6(a)的势中并不合适。应该从图 5.10(a)的势开始将它逐步扭曲趋向图 5.6(a)，当作用量在 $z=1$ 处达到极大值之后，真实势(图 5.6(a))的作用量将偏离图 5.10(b)的曲线，当曲线在 $z>1$ 时迅速向下弯，再继续原有的积分路径(沿 z 轴)就不行了。为了使积分有限并能给出虚部，应将积分路径从 $z=1$ 处扭曲到复平面，如图 5.11 所示。此处假设势的扭曲决定积分回路向上半平面扭曲。从鞍点 $z=1$ 向上方积分，用最大速率下降近似计算，有

$$J=\left[\int_{-\infty}^{1}+\int_{1}^{1+\mathrm{i}\infty}\right]\frac{\mathrm{d}z}{\sqrt{2\pi\hbar}}\mathrm{e}^{-S(z)/\hbar}$$

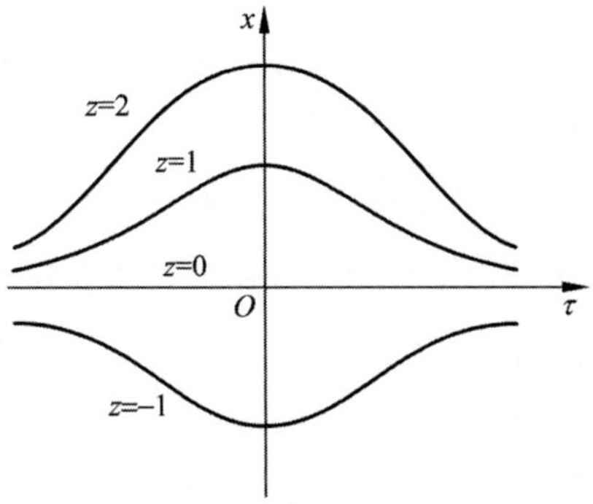

图 5.8　一族用参数 z 表征的轨道

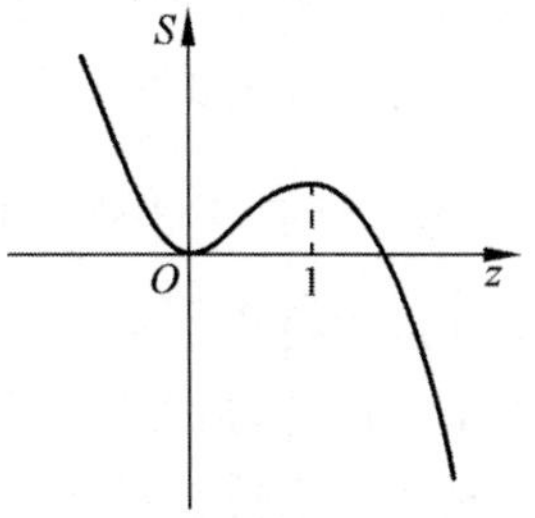

图 5.9　轨道的作用量

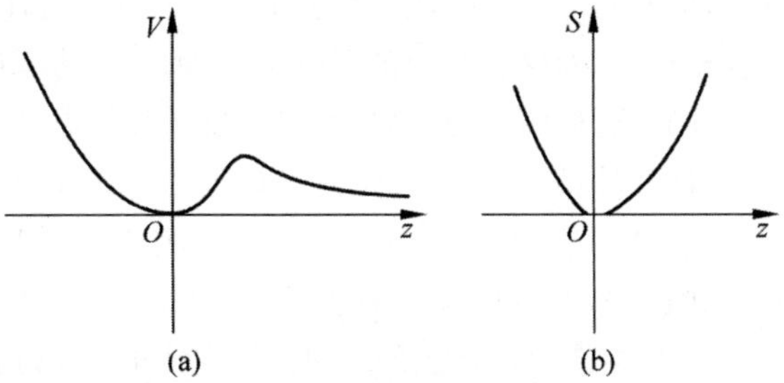

图 5.10　给出束缚态的势
(a) 势函数；(b) 不同轨道的作用量

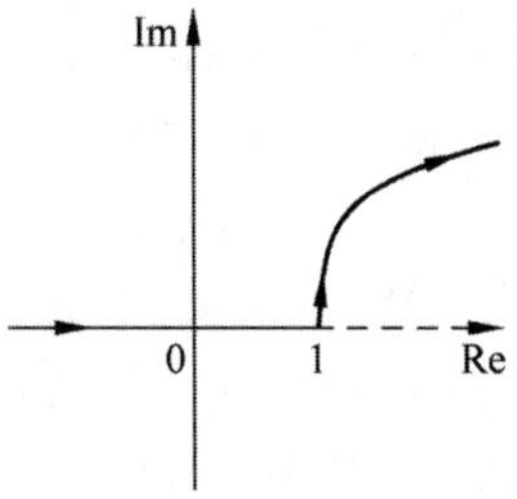

图 5.11　变化的积分回路

第一个积分给出实数。令 $z=1+\mathrm{i}y$，则第二个积分是

$$J'=\mathrm{i}\int_0^{\infty}\mathrm{d}y\,\frac{1}{\sqrt{2\pi\hbar}}\exp\left(-\left[S(1)+\frac{1}{2}S''(1)(\mathrm{i}y)^2\right]\Big/\hbar\right)$$

此处 $S''(y)$ 在 $y=1$ 处是负值。因此 J 的虚部是

$$\begin{aligned}\operatorname{Im}J&=\int_0^{\infty}\frac{\mathrm{d}y}{\sqrt{2\pi\hbar}}\exp\left(-\left[S(1)-\frac{1}{2}S''(1)y^2\right]\Big/\hbar\right)\\&=\frac{1}{2}\mathrm{e}^{-S(1)/\hbar}\mid S''(1)\mid^{-1/2}\end{aligned}\qquad(5.4.4)$$

重要的 1/2 因子的来源是，此处高斯积分是从 0 积到∞的，其值为自－∞积到＋∞的积分值的 1/2。可以将以上模型式的讨论进行推广：

$$\left.\begin{aligned}\operatorname{Im}K&=\frac{1}{2}\left(\frac{S_0}{2\pi\hbar}\right)^{1/2}\left[\frac{\det'\left(-\dfrac{\partial^2}{\partial\tau^2}+V''(X)\right)}{\det\left(-\dfrac{\partial^2}{\partial\tau^2}+\omega^2\right)}\right]\\ \Gamma&=2\hbar\mid K\mid\mathrm{e}^{-S_0/\hbar}=\hbar\left(\frac{S_0}{2\pi\hbar}\right)^{1/2}\mathrm{e}^{-S_0/\hbar}\left[\frac{\det'\left(-\dfrac{\partial^2}{\partial\tau^2}+V''(X)\right)}{\det\left(-\dfrac{\partial^2}{\partial\tau^2}+\omega^2\right)}\right]^{-1/2}\end{aligned}\right\}\qquad(5.4.5)$$

Callan-Coleman 方法[8]对于上述讨论没有进行严格证明，该想法是受 J. S. Langer[9]处理相变问题的方法启发而来的。

作为一个例子，在5.4.1节中讨论了“二次加三次”势的隧穿问题①。一方面可以印证本节讨论的与回弹解相应的本征问题具有负本征值而可以直接计算出能量虚部；另一方面还可以介绍在行列式的比例计算上的一些有效方法。相关结果将用于第6章。

实际上，对一些具体问题可以直接计算二次变分的路径积分，而不涉及算符$-\frac{\partial^2}{\partial\tau^2}+V''(X)$的本征函数展开。这一点将在5.4.2节中讨论。

关于本节的内容，请参阅文献[6]。

本章讨论的相干劈裂和衰变态瞬子方法，都属于路径积分的背景场计算方法。它是一种近似方案，其特点是主要贡献来自经典轨道。作用量的一阶变分δS为0表示经典轨道的贡献，即它给出了作用量的极值。二阶变分$\delta^2 S$表示量子涨落的贡献。为了保证远离经典轨道的贡献很小，必须把时间t变为$\mathrm{i}\tau$，即从闵可夫斯基空间转到欧氏空间。这样，轨道的权重因子将出现(e^{-S})，保证经典轨道(S最小)对路径积分的贡献最大，远离它的轨道的贡献指数衰减。因此，背景场方法只是一种半经典近似的简便框架，尤其是当经典方程是非线性方程时，这种量子化是在它的经典解基础上进行的，即在经典孤子的基础上考虑量子涨落。

要强调的是路径积分方法本身是量子力学的一种表述，它并不包含任何近似，同时量子化方案绝不是唯一的。从量子理论到其经典极限，可以用唯一的途径实现。但给定经典理论后，要从它出发去构造量子理论，本质上是要引入普朗克常数的一种“变形”(deformation)②，途径并不唯一。从经典泊松括号到量子泊松括号(对易子)是一种推广。但这种方法对费米子并不适用，应改用反对易子。判断量子化方案是否正确的原则是，量子理论应该包含经典极限，理论应有内在的自洽，当然更重要的是，理论预言与实验结果符合。正则量子化是我们熟悉的。从正则量子化方案还演化出了一种“对应原理量子化”。设波函数ψ为哈密顿量某一对称群的表示。在对称变换下，ψ的变化是$\delta\psi$(c数)。令$\hat{Q}$为与对称变换相对应的守恒量生成元，它通过二次量子化的算符$\hat{\psi}$和$\hat{\psi}^\dagger$表示，它们满足一定的对易关系。对应原理量子化要求$\delta\psi\propto[\hat{\psi},\hat{Q}]$③，通过这个要求可以得到生成元$\hat{Q}$的形式。通常在线性问题中，$\hat{\psi}$满足的正则对易关系给出了熟知的$\hat{Q}$生成元形式。在非线性问题中，实际使用的对易关系不一定是正则的。这时原则上可以通过经典变分形式$\delta\psi$找出相应的守恒量$\hat{Q}$的形式。路径积分原则上可以给出不做近似的量子力学计算，其谐振子精确解便是一例，结果当然和正则量子化完全一致。路径积分形式通过法捷耶夫-波波夫理论[10]可以推广到普遍量子场论。在非阿贝尔规范场的量子化中，它提供很自然的理论框架，将幺正性与可重整化性统一到一个理论构架之中。

在路径积分的具体计算中都用了虚时间$\tau=\mathrm{i}t$，这样才能在欧氏时空进行计算。取虚时间的办法称为“威克转动”(Wick rotation)，在物理学中是经常应用的。对于路径积分，一些

① “二次加三次”势的隧穿结果首先由A. O. Caldeira给出(博士学位论文.萨塞克斯大学，1980)，在文献[13]中引用了结果。

② 这是法捷耶夫的提法，他称从量子到经典的过程为“收缩”(contraction)。

③ 左侧$\delta\psi$是c数，右侧对易括号中的$\hat{\psi}$是算符，故称“对应原理量子化”。

数学家的意见是有所保留的，他们认为威克转动在数学上是不够严格的。

5.4.1 “二次加三次”势的隧穿

考虑“二次加三次”势(图5.12(a))和它的力学模拟(5.12(b))。势的形式是

$$V(q)=\frac{1}{2}m\omega^2q^2-\beta q^3$$
$$=\frac{27}{4}V_0\left[\left(\frac{q}{q_0}\right)^2-\left(\frac{q}{q_0}\right)^3\right] \tag{5.4.6}$$

此处

$$q_0=\frac{m\omega^2}{2\beta},\quad V_0=\frac{1}{54}\frac{(m\omega^2)^3}{\beta^2}$$

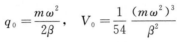

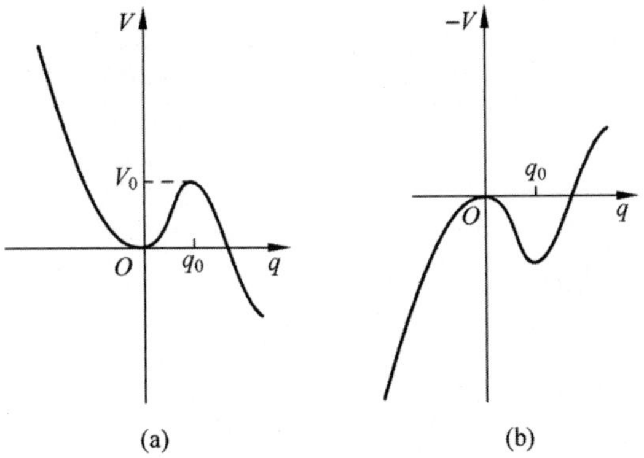

图5.12 “二次加三次”势及其力学模拟
(a)“二次加三次”势；(b)(a)的力学模拟

计算隧穿率也是由计算经典作用、经典轨道、前置因子几个步骤组成的①。从力学模拟看出，经典轨道(回弹解)是 $q\left(-\frac{\tau_0}{2}\right)=0, q(0)=q_0, q\left(\frac{\tau_0}{2}\right)=0, \tau_0\to\infty$。经典轨道是零能量解，因此，经典作用量是

$$S_0=\int\left(\frac{1}{2}m\dot{q}^2+V(q)\right)\mathrm{d}\tau=\int m\dot{q}^2\mathrm{d}\tau=\int m\dot{q}\mathrm{d}\dot{q}=2\int_0^{q_0}\sqrt{2mV(q)}\,\mathrm{d}q$$

将式(5.4.6)代入，得

$$S_0=2q_0\left(\frac{27}{2}mV_0\right)^{1/2}\int_0^{q_0}\left[\left(\frac{q}{q_0}\right)^2-\left(\frac{q}{q_0}\right)^3\right]^{1/2}\mathrm{d}\left(\frac{q}{q_0}\right)=\frac{36V_0}{5\omega} \tag{5.4.7}$$

经典轨道满足的方程是

$$\frac{1}{2}m\dot{q}^2=\frac{27}{4}V_0\left\{\left(\frac{q}{q_0}\right)^2-\left(\frac{q}{q_0}\right)^3\right\}$$

满足边界条件 $q(-\infty)=q(\infty)=0, q(0)=q_0$ 的解是

$$X(\tau)=q_0\,\mathrm{sech}^2\,\frac{1}{2q_0}\sqrt{\frac{27V_0}{2m}}\tau \tag{5.4.8}$$

---

① 相关工作基于陈欣同志的推导，特此致谢。

计算前置因子要先求解一个本征问题，本征方程是(放进质量)

$$-m\frac{\mathrm{d}^2x_n}{\mathrm{d}\tau^2}+V''(X)x_n=\lambda_nx_n \tag{5.4.9}$$

其中 V'' 是势 V 的二次微商

$$V''(q)=\frac{27V_0}{2q_0^2}\left(1-3\frac{q}{q_0}\right)$$

因此有

$$V''(X)=\frac{27V_0}{2q_0^2}\left[1-\frac{3}{\cosh^2\dfrac{1}{2q_0}\sqrt{\dfrac{27V_0}{2m}}\tau}\right] \tag{5.4.10}$$

定义新参数

$$\left.\begin{aligned}E_n&=\frac{\lambda_n-\dfrac{27}{2}V_0\dfrac{1}{q_0^2}}{2m}\equiv\frac{\lambda_n-\omega^2}{2m}\\ V&=\frac{81V_0}{4mq_0^2},\quad a=2q_0\sqrt{\frac{2m}{27V_0}}\end{aligned}\right\} \tag{5.4.11}$$

并加以整理，方程(5.4.9)变为[①]

$$\frac{\mathrm{d}^2x_n}{\mathrm{d}\tau^2}+2\left[E_n+\frac{V}{\cosh^2\dfrac{\tau}{a}}\right]x_n=0 \tag{5.4.12}$$

势能 $V(\tau)=\dfrac{V}{\cosh^2\dfrac{\tau}{a}}$ 示于图5.13。方程的正本征值是连续的，负本征值是分立的，它们是

$$\begin{aligned}E_n&=-\frac{1}{2a^2}\left[\frac{1}{2}\sqrt{8V_a^2+1}-\left(n+\frac{1}{2}\right)\right]^2\\&=-\frac{\omega^2}{8m}(3-n)^2,\quad n=0,1,2\end{aligned} \tag{5.4.13}$$

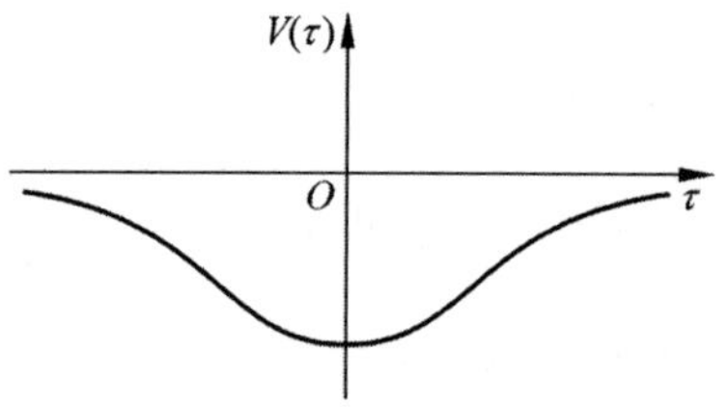

图5.13　本征方程的势

由式(5.4.11)转换为我们需要的 λ_n：

$$\lambda_n=\omega^2\left(1-\frac{1}{4}(3-n)^2\right) \tag{5.4.14}$$

三个分立的本征值是

$$\lambda_0=-\frac{5}{4}\omega^2,\quad \lambda_1=0,\quad \lambda_2=\frac{3}{4}\omega^2 \tag{5.4.15}$$

对于连续本征值，从式(5.4.11)定义

$$k=\sqrt{2mE}=\sqrt{\lambda_n-\omega^2} \tag{5.4.16}$$

回顾一下与谐振子有关的本征问题：

$$-m\frac{\mathrm{d}^2x_n}{\mathrm{d}\tau^2}+\omega^2x_n=\lambda_nx_n$$

---

① 可参阅文献[12]，73页。

它的本征值 λ_n 是式(5.1.34)：

$$\lambda_n = \omega^2 + \frac{n^2\pi^2}{\tau_0^2}$$

上式是用方程的解加上边界条件 $x_n\left(\pm\frac{\tau_0}{2}\right)=0$ 求出的。相应的 k 值是

$$k=\sqrt{\lambda_n-\omega^2}=\frac{n\pi}{\tau_0} \tag{5.4.17}$$

因此，当 τ_0 较大但有限时，k 的谱是准连续的，其间距是 π/τ_0。本征方程(5.4.12)也需加上边界条件 $x_n\left(\pm\frac{\tau_0}{2}\right)=0$，求出本征值谱。定义

$$\xi=\tanh\frac{\omega\tau}{2} \tag{5.4.18}$$

的解是超几何函数

$$x=(1-\xi^2)^{-\mathrm{i}\frac{k}{\omega}}F\left[-\mathrm{i}\frac{2k}{\omega}-3,-\mathrm{i}\frac{2k}{\omega}+4,-\mathrm{i}\frac{2k}{\omega}+1,\frac{1}{2}(1-\xi)\right] \tag{5.4.19}$$

ξ 是含 τ 的独立变量，k 与 λ_n 有关(式(5.4.16))，将由边界条件确定，ω 的定义包含于式(5.4.11)：

$$\omega=\frac{27}{2}V_0\frac{1}{q_0^2} \tag{5.4.20}$$

V_0 和 q_0 都是“二次加三次”的势参数。方程本有两个线性独立的解，此处选择了式(5.4.19)，因为另一个解在原点是奇异的。运用边界条件(τ_0 很大)只需知道解的渐近行为。当 $\tau\to\pm\infty$ 时，独立变量的极限如下：

$$\left.\begin{aligned}&\text{当 }\tau\to+\infty\text{ 时，}\quad \tanh\frac{\omega\tau}{2}\to 1-2\mathrm{e}^{-\omega\tau},\quad \frac{1}{2}(1+\xi)\to 1,\quad \frac{1}{2}(1-\xi)\to \mathrm{e}^{-\omega\tau},\\ &\qquad (1-\xi^2)^{-\mathrm{i}\frac{k}{\omega}}\to \mathrm{e}^{\mathrm{i}k\tau}\\ &\text{当 }\tau\to-\infty\text{ 时，}\quad \tanh\frac{\omega\tau}{2}\to -1+2\mathrm{e}^{\omega\tau},\quad \frac{1}{2}(1-\xi)\to 1,\quad \frac{1}{2}(1+\xi)\to \mathrm{e}^{\omega\tau},\\ &\qquad (1-\xi^2)^{-\mathrm{i}\frac{k}{\omega}}\to \mathrm{e}^{-\mathrm{i}k\tau}\end{aligned}\right\} \tag{5.4.21}$$

求解式(5.4.19)的渐近行为如下：

$$\left.\begin{aligned}&\text{当 }\tau\to+\infty\text{ 时，}\quad x\to \mathrm{e}^{\mathrm{i}k\tau}F(\quad,\quad,\quad,0)=\mathrm{e}^{\mathrm{i}k\tau}\\ &\text{当 }\tau\to-\infty\text{ 时，}\quad x\to \mathrm{e}^{-\mathrm{i}k\tau}F(\quad,\quad,\quad,1)\end{aligned}\right\} \tag{5.4.22}$$

运用公式①

$$\begin{aligned}F\left(\alpha,\beta,\gamma,\frac{1}{2}(1-\xi)\right)=&\frac{\Gamma(\gamma)\Gamma(\gamma-\alpha-\beta)}{\Gamma(\gamma-\alpha)\Gamma(\gamma-\beta)}F\left(\alpha,\beta,\alpha+\beta+1-\gamma;\ \frac{1}{2}(1+\xi)\right)+\\ &\frac{\Gamma(\gamma)\Gamma(\alpha+\beta-\gamma)}{\Gamma(\alpha)\Gamma(\beta)}\left(\frac{1}{2}(1+\xi)\right)^{\gamma-\alpha-\beta}\times\\ &F\left(\gamma-\alpha,\gamma-\beta,\gamma+1-\alpha-\beta,\frac{1}{2}(1+\xi)\right)\end{aligned} \tag{5.4.23}$$

① 见文献[12]，附录 E，659 页。

可以将 $\tau\to-\infty$ 和 $\tau\to+\infty$ 的解联系起来。解式(5.4.19)的 $\gamma-\beta=-3$，而 $\Gamma(-3)=\infty$，故式(5.4.23)的第一项为 0。在 $\tau\to-\infty$ 时，

$$
\begin{aligned}
&F\left(-\mathrm{i}\frac{2k}{\omega}-3,-\mathrm{i}\frac{2k}{\omega}+4,-\mathrm{i}\frac{2k}{\omega}+1,1\right)\\
&=-\frac{\left(1+\mathrm{i}\dfrac{2k}{\omega}\right)\left(1+\mathrm{i}\dfrac{k}{\omega}\right)\left(1+\mathrm{i}\dfrac{2k}{3\omega}\right)}{\left(1-\mathrm{i}\dfrac{2k}{\omega}\right)\left(1-\mathrm{i}\dfrac{k}{\omega}\right)\left(1-\mathrm{i}\dfrac{2k}{3\omega}\right)}\mathrm{e}^{\mathrm{i}2k\tau}
\end{aligned}
\tag{5.4.24}
$$

即当 $\tau\to-\infty$ 时，

$$
x=-\mathrm{e}^{\mathrm{i}k\tau}\frac{\left(1+\mathrm{i}\dfrac{2k}{\omega}\right)\left(1+\mathrm{i}\dfrac{k}{\omega}\right)\left(1+\mathrm{i}\dfrac{2k}{3\omega}\right)}{\left(1-\mathrm{i}\dfrac{2k}{\omega}\right)\left(1-\mathrm{i}\dfrac{k}{\omega}\right)\left(1-\mathrm{i}\dfrac{2k}{3\omega}\right)}
\tag{5.4.25}
$$

式(5.4.22)的第一式给出当 $\tau\to+\infty$ 时，$x=\mathrm{e}^{\mathrm{i}k\tau}$。因此在 $\tau\to-\infty$ 时，x 应是 $x=\mathrm{e}^{\mathrm{i}k\tau}\mathrm{e}^{\mathrm{i}\delta_k}$，$\delta_k$ 是散射相移。故式(5.4.25)给出

$$
\mathrm{e}^{\mathrm{i}\delta_k}=-\frac{\left(1+\mathrm{i}\dfrac{2k}{\omega}\right)\left(1+\mathrm{i}\dfrac{k}{\omega}\right)\left(1+\mathrm{i}\dfrac{2k}{3\omega}\right)}{\left(1-\mathrm{i}\dfrac{2k}{\omega}\right)\left(1-\mathrm{i}\dfrac{k}{\omega}\right)\left(1-\mathrm{i}\dfrac{2k}{3\omega}\right)}
\tag{5.4.26}
$$

方程对 $\tau\to-\tau$ 是对称的，对向 $-\tau$ 方向的传播结果也是一样的。综合上述结果，方程连续态有两个线性独立的解：

$$
x_k(\tau)\to\begin{cases}\mathrm{e}^{\mathrm{i}k\tau}, & \tau\to+\infty\\ \mathrm{e}^{\mathrm{i}k\tau+\mathrm{i}\delta_k}, & \tau\to-\infty\end{cases}
\tag{5.4.27}
$$

$$
x_k(\tau)\to\begin{cases}\mathrm{e}^{-\mathrm{i}k\tau}, & \tau\to+\infty\\ \mathrm{e}^{-\mathrm{i}k\tau+\mathrm{i}\delta_k}, & \tau\to-\infty\end{cases}
\tag{5.4.28}
$$

通解为

$$
x_k=Ax_k(\tau)+Bx_k(-\tau)
\tag{5.4.29}
$$

边界条件 $x\left(\pm\dfrac{\tau_0}{2}\right)=0$ 给出

$$
\left.\begin{aligned}
Ax_k\left(\frac{\tau_0}{2}\right)+Bx_k\left(-\frac{\tau_0}{2}\right)=0\\
Ax_k\left(-\frac{\tau_0}{2}\right)+Bx_k\left(\frac{\tau_0}{2}\right)=0
\end{aligned}\right\}
\tag{5.4.30}
$$

A 和 B 存在非零解的条件是

$$
\frac{x_k(\tau_0/2)}{x_k(-\tau_0/2)}=\pm 1
\tag{5.4.31}
$$

对于足够大的 τ_0，式(5.4.31)、式(5.4.27)和式(5.4.28)给出

$$
\exp\left(\mathrm{i}k\frac{\tau_0}{2}\right)=\pm\exp\left(-\mathrm{i}k\frac{\tau_0}{2}+\mathrm{i}\delta_k\right)
$$

即

$$e^{ik\tau_0 - i\delta_k} = \pm 1$$

亦即

$$k\tau_0 - \delta_k = n\pi, \quad n = 0, 1, 2, \cdots \tag{5.4.32}$$

第 n 个本征值 $\tilde{k}_n$ 是[①]

$$\tilde{k}_n = \frac{n\pi + \delta_k}{\tau_0} \tag{5.4.33}$$

相应的 λ_n 是

$$\lambda_n = \tilde{k}_n^2 + \omega^2 \tag{5.4.34}$$

下面先计算分立本征值的$\dfrac{\det'(-\partial_\tau^2 + V'')}{\det(-\partial_\tau^2 + \omega^2)}$,它是

$$\frac{-\dfrac{5}{4}\omega^2 \cdot \dfrac{3}{4}\omega^2}{\omega^2 \cdot \omega^2 \cdot \omega^2} = -\frac{15}{16\omega^2} \tag{5.4.35}$$

分子由于是 det′已将零本征值去掉。对于准连续谱,有

$$\prod_{n=1}^{\infty} \frac{\omega^2 + \tilde{k}_n^2}{\omega^2 + k_n^2} = \exp\left[\sum_n \ln\left(1 + \frac{\tilde{k}_n^2 - k_n^2}{\omega^2 + k_n^2}\right)\right] \tag{5.4.36}$$

指数上的求和计算如下:当 τ_0 足够大时,有 $\tilde{k}_n^2 - k_n^2 \approx 2k_n(\tilde{k}_n - k_n)$,另有 $\tilde{k}_n - k_n = \dfrac{\delta_k}{\tau_0}$。因而有

$$\ln\left(1 + \frac{\tilde{k}_n^2 - k_n^2}{\omega^2 + k_n^2}\right) \approx \frac{2k_n\delta_k}{\tau_0(\omega^2 + k_n^2)}$$

于是得到

$$\begin{aligned}\sum_n \ln\left(1 + \frac{\tilde{k}_n^2 - k_n^2}{\omega^2 + k_n^2}\right) &\approx \frac{\tau_0}{\pi}\int_0^\infty dk \frac{2k\delta_k}{\tau_0(\omega^2 + k_n^2)} \\ &= \frac{1}{\pi}\int_{k=0}^{k=\infty} \delta_k \, d\ln(\omega^2 + k^2)\end{aligned} \tag{5.4.37}$$

式(5.4.37)与 τ_0 无关,通过分部积分并利用式(5.4.26),得到上式等于 $\ln\dfrac{4}{225}$。因此式(5.4.36)的值是$\dfrac{4}{225}$。再考虑式(5.4.35)的贡献,$\dfrac{\det'}{\det}$的值是$-\dfrac{15}{16\omega^2}\dfrac{4}{225} = -\dfrac{1}{60\omega^2}$。因此有

$$\left[\frac{\det'(-\partial_\tau^2 + V''(X))}{\det(-\partial_\tau^2 + \omega^2)}\right]^{-\frac{1}{2}} = i\sqrt{60}\,\omega$$

而宽度 Γ 由式(5.4.5)给出:

$$\Gamma = \sqrt{60}\,\omega\left(\frac{S_0}{2\pi\hbar}\right)^{\frac{1}{2}} e^{-S_0/\hbar} = \sqrt{60}\,\omega\left(\frac{18V_0}{5\pi\hbar\omega}\right)^{\frac{1}{2}} e^{-36V_0/5\hbar\omega} \tag{5.4.38}$$

---

① 记为 $\tilde{k}$ 以区别于与谐振子有关的本征值。

5.4.2 计算路径积分二次变分的平移法

这个计算不对 $\hat{M}\equiv-\frac{1}{2}\frac{\partial^2}{\partial\tau^2}+V''$进行本征函数的展开,而是采用一个映射。该方法是 R. Dashan, B. Hasslacher, A. Neveu[13]首先在场论中计算能谱时使用的,他们使用的是实时间。梁九卿和 H. J. W. Müller-Kirsten[11]将此法用于量子隧穿问题,使用虚时间,称为"平移法"(shifting method),以下做简单介绍。路径在经典解 x_c 附近展开,$x=x_c+y$,二阶变分对路径积分的贡献是

$$I=\int[Dy]\mathrm{e}^{-\delta^2 S_\mathrm{E}}=\int[Dy]\exp\left(-\int_{-T}^{T}y\hat{M}y\,\mathrm{d}\tau\right) \tag{5.4.39}$$

此处

$$\hat{M}=-\frac{1}{2}\frac{\mathrm{d}^2}{\mathrm{d}\tau^2}+V''(x_c) \tag{5.4.40}$$

y 满足边界条件:

$$y(\pm T)=0$$

引入映射 $y\to z$:

$$z(\tau)=y(\tau)-\int_{-T}^{T}\frac{\dot{N}(\tau')}{N(\tau')}y(\tau')\mathrm{d}\tau' \tag{5.4.41}$$

此处 $N(\tau)$满足方程

$$\left[\frac{\mathrm{d}^2}{\mathrm{d}\tau^2}-2V''(x_c)\right]N(\tau)=0 \tag{5.4.42}$$

即 $N(\tau)$就是 $\hat{M}$ 的零模解,$N(\tau)=\frac{\mathrm{d}x_c}{\mathrm{d}\tau}$。式(5.4.41)决定了 $z(\tau)$满足的边界条件为 $z(-T)=0$,而 $z(T)$要由式(5.4.41)的逆映射给出。从式(5.4.41)以及 $y(-T)=0$, $z(-T)=0$ 可以得出式(5.4.41)的逆映射[13]:

$$y(\tau)=z(\tau)+N(\tau)\int_{-T}^{\tau}\frac{\dot{N}(\tau')}{N^2(\tau')}z(\tau')\mathrm{d}\tau' \tag{5.4.43}$$

式(5.4.43)给出

$$z(T)+N(T)\int_{-T}^{T}\frac{\dot{N}(\tau')}{N^2(\tau')}z(\tau')\mathrm{d}\tau'=0 \tag{5.4.44}$$

这是 $z(\tau)$满足的第二个边界条件。映射(5.4.41)带来的简化是 $\delta^2 S_\mathrm{E}$ 变为①

$$\delta^2 S_\mathrm{E}=\frac{1}{2}\int_{-T}^{T}\dot{z}^2(\tau)\mathrm{d}\tau \tag{5.4.45}$$

作为代价,它导致 $z(T)$受到约束(式(5.4.44))。约束可以用拉格朗日不定乘子解决。将 $N(\tau)$改写为 $\dot{x}_c(\tau)$,积分 I(式(5.4.39))即可写为

① 见文献[15]附录 B。

$$I=\int[Dz]\mathrm{d}\alpha\left|\frac{\partial y}{\partial z}\right|\exp\left[-\int_{-T}^{T}\mathrm{d}\tau\left\{\frac{1}{2}\dot{z}^2+\alpha\left(z(T)+\dot{x}_c(T)\int_{-T}^{T}\frac{\ddot{x}_c(\tau')}{\dot{x}_c^2(\tau')}z(\tau')\mathrm{d}\tau'\right)\right\}\right] \tag{5.4.46}$$

此处$\left|\frac{\partial y}{\partial z}\right|$是映射的雅可比行列式，指数上包含拉格朗日不定乘子 α 的一项反映了 $z(T)$受到的约束。经过繁复的积分，可将 I 直接算出①，最后的结果是

$$I=\frac{1}{\sqrt{2\pi}}[\dot{x}_c(-T)\dot{x}_c(T)]^{-1/2}\left[\int_{-T}^{T}\frac{\mathrm{d}\tau}{\dot{x}_c^2(T)}\right]^{-1/2} \tag{5.4.47}$$

这个结果给出了一个重要结论：对扭折解，$\dot{x}_c(-T)=\dot{x}(T)$，因此第一个括号内的因子为正，对回弹解，$\dot{x}_c(-T)=-\dot{x}_c(T)$，这个因子为负，$I$ 为虚数。文献[14]给出了倒双阱势 I 的数值。

5.4.3 谐振子前置因子的另一种算法

以下介绍文献[7]的算法。1+1 维欧氏时空谐振子的拉格朗日量是

$$L=\frac{1}{2}\left(\frac{\mathrm{d}x}{\mathrm{d}\tau}\right)^2+\frac{1}{2}\omega^2x^2 \tag{5.4.48}$$

势能部分：

$$V''=\omega^2 \tag{5.4.49}$$

为常数。经典轨道方程是

$$-\frac{\mathrm{d}^2X}{\mathrm{d}\tau^2}+\omega^2X=0$$

为了演示方法，先计算一个简单情况：对于任何 τ 值，$X(\tau)=0$。经典谐振子在原点静止。经典作用量是

$$S_0=0$$

为了计算前置因子，考虑 x_n 满足的方程：

$$\left(-\frac{\mathrm{d}^2}{\mathrm{d}\tau^2}+\omega^2\right)x_n=\lambda_nx_n \tag{5.4.50}$$

边界条件是

$$x_n(-\tau_0/2)=0,x_n(\tau_0/2)=0$$

边界条件给出方程的本征值②：

---

① 见文献[15]附录 B。

② 方程(5.4.50)的解和相应的本征值是：

$$x_n(\tau)=\cos\sqrt{\lambda_n-\omega^2}\,\tau,\quad (\lambda_n-\omega^2)^{1/2}=(2n+1)\pi/\tau_0,n=0,1,2,3,\cdots$$

$$x_n(\tau)=\sin\sqrt{\lambda_n-\omega^2}\,\tau,(\lambda_n-\omega^2)^{1/2}=2n\pi/\tau_0,n=1,2,3,\cdots$$

本征值谱因而是

$$\lambda_n=\omega^2+\frac{n^2\pi^2}{\tau_0^2},\quad n=1,2,3,\cdots$$

$$\lambda_n = \omega^2 + \frac{n^2\pi^2}{\tau_0^2} = \frac{n^2\pi^2}{\tau_0^2}\left(1 + \frac{\omega^2\tau_0^2}{n^2\pi^2}\right), n = 1, 2, \cdots \tag{5.4.51}$$

以及

$$\prod_n \lambda_n^{-1/2} = \left(\prod_n \frac{n^2\pi^2}{\tau_0^2}\right)^{-1/2}\left[\prod_n\left(1 + \frac{\omega^2\tau_0^2}{n^2\pi^2}\right)\right]^{-1/2}$$

上式右侧的两个因子可以分别计算。先考虑自由粒子(弹性常数为0的谐振子，$\omega=0$)，它的本征值是 $\lambda_n = \frac{n^2\pi^2}{\tau_0^2}$，因此，

$$\left\langle 0 \left| \exp\left(-\frac{p^2}{2\hbar}\tau_0\right) \right| 0 \right\rangle = N\left(\prod_n \frac{n^2\pi^2}{\tau_0^2}\right)^{-1/2}$$

上式的左侧可以直接计算。使用式(5.1.11)，并考虑到自由粒子的零点波函数是 $\psi_n(0) = 1$，可得

$$\left\langle 0 \left| \exp\left(-\frac{p^2}{2\hbar}\tau_0\right) \right| 0 \right\rangle = \sum_n \exp\left(-\frac{p_n^2}{2\hbar}\tau_0\right)\psi_n(0)\psi_n^*(0) = \sum_n \exp\left(-\frac{p_n^2}{2\hbar}\tau_0\right)$$

$$\int_{-\infty}^{\infty}\frac{\mathrm{d}p}{2\pi}\mathrm{e}^{p^2\tau_0/2\hbar} = \frac{1}{\sqrt{2\pi\tau_0/\hbar}}$$

因此有

$$N\left(\prod_n \frac{n^2\pi^2}{\tau_0^2}\right)^{-1/2} = \frac{1}{\sqrt{2\pi\tau_0/\hbar}}$$

连乘式的第二个因子可以用公式①

$$\pi y \prod_n \left(1 + \frac{y^2}{n^2}\right) = \sinh \pi y$$

给出。总结起来，有

$$\langle 0 | \mathrm{e}^{-\hat{H}\tau_0/\hbar} | 0 \rangle = \left(\frac{\omega}{\pi\hbar}\right)^{1/2}(2\sinh\omega\tau_0)^{-1/2} \tag{5.4.52}$$

当 τ_0 的取值较大时，考虑到

$$(2\sinh\omega\tau_0)^{-1/2} = \mathrm{e}^{\omega\tau_0/2}(1 - \mathrm{e}^{-2\omega\tau_0})^{1/2} \approx \mathrm{e}^{-\omega\tau_0/2}\left(1 + \frac{1}{2}\mathrm{e}^{-2\omega\tau_0} + \cdots\right)$$

就有

$$\lim \sum_n \exp\left(-\frac{E_n}{\hbar}\tau_0\right) | \langle 0 | n \rangle |^2 = \left(\frac{\omega}{\pi\hbar}\right)^{1/2}\mathrm{e}^{-\omega\tau_0/2}\left(1 + \frac{1}{2}\mathrm{e}^{-2\omega\tau_0} + \cdots\right) \tag{5.4.53}$$

比较式(5.4.53)和式(5.1.11)两式的右侧，就得到最低的两个偶数态($n=0,2$)的本征值和零点波函数：

$$E_0 = \frac{\hbar\omega_0}{2}, \psi_0^2(0) = \left(\frac{\omega}{\hbar\pi}\right)^{1/2} \tag{5.4.54}$$

$$E_0 = \frac{5\hbar\omega_0}{2}, \psi_2^2(0) = \frac{1}{2}\left(\frac{\omega}{\hbar\pi}\right)^{1/2} \tag{5.4.55}$$

---

① 见 I. S. Gradshtein, I. M. Ryzhik. Tables of Integrals, Series and Products. Academic, 1968。这个等式可以从一个有趣的角度理解。左侧可以看作无限大阶的多项式，零点在 $\pm in/\pi, n=0,1,2\cdots$ 右侧零点也在这些点上。双方在有限的复平面上都是解析函数，因此彼此相等。

由于我们计算的是特殊情况 $x_i = x_f = 0$，奇宇称态不会出现。

参考文献

[1] FEYNMAN R P. Space-time approach to non-relativistic quantum mechanics[J]. Review of Modern Physics, 1948, 20: 367-387.

[2] FEYNMAN R P, HIBBS A R. Quantum mechanics and path integrals[M]. New York: McGraw-Hill, 1965.

[3] FEYNMAN R P. Statistical mechanics: A set of lectures[M]. Massachusetts: W. A. Benjamin, 1972.

[4] SWANSON M S. Path integrals and quantum processes[M]. Boston: Academic Press, 1992.

[5] KLEINERT H. Path integrals in quantum mechanics, statistics and polymer science[M]. Singapore: World Scientific, 1990.

[6] COLEMAN S. The uses of instantons[M]//ZICHICHI A. The whys of subnuclear physics. New York: Plenum Press, 1979.

[7] VAĬNSHTEĬN A I, ZAKHAROV V I, NOVIKOV V A, et al. ABC of instantons[J]. Soviet Physics Uspekhi, 1982, 25(4): 195-215.

[8] CALLAN C G, COLEMAN S. Fate of the false vacuum. Ⅱ. First quantum corrections[J]. Physical Review D, 1977, 16: 1762-1768.

[9] LANGER J. Theory of the condensation point[J]. Annals of Physics, 1967, 41(1): 108-157.

[10] FADDEEV L, POPOV V. Feynman diagrams for the Yang-Mills field[J]. Physics Letters B, 1967, 25(1): 29-30.

[11] CALDEIRA A, LEGGETT A. Quantum tunnelling in a dissipative system[J]. Annals of Physics, 1983, 149(2): 374-456.

[12] LANDAU L D, LIFSHITZ E M. Quantum mechanics: Non-relativistic theory[M]. 3rd edition. Oxford: Pergamon Press, 1977.

[13] DASHEN R F, HASSLACHER B, NEVEU A. Semiclassical bound states in an asymptotically free theory[J]. Physical Review D, 1975, 12: 2443-2458.

[14] LIANG J Q, MÜLLER-KIRSTEN H J W. Periodic instantons and quantum-mechanical tunneling at high energy[J]. Physical Review D, 1992, 46: 4685-4690.

[15] LIANG J Q, MÜLLER-KIRSTEN H J W. Nonvacuum bounces and quantum tunneling at finite energy[J]. Physical Review D, 1994, 50: 6519-6530.

第6章 宏观水平上的量子力学

第4章集中讨论了量子力学与经典力学的关系，核心问题是量子力学作为普遍规律应描述宏观体系。在宏观体系中观察不到的量子力学线性叠加原理，就应从量子力学原理出发找到使它消失的机构，这就是与环境相互作用造成的失谐。但也有些特殊情况使相位相干仍能在宏观体系中保留下来，这就是实验室中的"薛定谔的猫"。在4.9节中，我们曾讨论了这个问题。

在量子力学中，多粒子体系是用波函数 $\psi(\boldsymbol{r}_1,\boldsymbol{r}_2,\cdots,\boldsymbol{r}_n)$ 描述的。但也有极特殊的情况，宏观数量的粒子被波函数 $\psi(\boldsymbol{r})$ 描述，这里只有一个坐标。不仅粒子数是宏观量，而且 $\boldsymbol{r}$ 所及的范围也可以是宏观尺度的。这些粒子处于高度相干的状态，因此表现出极为特殊的性质。如超导中的库珀对和超流体，前者电阻为0和排斥磁通的迈斯纳效应，后者黏滞性为0的超流性，以及无穷大的热传导等都属于"超越"(super)的性质。这些表现出来的都还是宏观性质，其他纯属于量子力学的性质，诸如势垒隧穿和相位相干也能在宏观体系中存在。在超导约瑟夫森结中能出现宏观量子隧穿现象。宏观体系要呈现量子力学的性质，必须克服环境的影响，因为它能够破坏相位相干性。超导与超流现象都和一个量子统计现象，即玻色-爱因斯坦凝聚有关。在第10章将讨论这个问题。另一个例子是磁的宏观量子现象，如单畴铁磁和反铁磁粒子的大自旋能隧穿磁各向异性造成的势垒，有可能实现在此基础上发生的宏观量子相干(线性叠加原理)。这些现象不仅涉及量子力学的基础，而且与信息存储等问题也有密切关系。

耗散系统的量子力学近年来获得了许多进展，其中一个重要的方法(费曼等人)是：将环境用大量谐振子集团代表，谐振子和体系有相互作用；写出体系-环境的路径积分，对环境坐标进行积分，就能得到系统在环境作用下的包含耗散效应的有效理论(6.5节)。

6.1 具有宏观意义的波函数

在量子力学中，多粒子体系的波函数与这些粒子的坐标有关，以 $\psi(\boldsymbol{r}_1,\cdots,\boldsymbol{r}_N;\,t)$ 表示。处理问题的复杂性随 N 的增大而增加。在量子力学发展的早期，它被认为是只描述微观体系的。自从超流现象被发现以来，F. London 最先指出现象的根源是宏观量的原子聚集在体系的基态上，形成玻色-爱因斯坦凝聚体。波戈留波夫在 1947 年于“弱相互作用玻色气体”理论中首先引入了凝聚体波函数的概念[①]：

$$\psi(\boldsymbol{r},t)=\sqrt{\rho(\boldsymbol{r},t)}\,\mathrm{e}^{\mathrm{i}\theta(\boldsymbol{r},t)} \tag{6.1.1}$$

此处 ρ 是单位体积中凝聚体粒子数，波函数写作振幅与相因子乘积，θ 是相位。ρ 是宏观量，$|\psi|^2=\rho$ 已经具有宏观意义。从波函数算出的流密度是

$$\boldsymbol{j}=\frac{\mathrm{i}\hbar}{2m}(\psi\,\nabla\psi^*-\psi^*\,\nabla\psi)=\frac{\hbar}{m}\rho\,\nabla\theta \tag{6.1.2}$$

ρ 和 $\boldsymbol{j}$ 都是实验可以测量的宏观物理量。相角的梯度是可以测量的：将 $\boldsymbol{j}$ 写成

$$\boldsymbol{j}=\rho\boldsymbol{v}_{\mathrm{s}} \tag{6.1.3}$$

$\boldsymbol{v}_{\mathrm{s}}$ 是超流体速度，

$$\boldsymbol{v}_{\mathrm{s}}=\frac{\hbar}{m}\,\nabla\theta \tag{6.1.4}$$

在式(6.1.1)中，$\boldsymbol{r}$ 不是任何一个原子的坐标，ψ 所描述的是整个凝聚体的性质。凝聚体是宏观量原子高度相干的集合。

1950 年，金茨堡(Ginzburg)和朗道提出了超导的唯象理论。首先应说明的是，当时超导的微观机制尚未被发现[②]。金茨堡-朗道理论基于朗道在 1937 年提出的第二类相变理论。以铁磁的相变为例，设有立方晶格，格点$\{i\}$处有自旋 $\boldsymbol{S}_i$。体系的哈密顿量是[③]

$$H=-J\sum_{\langle i,j\rangle}\boldsymbol{S}_i\cdot\boldsymbol{S}_j \tag{6.1.5}$$

此处 J 是交换能，$\langle i,j\rangle$表示求和只在最近邻间进行。体系的磁化算符定义为[④]

$$\boldsymbol{M}=\frac{1}{V}\sum_i\boldsymbol{S}_i \tag{6.1.6}$$

在量级为 $O\left(\frac{J}{k}\right)$ 的温度 T_{c} 处会发生相变，在 $T<T_{\mathrm{c}}$ 时可以出现自发磁化$\langle\boldsymbol{M}\rangle\neq 0$，而在 $T>T_{\mathrm{c}}$ 时热涨落使体系无规化，$\langle\boldsymbol{M}\rangle=0$。$\langle\boldsymbol{M}\rangle$即是序参量。为了说明相变，朗道给出了体系的自由能密度

$$f(\langle\boldsymbol{M}\rangle,T)=f(0,T)+\alpha(T)\langle\boldsymbol{M}\rangle^2+\frac{\beta(T)}{2}\langle\boldsymbol{M}\rangle^4 \tag{6.1.7}$$

在临界温度 T_{c} 附近，α 和 β 的行为是

$$\left.\begin{aligned}\alpha(T)&=\alpha_0\left(\frac{T}{T_{\mathrm{c}}}-1\right)\\ \beta(T)&=\beta_0\end{aligned}\right\} \tag{6.1.8}$$

在 T_{c} 以上，α 和 β 都为正。因此，自由能在$\langle\boldsymbol{M}\rangle=0$ 处为极小，这是顺磁相(没有自发磁化)。

---

① 见本书 10.4 节。此处 ψ 是单粒子波函数，要注意与多粒子波函数 $\Psi(\boldsymbol{r}_1,\boldsymbol{r}_2,\cdots,\boldsymbol{r}_N;\,t)$的区别。在以下讨论中 ψ 常常与时间无关。

② 库珀对是在 1956 年提出的。

③ 参阅本书 7.1 节。

④ 略去单位自旋的磁矩常数，V 为体积。

当 $T<T_c$ 时，$\beta>0,\alpha<0$。此时自由能与 $\langle \boldsymbol{M}\rangle$ 有关的两项之和就出现了如图 6.1 所示的行为。自由能的极小值出现在 $|\langle \boldsymbol{M}\rangle|=\sqrt{-\alpha(T)/\beta(T)}$ 处，从而出现了自发磁化

$$|\langle \boldsymbol{M}\rangle|=\sqrt{\frac{\alpha_0}{\beta_0}\left(1-\frac{T}{T_c}\right)} \tag{6.1.9}$$

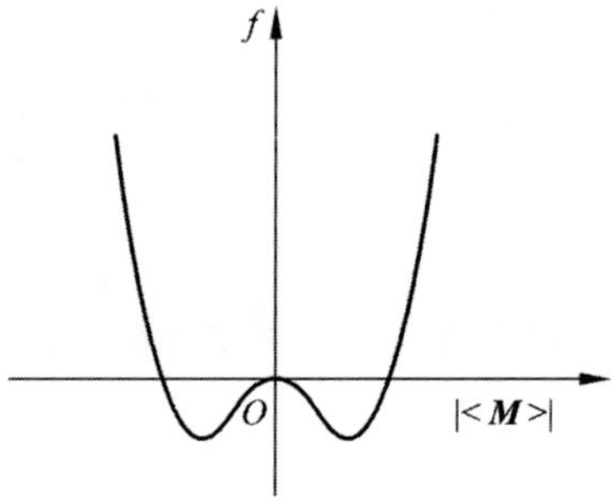

图 6.1 $T<T_c$ 时自由能与 $\langle \boldsymbol{M}\rangle$ 的关系

在求自由能极小的过程中，仅能确定 $\langle \boldsymbol{M}\rangle$ 的大小，而不能确定其方向。这个简并的来源是哈密顿量式(6.1.5)的旋转不变性。但一旦体系的平衡状态选取了一定的自发磁化方向，它就不再遵循旋转对称性。这种体系哈密顿量的对称性被其基态所破缺的情况，称为"对称的自发破缺"。

将以上的理论用于超导相变。记超导的序参量为 ψ，金茨堡-朗道的自由能写作

$$F=F_n+\int\left\{\frac{\hbar^2}{2m^*}|\nabla\psi|^2+a|\psi|^2+\frac{1}{2}b|\psi|^4\right\}\mathrm{d}^3x \tag{6.1.10}$$

此处 F_n 是正常态($\psi=0$ 态)的自由能。和以上的讨论相仿，$b>0$，而 a 则写作

$$a=\alpha(T-T_c),\quad \alpha>0 \tag{6.1.11}$$

式(6.1.10)括号中的第一项考虑到序参量随坐标的变化，而其梯度会给出相应的"动能"，m^* 是有效质量参数。超导要考虑外加磁场。有了磁场 $\boldsymbol{B}=\nabla\times\boldsymbol{A}$ 后，自由能应有两个变化，其一是增加磁场能量密度 $\boldsymbol{B}^2/8\pi$，其二是理论的规范不变性要求以下置换：

$$\nabla\rightarrow\nabla-\frac{\mathrm{i}e^*}{\hbar c}\boldsymbol{A} \tag{6.1.12}$$

此处 e^* 是有效电荷参数。因此有

$$F=F_{n0}+\int\left\{\frac{\boldsymbol{B}^2}{8\pi}+\frac{\hbar^2}{2m^*}\left|\left(\nabla-\frac{\mathrm{i}e^*}{\hbar c}\boldsymbol{A}\right)\psi\right|^2+a|\psi|^2+\frac{1}{2}b|\psi|^4\right\}\mathrm{d}^3x \tag{6.1.13}$$

F_{n0} 是正常态无磁场情况下的自由能。由于 ψ 是复函数，在求 F 极小($\delta F=0$)时应对 ψ 和 ψ^* 独立变分。对 ψ 和 ψ^* 变分的结果相同：

$$\frac{1}{2m^*}\left(-\mathrm{i}\hbar\nabla-\frac{e^*}{c}\boldsymbol{A}\right)^2\psi+a\psi+b|\psi|^2\psi=0 \tag{6.1.14}$$

在对 $\boldsymbol{A}$ 变分时，得到

$$\nabla\times\boldsymbol{B}=\frac{4\pi}{c}\boldsymbol{j} \tag{6.1.15}$$

此处

$$\boldsymbol{j}=-\frac{\mathrm{i}e^*\hbar}{2m^*}(\psi^*\nabla\psi-\psi\nabla\psi^*)-\frac{e^{*2}}{m^*c}|\psi|^2\boldsymbol{A} \tag{6.1.16}$$

从式(6.1.15)得到 $\nabla\cdot\boldsymbol{j}=0$。式(6.1.14)～式(6.1.16)被称为"金茨堡-朗道方程"(Ginzburg-Landau equation)。如本节开始讨论的那样，这组方程有对应于对称情况和对称自发破缺情况的简单解：

(1) $\psi=0$ 和 $\boldsymbol{B}=\nabla\times\boldsymbol{A}$。这是对称解，对应正常态。

(2) $\psi=\psi_0\equiv[-a(T)/b(T)]^{1/2}$，$\boldsymbol{A}=0$。这是对称自发破缺的解，$\psi_0$ 是在 $T<T_c$ 的情

况下超导体内的常数序参量。在此还没有考虑表面现象。在表面附近，考虑 ψ 随垂直于表面的坐标 z 的变化。忽略矢量势，并令 $\psi(z)=\psi_0\phi(z)$，得到 ϕ 所满足的方程：

$$-\frac{\hbar^2}{2m^*a(T)}\frac{\partial^2\phi}{\partial z^2}+\phi-\phi^3=0 \tag{6.1.17}$$

表征 ψ 在空间变化的参数被称为“相干长度”(ξ)，定义为

$$\xi^2=-\frac{\hbar^2}{2m^*a(T)} \tag{6.1.18}$$

满足边界条件 $\phi(z=0)=0$ 的方程式(6.1.17)的解是

$$\phi(z)=\tanh\frac{z}{\sqrt{2}\xi(T)},\quad z\geqslant 0 \tag{6.1.19}$$

可以看出，ψ 从表面经过距离 ξ 就达到了超导体内的序参量值 ψ_0。这个参数也表征 ψ 能够明显偏离 ψ_0 的空间范围，因此它也被称为“愈合长度”。将 ψ 写作

$$\psi(\boldsymbol{r})=\sqrt{\rho(\boldsymbol{r})}\,\mathrm{e}^{\mathrm{i}\theta(\boldsymbol{r})} \tag{6.1.20}$$

将式(6.1.20)代入式(6.1.16)，得到

$$\boldsymbol{j}=\frac{\hbar\rho}{m^*}\left[\nabla\theta-\frac{e^*}{\hbar c}\boldsymbol{A}\right] \tag{6.1.21}$$

在将理论应用于超导的特定问题时，物理学家发现要想得到与实验符合的结果，理论的参数必须具有特殊的值：有效质量和电荷必须是 $m^*=2m$，$e^*=2e$，此处 m 和 e 分别是电子的质量和电荷，理论中的 ρ 必须是超导电子数密度的一半。在当时，序参量 ψ 的微观物理意义还是未知的。只有在 Bardeen-Cooper-Schrieffer 的超导微观理论为物理学家所接受，以及 L. P. Gorkov[1] 给出金茨堡-朗道方程的微观推导时，序参量 ψ 的意义才为人所知：它就是库珀对的玻色-爱因斯坦凝聚的波函数。宏观量 ρ，$\boldsymbol{j}$，$\nabla\theta$ 都是物理可观测量，也是量子力学算符。和式(6.1.3)相仿，有

$$\boldsymbol{j}=\rho\boldsymbol{v} \tag{6.1.22}$$

$$m^*\boldsymbol{v}=\hbar\nabla\theta-\frac{e^*}{c}\boldsymbol{A} \tag{6.1.23}$$

$\hbar\nabla\theta$ 相当于正则动量。式(6.1.23)对于规范变换

$$\left.\begin{aligned}&\boldsymbol{A}\to\boldsymbol{A}+\nabla\chi\\&\theta\to\theta+\frac{e^*}{\hbar c}\chi\end{aligned}\right\} \tag{6.1.24}$$

是不变的。式(6.1.23)有重要的推论。在超导体内，ρ 是常数，因此连续方程是 $\nabla\cdot\boldsymbol{j}=0$。用库仑规范 $\nabla\cdot\boldsymbol{A}=0$ 并取式(6.1.18)的散度，得到

$$\nabla^2\theta=0 \tag{6.1.25}$$

在大块材料中，式(6.1.25)的解是

$$\theta=\text{const} \tag{6.1.26}$$

因此式(6.1.22)就变为

$$\boldsymbol{j}=-\frac{e^*}{m^*c}\rho\boldsymbol{A} \tag{6.1.27}$$

在 1935 年 H. London 和 F. London 为了解释超导现象，提出 $\boldsymbol{j}$ 必须与 $\boldsymbol{A}$ 成正比。在这里，

金茨堡-朗道理论导出了这个推论。式(6.1.27)还能够解释迈斯纳效应。在库仑规范$\nabla\cdot\boldsymbol{A}=0$中,麦克斯韦方程$\nabla\times\boldsymbol{B}=\frac{4\pi}{c}\boldsymbol{j}$给出了$\nabla^{2*}\boldsymbol{A}=-\frac{4\pi}{c}\boldsymbol{j}$,再利用式(6.1.27)就得到

$$\nabla^2\boldsymbol{A}=\lambda^2\boldsymbol{A}$$

此处

$$\lambda^2=\rho\frac{4\pi e}{mc^2}\tag{6.1.28}$$

λ就是伦敦穿透深度。λ和ξ是金茨堡-朗道理论的两个特征参数。这个唯象理论在解释超导现象上非常成功[2-3],例如,可以预言临界磁场强度、临界电流密度以及超导体和正常金属界面的能量等。这个表面能量在参数$\kappa\equiv\lambda/\xi<1/\sqrt{2}$时为正,在$\kappa>1/\sqrt{2}$时为负。后面一种情况对于第二类超导体的存在具有关键意义。第二类超导体是阿布里卡索夫(A. Abrikosov)在1952年预言的。金兹堡和阿布里卡索夫获得了2003年的诺贝尔物理学奖。

考虑一个超导体,环中有磁通穿过。在环体内没有电流,即$\boldsymbol{j}=0$,磁通是由在环表面的超导流产生的。因此取式(6.1.21)沿环内一个封闭曲线的积分,有

$$\oint\nabla\theta\cdot d\boldsymbol{s}=\frac{e^*}{\hbar c}\oint\boldsymbol{A}\cdot d\boldsymbol{s}=\frac{e^*}{\hbar c}\Phi\tag{6.1.29}$$

由于波函数的单值性,左方是θ沿曲线转一圈的变化,它只能是$2\pi n$。因此磁通Φ必须是量子化的:

$$\Phi=\frac{\hbar c}{e^*}2\pi n=n\frac{hc}{2e}\tag{6.1.30}$$

这一点在3.1节讨论阿哈罗诺夫-玻姆效应时曾介绍过①。

ρ和θ所满足的方程可以通过将$\psi=\sqrt{\rho}\,e^{i\theta}$代入薛定谔方程

$$i\hbar\frac{\partial\psi}{\partial t}=\frac{1}{2m^*}\left(-i\hbar\nabla-\frac{e^*}{c}\boldsymbol{A}\right)^2\psi+e^*\varphi\psi$$

而获得,此处$(\varphi,\boldsymbol{A})$是四维电磁势。结果是

$$\frac{\partial\rho}{\partial t}=-\boldsymbol{v}\cdot\nabla\rho-\rho\nabla\cdot\boldsymbol{v}=-\nabla\cdot(\rho\boldsymbol{v})\tag{6.1.31}$$

$$\hbar\frac{\partial\theta}{\partial t}=-\frac{m^*}{2}\boldsymbol{v}^2-e^*\varphi+\frac{\hbar^2}{2m^*}\frac{1}{\sqrt{\rho}}\nabla^2\sqrt{\rho}\tag{6.1.32}$$

式(6.1.31)是代表流守恒的连续方程;除最后一项外,式(6.1.32)是流体力学中无旋流体的运动方程。式(6.1.32)的最后一项是量子修正。从式(6.1.20)可知,

$$\nabla\times\left(\boldsymbol{v}+\frac{e^*}{m^*c}\boldsymbol{A}\right)=0$$

即

$$\nabla\times\boldsymbol{v}=-\frac{e^*}{m^*c}\boldsymbol{B}\tag{6.1.33}$$

对理想流体有$\nabla\times\boldsymbol{v}=0$(无旋),但对磁场中的带电流体,有式(6.1.33)存在。

---

① 式(3.1.16)中的e是绝对值,此后磁通量子中的e也都如此理解。

6.2 耦合超导体,约瑟夫森效应

两块相同材料的超导体中间用绝缘体连接(图 6.2)。当绝缘体厚度足够大时,两方的波函数是独立的。当绝缘体厚度仅为 30Å 左右并在两块超导体上加电压 $U(U>2\Delta,\Delta$ 为超导体能隙)时,单个电子(更严格地说是准粒子)能隧穿绝缘层,此现象就是贾埃弗隧穿。当绝缘层进一步变薄到约 10Å,库珀对也能隧穿绝缘薄膜,这就是约瑟夫森隧穿。约瑟夫森于 1962 年在理论上发现了这个效应[5-6],罗威尔(J. M. Rowell)在 1963 年对其进行了实验证实[7]。薄膜两侧的库珀对凝聚体的波函数是耦合的。由于非对角长程序①也从一侧传到了另一侧,波函数相角有一定关系。令 ψ_1 和 ψ_2 代表薄膜两侧库珀对凝聚体的波函数,它们满足以下耦合方程②:

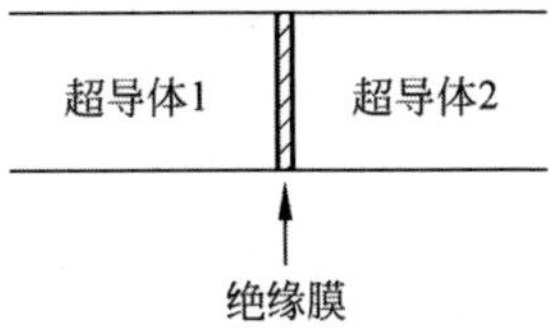

图 6.2 耦合超导体,约瑟夫森结

$$\left.\begin{aligned} \mathrm{i}\,\hbar\frac{\partial\psi_1}{\partial t} &= U_1\psi_1 + K\psi_2 \\ \mathrm{i}\,\hbar\frac{\partial\psi_2}{\partial t} &= U_2\psi_2 + K\psi_1 \end{aligned}\right\} \tag{6.2.1}$$

当薄膜两侧有电压时,$U_1-U_2=e^*U$,K 代表薄膜两侧的耦合。为了方便,将能量零点设在 $\frac{U_1+U_2}{2}$,这样就有 $U_1=\frac{e^*U}{2}$,$U_2=-\frac{e^*U}{2}$,式(6.2.1)变为

$$\left.\begin{aligned} \mathrm{i}\,\hbar\frac{\partial\psi_1}{\partial t} &= \frac{e^*U}{2}\psi_1 + K\psi_2 \\ \mathrm{i}\,\hbar\frac{\partial\psi_2}{\partial t} &= -\frac{e^*U}{2}\psi_2 + K\psi_1 \end{aligned}\right\} \tag{6.2.2}$$

将 $\psi_1=\sqrt{\rho_1}\,\mathrm{e}^{\mathrm{i}\theta_1}$,$\psi_2=\sqrt{\rho_2}\,\mathrm{e}^{\mathrm{i}\theta_2}$ 代入式(6.2.2),分开实部与虚部,并定义

$$\phi=\theta_2-\theta_1 \tag{6.2.3}$$

得到薄膜两侧的 ρ 和 θ 满足方程:

$$\left.\begin{aligned} \dot{\rho}_1 &= \frac{2}{\hbar}K\sqrt{\rho_1\rho_2}\sin\phi \\ \dot{\rho}_2 &= -\frac{2}{\hbar}K\sqrt{\rho_1\rho_2}\sin\phi \end{aligned}\right\} \tag{6.2.4}$$

$$\left.\begin{aligned} \dot{\theta}_1 &= -\frac{K}{\hbar}\sqrt{\frac{\rho_2}{\rho_1}}\cos\phi - \frac{e^*U}{2\,\hbar} \\ \dot{\theta}_2 &= -\frac{K}{\hbar}\sqrt{\frac{\rho_1}{\rho_2}}\cos\phi + \frac{e^*U}{2\,\hbar} \end{aligned}\right\} \tag{6.2.5}$$

从式(6.2.4)可得 $\dot{\rho}_1=-\dot{\rho}_2$,这是从 2 到 1 的粒子流。方程(6.2.1)只给出了薄膜两侧的耦

① 请参阅本书 10.2 节。

② 参阅文献[4]中的 21.9 节。

合，$\dot{\rho}_1$ 和 $\dot{\rho}_2$ 代表薄膜两侧密度的变化率。实际上，两块超导体是连接的，粒子流（电流）并不导致粒子（电荷）积累。因此，在式(6.2.4)右侧可设 $\rho_1=\rho_2=\rho_0$。定义 $J_c=\frac{2K}{\hbar}\rho_0$，$\dot{\rho}_1=J$，由式(6.2.4)的第一式给出

$$J=J_c\sin\phi \tag{6.2.6}$$

隧穿超导电流方向与粒子流相反，相应的电流记为 I 和 I_c，有

$$I=I_c\sin\phi \tag{6.2.7}$$

I_c 称为"临界电流"，它取决于库珀对密度及薄膜两侧的耦合。从式(6.2.5)给出约瑟夫森关系

$$\dot{\phi}=\dot{\theta}_2-\dot{\theta}_1=\frac{e^*U}{\hbar} \tag{6.2.8}$$

可知，它导致了

$$\phi(t)=\phi_0+\frac{e^*}{\hbar}\int U\mathrm{d}t \tag{6.2.9}$$

如果 U 为常数（直流电压），ϕ 随时间线性增长，I 是交变电流，则有

$$\phi(t)=\phi_0+\frac{2eU}{\hbar}t \tag{6.2.10}$$

$$J=J_c\sin(\phi_0+\omega t) \tag{6.2.11}$$

$$\omega=\frac{2\mid e\mid U}{\hbar} \tag{6.2.12}$$

式(6.2.12)给出了$\frac{\nu}{U}=48.36\mathrm{MHz}/\mu\mathrm{V}$，一般情况下这是很高的频率。如果 $U=0$，则 ϕ 不随时间变化，$I=I_c\sin\phi_0$，仍有隧穿电流。Sn-$\mathrm{Sn}_x\mathrm{O}_y$-Sn 约瑟夫森结在 $T=1.52\mathrm{K}$ 下的伏安特性曲线示于图6.3。横轴是电压，纵轴是电流，尺度注于图中。从图6.3可以看出，在 $I<I_c$ 时，$U=0$。一旦 I 超过 I_c（故名"临界电流"），就过渡到有电压的贾埃弗隧穿。曲线的左支和右支是贾埃弗隧穿（有耗散），中间一支是约瑟夫森隧穿（无耗散）。

回顾一下，在大块超导体内，$\boldsymbol{j}$ 与 $\nabla\theta$ 成正比（式(6.1.21)），此时在绝缘膜两侧 $\boldsymbol{j}$ 与相角差成正比（当相角差较小时）。因此，约瑟夫森效应是大块超导体内现象的自然扩展。

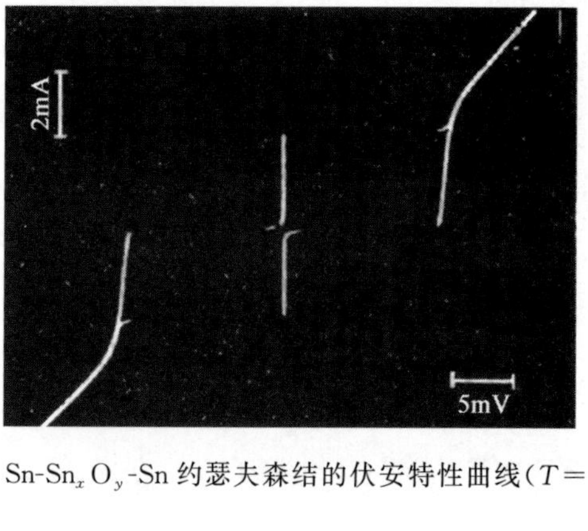

图6.3 Sn-$\mathrm{Sn}_x\mathrm{O}_y$-Sn 约瑟夫森结的伏安特性曲线（$T=1.52\mathrm{K}$）

体系的能量变化等于电压所做的功，这个功是可逆的（非耗散的）：

$$\mathrm{d}V(\phi)=-IU\mathrm{d}t \tag{6.2.13}$$

从约瑟夫森关系式(6.2.8)得

$$\phi = -\frac{2|e|U}{\hbar} = -\frac{2\pi c}{\Phi_0}U \tag{6.2.14}$$

此处 Φ_0 是磁通量子

$$\Phi_0 = \frac{hc}{2|e|} \tag{6.2.15}$$

式(6.2.13)和式(6.2.14)给出

$$\mathrm{d}V = \frac{I}{c}\frac{\Phi_0}{2\pi}\mathrm{d}\phi = \frac{I_c}{c}\sin\phi\frac{\Phi_0}{2\pi}\mathrm{d}\phi$$

$$V(\phi) = -\frac{I_c}{c}\frac{\Phi_0}{2\pi}\cos\phi \tag{6.2.16}$$

$V(\phi)$为约瑟夫森耦合能,它在 $\phi=0$ 时最小。设以上积分常数为 0。超导电流 I 和 V 的关系是

$$I = \frac{2\pi c}{\Phi_0}\frac{\partial V(\phi)}{\partial \phi} \tag{6.2.17}$$

在平衡条件下(体系状态不随时间变化、无耗散),通过结的超导电流和在“电流偏置约瑟夫森结”(current biased Josephson junction,CBJ)的外电流相同。如果在体系能量(式(6.2.16))上加一个外电流项 $-I_{ext}\phi\frac{\Phi_0}{2\pi c}$ ①,使总能量在平衡时达到极小,就能得到这个条件。约瑟夫森耦合能是

$$V(\phi) = -\frac{I_c}{c}\frac{\Phi_0}{2\pi}\cos\phi - \frac{I_{ext}}{c}\phi\frac{\Phi_0}{2\pi} \tag{6.2.18}$$

在平衡条件下 V 达到极小:

$$\left.\frac{\partial V(\phi)}{\partial \phi}\right|_{eq} = 0 \tag{6.2.19}$$

它导致

$$I_{ext} = I_c\sin\phi \tag{6.2.20}$$

即在平衡时,超导电流与外电流相等。用约瑟夫森结超导环可以演示宏观的阿哈罗诺夫-玻姆效应。如图 6.4 所示,在超导环中放置两个约瑟夫森结 a 与 b。磁通 Φ 局限于通过环洞的管中。虽然管外没有场强 $\boldsymbol{B}$,但矢势 $\boldsymbol{A}$ 遍及各处。令 J_a 和 J_b 为通过结 a 与 b 的流,总流强 $J_{tot}=J_a+J_b$ 将随 Φ 的变化显示 J_a 与 J_b 的干涉效应,沿路径 PaQ 和 PbQ,波函数相位的变化分别是

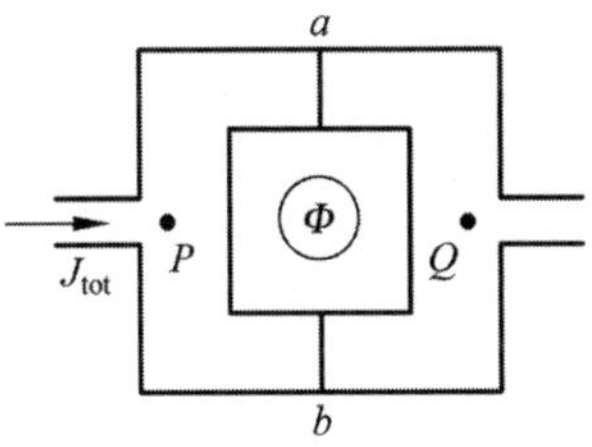

图 6.4 约瑟夫森结超导环

$$\left.\begin{aligned}\Delta\theta(PaQ) &= \phi_a + \frac{e^*}{\hbar c}\int_{P(a)}^{Q}\boldsymbol{A}\cdot\mathrm{d}\boldsymbol{s}\\ \Delta\theta(PbQ) &= \phi_b + \frac{e^*}{\hbar c}\int_{P(b)}^{Q}\boldsymbol{A}\cdot\mathrm{d}\boldsymbol{s}\end{aligned}\right\} \tag{6.2.21}$$

此处 ϕ_a 和 ϕ_b 是跨越结 a 和 b 的相位变化,线积分是和路径有关的,路径在括号中标明。P

① 可以考虑这项能量是 $\int I_{ext}U\mathrm{d}t = -I_{ext}\frac{\Phi_0}{2\pi c}\int\dot{\phi}\mathrm{d}t = -I_{ext}\frac{\Phi_0}{2\pi c}\phi$。

和 Q 间的相位差是唯一的，因此式(6.2.21)的两个表达式应该相等，即有

$$\begin{aligned}\phi_b - \phi_a &= \frac{e^*}{\hbar c}\left(\int_{P(a)}^{Q} - \int_{P(b)}^{Q}\right)\boldsymbol{A}\cdot \mathrm{d}\boldsymbol{s} \\ &= \frac{e^*}{\hbar c}\oint \boldsymbol{A}\cdot \mathrm{d}\boldsymbol{s} = -\frac{e^*}{\hbar c}\int \boldsymbol{B}\cdot \mathrm{d}\boldsymbol{s} = -\frac{e^*}{\hbar c}\Phi\end{aligned} \tag{6.2.22}$$

这里的约定是当 $\boldsymbol{B}$ 透过纸面朝向读者时，Φ 是正的，这相当于封闭线积分是逆时针方向的。因为 $e^* = 2e$，为了方便可将式(6.2.22)写作

$$\left.\begin{aligned}\phi_a &= \phi_0 + \frac{e}{\hbar c}\Phi \\ \phi_b &= \phi_0 - \frac{e}{\hbar c}\Phi\end{aligned}\right\} \tag{6.2.23}$$

约瑟夫森流和相位差的关系就是

$$\left.\begin{aligned}J_a &= J_c \sin\left(\phi_0 + \frac{e}{\hbar c}\Phi\right) \\ J_b &= J_c \sin\left(\phi_0 - \frac{e}{\hbar c}\Phi\right)\end{aligned}\right\} \tag{6.2.24}$$

总约瑟夫森流是

$$J_{\text{tot}} = J_a + J_b = 2J_c \sin\phi_0 \cos\frac{e\Phi}{\hbar c} \tag{6.2.25}$$

J_{tot} 是 Φ 的周期函数，它取极大值的条件是

$$\Phi = n\,\frac{\pi\,\hbar c}{e} = n\Phi_0 \tag{6.2.26}$$

这个现象是约瑟夫森流 J_a 和 J_b 的干涉，它们间的相位差是由 Φ(亦即矢量势 $\boldsymbol{A}$)调节的，而约瑟夫森流是在没有磁场强度的区域通过的。通过双结的约瑟夫森流(作为通量的函数)的测量是由 R. C. Jaklevic[8-9] 完成的，结果示于图 6.5。

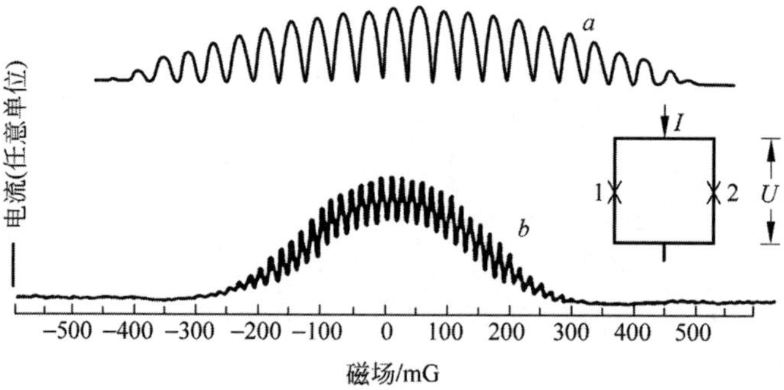

图 6.5　约瑟夫森流与环中磁通关系

曲线 a 与 b 所加场强不同。曲线 a 中电流的两个峰值间的场强差为 3.95mG，b 中为 16mG

在 3.1 节讨论过，体系在有矢量势 $\boldsymbol{A}$ 时的波函数 ψ 和无矢量势时的波函数 ψ_0 的关系是

$$\psi(X) = \psi_0(X)\exp\left(-\mathrm{i}\,\frac{e^*}{\hbar c}\int^{x}\boldsymbol{A}\cdot\mathrm{d}\boldsymbol{s}\right) \tag{6.2.27}$$

因此，结两侧波函数的标量积是

$$\langle 2 \mid 1\rangle = \langle 2 \mid 1\rangle_0 \exp\left(-\frac{\mathrm{i}e^*}{\hbar c}\int_1^2 \boldsymbol{A}\cdot \mathrm{d}\boldsymbol{s}\right) \tag{6.2.28}$$

在有矢量势时，方程式(6.2.2)应该写作

$$\left.\begin{aligned} \mathrm{i}\,\hbar\frac{\partial \psi_1}{\partial t} &= \frac{e^* U}{2}\psi_1 + K\left[\exp\left(-\mathrm{i}\frac{e^*}{\hbar c}\int_1^2 \boldsymbol{A}\cdot \mathrm{d}\boldsymbol{s}\right)\right]\psi_2 \\ \mathrm{i}\,\hbar\frac{\partial \psi_2}{\partial t} &= -\frac{e^* U}{2}\psi_2 + K\left[\exp\left(-\mathrm{i}\frac{e^*}{\hbar c}\int_1^2 \boldsymbol{A}\cdot \mathrm{d}\boldsymbol{s}\right)\right]\psi_1 \end{aligned}\right\} \tag{6.2.29}$$

从此得到的约瑟夫森流和约瑟夫森关系分别是

$$J = J_c \sin\left(\phi + \frac{e^*}{\hbar c}\int_1^2 \boldsymbol{A}\cdot \mathrm{d}\boldsymbol{s}\right) \tag{6.2.30}$$

$$\frac{\partial}{\partial t}\left(\phi + \frac{e^*}{\hbar c}\int_1^2 \boldsymbol{A}\cdot \mathrm{d}\boldsymbol{s}\right) \equiv \frac{\partial}{\partial t}\phi^* = \frac{e^*}{\hbar}U \tag{6.2.31}$$

即在有矢量势存在时，相位差 ϕ 由“规范不变的相位差”ϕ^* 取代。

6.3　置有约瑟夫森结的超导环——SQUID

图 6.6 绘出了一个超导环，其中有一约瑟夫森结。它是“超导量子干涉装置”(superconducting quantum interference device，SQUID)的主要部分。以下我们就将这个置有约瑟夫森结的超导环也称为“SQUID”。它和 6.2 节中的电流偏置约瑟夫森结一样，都是对约瑟夫森结进行物理研究和应用的基本装置。在环中设置约瑟夫森流，令它在环洞中产生通量 Φ。约瑟夫森电流 $\boldsymbol{J}_s$ 和库珀对粒子流 $\boldsymbol{J}$ 的关系是

$$\boldsymbol{J}_s = -2e\boldsymbol{J} \tag{6.3.1}$$

根据式(6.1.21)，有

$$\boldsymbol{J}_s = -\frac{e\,\hbar\rho}{m}\left(\nabla\theta + \frac{2\mid e\mid}{\hbar c}\boldsymbol{A}\right) \tag{6.3.2}$$

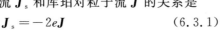

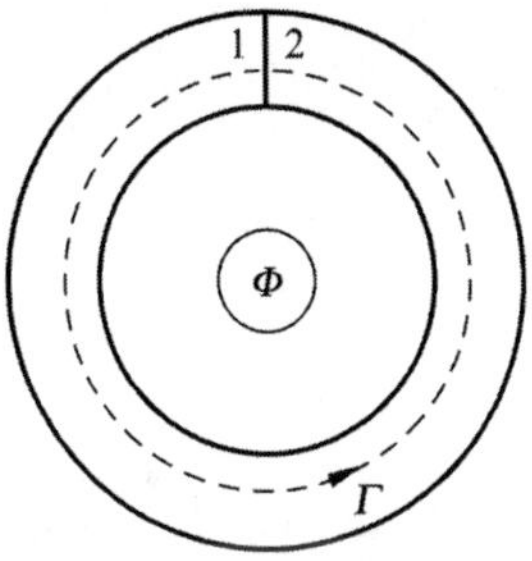

图 6.6　SQUID 示意图

在环中 $\boldsymbol{J}_s=0$，因此

$$\nabla\theta = -\frac{2\mid e\mid}{\hbar c}\boldsymbol{A} = -\frac{2\pi}{\Phi_0}\boldsymbol{A} \tag{6.3.3}$$

将式(6.3.3)沿图中路径积分，设超导流是逆时针方向的。考虑波函数的单值性，下式左侧给出 $2\pi n$：

$$2\pi n = -\frac{2\pi}{\Phi_0}\int_{1\Gamma}^2 \boldsymbol{A}\cdot \mathrm{d}\boldsymbol{s} + \theta_1 - \theta_2 \tag{6.3.4}$$

此处的约定是以超导电流方向(从 2 到 1)定义 $\phi=\theta_1-\theta_2$ 的。当有矢量势时，规范不变相差是

$$\phi^* = \phi + \frac{2\pi}{\Phi_0}\int_{2}^{1}{}_{J} \boldsymbol{A}\cdot \mathrm{d}\boldsymbol{s} \tag{6.3.5}$$

在式(5.6.3)和式(5.6.4)的积分中，Γ 代表沿路径 Γ，J 代表跨过结。以上两式导致

$$\begin{aligned} \phi^* &= 2\pi n + \frac{2\pi}{\Phi_0}\left[\int_{1\Gamma}^2 \boldsymbol{A}\cdot \mathrm{d}\boldsymbol{s} + \int_{2J}^1 \boldsymbol{A}\cdot \mathrm{d}\boldsymbol{s}\right] \\ &= 2\pi n + \frac{2\pi}{\Phi_0}\oint \boldsymbol{A}\cdot \mathrm{d}\boldsymbol{s} \end{aligned}$$

$$=2\pi n+\frac{2\pi}{\Phi_0}\Phi \tag{6.3.6}$$

将式(6.3.6)与式(6.1.30)相比，发现它们本质的区别在于：式(6.1.30)是一个在超导环表面的超导流产生的穿过环洞的量子化磁通；式(6.3.6)表明，有了约瑟夫森结后，超导电流产生的穿过环洞的磁通不是量子化的。随着结的膜厚减小，两侧的耦合加强，Φ 愈加接近量子化数值。

考虑在“SQUID”上加外磁通 Φ_{ext}。它的作用是调整体系的势能，为宏观磁通量 Φ 准备量子隧穿或相干的环境。令 L 代表环的自感量。Φ_{ext} 将在环内感生电流，它会部分屏蔽外磁通，最后的磁通为 Φ，因此有①

$$\Phi=\Phi_{\text{ext}}-LI \tag{6.3.7}$$

由于有约瑟夫森结，超导电流 I 由结确定：

$$I=I_{\text{c}}\sin\phi^{*}=I_{\text{c}}\sin\left(2\pi\frac{\Phi}{\Phi_0}\right) \tag{6.3.8}$$

环的能量由两部分构成：

$$V(\Phi)=-I_{\text{c}}\frac{\Phi_0}{2\pi}\cos 2\pi\frac{\Phi}{\Phi_0}+\frac{(\Phi_{\text{ext}}-\Phi)^2}{2L} \tag{6.3.9}$$

第一项是耦合能，第二项是自感量的能量 $\frac{1}{2}LI^2$。式(6.3.9)与CBJ的式(6.2.18)相当。同样，由式(6.3.7)求 $V(\Phi)$ 的极小值。从环能量可以得到环的稳态和准稳态，即求 $V(\Phi)$ 的一系列极小值。对于 $\Phi_{\text{ext}}=0$，将式(6.3.9)改写为

$$\frac{V(\Phi)}{\Phi_0^2/2L}=\left(\frac{\Phi}{\Phi_0}\right)^2-\frac{LI_{\text{c}}}{\pi\Phi_0}\cos 2\pi\frac{\Phi}{\Phi_0} \tag{6.3.10}$$

图6.7画出了作为 Φ/Φ_0 函数的 $\frac{V(\Phi)}{\Phi_0^2/2L}$。图6.7(a)是 $\frac{LI_{\text{c}}}{\pi\Phi_0}=2$ 的情况，它有5个极小值，包括 $\Phi=0$ 的稳态和4个准稳态。图6.7(b)是 $\frac{LI_{\text{c}}}{\pi\Phi_0}=3$ 的情况，图6.7(c)是 $\frac{LI_{\text{c}}}{\pi\Phi_0}=4$ 的情况，它们分别有7个和9个极小值。Φ_{ext} 可以连续取值。为了简便，取 $\Phi_{\text{ext}}=n\Phi_0$，它使稳态移到 $n\Phi_0$ 处。式(6.3.9)可以改写为

$$V(\Phi)=\frac{(\Phi-n\Phi_0)^2}{2L}-\frac{I_{\text{c}}\Phi_0}{2\pi}\cos\left(2\pi\frac{\Phi-n\Phi_0}{\Phi_0}\right) \tag{6.3.11}$$

图6.7(d)画出了 $\Phi_{\text{ext}}=\Phi_0$，$\frac{I_{\text{c}}\Phi_0}{2\pi}=2$ 的情况。从图中可以看出，离稳态越远，准稳态的阱越浅。Φ_{ext} 则可以用来调整在 $\Phi=0$ 处的准稳态的阱深。例如 $\Phi_{\text{ext}}=\Phi_0$，在 $\Phi=0$ 处是第一个准稳态；$\Phi_{\text{ext}}=2\Phi_0$，在 $\Phi=0$ 是第二个准稳态。在 $\Phi_{\text{ext}}=3\Phi_0$ 时，$\Phi=0$ 处已无阱了，体系就变得不稳定，体系将沿着 $V(\Phi)$ 曲线下滑。

$\Phi_{\text{ext}}=\frac{1}{2}\Phi_0$ 提供了一个有趣的情况。令

$$\tilde{\Phi}=\Phi-\frac{1}{2}\Phi_0 \tag{6.3.12}$$

① 本章以下内容直至6.6节结束，为了和有关的引用文献(数量较大)保持一致，公式表达采用国际单位制(international system of units，SI)。

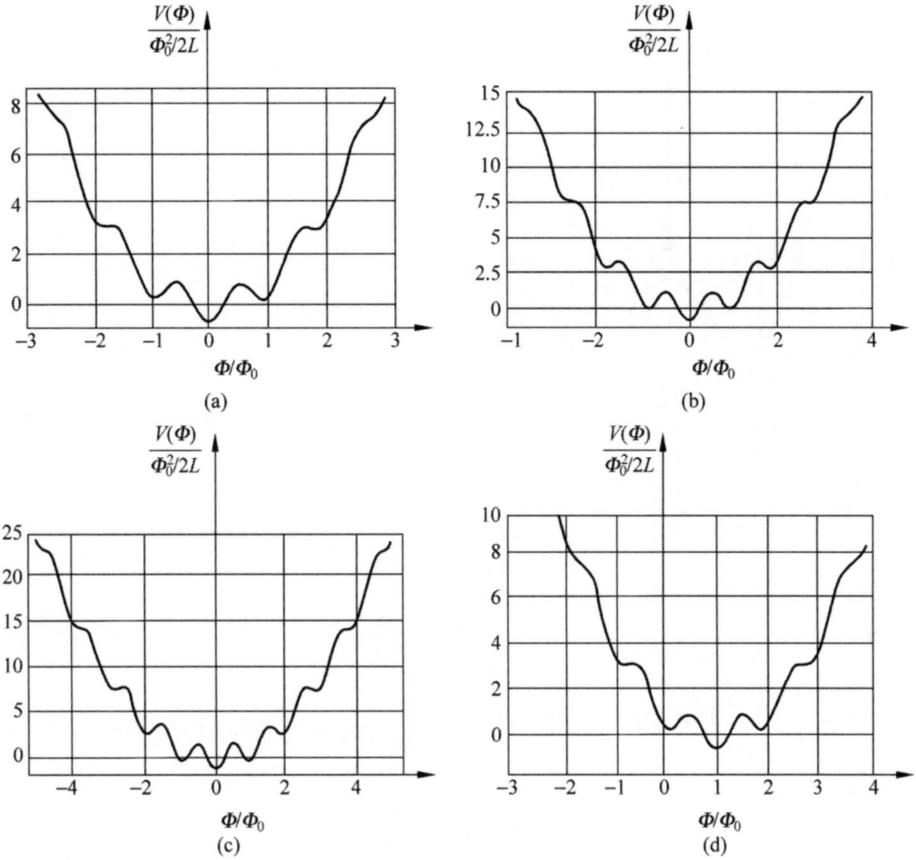

图 6.7 SQUID 的稳态和准稳态

则有

$$\frac{V(\tilde{\Phi})}{\Phi_0^2/2L}=\left(\frac{\tilde{\Phi}}{\Phi_0}\right)^2+\frac{LI_c}{\pi\Phi_0}\cos\left(2\pi\frac{\tilde{\Phi}}{\Phi_0}\right) \tag{6.3.13}$$

图 6.8 绘出了式(6.3.13)左侧与 $\tilde{\Phi}/\Phi_0$ 的关系曲线。它是一个双阱,即可实现二能级量子相干的情况。

若 SQUID 或 CBJ 的状态位于 $V(\Phi)$或 $V(\phi)$曲线上某一点,那么随着时间进行它将如何发展呢?这需要研究 Φ 或 ϕ 的动力学。J. Kurkijärvi 给出了一个"电阻分流的结模型"(resistively shunted junction model,简称 RSJ 模型)[10]。令通过约瑟夫森结的电流为 I_J。和结并联的还有电阻,有正常(耗散)电流 I_N 通过它。结也有电容,因此有位移电流 I_D。整个 CBJ 可以模型化于图 6.9 中。式(6.2.30)和式(6.3.6)给出

$$I_J=I_c\sin\phi^*=I_c\sin\left(2\pi n+\frac{2\pi}{\Phi_0}\Phi\right)=I_c\sin\frac{2\pi}{\Phi_0}\Phi \tag{6.3.14}$$

据式(6.2.14)①和式(6.3.6)得出

① 此处约定 $\phi=\theta_1-\theta_2$,与 5.2 节差一个符号,故应将 U 反号。

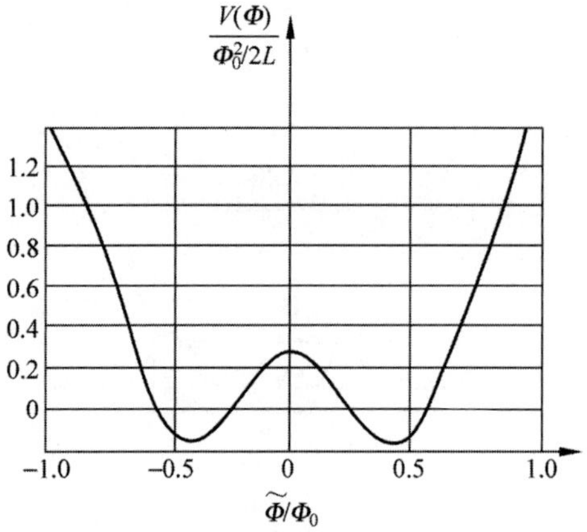

图 6.8　双阱

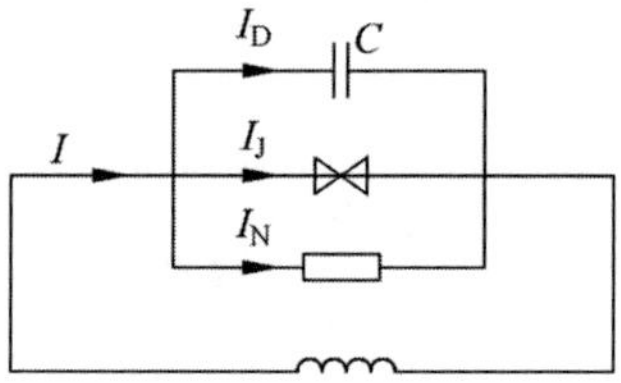

图 6.9　RSJ 模型

$$I_N = \frac{U}{R} = \frac{1}{R}\left(\frac{\Phi_0}{2\pi}\dot{\phi}^*\right) = \frac{1}{R}\dot{\Phi} \tag{6.3.15}$$

$$I_D = C\dot{U} = C\left(\frac{\Phi_0}{2\pi}\ddot{\phi}^*\right) = C\ddot{\Phi} \tag{6.3.16}$$

要写出 Φ 的运动方程，先考虑电容储能，它是 $\frac{1}{2}CU^2 = \frac{1}{2}C\dot{\Phi}^2$，$C$ 代表动能项中的质量。运动方程本应就是

$$C\ddot{\Phi} = -\frac{\partial V(\Phi)}{\partial \Phi} \tag{6.3.17}$$

但体系有耗散(I_N 流经电阻 R)。以下将证明①这一项是 $\frac{\dot{\Phi}}{R}$，是和速度成正比的。运动方程是

$$C\ddot{\Phi} + \frac{\dot{\Phi}}{R} = -\frac{\partial V}{\partial \Phi} = -I_c \sin 2\pi \frac{\Phi}{\Phi_0} + \frac{(\Phi_{ext} - \Phi)}{L} \tag{6.3.18}$$

由式(6.3.14)～式(6.3.16)，可知式(6.3.18)就是

$$I_D + I_N + I_J = I \tag{6.3.19}$$

在 $\Phi_{ext}=0$ 的情况下，若 Φ 离稳态 $\Phi=0$ 不远，则从式(6.3.18)可得

$$\ddot{\Phi} = -\frac{1}{C}\left(\frac{1}{L} + I_c \frac{2\pi}{\Phi_0}\right)\Phi \tag{6.3.20}$$

在稳态附近振荡的角频率是

$$\omega = \frac{1}{\sqrt{LC}}\left(1 + \frac{2\pi L I_c}{\Phi_0}\right)^{1/2} \equiv \frac{1}{\sqrt{LC}}(1+\beta_L)^{1/2} \tag{6.3.21}$$

式(6.3.21)定义了重要参数 β_L。为了以下讨论，定义 SQUID 的参数[7]。一个准稳态(图 6.10(a))的阱深以 V_0 表示，在阱底附近振动的角频率以 ω_0 表示。增加 Φ_{ext} 至 Φ_{x0}，此

① 参见式(6.5.15)。

时,在原准稳态处的阱完全消失,准稳态不复存在(图 6.10(b))。令 $\delta\Phi_x=\Phi_{x0}-\Phi_{\text{ext}}$,$\omega_{LC}=\dfrac{1}{\sqrt{LC}}$,有

$$\left.\begin{aligned}\omega_0&=\omega_{LC}(2\pi\sqrt{2})^{1/2}\left(\frac{LI_c}{\Phi_0}\right)^{1/4}\left(\frac{\delta\Phi_x}{\Phi_0}\right)^{1/4}\\ V_0&=\frac{2\sqrt{2}}{3\pi}\frac{\Phi_0^2}{L}\left(\frac{\Phi_0}{LI_c}\right)^{1/4}\left(\frac{\delta\Phi_x}{\Phi_0}\right)^{3/2}\end{aligned}\right\}\tag{6.3.22}$$

对双阱(图 6.11),阱距为 $\Delta\Phi$,阱深为 ΔV,在阱底的振动角频率为 ω_0,即有

$$\left.\begin{aligned}\Delta\Phi&=\frac{\Phi_0}{\pi}[6(\beta_L-1)/\beta_L]^{1/2}\\ \Delta V&=\frac{3}{8\pi^2}\frac{\Phi_0^2}{L}\frac{(\beta_L-1)^2}{\beta_L}\\ \omega_0&=[2(\beta_L-1)]^{1/2}\omega_{LC}\end{aligned}\right\}\tag{6.3.23}$$

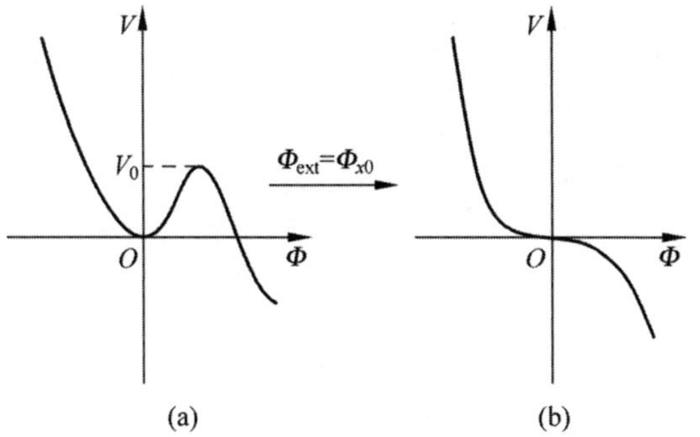

图 6.10 磁通改变导致势能曲线变化

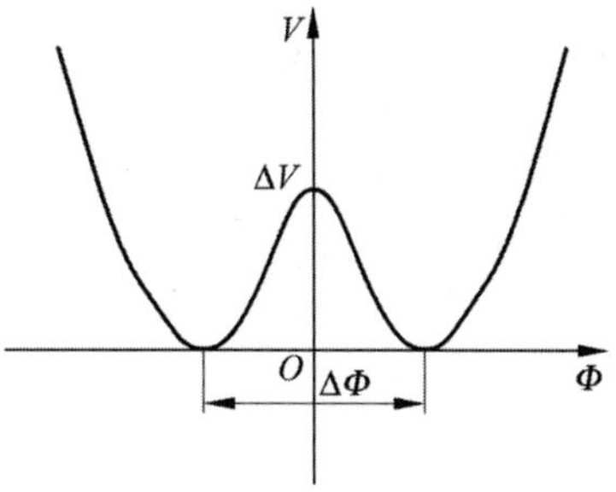

图 6.11 双阱参数

6.4 约瑟夫森体系的宏观量子隧穿和宏观量子相干

SQUID 中的磁通量 Φ 是宏观量,在 SQUID 上加有外磁通给它安排好的势阱。关键是式(6.3.18)是经典方程,Φ 是常数。将 Φ 作为量子力学量处理的条件是什么?作为常数的 Φ 应是这个力学量的平均值。在平均值附近的量子涨落是否有意义?不考虑耗散,将 Φ 当作广义坐标。体系的拉格朗日量是

$$L=\frac{1}{2}C\dot{\Phi}^2-V(\Phi)\tag{6.4.1}$$

其共轭动量是

$$p_\Phi=\frac{\partial L}{\partial\dot{\Phi}}=C\dot{\Phi}\tag{6.4.2}$$

据式(6.2.31)和式(6.3.5),有

$$p_\Phi=C\frac{\Phi_0}{2\pi}\dot{\phi}^*=-CU=-Q\tag{6.4.3}$$

此处 Q 为电容中所储的电荷。考虑在 $\Phi_{\text{ext}}=0$ 的情况下，SQUID 处于稳态，$\Phi=0$。Φ 的量子涨落可以估计如下：

$$\frac{1}{2}C\omega^2\langle(\Delta\Phi)^2\rangle=\frac{1}{2}\cdot\frac{1}{2}\hbar\omega \tag{6.4.4}$$

等号左侧是谐振子势能 $\frac{1}{2}m\omega^2x^2$ 的类比，右侧是零点能的一半。因此有

$$\langle(\Delta\Phi)^2\rangle=\frac{\hbar}{2C\omega} \tag{6.4.5}$$

海森堡不确定关系是

$$\Delta\Phi\cdot(e\Delta N)\geqslant\frac{\hbar}{2} \tag{6.4.6}$$

N 代表结两侧不平衡的电子数目，$eN=Q$。式(6.4.6)给出

$$\langle(\Delta N)^2\rangle=\frac{\hbar^2}{4e^2}\frac{1}{\langle(\Delta\Phi)^2\rangle}=\frac{\hbar C\omega}{2e^2} \tag{6.4.7}$$

定义

$$\lambda\equiv(8CI_{\text{c}}\Phi_0^3/\pi^3\hbar^2)^{1/2}=(8CI_{\text{c}}\hbar/e^3)^{1/2} \tag{6.4.8}$$

作为使量子效应显著的特征参数。根据式(6.3.21)，在 $\beta_L\gg1$ 时有

$$\omega\approx\left(\frac{2\pi I_{\text{c}}}{C\Phi_0}\right)^{1/2}$$

$\langle(\Delta N)^2\rangle$和$\langle(\Delta\Phi)^2\rangle$都可以通过 λ 表示：

$$\left.\begin{aligned}\langle(\Delta N)^2\rangle&=\frac{\lambda}{4}\\ \langle(\Delta\Phi)^2\rangle&=\frac{\hbar^2}{4e^2}\frac{4}{\lambda}=\frac{\Phi_0^2}{\pi^2\lambda}\end{aligned}\right\} \tag{6.4.9}$$

若 $\lambda\gg1$，$\Delta N\gg1$，则 $\Delta\Phi$ 可以很小，即量子涨落不重要，对应原理极限。如果 $\lambda\approx1$，N 可以很大，而 ΔN 可以忽略，Φ 值则很分散，这是量子力学的情况。为了使量子效应能够表现出来，除 $\lambda\approx1$ 以外，还要它必须比竞争者更为有利。从式(6.3.11)看，势曲线的局部起伏(造成阱以产生亚稳态)是$\frac{I_{\text{c}}\Phi_0}{\pi}$。如果体系处于足够高的温度以至于在 $kT\gtrsim\frac{I_{\text{c}}\Phi_0}{\pi}$时①，可以造成阱的热超越。因此必须要求 $kT<\frac{I_{\text{c}}\Phi}{\pi}$。将上述条件合起来，有

$$1\approx\left(\frac{8CI_{\text{c}}\hbar}{e^3}\right)^{1/2}>\left(\frac{8C}{e^2}kT\right)^{1/2}$$

它要求

$$C\lesssim\frac{e^2}{8kT} \tag{6.4.10}$$

这个关系可以解释为一个电子在电容中的能量$\frac{e^2}{2C}$必须小于 $4kT$。对于 $T=1\text{mK}$，$C\lesssim0.1\text{pF}$ 的条件，在工艺上是容易达到的。

---

① 符号“$\gtrsim$”代表其左右两量属于同量级，但左侧大于右侧。“$\lesssim$”代表两个同量级的量，但右侧大于左侧。

一个明显的量子力学行为是势垒的隧穿。在一个准稳态附近，势能曲线如图 6.12 所示，此处用坐标 q 代表 Φ。体系在 $T=0$ 条件下的隧穿率可以用量子力学 WKB 方法计算，即

$$P=\text{const}\omega_0\left(\frac{V_0}{\hbar\omega_0}\right)^{\frac{1}{2}}\exp\left[-\frac{2}{\hbar}\int_0^{q_0}\sqrt{2mV(q)}\,\mathrm{d}q\right] \tag{6.4.11}$$

卡兰和科勒曼的瞬子法可以给出更精确的结果①。图 6.12 的势能曲线可以用"二次加三次"势近似：

$$\begin{aligned}V(q)&=\frac{1}{2}M\omega_0^2q^2-\beta q^3\\&\equiv\frac{27}{4}V_0\left[\left(\frac{q}{q_0}\right)^2-\left(\frac{q}{q_0}\right)^3\right]\end{aligned} \tag{6.4.12}$$

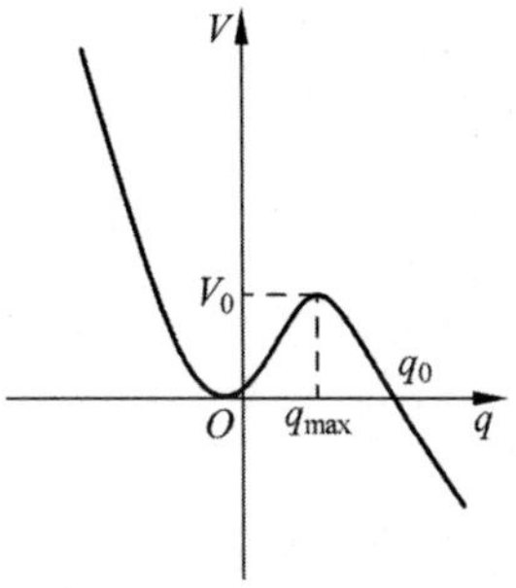

图 6.12 准稳态附近势能曲线

其中的参数关系是

$$q_0=\frac{M\omega_0^2}{2\beta},\quad V_0=\frac{1}{54}\frac{(M\omega_0^2)^3}{\beta^2}$$

对于这种势，瞬子法计算给出

$$P=\omega_0\left(\frac{60V_0}{\hbar\omega_0}\right)^{1/2}\left(\frac{18}{5\pi}\right)^{1/2}\exp\left(-\frac{36}{5}\frac{V_0}{\hbar\omega_0}\right) \tag{6.4.13}$$

"二次加三次"势严格地说是"病态"的，因为势能曲线没有下边界。这样，系统就能不断往低能态跃迁并释放能量，但在真实体系(图 6.7)并没有这种情况。回顾 5.4 节的方法，回弹解对经典作用量的贡献积分到 q_0(回弹点)为止。实际上 q_0 以外的势对结果影响不大，$V''(X)$ 只在计算前置因子的行列式比时有影响。因此可以认为一个合理的势对结果影响不大。在温度有限时，"热激活"的衰变率是[12]

$$P_{\text{cl}}=\text{const}\omega_0\exp\left(-\frac{V_0}{kT}\right) \tag{6.4.14}$$

要使热超越不干扰量子隧穿，则必须要有

$$kT\ll a_0\hbar\omega_0$$

a_0 是个常数，对"二次加三次"势，$a_0=\frac{5}{36}$。当然还要综合考虑 ω_0 和 V_0 的条件。莱格特指出，$T<100\text{mK}$ 就可以实现量子隧穿。

图 6.8 的双阱提供了宏观量子相干的可能性，这是量子力学中的二能级问题(5.2 节)。如果二阱间的势垒非常高，左右阱内有相同的状态 ψ_L 与 ψ_R，则它们的能量相同。但若势垒有限，由于势垒隧穿，这两个状态是要混合的，即能量的本征态如下：

$$\left.\begin{aligned}&\text{基态：}\psi_0=\frac{1}{\sqrt{2}}(\psi_L+\psi_R)\\&\text{激发态：}\psi_e=\frac{1}{\sqrt{2}}(\psi_L-\psi_R)\end{aligned}\right\} \tag{6.4.15}$$

为了讨论方便，这里用 WKB 方法给出能级劈裂公式：

① 见本书 5.4 节。

$$\Gamma = \text{const}\ \omega_0\ \exp\left[-\frac{1}{\hbar}\int_0^R \sqrt{2CV(\Phi)}\,\mathrm{d}\Phi\right] \tag{6.4.16}$$

$$E_e - E_0 = \hbar\Gamma$$

若在 t_0 时体系处于 ψ_L，则有

$$\begin{aligned}\psi(t) &= \frac{1}{\sqrt{2}}\left(\psi_0 \exp\left(-\mathrm{i}\frac{E_0}{\hbar}t\right) + \psi_e \exp\left(-\mathrm{i}\frac{E_e}{\hbar}\right)\right) \\ &= \frac{1}{\sqrt{2}}\left[\psi_L\left(\exp\left(-\mathrm{i}\frac{E_0}{\hbar}t\right) + \exp\left(-\mathrm{i}\frac{E_e}{\hbar}t\right)\right) + \right. \\ &\quad \left.\psi_R\left(\exp\left(-\mathrm{i}\frac{E_0}{\hbar}t\right) - \exp\left(-\mathrm{i}\frac{E_e}{\hbar}t\right)\right)\right]\end{aligned} \tag{6.4.17}$$

令 $W_L(t)$ 和 $W_R(t)$ 分别为在时间 t 时体系处于左阱和右阱的概率，

$$\left.\begin{aligned} W_L(t) &= |\langle \psi_L \mid \psi(t)\rangle|^2 \\ W_R(t) &= |\langle \psi_R \mid \psi(t)\rangle|^2 \end{aligned}\right\} \tag{6.4.18}$$

式(6.4.17)给出

$$\frac{W_L(t)}{W_R(t)} = \frac{|1 + \mathrm{e}^{-\mathrm{i}\Gamma t}|^2}{|1 - \mathrm{e}^{\mathrm{i}\Gamma t}|^2} = \frac{1 + \cos\Gamma t}{1 - \cos\Gamma t}$$

用 $W_L + W_R = 1$，即得

$$\left.\begin{aligned} W_L(t) &= \frac{1}{2}(1 + \cos\Gamma t) \\ W_R(t) &= \frac{1}{2}(1 + \cos\Gamma t) \end{aligned}\right\} \tag{6.4.19}$$

对 SQUID，L 和 R 分别指 $\tilde{\Phi} = -\frac{\Phi_0}{2}$ 和 $\tilde{\Phi} = \frac{\Phi_0}{2}$。它们是宏观上可以区分的。这正是实验室中的“薛定谔的猫”。在讨论实验实现的可能性时，起重要作用的是参数 β_L（式(6.3.21)）。对 $\beta_L \gg 1$ 的情况，式(6.4.16)的指数上的积分是 $\mathrm{e}^{-\lambda/\sqrt{2}}$[11]，由于 $\beta_L \gg 1$，相应的 λ 也较大，是远离量子体制的。因此要研究 $\beta_L \lesssim 1$ 的情况。令 $\beta_L - 1 \equiv K$，式(6.3.23)给出

$$\left.\begin{aligned} \Delta V &\approx \frac{3}{8\pi^2}\frac{\Phi_0^2}{L}K^2 \\ \omega_0 &= 2K^{1/2}\omega_{LC} \end{aligned}\right\} \tag{6.4.20}$$

指数上的积分可以参照“二次加三次”势的计算再考虑因子 1/2，有

$$\Gamma \approx \omega_0 \exp\left(-\frac{18}{5}\frac{\Delta V}{\hbar\omega_0}\right)$$

将式(6.4.20)代入，有

$$\Gamma \approx \omega_0 \exp\left(-\frac{1}{2}K^{3/2}\lambda\right) \tag{6.4.21}$$

由于热超越率是

$$\Gamma_{\mathrm{cl}} \approx \omega_0 \mathrm{e}^{-\Delta V/kT}$$

必须要求 $\Delta V \gg kT$，经典现象才不致干扰量子相干。将式(6.4.20)进一步简化，有 $\Delta V \approx \frac{3}{4}K^2 I_c \Phi_0$，因此条件是

$$\frac{3}{4}K^2 I_c \Phi_0 \gg kT \tag{6.4.22}$$

就量子相干本身而言,式(6.4.21)指数上的 $K^{3/2}\lambda$ 不能太大。如果要求它是 $O(1)$,则有

$$(K^{3/2}\lambda)^{4/3} = K^2 \lambda^{4/3} \approx 1$$

再和式(6.4.22),即

$$\frac{kT}{I_c \Phi_0} \ll \frac{3}{4}K^2$$

一并考虑,就可得到

$$\frac{kT}{I_c \Phi_0} \ll \lambda^{-4/3} \tag{6.4.23}$$

由于 $\lambda \propto \sqrt{C}$,$\lambda \approx 1$ 的条件要求 $C \approx 10^{-14}\mathrm{F} = 10^{-2}\mathrm{pF}$,这已是很高的要求了。至此,主角还没有出场。宏观体系的特点便是体系不能和环境隔绝,环境的影响还会带来进一步的要求。

本节及 6.5 节内容取自文献[11]和文献[12]。

6.5　环境对宏观量子现象的影响

宏观体系的基本特点是会和环境相互作用。一般情况下,这是不可逆的,并倾向于抹掉量子力学的相干。讨论宏观体系的量子现象就必须考虑环境的影响。以 SQUID 或 CBJ 为例,即使在 $T \ll T_c$ 时,正常电子的数目仍是有限的,会导致耗散。RSJ 模型是成功的,其中就包括了耗散项,因此耗散从开始便应进入理论。"开放的量子体系"是近年来发展得很快的一个方向[15]。早年费曼和 F. L. Vernon 提出过量子体系和线性耗散系统相互作用理论[16],莱格特[11-13]在此基础上系统地研究了约瑟夫森系统宏观量子性质与耗散的关系,在量子耗散理论中是很有影响的。SQUID 和约瑟夫森结并联的电阻是可以测量的,这是唯一已知的宏观参数。但宏观量子效应要从量子理论出发,宏观参数只是微观相互作用的结果,如何将它和微观理论联系起来呢? A. O. Caldeira 等人[12]给出了一个详细方案。如何表现环境呢?费曼等人采用了"谐振子浴",Caldeira 等人沿用了这一方案。环境是相当大量的谐振子,质量、频率和坐标是 m_i,ω_i,$x_i(t)$;其中 $i=1,2,\cdots,N$。它们和体系(质量 M,坐标 $q(t)$)在势场 $V(q)$和外力 $F_{\mathrm{ext}}(t)$的作用下相互作用。相互作用是什么形式呢?要作假设。有了这些就可以写出体系加环境这一复合体的哈密顿量。但最终要解决的是体系的量子性质,它和环境的 N 个振子是耦合在一起的。最好的方案是费曼的路径积分:对环境振子的各种不同的历史积分。这样余下的就是体系的有效哈密顿量,环境的影响作为有效相互作用留在其中。为了应用 Callan-Coleman 方法求隧穿率,Caldeira 等人采用了虚时间积分。之后,便可以用体系的有效哈密顿量求解它的宏观量子性质了。

在实现这个目标的过程中有两个重要问题:第一,设定的体系加环境的哈密顿量是否可行?意思是在体系中有许多微观参数 m_i,ω_i,还有环境振子与体系的耦合常数 c_i,d_i 等。路径积分必须能够完成,得到体系的有效哈密顿量。即使做到了,这些微观参数的归宿又将如何呢?它们必须以某种结合给出唯一的宏观参数,只有这个参数才能最后出现在有效哈密顿量中。第二,哈密顿量是否足够普遍。即使第一个问题解决得很好,结论也只是:这是一个模型。当然不排斥还有其他模型可以和它竞争。如果能解决第二个问题,即以谐振子

浴代表环境,体系和环境复合体的哈密顿量的写法便是唯一的,则这就不再是“一个模型”,而是一个理论了。文献[12]的很大篇幅是在论证第二个问题。

6.5.1 关于正则变换和绝热近似

首先,需要做一些方法上的准备。

考虑体系的拉格朗日量:

$$\left.\begin{aligned}&L=L_0+\Delta L_1\\&L_0=\frac{1}{2}m(\dot{x}^2+\dot{y}^2)-V(x,y)\\&\Delta L_1=\varepsilon\dot{x}y\end{aligned}\right\}\tag{6.5.1}$$

ΔL_1 是与速度有关的耦合,ε 为常数。在拉格朗日量上加一个时间函数的微商不会改变运动方程,原因是它对作用量的贡献只是一个常数。若用其他耦合项,则有

$$\left.\begin{aligned}&\Delta L_2=-\varepsilon x\dot{y}\\&\Delta L_3=\frac{\varepsilon}{2}(\dot{x}y-x\dot{y})\end{aligned}\right\}\tag{6.5.2}$$

它们和 ΔL_1 是只相差一个时间函数的微商,因此会导致同样的运动方程。它们相应的哈密顿量是

$$\left.\begin{aligned}&H_1=\frac{(p_x-\varepsilon y)^2}{2m}+\frac{p_y^2}{2m}+V(x,y)\\&H_2=\frac{p_x^2}{2m}+\frac{(p_y+\varepsilon x)^2}{2m}+V(x,y)\\&H_3=\frac{(p_x-\varepsilon y/2)^2}{2m}+\frac{(p_y+\varepsilon x/2)^2}{2m}+V(x,y)\end{aligned}\right\}\tag{6.5.3}$$

从 H 的形式可知,这是一个粒子在势场 $V(x,y)$ 以及在 z 方向磁场下所做的运动。磁场的矢量势(电荷因子略去)是

$$\left.\begin{aligned}&A_x^{(1)}=-\varepsilon y,\quad A_y^{(1)}=A_z^{(1)}=0\\&A_x^{(2)}=\varepsilon x,\quad A_y^{(2)}=A_z^{(2)}=0\\&A_x^{(3)}=-\frac{\varepsilon}{2}y,\quad A_y^{(3)}=\frac{\varepsilon}{2}x,\quad A_z^{(3)}=0\end{aligned}\right\}\tag{6.5.4}$$

它们相当于不同的规范选择。考虑二维谐振子,在 z 轴方向有磁场:

$$H=\frac{p_x^2}{2m}+\frac{(p_y+\varepsilon x)^2}{2m}+\frac{1}{2}(m\omega_1^2x^2+m\omega_2^2y^2)\tag{6.5.5}$$

进行正则变换,生成的函数为

$$F(y,z)=-m\omega_2yz\tag{6.5.6}$$

它的作用是将坐标 y 变换为 z,并有变换关系

$$p_y=\frac{\partial F}{\partial y}=-m\omega_2z$$

$$p_z=-\frac{\partial F}{\partial z}=m\omega_2y$$

即将旧动量 p_y 换为新坐标 z,将旧坐标 y 换成新动量 p_z:

$$H'=\frac{1}{2m}(p_x^2+p_z^2)+\frac{1}{2}m\omega_1^2x^2+\frac{1}{2}m\left(\omega_2 z-\frac{\varepsilon}{m}x\right)^2 \tag{6.5.7}$$

从耦合方式看，$p_y x$ 耦合式(6.5.5)变为了 xz 耦合式(6.5.7)。

在处理分子结构时，量子力学中常用的是玻恩-奥本海默近似[17]。它的思路是将原子核(坐标 q，动量 p_q)作为慢运动，电子(坐标 ξ_i，动量 p_i，$i=1,2,\cdots,N$)作为快运动。在绝热近似下，可以视 q 为参数，它决定了电子感受到的势场。先解电子的薛定谔方程：

$$\left[-\frac{\hbar^2}{2m}\nabla_i^2+V(q)\right]\chi_k(\xi_i,q)=U_k(q)\chi_k(\xi_i,q) \tag{6.5.8}$$

上式等号右侧的 $U_k(q)$是本征值，q 作为参数出现，$\chi_k(\xi_i,q)$是电子波函数。电子能量的本征值反过来确定核的运动，作为其本征方程的势能：

$$\left[-\frac{\hbar^2}{2M}\nabla_q^2+U_k(q)\right]\varphi_{ik}(q)=E_i\varphi_{ik}(q) \tag{6.5.9}$$

此处明显标明了耦合。核波函数 $\varphi_{ik}(q)$与电子状态 k 有关，电子波函数与核坐标 q 有关。这样，核的运动和电子运动就分离了，但它们仍是有耦合的。以 i,j 代表核波函数的状态；k,l 代表多电子波函数的状态，则分子系统的波函数是(以$\{\xi\}$代表电子坐标的集合)

$$\psi_{ik}(q,\{\xi\})=\varphi_{ik}(q)\chi_k(\{\xi\},q) \tag{6.5.10}$$

绝热近似的成立条件是下列矩阵元可以被忽略：

$$\begin{aligned}\langle ik\mid\Delta\hat{H}\mid jl\rangle\equiv-\frac{\hbar^2}{2M}\int\mathrm{d}q\int\mathrm{d}\xi\Big\{&2\varphi_{ik}^*(q)\frac{\partial}{\partial q}\varphi_{jl}(q)\chi_k^*(\xi,q)\frac{\partial}{\partial q}\chi(\xi,q)+\\&\varphi_{ik}^*(q)\varphi_{jl}(q)\chi_k^*(\xi,q)\frac{\partial^2}{\partial q^2}\chi_l(\xi,q)\Big\}\end{aligned} \tag{6.5.11}$$

在绝热近似条件下，核的运动和电子的运动都是保守的，它们之间没有能量交换。

6.5.2 有耗散的电磁体系的哈密顿量

先从一个简单的体系开始。这是一个超导环，环孔中有磁通 Φ 穿过。它的拉格朗日量是

$$L=\frac{1}{2}C\dot{\Phi}^2-\frac{1}{2L}\Phi^2 \tag{6.5.12}$$

相应的运动方程是

$$C\ddot{\Phi}+\frac{\Phi}{L}=0 \tag{6.5.13}$$

“环境”就是处于正常态的电子，正常电流 I_n 是有耗散的。相互作用的拉格朗日量是

$$\left.\begin{aligned}\Delta L&=\int\boldsymbol{j}(\boldsymbol{r})\cdot\boldsymbol{A}(\boldsymbol{r})\mathrm{d}^3x\\ \boldsymbol{j}(\boldsymbol{r})&=\sum_i e\boldsymbol{v}_i\delta^3(\boldsymbol{r}-\boldsymbol{r}_i)\end{aligned}\right\} \tag{6.5.14}$$

$\boldsymbol{j}$ 是正常电子的电流密度算符，$\boldsymbol{v}$ 是电子速度，积分对环的体积进行。令 $\boldsymbol{l}$ 为沿环的长度，方向与 $\boldsymbol{j}$ 一致，S 为环的截面积，则有 $\boldsymbol{j}\,\mathrm{d}^3x=S\boldsymbol{j}\,|\mathrm{d}\boldsymbol{l}|=I_\mathrm{n}\mathrm{d}\boldsymbol{l}$，$I_\mathrm{n}$ 是正常电流。因此

$$\Delta L=I_\mathrm{n}\oint\boldsymbol{A}\cdot\mathrm{d}\boldsymbol{l}$$

积分是沿环的封闭线积分。用斯托克斯定理，得到 $\Delta L=I_\mathrm{n}\Phi$。采用库仑规范 $\boldsymbol{E}=-\dot{\boldsymbol{A}}$，

$I_{\mathrm{n}}=jS=\sigma ES=-\sigma|\dot{\boldsymbol{A}}|S=-\sigma\dfrac{\dot{\Phi}}{l}S$，此处 σ 是电导率，l 是环总长。因为电阻是 $R_{\mathrm{n}}=\left(\dfrac{\sigma S}{l}\right)^{-1}$，$I_{\mathrm{n}}=-\dfrac{\dot{\Phi}}{R_{\mathrm{n}}}$，所以运动方程可以写为

$$C\ddot{\Phi}+\frac{\dot{\Phi}}{R_{\mathrm{n}}}+\frac{\Phi}{L}=0 \tag{6.5.15}$$

我们的目的是把耗散项用电阻(造成耗散的“环境”)的微观坐标表示出来，写出体系-环境的微观拉格朗日量，而它必须能导致仅包括一个宏观参量 R_{n} 的运动方程式(6.5.15)。这就能说明拉格朗日量的选择是正确的，然后用它去进行量子效应的计算。定义电荷量 $\mathscr{Q}_{\mathrm{n}}$：

$$\mathscr{Q}_{\mathrm{n}}(t)=\int_0^t I_{\mathrm{n}}(t')\mathrm{d}t' \tag{6.5.16}$$

即

$$I_{\mathrm{n}}(t)=\frac{\mathrm{d}\mathscr{Q}_{\mathrm{n}}(t)}{\mathrm{d}t} \tag{6.5.17}$$

$\mathscr{Q}_{\mathrm{n}}$ 是正常电流流过时间 t 通过的电荷量。$\Delta L=\dot{\mathscr{Q}}_{\mathrm{n}}\Phi$ 可以改写为

$$\Delta L=-\mathscr{Q}_{\mathrm{n}}\dot{\Phi} \tag{6.5.18}$$

它们相差一个函数的时间微商，因此完全等价。$\mathscr{Q}_{\mathrm{n}}$ 和电阻有关，电阻可以看作含有大量简正模的振子集合的效应，以 Q_α 代表简正坐标，α 为模式。$\mathscr{Q}_{\mathrm{n}}$ 一般可以写作

$$\mathscr{Q}_{\mathrm{n}}=\sum_\alpha \tilde{c}_\alpha Q_\alpha \tag{6.5.19}$$

再次用“相差一个时间微商”法，有

$$\Delta L=\Phi\sum_\alpha \tilde{c}_\alpha \dot{Q}_\alpha \tag{6.5.20}$$

环境作为质量 m_α、频率 ω_α 的振子 Q_α 的集合，也有自己的拉格朗日量。总体系的拉格朗日量就是

$$L=\frac{1}{2}C\dot{\Phi}^2-\frac{1}{2L}\Phi^2+\Phi\sum_\alpha \tilde{c}_\alpha\dot{Q}_\alpha-\sum_\alpha\frac{1}{2}m_\alpha\omega_\alpha^2Q_\alpha^2+\sum_\alpha\frac{1}{2}m_\alpha\dot{Q}_\alpha^2 \tag{6.5.21}$$

式中等号右侧的前两项是属于体系的，后两项是属于环境的，中间一项是体系、环境的相互作用。Φ 和 Q_α 的共轭动量是

$$\left.\begin{aligned}P_\Phi&=\frac{\partial L}{\partial\dot{\Phi}}=C\dot{\Phi}\\P_{Q_\alpha}&=\frac{\partial L}{\partial\dot{Q}_\alpha}=m_\alpha\dot{Q}_\alpha+\Phi\sum_\alpha\tilde{c}_\alpha\end{aligned}\right\} \tag{6.5.22}$$

由此，总体系的哈密顿量是

$$\begin{aligned}H=&\frac{1}{2C}P_\Phi^2+\frac{1}{2L}\Phi^2+\sum_\alpha\left(\frac{1}{2m_\alpha}P_{Q_\alpha}^2+\frac{1}{2}m_\alpha\omega_\alpha^2Q_\alpha^2\right)-\\&\Phi\sum_\alpha\frac{1}{m_\alpha}\tilde{c}_\alpha P_{Q_\alpha}+\Phi^2\sum_\alpha\frac{\tilde{c}_\alpha^2}{2m_\alpha}\end{aligned} \tag{6.5.23}$$

回顾式(6.5.5)～式(6.5.7)，是从动量-坐标耦合变到坐标-坐标耦合。此处也同样，通过生成函数

$$F(x_\alpha,Q_\alpha)=\sum_\alpha m_\alpha\omega_\alpha Q_\alpha x_\alpha \tag{6.5.24}$$

能得到

$$\left.\begin{aligned}\boldsymbol{P}_{x_\alpha}&=-m_\alpha\omega_\alpha Q_\alpha\\ \boldsymbol{P}_{Q_\alpha}&=m_\alpha\omega_\alpha x_\alpha\end{aligned}\right\} \tag{6.5.25}$$

用新坐标 x_α 和新动量 $\boldsymbol{P}_{x_\alpha}$ 置换旧坐标 Q_α 和旧动量 $\boldsymbol{P}_{Q_\alpha}$：

$$H'=\frac{1}{2C}\dot{\Phi}^2+\frac{1}{2L}\Phi^2+\sum_\alpha\left(\frac{1}{2}m_\alpha\omega_\alpha^2x_\alpha^2+\frac{1}{2m_\alpha}\boldsymbol{P}_{x_\alpha}^2\right)-\Phi\sum_\alpha\tilde{c}_\alpha\omega_\alpha x_\alpha+\Phi^2\sum_\alpha\frac{\tilde{c}_\alpha^2}{2m_\alpha} \tag{6.5.26}$$

令 $\tilde{c}_\alpha\omega_\alpha=c_\alpha$，总体系的拉格朗日量是

$$L'=\frac{1}{2}C\dot{\Phi}^2-\frac{1}{2L}\Phi^2+\sum_\alpha\left(\frac{1}{2}m_\alpha\dot{x}_\alpha^2-\frac{1}{2}m_\alpha\omega_\alpha^2x_\alpha^2\right)+\Phi\sum_\alpha c_\alpha x_\alpha-\Phi^2\sum_\alpha\frac{c_\alpha^2}{2m_\alpha\omega_\alpha^2} \tag{6.5.27}$$

相互作用项显示环境坐标 x_α 以不同强度 c_α 耦合于体系坐标 Φ。上式的最后一项是重正化项，它合并于 $-\dfrac{1}{2L}\Phi^2$，实际是改变了体系参数。在用微观拉格朗日量进行计算时，相互作用项会带来体系参数的变化，而这一项恰恰起了抵消项的作用。如果物理上不应有变化，这一项就应保留。式(6.5.27)就是体系加环境微观拉格朗日量的标准形式，取坐标-坐标耦合是为了对环境坐标进行路径积分时更方便。

6.5.3 非绝热性的修正，耗散体系的微观拉格朗日量

如果绝热近似的成立条件并不完全满足，式(6.5.11)就为非绝热修正。将绝热近似用于有宏观量粒子的环境有一个特殊之处。波函数 $\chi_k(\{\xi\},q)$ 的 k 代表 N 个电子的状态。很多由 $\Delta\hat{H}$(式(6.5.11))耦合的 k,l 态实际上只会在宏观量 N 的粒子中有 $1/N$ 量级的差别。因此在式(6.5.8)中的 U_k 实际上对 k 的依赖很弱，即作为决定宏观体系运动方程式(6.5.9)中的势实际上是与 k 无关的。这样体系的波函数就与微观环境的状态 k 无关了。式(6.5.9)变为

$$\left[-\frac{\hbar^2}{2M}\nabla_q^2+U(q)\right]\varphi_i(q)=E_i\varphi_i(q) \tag{6.5.28}$$

而非绝热修正变为

$$\langle ik\mid\Delta\hat{H}\mid ij\rangle=-\frac{\hbar^2}{2M}\int\mathrm{d}q\int\mathrm{d}\xi\left\{2\varphi_i^*(q)\frac{\partial}{\partial q}\varphi_j(q)\chi_k^*(\xi,q)\frac{\partial}{\partial q}\chi_l(\xi,q)+\varphi_i^*(q)\varphi_j(q)\chi_k^*(\xi,q)\frac{\partial^2}{\partial q^2}\chi_l(\xi,q)\right\} \tag{6.5.29}$$

这种情况使式(6.5.29)可以进一步简化。在环境波函数空间定义算符 $\hat{K}$：

$$\hat{K}_{kl}(q) \equiv \langle k \mid \hat{K}(q) \mid l \rangle = \int \chi_k^*(\xi, q)\left(-\mathrm{i}\hbar\frac{\partial}{\partial q}\right)\chi_l(\xi, q)\mathrm{d}\xi \tag{6.5.30}$$

式(6.5.29)就变为

$$\langle ik \mid \Delta\hat{H} \mid jl \rangle = \frac{1}{2M}\langle i \mid p\hat{K}_{kl}(q) + \hat{K}_{kl}(q)p + (\hat{K}^2)_{kl}(q) \mid j \rangle \tag{6.5.31}$$

此处有

$$\langle i \mid p \mid j \rangle = \int \varphi_i^*(q)\left(-\mathrm{i}\hbar\frac{\partial}{\partial q}\right)\varphi_j(q)\mathrm{d}q \tag{6.5.32}$$

总哈密顿量变为

$$\hat{H} = \frac{1}{2M}(p + \hat{K}(q))^2 + U(q) + \hat{H}_{\mathrm{env}} \tag{6.5.33}$$

$\hat{H}_{\mathrm{env}}$ 是环境哈密顿量，仅和 ξ 有关，$U(q)$是环境在绝热近似下产生的对体系的有效势，而 $\hat{K}(q)$是非绝热修正。作为环境波函数空间的算符，$\hat{K}(q)$应与 $\hat{x}_j$ 和 $\hat{p}_j$ 有关，此处 x_j 和 p_j 是环境简正模 j 的广义坐标与动量算符。在福克空间表示中，环境的状态是$|n_1, n_2, \cdots, n_j, \cdots\rangle$，此处 n_j 代表简正模 j 态上的粒子数。$\hat{x}_j$，$\hat{p}_j$ 的非零矩阵元是

$$\left.\begin{aligned}\langle n_j + 1 \mid \hat{x}_j \mid n_j \rangle &= \langle n_j \mid \hat{x}_j \mid n_j + 1 \rangle = (n_j + 1)^{1/2}\left(\frac{\hbar}{2m_j\omega_j}\right)^{1/2} \\ \langle n_j + 1 \mid \hat{p}_j \mid n_j \rangle &= -\langle n_j \mid \hat{p}_j \mid n_j + 1 \rangle = \mathrm{i}m_j\omega_j(n_j + 1)^{1/2}\left(\frac{\hbar}{2m_j\omega_j}\right)^{1/2}\end{aligned}\right\} \tag{6.5.34}$$

假设 $\hat{K}(q)$线性地依赖 $\hat{x}_j$，$\hat{p}_j$。这个假设并不意味体系与环境的相互作用是弱的。体系与环境的相互作用主要体现在绝热近似势 $U(q)$，而 $\hat{K}(q)$仅仅是它的非绝热修正。$\hat{K}$ 可以使任意一个模式的粒子数变化1，但它同时可以使任何数量的模式改变粒子数。从式(6.5.33)看，为了保证 $\hat{H}$ 对时间反演的不变性，$\hat{K}$ 的时间反演行为应和 p 相同。由于 x_j 与 q 在时间反演下不变，在线性假设下，$\hat{K}(q)$的形式只能是

$$\hat{K}(q) = \sum_j K_j(q)\hat{p}_j \tag{6.5.35}$$

总哈密顿量(式(6.5.33))变为

$$\hat{H} = \frac{1}{2M}\left(\hat{p} + \sum_j K_j(q)\hat{p}_j^2\right) + U(q) + \hat{H}_{\mathrm{env}} \tag{6.5.36}$$

这里的体系-环境耦合是动量-动量方式，且同时系统坐标 q 也出现。为了得到坐标-坐标耦合，可以用6.5.2节的方法。第一步，引入新坐标 y_j，其生成函数是

$$F = \sum_j m_j\omega_j x_j y_j \tag{6.5.37}$$

变换关系是

$$\left.\begin{aligned}p_j &= \frac{\partial F}{\partial x_j} = m_j\omega_j y_j \\ p_{y_j} &= -\frac{\partial F}{\partial y_i} = -m_j\omega_j x_j\end{aligned}\right\} \tag{6.5.38}$$

将式(6.5.38)代入 $\hat{H}$(式(6.5.36)),得到 $\hat{H}'(q,p,y_i,p_{y_i})$,再回到拉格朗日量,得

$$L'(q,\dot{q};\ y_j,\dot{y}_j)=\frac{1}{2}m\dot{q}^2-U(q)+\sum_j\frac{1}{2}m_i\dot{y}_i^2-\sum_j\frac{1}{2}m_j\omega_j^2y_j^2-\sum_j m_j\omega_jK_j(q)\dot{q}y_j \tag{6.5.39}$$

上式在耦合项中已是速度-坐标耦合了。为了再把速度换为坐标,先用“差一个时间微商”的方法把时间微商从 q 移到 y_j 上,然后再进行一次正则变换。先改写 $K_j(q)\dot{q}$:

$$K_j(q)\dot{q}=\frac{\mathrm{d}}{\mathrm{d}t}\int_0^q K_j(q')\mathrm{d}q'$$

耦合项就变为 $-\sum_j m_j\omega_jy_j\dfrac{\mathrm{d}}{\mathrm{d}t}\int_0^q K_j(q')\mathrm{d}q'$。在式(6.5.39)上加一个时间微商项 $\sum_j m_j\omega_j\dfrac{\mathrm{d}}{\mathrm{d}t}\left[y_i\int_0^q K_j(q')\mathrm{d}q'\right]$,就得到等价的新拉格朗日量:

$$L''=\frac{1}{2}m\dot{q}^2-U(q)+\sum_j\frac{1}{2}m_jy_j^2-\sum_j\frac{1}{2}m_j\omega_j^2y_j^2+\sum_j m_j\omega_j\dot{y}_j\int_0^q K_j(q')\mathrm{d}q' \tag{6.5.40}$$

现在时间微商已移到 y_j 上了。先写出哈密顿量,然后做正则变换:

$$H''=\frac{p^2}{2M}+U(q)+\sum_j\left[\frac{1}{2m}\left(p_{y_j}-\frac{F_j(q)}{\omega_j}\right)^2_{\text{sym}}+\frac{1}{2}m_j\omega_jy_j^2\right] \tag{6.5.41}$$

此处

$$F_j(q)=m_j\omega_j^2\int_0^q K_j(q')\mathrm{d}q' \tag{6.5.42}$$

正则变换的生成函数和变换关系是

$$F'=\sum_j m_j\omega_jz_jy_j \tag{6.5.43}$$

$$\left.\begin{aligned}p_{y_j}&=\frac{\partial F'}{\partial y_j}=m_j\omega_jz_j\\ p_{z_j}&=-\frac{\partial F'}{\partial z_j}=-m_j\omega_jy_j\end{aligned}\right\} \tag{6.5.44}$$

变换后的哈密顿量和相应的拉格朗日量分别是

$$H'''=\frac{p^2}{2M}+U(q)+\sum_j\left[\frac{1}{2m_j}p_{z_j}^2+\frac{1}{2}m_j\omega_j^2\left(z_j-\frac{F_j(q)}{m_j\omega_j^2}\right)^2\right] \tag{6.5.45}$$

$$L'''=\frac{1}{2}m\dot{q}^2-U(q)+\sum_j\left(\frac{1}{2}m_j\dot{z}_j^2-\frac{1}{2}m_j\omega_j^2z_j^2\right)+\sum_j F_j(q)z_j-\sum_j\frac{F_j^2(q)}{2m_j\omega_j^2} \tag{6.5.46}$$

将外力 $F_{\text{ext}}(t)$ 包括进来,并将 z 改为 x,U 改为 V,就得到了最后的标准形式:

$$L=\frac{1}{2}m\dot{q}^2-V(q)+\sum_j\left(\frac{1}{2}m_j\dot{x}_j^2-\frac{1}{2}m_j\omega_j^2x_j^2\right)+\sum_j F_j(q)x_j-\sum_j\frac{F_j^2(q)}{2m_j\omega_j^2}+qF_{\text{ext}}(t) \tag{6.5.47}$$

有耗散的电磁体系的拉格朗日量式(6.5.27)是此式的一个特例。进一步对 $F_j(q)$做线性依赖假设①：

$$F_j(q)=C_jq \tag{6.5.48}$$

耦合项变为 $q\sum_j C_jx_j$，重正化项变为

$$-\sum_j \frac{C_j^2}{2m_j\omega_j}q^2 \equiv \frac{1}{2}M(\Delta\omega)^2q^2 \tag{6.5.49}$$

拉格朗日量式(6.5.47)的运动方程是

$$\left.\begin{aligned}&M\ddot{q}=-\frac{\partial V}{\partial q}+M(\Delta\omega)^2q+F_{\text{ext}}(t)-\sum_j C_jx_j\\&m_j\ddot{x}_j=-m_j\omega_j^2x_j-C_jq\end{aligned}\right\} \tag{6.5.50}$$

将其进行傅里叶变换到 $\tilde{q}(\omega)$和 $\tilde{x}_j(\omega)$，并从两个运动方程消去 $\tilde{x}_j$，得到系统的运动方程

$$-M\omega^2\tilde{q}(\omega)=-\left(\frac{\partial V}{\partial q}\right)(\omega)+\widetilde{F}_{\text{ext}}(\omega)+K(\omega)\tilde{q}(\omega) \tag{6.5.51}$$

此处

$$K(\omega)=\sum_j \frac{C_j^2}{m_j^2(\omega_j^2-\omega^2)} \tag{6.5.52}$$

频率重正化$(\Delta\omega)^2$已包括在 V 中，成为重正化势。

6.5.4 微观参量与宏观耗散参量的关系

体系的宏观运动方程是

$$M\ddot{q}+\eta\dot{q}+\frac{\partial V}{\partial q}=F_{\text{ext}}$$

它的傅里叶变换形式是

$$-M\omega^2\tilde{q}(\omega)-\mathrm{i}\omega\eta\tilde{q}(\omega)+\left(\frac{\partial V}{\partial q}\right)(\omega)=\widetilde{F}_{\text{ext}}(\omega) \tag{6.5.53}$$

将它与式(6.5.51)比较，得

$$K(\omega)=\mathrm{i}\omega\eta \tag{6.5.54}$$

在将它与式(6.5.52)右侧等同起来以前，先要处理式(6.5.52)在 ω_j 处的极点。在对 ω_j 积分时绕过极点的方式是

$$\frac{1}{\omega_j^2-\omega^2}=\frac{1}{(\omega_j+\omega)(\omega_j-\omega-\mathrm{i}\varepsilon)}$$

即

$$\mathrm{Im}\,\frac{1}{\omega_j^2-\omega^2}=\frac{\pi}{2\omega_j}\delta(\omega_j-\omega)$$

式(6.5.52)给出

$$\left.\begin{aligned}&\mathrm{Im}K(\omega)=\frac{\pi}{2}\sum_j \frac{C_j^2}{m_j\omega_j}\delta(\omega_j-\omega)\equiv J(\omega)\\&\mathrm{Re}K(\omega)=0\end{aligned}\right\} \tag{6.5.55}$$

---

① 此假设的条件在下文将会放松。

式(6.5.54)给出条件：

$$J(\omega)=\eta\omega \tag{6.5.56}$$

由于宏观运动方程在频率为 ω_c 时失效①，上式的应用范围也是 $\omega<\omega_c$。若 $F_j(q)$对 q 并非严格地线性依赖，可将式(6.5.55)修改为

$$\frac{\pi}{2}\sum_j \frac{1}{m_j\omega_j^2}\left(\frac{\partial F_j}{\partial q}\right)^2\delta(\omega-\omega_j)=\eta(q) \tag{6.5.57}$$

至此，已证明了体系-环境总系统的微观拉格朗日量式(6.5.47)能正确给出体系所满足的宏观运动方程，因此可以被接受为进行量子力学计算的出发点。

Caldeira 等人[12]致力于阐明拉格朗日量式(6.5.47)是足够普遍的。论证中有的步骤还不算是严格证明，只是“合理的论据”。

除 Caldeira-Leggett 方法以外，处理超导隧穿结耗散问题的还有 V. Ambegaokar，V. Eckern 和 G. Schön 的方法[18-19]。他们从超导结的微观模型出发，以准粒子自由度作为耗散和噪声源。对于在谐振子势场和常数外力场中的耗散体系，孙昌璞和余立华[20-22]用拉普拉斯变换将特定的体系和环境坐标的海森堡算符 $q(t)$和 $x_j(t)$用初始条件表示，从而可以对体系做较深入的研究。

6.5.5 耗散与宏观量子隧穿

在无外力的情况下，拉格朗日量(式(6.5.47)和式(6.5.48))对应的哈密顿量是

$$H=\frac{p^2}{2M}+V(q)+\sum_i\left(\frac{p_i^2}{2m_i}+\frac{1}{2}m_i\omega_i^2x_i^2\right)-q\sum_i C_ix_i+q^2\sum_i\frac{C_i^2}{2m_i}\omega_i^2 \tag{6.5.58}$$

先做一个定性讨论[8-9]。多维空间(x_i,q)中势能曲面的等高线示于图 6.13，体系的势能 $V(q)$已示于图 6.12。$q>q_0$ 是势能为负的区域，在图 6.13 中以斜线画出并标记为 S。图 6.12 中的 q_{max} 给出 $V(q)$的极大值 V_0。图 6.13(a)中的$(q_{max},x_i=0)$是势能曲面的鞍点，它对系统的势能是极大值，而对环境的势能是极小值。隧穿的经典轨道对应于从原点$(q=0,x_i=0)$沿 q 轴经鞍点到达 S。在有耗散时(图 6.13(b))，势能变为(只列一个环境坐标)

$$V(q)+\frac{1}{2}m\omega^2x^2-Cqx+q^2\frac{C^2}{2m\omega^2}$$
$$=V(q)+\frac{1}{2}m\omega^2\left(x-\frac{C}{m\omega}q\right)^2$$

鞍点位置由$(q_{max},0)$变为$\left(q_{max},\frac{C}{m\omega}q_{max}\right)$，在此点的势能仍为 $V(q_{max})$(图 6.13(b))。此时，路径上的势能虽

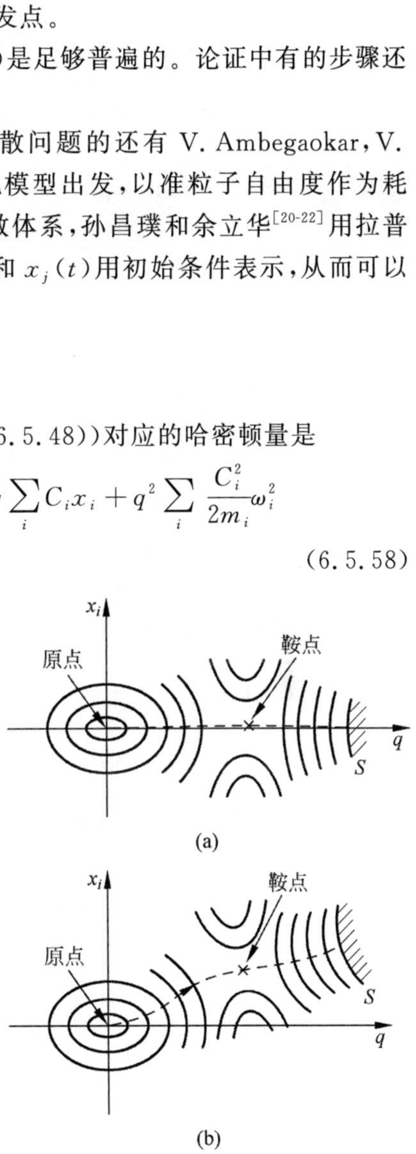

图 6.13 多维空间(x_i,q)中的势能等高线
(a) 无耗散情况；(b) 有耗散情况

① $J(\omega)$不能无限随 ω 增长，宏观运动方程适用的上限是 ω_c。

然未变，但路径变长，WKB 指数与 $\int (V(q,x_i))^{1/2}\mathrm{d}s$ 成正比，因此耗散使隧穿率变小。

在定量讨论中[12]需要计算体系在温度 $T(\beta=1/kT)$ 下的密度矩阵①：

$$\boldsymbol{\rho}\,(q_i\{x_i\},q_f\{x_f\};\,\beta)=\sum_n \mathrm{e}^{-\beta E_n}\psi_n^*\,(q_i\{x_i\})\psi_n(q_f,\{x_f\}) \tag{6.5.59}$$

此处 i 和 f 代表始、末态。在将$\boldsymbol{\rho}$写成路径积分后需要对环境坐标所有可能的"历史"积分。环境坐标的历史是谐振子的周期运动，故有$\{x_i\}=\{x_f\}\equiv\{\bar{x}\}$，而 $\bar{x}$ 可以取任何值，对所有历史求和就包括对 $\bar{x}_\alpha$(α 是模式指标)的积分。约化密度矩阵因此可以写作

$$\begin{aligned}\boldsymbol{\rho}\,(q_i,q_f;\,\beta)=&\int\prod_\alpha \mathrm{d}\bar{x}_\alpha\int_{q(0)=q_\mathrm{i}}^{q(\beta)=\beta_\mathrm{f}}[Dq(\tau)]\int_{x_\alpha(0)=\bar{x}_\alpha}^{x_\alpha(\beta)=\bar{x}_\alpha}[Dx_\alpha(\tau)]\times\\ &\exp\left[-\frac{1}{\hbar}\int_0^\beta L_\mathrm{E}(q,\dot{q};\,\{x_\alpha,\dot{x}_\alpha\})\mathrm{d}\tau\right]\end{aligned} \tag{6.5.60}$$

此处 L_E 是欧氏拉格朗日量，$L_\mathrm{E}=T+V$：

$$\begin{aligned}L_\mathrm{E}(q,\dot{q};\{x_\alpha,\dot{x}_\alpha\})=&\frac{1}{2}M\dot{q}^2+V(q)+\frac{1}{2}\sum_\alpha m_\alpha(\dot{x}_\alpha^2+\omega^2\alpha x_\alpha^2)+\\ &q\sum_\alpha C_\alpha x_\alpha+\frac{1}{2}M\mid\Delta\omega\mid^2q^2\end{aligned} \tag{6.5.61}$$

对$[Dx_\alpha(\tau)]$的高斯积分，正是本书第 5 章所计算的式(5.3.49)：

$$\begin{aligned}&\int\mathrm{d}\bar{x}_\alpha\int_{x_\alpha(0)=\bar{x}_\alpha}^{x_\alpha(\beta)=\bar{x}_\alpha}[Dx_\alpha(\tau)]\exp\left\{-\frac{1}{\hbar}\int_0^\beta\left[\frac{1}{2}m(\dot{x}_\alpha^2+\omega^2x_\alpha^2)+x_\alpha Cq(\tau)\right]\mathrm{d}\tau\right\}\\ =&I(0)\exp\left\{\frac{C^2}{4m\ \hbar\omega}\int_0^\beta\mathrm{d}\tau\int_0^\beta\mathrm{d}\tau'\,\frac{q(\tau)q(\tau')\cosh\omega\left(\mid\tau-\tau'\mid-\frac{\beta}{2}\right)}{\sinh\hbar\omega\beta/2}\right\}\end{aligned} \tag{6.5.62}$$

此处 $I(0)$是在 $C=0$ 时积分的值，它正是自由谐振子密度矩阵$\boldsymbol{\rho}_\mathrm{osc}(\bar{x},\bar{x};\,\beta)$对 $\bar{x}$ 的积分：

$$\begin{aligned}I(0)=&\int\mathrm{d}\bar{x}\int_{x(0)=\bar{x}}^{x(\beta)=\bar{x}}[Dx(\tau)]\exp\left[-\frac{1}{\hbar}\int_0^\beta\frac{1}{2}(m\dot{x}^2+\omega^2x^2)\mathrm{d}\tau\right]\\ \equiv&\int\mathrm{d}\bar{x}\boldsymbol{\rho}_\mathrm{osc}(\bar{x},\bar{x};\,\beta)\end{aligned} \tag{6.5.63}$$

谐振子密度矩阵可以由式(5.3.26)②、式(5.3.30)和式(5.3.33)给出。由于作用量是

$$S_0=\frac{m\omega}{\cosh\frac{\hbar\omega\beta}{2}}\bar{x}^2$$

则有

$$\boldsymbol{\rho}_\mathrm{osc}(\bar{x},\bar{x};\,\beta)=\exp\left(-\frac{S_0}{\hbar}\right)F(\beta)=\left(\frac{m\omega}{2\ \hbar\pi\sinh(\hbar\omega\beta)}\right)^{\frac{1}{2}}\exp\left(-\frac{m\omega}{\hbar\cosh\frac{\hbar\omega\beta}{2}}\bar{x}^2\right)$$

由此可得

$$I(0)=\int_{-\infty}^{\infty}\mathrm{d}\bar{x}\boldsymbol{\rho}\,(\bar{x},\bar{x};\,\beta)=\frac{1}{2}\mathrm{csch}\,\frac{\hbar\omega\beta}{2} \tag{6.5.64}$$

---

① 请参阅本书 5.3 节。

② 令 $x=x'=\bar{x}$。

式(6.5.62)中指数上的积分可以进一步变换。将 $q(\tau')$ 扩展到域 $0\leqslant\tau'<\beta$ 之外,定义是 $q(\tau'+\beta)=q(\tau')$①,因此式(6.5.62)可以写作

$$\frac{1}{2}\operatorname{csch}\frac{\hbar\omega\beta}{2}\exp\left\{\frac{C^2}{4m\hbar\omega}\int_{-\infty}^{\infty}\mathrm{d}\tau'\int_0^{\beta}\mathrm{d}\tau\,\mathrm{e}^{-\omega|\tau-\tau'|}q(\tau)q(\tau')\right\} \tag{6.5.65}$$

将它代回式(6.5.60),得到

$$\boldsymbol{\rho}(q_i,q_f;\beta)=\rho_0(\beta)\int_{q(0)=q_i}^{q(\beta)=q_f}[Dq(\tau)]\exp\left\{\int_0^{\beta}\left[\frac{1}{2}M\dot{q}^2+V(q)\right]\mathrm{d}\tau\right\}\exp\{\Lambda[q(\tau)]/\hbar\}$$

此处

$$\boldsymbol{\rho}_0(\beta)=\prod_{\alpha}\frac{1}{2}\operatorname{csch}\frac{\hbar\omega_\alpha\beta}{2}$$

是环境自由谐振子的约化密度矩阵。

$$\Lambda[q(\tau)]=\int_0^{\beta}\frac{1}{2}M(\Delta\omega)^2q^2(\tau)\mathrm{d}\tau+\sum_{\alpha}\left\{\frac{C_\alpha^2}{4m_\alpha\omega_\alpha}\int_{-\infty}^{\infty}\mathrm{d}\tau'\int_0^{\beta}\mathrm{d}\tau\,\mathrm{e}^{-\omega_\alpha|\tau-\tau'|}q(\tau)q(\tau')\right\} \tag{6.5.66}$$

是系统与环境相互作用的影响,它的形式可以进一步简化。将恒等式

$$q(\tau)q(\tau')\equiv\frac{1}{2}\{q^2(\tau)+q^2(\tau')-(q(\tau)-q(\tau'))^2\}$$

代入式(6.5.66),并将 $q^2(\tau)$ 和 $q^2(\tau')$ 分别对 τ 和 τ' 积分,从式(6.5.49)可知,它们的结果正好和式(6.5.66)的第一项相抵消。因此

$$\Lambda[q(\tau)]=-\frac{1}{2}\int_{-\infty}^{\infty}\mathrm{d}\tau'\int_0^{\beta}\mathrm{d}\tau\,\alpha(\tau-\tau')\{q(\tau)-q(\tau')\}^2 \tag{6.5.67}$$

此处

$$\begin{aligned}\alpha(\tau-\tau')&=\sum_{\alpha}\frac{C_\alpha^2}{4m_\alpha\omega_\alpha}\mathrm{e}^{-\omega_\alpha|\tau-\tau'|}\\&=\frac{1}{2\pi}\int_0^{\infty}J(\omega)\mathrm{e}^{-\omega|\tau-\tau'|}\,\mathrm{d}\omega\geqslant 0\end{aligned} \tag{6.5.68}$$

谱密度 $J(\omega)$ 是由式(6.5.55)定义的,如果采用条件(式(6.5.56)) $J=\eta\omega$,则有

$$\alpha(\tau-\tau')=\frac{\eta}{2\pi}\frac{1}{(\tau-\tau')^2} \tag{6.5.69}$$

它可以在条件 $|\tau-\tau'|\gtrsim\omega_c^{-1}$ 下成立。约化密度最后的形式是

$$\boldsymbol{\rho}(q_i,q_f;\beta)=\int_{q_i}^{q_f}[Dq(\tau)]\exp\left(-\frac{1}{\hbar}S_{\text{eff}}[q(\tau)]\right) \tag{6.5.70}$$

系统的有效作用量 S_{eff} 是

$$S_{\text{eff}}[q(\tau)]=\int_0^{\beta}\mathrm{d}\tau\left\{\frac{1}{2}M\dot{q}^2+V(q)\right\}+\frac{1}{2}\int_0^{\beta}\mathrm{d}\tau\int_0^{\beta}\mathrm{d}\tau'\alpha(\tau-\tau')\{q(\tau)-q(\tau')\}^2 \tag{6.5.71}$$

实际上,在 $|\tau-\tau'|$ 很小时,$\alpha(\tau-\tau')$ 对式(6.5.71)的贡献是很小的。约化密度矩阵给出体

---

① 这就可以将对 τ' 的积分上下限延至 $-\infty\sim+\infty$,因为只要 τ 限制在 $0\leqslant\tau<\beta$,当 τ' 超过这个界限时,下式的被积分函数 $\mathrm{e}^{-\omega|\tau-\tau'|}$ 就会指数趋零。

系的所有平衡态性质。至此,已经可以按 Callan-Coleman 方法[①]进行量子隧穿率的计算了。为了演示式(6.5.71)的正确性,文献[12]的附录B将它用于 $V=\frac{1}{2}M\omega_0^2q^2$ 的情况,即系统是阻尼谐振子,所得结果和阻尼谐振子的密度矩阵的精确解完全一致。有效作用量式(6.5.71)给出的运动方程是

$$M\ddot{q}=\frac{\partial V}{\partial q}+\frac{\eta}{\pi}\int_{-\infty}^{\infty}\mathrm{d}\tau'\,\frac{q(\tau)-q(\tau')}{(\tau-\tau')^2}\tag{6.5.72}$$

右侧第二项是环境作用于系统的有效力,积分在 $\tau'=\tau$ 处被定义为取主值,方程的解就是经典轨道。令 $V(q)$ 在 $q=0$ 处有一个极小值,在 $q_{\max}$ 处有一个极大值,然后在 q_0 处降为0,在 $q>q_0$ 时 V 为负。这种位势使系统在 $q=0$ 处有一个亚稳态,它会隧穿势垒,则 q_0 不再回来。将经典轨道代入式(6.5.71)得到经典作用量 B:

$$B=\int_{-\infty}^{\infty}\mathrm{d}\tau\left\{\frac{1}{2}M\dot{q}^2+V(q)\right\}+\frac{\eta}{4\pi}\int_{-\infty}^{\infty}\mathrm{d}\tau\int_{-\infty}^{\infty}\mathrm{d}\tau'\left(\frac{q(\tau)-q(\tau')}{(\tau-\tau')^2}\right)^2\tag{6.5.73}$$

隧穿率 Γ 是

$$\Gamma=A\exp\left(-\frac{B}{\hbar}\right)\tag{6.5.74}$$

式(6.5.73)中被积分函数的 q 就是回弹解。回弹解的作用量是决定衰变率的主要因素。前置因子 A 是偏离经典轨道的各种轨道的贡献。参照式(5.2.21),有

$$A=\left(\frac{B^*}{2\pi\hbar}\right)^{1/2}\left|\frac{\det\hat{\mathscr{D}}_0}{\det'\hat{\mathscr{D}}_1}\right|^{1/2}\tag{6.5.75}$$

其中算符 $\hat{\mathscr{D}}_0$ 和 $\hat{\mathscr{D}}_1$ 分别定义为

$$\hat{\mathscr{D}}_0q(\tau)\equiv\left(-\frac{\mathrm{d}^2}{\mathrm{d}\tau^2}+\omega_0^2\right)q(\tau)+\frac{\eta}{\pi M}\int_{-\infty}^{\infty}\frac{q(\tau)-q(\tau')}{(\tau-\tau')^2}\mathrm{d}\tau'\tag{6.5.76}$$

$$\hat{\mathscr{D}}_1q(\tau)\equiv\left(-\frac{\mathrm{d}^2}{\mathrm{d}\tau^2}+\frac{1}{M}V''[q_{\mathrm{cl}}(\tau)]\right)q(\tau)+\frac{\eta}{\pi M}\int_{-\infty}^{\infty}\frac{q(\tau)-q(\tau')}{(\tau-\tau')^2}\mathrm{d}\tau'\tag{6.5.77}$$

$q_{\mathrm{cl}}(\tau)$ 是运动方程式(6.5.72)的回弹解。式(6.5.75)中的 B^* 是[②]

$$B^*=\int_{-\infty}^{\infty}M\dot{q}_{\mathrm{cl}}^2\mathrm{d}\tau\tag{6.5.78}$$

式(6.5.75)中的 $\det'$ 意为弃去0本征值。

对于一般情况,可以从对作用量式(6.5.74)变分得到的欧拉-拉格朗日方程(对式(6.5.72))求数值解,代回式(6.5.74)求得回弹解的作用量。但为了尽可能得到具体的解析表达式,仍对"二次加三次"势求解析解。在有耗散的情况下,只有在极限情况,即弱阻尼 $\alpha=\frac{\eta}{2M\omega}\to0$ 和强阻尼 $\alpha\to\infty$ 时才会获得解析解。此处仅将文献[12]的结果列出。当无耗散时,"二次加三次"势回弹解的作用量是 $B_0=\frac{36V_0}{5\omega_0}$(式(5.4.7)),隧穿率是 $\Gamma=\sqrt{60}\,\omega_0\left(\frac{B_0}{2\pi\hbar}\right)^{1/2}\mathrm{e}^{-B_0/\hbar}$

① 请参阅本书5.4节。

② B^* 的来源是处理零模解时出现的经典解作用量 S_0。经典解是零能量解(式(5.2.6)),故 S_0 就是动能对 τ 积分的2倍。

(式(5.4.36))。耗散的主要作用是增加回弹解的作用量：

$$B = B_0 + \Delta B \tag{6.5.79}$$

其中

$$\Delta B = \Phi(\alpha)\eta q_0^2 = \Phi(\alpha) 2M\omega_0 \alpha q_0^2 \tag{6.5.80}$$

Φ 是依赖于 α 的数量级为 $O(1)$ 的量。对弱阻尼情况，$\Phi = 12\zeta(3)/\pi^3 \approx 0.47$；对强阻尼情况，$\Phi = 2\pi/9 \approx 0.70$。耗散的另一个影响是改变前置因子。一般的分析表明，前置因子对 α 的依赖较强，但它对隧穿率的影响远不如在指数上的经典解作用量。在式(6.5.80)中的 q_0^2 值根据式(5.4.6)定义的参数关系可以写作

$$q_0^2 = \frac{27V_0}{2M\omega_0^2} \tag{6.5.81}$$

将它代入式(6.5.80)，最终得到

$$\Gamma(\alpha) = f(\alpha)\omega\left(\frac{60V_0}{\hbar\omega_0}\right)^{1/2}\left(\frac{18}{5\pi}\right)^{1/2}\exp\left\{-\frac{36}{5}\frac{V_0}{\hbar\omega_0}\left(1+\frac{15}{4}\Phi\alpha\right)\right\} \tag{6.5.82}$$

其中 $f(\alpha)$ 是耗散带来的对前置因子的修正。由于 $\Delta B > 0$，耗散永远会压低隧穿率，这是瞬子方法的必然结论。瞬子方法的性质是半经典近似，但是是非微扰的。在瞬子方法不能应用时(例如对浅双阱势能级的量子效应重要的情况下)，会出现耗散促进隧穿的情况[23]。

6.5.6 耗散与宏观量子相干

耗散对宏观量子相干的影响比它对隧穿的影响要复杂得多，对它的了解也还很不够。下面只根据文献[11]做半定量讨论①。考虑图 6.8 所示的双阱势，双阱加环境势的等高线示于图 6.14。仍只考虑二能级问题，即在势垒很高时，左右阱各有一个束缚态 ψ_L 和 ψ_R，它们的能量是简并的。在势垒有限时存在隧穿劈裂。左右阱态的偶组合是基态，奇组合是激发态。二能级问题用泡利矩阵描述是很简洁的。在 σ_z 为对角的表示中，令 $\sigma_z = +1(-1)$，对应系统位于右阱 $+q_0$(左阱 $-q_0$)，即以 σ_z 的本征态代表 ψ_R 和 ψ_L，体系的哈密顿量可以写作

$$H_s = -\frac{\hbar\Gamma}{2}\sigma_x \tag{6.5.83}$$

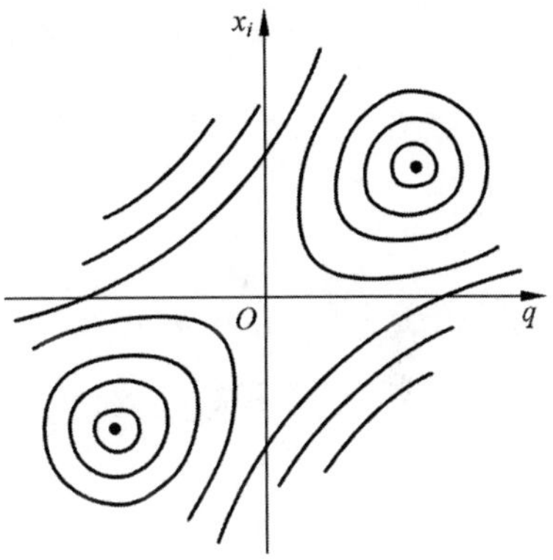

图 6.14 多维空间(q, x_i)中的环境加双阱势等高线

它导致 ψ_R 和 ψ_L 相互转变，常称为跳跃项(hopping term)。H_s 的本征矢和相应的本征值是

$$\left.\begin{aligned} \psi_0 &= \frac{1}{\sqrt{2}}\begin{pmatrix}1\\1\end{pmatrix} = \frac{1}{\sqrt{2}}(\psi_R + \psi_L), \quad \varepsilon_0 = -\frac{\hbar\Gamma}{2} \\ \psi_e &= \frac{1}{\sqrt{2}}\begin{pmatrix}1\\-1\end{pmatrix} = \frac{1}{\sqrt{2}}(\psi_R - \psi_L), \quad \varepsilon_e = -\frac{\hbar\Gamma}{2} \end{aligned}\right\} \tag{6.5.84}$$

能量劈裂是 $\hbar\Gamma$。据式(6.5.58)，系统-环境的总哈密顿量是

$$H = -\frac{\hbar\Gamma}{2}\sigma_x - q_0\sigma_z\sum_i C_i x_i + \frac{1}{2}\sum_i\left(\frac{p_i^2}{2m_i} + m_i\omega_i^2 x_i^2\right) + q_0^2\sum_i\frac{C_i^2}{2m_i\omega_i^2} \tag{6.5.85}$$

① 文献[13]和文献[14]给出了更详尽的讨论。

在相互作用项中 $-q\sum_i C_i x_i$ 已改写为 $-q_0\sigma_z\sum_i C_i x_i$，因为当系统处于右、左阱时，相互作用能分别是 $-q_0\sum_i C_i x_i$ 和 $q_0\sum_i C_i x_i$，刚好用 σ_z 的本征值表示。6.4节表明，相干劈裂 Γ 正是共振频率(系统在左、右阱内往复的频率)。环境中的振子频率 $\omega_i \gg \Gamma$，系统-环境适用于绝热近似。它们的波函数是

$$\psi(\sigma_z,\{x_i\},t) \approx \sum_{\alpha=\pm 1} C_\alpha(t)\chi_\alpha(\sigma_z)\prod_i \psi_\alpha^0(x_i) \tag{6.5.86}$$

此处 $\chi_\alpha(\alpha=+1,-1)$ 是 σ_z 的本征态(R,L)。定义 h_i 为下式：

$$h_i = -q_0\sigma_z\sum_i C_i x_i + \frac{1}{2}\sum_i\left(\frac{p_i^2}{2m_i}+m_i\omega_i^2 x_i^2\right)+q_0^2\sum_i\frac{C_i}{2m_i\omega_i^2}$$

因此可以得到

$$H = -\frac{\hbar\Gamma}{2}\sigma_x + \sum_i h_i$$

当 h_i 作用于 ψ_R 和 ψ_L 时，σ_z 可用本征值 $\alpha=+1,-1$ 代替。因此有

$$h_i = -q_0\alpha C_i x_i + \frac{p_i^2}{2m} + \frac{1}{2}m_i\omega_i^2 x_i^2 \tag{6.5.87a}$$

$$= \frac{p_i^2}{2m} + \frac{1}{2}m_i\omega_i^2\left(x_i - \frac{\alpha C_i q_0}{m_i\omega_i^2}\right)^2 + \text{const} \tag{6.5.87b}$$

式(6.5.87b)的前两项正是平衡位置在 $\frac{\alpha C_i q_0}{m_i\omega_i^2}$ 的谐振子哈密顿量。记谐振子的波函数为 $\psi_\alpha^0(x)$，就有

$$\psi_\alpha^0(x_i) = \psi_0\left(x_i - \frac{\alpha C_i q_0}{m_i\omega_i^2}\right) \tag{6.5.88}$$

当系统位于左阱时，体系的总波函数是 $\chi_{-1}\prod_i\psi_{-1}^0(x_i)$，当它位于右阱时，总波函数是 $\chi_{+1}\prod_i\psi_{+1}^0(x_i)$。考虑了环境之后的共振频率就是

$$\left.\begin{aligned}\widetilde{\Gamma} &= \Gamma\langle\chi_+\prod_i\psi_{+1}^0(x_i)\mid\sigma_x\mid\chi_-\prod_i\psi_{-1}^0(x_i)\rangle\\ \Gamma &= \prod_i(\psi_{+1}^0(x_i),\psi_{-1}^0(x_i))\end{aligned}\right\} \tag{6.5.89}$$

简单的积分给出①

$$\widetilde{\Gamma} = \Gamma\exp\left[-\sum_i\frac{C_i^2 q_0^2}{\hbar m_i\omega_i^3}\right] \tag{6.5.90}$$

式(6.5.90)表明，环境的影响使隧穿率下降。从图6.14也可看出，由于耦合，阱底位置从无阻尼情况的 q 轴上 $\pm q_0$ 处沿 x 方向移动，方向取决于 q_0 的符号，这增加了隧穿难度。考虑式(6.5.90)右侧的指数函数，它与谱密度 $J(\omega)$ 有关，因为用式(6.5.49)可以给出以下

① 由于 $\psi^0(x)=\left(\frac{m\omega}{\hbar\pi}\right)^{1/4}\exp(-m\omega x^2/2\hbar)$，$(\psi_{+1}^0(x_i),\psi_{-1}^0(x_i))=\int_{-\infty}^{\infty}\mathrm{d}x\left(\frac{m\omega}{\hbar\pi}\right)^{1/2}\exp\left(-\frac{C_i q_0^2}{\hbar m_i\omega_i^3}\right)\times\exp\left(-\frac{m\omega}{\hbar}x^2\right)=\exp\left(-\frac{C_i^2 q_0^2}{\hbar m_i\omega_i^3}\right)$。

积分：

$$\int \frac{J(\omega)}{\omega^2}\mathrm{d}\omega = \frac{\pi}{2}\sum_i \int \frac{C_i^2}{m_i\omega_i\omega^2}\delta(\omega_i-\omega)\mathrm{d}\omega = \frac{\pi}{2}\sum_i \frac{C_i^2}{m_i\omega_i^3}$$

因此

$$\exp\left[-\frac{q_0^2}{\hbar}\sum_i \frac{C_i^2}{m_i\omega_i^3}\right] = \exp\left[-\frac{2q_0^2}{\pi\hbar}\int \frac{J(\omega)}{\omega^2}\mathrm{d}\omega\right]$$

积分上限是切断频率 $\bar{\omega}$，下限是 ω_Γ，即绝热近似适用的界限。式(6.5.90)给出

$$\widetilde{\Gamma} = \Gamma\exp\left[-\frac{2q_0^2}{\pi\hbar}\int_{\omega_\Gamma}^{\bar{\omega}} \frac{J(\omega)}{\omega^2}\mathrm{d}\omega\right] \tag{6.5.91}$$

当 $J=\eta\omega$ 时，有

$$\widetilde{\Gamma} = \Gamma\left(\frac{\omega_\Gamma}{\bar{\omega}}\right)^{\eta/\eta_c} = \bar{\omega}\left(\frac{\Gamma}{\bar{\omega}}\right)\left(\frac{\omega_\Gamma}{\bar{\omega}}\right)^{\eta/\eta_c} \tag{6.5.92}$$

此处

$$\eta_c = \frac{\pi\hbar}{2q_0^2}$$

以上讨论使人不够满意之处在于，对 ω 积分取了下限 ω_Γ。那么环境振子中频率更低的成分对宏观量子相干产生了什么影响呢？选取 $\omega_\Gamma=\Gamma$（频率低于 Γ 的振子跟不上体系的“慢变化”），式(6.5.92)给出

$$\widetilde{\Gamma} = \bar{\omega}\,\frac{\Gamma}{\bar{\omega}}\left(\frac{\Gamma}{\bar{\omega}}\right)^{\eta/\eta_c} = \bar{\omega}\left(\frac{\Gamma}{\bar{\omega}}\right)^{1+\eta/\eta_c} \tag{6.5.93}$$

这个结论令人鼓舞：真实的频率 $\widetilde{\Gamma}=\Gamma\left(\frac{\Gamma}{\bar{\omega}}\right)^{\eta/\eta_c}<\Gamma$。为什么不更进一步，选取下限为 $\widetilde{\Gamma}$（只要 $\omega_i \gg \widetilde{\Gamma}$，绝热近似就可用）：

$$\begin{aligned}\widetilde{\Gamma}' &= \bar{\omega}\,\frac{\Gamma}{\bar{\omega}}\left(\frac{\widetilde{\Gamma}}{\bar{\omega}}\right)^{\eta/\eta_c} = \bar{\omega}\,\frac{\Gamma}{\bar{\omega}}\left[\left(\frac{\Gamma}{\bar{\omega}}\right)^{1+\eta/\eta_c}\right]^{\eta/\eta_c} \\ &= \bar{\omega}\left(\frac{\Gamma}{\bar{\omega}}\right)^{1+\frac{\eta}{\eta_c}+\left(\frac{\eta}{\eta_c}\right)^2}\end{aligned}$$

频率再次下降。继续下去有两种可能：

$$\left.\begin{aligned}\widetilde{\Gamma} &= \bar{\omega}\left(\frac{\Gamma}{\bar{\omega}}\right)^{\frac{1}{1-\eta/\eta_c}}, \quad & \eta < \eta_c \\ \widetilde{\Gamma} &= 0, & \eta > \eta_c\end{aligned}\right\} \tag{6.5.94}$$

这种类似重正化群的论证最后得到了有趣的结论。如果阻尼常数 η 低于临界值 η_c，则隧穿率（共振频率）减小，对于足够小的 η，量子相干得以保持，即相干劈裂仍然存在。这是相当高的要求。直到最近才在 SQUID 实验中确立了相干劈裂，在严格控制体系与环境耦合条件下才做到这点。对于更大的 η，当有 $\eta<\eta_c$ 时，仍可观测到隧穿，但已测不到相干劈裂，这种情况称为“接续隧穿”(sequential tunneling)，即“非相干的隧穿”。如果 η 大于 η_c，则体系稳坐在一个阱中，隧穿率为 0。

6.6 有关约瑟夫森结的宏观量子隧穿实验

1981年发表的两项实验工作[24-25]都采用了电流偏置约瑟夫森结。式(6.2.18)给出势能

$$V(\phi)=-\frac{\Phi_0}{2\pi}(I_c\cos\phi+I_{ext}\phi) \tag{6.6.1}$$

当 $I_{ext}/I_c\equiv x<1$ 时，$V(\phi)$ 有一系列最小值(阱)$\sin\phi_{min}=x$，其间是势垒。自阱中亚稳态(零点能 $\hbar\omega_0/2$)到垒顶的能量差为

$$H(x)=\frac{I_c\Phi_0}{\pi}[(1-x^2)^{1/2}-x\arccos x]-\frac{\hbar\omega_0}{2} \tag{6.6.2}$$

I 越接近临界值势垒越低。当温度足够高时，亚稳态跃出势垒，主要由热激发造成，跃迁率为

$$\tau_{th}^{-1}=\frac{\omega_0}{2\pi}e^{-H(x)/kT} \tag{6.6.3}$$

它随温度降低迅速下降。在 $T\to 0$ 时，热激发的跃迁率为0，此时由量子力学穿透势垒实现跃迁，跃迁率与 T 无关。跃迁的宏观变量是结的相位 ϕ，其跃迁率是

$$\tau_{MQT}^{-1}=\frac{\omega_0}{2\pi}\left(\frac{b}{2\pi}\right)^{1/2}e^{-b} \tag{6.6.4}$$

对电流偏置约瑟夫森结(旁路电阻 R，电容 C)，在 $x\lesssim 1$ 时是

$$b=\frac{H(x)}{\hbar\omega_0}\left(7.2+\frac{8A}{\omega_0RC}\right) \tag{6.6.5}$$

括号中的第二项是环境耗散的效应，$A=O(1)$。当 ϕ 位于阱中时，其平均值在势阱最低处，并在它周围有频率为 ω_0 的振动。当它跃出势垒时，就将沿势曲线下滑，此时 $\dot{\phi}$ 就产生了电压。在文献[25]中的实验在不同的温度(5mK到1.7K)下逐渐增加电流 I。当电流增加到某一值时，结就从超导态(跨结电压为0)过渡到正常态(跨结有电压)。将各温度的过渡电流分布 $P(I)$ 记录下来，当温度降低时，$P(I)$ 分布变窄并移向高电流值(图6.15)。插图给出了约瑟夫森结在95mK的电流-电压特性曲线。垂直的两段代表约瑟夫森结在超导态，接近水平的两段代表其过渡到正常态，瞬间产生了电压，意味着 ϕ 已跃过势垒。从分布 $P(I)$ 可以计算出跃迁率 $\tau^{-1}(I)$。在图6.16中给出了两个约瑟夫森结的 $\tau^{-1}(I)$，$\ln\tau^{-1}(I)$ 都接近于与 I 成正比。当温度降低时，$\tau^{-1}(I)$ 向高 I 值推移，$\ln\tau^{-1}(I)$ 的斜率增加；在 $T\lesssim$ 100mK时，斜率很少变化。图中的实线代表热激发跃迁率(式(6.6.3))的理论结果。虚线代表不考虑耗散的量子隧穿率，点线代表考虑耗散的量子隧穿率(式(6.6.4)、式(6.6.5))，它们都是与温度无关的。在实验数据与理论的拟合中，代表耗散的参数 A 被确定为 $A\approx 4.5$。图6.17给出了两个约瑟夫森结 $P(I)$ 的宽度 $\Delta I=\langle(I-\langle I\rangle)^2\rangle^{1/2}$ 作为 T 的函数，实线、虚线和点线仍分别代表热激发、无耗散量子隧穿和有耗散($A=4.5$)量子隧穿的理论结果。另一个实验组[26]对 $T=0$ 时的量子隧穿率与耗散的关系作了报道，确证了理论的结果。

阱中的宏观量是跨结的相角差。它不仅穿透了势垒，而且在阱中还有不同的量子态[27]。对于此，在20世纪80年代后期直到90年代有不少精确的实验。

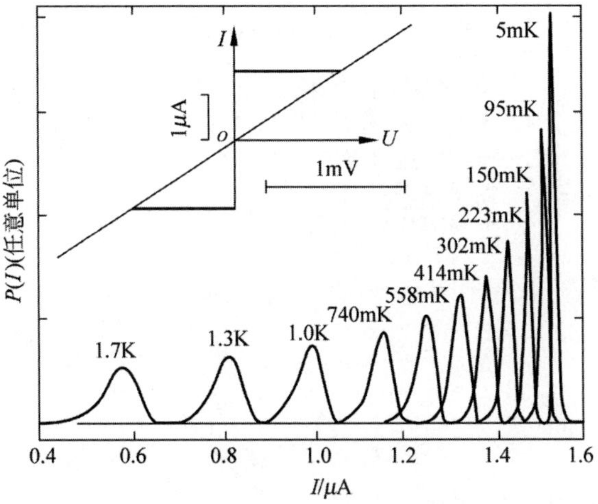

图 6.15 约瑟夫森结从超导态到正常态的过渡电流分布 $P(I)$

取自文献[25]

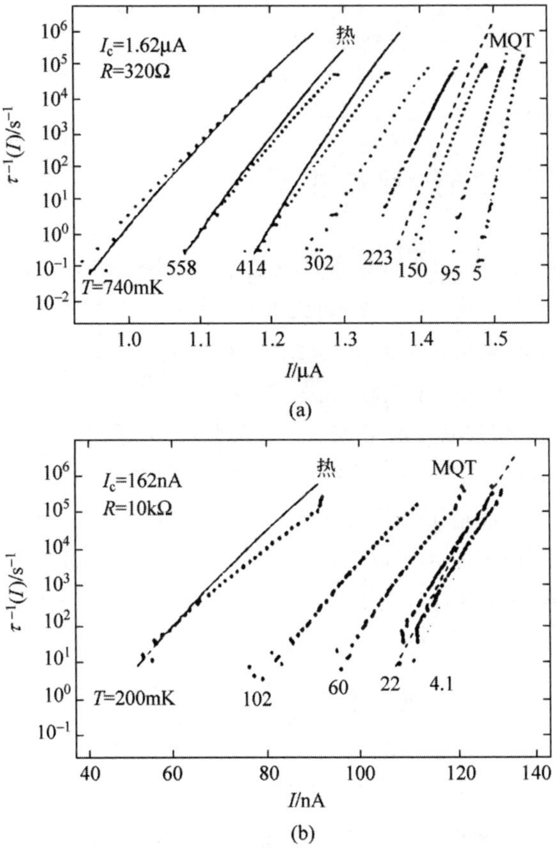

图 6.16 两个约瑟夫森结的跃迁率 $\tau^{-1}(I)$

取自文献[25]

关于约瑟夫森系统的宏观量子相干现象的实验发现，已在 4.9 节讨论“薛定谔的猫”态时做过介绍。这是实验研究的一项突破。

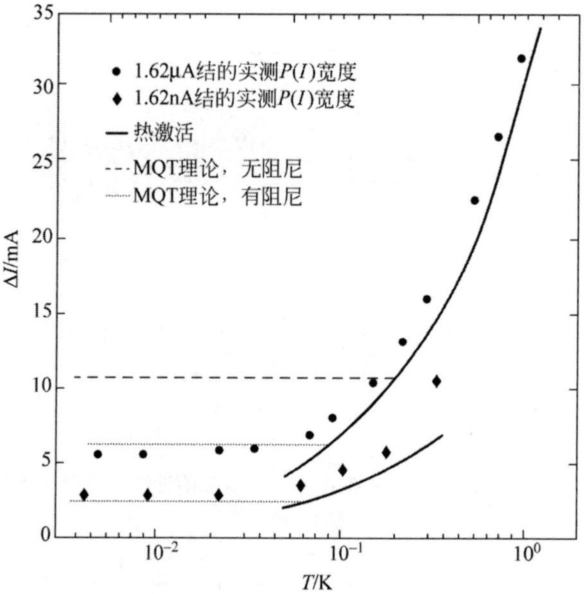

图 6.17 过渡电流分布 $P(I)$的宽度与温度的关系

取自文献[25]

6.7 磁的宏观量子隧穿,自旋相干态

20 世纪 80 年代后期以前,对宏观量子现象的讨论多限于约瑟夫森体系。到 1988 年出现了关于磁的量子隧穿的理论讨论[28-29],20 世纪 90 年代初就出现了相关的实验工作。此后,理论、实验的工作都发展得非常迅速。到 20 世纪 90 年代中期,已有大量研究成果涌现。由于原子之间较强的交换相互作用,出现了铁磁、反铁磁单畴磁性颗粒可以有 $10^3\sim10^6$ 基本自旋作为一个整体而行动的现象,而畴壁涉及 10^{10} 自旋。这类问题称为"巨自旋"(giant spin)。作为宏观量,它们呈现量子性质,例如隧穿现象。这类现象不仅具有理论意义,而且在信息的存储与操作上具有重要的潜在实用意义。在制造工艺和测量技术上的突破更为实验研究开辟了广阔的道路。

在磁隧穿的理论工作中需要用到自旋相干态的方法,以下先做简单介绍[30-31]。它的构成是基于自旋算符代数的。自旋算符 $\boldsymbol{S}$ 的分量是(S_1,S_2,S_3),卡西米尔算符是 S^2,本征值是 $s(s+1)$,s 可以是整数或半整数。先取基准态$|m\rangle$,m 是 S_3 的本征值,$-s\leqslant m\leqslant s$。取转动算符 $U(\theta,\phi)$,此处 θ 和 ϕ 是单位矢量$\hat{\boldsymbol{\Omega}}$ 的球坐标极角和方位角,它将 z 轴转至(θ,ϕ)方向。$U(\theta,\phi)$的表达式是

$$U(\theta,\phi)=\mathrm{e}^{-\mathrm{i}\phi S_3}\mathrm{e}^{-\mathrm{i}\theta S_2} \tag{6.7.1}$$

将 $U(\theta,\phi)$作用于$|m\rangle$就得到自旋为 s、自旋在$\hat{\boldsymbol{\Omega}}(\theta,\phi)$方向投影为 m 的状态,称为"自旋相干态",记为$|\boldsymbol{\Omega}\rangle$或$|\theta,\phi\rangle$:

$$|\boldsymbol{\Omega}\rangle\equiv|\theta,\phi\rangle=U(\theta,\phi)|m\rangle=\mathrm{e}^{-\mathrm{i}\phi S_3}\mathrm{e}^{-\mathrm{i}\theta S_2}|m\rangle \tag{6.7.2}$$

在两个指数函数间插入单位元 $I=\sum\limits_{n=-s}^{s}|n\rangle\langle n|$,得

$$|\theta,\phi\rangle=\sum_{n=-s}^{s}\mathrm{e}^{-\mathrm{i}n\phi}\langle n\mid \mathrm{e}^{-\mathrm{i}\theta S_2}\mid m\rangle\mid n\rangle \tag{6.7.3}$$

式中的矩阵元称为用角动量 s 表示的“约化维格纳系数”：

$$d^s_{nm}(\theta)\equiv\langle n\mid \mathrm{e}^{-\mathrm{i}\theta S_2}\mid m\rangle \tag{6.7.4}$$

当 $m=s$(最高权)时,d 的表达式最简单：

$$d^s_{ns}(\theta)=\binom{2s}{s-n}^{1/2}\cos^{s+n}\frac{\theta}{2}\sin^{s-n}\frac{\theta}{2} \tag{6.7.5}$$

单位元的分解是①

$$\frac{2s+1}{4\pi}\int\mid\theta,\phi\rangle\langle\theta,\phi\mid\sin\theta\mathrm{d}\phi\mathrm{d}\theta=I \tag{6.7.6}$$

相干态的重叠是①

$$\begin{aligned}\langle\theta,\phi\mid\theta'\phi'\rangle&=\langle m\mid \mathrm{e}^{\mathrm{i}\theta S_2}\mathrm{e}^{\mathrm{i}(\phi-\phi')S_3}\mathrm{e}^{-\mathrm{i}\theta S_2}\mid m\rangle\\&=\sum_{n=-s}^{s}d^s_{mn}(\theta)d^s_{nm}(-\theta')\mathrm{e}^{\mathrm{i}(\phi-\phi')n}\end{aligned} \tag{6.7.7}$$

对 $m=s$(最高权),上式变为

$$\begin{aligned}\langle\theta,\phi\mid\theta',\phi'\rangle&=\left[\cos\frac{\theta}{2}\cos\frac{\theta'}{2}\mathrm{e}^{\mathrm{i}\frac{1}{2}(\phi-\phi')}+\sin\frac{\theta}{2}\sin\frac{\theta'}{2}\mathrm{e}^{-\mathrm{i}\frac{1}{2}(\phi-\phi')}\right]^{2s}\\&=\left[\cos\frac{\theta}{2}\cos\frac{\theta'}{2}\mathrm{e}^{\mathrm{i}\frac{1}{2}(\phi-\phi')}\right]^{2s}\left[1+\tan\frac{\theta}{2}\tan\frac{\theta'}{2}\mathrm{e}^{-\mathrm{i}(\phi'-\phi)}\right]^{2s}\end{aligned} \tag{6.7.8}$$

上式还可以写作

$$\langle\boldsymbol{\Omega}\mid\boldsymbol{\Omega}'\rangle=\mid\langle\boldsymbol{\Omega}\mid\boldsymbol{\Omega}'\rangle\mid\mathrm{e}^{-\mathrm{i}\Phi}$$

此处

$$\begin{aligned}\langle\boldsymbol{\Omega}\mid\boldsymbol{\Omega}'\rangle\mid&=\Bigg[\left(\cos\frac{\theta}{2}\cos\frac{\theta'}{2}+\sin\frac{\theta}{2}\sin\frac{\theta'}{2}\cos(\phi'-\phi)\right)^2+\\&\quad\left(\sin\frac{\theta}{2}\sin\frac{\theta'}{2}\sin(\phi'-\phi)\right)^2\Bigg]^s\\&=\left[\frac{1}{2}(1+\hat{\boldsymbol{\Omega}}\cdot\hat{\boldsymbol{\Omega}}')\right]^s\end{aligned}$$

$\hat{\boldsymbol{\Omega}}$ 与 $\hat{\boldsymbol{\Omega}}'$ 的夹角 Φ 满足

$$\tan\Phi=\frac{\sin\frac{\theta}{2}\sin\frac{\theta'}{2}\sin(\phi'-\phi)}{\cos\frac{\theta}{2}\cos\frac{\theta'}{2}+\sin\frac{\theta}{2}\sin\frac{\theta'}{2}\sin(\phi'-\phi)}2s \tag{6.7.9}$$

以上的讨论涉及了相干态的多种性质。从它的参数标志看,参数是连续的。不同标志的相干态不是正交的,它们组成完全的集合,通过单位元分解,可以把任意波函数用相干态展开。

对于量子自旋系统,自旋相干态提供自然的半经典近似框架。考虑路径积分的跃迁振幅,采用虚时间形式：

$$\left\langle\boldsymbol{\Omega}_{\mathrm{f}}\,\middle|\,\mathrm{e}^{-\hat{H}(\tau_{\mathrm{f}}-\tau_{\mathrm{i}})/\hbar}\,\middle|\,\boldsymbol{\Omega}_{\mathrm{i}}\right\rangle=\prod_{n=1}^{N}\left[\int\left(\frac{2s+1}{4\pi}\mathrm{d}\boldsymbol{\Omega}_n\right)\right]\prod_{n=1}^{N+1}\left\langle\boldsymbol{\Omega}_n\,\middle|\,\mathrm{e}^{-\epsilon\hat{H}/\hbar}\,\middle|\,\boldsymbol{\Omega}_{n-1}\right\rangle \tag{6.7.10}$$

① 证明是直接的,请参考文献[30]和文献[31]。

在上式中已将虚时间间隔 $\tau_f-\tau_i$ 分为小间隔 ε 的 N 等分，并将 N 个单位元分解插入指数函数因子之间。式(6.7.10)的一个典型的因子是

$$\left\langle \boldsymbol{\Omega}_n \left| \mathrm{e}^{-\varepsilon\hat{H}/\hbar} \right| \boldsymbol{\Omega}_{n-1} \right\rangle = \langle \boldsymbol{\Omega}_n \mid 1-\varepsilon\hat{H}/\hbar \mid \boldsymbol{\Omega}_{n-1} \rangle$$
$$= \langle \boldsymbol{\Omega}_n \mid \boldsymbol{\Omega}_{n-1} \rangle \left[1-\frac{\varepsilon}{\hbar}\frac{\langle \boldsymbol{\Omega}_n \mid \hat{H} \mid \boldsymbol{\Omega}_{n-1}\rangle}{\langle \boldsymbol{\Omega}_n \mid \boldsymbol{\Omega}_{n-1}\rangle}\right] \tag{6.7.11}$$

以下分别计算上式中的各因子。将 $\langle \boldsymbol{\Omega}_n | \boldsymbol{\Omega}_{n-1} \rangle$ 的振幅与相因子分开：

$$\langle \boldsymbol{\Omega}_n \mid \boldsymbol{\Omega}_{n-1} \rangle = | \langle \boldsymbol{\Omega}_n \mid \boldsymbol{\Omega}_{n-1} \rangle | \mathrm{e}^{-\mathrm{i}\Phi}$$

根据式(6.7.9)，振幅部分是 $\left[\frac{1}{2}(1+\hat{\boldsymbol{\Omega}}_n \cdot \hat{\boldsymbol{\Omega}}_{n-1})\right]^s$，在 $N\to\infty$ 且 $\varepsilon\to 0$ 的极限下，它趋近于1。相角在极限下是(式(6.7.9))

$$\Phi \approx \tan\Phi \approx 2s\sin^2\frac{\theta}{2}\Delta\phi = s(1-\cos\theta)\Delta\phi$$

此处 $\Delta\phi=\phi_n-\phi_{n-1}$。由于 $\Delta\phi$ 已是带头项，且下面有无限多的 $\Delta\phi$ 要相加，故此处应予以保留。总结起来有

$$\langle \boldsymbol{\Omega}_n \mid \boldsymbol{\Omega}_{n-1} \rangle = \mathrm{e}^{-\mathrm{i}s(1-\cos\theta)\Delta\phi} = \mathrm{e}^{-\mathrm{i}s(1-\cos\theta)\dot{\phi}_n\varepsilon}$$

由于式(6.7.11)中方括号的第二项前已有 ε 在，故两个矩阵元之商可弃去 $O(\varepsilon)$ 项：

$$\frac{\langle \boldsymbol{\Omega}_n \mid \hat{H} \mid \boldsymbol{\Omega}_{n-1}\rangle}{\langle \boldsymbol{\Omega}_n \mid \boldsymbol{\Omega}_{n-1}\rangle} = \langle \boldsymbol{\Omega}_n \mid \hat{H} \mid \boldsymbol{\Omega}_n \rangle + O(\varepsilon) \approx H(\Omega_n)$$

上式中的 $H(\Omega_n)$ 已是 c 数，是哈密顿量在相干态 $|\boldsymbol{\Omega}_n\rangle$ 的期待值。式(6.7.11)已经计算完毕：

$$\langle \boldsymbol{\Omega}_n \mid \mathrm{e}^{-\varepsilon\hat{H}/\hbar} \mid \boldsymbol{\Omega}_{n-1} \rangle = \exp\left[-\mathrm{i}\varepsilon s(1-\cos\theta)\dot{\phi}_n - \frac{\varepsilon}{\hbar}H(\boldsymbol{\Omega}_n)\right]$$

跃迁振幅式(6.7.10)已经可以写成路径积分形式：

$$\langle \boldsymbol{\Omega}_f \mid \exp[-H(\tau_f-\tau_i)/\hbar] \mid \boldsymbol{\Omega} \rangle = \int_{\boldsymbol{\Omega}(\tau_i)}^{\Omega(\tau_f)} [D\boldsymbol{\Omega}(\tau)] \times$$
$$\exp\left[-\mathrm{i}s\int_{\tau_i}^{\tau_f}(1-\cos\theta)\dot{\phi}\,\mathrm{d}\tau - \frac{1}{\hbar}\int_{\tau_i}^{\tau_f}H(\boldsymbol{\Omega}(\tau))\mathrm{d}\tau\right] \tag{6.7.12}$$

路径积分中指数上的量是 $\boldsymbol{\Omega}(\tau)$ 的泛函，它和作用量 $S[\boldsymbol{\Omega}(\tau)]$ 成正比：

$$\frac{1}{\hbar}S[\boldsymbol{\Omega}(\tau)] = \int_{\tau_i}^{\tau_f}\left[-\mathrm{i}s(1-\cos\theta)\dot{\phi}(\tau) + \frac{1}{\hbar}H(\boldsymbol{\Omega}(\tau))\right]\mathrm{d}\tau \tag{6.7.13}$$

先讨论第一项的意义。在图6.18中，单位球面上的矢量 $\boldsymbol{\Omega}(\theta,\phi)$，$\boldsymbol{\Omega}'(\theta+\mathrm{d}\theta,\phi+\mathrm{d}\phi)$ 与 $\boldsymbol{\Omega}_0(\theta=0)$ 所夹的面积(斜线标出)是

$$\mathrm{d}\omega[\boldsymbol{\Omega}(\tau)] = \int_0^\theta \sin\theta'\mathrm{d}\theta'\mathrm{d}\phi = (1-\cos\theta)\mathrm{d}\phi \tag{6.7.14}$$

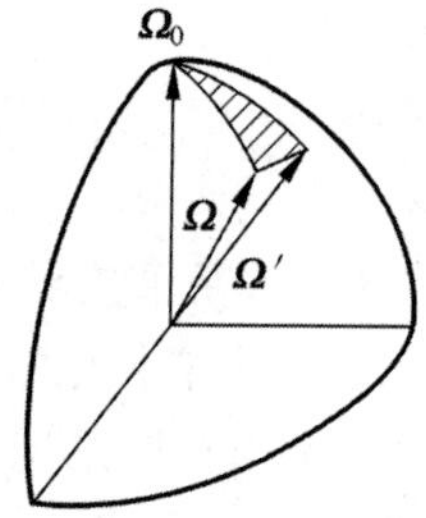

图 6.18　Wess-Zumino 项的几何意义

如果在路径积分中 $\boldsymbol{\Omega}(\tau_i)=\boldsymbol{\Omega}(\tau_f)$，即 $\boldsymbol{\Omega}(\tau)$ 描出一个封闭路径，则

$$\omega[\boldsymbol{\Omega}] = \int_{\tau_i}^{\tau_f}(1-\cos\theta)\dot{\phi}(\tau)\mathrm{d}\tau = \int_{\tau_i}^{\tau_f}(1-\cos\theta)\mathrm{d}\phi \tag{6.7.15}$$

这正是封闭路径在球面上所围出的面积。有趣的是，球面是无边的，封闭曲线的“内”与“外”

是无法区分的。令封闭曲线两侧的面积为 S_1 与 S_2，根据封闭曲线的描绘方向(任意确定)与面积外向法线的关系(例如右手螺旋)确定 S 的符号，有 $S_1-S_2=4\pi$。在式(6.7.12)中，这个因子的贡献是 e^{-isS}，而 s 是整数或半整数，故有 $e^{-is4\pi}=1$。因此有 $e^{-isS_1}=e^{-is(4\pi+S_2)}=e^{-isS_2}$。这个因子有几何根源，因为它与 Ω 在球面上描出径迹的快慢无关。拉格朗日量中的 $-is(1-\cos\theta)\dot{\phi}$ 项称为"Wess-Zumino 项"，在 7.2 节还将遇到它。

6.8 单畴铁磁粒子的宏观量子现象

考虑单畴铁磁粒子，其磁矩的大小 M 在过程中不变，原因是交换能远远大于磁的各向异性能，使磁矩 $\boldsymbol{M}$ 在量子过程中作为一个整体(宏观量)出现。磁矩的方向由单位矢量 $\hat{\boldsymbol{n}}(\theta,\phi)$ 表示。由于晶体的磁各向异性，有各向异性能 $E_K(\theta,\phi)$。使它取最低值的磁矩取向，即"易磁化方向"(easy direction)。磁矩的大小和颗粒的总自旋成正比：$\boldsymbol{M}=\gamma\boldsymbol{s}$，此处 $\gamma=g\mu_B$，μ_B 是玻尔磁子，g 是回磁比。在有外磁场 $\boldsymbol{H}$ 存在时，磁矩的能量是

$$E=-\boldsymbol{M}\cdot\boldsymbol{H}+E_K(\theta,\phi) \tag{6.8.1}$$

磁矩在磁场中的运动方程是

$$\frac{d\boldsymbol{M}}{dt}=-\gamma\boldsymbol{M}\times\frac{\delta E}{\delta\boldsymbol{M}} \tag{6.8.2}$$

它被称为"Landau-Lifshitz 方程"，也称"布洛赫方程"。$-\dfrac{\delta E}{\delta\boldsymbol{M}}$是磁矩感受到的有效磁场(外磁场加晶体各向导性场)，它在这个场的作用下进动。由于 M 是常数，描述磁矩运动的实际是 $\hat{\boldsymbol{n}}$。将式(6.8.2)用 $\hat{\boldsymbol{n}}$ 表示，有

$$s\frac{d\hat{\boldsymbol{n}}}{dt}=-\hat{\boldsymbol{n}}\times\frac{\delta E}{\delta\hat{\boldsymbol{n}}} \tag{6.8.3}$$

此处 s 是颗粒自旋的大小。将方程用(θ,ϕ)表示，有

$$\dot{\theta}\sin\theta=-\frac{\gamma}{M}\frac{\partial E}{\partial\phi} \tag{6.8.4}$$

$$\dot{\phi}\sin\theta=\frac{\gamma}{M}\frac{\partial E}{\partial\theta} \tag{6.8.5}$$

这组方程可以从作用量导出：

$$I=\int dtL=\int dt\{s\dot{\phi}\cos\theta-E(\theta,\phi)\} \tag{6.8.6}$$

在拉格朗日量上加一项时间微商，不改变运动方程，上式可改为

$$I=\int dt\{-s(1-\cos\theta)\dot{\phi}-E(\theta,\phi)\} \tag{6.8.7}$$

过渡到虚时间 $\tau=it$，其欧氏作用量是

$$\begin{aligned}S&\equiv-iI=\int\{is(1-\cos\theta)\dot{\phi}(\tau)+E(\theta,\phi)\}d\tau\\&=is\omega[\hat{\boldsymbol{n}}]+\int d\tau E(\theta,\phi)\end{aligned} \tag{6.8.8}$$

第一项是 Wess-Zumino 项。和式(6.8.7)比较得知，式(6.8.8)正是自旋相干态路径积分的

指数上的因子。严格地说，Wess-Zumino 项是自旋相干态路径积分的结果，从运动方程出发并不能唯一地得到它。

铁磁颗粒的宏观量子隧穿可以用 Callan-Coleman 方法处理，这方面的研究是从 E. Chudnovsky 和 L. Gunther[28-29] 开始的。

6.8.1 量子相干：能级隧穿劈裂

考虑晶体的各向异性能①：

$$E(\theta,\phi)=K_1\cos^2\theta+K_2\sin^2\theta\sin^2\phi,\quad K_1>K_2>0 \tag{6.8.9}$$

x 轴($\theta=\pi/2,\phi=0$)是易磁化方向，y 轴是中等磁化方向，z 轴是难磁化方向。在正负 x 轴方向，磁矩的能量是相等的。由于 $\boldsymbol{M}$ 是赝矢量，若它原在 x 轴方向，经空间反演将指向 $-x$ 轴。它在 $\pm x$ 轴方向的性质必须相同。图 6.19 给出了在 xy 平面上的能量曲线。将式(6.8.9)代入运动方程式(6.8.4)和式(6.8.5)，得

$$\left.\begin{aligned}\dot\theta&=-\frac{2\gamma}{M}K_2\sin\theta\sin\phi\cos\phi\\ \dot\phi&=-\frac{2\gamma}{M}K_1(1-\lambda\sin^2\phi)\cos\theta\end{aligned}\right\} \tag{6.8.10}$$

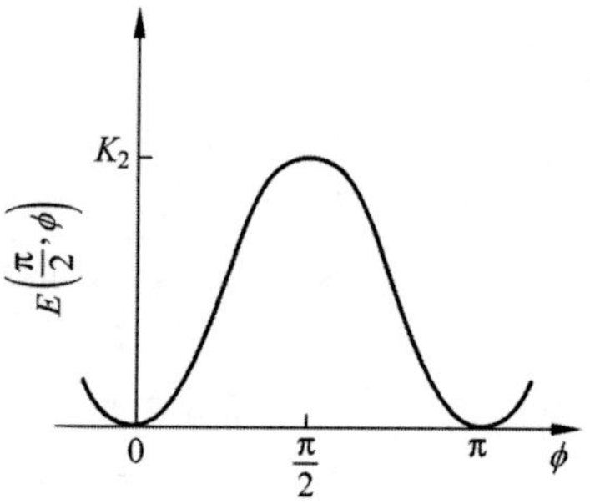

图 6.19 $E\left(\dfrac{\pi}{2},\phi\right)$能量曲线

此处 $\lambda=K_2/K_1$。从式(6.8.10)可以得到瞬子“扭折”(kink)解所满足的对 ϕ 的运动方程，做法如下。式(6.8.10)给出

$$\frac{\mathrm{d}\theta}{\mathrm{d}\phi}=\frac{K_2\sin\theta\sin\phi\cos\phi}{K_1(1-\lambda\sin^2\phi)\cos\theta}$$

积分一次，得

$$\ln\sin\theta=-\frac{1}{2}\ln(1-\lambda\sin^2\phi)+\text{const} \tag{6.8.11}$$

或

$$\sin^2\theta(1-\lambda\sin^2\phi)=C \tag{6.8.12}$$

用此式消去式(6.8.10)第二式中的 $\cos\theta$，得

$$\left(\frac{\mathrm{d}\phi}{\mathrm{d}\tau}\right)^2=-\left(\frac{2\gamma}{M}\right)^2K_1^2(1-\lambda\sin^2\phi)[-C+(1-\lambda\sin^2\phi)]$$

下面将求出瞬子扭折解，即当 $\tau\to\pm\infty$ 时，$\phi\to0,\pi$，而 $\dot\phi\to0$。将这些条件代入上式，求出 $C=1$。再代入 $\omega_0=\dfrac{2\gamma}{M}(K_1K_2)^{1/2}$，上式变为

$$\left(\frac{\mathrm{d}\phi}{\mathrm{d}\tau}\right)^2=\omega_0^2(1-\lambda\sin^2\phi)\sin^2\phi \tag{6.8.13}$$

其解是

$$\phi=\arccos\frac{(1-\lambda)^{1/2}\tanh\omega_0\tau}{(1-\lambda\tanh^2\omega_0\tau)^{1/2}} \tag{6.8.14}$$

---

① 以下讨论小磁性颗粒宏观量子隧穿，在无外磁场时各向异性能 E_K 就是总能量 E。

在作用量表达式(6.8.8)中用运动方程和瞬子解条件(式(6.8.12)),其中 $C=1$,就得到瞬子作用量:

$$S_{\text{inst}}=K_2\int_{-\infty}^{\infty}\mathrm{d}\tau 2\sin^2\phi$$

再用瞬子解式(6.8.14)进行积分,得

$$S_{\text{inst}}=-\frac{M}{\gamma}\ln\frac{1-\sqrt{\lambda}}{1+\sqrt{\lambda}} \tag{6.8.15}$$

最后,隧穿率 Γ 是

$$\Gamma=A\exp\left(-\frac{S_{\text{inst}}}{\hbar}\right)=A\exp\left(\frac{M}{\hbar\gamma}\ln\frac{1-\sqrt{\lambda}}{1+\sqrt{\lambda}}\right)=A\left(\frac{1-\sqrt{\lambda}}{1+\sqrt{\lambda}}\right)^{\frac{M}{\hbar\gamma}} \tag{6.8.16}$$

A 是前置因子,它的计算比较复杂。文献[32]给出磁隧穿前置因子的一般计算方法。能级的隧穿劈裂是 $\Delta E=2\hbar\Gamma$。式(6.8.16)表明,当 $\lambda\to 1$ 时,$\Gamma\to 0$。原因是当 $\lambda\to 1$ 时,$E\to \text{const}(M_x^2+M_y^2)=\text{const}(M^2-M_z^2)$,它和 M_x 对易,即 M_z 是运动常数,不会改变。λ 的值决定双阱间的垒高。当 λ 值较小时,垒高较低,隧穿较易。

6.8.2 量子隧穿

设 z 轴为易磁化方向,y 轴为难磁化方向,另在 $-z$ 轴方向加外磁场 H。此时有

$$E(\theta,\phi)=(K_1+K_2\sin^2\phi)\sin^2\theta-MH(1-\cos\theta) \tag{6.8.17}$$

图 6.20 给出了能量曲线。外磁场的作用是使 $\theta=0$ 变为亚稳态,而 $\theta=\pi$ 是稳态。二者之间的垒高和垒的位置可以用 H 调节。垒位于 θ_1,$\cos\theta_1=H/H_c$,$H_c=2K_1/M$。令 $\varepsilon=1-\frac{H}{H_c}$,则垒高为 $U=K_1\varepsilon^2$。H_c 是临界场强,当 H 增大到此值时,势垒消失。量子隧穿是由横向各向异性 K_2 造成的,因为只有 $K_2\neq 0$ 才能使 M_z 不是守恒量。在这个问题中必须取近似才能获得解析解。考虑到 K_2 的存在,经典轨道不会到 ϕ 值较大的区域。另外,为了使垒高较小,也设 ε 为小值。在此条件下 $\theta_1\approx\sqrt{2\varepsilon}$,$\theta_2\approx 2\sqrt{\varepsilon}$。从 $E(\theta,\phi)$ 得到运动方程

$$\dot{\theta}=\frac{\gamma}{M}2K_2\sin\theta\sin\phi\cos\phi \tag{6.8.18}$$

$$\dot{\phi}=-\frac{\gamma}{M}(2K_1\cos\theta-MH) \tag{6.8.19}$$

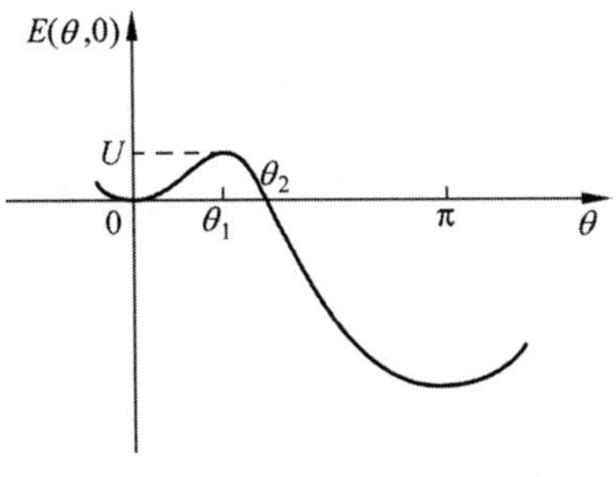

图 6.20 易磁化方向有外磁场,并有横向磁各向异性的能量曲线

在式(6.8.19)中，$K_2\sin^2\phi$ 相对于其他项为小量，故被略去。式(6.8.18)右侧仅有一项，予以保留。式(6.8.19)给出 $\dot{\phi}$ 与 $\cos\theta$ 的关系。为了得到 θ 的运动方程，还须用式(6.8.19)将式(6.8.18)中的 ϕ 消去。为此要将式(6.8.18)对 τ 取微商。此时 $\frac{\mathrm{d}}{\mathrm{d}\tau}\sin\phi$ 给出 $\cos\phi\dot{\phi}$，这是 $\ddot{\theta}$ 的带头项。$\frac{\mathrm{d}}{\mathrm{d}\gamma}\cos\phi$ 项与 $\sin\phi$ 成正比，和带头项相比就可以略去了，而 $\frac{\mathrm{d}}{\mathrm{d}\tau}\sin\theta$ 项中因有因子 $\sin\phi$ 也可略去。最后考虑到 θ_1 和 θ_2 都是小量，回弹解仅限于较小的 θ，得到

$$\ddot{\theta} \approx \omega_0^2\left(\varepsilon\theta - \frac{\theta^3}{2}\right) \tag{6.8.20}$$

注意到 θ_1 和 θ_2 正比于 $\sqrt{\varepsilon}$，而 $\varepsilon\theta$ 和 θ^3 都正比于 $\varepsilon^{3/2}$，是同量级的。式中 $\omega_0 = \frac{2\gamma}{M}(K_1K_2)^{1/2}$。

回弹解的边界条件是：$\tau \to \pm\infty, \theta = 0$；$\tau = 0, \theta = \theta_2, \dot{\theta} = 0$。用这些条件解式(6.8.20)，得

$$\theta = \frac{\theta_2}{\cosh(\omega_0\sqrt{\varepsilon}\,\tau)} \tag{6.8.21}$$

回弹解的作用量是

$$S_{\mathrm{E}} = \frac{8M}{3\gamma}(K_1K_2)^{1/2}\varepsilon^{3/2} \tag{6.8.22}$$

隧穿率是

$$\Gamma = A\exp\left[-\frac{8M}{3\hbar\gamma}\left(\frac{K_1}{K_2}\right)^{1/2}\varepsilon^{3/2}\right] \tag{6.8.23}$$

此处 A 是前置因子。在进行实验测量时，在温度较高的条件下，跨越势垒主要靠热激发，弛豫率和 $\mathrm{e}^{-U/kT}$ 成正比，此处 U 是垒高，$U = K_1\varepsilon^2$。温度降低后，量子隧穿起主要作用，隧穿率不再和温度有关。转变温度(crossover temperature) T_{c} 满足

$$\frac{K_1\varepsilon^2}{kT_{\mathrm{c}}} = \frac{8M}{3\hbar\gamma}\left(\frac{K_1}{K_2}\right)^{1/2}\varepsilon^{3/2}$$

即

$$T_{\mathrm{c}} = 3\hbar\gamma(K_1K_2)^{1/2}\sqrt{\varepsilon}/8kM \tag{6.8.24}$$

6.8.3　量子干涉(拓扑淬灭)现象

在磁隧穿问题的拉格朗日量中，Wess-Zumino 项对路径积分的跃迁振幅提供一个相因子，它对运动方程没有影响。1992 年的两篇文章[33-34]指出了这个相因子的一种特殊效应：当双势阱中两个简并能量最低态间的跃迁有不同的路径时，它们对跃迁振幅的贡献有可能完全抵消，从而导致隧穿劈裂为 0。抵消与否取决于自旋值是整数还是半整数。这和一维反铁磁链的霍尔丹(Haldane)猜想①遥相呼应。考虑如图 6.19 所示的量子相干情况，体系的哈密顿量是

$$\hat{\mathscr{H}} = k_1J_x^2 + k_2J_y^2 \tag{6.8.25}$$

经典能量是式(6.8.9)：

---

① 请参阅本书 7.2 节。

$$E(\theta,\phi)=\langle\hat{\boldsymbol{n}}\ |\hat{H}\ |\hat{\boldsymbol{n}}\rangle=K_1\cos^2\theta+K_2\sin^2\theta\sin^2\phi$$

此处 $K_1=k_1J^2$，$K_2=k_2J^2$。哈密顿量式(6.8.25)是时间反演不变的。根据克拉默斯定理(Kramers' theorem)①，它的所有半整数角动量的能量本征态都是二重简并的。半整数 J 的基态是二重简并的，意味着隧穿劈裂为0。这个结果在用路径积分计算隧穿率时是怎么发生的呢？注意到 Wess-Zumino 项式(6.8.8)中的 $\int \mathrm{i}s\dot{\phi}\mathrm{d}\tau$ 部分，它对跃迁振幅贡献一个相角：

$$\mathrm{i}s\int\dot{\phi}\mathrm{d}\tau=\mathrm{i}s\{\phi(\tau_\mathrm{f})-\phi(\tau_\mathrm{i})\} \tag{6.8.26}$$

考虑经典轨道扭折解。$\phi(\tau_\mathrm{i})=0$，$\phi(\tau_\mathrm{f})=\pi$ 是一个解，而 $\phi(\tau_\mathrm{i})=0$，$\phi(\tau_\mathrm{f})=-\pi$ 是不同路径的解，但始末态都是一样的。由于它们的对称性，S_E 和前置因子也完全相同。它们对跃迁振幅的总贡献是

$$A(\mathrm{e}^{\mathrm{i}s\pi}+\mathrm{e}^{-\mathrm{i}s\pi})\mathrm{e}^{-S_\mathrm{E}/\hbar}=2A\cos s\pi\mathrm{e}^{-S_\mathrm{E}/\hbar} \tag{6.8.27}$$

上式对半整数 s 给出了0。Wess-Zumino 项的全时间微商部分保证了克拉默斯定理的成立②。A. Garg[36]进一步考虑了在式(6.8.25)中加一项 $-\gamma HJ_z$，即在 z 方向加上磁场 H：

$$\hat{\mathscr{H}}=k_1J_z^2+k_2J_y^2-\gamma HJ_z \tag{6.8.28}$$

简并极小移至 $\theta=\theta_0$，$\phi=0,\pi$；$\cos\theta_0=\dfrac{H}{H_\mathrm{c}}$，$H_\mathrm{c}=\dfrac{2k_1s}{\gamma}$。这仍是一个量子相干问题，只是因为有磁场破坏了时间反转不变性，克拉默斯定理不再适用。但是 Wess-Zumino 项还在，它的作用如何呢？将运动方程式(6.8.2)用虚时间表示为

$$\mathrm{i}s\frac{\mathrm{d}\hat{\boldsymbol{n}}}{\mathrm{d}\tau}=-\hat{\boldsymbol{n}}\times\frac{\partial E(\theta,\phi)}{\partial\hat{\boldsymbol{n}}} \tag{6.8.29}$$

它导致能量守恒：

$$\frac{\mathrm{d}E}{\mathrm{d}\tau}=0$$

令 $u=\cos\theta$，$u_0=\cos\theta_0$，$\lambda=K_2/K_1$，并将 $E(\theta,\phi)$ 改写(加一常数)：

$$E(u,\phi)=K_1\{(u-u_0)^2+\lambda(1-u^2)\sin^2\phi\} \tag{6.8.30}$$

能量守恒给出：

$$E(u,\phi)=E(u_0,0)=0 \tag{6.8.31}$$

将式(6.8.31)解出，有

$$u=\frac{u_0+\mathrm{i}\lambda^{1/2}\sin\phi(1-u_0^2-\lambda\sin^2\phi)^{1/2}}{(1-\lambda\sin^2\phi)} \tag{6.8.32}$$

由于运动方程式(6.8.29)中的 τ 是虚时间，θ 和 ϕ 都可能为复数，作用量也因此为复数。选择磁场使 $u_0^2<1-\lambda$，并选择 $\phi(\tau)$ 为实数，则式(6.8.32)的平方根也为实数。由于对称性，瞬子(扭折)解有两个，即 $\theta_\pm(\tau)$ 和 $\phi_\pm(\tau)$。它们从同一点 $(\theta_0,0)$ 开始沿相反方向绕难磁化方

---

① 请参阅文献[35]。

② 请参阅本书6.12节。

向 z 轴绕行，最后到达同一点$(\theta_0, \pm\pi)$，见图 6.21。$\phi_{\pm}(-\infty)=0, \phi_{\pm}(+\infty)=\pm\pi, \phi_{+}(\tau)=-\phi_{-}(\tau)$。从式(6.8.32)可以计算 $\omega[\hat{\boldsymbol{n}}]$的实部 ω_{r}：

$$\begin{aligned}\omega_{\mathrm{r},\pm} &= \int_0^{\pm\pi}\left(1-\frac{u_0}{1-\lambda\sin^2\phi}\right)\mathrm{d}\phi \\ &= \pm\pi(1-u_0(1-\lambda)^{-\frac{1}{2}})\end{aligned} \tag{6.8.33}$$

它将给出 $\mathrm{e}^{-S_{\mathrm{E}}/\hbar}$的相因子部分。隧穿劈裂是

$$\Gamma = D\mathrm{e}^{-S_{\mathrm{r}}/\hbar}(\mathrm{e}^{\mathrm{i}s\omega_{\mathrm{r}+}}+\mathrm{e}^{\mathrm{i}s\omega_{\mathrm{r}-}}) = 2D\mathrm{e}^{-S_{\mathrm{r}}/\hbar}\cos\phi(H) \tag{6.8.34}$$

此处下标 r 意为实部，D 为常数

$$\phi(H)=\frac{\omega_{\mathrm{r}+}-\omega_{\mathrm{r}-}}{2} \tag{6.8.35}$$

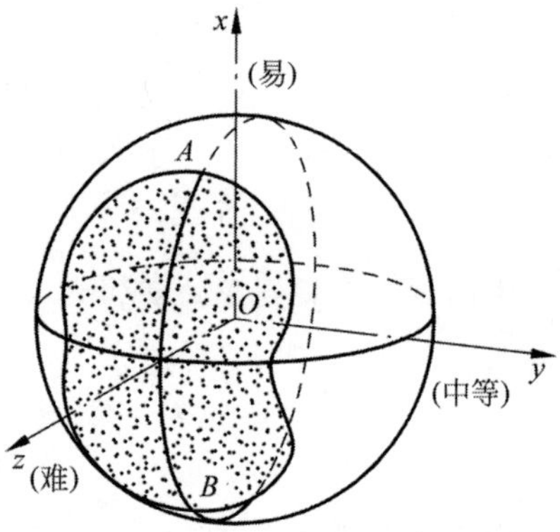

图 6.21　单位球上两个简并最低态 A 和 B 由两个瞬子解连接

$(\omega_{\mathrm{r}+}-\omega_{\mathrm{r}-})/2=\pi(1-u_0(1-\lambda)^{-1/2})$正是图 6.21 上阴影的面积。当 $s\pi(1-u_0(1-\lambda)^{-1/2})=\left(n+\frac{1}{2}\right)\pi$ 时，即

$$\frac{H}{H_{\mathrm{c}}}=u_0=(1-\lambda)^{1/2}\ \frac{1}{s}\left(s-n-\frac{1}{2}\right) \tag{6.8.36}$$

时，隧穿劈裂为 0。图 6.22 给出了劈裂作为磁场强度的函数，参数是：$K_1=1, \lambda=0.1$。实线为 $s=10$，虚线为 $s=19/2$。因此，不论 s 是整数或半整数，随 H 的变化隧穿劈裂都进行周期性振荡。当 $H=0$ 时，正好有半整数 s 的隧穿被淬灭。这种完全源于 Wess-Zumino 项的两个对称的瞬子解对隧穿率贡献的干涉现象被称为“量子干涉”或“拓扑淬灭”。这种现象在约瑟夫森体系的宏观量子现象中是没有的。

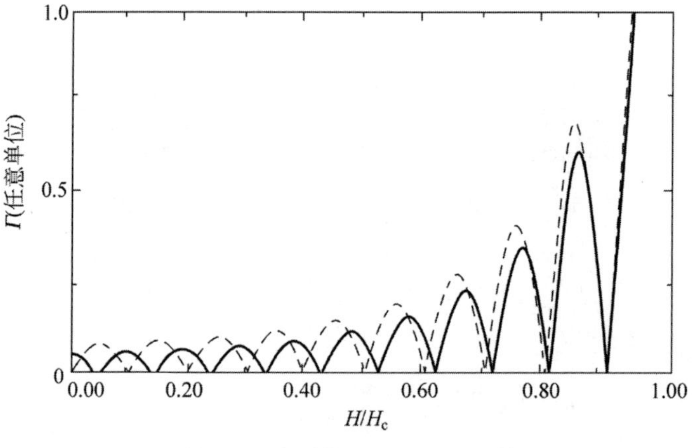

图 6.22　劈裂作为 H/H_{c} 的函数

以上讨论的是量子相干现象。在量子隧穿现象中是否有类似的拓扑干涉呢？在隧穿问题的计算中起作用的是回弹解。由于回弹解的起点和终点是一个 $\hat{\boldsymbol{n}}(-\infty)=\hat{\boldsymbol{n}}(+\infty)$，对每一个回弹解本身，$\omega_{\mathrm{r}}$ 都为 0，因此不出现量子干涉。Chudnovsky 和 DiVincenzo[37] 计算了在双阱不对称的情况下，从浅阱基态通过隧穿到深阱中一个能量极相近的状态的概率，发现它

随磁场 H(它造成了双阱的不对称)也有振荡。Garg[38] 对此做了深入的讨论,指出关键在于如何对深阱的能级宽度(源于环境的耗散强度)和深阱的能级间距做出设定。如果宽度小、能级间距大,就会出现隧穿率随 H 的振荡,但此时是类似量子相干的情况,系统会在两个阱间往复振荡("共振")。如果宽度大,能级间距小,形成能级的连续分布,则此时类似"二次加三次"势的情况,隧穿率就不会出现振荡。

以上讨论的具体系统,其哈密顿量对绕 z 轴旋转 π 是不变的,即具有二重旋转对称性。拓扑淬灭的结论还可以推广到 M 重旋转对称性(绕 z 轴转 $2\pi/M$)的情况。当自旋量子数 S 不为 $M/2$ 的整数倍时,在 $|s\rangle$ 与 $|-s\rangle$ 间的跃迁被冻结:

$$s \neq 0(\mathrm{mod}\, M/2) \Rightarrow \langle -s \mid \mathrm{e}^{-\mathrm{i}\hat{H}t} \mid s\rangle = 0$$

在文献中这个效应被称为"自旋奇偶效应"(spin parity①effect)[39],在这方面还有不少工作[40-47]。

自旋奇偶效应除了与 Wess-Zumino 项有联系外,是否也是量子力学原理的体现呢?这个问题将在 6.12 节中讨论。

6.9 单畴反铁磁粒子的宏观量子现象

反铁磁粒子的磁性可以看作由两套交叠的铁磁子格组成。一套具有磁化强度 $\boldsymbol{m}_1$,另一套具有磁化强度 $\boldsymbol{m}_2$。由于强交换作用,它们都作为整体参与。两套子格的磁化强度基本上大小相等,即 $m_1 \approx m_2$,但方向相反。$\boldsymbol{m}_1 + \boldsymbol{m}_2 = \boldsymbol{m}$ 是没有完全抵消的剩余。它的大小远比 m_1 和 m_2 小,即 $m \ll m_1$ 和 m_2;反铁磁的序参量称为"Néel 矢量",它的定义是

$$\boldsymbol{l} = \frac{\boldsymbol{m}_1 - \boldsymbol{m}_2}{2m_1} \tag{6.9.1}$$

为了导出反铁磁颗粒的拉格朗日量,这里采取两套子格的 Chudnovsky 方法[48],所得结果极易推广到亚铁磁粒子。两套平行交叠的子格磁化强度间有强的交换作用耦合,即 $\chi_\perp^{-1}\boldsymbol{m}_1 \cdot \boldsymbol{m}_2$,$\chi_\perp \ll 1$。以 (θ_1, ϕ_1) 和 (θ_2, ϕ_2) 分别代表 $\boldsymbol{m}_1$ 和 $\boldsymbol{m}_2$ 的方向,暂不计晶体的各向异性能,两套子格的拉格朗日量(虚时间形式)是

$$\begin{aligned}\mathscr{L}_0 = V\Big\{&\mathrm{i}\frac{m_1}{\gamma}\dot{\phi}_1(1-\cos\theta_1) + \mathrm{i}\frac{m_2}{\gamma}\dot{\phi}_2(1-\cos\theta_2) + \\ &\frac{1}{\chi_\perp}m_1 m_2(\sin\theta_1\sin\theta_2\cos(\phi_1-\phi_2) + \cos\theta_1\cos\theta_2 + 1)\Big\}\end{aligned} \tag{6.9.2}$$

此处 $\dot{\phi}_1$ 和 $\dot{\phi}_2$ 代表对虚时间 τ 的微商,在花括号中加进了常数 1。在本节中颗粒的体积 V 是明显给出的,因此 $\boldsymbol{M}_1 = \boldsymbol{m}_1 V$,$\boldsymbol{M}_2 = \boldsymbol{m}_2 V$,各向异性参数 $K_\perp$ 和 $K_\parallel$ 都是以单位体积计。

以下内容仅考虑在始态与终态间的低作用量轨道。由于 $\chi_\perp^{-1} \gg 1$,$\boldsymbol{m}_1$ 和 $\boldsymbol{m}_2$ 基本上方向相反,因此设

$$\theta_2 = \pi - \theta_1 - \varepsilon_\theta, \quad \phi_2 = \pi + \phi_1 + \varepsilon_\phi$$

其中

---

① parity 指自旋为半整数的偶数倍(整数自旋)或奇数倍(半整数自旋)。

$$|\varepsilon_\theta|,|\varepsilon_\phi|\ll 1 \tag{6.9.3}$$

在时间为 τ_i 和 τ_f 的条件下，ε_θ 和 ε_ϕ 为 0。将式(6.9.3)代入式(6.9.2)，保留到 $\varepsilon_\theta^2,\varepsilon_\phi^2$（在有一次项时弃去二次项），得

$$\mathscr{L}_0=V\left\{\mathrm{i}\frac{m_1+m_2}{\gamma}\dot{\phi}_1-\mathrm{i}\frac{m}{\gamma}\dot{\phi}_1\cos\theta-\mathrm{i}\frac{m_2}{\gamma}\varepsilon_\theta\dot{\phi}_1\sin\theta_1+\mathrm{i}\frac{m_2}{\gamma}\varepsilon_\phi\sin\theta_1\dot{\theta}_1+\right.$$
$$\left.\frac{1}{2\chi_\perp}m_1m_2\varepsilon_\theta^2+\frac{1}{2\chi_\perp}m_1m_2(\sin\theta\varepsilon_\phi)^2\right\} \tag{6.9.4}$$

现在的路径积分是

$$\int[D\theta_1][D\phi_1][D\varepsilon_\theta][D\varepsilon_\phi]\exp\left[-\frac{1}{\hbar}\int\mathscr{L}_0\,\mathrm{d}\tau\right]$$

将 $\mathscr{L}_0$ 代入并对 ε_θ 和 $\varepsilon_\phi\sin\theta_1$ 做高斯积分，在积分之后将 (θ_1,φ_1) 改写为 (θ,ϕ)，最后得到

$$\int[D\theta][D\phi]\exp\left[-\frac{1}{\hbar}\int\mathscr{L}_0^{\mathrm{eff}}\,\mathrm{d}\tau\right]$$

其中

$$\mathscr{L}_0^{\mathrm{eff}}=V\left\{\mathrm{i}\frac{m_1+m_2}{\gamma}\dot{\phi}-\mathrm{i}\frac{m}{\gamma}\dot{\phi}\cos\theta+\frac{\chi_\perp}{2\gamma^2}(\dot{\theta}^2+\dot{\phi}^2\sin^2\theta)\right\} \tag{6.9.5}$$

需要说明的是，本来 (θ_1,ϕ_1) 和 (θ_2,ϕ_2) 都有独立的"历史"，但由于对反铁磁情况做了近似（式(6.9.3)），再加上对 $\varepsilon_\theta,\varepsilon_\phi$ 的路径积分后得到了一对角度 (θ_1,ϕ_1) 作为广义坐标的体系，从而使偏离反平行的效应也包含在 $\mathscr{L}_0^{\mathrm{eff}}$ 中了，它描述反铁磁的物理性质。加入单位体积的磁各向异性能 $E_K(\theta,\phi)$，得到跃迁振幅的路径积分形式是

$$\int[D\theta(\tau)][D\phi(\tau)]\exp\left[-\frac{1}{\hbar}\int\mathscr{L}\,\mathrm{d}\tau\right]$$

此处

$$\mathscr{L}=V\int\left\{\mathrm{i}\frac{m_1+m_2}{\gamma}\dot{\phi}-\mathrm{i}\frac{m}{\gamma}\dot{\phi}\cos\theta+\frac{\chi_\perp}{2\gamma^2}(\dot{\theta}^2+\dot{\phi}^2\sin^2\theta)+E_K(\theta,\phi)\right\}\mathrm{d}\tau \tag{6.9.6}$$

考虑完全反铁磁的情况，$m=0$，拉格朗日量（虚时间）是

$$\mathscr{L}=V\int\left\{\mathrm{i}\frac{m_1+m_2}{\gamma}\dot{\phi}+\frac{\chi_\perp}{2\gamma^2}(\dot{\theta}^2+\dot{\phi}^2\sin^2\theta)+E_K(\theta,\phi)\right\}\mathrm{d}\tau \tag{6.9.7}$$

在1990年讨论反铁磁颗粒量子隧穿的第一批工作[49-50]时所用的拉格朗日量和式(6.9.7)相比，缺少第一项。它们的拉格朗日量是从两套子格子磁矩的运动方程导出的。在6.8节已经指出，正确的拉格朗日量只有从自旋相干态才能导出。

以下从式(6.9.7)出发讨论隧穿问题。

设

$$E_K=K_\perp\cos^2\theta+K_\parallel\sin^2\theta\sin^2\phi,K_\perp\gg K_\parallel \tag{6.9.8}$$

即 x 轴是易磁化方向，z 轴是难磁化方向。隧穿中的始态和终态示于图6.23。考虑到 $K_\perp\gg K_\parallel$，可弃去式(6.9.7)中的 $\dot{\theta}^2$，然后可以对 $\cos\theta$ 进行高斯积分，进一步得到跃迁振幅的路

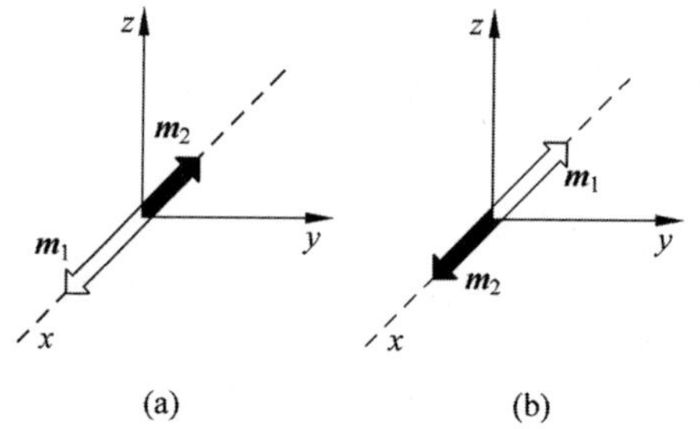

图6.23　反铁磁颗粒隧穿的始态(a)和终态(b)

径积分表达式：

$$\int [D\phi(\tau)] \exp\left\{-\frac{V}{\hbar}\int d\tau \left[i\frac{m_1+m_2}{\gamma}\dot{\phi}+\frac{1}{2}(I_f+I_a)\dot{\phi}^2+K_{\parallel}\sin^2\phi\right]\right\} \tag{6.9.9}$$

此处

$$I_f=\frac{m^2}{2\gamma^2 K_{\perp}},\quad I_a=\frac{\chi_{\perp}}{\gamma^2}$$

分别是铁磁和反铁磁转动惯量。路径积分由经典瞬子解及其附近的轨道所主导，其运动方程是

$$\ddot{\phi}=\frac{K_{\parallel}}{I_f+I_a}\sin 2\phi=\omega_0^2\sin 2\phi \tag{6.9.10}$$

此处使用了定义

$$\omega_0=\left(\frac{K_{\parallel}}{I_f+I_a}\right)^{1/2}=\gamma\left(\frac{2K_{\parallel}K_{\perp}}{m^2+2\chi_{\perp}K_{\perp}}\right)^{1/2} \tag{6.9.11}$$

方程的解是瞬子扭折解

$$\phi=\pm 2\arctan e^{\sqrt{2}\omega_0\tau} \tag{6.9.12}$$

$\phi(-\infty)=0$，$\phi(\infty)=\pm\pi$ 代表两个路径不同但始末态都相同的经典解，它们的相加将给出拓扑干涉结果。式(6.9.9)中的作用量第一项给出：

$$V\int i\frac{m_1+m_2}{2\gamma}d\phi$$

它对相因子的贡献是

$$\exp\left[-\frac{V}{\hbar\gamma}i(m_1+m_2)\Delta\phi\right]=e^{-i(S_1+S_2)\Delta\phi}$$

此处 $S_1=\dfrac{V}{\hbar\gamma}m_1$ 是第一套格子的总自旋，S_2 是第二套格子的总自旋，$\Delta\phi$ 是

$$\Delta\phi=\begin{cases}\pi, & \text{逆时针转动隧穿}\\ -\pi, & \text{顺时针转动隧穿}\end{cases}$$

对历史求和给出 $2\cos(S_1+S_2)\pi=\cos(S\pi+2S_2\pi)$，此处 $S=S_1-S_2$ 是未抵消的粒子总自旋。$2S_2$ 是整数，以上因子即 $\pm\cos S\pi$。若 S 是整数，它给出 ± 1；若 S 是半整数，它给出 0。从经典解可以得出经典作用量

$$S_E=V\int d\tau\left\{\frac{1}{2}(I_f+I_a)\dot{\phi}^2+K_{\parallel}\sin^2\phi\right\}=V\int d\tau\, 2K_{\parallel}\sin^2\phi$$

通过积分直接计算给出：

$$\int_{-\infty}^{\infty}\sin^2\phi\, d\tau=\frac{1}{\sqrt{2}\omega_0}\tanh\sqrt{2}\omega_0\tau\Big|_{-\infty}^{\infty}=\frac{\sqrt{2}}{\omega_0}$$

将它代回，得

$$S_E=2VK_{\parallel}\frac{\sqrt{2}}{\omega_0}=V\frac{2}{\gamma}\left(2\chi_{\perp}K_{\parallel}+m^2\frac{K_{\parallel}}{K_{\perp}}\right)^{1/2} \tag{6.9.13}$$

隧穿率(不细算前置因子)是

$$\Gamma \approx \cos(S\pi)\omega_0 \exp\left[-\frac{2V}{\hbar\gamma}\left(2\chi_{\perp} K_{\parallel} + m^2 \frac{K_{\parallel}}{K_{\perp}}\right)^{1/2}\right] \tag{6.9.14}$$

以上结果在铁磁极限($m_1 \gg m_2$,未抵消部分 $m \gg \sqrt{\chi_{\perp} K_{\perp}}$)和反铁磁极限($m_1 \approx m_2$,$m \ll \sqrt{\chi_{\perp} K_{\perp}}$)时,式(6.9.11)和式(6.9.13)分别与文献[28]以及文献[49]、文献[50]中的结果符合,比早期工作的结果多出来的是拓扑干涉因子。从式(6.9.14)还可以看到,只要 $m \neq 0$(不论多小),$K_{\perp} \neq 0$ 对给出有限的隧穿率就是必要的。原因是,如果 $K_{\perp}=0$,$\boldsymbol{m}$ 将是守恒的,它无法隧穿。对于铁磁颗粒,$S_{\mathrm{E}} \propto \sqrt{\dfrac{K_{\parallel}}{K_{\perp}}}$,只有在 $K_{\perp} \gg K_{\parallel}$ 时,隧穿率才有可能不至于太小。对反铁磁颗粒,$S_{\mathrm{E}} \propto \sqrt{K_{\parallel} \chi_{\perp}}$,但 $\chi_{\perp} \ll 1$,因此隧穿率一般要大得多。

在以上两节讨论中未涉及环境对量子隧穿的影响,实际在理论上这是很重要的问题。在不同固体中造成耗散的原因也不同,例如自由电子、涡旋、磁振子、声子等,A. Garg[51-53]对此曾有系统的研究。

6.10 磁体系的宏观量子现象实验

多数磁量子隧穿实验是用磁弛豫方法。例如 Barbara 等人[54]测量了量子 $Tb_{0.5}Ce_{0.5}Fe_2$ 铁磁粒子,其平均大小是 15nm。先将样品置于 8T 的强场中使其磁化饱和,然后将场减至 0,再反向将场置于$\lesssim H_c$,磁化强度就位于亚稳态(图 6.24)了。然后,测量样品磁化强度随时间的变化。对单畴、无相互作用的粒子,磁化弛豫遵循

$$M(t) = M(0)\mathrm{e}^{-\Gamma t} \tag{6.10.1}$$

在温度较高时,热激发是渡越势垒 U 的机制:

$$\Gamma = \omega \mathrm{e}^{-U/kT^*} \tag{6.10.2}$$

T^* 为逃逸温度。在样品温度 T 较高时,$T^*=T$。但当 T 降至一定程度时,Γ 即不再随 $1/T$ 指数下降,而是趋于一个不依赖温度的值,即 T^* 趋于一个常数。这个过程表明量子隧穿参与了弛豫,然后占有主要的位置。图 6.24 给出这个变化。多数磁体系并不是单畴的,它们的势垒具有相当宽的分布,在弛豫过程中并不遵守指数规律。磁化强度的演化是[55]

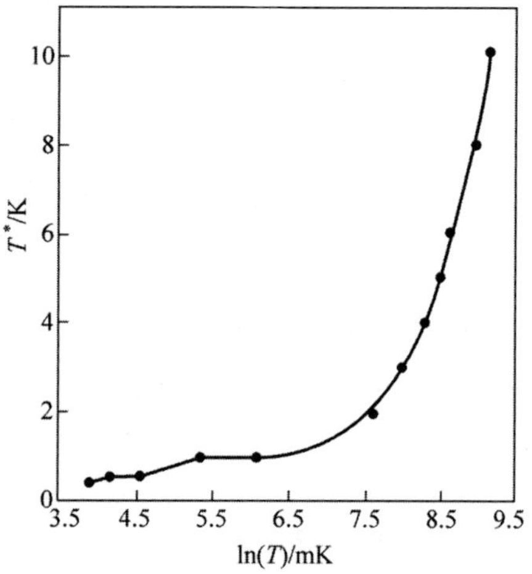

图 6.24 逃逸温度 T^* 随样品温度 T 的变化

$$M(t) = M(t_0)\left[1 - S(T,H)\ln\frac{t}{t_0}\right] \tag{6.10.3}$$

$S(T,H)$为磁黏滞性,它对温度和磁场的依赖表征为体系的弛豫行为。J. Tejada 和张西祥[56]对多种体系进行了磁弛豫研究。磁黏滞性在温度较高时随温度降低而下降,而在由热激发转变到量子时,隧穿机制的转变温度趋于常数。图 6.25 给出了随机 $TbFe_3$ 磁薄膜的磁黏滞性在不同磁场下随温度的变化。由于平均垒高随 H 的增大而降低,量子隧穿率会增

高,这相当于更高的逃逸温度。文献[56]还给出了对 $TbFeO_3$ 反铁磁单晶的指数弛豫结果,示于图 6.26。从实验数据可以得到垒高作为磁场 H 的函数,并推导尝试频率 ω,使理论可以和实验比较。

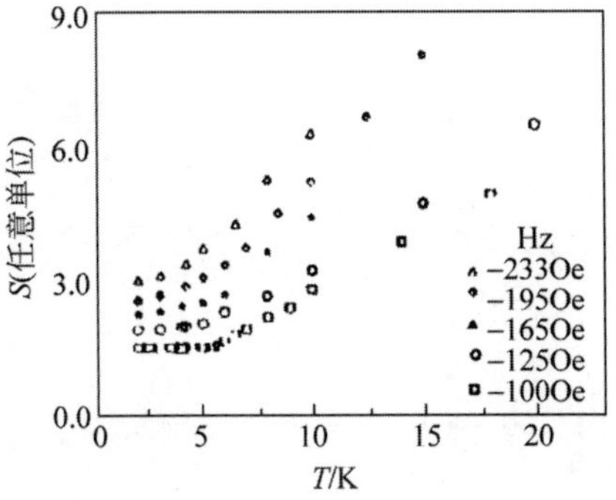

图 6.25 随机 $TbFe_3$ 磁薄膜磁黏滞性随温度的变化(1Oe=79.58A/m)
取自文献[56]

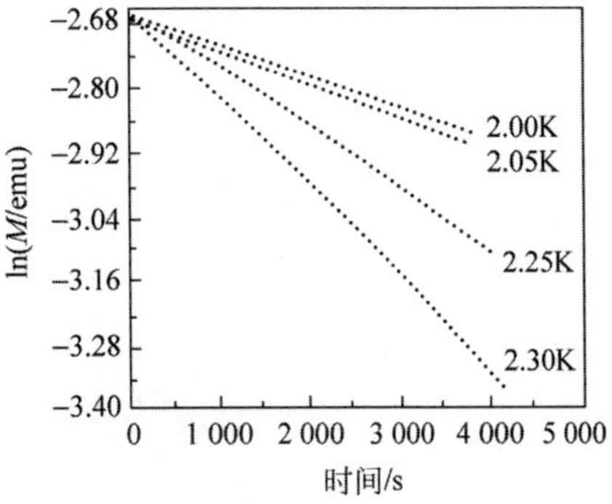

图 6.26 反铁磁单晶 $TbFeO_3$ 磁化强度①的指数弛豫
取自文献[56]

D. Awshalom[57-59]的研究组利用小反铁磁粒子进行了另一个类型的实验。当无外磁场时,晶体各向异性形成的对称双阱是量子相干的条件,Néel 矢量可以在两个阱间往返振荡。如果两套子格的磁矩未完全抵消,则在 $\boldsymbol{l}$ 振荡时,$\boldsymbol{m}$(未抵消磁矩)跟随 $\boldsymbol{l}$ 一起往返振荡②。纳米磁性颗粒取自天然的和人造的铁朊(ferritin)。马脾脏中的铁朊是蛋白质的球壳,其外直径为 12.5nm,内直径为 7.5nm。天然铁朊内含 $5Fe_2O_3 \cdot 9H_2O$,它在 240K 以下是单畴反铁磁。每个粒子含有约 4 500 自旋 $5/2Fe^{3+}$。由于大的表面-体积比,两套子格的磁矩未完全抵消,正好成为反铁磁动力学的示踪物。为了避免铁朊粒子间过大的相互作用③,可以根据需要将去铁朊(apoferritin,是去掉中间的铁化合物的空蛋白质壳)和铁朊混合起来。实验中采用了微型的 SQUID 陡度计和磁强计,能接近由量子力学所允许的灵敏度上限。在实验中测量和频率有关的磁化率 $\chi(\omega)$和磁噪声 $S(\omega)$。未抵消的磁矩在随 $\boldsymbol{l}$ 振荡时有磁化强度的关联函数:

$$S(\tau)=\langle M(t)M(t+\tau)\rangle=M_0^2\cos(\omega_{\text{res}}\tau) \tag{6.10.4}$$

此处,M_0 是未抵消的磁矩的大小,ω_{res} 是共振角频率,它的傅里叶变换正是测量的磁噪声:

$$S(\omega)=\pi M_0^2\delta(\omega-\omega_{\text{res}}) \tag{6.10.5}$$

测得的 $S(\omega)$和 $\chi(\omega)$分别示于图 6.27(a)和(b)。在实验中将去铁朊稀释(1 000 : 1),温度为 29.7mK,共振频率为 9.4×10^5 Hz,S 与 χ 的共振频率稍有不同是由于杂散磁场的影响。频率对磁场是非常灵敏的,因此如果稀释得少一些,共振频率就会大得逃出测量极限。$S(\omega)$和 $\chi''(\omega)$(χ 的虚部)的共振频率相同是该实验的重点。根据涨落-耗散定理④,有

① 在电磁单位(emu)中,$\boldsymbol{M}$ 的单位是 erg/(G · cm^3)。在国际单位制中,$\boldsymbol{M}$ 的单位与 $\boldsymbol{H}$ 同,即 A · m^{-1}。换算关系是 1emu=10^3A · m^{-1}。

② $\boldsymbol{m}$ 的振荡是可以测量的,Néel 矢量 $\boldsymbol{l}$ 和探测器是没有耦合的,因此要通过 $\boldsymbol{m}$ 的振荡推知 $\boldsymbol{l}$ 的振荡。

③ N. V. Prokofiev 和 P. C. E. Stamp 指出,环境的自旋产生的拓扑去相干效应足以抑制量子相干。

④ 请参阅本书 8.7 节。

$$\chi''(\omega) = (1 - e^{-\hbar\omega/kT}) S(\omega) \frac{1}{2\hbar}$$

$$\approx \frac{\omega}{2kT} S(\omega) = \frac{\pi N \omega M_0^2}{2kT} \delta(\omega - \omega_{res}) \equiv \chi_{res} \delta(\omega - \omega_{res}) \tag{6.10.6}$$

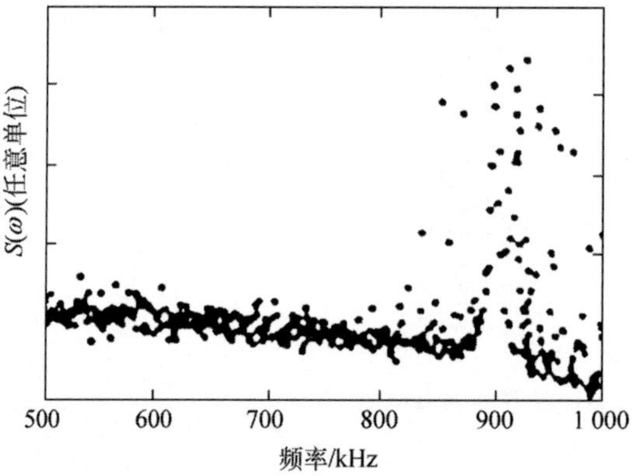

(a)

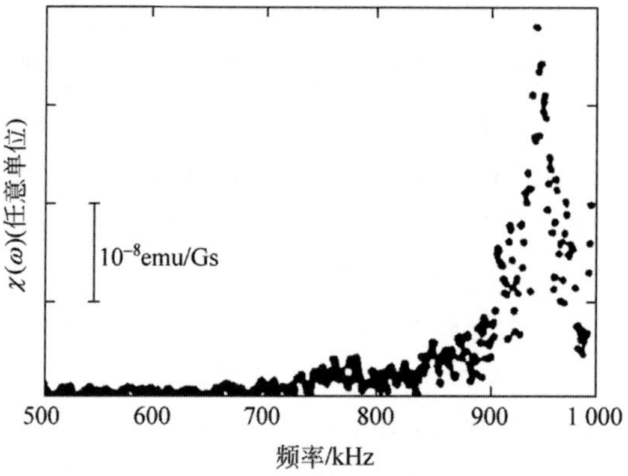

(b)

图 6.27 磁噪声谱($B=10^{-5}$G)和磁化率谱($B=10^{-4}$G)

取自文献[57]

(a) 磁噪声谱；(b) 磁化率谱

此处定义了

$$\chi_{res} = \frac{\pi N \omega M_0^2}{2kT} \tag{6.10.7}$$

N 是铁朊粒子的总数。一方面，$S(\omega)$和 $\chi''(\omega)$的共振频率相同；另一方面，根据式(6.10.7)，χ_{res} 和温度的关系应以 $T\chi_{res}/S(\omega_{res})$为常数，也为实验证实。文献[58]进一步测量了共振频率($\nu=\omega/2\pi$)与粒子体积的关系(人造铁朊体积 V 可变，V_0 为天然铁朊体积)，证实了频率随体积指数下降(图 6.28)，这正是量子力学所表明的。

对 D. D. Awshalom 的研究有若干不同意见的，有 N. V. Prokofiev 和 P. C. E. Stamp[60]，A. Garg[53,61-62]，以及 H. B. Braun 和 D. Loss[63]。

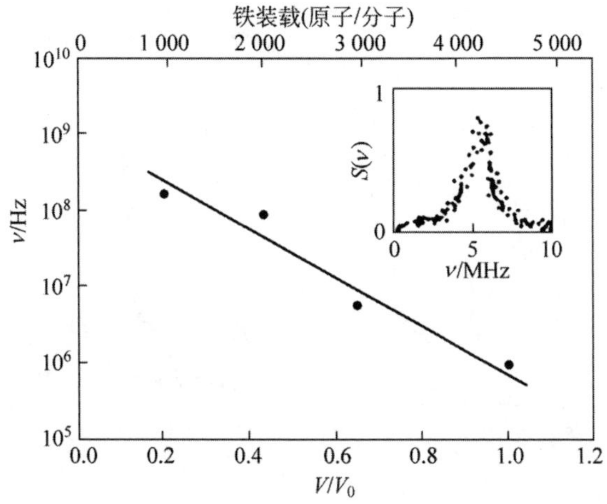

图 6.28 磁噪声共振频率与粒子体积关系

取自文献[58]

6.11 磁性大分子的宏观量子现象

一种磁性大分子“Mn_{12}”在 1980 年初次被化学合成。它的分子式是 $Mn_{12}O_{12}(CH_3COO)_{16}(H_2O)_4 \cdot 2CH_3COOH \cdot 4H_2O$，分子结构示于图 6.29。大球表示 Mn 离子，外层 8 个 Mn^{3+}(自旋为 2)形成一个铁磁团簇，总自旋为 16；内层 4 个 Mn^{4+}(自旋为 3/2)形成另一个铁磁团簇，总自旋为 6。两套格子自旋相反，形成一个总体的亚铁磁体系，自旋为 10。Mn 离子之间的交换作用很强，使 Mn_{12} 成为一个自旋为 10 的单元。图中的小球是 12 个 O 离子，醋酸根和结晶水都没有画出。这些大分子结晶于六角晶系格子，易磁化方向是 c 轴。在晶格中，大分子之间金属离子的最小距离是 7Å，因此它们之间的相互作用很弱。实验表明，存在较大的晶体磁各向异性。磁弛豫测量表明，在 2.1K 以上有单一的弛豫时间 $\tau=\tau_0 e^{-\Delta E/kT}$，而当温度更低时可能存在量子隧穿。

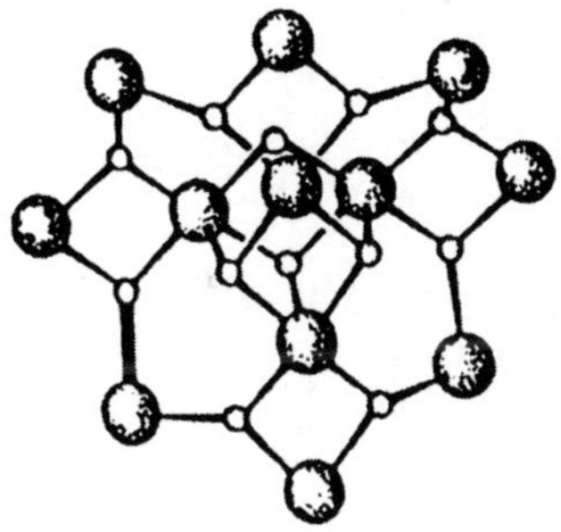

图 6.29 Mn_{12} 结构图

从微观的角度来研究量子隧穿，是一个极为理想的系统。6.10 节讨论的单畴磁性颗粒，它们的大小是不均匀的，即势垒高度是有一个分布的，所得到的有关量子隧穿的数据经过平均会抹平。此处粒子间的相互作用也会造成问题。这些困难在 Mn_{12} 都不存在。对于 Mn_{12} 的量子隧穿研究，在 1996 年 J. Friedmann[64]，J. Tejada[65]，B. Barbara[66] 的各实验组都发现了 Mn_{12} 的磁滞回线中有量子阶跃现象(图 6.30[66])，陡增和平坦部分相继出现。由于每个大分子都是相同的，在晶格中的取向也相同。当磁场值达到共振时，每个分子对磁场的反应都是一样的，量子隧穿同时发生，因此形成宏观的信号。令 c 轴方向为 z，外加磁场也在 z 方向，能量对自旋分量的依赖是

$$E=-DS_z^2-g\mu_z HS_z \tag{6.11.1}$$

分子自旋为 10，因此有 21 个状态，$S_z=-10,-9,\cdots,0,\cdots,9,10$。在无外场时有 10 对能级

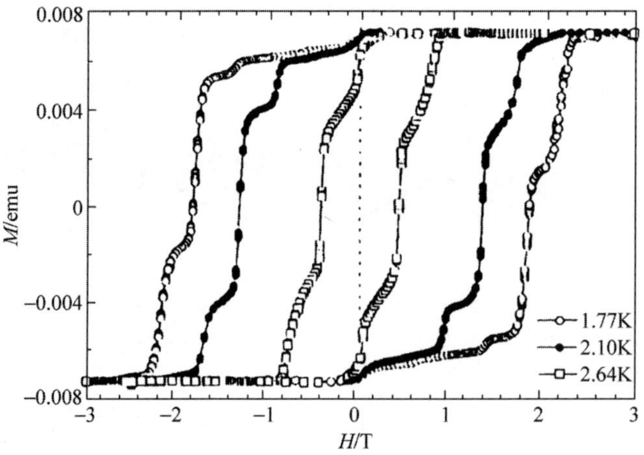

图 6.30　Mn_{12} 低温磁滞回线

取自文献[66]

是简并的。图 6.31 画出了这些能级，$|-10\rangle$ 与 $|10\rangle$ 是最低能量态，但若要跃迁到另一态去，(自旋反向)就类似要穿过一个势垒。在低温时，这个跃迁的弛豫时间约为 3 年[67-68]。在激发态上跃迁则容易得多，因此由势协助的隧穿可能性更大。即分子经热激发到一个激发态，然后从激发态上隧穿势垒，这在低温时会是主要的过程。在理论上 J. Villain 的研究组考虑了隧穿机制[68-69]。要使隧穿发生，必须有磁各向异性能。正方晶系的 S_4 对称性要求哈密顿量具有 $S_x \to S_y, S_y \to -S_x$ 的对称性。哈密顿量中包括的使 S_z 不守恒的算符只可能是 $A(S_+^2+S_-^2)$，但它就是 $A(S^2-S_z^2)$，却仍使 S_z 守恒。因此只能有

$$H = -DS_z^2 - C(S_+^4 + S_-^4) \tag{6.11.2}$$

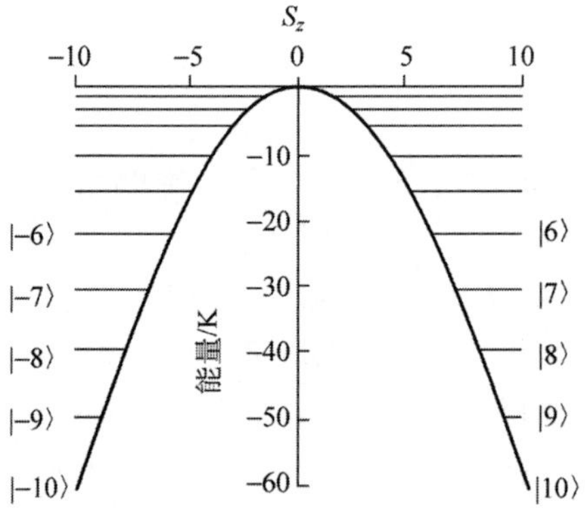

图 6.31　Mn_{12} 不同自旋态(无外磁场)

此外，还要考虑自旋和声子的相互作用。理论上想解释现有的实验还有不少困难。

磁滞回线的结构与弛豫时间的研究，特别是它们之间的相关性，需要从理论上总结与阐明。当有外场时，S_z 为正值的各能级与 S_z 为负值的各能级要相对移动。当一个能级 $|-m\rangle$ 与 $|m-n\rangle$ 能量相同时，它们之间能够有共振隧穿。不计 S_+^4，S_-^4 项，式(6.11.1)给出：

$$-Dm^2 + g\mu_B mH = -D(m-n)^2 - g\mu_B(m-n)H$$

即

$$g\mu_B H_n = nD \tag{6.11.3}$$

上式与 m 无关，可以将 H 写为 H_n，因它由 n 确定。这意味着只要一对能级能量相同，必然还有其他若干对能级能量相同。因此

$$H_n = \frac{D}{g\mu_B} n \tag{6.11.4}$$

$n=0,1,\cdots$是共振隧穿的条件。当磁场等于这些值的时候，磁化强度会发生很大变化（阶跃）。由于共振隧穿率显著大于非共振条件，因此弛豫时间也会达到极小。图 6.32[66] 给出了 2.10K 时弛豫时间与 H 的关系。发生磁化强度阶跃时 H 的值为 0～2.64T，区间等差 $\Delta H=0.44$T，而且只在 H 的方向与初始剩磁方向相反时才有，$\Delta H=0.44$T，给出 $D=0.60$K。实验研究仍在继续，在理论上如何解释现有实验结果，仍是一个挑战。

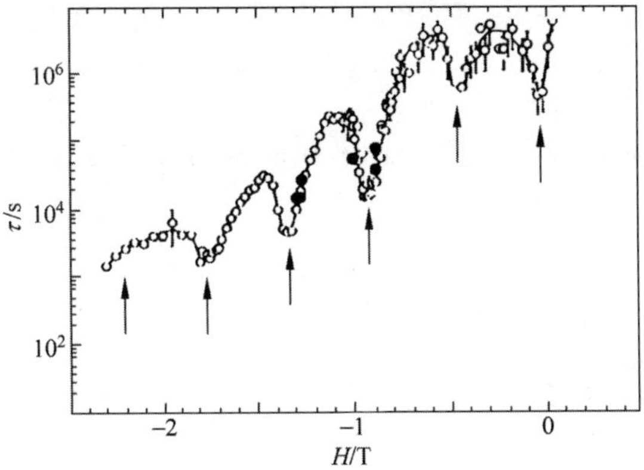

图 6.32　弛豫时间与磁场 H 的关系

取自文献[66]

8 个铁原子的集团 Fe_8 在低温下的基态自旋为 $S=10$，表现为磁性粒子。Wernsdorfer 和 Sessoli[70] 提出了测量它的微小的隧穿劈裂的实验方法。他们发现隧穿劈裂随着沿难磁化轴方向外磁场的变化显示明显的振荡，其原因是两个相反缠绕的隧穿路径间的拓扑量子干涉。这个结果是在 6.8.3 节讨论的自旋的拓扑相的明证。

要处理自旋为 10 的体系，自旋相干态路径积分的方法可能不适合。在这个方法中，自旋被当作经典力学量。实际上，$[\phi, S_z]=\mathrm{i}$ 被 $s[\phi, \cos\theta]=\mathrm{i}$ 取代，此处 s 是常数。如果要计算$[S_x, S_y]$，此处 $S_x = s\sin\theta\cos\phi$，$S_y = s\sin\theta\sin\phi$，就得到

$$[S_x, S_y] = \mathrm{i}S_z + O(1/s^3) \tag{6.11.5}$$

该结果意味着上述方法对于大的 s 值适用。Zaslavskii 及合作者[71-73] 发展的势描述方法从自旋粒子的薛定谔方程出发，自旋-坐标的对应是精确的，其适用性与自旋的大小无关。这个方法被 E. M. Chudnovsky，D. A. Garanin[74] 和梁九卿等人[75-76] 用于研究磁隧穿问题。他们的研究产生了与 Wernsdorfer 和 Sessoli 实验相符的结果。

6.12　自旋奇偶效应的量子力学基础

6.8 节讨论的自旋奇偶效应仅考虑到单个自旋，在推导中使用了自旋相干态路径积分。这个方法只适用于大自旋，例如单畴铁磁或反铁磁颗粒，但研究工作的进展已经遇到 Mn_{12}，

其自旋仅为10。在单畴颗粒中也需要假设交换作用很强,以致可以把它们当作单个的大自旋处理。从量子力学的基础出发来考查自旋奇偶效应,李伯臧和蒲富恪发现这个效应实际上是对称性的选择定则,它们之间的联系是很直接的[77-78]。

考虑绕z轴的M重旋转不变性。它意味着系统的哈密顿量$\hat{H}$和旋转算符$\exp\left(\mathrm{i}\frac{2\pi}{M}\hat{S}_z\right)$对易。因此有

$$\exp(-\mathrm{i}\hat{H}t)=\exp\left(-\mathrm{i}\frac{2\pi}{M}\hat{S}_z\right)\exp(-\mathrm{i}\hat{H}t)\exp\left(\mathrm{i}\frac{2\pi}{M}\hat{S}_z\right) \tag{6.12.1}$$

将此式用于跃迁振幅,有

$$\begin{aligned}\langle m' \mid \exp(-\mathrm{i}\hat{H}t) \mid m\rangle &= \left\langle m' \left| \exp\left(-\mathrm{i}\frac{2\pi}{M}\hat{S}_z\right)\exp(-\mathrm{i}\hat{H}t)\exp\left(\mathrm{i}\frac{2\pi}{M}\hat{S}_z\right)\right| m\right\rangle \\ &= \exp\left[\mathrm{i}\frac{2\pi}{M}(m'-m)\right]\langle m' \mid \exp(-\mathrm{i}\hat{H}t) \mid m\rangle\end{aligned} \tag{6.12.2}$$

其中$|m\rangle$和$|m'\rangle$是$\hat{S}_z$的本征态,其相应的本征值m和m'有$m,m'=-S,-S+1,\cdots,S$。从此便可直接得到

$$m'-m\neq 0(\mathrm{mod}\,M)\Rightarrow\langle m' \mid \mathrm{e}^{-\mathrm{i}\hat{H}t} \mid m\rangle=0 \tag{6.12.3}$$

令$m'=-S,m=S$,便有

$$S\neq 0\left(\mathrm{mod}\,\frac{M}{2}\right)\Rightarrow\langle -S \mid \mathrm{e}^{-\mathrm{i}\hat{H}t} \mid S\rangle=0 \tag{6.12.4}$$

这便是自旋奇偶效应。

以上考虑可以推广到N个自旋系统,以$\hat{S}_\alpha=(\hat{S}_\alpha^x,\hat{S}_\alpha^y,\hat{S}_\alpha^z)$代表第$\alpha$个自旋的自旋算符,其分量用上标表示,以$S_\alpha$代表自旋量子数,以$|m_\alpha\rangle$代表$\hat{S}_\alpha^z$的本征态,其相应本征值为$m_\alpha$,有$m_\alpha=-S_\alpha,-S_{\alpha+1},\cdots,S_\alpha$。体系总自旋的$z$分量$\sum\limits_\alpha\hat{S}_\alpha^z$的本征态是张量积:

$$|\{m_\alpha\}\rangle=|m_1\rangle|m_2\rangle\cdots|m_N\rangle \tag{6.12.5}$$

其相应本征值为$\sum\limits_\alpha m_\alpha$。式(6.12.3)即可直接推广为

$$\sum_\alpha(m_\alpha-m'_\alpha)\neq 0(\mathrm{mod}M)\Rightarrow\langle\{m'_\alpha\} \mid \mathrm{e}^{-\mathrm{i}\hat{H}t} \mid \{m_\alpha\}\rangle=0 \tag{6.12.6}$$

式(6.12.3)和式(6.12.6)便是以量子力学选择定则出现的源于M重轴旋转对称性的自旋奇偶效应。对单个、多个自旋体系均适用,且不受大自旋限制。

以$\hat{T}$表示时间反演算符,它是一个反线性、反幺正算符①,满足以下关系:

$$\hat{T}\mathrm{i}\hat{T}^{-1}=-\mathrm{i} \tag{6.12.7a}$$

$$\hat{T}\hat{S}T^{-1}=-\hat{S} \tag{6.12.7b}$$

$$\hat{T}^2=(-1)^{2S} \tag{6.12.7c}$$

令$|\psi^T\rangle$为$|\psi\rangle$的时间反演态

$$|\psi^T\rangle=\hat{T}|\psi\rangle \tag{6.12.8}$$

① 参阅文献[17]。

则有

$$\langle \psi^T | \varphi^T \rangle = \langle \varphi | \psi \rangle \tag{6.12.9}$$

系统具有时间反演不变性，因此有

$$e^{-i\hat{H}t} = \hat{T} e^{i\hat{H}t} \hat{T}^{-1} \tag{6.12.10}$$

对以上应用式(6.12.7a)，则式(6.12.10)可以给出：

$$\langle m' \mid e^{-i\hat{H}t} \mid m \rangle = \langle m' \mid \hat{T} e^{i\hat{H}t} T^{-1} \mid m \rangle \tag{6.12.11}$$

令

$$\mid \mu \rangle = e^{i\hat{H}t} \hat{T}^{-1} \mid m \rangle \tag{6.12.12}$$

因此有

$$\langle m' \mid e^{-i\hat{H}t} \mid m \rangle = \langle m' \mid \hat{T} \mid \mu \rangle = \langle \mu \mid \hat{T}^{-1} m' \rangle \tag{6.12.13}$$

上式应用了式(6.12.10)。进一步推证需要 $\hat{T}$ 和 $\hat{T}^{-1}$ 作用于 $\hat{S}_z$ 本征态$|m\rangle$的结果。暂时假设$|m\rangle$是态空间的基准态①，即它们满足

$$\hat{S}_z \mid m \rangle = m \mid m \rangle \tag{6.12.14}$$

$$\hat{S}_\pm \mid m \rangle = [(S \mp m)(S \pm m + 1)]^{1/2} \mid m \pm 1 \rangle \tag{6.12.15}$$

由于

$$\hat{S}_\pm = \hat{S}_x \pm i\hat{S}_y \tag{6.12.16}$$

有

$$\hat{T}\hat{S}_\pm \hat{T}^{-1} = -\hat{S}_\mp, \quad \hat{T}\hat{S}_z \hat{T}^{-1} = -\hat{S}_z \tag{6.12.17}$$

此处应用了式(6.12.7a,b)。因此用式(6.12.17)、式(6.12.14)、式(6.12.15)可得

$$\hat{S}_z \hat{T} \mid m \rangle = -m\hat{T} \mid m \rangle \tag{6.12.18}$$

$$\hat{S}_\pm \hat{T} \mid m \rangle = -[(S \pm m)(S \mp m + 1)]^{1/2} \hat{T} \mid m \mp 1 \rangle \tag{6.12.19}$$

由于 $\hat{S}_z$ 的每个本征值都是非简并的，故比较式(6.12.14)与式(6.12.18)，有

$$\hat{T} \mid m \rangle = \theta_m \mid -m \rangle \tag{6.12.20}$$

其中 θ_m 是依赖于 m 的相因子。将式(6.12.20)代入式(6.12.19)，得

$$\theta_m = (-1)^{S-m} \theta \tag{6.12.21}$$

其中

$$\theta \equiv \theta_{-S}$$

它给出了不同 m 值的相因子间的关系。于是式(6.12.20)可以写作

$$\hat{T} \mid m \rangle = (-1)^{S-m} \theta \mid -m \rangle \tag{6.12.22}$$

再将 $\hat{T}$ 作用于上式左、右侧，得

$$\theta^2 = 1, \quad 即\ \theta = \pm 1 \tag{6.12.23}$$

在文献[78]中还证明了 $\theta=1$，但为了推演选择规则，有式(6.12.23)就已足够。由式(6.12.22)给出

① 如果它们不属于基准态，则固定式(6.12.14)和式(6.12.15)前会出现相因子。以下可以看到这个假设是不必要的。

$$\hat{T}\ |-m\rangle=(-1)^{S+m}\theta\ |\ m\rangle$$

将 $\hat{T}^{-1}$ 作用于等号左、右侧，再将$(-1)^{S+m}\theta$ 作用于等号左、右侧。考虑到$(-1)^{2S+2m}=1$，有

$$\hat{T}^{-1}\ |\ m\rangle=(-1)^{S+m}\theta\ |-m\rangle \tag{6.12.24}$$

用式(6.12.24)，则式(6.12.12)给出：

$$|\ \mu\rangle=e^{i\hat{H}t}T^{-1}\ |\ m\rangle=e^{i\hat{H}t}(-1)^{S+m}\theta\ |-m\rangle$$

亦即

$$\langle\mu\ |=\langle-m\ |\ e^{-i\hat{H}t}(-1)^{S+m}\theta \tag{6.12.25}$$

现在就可以继续式(6.2.13)的推演。由式(6.12.24)和式(6.12.25)得

$$\begin{aligned}\langle m'\ |\ e^{-i\hat{H}t}\ |\ m\rangle&=\langle\mu\ |\ (-1)^{S+m'}\theta\ |-m'\rangle\\&=\langle-m\ |\ e^{-i\hat{H}t}(-1)^{2S+m+m'}\ |-m'\rangle\end{aligned}$$

令 $m'=-m$，上式变为

$$\langle-m\ |\ e^{-i\hat{H}t}\ |\ m\rangle=(-1)^{2S}\langle-m\ |\ e^{-i\hat{H}t}\ |\ m\rangle \tag{6.12.26}$$

因此

$$S=\text{半整数}\Rightarrow\langle-m\ |\ e^{-i\hat{H}t}\ |\ m\rangle=0 \tag{6.12.27}$$

该结果容易推广到多自旋系统。由于式(6.12.27)成立的结论与在跃迁矩阵元前乘以一个相因子所得的结论相同，$|m\rangle$为态空间基准态的假设是不必要的。

在 6.8 节讨论了在无磁场情况下拓扑淬灭效应和克拉默斯简并等价。以上的讨论表明，对半整数自旋从$|S\rangle$到$|-S\rangle$的跃迁被禁戒是严格的时间反演不变的结果。一般情况下，$|S\rangle$和$|-S\rangle$并非哈密顿量的本征态，因此$|S\rangle$到$|-S\rangle$的禁戒和 H 本征态的二重简并并没有关系。在严格的量子力学意义上，选择定则的成立与 H 本征态的二重简并都是时间反演不变性的后果，而二者之间没有直接联系。在 6.8 节的讨论中，半整数自旋体系在双阱势情况下的基态为二重简并的，而这简并的两个态的自旋平均值正是 $-S$ 与 S。在半经典近似下，平均值与本征值就不予以区别了。

霍尔丹猜想和磁量子相干的自旋奇偶效应源于 Wess-Zumino 项。它的拓扑效应不仅在时间反演不变成立时有所展现，在时间反演不变不再成立时(有磁场)，也表现在隧穿率随磁场的振荡上。时间反演不变性之所以区别整数和半整数自旋，是基于 $\hat{T}^2=(-1)^{2S}$ 这一性质。不论体系是否有 Wess-Zumino 项，选择定则都会成立。这二者是彼此独立的，但有时会有交叉。

参考文献

[1] GORKOV L P. Microscopic derivation of the Ginzburg-Landau equations in the theory of superconductivity[J]. Soviet Physics JETP,1959,9：1364.

[2] LIFSHITZ E M,PITAEVSKIĭ L P. Statistical physics：Part 2[M]. Oxford：Pergamon Press,1980.

[3] SCHRIEFFER J R. Theory of superconductivity[M]. Boca Raton：CRC Press,1999.

[4] FEYNMAN R P, LEIGHTON R B, SANDS M. The Feynman lectures on physics：Ⅲ-quantum

mechanics[M]. Reading: Addison-Wesley, 1965.

[5] JOSEPHSON B. Possible new effects in superconductive tunnelling[J]. Physics Letters, 1962, 1(7): 251-253.

[6] ANDERSON P W. How Josephson discovered his effect[J]. Physics Today, 1970, 23(11): 23.

[7] ROWELL J M. Magnetic field dependence of the Josephson tunnel current[J]. Physical Review Letters, 1963, 11: 200-202.

[8] JAKLEVIC R C, LAMBE J, SILVER A H, et al. Quantum interference effects in Josephson tunneling [J]. Physical Review Letters, 1964, 12: 159-160.

[9] JAKLEVIC R C, LAMBE J J, SILVER A H, et al. Quantum interference from a static vector potential in a field-free region[J]. Physical Review Letters, 1964, 12: 274-275.

[10] KURKIJÄRVI J. Intrinsic fluctuations in a superconducting ring closed with a Josephson junction [J]. Physical Review B, 1972, 6: 832-835.

[11] LEGGETT A J. Macroscopic quantum tunneling and related effects in Josephson systems[M]// GOLDMAN A M, WOLF S A. Percolation, Localization, and Superconductivity. New York: Plenum Press, 1984: 1-42.

[12] CALDEIRA A, LEGGETT A. Quantum tunnelling in a dissipative system[J]. Annals of Physics, 1983, 149(2): 374-456.

[13] LEGGETT A J, CHAKRAVARTY S, DORSEY A T, et al. Dynamics of the dissipative two-state system[J]. Review of Modern Physics, 1987, 59: 1-85.

[14] KRAMERS H. Brownian motion in a field of force and the diffusion model of chemical reactions[J]. Physica, 1940, 7(4): 284-304.

[15] WEISS U. Quantum dissipative systems [M]. 2nd ed. Singapore: World Scientific Publishing Company, 1999.

[16] FEYNMAN R, VERNON F. The theory of a general quantum system interacting with a linear dissipative system[J]. Annals of Physics, 1963, 24: 118-173.

[17] SCHIFF L I. Quantum mechanics[M]. 3rd ed. New York: McGraw-Hill, 1968.

[18] AMBEGAOKAR V, ECKERN U, Schön G. Quantum dynamics of tunneling between superconductors[J]. Physical Review Letters, 1982, 48: 1745-1748.

[19] ECKERN U, SCHÖN G, AMBEGAOKAR V. Quantum dynamics of a superconducting tunnel junction[J]. Physical Review B, 1984, 30: 6419-6431.

[20] YU L H, SUN C P. Evolution of the wave function in a dissipative system[J]. Physical Review A, 1994, 49: 592-595.

[21] SUN C P, YU L H. Exact dynamics of a quantum dissipative system in a constant external field[J]. Physical Review A, 1995, 51: 1845-1853.

[22] SUN C P, GAO Y B, DONG H F, et al. Partial factorization of wave functions for a quantum dissipative system[J]. Physical Review E, 1998, 57: 3900-3904.

[23] FUJIKAWA K, ISO S, SASAKI M, et al. Canonical formulation of quantum tunneling with dissipation[J]. Physical Review Letters, 1992, 68: 1093-1096.

[24] JACKEL L D, GORDON J P, Hu E L, et al. Decay of the zero-voltage state in small-area, high-current-density Josephson junctions[J]. Physical Review Letters, 1981, 47: 697-700.

[25] VOSS R F, WEBB R A. Macroscopic quantum tunneling in 1μm Nb Josephson junctions[J]. Physical Review Letters, 1981, 47: 265-268.

[26] WASHBURN S, WEBB R A, VOSS R F, et al. Effects of dissipation and temperature on macroscopic quantum tunneling[J]. Physical Review Letters, 1985, 54: 2712-2715.

[27] MARTINIS J M, DEVORET M H, CLARKE J. Energy-level quantization in the zero-voltage state of

a current-biased Josephson junction[J]. Physical Review Letters,1985,55: 1543-1546.

[28] CHUDNOVSKY E M,GUNTHER L. Quantum tunneling of magnetization in small ferromagnetic particles[J]. Physical Review Letters,1988,60: 661-664.

[29] CHUDNOVSKY E M,GUNTHER L. Quantum theory of nucleation in ferromagnets[J]. Physical Review B,1988,37: 9455-9459.

[30] AUERBACH A. Interacting electrons and quantum magnetism[M]. New York: Springer,1994.

[31] KLAUDER J R,SKAGERSTAM B S. Coherent states: Applications in physics and mathematical physics[M]. Singapore: World Scientific,1985.

[32] GARG A,KIM G H. Macroscopic magnetization tunneling and coherence: Calculation of tunneling-rate prefactors[J]. Physical Review B,1992,45: 12921-12929.

[33] LOSS D,DIVINCENZO D P,GRINSTEIN G. Suppression of tunneling by interference in half-integer-spin particles[J]. Physical Review Letters,1992,69: 3232-3235.

[34] VON DELFT J,HENLEY C L. Destructive quantum interference in spin tunneling problems[J]. Physical Review Letters,1992,69: 3236-3239.

[35] MESSIAH A. Quantum mechanics: Volume 2[M]. Amsterdam: North-Holland,1962.

[36] GARG A. Topologically quenched tunnel splitting in spin systems without Kramers' degeneracy[J]. Europhysics Letters (EPL),1993,22(3): 205-210.

[37] CHUDNOVSKY E M,DIVINCENZO D P. Quantum interference in small magnetic particles[J]. Physical Review B,1993,48: 10548-10551.

[38] GARG A. Dissipation and interference effects in macroscopic magnetization tunneling and coherence [J]. Physical Review B,1995,51: 15161-15169.

[39] BRAUN H B,LOSS D. Spin parity effects and macroscopic quantum coherence of bloch walls[C]// GUNTHER L,BARBARA B. Quantum tunneling of magnetization-QTM'94. Dordrecht: Kluwer Academic Publishers,1995.

[40] WANG X B,Pu F C. An effective-Hamiltonian approach to the study of the interference effect in macroscopic magnetic coherence[J]. Journal of Physics: Condensed Matter,1997,9(3): 693-701.

[41] LÜ R,ZHANG P,ZHU J L,et al. Quantum transitions of the Néel vector in small antiferromagnets [J]. Physical Review B,1997,56: 10993-11000.

[42] LÜ R, ZHU J L, CHEN X, et al. Macroscopic quantum coherence of the Néel vector in antiferromagnetic system without Kramers' degeneracy[J]. The European Physical Journal B-Condensed Matter and Complex Systems,1998,3: 35-40.

[43] ZHU J L,LÜ R,WANG X B,et al. Magnetic quantum coherence in trigonal and hexagonal systems [J]. The European Physical Journal B-Condensed Matter and Complex Systems,1998,4(223-231).

[44] LÜ R,ZHU J L,WANG X B,et al. Resonant quantum coherence of the Néel vector in a magnetic field applied along the medium axis[J]. Physical Review B,1998,58: 8542-8548.

[45] LÜ R,ZHU J L,WU J,et al. Spin-parity effects in the resonant quantum coherence of the Néel vector in antiferromagnets with m-fold rotational symmetries[J]. Physical Review B,1999,60: 3435-3448.

[46] LÜ R,ZHU J L, ZHOU Y, et al. Phase interference of spin tunneling in an arbitrarily directed magnetic field[J]. Physical Review B,2000,62: 11661-11666.

[47] ZHOU Y,LÜ R,ZHU J L,et al. Quantum nucleation in ferromagnets with tetragonal and hexagonal symmetries[J]. Physical Review B,2001,63: 054429.

[48] CHUDNOVSKY E M. Magnetic tunneling[J]. Journal of Magnetism and Magnetic Materials,1995, 140-144: 1821-1824.

[49] BARBARA B, CHUDNOVSKY E M. Macroscopic quantum tunneling in antiferromagnets[J]. Physics Letters A,1990,145(4): 205-208.

[50] KRIVE I V,ZASLAVSKII O B. Macroscopic quantum tunnelling in antiferromagnets[J]. Journal of Physics: Condensed Matter,1990,2(47): 9457-9462.

[51] GARG A,KIM G H. Dissipation in macroscopic magnetization tunneling[J]. Physical Review Letters,1989,63: 2512-2515.

[52] GARG A,KIM G H. Magnetoelastic dissipation in macroscopic magnetization tunneling[J]. Physical Review B,1991,43: 712-718.

[53] GARG A. Dissipation by nuclear spins in macroscopic magnetization tunneling[J]. Physical Review Letters,1993,70: 1541-1544.

[54] BARBARA B,SAMPAIO L C,WEGROWE J E,et al. Quantum tunneling in magnetic systems of various sizes (invited)[J]. Journal of Applied Physics,1993,73(10): 6703-6708.

[55] TEJADA J,ZHANG X X,CHUDNOVSKY E M. Quantum relaxation in random magnets[J]. Physical Review B,1993,47: 14977-14987.

[56] TEJADA J,ZHANG X. Experiments in quantum magnetic relaxation[J]. Journal of Magnetism and Magnetic Materials,1995,140-144: 1815-1818.

[57] AWSCHALOM D D,DIVINCENZO D P,SMYTH J F. Macroscopic quantum effects in nanometer-scale magnets[J]. Science,1992,258: 414-421.

[58] GIDER S,AWSHALOM D D,DOUGLAS T,et al. Classical and quantum magnetic phenomena in natural and artificial ferritin proteins[J]. Science,1995,268: 77-80.

[59] AWSCHALOM D D, SMYTH J F, GRINSTEIN G, et al. Macroscopic quantum tunneling in magnetic proteins[J]. Physical Review Letters,1992,68: 3092-3095.

[60] PROKOF'EV N V, STAMP P C E. Giant spins and topological decoherence: A Hamiltonian approach[J]. Journal of Physics: Condensed Matter,1993,5(50): L663-L670.

[61] GARG A. Comment on "Macroscopic quantum tunneling in magnetic proteins"[J]. Physical Review Letters,1993,70: 2198-2198.

[62] GARG A. Have resonance experiments seen macroscopic quantum coherence in magnetic particles? The case from power absorption[J]. Physical Review Letters,1993,71: 4249-4252.

[63] BRAUN H,LOSS D. Bloch states of a Bloch wall[J]. Journal of Applied Physics,1994,76(10): 6177-6179.

[64] FRIEDMAN J R, SARACHIK M P, Tejada J, et al. Macroscopic measurement of resonant magnetization tunneling in high-spin molecules[J]. Physical Review Letters,1996,76: 3830-3833.

[65] HERNÁNDEZ J M, ZHANG X X, LUIS F, et al. Field tuning of thermally activated magnetic quantum tunnelling in Mn_{12}-Ac molecules[J]. Europhysics Letters (EPL),1996,35(4): 301-306.

[66] THOMAS L,LIONTI F,BALLOU R,et al. Macroscopic quantum tunnelling of magnetization in a single crystal of nanomagnets[J]. Nature,1996,383(6596): 145-147.

[67] PAULSEN C,PARK J G. Evidence for quantum tunneling of the magnetization in Mn_{12}-Ac[C]// GUNTHER L,BARBARA B. Quantum tunneling of magnetization-QTM '94. Dordrecht: North Holland,1995: 189-208.

[68] POLITI P,RETTORI A,Hartmann-Boutron F,et al. Tunneling in mesoscopic magnetic molecules [J]. Physical Review Letters,1995,75: 537-540.

[69] HARTMANN-BOUTRON F, POLITI P, VILLAIN J. Tunneling and magnetic relaxation in mesoscopic molecules[J]. International Journal of Modern Physics B,1996,10(21): 2577-2637.

[70] WERNSDOFER W, SESSOLI R. Quantum phase interference and parity effects in magnetic molecular clusters[J]. Science,1999,284: 133.

[71] ZASLAVSKII O. Spin tunneling and the effective potential method[J]. Physics Letters A,1990, 145(8): 471-475.

[72] ZASLAVSKII O B. Quantum decay of a metastable state in a spin system[J]. Physical Review B, 1990,42: 992-993.

[73] ULYANOV V,ZASLAVSKII O. New methods in the theory of quantum spin systems[J]. Physics Reports,1992,216(4): 179-251.

[74] CHUDNOVSKY E M,GARANIN D A. First- and second-order transitions between quantum and classical regimes for the escape rate of a spin system[J]. Physical Review Letters, 1997, 79: 4469-4472.

[75] LIANG J Q, MÜLLER-KIRSTEN H J W, PARK D K, et al. Quantum phase interference for quantum tunneling in spin systems[J]. Physical Review B,2000,61: 8856-8862.

[76] JIN Y H,NIE Y H,LI Z J,et al. Quantum phase interference in magnetic molecular clusters[J]. Modern Physics Letters B,2000,14(22-23): 809-818.

[77] LI B,WU J,ZHONG W,et al. A pure quantum mechanical theory of parity effect in tunneling and evolution of spins[J]. Science in China Series A-Mathematics,1998,41(3): 301-307.

[78] LI B,PU F. Spin parity effect resulting from time-inversion symmetry[J]. Science in China Series A-Mathematics,1998,41(9): 983-988.

第 7 章
量子体系的拓扑相因子

在第 6 章中讨论的自旋量子隧穿有一个区别于整数与半整数自旋的现象，它起源于一个 Wess-Zumino 项，该现象被称为“拓扑淬灭”。在研究一维链自旋波时，发现铁磁自旋链激发态有能隙，反铁磁链没有，即存在无质量的准粒子。一维磁链对量子涨落不稳定，在波矢 $\boldsymbol{k}$ 趋于 0 时，它有“红外发散”现象，这将在 7.1 节中讨论。

在研究一维量子反铁磁链时，又出现了 Wess-Zumino 项。霍尔丹做了一个猜测：若链上自旋是整数，则激发有能隙，对半整数自旋，激发是无质量的。这被称为“霍尔丹猜想”，它和拓扑淬灭是遥相呼应的：Wess-Zumino 项区别于整数和半整数自旋。从另一个角度考虑，一维反铁磁链的极限等价于非线性 σ 模型，这个模型有对称自发破缺，会出现戈德斯通玻色子，即无质量粒子。这个等价意味着一维反铁磁链应有无质量激发，与自旋值无关。

一维反铁磁链会有对称自发破缺吗？不同的研究给出了相同的结论：一维反铁磁链没有长程序，而在对称自发破缺时它是会出现的。这和科勒曼定理(Coleman thorem)相一致。定理指出，当有红外发散存在时，对称自发破缺不能发生，激发一定是有能隙的。那么半整数自旋链的无能隙激发又从何而来？要找出整数自旋和半整数自旋间的差别。最后的答案来自在大自旋极限下整数自旋和半整数自旋映射的不同的场论，一个有 Wess-Zumino 项，一个没有。在非整数自旋情况下，这个拓扑项的非微扰效应抑制了能隙的产生。因此，非整数自旋链的无质量激发和对称自发破缺无关，它不是戈德斯通玻色子。在 7.2 节和 7.3 节中将讨论这些问题。

Lieb-Schultz-Mattis 定理给出整数自旋和半整数自旋的区别。它指出满足平移不变性和自旋空间转动不变性的半整数自旋链有无能隙激发，或者有相反宇称的简并基态。这点将在 7.4 节中讨论。拓扑项的意义将在 7.5 节中简单讨论。

拓扑项的另一个重要表现是在非阿贝尔规范场的 Θ 真空问题中，7.6 节将介绍这个问题。

物理学的基础问题常常会贯穿在不同分支的许多研究问题中，把看起来很不同的问题联系起来。对一个问题的理解往往会对其他的问题有所启发。本章涉及了很多问题，有的超出了量子力学的范围。为了举例说明物理学的统一性，在此仍对它们做了简单介绍。

7.1 海森堡模型的自旋波理论

固体格点自旋间的相互作用可以导致自旋系统的集体激发，这种集体激发称为“自旋波”。作为体系基态，所有自旋取相同方向的固体是铁磁体。在亚铁磁体或反铁磁体中，晶格分为两套相间的子格，每个子格上的自旋取一定方向。对于两套子格，总自旋大小相等、方向相反的是反铁磁体，总自旋大小不等的是亚铁磁。描述晶格自旋体系的是海森堡模型。令 $\boldsymbol{S}_i$ 为第 i 个离子的自旋算符，J_{ij} 代表交换积分，体系的哈密顿量是

$$H=-\sum_{i,j(i\neq j)} J_{ij}\boldsymbol{S}_i\cdot\boldsymbol{S}_j \tag{7.1.1}$$

对所有离子对进行求和。可以将哈密顿量式(7.1.1)唯象地引入。而自旋 1/2 的多电子体系的相互作用能正好给出了这个哈密顿量。我们先来解释交换积分的意义。在多电子体系的哈特里-福克理论中，多电子波函数可以由单电子波函数的乘积展开。相同自旋的多个电子的波函数由斯莱特行列式(Slater cleterminant)表示：

$$\psi_{ij\cdots}(\boldsymbol{r}_1,\boldsymbol{r}_2,\cdots)=\begin{vmatrix}\varphi_1(\boldsymbol{r}_1) & \varphi_1(\boldsymbol{r}_2) & \cdots\\ \varphi_2(\boldsymbol{r}_1) & \varphi_2(\boldsymbol{r}_2) & \cdots\\ \cdots & \cdots & \cdots\end{vmatrix} \tag{7.1.2}$$

此处 $\varphi_i(\boldsymbol{r}_\alpha)$中的 i 是状态指标，α 是电子指标。在式中交换任意两个电子的反对称性带来的影响是显著的。在计算电子相互作用的能量时，有一部分为交换能：

$$E_0=-\frac{e^2}{2}\sum_{i,j}{}'\int\frac{\varphi_j^*(\boldsymbol{r}_1)\varphi_j(\boldsymbol{r}_2)\varphi_i^*(\boldsymbol{r}_2)\varphi_i(\boldsymbol{r}_1)}{|\boldsymbol{r}_1-\boldsymbol{r}_2|}\mathrm{d}^3\boldsymbol{r}_1\mathrm{d}^3\boldsymbol{r}_2+\cdots \tag{7.1.3}$$

求和符号上的一撇提示 $i\neq j$。交换能只在相同的自旋电子间存在。我们将一个电子的自旋反向，体系就失去了这个电子和其他 $N-1$ 个电子间的交换能。其能量的差别是

$$E_1-E_0=\frac{e^2}{2}\sum_{j}{}'\int\frac{\varphi_j^*(\boldsymbol{r}_1)\varphi_j(\boldsymbol{r}_2)\varphi_i^*(\boldsymbol{r}_2)\varphi_i(\boldsymbol{r}_1)}{|\boldsymbol{r}_1-\boldsymbol{r}_2|}\mathrm{d}^3\boldsymbol{r}_1\mathrm{d}^3\boldsymbol{r}_2\equiv\frac{1}{2}\sum_{j}{}'J_{ij} \tag{7.1.4}$$

上式定义了 J_{ij}，即哈密顿量式(7.1.1)中的交换积分。下面来计算交换能量式(7.1.1)。令 ↑ 及 ↓ 分别代表 $s_z=1/2$ 和 $s_z=-1/2$ 的状态，则两个自旋相同的电子的相互作用能是

$$E_{\uparrow\uparrow}=-J_{ij}\langle\uparrow_i\uparrow_j|\boldsymbol{S}_i\cdot\boldsymbol{S}_j|\uparrow_i\uparrow_j\rangle$$

用自旋升降算符 $S^+=S^x+\mathrm{i}S^y$，$S^-=S^x-\mathrm{i}S^y$，有

$$S^+|\downarrow\rangle=|\uparrow\rangle,\quad S^-|\uparrow\rangle=|\downarrow\rangle,$$

$$S^+|\uparrow\rangle=S^-|\downarrow\rangle=0,$$

$$\boldsymbol{S}_i\cdot\boldsymbol{S}_j=\frac{1}{2}(S_i^+S_j^-+S_i^-S_j^+)+S_i^z\cdot S_j^z$$

可以算出：

$$E_{\uparrow\uparrow}=-\frac{1}{4}J_{ij}$$

$$E_{\uparrow\downarrow}=\frac{1}{4}J_{ij}$$

这两种情况的能量差为 $E_{\uparrow\downarrow}-E_{\uparrow\uparrow}=\frac{1}{2}J_{ij}$，故体系有多个电子，所有电子自旋取向相同的状态与将其中一个电子反向的状态的能量差是$\frac{1}{2}\sum_{j(j\neq i)}J_{ij}$，这正与哈特里-福克理论中的计算相同。电子间的交换相互作用可以用海森堡模型的自旋-自旋相互作用予以重现。交换积分的符号是至关重要的。如果 $J>0$，平行自旋能量较低；如果 $J<0$，则反平行自旋能量较低。由于最近邻间的交换相互作用是主要的，在式(7.1.1)中的对离子对求和可以只在最

近邻间进行，在求和中标以$\langle i,j\rangle$。离子 i 有 ν 个最近邻，可以用 $i+\delta$ 标志这些近邻，$\delta=1,2,\cdots,\nu$。对简单晶格，$J_{i,i+\delta}$ 与 δ 无关，记为 J。式(7.1.1)就简化为

$$H=-J\sum_{\langle i,j\rangle}\boldsymbol{S}_i\cdot\boldsymbol{S}_j=-J\sum_{i,\delta}\boldsymbol{S}_i\cdot\boldsymbol{S}_{i+\delta}\tag{7.1.5}$$

设离子自旋为 s(整数或半整数，单位$\hbar$)。考虑状态 Φ_0，所有离子自旋的 z 分量都是最大值 s。将第 n 个离子的状态记为$|s\rangle_n$，则有 $\Phi_0=\prod\limits_n|s\rangle_n$。将式(7.1.5)用自旋算符的分量表示，有

$$H=-J\sum_{\langle ij\rangle}\left[S_i^zS_j^z+\frac{1}{2}(S_i^+S_j^-+S_i^-S_j^+)\right]\tag{7.1.6}$$

$\langle ij\rangle$代表最近邻 i,j。将 H 作用于 Φ_0，得到

$$H\Phi_0=-J\sum_{i,j=i+\delta}s^2\Phi_0=-J\nu Ns^2\Phi_0\equiv E_0\Phi_0\tag{7.1.7}$$

在计算过程中，用到了 $S^+|s\rangle=0$ 和 $\boldsymbol{s}_i$ 与 $\boldsymbol{s}_j$ 的分量对易($i\neq j$)。式(7.1.7)中，ν 是最近邻数，N 是离子总数。从式(7.1.7)可见，Φ_0 是 H 的本征态，如果 $J>0$，它是基态，即铁磁基态。在 Φ_0 的基础上将第 m 个离子的自旋 z 分量减小 1 个单位，得到的状态记为 Φ_m：

$$\Phi_m=S_m^-\prod_n|s\rangle_n\tag{7.1.8}$$

将 H 作用于 Φ_m，得到

$$H\Phi_m=-J\sum_{\langle i,j\rangle}\left[S_i^zS_j^zS_m^-+\frac{1}{2}(S_i^+S_j^-S_m^-+S_i^-S_j^+S_m^-)\right]\Phi_0\tag{7.1.9}$$

使用对易关系

$$\left.\begin{aligned}&[S_m^+,S_n^-]=2S_m^z\delta_{mn}\\&[S_m^-,S_n^z]=S_m^-\delta_{mn}\\&[S_m^+,S_n^z]=-S_m^+\delta_{mn}\end{aligned}\right\}\tag{7.1.10}$$

可以将式(7.1.9)简化为①

$$H\Phi_m=E_0\Phi_m+2Js\sum_\delta(\Phi_m-\Phi_{m+\delta})\tag{7.1.11}$$

因此，Φ_m 不是 H 的本征态。H 的本征态可由 Φ_m 的线性组合构成，而由平移不变性要求出发，它应是

$$\Phi=\sum_m e^{i\boldsymbol{k}\cdot\boldsymbol{R}_m}\Phi_m\tag{7.1.12}$$

此处 $\boldsymbol{k}$ 是布里渊区(Brillouin zone)中的 N 个矢量之一，$\boldsymbol{R}_m$ 是离子 m 的矢径。将 H 作用于Φ，给出：

$$\begin{aligned}H\Phi&=E_0\Phi+2Js\nu\Phi_m-2Js\sum_{m,\delta}e^{i\boldsymbol{k}\cdot\boldsymbol{R}_m}\Phi_{m+\delta}\\&=[E_0+2J\nu s(1-\gamma_{\boldsymbol{k}})]\Phi\end{aligned}\tag{7.1.13}$$

其中

$$\gamma_{\boldsymbol{k}}=\frac{1}{\nu}\sum_\delta e^{i\boldsymbol{k}\cdot\boldsymbol{R}_\delta}\tag{7.1.14}$$

式(7.1.13)表明，Φ(式(7.1.12))是 H 的本征态，其对应的本征值是

$$E_{\boldsymbol{k}}=E_0+2J\nu s(1-\gamma_{\boldsymbol{k}})\tag{7.1.15}$$

---

① E_0 是 Φ_0 的本征值，见式(7.1.7)。

激发态 Φ 是集体激发模式,一个原子的激发能量可以通过自旋-自旋相互作用传递给其他原子,使激发能量以波的形式传播于整个晶格。这类激发称为“自旋波”。一维链上波数为 k 的自旋波示于图 7.1,其中(a)是透视图,(b)是俯视图,(c)给出了三个相邻格点处自旋的关系。要获得低激发态的色散关系,需将式(7.1.15)对 $\boldsymbol{k}$(小量)展开,得到

$$E_k = E_0 + Js\sum_{\delta}(\boldsymbol{k}\cdot\boldsymbol{R}_\delta)^2 \tag{7.1.16}$$

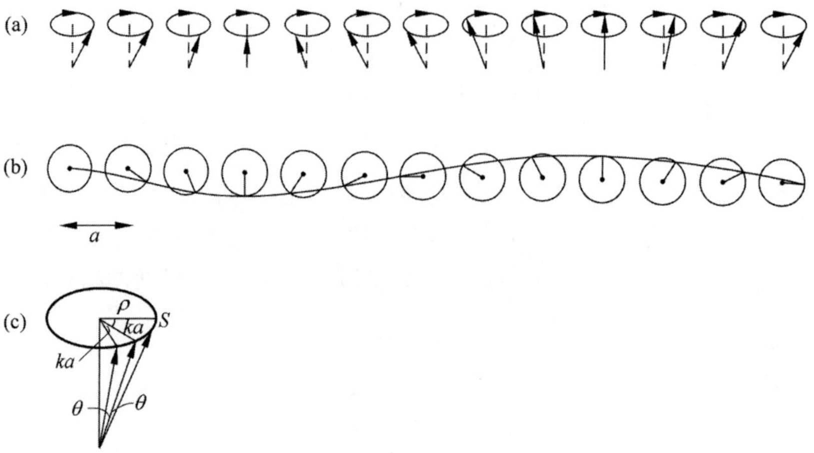

图 7.1 一维链上的自旋波

自旋波激发进行量子化后,其量子称为“磁振子”(magnon)。在基态所有格点的自旋都是 $S_z=s$(最大值)。令 n_i 代表第 i 个格点自旋偏离最大值的数量,$n_i=s-s_i^z$。在粒子占有数的表示中,状态由 $|n_1,n_2,\cdots,n_i,\cdots,n_N\rangle$ 表示,基态是 $|0,0,\cdots,0\rangle$。这样,引入粒子数产生与消灭算符 $a_j^\dagger$ 和 a_j,并令 $n_j=a_j^\dagger a_j$,则 S_j^- 就和 $a_j^\dagger$ 联系起来:增加 1 个单位 n_j 即减少 1 个单位 S_z。同样,S_j^+ 也和 a_j 联系起来。用对易关系式(7.1.10)可以得到自旋升降算符的作用:

$$\left.\begin{aligned} S^+|n\rangle &= \sqrt{2s+1-n}\sqrt{n}\,|n-1\rangle \\ S^-|n\rangle &= \sqrt{2s-n}\sqrt{n+1}\,|n+1\rangle \\ S^z\,|n\rangle &= (s-n)\,|n\rangle \end{aligned}\right\} \tag{7.1.17}$$

与算符 a 和 $a^\dagger$ 的作用相比:

$$\left.\begin{aligned} a^\dagger\,|n\rangle &= \sqrt{n+1}\,|n+1\rangle \\ a\,|n\rangle &= \sqrt{n}\,|n-1\rangle \end{aligned}\right\} \tag{7.1.18}$$

可以得到两组算符间的联系:

$$\left.\begin{aligned} S^+ &= \sqrt{2s-a^\dagger a}\,a \\ S^- &= a^\dagger\sqrt{2s-a^\dagger a} \\ S^z &= s-a^\dagger a \end{aligned}\right\} \tag{7.1.19}$$

式(7.1.19)称为“Holstein-Primakoff 变换”。以上 a 和 $a^\dagger$ 算符是定义在格点上的,例如 a_i 和 $a_j^\dagger$。自旋波是集体激发。定义与波矢有关的算符 a_k 和 $a_k^\dagger$①:

① 这类似于从布洛赫波函数到瓦尼尔波函数的变换,可参阅文献[1],120 页。

$$\left.\begin{aligned} a_j^\dagger &= \frac{1}{\sqrt{N}}\sum_k \mathrm{e}^{\mathrm{i}\boldsymbol{k}\cdot\boldsymbol{R}_j} a_k^\dagger \\ a_j &= \frac{1}{\sqrt{N}}\sum_k \mathrm{e}^{-\mathrm{i}\boldsymbol{k}\cdot\boldsymbol{R}_j} a_k \end{aligned}\right\} \tag{7.1.20}$$

a_k 与 $a_k^\dagger$ 是消灭和产生波矢为 $\boldsymbol{k}$ 的磁振子的算符。它们满足以下对易关系：

$$\left.\begin{aligned} &[a_k, a_{k'}^\dagger] = \delta_{k,k'} \\ &[a_k, a_{k'}] = [a_k^\dagger, a_{k'}^\dagger] = 0 \end{aligned}\right\} \tag{7.1.21}$$

元激发只在基态附近(n_i 较小时)才有意义。在关系式(7.1.19)中，根号下的算符在 n 较小的情况下可以作为小量展开。略去高阶项后，S^+ 包含 $a_k, a_k a_{k'}^\dagger a_{k''}$；$S^-$ 包含 $a_k^\dagger, a_k^\dagger a_{k'}^\dagger a_{k''}$。式(7.1.6)可以写成二次量子化形式：

$$\begin{aligned} H = E_0 &+ \sum_k 2J\nu s(1-\gamma_k) a_k^\dagger a_k + \\ &\frac{\nu J}{2N}\sum_{k,\kappa,k'}(\gamma_{k-\kappa}+\gamma_{k'}-2\gamma_{k-\kappa-k'}) a_{k-\kappa}^\dagger a_{k'+\tau}^\dagger a_{k'} a_k + \\ &\cdots \end{aligned} \tag{7.1.22}$$

式中等号右侧第二项是磁振子激发，波矢为 $\boldsymbol{k}$ 的磁振子能量为

$$\hbar\omega_k = 2J\nu s(1-\gamma_k) \tag{7.1.23}$$

等号右侧第三项代表一对磁振子的相互作用，在过程中有动量 κ 交换。在写出式(7.1.22)时使用了 $\gamma_k = \gamma_{-k}$。

若 $J<0$，相邻自旋反向能使相互作用的能量降低。取两套彼此相邻的子晶格 a 与 b，每个子格中的自旋一致。若子格 a 各点自旋为 $s^z = s$，子格 b 各点自旋为 $s^z = -s$，且两套子格格点数相同，这个状态称为“Néel 态”①。和铁磁情况类比，会猜想 Néel 态是反铁磁基态[2]。但实际上，这个态并不是 H(式(7.1.6))的本征态。原因是：i 和 j 作为最近邻，必须分别属于两个不同的子格。若 i 处自旋为 $s^z = s$，则 j 处自旋必为 $s^z = -s$。算符作用于 $|s\rangle_i|-s\rangle_j$ 上，$S_i^+ S_j^-$ 给出 0，而 $S_i^- S_j^+$ 给出 $\mathrm{const}|s-1\rangle_i|-s+1\rangle_j$，不是 $\mathrm{const}|s\rangle_i|-s\rangle_j$。以 Néel 态作为参考态：

$$|0,0,\cdots,0\rangle \tag{7.1.24}$$

则任意态是

$$|n_1, n_2, \cdots, n_N\rangle \tag{7.1.25}$$

其定义是，在子格 a 中 $n_i = s - s_i$(因此 Néel 态 $s_i = s$ 相当于 $n_i = 0$)，在子格 b 中 $n_j = s_j - (-s) = s_j + s$(因此 Néel 态 $s_j = -s$ 也相当于 $n_j = 0$)。这种定义保证对所有态，n_i, n_j 都大于且等于 0。由于两套子格的存在，以及 n_i 和 n_j 的定义，可以看到

$$\left.\begin{aligned} &S_{a_i}^+ \text{ 相当于 } a_i, \quad S_{a_i}^- \text{ 相当于 } a_i^\dagger \\ &S_{b_j}^+ \text{ 相当于 } b_j^\dagger, \quad S_{b_j}^- \text{ 相当于 } b_j \end{aligned}\right\} \tag{7.1.26}$$

因此，H 中的 $S_i^+ S_j^-$ 和 $S_i^- S_j^+$ 就分别相当于 $a_i b_j$ 和 $a_i^\dagger a_j^\dagger$，前者减少两个粒子，后者增加两个粒

① 究竟哪一套子格选择自旋 $+s$，哪一套选 $-s$？两种选择看似并无区别。实际上，在反铁磁晶体中有一种很弱的内部场，称为“各向异性场”，在两套子格处其方向相反，可以帮助确定一种选择。以上内容在以下讨论中不影响结论，此处不再赘述。

子。将它和铁磁情况对比，铁磁 $S_i^+S_j^-$ 和 $S_i^-S_j^+$ 则分别相当于 $a_ia_j^\dagger$ 和 $a_i^\dagger a_j$，它们不改变粒子数。

进行 Holstein-Primakoff 变换，对子格 a 有

$$\begin{aligned} S_i^+ &= (2s)^{\frac{1}{2}}(1-\cdots)a_i, \\ S_i^- &= (2s)^{\frac{1}{2}}a_i^\dagger(1-\cdots), \\ S_i^z &= s - a_i^\dagger a_i \end{aligned} \tag{7.1.27}$$

对子格 b 有

$$\begin{aligned} S_j^+ &= (2s)^{\frac{1}{2}}b_j^\dagger(1-\cdots), \\ S_j^- &= (2s)^{\frac{1}{2}}(1-\cdots)b_j, \\ S_j^z &= -s + b_j^\dagger b_j \end{aligned} \tag{7.1.28}$$

在展开中只取了带头项，这是由以下推演的需要而决定的。

为了从格点算符变到模式算符，需进行以下变换：

$$\left.\begin{aligned} c_{\boldsymbol{k}} &= \frac{1}{\sqrt{N}}\sum_i \mathrm{e}^{\mathrm{i}\boldsymbol{k}\cdot\boldsymbol{R}_i}a_i \\ d_{\boldsymbol{k}} &= \frac{1}{\sqrt{N}}\sum_j \mathrm{e}^{\mathrm{i}\boldsymbol{k}\cdot\boldsymbol{R}_j}b_j \end{aligned}\right\} \tag{7.1.29}$$

在此变换下，两个子格的自旋算符是

$$\left.\begin{aligned} S_i^+ &= \left(\frac{2s}{N}\right)^{\frac{1}{2}}\left(\sum_{\boldsymbol{k}} \mathrm{e}^{-\mathrm{i}\boldsymbol{k}\cdot\boldsymbol{R}_i}c_{\boldsymbol{k}} + \cdots\right) \\ S_i^- &= \left(\frac{2s}{N}\right)^{\frac{1}{2}}\left(\sum_{\boldsymbol{k}} \mathrm{e}^{\mathrm{i}\boldsymbol{k}\cdot\boldsymbol{R}_i}c_{\boldsymbol{k}}^\dagger + \cdots\right) \\ S_i^z &= s - \frac{1}{N}\sum_{\boldsymbol{k},\boldsymbol{k}'} \mathrm{e}^{-\mathrm{i}(\boldsymbol{k}-\boldsymbol{k}')\cdot\boldsymbol{R}_i}c_{\boldsymbol{k}}^\dagger c_{\boldsymbol{k}} \end{aligned}\right\} \tag{7.1.30}$$

$$\left.\begin{aligned} S_j^+ &= \left(\frac{2s}{N}\right)^{\frac{1}{2}}\left(\sum_{\boldsymbol{k}} \mathrm{e}^{-\mathrm{i}\boldsymbol{k}\cdot\boldsymbol{R}_i}d_{\boldsymbol{k}}^\dagger + \cdots\right) \\ S_j^- &= \left(\frac{2s}{N}\right)^{\frac{1}{2}}\left(\sum_{\boldsymbol{k}} \mathrm{e}^{\mathrm{i}\boldsymbol{k}\cdot\boldsymbol{R}_i}d_{\boldsymbol{k}} + \cdots\right) \\ S_j^z &= -s + \frac{1}{N}\sum_{\boldsymbol{k},\boldsymbol{k}'} \mathrm{e}^{-\mathrm{i}(\boldsymbol{k}-\boldsymbol{k}')\cdot\boldsymbol{R}_i}d_{\boldsymbol{k}}^\dagger d_{\boldsymbol{k}} \end{aligned}\right\} \tag{7.1.31}$$

精确到算符的双线性项，H 可改写为

$$H = -2NJ\nu s^2 + 2J\nu s\sum_{\boldsymbol{k}}\left[\gamma_{\boldsymbol{k}}(c_{\boldsymbol{k}}^\dagger d_{\boldsymbol{k}}^\dagger + c_{\boldsymbol{k}}d_{\boldsymbol{k}}) + (c_{\boldsymbol{k}}^\dagger c_{\boldsymbol{k}} + d_{\boldsymbol{k}}^\dagger d_{\boldsymbol{k}})\right] \tag{7.1.32}$$

和铁磁情况相比，此处 H 占有的粒子数空间不是对角的，因为它含有使粒子数变化的 $c^\dagger d^\dagger(\Delta N=2)$ 和 $cd\,(\Delta N=-2)$。为了使 H 对角化，采用波戈留波夫变换（Bogoliubov transformation）①，定义准粒子算符 $\alpha_{\boldsymbol{k}}$，$\beta_{\boldsymbol{k}}$ 及它们的共轭：

---

① 相关内容将在本书 10.4 节中系统介绍。在超导中这个变换也用以使 H 对角化，那里算符是费米型的，故有 $u_{\boldsymbol{k}}^2+v_{\boldsymbol{k}}^2=1$。

$$\left.\begin{aligned}\alpha_k &= u_k c_k - v_k d_k^\dagger, \quad \alpha_k^\dagger = u_k c_k^\dagger - v_k d_k \\ \beta_k^\dagger &= u_k d_k - v_k c_k^\dagger, \quad \beta_k = u_k d_k^\dagger - v_k c_k\end{aligned}\right\} \tag{7.1.33}$$

u_k 和 v_k 是实数,并满足

$$u_k^2 - v_k^2 = 1 \tag{7.1.34}$$

这个条件使 α 和 β 算符满足以下对易关系:

$$\left.\begin{aligned}&[\alpha_k, \alpha_{k'}^\dagger] = [\beta_k, \beta_{k'}^\dagger] = \delta_{kk'} \\ &[\alpha_k, \alpha_{k'}] = [\beta_k, \beta_{k'}] = 0 \\ &[\alpha_k, \beta_{k'}] = [\alpha_k, \beta_{k'}^\dagger] = \cdots = 0\end{aligned}\right\} \tag{7.1.35}$$

对角化的目标是

$$H = \sum_k \lambda_k (\alpha_k^\dagger \alpha_k + \beta_k^\dagger \beta_k) + \text{const} \tag{7.1.36}$$

λ_k 是准粒子能量本征值。这个条件将确定 u_k 和 v_k。从式(7.1.36)可得

$$[\alpha_k^\dagger, H] = -\lambda_k \alpha_k^\dagger, \quad [\alpha_k, H] = \lambda_k \alpha_k^\dagger \tag{7.1.37}$$

从式(7.1.32)可以计算$[\alpha_k^\dagger, H]$。记

$$\omega_0 = 2J\nu s, \quad \omega_1 = 2J\nu s \gamma_k \tag{7.1.38}$$

则有

$$[\alpha_k^\dagger, H] = -u_k(\omega_0 c_k^\dagger + \omega_1 d_k) - v_k(\omega_0 d_k + \omega_1 c_k^\dagger) \tag{7.1.39}$$

将式(7.1.37)第一式右侧的 $\alpha_k^\dagger$ 用式(7.1.33)代替,有

$$[\alpha_k^\dagger, H] = -\lambda_k (u_k c_k^\dagger - v_k d_k) \tag{7.1.40}$$

将式(7.1.39)与式(7.1.40)比较,有

$$\omega_0 u_k + \omega_1 v_k = \lambda_k u_k, \quad \omega_1 u_k + \omega_0 v_k = -\lambda_k u_k \tag{7.1.41}$$

方程组有解的条件是

$$\begin{vmatrix} \omega_0 - \lambda_k & \omega_1 \\ \omega_1 & \omega_0 + \lambda_k \end{vmatrix} = 0 \tag{7.1.42}$$

即 $\lambda_k^2 = \omega_0^2 - \omega_1^2$。取 λ_k 正根(准粒子激发能为正值):

$$\lambda_k = 2J\nu s (1 - \gamma_k^2)^{1/2} \tag{7.1.43}$$

计算$[\beta_k^\dagger, H]$,并用对角化要求得到同样的久期方程。将 λ_k 代入式(7.1.41),解出 u_k 和 v_k,结果是

$$u_k^2 = \frac{1}{2}\left[\frac{1}{(1-\gamma_k^2)^{1/2}} + 1\right], \quad v_k^2 = \frac{1}{2}\left[\frac{1}{(1-\gamma_k^2)^{1/2}} - 1\right] \tag{7.1.44}$$

将 H(式(7.1.33))用 α 和 β 表示,则有

$$H = -2NJ\nu s(s+1) + \sum_k 2J\nu s (1-\gamma_k^2)^{1/2} (\alpha_k^\dagger \alpha_k + \beta_k^\dagger \beta_k + 1) \tag{7.1.45}$$

将 λ_k 记为

$$\hbar\omega_k = 2J\nu s (1 - \gamma_k^2)^{1/2} \quad (\text{反铁磁}) \tag{7.1.46}$$

和铁磁 k 模激发能式(7.1.23):

$$\hbar\omega_k = 2J\nu s (1 - \gamma_k) \quad (\text{铁磁})$$

相比,它们有显著的差别。对于简单立方晶格(格距为 a),当 ka 较小时,有

$$\left.\begin{aligned}\nu(1-\gamma_k) &\approx 2(ka)^2 \\ \nu(1-\gamma_k^2)^{1/2} &\approx \frac{1}{\sqrt{3}}ka\end{aligned}\right\} \tag{7.1.47}$$

可见铁磁自旋波的低激发色散关系是二次幂的：

$$\hbar\omega_k = 4Js(ka)^2 \quad （铁磁） \tag{7.1.48}$$

其能量与动量平方成正比，因此准粒子是有质量的。而反铁磁自旋波的低激发色散关系是线性的：

$$\hbar\omega_k = \frac{2}{\sqrt{3}}Jska \quad （反铁磁） \tag{7.1.49}$$

其能量与动量的一次幂成正比，因此准粒子是无质量的。

经过波戈留波夫变换后的准粒子真空可以作为海林堡反铁磁哈密顿量的近似基态$|\rangle$：

$$\alpha_k\ |\rangle = 0, \quad \beta_k\ |\rangle = 0$$

自旋波理论对高维($d=2,3$)自旋体系给出了图像清晰的物理描述，且为实验结果所证实。

一维反铁磁链有许多新颖有趣的性质。我们计算量子涨落对一个子格自旋 z 分量平均值的影响。例如，子格 A 的自旋 z 分量是

$$\langle S_A^z \rangle = s - \langle a^\dagger a \rangle \tag{7.1.50}$$

平均是对波戈留波夫基态，即准粒子真空进行的。格点算符是模算符式(7.1.29)的逆：

$$a_i = \frac{1}{\sqrt{N}}\sum_k \mathrm{e}^{-\mathrm{i}\boldsymbol{k}\cdot\boldsymbol{R}_i} c_k \tag{7.1.51}$$

因此

$$a_i^\dagger a_i = \frac{1}{N}\sum_{\boldsymbol{k},\boldsymbol{k}'} \mathrm{e}^{-\mathrm{i}(\boldsymbol{k}-\boldsymbol{k}')\cdot\boldsymbol{R}_i} c_k^\dagger c_{k'} \tag{7.1.52}$$

波戈留波夫变换的逆是

$$\left.\begin{aligned} c_k &= u_k\alpha_k - v_k\beta_k^\dagger \\ d_k^\dagger &= u_k\beta_k^\dagger - v_k\alpha_k \end{aligned}\right\} \tag{7.1.53}$$

将其代入式(7.1.52)，求基态的期望值：

$$\langle a_i^\dagger a_i \rangle = \frac{1}{N}\sum_{\boldsymbol{k},\boldsymbol{k}'} \mathrm{e}^{-\mathrm{i}(\boldsymbol{k}-\boldsymbol{k}')\cdot\boldsymbol{R}_i} \langle |\ (u_k\alpha_k^\dagger - v_k\beta_k)(u_{k'}\alpha_{k'} - v_{k'}\beta_{k'}^\dagger)\ |\rangle$$

对于反铁磁基态，有$\langle|\alpha_k^\dagger = 0$ 与 $\alpha_k{}'|\rangle = 0$。上式平均值中只余下

$$\langle \beta_k\beta_{k'}^\dagger \rangle = \delta_{kk'}$$

因此

$$\langle a_i^\dagger a_i \rangle = \frac{1}{N}\sum_k v_k^2$$

即

$$\langle S_A^z \rangle = s - \frac{1}{N}\sum_k \frac{1}{2}\left(\frac{1}{(1-\gamma_k^2)^{1/2}} - 1\right) \tag{7.1.54}$$

对二、三维格子，第二项是有限的。对一维链，当 k 较小时，第二项是$-\int \frac{\mathrm{d}k}{2\pi}\frac{1}{2k}$，积分出现红外发散。这个结果与 s 值无关。一维链的基态对量子涨落是不稳定的。

前文在将自旋波量子化时,用到的 Holstein-Primakoff 变换涉及根号下面的算符。自旋算符的另一种表示是薛定谔玻色子表示。其中自旋算符用两个玻色子算符 a 和 b 表示如下:

$$\hat{S}_+=a^\dagger b,\hat{S}_-=b^\dagger a,\hat{S}_z=\frac{1}{2}(a^\dagger a-b^\dagger b) \tag{7.1.55}$$

这个定义与自旋的对易关系是恰合的,可以直接验证:

$$S_+,S_-=a^\dagger bb^\dagger a-b^\dagger aa^\dagger b=a^\dagger a-b^\dagger b=2S_z \tag{7.1.56}$$

$$[S_n,S_z]=mS \tag{7.1.57}$$

将自旋态 $|S,m\rangle$ 用玻色子算符表示,并最终用粒子数算符 $\hat{n}_a$ 和 $\hat{n}_b$ 表示,这对应用于福克态是方便的:

$$S_+S_-=a^\dagger bb^\dagger a=a^\dagger a+a^\dagger ab^\dagger b=n_a+n_an_b,S=S_+=n_b+n_an_b \tag{7.1.58}$$

$$S^2=\frac{1}{2}(n_a+n_b)+n_an_b+\frac{1}{4}(n_a-n_b)^2 \tag{7.1.59}$$

自旋状态表示为

$$|S,m\rangle=\frac{(a^\dagger)^{S+m}}{\sqrt{(S+m)!}}\frac{(b^\dagger)^{S-m}}{\sqrt{(S-m)!}}|\Omega\rangle=|S+m,S-m\rangle_{\text{Fock}}$$

此处 Ω 是薛定谔玻色子真空,其关系验证如下:

$$S^2|S,m\rangle=(S+S^2-m^2+m^2)|S,m\rangle=S(S+1)|S,m\rangle$$

$$S_z|S,m\rangle=\frac{1}{2}(n_a-n_b)|S+m,S-m\rangle=m|S,m\rangle$$

Jordan-Wigner 变换

在本节用到的自旋算符是玻色算符,因为它们的分量满足对易关系。自旋(1/2)系统自然地由泡利矩阵和泡利自旋量描述。有一个描述一维(1/2)自旋链的替代表示可以由费米子算符决定。我们用向上自旋代表粒子,向下自旋代表真空,$|\uparrow\rangle\equiv|1\rangle=f^\dagger|0\rangle$,$|\downarrow\rangle\equiv|0\rangle=f|1\rangle$,此处 f 和 $f^\dagger$ 是粒子的消灭和产生算符,它们是费米性的。我们暂且把自旋算符和费米子算符联系起来:

$$S^+=f^\dagger,S^-=f,S^z=f^\dagger f-1/2 \tag{7.1.60}$$

可以认证自旋代数成立:

$$[S^+,S^-]=f^\dagger f-ff^\dagger=2f^\dagger f-1=2S^z$$

但这里有一个问题。当将其应用于一维自旋系统时,不同格点上的自旋对易 $S_i^+S_j^+=S_j^+S_i^+$,而费米子算符反对易 $f_i^\dagger f_j^\dagger=-f_j^\dagger f_i^\dagger$。可以向式(7.1.61)中引入相因子来避免这种不需要的符号,这就产生了 Jordan-Wigner 变换:

$$S_l^+=f_l^+\mathrm{e}^{\mathrm{i}\pi\sum\limits_{j<l}n_j},S_l^-=\mathrm{e}^{-\mathrm{i}\pi\sum\limits_{j<l}n_j}f_l,S_l^z=f_l^+f_l-\frac{1}{2} \tag{7.1.62}$$

指数上的求和意在求格点 l 左侧的粒子总数,对于给定的位形,这个相因子指定一个符号,正好消去这个不需要的符号,如以下的例子所示:

$$S_m^+S_{m+1}^-=f_m^+\mathrm{e}^{\mathrm{i}\pi\sum\limits_{j<m}n_j}\mathrm{e}^{-\mathrm{i}\pi\sum\limits_{j<m+l}n_j}f_m+1^-=f_m^+\mathrm{e}^{-\mathrm{i}\pi n_m}f_{m+1}^-=f_m^+f_{m+1}^-$$

此处我们使用了对于费米子,$f_m^+\mathrm{e}^{-\mathrm{i}\pi n_m}=f_m^+$ 的条件(将算符 $f_m^+\mathrm{e}^{-\mathrm{i}\pi n_m}$ 作用于 $|0\rangle$ 和 $|1\rangle$,其结果和以 f_m^+ 作用于它们时一样)。

举一个例子，考虑海森堡模型的自旋哈密顿量

$$H=-\sum_n\left[J_zS_n^zS_{n+1}^z+\frac{J_\perp}{2}(S_n^+S_{n+1}^-+S_n^-S_{n+1}^+)\right] \tag{7.1.63}$$

通过直接代入可以将其用 Jordan-Wigner 算符 f_n 表示：

$$\begin{aligned}S_n^zS_{n+1}^z&=\left(f_n^\dagger f_n-\frac{1}{2}\right)\left(f_{n+1}^\dagger f_{n+1}-\frac{1}{2}\right)\\&=f_n^\dagger f_nf_{n+1}^\dagger f_{n+1}-\frac{1}{2}f_n^\dagger f_n-\frac{1}{2}f_{n+1}^\dagger f_{n+1}+\frac{1}{4}S_n^+S_{n+1}^-\\&=f_n^\dagger \mathrm{e}^{\mathrm{i}\pi\sum_{j<n}n_j}\mathrm{e}^{-\mathrm{i}\pi\sum_{j<n+1}n_j}f_{n+1}\\&=f_n^\dagger f_{n+1}S_n^-S_{n+1}^+=\mathrm{e}^{-\mathrm{i}\pi\sum_{j<n}n_j}f_nf_{n+1}^\dagger\mathrm{e}^{\mathrm{i}\pi\sum_{j<n+1}n_j}\\&=f_nf_{n+1}^\dagger,H=-\sum_n\left[\frac{J_\perp}{2}(f_n^\dagger f_{n+1}+\mathrm{h.c.})+J_z\left(\frac{1}{4}-f_n^\dagger f_n+f_n^\dagger f_nf_{n+1}^\dagger f_{n+1}\right)\right]\end{aligned} \tag{7.1.64}$$

对于 $J_z=0$，我们得到一维海森堡模型的哈密顿量

$$H=-\frac{J_z}{2}\sum_n(f_n^\dagger f_{n+1}+\mathrm{h.c.}) \tag{7.1.65}$$

将其进行傅里叶变换

$$f_n^\dagger=\frac{1}{\sqrt{N}}\sum_{\boldsymbol{k}}\mathrm{e}^{\mathrm{i}\boldsymbol{k}\cdot\boldsymbol{r}_n}f_{\boldsymbol{k}}^\dagger,\quad f_n=\frac{1}{\sqrt{N}}\sum_{\boldsymbol{k}}\mathrm{e}^{-\mathrm{i}\boldsymbol{k}\cdot\boldsymbol{r}_n}f_{\boldsymbol{k}}$$

由此可得到链的能谱：

$$\varepsilon(\boldsymbol{k})=-J_\perp\cos ka$$

7.2 $O(3)$非线性 $\boldsymbol{\sigma}$ 模型，对称自发破缺与戈德斯通定理

非线性 σ 模型原是粒子物理中的一个低能有效理论。1+1 维空间中的标量场 $\boldsymbol{n}$ 是 N 维内部空间的单位矢量：

$$\boldsymbol{n}^2(x_\mu)=1,\quad \mu=0,1 \tag{7.2.1}$$

满足 $O(N)$对称①的含有两个微商因子的普遍拉格朗日密度是

$$\mathscr{L}=\frac{1}{2g^2}\mid\partial_\mu\boldsymbol{n}\mid^2 \tag{7.2.2}$$

下面具体讨论 $N=3$ 的情况。将 $\boldsymbol{n}$ 用分量表示，有

$$\boldsymbol{n}(\pi_1,\pi_2,\sigma) \tag{7.2.3}$$

将 π_1 和 π_2 作为二维矢量的分量，即有$\boldsymbol{\pi}(\pi_1,\pi_2)$，式(7.2.1)给出：

$$\boldsymbol{\pi}^2+\sigma^2=1$$

即

$$\sigma=(1-\boldsymbol{\pi}^2)^{1/2} \tag{7.2.4}$$

式(7.2.2)规定了 $\boldsymbol{n}$ 是单位半径球面上的一点，因此不论怎样选择真空态，例如选择

① 即在 N 维空间中沿任何一轴转动都保持不变。

$$\boldsymbol{n}_0=(0,0,1) \tag{7.2.5}$$

它都只在沿第3轴转动时不变,而不遵循绕第1轴和第2轴转动时的对称性。这种场的动力学有较高的对称$O(3)$而真空态只有较低对称$O(1)$的情况称为“对称自发破缺”。从式(7.2.4)得

$$\partial_\mu \sigma=\frac{\boldsymbol{\pi}\cdot\partial_\mu \boldsymbol{\pi}}{(1-\boldsymbol{\pi}^2)^{1/2}}$$

$\mathscr{L}$即可写成

$$\mathscr{L}=\frac{1}{2g^2}\left(|\partial_\mu \boldsymbol{\pi}|^2+\frac{(\boldsymbol{\pi}\cdot\partial_\mu \boldsymbol{\pi})^2}{1-\boldsymbol{\pi}^2}\right) \tag{7.2.6}$$

这是把σ场消去后的$\boldsymbol{\pi}$场有效拉格朗日密度,其有$\boldsymbol{\pi}$场自耦合,但没有$\boldsymbol{\pi}$场的质量项。π_1和π_2两个场是没有质量的,这是戈德斯通定理的一个特例。根据这个定理,连续对称自发破缺会出现无质量粒子(激发)。考虑一个$O(3)$对称理论,如果真空态是(0,0,0),则它服从$O(3)$的三个对称操作。但若加上一个条件$\boldsymbol{n}^2=1$,则排除了这种真空态。$\boldsymbol{n}(0,0,1)$自发破缺了两个对称操作,余下一个,故出现了两个无质量粒子π_1和π_2。戈德斯通定理[4-5]称“对每一个自发破缺的连续变换,理论上都应包含一个无质量粒子”。下面以自旋为0的粒子为例给出证明,其拉格朗日密度是

$$\mathscr{L}=\frac{1}{2}\partial_\mu\varphi^a\partial^\mu\varphi^a-V(\varphi) \tag{7.2.7}$$

φ是标量场(自旋为0),$a=1,2,\cdots,N$是内部对称自由度。令φ_0^a为常数场,它使$V(\varphi)$取最小值:

$$\frac{\partial V}{\partial\varphi^a}\bigg|_{\varphi^a(x)=\varphi_0^a}=0 \tag{7.2.8}$$

由于φ_0^a是常数,它的“动能”项($\mathscr{L}$的第一项)为0,即φ_0^a就是体系的基态(真空)。将V在此最小值处展开,有

$$V(\varphi)=V(\varphi_0)+\frac{1}{2}(\varphi-\varphi_0)^a(\varphi-\varphi_0)^b\ \frac{\partial^2}{\partial\varphi^a\partial\varphi^b}V\bigg|_{\varphi=\varphi_0}+\cdots \tag{7.2.9}$$

式中没有线性项,因为在φ_0处V是极小值。和谐振子势$\frac{1}{2}m\omega^2x^2$相比,式中的势能项与x^2成正比的部分的系数与质量m成正比。因此第二项系数

$$\left(\frac{\partial^2}{\partial\varphi^a\partial\varphi^b}V\right)\bigg|_{\varphi=\varphi_0}\equiv \boldsymbol{m}_{ab}^2 \tag{7.2.10}$$

是$N\times N$的对称矩阵,它的本征值给出了场的质量。因φ_0是V的极小值,故本征值永不为负。需要证明的是,对于每一个连续对称,只要它是基态φ_0所不满足的,都会给出一个$\boldsymbol{m}_{ab}^2$矩阵的零本征值。

一般的连续变换可用下式定义:

$$\varphi^a\rightarrow\varphi^a+\alpha\Delta^a(\varphi) \tag{7.2.11}$$

α是无穷小参数,$\Delta^a(\varphi)$是φ所有分量的函数。对于常数场,$\mathscr{L}$的微商项为0。不变性要求V在此变换下不变:

$$V(\varphi^a)=V(\varphi^a+\alpha\Delta^a)$$

即

$$\frac{\partial V(\varphi)}{\partial \varphi^a}\Delta^a(\varphi)=0 \tag{7.2.12}$$

对 φ^b 求微商,并在 $\varphi=\varphi_0$ 处取值,有

$$\left(\frac{\partial V}{\partial \varphi^a}\right)_{\varphi_0}\left(\frac{\partial \Delta^a}{\partial \varphi^b}\right)_{\varphi_0}+\Delta^a(\varphi_0)\left(\frac{\partial^2}{\partial \varphi^a \partial \varphi^b}V\right)_{\varphi_0}=0$$

上式等号左侧第一项为 0。因在 φ_0 处 V 取极小值,第二项必须为 0。若 φ_0 对连续变换(式(7.2.11))不变,即 $\Delta^a(\varphi_0)=0$,则要求自动得到满足。若 $\Delta^a(\varphi_0)\neq 0$,即连续变换式(7.2.11)被自发破缺,则必定有

$$\left(\frac{\partial^2}{\partial \varphi^a \partial \varphi^b}V\right)_{\varphi_0}=0 \tag{7.2.13}$$

即质量本征值为 0,定理得证。

现在回到反铁磁自旋波理论。由 $\alpha^\dagger$ 和 $\beta^\dagger$ 产生的无质量粒子对应于 $SO(3)$ 自发破缺到绕 z 轴转动的 $O(1)$ 的两个戈德斯通模。有启发性的是,计算自旋波理论中的长程关联 $\langle \boldsymbol{S}(x)\cdot\boldsymbol{S}(0)\rangle, x\to\infty$。其结果是

$$\langle \boldsymbol{S}(x)\cdot\boldsymbol{S}(0)\rangle \to \pm s^2\left[1-\frac{1}{\pi s}\ln\frac{x}{a}+O\left(\frac{1}{s^2}\right)\right]$$

此处 a 是晶格常数。这表明反铁磁一维链只有短程序。在长度达到 $\xi=a\mathrm{e}^{\pi s}$ 量级时,关联就趋于 0。对称自发破缺(长程序)要求关联在大距离时趋于 $\pm s^2$。由此可见,一维反铁磁链的无质量准粒子不可能是戈德斯通玻色子。

7.3　一维量子反铁磁链,拓扑相因子,到 $O(3)$ 非线性 σ 模型的映射

对一维自旋链的研究始于 1931 年的“贝特创议”(Bethe's ansatz)[6-7]。结论是自旋 1/2 一维链没有长程序,但有无质量激发。此后在 20 世纪 50 年代和 70 年代,陆续有研究成果出现。1983 年,霍尔丹[8-10]提出一维反铁磁链的性质取决于自旋是整数或半整数。整数自旋的激发有能隙,而半整数自旋的激发是无质量的。这被称为“霍尔丹猜想”(Haldane's conjecture),这和第 6 章单畴磁性颗粒宏观量子相干的拓扑淬灭十分类似。Lieb-Schultz-Mattis 定理[11]指出:自旋奇偶性区别的来源是 Wess-Zumino 拓扑项。

考虑一维量子反铁磁链,自旋值为 s,格距为 a。有两套子格(图 7.2),在每套子格中自旋基本上取向一致,两套子格上的自旋基本取相反方向。定义

$$\boldsymbol{\Omega}_{2i+\frac{1}{2}}=\frac{\boldsymbol{S}_{2i+1}-\boldsymbol{S}_{2i}}{2s},\quad \boldsymbol{l}_{2i+\frac{1}{2}}=\frac{\boldsymbol{S}_{2i+1}+\boldsymbol{S}_{2i}}{2a} \tag{7.3.1}$$

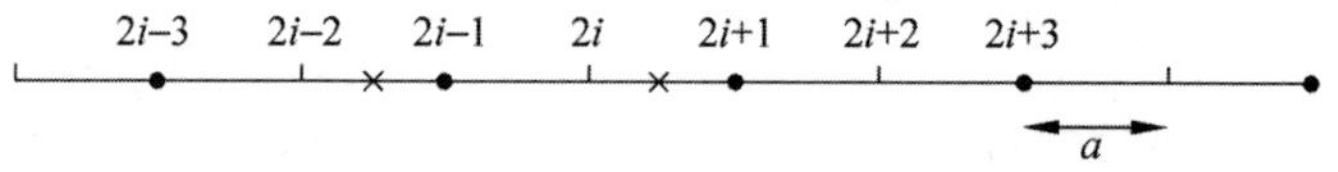

图 7.2　一维反铁磁链

· 为子格 A;| 为子格 B;× 表示 $\boldsymbol{\Omega}$ 和 $\boldsymbol{l}$ 在两套子格格点间定义的点

格点 $2i$ 和 $2i+1$ 分属于不同子格,$\boldsymbol{\Omega}$ 和 $\boldsymbol{l}$ 为定义在两套子格中间的点 $2i+\frac{1}{2}$。对于 Néel 态,$|\boldsymbol{\Omega}|=1, \boldsymbol{l}=0$。$\boldsymbol{\Omega}$ 就是 Néel 矢量。从式(7.3.1),有

$$\left.\begin{aligned} a\boldsymbol{l}_{2i+\frac{1}{2}}+s\boldsymbol{\Omega}_{2i+\frac{1}{2}}&=\boldsymbol{S}_{2i+1}\\ a\boldsymbol{l}_{2i+\frac{1}{2}}-s\boldsymbol{\Omega}_{2i+\frac{1}{2}}&=\boldsymbol{S}_{2i}\end{aligned}\right\}\tag{7.3.2}$$

格点上的自旋通过式(7.3.2)用格点间(在它左侧)的$\boldsymbol{\Omega}$ 和 $\boldsymbol{l}$ 表示。式(7.3.1)给出

$$\left.\begin{aligned} \boldsymbol{\Omega}\cdot\boldsymbol{l}&=0\\ s^2\boldsymbol{\Omega}^2+a^2\boldsymbol{l}^2&=s(s+1)\end{aligned}\right\}\tag{7.3.3}$$

式中的$\boldsymbol{\Omega}$ 和 $\boldsymbol{l}$ 指在同一点定义的场。第二式又可以写作

$$\boldsymbol{\Omega}^2=1+\frac{1}{s}-\frac{a^2\boldsymbol{l}^2}{s^2}\tag{7.3.4}$$

即在 s 极限下，$\boldsymbol{\Omega}^2\to1$。从 $\boldsymbol{S}$ 分量的对易关系可以得到$\boldsymbol{\Omega}$ 和 $\boldsymbol{l}$ 分量的对易关系。以 a,b,c 代表分量，它们是

$$\begin{aligned}\left[\Omega^a_{2i+\frac{1}{2}},\Omega^b_{2j+\frac{1}{2}}\right]&=\frac{1}{4s^2}[S^a_{2i+1}-S^a_{2i},S^b_{2j+1}-S^b_{2j}]\\ &=\frac{\mathrm{i}}{4s^2}\boldsymbol{\varepsilon}^{abc}\delta_{ij}(S^c_{2i+1}+S^c_{2i})\\ &=\frac{\mathrm{i}a}{2s^2}\boldsymbol{\varepsilon}^{abc}\delta_{ij}l^c_{2i+\frac{1}{2}}\end{aligned}\tag{7.3.5}$$

(上式中的$\boldsymbol{\varepsilon}^{abc}$ 是反对称单位张量)，以及

$$\begin{aligned}\left[l^a_{2i+\frac{1}{2}},l^b_{2j+\frac{1}{2}}\right]&=\frac{1}{4a^2}[S^a_{2i}+S^a_{2i+1},S^b_{2j}+S^b_{2j+1}]\\ &=\frac{\mathrm{i}}{4a^2}\boldsymbol{\varepsilon}^{abc}\delta_{ij}(S^c_{2i}+S^c_{2i+1})\\ &=\frac{\mathrm{i}}{2a}\boldsymbol{\varepsilon}^{abc}\delta_{ij}l^c_{2i+\frac{1}{2}}\end{aligned}\tag{7.3.6}$$

$$\begin{aligned}\left[l^a_{2i+\frac{1}{2}},\Omega^b_{2j+\frac{1}{2}}\right]&=\frac{1}{4as}[S^a_{2i}+S^a_{2i+1},S^b_{2j}-S^b_{2j+1}]\\ &=\frac{\mathrm{i}}{4as}\boldsymbol{\varepsilon}^{abc}\delta_{ij}(S^c_{2i+1}-S^c_{2i})\\ &=\frac{\mathrm{i}}{2a}\boldsymbol{\varepsilon}^{abc}\delta_{ij}\Omega^c_{2j+\frac{1}{2}}\end{aligned}\tag{7.3.7}$$

取连续极限 $a\to0$：

$$\frac{\delta_{ij}}{2a}\to\delta(x-y)\tag{7.3.8}$$

则对易关系变为

$$\left.\begin{aligned}&[l^a(x),l^b(y)]=\mathrm{i}\varepsilon^{abc}l^c(x)\delta(x-y)\\ &[l^a(x),\Omega^b(y)]=\mathrm{i}\varepsilon^{abc}\Omega^c(x)\delta(x-y)\\ &[\Omega^a(x),\Omega^b(y)]=0\end{aligned}\right\}\tag{7.3.9}$$

式(7.3.9)中的第一式是角动量分量(转动的生成元)的对易关系，第二式表明$\boldsymbol{\Omega}$ 是三维矢量。

下面将海森堡模型的哈密顿量用$\boldsymbol{\Omega}$ 和 $\boldsymbol{l}$ 表示，并取连续极限以得到场论的哈密顿量。

模型的哈密顿量之间是近邻间的自旋相互作用。对两套子格中的一套子格求和，只要它包括一个格点的自旋和它的左右近邻相互作用即可。用$\boldsymbol{\Omega}$和$\boldsymbol{l}$代替$\boldsymbol{S}$，得

$$\begin{aligned}H&=J\sum_{2i}(\boldsymbol{S}_{2i}\cdot\boldsymbol{S}_{2i+1}+\boldsymbol{S}_{2i}\cdot\boldsymbol{S}_{2i-1})\\&=J\sum_{2i}2(a^2\boldsymbol{l}^2_{2i+\frac{1}{2}}-s^2\boldsymbol{\Omega}^2_{2i+\frac{1}{2}}+a^2\boldsymbol{l}_{2i+\frac{1}{2}}\cdot\boldsymbol{l}_{2i-\frac{3}{2}}-\\&\quad s^2\boldsymbol{\Omega}_{2i+\frac{1}{2}}\cdot\boldsymbol{\Omega}_{2i-\frac{3}{2}}-as\boldsymbol{l}_{2i+\frac{1}{2}}\cdot\boldsymbol{\Omega}_{2i-\frac{3}{2}}+as\boldsymbol{\Omega}_{2i+\frac{1}{2}}\cdot\boldsymbol{l}_{2i-\frac{3}{2}})\end{aligned}\tag{7.3.10}$$

式中$\boldsymbol{l}\cdot\boldsymbol{\Omega}$的两项可改写为

$$-2a^2s\left\{\boldsymbol{l}_{2i+\frac{1}{2}}\cdot\left(\frac{\boldsymbol{\Omega}_{2i+\frac{3}{2}}-\boldsymbol{\Omega}_{2i-\frac{3}{2}}}{2a}\right)-\boldsymbol{\Omega}_{2i+\frac{1}{2}}\cdot\left(\frac{\boldsymbol{l}_{2i+\frac{3}{2}}-\boldsymbol{l}_{2i-\frac{3}{2}}}{2a}\right)\right\}$$

另外再加上为0的两项(见式(7.3.3)的第二式)：

$$\frac{3}{2}(s^2\boldsymbol{\Omega}^2_{2i+\frac{1}{2}}+a^2\boldsymbol{l}^2_{2i+\frac{1}{2}}-s(s+1))+\frac{1}{2}(s^2\boldsymbol{\Omega}^2_{2i-\frac{3}{2}}+a^2\boldsymbol{l}^2_{2i-\frac{3}{2}}-s(s+1))$$

H 可写为

$$\begin{aligned}H=J\sum_{2i}\Big\{&\left(\frac{5}{2}a^2\boldsymbol{l}^2_{2i+\frac{1}{2}}+\frac{1}{2}a^2\boldsymbol{l}^2_{2i-\frac{3}{2}}+a^2\boldsymbol{l}_{2i+\frac{1}{2}}\cdot\boldsymbol{l}_{2i-\frac{3}{2}}\right)+\\&\frac{s^2}{2}(\boldsymbol{\Omega}^2_{2i+\frac{1}{2}}+\boldsymbol{\Omega}^2_{2i-\frac{3}{2}}-2\boldsymbol{\Omega}_{2i+\frac{1}{2}}\cdot\boldsymbol{\Omega}_{2i-\frac{3}{2}})-\\&2a^2s\boldsymbol{l}_{2i+\frac{1}{2}}\cdot\left(\frac{\boldsymbol{\Omega}_{2i+\frac{1}{2}}-\boldsymbol{\Omega}_{2i-\frac{3}{2}}}{2a}\right)+2a^2s\,\boldsymbol{\Omega}_{2i+\frac{1}{2}}\left(\frac{\boldsymbol{l}_{2i+\frac{1}{2}}-\boldsymbol{l}_{2i-\frac{3}{2}}}{2a}\right)\Big\}-\\&J\cdot 2s(s+1)\end{aligned}$$

最后一项是常数，可略去。第一个圆括号中的三项都有小量a^2。在$2i+\frac{1}{2}$和$2i-\frac{3}{2}$两点上，$\boldsymbol{l}$场的差与a成正比。因此略去a^3时可以把它们视为相等，即第一个圆括号就等于$4a^2\boldsymbol{l}^2_{2i+\frac{1}{2}}$。第二个圆括号是$4a^2\left(\frac{\boldsymbol{\Omega}_{2i+\frac{1}{2}}-\boldsymbol{\Omega}_{2i-\frac{3}{2}}}{2a}\right)^2$。将$2i+\frac{1}{2}$点的坐标定为$x$，这个量就是$4a^2\boldsymbol{\Omega}'^2(x)$，撇号代表对$x$的微商。花括号中的最后两项之和为

$$-2a^2s(\boldsymbol{l}\cdot\boldsymbol{\Omega}'-\boldsymbol{\Omega}\cdot\boldsymbol{l}')=-2a^2s(\boldsymbol{l}\cdot\boldsymbol{\Omega}'+\boldsymbol{\Omega}'\cdot\boldsymbol{l})$$

因为从$\boldsymbol{\Omega}\cdot\boldsymbol{l}=0$(见式(7.3.3))有$\boldsymbol{\Omega}\cdot\boldsymbol{l}'+\boldsymbol{\Omega}'\cdot\boldsymbol{l}=0$。取连续极限$2a\rightarrow\mathrm{d}x$，$H$变为

$$H=\int\mathrm{d}x(Ja)\{4\boldsymbol{l}^2+s^2\boldsymbol{\Omega}'^2-s(\boldsymbol{l}\cdot\boldsymbol{\Omega}'+\boldsymbol{\Omega}'\cdot\boldsymbol{l})\}$$

哈密顿量密度$\mathscr{H}$可以写作

$$\mathscr{H}=\frac{v}{2}\left\{g^2\left(\boldsymbol{l}-\frac{\Theta}{4\pi}\boldsymbol{\Omega}'\right)^2+\frac{1}{g^2}\boldsymbol{\Omega}'^2\right\}\tag{7.3.11}$$

此处

$$v=2Jas,\quad g^2=\frac{2}{s},\quad \Theta=2\pi s\tag{7.3.12}$$

在大的s极限下，$\boldsymbol{\Omega}^2=1$。因此可以用单位球上的点(球坐标θ,ϕ)描述$\boldsymbol{\Omega}$的运动。相应的广义动量算符是

$$\left.\begin{aligned}\pi_\theta &= -\mathrm{i}\,\hbar\frac{\partial}{\partial\theta}\\ \pi_\phi &= -\mathrm{i}\,\hbar\frac{\partial}{\partial\phi}\end{aligned}\right\} \tag{7.3.13}$$

下一个步骤是将 $\mathscr{H}$ 用广义坐标和广义动量表示。$\boldsymbol{l}$ 是转动的生成元(角动量)，故其分量是

$$\left.\begin{aligned}l_x &= -\sin\phi\left(-\mathrm{i}\,\hbar\frac{\partial}{\partial\theta}\right)-\cos\phi\cot\theta\left(-\mathrm{i}\,\hbar\frac{\partial}{\partial\phi}\right)=-\sin\phi\pi_\theta-\cos\phi\cot\theta\pi_\phi\\ l_y &= \cos\phi\left(-\mathrm{i}\,\hbar\frac{\partial}{\partial\theta}\right)-\sin\phi\cot\theta\left(-\mathrm{i}\,\hbar\frac{\partial}{\partial\phi}\right)=\cos\phi\pi_\theta-\sin\phi\cot\theta\pi_\phi\\ l_z &= -\mathrm{i}\,\hbar\frac{\partial}{\partial\phi}=\pi_\phi\end{aligned}\right\} \tag{7.3.14}$$

$\boldsymbol{\Omega}$ 及其微商的分量是

$$\left.\begin{aligned}\boldsymbol{\Omega} &= (\sin\theta\cos\phi,\sin\theta\sin\phi,\cos\theta)\\ \frac{\partial\boldsymbol{\Omega}}{\partial\theta} &= (\cos\theta\cos\phi,\cos\theta\sin\phi,-\sin\theta)\\ \frac{\partial\boldsymbol{\Omega}}{\partial\phi} &= (-\sin\theta\sin\phi,\sin\theta\cos\phi,0)\end{aligned}\right\}$$

因此 $\boldsymbol{\Omega}'$ 的分量是

$$\boldsymbol{\Omega}'=(\cos\theta\cos\phi\theta'-\sin\theta\sin\phi\phi',\cos\theta\sin\phi\theta'+\sin\theta\cos\phi\phi',-\sin\theta\theta') \tag{7.3.15}$$

将式(7.3.14)和式(7.3.15)代入式(7.3.11)就得到

$$\begin{aligned}\mathscr{H}=&\frac{v}{2}g^2\left\{\left(\pi_\theta-\frac{\Theta}{4\pi}\phi'\sin\theta\right)^2+\frac{1}{\sin^2\theta}\left(\pi_\theta+\frac{\Theta}{4\pi}\theta'\sin\theta\right)^2\right\}+\\ &\frac{v}{2g^2}(\theta'^2+\phi'^2\sin^2\theta)\end{aligned} \tag{7.3.16}$$

相应的拉格朗日量密度是

$$\mathscr{L}=\frac{v}{2g^2}[(\partial_\mu\theta)^2+\sin^2\theta(\partial_\mu\phi)^2]+\frac{\Theta}{8\pi}\sin\theta\boldsymbol{\varepsilon}^{\mu\nu}\partial_\mu\theta\partial_\nu\phi \tag{7.3.17}$$

此处 $\boldsymbol{\varepsilon}^{\mu\nu}$ 是反对称单位张量($\mu,\nu=0,1$)。$\mathscr{H}$ 和 $\mathscr{L}$ 的关系可以直接验证。在以下讨论中令 $\nu=1$。从式(7.3.17)出发，求共轭动量：

$$\left.\begin{aligned}\pi_\theta &= \frac{\partial\mathscr{L}}{\partial\dot\theta}=\frac{1}{g^2}\dot\theta+\frac{\Theta}{4\pi}\sin\theta\phi'\\ \pi_\phi &= \frac{\partial\mathscr{L}}{\partial\dot\phi}=\frac{1}{g^2}\dot\phi\sin^2\theta-\frac{\Theta}{4\pi}\sin\theta\theta'\end{aligned}\right\} \tag{7.3.18}$$

在进行量子化后，θ 和 π_θ，ϕ 和 π_ϕ 满足正则对易关系。将式(7.3.17)、式(7.3.18)代入

$$\mathscr{H}=\pi_\theta\dot\theta+\pi_\phi\dot\phi-\mathscr{L}$$

便可以得到式(7.3.16)。式(7.3.17)可以用 $\boldsymbol{\Omega}$ 表示。由于

$$\mathrm{d}\boldsymbol{\Omega}=\hat{\boldsymbol{\phi}}\mathrm{d}\theta+\hat{\boldsymbol{\theta}}\sin\theta\mathrm{d}\phi$$

此处 $\hat{\boldsymbol{\theta}}$ 和 $\hat{\boldsymbol{\phi}}$ 是 θ 和 ϕ 增加方向的单位矢量。另有

$$\left.\begin{aligned}\partial_\mu \boldsymbol{\Omega} \cdot \partial^\mu \boldsymbol{\Omega} &= (\partial_\mu \theta)^2 + \sin^2\theta (\partial_\mu \phi)^2 \\ \boldsymbol{\Omega} \cdot (\partial_\mu \boldsymbol{\Omega} \times \partial_\nu \boldsymbol{\Omega}) &= \sin\theta \partial_\mu \theta \partial_\nu \phi\end{aligned}\right\}$$

由此,$\mathscr{L}$可以写作

$$\mathscr{L} = \frac{1}{2g^2}\partial_\mu \boldsymbol{\Omega} \cdot \partial^\mu \boldsymbol{\Omega} + \frac{\Theta}{8\pi}\varepsilon^{\mu\nu}\boldsymbol{\Omega} \cdot (\partial_\mu \boldsymbol{\Omega} \times \partial_\nu \boldsymbol{\Omega}) \tag{7.3.19}$$

这是非线性 σ 模型的标准形式,式中右侧第二项称为"Wess-Zumino 项"。从式(7.3.17)中这一项的形式看,它实际上是二维散度,因为可以定义流 K^μ:

$$K^\mu = -\varepsilon^{\mu\nu}\cos\theta \partial_\nu \phi$$

并立即可以验证

$$\partial_\mu K^\mu = \varepsilon^{\mu\nu}\sin\theta \partial_\mu \theta \partial_\nu \phi$$

一个散度项加到拉格朗日密度中是不会影响运动方程的。原因是它的空间积分可以通过高斯定理变换成表面积分,最后归结为常数。在对作用量求变分的运动方程时,常数是不起作用的。在做场论微扰时它也不起作用,但它有重要的非微扰影响。一维反铁磁链的希尔伯特空间分为不同 Θ 值的部分,不同 Θ 值的部分之间通过正则变换联系。指出这一点的是 Affleck[3]。考虑变换

$$U = \exp\left(\mathrm{i}\,\frac{\Theta}{4\pi}\int \mathrm{d}x \phi' \cos\theta\right) \equiv \mathrm{e}^A \tag{7.3.20}$$

式(7.3.19)显示 Wess-Zumino 项的作用是重新定义广义动量。在变换 U 下,广义动量的变化是

$$\pi \to U\pi U^{-1}$$

使用 Baker-Campbell-Hausdorff 公式:

$$\mathrm{e}^A B \mathrm{e}^{-A} = B + [A, B] + \frac{1}{2!}[A, [A, B]] + \cdots \tag{7.3.21}$$

首先计算$[A, \pi_\theta]$:

$$[A, \pi_\theta(x)] = \mathrm{i}\,\frac{\Theta}{4\pi}\int \mathrm{d}x' \,\frac{\mathrm{d}\phi(x')}{\mathrm{d}x'}[\cos\theta(x'), \pi_\theta(x)]$$

其中

$$[\cos\theta(x'), \pi_\theta(x)] = -\sin\theta(x')[\theta(x'), \pi_\theta(x)] = -\sin\theta(x')\mathrm{i}\delta(x - x')$$

因此得到

$$[A, \pi_\theta(x)] = -\frac{\Theta}{4\pi}\int \mathrm{d}x' \,\frac{\mathrm{d}\phi(x')}{\mathrm{d}x'}\sin\theta(x')\delta(x' - x) = -\frac{\Theta}{4\pi}\phi' \sin\theta$$

此外有

$$[A, [A, \pi_\theta(x)]] = 0$$

故有

$$\pi_\theta \to \pi_\theta - \frac{\Theta}{4\pi}\phi' \sin\theta \tag{7.3.22}$$

类似地有①

$$\pi_\phi \to \pi_\phi + \frac{\Theta}{4\pi}\theta' \sin\theta \tag{7.3.23}$$

① 中间结果:$[A, \pi_\phi(x)] = \frac{\Theta}{4\pi}\sin\theta\theta'$。

由此得出的结论是：没有 Θ 项的广义动量被正则变换(式(7.3.20))重新定义了，并引入了含 Θ 的项。

在路径积分的讨论中，常使用欧氏空间，其中 Θ 项的贡献是

$$\mathrm{i}\Theta\cdot\frac{1}{8\pi}\int\varepsilon^{ij}\boldsymbol{\Omega}\cdot(\partial_i\boldsymbol{\Omega}\times\partial_j\boldsymbol{\Omega})\mathrm{d}^2x\equiv\mathrm{i}\Theta Q \tag{7.3.24}$$

Q 称为"拓扑荷"，是整数①。路径积分中的 $\mathrm{e}^{-S_{\mathrm{E}}}$ 因子包含 $\mathrm{e}^{-\mathrm{i}\Theta Q}$，$\Theta$ 就作为相角出现了，称为"拓扑相"。从式(7.3.12)看，Θ 与格点上的自旋 s 有关，$\Theta=2\pi s$。作为相角，整数自旋相当于 $\Theta=0$，半整数自旋相当于 $\Theta=\pi$。它们的物理性质将很不同。拓扑项由于含有空间微商 $\partial_1\boldsymbol{\Omega}$，会破坏宇称守恒。但对于反铁磁链 $\Theta=0$，这项消失，对 $\Theta=\pi$ 又有 $\mathrm{e}^{\mathrm{i}\pi Q}=\mathrm{e}^{-\mathrm{i}\pi Q}$，因此不会出现宇称破坏的情况。

现在集中考虑整数自旋 $\Theta=0$ 的 Néel 矢量$\boldsymbol{\Omega}$ 的拉格朗日密度：

$$\mathcal{L}=\frac{1}{2g^2}\partial_\mu\boldsymbol{\Omega}\cdot\partial^\mu\boldsymbol{\Omega}$$

假设对称自发破缺，真空态为(0,0,1)。在真空态附近的场的位形是$(\boldsymbol{\Omega}^1,\boldsymbol{\Omega}^2,1-\boldsymbol{\Omega}^1\boldsymbol{\Omega}^1-\boldsymbol{\Omega}^2\boldsymbol{\Omega}^2)\approx(\boldsymbol{\Omega}^1,\boldsymbol{\Omega}^2,1)$。因此 $\mathcal{L}\approx\frac{1}{2g^2}\sum_{i=1}^{2}(\partial_\mu\boldsymbol{\Omega}^i)^2$，体系由两个戈德斯通玻色子近似。子格磁化 $s\langle\boldsymbol{\Omega}^3\rangle$ 和自旋波的情况一样，是红外发散的[3]，意味着对称不会自发破缺。

重正化群方法的研究②给出耦合常数 g 对尺度 L 的依赖：

$$\frac{\mathrm{d}}{\mathrm{d}\ln L}g^2=\frac{g^4}{2\pi}$$

结果是有效耦合随尺度的增加而增大：

$$g^2(L)\approx\frac{g_0^2}{1-\dfrac{g_0^2}{2\pi}\ln L}$$

最初在格点上的耦合常数是 $g_0^2=\frac{2}{s}$(式(7.3.12))。在 L 达到

$$\xi\approx\mathrm{e}^{2\pi/g_0^2}=\mathrm{e}^{\pi s}$$

时，g^2 达到 $O(1)$。通常有这类重正化群行为的场论会由于红外涨落产生能隙，质量为 $O(\xi^{-1})$。这个结论对整数、半整数自旋都适用。一维反铁磁链的特殊性在于，对半整数自旋有 $\Theta=\pi$ 的拓扑项，它的非微扰效应改变了科勒曼定理和重正化群分析的推论。Wess-Zumino 项对于微扰论没有贡献，而重正化群理论涉及微扰计算。

7.4 Lieb-Schultz-Mattis 定理

一维反铁磁链理论在大 s 极限下根据自旋的奇偶性分别映射到 $\Theta=0$ 或 π 的场论。关于半整数自旋链性质的线索来自一个定理，它首先由 Lieb，Schultz 和 Mattis 在 $s=1/2$ 的情况下证明，此后由 Affleck 和 Lieb[14] 推广到任意半整数自旋。这个定理称：遵守平移对称性和自旋

① 见式(7.5.2)的讨论。

② 此处重正化群相当于逐步对高频率模式求积分以得到低频的有效理论。在逐步积分过程中，耦合"常数"随之改变有效值，结果会和尺度有关[12]。

空间转动对称性的半整数自旋链，或者有无能隙的激发态，或者有相反宇称的简并基态。

考虑由偶数格距组成的长度为 L 的有限链，满足周期条件①。设基态 $|\psi_0\rangle$（能量为 E_0）满足宇称和转动不变性。构造一个状态 $|\psi_1\rangle$ 使下式成立：

$$\langle\psi_1 \mid H-E_0 \mid \psi_1\rangle = O\left(\frac{1}{L}\right) \tag{7.4.1}$$

$|\psi_1\rangle$ 的具体构造方法是

$$|\psi_1\rangle = U \mid \psi_0\rangle \tag{7.4.2}$$

$$U = \exp\left\{\frac{\mathrm{i}\pi}{l}\sum_{j=-l}^{l}(j+l)S_j^z\right\} \tag{7.4.3}$$

它代表对 $j=-l$ 到 $j=l$ 的各格点的自旋沿 z 轴转动：在 $j=-l$ 处转动为 0，在 $j=-l+1$ 处转动 $\frac{\pi}{l}$，…，在 $j=0$ 处转动 π，…，在 $j=l$ 处转动 2π。在 $j=\pm l$ 以外的自旋不做变换。l 的值选为 $O(L)$。例如选择 $2l=\frac{L}{2}-1$，使约半数格点上的自旋转动一定角度。下面要证明两点：①$|\psi_1\rangle$ 的能量是很低的，即在式(7.4.1)中，当 L 很大时，它的能量连续逼近基态；②$|\psi_1\rangle$ 与 $|\psi_0\rangle$ 正交。正交之所以必需，是因为如果在 $L\to\infty$ 的过程中 $|\psi_1\rangle\to|\psi_0\rangle$，就什么也没有证明。既然它们正交，就排除了这种可能性，因此 $s=1/2$ 的反铁磁自旋链具有无质量的激发态。

相邻两个格点上的自旋相对于旋转较小，$\frac{\pi}{l}\ll 1$。由于体系能量由最近邻自旋取向决定，这种构造消耗的能量很小。可以确定的是

$$\left.\begin{aligned} &U^\dagger S_i^+ S_{i+1}^- U = \exp\left(-\mathrm{i}\,\frac{\pi}{l}\right) S_i^+ S_{i+1}^- \\ &U^\dagger S_i^- S_{i+1}^+ U = \exp\left(\mathrm{i}\,\frac{\pi}{l}\right) S_i^- S_{i+1}^+ \\ &U^\dagger S_i^z S_{i+1}^z U = S_i^z S_{i+1}^z \end{aligned}\right\} \tag{7.4.4}$$

因此

$$\begin{aligned} \delta E &\equiv \langle\psi_1 \mid H-E_0 \mid \psi_1\rangle = \langle\psi_0 \mid U^\dagger (H-E_0) U \mid \psi_0\rangle \\ &= \frac{J}{2}\sum_{i=-l}^{l}\langle\psi_0 \mid \left(\exp\left(-\mathrm{i}\,\frac{\pi}{l}\right)-1\right) S_i^+ S_{i+1}^- + \left(\exp\left(\mathrm{i}\,\frac{\pi}{l}\right)-1\right) S_i^- S_{i+1}^+ \mid \psi_0\rangle \\ &= \frac{J}{2}\left(\cos\frac{\pi}{l}-1\right)\sum_{i=-l}^{l}\langle\psi_0 \mid S_i^+ S_{i+1}^- + S_i^- S_{i+1}^+ \mid \psi_0\rangle - \\ &\quad \frac{J}{2}\mathrm{i}\,\sin\frac{\pi}{l}\sum_{i=-l}^{l}\langle\psi_0 \mid S_i^+ S_{i+1}^- - S_i^- S_{i+1}^+ \mid \psi_0\rangle \end{aligned}$$

由于 $|\psi_0\rangle$ 满足宇称不变性，最后一个等式右侧第一项的两个算符平均值相等，第二项的两个算符平均值相消。故有

$$\delta E = J\left(\cos\frac{\pi}{l}-1\right)\sum_{\mathrm{i}}\langle\psi_0 \mid S_i^+ S_{i+1}^- \mid \psi_0\rangle$$

又因 $|\psi_0\rangle$ 满足旋转对称性，$S_i^+ S_{i+1}^-$ 的平均值应是 $\boldsymbol{S}_i\cdot\boldsymbol{S}_{i+1}$ 平均值的 2/3。从 $-l$ 到 l 共有

① 对于反铁磁，只有偶数格距（奇数格点）才能满足边界条件。

$2l$ 对最近邻。设一对最近邻的耦合能为 ε_0，则有

$$J\sum_{i=-l}^{l}\langle\psi_0 \mid S_i^+S_{i+1}^- \mid \psi_0\rangle=\frac{2}{3}\varepsilon_0(2l)$$

故有

$$\delta E=\frac{2}{3}\varepsilon_0\left(\cos\frac{\pi}{l}-1\right)(2l)=O\left(\frac{1}{l}\right)$$

由于 l 选定为 $O(L)$，故有 $\delta E=O\left(\frac{1}{L}\right)$，这就是式(7.4.1)。

下面证明因为 $|\psi_1\rangle$ 与 $|\psi_0\rangle$ 宇称相反，故它们正交。对其做宇称变换，并执行对自旋空间 y 轴转动角度 π 的操作。它使 $S_i^z\to -S_{-i}^z$。在此对称操作下，原变换式(7.4.3)变为

$$U=\exp\frac{\mathrm{i}\pi}{l}\sum_{j=-l}^{l}(j+l)(-S_{-j}^z)$$

将求和哑标 j 换为 $-j$，上式右侧变为

$$\exp\left[\frac{\mathrm{i}\pi}{l}\sum_{j=-l}^{l}(j+l)S_j^z\right]\exp\left[-2\mathrm{i}\pi\sum_{j=-l}^{l}S_j^z\right]=U\exp\left[-2\mathrm{i}\pi\sum_{j=-l}^{l}S_j^z\right]$$

因为在格点 $-l$ 到 l 间共有 $2l+1$ 个自旋，就有

$$\exp\left[-2\mathrm{i}\pi\sum_{j=-l}^{l}S_j^z\right]=\begin{cases}1, & \text{整数自旋 } s\\ -1, & \text{半整数自旋 } s\end{cases}$$

结论是对半整数自旋 $\langle\psi_1|\psi_0\rangle=0$。这个结论有两种推论：或者有一个宇称与基态相反的无能隙激发态；或者宇称自发破缺，有两个宇称相反的简并基态，在基态上面的激发是有能隙的。这两种可能性在不同的模型中都有实现[3]。I. Affleck 把上述的论证称为“物理学家的证明”，很难把论证做到很严格。我们得到的图画是：一维反铁磁链因为量子涨落的红外发散而不发生对称自发破缺。对于整数自旋，基态是唯一的，激发是有能隙的。对于半整数自旋，或者基态是简并的，激发有能隙；或者由于拓扑项的非微扰效应使能隙为零。

实验结果表明，在准一维自旋为 1 的反铁磁链 $CsNiCl_3$ 观察到了质量隙，自旋为 1/2 的反铁磁链 $CuCl_2\cdot 2(NC_5H_5)$ 没有质量隙。

科勒曼定理判定一维反铁磁链的红外发散导致其激发的质量隙。Affleck 和 Lieb 对 Lieb-Schultz-Mattis 定理的推广表明，半整数自旋一维反铁磁链确实不符合科勒曼定理的判断，出现无质量激发。而整数自旋 Lieb-Schultz-Mattis 定理的论据却适用于此，因此其满足科勒曼定理的判断。二者的差别是拓扑的原因。

本节内容的推导源于文献[3]。

7.5 拓扑项的意义

在欧氏空间令 $x_2=\mathrm{i}x_0$（x_0 是时间坐标），则有拉格朗日量密度是

$$\mathscr{L}_\mathrm{E}=\frac{1}{2g^2}((\partial_1\boldsymbol{\Omega})^2+(\partial_2\boldsymbol{\Omega})^2)+\mathrm{i}\frac{\Theta}{8\pi}\varepsilon_{ij}(\partial_i\boldsymbol{\Omega}\times\partial_j\boldsymbol{\Omega})\tag{7.5.1}$$

$\boldsymbol{\Omega}(x)$ 是从二维欧氏空间一点到内部空间单位二维球面 S_2 上一点的映射。要求作用量有

$$\int d^2 x \mathscr{L}_E[\boldsymbol{\Omega}(x)] = \text{有限}$$

这个条件要求在欧氏平面无穷远处有

$$\lim_{|\boldsymbol{x}|\to\infty} \boldsymbol{\Omega}(x) = \boldsymbol{\Omega}_0$$

其中$\boldsymbol{\Omega}_0$为常数。这个要求之所以必要，是因为不为0的微商项在无限大的空间中积分时不能保证有限作用量。在无穷远处的场完全相同，使空间得以紧致化。考虑二维无限大平面E_2，球面S_2与它相切(图7.3)。在法线的远端O画一直线与S_2和E_2分别交于P和P'，E_2上的点P'投影到S_2上的点P。平面E_2上的任意一点都在S_2上有一个投影点，它们是一一对应的。但在E_2的无穷远处，所有点都投影到S_2上的一点O，此属例外。因此，如果在无穷远处的各点能够被等同起来(在那里场量都是相同的)，E_2即可被紧致化为S_2。

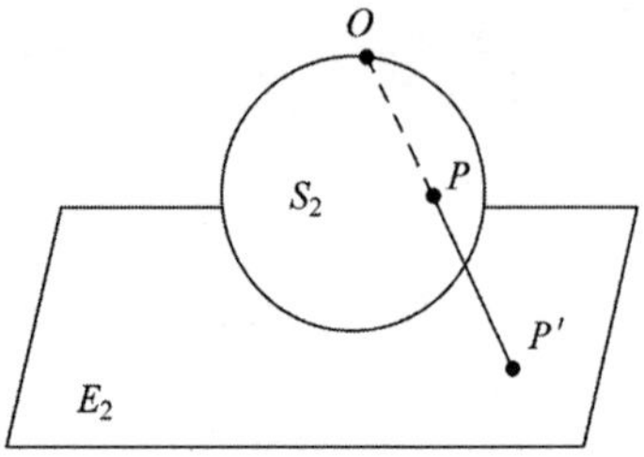

图7.3　无限大平面E_2的紧致化

再考虑$\boldsymbol{\Omega}$的空间。$\boldsymbol{\Omega}$是具有一定方向(θ,ϕ)的单位矢量，它的代表点也是在S_2上。一个具有有限作用量的场的位形$\boldsymbol{\Omega}(\boldsymbol{x})$是一个光滑的(可微的)、从欧氏时空$S_2$到序参量流形的、$S_2$的映射。图7.4画出了一个自旋位形及它到紧致化$S_2$上的投影，图7.5画出了该映射。定义欧氏空间自旋位形$\boldsymbol{\Omega}(\boldsymbol{x})$的庞德里亚金(Pontryagin)指标(或称"卷绕数"，winding number)

$$Q = \frac{1}{8\pi}\int d^2 x \varepsilon^{ij} \boldsymbol{\Omega} \cdot (\partial_i \boldsymbol{\Omega} \times \partial_j \boldsymbol{\Omega}) \tag{7.5.2}$$

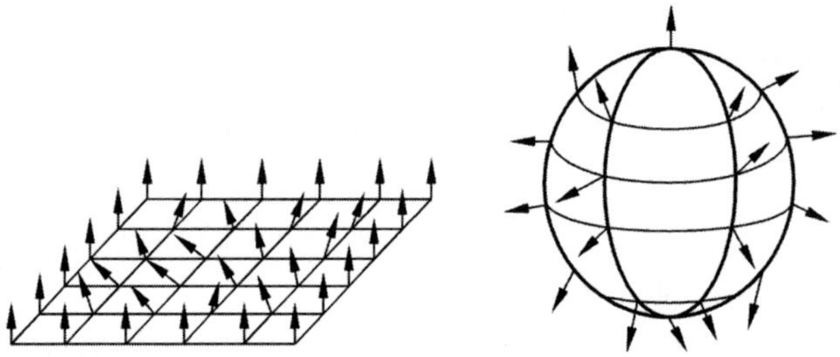

(a)　　(b)

图7.4　欧氏时空有限作用量的自旋位形及其在紧致化空间S_2上的投影

(a) 自旋位形；(b) 投影

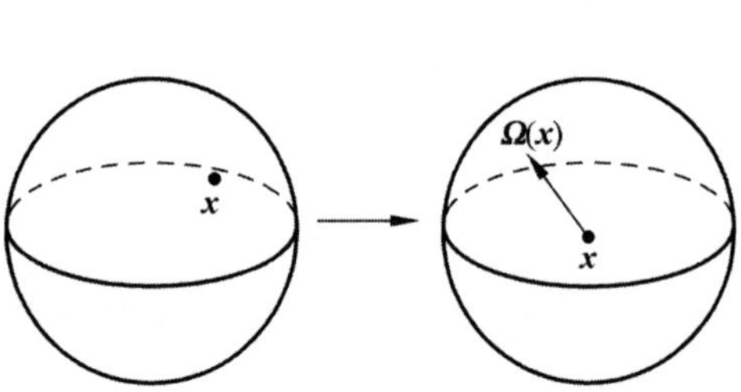

图7.5　映射$S_2 \xrightarrow{\boldsymbol{\Omega}(\boldsymbol{x})} S_2$

它表示在欧氏时空代表点遍及 S_2 后，$\boldsymbol{\Omega}$ 在序参量流形 S_2 上缠绕的次数①。考虑瞬子所代表的位形 $\boldsymbol{\Omega}(\boldsymbol{x})$，设在无穷远处场指向 S_2 的北极 $\boldsymbol{\Omega}_0$（图 7.6），而在原点处指向南极 $-\boldsymbol{\Omega}_0$。将这个位形映射到场的流形空间 S_2，就成了磁单极场的样子（图 7.7）。可以看到瞬子的 $Q=1$，而在反瞬子的 $\boldsymbol{\Omega}$ 位形空间中“磁力线”却向内，$Q=-1$。位形 $\boldsymbol{\Omega}(\boldsymbol{x})$ 可以用其卷绕数分类，即映射 $S_2 \xrightarrow{\boldsymbol{\Omega}(x)} S_2$ 分属拓扑性质不同的同伦类（homotopy class），其表征是卷绕数 Q。

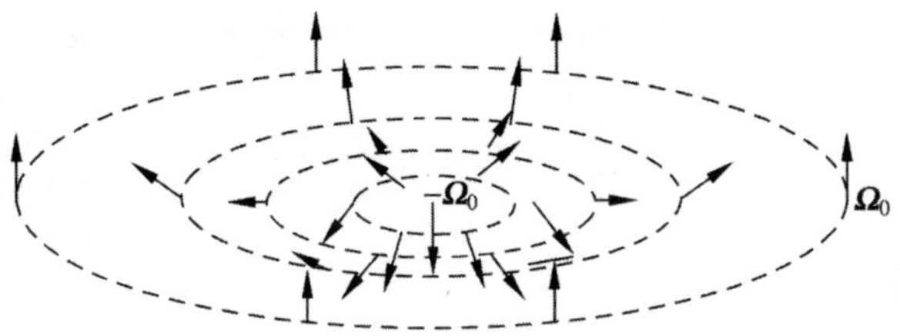

图 7.6 欧氏时空中的瞬子位形

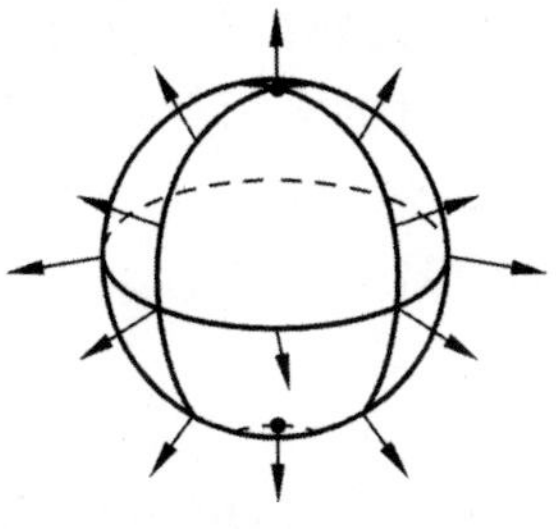

图 7.7 在 $\boldsymbol{\Omega}$ 流形空间，其拓扑与磁单极相同

回到拉格朗日量密度式（7.5.1）。拓扑项对作用量的贡献是相角，对路径积分的贡献则是相因子

$$e^{i\Theta Q} = e^{i2\pi s Q} = (-1)^{2sQ}$$

因此，若 s 是整数，这个因子是 1。对半整数 s，每个拓扑类贡献的符号都取决于卷绕数 Q。Q 为奇，因子为负；Q 为偶，因子为正。它的物理状态就与整数自旋完全不同了。这就是霍尔丹猜想的拓扑根源。I. Affleck[13] 讨论了一个质量产生机制，它对 $\Theta=0$ 成立，而对 $\Theta=\pi$ 不成立。

本节内容请参阅文献[12]105～109 页。

7.6 非阿贝尔规范场的 Θ 真空

7.6.1 非阿贝尔规范场

杨振宁和 R. L. Mills 在 1954 年提出了非阿贝尔规范场理论[15]。在电磁场理论中，定域规范不变性的要求完全确定了带电费米子和电磁场的相互作用。他们将这个范例推广到 $SU(2)$ 场。规范势 $A_\mu^a(x)$ 具有内部自由度 $a=1,2,3$，它们分别对应 $SU(2)$ 群的三个生成

① 令 x_1x_2 代表在欧氏空间 S_2 上的坐标，例如 $x_1=\cos\theta, x_2=\varphi$。$S_2$ 的面积元是 dx_1dx_2，在此面积元内，各点通过映射 $\boldsymbol{\Omega}(x_1,x_2)$ 到 $\boldsymbol{\Omega}$ 流形上的 S_2 占有的面积是 $dx_1dx_2\boldsymbol{\Omega}\cdot(\partial_1\boldsymbol{\Omega}\times\partial_2\boldsymbol{\Omega})$（由于 $\boldsymbol{\Omega}^2=1, \partial_1\boldsymbol{\Omega}, \partial_2\boldsymbol{\Omega}$，都和球面相切）。当 (x_1,x_2) 遍布欧氏时间（面积 4π）时，$\boldsymbol{\Omega}$ 在流形 S_2 上扫过的面积是

$$\int dx_1dx_2\boldsymbol{\Omega}\cdot(\partial_1\boldsymbol{\Omega}\times\partial_2\boldsymbol{\Omega}) = \frac{1}{2}\int d^2x\,\varepsilon^{ij}\boldsymbol{\Omega}\cdot(\partial_i\boldsymbol{\Omega}\times\partial_j\boldsymbol{\Omega})$$

而卷绕次数是 $\frac{1}{4\pi}\cdot\frac{1}{2}\int d^2x\,\varepsilon^{ij}\boldsymbol{\Omega}\cdot(\partial_i\boldsymbol{\Omega}\times\partial_j\boldsymbol{\Omega})$。

元$\boldsymbol{\tau}^a/2$,此处$\boldsymbol{\tau}^a$ 是泡利矩阵。和这个规范场相互作用的费米子场是二分量的狄拉克自旋量,费米子场的自由拉格朗日量密度是

$$\mathscr{L}_0=\bar{\psi}(x)(\mathrm{i}\gamma^\mu\partial_\mu-m)\psi(x) \tag{7.6.1}$$

它对整体 $SU(2)$变换

$$\psi(x)\to\psi'(x)=\exp\left(-\mathrm{i}\frac{\boldsymbol{\tau}^a\theta^a}{2}\right)\psi(x) \tag{7.6.2}$$

是不变的,此处 $\theta^a(a=1,2,3)$是变换参数,它们与时空坐标无关(故称"整体变换")。但若要求理论对定域 $SU(2)$变换(θ^a是时空坐标的函数$\theta^a(x)$)也具有不变性时,就必须引入 $SU(2)$规范场 $A^a_\mu(x)$,它和 ψ 的相互作用形式完全由定域规范不变性所确定,定域不变的拉格朗日量为

$$\bar{\psi}(x)\left\{\mathrm{i}\gamma^\mu\left(\partial_\mu-\mathrm{i}g\frac{\tau^aA^a_\mu}{2}\right)-m\right\}\psi \tag{7.6.3}$$

此处 g 是耦合常数。在定域规范变换

$$U(x)=\exp\left(-\mathrm{i}\frac{\tau^a\theta^a(x)}{2}\right) \tag{7.6.4}$$

中,$\psi(x)$与 $A^a_\mu(x)$同时变换,即

$$\psi(x)\to\psi'(x)=U\psi(x) \tag{7.6.5}$$

$$A^a_\mu(x)\to A'^a_\mu(x)=A^a_\mu(x)+\varepsilon^{abc}\theta^bA^c_\mu(x)-\frac{1}{g}\partial_\mu\theta^a \tag{7.6.6}$$

规范场强 $F^a_{\mu\nu}$ 和规范势A^a_μ 的关系是

$$F^a_{\mu\nu}=\partial_\mu A^a_\nu-\partial_\nu A^a_\mu+g\varepsilon^{abc}A^b_\mu A^c_\nu \tag{7.6.7}$$

在电磁理论(阿贝尔规范场)中,$F_{\mu\nu}$ 在规范变换中保持不变,但在非阿贝尔规范场中,$F^a_{\mu\nu}$ 的变换是

$$F^a_{\mu\nu}\to F^a_{\mu\nu}+\varepsilon^{abc}\theta^bF^c_{\mu\nu} \tag{7.6.8}$$

式(7.6.6)表明,在规范变换中,除了和电磁理论中类似的$\partial_\mu\theta^a$项外,还有 A^a_μ 是 $SU(2)$空间的矢量,而式(7.6.4)变换是这个空间的旋转变换,因此前两项正是这个旋转的效果。同样,$F^a_{\mu\nu}$也是这个空间的矢量,故在式(7.6.8)变换中也体现了旋转的效果。式(7.6.7)中最后一项的列入是关键性的,有了它才最后完成了理论的框架。高度的对称(θ 是 x 的任意函数)导致了完全确定的相互作用,这是该理论极富吸引力的特点。从弱电统一开始的标准模型就是以非阿贝尔规范场作为基础的。杨-米尔斯场的提出是近代物理学中影响深远的奠基工作。

$SU(2)$规范场 A^a_μ 和 $SU(2)$二重态费米子场的定域规范不变拉格朗日密度是

$$\mathscr{L}=-\frac{1}{4}F^a_{\mu\nu}F^{a\mu\nu}+\bar{\psi}\left\{\mathrm{i}\gamma^\mu\left(\partial_\mu-\mathrm{i}g\frac{\tau^aA^a_\mu}{2}\right)-m\right\}\psi \tag{7.6.9}$$

为了避免重复书写指标,可以定义

$$A_\mu(x)\equiv A^a_\mu(x)\frac{\tau^a}{2},\quad F_{\mu\nu}(x)=F^a_{\mu\nu}(x)\frac{\tau^a}{2} \tag{7.6.10}$$

现在,$A_\mu(x)$和 $F_{\mu\nu}(x)$都已是 2×2 矩阵。式(7.6.6)、式(7.6.8)可以写作

$$\left.\begin{aligned}&A_\mu(x)\to A'_\mu(x)=UA_\mu U^{-1}+\frac{\mathrm{i}}{g}U\partial_\mu U^{-1}\\&F_{\mu\nu}(x)\to F'_{\mu\nu}(x)=UF_{\mu\nu}U^{-1}\end{aligned}\right\} \tag{7.6.11}$$

7.6.2 规范变换的等价类

在经典理论中，$F_{\mu\nu}=0$ 就是真空。但相应的 A_μ 却不是必须为 0，因为

$$A_\mu=\frac{\mathrm{i}}{g}U\partial_\mu U^{-1} \tag{7.6.12}$$

就是从 $A_\mu=0$ 经规范变换得来的。U 中的 $\theta^a(x)$ 是任意的，它同样描述 $F_{\mu\nu}=0$ 的状态。规范势式(7.6.12)称为“纯规范”(pure gauge)。

由于规范变换有很大的自由度，在讨论具体问题时往往加一些限制。确定规范势的时空 0 分量为 0 的规范称为“时间规范”(temporal gauge)：

$$A_0(x)=0 \tag{7.6.13}$$

对式(7.6.13)仍能进行规范变换，只要 U 和时间无关就能保证变换后的规范势仍属于时间规范：

$$A_0'=UA_0U^{-1}+\frac{\mathrm{i}}{g}U\partial_0U^{-1}=0$$

因 $A_0=0$，故第一个等号右侧的第一项为 0；又因 U 不含时间，故第二项也为 0。在时间规范内的纯规范势有空间分量：

$$A_i(\boldsymbol{x})=\frac{\mathrm{i}}{g}U\partial_iU^{-1} \tag{7.6.14}$$

由于 U 与时间无关，故 A_i 只和空间坐标有关。

考虑 $SU(2)$ 规范场，$SU(2)$ 群元素是

$$U=\mathrm{e}^{\mathrm{i}\theta\hat{\boldsymbol{n}}\cdot\frac{\boldsymbol{\tau}}{2}} \tag{7.6.15}$$

此处 $\theta^a=\theta\hat{\boldsymbol{n}}^a\,(a=1,2,3)$，$\hat{\boldsymbol{n}}$ 是单位矢量。U 又可以写作

$$U=b_0+\mathrm{i}\boldsymbol{b}\cdot\boldsymbol{\tau}$$

此处

$$b_0=\cos\frac{\theta}{2},\quad \boldsymbol{b}=\hat{\boldsymbol{n}}\sin\frac{\theta}{2} \tag{7.6.16}$$

一个群元素可以用 4 个参数$(b_0,\boldsymbol{b})$代表，它们之间有一个关系：

$$b_0^2+\boldsymbol{b}^2=1 \tag{7.6.17}$$

因此，$SU(2)$的流形空间是在四维欧氏空间的单位球面 S_3。与时间无关的 $SU(2)$ 规范变换的一例是

$$U_1(\boldsymbol{x})=\frac{\boldsymbol{x}^2-\lambda^2}{\boldsymbol{x}^2+\lambda^2}+\mathrm{i}\,\frac{2\lambda\,\boldsymbol{\tau}\cdot\boldsymbol{x}}{\boldsymbol{x}^2+\lambda^2},\quad \lambda>0 \tag{7.6.18}$$

显然

$$U_n(\boldsymbol{x})=(U_1(\boldsymbol{x}))^n,\quad n=1,2,3,\cdots \tag{7.6.19}$$

也都是规范变换。用它仿式(7.6.14)构造的纯规范势

$$A_i^{(n)}(\boldsymbol{x})=\frac{\mathrm{i}}{g}U_n(\boldsymbol{x})\partial_iU_n^{-1}(\boldsymbol{x}) \tag{7.6.20}$$

具有有趣的拓扑性质。定义卷绕数

$$n=\frac{\mathrm{i}g^3}{24\pi^2}\int\mathrm{d}^3x\,\mathrm{tr}\varepsilon^{ijk}\boldsymbol{A}_i^{(n)}(\boldsymbol{x})\boldsymbol{A}_j^{(n)}(\boldsymbol{x})\boldsymbol{A}_k^{(n)}(\boldsymbol{x}) \tag{7.6.21}$$

$\boldsymbol{A}_i(\boldsymbol{x})$等是$2\times 2$矩阵，tr是对矩阵求迹，可以证明$n$是整数。如果三维空间可以紧致化为四维空间的三维球面$S_3$①，规范变换式(7.6.19)就是从空间S_3上一点到$SU(2)$流形的S_3上一点的映射，n就是映射缠绕的次数。规范变换U_n及其相应的纯规范势$A_i^{(n)}$都是等价类的，每一类都用拓扑指标n所表征。$A_i^n(\boldsymbol{x})$通过变换U_1，就可以变成$A_i^{n+1}(\boldsymbol{x})$：

$$\begin{aligned} A_i^{n+1}(\boldsymbol{x}) &= \frac{\mathrm{i}}{g}U_{n+1}\partial^i U_{n+1} = \frac{\mathrm{i}}{g}(U_1U_n)\partial^i(U_n^{-1}U_1^{-1}) \\ &= \frac{\mathrm{i}}{g}U_1\partial^i U_1^{-1} + U_1A_i^nU_1^{-1} \end{aligned} \tag{7.6.22}$$

用$|n\rangle$代表第n类真空态，上式可以在形式上写为

$$U_1 \mid n\rangle = \mid n+1\rangle \tag{7.6.23}$$

以上的讨论基于文献[16]。

7.6.3　Θ真空

真实的物理真空属于哪一类呢？真空必须是规范不变的，因此必须将各类真空叠加起来：

$$\mid \Theta\rangle = \sum_{n=-\infty}^{\infty} \mathrm{e}^{-\mathrm{i}n\Theta} \mid n\rangle \tag{7.6.24}$$

在U_1变换下，

$$U_1 \mid \Theta\rangle = \sum_{n=-\infty}^{\infty} \mathrm{e}^{-\mathrm{i}n\Theta} \mid n+1\rangle = \mathrm{e}^{\mathrm{i}\Theta} \mid \Theta\rangle \tag{7.6.25}$$

它是规范不变的，因为若一个相因子不改变状态，则$|\Theta\rangle$在$(U_1)^n$变换下也是不变的，$|\Theta\rangle$被称为“Θ真空”。为了了解Θ的意义，构成一个规范不变的算符编时乘积$T(O_1\cdots O_p)$，计算它在两个不同值的Θ真空间的矩阵元，结果[16]这个矩阵元和$\delta(\Theta-\Theta')$成正比。即在两个以不同Θ值作为真空的“世界”间没有任何物理的交流。在场论路径积分形式中，最核心的是计算“有外源J”的真空-真空跃迁振幅②，即从$t=-\infty$的真空到$t=\infty$的真空的跃迁振幅为

$$\begin{aligned} \langle\Theta \mid \Theta\rangle^J &= \sum_{m,n} \mathrm{e}^{\mathrm{i}m\Theta}\mathrm{e}^{-\mathrm{i}n\Theta}\langle m \mid n\rangle^J \\ &= \sum_{\nu} \mathrm{e}^{\mathrm{i}\nu\Theta} \sum_{n} \langle n+\nu \mid n\rangle^J \end{aligned} \tag{7.6.26}$$

此处用$m=n+\nu$做了置换。式中，$\langle n+\nu|n\rangle$是$t=-\infty$时卷绕数n的真空到$t=+\infty$时卷绕数$n+\nu$的真空的跃迁。从非阿贝尔规范场的瞬子解看，正好是它们把不同卷绕数的真空联系在一起的。第5章讨论的扭折解，是从$\tau=-\infty$的稳定位置穿过势垒到$\tau=+\infty$的另一个稳定位置③。不同卷绕数的真空，拓扑性质不同，就像它们之间有势垒一样，靠瞬子解实现隧穿。从$t=-\infty$的$|\Theta\rangle$到$t=+\infty$的$|\Theta\rangle$，它们的组成部分(不同卷绕数的真空)就是借瞬子解实现的如式(7.6.26)所示的跃迁，而这个跃迁振幅包括了体系的全部物理状态。

---

① 因此要求$\lim\limits_{|\boldsymbol{x}|\to\infty} A_i(\boldsymbol{x})=0$。

② 外源J的存在是技术性的，是为了将来对它取微商得到格林函数(Green's function)。

③ 参阅本书5.2节。

体系的具体性质是通过路径积分的"被积函数"e^{-iS} 或 e^{-S_E} 反映的。但这里的 $e^{i\nu\Theta}$ 因子等于在作用量 S 上加了一项,具体分析如下。

回顾一维铁磁链拉格朗日密度中的拓扑项式(7.3.19),它和一个流 K^μ 的散度相联系。根据巴丁(Bardeen)恒等式[16],规范场强的对偶 $\widetilde{F}_{a\mu\nu}=\frac{1}{2}\varepsilon_{\mu\nu\lambda\rho}F_a^{\lambda\rho}$ 和 $F_a^{\mu\nu}$ 的标量积一定是一个流的四维散度:

$$F_a^{\mu\nu}\widetilde{F}_{a\mu\nu}=\frac{1}{2}\varepsilon_{\alpha\beta\mu\nu}F_a^{\mu\nu}F_a^{\alpha\beta}=\partial^\mu K_\mu \tag{7.6.27}$$

而对于 $SU(2)$,

$$K_\mu=\varepsilon_{\mu\alpha\beta\gamma}A_a^\alpha\left[F_a^{\beta\gamma}-\frac{g}{3}\varepsilon_{abc}A_b^\beta A_c^\gamma\right] \tag{7.6.28}$$

此处 a,b,c 是 $SU(2)$指标 1,2,3; μ,α,β,γ 是时空指标。将式(7.6.27)做四维体积积分并用高斯定理,有

$$\int d^4x F_a^{\mu\nu}\widetilde{F}_{a\mu\nu}=\int d^4x\,\partial^\mu K_\mu=\int_S d\sigma^\mu K_\mu \tag{7.6.29}$$

包围四维空间的可以看作三维柱面,两端是 $t=\pm\infty$ 的三维空间,而柱面都是在空间无穷远处。在无穷远处是真空,$F_a^{\beta\gamma}=0$,而在时间规范中 $A_a^0=0$。因此在无穷远处式(7.6.28)的 K_μ 只有 0 分量不为 0:

$$K_0=-\frac{g}{3}\varepsilon_{ijk}\varepsilon_{abc}A_a^iA_b^jA_c^k=\frac{4}{3}ig\varepsilon_{ijk}\,\mathrm{tr}A^iA^jA^k \tag{7.6.30}$$

在积分式(7.6.29)中,柱面上的积分为 0,因为 K_μ 没有空间分量,只有在 $t=\pm\infty$处的积分不为 0,故有

$$\int d^4x F_a^{\mu\nu}\widetilde{F}_{a\mu\nu}=\int d^3x K_0\Big|_{t=-\infty}^{t=+\infty}$$

和式(7.6.21)定义的 n 比较,并采用式(7.6.30),有

$$\frac{g^2}{32\pi^2}\int d^4x F_a^{\mu\nu}\widetilde{F}_{a\mu\nu}=n(+\infty)-n(-\infty)=\nu \tag{7.6.31}$$

因此式(7.6.26)中的 $e^{i\nu\Theta}$ 因子,就相当于在路径积分的 e^{iS} 因子的作用量 S 中贡献一项

$$S_\Theta=\Theta\frac{g^2}{32\pi^2}\int d^4x F_a^{\mu\nu}\widetilde{F}_{a\mu\nu}$$

或对拉格朗日密度贡献一项

$$\mathscr{L}_\Theta=\Theta\frac{g^2}{32\pi^2}F_a^{\mu\nu}\widetilde{F}_{a\mu\nu} \tag{7.6.32}$$

前面已经指出,它和$\partial^\mu K_\mu$ 的四维散度成正比,因此对运动方程没有贡献,也没有微扰效应。在粒子物理中,强相互作用理论量子色动力学是用 $SU(3)$规范场构成的,它的真空也具有一个 Θ 值。这一项的存在既破坏 P(宇称)、T(时间反演)又破坏 CP(C 是粒子-反粒子共轭),这称为"强 CP 破坏问题"。但在强相互作用中,CP 守恒的检验是极为精确的,因此 Θ 的上限应是极小的。能否在理论上得到 $\Theta=0$ 呢? 对比虽然已有一些尝试,但还没有得到满意的答案。

更多有关 7.6.3 节的内容请参阅文献[16]。

7.7　拓扑项与反常

在量子电动力学中，电子质量建立了理论的尺度，$\dfrac{\hbar}{mc}$定义了长度的尺度，$\dfrac{\hbar}{mc^2}$定义了时间的尺度，mc 和 mc^2 建立了动量和能量的尺度。对于量子色动力学(QCD)，夸克是无质量的①。而在拉格朗日量的密度中，也没有任何有量纲的参数。这样的理论称为“尺度不变理论”(scale invariant theory)，但在计算量子修正时需要进行重正化。重正化理论引入了一个质量(记为 M)，尽管在理论一开始并没有质量或其他有量纲的量，这也是重正化理论的一个特点。M 的值并不能由理论给出，例如在 QCD 中，夸克和胶子相互作用的耦合常数由下式给出：

$$\alpha_{\mathrm{s}}(Q^2)=\frac{4\pi}{\left(11-\dfrac{2}{3}n_{\mathrm{f}}\right)\ln\dfrac{Q^2}{\Lambda^2}} \tag{7.7.1}$$

α_{s} 和 QED(量子电动力学)中的精细结构常数 α 相当，Q^2 是物理过程中四维动量传输的平方，n_{f} 是参与过程的夸克味数。式中没有任意参数，Λ 就等效于重正化条件引入的参数。它的值必须由实验确定，结果是 150～200MeV。在此，经典拉格朗日密度是尺度不变的，只是计算量子修正时通过重正化引入了质量尺度，从而破坏了尺度不变性。这种现象称为“量纲嬗变”(dimensional transmutation)。若经典对称性被量子处理(通过路径积分或场论微扰论)所破坏，则该对称性就被称为是“反常的”(anomalous)。

反常的存在有重要的物理后果。上面的例子给出的是“跑动的耦合常数”(the running coupling constant)，即耦合常数实际上与物理过程的 Q^2 尺度有关。QCD 的跑动耦合常数在 Q^2 足够大时会变得较小，这称为“渐近自由”(asymptotic freedom)。因此，对高能大动量传输过程，可以使用微扰论，“微扰量子色动力学”已得到有力的实验支持。另一个例子是手征反常，它导致了 Wess-Zumino 项的产生。考虑狄拉克子与电磁场的相互作用，拉格朗日密度是

$$\mathscr{L}=\bar{\psi}(\gamma^{\mu}(\partial_{\mu}+\mathrm{i}A_{\mu})+\mathrm{i}m)\psi \tag{7.7.2}$$

它对整体相变换(λ 为常数)

$$\psi\rightarrow\psi'=\mathrm{e}^{\mathrm{i}\lambda}\psi \tag{7.7.3}$$

是不变的。在场论中，一个对称性相应于一个守恒流，称为“诺特尔流”(Noether current)。对应式(7.7.3)变换的守恒流正是费米子流：

$$J_{\mu}=\mathrm{i}\bar{\psi}\gamma_{\mu}\psi \tag{7.7.4}$$

它满足

$$\partial^{\mu}J_{\mu}=0 \tag{7.7.5}$$

守恒条件式(7.7.5)是一个连续方程

$$\frac{\partial}{\partial t}J_0-\nabla\cdot\boldsymbol{J}=0 \tag{7.7.6}$$

对空间积分并使用高斯定理以及场在无穷远处为 0 的特点，就得到

---

① 夸克质量只是在弱电作用中对称自发破缺的结果，在强作用的量子色动力学中，夸克是无质量的。

$$\frac{\partial}{\partial t}\int \mathrm{d}^3 x J_0 = 0 \tag{7.7.7}$$

这就是粒子数(电荷)的守恒。再考虑整体手征变换:

$$\psi \rightarrow \psi' = \mathrm{e}^{\mathrm{i}\nu\gamma_5}\psi \tag{7.7.8}$$

其中 ν 是常数(相当于式(7.7.3)中的 λ),$\boldsymbol{\gamma}_5$ 是狄拉克矩阵,$\boldsymbol{\gamma}_5=\mathrm{i}\gamma^0\gamma^1\gamma^2\gamma^3$。相应的流为

$$J_\mu^5 = \mathrm{i}\bar{\psi}\gamma_\mu\boldsymbol{\gamma}_5\psi \tag{7.7.9}$$

满足

$$\partial^\mu J_\mu^5 = -2m\bar{\psi}\gamma_5\psi \tag{7.7.10}$$

因此,只在 $m=0$ 的极限下,J_μ^5 才是守恒流,$\mathscr{L}$ 才对手征变换不变。以上的对称性是经典拉格朗日密度(尚未对 ψ 进行二次量子化)的性质。Adler,Bell,Jackiw[17-18] 用微扰论证明,如果考虑了二次量子化的量子效应,则有

$$\begin{aligned} &\partial^\mu J_\mu = 0, \\ &\partial^\mu J_5 = -2m\bar{\psi}\gamma_5\psi + \frac{\mathrm{i}}{8\pi^2}F_{\mu\nu}\widetilde{F}^{\mu\nu} \end{aligned} \tag{7.7.11}$$

即使在 $m=0$ 的极限下,手征相变换的经典对称性也被量子效应所破坏。藤川(K. Fujikawa)[19-20] 指出,路径积分的测度在手征相变换下的雅可比行列式与电磁势 A_μ 有关,不是规范不变的。他不用微扰论而直接导出了反常关系式(7.7.11)。将以上 QED 的反常推广到 QCD:ψ 是三分量的狄拉克自旋量 ψ^a $(a=1,2,3)$,规范势和规范场强都是 3×3 矩阵 $(\boldsymbol{A}_\mu)_b^a$ 和 $(\boldsymbol{F}_{\mu\nu})_b^a$。此时的反常关系是

$$\partial^\mu J_\mu^5 = \partial^\mu \mathrm{i}\bar{\psi}^a\gamma_\mu\gamma_5\psi^a = \frac{\mathrm{i}}{8\pi^2}\mathrm{tr}\boldsymbol{F}_{\mu\nu}\widetilde{\boldsymbol{F}}^{\mu\nu} \tag{7.7.12}$$

将第二个等号右侧移至第一个等号左侧并改写,得

$$\partial^\mu\left(J_\mu^5 - \frac{\mathrm{i}}{4\pi^2}W_\mu\right) = 0 \tag{7.7.13}$$

此处

$$W_\mu = \varepsilon_{\mu\nu\sigma\tau}\mathrm{tr}\left(A^\nu\partial^\sigma A^\tau + \frac{2}{3}\mathrm{i}A^\nu A^\sigma A^\tau\right) \tag{7.7.14}$$

从形式上可以定义相应的守恒荷:

$$Q_5' = \int \mathrm{d}^3 x\left(J_0^5 - \frac{\mathrm{i}}{4\pi^2}W_0\right) \tag{7.7.15}$$

但实际上 Q_5' 不是规范不变的,因此物理上不存在这样的守恒量。在规范变换下,

$$A_i \rightarrow A_i' = -\mathrm{i}U\partial_i U^\dagger + UA_i U^\dagger \tag{7.7.16}$$

守恒荷的变化是

$$\begin{aligned} \Delta Q_5' = -\frac{\mathrm{i}}{4\pi^2}\int \mathrm{d}^3 x\,\varepsilon_{ijk}\Big[&\frac{1}{3}\mathrm{tr}(U\partial_i U^\dagger)(U\partial_j U^\dagger)(U\partial_k U^\dagger) + \\ &\mathrm{i}\partial_i\,\mathrm{tr}(U^\dagger\partial_j U A_k)\Big] \end{aligned} \tag{7.7.17}$$

方括号中的第二项是三维散度,可以用高斯定理转为在无穷远处的表面积分,因而对 $\Delta Q_5'$ 没有贡献。第一项和规范势无关,而它正是庞德里亚金指数或卷绕数式(7.6.20)、式(7.6.21)。因此守恒荷 Q_5' 在卷绕数 $n=0$ 的规范变换下是不变的,但在拓扑非平凡(卷

绕数不为 0)的规范变换下要变换一个整数 $2n$。

以上讨论的是整体对称性的反常,反常的存在有物理后果。例如,阿贝尔手征反常正好给出 $\pi^0 \to 2\gamma$ 的衰变率。从式(7.7.11)可见,反常项正好使两个光子(等效 π^0)和$\partial^\mu J_\mu^5$ 耦合起来。费米子是带电的夸克。理论的结果可以直接和实验比较。其结果是,不仅要计入夸克的味(u,d),还要计入夸克不同的色($N_c=3$)。这时理论和实验就符合得很好,这对夸克的色自由度是很好的支持。反常尺度对称性导致了耦合常数的跑动,前面已讨论过。

局域对称性的反常,例如局域手征反常的存在,会对理论带来危险。因为它破坏了局域规范不变性,使理论丧失了可重正化性,从而不能成为自洽的理论。在此情况下,就必须研究反常抵消的可能性。这会给对称群的选择和理论中费米子的种类带来限制。这样,反常从会对理论造成危险变为建立理论的一个积极因素:不是任何一个群都可以用来建立物理的理论,选择往往是有限的。这在大统一和超弦理论的研究中都有应用。

参考文献

[1] MADELUNG O. Introduction to solid-state theory[M]. Berlin: Springer,1978.

[2] CASPERS W J. Spin systems[M]. Singapore: World Scientific,1989.

[3] AFFLECK I. Quantum spin chains and the Haldane gap[J]. Journal of Physics: Condensed Matter, 1989,1(19): 3047-3072.

[4] GOLDSTONE J. Field theories with《superconductor》solutions[J]. Il Nuovo Cimento (1955—1965),1961,19(1): 154-164.

[5] GOLDSTONE J, SALAM A, WEINBERG S. Broken symmetries[J]. Physical Review, 1962, 127: 965-970.

[6] BETHE H. Zur Theorie der Metalle[J]. Zeitschrift für Physik,1931,71(3): 205-226.

[7] LOWENSTEIN J H. Introduction to the Bethe ansatz approach in (1+1)-dimensional models[C]// ZUBER L B,STORA R. Les Houches summer school in theoretical physics: Recent advances in field theory and statistical mechanics. Amsterdam: North Holland,1982.

[8] HALDANE F. Continuum dynamics of the 1-D Heisenberg antiferromagnet: Identification with the $o(3)$ nonlinear sigma model[J]. Physics Letters A,1983,93(9): 464-468.

[9] HALDANE F D M. Nonlinear field theory of large-spin Heisenberg antiferromagnets: Semiclassically quantized solitons of the one-dimensional easy-axis Néel state[J]. Physical Review Letters,1983,50: 1153-1156.

[10] HALDANE F D M. "Θ physics" and quantum spin chains (abstract)[J]. Journal of Applied Physics, 1985,57(8): 3359-3359.

[11] LIEB E,SCHULTZ T,MATTIS D. Two soluble models of an antiferromagnetic chain[J]. Annals of Physics,1961,16(3): 407-466.

[12] FRADKIN E. Field theories of condensed matter systems[M]. Redwood City: Addison-Wesley,1991.

[13] COLEMAN S. There are no Goldstone bosons in two dimensions [J]. Communications in Mathematical Physics,1973,31(4): 259-264.

[14] AFFLECK I,LIEB E H. A proof of part of Haldane'S conjecture on spin chains[J]. Letters in Mathematical Physics,1986,12(1): 57-69.

[15] YANG C N,MILLS R L. Conservation of isotopic spin and isotopic gauge invariance[J]. Physical Review,1954,96: 191-195.

[16] PECCEI R D. The strong CP problem[M]//JARLSKOG C. CP Violation. Singapore,1989：501-551.

[17] ADLER S L. Axial-vector vertex in spinor electrodynamics [J]. Physical Review, 1969, 177: 2426-2438.

[18] BELL J S,JACKIW R. A PCAC puzzle：$\pi 0 \to \gamma\gamma$ in the σ-model[J]. Il Nuovo Cimento A,1969,60(47).

[19] FUJIKAWA K. Path integral for gauge theories with fermions[J]. Physical Review D,1980,21: 2848-2858.

[20] FUJIKAWA K. Path-integral measure for gauge-invariant fermion theories[J]. Physical Review Letters,1979,42：1195-1198.

第8章
腔量子电动力学，范德华力和卡西米尔效应

腔量子电动力学[1-3]（简称“腔QED”）是量子光学的一个领域，它研究单个原子和一些光子在电磁谐振腔中的相互作用。近十几年来，在原子和场两方面都观察到了崭新的性质。在原子周围的谐振腔能够改变（抑制或增强）原子的自发辐射率，腔的耦合能够移动原子能级。与此对应的是：腔中电磁场（光子）也由于和原子的耦合呈现出非经典的性质。由于高品质因数腔和原子束技术的发展，对腔中光子数的量子非破坏性测量成为可能。在高Q（品质因数）腔内能够产生介观的场的相干（“薛定谔的猫”）。8.1节～8.6节将讨论腔量子电动力学的一些最基础的内容。

因果性原理在物理学问题中都有体现。例如，介质中电场$\boldsymbol{E}(t)$随时间变化，则电位移矢量$\boldsymbol{D}(t)$只能和t时间以前的$\boldsymbol{E}$有关。又如，在入射波到达散射中心之前不能有散射波存在等，这些要求都在理论中有所反映。又如，以$\boldsymbol{D}(\omega)$和$\boldsymbol{E}(\omega)$代表$\boldsymbol{D}$和$\boldsymbol{E}$矢量的傅里叶分量，则它们之间的关系是$\boldsymbol{D}(\omega)=\varepsilon(\omega)\boldsymbol{E}(\omega)$，$\varepsilon$为介电常数。上述因果关系将反映在被称为“广义极化率”$\alpha(\omega)=\varepsilon(\omega)-1$的解析性质中，此处$\alpha(\omega)$是复变量$\omega$的函数。反映解析性质的关系称为“色散关系”，是克拉默斯（Kramers）和克勒尼希（Krönig）在1927年研究光的色散因果原理时得到的。广义极化率$\alpha(\omega)$是表征体系对外来扰动响应的性质，对它的研究使得在物理体系有广泛应用的涨落-耗散定理被提出。上述内容将在8.7节中讨论。

中性原子间的作用力被称为“范德华力”。原子的电偶极矩的平均值为0，这是因为原子的定态具有确定的宇称。但由于涨落原子可以有偏离平均值的自发偶极矩，而这个偶极矩在另一原子处产生的电场使原子极化，产生电偶极矩。这种偶极-偶极相互作用便是范德华力的来源。涨落-耗散定理便在研究电磁场的涨落中得到了应用。研究的结果是，这种力的势能在原子间距R不太大时和R^6成反比，而当R较大时需要考虑推迟相互作用，此时势能和R^7成反比。这种比例规律和原子结构无关，卡西米尔一直在思索规律普遍性的根源，在他向玻尔请教时，玻尔提到可能和零点能有关。这里玻尔指的是电磁场真空涨落的能量，卡西米尔用这个概念果然导出了R^{-7}的规律。被这个结果所鼓舞卡西米尔进而研究了两个不带电的金属平板在平行时的板间作用力，力的来源是板间的电磁场的零点振荡和开放空间的不同，这称为“卡西米尔效应”。零点振荡在解释兰姆移位（Lamb shift）方面起了重要作用。对卡西米尔效应、兰姆移位和范德华力的诠释问题，即是否一定要涉及零点振荡，也是一个研究者们很感兴趣的问题。8.8节～8.13节将对这些问题进行讨论。

8.1 辐射场与原子相互作用

关于辐射场与原子的相互作用，在量子力学教科书中都有系统叙述。对辐射场的状态，多用平面波本征态展开。在腔量子电动力学中，电磁场局限于一定的边界条件，因此需做一定的修改。此处仅对理论的主要步骤予以介绍，以期在过渡到腔量子电动力学时便于比较①，中间的详细推导均从略。

8.1.1 原子中电子场的量子化

原子中电子的正交归一本征态 ψ_j 是薛定谔方程的解，其对应的本征值为 E_j：

$$\mathscr{H}_0\psi_j(\boldsymbol{r})=\left(-\frac{\hbar^2}{2m}\nabla^2+eV\right)\psi_j(\boldsymbol{r})=E_j\psi_j(\boldsymbol{r}) \tag{8.1.1}$$

在二次量子化理论中，电子场算符 $\hat{\psi}$ 用 ψ_j 展开，系数是 j 态电子的消灭算符：

$$\hat{\psi}(\boldsymbol{r})=\sum_j c_j\psi_j(\boldsymbol{r}) \tag{8.1.2}$$

它的厄密共轭是

$$\hat{\psi}^\dagger(\boldsymbol{r})=\sum_j c_j^\dagger\psi_j^*(\boldsymbol{r}) \tag{8.1.3}$$

此处 $c_j^\dagger$ 是 j 态电子的产生算符。电子场的哈密顿量算符是

$$H_0=\int\hat{\psi}^\dagger(\boldsymbol{r})\mathscr{H}_0\hat{\psi}(\boldsymbol{r})\mathrm{d}^3r \tag{8.1.4}$$

将式(8.1.2)、式(8.1.3)代入式(8.1.4)并采用 ψ_j 的正交归一性质，得

$$H_0=\sum_j E_jc_j^\dagger c_j \tag{8.1.5}$$

即 $c_j^\dagger c_j$ 是位于 j 态上的电子数算符。电子场的真空态 $|0\rangle$ 定义为

$$c_j\ |0\rangle=0 \tag{8.1.6}$$

在 j 态上有一个电子的状态是 $c_j^\dagger|0\rangle$。费米子算符 c_i 和 $c_j^\dagger$ 满足反对易关系：

$$\begin{aligned}&\{c_i,c_j^\dagger\}=c_ic_j^\dagger+c_j^\dagger c_i=\delta_{ij},\\&\{c_i,c_j\}=\{c_i^\dagger,c_j^\dagger\}=0\end{aligned} \tag{8.1.7}$$

它们导致场算符间的反对易关系：

$$\begin{aligned}&\{\hat{\psi}^\dagger(\boldsymbol{r}),\hat{\psi}(\boldsymbol{r}')\}=\delta^3(\boldsymbol{r}-\boldsymbol{r}'),\\&\{\hat{\psi}(\boldsymbol{r}),\hat{\psi}(\boldsymbol{r}')\}=0\end{aligned} \tag{8.1.8}$$

8.1.2 辐射场的量子化

辐射场——真空中的电磁场——可以用矢量势 $\boldsymbol{A}(\boldsymbol{r},t)$ 描述。采用库仑规范，辐射场的标量势设定为 0②。因此场强是

---

① 可参阅 E. Merzbacher 的 *Quantum Mechanics*. 第 2 版第 22 章以及文献[1]和文献[2]。

② 在原子中电子感受到的静电场用 $V(\boldsymbol{r})$ 描述，它是"外场"，与辐射场无关。V 是不量子化的，而 $\boldsymbol{A}$ 是量子化的。见式(8.1.11)。

$$\left.\begin{aligned}\boldsymbol{B}&=\nabla\times\boldsymbol{A}\\ \boldsymbol{E}&=-\frac{1}{c}\frac{\partial\boldsymbol{A}}{\partial t}\end{aligned}\right\}\tag{8.1.9}$$

洛伦兹条件在无标量势的情况下就是

$$\nabla\cdot\boldsymbol{A}=0\tag{8.1.10}$$

量子化的辐射场矢量势是

$$\boldsymbol{A}(\boldsymbol{r},t)=\sum_k\left(\frac{2\pi\hbar c^2}{\omega_k}\right)^{1/2}\left[a_k\boldsymbol{u}_k(\boldsymbol{r})\mathrm{e}^{-\mathrm{i}\omega_k t}+a_k^\dagger\boldsymbol{u}_k^*(\boldsymbol{r})\mathrm{e}^{\mathrm{i}\omega_k t}\right]\tag{8.1.11}$$

此处 a_k 和 $a_k^\dagger$ 分别是 k 态光子的消灭和产生算符。$\boldsymbol{u}_k(\boldsymbol{r})$是复数矢量模式函数,它满足

$$\left(\nabla^2+\frac{\omega_k^2}{c^2}\right)\boldsymbol{u}_k(\boldsymbol{r})=0\tag{8.1.12}$$

并满足横波条件:

$$\nabla\cdot\boldsymbol{u}_k(\boldsymbol{r})=0\tag{8.1.13}$$

式(8.1.11)圆括号中的归一化因子的选择,使 a 和 $a^\dagger$ 成为无量纲的参数,并将产生辐射场光子图景的式(8.1.20)。$\boldsymbol{u}_k(\boldsymbol{r})$组成了正交归一完备集

$$\int\boldsymbol{u}_k^*(\boldsymbol{r})\cdot\boldsymbol{u}_{k'}(\boldsymbol{r})\mathrm{d}^3r=\delta_{kk'}\tag{8.1.14}$$

模式函数满足物理系统的边界条件。对边长为 L 的正方体,平面波的模式函数是

$$\boldsymbol{u}_k(\boldsymbol{r})=L^{-3/2}\hat{\boldsymbol{e}}^{(\lambda)}\mathrm{e}^{\mathrm{i}\boldsymbol{k}\cdot\boldsymbol{r}}\tag{8.1.15}$$

其中 $\hat{\boldsymbol{e}}^{(\lambda)}$ 是极化单位矢量,$\lambda=1,2$ 是极化指标,$\hat{\boldsymbol{e}}^{(1)}$ 和 $\hat{\boldsymbol{e}}^{(2)}$ 与波矢 $\boldsymbol{k}$ 互相垂直,这是横波条件式(8.1.13)所要求的,并有 $k^2=\omega_k^2/c^2$。由边界条件给出

$$\begin{gathered}k_x=\frac{2\pi n_x}{L},\quad k_y=\frac{2\pi n_y}{L},\quad k_z=\frac{2\pi n_z}{L}\\ n_x,n_y,n_z=0,\pm1,\pm2,\cdots\end{gathered}\tag{8.1.16}$$

模式 k 由极化指标和波矢 $\boldsymbol{k}$ 表征。a_k 和 $a_k^\dagger$ 是玻色子算符,满足对易关系:

$$[a_k,a_{k'}^\dagger]=\delta_{kk'},\quad [a_k,a_{k'}]=[a_k^\dagger,a_{k'}^\dagger]=0\tag{8.1.17}$$

辐射场的真空态$|0\rangle$定义为 $a_k|0\rangle=0$,有一个 k 态光子的态是$a_k^\dagger|0\rangle$。式(8.1.11)给出电场

$$\boldsymbol{E}(\boldsymbol{r},t)=\mathrm{i}\sum_k(2\pi\hbar\omega_k)^{1/2}\left[a_k\boldsymbol{u}_k(\boldsymbol{r})\mathrm{e}^{-\mathrm{i}\omega_k t}-a_k^\dagger\boldsymbol{u}_k^*(\boldsymbol{r})\mathrm{e}^{\mathrm{i}\omega_k t}\right]\tag{8.1.18}$$

将式(8.1.18)及相应的 $\boldsymbol{B}$ 代入辐射场能量:

$$H_{\mathrm{rad}}=\frac{1}{8\pi}\int(\boldsymbol{E}^2+\boldsymbol{B}^2)\mathrm{d}^3r\tag{8.1.19}$$

就得到

$$H_{\mathrm{rad}}=\sum_k\hbar\omega_k\left(a_k^\dagger a_k+\frac{1}{2}\right)\tag{8.1.20}$$

8.1.3 电子场与辐射场的相互作用,自发辐射率

两个场的相互作用可以从哈密顿量式(8.1.1)推广而来:

$$\mathscr{H}=\frac{1}{2m}\left(\boldsymbol{p}-\frac{e}{c}\boldsymbol{A}\right)^2+eV(\boldsymbol{r})=\mathscr{H}_0-\frac{e}{m}\boldsymbol{A}\cdot\boldsymbol{p}\tag{8.1.21}$$

此处 $\boldsymbol{A}$ 就是辐射场的矢量势。在上式中用了$\nabla\cdot\boldsymbol{A}=0$,并弃去了 $\boldsymbol{A}^2$ 项,因为不考虑二光子的过程。量子化的辐射场与原子相互作用的哈密顿量是

$$H_{\text{int}}=\int\hat{\psi}^{\dagger}(\boldsymbol{r})\left(-\frac{e}{mc}\boldsymbol{A}\cdot\boldsymbol{p}\right)\hat{\psi}(\boldsymbol{r})\mathrm{d}^3r \tag{8.1.22}$$

体系的总哈密顿量是

$$H=H_0+H_{\text{rad}}+H_{\text{int}} \tag{8.1.23}$$

H_0 与 H_{rad} 分别由式(8.1.4)和式(8.1.19)给出。将式(8.1.2)和式(8.1.11)(用 $\boldsymbol{A}(0)$)代入式(8.1.22),得

$$H_{\text{int}}=\sum_{i,j,k}c_i^{\dagger}c_j(g_{ij}^ka_k+g_{ij}^{k*}a_k^{\dagger}) \tag{8.1.24}$$

此处 i,j 是电子的状态指标,k 是辐射场模式指标,g_{ij}^k 代表电子与辐射场的耦合:

$$g_{ij}^k=-\frac{\mathrm{e}}{m}\left(\frac{2\pi\hbar}{\omega_kV}\right)^{1/2}\int\psi_i^*\boldsymbol{u}_k\cdot\boldsymbol{p}\psi_j\mathrm{d}^3r \tag{8.1.25}$$

此处 $u_k=\hat{\mathbf{e}}^{(\lambda)}(k)\mathrm{e}^{\mathrm{i}\boldsymbol{k}\cdot\boldsymbol{r}}$,而式(8.1.24)对 k 的求和是指对极化指标以及波矢 $\boldsymbol{k}$ 的求和。式(8.1.25)中的 V 是体系的体积,$V=L^3$。H_{int} 导致原子在发射或吸收光子 k 的同时自 j 态跃迁到 i 态。由于光子在光学区的波长比原子的尺度大很多(原子线度≈1Å,光子波长≈10^3Å),可以将式(8.1.25)积分中的平面波模式函数 $\mathrm{e}^{\mathrm{i}\boldsymbol{k}\cdot\boldsymbol{r}}$ 以 $\mathrm{e}^{\mathrm{i}\boldsymbol{k}\cdot\boldsymbol{R}}$ 代替,此处 $\boldsymbol{R}$ 为原子的质心坐标。将坐标原点定在原子质心,这个因子就是 1。式(8.1.25)中的积分就变为

$$\begin{aligned}\int\psi_i^*\boldsymbol{p}\psi_j\mathrm{d}^3r&=\frac{\mathrm{i}m}{\hbar}\int\psi_i^*[\mathscr{H}_0,\boldsymbol{r}]\psi_j\mathrm{d}^3r\\&=\frac{\mathrm{i}m}{\hbar}(E_i-E_j)\int\psi_i^*\boldsymbol{r}\psi_j\mathrm{d}^3r\end{aligned}$$

并有

$$g_{ij}^k=\mathrm{i}\left(\frac{2\pi\hbar}{\omega_kV}\right)^{1/2}\omega_{ji}\hat{\mathbf{e}}^{(\lambda)}\cdot\boldsymbol{d}_{ij} \tag{8.1.26}$$

此处

$$\omega_{ji}=\frac{E_j-E_i}{\hbar} \tag{8.1.27}$$

和

$$\boldsymbol{d}_{ij}=\int\psi_i^*e\boldsymbol{r}\psi_j\mathrm{d}^3r \tag{8.1.28}$$

分别是原子跃迁角频率和电偶极矩阵元。在式(8.1.26)中并未设 $\omega_k=\omega_{ji}$,这是因为在腔量子电动力学中将会有"失谐",即有时有目的地将腔的共振频率 ω_k 调到对 ω_{ji} 有所偏离。

在自由空间的辐射,有 $\omega_k=\omega_{ji}$,此时有

$$g_{ij}^k=\mathrm{i}\left(\frac{2\pi\hbar\omega_k}{V}\right)^{1/2}\hat{\boldsymbol{e}}_k^{(\lambda)}\cdot\boldsymbol{d}_{ij} \tag{8.1.29}$$

因子$\left(\frac{2\pi\hbar\omega_k}{V}\right)^{1/2}$是真空电场强度的均方根值 $\mathscr{E}_0$。由于电场强度算符(式(8.1.18))与光子数算符 $a_k^{\dagger}$ 和 a_k 不对易,所以对辐射场的真空态(根据 $a_k|0\rangle=0$,真空态是光子数的本征态,本征值为 0)$\boldsymbol{E}$ 的值是不确定的。它不可能为 0,但它的平均值为 0,通常这被称为"真空

涨落”。$\boldsymbol{E}$ 的各分量也不对易。从式(8.1.20)看,辐射场的每个模式都有零点能$\frac{1}{2}\hbar\omega_k$。真空能量密度中$\frac{1}{8\pi}\boldsymbol{E}_0^2$ 占有一半,因此

$$\frac{1}{8\pi}\langle\boldsymbol{E}_0^2\rangle=\frac{1}{2}\frac{\frac{1}{2}\hbar\omega}{V}$$

即有

$$\mathscr{E}_0=\langle\boldsymbol{E}_0^2\rangle^{1/2}=\left(\frac{2\pi\,\hbar\omega_k}{V}\right)^{1/2} \tag{8.1.30}$$

经过辐射场的量子化,自发辐射的物理过程就清楚了。电子是由于和真空场的涨落($\langle\boldsymbol{E}\rangle=0$,$\langle\boldsymbol{E}^2\rangle\neq0$)作用而发生跃迁的。自由空间的辐射的特点是光子的波矢不受任何局限。式(8.1.16)中 $\boldsymbol{k}$ 的分量在 $L\to\infty$的极限下成为连续的。此时模式的态密度是

$$\rho_0(\omega)=\frac{\omega^2V}{\pi^2c^3} \tag{8.1.31}$$

根据费米的“黄金规则”,自发辐射单位时间的发射概率 Γ_0 是①

$$\Gamma_0=2\pi\left(\frac{2\pi\,\hbar\omega_k}{V}\right)|\boldsymbol{d}_{ij}|^2\frac{\rho_0}{3}=\frac{4\omega^3}{3\,\hbar c^3}|\boldsymbol{d}_{ij}|^2 \tag{8.1.32}$$

这是熟知的偶极辐射公式。

下面将讨论腔量子电动力学。模式函数记为 $\boldsymbol{f}$,它满足腔的边界条件。由于原子尺度远小于光子波长,在积分式(8.1.25)中可以将 $\boldsymbol{f}(\boldsymbol{R})$从积分中提出。相当于式(8.1.29)的耦合是

$$g_{ij}^k=\mathrm{i}\left(\frac{2\pi\,\hbar\omega_k}{\mathscr{V}}\right)^{1/2}\boldsymbol{f}_k(\boldsymbol{R})\cdot\boldsymbol{d}_{ij} \tag{8.1.33}$$

此处 $\mathscr{V}$是模式的有效体积

$$\mathscr{V}=\int|\boldsymbol{f}_k(\boldsymbol{r})|^2\mathrm{d}^3r \tag{8.1.34}$$

式(8.1.24)对自由空间辐射场和腔内辐射场与原子的相互作用都适用。对前者 g_{ij}^k 由式(8.1.29)给出,对后者 g_{ij}^k 由式(8.1.33)给出。

8.1.4　暗态,电磁诱发的透明性

考虑三能级原子具有 Λ 位形能级$|a\rangle$,$|b\rangle$,$|c\rangle$,由拉比频率 Ω_1 和 Ω_2 的两束共振激光所耦合,见图 8.1。$|b\rangle$和$|c\rangle$间的偶极跃迁是不允许的。体系的哈密顿量是

$$\begin{cases}H=H_0+H_{\text{int}}\\ H_0=\hbar\omega_a|a\rangle\langle a|+\hbar\omega_b|b\rangle\langle b|+\hbar\omega_c|c\rangle\langle c|\\ H_{\text{int}}=-\frac{\hbar}{2}[\Omega_1\mathrm{e}^{-\mathrm{i}(\omega_a-\omega_b)t}|a\rangle\langle b|+\Omega_2\mathrm{e}^{-\mathrm{i}(\omega_a-\omega_c)t}|a\rangle\langle c|]+\text{h.c.}\end{cases} \tag{8.1.35}$$

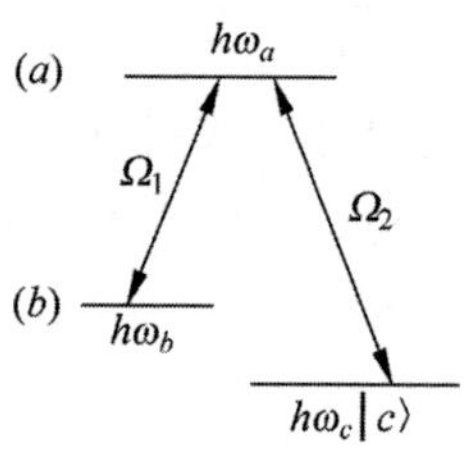

图 8.1　Λ 位形能级和共振耦合场

① 在 ρ_0 中已考虑了两种极化态。在$|g_{ij}^k|^2$ 中的$|\hat{e}\cdot\boldsymbol{d}|^2$ 因子对极化矢量方向的平均给出因子 1/3。

原子的态的一般形式为

$$|\psi(t)\rangle=c_a(t)\mathrm{e}^{-\mathrm{i}\omega_a t}\ |a\rangle+c_b(t)\mathrm{e}^{-\mathrm{i}\omega_b t}\ |b\rangle+c_c(t)\mathrm{e}^{-\mathrm{i}\omega_c t}\ |c\rangle \tag{8.1.36}$$

将式(8.1.36)代入式(8.1.35)，得到系数的演化方程为

$$\begin{aligned}\dot{c}_a(t)&=\frac{\mathrm{i}}{2}(\Omega_1 c_a(t)+\Omega_2 c_b(t)),\\ \dot{c}_b(t)&=\frac{\mathrm{i}}{2}(\Omega_1 c_a(t)),\\ \dot{c}_c(t)&=\frac{\mathrm{i}}{2}(\Omega_2 c_a(t))\end{aligned} \tag{8.1.37}$$

考虑一个态$|\psi_{\text{dark}}\rangle$的初始条件：

$$\begin{aligned}c_a(0)&=0,\\ c_b(0)&=\Omega_2/\Omega,\\ c_c(0)&=\Omega_1/\Omega\end{aligned} \tag{8.1.38}$$

此处

$$\Omega=(\Omega_1^2+\Omega_2^2)^{1/2} \tag{8.1.39}$$

这样，根据式(8.1.37)，所有的系数都是与时间无关的。因此状态

$$|\psi_{\text{dark}}=\frac{\Omega_2\ |b\rangle-\Omega_1\ |c\rangle}{\Omega} \tag{8.1.40}$$

将是体系的一个定态，即它将停留在自己的状态上，并不会跃迁到态$|a\rangle$上，尽管有共振激光束存在，它仍将留在黑暗之中。这个现象称为“相干布居数止变”，源于跃迁$|b\rangle\rightarrow|a\rangle$和$|c\rangle\rightarrow|a\rangle$之间的相毁干涉。如果在开始时，所有的原子都位于$|b\rangle$，$\Omega_2$存在而没有$\Omega_1$，我们就可以绝热地投入$\Omega_1$并关闭$\Omega_2$，使状态仍留在黑暗之中，原子逐渐转移到$|c\rangle$，并保持在$|b\rangle$和$|c\rangle$上，原子数目正比于$\Omega_2^2$和$\Omega_1^2$。这样的布居数转移是受欢迎的，因为到$|a\rangle$的跃迁并未发生，否则从$|a\rangle$来的自发发射会毁掉相干性。

这个现象被用于电磁诱发的透明性[4-5]。S. E. Harris 研究组[4]通过 Sr 气体、L. Hau 研究组[5]通过 Na 气体进行玻色-爱因斯坦凝聚态的研究，其能级图示于图 8.2。耦合束Ω_c和$|2\rangle\rightarrow|3\rangle$跃迁共振，探测束$\Omega_p$调到$|1\rangle\rightarrow|3\rangle$跃迁。量子干涉发生在一个较窄的探测束频率区间，其宽度由耦合束激光功率决定。当不存在$|1\rangle\rightarrow|2\rangle$(虚)跃迁退相位化时，量子干涉是完全的，共振透明度应为 1。一个透明度现实计算的结果示于图 8.3(a)。图 8.3(b)给出了探测束的折射系数，作为失谐的函数。

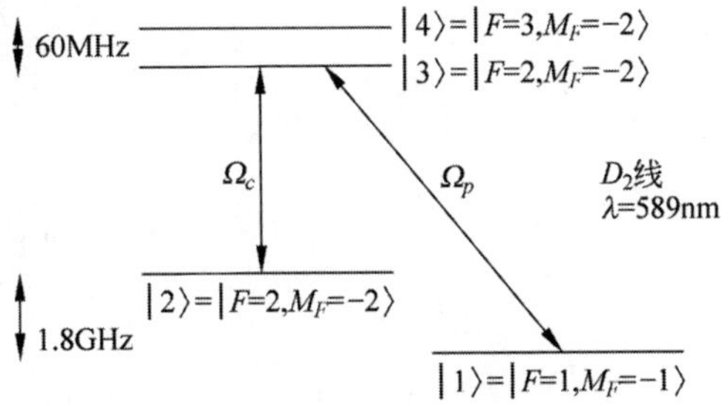

图 8.2 部分有关的 Na 原子能级图

能级由激光耦合

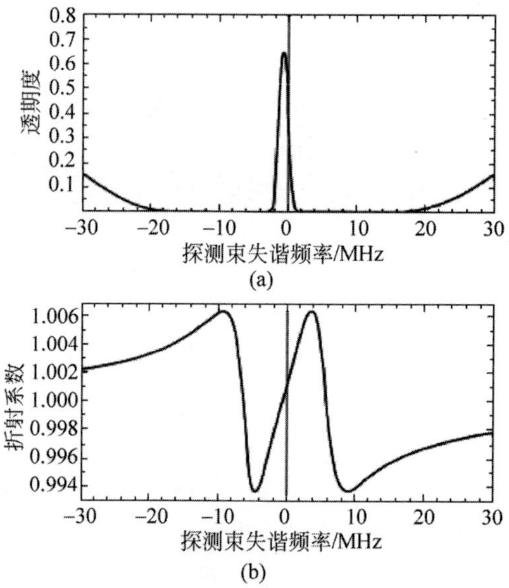

图 8.3　介质的透射性及折射系数

(a) 作为探测束频率失谐函数的透射性；

(b) 折射系数曲线。曲线中心的移动源于 $|2\rangle \rightarrow |3\rangle$ 跃迁的斯塔克能移

我们看到，被激光束 Ω_2 耦合的原子介质不仅因为相毁量子干涉而对探测束变得透明(称为"电磁诱导透明性"，EIT)，而且还拥有有一个非凡的性质：部分透射的探测束还有非常低的群速度，和以前在热原子气体中实验测得的相比低几个数量级。脉冲延迟的示意图示于图 8.4。探测脉冲大约用 $7\mu s$ 穿越 0.2nm 的冷原子云，这是光在真空中速度的千万分之一。群速度的测定是通过折射系数的实部随频率的变化进行的，其关系是

$$v_g = \frac{c}{n(\omega) + \omega \dfrac{dn}{d\omega}} \tag{8.1.41}$$

此处 $n(\omega)$ 是折射系数的实部，而介质的吸收系数 α 由折射系数的虚部 $\mathrm{Im}n$ 所决定：

$$a = 2\omega \mathrm{Im}n / c \tag{8.1.42}$$

脉冲延迟的测量结果示于图 8.5。空心圆代表参考脉冲，即没有介质的脉冲，实心圆代表在 $229\mu m$ 长的原子云中延迟 $7.05\mu s$ 的真实脉冲。和在热气体中延迟的脉冲相比，后者的最大延迟比脉冲本身的存在时间还小得多。

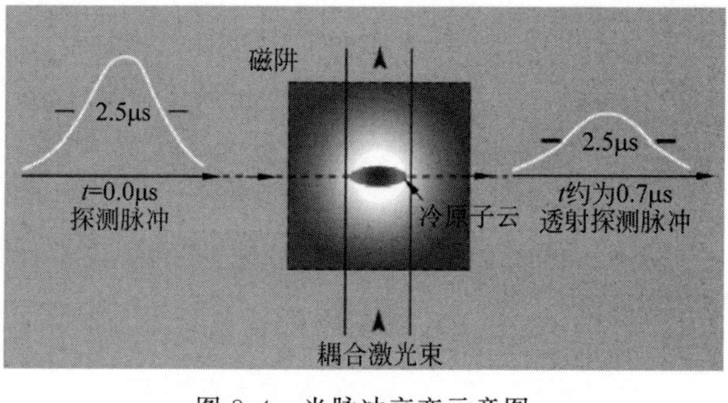

图 8.4　光脉冲衰变示意图

取自文献[6]

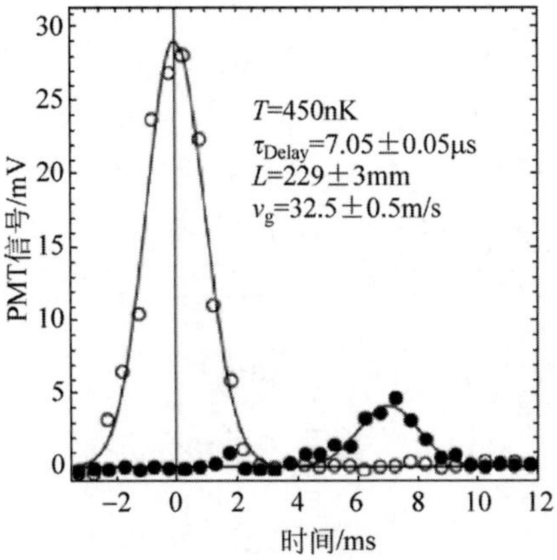

图 8.5 脉冲延迟测量

以上现象基础的物理原理是：当光信号在介质中传播时，电场强度极化了气体。极化强度与电场强度的振幅之比为电极化率 χ_e，折射率由 $n=\sqrt{1+4\pi\chi_e}$ 给出。现在的情况要微妙得多——介质不仅是具有 Λ-位形能级结构的气体原子，而且是光修饰的原子。我们所研究的也不再是原子介质在给定光场的问题，而是具有三个量子态的原子与两个光场耦合的综合体系的问题，下文将简单讨论这个问题。

物理学家现在有了一个把脉冲完全停住、再将它重生的方法，即"多次读出"，该方法由 L. Hau 的研究组[7]提出。图 8.6 给出了有关的能级和场，以及实验装置示意图。光脉冲完全在玻色-爱因斯坦凝聚态中传播，在它传出介质之前，把耦合光束停掉。其结果是探测束的速度变为零，脉冲完全停止在玻色-爱因斯坦凝聚态中。光传播，因而它存在。关键的事

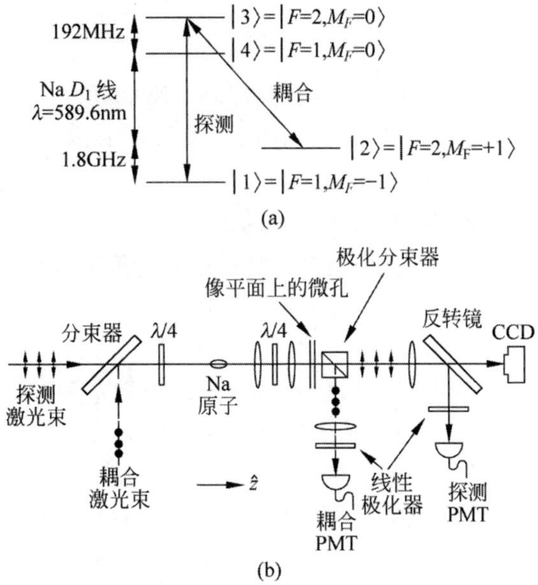

图 8.6 "多次读出"方法的有关能级和场、实验装置示意图

(a) 有关能级和场示意图；(b) 实验装置示意图

实是当脉冲穿透到玻色-爱因斯坦凝聚态中时,会变为一个量子相干的图案模式印在 Na 原子上,因为原子处在一个相干叠加状态之上,而状态是由探测束的振幅与相位决定的。在耦合束突然被关闭时,被压缩的探测脉冲被停止了,初始时包含在探测场中的相干信息现在被冻结在原子介质中了。此后耦合场被再次打开,探测束重新产生,存储的相干信息被读出并被再次转换为探测辐射场。被延迟的和再生的探测脉冲示于图 8.7。空心圆代表参考脉冲,虚线和实心圆示出测出的耦合与探测脉冲的强度。冷原子云为 339μm,冷却到 0.9μK,脉冲被延迟 11.8μs。

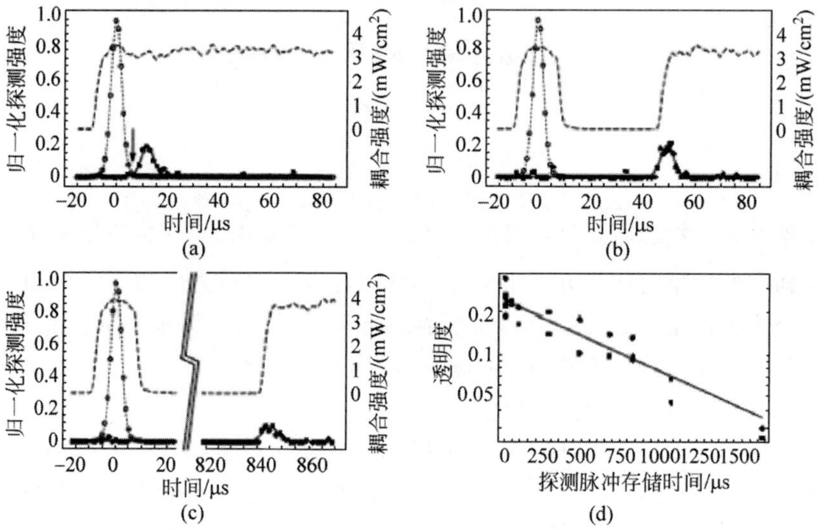

图 8.7　被延迟和重生的探测脉冲

(a) 脉冲延迟;(b) 和(c)脉冲被停止和重生,脉冲场在 $t=6.3\mu s$ 被关掉,分别在 $t=44.3\mu s$ 和 $t=839.3\mu s$ 被重开;(d) 作为存储时间函数的探测束能量

探测束的操控不仅是简单的重生。耦合束能以比原束更高(低)的强度重开。重生脉冲的振幅增加(减小),时间宽度减小(增加),如图 8.8 所示。在原子介质中存储的相干信息涉及耦合与探测场的拉比频率之比。重生探测脉冲的强度与它在重新打开时的耦合场强度成正比。还有,重生脉冲的空间宽度取决于原子的相干性分布,它与原始的探测脉冲的空间宽度相同。式(8.1.41)给出的脉冲群速度在文献[8]中的计算结果是

$$v_g \approx \frac{\hbar c \varepsilon_0}{2\omega_p} \frac{|\Omega_c|^2}{|\mu_{13}|^2 N} \tag{8.1.43}$$

此处 μ_{13} 是态 $|1\rangle$ 与 $|3\rangle$ 之间的电偶极矩矩阵元,ε_0 是真空电容率,N 是原子密度。群速度与耦合场的强度成正比。更高(更低)强度的重生脉冲以更大(更小)的群速度传播,因此脉冲的时间宽度变得更小(更大),与强度成反比。只有在耗散与相干之比——保存事件率的值较小时,无耗散脉冲的储存和重生过程才有可能发生。这个比值是[9]

$$\frac{2\Gamma}{\Omega_c^2 + \Omega_p^2}\left(\frac{\dot{\Omega}_p}{\Omega_p} - \frac{\dot{\Omega}_c}{\Omega_c}\right) \tag{8.1.44}$$

此处 Γ 是态 $|3\rangle$ 的自发衰变率。数值模拟[10]表明,探测场会自我调整以匹配耦合场的变化,使得括号中的两项几乎对消。用一系列的短耦合脉冲可以使“多次读出”成为可能。如图 8.9 所示。

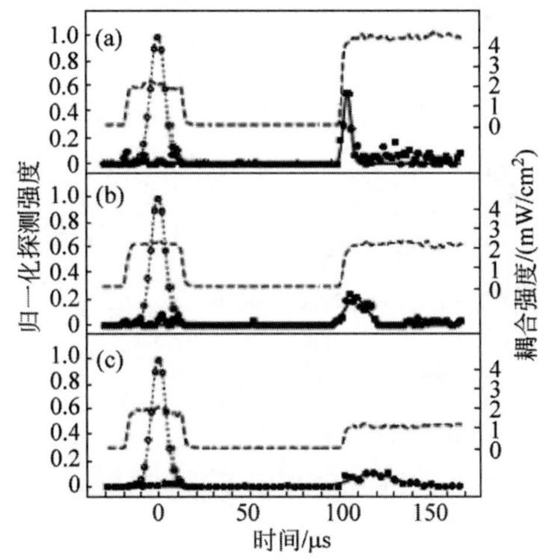

图 8.8　探测脉冲的测量：第一个耦合脉冲 I_{c1} 强度为常数，第二个耦合脉冲强度改变

(a) $I_{c2}>I_{c1}$；(b) $I_{c2}=I_{c1}$；(c) $I_{c2}<I_{c1}$

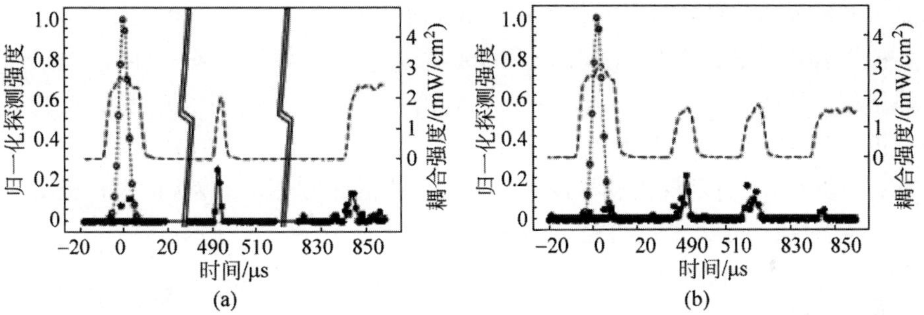

图 8.9　多次读出

(a) 两次读出；(b) 三次读出

作为总结，我们简单讨论一篇理论文章[10]的框架，目的是为了说明问题的性质。两个场由 $\Omega_p=-d_{13}\cdot E_p/\hbar$ 和 $\Omega_c=-d_{23}\cdot E_c/\hbar$ 描述，E_p 和 E_c 是电场的慢变化包络线，两者都随时空变化，d_{12} 和 d_{23} 是偶极矩阵元。态 ψ_1,ψ_2,ψ_3 的波函数演化方程由 Gross-Pitaevskii 方程给出：

$$\left.\begin{aligned}
&\mathrm{i}\,\hbar\frac{\partial\psi_1}{\partial t}=\left[-\frac{\hbar^2}{2m}\frac{\partial^2}{\partial z^2}+V_1(z)+U_{11}\mid\psi_1\mid^2+U_{12}\mid\psi_2\mid^2\right]\psi_1+\frac{1}{2}\hbar\Omega_p^*\psi_3\\
&\mathrm{i}\,\hbar\frac{\partial\psi_2}{\partial t}=\left[-\frac{\hbar^2}{2m}\frac{\partial^2}{\partial z^2}+V_2(z)+U_{22}\mid\psi_2\mid^2+U_{12}\mid\psi_1\mid^2\right]\psi_2+\frac{1}{2}\hbar\Omega_p^*\psi_3\\
&\mathrm{i}\,\hbar\frac{\partial\psi_3}{\partial t}=\frac{1}{2}\hbar\Omega_p\psi_1+\frac{1}{2}\hbar\Omega_c\psi_2-\mathrm{i}\frac{\Gamma}{2}\psi_3
\end{aligned}\right\}\tag{8.1.45}$$

这里 ψ_3 的外动力学(指在动能、势阱及相互作用能之下)和 Ω_c，Ω_c，Γ 相比被略去了，因为后者属于快运动范畴(快 3 个数量级)。将 Γ 包括进来使 ψ_3 的演化变得非厄密。场的演化遵

守麦克斯韦方程,其中介质的极化是电场的来源。其演化方程是

$$\left(\frac{\partial}{\partial z}+\frac{1}{c}\frac{\partial}{\partial t}\right)\Omega_p=-\mathrm{i}\,\frac{f_{13}\sigma_0}{A}\,\frac{\Gamma}{2}N_c\psi_3\psi_1^*,\quad \left(\frac{\partial}{\partial z}+\frac{1}{c}\frac{\partial}{\partial t}\right)\Omega_c=-\mathrm{i}\,\frac{f_{23}\sigma_0}{A}\,\frac{\Gamma}{2}N_c\psi_3\psi_2^* \tag{8.1.46}$$

此处 σ_0 是共振吸收截面,N_c 是 BEC 中的原子总数,A 是 BEC 的截面积。ψ_3 被认为是慢变化的,设$\partial\psi_3/\partial t\to0$ 就可以把 ψ_3 用 ψ_1 和 ψ_2 表示:

$$\psi_3\approx-\frac{\mathrm{i}}{\Gamma}(\Omega_p\psi_1+\Omega_c\psi_2) \tag{8.1.47}$$

将式(8.1.47)代入式(8.14.45)和式(8.14.46)就可以得到 ψ_1,ψ_2,Ω_p 和 Ω_c 的耦合演化方程组。对于此,数值模拟方法给出了详细的步骤,描述于文献[7]。

8.2　杰恩斯-卡明斯模型

杰恩斯-卡明斯模型(Jaynes-Cumming model,JCM)的出发点是二能级原子和腔中单模的耦合,耦合是共振的或接近共振的[10]。这个模型是理想化的,但在实际条件下可以用高激发态原子和高 Q 值超导腔耦合,使场的模式和里德伯态 $|e\rangle\to|g\rangle$ 跃迁匹配或接近匹配来逼近。共振耦合排斥非共振的原子跃迁和非共振场模式。如果制备一种“圆”里德伯态,则近似条件更好。这是 $l=n-1$ 的态。由于电偶极辐射的选择规则 $|\Delta l|=1$,这个态只能跃迁到最邻近的($\Delta n=1$)态。例如 $|l\rangle$ 为 $n=50,l=49$,通过偶极辐射跃迁到 $n=49,l=48$。更低的态 l 值更小,不满足偶极选择规则。采用里德伯态可以有足够大的电偶极矩(当 $n=50$ 时,原子“半径”为基态的 2 500 倍)保证强的耦合。

对二能级原子,令 $\omega_0=\frac{1}{\hbar}(E_e-E_g)$,并令 $E_e=\frac{1}{2}\hbar\omega_0,E_g=-\frac{1}{2}\hbar\omega_0$。定义算符

$$\left.\begin{aligned}b&=|g\rangle\langle e|\\ b^\dagger&=|e\rangle\langle g|\end{aligned}\right\} \tag{8.2.1}$$

它们分别是 $|e\rangle\to|g\rangle$ 和 $|g\rangle\to|e\rangle$ 的跃迁算符。式(8.2.1)给出

$$bb^\dagger=|g\rangle\langle g|,\ b^\dagger b=|e\rangle\langle e|$$

又因 $|e\rangle$ 和 $|g\rangle$ 组成完备集,有

$$bb^\dagger+b^\dagger b=1 \tag{8.2.2}$$

原子-场体系的哈密顿量是

$$H=\frac{\hbar\omega_0}{2}(b^\dagger b-bb^\dagger)+\hbar\omega\left(a^\dagger a+\frac{1}{2}\right)+\hbar\Omega(\boldsymbol{R})(ab^\dagger+a^\dagger b) \tag{8.2.3}$$

此处

$$\Omega(\boldsymbol{R})=\frac{1}{\hbar}\left(\frac{2\pi\,\hbar\omega}{\mathscr{V}}\right)^{\frac{1}{2}}\boldsymbol{f}(\boldsymbol{R})\cdot\boldsymbol{d}$$

在选择 $|e\rangle$ 和 $|g\rangle$ 的相位时使 $\Omega(\boldsymbol{R})$ 为实数,这个模型是杰恩斯和卡明斯提出的[3]。将 H(式(8.2.3))的前两项之和记为 H_0(原子与场哈密顿量之和),第三项记为 H_{int}(原子与场相互作用),则由简单的计算可以给出在共振条件下 $\omega_0=\omega$,有

$$[H_0, H_{\text{int}}]=0 \tag{8.2.4}$$

这说明 H 的本征态可以由 H_0 的本征态 $|e,n\rangle$ 和 $|g,n+1\rangle$ 的线性叠加组成。本征态中的指标 n 代表光子数。

8.2.1 耦合原子-腔体系的本征态

先考虑共振情况 $\omega_0=\omega$。此时 H_0 的本征态 $|e,n\rangle$ 和 $|g,n+1\rangle$ 是简并的，H 的本征态是

$$|\pm\rangle=\frac{1}{\sqrt{2}}[|e,n\rangle\pm|g,n+1\rangle] \tag{8.2.5}$$

H_{int} 作用于 H_0 本征态的结果是

$$\left.\begin{aligned} H_{\text{int}}|e,n\rangle&=\hbar\Omega\sqrt{n+1}\,|g,n+1\rangle\\ H_{\text{int}}|g,n+1\rangle&=\hbar\Omega\sqrt{n+1}\,|e,n\rangle\end{aligned}\right\} \tag{8.2.6}$$

从而得到 H 的本征值为

$$E_{\pm}=\hbar\omega(n+1)\pm\hbar\Omega_0 \tag{8.2.7}$$

其中

$$\Omega_0=\Omega\sqrt{n+1} \tag{8.2.8}$$

称为“真空拉比频率”。这是量子力学中的二能级共振。如果腔中原子在 $t=0$ 时处于 $|e\rangle$ 态，则在时间 t 仍处于此态的概率是

$$P_e(t)=\cos^2\Omega_0 t \tag{8.2.9}$$

这种振荡称为“拉比振荡”。

如果有失谐，则 H_0 本征态 $|e,n\rangle$ 和 $|g,n+1\rangle$ 不再简并。由于

$$\left.\begin{aligned} ab^{\dagger}|e,n\rangle=0,\ ab^{\dagger}|g,n+1\rangle=\sqrt{n+1}\,|e,n\rangle\\ a^{\dagger}b|e,n\rangle=\sqrt{n+1}\,|g,n+1\rangle,\ a^{\dagger}b|g,n+1\rangle=0\end{aligned}\right\} \tag{8.2.10}$$

可以尝试用以下线性组合满足薛定谔方程：

$$\left.\begin{aligned} |+,n\rangle&=\cos\theta|e,n\rangle-\sin\theta|g,n+1\rangle\\ |-,n\rangle&=\sin\theta|e,n\rangle+\cos\theta|g,n+1\end{aligned}\right\} \tag{8.2.11}$$

θ_n 是待定参数。由式(8.2.10)可得

$$H\ |+,n\rangle=\left(\frac{\hbar\omega_0}{2}+\hbar\omega\left(n+\frac{1}{2}\right)-\hbar\Omega\sqrt{n+1}\tan\theta\right)\cos\theta\ |e,n\rangle-$$

$$\left(-\frac{\hbar\omega_0}{2}+\hbar\omega\left(n+\frac{3}{2}\right)-\frac{\hbar\Omega\sqrt{n+1}}{\tan\theta}\right)\sin\theta\ |g,n+1\rangle$$

要求 $|+,n\rangle$ 成为 H 的本征态，相应本征值 E_+ 有

$$H\ |+,n\rangle=E_+|+,n\rangle$$

与前式比较，就可以确定 θ，它将与 n 有关：

$$\begin{aligned} E_+&=\frac{\hbar\omega_0}{2}+\hbar\omega\left(n+\frac{1}{2}\right)-\hbar\Omega\sqrt{n+1}\tan\theta\\ &=-\frac{\hbar\omega_0}{2}+\hbar\omega\left(n+\frac{3}{2}\right)-\frac{\hbar\Omega\sqrt{n+1}}{\tan\theta}\end{aligned}$$

记失谐为 δ，$\delta=\omega-\omega_0$，由上式给出：

$$\delta=\Omega\sqrt{n+1}\left(\frac{1}{\tan\theta}-\tan\theta\right)=2\Omega\sqrt{n+1}\ \frac{1}{\tan 2\theta}$$

即(将 θ 记为 θ_n)

$$\tan 2\theta_n=\frac{2\Omega\sqrt{n+1}}{\delta},\quad 0\leqslant\theta_n\leqslant\frac{\pi}{2}\tag{8.2.12}$$

并有

$$E_+=(n+1)\hbar\omega+\frac{\hbar}{2}\sqrt{4\Omega^2(n+1)+\delta^2}\tag{8.2.13}$$

类似地，有

$$\begin{aligned}&H\,|-,n\rangle=E_-|-,n\rangle,\\&E_-=(n+1)\hbar\omega-\frac{\hbar}{2}\sqrt{4\Omega^2(n+1)+\delta^2}\end{aligned}\tag{8.2.14}$$

作为特例，$|g,0\rangle$是 H 的本征态

$$E_{|g,0\rangle}=-\frac{\hbar\omega_0}{2}+\hbar\omega\left(\frac{1}{2}\right)=\frac{\hbar}{2}\delta\tag{8.2.15}$$

腔 QED 的特点是真空电场的均方根值是位置的函数，在腔壁上为 0，而在腔中心则是最大值。因此原子与腔的耦合强度是原子质心位置 $\boldsymbol{R}$ 的函数①。在腔外，耦合为 0，$|e,n\rangle$ 与 $|g,n+1\rangle$都是 H 的本征态。若失谐 δ 是负值，则$|e,n\rangle$的能量大于$|g,n+1\rangle$。在腔内它们变为$|+,n\rangle$和$|-,n\rangle$(式(8.2.11))，能量差别从腔壁到中心逐步增大。图 8.10(a)画出了一个圆柱形腔的剖面和在其中的一个正弦模式，场在 $z=0$ 和 $z=L$ 处为 0。在图 8.10(b)中画出了当$|\delta|\ll\Omega_0$ 时，沿腔轴(z 轴)$E_\pm$的变化情况。在腔中心，E_+与 E_-之差最大，达到 $2\hbar\Omega_0\sqrt{n+1}$，此处 Ω_0 是在腔中心处的 Ω 值。

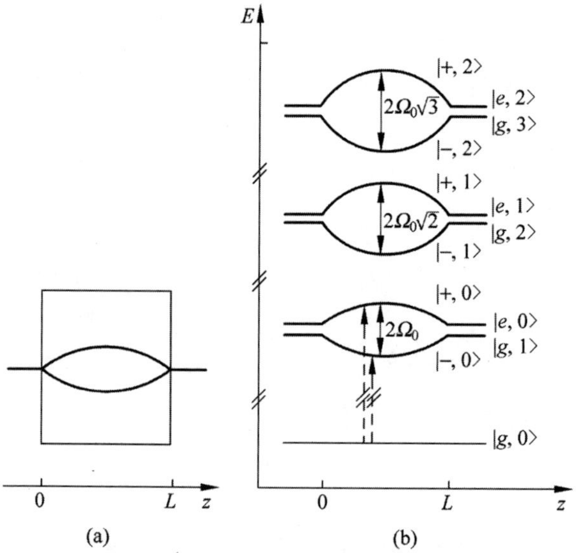

图 8.10　原子-腔体系

(a) 腔的剖面和场模式；(b) 原子-腔体系能级，$|\delta|\ll\Omega_0$

---

① 在自由空间原子与场相互作用哈密顿量式(8.1.24)中，表征耦合强度 g_{ij}^k 是不依赖坐标的。此处将耦合强度记为 $\mathscr{G}$。

8.2.2 非共振情况下的原子能级光能移

当$|\delta|\gg\Omega_0$时，原子$|e\rangle$或$|g\rangle$进入腔后能量如何变化？以$\Omega\sqrt{n+1}/|\delta|$为小量，有

$$E_{\pm,n}=(n+1)\hbar\omega\pm\frac{\hbar}{2}|\delta|\pm\hbar\frac{\Omega^2(\boldsymbol{R})(n+1)}{|\delta|}\tag{8.2.16}$$

从式(8.2.11)和式(8.2.12)两式可以判断出，若$\delta<0$，则$|+,n\rangle$与$|e,n\rangle$接近，$|-,n\rangle$与$|g,n+1\rangle$接近。若$\delta>0$，则相反。因此，在$|e\rangle$进入腔$|n\rangle$后，体系的能量变化为

$$\Delta E_e(n)=-\hbar\frac{\Omega^2(\boldsymbol{R})}{\delta}(n+1)\tag{8.2.17}$$

对δ正、负都一样，这可以在式(8.2.16)分别考虑$\delta>0$和$\delta<0$时得到。类似地，在$|g\rangle$进入腔$|n\rangle$后，体系的能量变化为

$$\Delta E_g(n)=\frac{\hbar\Omega^2(\boldsymbol{R})}{\delta}n\tag{8.2.18}$$

对δ为正、负也是一样。图8.11给出了$n=1$的情况，z轴是腔的轴，0到L是腔的位置。图8.11(a)和(b)分别给出了$\delta>0$和$\delta<0$时的能级移动，ω_0表示未和腔耦合时的原子$|e\rangle$和$|g\rangle$态的能量差除以$\hbar$。在$\delta>0$时两个能级趋近，在$\delta<0$时两个能级远离。和腔耦合后，$|e,n\rangle$和$|g,n\rangle$能量差的改变为(取式(8.2.17)与式(8.2.18)之差，除以$\hbar$)

$$\Delta\omega_0(n)=-\frac{\hbar\Omega^2(\boldsymbol{R})}{\delta}(2n+1)\tag{8.2.19}$$

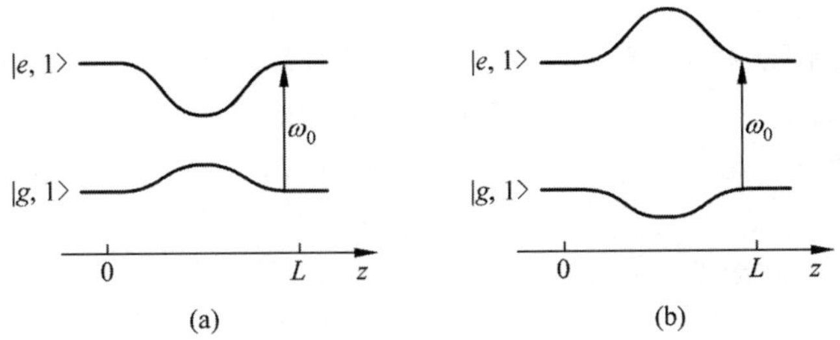

图8.11 原子能级$|e\rangle$和$|g\rangle$在腔中($n=1$)的能移

(a) $\delta>0$；(b) $\delta<0$

设场处于格劳伯相干态，即

$$|\alpha\rangle=\mathrm{e}^{-|\alpha|^2/2}\sum_n\frac{\alpha^n}{(n!)^{1/2}}|n\rangle\tag{8.2.20}$$

此处n是光子数。求相干态的光子数分布，得

$$P(n)=|\langle n|\alpha\rangle|^2=\frac{|\alpha|^{2n}\mathrm{e}^{-|\alpha|^2}}{n!}\tag{8.2.21}$$

正是泊松分布，并有

$$\bar{n}=\langle\alpha|a^{\dagger}a|\alpha\rangle=|\alpha|^2\tag{8.2.22}$$

拉比振荡出现复杂的情况。由于Ω与n有关，因此相干态中不同n的成分振荡频率不同，会出现干涉。对于单一频率，式(8.2.9)给出：

$$P_e(t)=\cos^2\Omega_0 t=\frac{1+\cos 2\Omega\sqrt{n+1}\,t}{2}$$

对于相干态应按泊松分布给出：

$$P_e(t)=\frac{1}{2}\left(1+\sum_n\frac{e^{-\bar{n}}\bar{n}^n}{n!}\cos 2\Omega\sqrt{n+1}\,t\right) \tag{8.2.23}$$

近似计算给出[11]：

$$P_e(t)=\frac{1}{2}\left\{1+\cos 2\Omega(\bar{n}+1)^{1/2}t\ \exp\left[-\frac{\Omega^2 t^2\bar{n}}{2(\bar{n}+1)}\right]\right\} \tag{8.2.24}$$

即拉比振荡在高斯包络线下衰减,衰减时间为

$$t_c\approx\frac{1}{\Omega} \tag{8.2.25}$$

此处设 $\bar{n}\approx\bar{n}+1$。和用相干态组成的开普勒波包①类似,振荡也会部分恢复,恢复时间为

$$t_{\text{rev}}\approx\frac{2\pi}{\Omega}\bar{n}^{-1/2} \tag{8.2.26}$$

由于频率是无理数,因此是不可公度的,恢复是不完全的。这种衰减和部分恢复是相干态中各成分叠加的结果,因此,效应是纯量子力学的。这种现象已在微脉泽中被观察到[12]。

设腔中光子数分布为 $p(n)$,则激发原子进入腔中(以 $t=0$ 作为进入时间)到时间 t 仍处于激发态的概率为

$$P_e(t)=\sum_n p(n)\cos^2(\Omega\sqrt{n+1}\,t)$$

自发辐射相当于初始腔内没有光子,即 $n=0$。对于通常原子,g 很小②,观察拉比振荡是困难的。但对于里德伯态,g 可以很大,对于 $n\approx 40$,g 可达 $10^3\sim10^6\,\mathrm{s}^{-1}$,甚至对于 $n=0$ 的情况,g 都能被观测到。文献[12]在腔中输入较小的热场(2.5K)。腔被调到 21.6GHz 谐振条件,相当于 ^{85}Rb 的 $63P_{3/2}\leftrightarrows 61D_{5/2}$ 跃迁。图 8.12 给出了 $P_e(t)$,该曲线是理论结果。腔中的光子数分布由玻尔兹曼因子给出：

$$p(n)=C\mathrm{e}^{-n\hbar\omega/kT}$$

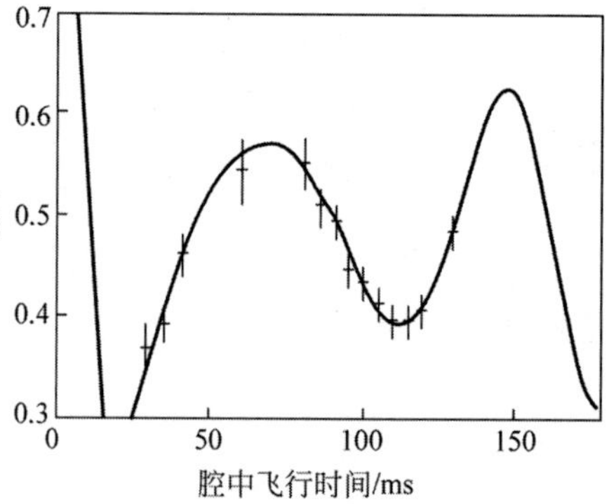

图 8.12　谐振腔中的拉比振荡

取自文献[12]

① 参阅 4.3 节。

② 仍用 g 代表原子与腔场耦合,因为此处不讨论耦合的坐标依赖。

归一化常数 C 可以直接从求和得到：

$$1=\sum_{n=0}^{\infty}p(n)=C\sum_{n=0}^{\infty}\mathrm{e}^{-n\hbar\omega/kT}=C\,\frac{1}{1-\mathrm{e}^{-\hbar\omega/kT}}$$

即

$$p(n)=(1-\mathrm{e}^{-\hbar\omega/kT})\mathrm{e}^{-n\hbar\omega/kT}$$

图 8.3 的拉比振荡清晰可见，并且观察到了振荡的衰减和恢复。

8.2.3 态随时间的演化

处理演化问题最简便的方法是用相互作用绘景，即状态的演化仅由相互作用哈密顿量决定。如将 $|e,n\rangle$ 和 $|g,n+1\rangle$ 用二分量波函数表示，则可将式(8.2.6)写作

$$H_{\text{int}}\begin{bmatrix}|e,n\rangle\\|g,n+1\rangle\end{bmatrix}=\begin{bmatrix}0 & \hbar\Omega\sqrt{n+1}\\ \hbar\Omega\sqrt{n+1} & 0\end{bmatrix}\begin{bmatrix}|e,n\rangle\\|g,n+1\rangle\end{bmatrix}\tag{8.2.27}$$

时间演化模正算符是

$$\begin{aligned}U&=\exp\left(-\frac{\mathrm{i}}{\hbar}H_{\text{int}}t\right)=\exp\left[-\mathrm{i}\begin{pmatrix}0 & \Omega\sqrt{n+1}\\ \Omega\sqrt{n+1} & 0\end{pmatrix}t\right]\\&=\cos(\Omega\sqrt{n+1}\,t)-\mathrm{i}\begin{pmatrix}0 & 1\\1 & 0\end{pmatrix}\sin(\Omega\sqrt{n+1}\,t)\qquad(8.2.28)\\&=\begin{bmatrix}\cos\Omega\sqrt{n+1}\,t & -\mathrm{i}\sin\Omega\sqrt{n+1}\,t\\ -\mathrm{i}\sin\Omega\sqrt{n+1}\,t & \cos\Omega\sqrt{n+1}\,t\end{bmatrix}\end{aligned}$$

若原子在 $t=0$ 进入腔时位于 $|e,n\rangle$ 态，则在时间 t($t<$原子穿越腔体所需时间 τ)时，体系的状态为

$$U\begin{bmatrix}1\\0\end{bmatrix}=\begin{bmatrix}\cos\Omega\sqrt{n+1}\,t\\ -\mathrm{i}\sin\Omega\sqrt{n+1}\,t\end{bmatrix}$$

即

$$\psi(t)=\cos\Omega\sqrt{n+1}\,t\,|e,n\rangle-\mathrm{i}\sin\Omega\sqrt{n+1}\,t\,|g,n+1\rangle\tag{8.2.29}$$

如果 $t\geqslant\tau$，则将式(8.2.25)中的 t 换为 τ 即可。在腔出口处对原子进行测量，则 ψ 编缩为 $|e,n\rangle$ 或 $|g,n+1\rangle$，相应的概率是 $\cos^2\Omega\sqrt{n+1}\,\tau$ 和 $\sin^2\Omega\sqrt{n+1}\,\tau$。

8.3 自发辐射的抑制与加强

激发原子的自发辐射率能否因原子所处的环境而改变呢？如果把自发辐射仅看作激发原子本身的性质，辐射率就不会因环境而改变。但“自发”辐射是激发原子和辐射场真空涨落(或称“零点能”)相互作用的结果，而真空涨落是和环境有关的。若原子位于两个镜面之间，或位于谐振腔内，真空场 $\boldsymbol{E}$ 是要满足边界条件的。这将对辐射率产生影响。“零点能”的影响在 20 世纪 40 年代末期已由卡西米尔做过研究(卡西米尔-波尔德力(Casimir-

Polder force)①和卡西米尔效应②),卡西米尔效应在1958年被观测到。自发辐射的抑制与加强虽在原理上早已清楚,但实验研究到20世纪80年代中期才获得结果。在光学区的光子,其波长是微米量级的(一般是微米的一个分数),能量约1eV,频率几倍于10^{14}Hz。如果要影响辐射,镜面距离就要做到微米量级。如果用较宽的距离,则要选波长相应的跃迁。这涉及圆里德伯态原子的制备。在镜面间的辐射抑制是由Kleppner研究组在1985年完成的[13],他们使用的间距是0.2mm,在垂直镜面方向形成驻波,波长最大是0.4mm,Cs原子在进入镜面间隙以前,激发到圆里德伯态,偶极矩平行于镜面,如图8.13所示。原子发射波长为0.4mm的光子,调整镜面距离d,当$\lambda/2d>1$时辐射被抑制。在原子离开镜面间隙时用电离探测器检测,所施电压恰好够使初始的里德伯态原子电离,探测到信号说明原子仍存在于初始状态。图8.14表明,当$\lambda/2d$到临界值时,辐射突然受到抑制。从原子通过镜面间隙所需的时间计算,它已是激发原子在自由空间中寿命的20倍。

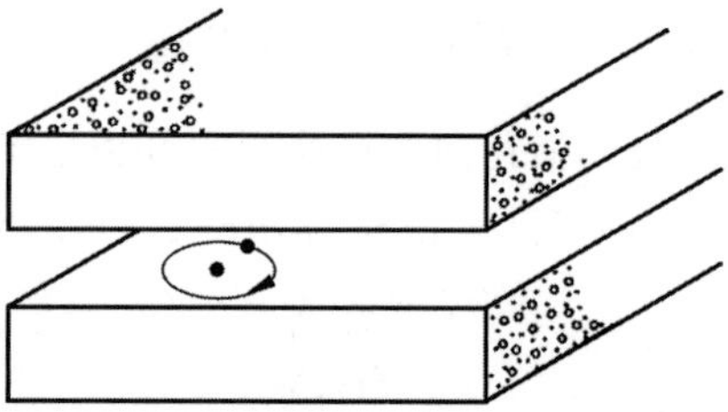

图8.13　镜面间的激发态原子

辐射率的抑制可以通过估计一维腔单位体积的态密度来计算。阿罗什和雷蒙德给出表达式③:

$$D_c=\frac{\Delta\omega_c/2}{\pi V}\frac{1}{(\Delta\omega_c/2)^2+(\omega-\omega_0)^2}\tag{8.3.1}$$

此处$\Delta\omega_c$是腔的带宽,和品质因子Q的关系是$Q=\omega/\Delta\omega_c$。对于$d\ll\lambda$,即$\omega\gg\omega_0$以及大失谐,式(8.3.1)给出$D_c\approx1/VQ\omega$。因此有

$$\Gamma_c=\frac{D_c}{D_0}\Gamma_0\approx\frac{\lambda^3}{VQ}\Gamma_0\tag{8.3.2}$$

由式(8.1.31),得出$D_0=\rho_0/V=\omega^2/\pi^2c^3$。

Kleppner研究组[13]采用Cs原子束,激发到$5d$态。$5d\rightarrow6p$跃迁波长为近红外的3.5μm。镜面间距为1.1μm(切断波长为2.2μm),因此原子保持位于激发态。原子通过镜面间隙时间为自由空间寿命的13倍。研究者还用小的磁场改变了原子偶极矩方向。若磁场有平行于镜面的分量,则偶极矩会绕它进动而获得垂直分量,因而可以辐射π极化的光子,它的传播方向平行于镜面,不再受边界的限制,因而自发辐射可以发生。图8.15给出了激发态存活与磁场方向的关系,角度为磁场与镜面法线间的夹角,在图8.15下方具体给出了磁场的方向。从图8.15中可以看出,当然角度从0增加(或从π减少)时,激发态存活率急剧下降。

正如比切断波长还小的腔(或镜的间隙)能抑制真空涨落一样,谐振腔也能使其增强,从而增加辐射率。谐振腔的性能由品质因数$Q=\dfrac{\omega}{\Delta\omega_c}$决定,$\Delta\omega_c$是腔的带宽。$(\Delta\omega_c)^{-1}$代表原子在腔中感受到的模式密度,也是光子在腔中的寿命。平行镜面的结构由于它的开放性,Q值不能很高,在微波段用球面镜构成的腔Q值可以很高。超导腔的Q值可达10^{11},相应

① 参阅8.9节。
② 参阅8.11节。
③ Advances in Atomic and Molecular Physics,Vol. 20. Academic Press,1985.

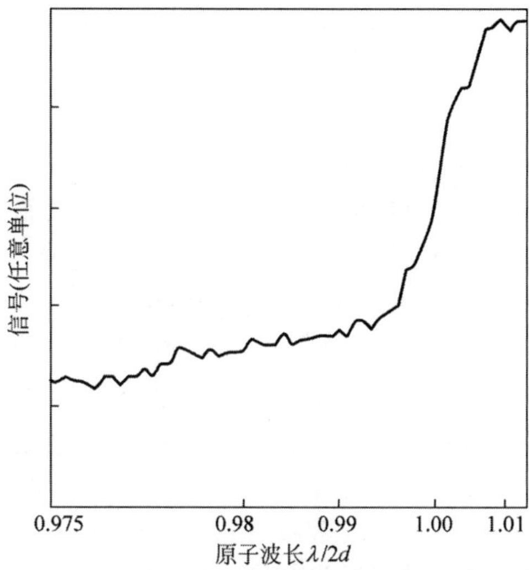

图 8.14 在镜面距离达切断值时辐射受到抑制

取自文献[13]

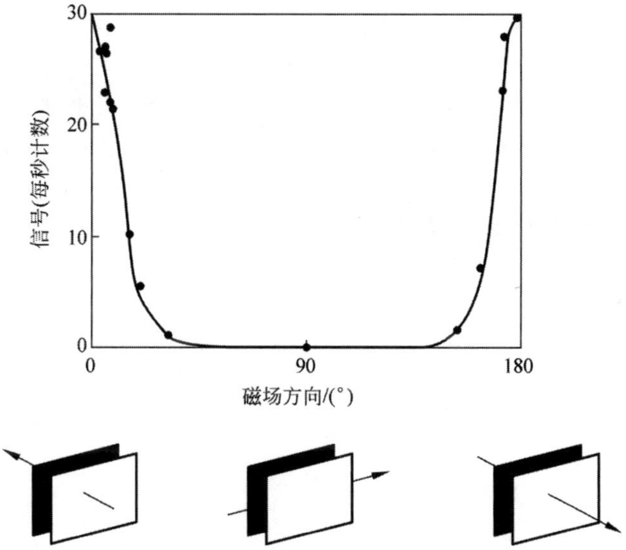

图 8.15 激发态存活与磁场方向的关系

取自文献[12]

的光子存储寿命可达几分之一秒。在高 Q 腔中处于激发态的原子进行拉比振荡,与在磁共振中的拉比振荡有所不同的是,在磁共振中原子与外场耦合产生振荡,而在腔中是原子和它自己发出的光子耦合。自由空间中的自发辐射是不可逆的,而在腔中的拉比振荡则是可逆的。要想观察谐振腔对自发辐射的增强,要用低 Q 腔,辐射出的光子很快被壁吸收,不会在原子于腔中停留时间内再被它吸收。此时由于谐振,辐射率提高。令 Γ_0 为自由空间的辐射率,Γ_c 为在谐振腔中的辐射率,λ 为光子波长,V 为腔的体积,则在共振情况下,由阿罗什-雷蒙德公式(式(8.3.1))给出:

$$\Gamma_c \approx \Gamma_0 \frac{Q\lambda^3}{V} \tag{8.3.3}$$

阿罗什的研究组[14]在对 Na 原子里德伯态在毫米量级的腔中观察到增强500倍的自发辐射率。

8.4 微脉泽

当腔中的光子寿命$(\Delta\omega_c)^{-1}=Q/\omega$大于原子相继到达谐振腔的间隔时,前一个原子发出的光子就可以和下一个原子相互作用。在腔中的场积累加强的过程中,代表原子与场耦合的$\Omega_0=\Omega\sqrt{n+1}$(式(8.2.8))也逐渐增强,最终达到稳定状态。这个体系是一种新型的脉泽,称为"微脉泽"[15]。当原子流很弱时(每秒100个原子),已能产生脉泽作用,而对这样的原子流,腔中原子最多时只有一个。因此光子在高Q腔内的长寿命可以在将原子逐个注入腔内时产生具有n个光子的微脉泽场。每个离开腔的原子都经过检验,看它是否处于激发态,因此腔内的光子数就可确定。设腔与原子的相互作用时间为τ,腔温度为0K,Q值为∞。探测原子处于$|e\rangle$或$|g\rangle$态的场电离探测器也是理想的。J. Krause, M. O. Scully 和 H. Walther[16]计算了在m个原子通过后腔内有n个光子的概率,记为$P_n(m)$。从式(8.2.9)得知,当腔中有n个光子时,通过一个原子(处于$|e\rangle$态)后体系位于$|e,n\rangle$态的概率是

$$P_{e,n}(\tau)=\cos^2\Omega\sqrt{n+1}\,\tau\equiv c(n) \tag{8.4.1}$$

而位于$|g,n+1\rangle$态的概率是

$$P_{g,n+1}(\tau)=\sin^2\Omega\sqrt{n+1}\,\tau\equiv s(n) \tag{8.4.2}$$

当有$m-1$个原子通过腔后,腔内有n个光子和$n-1$个光子的概率分别为$P_n(m-1)$和$P_{n-1}(m-1)$。当下一个(第m个)原子通过后,腔内有n个光子的概率为

$$P_n(m)=c(n)P_n(m-1)+s(n-1)P_{n-1}(m-1) \tag{8.4.3}$$

这是一个递推关系。设初始腔内没有光子,$P_0(0)=1$。通过一个原子后$P_0(1)=c(0)$,$P_1(1)=s(0)$。通过两个原子后,有

$$\begin{aligned}
&P_0(2)=c(0)P_0(1)=[c(0)]^2\\
&P_1(2)=c(1)P_1(1)+s(0)P_0(1)=s(0)(c(0)+c(1))\\
&P_2(2)=s(1)P_1(1)=s(0)s(1)
\end{aligned}$$

等等。文献[10]给出了普遍公式(用数学归纳法):

$$P_n(m)=\prod_{i=0}^{n-1}s(i)\sum_{\substack{i_j=0\\(i_{m-1}\leqslant\cdots\leqslant i_n)}}^{n}\prod_{j=n}^{m-1}c(i_j) \tag{8.4.4}$$

此处

$$\sum_{\substack{i_j=0\\(i_{m-1}\leqslant\cdots\leqslant i_n)}}^{n}\prod_{j=n}^{m-1}c(i_j)\equiv\begin{cases}\displaystyle\sum_{i_n=0}^{n}\sum_{i_{n+1}=0}^{i_n}\cdots\sum_{i_{m-1}=0}^{i_{m-2}}\prod_{j=n}^{m-1}c(i_j), & m>n\\ 1, m=n\\ 0,\quad m<n\text{ 或 }n<0\end{cases}$$

图8.16给出了$g\tau=\Omega\sqrt{n+1}\,\tau=0.4$时的$P_n(m)$作为$n$的函数相对$m$为5～1 000的曲线。当腔中的光子数增长到一定程度n_0时,如果n_0满足$\Omega\sqrt{n_0+1}\,\tau$为π的整数倍,就达到稳定状态。因为下一个原子进入腔内再离开腔后,处于原来态$|e\rangle$的概率$P_{e,n_0}(\tau)=1$(式(8.2.29))。这种光子数完全确定(相位完全不确定)的状态是高度非经典的,它的幅度涨落为0,经典场的幅度涨落是$\sqrt{n}$。

阿罗什的研究组还创造了一个二光子过程的微脉泽[17]。在写出电子与场相互作用哈密顿量(式(8.1.21))时，$\frac{e^2}{2mc^2}\mathbf{A}^2$ 项被弃去，原因是它导致了二光子过程。在单光子过程能发生时，二光子出现的概率要小得多，因此可以略去。考虑图 8.17(a)所示的 Rb 能级图。里德伯态 $40S_{1/2}$ 在自由空间当然首选跃迁到 $39P_{3/2}$ 退激，但在把谐振腔调到 $\nu=68.415\,87\text{GHz}$ 时，这个跃迁被抑制，此时二光子跃迁到 $39S_{1/2}$ 就成为可能(二能级的能量差正好相当于谐振频率的两倍)。图 8.17(b)给出了在腔中出来的位于基态 $39S_{1/2}$ 与激发态 $40S_{1/2}$ 的原子数之比，它是腔谐振频率的函数，可见在二光子共振附近有二光子脉泽状态出现。

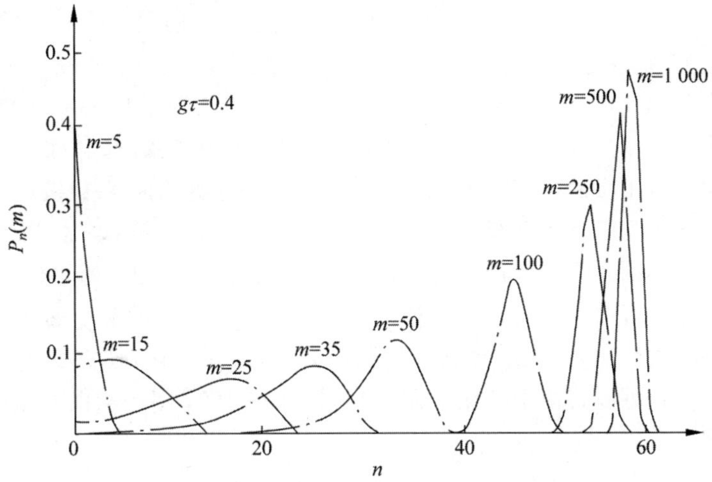

图 8.16 当 m 个原子通过时腔中的光子数分布

取自文献[16]

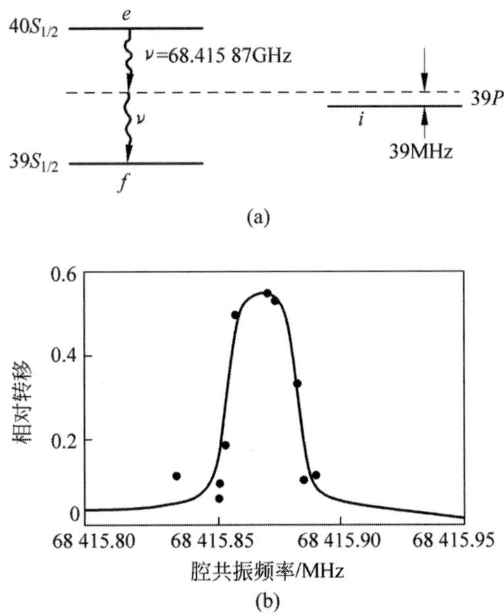

图 8.17 Rb 里德伯能级图与二光子跃迁脉泽图

取自文献[10]

(a) Rb 里德伯能级图；(b) 二光子跃迁脉泽图

8.5 逆斯特恩-盖拉赫效应

在8.2节中讨论了原子$|e\rangle$态和$|g\rangle$态进入腔后能级发生移动的情况,这个能量变化是指体系杰恩斯-卡明斯哈密顿量(式(8.2.3))相应的能量变化。它包括腔场、原子内部运动和相互作用能量,但并未包括原子质心运动的能量。如果将质心运动的能量也包括在内,总和应是守恒的。因此,体系内部运动能量的变化会导致质心动能的改变,即原子进入腔后要受到力的作用。设原子的质心运动是慢的,使其内部运动能适应$\boldsymbol{R}$的缓慢变化,这时就可以使用绝热近似。在玻恩-奥本海默近似中,电子的内部运动能量正是原子质心运动所感受到的势能,这个势能梯度冠以负号正是腔对原子的作用力使然。原子进入非谐振的有强度梯度的光场时会受到偶极力,在1992年已有研究报道(C. Cohen-Tannoudji),但这里的光场可以是极少数光子的场。根据式(8.2.17)、式(8.2.18)和图8.2,真空对$|g\rangle$态原子没有作用力,对$|e\rangle$态原子是排斥的($\delta<0$)或吸引的($\delta>0$)。在里德伯原子-微波腔体系,拉比耦合$\mathscr{G}$在10^{-10}eV量级,在原子速度很低(约1m/s,相当$\lesssim$100mK温度)时才能明显感受到腔中真空力的作用。腔场的真空也能产生能级移动,可以考虑称为"腔兰姆移位"。

假设腔在原始时有一个大的正值失谐δ_0。当$|e\rangle$态原子以足够小的速度进入腔内时,所感受的力(与δ_0成反比)不大。当它接近腔中心时,改变失谐,使它变为一个小的负值。此时"势阱"加深以致可以将原子捕获在阱中,阿罗什在1991年用动能对微开(μK)量级的原子完成了捕获。

对于完全谐振情况($\delta=0,\theta_n=\pi/4$),式(8.2.11)给出:

$$|+,n\rangle=\frac{1}{\sqrt{2}}(|e,n\rangle-|g,n+1\rangle),$$
$$|-,n\rangle=\frac{1}{\sqrt{2}}(|e,n\rangle+|g,n+1\rangle) \tag{8.5.1}$$

$|e,n\rangle$和$|g,n+1\rangle$在原子进入腔前是简并的。考虑一个处于$|e\rangle$态的原子以很慢的速度进入n为一定数量(可以是0)的腔,体系的状态和能量是

$$|e,n\rangle=\frac{1}{\sqrt{2}}(|+,n\rangle+|-,n\rangle) \tag{8.5.2}$$

$$E_{\pm},n=(n+1)\hbar\omega\pm\hbar\Omega\sqrt{n+1} \tag{8.5.3}$$

在原子行进过程中,$|+,n\rangle$成分受到排斥。如果质心动能足够小(小于最大势垒高度),则该部分会被反射回去,而$|-,n\rangle$部分被吸引,最终通过腔体。这样,原子波函数的相关线性叠加就被分成反射和透射两个成分(Englert,1991)。

原子质心的运动由薛定谔方程支配,其中的势能就是原子"内部运动"的能量本征值(作为$\boldsymbol{R}$的函数)。令原子质心运动波包为$\Psi_{e,n}(\boldsymbol{r},t)$,其内部运动初始时为态$e$,腔失谐为$\delta$,含有$n$个光子,原子质心坐标以$\boldsymbol{r}$表示。其方程是

$$\mathrm{i}\hbar\frac{\partial}{\partial t}\Psi_{e,n}(\boldsymbol{r},t)=-\frac{\hbar^2}{2m}\nabla^2\Psi_{e,n}(\boldsymbol{r},t)+E_{\pm,n}\Psi_{e,n}(\boldsymbol{r},t) \tag{8.5.4}$$

设初始的波包宽度远比腔的尺度小。波包的演化会沿势能决定的经典轨道进行,同时还会有一定的展宽。若初始原子的质心动能大于势垒高度,波包穿过腔的概率接近于1,也有很

小部分被反射。穿过腔后的波包中心位置取决于原子在穿过腔时所感受到的势：势是和光子数有关的。原子-腔体系的演化是绝热的，因而原子仍处于 e 态，腔光子数也没有变化。

在斯特恩-盖拉赫实验中，穿过场梯度的粒子轨道取决于它的自旋值，场梯度是分析粒子内部量子状态的工具。综上所述，场的梯度有不同的内部状态(光子数)，它是被分析的量子体系，而原子轨道的不同是和光子数相关联的。相关的实验可以称作“逆斯特恩-盖拉赫实验”。若场处于格劳伯相干态，即

$$|\alpha\rangle=\sum_n \mathrm{e}^{-|\alpha|^2/2}\frac{\alpha^n}{n!}|n\rangle\equiv\sum_n c_n|n\rangle \tag{8.5.5}$$

平均光子数 $\bar{n}=|\alpha|^2$，光子数涨落为 $\Delta(n)=\sqrt{n}$，α 相位 ϕ 的涨落为 $\Delta(\phi)=1/\Delta(n)$。将腔连接于经典微波源，在原子到达前切断电源就可以使腔中产生这样的场。相应的原子波包是

$$\Psi_e(\boldsymbol{r},t)=\sum_n c_n\Psi_{e,n}(\boldsymbol{r},t) \tag{8.5.6}$$

其中，c_n 由式(8.5.5)定义，$\Psi_{e,n}(\boldsymbol{r},t)$是式(8.5.4)的解。不同 n 值的成分最终可以分离，在不同的位置上探测到原子会使波包编缩，从而将场的光子数完全确定。图 8.18 是逆斯特恩-盖拉赫实验的示意图。

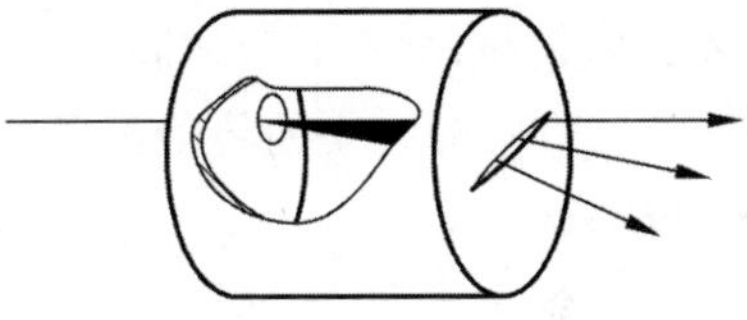

图 8.18 逆斯特恩-盖拉赫实验示意图

8.6 原子-腔色散相移效应

当失谐的值足够大时，原子通过腔时和腔不交换能量，只发生能移。从式(8.2.17)和式(8.2.18)看，非谐振能移的符号都随 δ 的符号改变而改变，因此是色散的。更重要的效应是，当原子从腔中通过以后，相互作用使场发生相移，这称为原子的“指标效应”①；同时原子波包也发生相移，它和场的光子数有关，即腔的场对原子波包也是“指标介质”。图 8.19 绘出了腔(含一定数量光子)对原子波包的相移。a，b 分别表示进入腔前和离开腔后的波包，b 处的虚线代表如果没有腔场时波包的位置。原子初始时位于$|e\rangle$态，n 个光子腔场耦合体系的本征态是 $\Psi_{e,n}(\boldsymbol{r})$。注意，这里光子数和原子内部的状态都不变，$\Psi_{e,n}(\boldsymbol{r})$是 $E_{\pm,n}$ 势所决定的原子质心运动的本征函数，e 和 n 作为指标出现，因为势和它们有关。本征方程是②

$$\nabla^2\Psi_{e,n}(\boldsymbol{r})+\frac{2M}{\hbar^2}[E_{n,k}-E_{\pm,n}(\boldsymbol{r})]\Psi_{e,n}(\boldsymbol{r})=0 \tag{8.6.1}$$

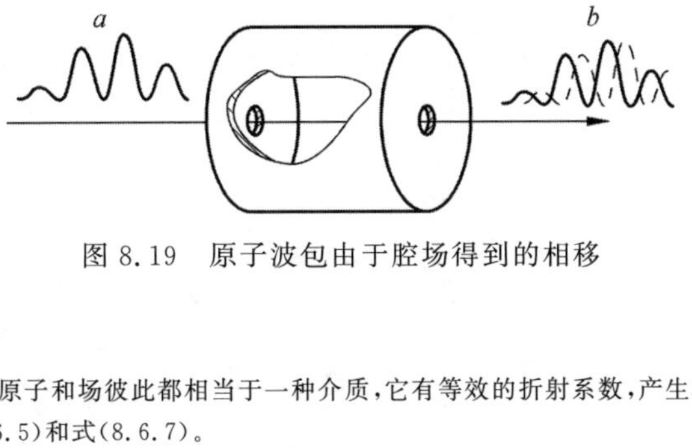

图 8.19 原子波包由于腔场得到的相移

① “index effect”实际指原子和场彼此都相当于一种介质，它有等效的折射系数，产生相应的相移。index 指折射系数(refractive index)，见式(8.6.5)和式(8.6.7)。

② 本节原子与腔场体系状态用 Ψ 表示，原子状态用 ψ 表示，场的状态用 Φ 表示。

它和含时的薛定谔方程(8.5.4)是相对应的。$E_{n,k}$ 是能量本征值:

$$E_{n,k}=\left(n+\frac{1}{2}\right)\hbar\omega+\frac{\hbar\omega_0}{2}+\frac{\hbar^2k^2}{2M} \tag{8.6.2}$$

式(8.6.2)等号右侧的三项分别代表了场的能量,$|e\rangle$态原子能量和原子质心运动动能,其中 M 是原子质量,$\hbar k$ 是质心运动动量。原子初始位于$|e\rangle$态,进入腔后当 $\delta<0$ 时,它成为$|+,n\rangle$态,能量为(据式(8.2.16))

$$E_{+,n}=(n+1)\hbar\omega-\frac{\hbar}{2}\delta-\hbar\frac{\Omega^2(\boldsymbol{r})(n+1)}{\delta} \tag{8.6.3}$$

由于 $\delta<0$,故可将式(8.2.16)中的$+|\delta|$改为$-\delta$,当 $\delta>0$ 时它成为$|-,n\rangle$态,根据式(8.2.16),可得能量是

$$E_{-,n}=(n+1)\hbar\omega-\frac{\hbar}{2}\delta-\hbar\frac{\Omega^2(\boldsymbol{r})(n+1)}{\delta} \tag{8.6.4}$$

该式的形式与式(8.6.3)相同。由于 $\delta>0$,可将式(8.2.16)中的$|\delta|$直接写为 δ。不论 δ 是正或负,式(8.6.1)中的势能都是式(8.6.3)或式(8.6.4)的等号右侧。由 $E_{n,k}-E_{\pm,n}(\boldsymbol{r})$直接可以得到

$$\frac{2M}{\hbar^2}(E_{n,k}-E_{\pm,n}(\boldsymbol{r}))=k^2+\frac{2M\Omega^2(\boldsymbol{r})(n+1)}{\hbar\delta}$$

因此式(8.6.1)可以写为

$$\nabla^2\Psi_{e,n}(\boldsymbol{r})+N_{e,k}^2k^2\Psi_{e,n}(\boldsymbol{r})=0 \tag{8.6.5}$$

其中

$$N_{e,k}=\left[1+\frac{2M}{\hbar k^2}\frac{\Omega^2(\boldsymbol{r})(n+1)}{\delta}\right]^{1/2}\approx1+\frac{M}{\hbar k^2}\frac{\Omega^2(\boldsymbol{r})(n+1)}{\delta} \tag{8.6.6}$$

式(8.6.5)和描述光场在具有折射系数 $N(\boldsymbol{r})$的透明介质中传播的麦克斯韦波动方程相比,形式完全一样:

$$\nabla^2\psi(\boldsymbol{r})+N^2(\boldsymbol{r})k^2\psi(\boldsymbol{r})=0 \tag{8.6.7}$$

如果进入腔场的原子初始处于 g 态,则折射系数是

$$N_{g,k}(\boldsymbol{r})\approx1-\frac{M}{\hbar k^2}\frac{\Omega^2(\boldsymbol{r})(n+1)}{\delta} \tag{8.6.8}$$

和光学情况对比,由折射系数 $N_j(\boldsymbol{r})$对原子波函数产生的相移是

$$\Delta\phi_j(n)=\int[N_{j,k}(\boldsymbol{r})-1]k\,\mathrm{d}z \tag{8.6.9}$$

此处 $j=(e,g)$,积分沿原子在腔内进行。将式(8.6.6)和式(8.6.8)代入,并令$\frac{M}{\hbar K}=\frac{1}{v}$,$v$为原子速度,得

$$\begin{aligned}\Delta\phi_e&=(n+1)\varepsilon\\ \Delta\phi_g&=-n\varepsilon\end{aligned} \tag{8.6.10}$$

此处

$$\varepsilon=\frac{1}{v\delta}\int\Omega^2(\boldsymbol{r})\mathrm{d}z \tag{8.6.11}$$

考虑一个准单色原子波包 $\psi_{g,\bar{K},n}(\boldsymbol{r},t)$,由 $\Psi_{g,n}$ 的薛定谔方程的解叠加而成,它们的 k 值仅

在平均值 $\bar{k}$ 附近分布，这样腔场的指标色散作用就可以忽略，叠加各成分的相移基本相同，于是有

$$\psi_{g,\bar{k},n}(\boldsymbol{r},t)=\psi_{g,\bar{k},0}(\boldsymbol{r},t)\mathrm{e}^{-\mathrm{i}n\varepsilon} \tag{8.6.12}$$

等号右侧的 $\psi_{g,\bar{k},0}$ 是没有腔场时的波包。因此在一级近似下腔场的效应是对波包赋予一个相移，而波包的形式变化不大。在图 8.10 中，b 处的实线就相当于 $\psi_{g,\bar{k},n}$，虚线相当于 $\psi_{g,\bar{k},0}$。在逆斯特恩-盖拉赫实验中，其对不同的 n 波包的中心路径不同，是高阶效应。由于对不同路径(不同 k 值)的折射系数不同(色散)，探测这个微小效应是比较困难的。这里是一阶效应，因此探测相移是更灵敏的。

对于腔场而言，原子也是指标介质。如果起始时场处于格劳伯相干态$|\alpha\rangle$，在原子处于$|g\rangle$态通过腔体，则体系的状态是

$$|\Psi\rangle=\sum_n c_n\psi_{g,\bar{k},0}(\boldsymbol{r},t)\mathrm{e}^{-\mathrm{i}n\varepsilon}\,|n\rangle \tag{8.6.13}$$

此处系数 c_n 是在式(8.5.5)中定义的。这个状态可以看作未被扰动的原子波包和场的终态直积，而场的终态

$$|\Phi_g\rangle=\sum_n c_n\mathrm{e}^{-\mathrm{i}n\varepsilon}\,|n\rangle=|\alpha\mathrm{e}^{-\mathrm{i}\varepsilon}\rangle \tag{8.6.14}$$

是相移的格劳伯态。若原子处于$|e\rangle$态，则有

$$|\Phi_e\rangle=\sum_n c_n\mathrm{e}^{\mathrm{i}(n+1)\varepsilon}\,|n\rangle=\mathrm{e}^{\mathrm{i}\varepsilon}\,|\alpha\mathrm{e}^{\mathrm{i}\varepsilon}\rangle \tag{8.6.15}$$

阿罗什研究组给出了腔场原子相移的测量[18]，图 8.20 是实验装置的示意图。圆化盒 CB 制备 $n=51$ 圆里德伯态的 Rb 原子。R^+ 和 R^- 是组成拉姆齐干涉仪的两个低 Q 腔，由微波源 S_2 馈送，称为“拉姆齐区”。将频率 ω_r 调节到能包括原子跃迁 $51c\rightarrow 50c$ (c 指圆，即 $l=n-1$ 态)的谐振频率 ω_0 在内。设置原子素正好是 $\pi/2$ 脉冲时(原子通过时)，经历$\frac{1}{4}$拉比周期，这样$|e\rangle$态就通过 R^- 变为$\frac{1}{\sqrt{2}}|e\rangle-\mathrm{i}\frac{1}{\sqrt{2}}|g\rangle$(式(8.2.29))。腔 C 由微波源 S_1 馈送，频率与原子跃迁失谐。原子通过时不能发生跃迁，而只发生相移(式(8.6.10))。当原子通过 R^+ 时，$|e\rangle$与$|g\rangle$再次混合，通过 R^-，C，R^+ 的原子由探测器 D 探测。在低能探测器 g 收到的信号给出$|e\rangle\rightarrow|g\rangle$的跃迁率。当调节 R^+ 和 R^- 的频率 ω_r 时，跃迁率显示周期变化，即原子干涉效应。先不考虑腔 C 的存在。原子最初在$|e\rangle$态，最终在$|g\rangle$态，它通过 R^- 与 R^+ 之间时可以处于$|e\rangle$态，也可以处于$|g\rangle$态。究竟它是在 R^- 中变为$|g\rangle$态的，还是在 R^+ 中变的，这是两种不同的道路。两种道路在探测器 g 中相合，就产生了拉姆齐条纹。图 8.21 给出了探测信号作为

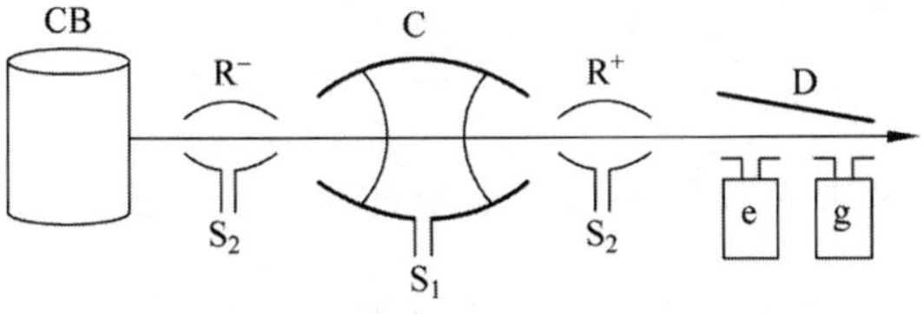

图 8.20 拉姆齐干涉仪示意图

取自文献[20]

$(\omega_r-\omega_0)/2\pi$ 函数的这个"条纹",失谐是 $\delta/2\pi=150\text{kHz}$。当有光子的腔在 R^- 与 R^+ 间出现时,原子波函数的两个叠加成分 $|e,n\rangle$ 与 $|g,n\rangle$ 各自发生了不同的相移,即 $(n+1)\varepsilon$ 与 $-n\varepsilon$,相差是 $(2n+1)\varepsilon$。这就使拉姆齐条纹移动,正像在杨的双缝之一后面放上一个"色散片"的结果一样。图8.22给出了条纹的移动,下图是腔中没有光子时的拉姆齐条纹,上图是平均有1个光子时的条纹,能够明显看出移动。测量拉姆齐条纹移动也是对腔中光子数进行的测量。由于腔和原子是色散耦合,光子数不改变,它实际上是量子非破坏性测量。阿罗什等人还给出了用拉姆齐干涉仪对 m 个原子进行测量,以确定腔中光子数(自0到 2^m-1 个光子)的方法[19]。

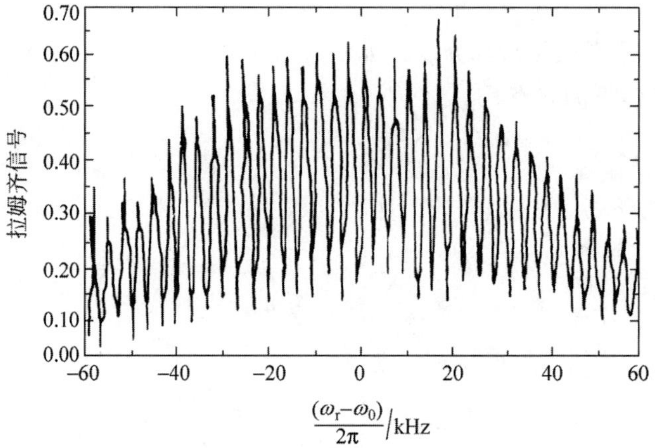

图8.21　Rb $51c\to50c$ 的拉姆齐条纹

取自文献[19]

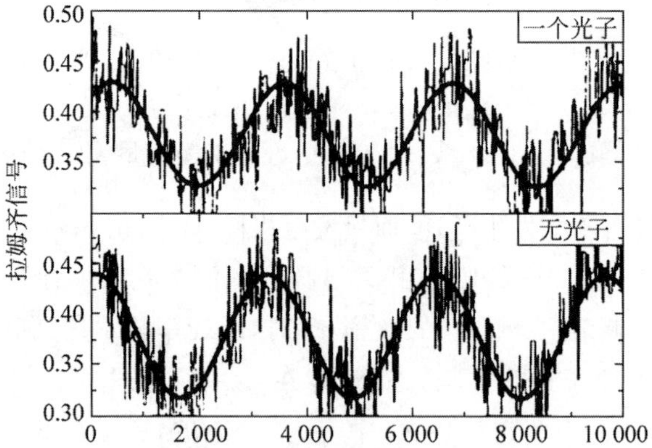

图8.22　拉姆齐条纹由于腔中光子发生移动

8.6.1　单光子的量子非破坏探测,单光子的诞生及死亡的量子非破坏探测

ENS(法国高等师范学院)研究组致力于发展实验设施,并进行了更为深刻的研究。1999年,该研究组在高品质腔中以量子非破坏方式探测了单个的光子,在光子存活的寿命期间(约1ms)进行了重复多次的探测[20]。探测通过拉姆齐干涉仪实现,装置示于图8.23(a),

插图表示探测原子的三个圆里德伯态 e,g,i。原子一个接一个地通过腔 C，待测量的场（信号场）储存于腔中。腔与 $e\Rightarrow g$ 的跃迁频率 ν_{eg} 共振。原子在通过拉姆齐区 R_1 和 R_2 时有频率为 ν 的脉冲作用于其上，ν 在 $g\Rightarrow i$ 的跃迁频率 ν_{gi} 附近调谐。下游的探测器 D 测量出射的探测原子的状态。

假设在腔 C 中有一个光子，探测原子在 $t=0$ 进入 C 时处于状态 g。当原子穿过 C 时，原子-腔体系经历了 $|g,1\rangle$ 与 $|e,0\rangle$ 间频率为 Ω 的拉比振荡。在时间为 t 时，体系位于相干叠加态：

$$\cos\frac{\Omega}{2}t\ |g,1\rangle+\sin\frac{\Omega}{2}t\ |e,0\rangle \tag{8.6.16}$$

如果总的相互作用时间为 $2\pi/\Omega$（原子经历了一个 2π 脉冲），则原子在经历了一个吸收并再发射光子的完整循环之后回到了 g 态。光子没有变化，原子态得到了一个相移，变为 $e^{i\pi}|g,1\rangle$。如果腔原来是空的，体系就停留在 $|g,0\rangle$ 态上。实际上原子要先经过拉姆齐区 R_1，在 ν_{gi} 附近的频率为 ν 的脉冲将 $|g\rangle$ 转换为 $c_g|g\rangle+c_i|i\rangle$。在腔中有一个光子时，原子穿过腔后体系的状态为

$$c_g e^{i\pi}\ |g,1\rangle+c_i\ |i,1\rangle \tag{8.6.17}$$

穿过空腔后体系的状态为

$$c_g\ |g,0\rangle+c_i\ |i,0\rangle \tag{8.6.18}$$

状态的不同由拉姆齐区 R_2 来分析，在区中脉冲再一次将 $|g\rangle$ 和 $|i\rangle$ 混合。探测原子从腔中出射时的状态由式(8.6.18)给出（腔是空的），态的混合示于图 8.23(b)。经过两次混合后出射的探测原子可以位于 g 态或 i 态。令 P_g 为探测到原子位于 g 的概率。探测到的 g 态是原子通过腔时位于 g 和 i 两种路径的量子干涉所形成的。当调谐频率为 ν 时，就形成了拉姆齐条纹。当腔中有一个光子时，原子出射时的体系状态是式(8.6.17)。分量 g 现在有了相移 π，如图 8.23(c)所示，拉姆齐条纹有了相应的移动。

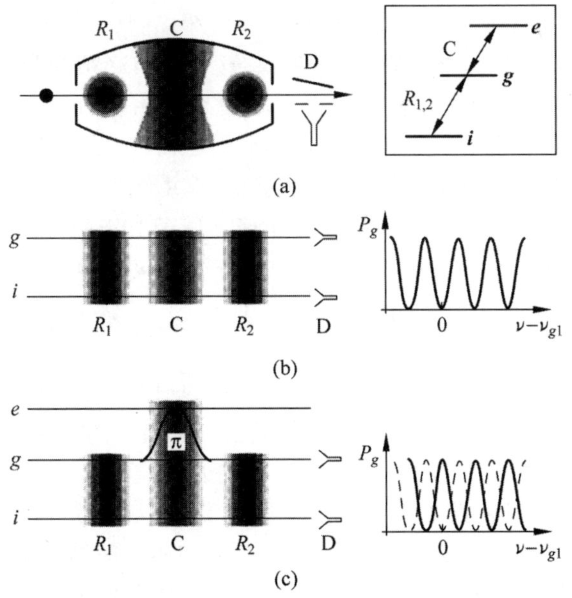

图 8.23 高品质腔和拉姆齐区组成的干涉仪示意图，以及拉姆齐条纹

取自文献[20]

在实验中使用 Rb 原子的圆里德伯态 $n=49,50,51$ 分别作为 i,g,e 态。腔和 $e\Rightarrow g$ 的跃迁频率为 51.1GHz 谐振。光子的寿命是 1ms，对于重复的场测量是足够长的了。拉姆齐区的腔和 $g\Rightarrow i$ 的跃迁频率为 54.3GHz 谐振。装置冷却到 0.6K 或 1.2K（相应的热光子的平均数相应是 0.02 和 0.15）。制备和探测单光子的实验结果示于图 8.24。第一个原子制备 0 个或 1 个光子，第二个原子给出干涉仪条件概率的记录。$P_{g2/e1}(\nu)\nu$（图中记号为方形）和 $P_{g2/g1}(\nu)$（图中记号为菱形）分别代表第一个光子位于 e 和 g 条件下探测到第二个光子位于 g 的条件概率，相应地在腔中留下 0 个或 1 个光子。概率经过对每一个 ν 值的 250 个相关的光子计数平均，重建为 ν 的函数。

对 0 个或 1 个光子的量子非破坏测量可以用作基于腔量子电动力学的量子逻辑门和多原子缠绕。

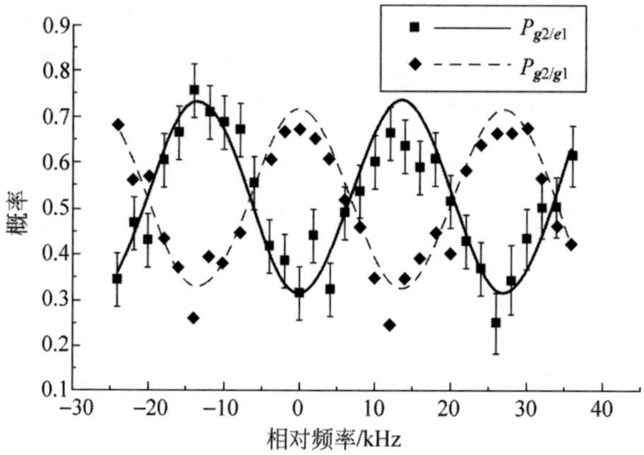

图 8.24　制备和探测单光子

取自文献[20]

如果说光子寿命为 1ms 对于单光子的量子非破坏探测就已经足够，那么要记录下单光子的产生、存活和死亡的经历，要求就要高多了。这个经历必须用量子非破坏体制探测，因为有多次探测的需要，并且光子在腔中的寿命要提高到几秒的量级。为了满足这个要求，ENS 研究组将腔的品质因子提高了 100 倍，达到了 5.6×10^9。探测原子仍为 $n=50$ 的 Rb 圆里德伯态。实验装置示于图 8.25。腔冷却到 0.8K 并置于屏蔽盒内，以屏蔽热和静磁场的干扰。腔对于 $e\Rightarrow g$ 跃迁有一个失谐，它用于确定原子对于腔中光子数的响应，即色散相移。对于相移的信息，即光子数的信息，则用拉姆齐干涉仪来读出。拉姆齐区 R_1 将原子制备在 $\frac{1}{\sqrt{2}}(|g\rangle+|e\rangle)$ 上，它到腔的出口处演化为 $\frac{1}{\sqrt{2}}(|g\rangle+e^{i\Phi(n,\delta)}|e\rangle)$，此处 Φ 为色散相移，δ 为失谐。如果失谐设定在使 $\Phi(1,\delta)-\Phi(0,\delta)=\pi$ 的值，则拉姆齐区 R_2 就理想地在 $n=0$ 时将原子置于 g 态，而在 $n=1$ 时将原子置于 e 态。因此，如果在下游的探测器记录下 e 态，则腔中有一个光子；如果记录下 g 态，则腔是空的。腔场处于 $|0\rangle$ 和 $|1\rangle$ 的相干叠加态，逐个原子对场进行测量，将它投影到 $|0\rangle$ 或 $|1\rangle$ 上。因为测量是在量子非破坏体制下进行的，在腔场存活的时间内可以重复多次。光子产生、存活和死亡的结果示于图 8.26。插图放大了探测事件的统计突然变化的区域，表现出腔场在热涨落下发生的量子跳跃。从图 8.26 中可以看出，有与光子数跳跃无关的探测事件，这是由装置中的缺陷造成的。为了减小它们对于正确给出 n 值的影响，采取了对相继 8 个原子探测结果的“多数投票”方法，图 8.26(a)下

面的线画出了结果，给出了一个寿命很长的光子的产生、存活和死亡过程。在图 8.26(b)中给出了两个相继单光子的历史，中间相隔了场的真空态。

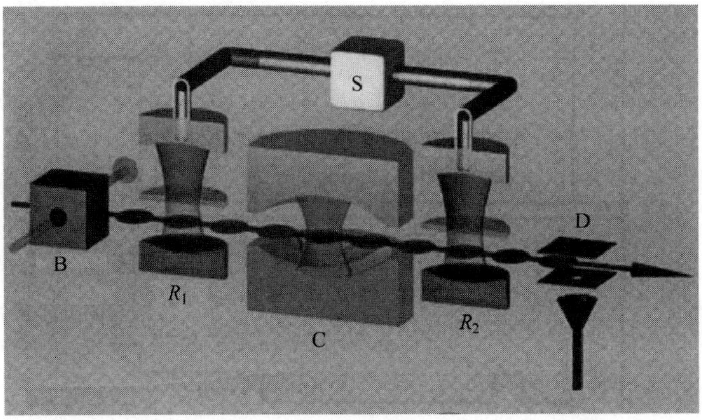

图 8.25 实验装置，用拉姆齐干涉仪读出光子信息

取自文献[21]

在另一个实验中，研究组观察了在每一个测量过程开始时制备的单光子福克态的衰变。探测原子相继进入腔，给出单光子经过“多数投票”的轨道如图 8.27(a)所示。对于 5 个、15 个和 904 个相似轨道的平均示于图 8.27(b)～(d)，显示出从量子无规性逐渐过渡为光滑的指数衰变。虚线代表腔中光子衰变所满足的场主方程的解。

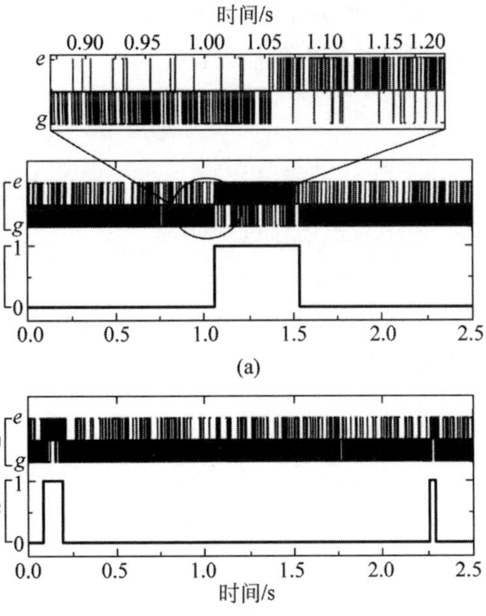

图 8.26 光子的产生、存活与死亡

取自文献[21]

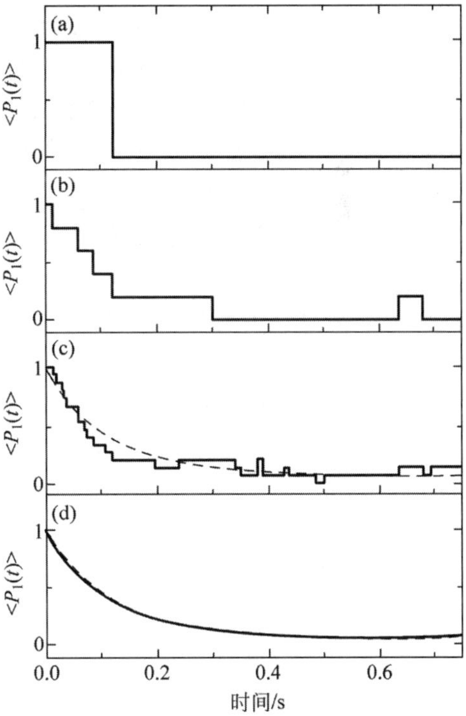

图 8.27 单光子态的衰变

取自文献[21]

8.7 腔量子电动力学中的缠绕态

在腔 QED 实验中能构成具有精确度和灵活性的各种缠绕态,原子-腔体系和环境的弱相互作用也能控制。因此腔 QED 就成为研究开放量子体系的中心范例,如讨论在量子力学和经典力学边界的退相干问题或提供探索量子信息操控的舞台[22]。

在 4.9.2 节讨论过的 ENS 研究组的实验利用了腔场相移强烈依赖于原子状态(e 或 g)这一事实。这个效应使原子内部状态的初始叠加被转换为原子内部态与腔场相移的叠加态(相位猫)。在强耦合机制下,真空拉比频率远大于原子的偶极衰变率和腔场的衰变率,我们可以预期,高 Q 值腔可以增加腔中的平均光子数,有利于仔细探索在量子体制过渡到经典体制时退相干与猫的大小的关系。

在腔 QED 体系中,退相干的产生主要由于光子被腔壁或反射镜所吸收,或者是被散射到腔模以外,该模式称为"输出通道"。体系-环境的缠绕会被监察输出通道的探测中断,发生波函数塌缩。就原子-腔体系而言,这样的输出通道会导致非幺正演化。输出通道对退相干的贡献可以用密度矩阵主方程的随机动力学演化模拟,得到"条件量子演化"[23]。对这些过程的详细研究有助于更好地了解在量子和经典力学的介观界面上的测量和退相干。

腔 QED 对量子信息处理的潜在应用基于缠绕态的形成。Turchette 等人[24]获得了腔场的缠绕态,这里"探索束"的相移依赖于"抽运束"产生的平均光子数。考虑激发态 $|e\rangle$ 和基态 $|g\rangle$ 由 σ_+ 极化的场所耦合,当极化为 σ_+、失谐为 Ω_a 的探测束通过腔时,由于原子-腔相互作用产生了附加的相移,而极化为 σ_- 的束则得到相应于空腔的相移。相移的差别 ϕ_a 依赖于失谐 Ω_a。当后者固定时,相移对于用失谐 Ω_b 和 σ_+ 极化的抽运束控制的腔中光子数有非线性的依赖。研究发现抽运-探测耦合是明显的,这时平均光子数 $n_b \approx 0.1$,并在 n_b 从 0.1 变到 0.3 时 $|\varphi_a|$ 减小 30%。令抽运-探测输入由相干态的直积描述:

$$|\psi_{\text{in}}| = |\alpha\rangle_a |\beta\rangle_b \tag{8.7.1}$$

这里 $|\alpha|$ 和 $|\beta| \ll 1$。输出态为

$$|\psi_{\text{out}}| = |\alpha\rangle_a |\beta\rangle_b + |\alpha||\beta|[e^{i\Delta} - 1]|1\rangle_a |1\rangle_b \tag{8.7.2}$$

此处 $|1\rangle_a$ 和 $|1\rangle_b$ 分别为探测和抽运的单光子状态,Δ 是用来表述通过中间原子建立的缠绕的参数。

量子相位门可以通过上面的讨论来实现。量子比特由光子的极化 $\sigma_\pm$ 携带。当 σ_+ 极化光子和原子强耦合、而 σ_- 极化光子可以忽略时,可以建构下表:

输入	输出
$\|1^-\rangle_a \|1^-\rangle_b \to$	$\|1^-\rangle_a \|1^-\rangle_b$
$\|1^+\rangle_a \|1^-\rangle_b \to$	$e^{i\phi_a} \|1^+\rangle_a \|1^-\rangle_b$
$\|1^-\rangle_a \|1^+\rangle_b \to$	$e^{i\phi_b} \|1^+\rangle_a \|1^+\rangle_b$
$\|1^+\rangle_a \|1^+\rangle_b \to$	$e^{i(\phi_a+\phi_b+\Delta)} \|1^+\rangle_a \|1^+\rangle_b$

实验[28]的参数是:对于 Cs 原子,$\overline{N} = 0.9$,$\Omega_a = +30\text{MHz}$,$\Omega_b = +20\text{MHz}$,$\varphi_a \approx (17.5 \pm 1)^\circ$,$\varphi_b \approx (12.5 \pm 1)^\circ$,$\Delta = (16 \pm 3)^\circ$。

ENS 研究组[25]完成了两个圆里德伯态原子的缠绕,它们依次通过一个高 Q 微波腔。

第一个被制备在$|e\rangle$态，第二个在$|g\rangle$态。体系的初态是

$$|\Psi\rangle=|e_1,g_2,0\rangle \tag{8.7.3}$$

此处0指明腔中为0光子。令t_1代表第一个原子与腔相互作用的时间，使$\Omega t_1=\pi/2$，这里的Ω是真空拉比频率。在两个原子穿过腔的时间t_1和t_2之间，体系的状态由下式描述：

$$|\Psi'\rangle=\frac{1}{\sqrt{2}}(|e_1,g_2,0\rangle-|g_1,g_2,1\rangle) \tag{8.7.4}$$

该式相当于第一个原子和腔场的最大缠绕。第二个原子（制备在$|g\rangle$态）在时间T之后进入腔，与腔的相互作用时间设定在$t_2=2t_1$，因而$\Omega t_2=\pi$。如果第一个原子离开时腔是空的，则第二个原子通过时不会改变场。如果第一个原子曾经发射过一个光子，则第二个原子肯定会将其吸收。总的结果是体系的末态为

$$|\Psi_{\mathrm{EPR}}\rangle|0\rangle=\frac{1}{\sqrt{2}}(|e_1,g_2\rangle-|g_1,e_2\rangle)|0\rangle \tag{8.7.5}$$

此处，原子通过中间场缠绕为EPR态，场就和原子退耦合了。以上的讨论结果已被ENS组的实验证实。

类似的过程被用来产生一个两个原子和腔场的三方缠绕态[26]。里德伯原子制备在圆态，$|e\rangle$，$|g\rangle$和$|i\rangle$态的主量子数分别是51，50和49。腔和$e\rightarrow g$跃迁频率在51.1GHz共振。为了产生程序化的跃迁，在原子和腔相互作用之前和之后，用相当于$g\rightarrow i$跃迁的频率54.3GHz的微波源发出的脉冲作用其上。总的有效原子-腔的相互作用时间相当于2π拉比脉冲。

令腔在开始时是空的。制备在$|e\rangle$态的原子A_1以相当于$\pi/2$脉冲的时间通过腔，体系因而变为$\frac{1}{\sqrt{2}}(|e,0\rangle+|g,1\rangle)$。处于$|g\rangle$态的原子$A_2$在进入腔之前被一个从S来的脉冲转变为$\frac{1}{\sqrt{2}}(|g\rangle+|i\rangle)$。它在腔中与一个$2\pi$拉比脉冲相互作用。如果原子$A_1$在腔中留下一个光子，$A_2$的相干就变为$\frac{1}{\sqrt{2}}(-|g\rangle+|i\rangle)$。如果$A_1$留下一个空腔，则$A_2$的相干不变。结果的$A_1$-$A_2$-腔量子态就是

$$|\psi_{\mathrm{triplet}}\rangle=\frac{1}{\sqrt{2}}[|e_1\rangle(|i_2\rangle+|g_2\rangle)|0\rangle+|g_1\rangle(|i_2\rangle-|g_2\rangle)|1] \tag{8.7.6}$$

它可以重写为

$$|\psi_{\mathrm{triplet}}\rangle=\frac{1}{2}[|i_2\rangle(|e_1,0\rangle+|g_1,1\rangle)+|g_2\rangle(|e_1,0\rangle-|g_1,1\rangle)] \tag{8.7.7}$$

该式描述了一个A_1腔的EPR对，它的相位由A_2决定。类似地，两个腔模的缠绕态也由文献[27]中的方法得到。这些非经典的关联可以用来测试缠绕和退相干的理论模型，也可以在量子信息处理中找到应用。

以上只涉及了腔QED很丰富的内容的一小部分。一些处理也是近似的，目的是使基本的物理内容得以呈现。文献[2]是概括了较多方面的综述性论文。

8.8　体系对外来扰动的响应和涨落-耗散定理

本章以后的讨论涉及线性响应理论、涨落-耗散定理。实际上它们在理论物理的许多方面也都有应用。以下根据朗道和利夫希兹[28-29]的著作中的有关论述给出简单的介绍。

8.8.1　电容率对频率的依赖,克拉默斯-克勒尼希色散关系

在静态问题中介质的电容率 ε 和磁导率 μ 都是常数。随时间变化的电磁场,当其频率和分子或电子振动的本征频率可以相比时,将产生介质的电(或磁)极化起伏,导致 ε 和 μ 随频率的变化(色散)。随时间变化的电磁场通过麦克斯韦方程必然也是随空间变化的。对于频率为 ω 的场,相应的空间周期(波长)是 $\lambda=c/\omega$。如果频率高到使 $\lambda\lesssim a$(原子尺度),场的宏观连续描述失效。下面的讨论是在 ω 已足够大,色散已很明显,但场的宏观描述还成立的范围,这个范围实际上是足够大的。因为介质中极化状态的变化涉及的粒子运动速度 $v\ll c$,而极化变化的弛豫时间为 a/v,波长为 $\lambda\approx ac/v\gg a$。假设涉及的场强并不过大,$\boldsymbol{D}$ 和 $\boldsymbol{E}$ 的关系仍是线性的。随时间变化的电场 $\boldsymbol{E}(t)$ 导致随时间变化的位移矢量 $\boldsymbol{D}(t)$。它们之间最普遍的线性关系可以写作

$$\boldsymbol{D}(t)=\boldsymbol{E}(t)+\int_0^{\infty}f(\tau)\boldsymbol{E}(t-\tau)\mathrm{d}\tau \tag{8.8.1}$$

此处 $f(\tau)$ 取决于介质的性质。在式(8.8.1)中已明显表现出因果关系:任何时间的 $\boldsymbol{D}(t)$ 只和在此以前的 $\boldsymbol{E}$ 值有关,而与以后的 $\boldsymbol{E}$ 值无关。因此积分下限设定为0,即 $\boldsymbol{E}$ 的宗量只能小于或等于0。场可以用傅里叶变换展开为单频分量:

$$\left.\begin{aligned}\boldsymbol{E}(t)&=\int_{-\infty}^{\infty}\boldsymbol{E}(\omega)\mathrm{e}^{-\mathrm{i}\omega t}\frac{\mathrm{d}\omega}{2\pi}\\ \boldsymbol{D}(t)&=\int_{-\infty}^{\infty}\boldsymbol{D}(\omega)\mathrm{e}^{-\mathrm{i}\omega t}\frac{\mathrm{d}\omega}{2\pi}\end{aligned}\right\} \tag{8.8.2}$$

分量 $\boldsymbol{E}(\omega)$ 与 $\boldsymbol{D}(\omega)$ 由式(8.8.1)和式(8.8.2)联系:

$$\begin{aligned}\boldsymbol{D}(\omega)\mathrm{e}^{-\mathrm{i}\omega t}&=\boldsymbol{E}(\omega)\mathrm{e}^{-\mathrm{i}\omega t}+\int_0^{\infty}\mathrm{d}\tau\boldsymbol{E}(\omega)\mathrm{e}^{-\mathrm{i}\omega(t-\tau)}f(\tau)\\ &=\boldsymbol{E}(\omega)\mathrm{e}^{-\mathrm{i}\omega t}\left(1+\int_0^{\infty}f(\tau)\mathrm{e}^{\mathrm{i}\omega\tau}\mathrm{d}\tau\right)\end{aligned}$$

定义

$$\varepsilon(\omega)=1+\int_0^{\infty}f(\tau)\mathrm{e}^{\mathrm{i}\omega\tau}\mathrm{d}\tau \tag{8.8.3}$$

就有

$$\boldsymbol{D}(\omega)=\varepsilon(\omega)\boldsymbol{E}(\omega) \tag{8.8.4}$$

注意,虽然 $\boldsymbol{D}(t)$ 和 $\boldsymbol{E}(t)$ 是实量,但是 $\boldsymbol{D}(\omega)$,$\boldsymbol{E}(\omega)$,$\varepsilon(\omega)$ 都是复量。从式(8.8.2)得知:

$$\boldsymbol{E}(-\omega)=\boldsymbol{E}^*(\omega),\quad \boldsymbol{D}(-\omega)=\boldsymbol{D}^*(\omega) \tag{8.8.5}$$

可以保证 $\boldsymbol{D}(t)$ 和 $\boldsymbol{E}(t)$ 为实。将 $\varepsilon(\omega)$ 的实部与虚部分开,有

$$\varepsilon(\omega)=\varepsilon'(\omega)+\mathrm{i}\varepsilon''(\omega) \tag{8.8.6}$$

从定义式(8.8.3)可得

$$\varepsilon(-\omega)=\varepsilon^*(\omega) \tag{8.8.7}$$

用实部、虚部表示,有

$$\varepsilon'(-\omega)=\varepsilon'(\omega),\quad \varepsilon''(-\omega)=-\varepsilon''(\omega) \tag{8.8.8}$$

即实部为偶函数,虚部为奇函数。当 $\omega\to0$ 时,$\varepsilon''(0)=0$,而 $\varepsilon'(0)=\varepsilon(0)\equiv\varepsilon_0$,为静态电容量值。

反映 $\boldsymbol{D}(t)$ 与 $\boldsymbol{E}(t)$ 因果关系的式(8.8.1)等号右侧积分的下限为 0，将导致 $\varepsilon(\omega)$ 作为复变量 ω 函数的解析性质以“色散关系”的形式出现。下面的讨论是围绕电介质进行的，金属将会有一些具体的不同。函数 $f(\tau)$ 对所有的 τ 值都是有限的。考虑式(8.8.1)，τ 是 $\boldsymbol{D}(t)$ 与 $\boldsymbol{E}(t-\tau)$ 的宗量之差。$\boldsymbol{D}(t)$ 的值取决于 $\boldsymbol{E}(t-\tau)$ 的值，其依赖程度应随 τ 的增大而减小，即 $\boldsymbol{D}(t)$ 对在遥远的过去的 $\boldsymbol{E}$ 的依赖越来越弱，故在 τ 值大于一定程度(比引起极化过程变化的弛豫时间大)时，$f(\tau)$ 应该为 0。将 ω 推广到复平面，将复量的实部与虚部分开，有

$$\omega=\omega'+\mathrm{i}\omega'' \tag{8.8.9}$$

式(8.8.3)中的积分包含因子 $\mathrm{e}^{-\omega''\tau}$。对 $\omega''>0$，它在积分中是一个随 τ 增大而指数衰减的因子，因此，$\varepsilon(\omega)$ 应在复平面的上半平面($\omega''>0$)是单值而有限的。由于上述 $f(\tau)$ 的性质，式(8.8.3)指明，$\varepsilon(\omega)$ 在实轴上也是正则(regular)的，且在 $\omega\to\infty$ 时趋近于 1①。总之，$\varepsilon(\omega)$ 在上半平面与实轴上是解析的。在这里要强调一下因果关系将 τ 限为正值的作用，否则就无法称 $\mathrm{e}^{-\omega''\tau}$ 为“衰减因子”。式(8.8.3)对复变量 ω 给出：

$$\varepsilon^*(\omega)=1+\int_0^\infty f(\tau)\mathrm{e}^{-\mathrm{i}\omega^*\tau}\mathrm{d}\tau=\varepsilon(-\omega^*) \tag{8.8.10}$$

这是对实变量 ω 的关系式(8.8.7)的推广。对虚轴上的 ω，即 $\mathrm{i}\omega''$，有

$$\varepsilon(\mathrm{i}\omega'')=\varepsilon^*(\mathrm{i}\omega'') \tag{8.8.11}$$

即在正虚轴上 ε 是实量。对负虚轴，因为 $\varepsilon(\omega)$ 并不解析，会有割线出现，不能作出上述结论。上文分析了当 $\omega\to\infty$ 时，$\varepsilon(\omega)$ 在实轴上趋于 1。由于 $\varepsilon(\omega')$ 是偶函数，在 $\omega\to-\infty$ 时也是一样。在上半平面各方向趋向无穷时，由于因子 $\mathrm{e}^{-\omega''\tau}$ 和 $\mathrm{e}^{\mathrm{i}\omega'\tau}$ 的作用式(8.8.3)的积分为 0。考虑回路积分

$$\int_C\frac{\alpha(\omega)}{\omega-\omega_0}\mathrm{d}\omega \tag{8.8.12}$$

此处 $\alpha(\omega)=\varepsilon(\omega)-1$，回路图示于图 8.28，$\omega_0$ 是实轴上的任意一个固定点。被积分函数在回路 C 及它所包含的面上是解析的，因此根据柯西定理，回路积分为 0，沿无限大半圆上的积分由于 $\varepsilon(\omega)$ 很快趋于 1 也为 0。沿小半圆上的积分，据留数定理为 $-\mathrm{i}\pi\alpha(\omega_0)$。因此，余下的沿实轴的积分(在 ω_0 附近中断)与小半圆上的积分之和为 0，即

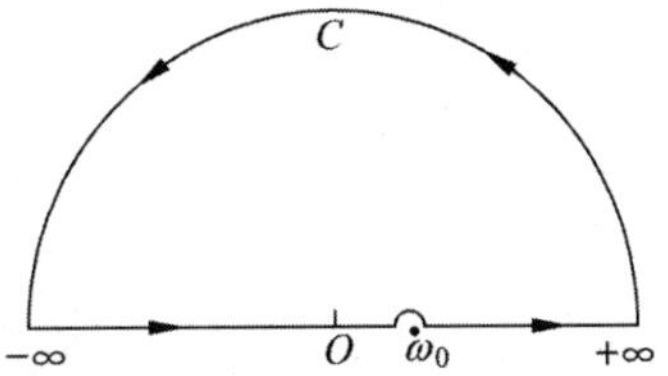

图 8.28 积分式(8.8.12)的回路

$$P\int_{-\infty}^{\infty}\frac{\alpha(\omega)}{\omega-\omega_0}\mathrm{d}\omega=\mathrm{i}\pi\alpha(\omega_0)$$

P 为取积分主值。将积分变量改写为 ξ，将 ω_0 改写为 ω，有

$$\mathrm{i}\pi\alpha(\omega)=P\int_{-\infty}^{\infty}\frac{\alpha(\xi)}{\xi-\omega}\mathrm{d}\xi$$

将 α 的实部与虚部分开，有

$$\begin{aligned}\alpha'(\omega)&=\frac{1}{\pi}P\int_{-\infty}^{\infty}\frac{\alpha''(\xi)}{\xi-\omega}\mathrm{d}\xi,\\ \alpha''(\omega)&=-\frac{1}{\pi}P\int_{-\infty}^{\infty}\frac{\alpha'(\xi)}{\xi-\omega}\mathrm{d}\xi\end{aligned} \tag{8.8.13}$$

---

① 振荡因子 $\mathrm{e}^{-\mathrm{i}\omega\tau}$ 在 $\omega\to\infty$ 的行为使积分趋于 0。

这是 α 的虚部与实部的关系，称为“色散关系”(克拉默斯与克勒尼希，1927 年)。将色散关系对 $\varepsilon(\omega)$ 写出：

$$\begin{aligned}\varepsilon'(\omega)-1&=\frac{1}{\pi}P\int_{-\infty}^{\infty}\frac{\varepsilon''(\xi)}{\xi-\omega}\mathrm{d}\xi,\\ \varepsilon''(\omega)&=-\frac{1}{\pi}P\int_{-\infty}^{\infty}\frac{\varepsilon'(\xi)-1}{\xi-\omega}\mathrm{d}\xi\end{aligned}\tag{8.8.14}$$

以上推导是对 $\alpha(\omega)$ 进行的。在上半平面解析，且在 $\omega\to\infty$ 时趋于 0 的复变函数 $\alpha(\omega)$，其实部与虚部满足式(8.8.13)。这样的函数即“广义极化率”(generalized susceptibility)，与频率有关的电极化率 $\chi(\omega)$ 和磁化率 $\chi_m(\omega)$ 都属此例。

8.8.2　涨落的关联与广义极化率

考虑一个描述处于热力学平衡体系(或它的一部分)的物理量，这个量将随时间在其平均值附近涨落。令 $x(t)$ 代表此物理量与其平均值之差，因而有 $\bar{x}=0$。一般而言，在不同时间的 $x(t)$ 间有一定的关联。这意味着在时间 t 的 x 值，对它在此后时间 t' 所取的值的概率有影响。统计平均

$$\phi(t'-t)=\langle x(t)x(t')\rangle\tag{8.8.15}$$

是这种关联的一个度量。$\phi(t'-t)$ 只和 t 与 t' 的差有关，并在 $t'-t\to\infty$ 时趋向于 0。根据定义，$\phi(t'-t)$ 对 t 与 t' 的互换是偶函数。对于量子力学的变量 $\hat{x}(t)$，关联函数的定义是

$$\phi(t'-t)=\frac{1}{2}\langle\hat{x}(t)\hat{x}(t')+\hat{x}(t')\hat{x}(t)\rangle\tag{8.8.16}$$

这是因为 $\hat{x}(t)$ 一般和 $\hat{x}(t')$ 是不对易的。式(8.8.16)中的平均是对量子力学态进行的。

关联函数的谱分析从 $x(t)$ 的傅里叶变换开始：

$$x(\omega)=\int_{-\infty}^{\infty}x(t)\mathrm{e}^{\mathrm{i}\omega t}\mathrm{d}t\tag{8.8.17}$$

$$x(t)=\int_{-\infty}^{\infty}x(\omega)\mathrm{e}^{-\mathrm{i}\omega t}\frac{\mathrm{d}\omega}{2\pi}\tag{8.8.18}$$

将式(8.8.18)代入式(8.8.16)，得

$$\phi(t'-t)=\int_{-\infty}^{\infty}\int_{-\infty}^{\infty}\langle x(\omega)x(\omega')\rangle\mathrm{e}^{-\mathrm{i}(\omega t+\omega' t')}\frac{\mathrm{d}\omega\mathrm{d}\omega'}{(2\pi)^2}\tag{8.8.19}$$

要求式(8.8.19)等号右侧只和 $(t'-t)$ 有关，$\langle x(\omega)x(\omega')\rangle$ 必须包含一个 δ 函数因子：

$$\langle x(\omega)x(\omega')\rangle=2\pi\chi^2(\omega)\delta(\omega+\omega')\tag{8.8.20}$$

在此，χ^2 是 ω 的函数，仅作为 δ 函数的系数通过式(8.8.20)定义。$x(t)$ 是实量，而 $x(\omega)$ 是复量：

$$x(-\omega)=x^*(\omega)$$

从式(8.8.20)可知，$\langle x(\omega)x(\omega')\rangle$ 在 $\omega'=-\omega$ 时就是 $\langle x(\omega)x^*(\omega)\rangle$，因此是实量，亦即 χ^2 是 ω 的实函数。式(8.8.20)对 ω 与 ω' 的互换是对称的，即有

$$\chi^2(-\omega)=\chi^2(\omega)\tag{8.8.21}$$

将式(8.8.20)代入式(8.8.19)，有

$$\phi(t)=\int_{-\infty}^{\infty}\chi^2(\omega)\mathrm{e}^{-\mathrm{i}\omega t}\frac{\mathrm{d}\omega}{2\pi}\tag{8.8.22}$$

及其逆变换

$$\chi^2(\omega)=\int_{-\infty}^{\infty}\phi(t)\mathrm{e}^{\mathrm{i}\omega t}\mathrm{d}t \tag{8.8.23}$$

从式(8.8.15)可知，$\phi(0)$就是涨落变量 x 的均方值，再用式(8.8.21)和式(8.8.22)，有

$$\langle x^2\rangle=\int_{-\infty}^{\infty}\chi^2(\omega)\frac{\mathrm{d}\omega}{2\pi}=\int_0^{\infty}\chi^2(\omega)\frac{\mathrm{d}\omega}{\pi} \tag{8.8.24}$$

即 $\chi^2(\omega)$是 x 均方值的谱密度。在以上讨论中，$x(t)$是经典量。对于量子力学变量，有

$$\frac{1}{2}\langle\hat{x}(\omega)\hat{x}(\omega')+\hat{x}(\omega')\hat{x}(\omega)\rangle=2\pi\chi^2(\omega)\delta(\omega+\omega') \tag{8.8.25}$$

对于简单体系，在一定的简化假设下，$\phi(t)$和 $\chi^2(\omega)$可以明确写出①，例如准定态涨落。在一般情况下，可以将涨落（经典的或量子力学的）和描述体系在外加作用下响应的量——广义极化率——联系起来。考虑介质在外加的随时间变化的电场作用下极化，将式(8.8.3)改写为

$$\varepsilon(\omega)-1=\int_0^{\infty}f(\tau)\mathrm{e}^{\mathrm{i}\omega\tau}\mathrm{d}\tau \tag{8.8.26}$$

$\varepsilon(\omega)-1$ 就是广义极化率的一例。在体系的哈密顿量中，物理量 x 和外加广义力 $f(t)$耦合，即有

$$V=-xf(t) \tag{8.8.27}$$

在未引入 V 时，$\bar{x}=0$。存在耦合项时 $\bar{x}(t)$为

$$\bar{x}(t)=\int_0^{\infty}\alpha(\tau)f(t-\tau)\mathrm{d}\tau \tag{8.8.28}$$

它只和扰动力在 t 以前的值有关（因果关系），表现在对 τ 的积分下限取为 0。$\bar{x}(t)$称为“体系对外力扰动的响应”，$\alpha(\tau)$是表现体系性质的时间函数，$\alpha(t)$的傅里叶变换是

$$\alpha(\omega)=\int_0^{\infty}\alpha(t)\mathrm{e}^{\mathrm{i}\omega t}\mathrm{d}t \tag{8.8.29}$$

它和 $\bar{x}(\omega)$，$f(\omega)$的关系是

$$\bar{x}(\omega)=\alpha(\omega)f(\omega) \tag{8.8.30}$$

$\alpha(\omega)$称为“广义极化率”。$\bar{x}(t)$与 $f(t-\tau)$，$\bar{x}(\omega)$与 $f(\omega)$间的线性关系只在扰动 V 不太强的情况下才能成立，相应的理论称为“线性响应理论”。将 $\alpha(\omega)$的实部与虚部分开，得

$$\alpha(\omega)=\alpha'(\omega)+\mathrm{i}\alpha''(\omega) \tag{8.8.31}$$

$$\alpha(-\omega)=\alpha^*(\omega) \tag{8.8.32}$$

式(8.8.32)保证 $\alpha(t)$为实。此外，将式(8.8.32)的虚部与实部分开，得

$$\alpha'(-\omega)=\alpha'(\omega),\quad \alpha''(-\omega)=-\alpha''(\omega) \tag{8.8.33}$$

这些都和 $\varepsilon(\omega)$的相应关系相同。

外力的耦合与 x 产生了关联。外力作用于体系要做功，使体系的能量变化。对于耗散体系，这部分能量会转化为热，体系能量的变化率是

$$\frac{\mathrm{d}E}{\mathrm{d}t}=\overline{\frac{\partial H}{\partial t}}=-\bar{x}\frac{\mathrm{d}f}{\mathrm{d}t} \tag{8.8.34}$$

① 可参阅文献[19]122 页，该书将 $\chi^2(\omega)$直接记为 $x^2(\omega)$。为了避免将 $x^2(\omega)$误作$[x(\omega)]^2$ 或 $x^2(t)$的傅里叶变换，此处记为 $\chi^2(\omega)$。实际上 $\chi(\omega)$并没有出现。

则单频力 $f(t)$ 可以写为

$$f(t)=\frac{1}{2}(f_0\mathrm{e}^{-\mathrm{i}\omega t}+f_0^*\mathrm{e}^{\mathrm{i}\omega t}) \tag{8.8.35}$$

相应的 $\bar{x}$ 是

$$\bar{x}(t)=\frac{1}{2}(\alpha(\omega)f_0\mathrm{e}^{-\mathrm{i}\omega t}+\alpha(-\omega)f_0^*\mathrm{e}^{\mathrm{i}\omega t}) \tag{8.8.36}$$

此处用了式(8.8.30)和式(8.8.32)。将式(8.8.35)、式(8.8.36)代入式(8.8.34)并对时间取平均,得到体系在外力作用下单位时间的能量耗散 Q 为

$$Q=\frac{1}{4}\mathrm{i}\omega(\alpha^*-\alpha)\mid f_0\mid^2=\frac{1}{2}\omega\alpha''(\omega)\mid f_0^2\mid \tag{8.8.37}$$

这个重要关系表明耗散是由 $\alpha(\omega)$ 的虚部决定的。在现实过程中,$Q>0$,因此对正实 ω 值,$\alpha(\omega)$ 的虚部为正。

8.8.3 涨落-耗散定理

外力 $f(\omega)$ 引起和它耦合的 x 的涨落 $\bar{x}(\omega)$,它们的相互关系通过广义极化率 $\alpha(\omega)$ 表示。外力也会引起体系内的耗散 Q,它们的关系和 α 的虚部 $\alpha''(\omega)$ 有关。那么,涨落和耗散之间是否也有内在联系呢?表达这个联系的定理称为"涨落-耗散定理"。设体系处于量子力学定态 n,计算涨落关联函数式(8.8.25)对 n 态的平均,即

$$\frac{1}{2}(\hat{x}(\omega)\hat{x}(\omega')+\hat{x}(\omega')\hat{x}(\omega))_{nn}=\frac{1}{2}\sum_m[x(\omega)_{nm}x(\omega')_{mn}+x(\omega')_{nm}x(\omega)_{mn}] \tag{8.8.38}$$

等号右侧的求和遍及体系的所有能级。由于 $\hat{x}(t)$ 依赖于时间,它的矩阵元应该用含时的波函数计算,即

$$\begin{aligned}(\hat{x}(t))_{nm}&=\int(\psi_n\mathrm{e}^{-\mathrm{i}\omega_n t})^*x(\psi_m\mathrm{e}^{-\mathrm{i}\omega_m t})\mathrm{d}^3x\\&=x_{nm}\mathrm{e}^{\mathrm{i}(\omega_n-\omega_m)t}\end{aligned}$$

故有

$$\begin{aligned}x(\omega)_{nm}&=\int_{-\infty}^{\infty}(\hat{x}(t))_{nm}\mathrm{e}^{\mathrm{i}\omega t}\mathrm{d}t=\int_{-\infty}^{\infty}x_{nm}\mathrm{e}^{\mathrm{i}(\omega_n-\omega_m+\omega)t}\mathrm{d}t\\&=2\pi x_{nm}\delta(\omega_{nm}+\omega)\end{aligned}$$

此处 x_{nm} 是通常的矩阵元

$$x_{nm}=\int\psi_n^*x\psi_m\mathrm{d}^3x$$

又有 $\omega_{nm}=\omega_n-\omega_m$,式(8.8.38)变为

$$\frac{1}{2}(\hat{x}(\omega)\hat{x}(\omega')+\hat{x}(\omega')\hat{x}(\omega))_{nn}=2\pi^2\sum_m\mid x_{nm}\mid^2\times[\delta(\omega_{nm}+\omega)\delta(\omega_{mn}+\omega')+\delta(\omega_{nm}+\omega')\delta(\omega_{mn}+\omega)] \tag{8.8.39}$$

此处运用了 $\hat{x}$ 的厄密性,即 $x_{nm}=x_{mn}^*$。因为 $\omega_{nm}=-\omega_{mn}$,式(8.8.39)等号右侧的方括号可以写作

$$\delta(\omega_{nm}+\omega)\delta(\omega+\omega')+\delta(\omega_{mn}+\omega)\delta(\omega+\omega')$$

将结果和式(8.8.25)等号右侧比较，得

$$\chi^2(\omega)=\pi\sum_m |x_{nm}|^2[\delta(\omega+\omega_{nm})+\delta(\omega+\omega_{mn})] \tag{8.8.40}$$

等号右侧的两个 δ 函数分别对应跃迁到高于 n 和低于 n 的能级。

量子力学变量 $\hat{x}$ 的涨落是由于它耦合于外力而发生的。哈密顿量中的耦合项是

$$\hat{V}=-f\hat{x}=-\frac{1}{2}(f_0\mathrm{e}^{-\mathrm{i}\omega t}+f_0^*\mathrm{e}^{\mathrm{i}\omega t})\hat{x} \tag{8.8.41}$$

在它的驱动下，体系发生 $n\to m$ 的跃迁，单位时间的跃迁概率是

$$w_{mn}=\frac{\pi|f_0|^2}{2\hbar^2}|x_{mn}|^2[\delta(\omega+\omega_{mn})+\delta(\omega+\omega_{nm})] \tag{8.8.42}$$

两个 δ 函数体系分别吸收能量 $\hbar\omega_{mn}$ 和 $\hbar\omega_{nm}$。体系的能量吸收率为

$$\begin{aligned}Q&=\sum_m \hbar\omega_{mn}w_{mn}\\&=\frac{\pi}{2\hbar}|f_0|^2\sum_m |x_{mn}|^2[\delta(\omega+\omega_{mn})+\delta(\omega+\omega_{nm})]\omega_{mn}\\&=\frac{\pi}{2\hbar}|f_0|^2\omega\sum_m |x_{mn}|^2[\delta(\omega+\omega_{nm})-\delta(\omega+\omega_{mn})]\end{aligned} \tag{8.8.43}$$

将式(8.8.43)与式(8.8.37)比较，得

$$\alpha''(\omega)=\frac{\pi}{\hbar}\sum_m |x_{mn}|^2[\delta(\omega+\omega_{nm})-\delta(\omega+\omega_{mn})] \tag{8.8.44}$$

式(8.8.40)和式(8.8.44)分别反映了涨落的关联和耗散，它们等号右侧的差别仅在于括号内的一项正负号不同。它们之间的密切关系可以通过吉布斯分布求统计平均的办法找到。吉布斯分布是

$$\rho_n=\exp\left(\frac{F-E_n}{kT}\right) \tag{8.8.45}$$

F 是自由能。对 n 态求平均，式(8.8.40)给出：

$$\langle\chi^2(\omega)\rangle=\pi\sum_{n,m}\rho_n|x_{nm}|^2[\delta(\omega+\omega_{nm})+\delta(\omega+\omega_{mn})]$$

由于 $|x_{nm}|^2=|x_{mn}|^2$，可以将第二项求和指标 m 和 n 交换，则上式变为

$$\begin{aligned}\langle\chi^2(\omega)\rangle&=\pi\sum_{n,m}(\rho_n+\rho_m)|x_{nm}|^2\delta(\omega+\omega_{nm})\\&=\pi\sum_{n,m}\rho_n(1+\mathrm{e}^{\hbar\omega_{nm}/kT})|x_{nm}|^2\delta(\omega+\omega_{nm})\\&=\pi(1+\mathrm{e}^{-\hbar\omega/kT})\sum_{n,m}\rho_n|x_{nm}|^2\delta(\omega+\omega_{nm})\end{aligned} \tag{8.8.46}$$

以上最后一步使用了 δ 函数。用同样的办法处理式(8.8.44)，得

$$\langle\alpha''(\omega)\rangle=\frac{\pi}{\hbar}(1-\mathrm{e}^{-\hbar\omega/kT})\sum_{n,m}\rho_n|x_{nm}|^2\delta(\omega+\omega_{nm}) \tag{8.8.47}$$

原来式(8.8.44)第二个 δ 函数前面的负号乘到了 ρ_m 前，最后出现于求和号之前括号中的第二项前。撤去统计平均符号①，得

① 在得到式(8.8.46)和式(8.8.47)的过程中，用到了 ρ_n 和 ρ_m(式(8.8.45))的关系。虽然最后撤去了吉布斯分布的平均，但实际上吉布斯因子是起了作用的：因子 $\mathrm{e}^{-\hbar\omega/kT}$ 进入了两式，并最终进入了定理(式 8.8.49))。

$$\chi^2(\omega)=\hbar\alpha''(\omega)\coth\frac{\hbar\omega}{2kT}=2\,\hbar\alpha''(\omega)\left[\frac{1}{2}+\frac{1}{\mathrm{e}^{\hbar\omega/kT}-1}\right] \tag{8.8.48}$$

对第一个等号两边作 $\int_0^\infty\frac{\mathrm{d}\omega}{\pi}$ 运算,用式(8.8.24),有

$$\langle x^2\rangle=\frac{\hbar}{\pi}\int_0^\infty\alpha''(\omega)\coth\frac{\hbar\omega}{2kT}\mathrm{d}\omega \tag{8.8.49}$$

这就是涨落-耗散定理(卡兰和瓦尔顿,1951年)。式(8.8.48)等号右侧的方括号乘以 $\hbar\omega$,第一项是振子零点能,第二项是振子在温度 T 下的平均能量。式(8.8.48)的低温和高温极限分别是

$$\chi^2(\omega)\xrightarrow{T\to 0}\hbar\alpha''(\omega),$$

$$\chi^2(\omega)\xrightarrow{T\to\infty}\frac{2kT}{\omega}\alpha''(\omega)$$

即在低温极限时,涨落是量子性质的;在高温极限时,是经典性质的。这个定理的用途很广:在电磁场涨落方面,下面要讨论的范德华力和卡西米尔效应都要用到它;在量子流体方面,对玻色和费米流体都有应用。如果体系有多个自由度,各自耦合了不同的力,该定理的推广也是简单的。考虑多自由度 i 的耦合项

$$\hat{V}=-\hat{x}_i f_i(t) \tag{8.8.50}$$

重复指标表示求和。广义极化率通过下列线性关系定义:

$$\bar{x}_i(\omega)=\alpha_{ik}(\omega)f_k(\omega) \tag{8.8.51}$$

体系的能量变化是

$$\dot{E}=-\dot{f}_i\bar{x}_i \tag{8.8.52}$$

关联的谱密度是

$$\frac{1}{2}\langle\hat{x}_i(\omega)\hat{x}_k(\omega')+\hat{x}_k(\omega')\hat{x}_i(\omega)\rangle=2\pi(\chi_i\chi_k)(\omega)\delta(\omega+\omega') \tag{8.8.53}$$

这里 $\chi_i\chi_k$ 作为 ω 函数的引入是和式(8.8.20)相似的①。对量子态 n 求平均导致

$$[(\chi_i\chi_k)(\omega)]_{nn}=\pi\sum_m[(x_i)_{nm}(x_k)_{mn}\delta(\omega+\omega_{nm})+(x_k)_{nm}(x_i)_{mn}\delta(\omega+\omega_{mn})] \tag{8.8.54}$$

对于单频扰动:

$$f_i(t)=\frac{1}{2}(f_{0i}\mathrm{e}^{-\mathrm{i}\omega t}+f_{0i}^*\mathrm{e}^{\mathrm{i}\omega t}) \tag{8.8.55}$$

体系的响应是

$$\bar{x}_i(t)=\frac{1}{2}(\alpha_{ik}(\omega)f_{0k}\mathrm{e}^{-\mathrm{i}\omega t}+\alpha_{ik}^*(\omega)f_{0k}^*\mathrm{e}^{\mathrm{i}\omega t}) \tag{8.8.56}$$

将式(8.8.55)和式(8.8.56)代入式(8.8.52),并对扰动周期 $\frac{2\pi}{\omega}$ 取平均,得

---

① 为了避免 $(x_i,x_k)(\omega)$ 是 $x_i(t)x_k(t)$ 的傅里叶变换的误解,此处仍和文献[19]不同,使用 $(\chi_i\chi_k)(\omega)$。它和 $\langle x_ix_k\rangle$ 的关系是 $\phi_{ik}(0)=\langle x_ix_k\rangle=\int_{-\infty}^{\infty}(\chi_i\chi_k)(\omega)\frac{\mathrm{d}\omega}{2\pi}$。

$$Q=\frac{1}{4}\mathrm{i}\omega(\alpha_{ik}^{*}-\alpha_{ki})f_{0i}f_{0k}^{*} \tag{8.8.57}$$

另一方面，从单位时间 $n\to m$ 的跃迁概率计算体系吸收的能量，得

$$Q=\frac{\pi}{2\hbar}\omega\sum_{m}f_{0i}f_{0k}^{*}[(x_i)_{mn}(x_k)_{nm}\delta(\omega+\omega_{nm})-(x_i)_{nm}(x_k)_{mn}\delta(\omega+\omega_{mn})] \tag{8.8.58}$$

比较以上两式给出：

$$\alpha_{ik}^{*}-\alpha_{ki}=-\frac{2\pi\mathrm{i}}{\hbar}\sum_{m}[(x_i)_{mn}(x_k)_{nm}\delta(\omega+\omega_{nm})-(x_i)_{nm}(x_k)_{mn}\delta(\omega+\omega_{mn})] \tag{8.8.59}$$

对吉布斯分布取平均，得到广义的涨落-耗散定理：

$$(\chi_i\chi_k)(\omega)=\frac{1}{2}\mathrm{i}\,\hbar(\alpha_{ki}^{*}-\alpha_{ik})\coth\frac{\hbar\omega}{kT} \tag{8.8.60}$$

等号左侧是 x_ix_k 的谱密度。

8.9 范德华相互作用

考虑两个中性原子(没有电荷，没有磁矩)，距离 $R\gg a$(原子尺度)。它们间的相互作用是如何产生的呢？原子 1 由于涨落产生了自发电偶极矩，它在原子 2 处产生的电场极化了原子 2，产生诱导电偶极矩。原子间的偶极-偶极相互作用是涨落关联性质。首先给出量子力学推导的是 F. London(1930 年)，得到相互作用势能 V 与距离关系是 $V\propto R^{-6}$。它属于长程力(有别于 $\mathrm{e}^{-\kappa r}$ 型的短程力)，对 R^{-6} 的依赖是普适的：它与原子结构无关。1940 年，Overbeek 用悬浮石英粉末进行范德华力的测量，结果是在距离较小时，V 对 R^{-6} 的依赖是对的。但在 R 较大时，V 的减小要比 R^{-6} 更快。Overbeek 认为这是由于推迟作用引起的。1948 年，卡西米尔和波尔德考虑了推迟作用，得到 $V\propto R^{-7}$，该结果仍是普适的。一个依赖原子极化的过程，结果却和原子壳层结构无关，不论是否计入推迟作用都是一样。是否存在更深刻的原因呢？卡西米尔请教了玻尔并受到他的启发，从零点能的变化推导出了卡西米尔-波尔德力(Casimir-Polder force)。

两个球对称原子，分别位于 $\boldsymbol{r}_1$ 和 $\boldsymbol{r}_2$，其距离 $R=|\boldsymbol{r}_2-\boldsymbol{r}_1|\gg a$(原子尺度)。由于宇称守恒，原子没有电偶极矩。但由于涨落，原子 1 会有“自发偶极矩”$\boldsymbol{d}_1^{\mathrm{sp}}$①。它在原子 2 处产生电场

$$\boldsymbol{E}_1(\boldsymbol{r}_2)=\frac{3\boldsymbol{n}(\boldsymbol{d}_1^{\mathrm{sp}}\cdot\boldsymbol{n})-\boldsymbol{d}_1^{\mathrm{sp}}}{R^3} \tag{8.9.1}$$

此处 $\boldsymbol{n}=\dfrac{\boldsymbol{r}_2-\boldsymbol{r}_1}{|\boldsymbol{r}_2-\boldsymbol{r}_1|}$。这个场使原子 2 产生感应电偶极矩：

$$\boldsymbol{d}_2^{\mathrm{ind}}=\alpha_2\boldsymbol{E}_1(\boldsymbol{r}_2)$$

它在 $\boldsymbol{E}_1$ 场内的能量是

① $\boldsymbol{d}^{\mathrm{sp}}$ 是涨落场所感生的，因此有 $\langle\boldsymbol{d}^{\mathrm{sp}}\rangle=0$，但出现的最终结果都是不为 0 的平均值。

$$-\frac{1}{2}\boldsymbol{d}_2^{\text{ind}}\cdot\boldsymbol{E}_1(\boldsymbol{r}_2)=-\frac{1}{2}\alpha_2\boldsymbol{E}_1^2(\boldsymbol{r}_2) \tag{8.9.2}$$

因子$\frac{1}{2}$的出现正是由于 $\boldsymbol{d}_2$ 是被 $\boldsymbol{E}_1$ 诱导产生的。同样,原子 2 的自发(涨落)电偶极矩使原子 1 有了感应电偶极矩,带来能量$-\frac{1}{2}\alpha_1\boldsymbol{E}_2^2(\boldsymbol{r}_1)$。总的相互作用能是

$$V=-\frac{1}{2}\alpha_1\boldsymbol{E}_2^2(\boldsymbol{r}_1)-\frac{1}{2}\alpha_2\boldsymbol{E}_1^2(\boldsymbol{r}_2) \tag{8.9.3}$$

涨落场需要进行平均。从式(8.9.1)得

$$\langle\boldsymbol{E}_1^2(\boldsymbol{r}_2)\rangle=\frac{3\langle(\boldsymbol{d}_1^{\text{sp}}\cdot\boldsymbol{n})^2\rangle+\langle(\boldsymbol{d}_1^{\text{sp}})^2\rangle}{R^6} \tag{8.9.4}$$

对于球对称原子,其自发偶极矩应是各向同性的:

$$\langle(\boldsymbol{d}_1^{\text{sp}}\cdot\boldsymbol{n})^2\rangle=\langle d_{1x}^2\rangle=\langle d_{1y}^2\rangle=\langle d_{1z}^2\rangle=\frac{1}{3}\langle d_1^2\rangle$$

因此

$$\langle\boldsymbol{E}_1^2(\boldsymbol{r}_2)\rangle=\frac{6}{R^6}\langle(d_{1z}^{\text{sp}})^2\rangle$$

类似地,

$$\langle\boldsymbol{E}_2^2(\boldsymbol{r}_1)\rangle=\frac{6}{R^6}\langle(d_{2z}^{\text{sp}})^2\rangle$$

其相互作用能是

$$V(R)=-\frac{3}{R^6}(\alpha_2\langle(d_{1z}^{\text{sp}})^2\rangle+\alpha_1\langle(d_{2z}^{\text{sp}})^2\rangle) \tag{8.9.5}$$

将它表示为谱密度形式,有

$$V(R)=-\frac{3}{R^6}\int_{-\infty}^{\infty}\frac{\mathrm{d}\omega}{2\pi}(\alpha_2(\omega)\langle d_{1z}^2(\omega)\rangle+\alpha_1(\omega)\langle d_{2z}^2(\omega)\rangle) \tag{8.9.6}$$

在线性响应理论中,响应 $\boldsymbol{d}$ 是由涨落场诱导出来的,它们由广义极化率 α 相联系。因此,根据涨落-耗散定理有

$$\left.\begin{aligned}\langle d_{1z}^2(\omega)\rangle&=\hbar\alpha''_1(\omega)\coth\frac{\hbar\omega}{2kT}\\ \langle d_{2z}^2(\omega)\rangle&=\hbar\alpha''_2(\omega)\coth\frac{\hbar\omega}{2kT}\end{aligned}\right\} \tag{8.9.7}$$

$$V(R)=-\frac{3\hbar}{R^6}\int_{-\infty}^{\infty}\frac{\mathrm{d}\omega}{2\pi}(\alpha_2(\omega)\alpha_1''(\omega)+\alpha_1(\omega)\alpha''_2(\omega))\coth\frac{\hbar\omega}{2kT} \tag{8.9.8}$$

α 的虚部是 ω 的奇函数,coth 也是其宗量的奇函数。因此,式(8.9.8)中的 α_1 和 α_2 都是只有其实部(偶函数)对积分有贡献。式(8.9.8)括号中的量可以改写为

$$\operatorname{Re}\alpha_2(\omega)\operatorname{Im}\alpha_1(\omega)+\operatorname{Re}\alpha_1(\omega)\operatorname{Im}\alpha_2(\omega)=\operatorname{Im}(\alpha_1(\omega)\alpha_2(\omega))$$

即

$$V(R)=-\frac{3\hbar}{2\pi R^6}\int_{-\infty}^{\infty}\mathrm{d}\omega\operatorname{Im}(\alpha_1(\omega)\alpha_2(\omega))\coth\frac{\hbar\omega}{2kT} \tag{8.9.9}$$

对于处于基态的原子,其极化率是

$$\alpha(\omega)=\sum_n \frac{e^2 f_{0n}}{m[(\omega_{n0}^2-\omega^2)-\mathrm{i}\omega\delta]}, \quad \delta\to 0_+ \tag{8.9.10}$$

此处，f_{0n} 是跃迁 $0\to n$ 的振子强度

$$\left.\begin{aligned} f_{0n}&=\frac{2m}{\hbar}\omega_{n0}\left|\sum_i (z_i)_{0n}\right|^2 \\ \omega_{n0}&=(E_n-E_0)/\hbar \end{aligned}\right\} \tag{8.9.11}$$

z_i 是第 i 个电子的 z 坐标。将式(8.9.10)和式(8.9.11)代入式(8.9.9)，取 $T\to 0$ 并作回路积分①，最后得到

$$V(R)=-\frac{6e^4}{R^6}\sum_{n,n'}\frac{\left|\sum_i (z_i^{(1)})_{0n}\right|^2\left|\sum_i (z_i^{(2)})_{0n}\right|^2}{E_n^{(1)}+E_{n'}^{(2)}-E_0^{(1)}-E_0^{(2)}} \tag{8.9.12}$$

R^{-6} 是普遍的，其系数 $\sum_{n,n'}(\cdot)$ 是和原子壳层结构有关的，这个结果和 F. London 的相同，他采用的是对偶极-偶极的相互作用

$$\frac{\boldsymbol{d}_1\cdot\boldsymbol{d}_2-3(\boldsymbol{d}_1\cdot\boldsymbol{n})(\boldsymbol{d}_2\cdot\boldsymbol{n})}{R^3}$$

作二阶微扰。虽然 $\boldsymbol{d}_1$ 和 $\boldsymbol{d}_2$ 都是涨落的量，$\langle\boldsymbol{d}_1\rangle=\langle\boldsymbol{d}_2\rangle=0$，但 $\langle\boldsymbol{d}_1\cdot\boldsymbol{d}_2\rangle$，$\langle d_{1i}d_{2j}\rangle$ 都不为 0。

关于本节内容请参阅文献[15]。

8.10 考虑推迟的范德华相互作用

8.10.1 振荡偶极子的场②

当 R 和振荡偶极子的辐射波长 λ 可以相比时，推迟作用就不能忽略。作任意运动电荷的场是从李纳-维谢势导出的：

$$\phi=\frac{e}{R-\dfrac{\boldsymbol{v}\cdot\boldsymbol{R}}{c}}, \quad \boldsymbol{A}=\frac{e\boldsymbol{v}}{c\left(R-\dfrac{\boldsymbol{v}\cdot\boldsymbol{R}}{c}\right)} \tag{8.10.1}$$

此处，$\boldsymbol{R}$ 是从电荷到观测点 P 的矢径，v 是电荷速度。等号右侧的量($\boldsymbol{R}$ 与 $\boldsymbol{v}$)都在时间 t' 取值，而 t 由式(8.10.2)决定：

$$t'+\frac{R(t')}{c}=t \tag{8.10.2}$$

$(t'-t)$ 是信号传播距离 R 所需的时间。有若干电荷组成的体系，当观测点 P 距体系很远时，可将原点 O 选在体系内的任意一点。令 $\boldsymbol{R}_0$ 为 P 的矢径，$\boldsymbol{r}$ 为某一电荷的矢径，在 $R_0\gg r$ 的条件下，有(图 8.29)

$$R=|\boldsymbol{R}_0-\boldsymbol{r}|\approx R_0-\boldsymbol{n}\cdot\boldsymbol{r} \tag{8.10.3}$$

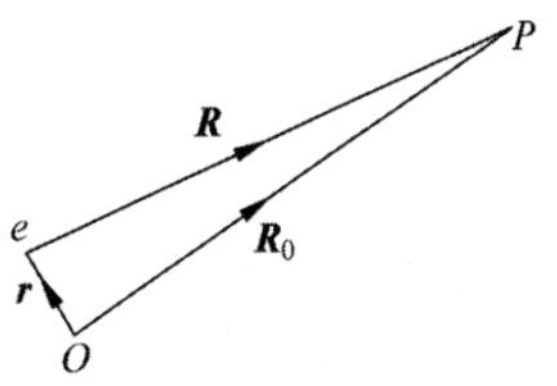

图 8.29 电荷 e 和观测点 P 的矢径关系

此处

① 可参阅文献[29]。

② 请参阅文献[30]63 节和 72 节.

$$\boldsymbol{n}=\frac{\boldsymbol{R}_0}{R_0} \tag{8.10.4}$$

近似地,式(8.10.3)给出了偶极辐射。$\boldsymbol{n}\cdot\boldsymbol{r}$ 的高阶项和它们的微商则给出了高阶多极辐射,其中最重要的是电四极和磁偶极辐射。将式(8.10.3)代入式(8.10.1)的矢势,可得

$$\boldsymbol{A}=\frac{e\boldsymbol{v}(t')}{cR_0\left(1-\frac{\boldsymbol{n}\cdot\boldsymbol{v}(t')}{c}\right)} \tag{8.10.5}$$

当电荷运动速度 $v\ll c$ 时,式(8.10.5)分母上的$\frac{\boldsymbol{n}\cdot\boldsymbol{v}}{c}$可以忽略。由于 $v\approx\frac{a}{2\pi/\omega}$,因此 $a\approx\frac{2\pi v}{\omega}\ll\frac{2\pi c}{\omega}=\lambda$,以上的近似相当于 $a\ll\lambda$。于是有

$$\boldsymbol{A}=\frac{e\boldsymbol{v}(t')}{cR_0}=\frac{1}{cR_0}\dot{\boldsymbol{d}}(t') \tag{8.10.6}$$

此处 $\boldsymbol{d}$ 是电荷的偶极矩:

$$\boldsymbol{d}=e\boldsymbol{r} \tag{8.10.7}$$

在 $v\ll c$ 近似下,式(8.10.2)变为

$$t'=t-\frac{R_0}{c} \tag{8.10.8}$$

标量势 ϕ 和偶极矩 $\boldsymbol{d}$ 的关系可以用洛伦兹条件得到:

$$\nabla\cdot\boldsymbol{A}+\frac{1}{c}\frac{\partial\phi}{\partial t}=0$$

将式(8.10.6)代入,对 t 积分,得

$$\phi=-\nabla\cdot\frac{\boldsymbol{d}}{R_0} \tag{8.10.9}$$

要处理的具体问题的条件是 $R\gg a,\lambda\gg a$,但 $R\approx\lambda$,最后一个条件带来了复杂性。因为在 $R\gg\lambda$ 时,电荷的辐射已经可以看作平面波。只要用 $\boldsymbol{H}=\nabla\times\boldsymbol{A}$ 求出 $\boldsymbol{H}$,就有 $\boldsymbol{E}=\boldsymbol{H}\times\boldsymbol{n}$。后面这个关系只对平面波适用。但对于 $R\approx\lambda$,辐射还不能看作平面波。此外在常用的库仑规范 $\nabla\cdot\boldsymbol{A}=0$ 中,可以只用矢量势 $\boldsymbol{A}$ 导出 $\boldsymbol{H}$ 和 $\boldsymbol{E}$,$\boldsymbol{H}=\nabla\times\boldsymbol{A}$,$\boldsymbol{E}=-\frac{1}{c}\dot{\boldsymbol{A}}$。但此处的矢量势式(8.10.6)并不满足$\nabla\cdot\boldsymbol{A}=0$,因此 $\boldsymbol{A}$ 和 ϕ 都是需要的。从 $\boldsymbol{A}$ 和 ϕ 得出 $\boldsymbol{H}$ 和 $\boldsymbol{E}$,有

$$\left.\begin{aligned}\boldsymbol{H}&=\frac{1}{c}\nabla\times\frac{\dot{\boldsymbol{d}}}{R_0},\\ \boldsymbol{E}&=\nabla\nabla\cdot\frac{\boldsymbol{d}}{R_0}-\frac{1}{c^2}\frac{\ddot{\boldsymbol{d}}}{\boldsymbol{R}_0}\end{aligned}\right\} \tag{8.10.10}$$

对单频分量 $\boldsymbol{d}(\omega)\mathrm{e}^{-\mathrm{i}\omega t}$,在 t'取值就是 $\boldsymbol{d}(\omega)\mathrm{e}^{-\mathrm{i}\omega\left(t-\frac{R_0}{c}\right)}=\boldsymbol{d}(\omega)\mathrm{e}^{-\mathrm{i}\omega t+\mathrm{i}kR_0}$。代入式(8.10.10),得

$$\left.\begin{aligned}\boldsymbol{H}(\omega)&=\mathrm{i}k\boldsymbol{d}(\omega)\times\nabla\frac{\mathrm{e}^{\mathrm{i}kR_0}}{R_0}\\ \boldsymbol{E}(\omega)&=k^2\boldsymbol{d}(\omega)\frac{\mathrm{e}^{\mathrm{i}kR_0}}{R_0}+(\boldsymbol{d}(\omega)\cdot\nabla)\nabla\frac{\mathrm{e}^{\mathrm{i}kR_0}}{R_0}\end{aligned}\right\} \tag{8.10.11}$$

对上式进行微分,得到

$$\boldsymbol{H}(\omega)=\mathrm{i}k\boldsymbol{d}(\omega)\times\hat{\boldsymbol{n}}\left(\frac{\mathrm{i}k}{R_0}-\frac{1}{R_0^2}\right)\mathrm{e}^{\mathrm{i}kR_0},$$

$$\boldsymbol{E}(\omega)=\boldsymbol{d}(\omega)\left(\frac{k^2}{R_0}+\frac{\mathrm{i}k}{R_0^2}-\frac{1}{R_0^3}\right)\mathrm{e}^{\mathrm{i}kR_0}+ \tag{8.10.12}$$

$$\boldsymbol{n}(\boldsymbol{n}\cdot\boldsymbol{d}(\omega))\left(-\frac{k^2}{R_0}-\frac{3\mathrm{i}k}{R_0^2}+\frac{3}{R_0^3}\right)\mathrm{e}^{\mathrm{i}kR_0}$$

将式(8.10.12)用分量表示，以显示 $E_i(\omega)$ 和 $d_j(\omega)$ 的关系，并将 R_0 改为 R，得

$$E_i(\omega)=\mathscr{D}_{ij}^R(\omega,\boldsymbol{R})d_j(\omega) \tag{8.10.13}$$

此处

$$\mathscr{D}_{ij}^R(\omega,\boldsymbol{R})\equiv\mathrm{e}^{\mathrm{i}kR}\left[\left(\frac{k^2}{R}+\frac{\mathrm{i}k}{R^2}-\frac{1}{R^3}\right)(\delta_{ij}-n_in_j)+2\left(\frac{1}{R^3}-\frac{\mathrm{i}k}{R^2}\right)n_in_j\right] \tag{8.10.14}$$

是电磁场的推迟传播函数。和式(8.10.12)相比，式(8.10.13)便是考虑了推迟作用得到的偶极子产生的电场。

8.10.2 在均匀介质中电磁场的涨落①

电场分量的关联函数 $\langle E_i(\boldsymbol{r}_1)E_j(\boldsymbol{r}_2)\rangle$ 对获得考虑推迟的范德华力的最终结果是重要的，它和矢量势的关联 $\langle A_i(\boldsymbol{r})A_j(\boldsymbol{r}_2)\rangle$ 有关。在哈密顿量中，$\boldsymbol{A}$ 是和电流密度 $\boldsymbol{j}$ 耦合的。在均匀介质(或真空)中，扰动 $j_k(t)$ 和响应 A_i(涨落)是通过广义极化率 α_{ik} 联系的。α_{ik} 是什么，可以通过麦克斯韦方程找出。选择库仑规范 $\phi=0$，电场由矢量势导出，$\boldsymbol{E}(\boldsymbol{r})=-\frac{1}{c}\dot{\boldsymbol{A}}(\boldsymbol{r})$，因此

$$\langle E_i(\boldsymbol{r}_1)E_j(\boldsymbol{r}_2)\rangle(\omega)=-\frac{\omega^2}{c^2}\langle A_i(\boldsymbol{r}_1)A_j(\boldsymbol{r}_2)\rangle(\omega) \tag{8.10.15}$$

$\boldsymbol{A}$ 与 $\boldsymbol{j}$ 的关系来自麦克斯韦方程(以频率表示)：

$$\nabla\times\boldsymbol{H}(\boldsymbol{r},\omega)=\frac{4\pi}{c}\boldsymbol{j}(\boldsymbol{r},\omega)-\frac{\mathrm{i}\omega}{c}\boldsymbol{D}(\boldsymbol{r},\omega) \tag{8.10.16}$$

等号右侧的第二项是位移电流，在介质中有

$$\left.\begin{aligned}D_i(\omega)&=\varepsilon_{ik}(\omega)E_k(\omega)\\B_i(\omega)&=\mu_{ik}(\omega)H_k(\omega)\end{aligned}\right\} \tag{8.10.17}$$

在均匀、各向同性的非磁介质中，$\varepsilon_{ik}(\omega)=\varepsilon(\omega)\delta_{ik}$，$\mu_{ik}(\omega)=\delta_{ik}$。场和矢量势的关系是

$$\begin{aligned}\boldsymbol{B}(\boldsymbol{r},\omega)&=\nabla\times\boldsymbol{A}(\boldsymbol{r},\omega),\\\boldsymbol{E}(\boldsymbol{r},\omega)&=\frac{\mathrm{i}\omega}{c}\boldsymbol{A}(\boldsymbol{r},\omega)\end{aligned} \tag{8.10.18}$$

将以上两式连同 ε_{ik}，μ_{ik} 的条件代入式(8.10.16)，得到

$$\left[(\partial_i\partial_k-\delta_{ik}\nabla^2)-\frac{\omega^2}{c^2}\varepsilon(\omega)\delta_{ik}\right]A_k(\boldsymbol{r},\omega)=\frac{4\pi}{c}j_i(\boldsymbol{r},\omega) \tag{8.10.19}$$

要解这个方程，最方便的是用格林函数方法。格林函数满足的方程是

$$\left[(\partial_i\partial_j-\delta_{ij}\nabla^2)-\frac{\omega^2}{c^2}\varepsilon(\omega)\delta_{ij}\right]D_{jl}^{\mathrm{R}}(\boldsymbol{r}_1-\boldsymbol{r}_2,\omega)=-4\pi\hbar\delta_{il}\delta^3(\boldsymbol{r}_1-\boldsymbol{r}_2) \tag{8.10.20}$$

① 请参阅文献[31]7.5节和7.6节。

D 右上角的 R 是“推迟”之意。麦克斯韦方程的内涵已经包括了传播(推迟)。将格林函数对 $\boldsymbol{r}$ 作傅里叶变换：

$$D_{jl}^{\mathrm{R}}(\boldsymbol{r}_1-\boldsymbol{r}_2,\omega)=\frac{1}{(2\pi)^3}\int \mathrm{e}^{\mathrm{i}\boldsymbol{k}\cdot(\boldsymbol{r}_1-\boldsymbol{r}_2)}D_{jl}^{\mathrm{R}}(\omega,\boldsymbol{k})\mathrm{d}^3k \tag{8.10.21}$$

则变换满足的方程是

$$\left[k_ik_j-\delta_{ij}k^2+\delta_{ij}\frac{\omega^2}{c^2}\varepsilon(\omega)\right]D_{jl}^{\mathrm{R}}(\omega,\boldsymbol{k})=4\pi\hbar\delta_{il} \tag{8.10.22}$$

方程的解是

$$D_{jl}^{\mathrm{R}}(\omega,\boldsymbol{k})=4\pi\hbar\frac{1}{\dfrac{\omega^2}{c^2}\varepsilon(\omega)-k^2}\left[\delta_{jl}-\frac{c^2}{\varepsilon(\omega)}\frac{k_jk_l}{\omega^2}\right] \tag{8.10.23}$$

这是立即可以验证的。它是在均匀、各向同性非磁介质中的推迟格林函数。方程(8.10.19)的解是

$$A_i(\boldsymbol{r},\omega)=-\frac{1}{\hbar c}\int D_{ik}^{\mathrm{R}}(\boldsymbol{r}_1-\boldsymbol{r}_2,\omega)j_k(\omega,\boldsymbol{r}_2)\mathrm{d}^3r_2 \tag{8.10.24}$$

$\boldsymbol{A}$ 和 $\boldsymbol{j}$ 在哈密顿量中的耦合是

$$-\frac{1}{c}\int \boldsymbol{j}(\boldsymbol{r})\cdot\boldsymbol{A}(\boldsymbol{r})\mathrm{d}^3r \tag{8.10.25}$$

从式(8.10.24)和式(8.10.25)可以得出，响应 A_i/c 和扰动 j_k 通过广义极化率 α_{ik} 联系，而 α_{ik} 就是

$$\alpha_{ik}(\omega,\boldsymbol{r}_1-\boldsymbol{r}_2)=-\frac{1}{\hbar c^2}D_{ik}^{\mathrm{R}}(\boldsymbol{r}_1-\boldsymbol{r}_2,\omega) \tag{8.10.26}$$

根据涨落-耗散定理，$\boldsymbol{A}$ 的关联函数是

$$\langle A_i(\boldsymbol{r}_1)A_j(\boldsymbol{r}_2)\rangle(\omega)=-\mathrm{Im}D_{ik}^{\mathrm{R}}(\omega,\boldsymbol{r}_1-\boldsymbol{r}_2)\coth\frac{\hbar\omega}{2kT} \tag{8.10.27}$$

推迟格林函数 $D_{ik}^{\mathrm{R}}(\omega,\boldsymbol{r}_1-\boldsymbol{r}_2)$ 可以从式(8.10.23)作傅里叶变换得到。从

$$\frac{1}{(2\pi)^3}\int \mathrm{d}^3k\,\frac{4\pi\mathrm{e}^{\mathrm{i}\boldsymbol{k}\cdot\boldsymbol{R}}}{k^2+\chi^2}=\frac{\mathrm{e}^{-\chi R}}{R}$$

开始作置换 $\chi=\dfrac{\omega}{c}\sqrt{-\varepsilon(\omega)}$，就得到

$$D_{ik}^{\mathrm{R}}(\omega,\boldsymbol{R})=-\hbar\left(\delta_{ik}+\frac{c^2}{\varepsilon(\omega)\omega^2}\partial_i\partial_k\right)\frac{\mathrm{e}^{(-\omega/c)\sqrt{-\varepsilon(\omega)}R}}{R}$$

将上式代入式(8.10.27)和式(8.10.15)，得

$$\langle E_i(\boldsymbol{r}_1)E_j(\boldsymbol{r}_2)\rangle(\omega)=-\hbar\coth\frac{\hbar\omega}{2kT}\mathrm{Im}\left\{\frac{1}{\varepsilon(\omega)}\left[\frac{\omega^2}{c^2}\delta_{ij}\varepsilon(\omega)+\partial_i\partial_j\right]\times\frac{\mathrm{e}^{(-\omega/c)\sqrt{-\varepsilon(\omega)}|r_1-r_2|}}{|\boldsymbol{r}_1-\boldsymbol{r}_2|}\right\} \tag{8.10.28}$$

在真空中 $\varepsilon(\omega)=1$，$\sqrt{-\varepsilon(\omega)}=-\mathrm{i}$①，故有

① i 前的负号源于对介质有 Im $\varepsilon>0$ 以对应吸收，请参阅文献[32]321～322 页。

$$D^{\mathrm{R}}_{ik}(\omega,\boldsymbol{R})=-\hbar\left(\delta_{ik}+\frac{c^2}{\omega^2}\partial_i\partial_k\right)\frac{\exp\left(\mathrm{i}\,\dfrac{\omega}{c}R\right)}{R}$$

完成上式中的偏微商,得

$$D^{\mathrm{R}}_{ik}(\omega,\boldsymbol{R})=-\hbar\frac{c^2}{\omega^2}\exp\left(\mathrm{i}\,\frac{\omega}{c}R\right)\left[\left(\frac{\omega^2}{c^2R}+\frac{\mathrm{i}\omega}{cR^2}-\frac{1}{R^3}\right)(\delta_{ik}-n_in_k)+2\left(\frac{1}{R^3}-\frac{\mathrm{i}\omega}{cR^2}\right)n_in_k\right] \tag{8.10.29}$$

比较式(8.10.29)和式(8.10.14),可知

$$\mathscr{D}^{\mathrm{R}}_{ij}(\omega,\boldsymbol{R})=-\frac{\omega^2}{\hbar c^2}D^{\mathrm{R}}_{ij}(\omega,\boldsymbol{R}) \tag{8.10.30}$$

$\langle E_i(\boldsymbol{r}_1)E_j(\boldsymbol{r}_2)\rangle$也可以写作

$$\langle E_i(\boldsymbol{r}_1)E_j(\boldsymbol{r}_2)\rangle(\omega)=-\hbar\mathrm{Im}\,\mathscr{D}^{\mathrm{R}}_{ij}(\omega,\boldsymbol{R})\coth\frac{\hbar\omega}{2kT} \tag{8.10.31}$$

8.10.3 卡西米尔-波尔德相互作用

当电磁场的传播在理论中得到反映时,涨落的自发偶极子相互作用的机制就变得丰富多了。不仅有偶极子的涨落关联,还有场的涨落关联。考虑在 $\boldsymbol{r}_1$ 处的偶极矩 i 分量:

$$d_{1i}(\omega)=d^{\mathrm{sp}}_{1i}+\alpha_1(\omega)E_i(\boldsymbol{r}_1,\omega)+\alpha_1(\omega)\mathscr{D}^{\mathrm{R}}_{ij}(\omega,\boldsymbol{R})d^{\mathrm{sp}}_{2j}+\alpha_1(\omega)\mathscr{D}^{\mathrm{R}}_{ij}(\omega,\boldsymbol{R})\alpha_2(\omega)E_j(\boldsymbol{r},\omega)+\cdots \tag{8.10.32}$$

等号右侧第一项是自发涨落偶极矩;第二项是由涨落的场所诱导的偶极矩;第三项是由 $\boldsymbol{r}_2$ 处传播到 $\boldsymbol{r}_1$(有推迟)的电场所诱导的偶极矩;第四项是由在 $\boldsymbol{r}_2$ 处的涨落场诱导产生的偶极矩而产生的电场,经推迟传播到 $\boldsymbol{r}_1$ 处诱导产生的偶极矩,等等。在 $\boldsymbol{r}_1$ 处的电场是

$$\mathscr{E}_i(\boldsymbol{r}_1,\omega)=E_i(\boldsymbol{r}_1,\omega)+\mathscr{D}^{\mathrm{R}}_{ij}(\omega,\boldsymbol{R})d^{\mathrm{sp}}_{2j}+\mathscr{D}^{\mathrm{R}}_{ij}(\omega,\boldsymbol{R})\alpha_2(\omega)E_j(\boldsymbol{r}_2,\omega)+\mathscr{D}^{\mathrm{R}}_{ij}(\omega,\boldsymbol{R})\alpha_2(\omega)\mathscr{D}^{\mathrm{R}}_{jk}(\omega,-\boldsymbol{R})d^{\mathrm{sp}}_{1k}+\cdots \tag{8.10.33}$$

等号右侧第一项是 $\boldsymbol{r}_1$ 处的涨落场;第二项是由在 $\boldsymbol{r}_2$ 处的涨落自发偶极矩产生的经推迟传播到 $\boldsymbol{r}_1$ 的电场;第三项是由 $\boldsymbol{r}_2$ 处的涨落场诱导产生的偶极矩所产生的电场经推迟传播到 $\boldsymbol{r}_1$ 的场;第四项是在 $\boldsymbol{r}_1$ 处的自发偶极矩产生的电场经推迟传播到 $\boldsymbol{r}_2$(注意 $\mathscr{D}_{jk}$ 的宗量是$-\boldsymbol{R}$)时诱导产生的偶极矩,其电场再经推迟传播到 $\boldsymbol{r}_1$ 的结果,等等。在 $\boldsymbol{r}_1$ 处偶极矩与电场的相互作用是

$$V(R)=-\frac{1}{2}\int_{-\infty}^{\infty}\frac{\mathrm{d}\omega}{2\pi}\langle\boldsymbol{d}_1\cdot\mathscr{E}(\boldsymbol{r}_1)\rangle(\omega) \tag{8.10.34}$$

此处标量积要对涨落取平均。考虑到以下几点:①$\langle d^{\mathrm{sp}}_{1i}\rangle=\langle d^{\mathrm{sp}}_{2j}\rangle=0$;②和 R 无关的项(例如只含 $\boldsymbol{r}_1$ 或只含 $\boldsymbol{r}_2$ 的项)可以弃去;③因与果交叉相乘所得的高阶项可以略去。最终结果的相互作用能量,既包含电场的涨落关联函数,又包含偶极矩的涨落关联函数:

$$\begin{aligned}\langle\boldsymbol{d}_1\cdot\mathscr{E}(\boldsymbol{r}_1,\omega)\rangle=&\alpha_1(\omega)\alpha_2(\omega)\mathscr{D}^{\mathrm{R}}_{ij}(\omega,\boldsymbol{R})\langle E_i(\boldsymbol{r}_1)E_j(\boldsymbol{r}_2)\rangle(\omega)+\\&\alpha_1(\omega)\mathscr{D}^{\mathrm{R}}_{ij}(\omega,\boldsymbol{R})\mathscr{D}^{\mathrm{R}}_{ik}(\omega,\boldsymbol{R})\langle d^{\mathrm{sp}}_{2j}d^{\mathrm{sp}}_{2k}\rangle(\omega)+\\&\alpha_1(\omega)\alpha_2(\omega)\mathscr{D}^{\mathrm{R}}_{ij}(\omega,\boldsymbol{R})\langle E_i(\boldsymbol{r}_1)E_j(\boldsymbol{r}_2)\rangle(\omega)+\\&\alpha_2(\omega)\mathscr{D}^{\mathrm{R}}_{ij}(\omega,\boldsymbol{R})\mathscr{D}^{\mathrm{R}}_{jk}(\omega,-\boldsymbol{R})\langle d^{\mathrm{sp}}_{1i}d^{\mathrm{sp}}_{1k}\rangle(\omega)\end{aligned} \tag{8.10.35}$$

将 d^{sp} 看作涨落变量,相应的极化率是 α_{ij}。在各向同性介质中 $\alpha_{ij}(\omega)=\alpha(\omega)\delta_{ij}$。因此涨

落-耗散定理给出:

$$\langle d_{2j}^{sp} d_{2k}^{sp} \rangle(\omega) = \hbar \mathrm{Im}\ \alpha_2(\omega) \coth \frac{\hbar\omega}{2kT} \tag{8.10.36}$$

$\langle E_i(\boldsymbol{r}_1) E_j(\boldsymbol{r}_2) \rangle$已由式(8.10.31)给出,代入式(8.10.35),得到

$$\langle \boldsymbol{d}_1 \cdot \mathscr{E}(\boldsymbol{r}_1) \rangle(\omega) = \hbar \coth \frac{\hbar\omega}{2kT} [2\alpha_1(\omega)\alpha_2(\omega) \mathscr{D}_{ij}^{R}(\omega, \boldsymbol{R}) \mathrm{Im}\ \mathscr{D}_{ij}^{R}(\omega, \boldsymbol{R}) + (\alpha_1(\omega) \mathrm{Im}\ \alpha_2(\omega) + \alpha_2(\omega) \mathrm{Im}\ \alpha_1(\omega)) \mathscr{D}_{ij}^{R}(\omega, \boldsymbol{R}) \mathscr{D}_{ij}^{R}(\omega, \boldsymbol{R})]$$

再经过一些变换①,最后得到相互作用能

$$V(R) = -\hbar \mathrm{Im} \int_{-\infty}^{\infty} \frac{d\omega}{2\pi} \coth \frac{\hbar\omega}{2kT} (\alpha_1(\omega)\alpha_2(\omega) \mathscr{D}_{ij}^{R}(\omega, \boldsymbol{R}) \mathscr{D}_{ij}^{R}(\omega, \boldsymbol{R})) \tag{8.10.37}$$

这是$V(R)$的最普遍的表达式,重复指标意为求和。给出$\alpha(\omega)$,在原则上可以得到$V(R)$。下面只就两种极限情况进行讨论。

(1) 取静态极限

$$E_i(\boldsymbol{r}) = -\frac{3n_i n_j - \delta_{ij}}{R^3} d_{0j}$$

时,式(8.10.37)给出静态结果。和$E_i(\boldsymbol{r}) = \mathscr{D}_{ij}^{R}(0, \boldsymbol{R}) d_{0j}$相比,有

$$\mathscr{D}_{ij}^{R}(0, \boldsymbol{R}) = \frac{3n_i n_j - \delta_{ij}}{R^3}$$

由此可得

$$\mathscr{D}_{ij}^{R}(0, \boldsymbol{R}) \mathscr{D}_{ij}^{R}(0, \boldsymbol{R}) = \frac{6}{R^6}$$

而式(8.10.37)给出:

$$V(R) = -\frac{3\hbar}{\pi R^6} \int_0^{\infty} d\omega \coth \frac{\hbar\omega}{2kT} \mathrm{Im}\ (\alpha_1(\omega)\alpha_2(\omega))$$

与式(8.10.9)相同。

(2) 低温极限:对于$kT \to 0, \coth \frac{\hbar\omega}{2kT} \to 1$(对于$\omega > 0$),将$\mathscr{D}_{ij}^{R}(\omega, \boldsymbol{R})$(式(8.10.29)和式(8.10.30))代入,得到

$$V(R) = -\frac{\hbar}{\pi} \int_0^{\infty} \frac{\exp\left(-\frac{2\omega}{c} R\right)}{R^2} \frac{\omega^4}{c^4} \left[1 + \frac{2}{\frac{\omega}{c} R} + \frac{5}{\left(\frac{\omega}{c} R\right)^2} + \frac{6}{\left(\frac{\omega}{c} R\right)^3} + \frac{3}{\left(\frac{\omega}{c} R\right)^4}\right] \mathrm{Im}(\alpha_1(\omega)\alpha_2(\omega)) d\omega \tag{8.10.38}$$

对于小距离$\frac{\omega}{c} R \to 0, \exp\left(\frac{-2\omega}{c} R\right) \to 1$,只取带头项($\propto R^{-4}$),得

$$V(R) = -\frac{3\hbar}{\pi R^6} \mathrm{Im} \int_0^{\infty} \alpha_1(\omega)\alpha_2(\omega) d\omega$$

---

① 请参阅文献[35]。

和式(8.10.12)对应。对于大距离$\frac{\omega}{c}R\gg 1$，积分只在$\omega\approx 0$时重要，故可令α_1和α_2的余量为0，并提出积分号外，此时可以算出：

$$\begin{aligned}V(R)&=-\frac{\hbar\alpha_1(0)\alpha_2(0)}{\pi R^2}\int_0^{\infty}\mathrm{d}\omega\ \exp\left(-\frac{2\omega}{c}R\right)\left(\left(\frac{\omega}{c}\right)^4+\frac{2}{R}\left(\frac{\omega}{c}\right)^3+\frac{5}{R^2}\left(\frac{\omega}{c}\right)^2\right.\\&\quad\left.+\frac{6}{R^3}\left(\frac{\omega}{c}\right)+\frac{3}{R^4}\right)\\&=-\frac{23\ \hbar c}{4\pi R^7}\alpha_1(0)\alpha_2(0)\end{aligned}\tag{8.10.39}$$

这就是卡西米尔-波尔德力，对于大距离它与R^{-7}成正比，而且没有色散，原因是只有$\omega\approx 0$区给出了主要贡献。

8.11 零点能，场真空涨落与范德华相互作用

在海森堡求出一维谐振子能量本征值以前的10年，普朗克就给出了频率为ω的谐振子在温度T和辐射平衡时平均能量的表达式①：

$$U=\frac{\hbar\omega}{\mathrm{e}^{\hbar\omega/kT}-1}+\frac{1}{2}\hbar\omega\tag{8.11.1}$$

当$T\to 0$时，$U\to\frac{1}{2}\hbar\omega$，普朗克认为这个零点能没有意义。但爱因斯坦指出，当$kT\gg\hbar\omega$时，如果保留到$\hbar\omega/kT$一次项，就有

$$U\approx\frac{\hbar\omega}{\frac{\hbar\omega}{kT}+\frac{1}{2}\left(\frac{\hbar\omega}{kT}\right)^2}+\frac{1}{2}\hbar\omega\approx kT-\frac{1}{2}\hbar\omega+\frac{1}{2}\hbar\omega=kT$$

即在$kT\gg\hbar\omega$时，如果要U没有一阶量子修正，就需要零点能。爱因斯坦认为零点能的存在是可能的[33]。零点能不仅在概念上是必要的——它体现了量子力学不确定关系，而且在固体物理中是可以测量的。当位于晶格上的原子随机振动，其均方位移为$\langle u^2\rangle$时，从晶体上散射的X射线强度是

$$I=I_0\exp\left(-\frac{1}{3}\langle u^2\rangle\boldsymbol{G}^2\right)\tag{8.11.2}$$

$\boldsymbol{G}$是散射的动量转移，I_0是刚性晶格上的散射强度。指数函数被称为“德拜-沃勒因子”(Debye-Waller factor)。质量为M的经典谐振子的热平均势能是$\frac{3}{2}kT$，因此根据

$$\langle U\rangle=\frac{3}{2}kT=\frac{1}{2}M\omega^2\langle u^2\rangle$$

式(8.11.2)就可以写作

$$I=I_0\exp\left[-\frac{2\langle U\rangle}{3M\omega^2}\boldsymbol{G}^2\right]=I_0\exp\left[-\frac{kT}{M\omega^2}\boldsymbol{G}^2\right]\tag{8.11.3}$$

如果考虑谐振子的零点能，则在$T\to 0$时，

① 比较式(8.8.48)。

$$\langle U\rangle_0=\frac{3}{2}\hbar\omega$$

因而在使 $T\to 0$ 时,

$$I=I_0\exp\left(-\frac{\hbar G^2}{M\omega}\right) \tag{8.11.4}$$

实验证明,德拜-沃勒因子指数上的量在 $T\to 0$ 时并不是线性地减小到 0(式(8.11.3)),而是趋近于一个不为 0 的数,因而确证了零点能的存在。

在场论中的真空涨落能处理起来更为复杂。由于场的每一个模式都有零点能 $\frac{1}{2}\hbar\omega$,而在自由空间中,单位体积内的频率在 $\omega\to\omega+\mathrm{d}\omega$ 间隔中的模数为

$$\mathrm{d}N_\omega=\frac{\omega^2}{\pi^2c^3}\mathrm{d}\omega$$

因而在单位体积中,在此频率间隔内的零点能是

$$\rho_0(\omega)=\frac{\omega^2}{\pi^2c^3}\frac{1}{2}\hbar\omega\,\mathrm{d}\omega \tag{8.11.5}$$

总的单位体积零点能是

$$E_0=\int_0^\infty\rho_0(\omega)\mathrm{d}\omega \tag{8.11.6}$$

它是发散的。一个处理方法是,因为它没有物理的可观测后果而把它丢弃;另一个处理办法是将 k 模的能量

$$E_k=\frac{1}{2}\hbar\omega_k(a_k^\dagger a_k+a_ka_k^\dagger) \tag{8.11.7}$$

中的算符乘积作为正规乘积①,则有

$$E_k=\frac{1}{2}\hbar\omega_k:a_k^\dagger a_k+a_ka_k^\dagger:=\hbar\omega_ka_k^\dagger a_k \tag{8.11.8}$$

从而等效地弃去了零点能。在意识到狄拉克方程不能预言氢原子光谱的兰姆移位($2S_{1/2}$ 与 $2P_{1/2}$ 能级有很小的劈裂)时,贝蒂指出,这可能是源于原子中的电子和真空涨落场的相互作用。他在计算中将自由电子与真空涨落场相互作用的能量(它是无限大)从原子中的束缚电子与真空涨落场相互作用的能量(它也是无限大)之中减去。如果用非相对论量子力学来解释,这个差额仍然是无限大的,但是要"缓和"得多。它是对数发散的,即与频率 ω 呈对数关系。当取积分上限 $\omega\to\infty$ 时,它随 $\ln\omega$ 发散。贝蒂采取了切断措施,取一切断频率 $\omega_c=mc^2/\hbar$ 作为积分上限,结果就是有限的,且这个差额(兰姆移位)与实验值甚为接近。此外,这个值对积分上限取值的依赖相当弱。费曼进一步证明,如果用相对论量子力学来解释,这个差额本身就是有限的,且和实验值一致。这个结论的成功导出推动费曼、施温格(Schwinger)和朝永振一郎(Tomonaga Shinichiro)发展了重正化量子电动力学理论。

运用真空涨落的另一个领域是由卡西米尔开创的。他和波尔德导出了 $V(R)\propto R^{-7}$(式(8.9.36))的结果后,思考了一个问题:R^{-7} 的普适性(原子壳层结构的特殊性只作为系数出现)是否有更深入的解释。在 1947 年的一次散步中,他把自己的结果告诉了玻尔,说那

① 正规乘积是把算符乘积重新排序,使产生算符位于消灭算符左侧。调动一次次序,费米子算符乘以因子 -1,玻色子算符不变号。

是新的结果,很好。卡西米尔接着说,他对结果如此简单而且普适感到困惑。玻尔回答说可能与零点能有关。根据玻尔的指点,卡西米尔接着计算了零点能的变化,重现了他和波尔德原来的结果[34-35]。这个成功使卡西米尔进一步去研究真空涨落其他的可观测性质,导出了卡西米尔效应。在讨论这个效应以前,我们先讨论如何用场的真空涨落得到卡西米尔-波尔德势[36],推导涉及的物理过程是简单的,更精确的推导可以参阅文献[36]的第Ⅲ节。考虑两个中性的、有内在自由度的体系。令辐射的波长甚大于任意一个体系的尺度,使偶极近似适用,但 λ 可以和 R 相比,因此推迟作用是重要的。体系 2 位于 $\boldsymbol{r}_2$。在 $\boldsymbol{r}_2$ 处的电场由真空涨落场 $\boldsymbol{E}_0(\omega,\boldsymbol{r}_2)$ 和 $\boldsymbol{E}_1(\omega,\boldsymbol{r}_2)$ 组成,后者是由 $\boldsymbol{r}_1$ 处的真空涨落场 $\boldsymbol{E}_0(\omega,\boldsymbol{r}_1)$ 诱导产生的自发磁矩 $\boldsymbol{d}_1^{\mathrm{sp}}(\omega)=\alpha_1(\omega)\boldsymbol{E}_0(\omega,\boldsymbol{r}_1)$ 产生的电场推迟传播到 $\boldsymbol{r}_2$ 的。这个场由式(8.10.13)和式(8.10.14)给出。作为数量级估计,只取

$$\boldsymbol{E}_1(\omega,\boldsymbol{r}_2)\approx\frac{\alpha_1(\omega)\boldsymbol{E}_0(\omega,\boldsymbol{r}_1)}{R^3}g\left(\frac{\omega R}{c}\right)\tag{8.11.9}$$

此处,g 是无量纲量 $\frac{\omega R}{c}$ 的函数,表示对角度依赖的平均,在变量范围 $0\leqslant\frac{\omega R}{c}<1$ 内数量级为 $O(1)$,且 $g(x)/x$ 在 $x\to 0$ 时有限。以上涨落变量 $\boldsymbol{d}$ 和 $\boldsymbol{E}$ 的时间振荡因子在此不再明确写出了。上述两部分电场之和为 $\boldsymbol{E}_2$,即

$$\boldsymbol{E}_2(\omega,\boldsymbol{r}_2)=\boldsymbol{E}_0(\omega,\boldsymbol{r}_2)+\boldsymbol{E}_1(\omega,\boldsymbol{r}_2)$$

由它诱导产生的偶极矩是

$$\boldsymbol{d}_2(\omega)=\alpha_2(\omega)[\boldsymbol{E}_0(\omega,\boldsymbol{r}_2)+\boldsymbol{E}_1(\omega,\boldsymbol{r}_2)]$$

相互作用能是

$$V(\omega,\boldsymbol{R})\approx\frac{1}{2}\alpha_2(\omega)[\boldsymbol{E}_0(\omega,\boldsymbol{r}_2)+\boldsymbol{E}_1(\omega,\boldsymbol{r}_2)]^2$$

$\boldsymbol{E}_0^2$ 项只与 $\boldsymbol{r}_2$ 有关而和 $\boldsymbol{R}$ 无关,可以弃去,$\boldsymbol{E}_1^2$ 是高阶项也可以忽略。因此

$$\begin{aligned}V(\omega,\boldsymbol{R})&\approx\alpha_2(\omega)\boldsymbol{E}_0(\omega,\boldsymbol{r}_2)\cdot\boldsymbol{E}_1(\omega,\boldsymbol{r}_2)\\&=\alpha_2(\omega)\alpha_1(\omega)\boldsymbol{E}_0(\omega,\boldsymbol{r}_1)\cdot\boldsymbol{E}_0(\omega,\boldsymbol{r}_2)\frac{g\left(\frac{\omega R}{c}\right)}{R^3}\end{aligned}\tag{8.11.10}$$

令系统被封闭于体积为 $\mathscr{V}$ 的盒内,则涨落场模式的分布是

$$N(\omega)=\mathscr{V}\frac{\omega^2}{c^3}\mathrm{d}\omega$$

就此可以给出相互作用能

$$V(R)=\frac{1}{R^3}\int\alpha_1(\omega)\alpha_2(\omega)\boldsymbol{E}_0(\omega,\boldsymbol{r}_1)\cdot\boldsymbol{E}_0(\omega,\boldsymbol{r}_2)g\left(\frac{\omega R}{c}\right)N(\omega)\mathrm{d}\omega$$

在 $\omega<\frac{c}{R}$,即 $\lambda>R$ 时,$\boldsymbol{E}_0(\omega,\boldsymbol{r}_1)$ 可用 $\boldsymbol{E}_0(\omega,\boldsymbol{r}_2)$ 取代,并有

$$\langle\boldsymbol{E}_0^2(\omega,\boldsymbol{r}_2)\rangle\cdot\mathscr{V}=\hbar\omega$$

因而有

$$V(R)\approx\frac{\hbar}{(cR)^3}\int_0^{c/R}g\left(\frac{\omega R}{c}\right)\alpha_1(\omega)\alpha_2(\omega)\omega^3\mathrm{d}\omega\tag{8.11.11}$$

对较大的 R 值(推迟重要),即 c/R 较小时,$\omega<c/R$ 的区域是对积分做出主要贡献的区域,因此 $\alpha(\omega)$ 可用静态 $\alpha(0)$ 值取代。作为数量级估计,有

$$V(R)\approx\frac{\hbar c}{R^7}\alpha_1(0)\alpha_2(0)\int_0^1 g(x)x^3\mathrm{d}x$$
$$\approx\frac{\hbar c}{R^7}\alpha_1(0)\alpha_2(0) \tag{8.11.12}$$

此处积分是$O(1)$量级。式(8.11.12)给出$V(R)\propto R^{-7}$,即卡西米尔-波尔德结果。

耶鲁大学研究组报告了测量卡西米尔-波尔德力的结果[36]。他们对以通过平行板腔的基态Na原子的强度作为板间距离的函数进行了测量。卡西米尔-波尔德力的存在通过基态原子在受限空间的兰姆移位得以显现,因为在受限空间中的电磁场的真空和自由空间中的不同。由于真空场随位置而变化,兰姆移位也随空间变化,它的梯度就对应于作用于原子的、朝向腔壁的卡西米尔-波尔德力。G. Barton[37]做了严格的量子电动力学计算,得到了理想平行镜面间的球对称基态原子和腔的相互作用势:

$$U(z)=-\sum_e\frac{\pi\mid d_{eg}\mid^2}{6\varepsilon_0L^3}\int_0^\infty\mathrm{d}\rho\frac{\rho^2\cosh(2\pi\rho z/L)}{\sinh(\pi\rho)}\arctan\left(\frac{\rho\lambda_{eg}}{2L}\right) \tag{8.11.13}$$

此处,z是原子到腔中心线的距离,求和对所有激发态进行,L是平行板间的距离,d_{eg}是电偶极算符在激发态和基态间的矩阵元,ρ是哑积分变量。这个表达式可以在两个极端情况下得到简化。

(1) 范德华极限:$L\ll\lambda$,λ是主要跃迁$3s\rightarrow3p$的波长,场的推迟效应可以忽略。式(8.11.13)可以写作

$$U_{\mathrm{vdW}}=-\frac{1}{4\pi\varepsilon_0}\frac{2\langle g\mid d^2\mid g\rangle}{3L^3}\sum_{\mathrm{odd}\ n}\left[\frac{1}{\left(n-\frac{2z}{L}\right)^3}+\frac{1}{\left(n+\frac{2z}{L}\right)^3}\right] \tag{8.11.14}$$

它是一个静态的电偶极矩和它在平行镜面的许多像相耦合的能量在各方向上的平均。近似的成立可以估计如下。因为原子位于基态,跃迁$3s\rightarrow3p$只能是虚过程,根据不确定性原理,虚光子的寿命是$\Delta t\leqslant\frac{1}{\Delta\omega}=\frac{1}{2\pi c/\lambda}=\frac{\lambda}{2\pi c}$。推迟效应可以忽略的条件是$L<\frac{\lambda}{2\pi}$。

(2) 对于$L\gg\frac{\lambda}{2\pi}$,当原子不是很接近一个板时,推迟效应是重要的。式(8.11.13)可以用卡西米尔-波尔德势近似:

$$U_{\mathrm{CP}}=-\frac{1}{4\pi\varepsilon_0}\frac{\pi^3\ \hbar c\alpha(0)}{L^4}\left[\frac{3-2\cos^2\frac{\pi z}{L}}{8\cos^4\frac{\pi z}{L}}\right] \tag{8.11.15}$$

$\alpha(0)$的出现强调了在兰姆移位的修正中,真空谱低频部分的重要性。比较式(8.11.14)和式(8.11.15)可以看到,瞬时范德华势的L^{-3}依赖性改变为具有推迟效应的卡西米尔-波尔德势的L^{-4}依赖性。这个势的梯度给出了原子和腔壁间在L较大时的卡西米尔-波尔德力,这正是实验要测量的。在这里需要说明一点,处于激发态的原子能够辐射真实光子,它的寿命较长,可以对原子有较强的影响。腔对于激发态原子的牵引很大,会掩盖住兰姆移位的改变。因此卡西米尔-波尔德力的精确测量只能用基态原子。图8.30绘出了在厚度为1μm的平行板腔中的Na原子基态能级的移动,作为和腔中心线距离的函数。曲线(a)代表真实势,曲线(b)代表瞬时范德华势,曲线(c)代表卡西米尔-波尔德势。能移正是原子在平行板腔中经受的势。图8.31给出了实验装置的示意图。

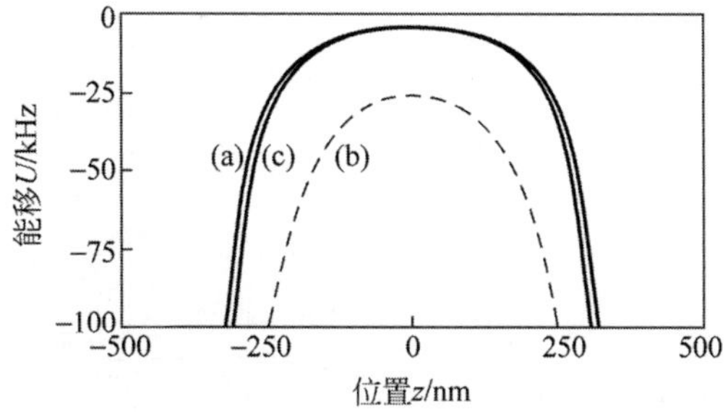

图 8.30　在厚度为 1μm 的平行板腔中的 Na 原子基态能移

取自文献[36]

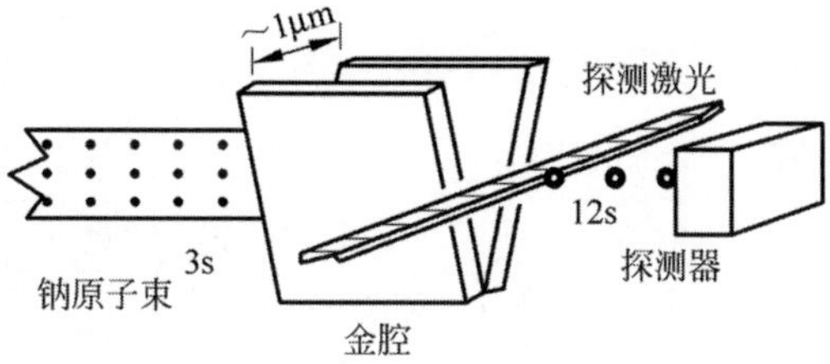

图 8.31　实验装置示意图

取自文献[36]

钠原子从炉的垂直狭缝(1cm 长)扩散出来，进入 10^{-7}torr 的真空。原子进入楔形的金腔，金腔的高为 3cm，长为 8cm，宽度可以在 0.5～8μm 调节。它们在图 8.29 中所示的势中被偏转。打到腔壁上的原子被吸附的概率很高。在中心线附近通过的原子最终将从腔中逸出。它们被两束叠加的激光共振激发到 12s 态，并被场电离，被通道电子倍增器探测。激光束是聚焦的，使探测的范围约为 200μm 的高度，对应精确确定的腔的宽度。透射原子的强度 $I(L)$ 作为不同腔的宽度 L 的函数被记录下来。用 $I(6\mu m)$ 归一化，得出相对透射率 $T(L)=I(L)/I(6\mu m)$，不透明度(opacity)定义为 $1/T(L)$，结果绘于图 8.32。这是蒙特卡罗(Monte Carlo)计算的结果，原子在炉中满足麦克斯韦-玻尔兹曼速度分布，随机飞进腔中，在给定的势的作用下传播。为了更好地区别不同的势，将 L 推延到 0.7μm，结果示于图 8.33。可以明显看出瞬时范德华势应被排除，有推迟效应的卡西米尔-波尔德势是精确 QED 势的很好近似。(图 8.32 和图 8.33 中的曲线(a)相当于精确的 QED 势，曲线(b)相当于瞬时范德华势，曲线(c)相当于无相互作用。)

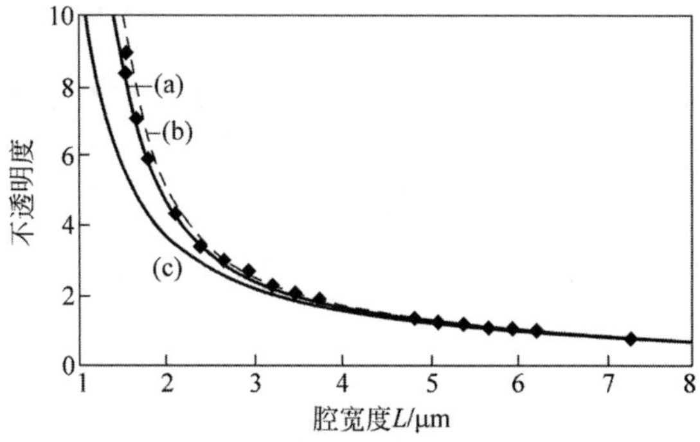

图 8.32　不透明度和腔宽度的依赖关系

取自文献[36]

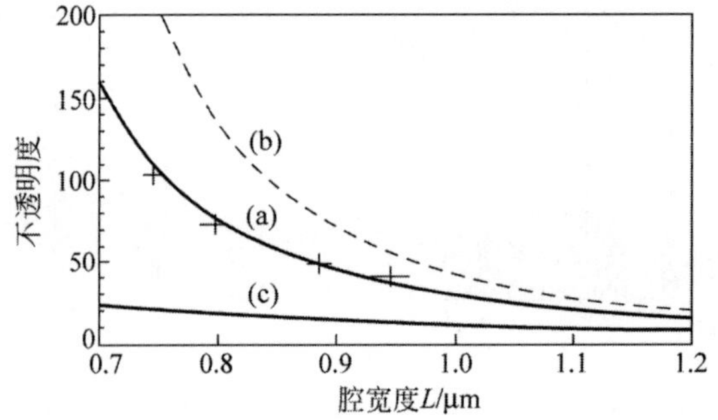

图 8.33 不透明度和腔宽度的依赖关系,L 的变化范围推延到 $0.7\mu m$

取自文献[36]

8.12 卡西米尔效应

考虑两块 $L\times L$ 的完全导体,距离为 d(图 8.34)。以边长方向为 x 轴和 y 轴,d 方向为 z 轴。盒中电磁波的模式为

$$\omega_{lmn}=\pi c\left(\frac{l^2}{L^2}+\frac{m^2}{L^2}+\frac{n^2}{d^2}\right)^{1/2} \tag{8.12.1}$$

此处 l,m,n 是正整数或 0。盒中场的零点能是

$$\begin{aligned}E_0(d)&=\sum_{l,m,n}{}'2\times\frac{1}{2}\hbar\omega_{lmn}\\&=\sum_{l,m,n}{}'\pi\hbar c\left(\frac{l^2}{L^2}+\frac{m^2}{L^2}+\frac{n^2}{d^2}\right)^{1/2}\end{aligned} \tag{8.12.2}$$

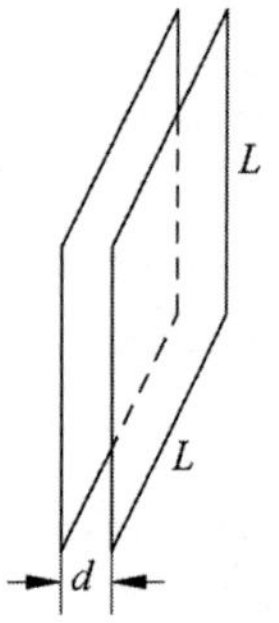

图 8.34 两块 $L\times L$ 完全导体,距离为 d

式中的因子 2 来源于每一个模式($l,m,n\neq0$)的两个独立偏振态。求和号上的撇号“′”意为如果三个指标 l,m,n 中的一个为 0 时,不用因子 2,因为这种模式只有一个偏振态①。设 $d\ll L$,对 l 和 m 求和就可以用积分代替,即对 k_x 和 k_y 已没有任何限制,亦即

$$E_0=\frac{\hbar cL^2}{\pi^2}\sum_n{}'\int_0^\infty dk_x\int_0^\infty dk_y\left(k_x^2+k_y^2+\frac{\pi^2n^2}{d^2}\right)^{1/2} \tag{8.12.3}$$

在体积 $L\times L\times d$ 的自由空间中的零点能为

$$E_0(\text{free})=\frac{\hbar cL^2d}{\pi^3}\int_0^\infty dk_x\int_0^\infty dk_y\int_0^\infty dk_z(k_x^2+k_y^2+k_z^2)^{1/2} \tag{8.12.4}$$

此处的所有模式都不受局限。$E_0-E_0(\text{free})$就代表在 z 方向对模式的局限给零点能带来的变化,即

$$\begin{aligned}V(d)=E_0-E_0(\text{free})=\frac{L^2\hbar c}{\pi^2}\Bigg[&\sum_n{}'\int_0^\infty dk_x\int_0^\infty dk_y\left(k_x^2+k_y^2+\frac{\pi^2n^2}{d^2}\right)^{1/2}-\\&\frac{d}{\pi}\int_0^\infty dk_x\int_0^\infty dk_y\int_0^\infty dk_z(k_x^2+k_y^2+k_z^2)^{1/2}\Bigg]\end{aligned}$$

① 如果 n 为 0,即 $k_z=\frac{\pi n}{d}=0$,波在 xy 平面传播,偏振矢量只能在平行于 xy 平面且垂直于 $\boldsymbol{k}$ 的方向。

变换到极坐标 $k_x^2+k_y^2=r^2$，$\int_0^\infty dk_x\int_0^\infty dk_y=\frac{\pi}{2}\int_0^\infty dr\, r$，上式变为

$$V(d)=\frac{L^2\ \hbar c}{\pi^2}\frac{\pi}{2}\left[\sum_n{}'\int_0^\infty dr\, r\left(r^2+\frac{n^2\pi^2}{d^2}\right)^{1/2}-\frac{d}{\pi}\int_0^\infty dk_z\int_0^\infty dr\, r(r^2+z^2)^{1/2}\right]$$

令 $\xi=\frac{r^2d^2}{\pi^2}$， $\eta=\frac{k_zd}{\pi}$，上式变为

$$V(d)=\frac{L^2\ \hbar c\pi^2}{4d^3}\left(\sum_n{}'\int_0^\infty d\xi(\xi+n^2)^{1/2}-\int_0^\infty d\eta\int_0^\infty d\xi(\xi+\eta^2)^{1/2}\right) \tag{8.12.5}$$

这是两个发散积分之差。定义

$$F(u)\equiv\int_0^\infty d\xi(\xi+u^2)^{1/2} \tag{8.12.6}$$

式(8.12.5)就可写为

$$V(d)=\frac{\pi^2\ \hbar cL^2}{4d^3}\left[\frac{1}{2}F(0)+\sum_{n=1}^\infty F(n)-\int_0^\infty d\eta F(\eta)\right] \tag{8.12.7}$$

级数与积分之差由欧拉-麦克劳林公式(Euler-Maclaurin formula)给出：

$$\sum_{n=1}^\infty F(n)-\int_0^\infty d\eta F(\eta)=-\frac{1}{2}F(0)-\frac{1}{2!}B_2F'(0)-\frac{1}{4!}B_4F'''(0)-\cdots \tag{8.12.8}$$

式中的伯努利数(Bernoulli number)B_ν 定义为

$$\frac{y}{e^y-1}=\sum_{\nu=0}^\infty B_\nu\frac{y^\nu}{\nu!} \tag{8.12.9}$$

且 $B_2=\frac{1}{6}$，$B_4=-\frac{1}{30}$，以此类推。积分仍是发散的，原因是对波长比原子尺度还小的模式，完全导体近似就不再适用了。因此需要引入一个切断函数 $f(k)$，当波矢的大小超过临界值(原子尺度的倒数)k_m 时，$f(k)$迅速降至 0，而当 $k\lesssim k_m$ 时，$f(k)$为 1(图 8.35)。这样积分就可以写作

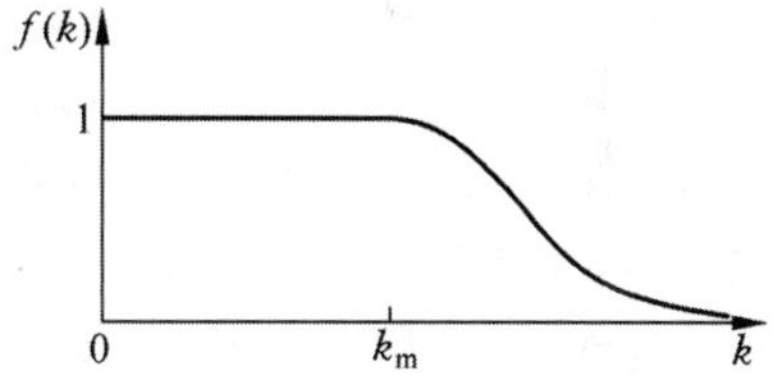

图 8.35 切断函数

$$F(u)=\int_0^\infty d\xi(\xi+u^2)^{1/2}f\left(\frac{\pi}{d}\sqrt{\xi+u^2}\right)$$

f 的宗量就是 $\boldsymbol{k}$ 波矢的大小。变换积分变量为 $\zeta=\xi+u^2$，有

$$F(u)=\int_{u^2}^\infty d\zeta(\zeta)^{1/2}f\left(\frac{\pi\sqrt{\zeta}}{d}\right) \tag{8.12.10}$$

此处 F 对 u 只取决于积分下限，故有

$$F'(u)=-2u^2f\left(\frac{\pi u}{d}\right) \tag{8.12.11}$$

在求 F 对 u 的更高阶微商时，注意到 $f(0)=1$，并且 $f(k)$的各阶微商在 $k=0$ 处为 0。因此 $F(0)=0$，$F'(0)=0$，$F'''(0)=-4$，更高阶微商在 $k=0$ 处都为 0。这样欧拉-麦克劳林级数

就可以求出,得到

$$\frac{V(d)}{L^2}=\frac{\hbar c\pi^2}{d^3}\frac{B_4}{4!}=-\frac{\pi^2}{720}\frac{\hbar c}{d^3} \tag{8.12.12}$$

这个结果与切断频率无关,是个"很干净"的结果。平行板单位面积上的力是

$$\mathscr{F}=-\frac{\pi^2}{240}\frac{\hbar c}{d^4} \tag{8.12.13}$$

这是个很微弱的力。如果 d 用 μm 表示,这个力的大小是 $-\frac{0.013}{[d(\mu\text{m})]^4}$ dyn/cm^2。Sparnaay[38] 于1958年在实验中测出了它,不仅测出了力的大小,而且测出了力与距离的关系。

关于本节内容请参阅文献[39]。

8.13 强耦合机制下的腔量子电动力学

腔量子电动力学的要旨是增强原子和光子间的耦合。在自由空间,光子仅在通过原子时与其有短暂的相互作用。当原子和光子都被捕获在腔中时,耦合就会变强许多。在腔中,原子可以发射一个光子,然后再把它吸收,这可以重复发生。近年来,物理学家试图研究在强相互作用体制下的腔量子电动力学,并取得重要的进展。在这种体制下,在原子和光子逸出腔之前会发生许多次拉比振荡。如果能够让原子在腔中的驻波波腹处静止,就可以得到最强的耦合。这个想法已经在荷兰的 Delft 研究组(I. Chiorescu,J. E. Mooij 等人)[40]和耶鲁大学研究组(A. Wallraff 等人)[41]实现。

Delft 研究组研究的是超导量子比特("原子")和 SQUID(作为腔的谐振子模式)的缠绕,以及探测量子比特状态的探测系统。缠绕体系的产生和控制是通过微波谱学的方法以及探测耦合系统的拉比振荡实现的。图 8.36 所示的装置是由电子束刻蚀和金属蒸发镀膜制造的。SQUID 是一个用两个约瑟夫森结隔断的大环,它和右面的小环(由三个串联的约瑟夫森结组成,这就是通量量子比特)融合在一起。外加的垂直磁场将量子比特置于半个磁通量子 $\Phi_0/2$ 附近。通量量子比特就成为有两个"自旋向上"$|\uparrow\rangle$和"自旋向下"$|\downarrow\rangle$状态的可控二能级系统,相应于持续电流"顺时针方向"和"逆时针方向"流动①,二者通过隧穿耦合。微波场由同平面的波导(图中标明的微波线)提供,它和量子比特通过电感耦合。电流线(I)送出读出的脉冲,而体制改变由电压线(V)探测②。量子比特和 SQUID 间的强耦合使得量子比特和谐振子体系的耦合动力学研究成为可能。

量子比特环的动力学由耦合能量 ε 和隧穿劈裂 Δ 决定。当超导体跨越三个结的相位差 γ_q 等于 π 时,环是一个对称双阱,状态$|\uparrow\rangle$和$|\downarrow\rangle$是简并的,在此对称点 $\varepsilon=0$。隧穿解除了简并,现在线性组合$|\pm\rangle$成为能量本征态,它们的能量差是 Δ。SQUID 偏置电流的改变(相应通量偏离 $\Phi_0/2$)导致能量本征态的能量差变为$\sqrt{\varepsilon^2+\Delta^2}$。量子比特系统的哈密顿量为

$$H_q=-\varepsilon\frac{\sigma_z}{2}-\Delta\frac{\sigma_x}{2} \tag{8.13.1}$$

---

① 见本书 6.3 节和图 6.8。近期的发展可参阅文献[42]。

② SQUID 转换到有限电压体制的概率与激发态布居数有关,当拉比振荡发生时增大或减小。

SQUID 系统由以下哈密顿量描述：

$$H_r = \hbar\omega_r\left(a^\dagger a + \frac{1}{2}\right) \tag{8.13.2}$$

此处 $\omega_r = 1/\sqrt{LC}$，L 和 C 是 SQUID 电路的有效电感和电容，$a^\dagger a$ 是光子数算符。量子比特-SQUID 耦合源于共享电路的电流分布，由相互作用哈密顿量描述：

$$H_{qr} = \lambda\sigma_x(a + a^\dagger) \tag{8.13.3}$$

此处 λ 是耦合强度。记耦合系统的状态为 $|\beta n\rangle$，β 代表量子比特的状态（$\beta=0$ 代表基态，$\beta=1$ 代表激发态），n 代表谐振子的状态，$n=0,1,2,\cdots$。能级绘于图 8.36(b)的插图中。系统从状态 $|00\rangle$ 开始。通过持续的共振脉冲可以达到不同的 $|\beta n\rangle$ 叠加态。施加不同频率的长微波脉冲可以测量 SQUID 转换到有限电压体制的概率，后者与激发态布居成正比。施加一个短的电流脉冲(I)，监测 SQUID 是否转换到有限电压体制，结果绘于图 8.37。上面的扫描曲线（在 π 脉冲后）表示系统首先被激发到 $|10\rangle$，并从此衰变到 $|01\rangle$（红边带）或 $|00\rangle$（拉莫频率，Larmor frequency）。下面的扫描曲线（在 2π 脉冲后）表示系统被转动回 $|00\rangle$，并从此被激发到 $|10\rangle$ 或 $|11\rangle$（蓝边带）。共观察到三个共振频率（图 8.36(b)）。除在量子比特的 $|00\rangle\leftrightarrow|10\rangle$ 间的拉比振荡频率外，还观察到相应于 $|10\rangle\leftrightarrow|01\rangle$ 的红边带和相当于 $|00\rangle\leftrightarrow|11\rangle$ 的蓝边带。这是量子比特和 SQUID 有强耦合的明证。

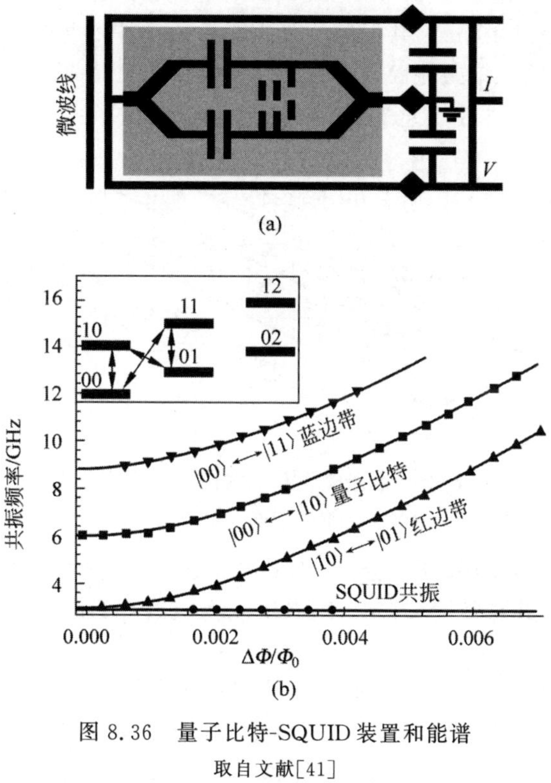

图 8.36 量子比特-SQUID 装置和能谱

取自文献[41]

(a) 系统的原子力显微图；图中的大环是 SQUID，其右侧通过三个结的小环是通量量子比特。小环与大环的面积比是 0.37。大环左侧的微波线是波导的一部分，微波场通过它得以提供。图中的长度标度表示 1μm。(b) 共振频率和 $\Delta\Phi = \Phi - \Phi_0/2$ 的关系。

(b)中插图：给定偏置下的能级图

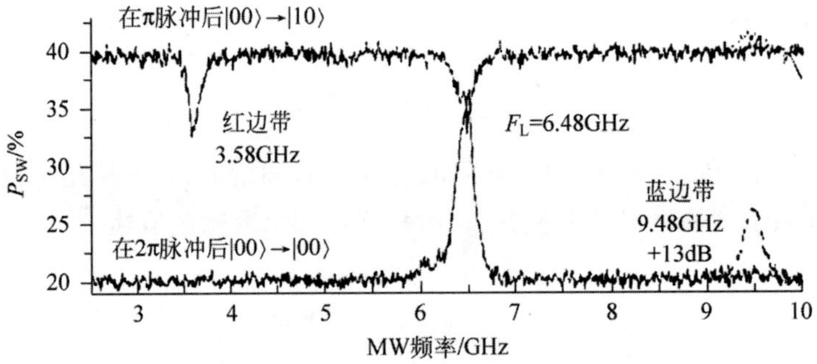

图 8.37 能级的谱学表征

取自文献[40]

耶鲁大学的研究组使用了芯片上的腔和一个库珀对盒,示于图 8.38。一维传输线共振腔是刻蚀制造的,有超导平面波导的全波段。库珀对盒(量子比特)放置在超导线之间并与中心线电压驻波波腹处的电容耦合,由此产生量子比特与腔中光子间的强电偶极相互作用。库珀对盒的装置是一对小的约瑟夫森结连在一个环中,可以通过外加磁通调节有效约瑟夫森能量[43]。输入和输出信号通过中心线与传输线的电容隙与共振腔耦合。这样就能够对腔的振幅和相位状态进行测量并通过直流或射频脉冲操控量子比特状态。腔的哈密顿量仍由式(8.13.2)给出。在操作温度 $T<100\text{nK}$ 时,共振腔几乎处于基态,热布居 $\langle a^\dagger a\rangle<0.06$。腔中的平均光子寿命超过 100ns。共振腔的真空涨落给出中心导体和接地平面间的电场为 $E_{\text{rms}}\approx0.2\text{V/m}$,比通常的三维共振腔大几百倍。耦合量子比特-共振腔体系的等效电路示于图 8.39。

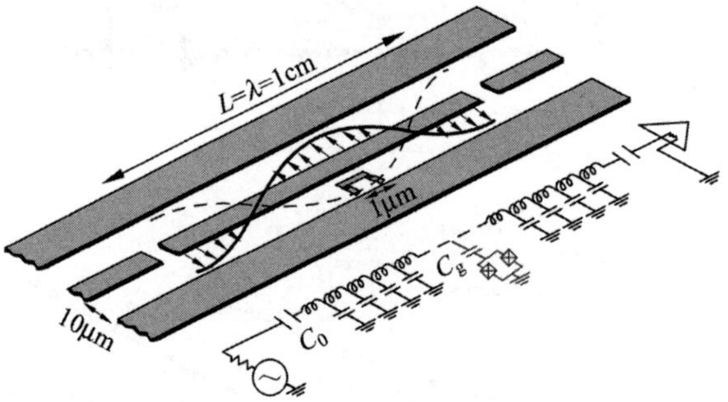

图 8.38 耦合量子比特-共振腔体系示意图

取自文献[40]

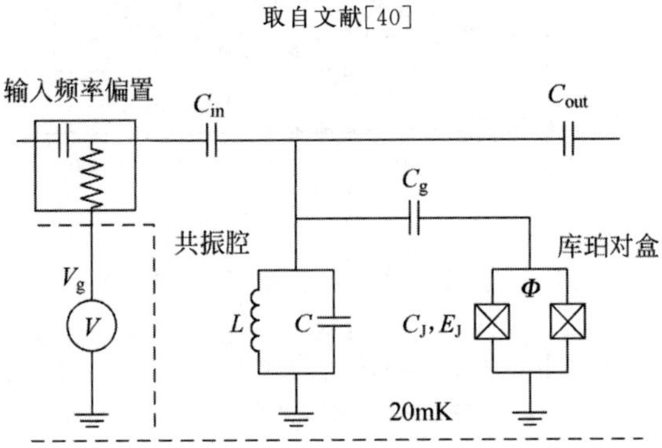

图 8.39 耦合量子比特-共振腔体系的等效电路图

取自文献[41]

输入门电压 V_g 感应生成门电荷 n_g，电荷控制库珀对盒的静电能量 $E_{el}=4E_C(1-n_g)$，此处 E_C 是电容能量。约瑟夫森能量是 $E_J=E_{J,max}\cos\pi\frac{\Phi}{\Phi_0}$。如在文献[43]中指出的，相关的自由度是在岛(库珀对盒)上的库珀对数目。在电荷体制下，$4E_C\gg E_J$；将门电荷限制在[0,1]区间，岛上只有一对相邻的电荷态是相关的。这样哈密顿量就约化为二能级系统的

$$H_a=-E_{el}\frac{\sigma_x}{2}-E_J\frac{\sigma_z}{2} \tag{8.13.4}$$

此处的基态和激发态由泡利自旋量 $|\downarrow\rangle$ 和 $|\uparrow\rangle$ 代表。它们的能量差 $\hbar\omega_a$ 可以通过改变外加通量和门电压调节。库珀对盒和共振腔中存储的光子通过耦合电容 C_g 相耦合。共振腔的真空电压涨落 V_{rms} 改变了库珀对的能量，改变的大小是 $\hbar g=dE_{rms}$，此处 d 是电偶极矩。耦合体系由杰恩斯-卡明斯哈密顿量描述[43]：

$$H_{JC}=H_a+H_r+\hbar g(a^{\dagger}\sigma^-+a\sigma^+) \tag{8.13.5}$$

记共振腔的裸共振频率为 ω_r。当失谐 $\Delta=\omega_a-\omega_r$ 为零时，耦合体系的本征态是线性组合 $|\pm\rangle=\frac{1}{\sqrt{2}}(|0,\uparrow\rangle\pm|1,\downarrow\rangle)$，相应的能量为 $E_\pm=\hbar(\omega_r\pm g)$，此处 0,1 指共振腔状态，$\uparrow$ 和 $\downarrow$ 指量子比特状态。在大失谐情况下，哈密顿量对角化为[43]

$$H\approx\hbar\left(\omega_r+\frac{g^2}{\Delta}\sigma_z\right)a^{\dagger}a+\frac{1}{2}\hbar\left(\omega_a+\frac{g^2}{\Delta}\right)\sigma_z \tag{8.13.6}$$

共振腔的跃迁频率现在取决于量子比特的状态，因此测量跃迁频率就能得知量子比特的状态。类似地，量子比特的能级间距与共振腔中的光子数有关。

测量作为频率 ν_{RF} 函数的微波探测束的传输，将大失谐条件下的归一传输谱示于图 8.40(a)。观察到相应 $|0,\downarrow\rangle\rightarrow|1,\downarrow\rangle$ 跃迁的跃迁频率为 $\omega_r-\frac{g^2}{\Delta}$。在共振情况下($\Delta=0$)

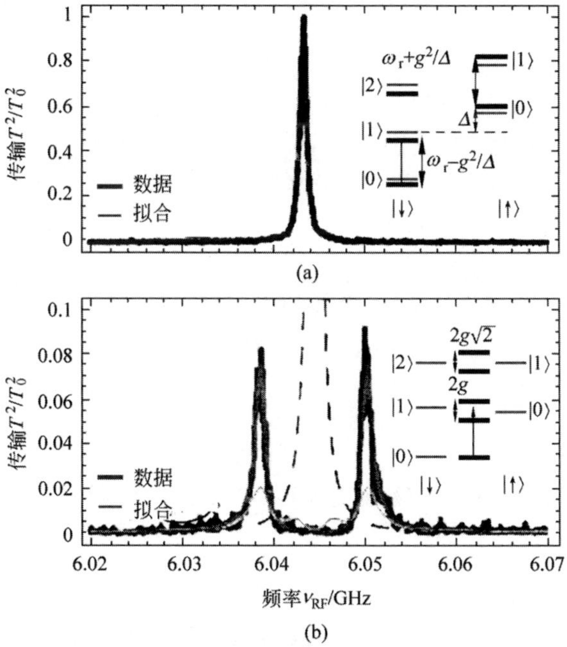

图 8.40　大失谐条件下归一的传输谱

取自文献[41]

(a) 大失谐透射谱；(b) 共振透射谱，显示拉比模劈裂。虚线表示 $g=0$($|0,\uparrow\rangle$ 与 $|1,\downarrow\rangle$ 简并)情况的计算结果

且 $n_g=1$ 时，图 8.40(b)给出了相应于 $|0,\downarrow\rangle\leftrightarrow|\pm\rangle$ 跃迁拉比频率的劈裂。

这些实验证明在约瑟夫森电路中具有较高的相干性和可控性是可能的，这对于量子通信和量子计算是很重要的。

8.14　辐射修正

在光子的吸收和发射过程中，辐射场的状态(例如光子数)和电子的状态(例如能量和动量)都会发生变化。但也有一些过程，它们的辐射场和电子的始态与末态都保持不变，兰姆能移就属于这个范畴。它们被称为“辐射修正过程”。

8.14.1　自发辐射修正：自由电子

我们从一个简单过程开始：自由电子具有动量 $\boldsymbol{p}$、辐射场位于真空态 $|0\rangle$。体系的状态用 $|\boldsymbol{p};0\rangle$ 表示。由于辐射场和电子的相互作用，

$$H_{\text{int}}^{(1)}=-\frac{e}{mc}\boldsymbol{A}\cdot\boldsymbol{p}\tag{8.14.1}$$

电子可以发射一个光子 $\boldsymbol{k},\hat{\boldsymbol{\varepsilon}}$，而由于动量守恒，它的动量变为 $\boldsymbol{p}-\hbar\boldsymbol{k}$。体系现在用 $|\langle\boldsymbol{p}-\hbar\boldsymbol{k};\boldsymbol{k},\hat{\boldsymbol{\varepsilon}}\rangle$ 描述。光子此后再被电子所吸收而体系的终态变回 $|\boldsymbol{p};0\rangle$。实际上在量子电动力学的非相对论性的表述中，中间态的能量 $\frac{1}{2m}(\boldsymbol{p}-\hbar\boldsymbol{k})^2+\hbar\omega\,(\omega=kc)$ 和始态(及终态)的能量 $\frac{1}{2m}\boldsymbol{p}^2$ 并不相等。中间态只能在一个很短的时间间隔中存在，它和不确定性关系所允许的对能量守恒的偏离相适应。因此这个过程是一个虚过程。另一个相互作用项

$$H_{\text{int}}^{(2)}=\frac{e^2}{2mc^2}\boldsymbol{A}^2\tag{8.14.2}$$

也有贡献，在这里一个 $\boldsymbol{A}$ 算符发射一个光子，另一个 $\boldsymbol{A}$ 算符再把它吸收，过程如图 8.41 所示。

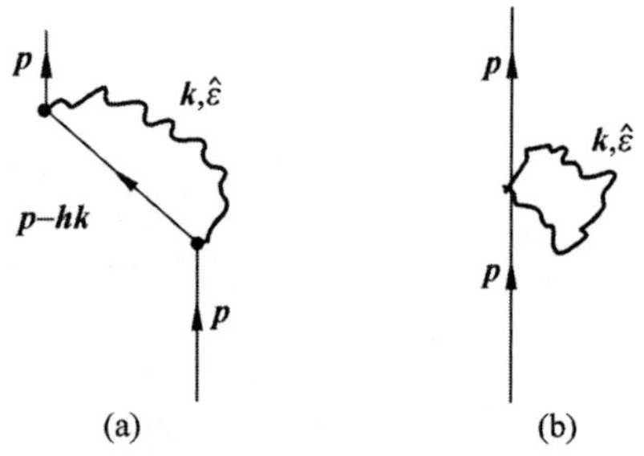

图 8.41　自由电子和辐射场真空的耦合常数 e 二阶过程

用量子力学的相互作用绘景对这类过程作理论描述是最方便的。系统的哈密顿量为

$$H=H_0+H_{\text{int}}\tag{8.14.3}$$

在这个绘景中，H_0 的本征态是与时间无关的。在算符 H_{int} 的作用下，一个本征态转换为另一个本征态，其转换振幅由以下算符决定：

$$\widetilde{U}(t)=\mathrm{e}^{\mathrm{i}H_0t/\hbar}\mathrm{e}^{-\mathrm{i}H_{\text{int}}t/\hbar}\tag{8.14.4}$$

因为始态和终态是全同的，有关的物理量被称为“自我保持振幅”$\langle\boldsymbol{p};0|\widetilde{U}(t)|\boldsymbol{p};0\rangle$，此处 $H_{\text{int}}=H_{\text{int}}^{(1)}+H_{\text{int}}^{(0)}$ 由式(8.14.1)和式(8.14.2)给出。可以预期，短阵元仅为一个相因子：

$$\langle\boldsymbol{p};0|\widetilde{U}(t)|\boldsymbol{p};0\rangle=\mathrm{e}^{-\mathrm{i}\frac{\delta E^{(1)}+\delta E^{(2)}}{\hbar}t}\tag{8.14.5}$$

$$\delta E^{(1)}=\sum_{\boldsymbol{k},\varepsilon}\frac{|\langle\boldsymbol{p}-\hbar\boldsymbol{k};\boldsymbol{k},\hat{\boldsymbol{\varepsilon}}|H_{\text{int}}^{(0)}|\boldsymbol{p};0\rangle|^2}{\frac{1}{2m}\boldsymbol{p}^2-\frac{1}{2m}(\boldsymbol{p}-\hbar\boldsymbol{k})^2-\hbar\omega}\tag{8.14.6}$$

$$\delta E^{(2)}=\langle\boldsymbol{p};0|H_{\text{int}}^{(2)}|\boldsymbol{p};0\rangle\tag{8.14.7}$$

此处 $\delta E^{(1)}$ 和 $\delta E^{(2)}$ 是与图 8.25(a)和 8.25(b)相对应的过程产生的能移。自由电子的能移可以诠释为电子因与辐射场相耦合而被围绕它的虚光子云所“缀饰”，因而获得了质量的修正 δm。文献[44]对 $\delta E^{(2)}$ 进行了计算，将结果用横场的模式展开系数 ε_ω（由式(8.14.8)定义）表示于式(8.14.9)中。

$$\boldsymbol{E}_{\perp}(\boldsymbol{r})=\int d^3k\sum_{\hat{\varepsilon}}\mathrm{i}\varepsilon_\omega\left[\hat{\varepsilon}a_{\hat{\varepsilon}}(\boldsymbol{k})\mathrm{e}^{\mathrm{i}\boldsymbol{k}-\boldsymbol{r}}-\hat{\varepsilon}a^{\dagger}_{\hat{\varepsilon}}(\boldsymbol{k})\mathrm{e}^{-\mathrm{i}\boldsymbol{k}-\boldsymbol{r}}\right], \tag{8.14.8}$$

$$\delta E^{(2)}=\sum_{\boldsymbol{k},\varepsilon}\frac{\mathrm{e}^2\varepsilon_\omega^2}{2m\omega^2} \tag{8.14.9}$$

至于 $\delta E^{(1)}$，对 $\boldsymbol{k}$ 的积分导致其发散，这部分内容将在束缚电子的情况下做简短地讨论。

8.14.2 自发辐射修正：束缚电子

这类过程的另一个实例是辐射场对跃迁电子的反作用。当原子从激发态上衰变时，它对辐射场发射一个光子，此后这个光子再被原子吸收，相应地，原子返回激发态。这个过程看起来和图 8.42 相同，只是在这里处于始态和终态的束缚电子状态由 b（特定）表示，中间态的束缚电子状态由 a（所有可能的束缚态）表示，如图 8.42 所示。

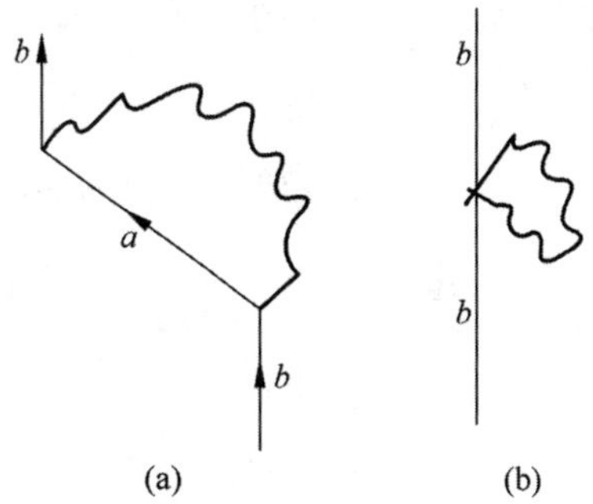

图 8.42 初始位于束缚态 b 的原子发射并再吸收一个光子

图 8.42(a)和图 8.41(a)的主要区别是，当 b 处于激发态时，和始态 $|b,0\rangle$ 能量相同的中间状态 $|a;\boldsymbol{k},\hat{\varepsilon}\rangle$ 可能出现，因此该过程可以是实过程。相应地，在(8.14.5)中定义的相似的相位可以是负的：

$$\langle b;0|\widetilde{U}(t)|b;0\rangle=\mathrm{e}^{-\mathrm{i}\left(\Delta-\mathrm{i}-\frac{\Gamma}{2}\right)t} \tag{8.14.10}$$

式(8.14.11)中的 $\hbar\Delta$（和 δE_1 类似的量）代表能移。在文献[44]中计算了 Γ，得到了 b 发射一个光子并跃迁到所有更低能级的单位时间的跃迁概率，其能够为

$$\hbar\Delta=\hbar\Delta_1+\hbar\Delta_2 \tag{8.14.11}$$

$$\hbar\Delta_1=\mathcal{P}\sum_a\sum_{\boldsymbol{k},\hat{\varepsilon}}\frac{|\langle a;\boldsymbol{k},\hat{\boldsymbol{\varepsilon}}|H^{(1)}_{\text{int}}|b;0\rangle|^2}{E_b-E_a-\hbar\omega} \tag{8.14.12}$$

$$\hbar\Delta_2=\langle b;0|H^{(0)}_{\text{int}}|b;0\rangle \tag{8.14.13}$$

在式(8.14.12)中，$\mathcal{P}$代表取主值，在实跃迁发生时使用。至于$\hbar\Delta_1$，它线性发散，即积分线性正比于对 ω 积分的上限，趋向无限大。从 20 世纪 30 年代起，这个问题就困扰着量子电动力学。在拉姆能移（氢原子的 $2p_{1/2}$ 和 $2s_{1/2}$ 能级有能量差 1 057Mc/s，而狄拉克理论指出它们的能量相等）被发现后，物理学家必须直接面对这个问题。运用质量重正化的概念将发散除去。第一次成功的计算是由贝特实现的。实际上在现实中，我们不可能有“裸”电子，它携带着电磁场（被光子缀饰），类似于对自由电子的质量修正 δm。电子被观测到的动能应该为[45]

$$T_{\text{obs}}=\frac{1}{2m_0}\left[1-\frac{\delta m}{m_0}\right]\boldsymbol{p}^2=\frac{1}{2m_{\text{obs}}}\boldsymbol{p}^2 \tag{8.14.14}$$

在哈密顿量中使用这个功能，能移会变为对数发散的。这是一个相当大的进步，因为物理结

果对于切断的依赖要迟钝得多。考虑到低能量的物理状态不应该对高能虚过程的中间态敏感,可以将对 ω 的积分切断选为 mc^2。这个选择给出能移为 1 040Mc/s,和测量值 1 057Mc/s 符合得很好。费曼和贝特用狄拉克波函数的相对论性计算不包含发散并与测量值精确符合。量子电动力学的重正比理论是近代理论物理学最突出的成就之一。费曼、施温格和朝永振一郎因为这个成就获得了 1965 年的诺贝尔物理学奖。

8.14.3　受激辐射修正

假设在始态和终态有几个光子 $a,\boldsymbol{k},\hat{\varepsilon}$,而原子的电子吸收了其中之一,并将它以同样的状态重新发射出去,如图 8.43(a)所示;或者受激发射一个与始态光子同样状态的光子,然后将它重新吸收,如图 8.43(b)所示。原子和辐射场的始态与终态仍是全同的。这些过程与自发辐射修正过程的唯一区别在于,现在辐射场不是处于真空状态。哈密顿量 $H_{\text{int}}^{(2)}$ 仍然可以有一阶贡献,和 8.14.1 节的情况一样。体系仍然保留在同样状态的概率幅和式(8.14.10)非常相似,即

$$\langle a;\boldsymbol{k},\hat{\varepsilon},\text{其他光子}\,|\widetilde{U}(t)|\,a;\boldsymbol{k},\hat{\varepsilon},\text{其他光子}\rangle=\mathrm{e}^{-\mathrm{i}\left(\Delta'-\mathrm{i}\frac{\Gamma'}{2}\right)t} \tag{8.14.15}$$

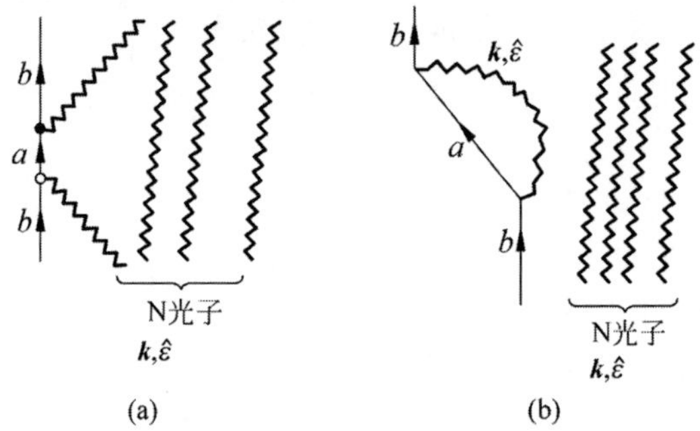

图 8.43　两种受激辐射修正

(a) 一个入射光子的吸收和再发射;(b) 与入射光子状态相同的一个光子的诱导发射和再吸收

阻尼率 Γ 代表体系离开初始状态的单位时间跃迁率。等价地,这也是入射光子之一被原子向前方散射的散射率,是一个实过程。它应该和全散射截面成正比。实际上,光学定理指出了这个关系:相应始态 a 的全散射截面和前方散射振幅 $f_a(0)$ 的虚部是成正比的:

$$\sigma_a^{\text{tot}}=\frac{4\pi}{k}\operatorname{Im}f_a(0) \tag{8.14.16}$$

从原子的观点看,Γ' 是能级 a 由于入射 N 个光子产生的能级展宽,和作为内禀量的自发辐射修正的 Γ 相对比,Γ' 与入射束的特点有关(强度、偏振、光谱分布等)。

8.15　与单色辐射相互作用,布洛赫球和光移

考虑一个二能级原子与频率为 ω 的单色电磁场的相互作用。体系的哈密顿量是

$$H=H_0+H_1 \tag{8.15.1}$$

两个能级是 H_0 的本征态:

$$\left.\begin{aligned} H_0 \mid 1\rangle &= \hbar\omega_1 \\ H_0 \mid 2\rangle &= \hbar\omega_2 \end{aligned}\right\} \tag{8.15.2}$$

其相互作用哈密顿量是

$$H_1 = e\boldsymbol{r} \cdot \boldsymbol{E}_0 \cos\omega t \tag{8.15.3}$$

此处 $\boldsymbol{r}$ 是相对原子质心的电子位置坐标。相互作用混合$|1\rangle$和$|2\rangle$,体系根据薛定谔方程演化:

$$H\psi = \mathrm{i}\,\hbar\frac{\partial\psi}{\partial t} \tag{8.15.4}$$

其解为

$$\psi(\boldsymbol{r},t) = c_1 \mid 1\rangle \mathrm{e}^{-\mathrm{i}\omega_1 t} + c_2 \mid 2\rangle \mathrm{e}^{-\mathrm{i}\omega_2 t} \tag{8.15.5}$$

这里$|c_1|^2+|c_2|^2=1$。将式(8.15.5)代入式(8.14.4),得到 c_1 和 c_2 的演化方程:

$$\mathrm{i}\dot{c}_1 = \Omega\cos\omega t \cdot \mathrm{e}^{-\mathrm{i}\omega_0 t} c_2 \tag{8.15.6}$$

$$\mathrm{i}\dot{c}_2 = \Omega^* \cos\omega t \cdot \mathrm{e}^{\mathrm{i}\omega_0 t} c_1 \tag{8.15.7}$$

此处

$$\omega_0 = \omega_2 - \omega_1 \tag{8.15.8}$$

拉比频率是

$$\Omega = \frac{\langle 1 \mid e\boldsymbol{r} \cdot \boldsymbol{E}_0 \mid 2\rangle}{\hbar} \tag{8.15.9}$$

假设电场沿 $\hat{e}_x$ 方向,感应电偶极矩是

$$-eD_x(t) = -\int \psi^*(t)\ ex\ \psi(t)\mathrm{d}^3 r \tag{8.15.10}$$

由式(8.15.5)得出

$$D_x = c_1 c_2^* X_{21} \mathrm{e}^{\mathrm{i}\omega_0 t} + c_1^* c_2 X_{12} \mathrm{e}^{-\mathrm{i}\omega_0 t} \tag{8.15.11}$$

此处

$$X_{12} = \langle 1 \mid x \mid 2\rangle \tag{8.15.12}$$

双线性量 $c_1c_2{}^*$ 和 $c_1{}^*c_2$ 实际上是二能级体系密度矩阵的非对角元:

$$\rho = |\ \psi\rangle\langle\psi\ | = \begin{pmatrix} |c_1|^2 & c_1 c_2^* \\ c_1^* c_2 & |c_2|^2 \end{pmatrix} \tag{8.15.13}$$

定义从原子跃迁到辐射的频率失谐:

$$\delta = \omega - \omega_0 \tag{8.15.14}$$

定义新的变量 $\tilde{c}_1,\tilde{c}_2$

$$\left.\begin{aligned} \tilde{c}_1 &= c_1 \mathrm{e}^{-\mathrm{i}\delta t/2} \\ \tilde{c}_2 &= c_2 \mathrm{e}^{\mathrm{i}\delta t/2} \end{aligned}\right\} \tag{8.15.15}$$

和相应的

$$\left.\begin{aligned} \tilde{\rho}_{12} &= \tilde{c}_1 \tilde{c}_2^* = \rho_{12} \mathrm{e}^{-\mathrm{i}\delta t} \\ \tilde{\rho}_{21} &= \tilde{c}_1^* \tilde{c}_2 = \rho_{21} \mathrm{e}^{\mathrm{i}\delta t} \end{aligned}\right\} \tag{8.15.16}$$

可以根据是否便于选择将感应电偶极矩通过 ω 或 ω_0 来表示:

$$-eD_x(t)=-eX_{12}\{\rho_{12}\mathrm{e}^{\mathrm{i}\omega_0 t}+\rho_{21}\mathrm{e}^{-\mathrm{i}\omega_0 t}\}$$
$$=-eX_{12}\{\tilde{\rho}_{12}\mathrm{e}^{\mathrm{i}\omega t}+\tilde{\rho}_{21}\mathrm{e}^{-\mathrm{i}\omega t}\} \tag{8.15.17}$$

在旋转近似(8.2节)中，c_1 和 c_2 的演化方程(8.15.6)和方程(8.15.7)变为

$$\left.\begin{aligned}\mathrm{i}\dot{c}_1&=c_2\frac{\Omega}{2}\mathrm{e}^{\mathrm{i}\delta t}\\ \mathrm{i}\dot{c}_2&=c_1\frac{\Omega}{2}\mathrm{e}^{-\mathrm{i}\delta t}\end{aligned}\right\} \tag{8.15.18}$$

用式(8.15.15)即可得到 $\tilde{c}_1$和 $\tilde{c}_2$的方程：

$$\left.\begin{aligned}\mathrm{i}\dot{\tilde{c}}_1&=\frac{1}{2}(\delta\tilde{c}_1+\Omega\tilde{c}_2)\\ \mathrm{i}\dot{\tilde{c}}_2&=\frac{1}{2}(\Omega\tilde{c}_1-\delta\tilde{c}_2)\end{aligned}\right\} \tag{8.15.19}$$

定义密度矩阵$\tilde{\boldsymbol{\rho}}$ 非对角元实部和虚部的二倍为“相干性”：

$$\left.\begin{aligned}u&=\tilde{\rho}_{12}+\tilde{\rho}_{21}\\ v&=-\mathrm{i}(\tilde{\rho}_{12}-\tilde{\rho}_{21})\end{aligned}\right\} \tag{8.15.20}$$

和布居不平衡：

$$w=\rho_{11}-\rho_{22} \tag{8.15.21}$$

得到体系演化方程的简约形式：

$$\left.\begin{aligned}\dot{u}&=\delta v\\ \dot{v}&=-\delta u+\Omega w\\ \dot{w}&=-\Omega v\end{aligned}\right\} \tag{8.15.22}$$

场(u,v,w)直接和密度矩阵的矩阵元相连系，它们是体系的特征。将它们定义为布洛赫矢量 $\boldsymbol{R}$ 的分量：

$$\boldsymbol{R}=u\hat{e}_1+v\hat{e}_2+w\hat{e}_3 \tag{8.15.23}$$

参量 Ω 和 δ 是场的表征，不随时间而变。把它们组合为 $\boldsymbol{W}$：

$$\boldsymbol{W}=\Omega\hat{e}_1+\delta\hat{e}_3 \tag{8.15.24}$$

方程(8.15.22)可以写成矢量形式：

$$\dot{\boldsymbol{R}}=\boldsymbol{R}\times\boldsymbol{W} \tag{8.15.25}$$

从式(8.15.25)可以看到，$\dot{\boldsymbol{R}}$ 永远 和 $\boldsymbol{R}$ 正交，即 $\boldsymbol{R}$ 的大小是常数，而实际上这个常数是1，这点可以从一个特例看出：$u=v=0$；$w=1$，此时$|\boldsymbol{R}|=1$ 且为常数。布洛赫矢量在单位球上运动，此球称为“布洛赫球”。布洛赫球上各点的位置矢量代表体系在希尔伯特空间中的态。在两极 $\boldsymbol{R}=w\hat{e}_3$，$w=\pm1$ ，分别对应$|1\rangle$ 和$|2\rangle$，如图 8.44(a)所示。赤道上的状态 $\boldsymbol{R}=u\hat{e}_1+v\hat{e}_2$ 示于图 8.44(b)。从式(8.15.25)得到 $\dot{\boldsymbol{R}}\cdot\boldsymbol{W}=0$ ，即 $\boldsymbol{R}\cdot\boldsymbol{W}=\mathrm{const}$ 。$\boldsymbol{W}$ 是常数矢量，$\boldsymbol{R}$ 是单位长度矢量，因此 $\boldsymbol{R}$ 围绕以 $\boldsymbol{W}$ 为轴的锥面运动，如图 8.44(d)所示。一个由共振场 $\delta=0$ 驱动的演化的特例：$|1\rangle\rightarrow|2\rangle\rightarrow|1\rangle$，即 $\boldsymbol{W}=\Omega\hat{e}_1$ 示于图 8.44(c)[46]。

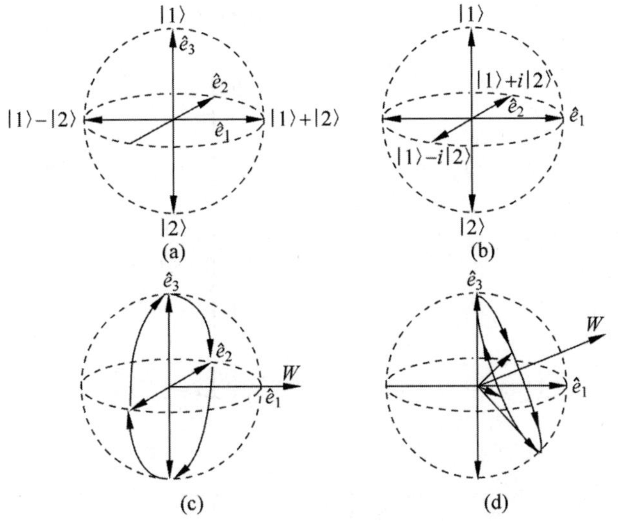

图 8.44 布洛赫球

(a)和(b)表示态|1⟩和|2⟩及其线性组合；(c) 表示共振场驱动的演化|1⟩→|2⟩→|1⟩；(d) $\delta\neq0$ 时的一般演化

将式(8.4.19)写作矩阵形式：

$$\mathrm{i}\,\frac{\mathrm{d}}{\mathrm{d}t}\begin{pmatrix}\tilde{c}_1\\ \tilde{c}_2\end{pmatrix}=\begin{pmatrix}\delta/2 & \Omega/2\\ \Omega/2 & -\delta/2\end{pmatrix}\begin{pmatrix}c_1\\ c_2\end{pmatrix} \tag{8.15.26}$$

求以下形式的解：

$$\begin{pmatrix}\tilde{c}_1\\ \tilde{c}_2\end{pmatrix}=\begin{pmatrix}a\\ b\end{pmatrix}\mathrm{e}^{-\mathrm{i}\lambda t} \tag{8.15.27}$$

将式(8.15.27)代入式(8.15.26)，导致本征值 λ 满足条件：

$$\begin{pmatrix}\delta/2 & \Omega/2\\ \Omega/2 & -\delta/2\end{pmatrix}\begin{pmatrix}a\\ b\end{pmatrix}=\lambda\begin{pmatrix}a\\ b\end{pmatrix} \tag{8.15.28}$$

久期行列式为零的条件是

$$\begin{vmatrix}\delta/2-\lambda & \Omega/2\\ \Omega/2 & -\delta/2-\lambda\end{vmatrix}=\lambda^2-\left(\frac{\delta}{2}\right)^2-\left(\frac{\Omega}{2}\right)^2=0 \tag{8.15.29}$$

得到的本征值是

$$\lambda=\pm\frac{1}{2}(\delta^2+\Omega^2)^{1/2} \tag{8.15.30}$$

对于 $\Omega=0$，未微扰的本征值是 $\lambda=\pm\delta/2$，对应于相距为 δ 的两个能级。这两个能级是在 E_2 的激发态和在 $E_1+\hbar\omega$ 的原子-光子态，它们被辐射所混合。对 $\Omega=0$，它们的距离是 $E_2-E_1-\hbar\omega=\hbar(\omega_0-\omega)=|\delta|$ 。当 Ω 为有限值时，能级间距是 Ω 的函数，如图 8.45 所示，图(a)和(b)分别对应 $\delta<0$ 和 $\delta>0$。此现象被称为“光移”，也被称为“交流斯塔克效应”。这个现象对时间的精确测量(原子钟)至关重要。

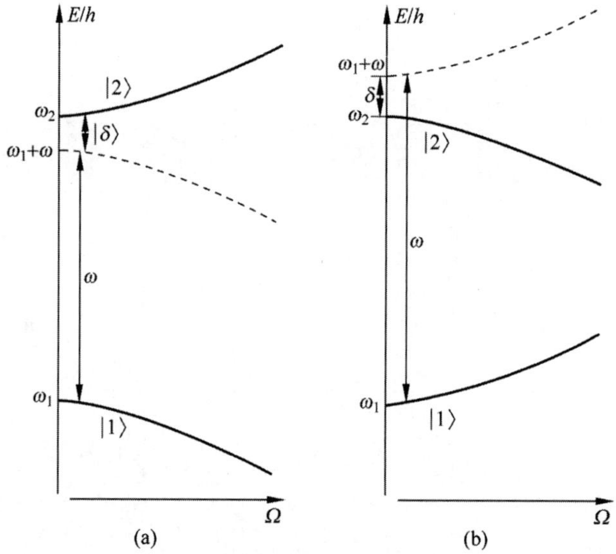

图 8.45　交流斯塔克效应作为拉比频率的函数

(a) 频率负失谐；(b) 正失谐

8.16　量子场论中的重整化

在 8.14 节讨论辐射修正时曾经提到过 QED 的重整化理论。为了 8.17 节讨论重整化群方法作准备，在这里介绍重整化理论的主要概念。从标量玻色子场开始。拉格朗日密度是

$$\mathcal{L}=\frac{1}{2}(\partial\phi)^2-m^2\phi^2-\frac{\lambda}{4!}\phi^4 \tag{8.16.1}$$

经常称此为"ϕ^4 理论"。它展示了场论的重要面貌，又避免了如量子电动力学中的规范不变性问题的复杂细节。它也在一些应用中出现。例如 d 维伊辛模型的低能体制就由 ϕ^4 理论描述。在不用相互作用项时，磁化强度的波动型涨落可以被理论描述。但相变只在 ϕ^4 项被包括在内时才出现。

考虑介子-介子散射准到 λ 二阶，可以由以下费曼图代表(图 8.46)。

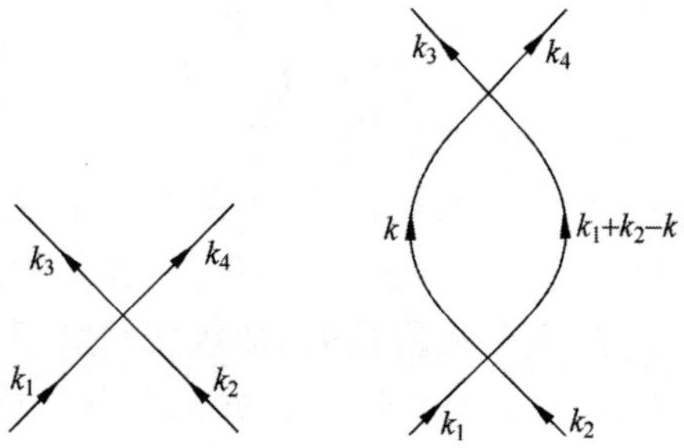

图 8.46　ϕ^4 理论介子-介子散射准到二阶的费曼图

该过程的振幅为

$$\mathcal{M}=-\mathrm{i}\lambda+\frac{1}{2}(-\mathrm{i}\lambda)^2\mathrm{i}^2\int\frac{d^4k}{(2\pi)^4}\frac{1}{k^2-m^2+\mathrm{i}\varepsilon}\frac{1}{(K-k)^2-m^2+\mathrm{i}\varepsilon} \tag{8.16.2}$$

此处

$$K=k_1+k_2$$

这里所有的 k 都是4-动量。积分是对数发散的,用数幂次方法即可看出。一般情况下,在不为零的最低阶,微扰论适用得很好,但在下一阶就会出现发散。在20世纪30年代和40年代,物理学家和量子场论进行了“无限大问题”的搏斗,但没有成功。在兰姆位移发现之后,情况变得更为紧张。氢原子的精细结构偏离了狄拉克理论,“下一阶”的问题必须面对。贝特在动量积分中引入了 mc^2 阶的“切断”,论据为电子-光子的相互作用在出现低能现象时可以把高能区域略去。他得到了和兰姆位移实验很接近的结果。如在8.14节提到的,他的努力使20世纪40年代末和50年代初的量子电动力学重整化理论的发展达到高潮。在这里,我们用 ϕ^4 理论演示过程。用徐一鸿的说法[47],这个过程实际上是“切断了我们的无知”。

引入切断是不自然的吗?或者是“用手加进去的”吗?这样做是否有些“不合法”?坚持认为QED在任意高的能量都适用是全然不合理的。至少,能量的增加会使除电子和光子以外的其他粒子掺入,最终QED变为电弱理论更大的一部分。现代的观点是,量子场论应该被看作一个低能有效理论,只在一个能量标度(在洛伦兹不变理论中为动量标度)Λ 以下成立,这样计算的振幅就和 Λ 有关。振幅$\mathcal{M}$在依赖 Λ 时被称为“正规化的振幅”,现在就不包含发散了。问题在于,我们该选多大的 Λ 才能得到正确的结果?问题的解在于参数 λ,它是理论的一个未知的输入,我们认定它和 Λ 有关,称其为耦合常数的标度依赖。实际上,在目前的问题中就能实现。正规化的振幅$\mathcal{M}$的表达式为

$$\mathcal{M}=-\mathrm{i}\lambda+\mathrm{i}\lambda^2C\left[\log\frac{\Lambda^2}{s}+\log\frac{\Lambda^2}{t}+\log\frac{\Lambda^2}{u}\right]+O(\lambda^3) \tag{8.16.3}$$

此处,$s=(k_1+k_2)^2$ 是质心能量的平方,$t=(k_1-k_3)^2$ 是4-动量转移平方的二者之一,$u=(k_1-k_4)^2$ 是另外一个。假设我们在动力学变量(s_0,t_0,u_0)处进行测量。方括号中的量集体由 L_0 表示。将结果的振幅$\mathcal{M}(s_0,t_0,u_0)=-\mathrm{i}\lambda_R$ 作为定义。λ_R 和(s_0,t_0,u_0)分别称为“重整化的耦合常数”和“重整化点”。这样 λ 和 λ_R 就由下式联系:

$$\begin{aligned}-\mathrm{i}\lambda_R&=-\mathrm{i}\lambda+\mathrm{i}\lambda^2C\left[\log\frac{\Lambda^2}{s_0}+\log\frac{\Lambda^2}{t_0}+\log\frac{\Lambda^2}{u_0}\right]+O(\lambda^3)\\&\equiv-\mathrm{i}\lambda+\mathrm{i}\lambda^2CL_0+O(\lambda^3)\end{aligned} \tag{8.16.4}$$

我们看到 λ 和 λ_R 的差别是 λ 的二阶量,因此可以把式(8.16.3)在同阶近似中改写,消去 λ 代以 λ_R,这就是第一步:正规化

$$\mathcal{M}=-\mathrm{i}\lambda_R-\mathrm{i}\lambda_R^2C(L-L_0)+O(\lambda_R^3) \tag{8.16.5}$$

注意到括号中的量:

$$L-L_0=\log\frac{s_0}{s}+\log\frac{t_0}{t}+\log\frac{u_0}{u}$$

已不再依赖于 Λ 了,这多么令人鼓舞!最后我们得到

$$\mathcal{M}=-\mathrm{i}\lambda_R+\mathrm{i}\lambda_R^2C\left[\log\frac{s_0}{s}+\log\frac{t_0}{t}+\log\frac{u_0}{u}\right]+O(\lambda_R^3) \tag{8.16.6}$$

这是一个完整的表达式,其中 λ_R 是由运动学变量 L_0 测得的耦合常数,C 是在正规化过程中计算出来的常数。表达式包含确切定义的量,不含任何发散。这是被称为"重整化"的第二步。

在量子电动力学中,重整化带来了惊人的成就。辐射修正的逐阶近似都可以计算,能够获得精确度极高的结果。以电子反常磁矩为例,当狄拉克从他的方程直接推出电子的磁矩是一个玻尔磁子时,他获得了伟大的胜利。随着实验技术的进步,到1940年后期,人们已经明白电子磁矩比狄拉克计算的值要大,差一个因子 1.00118 ± 0.00003。对量子电动力学的挑战就是要计算出这个所谓的反常磁矩。从电磁流在两个电子态 $|p,s\rangle$ 和 $|p's'\rangle$ 之间的矩阵元开始,洛伦兹不变性和能量守恒导致下列表达式[47]:

$$\langle p',s' \mid J^{\mu}(0) \mid p,s\rangle=\bar{u}(p',s')\left[\gamma^{\mu}F_1(q^2)+\frac{\mathrm{i}\sigma^{\mu\nu}q_{\nu}}{2m}F_2(q^2)\right]u(p,s) \qquad (8.16.7)$$

此处 $q\equiv(p'-p)$。函数 $F_1(q^2)$ 和 $F_2(q^2)$ 称为"形状因子"。用戈登方程分解:

$$\bar{u}(p')\gamma^{\mu}u(p)=\bar{u}(p')\left[\frac{(p'+p)^{\mu}}{2m}+\frac{\mathrm{i}\sigma^{\mu\nu}(p'-p)_{\nu}}{2m}\right]u(p)$$

可以得到精确到 q 的带头阶的表达式

$$\langle p',s' \mid J^{\mu}(0) \mid p,s\rangle=\bar{u}(p',s')\left[\frac{(p+p')\mu}{2m}F_1(0)+\frac{\mathrm{i}\sigma^{\mu\nu}q_{\nu}}{2m}(F_1(0)+F_2(0))\right]u(p,s) \qquad (8.16.8)$$

等号右侧第一项的系数对应于电子电荷,根据定义应该为1。因此 $F_1(0)=1$。第二项告诉我们,电子的磁矩应该是 $1+F_2(0)$ 乘以玻尔磁子。计算矩阵元式(8.16.9)准确到耦合常数 e 的二阶,有5个费曼图,但对于磁矩项只有一个(图8.47),这是很重要的,其他的都是和电荷项有关的。

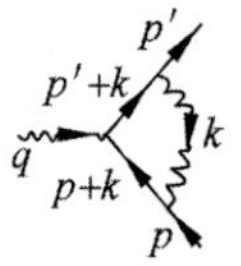

图8.47　磁矩项的费曼图

施温格用了巧妙的办法[47]在1948年得到了 $F_2(0)=\alpha/2\pi$,α 是精细结构常数 $\alpha=e^2/4\pi$。这个成就在当时的物理界有着令人振奋的影响。Kinoshita 计算了三阶 $(\alpha/\pi)^3$ 的辐射修正,得到了反常系数 $a_e^{\mathrm{th}}=1\,159\,652\,359(282)\times10^{-12}$,2012年的实验值是 $a\exp(-12_e)$。括号中的数字给出了不确定性。

在此情况下应该记住,QED是一个低能有效理论,微扰级数有着渐进展开的性质。一般说来,给定表达式的小参量的幂次展开可能发散。但到有限数量的项的部分求和可以给出表达式的非常好的近似。说明这个看法的例子在文献[48]中给出。

重整化过程是很有启发性的。下一个问题是:是否所有的场论都像 ϕ^4 理论那样运气好?答案是某些理论如量子电动力学(费曼,施温格和朝永振一郎,1959年诺贝尔物理学奖)和电弱理论(霍夫特和韦尔特曼,1999年诺贝尔物理学奖)确是如此。但其他理论是不可重整化的,例如费米弱作用理论。一个维数分析的简单探试方法对理解问题有帮助。在 $\hbar=1$ 和 $c=1$ 的自然单位制中,长度和时间有同样的维数,即质量(能量、动量)维数的倒数。数量纲以质量为标准,它代表能量的标度。因为作用量 S 在路径积分中以 $\mathrm{e}^{\mathrm{i}S}$ 的形式出现,它肯定是无量纲的,因此式 $S=\int \mathrm{d}^4x\ \mathcal{L}$ 就意味着拉格朗日密度 $\mathcal{L}$ 与质量的4次幂量纲相同。我们用 $[\mathcal{L}]=4$ 来表示它。用这种记号表示 $[x]=-1$,$[\partial]=1$。考虑标量场论 $\mathcal{L}=\frac{1}{2}(\partial\phi)^2-$

$m^2\phi^2-\frac{\lambda}{4!}\phi^4$，要$(\partial\phi)^2$项具有量纲4，就需要$[\phi]=1$。这就要求$[\lambda]=0$，耦合常数$\lambda$是无量纲的。将这个规则用于拉格朗日量$\mathcal{L}=\bar{\psi}i\gamma_\mu\partial^\mu\psi+\cdots$，就得到$[\psi]=3/2$。看一下耦合$f\bar{\phi}\psi\psi$就可以得出汤川耦合$f$是无量纲的结论。与此成为对照的是费米弱相互作用$\mathcal{L}=G\bar{\psi}\gamma^\mu\psi\bar{\psi}\gamma_\mu\psi$，看出费米耦合$G$的量纲为$-2$。从麦克斯韦-拉格朗日量$-\frac{1}{4}F_{\mu\nu}F_{\mu\nu}$看，$[A_\mu]=1$。电磁耦合$eA_\mu\bar{\psi}\gamma_\mu\psi$告诉我们，$e$是无量纲的。

现在我们尝试给出一个不可重整的说法。考虑费米弱作用理论。我们来计算4-费米子相互作用的振幅$\mathcal{M}$，例如中微子-中微子散射，其能量远低于Λ。在最低阶，$\mathcal{M}\sim G$。下一阶应该正比于G^2。与之相乘的因子应该具有维数2，才能使第二项的维数与带头项的相同，即-2。理论上带头项的标度为Λ，所以第二项应该是$\sim G^2\Lambda^2$。用费曼规则计算$\mathcal{M}$也得到了同样结果。逐次高阶导致更强的发散，这样的理论好像有“病征”。我们知道费米弱作用理论用于低能时效果很好，它正和QED一样，是统一的电弱理论的低能弱作用理论。我们用徐一鸿[47]的一个例子演示如何从一个更为广泛的质量为M的矢量玻色子理论得到费米理论，它以一个无量纲耦合常数g耦合于狄拉克场。拉格朗日量密度是

$$\mathcal{L}=\bar{\psi}(\mathrm{i}\gamma^\mu\partial_\mu-m)\psi-\frac{1}{4}F_{\mu\nu}F^{\mu\nu}+M^2A_\mu A^\mu+gA_\mu\bar{\psi}\gamma^\mu\psi \tag{8.16.9}$$

计算如图8.48所示的费米子-费米子散射振幅得到以下结果：$(-\mathrm{i}g)^2(\bar{u}\gamma^\mu u)[\mathrm{i}/(k^2-M^2+i\varepsilon)](\bar{u}\gamma_\mu u)$。当$k\ll M$时，振幅变为$\mathrm{i}(g^2/M^2)(\bar{u}\gamma^\mu u)(\bar{u}\gamma_\mu u)$。有趣的是这正是费米理论$L=G\bar{\psi}\gamma^\mu\psi\bar{\psi}\gamma_\mu\psi$所给出的，它的耦合常数$G=g^2/M^2$维数为$-2$！作为$k\ll M$的有效理论费米理论获得了一个维数为2的耦合常数而变为不可重整化的。

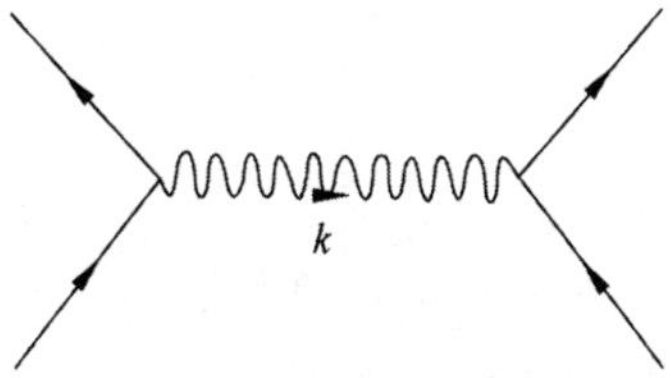

图8.48 中微子-中微子散射费曼图

为了讨论重整化群做准备，我们用路径积分来表达问题。上面计算的顶点源于以下的路径积分

$$\int D\phi\phi(x_1)\phi(x_2)\phi(x_3)\phi(x_4)\,\mathrm{e}^{\mathrm{i}\int \mathrm{d}^d x\left[\frac{1}{2}(\partial\phi)^2-m^2\phi^2-\frac{\lambda}{4!}\phi^4\right]} \tag{8.16.10}$$

这里积分只对场ϕ的慢模进行，即泛函积分$\int D\phi$只涉及其傅里叶变换$\phi(k)$对$k\geqslant\Lambda$时为零的场$\phi(x)$。

8.17 重整化群方法

8.17.1 重整化群流

重整化群方法为探索相互作用理论提供了有力的和有效的方法。在微扰论失效的问题中它是最有价值的。它被用来研究相变和临界现象，因为相变过程的剧烈的热涨落和量子涨落致使平均场失效。重整化群方法的核心是要达到对理论的长程行为更好的理解，而把短程涨落放在背景处(对它们进行泛函积分)。仍回到ϕ^4理论，重写式(8.14.6)，将重整化

点设在 $s_0=t_0=u_0\equiv\mu^2$：

$$\mathcal{M}=-\mathrm{i}\lambda_R(\mu)+\mathrm{i}\lambda_R^2C\left[\log\frac{\mu^2}{s}+\log\frac{\mu^2}{t}+\log\frac{\mu^2}{u}\right]+O(\lambda_R^3)$$

为什么选这个特殊的点呢？当我们讨论能量标度 $s\sim\mu^2$ 的过程时，选择重整化耦合常数 $\lambda_R(\mu)$ 是最方便的，因为括号中的量是个小的修正。这就引出一个有趣的问题：$\lambda_R(\mu)$ 如何随能量标度 μ 而变化？考虑另一个重整化点 μ'。类似于式(8.16.6)，就有

$$\mathcal{M}=-\mathrm{i}\lambda_R(\mu')+\mathrm{i}\lambda_R^2C\left[\log\frac{\mu'^2}{s}+\log\frac{\mu'^2}{t}+\log\frac{\mu'^2}{u}\right]+O(\lambda_R^3)$$

耦合常数间的关系是

$$\lambda_R(\mu')=\lambda_R(\mu)+3C\lambda_R^2(\mu)\log\frac{\mu'^2}{\mu^2}+O(\lambda_R^3)$$

对于 $\mu'\sim\mu$ 就可以得到满足 λ_R 的微分方程：

$$\mu\frac{\mathrm{d}\lambda_R}{\mathrm{d}\mu}=6C\lambda_R^2+O(\lambda_R^3) \tag{8.17.1}$$

这就是 ϕ^4 理论的流方程。实际上 $C>0$，耦合常数随能量而增加，它是"跑动的"。QED 的重整化电荷从真空极化图算得，结果是[47]

$$e_R^2(\mu)=e^2\frac{1}{1+e^2\Pi(\mu^2)}\simeq e^2\left[1-e^2\Pi(\mu^2)+O(e^4)\right] \tag{8.17.2}$$

或者

$$\mu\frac{\mathrm{d}}{\mathrm{d}\mu}e_R(\mu)=-\frac{1}{2}e^3\mu\frac{\mathrm{d}}{\mathrm{d}\mu}\Pi(\mu^2)+O(e_R^5)=\frac{1}{12\pi^2}e_R^3+O(e_R^5) \tag{8.17.3}$$

上两式在 $m\ll\mu\ll\Lambda$ 时成立，此处 Λ 是正规化切断。我们看到电磁在高能量(或短距离)时变得很强。换个角度看，当 μ 变得很小、相当于空间长度很大时，$e_R(\mu)\to0$。电子的电荷被真空的虚电子-正电子对屏蔽。

这些结果导致"重整化群流"的概念。一般来说，耦合常数为 g 的量子场论中有以下的重整化群流方程：

$$\mu\frac{\mathrm{d}g}{\mathrm{d}\mu}=\beta(g) \tag{8.17.4}$$

此处我们略去了 g 的下标 R。在定义 $t\equiv\log(\mu/\mu_0)$ 后，方程有时写作

$$\frac{\mathrm{d}g}{\mathrm{d}t}=\beta(g)$$

它被称为"盖尔曼-劳方程"。如果理论有几个耦合常数 $\{g_i\}$，$i=1,\cdots,N$，则有

$$\frac{\mathrm{d}g_i}{\mathrm{d}t}=\beta_i(g_1,g_2,\cdots,g_N) \tag{8.17.5}$$

我们可以把 $(g_1,g_2,\cdots,g_N)$ 看作 N 维空间一个粒子的坐标，t 是时间，$\beta_i(g_1,\cdots,g_N)$ 就是依赖于坐标的速度场。增加 t，我们来追踪粒子的流动。如果存在一个 g^* 点，在此 $\beta(g^*)=0$，那么当粒子到达该点时，它就会停在那里。如果在一个固定点 g^* 附近的速度场指向此点，粒子会趋向此点(并停在那里)，此固定点就称为"吸引或稳定固定点"。因此，要研究量子场论的高能渐进行为，只要把它在重整化群流中所有的吸引固定点找出即可。在一个给定的理论中，典型的情况是某些耦合流向大的 g 值，另一些耦合流向零。问题在于计算函数 β

是否困难，$g^*=0$ 的情况是最有利的，因为微扰论可以应用。在 19 世纪 60 年代，产生了耦合常数流的迭代生成概念，它启发了威尔逊(1982 诺贝尔物理学奖)的洞察力，使他意识到这个方法的所有潜力，并将它发展为热门的研究领域。

8.17.2 不同能量标度的物理学

重整化群方法使我们把不同长度标度，或者说不同能量标度的物理学联系起来。在凝聚态物理学中常用长度标度。在场论中有时需要一个最低长度标度切断，一般选择原子的大小。在切断处，一个连续(场)理论不再有物理意义。在粒子物理中用能量标度。在前面的讨论中对 ϕ^4 理论和量子电动力学用了切断 Λ。简单起见，我们把 ϕ^4 理论延拓到欧氏空间：

$$Z(\Lambda)=\int_{\Lambda} D\phi \mathrm{e}^{-\int \mathrm{d}^d x \mathcal{L}[\phi]} \tag{8.17.6}$$

此处 $\int\Lambda$ 表示积分对位形 $\phi(x)$ 进行，它们的傅里叶变换 $\phi(k)$ 在 $|k|>\Lambda$ 时为零。现在降低我们的"分辨率"，改变切断 $\Lambda\to\Lambda-\delta\Lambda$，这里 $\delta\Lambda>0$。将场 ϕ 分为慢振荡部分 ϕ_s 和快振荡部分 ϕ_f，即 $\phi=\phi_s+\phi_f$，它们的傅里叶变换 $\phi_s(k)$ 和 $\phi_f(k)$ 分别只在区间 $|k|\leqslant\Lambda-\delta\Lambda$ 和 $\Lambda-\delta\Lambda\leqslant|k|\leqslant\Lambda$ 不为零。换句话说，$\Lambda-\delta\Lambda$ 是 $\phi(k)$ 慢和快振荡部分的分界点。将 $\phi=\phi_s+\phi_f$ 代入式(8.17.6)，得到

$$Z(\Lambda)=\int_{\Lambda-\delta\Lambda} D\phi_s \mathrm{e}^{-\int \mathrm{d}^d x \mathcal{L}[\phi_s]}\int D\phi_f \mathrm{e}^{-\int \mathrm{d}^d x \mathcal{L}_1[\phi_s,\phi_f]} \tag{8.17.7}$$

此处把所有与 ϕ_f 有关的项都包括到 $\mathcal{L}_1$ 中。对 ϕ_f 进行泛函积分并将结果写作 $\mathrm{e}^{-\int \mathrm{d}^d x\delta\mathcal{L}[\phi_s]}$

$$\mathrm{e}^{-\int \mathrm{d}^d x\delta\mathcal{L}[\phi_s]}\equiv\int D\phi_f \mathrm{e}^{-\int \mathrm{d}^d x \mathcal{L}_1[\phi_s,\phi_f]}$$

就得到

$$Z(\Lambda)=\int_{\Lambda-\delta\Lambda} D\phi_s \mathrm{e}^{-\int \mathrm{d}^d x (\mathcal{L}[\phi_s]+\delta\mathcal{L}[\phi_s])} \tag{8.17.8}$$

至此，我们已将理论的结果重新只用慢分量表示出来！实际上，对 ϕ_f 的积分只能用微扰论进行。现在看一个更一般的例子：

$$\mathcal{L}=\frac{1}{2}(\partial\phi)^2+\sum_n \lambda_n\phi^n+\cdots$$

它在 $\lambda_2=\frac{1}{2}m^2$ 和 $\lambda_4=\lambda$ 时还原为 ϕ^4 理论。如果像$\partial\phi_s\partial\phi_f$ 这样的项积分为零，则可以得到

$$\int \mathrm{d}^d x\ \mathcal{L}_1[\phi_s,\phi_f]=\int \mathrm{d}^d x\left[\frac{1}{2}(\partial\phi_f)^2+\sum_n \lambda_n\phi_f^n+\cdots\right]$$

注：像$(\partial\phi)^4$ 这样的项也可以产生，但它们属于"无关"项，因此可以略去，见 8.17.3 节。

从对称性考虑，$\delta\mathcal{L}(\phi_s)$和$\mathcal{L}(\phi_s)$具有同样的形式，但系数不同。因此将 $\delta\mathcal{L}(\phi_s)$加到$\mathcal{L}(\phi_s)$上只会移动$\mathcal{L}(\phi_s)$的系数！这个移动生成了在 8.17.1 节讨论的耦合常数的流。有了这个结果作为前瞻，我们来比较式(8.17.8)和原始的泛函积分(8.17.6)，把它们的积分限等同起来，以便观察"被积分函数"的变化。为了这个目的，我们需要把后者的 $\int_{\Lambda-\delta\Lambda}$ 变为$\int_{\Lambda}$。这个过程称为"再标度"。方便起见，用 $\Lambda-\delta\Lambda=b\Lambda$ 引入正实数 $b<1$。在积分$\int_{\Lambda-\delta\Lambda}$ 中，我们要

对 $|k|<b\Lambda$ 的场进行积分。因此要做变量置换：令 $k=bk'$,则有 $k'\leqslant\Lambda$。相应地,要改变 $x=x'/b$,因而有 $e^{ikx}=e^{ik'x'}$。将其代入,就得到

$$\int d^d x\ \mathcal{L}[\phi_s]=\int d^d x' b^{-d}\left[\frac{1}{2}b^2(\partial'\phi_s)^2+\sum_n\lambda_n\phi_s^n+\cdots\right]$$

此处$\partial'=\partial/\partial x'=\dfrac{1}{b}\dfrac{\partial}{\partial x}$,相应地,$\phi'$的定义使

$$\int d^d x(\partial\phi_s)^2=\int d^d x'(\partial'\phi_s')^2\ \text{或}\ b^{2-d}(\partial\phi_s)^2=(\partial'\phi')^2\ \text{亦即}\ \phi'=b^{\frac{1}{2}(2-d)}\phi_s$$

这样后面的积分变为

$$\int d^d x'\left[\frac{1}{2}(\partial'\phi')^2+\sum_n\lambda_n b^{-d+\frac{n}{2}(d-2)}\phi'^n+\cdots\right]$$

对快分量的积分导致耦合常数的变化：

$$\lambda_n'=b^{-d+\frac{n}{2}(d-2)}\lambda_n\tag{8.17.9}$$

总结一下,我们的目标是对快振荡分量积分来考察这样做对其他自由度的影响。

下面讨论重要关系(8.17.9)的意义。在 d 维空间场,ϕ 具有维数 $[\phi]=L^{\frac{1}{2}(2-d)}=M^{-\frac{1}{2}(2-d)}$,$\lambda_n$ 的维数由关系 $L^d L^{n\cdot\frac{1}{2}(2-d)}[\lambda_n]=L^0$ 决定,它给出

$$[\lambda_n]=L^{-\frac{1}{2}n(2-d)-d}=M^{\frac{1}{2}n(2-d)+d}$$

原来 λ_n 标度的指数正好是它的长度标度。方便起见,我们暂时略去 $\delta L(\phi_s)$。在我们降低分辨率时,或者说当我们对更长距离标度的物理量更感兴趣时,仍然可以再次用式(8.17.4)来表示 $Z(\Lambda)$,只要把耦合 λ_n 用 λ_n'代替即可。因为 $b<1$,从式(8.17.7)看到具有$(n/2)(d-2)-d>0$ 的那些 λ_n 变得越来越小,可以忽略。相应的场是"无关的"。与此相反,具有$(n/2)(d-2)-d<0$ 的那些场是"有关的",而$(n/2)(d-2)-d=0$ 的场是"临界的"。

8.17.3　安德森局域化

为了表明重整化群的力量,我们来讨论凝聚态物理中的安德森局域化[47]。它涉及无序体系的研究。在真实材料中,电子在必然存在的杂质上散射而在一个随机势中运动。重要的问题是究竟能量为 E 的波函数是延展到整个体系还是局域在一个特征长度标度 $\xi(E)$内。很明显,这个问题的答案取决于这个材料是导体还是绝缘体。安德森和合作者有惊人的发现,局域性质取决于空间维数 D,而与杂质的随机势形状分布无关。对于 $D=1,2$,所有的波函数都是局域的,不论杂质势有多么弱。这是一个高度非凡的声明,因为本来我们可能认为波函数局域与否依赖于势的强度。与此相反,对于 $D=3$,波函数在能量区域$(-E_c,E_c)$之间是延展的。当 E 自上而下趋近 E_c(称为"迁移率边缘")时,局域长度 $\xi(E)$将如$\xi(E)\sim1/(E-E_c)^\mu$ 般发散,μ 是临界指数。这个结论也可以用重整化群的语言作直观论证[49]得到。

传导率 σ 由 $J=\sigma E$ 定义,这里 J 是电流密度。电导 G 是电阻的倒数 $G=1/R=I/V$,I 是电流。要找 σ 和 G 的关系,考虑边长为 L 的立方体材料,在其两端加上电压 V。这样就有 $I=JL^2=\sigma EL^2=\sigma(V/L)L^2=\sigma LV$。因此,$G(L)=1/R=I/V=\sigma L$。下一步过渡到二维。

考虑一薄层材料,长、宽为 L,厚度为 $a\ll L$。施加电压 V 于 L 两端：$I=J(aL)=\sigma EaL=\sigma(V/L)aL=\sigma Va$,因此 $G(L)=1/R=I/V=\sigma a$,与 L 无关。最后,过渡到一维：考虑长度

为 L 的导线，宽度和厚度为 a，就有 $G(l)=I/V=J^2a/EL=\sigma a^2/L$。总结一下：对于导体，有 $G(L)\propto L^{D-2}$。对于绝缘体，有 $G(L)\propto e^{-L/\xi}$。所以如果我们用无量纲的电导 g，$g(L)\sim c\,e^{-L/\xi}$，就有 $L(dg/dL)=-(L/\xi)g(L)\approx g(L)\log g(L)$。这里我们忽略了 $\log c$。β 函数就是

$$\beta(g)\equiv\frac{L}{g}\frac{dg}{dL}=\begin{cases}D-2, & \text{当 } g \text{ 较大时}\\ \log g, & \text{当 } g \text{ 较小时}\end{cases}\tag{8.17.10}$$

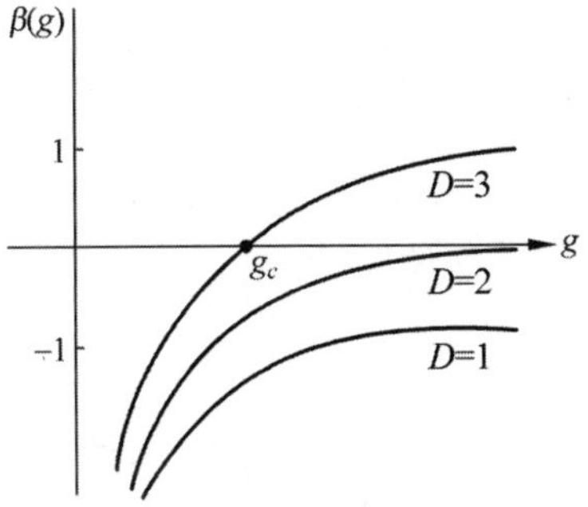

图 8.49 β 函数随维数的变化

根据式(8.17.10)作图表示 $\beta(g)$，如图 8.49 所示。

我们看到在 $D=2$(和 $D=1$)时，电导 $g(L)$ 在趋向长距离时永远流向 0，不论我们从何处出发。与此对照，在 $D=3$ 时，如果 g 的初始值比临界值 g_c 大，则 $g(L)$ 流向无限大，材料就是导体。当 $g_0<g_c$ 时，材料就是绝缘体。

8.17.4 相变之路，临界现象

本节提供盖尔曼-劳方程与重要的相变、临界现象间的连接，参考文献[48]作陈述。

从固定点开始，体系在此后的重整化群变换下不再变化。具体地，在与变换相关联的空间/时间标度变换下不变。就像使用放大镜来看体系，不论使用倍数多大的放大镜，它总是一个样子。体系的这种性质称为“自相似”，将这种体系的一部分放大后看起来就和整体一样。分形朱利亚集合即为一例，示于图 8.50。

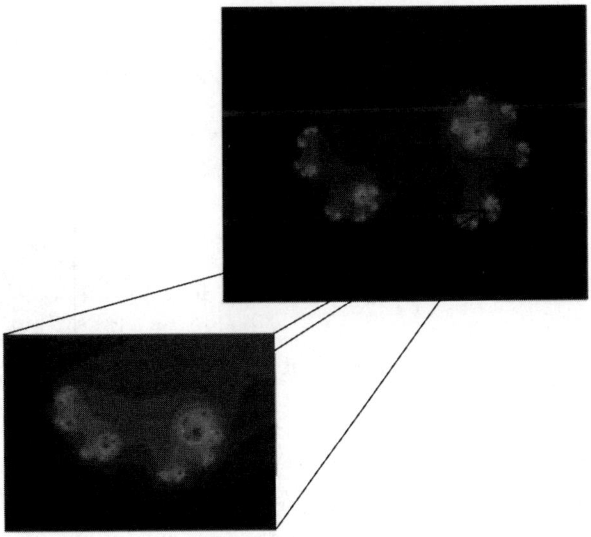

图 8.50 朱利亚集合

任何它的部分包含原始集合的全部信息

对于一个体系，我们可以赋予至少一个内在的长度标度，即决定场关联指数衰减的长度 ξ。但存在一个有限的内在标度不可能与标度变换的不变性相容。唯一的出路只可能是：在固定点 $\xi=0$ 或者 $\xi=\infty$。前者(完全无序)令人不感兴趣。后者正好是二阶相变的印记。

因此,我们暂且把重整化流的固定点当作体系相变点的候选。研究在耦合常数流形$\{\boldsymbol{g}\}=(g_1,\cdots,g_\alpha,\cdots,g_N)$中固定点紧邻处的重整化流的行为是至关重要的。我们使用控制变量$l=\log b$,这里b曾在8.17.2节中定义。盖尔曼-劳方程写作

$$\frac{\mathrm{d}g}{\mathrm{d}l}=R(g) \tag{8.17.11}$$

令g^*为固定点。在它附近将R展开到线性阶:

$$R(g)=R((g-g^*)+g^*)\approx W(g-g^*) \tag{8.17.12}$$

这是因为$R(g^*)=0$且定义矩阵$\boldsymbol{W}$为

$$\boldsymbol{W}_{ab}=\left(\frac{\partial R_a}{\partial g_b}\right)_{g=g^*} \tag{8.17.13}$$

这个矩阵是不对称的,因此有左本征矢与右本征矢之分。设$\boldsymbol{W}$已对角化,选左本征矢(这个选择可方便地表示耦合常数流):

$$\boldsymbol{\phi}_\alpha\boldsymbol{W}=\lambda_\alpha\boldsymbol{\phi}_\alpha \tag{8.17.14}$$

此处,本征矢$\boldsymbol{\phi}_\alpha$是行矩阵,λ_α是本征值。下标α标明了左本征矢的基。令$\boldsymbol{v}_\alpha$(行矩阵)为在$\{\boldsymbol{\phi}_\alpha\}$基中表示时$g-g^*$的第$\alpha$个分量:

$$\boldsymbol{v}_\alpha=\boldsymbol{\phi}_\alpha(g-g^*) \tag{8.17.15}$$

矢量$\boldsymbol{v}_\alpha$具有值得注意的性质:

$$\frac{\mathrm{d}\boldsymbol{v}_\alpha}{\mathrm{d}l}=\boldsymbol{\phi}_\alpha\frac{\mathrm{d}}{\mathrm{d}l}(g-g^*)=\boldsymbol{\phi}_\alpha W(g-g^*)=\lambda_\alpha\boldsymbol{\phi}_\alpha(g-g^*)=\lambda_\alpha\boldsymbol{v}_\alpha \tag{8.17.16}$$

在重整化群过程中,系数$\boldsymbol{v}_\alpha$仅变化一个标度因子λ_α,$\boldsymbol{v}_\alpha$被称为“标度场”。实际上,它们不是场,而仅是依赖于l的系数集合。由积分(8.17.16)得到

$$\boldsymbol{v}_\alpha(l)\sim \mathrm{e}^{l\lambda_\alpha} \tag{8.17.17}$$

这个结果导致三种不同类型的标度场的分类,我们曾在8.17.2节末简单提到过。

(1) 对于$\lambda_\alpha>0$,流的方向远离固定点,即临界点。这是“有关标度场”,它将体系从临界区域驱离。在图8.51中,ϕ_2是有关标度场。

(2) 对于$\lambda_\alpha<0$,流被固定点吸引。具有这样性质的标度场被称为“无关标度场”。在图8.51中,ϕ_1和ϕ_3是无关场。

(3) 对于$\lambda_\alpha=0$,标度场在重整化流下是不变的。这样的场被称为“边缘场”。

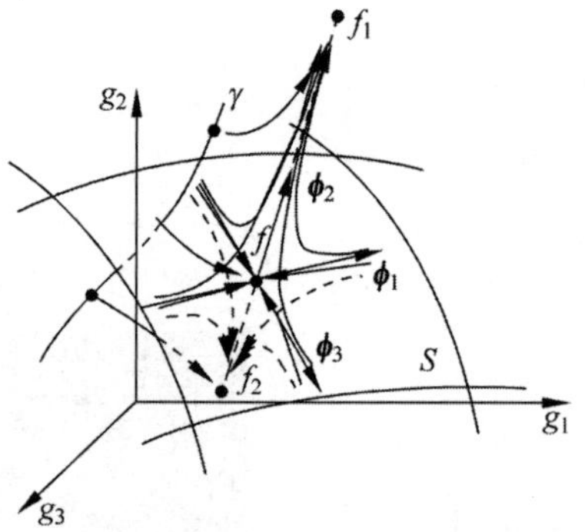

图8.51　在固定点附近的重整化群流

与标度场分类相连系,有三种不同类型的固定点。

(1) 一个固定点的标度场都是无关的,或至少是边缘的,称为“稳定固定点”。它们被称为“吸引子”:在它附近释放一个体系,该体系将趋向固定点。

(2) 与稳定固定点互补的是不稳定固定点:它的所有标度场都是有关的。不论体系离固定点多么近,它都会被驱离。

(3) 一般的固定点具有两种标度场:有关的和无关的。在图8.51中,本征矢$\boldsymbol{\phi}_1$和$\boldsymbol{\phi}_3$张成一个二维流形的切平面,被称为“临界表面”,在图中用S表示,定义为有关场$\boldsymbol{\phi}_2=0$。

这个临界流形形成了固定点的吸引盆地，即当一组耦合常数 $\boldsymbol{g}$ 经过精细调节到 $\boldsymbol{g}\in S$ 时，对标度场的展开就只需包括无关分量，体系被吸引到固定点。但是，从 S 的最小偏离出发就可能引入一个有关分量，将体系从固定点指数性驱离，它能够流向并到达另一个固定点。这实际上告诉我们，具有一般固定点的体系典型地拥有补充的稳定固定点，即当其流离开临界区域后会趋向的固定点。

重整化群用于相变和临界现象的内容极为丰富，例如标度性和普适性，以及计算临界指数。我们只对基本概念做一个简单介绍。相变的最基本的标志是序参量$\mathcal{M}$，它的值能准切地识别体系的相，例如在铁磁-顺磁相变的磁化强度。物质在不同相间的转变分为两个大的范畴。在一级相变中，序参量在跨越相变线时显示不连续跳跃，在二级相变中序参量的变化是非解析但连续的。在自由能 F 中，序参量$\mathcal{M}$耦合于一个共轭场，磁场强度为 H。

$$\mathcal{M}=-\partial_H F$$

在二级相变中，$\mathcal{M}$非解析地变化，意为自由能的二阶导数，即磁化率出现奇点：$\chi=\partial_H M=-\partial_H^2 F$。该点通过涨落-耗散定理可以理解。磁化率和体系的场涨落行为密切相关。例如在 d 维伊辛模型中，关联函数 C 的定义是

$$C(r_1-r_2)=\langle S(r_1)S(r_2)\rangle-\langle S(r_1)\rangle\langle S(r_2)\rangle\sim\exp\left(-\frac{|r_1-r_2|}{\xi}\right)，当\ |r_1-r_2|\gg\infty\ 时 \tag{8.17.18}$$

χ 通过配分函数和它相关：

$$\begin{aligned}\chi&=-\partial_H F\,|_{H=0}=T\partial_H^2\ln Z\,|_{H=0}\\&=\beta\int\mathrm{d}^d r\ \mathrm{d}^d r'(\langle S(r)S(r')\rangle-\langle S(r)\rangle\langle S(r')\rangle)\end{aligned}$$

被积分函数，即在括号中的表达式正是关联函数，它是自旋涨落的量度。磁化率的发散意味着场的无限长幅度涨落的大量增长。

其他许多物理量也和磁化率一样，在临界点有发散，这有着深远的含义。我们知道在相变/固定点，体系是自相似的，这意味着它的各种特征行为必须为幂函数所描述。我们给出一个直观论证：考虑函数 $f(t)$，f 是可观测量，t 是决定到临界点距离的控制参量。在相变点附近，预期 f 要“标度化”。即在长度改变时 $x\to x/b$，$t\to tb^{-D_t t}$，此处 D_t 是 t 的维度，函数 f 必须改变一个反映它本身维数 D_f 的因子。自相似要求

$$f(t)=b^{D_f}f(tb^{-D_t}) \tag{8.17.19}$$

很容易验证，此方程被下式满足：

$$f\sim t^{D_f/D_t}$$

在相变附近表征有关幂次定律的各指数集合称为“临界指数”。在临界点附近，它们携带与标度场流相同的信息。临界指数是完全普适的；它们最多在数值上依赖无量纲的特征，例如时空维数或者序参量的分量数。

最重要的临界指数有：

(1) α：在临界温度附近，比热 C 标度变化为 $C\sim|t|^{-\alpha}$，此处 $t=(T-T_c)/T_c$ 测量距临界点的距离。此处应注意：虽然在相变温度上下的相是完全不同的，但控制 C 行为的标度指数是一样的。

(2) β：从下方趋近相变温度，磁化强度以 $M\sim(-t)^{\beta}$ 的方式趋于零。

(3) γ：磁化率表现为 $\chi \sim |-t|^{\gamma}$。

(4) δ：在临界温度,$t=0$,磁化强度随磁场的标度行为是 $M \sim |h|^{1/\delta}$。

(5) ν：趋于相变点时,关联长度如 $\xi \sim |t|^{-\nu}$ 发散。

(6) η：在小距离时 $r \ll \xi$,表征关联函数(8.17.18)：$C(r) \sim 1/|r|^{d-2+\eta}$。

这些指数并非都是独立的。它们由以下的“标度定律”联系：

$$\beta(\delta-1)=\gamma,\text{(维顿)}$$
$$2-\alpha=\nu d,\text{(约瑟夫森)}$$
$$\nu(2-\eta)=\gamma,\text{(费希尔)}$$
$$\alpha+2\beta+\gamma=2,\text{(拉什布鲁克)}$$

重整化群方法的另一个重要特点是普适性。实际上,大多数临界体系可以被分类到相对少量的普适类。粗略地说,这里讨论的绝大多数体系仅是少数几个重整化流的类型。值得注意的是,普适性的来源就在图8.51的临界面上。在耦合常数空间的曲线 γ 上面的是代表不同初始值的耦合常数点。这条曲线与临界面相交在一个交叉点上。如我们讨论过的,在表面上和下的点演化并离开固定点,因为在这些点上的标度场包含有关分量。图中两条趋近固定点 f_1 和 f_2 的轨道便是例子。当控制参量 X_i 变化时,从交叉点上的初始值标度趋向临界点,最终达到此点。对于这个耦合常数的特殊集合,体系是临界的。当我们用更大的、再大的长度标度来观察它时,它总是被在 S 处的固定点所吸引,即它将显示这个特殊点所特有的普适性。考虑另一个体系(有不同的材料常数),它将生成一个另外的轨道 $g_{\alpha}(\{X_i\})=\gamma'$。但当这个轨道和 S 相交时,它将保证临界行为呈现同样的普适特征(被同一个固定点所控制)。

实际上可以作一个更为深远的陈述。给定无限多的体系显示出临界行为,但普适类的集合数目是很有限的,很多微观形态不同的体系必须有同样的普适行为。更形式一些,不同的微观体系必须映射到同一个临界低能理论。这种相重合的例子包括拉廷格液体和约瑟夫森结的等价性,平面磁体模型和二维经典库仑等离子体的等价性,以及液-气相变与铁磁相变的等价性。在所有这些例子中,“等价性”意味着体系有同等的标度行为,因此都属于同一个普适类。

8.17.5　d 维中 $O(n)$ 非线性 σ 模型,弱耦合近似

在7.3节引入了尼尔场 $\hat{\Omega}$ 和倾斜场 $\boldsymbol{l}$,它们满足 $\hat{\Omega}\cdot\boldsymbol{l}=0$,并用它们构成了一维反铁磁链连续理论。结果是 $O(3)$ 非线性 σ 模型(nonlinear sigma model,NLSM)加上一个 Wess-Zumino 拓扑项。这是霍尔丹映射[51]的一个特例。在这里,d 维量子海森堡反铁磁有效长距离作用量被映射到 $d+1$ 维的 NLSM。实际上,它拥有标度重整化群性质。下面简单讨论涨落对有序相的影响和1维、2维时空中的有关红外发散[50]。我们遵循波利亚科夫[51]的处理方法,在一个特殊的 $d=2$ 的情况下逃避了红外发散,最终得到了准长程序。

在 d 维 $O(n)$NLSM 的标准符号中,配分函数是

$$Z=\int D\hat{\boldsymbol{n}}\exp\left[-\frac{\Lambda^{d-2}}{2f}\int \mathrm{d}^d x\sum_{\mu,\alpha}(\partial_{\mu}\boldsymbol{n}^{\alpha})^2\right]$$

$$D\hat{\boldsymbol{n}}=\prod_{\alpha}D\boldsymbol{n}^{\alpha}\delta\left[1-\sum_{\alpha=0}^{n-1}(\boldsymbol{n}^{\alpha})^2\right] \tag{8.17.20}$$

n 个正交归一的基矢量是

$$\hat{\boldsymbol{e}}^{\alpha}, \alpha = 0, 1, \cdots, n-1$$

$$\boldsymbol{n}^{\alpha} = \hat{\boldsymbol{n}} \cdot \hat{\boldsymbol{e}}^{\alpha} \tag{8.17.21}$$

霍尔丹映射将 NLSM 和原始的 d-维立方格点(格点数$\mathfrak{N}$,格距 a)联系起来,条件是:布里渊区现在是半径为 Λ 的球形,在球形区内的自由度应该和原来的立方区内相同:

$$\mathfrak{N}^{-1} \sum_{|k[\mu]| < \pi/a}^{\text{cube}} = \mathfrak{N}^{-1} \sum_{|k| < \Lambda}^{\text{sph}} = 1$$

不同条件导致不同维数 d 下 Λ 值的不同:

$$\Lambda = \begin{cases} \pi/a, & d=1 \\ 2\sqrt{\pi}/a, & d=2 \\ (6\pi^2)^{1/3}/a, & d=3 \end{cases}$$

在低温下,我们期待基态位形接近有序态

$$\overline{\hat{n}} = \hat{e}^0 \tag{8.17.22}$$

小涨落 $\phi^a (a=1,2,\cdots,n-1)$ 在 $\hat{e}^0$ 的横向,场 $\hat{n}$ 被参数化为

$$\hat{n} = \hat{e}^0 \sqrt{1 - \overline{\phi^2}} + \sum_{a=1}^{n-1} \phi^a \hat{e}^a \tag{8.17.23}$$

此处

$$\overline{\phi^2} = \sum_{a=1}^{n-1} (\phi^a)^2 \tag{8.17.24}$$

将式(8.17.23)代入式(8.17.20),并将被积分函数对 ϕ 展开到 ϕ^2,得到

$$\left.\begin{aligned} Z &= \int D\phi \exp(-S^{(2)}[\phi]) \\ S^{(2)}[\phi] &= \frac{\Lambda^{d-2}}{2f} \int \mathrm{d}^d x \exp\Big[\sum_{\mu,a} (\partial_\mu \phi^a)^2\Big] \end{aligned}\right\} \tag{8.17.25}$$

傅里叶变换 ϕ:

$$\phi_k^a = \Lambda^d \int \mathrm{d}^d x \, \mathrm{e}^{-\mathrm{i}k\cdot x} \phi^a(x)$$

给出

$$S^{(2)}[\phi] = \frac{1}{2f\Lambda^2 \mathfrak{N}} \sum_{k,a} k^2 \phi_k^a \phi_{-k}^a \tag{8.17.26}$$

用配分函数(8.17.25)计算定域涨落:

$$\begin{aligned} \langle |\delta\hat{n}(0)|^2 \rangle &\simeq \frac{1}{Z\mathfrak{N}} \sum_{k,a} \int D\hat{n} \phi_k^a \phi_{-k}^a \exp(-S^{(2)}[\phi]) \\ &= \frac{(n-1)\Lambda^2 f}{(2\pi)^d} \lim_{\tilde{\Lambda}\to 0} \int_{\tilde{\Lambda}}^{\Lambda} \frac{\mathrm{d}^d k}{|k|^2} \\ &\sim \begin{cases} (n-1) f \lim\limits_{\tilde{\Lambda}\to 0} \tilde{\Lambda}^{-1} \to \infty, & d=1 \\ -\dfrac{(n-1)f}{2\pi} \lim\limits_{\tilde{\Lambda}\to 0} \ln \tilde{\Lambda}^{-1} \to \infty, & d=2 \\ \dfrac{(n-1)f\Lambda}{2\pi^2}, & d=3 \end{cases} \end{aligned} \tag{8.17.27}$$

在1维和2维且$n\geqslant 2$和任意有限的f情况下，涨落是发散的。红外发散使对称自发破缺对1维和2维失效。这符合于梅尔明-瓦格纳定理。

这样就必须放弃从用$O(n)$对称开始然后假设对称自发破缺的办法。在波利亚科夫的方法中，参数化式(8.17.23)由下式代替：

$$\hat{n}(x)=\hat{n}^0(x)\sqrt{1-\overline{\phi^2}}+\sum_{a=1}^{n-1}\phi^a\hat{e}^a(x),$$
$$\overline{\phi^2}=\sum_{a=1}^{n-1}(\phi^a)^2 \tag{8.17.28}$$

现在场$\hat{\boldsymbol{n}}$和涨落ϕ都依赖于x，将$\hat{\boldsymbol{n}}$的0分量(纵向分量)特殊对待，即认为它几乎是幺模的，基矢量$\hat{\boldsymbol{n}}$和$\hat{\boldsymbol{e}}$也应该是依赖于x的。定义基矢量为

$$\hat{\boldsymbol{e}}^0(x)\equiv\hat{\boldsymbol{n}}^0(x)$$
$$\hat{\boldsymbol{e}}^\alpha(x)\cdot\hat{\boldsymbol{e}}^\beta(x)=\delta_{\alpha\beta},\alpha=0,1,\cdots,n-1 \tag{8.17.29}$$

希腊文指标包括纵向和横向分量，拉丁文指标仅代表横向指标，$a,b=1,2,\cdots,n-1$。相邻点的基矢量规范势(仿射联络)相联系：

$$\widetilde{\boldsymbol{A}}_\mu^{\alpha\beta}\equiv\hat{\boldsymbol{e}}^\alpha\cdot\partial_\mu\hat{\boldsymbol{e}}^\beta \tag{8.17.30}$$

这些都是并矢(二秩张量)。从以上定义得出以下有用的关系：

$$\partial_\mu\hat{\boldsymbol{n}}^0=\sum_a\widetilde{\boldsymbol{A}}_\mu^{a0}\hat{\boldsymbol{e}}^a,\partial_\mu\hat{\boldsymbol{e}}^a=\sum_b\widetilde{\boldsymbol{A}}_\mu^{ab}\hat{\boldsymbol{e}}^b-\widetilde{\boldsymbol{A}}_\mu^{a0}\hat{\boldsymbol{n}}^0 \tag{8.17.31}$$

正交归一条件式(8.17.29)导致

$$\sum_a(\widetilde{\boldsymbol{A}}_\mu^{a0})^2=(\partial_\mu\hat{\boldsymbol{n}}^0)^2 \tag{8.17.32}$$

波利亚科夫的方法区分慢场$\hat{n}(x)$和快场$\phi^a(x)$，基矢量$\hat{\boldsymbol{e}}^a$和连络势$\widetilde{\boldsymbol{A}}_\mu^{\alpha\beta}(x)$都是慢场。选择一个中间动量标度$\widetilde{\Lambda}$，有

$$0<\widetilde{\Lambda}\ll\Lambda \tag{8.17.33}$$

它区分快场

$$\phi^a(x)=\sum_{\widetilde{\Lambda}\leqslant|k|\leqslant\Lambda}\mathrm{e}^{\mathrm{i}k\cdot x}\phi_k^a \tag{8.17.34}$$

与慢场

$$X(x)=\sum_{0\leqslant|k|\leqslant\widetilde{\Lambda}}\mathrm{e}^{\mathrm{i}k\cdot x}X_k \tag{8.17.35}$$

将式(8.17.28)代入NLSM拉格朗日量，得到

$$\begin{aligned}\mathscr{L}&=\frac{\Lambda^{d-2}}{2f}\int\mathrm{d}^dx\sum_{\mu=1}^d\partial_\mu\hat{n}\cdot\partial_\mu\hat{n}\\&=\frac{\Lambda^{d-2}}{2f}\int\mathrm{d}^dx\sum_{\mu,a,b}\Big[\left(\partial_\mu\sqrt{1-\overline{\phi^2}}-\widetilde{A}_\mu^{a0}\phi^a\right)^2+\\&\quad\left(\partial_\mu\phi^a+\widetilde{A}_\mu^{ab}\phi^b+\widetilde{A}_\mu^{a0}\sqrt{1-\overline{\phi^2}}\right)^2\Big]\end{aligned} \tag{8.17.36}$$

将拉格朗日量展开到ϕ的二阶项，得到

$$Z=\int_{\widetilde{\Lambda}}D\hat{n}^0\exp\left(-\int_{\widetilde{\Lambda}}\mathrm{d}^dx\mathscr{L}[\hat{n}^0]\right)Z^{(2)}[\hat{n}^0] \tag{8.17.37}$$

在这里用了式(8.17.32)以得到$\mathcal{L}[\hat{\boldsymbol{n}}^0]$，$Z^{(2)}$是快场带来的修正：

$$Z^{(2)}=\int_{\Lambda}D\phi\exp\left(-\int_{\Lambda}\mathrm{d}^d x\mathscr{L}^{(2)}[\hat{\boldsymbol{n}}^0,\phi]\right),$$

$$\mathscr{L}^{(2)}=\frac{\Lambda^{d-2}}{2f}\int\mathrm{d}^d x\sum_{\mu,a,b}[(\partial_\mu\phi^a+\widetilde{\boldsymbol{A}}_\mu^{ab}\phi^b)^2+ \widetilde{\boldsymbol{A}}_\mu^{a0}\widetilde{\boldsymbol{A}}_\mu^{b0}(\phi^a\phi^b-\delta_{ab}\overline{\phi^2})] \tag{8.17.38}$$

其中，高于ϕ的二阶幂次已经略去。$\mathcal{L}^{(2)}$对$\widetilde{\boldsymbol{A}}_\mu^{ab}$的依赖只通过它的导数，这里也略去。在$Z^{(2)}$中进行高斯路径积分，得到

$$Z^{(2)}[\hat{\boldsymbol{n}}^0]\propto\exp\left[-\frac{1}{2}Tr\ln(\Pi_0-\Pi_1)\right] \tag{8.17.39}$$

此处Π是在快模空间$|\boldsymbol{k}|>\widetilde{\Lambda}$中的矩阵

$$\left.\begin{aligned}(\Pi_0)_{k,k'}&=k^2\delta_{k,k'}\delta_{ab}\\(\Pi_1)_{k,k'}&=\delta_{k,k'}\left[\widetilde{\boldsymbol{A}}_\mu^{a0}\widetilde{\boldsymbol{A}}_\mu^{b0}-\delta_{ab}\sum_c(\widetilde{\boldsymbol{A}}_\mu^{c0})^2\right]\end{aligned}\right\} \tag{8.17.40}$$

用近似$\ln\Pi_0+\ln(1-\Pi_0^{-1}\Pi_1)\simeq\ln\Pi_0-(\Pi_0^{-1}\Pi_1)$进一步得到

$$\frac{1}{2}Tr(\Pi_0^{-1}\Pi_1)=-\frac{1}{2\S\!\!\S}\sum_{\widetilde{\Lambda}\leqslant|k|\leqslant\Lambda}\frac{1}{k^2}\sum_{\mu,a}[(\widetilde{\boldsymbol{A}}_\mu^{a0})^2-(n-1)(\widetilde{\boldsymbol{A}}_\mu^{a0})^2]$$

$$\approx\frac{\Lambda^{d-2}\Delta_d}{2}\sum_\mu(\partial_\mu\hat{n}^0)^2 \tag{8.17.41}$$

此处的无量纲常数Δ_d定义为

$$\Delta_d(\widetilde{\Lambda}/\Lambda)=(n-2)\Lambda^{2-d}\int_{\widetilde{\Lambda}\leqslant|k|\leqslant\Lambda}\frac{\mathrm{d}^d k}{(2\pi)d}\frac{1}{k^2} \tag{8.17.42}$$

$$=\begin{cases}\dfrac{n-2}{\zeta_1}[(\widetilde{\Lambda}/\Lambda)^{d-2}-1], & d=1\\-\dfrac{n-2}{\zeta_2}\ln(\widetilde{\Lambda}/\Lambda), & d=2\\\dfrac{n-2}{\zeta_3}[1-(\widetilde{\Lambda}/\Lambda)^{d-2}], & d=3\end{cases} \tag{8.17.43}$$

在式(8.17.43)中，$\zeta_1=\pi$，$\zeta_2=2\pi$，$\zeta_3=2\pi^2$。将修正纳入式(8.17.39)，通过式(8.17.42)，并将Λ代为$\widetilde{\Lambda}$，就得到新的配分函数

$$Z\approx\int_{\widetilde{\Lambda}}D\hat{n}^0\exp\left[-\frac{\widetilde{\Lambda}^{d-2}}{2\widetilde{f}}\int_{\widetilde{\Lambda}}\mathrm{d}^d x(\partial_\mu\hat{n}^0)^2\right] \tag{8.17.44}$$

其中重整化的耦合常数$\widetilde{f}$为

$$\widetilde{f}=(\widetilde{\Lambda}/\Lambda)^{d-2}\frac{f}{1-f\Delta_d(\widetilde{\Lambda}/\Lambda)} \tag{8.17.45}$$

我们发现，将快场积去后仍然回到原有的拉格朗日量，改变的仅有参数而已！我们观察到在$d=1$和$d=2$时仍然有红外发散，但只需比较式(8.17.43)和式(8.17.27)即可！对于$d=1$和$d=2$，基态涨落如$n-1$般发散，但此处Δ_d的红外发散仅在$n\geqslant3$时发生。现在$n=2$是

特殊的。在 $O(n)$NLSM 中,n 是序参量的自由度,例如对超流和超导 $n=2$(振幅和相位)。原来对于 $d=2$ 和 $n=2$ 的连续时空理论有一个弱耦合相具有准长程序,即幂次衰变律。$O(2)$模型和科斯特利茨-索利斯相变是超流的重要课题。重整化群处理在物理层面具有启发性。证明高阶项是无关的或边缘的需要更严格的证明,请参照专门书籍。

参考文献

[1] WALLS D F,MILBURN G J. Quantum optics[M]. Berlin: Springer,1994.

[2] HAROCHE S, RAIMOND J M. Manipulation of nonclassical field states in a cavity by atom interferometry[M]//BERMAN P R. Cavity quantum electrodynamics. Boston: Academic Press,1994.

[3] HAROCHE S,KLEPPNER D. Cavity quantum electrodynamics[J]. Physics Today,1989,42(1).

[4] BOLLER K J,IMAMOǦLU A,HARRIS S Observation of electromagnetically induced transparency [J]. Physical Review Letters,1991,66(20): 2593-2600.

[5] HAU L V,HARRIS S E,DUTTON Z,et al. Light speed reduction to 17m per second in an ultracold atomic gas[J]. Nature,1997,397: 594-598.

[6] MARANGOS J. Slow light in cool atoms[J]. Nature,1999,397: 559-560.

[7] LIU C,DUTTON Z,BEHROOZI C. Observation of coherent optical information storage in an atomic medium using halted light pulses[J]. Nature,2001,409: 490-493.

[8] HARRIS S E, FIELD J E, KASAPI A. Dispersive properties of electromagnetically induced transparency[J]. Physical Review A,1992,46(1): R29.

[9] DUTTON Z, HAU L V. Storing and processing optical information with ultraslow light in Bose-Einstein condensates [J]. Physical Review A,1992,70(5): 053831.

[10] BRUNE M,RAIMOND J M,GOY P,et al. Realization of a two-photon maser oscillator[J]. Physical Review Letters,1987,59: 1899-1902.

[11] HAROCHE S. In new trends in atomic physics[Z]. Amsterdam: North Hooland,1989.

[12] REMPE G,WALTHER H,KLEIN N. Observation of quantum collapse and revival in a one-atom maser[J]. Physical Review Letters,1987,58: 353-356.

[13] HULET R G,HILFER E S,KLEPPNER D. Inhibited spontaneous emission by a Rydberg atom[J]. Physical Review Letters,1985,55: 2137-2140.

[14] JHE W,ANDERSON A,HINDS E A,et al. Suppression of spontaneous decay at optical frequencies: Test of vacuum-field anisotropy in confined space[J]. Physical Review Letters,1987,58: 666-669.

[15] MESCHEDE D,WALTHER H,MÜLLER G. One-Atom Maser[J]. Physical Review Letters,1985, 54: 551-554.

[16] KRAUSE J,SCULLY M O,WALTHER H. State reduction and $|n\rangle$-state preparation in a high-q micromaser[J]. Physical Review A,1987,36: 4547-4550.

[17] BRUNE M,RAIMOND J M,GOY P,et al. Realization of a two-photon maser oscillator[J]. Physical Review Letters,1987,59: 1899-1902.

[18] BRUNE M, NUSSENZVEIG P, SCHMIDT-KALER F, et al. From lamb shift to light shifts: Vacuum and subphoton cavity fields measured by atomic phase sensitive detection[J]. Physical Review Letters,1994,72: 3339-3342.

[19] HAROCHE S, BRUNE M, RAIMOND J M. Measuring photon numbers in a cavity by atomic interferometry: optimizing the convergence procedure[J]. Journal de Physique Ⅱ (France),1992, 2(4): 659-670.

[20] Haroche S,Brune M,Raimond J M. Atomic clocks for controlling light fields[J]. Physics today,

2013,66(1): 27.

[21] GLEYZES S,KUHR S,GUERLIN C,et al. Quantum jumps of light recording the birth and death of a photon in a cavity[J]. Nature,2007,446(7133): 297-300.

[22] MABUCHI H,DOHERTY A C. Cavity quantum electrodynamics: Coherence in context[J]. Science, 2002,298: 1372.

[23] WISEMAN H M,MILBURN G J. Quantum theory of field-quadrature measurements[J]. Physical Review A,1993,47: 642-662.

[24] TURCHETTE Q A,HOOD C J,LANGE W,et al. Measurement of conditional phase shifts for quantum logic[J]. Physical Review Letters,1995,75: 4710.

[25] HAGLEY E,MAÎTRE X,NOGUES G,et al. Generation of Einstein-Podolsky-Rosen pairs of atoms [J]. Physical Review Letters,1997,79: 1-5.

[26] RAUSCHENBEUTEL A,NOGUES G,OSNAGHI S,et al. Step-by-step engineered multiparticle entanglement[J]. Science,2000,288: 2024-2028.

[27] RAUSCHENBEUTEL A,BERTET P,OSNAGHI S,et al. Controlled entanglement of two field modes in a cavity quantum electrodynamics experiment[J]. Physical Review A,2001,64: 050301.

[28] LANDAU L D,LIFSHITZ E M. Statistical physics: Part 1[M]. 3rd edition. Oxford: Pergamon Press,1980.

[29] LANDAU L D,LIFSHITZ E M. Electrodynamics of continuous media[M]. 2nd edition. Oxford: Pergamon Press,1984.

[30] BARASH Y S,GINZBURG V L. Electromagnetic fluctuations in matter and molecular (van-der-Waals) forces between them[J]. Soviet Physics Uspekhi,1975,18(5): 305-322.

[31] LANDAU L D,LIFSHITZ E M. The classical theory of fields[M]. 4th edition. Oxford: Pergamon Press,1975.

[32] LIFSHITZ E M,PITAEVSKIĭ L P. Statistical physics: Part 2[M]. Oxford: Pergamon Press,1980.

[33] MILONNI P W,SHIH M L. Zero-point energy in early quantum theory[J]. American Journal of Physics,1991,59(8): 684-698.

[34] MILONNI P W,SHIH M L. Casimir forces[J]. Contemporary Physics,1992,33(5): 313-322.

[35] CASIMIR H B G,POLDER D. The influence of retardation on the London-van der Waals forces[J]. Physical Review,1948,73: 360-372.

[36] SUKENIK C I,BOSHIER M G,CHO D,et al. Measurement of the Casimir-Polder force[J]. Physical Review Letters,1993,70: 560-563.

[37] BARTON G,DALITZ R H. Quantum-electrodynamic level shifts between parallel mirrors: applications,mainly to Rydberg states [J]. Proceedings of the Royal Society of London. A. Mathematical and Physical Sciences,1987,410(1838): 175-200.

[38] SPARNAAY M. Measurements of attractive forces between flat plates[J]. Physica,1958,24(6): 751-764.

[39] ITZYKSON C,ZUBER J B. Quantum field theory[M]. New York: McGraw-Hill,1980.

[40] CHIORESCU I,BERTET P,SEMBA K,et al. Coherent dynamics of a flux qubit coupled to a harmonic oscillator[J]. Nature,2004,431(7005): 159-162.

[41] WALLRAFF A,SCHUSTER D I,BLAIS A,et al. Strong coupling of a single photon to a superconducting qubit using circuit quantum electrodynamics[J]. Nature,2004,431(7005): 162-167.

[42] VAN DER WAL C H,TER HAAR A C J,WILHELM F K,et al. Quantum superposition of macroscopic persistent-current states[J]. Science,2000,290: 773-777.

[43] BLAIS A,HUANG R S,WALLRAFF A,et al. Cavity quantum electrodynamics for superconducting electrical circuits: An architecture for quantum computation [J]. Physical Review A, 2004,

69: 062320.

[44] LOUUISELL W H. Quantum statistical properties of radiation[M]. London: Wiley & Sons, 1973.

[45] COHEN-TANNOUDJI C, DUPONT-ROC J, GRYNBERG G. Atom-Photon Interactions [M]. New York: Wiley & Sons, 1992.

[46] FOOT C J. Atomic physics[M]. Oxford: Oxford University Press, 2005, 1980.

[47] ANTHONY Z. Quantum field theory in a nutshell[J]. 2nd edition. Princeton: Princeton University Press, 2010.

[48] ALTLAND A, SIMONS B. Condensed matter field theory[M]. Cambridge: Cambridge University Press, 2006.

[49] ABRAHAMS E, ANDERSON P W, LICCIARDELLO D C, et al. Scaling Theory of localization: Absence of quantum diffusion in two dimensions [J]. Physical Review Letters, 1979, 42 (10): 673-675.

[50] AUERBACH A. Interacting electrons and quantum magnetism [M]. New York: Springer New York, 1994.

[51] POLYAKOV A M. Interaction of goldstone particles in two dimensions: Applications to ferromagnets and massive Yang-Mills fields[J]. Physics Letters B, 1975, 59(1): 79-81.

第 9 章
量子霍尔效应

在过去 20 年间,与量子霍尔效应有关的研究已经被授予过两次诺贝尔物理学奖。在整数量子霍尔效应的研究中发现,霍尔电阻的量子化值完全由基本常数表达。在凝聚态物理的研究中所测得的数值与固体材料的特性无关,这属于例外情况。这个现象反映了物理学基础的规律性。在 9.2 节和 9.3 节中将给出为理解量子霍尔效应所必需的一些理论基础,即朗道能级和磁通量子化。在 9.4 节中将介绍整数量子霍尔效应的实验结果和理论诠释,包括反映这个现象基础规律的劳克林规范不变性论据。

分数量子霍尔效应对实验物理学家的经验和造诣要求很高,而其理论诠释更富挑战性。在整数量子霍尔效应中,量子化霍尔电阻对应被填满的朗道能级数,那么在分数量子霍尔效应中,一个朗道能级填充 1/3,2/5 等又有何特殊之处呢?想要写出此种状态的近似波函数不仅要有物理学方面的洞察力,即理解这样的状态是电子间相互作用形成的强关联的集体态,而且要辛勤地去设想波函数的形式并一步一步使用试探波函数以验证其正确性,这样才能使产生的劳克林波函数比人们期望的还要准确得多。除基态外,也获得了原激发(分数电荷的准粒子和准空穴)的波函数。大量高质量的研究成果使人们认识到,分数量子霍尔态是一种新型量子流体的状态。在 9.5 节中将介绍这些发展。

其他各节将讨论理论概念的进一步发展。例如,整数和分数量子霍尔效应可以在复合玻色子图画的基础上达到统一的理解,复合玻色子是电子和奇数磁通量子束缚在一起形成的。此外,还讨论了量子霍尔物质的整体相图。

在这个方向上已经有了许多新的、概念性的进展。我们的重点仍是和量子力学基本原理有密切联系的进展,关于其他方面的前沿进展,读者可以阅读有关的参考文献。

9.1 经典霍尔效应

将长方条形导体沿其长度(x 轴)加一电场 E_x,它产生的电流密度为

$$j_x = nev \tag{9.1.1}$$

此处 n 是载流子密度,e 和 v 分别为其电荷和速度。在 z 方向加均匀磁场 B,电流即发生偏转,在垂直于 y 轴的两个侧面上积累异号电荷,这些电荷会产生横向电场 E_y。当 $E_y = \frac{1}{c}vB$

时(c 为光速),电流在 y 方向就不再受力。当电流稳定后测出 j_x,E_y 和 B。它们之间的关系是

$$E_y = j_x \frac{B}{nec}$$

定义电阻率 ρ_H 为

$$\rho_H = \frac{E_y}{j_x} \tag{9.1.2}$$

据 E_y 与 B 的关系可得

$$\rho_H = \frac{B}{nec} \tag{9.1.3}$$

通过测量各量能推出载流子浓度。如果载流子为电子,则 E_y 沿 $-y$ 方向;如果载流子为空穴,则 E_y 沿 $+y$ 方向

在 y 轴方向的电势差称为"霍尔电压"U_H,它和 E_y 的关系是 $U_H = E_y L_y$,此处 L_y 是导体的横向宽度。从式(9.1.2)可知,U_H 和 B 成正比,这个线性关系示于图 9.1。

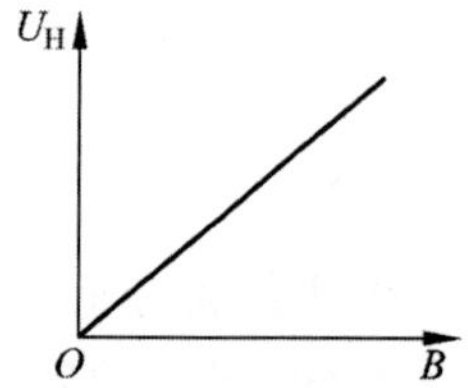

图 9.1　经典霍尔效应

这个效应是 1879 年霍尔(Edwin H. Hall)发现的。发现后约 100 年,克利青和多尔达,派博发现了量子霍尔效应[1-2]。由于这项发现,克利青获得了 1985 年的诺贝尔物理学奖。1982 年崔琦、斯托尔默和戈萨德[3-4]发现了分数量子霍尔效应,崔琦、斯托尔默和劳克林获得了 1998 年的诺贝尔物理学奖。

9.2　电子在均匀磁场中的运动,朗道能级

带电粒子在均匀磁场中运动的量子力学问题是朗道在 1930 年解决的。沿 z 方向均匀磁场 B 的矢量势选为

$$A_x = -By, \quad A_y = A_z = 0 \tag{9.2.1}$$

薛定谔能量本征方程是

$$\hat{H}\psi = \frac{1}{2m}\left[\left(\hat{p}_x + \frac{eB}{c}y\right)^2 + \hat{p}_y^2 + \hat{p}_z^2\right]\psi - \mu s_z B\psi = E\psi \tag{9.2.2}$$

式中,s_z 是电子自旋 z 分量,$-\mu s_z B$ 是电子自旋磁矩在磁场 B 中的能量。由于哈密顿量中不含坐标 x 和 z,因此 p_x 和 p_z 都是运动常数,求解时可将 ψ 写作

$$\psi(x,y,z) = \exp\left[\frac{\mathrm{i}}{\hbar}(p_x x + p_z z)\right]\chi(y) \tag{9.2.3}$$

将式(9.2.3)代回式(9.2.2),即得 $\chi(y)$ 所满足的方程:

$$\chi''(y) + \frac{2m}{\hbar^2}\left[\left(E + \mu s_z B - \frac{p_z^2}{2m}\right) - \frac{1}{2}m\omega_c^2(y - y_0)^2\right]\chi(y) = 0 \tag{9.2.4}$$

式中,

$$y_0 = -\frac{cp_x}{eB} \tag{9.2.5}$$

$$\omega_c = \frac{eB}{mc} \tag{9.2.6}$$

ω_c 是电子在磁场 B 中的进动频率。式(9.2.4)正是一维谐振子所满足的方程。因此式中

$E+\mu s_z B-\frac{p_z^2}{2m}$正是能量本征值$\left(n+\frac{1}{2}\right)\hbar\omega_c$。故有

$$E_n=\left(n+\frac{1}{2}\right)\hbar\omega_c+\frac{p_z^2}{2m}-\mu s_z B \tag{9.2.7}$$

相应的本征函数是

$$\chi_n(y)=\frac{1}{\pi^{1/4}a^{1/2}\sqrt{2^n n!}}\exp\left[-\frac{(y-y_0)^2}{2a^2}\right]H_n\left(\frac{y-y_0}{a}\right) \tag{9.2.8}$$

式中,H_n 是埃尔米特多项式,$a=\sqrt{\hbar/m\omega_c}$。有趣的是,p_x 并不进入能量的表达式,而是通过式(9.2.5)确定谐振子的平衡位置。若粒子在 x 方向的运动不受局限,则 p_x 可以连续取值。若 x 方向的范围由长 L_x 所局限,则 p_x 值是分立的,即

$$p_x=\frac{2\pi\hbar}{L_x}l \tag{9.2.9}$$

此处 $l=0,\pm1,\pm2,\cdots$。相应的平衡位置也是分立的,其间隔为

$$\Delta y_0=\frac{c}{eB}\frac{2\pi\hbar}{L_x} \tag{9.2.10}$$

在 L_y 长度内能排下的平衡位置数目为

$$\frac{L_y}{\Delta y_0}=\frac{eBL_xL_y}{hc}$$

而在 xy 平面单位面积内的平衡位置数目,亦即单位面积内态的数目为

$$n_B=\frac{eB}{hc} \tag{9.2.11}$$

为了对于朗道能级的简并度有一个概念,考虑在一个朗道能级被完全填充的样品的单位面积能级数 $n_B=\frac{eB}{hc}=(2\pi a_0^2)^{-1}$,此处 $a_0=\left(\frac{\hbar c}{eB}\right)^{1/2}$ 被称为"磁长度",是量子霍尔效应中长度的常用标准。在典型的量子霍尔效应实验中,a_0 为 50～100Å,即 n_B 的量级为 $10^{11}\,\mathrm{cm}^{-2}$。典型样品的面积为 $10^{-3}\,\mathrm{cm}^2$,因此朗道能级简并度的量级是 10^8。

若电子被局限于二维空间(xy 平面)中运动,即没有 z 方向的自由度,且磁场足够强以使电子完全极化($-\mu s_z B$ 为常数),能量本征值即可简单地写作

$$E_n=\left(n+\frac{1}{2}\right)\hbar\omega_c \tag{9.2.12}$$

能级是分立的,它们被称为"朗道能级"。对于某一个朗道能级,在 y 方向的平衡位置数由式(9.2.11)给出,因此朗道能级的简并度也就是 n_B。

沿 $-z$ 轴的均匀磁场 B 也可以选用矢量势的对称规范:

$$A_x=\frac{B}{2}y,\quad A_y=-\frac{B}{2}x,\quad A_z=0 \tag{9.2.13}$$

其哈密顿量是

$$\hat{H}=\frac{1}{2m}\left[\left(\hat{p}_x-\frac{eB}{2c}y\right)^2+\left(\hat{p}_y+\frac{eB}{2c}x\right)^2\right] \tag{9.2.14}$$

此处完全极化的电子自旋在磁场中的能量作为一个常数就不再列入了。以式(9.2.8)中的 a_0 作为长度单位,

$$a_0 = \left(\frac{\hbar}{m\omega_c}\right)^{1/2} = \left(\frac{\hbar c}{eB}\right)^{1/2} \tag{9.2.15}$$

并用复坐标 z 和 z^* 作为独立变量取代 x 和 y：

$$z = \frac{x+\mathrm{i}y}{2a_0}, \quad z^* = \frac{x-\mathrm{i}y}{2a_0} \tag{9.2.16}$$

从式(9.2.16)得

$$\frac{\partial}{\partial z} = a_0\left(\frac{\partial}{\partial x} - \mathrm{i}\frac{\partial}{\partial y}\right), \quad \frac{\partial}{\partial z^*} = a_0\left(\frac{\partial}{\partial x} + \mathrm{i}\frac{\partial}{\partial y}\right) \tag{9.2.17}$$

可以简单地从式(9.2.16)、式(9.2.17)得出以下几个关系：

$$\begin{aligned} z^* z &= \frac{1}{4a_0^2}(x^2+y^2), \\ z\frac{\partial}{\partial z} - z^*\frac{\partial}{\partial z^*} &= \mathrm{i}\left(y\frac{\partial}{\partial x} - x\frac{\partial}{\partial y}\right), \\ \frac{\partial}{\partial z}\frac{\partial}{\partial z^*} &= a_0^2\left(\frac{\partial^2}{\partial x^2} + \frac{\partial^2}{\partial y^2}\right) \end{aligned} \tag{9.2.18}$$

将式(9.2.14)用 z 和 z^* 表示，有

$$\begin{aligned} \hat{H} &= \frac{1}{2}\hbar\omega_c\left[-a_0^2\left(\frac{\partial^2}{\partial x^2} + \frac{\partial^2}{\partial y^2}\right) + \frac{1}{4a_0^2}(x^2+y^2) - \mathrm{i}\left(y\frac{\partial}{\partial x} - x\frac{\partial}{\partial y}\right)\right] \\ &= \frac{1}{2}\hbar\omega_c\left[-\frac{\partial}{\partial z}\frac{\partial}{\partial z^*} + z^* z - z\frac{\partial}{\partial z} + z^*\frac{\partial}{\partial z^*}\right] \\ &= \frac{1}{2}\hbar\omega_c\left[\left(z^* - \frac{\partial}{\partial z}\right)\left(z + \frac{\partial}{\partial z^*}\right) + 1\right] \end{aligned}$$

定义算符 a 和 $a^\dagger$ 为

$$a = \frac{1}{\sqrt{2}}\left(z + \frac{\partial}{\partial z^*}\right), \quad a^\dagger = \frac{1}{\sqrt{2}}\left(z^* - \frac{\partial}{\partial z}\right) \tag{9.2.19}$$

就得到

$$\hat{H} = \hbar\omega_c\left[a^\dagger a + \frac{1}{2}\right] \tag{9.2.20}$$

a 和 $a^\dagger$ 满足对易关系

$$[a, a^\dagger] = 1 \tag{9.2.21}$$

在 $a^\dagger a$ 对角化的表示中，能量本征态是

$$E = \hbar\omega_c\left(n + \frac{1}{2}\right) \tag{9.2.22}$$

这正是二次量子化的谐振子问题。由式(9.2.14)定义的 $\hat{H}$ 本是二维问题，应该还有一个自由度和相应的量子数，就像 $\hat{H}$(式(9.2.2))中的 $\hat{p}_x$ 一样。它不进入能量本征值的表达式，但决定谐振子的平衡位置。和式(9.2.19)相比，可类似地定义为

$$b = \frac{1}{\sqrt{2}}\left(z^* + \frac{\partial}{\partial z}\right), \quad b^\dagger = \frac{1}{\sqrt{2}}\left(z - \frac{\partial}{\partial z^*}\right) \tag{9.2.23}$$

它们也满足

$$\left.\begin{array}{l}[b, b^{\dagger}]=1 \\ [b, a^{\dagger}]=[b, a]=0 \\ [b^{\dagger}, a^{\dagger}]=[b^{\dagger}, a]=0\end{array}\right\} \tag{9.2.24}$$

因此,$\hat{H}$ 的本征态也可以同时是 $b^{\dagger}b$ 的本征态,即有

$$\left.\begin{array}{l}\hat{H}\psi_{nm}=\hbar\omega_{c}\left(n+\dfrac{1}{2}\right)\psi_{nm} \\ b^{\dagger}b\psi_{nm}=m\psi_{nm}\end{array}\right\} \tag{9.2.25}$$

$\hat{H}$ 的本征态 ψ_{0m} 满足

$$a\psi_{0m}=0$$

即

$$\left(z+\frac{\partial}{\partial z^{*}}\right)\psi_{0m}=0$$

它的解可以从一个最低解 ψ_{00} 生成,此处

$$\psi_{00}=\text{const}\cdot \mathrm{e}^{-zz^{*}} \tag{9.2.26}$$

将 $b^{\dagger}$ 作用于 ψ_{00} 上 m 次,有

$$\psi_{0m}=\text{const}(b^{\dagger})^{m}\psi_{00}=\text{const}\cdot z^{m}\mathrm{e}^{-zz^{*}},\quad m=0,1,2,\cdots,M \tag{9.2.27}$$

对于最低的朗道能级而言,m 就是角动量量子数。将角动量算符的 z 分量

$$L_{z}=-\mathrm{i}\,\hbar\left(x\frac{\partial}{\partial y}-y\frac{\partial}{\partial x}\right)=\hbar\left(z\frac{\partial}{\partial z}-z^{*}\frac{\partial}{\partial z^{*}}\right) \tag{9.2.28}$$

作用在 ψ_{0m} 上,并用

$$L_{z}z^{m}=\hbar m z^{m},\quad L_{z}\mathrm{e}^{-zz^{*}}=0$$

就得到

$$L_{z}\psi_{0m}=\hbar m\psi_{0m}$$

该结果证明了上面的陈述。m 的上限 M 由此可以确定。对 $m=M$ 态求 $\langle x^{2}+y^{2}\rangle$:

$$\frac{1}{4a^{2}}\langle x^{2}+y^{2}\rangle=\frac{\displaystyle\int_{0}^{\infty}(z^{*}z)^{M}\mathrm{e}^{-2z^{*}z}z^{*}z\,\mathrm{d}z\,\mathrm{d}z^{*}}{\displaystyle\int_{0}^{\infty}(z^{*}z)^{M}\mathrm{e}^{-2z^{*}z}\,\mathrm{d}z\,\mathrm{d}z^{*}}=\frac{M+1}{2}$$

在积分中,$\mathrm{d}z\,\mathrm{d}z^{*}$ 可以用平面极坐标面积元 $2\pi r\,\mathrm{d}r$ 代替,$z^{*}z=r^{2}$,取积分即得结果。若二维平面面积为 A,则有

$$A=\pi\langle x^{2}+y^{2}\rangle=2\pi a_{0}^{2}(M+1)$$

当 M 很大时,单位面积上态的数目 n_{B} 是

$$n_{B}=\frac{M}{A}=\frac{eB}{hc}$$

即

$$M=\frac{BA}{\Phi_{0}}=\frac{\Phi}{\Phi_{0}} \tag{9.2.29}$$

此处 Φ 为通过平面的磁通量,结果和式(9.2.11)相同。

从式(9.2.19)和式(9.2.23)可得

$$b^{\dagger}b = a^{\dagger}a + \frac{1}{\hbar}L_z$$

用此关系得到

$$b^{\dagger}b\psi_{nm} = m\psi_{nm} = n\psi_{nm} + \frac{1}{\hbar}L_z\psi_{nm}$$

即

$$L_z\psi_{nm} = \hbar(m-n)\psi_{nm} \tag{9.2.30}$$

ψ_{nm} 也是 L_z 的本征函数,对于朗道能级 $n\neq 0$,角动量的本征值是$\hbar(m-n)$。从式(9.2.28)可得

$$[L_z, b] = -\hbar b, \quad [L_z, b^{\dagger}] = \hbar b^{\dagger} \tag{9.2.31}$$

这个结果意味着,当 b 和 $b^{\dagger}$ 作用于 L_z 的本征态时,分别降低和升高 L_z 的本征值$\hbar$。由于 b 和 $b^{\dagger}$ 不改变量子数 n,它们所降低和升高的是量子数 m。

$\hat{H}$ 和 $b^{\dagger}b$ 的本征函数是

$$\begin{aligned}\psi_{nm} &= \text{const}\cdot(b^{\dagger})^m(a^{\dagger})^n\psi_{00}\\ &= \text{const}\cdot\left(z-\frac{\partial}{\partial z^*}\right)^m\left(z^*-\frac{\partial}{\partial z}\right)^n \mathrm{e}^{-zz^*}\end{aligned} \tag{9.2.32}$$

第一朗道能级上的各态是

$$\psi_{0m} = \text{const}\cdot z^m\mathrm{e}^{-z^*z}, \quad m=1,2,\cdots,M \tag{9.2.33}$$

9.3 磁通量子化

在本书 3.1 节中讨论了磁通量子化。在空心的超导圆柱环内,通过的磁通是量子化的,是 $hc/2e$ 的整数倍。杨振宁和拜尔斯指出,这并非电磁场新的物理原理。若 q 是带电粒子的电荷,则磁通量子 $\Phi_0=hc/q$ 的存在是规范不变性和波函数单值性的结果。在超导体中存在库珀对,$q=2e$,因此实验中测出的磁通量子是 $hc/2e$。在 3.1 节讨论的阿哈罗诺-玻姆效应表明,延展态电子在 $\boldsymbol{B}=0$ 的区域内可以感知磁通 Φ 的存在,但在 Φ 的值相差一个磁通量子 $\Phi_0=hc/e$ 时,干涉条纹是没有区别的。在量子霍尔效应的物理过程中,磁通量子化也是重要的。

设在 xy 平面原点处有沿 z 轴的磁通 Φ 通过。在整个平面(除原点外)上 $\boldsymbol{B}=0$。因此,可以选矢量势

$$\boldsymbol{A} = \nabla\chi \tag{9.3.1}$$

上式在除原点以外的各处都成立。这样就有 $\boldsymbol{B}=\nabla\times\boldsymbol{A}=0$(原点除外)。$\boldsymbol{A}$ 应满足

$$\oint\boldsymbol{A}\cdot\mathrm{d}\boldsymbol{l} = \Phi \tag{9.3.2}$$

此处的闭合路径应包括原点在内。为了明确地写出 χ 的形式,设路径是以 R 为半径、以原点为圆心的圆,并选 χ 为仅依赖方位角的函数,这样

$$\oint\boldsymbol{A}\cdot\mathrm{d}\boldsymbol{l} = \frac{1}{R}\frac{\partial\chi}{\partial\phi}\Big|_{r=R}\cdot 2\pi R = \Phi \tag{9.3.3}$$

因此

$$\chi=\frac{\Phi}{2\pi}\phi$$

此处 ϕ 是方位角。在规范变换中

$$\begin{aligned}&\mathbf{A}\to\mathbf{A}'=\mathbf{A}+\nabla\alpha,\\&\psi\to\psi'=\exp\left(\frac{\mathrm{i}e}{\hbar c}\alpha\right)\psi\end{aligned}\tag{9.3.4}$$

此处 α 是任意空间坐标的函数。由于不涉及标量势，故 α 可以与时间无关。若选 $\alpha=-\chi$，则有

$$\begin{aligned}&\mathbf{A}'=0,\\&\psi'=\exp\left(-\frac{\mathrm{i}e}{\hbar c}\chi\right)\psi=\exp\left(-\mathrm{i}\frac{\Phi}{\Phi_0}\phi\right)\psi\end{aligned}\tag{9.3.5}$$

在变换中，Φ 从 $\mathbf{A}$ 中转到 ψ' 中了。如果波函数是描述延展态的，则坐标 ϕ 可以取任何值。如果令 ϕ 连续变化，从 ϕ 变到 $\phi+2\pi$，则波函数的单值性要求

$$\frac{\Phi}{\Phi_0}=m,\quad m=0,\pm1,\pm2,\cdots$$

整数倍磁通量子可以用规范变换把它除掉，即 $m\Phi_0$ 不会改变物理性质，它不改变能量状态，仅在波函数前乘以一个相因子。

考虑第一朗道能级上的状态式(9.2.33)，式中 m 的最大值 M 由式(9.2.29)给出。将磁通 Φ 绝热地变化为 $\Phi\pm\Phi_0$，变化后的 M 值为 $M\pm1$。在磁通变化过程中，哈密顿量是时间函数 $\hat{H}(t)$。根据绝热近似的原理①，态式(9.2.33)在演化中一直保持为 $\hat{H}(t)$的"瞬时定态"。在磁通变化完成后，哈密顿量实际上与以前没有区别，因为一个磁通量子可以用规范变换除去，因此变化后的态仍是原来 $\hat{H}$ 的本征态。原有的 ψ_{0m} 现在变为 $\psi_{0,m\pm1}$。角动量的变化是由于磁通变化感应电动势，在方位角减小(增加)方向，它加速(减速)了电子，增加(减少)了角动量。一般情况下，$m\to m\pm1$ 仍留在第一朗道能级内。

9.4　整数量子霍尔效应

实现量子霍尔效应，首先要获得"二维电子气"，即电子被约束在二维平面上运动。这能使它们的能量状态成为如式(9.2.12)所示的分立的朗道能级。可以用电场使电子局限在半导体表面。这可以采用硅金属氧化物场效应管(MOSFET)或 GaAs-$\mathrm{Al}_x\mathrm{Ga}_{1-x}$As 异质结构实现[7]。在测量示意图 9.2 中，端 a 和 b 间是纵向电压 U_L，端 a 和 c 间是霍尔电压 U_H，磁场 B 垂直于平面。电流 I 流过长为 L_x，宽为 L_y 的二维导体，测出 B，U_L 和 U_H。实验是在低温(K 量级)和强磁场($\lesssim$10T)下进行的。这时电子是完全极化的，自旋能量项是常数，可以略去。样品方面对成分控制很严。从测量中可以导出纵向电阻 $R_x=\dfrac{U_\mathrm{L}}{I}$(文献中有时称其为"对角电阻")和霍尔电阻 $R_\mathrm{H}=\dfrac{U_\mathrm{H}}{I}$。图 9.3 给出了它们随磁场 B 变化的关系，图中的

① 请参阅本书 3.5 节。

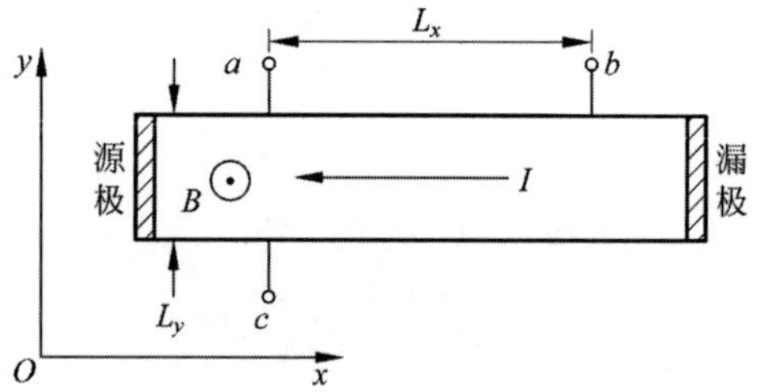

图 9.2 量子霍尔效应测量示意图

ρ_{xx} 就是纵向电阻率 ρ_x，ρ_{xy} 就是霍尔电阻率 ρ_H。另外，对于二维情况，霍尔电阻 R_H 与霍尔电阻率 ρ_H 相同，因为二维情况的电流密度定义是单位长度上通过的电流，即有

$$R_H = \frac{U_H}{I} = \frac{E_y L_y}{j_x L_y} = \frac{E_y}{j_x} = \rho_H \tag{9.4.1}$$

同理，纵向电阻与纵向电阻率成正比，即 $R_x = \frac{U_x}{I} = \frac{E_x L_x}{j_x L_y} = \rho_x \frac{L_x}{L_y}$。其和经典霍尔效应的显著差别在于：这里 ρ_H 和 B 不再呈线性关系。克利青发现，二维电子气的霍尔电阻 R_H 与 B 的关系是在总的直线趋势上出现一系列平台(称为"量子化霍尔电阻")，它们出现在

$$R_H = \frac{h}{ie^2}, \quad i = 1, 2, 3, \cdots \tag{9.4.2}$$

对应平台的 B 值处，对角电阻 R_x 为 0。意料之外的是，量子霍尔电阻的值与具体材料无关，仅依赖于普遍常数 h 和 e。在理想条件下能测得十分精确(误差为百万分之一)，即有

$$R_H = \frac{25\,812.8}{i} \Omega \tag{9.4.3}$$

由于 i 为整数，此效应被称为"整数量子霍尔效应"。它已经用于计量学，作为电阻标准。

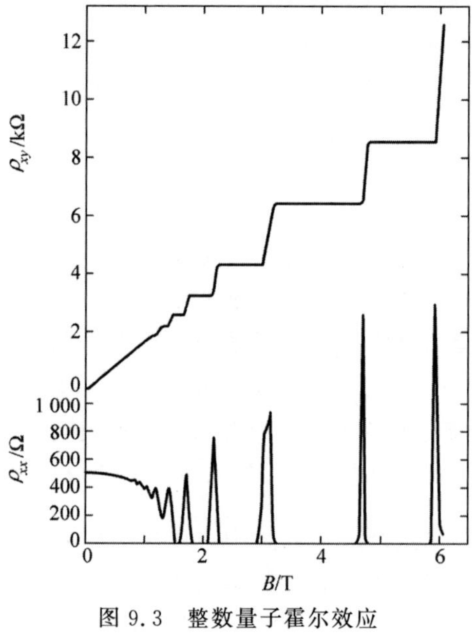

图 9.3 整数量子霍尔效应

对整数量子霍尔效应，可以从单电子性质出发加以理解。从式(9.2.11)和式(9.2.12)可知，样品上朗道能级的简并度是

$$N_B = n_B L_x L_y = \frac{e}{hc} B L_x L_y = \frac{\Phi}{hc/e} \tag{9.4.4}$$

此处 Φ 是通过样品的磁通量，分母上的 hc/e 正是磁通量子 Φ_0，即

$$\Phi_0 = \frac{hc}{e} \tag{9.4.5}$$

故有

$$N_B = \frac{\Phi}{\Phi_0} \tag{9.4.6}$$

这个关系的意义是，如果一个朗道能级被填满，则每个电子能分摊到一个磁通量子。如有 i 个朗道能级刚好被填满，则电子总数 $N(N=iN_B)$ 与总磁通量 Φ 的关系是 $N=i\Phi/\Phi_0$。

当一个朗道能级刚好被填满时，电子的表面密度是

$$n_s = \frac{eB}{hc} \tag{9.4.7}$$

而霍尔电阻就是

$$R_H = \frac{B}{n_s ec} = \frac{h}{e^2} \tag{9.4.8}$$

若有 i 个朗道能级被完全填满，则应有

$$R_H = \frac{h}{ie^2} \tag{9.4.9}$$

至此，我们确立了量子化霍尔电阻的值与朗道能级填充数的关系。定义朗道能级的填充因子

$$\nu = \frac{n_s}{n_B} = \frac{n_s}{eB/hc} \tag{9.4.10}$$

它是电子数目与一个朗道能级简并度之比，表明朗道能级被填充的程度。当 $\nu=i$（整数）时，给出量子化的霍尔电阻值。在此处的平台反映出填充态的一种稳定性。实验给出在 $\nu=i$ 时，横向电阻为 $h/(ie^2)$，纵向电阻为 0。若将电阻率、电流密度、电场关系写作

$$\left.\begin{aligned} E_x &= \rho_{xx} j_x + \rho_{xy} j_y \\ E_y &= \rho_{yx} j_x + \rho_{yy} j_y \end{aligned}\right\} \tag{9.4.11}$$

并将 $\boldsymbol{\rho}$ 写成矩阵形式，则有

$$\boldsymbol{\rho} = \begin{bmatrix} 0 & \dfrac{h}{ie^2} \\ -\dfrac{h}{ie^2} & 0 \end{bmatrix} \tag{9.4.12}$$

这里，电流方向与电场方向垂直。电导率 $\boldsymbol{\sigma}$ 是 $\boldsymbol{\rho}$ 的倒数，在矩阵形式下它是

$$\boldsymbol{\sigma} = \begin{bmatrix} 0 & -\dfrac{ie^2}{h} \\ \dfrac{ie^2}{h} & 0 \end{bmatrix} \tag{9.4.13}$$

$\nu=i$ 的量子霍尔状态是以 $\rho_{xx}=0$，$\sigma_{xx}=0$ 为表征的，在 9.6 节中讨论整体相图时还会用到这些关系。

既然量子化霍尔电阻是由能级填充决定的，那么为什么它不反映固体材料的性质呢？

固体内的周期势会使电子的有效质量 m^* 有所不同，但它不影响朗道能级的填充。考虑样品有限大小、有限温度、电子-电子相互作用、杂质影响等，大量的理论工作导致同样的结果：只要 $\sigma_{xx}=0$，这些效应都不会给量子化的霍尔电阻值带来修正[7]。若干年来，在凝聚态物理方面的研究还没有出现过如此"基本"的规律性。

在以上的讨论中我们没有考虑晶体的周期场。在简单的处理中，周期场可以看作会产生有效质量和有效介电常数。在此情况下，朗道问题的解可以看作瓦尼尔波函数的包络函数①。更深入的处理导致磁位移和拓扑考虑(9.4.1节)。

朗道能级的简并会被外场解除。在量子霍尔效应中，它会被霍尔电压解除，也会被杂质势解除。霍尔电压是 EL_y(E 是电场强度)。在式(9.2.2)中应该为此加上一项静电势 $-eE_y$。这一项可以并入原点 y_0 的移动中，它现在变为

$$y_0=-\frac{cp_x}{eB}-\frac{Emc^2}{eB^2} \tag{9.4.14}$$

相应于霍尔电压的附加能量是

$$\delta\varepsilon=-eE\delta y=\frac{cEp_x}{B}-\frac{E^2mc^2}{B^2} \tag{9.4.15}$$

它与 p_x 有关。和式(9.2.12)相比，在该式中，p_x 并不进入能量本征值，但现在它进入了。因为 $0\leqslant y_0\leqslant L_y$ 意味着 $0\leqslant|p_x|\leqslant\frac{eBL_y}{c}$，这样朗道能级的简并就解除了。对 p_x 的依赖导致群速度 $v_g=\frac{\mathrm{d}E}{\mathrm{d}p_x}=\frac{eE}{B}$，它正是电子在交叉电磁场中的漂移速度②。杂质问题在文献[5-6]中有系统介绍。简单地考虑杂质势

$$V_\mathrm{I}=\lambda\delta(x-x_0)\delta(y-y_0) \tag{9.4.16}$$

将 $\hat{H}+V_\mathrm{I}$ 的本征态用 $\hat{H}$ 的本征态展开，有

$$\psi_{nk}(x,y)=L^{-\frac{1}{2}}\mathrm{e}^{\mathrm{i}kx}\varphi_{nk}(y-y_0) \tag{9.4.17}$$

此处我们用 k 置换了 $p_x/\hbar$。微扰论给出了能量本征值 E，它是下列方程的解：

$$1=\lambda\sum_{n,k}\frac{|\psi_{nk}(x_0,y_0)|^2}{E-E_{nk}} \tag{9.4.18}$$

Prange[7]预言式(9.4.18)的每一个解都在未微扰的两个能级之间：

$$E_{nk}=\hbar\omega\left(n+\frac{1}{2}\right)+\frac{cE\,\hbar k}{B} \tag{9.4.19}$$

只有在 $\lambda<0$(吸引杂质势)的情况下才可能有一个能级位于所有未微扰能级之下。每一个朗道能级都有一个完全局域化的状态。在漂移速度较小的情况下，它的能量远低于原来的朗道能量 $n\hbar\omega_\mathrm{c}$，相差大小为 λ 量级。对于 $x_0=y_0=0$，最低局域化态可以近似为

$$\psi_\mathrm{loc}\propto\mathrm{e}^{-(x^2+y^2)/4a_0^2}\mathrm{e}^{\mathrm{i}xy/2a_0^2} \tag{9.4.20}$$

这类状态的能量从原有的 $n\hbar\omega_\mathrm{c}$ 向上($\lambda>0$)或向下($\lambda<0$)推移。式(9.4.18)的其他解 ψ_{nk}

---

① 见 P. Y. Yu, M. Cardona. Fundamentals of Semiconductors. Berlin: Springer 1996.

② 电子在相互垂直的 $\boldsymbol{E}$ 和 $\boldsymbol{B}$ 场中的运动在电动力学的书中都有介绍。令 $\boldsymbol{B}$ 垂直于运动平面而 $\boldsymbol{E}$ 在平面内。电子运动包含回旋加速器运动(频率为 $\omega_\mathrm{c}=eB/mc$)和引导中心的漂移(漂移速度为 $\nu_d=e\boldsymbol{E}\times\boldsymbol{B}/B^2$)。

都在未微扰能级附近，也都是延展态。每个朗道能级有 $N-1$ 个延展态，$N=n_B L_x L_y$。Prange 还给出了延展态携带电流的表达式：

$$I=-\frac{e}{\hbar}\sum_n (E_{nk_{\max}}-E_{nk_{\min}}) \tag{9.4.21}$$

有一个巧妙的细微之处：既然杂质减少了载流的状态数目，电流就应该减小，霍尔电导也应随之减小，为什么还能保持普适的值，而与杂质无关？实际情况是：电流通过杂质附近的电子得到加速，这部分电流的增加正好补偿由于减少载流态而减少的电流。图 9.4 给出了能级的态密度。每个延展态的朗道能级劈裂为延展态的能带，局域态则布局在延展带之间。

当一个朗道能带被充满时，传导电子提供霍尔电阻 h/e^2。设此时磁场 B 减小，根据式(9.2.11)，朗道能带所能容下的电子数减少。由于泡利不相容原理，多余的电子就应排到下一个朗道能带上去。这本来会带来霍尔电阻的连续变化，但由于在朗道能带之间有局域能级的存在，多余的电子首先会排在这些局域态上。它们不参与传导过程，因此并不导致霍尔电阻的变化，这就是平台。磁场继续减小，直到费米能量 E_F 达到下一个朗道能带。电子继续布局在朗道能带的延展态中，此时平台结束，霍尔电阻继续连续变化。

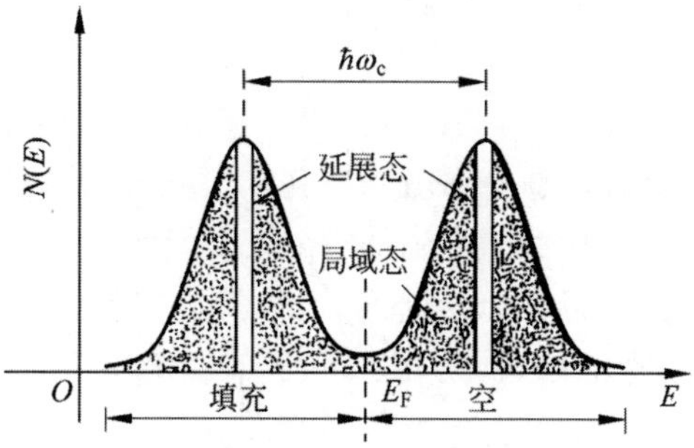

图 9.4 强磁场下二维电子气能级密度示意图

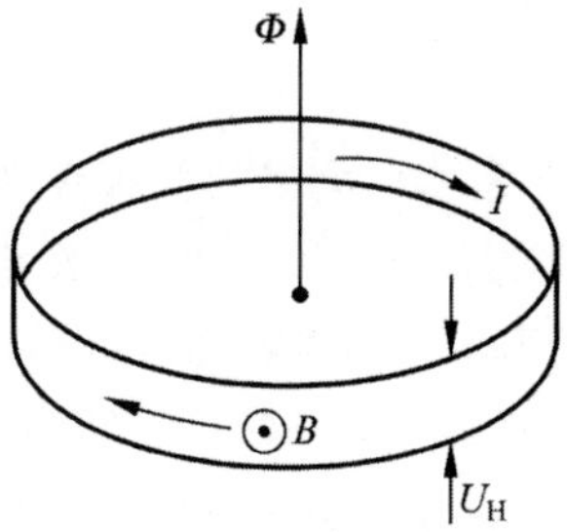

图 9.5 环形金属带模型用以证明量子化霍尔电阻

量子化霍尔电阻的普遍性是个富有挑战性的问题，劳克林在 1981 年从规范不变性这个基本的物理学原理说明了这个问题[8]。考虑一个周长为 L_x 的带状样品形成的闭合环(图 9.5)，处处有垂直于带的磁场 B 穿过(z 轴方向)，环的上下侧(y 轴方向)有电压降 U_H，沿环(x 轴方向)有电流 I 流过，它产生的磁通量 Φ 从环中穿过。由于 $\rho_{xx}=0$，没有耗散，因此能量守恒。电流、磁通与能量之间的关系是

$$I=c\,\frac{\partial E}{\partial \Phi} \tag{9.4.22}$$

此式可以简单推导如下。环上电流使环具有磁矩 $\mu=\frac{I}{c}S$，S 是环的面积。令磁通量 Φ 有一微小变化 $\delta\Phi$，相应的磁场变化是 $\delta\Phi/S$，磁矩 μ 在其中的能量变化是 $\delta E=\mu\,\frac{\delta\Phi}{S}=\frac{I}{c}\delta\Phi$，即式(9.4.22)。电子的波函数是(式(9.2.3))

$$\psi(x,y)=\exp\left(\frac{\mathrm{i}}{\hbar}p_x x\right)\chi(y) \tag{9.4.23}$$

它的单值性要求 $p_x=\frac{2\pi\hbar}{L_x}n$($n$ 为整数,L_x 为环周长)。各电子不同的 p_x 值与不同的 y 方向的平衡位置 y_0 对应(式(9.3.5))。设磁通量 Φ 有一个变化的磁通量子 $\Phi_0=hc/e$,从式(9.4.4)可知,磁通量一个单位的变化就相当于在波函数上乘以一个相因子 $e^{i\phi}$,方位角 ϕ 在图9.5上就是 $2\pi x/L_x$。在波函数(式(9.4.23))引起的变化是 $p_x\to p_x+2\pi\hbar/L_x$,这相当于各电子的 p_x 值都改变了 $2\pi\hbar/L_x$,即在取代其前面一个电子的原有 p_x 时才有可能实现。每个电子都向上移了一步,其结果就相当于具有最小 p_x 值的电子移到具有最大 p_x 值的位置。相应地,相当于 y 方向的平衡位置从带的一端换到另一端。磁通变化导致 x 方向的感应电场产生,由于霍尔流体的电导只有反对角元(式(9.4.13)),电场导致了 y 方向的电荷运动。两端的电势差是 U_H,因此能量变化是 eU_H。若有 i 个朗道能级被充满,则总能量变化是

$$\Delta E=ieU_H \tag{9.4.24}$$

根据式(9.4.22),有

$$I=c\frac{\Delta E}{\Phi_0}=c\frac{ie}{\Phi_0}U_H=\frac{ie^2}{h}U_H \tag{9.4.25}$$

这正好给出

$$R_H=\frac{h}{ie^2} \tag{9.4.26}$$

由此可见,霍尔电阻的普遍性是基于规范不变性这一物理学基础原理的。劳克林认为,整数量子霍尔效应的平台实际上是对基本电荷 e 的量度。因此,当分数量子霍尔效应被发现后不久,劳克林便做出了判断,在那里准粒子激发带有分数电荷。

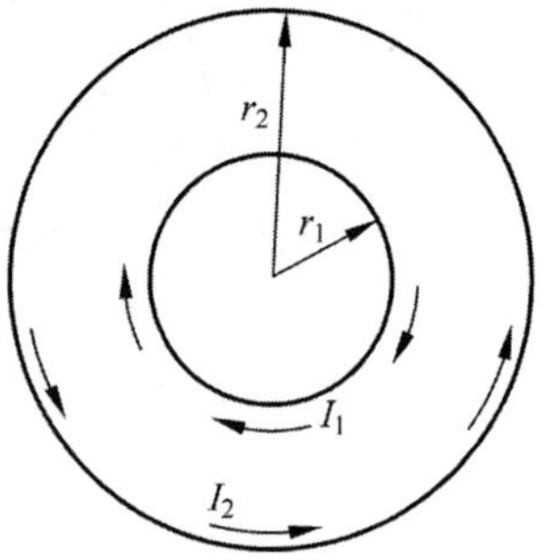

图9.6 样品的几何

Halperin[9]仿照劳克林的做法,证明了在环状薄膜样品的物理边缘存在连续的"边缘态"。在图9.6中,环状样品位于 $r_1<r<r_2$ 区域,有均匀磁场 $\boldsymbol{B}$ 垂直于薄膜平面,磁通 Φ 在 $r<r_1$ 区域内通过环洞。在环外边界附近的波函数 $\psi_{\nu m}$ 满足一维谐振子的薛定谔方程,波函数径向的平衡位置 r_m 由下式决定:

$$B\pi r_m^2=m\Phi_0-\Phi \tag{9.4.27}$$

此处 Φ_0 是磁通量子,m 是角动量量子数,ν 是径向波函数的节点数。波函数在外边缘为零实际上是个很高的要求。当 r_m 趋向外边缘增大时,能量 $E_{\nu m}$ 随 r_m 单调增大,这对于任何 ν 值都是如此。Halperin 还指出,外边缘和内边缘所携带的电流方向相反。这一点可以从半经典的图上看出。$\boldsymbol{B}$ 垂直于纸面从内向外,因此电子回旋加速器的运动是逆时针方向的。接近外边缘时电子会和它碰撞,并被势垒反射。为了继续回旋加速器的运动,电子的引导中心就要沿边缘顺时针方向运动。因此就如图9.6中的 I_2 所示,沿外边缘的电流是逆时针方向的。类似的分析得出沿内边缘的电流 I_1 是顺时针方向的。边缘电流因此是手征的。

Prange 指出①,在式(9.2.2)可以加上只依赖 y 的势。在边缘处的势急剧增大,解就相当于边缘态。这些态具有准连续谱,Prange 把样品内部的朗道能级和势阱顶部的能级连接起来,得到的结果和 Halperin[9]一致。

① 见文献[5]第1章注8,以及习题4。

Prange 还指出，强调边缘态可能令有些人认为量子霍尔效应必须有边缘态才能存在，或电流的大部分甚至全部都由边缘态携带。实际上，样品体内的量子霍尔效应保证了边缘态的存在，而不是相反。对于某些几何，例如环面(torus)，量子霍尔效应在没有边缘态的情况下照样存在。

在克利青发现整数量子霍尔效应的同时，关于安德森局域化(Anderson localization)的研究也有了进展①。解释量子霍尔效应的平台，必须考虑局域态，但根据安德森局域化的概念，二维电子运动受无序的影响很大，以至于所有电子的状态都是局域的。这个结论明显地和量子霍尔效应的实验现象矛盾，因为霍尔电流需要延展态电子载带。Prange 在理论上给出，在朗道能级处的延展态必然存在，如图 9.4 所示，且霍尔电流值并不因局域态的存在而改变②。上述 Halperin 的工作也给出了在无序存在情况下延展态必然存在的结论。安德森局域化理论是基于重正化群方法的，Pruisken 指出③，如果在这个方法中包括瞬子的非微扰效应，上述结论将会改变。

磁平移，霍尔电导的拓扑意义

劳克林关于整数量子霍尔效应的诠释并未利用哈密顿量的具体形式就得出结论，很像是拓扑论据。索利斯[10-11]进行了一系列研究，给出了霍尔电导的拓扑意义。考虑二维无限大体系周期势中的电子气，在垂直方向有均匀磁场存在。在此前有不少作者研究过这个问题[12-17]。最主要的结果是磁平移。磁场由朗道规范的矢量势给出：

$$A_x=0,\quad A_y=Bx \tag{9.4.28a}$$

单粒子哈密顿量是(电子电荷是$-e$)

$$H=\left[\frac{1}{2m}\left(-\mathrm{i}\,\hbar\frac{\partial}{\partial x}\right)^2+\frac{1}{2m}\left(-\mathrm{i}\,\hbar\frac{\partial}{\partial y}-eBx\right)^2\right]+U(x,y) \tag{9.4.28b}$$

此处 $U(x,y)$是周期势，晶格常数为(a,b)：

$$U(x+a,y)=U(x,y+b)=U(x,y) \tag{9.4.29}$$

在无磁场情况下，单粒子波函数由布洛赫定理给出：

$$\psi_{k_1,k_2}(x,y)=\mathrm{e}^{\mathrm{i}k_1x+\mathrm{i}k_2y}u_{k_1k_2}(x,y) \tag{9.4.30}$$

此处(k_1,k_2)是倒格子的矢量，$u_{k_1k_2}$ 满足晶格平移对称性：

$$u_{k_1k_2}(x+a,y)=u_{k_1k_2}(x,y+b)=u_{k_1k_2}(x,y) \tag{9.4.31}$$

对于波函数 ψ 有

$$T_a\psi=\mathrm{e}^{\mathrm{i}k_1a}\psi \tag{9.4.32}$$

$$T_b\psi=\mathrm{e}^{\mathrm{i}k_2b}\psi \tag{9.4.33}$$

此处 $T_a=\mathrm{e}^{\frac{\mathrm{i}}{\hbar}ap_x}$ 和 $T_b=\mathrm{e}^{\frac{\mathrm{i}}{\hbar}bp_y}$ 是晶格平移算符。当磁场(矢量势)存在时，T_a 与 T_b 不再是对称操作。应该寻找适合当前情况的新的对称操作，这就是磁平移算符。下面根据文献[16]介绍这个概念。

采用对称规范

---

① 见 Callaway J. Quantam Theory of the Solid State. 2nd edition. Academic Press 1991.

② 见文献[7]第 1 章。

③ 见文献[7]第 5 章。

$$\boldsymbol{A}_x=-\frac{1}{2}By,\quad \boldsymbol{A}_y=\frac{1}{2}Bx$$

在此规范下定义磁平移生成元

$$\Pi_i=p_i-\frac{e}{c}A_i-\frac{eB}{c}\varepsilon_{ij}x_j=p_i+\frac{e}{c}A_i \tag{9.4.34}$$

由此可以得到

$$\left[\Pi_i,p_j-\frac{e}{c}A_j\right]=0$$

由于选定的规范,这个关系对于相同的或不同的 i 与 j 都成立。因此有

$$[\boldsymbol{\Pi},H_0]=0 \tag{9.4.35}$$

此处

$$H_0=\frac{1}{2m}\left(-\mathrm{i}\,\hbar\nabla-\frac{e}{c}\boldsymbol{A}\right)^2$$

磁平移算符是

$$\left.\begin{aligned}\mathcal{T}_a&=\exp\left(\frac{\mathrm{i}}{\hbar}a\Pi_x\right)\\ \mathcal{T}_b&=\exp\left(\frac{\mathrm{i}}{\hbar}b\Pi_y\right)\end{aligned}\right\} \tag{9.4.36}$$

注意 $\boldsymbol{\Pi}$ 的分量间不对易:

$$[\Pi_i,\Pi_j]=-\mathrm{i}\,\hbar\frac{e}{c}\varepsilon_{ij}\partial_iA_j=-i\,\hbar\frac{cB}{c}\varepsilon_{ij} \tag{9.4.37}$$

平移算符$\mathcal{T}_a$和$\mathcal{T}_b$也不对易:

$$\mathcal{T}_a\mathcal{T}_b=\exp\left(-\mathrm{i}2\pi\frac{\Phi}{\Phi_0}\right)T_bT_a \tag{9.4.38}$$

此处 Φ 是通过面积 ab 的磁通量。当 Φ 为磁通量子 Φ_0 的整数倍时,$\mathcal{T}_a$和$\mathcal{T}_b$对易。磁平移算符具有与单粒子哈密顿量对易的重要性质:

$$H=\frac{1}{2m}\left[\left(-\mathrm{i}\,\hbar\frac{\partial}{\partial x}-\frac{e}{c}\boldsymbol{A}_x\right)^2+\left(-\mathrm{i}\,\hbar\frac{\partial}{\partial y}-\frac{e}{c}\boldsymbol{A}_y\right)^2\right]+U(x,y) \tag{9.4.39}$$

$$[\mathcal{T}_a,H]=[\mathcal{T}_b,H]=0 \tag{9.4.40}$$

矢量势如何与周期场的晶格平移不变性相结合呢?答案是把规范变换包括进来。在整个空间中,矢量势的变化可以被它在一个元胞中的变化所取代,以便周期条件得到满足。我们将在此后回到这个问题。下面用具体的矢量势

$$\boldsymbol{A}_x=0,\quad \boldsymbol{A}_y=Bx \tag{9.4.41}$$

磁平移算符生成元就是

$$\Pi_x=-\mathrm{i}\,\hbar\frac{\partial}{\partial x},$$

$$\Pi_y=-\mathrm{i}\,\hbar\frac{\partial}{\partial y}+\frac{e}{c}Bx$$

定义互为质数的整数 p 和 q:

$$\Phi_0=\frac{eB}{hc}ab=\frac{p}{q} \tag{9.4.42}$$

可以看到，虽然$\mathcal{T}_a$和$\mathcal{T}_b$不对易，但有

$$[(\mathcal{T}_a)^q,\mathcal{T}_b]=0 \tag{9.4.43}$$

即等价地得到了一个更大的元胞(qa,b)，可以同时将H，$(\mathcal{T}_a)^q$和$\mathcal{T}_b$对角化。和磁平移不变性相对应，我们看到布洛赫条件也可以推广。替代式(9.4.31)，现在有

$$u_{k_1k_2}(x+qa,y)\mathrm{e}^{-2\pi\mathrm{i}py/b}=u_{k_1k_2}(x,y+b)=u_{k_1k_2}(x,y) \tag{9.4.44}$$

此处k_1和k_2是磁晶体动量，或磁倒格矢，而替代式(9.4.32)有

$$\left.\begin{aligned}\mathcal{T}_a^q\psi&=\mathrm{e}^{\mathrm{i}k_1qa}\psi\\ \mathcal{T}_b\psi&=\mathrm{e}^{\mathrm{i}k_2b}\psi\end{aligned}\right\} \tag{9.4.45}$$

从周期边界条件可以看到，磁布里渊区是

$$\begin{aligned}0\leqslant k_1\leqslant\frac{2\pi}{qa}\\ 0\leqslant k_2\leqslant\frac{2\pi}{b}\end{aligned} \tag{9.4.46}$$

$u_{k_1k_2}(x,y)$是依赖k的下列哈密顿量的本征函数：

$$H'(k_1,k_2)=\frac{1}{2m}\left(-\mathrm{i}\,\hbar\frac{\partial}{\partial x}+\hbar k_1\right)^2+\frac{1}{2m}\left(-\mathrm{i}\,\hbar\frac{\partial}{\partial y}+\hbar k_2-eBx\right)^2+U(x,y) \tag{9.4.47}$$

下文将给出索利斯等人[10-11]的结果，略去详细推导。这两篇文献在计算霍尔电导$\langle I_y\rangle/V_{\mathrm{H}}$时利用了久保公式(Kubo formula)。它在本质上是速度-速度关联。速度算符$\frac{1}{m}\left(p_x+\frac{e}{c}A_x\right)$和$\frac{1}{m}\left(p_y+\frac{e}{c}A_y\right)$可以从式(9.4.47)分别取微商$\frac{\partial H'}{\partial k_1}$和$\frac{\partial H'}{\partial k_2}$得到。结果是

$$\sigma_{xy}=\frac{\mathrm{i}e^2}{2\pi\,\hbar}\int\left[\left\langle\frac{\partial u_\alpha}{\partial k_1}\middle|\frac{\partial u_\alpha}{\partial k_2}\right\rangle-\left\langle\frac{\partial u_\alpha}{\partial k_2}\middle|\frac{\partial u_\alpha}{\partial k_1}\right\rangle\right]\mathrm{d}k_1\mathrm{d}k_2 \tag{9.4.48}$$

$$=\frac{e^2}{2\pi\hbar}\oint\left\langle u_\alpha\middle|\frac{\partial}{\partial\boldsymbol{k}}\middle|u_\alpha\right\rangle\cdot\mathrm{d}\boldsymbol{k} \tag{9.4.49}$$

此处α代表(k_1,k_2)，回路积分环绕磁布里渊区的边缘。它代表环绕一周后相位的变化。由于波函数的单值性，它只能是2π的整数倍，即$\sigma_{xy}=ne^2/h$。作为拓扑不变量，它必须和周期势的特定结构无关。为了更清楚地理解周期性条件如何导致拓扑，我们从尺度为(L_x,L_y)的样品开始①。无磁场时的周期性条件是

$$\psi(L_x,y)=\psi(0,y),\quad \psi(x,L_y)=\psi(x,0)$$

有了矢量势$\boldsymbol{A}_x=0$，$\boldsymbol{A}_y=Bx$就要进行规范变换。将样品x方向的两端黏合在一起，就得到如图9.5一样的闭合的带，再将两个开放的y边界黏合在一起，最后形成一个环面。当粒子从矩形的右边界移出时，它就从左边界再进入。坐标的差别相当于一个相因子

$$\psi(L_x,y)=\mathrm{e}^{\mathrm{i}\frac{eB}{\hbar c}L_xy}\psi(0,y),\quad \psi(x,L_y)=\psi(x,0) \tag{9.4.50}$$

依赖于y的相因子将$\boldsymbol{A}_y$在右边界的值重新置回它在左边界的值。但这里要有一个自洽条件。从$\psi(0,0)$到$\psi(L_x,L_y)$有两种办法。用第一式从$\psi(0,0)$到$\psi(L_x,0)$，再用第二式从

① 参阅文献[18]9页。

$\psi(L_x,0)$到 $\psi(L_x,L_y)$；或者颠倒次序完成 $\psi(0,0)\to\psi(0,L_y)\to\psi(L_x,L_y)$。这两种办法会给出不同的结果，除非

$$\exp\left(\mathrm{i}\,\frac{eB}{\hbar c}L_xL_y\right)=1$$

即

$$\Phi=BL_xL_y=\frac{hc}{e}n=n\Phi_0$$

实际上从讨论矩形样品开始，要求矢量势满足周期边界条件，就等价于把矩形黏合成环面。一旦环面出现，拓扑就是必然的了。拓扑不变量定义了从布里渊区(环面)映射到波函数 $u_\alpha(x,y)$的复投影空间的第一陈类(first Chern class)。用纤维丛语言表示，霍尔电导就是基态波函数在环面底流形上的$U(1)$丛的第一陈类。底流形是布里渊区，纤维就是单粒子布洛赫波。

记环面上的波函数为 $u(\phi,\theta)$。环面上的局域曲率 $K(\theta,\phi)$定义为沿环面上封闭回路绕行一圈平行输运的失匹配与回路所围的面积之比。高斯-博内-陈定理给出：

$$\frac{1}{2\pi}\int_{\text{torus}}K\,\mathrm{d}S=\text{Chern number(陈数)}$$

考虑环面上的一个封闭回路，计算绕行一周的平行输运失匹配。根据曲率的定义，它就等于在回路围成的表面上的面积分 $\int K\,\mathrm{d}S$ 。但在环面上一个封闭回路所围成的表面可以是“里面”的，也可以是“外面”的。令回路不断缩小而趋于零，里面和外面的表面积分之差就等于 $\int_{\text{torus}}K\,\mathrm{d}S$，根据高斯-博内-陈定理，它就是 2π 乘以陈数。假设哈密顿量有微小的变化，波函数和曲率相应也有微小的变化。但作为整数，陈数不能连续变化，因此整数量子霍尔效应的平台是与拓扑有关的。在平台之间，由于哈密顿量的大变化导致能级交叉，在此处曲率发散，陈数没有定义。这个情况使霍尔电导在平台间连续变化。

从另一个观点看，参照式(3.5.15)，可见式(9.4.49)是正比于贝利联络 $\boldsymbol{A}(\boldsymbol{k})$沿布里渊区边缘的回路积分。$\boldsymbol{A}(\boldsymbol{k},n)=\mathrm{i}\langle u_{kn}|\delta_{\boldsymbol{k}}|u_{kn}\rangle$，相应的贝利曲率为 $\boldsymbol{B}(\boldsymbol{k},n)=\nabla_k\times\boldsymbol{A}(\boldsymbol{k},n)$，它在环面任何 $\boldsymbol{k}$ 值处的方向都是垂直于环面的。拓扑第一陈数 C_1 是 $C_1(n)=\frac{1}{2\pi}\int_{Bz}\boldsymbol{B}(\boldsymbol{k},n)\cdot\mathrm{d}\boldsymbol{S}$，它对任何朗道能级 n 的数值均为 1，因此 $C_1=1$ 的拓扑确定了每一个朗道能级贡献的霍尔电导 e^2/h。

9.5 分数量子霍尔效应，劳克林波函数

当二维电子气处在更强的磁场和更低的温度(例如 20T 和 0.1K)，并在最纯净的样品中时，新的规律又出现了[3-4]。崔琦、斯托尔默和戈萨德发现，在分数填充数 $\nu=1/3,2/3,2/5,3/5,\cdots$时，也出现了量子化的霍尔电阻平台(图 9.7)。图 9.7 的上部画出了霍尔电阻 ρ_{xy}，它的单位是 h/e^2。这是为了显示它的量子化性质，即在 $h/(ie^2)$处(i=整数是整数量子霍尔效应，$i=1/3,2/3,2/5,3/5,\cdots$是分数量子霍尔效应)出现了量子化的平台。为了表示出 ρ_{xy} 的数值，在这部分图上标出了 10kΩ 的大小。图的下部是纵向电阻 ρ_{xx}，由于它没有量子化的问题，就以 Ω 为单位，图上给出了 1kΩ 的大小。对应 ρ_{xy} 的量子化平台有 ρ_{xx} 的极小

值出现。如何理解分数量子霍尔效应曾是个难题。对整数量子霍尔效应,填充数为整数的状态是稳定的,因为再加一个电子就需要把它放在下一个朗道能级,需要超越一个能隙$\hbar\omega_c$。现在并没有填满朗道能级,例如$\nu=\dfrac{1}{3}$表示第一个朗道能级只填了1/3。那么,是什么原因使这个填充状态稳定呢?整数量子霍尔效应是基于单电子图画的,和多电子原子结构类似。劳克林意识到分数填充数状态是一个多粒子集体的凝聚体,电子-电子间的相互作用十分重要,它们导致强的关联。劳克林从包含电子-电子相互作用的多电子哈密顿量出发,借助液氦理论中的模型波函数,猜测、试验究竟如何才能得到描述这种体系的波函数。对于填充数$\nu=1/m$(m为奇数),他得到[19]

$$\psi_m(z_1,z_2,\cdots,z_n)=\prod_{j<k}^{n}(z_j-z_k)^m\exp\left\{-\frac{1}{4}\sum_{l=1}^{n}|z_l|^2\right\}$$

此处,$z_i=x_i+\mathrm{i}y_i$代表第i个电子的坐标(x_i,y_i)。指数函数是谐振子的基态波函数,而$(z_j-z_k)^m$代表了电子j与k间的强关联,同时又给出了波函数对z_j与z_k交换的反对称性(注意m是奇数)。反对称性是泡利不相容原理的要求。这个因子使两个电子互相躲避:当任意一对$z_j=z_k$时,波函数为0。在写出这个波函数之前,劳克林做了许多论证工作,在文献[7]的第16章中有描述,下面作简单介绍。

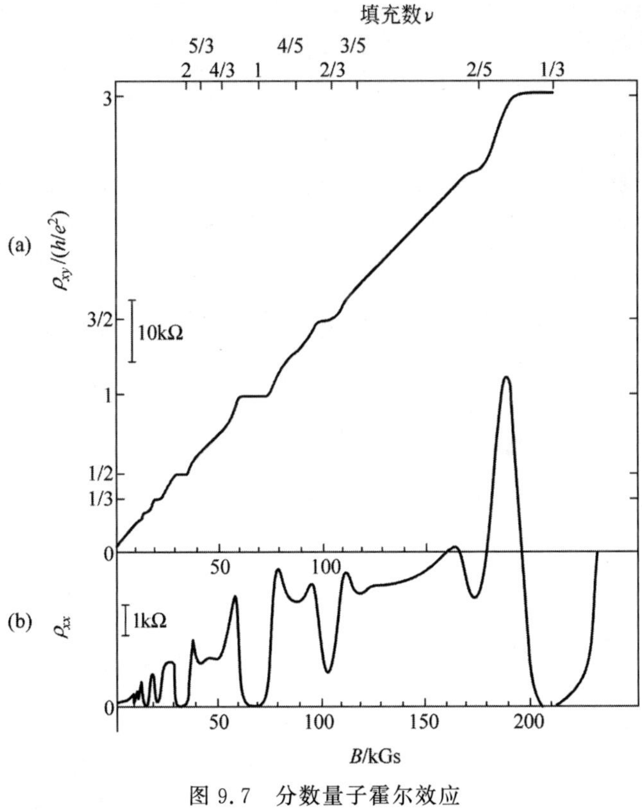

图9.7　分数量子霍尔效应

多体系统的哈密顿量是

$$H=\sum_j\left\{\frac{1}{2m}\left(\frac{\hbar}{\mathrm{i}}\nabla+\frac{e}{c}\boldsymbol{A}\right)^2+V(z_j)\right\}+\sum_{j<k}\frac{e^2}{|z_j-z_k|}\tag{9.5.1}$$

此处 $V(z_j)$ 是均匀正离子(表面电荷密度为 σ)产生的势：

$$V(z)=-\sigma e^2\int\frac{d^2z'}{|z-z'|} \tag{9.5.2}$$

矢量势 $\mathbf{A}$ 仍是

$$\mathbf{A}=\frac{B}{2}(y\hat{\mathbf{x}}-x\hat{\mathbf{y}}) \tag{9.5.3}$$

劳克林的努力并非要从多体哈密顿量(式(9.5.1))直接"推导出" $\nu=1/m$ 的基态波函数。和整数量子霍尔效应很不相同，分数量子霍尔效应是许多电子集体效应的结果。在写下填充因子 $\nu=1/m$ 的多电子波函数以前，应先从研究少数电子的量子化运动开始，由此得到向多电子情况推广所需的物理直观概念。

9.5.1　少数电子的量子化运动

从二电子问题开始。假设电子间的库仑势能比回旋加速器的能量 $\hbar\omega_c$ 小很多。这就可以要求二体波函数仅由单粒子最低朗道能级波函数组成：

$$|m\rangle=\frac{1}{(2^{m+1}\pi n!)^{1/2}}z^m\exp\left(-\frac{1}{4}|z|^2\right)$$

此处的长度单位是磁长度 $a_0=(\hbar c/eB)^{1/2}$，$z_i=x_i+\mathrm{i}y_i$ 是电子 i 的复坐标①。因为哈密顿量是轴向对称的，状态应该是相对角动量的本征状态。波函数应该在交换 z_1 和 z_2 时反对称。波函数的形式是

$$\psi_k=(z_1-z_2)^{2k+1}e^{-\frac{1}{4}(|z_1|^2+|z_2|^2)} \tag{9.5.4}$$

为了满足泡利不相容原理，因子 (z_1-z_2) 的幂次应该是奇数。电子的相对角动量应是 $2k+1$。为了验证这个波函数是个好的近似，将 $k=0$ 和 $\hbar\omega_c=e^2/a_0$(相当于磁场强度 6T)条件下的波函数和精确波函数进行比较，结果示于图 9.8。GeAs 实验用的磁场是 15T，符合的程度应该更好。

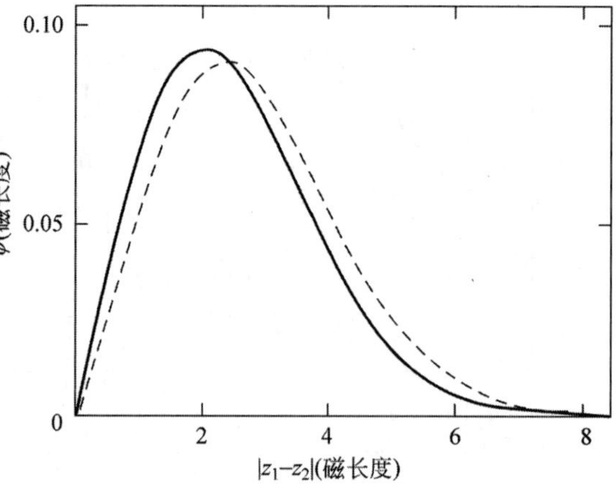

图 9.8　近似波函数(实线)与精确波函数(虚线)的比较

取自文献[20]

① z_i 的定义和 9.2 节相比差一个因子 2。

考虑三电子问题。由此,劳克林引出了他解决问题的方法。有哈密顿量

$$H=\frac{1}{2m}\sum_{j=1}^{3}\left[-\mathrm{i}\,\hbar\nabla_j+\frac{e}{c}\mathbf{A}_j\right]^2+\frac{e^2}{r_{12}}+\frac{e^2}{r_{23}}+\frac{e^2}{r_{31}} \tag{9.5.5}$$

定义体系的质心和相对坐标

$$\left.\begin{aligned}\bar{z}&=\frac{z_1+z_2+z_3}{3}\\ z_a&=\sqrt{\frac{2}{3}}\left[\frac{z_1+z_2}{2}-z_3\right]\\ z_b&=\frac{1}{\sqrt{2}}(z_1-z_2)\end{aligned}\right\} \tag{9.5.6}$$

将质心自由度去除,其内部运动的哈密顿量是

$$H_0=\frac{1}{2m}\left[-\mathrm{i}\,\hbar\nabla_a+\frac{e}{c}\mathbf{A}_a\right]^2+\frac{1}{2m}\left[-\mathrm{i}\,\hbar\nabla_b+\frac{e}{c}\mathbf{A}_b\right]^2+\frac{e^2}{\sqrt{2}}\left(\frac{1}{|z_b|}+\frac{1}{\left|\frac{1}{2}z_b+\frac{\sqrt{3}}{2}z_a\right|}+\frac{1}{\left|\frac{1}{2}z_b-\frac{\sqrt{3}}{2}z_a\right|}\right) \tag{9.5.7}$$

泡利原理要求波函数对任意一对电子交换都是反对称的。交换 $z_1\leftrightarrow z_2$ 导致

$$\begin{aligned}z_b&\to -z_b\\ z_a\pm\mathrm{i}z_b&\to z_a\mp\mathrm{i}z_b\end{aligned} \tag{9.5.8}$$

式(9.5.6)的逆变换是

$$\left.\begin{aligned}z_3&=\bar{z}-\sqrt{\frac{2}{3}}z_a\\ z_1&=\bar{z}+\sqrt{\frac{1}{6}}z_a+\frac{1}{\sqrt{2}}z_b\\ z_2&=\bar{z}+\sqrt{\frac{1}{6}}z_a-\frac{1}{\sqrt{2}}z_b\end{aligned}\right\}$$

因此对 $z_1\leftrightarrow z_3$ 有

$$\left.\begin{aligned}z_a&\to -\frac{1}{2}z_a-\frac{\sqrt{3}}{2}z_b\\ z_b&\to -\frac{\sqrt{3}}{2}z_a+\frac{1}{2}z_b\\ z_a+\mathrm{i}z_b&\to \mathrm{e}^{-\mathrm{i}\frac{2\pi}{3}}(z_a-\mathrm{i}z_b)\\ z_a-\mathrm{i}z_b&\to \mathrm{e}^{\mathrm{i}\frac{2\pi}{3}}(z_a+\mathrm{i}z_b)\end{aligned}\right\} \tag{9.5.9}$$

对 $z_2\leftrightarrow z_3$ 有

$$\left.\begin{aligned}
z_a &\to -\frac{1}{2}z_a + \frac{\sqrt{3}}{2}z_b \\
z_b &\to \frac{\sqrt{3}}{2}z_a + \frac{1}{2}z_b \\
z_a + \mathrm{i}z_b &\to \mathrm{e}^{\mathrm{i}\frac{2\pi}{3}}(z_a - \mathrm{i}z_b) \\
z_a - \mathrm{i}z_b &\to \mathrm{e}^{-\mathrm{i}\frac{2\pi}{3}}(z_a + \mathrm{i}z_b)
\end{aligned}\right\} \tag{9.5.10}$$

我们还看到，$z_a^2+z_b^2$ 对于任何交换都是不变的。如果波函数对 z_b 是奇幂次的，并对在 ab 平面转动 $\pm 2\pi/3$ 是对称的，就能满足泡利不相容原理。在式(9.5.9)和式(9.5.10)中，转动已经很明显了。为了得到波函数的具体形式，劳克林要求它必须从最低朗道能级的单粒子波函数构成，满足泡利原理，并且是角动量算符的本征态。劳克林选择了下面的正交归一基函数：

$$|m,n\rangle = \frac{1}{\sqrt{2^{6m+4n+1}(3m+n)!\ n!\ \pi^2}}\left[\frac{(z_a+\mathrm{i}z_b)^{3m}-(z_a-\mathrm{i}z_b)^{3m}}{2\mathrm{i}}\right]\cdot$$

$$[z_a^2+z_b^2]^n \mathrm{e}^{-\frac{1}{4}(|z_a|^2+|z_b|^2)} \tag{9.5.11}$$

这些波函数张成最低朗道能级，满足泡利原理，是角动量算符的本征函数，本征值是 $M=2n+3m$。问题是：这些波函数作为能量本征函数究竟有多好？两个态 $|m=3,n=0\rangle$ 和 $|m=1,n=3\rangle$ 具有相同的角动量 $M=9$。它们的 H_0 的期望值分别是 $0.722e^2/a_0$ 和 $0.867e^2/a_0$。将两个态混合，它们的非对角矩阵元是

$$|\langle 3,0\,|\,H_0\,|\,1,3\rangle| = 0.027\,7\,\frac{e^2}{a_0}$$

比对角元要小得多。两个能量本征态的精确本征值是 $0.717e^2/a_0$ 和 $0.872e^2/a_0$。这两个数值也可以通过将能量矩阵对角化得来。

可以这样继续下去考虑越来越多的电子吗？显然这不是正确的路。要从三个电子的情况尽可能抽出有用的概念。劳克林注意到的是，三电子状态 $|m,0\rangle$ 非同寻常的稳定性。这正是 $\nu=1/3$ 分数量子霍尔效应所需要的。要研究稳定性，劳克林加上了一个势

$$\begin{aligned}
V &= \frac{\alpha}{2}(|z_1|^2+|z_2|^2+|z_3|^2) \\
&= \frac{3\alpha}{2}|\bar{z}|^2 + \frac{\alpha}{2}(|z_a|^2+|z_b|^2)
\end{aligned} \tag{9.5.12}$$

它相当于作用在三个电子团簇上的压力，来考验系统的稳定性。上面的函数形式是为了方便选择，并非有绝对的必要性。我们有

$$\left\langle m,n\,\middle|\,\frac{\alpha}{2}(|z_a|^2+|z_b|^2)\,\middle|\,m',n'\right\rangle = \delta_{mm'}\delta_{nn'}(M+2)\alpha \tag{9.5.13}$$

三电子团的最低能量态的 M 与 $1/\alpha$ 的关系绘于图9.9(a)。式(9.5.13)可以计算出在外在压力下，具有角动量 M 的三电子团簇的总能量：

$$E_{\text{tot}}(M) = E_M + (M+2)\alpha$$

考虑一个小一些的 M'：

$$E_{\text{tot}}(M') = E_{M'} + (M'+2)\alpha$$

在态 M 中电子相距较远，内能较小，但第二项的斜度较大。当在态 M 中增加 α 时，压力能增加较快。在达到一点 $E_{\text{tot}}(M)=E_{\text{tot}}(M')$ 以后，再增加 α 就会发现团簇位于 M' 了。这解

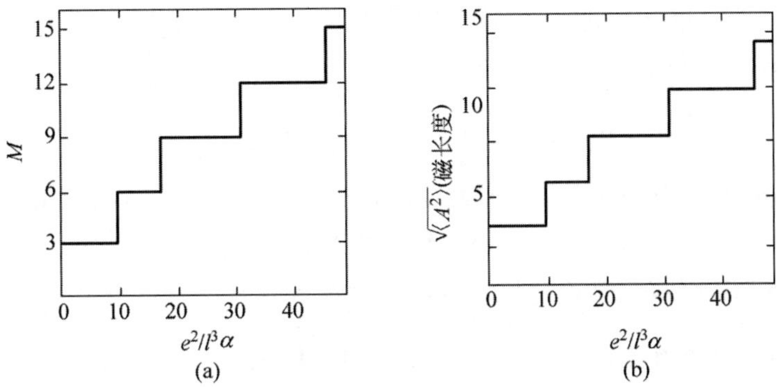

图 9.9　三电子团簇在外来压力下的总角动量和均方根面积

取自文献[17]

(a) 总角动量；(b) 均方根面积，作为压力参数 α 的函数

释了图中的阶跃行为。重点是：在一定的 $1/\alpha$ 值范围内，M 的值在 3 的倍数上稳定着，直到达到 $1/\alpha$ 的一些特定值时，M 才发生跃变。这意味着只有 $|m,0\rangle$ 态才是稳定的。外加的压力只能把一个 $|m,0\rangle$ 态变成另一个具有不同 m 值的 $|m,0\rangle$ 态。具有 $n\neq 0$ 的 $|m,n\rangle$ 态根本没有机会参与。对于任何 α 值，最低能量态永远是 $n=0$ 态。图 9.9(b)给出了三电子团簇所占面积和压力参数的关系。面积算符是

$$A=\frac{1}{2}\mathrm{Im}\left[\left(\frac{z_1+z_2}{2}-z_3\right)(z_1-z_2)^*\right]$$

$$=\frac{\sqrt{3}}{4\mathrm{i}}(z_a z_b^*-z_b z_a^*) \tag{9.5.14}$$

它的期望值是

$$\langle m,n\mid A^2\mid m',n'\rangle$$

$$=\delta_{mm'}\delta_{nn'}\frac{3}{4}[(3m)^2+(M+2)] \tag{9.5.15}$$

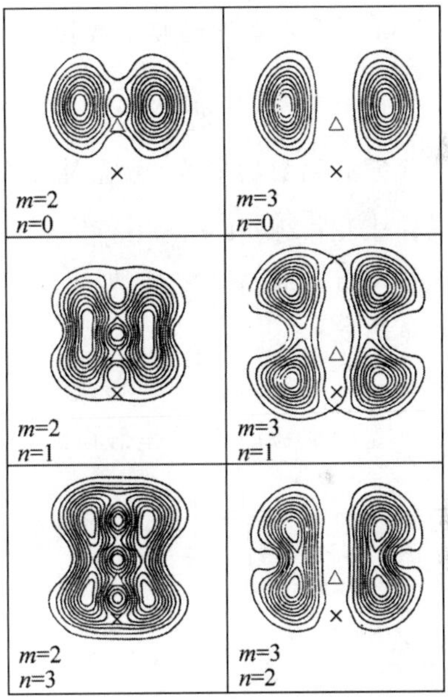

图 9.10　在质心和一个电子分别固定在标有△和×位置情况下，几个状态 $|m,n\rangle$ 的电荷密度

取自文献[17]

出现了同样的阶跃行为。图 9.10 给出了在电子 3 位于×处、质心位于△处条件下的电子 1 或电子 2 的概率分布。具有 $n=0$ 的态有最紧致的结构。三个电子彼此“避免”如同晶体结构一般。这些态是在外在压力之下最稳定的。

9.5.2　$\nu=1/m$ 态的劳克林波函数

从上面的讨论可以看到，$|m,0\rangle$ 的特征就是将电子密度概率从 $r_{ij}=0$ 的区域排除出去。好的近似波函数应该有很深的节点。液体^{3}He 的近似波函数用一个斯莱特行列式乘以因子 $\prod_{j<k}^{N} f(z_j-z_k)$，当宗量趋于零时，函数 f 也趋于零。斯莱特行列式的作用是减小体系的动

能。因为强磁场在这里已经起了这个作用,就不需要斯莱特行列式了。因此波函数就可以写作反对称函数 f 的贾斯特罗(Jastrow)乘积形式①:

$$\psi(z_1,z_2,\cdots,z_N)=\prod_{j<k}^{N}f(z_j-z_k)\exp\left(-\frac{1}{4}\sum_{l}^{N}|z_l|^2\right) \tag{9.5.16}$$

可以用有力的论据使贾斯特罗乘积的形式最后确定下来。加上的约束和三电子问题的相同:

(1) 多体波函数仅由最低朗道能级单粒子波函数构成。这要求 $f(z)$ 必须是解析的②。

(2) 波函数是完全反对称的,即 $f(z)$ 是奇函数。

(3) 波函数是总角动量的本征函数。这意味着 $\prod_{j<k}^{N}f(z_i-z_k)$ 必须是粒子坐标 $z_1,z_2,\cdots,z_N$ 的 M 阶多项式:

$$M=\frac{N(N-1)}{2}m \tag{9.5.17}$$

此处 M 是总角动量。状态 $|m\rangle$ 的混合是不允许的。满足上述各要求的唯一函数是 $f(z)=z^m$,而 m 是奇数。这样波函数就完全确定为贾斯特罗形式:

$$|m\rangle\equiv\psi_m(z_1,z_2,\cdots,z_N)=\prod_{j<k}^{N}(z_j-z_k)^m\exp\left(-\frac{1}{4}\sum_{l}^{N}|z_l|^2\right) \tag{9.5.18}$$

为了验证波函数的形式,劳克林计算了三个电子的近似波函数与精确波函数的重叠度。取三种相互作用:$1/r$,$-\ln r$ 和 $e^{-r^2/2}$;m 取 1 到 13;其重叠度都是近于 1 的。参数 m 的物理意义可以通过对波函数的适当诠释得到。波函数模的平方可以诠释为一种经典概率分布函数:

$$|\psi_m(z_1,z_2,\cdots,z_N)|^2=e^{-\beta\Phi(z_1,z_2,\cdots,z_N)} \tag{9.5.19}$$

此处 Φ 是经典势能,$1/\beta$ 是假设的温度。式(9.5.19)的等号左侧是

$$\prod_{j<k}|z_j-z_k|^{2m}e^{-\frac{1}{2}\sum|z_l|^2}=e^{2m\sum\limits_{j<k}\ln|z_j-z_k|-\frac{1}{2}\sum|z_l|^2}$$

令 $\beta=1/m$,就得出

$$\Phi(z_1,z_2,\cdots,z_N)=-2m^2\sum_{j<k}\ln|z_j-z_k|+\frac{m}{2}\sum_{l}^{N}|z_l|^2 \tag{9.5.20}$$

这是二维单组分等离子体的势能:电荷为 m 的粒子通过对数势(这是二维的库仑相互作用)相互排斥,它们也被电荷密度为 $\sigma_n=1/2\pi a_0^2$ 的均匀中和背景电荷所吸引。在等离子体中的电中性要求状态 $|m\rangle$ 的单粒子概率密度是

---

① 在液体 He 理论中,波函数的斯莱特形式是用来描述原子之间的关联的。引入指数函数不会损失一般性,因为它能够被因子化为 $|z_i-z_k|^2$ 的指数和另一个质心坐标的指数。

② Girvin 和 Jach[26] 证明,哈密顿量

$$H=-\frac{2}{m}\nabla_z\nabla_{\bar z}+\frac{1}{2}\omega_c$$

的最低朗道能级的空间和全纯函数的空间相同。实际上,由 $\nabla_{\bar z}\psi(z,\bar z)=0$ 可以推断出 $H\psi=\frac{1}{2}\omega_c\psi$,前一式是柯西-黎曼方程(Cauchy-Riemann equations)。以上各方程的解是

$$\psi(z,\bar z)=f(z)\exp\left(-\frac{eB}{4}|z|^2\right)$$

$$\rho(z_1)=\frac{N\int|\psi_m(z_1,z_2,\cdots,z_N)|^2\mathrm{d}^2z_2\cdots\mathrm{d}^2z_N}{\langle m\mid m\rangle} \tag{9.5.21}$$

它必须等于等价等离子体"电荷"密度的 $1/m$,即

$$\rho_m=\frac{1}{2\pi ma_0^2}$$

回顾一下式(9.4.7)给出的满朗道能级的表面电荷密度是 $1/2\pi a_0^2$,可知 m^{-1} 正是朗道能级的填充因子:

$$\nu=\frac{1}{m}$$

等离子体模拟在物理上是有趣的,我们将在 9.5.3 节讨论准粒子激发时再用到它。要想确定 m 还有一个简单的办法。选择一个坐标 z_1,连乘积 $\prod\limits_{j<k}^{N}(z_j-z_k)^m$ 给出 z_1 的最高幂次为 $m(N-1)$。和朗道能级波函数 $|m\rangle$ 相比,m 的最大值为 $M=\Phi/\Phi_0=n_BA$,当 N 值较大时,有

$$mN=M=n_BA$$

即

$$m=\frac{n_B}{N/A}=\frac{1}{\nu}$$

分数量子霍尔态是由不可压缩的量子流体表征的。这和单组分等离子体模拟洽合吗?实际上,电中性要求只保证了在平均粒子间距之外的均匀性。对于更小的距离尺度(例如 a_0 的几倍),我们先要搞清楚等离子体是否真是液体。电荷 Q 和温度 $1/\beta$ 等离子体的无量纲特征参数是 $\Gamma=2\beta Q^2$。对于当前情况,$\beta=1/m$,$Q=m$,因此 $\Gamma=2m$。广泛的蒙特卡罗二维等离子体研究表明,对于 $\Gamma\geqslant140$ 的情况,等离子体是固体,否则它是液体。对于分数量子霍尔态 $\nu=1,1/3,1/5,\cdots,\Gamma=2,6,10,\cdots$,等价的等离子体无疑是液体。

对其他的近似波函数也进行了验证。一般来说,相互排斥电子趋向于彼此远离,保持一定的距离。图 9.10 给出了大致的概念。那么分数量子霍尔态是维格纳晶体吗?看来几乎可以断定,它不是,因为有霍尔电流存在。图 9.11 给出了 $m=1,3,5$ 态的径向分布:

$$g(|z_1-z_2|)=\frac{N(N-1)}{\rho_m^2\langle m\mid m\rangle}\int|\psi_m(z_1,z_2,\cdots,z_N)|^2\mathrm{d}^2z_3\cdots\mathrm{d}^2z_N \tag{9.5.22}$$

它们表现出液体行为:在原点处有大小约为 a_0 的洞,在此区域外迅速愈合并收敛到 1。在图 9.12 中给出了波函数 ψ_m 与同密度的维格纳晶体波函数的比较。通过在 x 值较小处的比较可以看出,ψ_m 要比维格纳晶体波函数在能量上有利得多[19]。

虽然劳克林波函数是从物理论据出发"写"出来的,但它比想象中的要精确得多。对于库仑相互作用,它是很好的近似,而对于一类短力程的排斥赝势(pseudo potential)而言,它是精确的基态[21]。

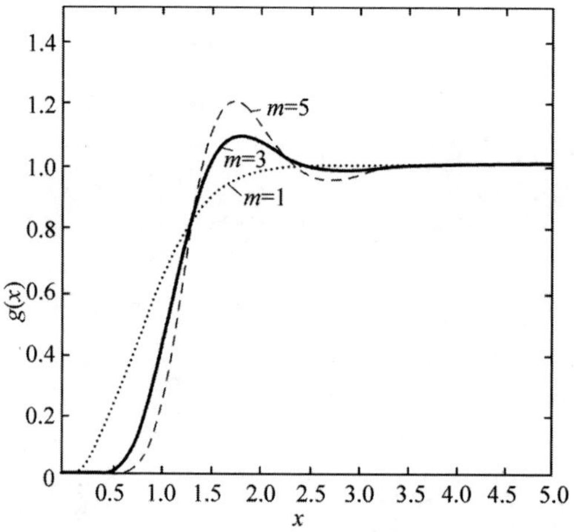

图 9.11　作为约化变量 $x=|z_1-z_2|/\sqrt{2m}$ 函数的 ψ_m 的径向分布函数

取自文献[20]

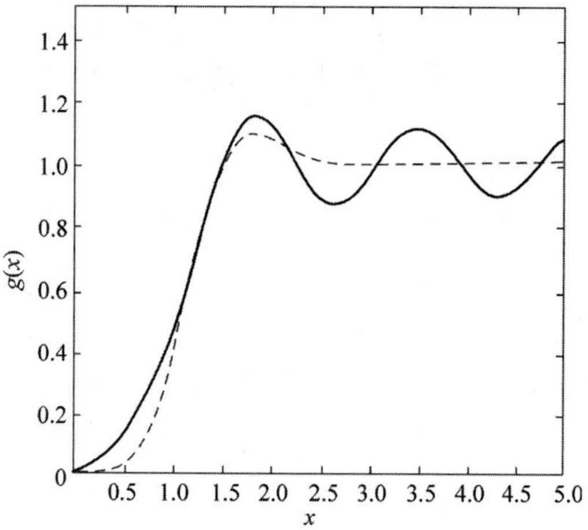

图 9.12　ψ_m 的径向分布函数(虚线)和同密度的维格纳晶体波函数径向分布(实线)的比较,作为变量 x 的函数

取自文献[20]

9.5.3　准粒子激发

考虑一个带有一个磁通量子的非常细的螺线管,它被绝热地引进系统,在 $z=0$ 处刺穿样品平面。在通量变化过程中劳克林波函数会怎样变化?将 ψ_m 中的 $(z_i-z_k)^m$ 因子展开,得到

$$\psi_m(z_1,z_2,\cdots,z_N)=\sum_{\{k_1\cdots k_n\}} C_{k_1\cdots k_N} z_1^{mk_1}\cdots z_N^{mk_N}\mathrm{e}^{-\frac{1}{4}|z_j|^2} \tag{9.5.23}$$

整数 $\{k_j\}$ 从 0 到 N,满足约束条件

$$\sum_{j=1}^{N} k_j=\frac{1}{2}N(N-1) \tag{9.5.24}$$

在通量变化中,单粒子态由 $z^n\mathrm{e}^{-|z|^2/4}$ 变为 $z^{n+1}\mathrm{e}^{-|z|^2/4}$。如果忽略系数 C 的变化,通量变化

就会在劳克林波函数上乘以一个因子 $\prod_{j=1}^{N} z_j$。这个发现启发了劳克林选择波函数 $\psi_m^{(+)}(z_0,\{z_j\})$作为准空穴态波函数,它的角动量为 $\boldsymbol{M}_m^{(+)}=\boldsymbol{M}_m+\boldsymbol{N}$:

$$\psi_m^{(+)}(z_0,z_1,\cdots,z_N)=\exp\left(-\frac{1}{4}\sum_i z_i^* z_i\right)\prod_i (z_i-z_0)\prod_{j<k}(z_j-z_k)^m \tag{9.5.25}$$

当任何一个电子的坐标 z_j 趋近 z_0 时,波幅趋于零,此效应使在此处的电荷密度贫化,因此这个态是准空穴。

准粒子可以通过引入一个使磁场减弱的、带有一单位磁通量子的螺旋管构成。准粒子激发态的角动量是 $\boldsymbol{M}_m^{(-)}=\boldsymbol{M}_m-\boldsymbol{N}$。劳克林波函数的相应改变通过微商算符得到:

$$\psi_m^{(-)}(z_0,z_1,\cdots,z_N)=\exp\left(-\frac{1}{4}\sum_i z_i^* z_i\right)\prod_j\left(2\frac{\partial}{\partial z_j}-z_0^*\right)\prod_{j<k}(z_j-z_k)^m \tag{9.5.26}$$

在基态 ψ_m 上面的元激发(准粒子)有着极为特殊的性质:它们有分数电荷。图 9.13 给出了说明。一个垂直于样品平面、带有通量的螺旋管通过一点,这一点就是准粒子的位置。假设通量绝热从 0 增加到一个磁通量子,根据绝热定理,波函数仍然是 $\hat{H}(t)$的本征态。当磁通变化完成时,这个本征态和原来的 ψ_m 已经很不一样了。因为一个磁通量子可以用规范变换"除去",哈密顿量 $\hat{H}$ 在变化后仍和以前的相同。变化后的本征态就是一个元激发。为了判断元激发的性质,围绕螺线管为轴画一个圆柱面。在通量变化后状态由 ψ_{0m} 变为 $\psi_{0m\pm1}$。这个变化导致单粒子态 r^2 期望值的改变:

$$\langle r^2\rangle=2a_0^2(m\pm1)$$

这意味着一个单粒子态已经进入或离开了圆柱面。填充率 $\nu=1/3$ 意味着每个态分有电荷 $e/3$。因此准粒子和准空穴的电荷是 $\pm e/3$。霍尔丹[22]证明了在填充率为 $\nu=p/q$ 的基态上,准粒子激发的电荷是 $\pm e/q$。

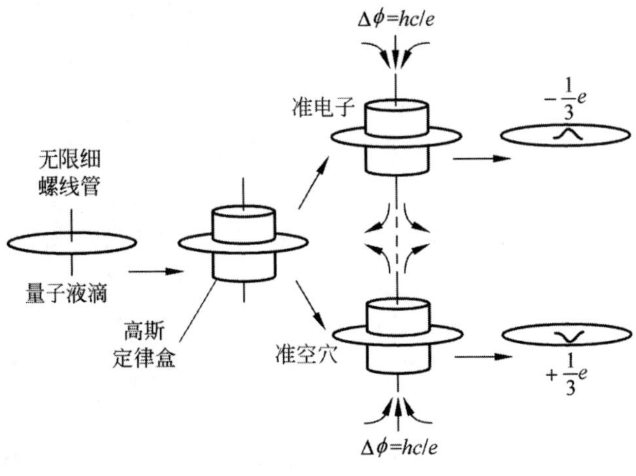

图 9.13 准粒子激发分数电荷的说明

也可以计算二维单组分等离子体的经典分布得出准粒子电荷。假设有一个准空穴位于 z_0。从波函数式(9.5.25)得到

$$e^{-\beta\Phi'} = |\psi_m^{(+)}(z_0, z_1, \cdots, z_N)|^2$$

此处

$$\Phi' = -2m^2\sum_{j<k}\ln|z_j - z_k| + \frac{m}{2}\sum_l^N |z_l|^2 - 2m\sum_i^N \ln|z_i - z_0|$$

在 z_0 处有一个"幽灵"电荷。因为等效等离子体有完全屏蔽作用,围绕 z_0 处应该有单位为 $-1/m$ 的电荷(准空穴),即 $-e/m$,e 是电子电荷。

在图 9.13 中,我们把一个螺线管放在准粒子所在的地方。下面将介绍另一种使用涡旋的描述方法。

9.5.4 不可压缩量子流体的集体模式

许多凝聚态体系都有集体激发模式。声波是液体和气体中的相干振荡,密度涨落诱发的压力变化起回复力的作用。声波的波长远比粒子间的平均距离要大,在一个振荡周期内会发生许多粒子间的碰撞以维持局域平衡。这种激发模式被称为"流体动力学"。

固体中的声子性质与此不同。它们是量子化的晶格振动,是体系中的真实元激发,即它们是体系哈密顿量的本征态。可以构成声子的相干态,它的表现非常像密度振荡,即介质中的声波;类似于薛定谔的谐振子相干态表现得和经典谐振子一样。因为固体可以支持切应力,所以有纵声子和横声子。

在讨论分数量子霍尔态低能激发态之前,先介绍一些关于液态氦的研究。超流液氦(HeⅡ)是具有许多特殊性质的量子液体。在 HeⅡ中也有声子激发。朗道是指出作为元激发的声子和声波区别的第一人。在液氦中有声波,但没有声子。根据费曼理论,当液氦中的声子波长趋于粒子平均间距时仍然有清楚的定义。因为没有低能单粒子激发,声子是无碰撞体制(collisionless regime)下的元激发,以区别于由碰撞控制的声波。

在分数量子霍尔液体中,粒子是带电的,并处于强磁场中。垂直于电子速度的洛伦兹力可以提供横向的回复力。等离子体物理学家称纵声子模为"上杂化模",称横声子模为"下杂化模"。但在实际上,磁场会混合纵向和横向运动。

从 D. Pines 的[23]文章中可以看到,根据 1953 年以前关于液氦的研究情况就能理解费曼对液氦理论贡献的重要性①。费曼决定从第一原理开始全面研究液氦,以期得到对重要问题的回答。我们当前讨论的问题涉及 HeⅡ的低能激发态。固体中的电子可以给出低能单粒子激发态,例如在费米海下的空穴和上面的粒子。朗道发展了量子流体动力学理论,从分析此前的关于质量热容和 HeⅡ第二声的实验得到了低能激发态(声子和转子)能量 E 和动量 q 之间的色散关系。朗道认为色散关系只能由实验来确定。费曼所作的是"波函数的直观推导"②。他用了一系列彼此相洽的论据得到:液体^{4}He 由于玻色统计的原因除了声子以外没有其他低能激发。他还给出了论据[24],在 HeⅡ 中代表激发的波函数必须有以下形式:

$$\psi_{\text{ext}} = \sum_j f(\boldsymbol{r}_j)\cdot\psi_0 \tag{9.5.27}$$

此处 ψ_0 是基态波函数。函数 $f(\boldsymbol{r})$的形式和激发态的能量用变分原理来确定。他找到 $f(\boldsymbol{r})=$

---

① 在这篇文章中可以找到费曼对于以前工作(London,Tisza,Landau)的看法。

② 这是费曼所著的 *Statistical Mechanics*(W. A. Benjamin,1972)一书中关于超流体一章的标题。

$e^{i\boldsymbol{q}\cdot\boldsymbol{r}}$,因此动量为 $\boldsymbol{q}$ 的激发态的波函数是

$$\psi_q = \sum_j e^{i\boldsymbol{q}\cdot\boldsymbol{r}_j}\psi_0 \equiv \rho_q \psi_0 \tag{9.5.28}$$

相应的能量是

$$E_q = \frac{q^2}{2mS_q} \tag{9.5.29}$$

上式被称为“Bijl-Feynman 公式”。其中,ρ_q 是密度 $\rho(\boldsymbol{r})$的傅里叶变换,S_q 是二粒子关联函数

$$S_q = \frac{1}{n}\langle \psi_0 \mid \rho_q^\dagger \rho_q \mid \psi_0 \rangle \tag{9.5.30}$$

的傅里叶变换,其中 n 是 He 原子的数目。S_q 被称为“液体的静态结构因子”,它决定中子或 X 射线的弹性散射,可以通过实验确定。对于较大的 q 值,它趋近于 1;对于较小的 q 值,它的形式为 $S_q=\dfrac{q}{2ms}$,s 是声速。色散关系此时为 $E_q=sq$。值得注意的是:集体激发的激发能量是由基态的静态性质确定的,即 S_q 是 $\rho_q^\dagger\rho_q$ 对基态 ψ_0 的期待值。我们将看到,这个特点也为分数霍尔态和气态原子的玻色-爱因斯坦凝聚体的集体激发所具有。

费曼进一步从整体考虑流体的运动。考虑以下的波函数形式:

$$\Psi = \psi_0 e^{i\sum_j^N S(\boldsymbol{r}_j)} \tag{9.5.31}$$

此处 ψ_0 是基态(实)波函数,S 是空间坐标的实函数。Ψ 可以写为

$$\Psi = e^{i\int d^2 r S(\boldsymbol{r})\rho(\boldsymbol{r})}\psi_0$$

$\rho(\boldsymbol{r})$是液体的密度分布①。注意这个形式的相因子现在是一个向径为 $\boldsymbol{r}$ 的函数。基态的归一化是 $\psi_0 * \psi_0=n$,即液体的数密度。波函数的流密度 $\boldsymbol{j}$ 可以算出,超流体速度 $\boldsymbol{v}_s=\boldsymbol{j}/n$ 有以下形式:

$$\boldsymbol{v}_s(\boldsymbol{r}) = \frac{\hbar}{m}\nabla S(\boldsymbol{r}) \tag{9.5.32}$$

稳定流满足连续方程 $\nabla\cdot\boldsymbol{v}_s(\boldsymbol{r})=0$,导致

$$\nabla^2 S(\boldsymbol{r}) = 0 \tag{9.5.33}$$

从式(9.5.32)也得可到无旋流条件

$$\nabla\times\boldsymbol{v}_s = 0 \tag{9.5.34}$$

考虑环流

$$\Gamma = \oint \boldsymbol{v}_s\cdot d\boldsymbol{r} = \int_S \nabla\times\boldsymbol{v}_s\cdot d\boldsymbol{S} \tag{9.5.35}$$

由于式(9.5.34),对单联通区域的环流为零。用上面的结果,费曼解决了一个超流现象的佯谬。假设把在超流转变温度以下的液氦放在一个桶中,正常氦与超流氦共存,桶以角速度 ω 转动。令 H 和 H'分别为实验室系和与桶共同转动的坐标系中的哈密顿量。它们的关系为

$$H' = H - \boldsymbol{\omega}\cdot\boldsymbol{L}$$

此处

① 当 $\rho(\boldsymbol{r})=\sum_j \delta(\boldsymbol{r}-\boldsymbol{r}_j)$ 时,Ψ 就恢复为式(9.5.31)中的样子。

$$\boldsymbol{L}=\sum_i \boldsymbol{r}_i \times \boldsymbol{P}_i$$

平衡状态可以对 H' 极小化得到。要注意只有在转动系中桶壁才不能对体系供应能量。在这个坐标系中,液体受到科里奥利力(Coriolis force),它起着在体系上的一个横向探针的作用。正常流体对探针的响应是被桶壁拖动并以相同的角速度转动。人们会期待超流体将不会对横向探针做出响应并处于静止状态,因为它没有黏滞性。但实际上,超流体的流动方式和正常流体十分相像!因为超流体发展了点缺陷,即涡旋,在涡旋中心波函数为零,周围区域变为多联通的。除去在这些点缺陷处,$\boldsymbol{v}_s$ 的旋度处处为零。环流变为

$$\Gamma=\oint \boldsymbol{v}_s \cdot \mathrm{d}\boldsymbol{r}=\frac{\hbar}{m}\oint \nabla S \cdot \mathrm{d}\boldsymbol{r}=\frac{\hbar}{m}2\pi n \tag{9.5.36}$$

因为波函数是单值的,S 只能以 2π 的整数倍变化。我们可以设 $S(\boldsymbol{r})=\lambda\varphi$,$\varphi$ 是辐角,因此就有

$$\boldsymbol{v}_s=\frac{\hbar}{mr}\lambda\hat{\boldsymbol{\varphi}} \tag{9.5.37}$$

此处 $\hat{\boldsymbol{\varphi}}$ 是在 φ 角增加方向的单位矢量。涡旋携带量子化的角动量。因为有携带角动量的涡旋存在,H' 就因产生旋转液氦的稳定状态而最小化,这个状态看起来就像正常转动的流体。点缺陷是奇点,在此处超流速度发散,波函数为零。

我们最后回到分数量子霍尔流体的集体激发态[25]。这个体系与超流氦有很强的相似性,二者都是量子流体,显示无损耗超流。虽然电子是费米子,但也没有低能单粒子激发。这是因为强磁场把朗道能级用较大的能隙分开后,能级间的跃迁相应于等离子体物理的上杂化模。朗道能级内部的激发能量很低,是库仑能量 $e^2/\kappa a_0^2$ 的量级。忽略在零点能时最低朗道能级态的动能为零的情况。仿照上述的费曼理论考虑两个模:

$$\Psi_k=P_1\rho_k\psi \tag{9.5.38}$$

$$\Phi_k=P_0\rho_k\psi \tag{9.5.39}$$

此处 P_n 是投影到第 n 个朗道能级的算符,ψ 是体系的精确基态。由于电子间的相互作用,ψ 已经不完全在最低朗道能级。从 Ψ_k 和 Φ_k 的定义可知,它们是动能算符 T 的本征态:

$$T\Phi_k=0\Phi_k \tag{9.5.40}$$

$$T\Psi_k=\hbar\omega_c\Psi_k \tag{9.5.41}$$

Ψ_k 对应上杂化磁等离子体子模,Φ_k 对应下杂化等离子体子模。为了保证 k 能够用来表征量子状态,我们使用朗道规范,在边界条件上包括了规范变换。

对于磁声子(磁转子)激发模能量 $\Delta(k)$:

$$\Delta(k)=\frac{\bar{f}(k)}{\bar{S}(k)} \tag{9.5.42}$$

此处

$$\bar{f}(k)=\frac{1}{n}\langle\psi \mid \Lambda_k^{\dagger}(\mathcal{H}-E_0)\Lambda_k \mid \psi\rangle \tag{9.5.43}$$

是投影后的振子强度;

$$\bar{S}(k)=\frac{1}{n}\langle\psi \mid \Lambda_k^{\dagger}\Lambda_k \mid \psi\rangle \tag{9.5.44}$$

是投影后的静态结构因子;

$$\Lambda_k = P_0 \rho_k P_0 \tag{9.5.45}$$

是投影后的密度算符。用最低朗道能级单粒子波函数,Girvin 等[26-28]计算了 Λ_k,并由此得到了 $\bar{f}(k)$和 $\bar{S}(k)$,结果如下:

$$\bar{f}(k) = \frac{v}{2\pi}\int \frac{\mathrm{d}^2 q}{(2\pi)^2} v(q) \int \mathrm{d}^2 r [g(r)-1] \mathrm{e}^{-|k|^2/2} \cdot$$

$$[\mathrm{e}^{\mathrm{i}\boldsymbol{q}\cdot\boldsymbol{r}}(\mathrm{e}^{(k^* q - k^* q)/2} - 1) + \mathrm{e}^{\mathrm{i}(\boldsymbol{k}+\boldsymbol{q})\cdot\boldsymbol{r}}(\mathrm{e}^{\boldsymbol{k}\cdot\boldsymbol{q}} - \mathrm{e}^{\boldsymbol{k}^*\boldsymbol{q}})] \tag{9.5.46}$$

$$\bar{S}(k) = S(k) - (1 - \mathrm{e}^{-|\boldsymbol{k}|^2/2}) \tag{9.5.47}$$

此处 q 和 k 是矢量 $\boldsymbol{q}$ 和 $\boldsymbol{k}$ 的复数表示,$g(r)$是与基态的静态结构因子的傅里叶变换 $S(k)$(未投影)有关的二点关联函数,$\nu(q)$是库仑相互作用的傅里叶变换。集体激发能量尺度,即 $\bar{f}(k)$的尺度,完全由 $\nu(q)$的尺度决定,因为动能被冻结了。和液氦理论一样,这里的激发能也由基态的静态性质决定。但和 HeⅡ的情况不同,这里 $S(k)$不能被测量。劳克林波函数被用来计算 $S(k)$。图 9.14 给出了 $\nu=1/3,1/5,1/7$ 的集体激发能量(实线)。引人注目的是,集体激发模式并非无质量模,即 $E(k)$在 $k\to0$ 时并不是线性地趋于零。原因是在填充因子为有理数的情况下,体系具有不可压缩性。$\Delta(k)$的深度极小和 HeⅡ的转子极小类似,相应于 $S(k)$在和粒子平均间距相关的波矢处的峰值。质量隙随 ν 的减小而减小,这是被预言在 $\nu=1/7\sim1/10$ 时会发生的维格纳晶体不稳定性的先兆。

上杂化模也在文献[25]中有简单的讨论。

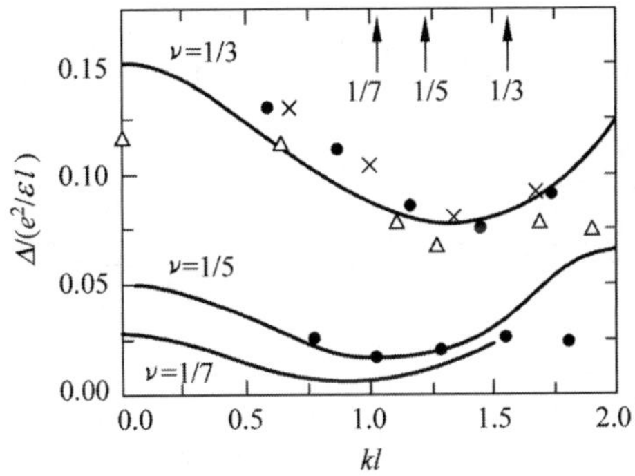

图 9.14 $\nu=1/3,1/5,1/7$(实线)的集体激发能量

取自文献[25]

和小体系的数值计算相比较:叉号表示 $N=7,\nu=1/3$,球系统;

三角号表示 $N=6,\nu=1/3$,六角元胞;点号表示 $N=9,\nu=1/3$ 和 $N=7,\nu=1/3$

最后考虑量子霍尔流体中的涡旋。在 HeⅡ和玻色-爱因斯坦凝聚体中,涡旋是一种超流图样。在量子霍尔流体中,电子的状态是和磁场密切关联的。这些量子化的涡旋实际上就是劳克林的分数电荷粒子。可以将这些激发态的波函数写作①

① 此处 $\boldsymbol{r}_0$ 是奇点位置(涡旋中心),在这里波函数为零。为了反映这个要求,在指数上包括一项 $\ln|\boldsymbol{r}_j-\boldsymbol{r}_0|$,它相当于用因子$|\boldsymbol{r}_j-\boldsymbol{r}_0|$乘以 ψ_m。它的效应是使波函数在 $\boldsymbol{r}_0$ 为零,线性增长到中心区的边缘。在远处这个因子的作用是被压制的。

$$\Phi = \exp\left(\sum_{j=1}^{N} \mathrm{i}\varphi(\boldsymbol{r}_j) + \ln|\boldsymbol{r}_j - \boldsymbol{r}_0|\right)\psi_m \tag{9.5.48}$$

此处 ψ_m 是劳克林波函数式(9.5.18)。用复数表示

$$z_j - z_0 = |\boldsymbol{r}_j - \boldsymbol{r}_0|\,\mathrm{e}^{\mathrm{i}\varphi(\boldsymbol{r}_j)}$$

波函数就变为

$$\Phi = \prod (z_j - z_0)\psi_m$$

这正是准空穴的波函数式(9.5.25)。

关于准粒子的分数电荷有实验演示[29-31]。文献[29]给出了在 $\nu=2/3,4/3,5/3$ 附近霍尔态的纵向电导,结果示于图9.15。纵向电导 σ_{xx} 与准粒子数成正比,因此依赖于温度:

$$\rho_{xx}(T) = \rho_{xx}(\infty)\mathrm{e}^{-\Delta/kT}$$

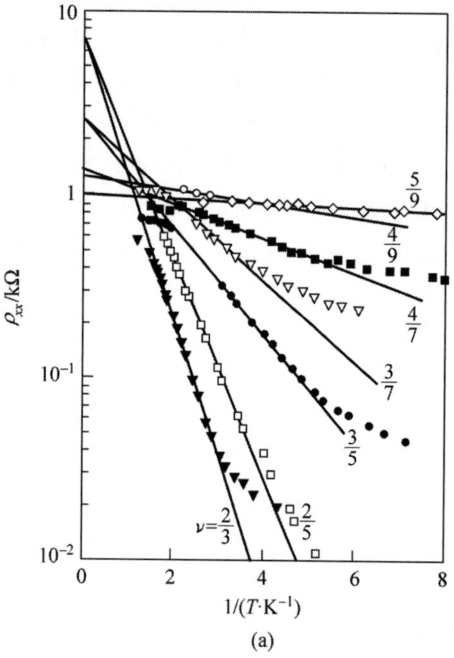

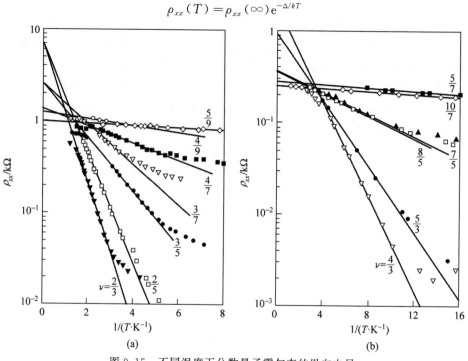

图9.15　不同温度下分数量子霍尔态的纵向电导

取自文献[29]

(a) $\nu<1$; (b) $\nu>1$

此处 Δ 是激发一个准粒子所需的能量,$\sigma_{xx}=\dfrac{(e/q)^2}{h}$是直线会聚之处,但这还不是直接测量。在19世纪80年代,崔琦建议通过测量流的热噪声来确定准粒子电荷。如果载流子在流动中是不相关的,在零温下的热噪声应由肖特基(Schottky)公式给出:$S=2qI$,q 是载流子电荷,I 是"背散射"电流。得到准粒子电流的困难之处在于它们经常要被杂质俘获,在样品的整体中无法形成电流。文小刚[32]指出,在体系的边界准粒子能形成边缘态,因此可以沿边缘单向自由流动,提供了一维通道。凯恩和费希尔[33]建议用如图9.16所示的量子点接触实现准粒子流。量子点接触是在分数量子霍尔流体中的一个窄通道。准

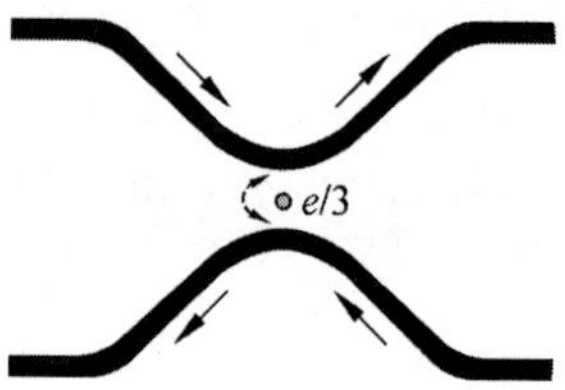

图9.16　二维电子气的量子点接触

粒子根据标出的方向沿边缘流动。在窄隙处准粒子能隧穿一维通道之间的海峡。那么在连续的流动中,如何区别电荷为 e 的粒子和数量为三倍、但电荷为 1/3 的粒子?最好的办法就是测量流的涨落,即噪声。凯恩和费希尔指出,时间涨落容易区别打在铅屋顶上的小冰雹和质量为三倍但降下频率为 1/3 的大冰雹。因为准粒子的数目不多,它们的流动可以认为是不相关的。

魏茨曼科学研究所(Weizmann Institute of Science)的研究组[34]和法国的一个研究组[35]测量了电流的微小涨落(噪声),直接得到了 $\nu=1/3$ 量子霍尔态准粒子电荷 $e/3$ 的测定结果。实验技术包括制备点接触的刻蚀工艺和对外电路噪声的过滤。文献[35]报告了二维电子气的安排,以保证隧穿只对准粒子发生。文献[36]报告了对 $\nu=2/5$ 分数量子霍尔态热噪声的测量,确定了准粒子电荷 $e/5$。

9.5.5 分数量子霍尔流体的无能隙边缘态

在 9.4 节中讨论过整数量子霍尔态的边缘激发。Halperin 的理论可以表征为一维手性费米液体理论。文小刚[32]指出,分数量子霍尔态也支持无能隙激发,实际上分数量子霍尔态的输运也是由边缘激发所控制的[37]。拓扑序极丰富的结构通过边缘态显示出来[38]。因为分数量子霍尔态在本质上是多体状态,它的边缘激发就不能从单粒子波函数构造出来,即费米液体理论从一开始就不能应用①,更重要的是,它的最终结果和费米液体理论完全不同。下面我们考虑最简单的 $\nu=1/m$ 分数量子霍尔态,并仿照文献[39]用流体动力学的方法。该方法的出发点是,这些状态是不可压缩流体,因此没有低能的整体激发。低能激发的唯一模式是在液滴表面的表面波。考虑填充因子 ν 的一个霍尔流体液滴,由光滑的势阱所环绕,如图 9.17 所示。势的电场(在径向)产生沿边缘的持续流

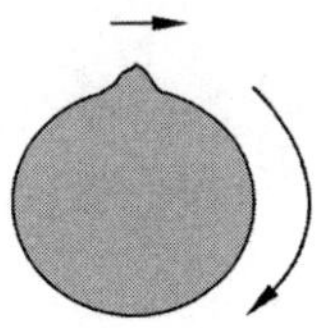

图 9.17 量子霍尔流体的一个液滴

$$j=\sigma_{xy}\hat{z}\times E \tag{9.5.49}$$

此处 σ_{xy} 是霍尔电导

$$\sigma_{xy}=\nu\frac{e^2}{h} \tag{9.5.50}$$

在交叉的 E 和 B 场中,电子漂移速度是

$$v=\frac{cE}{B} \tag{9.5.51}$$

相应的电流密度是 $j=nev$。用填充因子 $\nu=n\cdot 2\pi a_0^2=n\dfrac{hc}{eB}$,正好得到式(9.5.50)。令 $h(x)$ 为边缘的位移(对常数半径的偏离),x 是沿边缘的坐标。一维密度 $\rho(x)=nh(x)$ 描绘了以速度 v 传播的边缘波,流体内的二维电子密度是 $n=\nu/2\pi a_0^2$。则波的传播由波动方程描述为

$$\partial_t\rho-v\partial_x\rho=0 \tag{9.5.52}$$

边缘波的能量是

① 大致来说,费米液体理论用和自由电子一对一的方式来处理准粒子,这样既可以将费米子的相互作用考虑在内,也不会失去单粒子的概念,在它的应用范围内是一个很成功的理论。

$$E=\int \mathrm{d}x\rho(x)\ \frac{1}{2}eEh(x)=\int \mathrm{d}x\rho^2(x)\ \frac{\pi v}{\nu} \tag{9.5.53}$$

在动量空间的边缘波 ρ_k 定义为

$$\rho(x)=\frac{1}{\sqrt{L}}\int \mathrm{d}k\,\mathrm{e}^{-\mathrm{i}kx}\rho_k \tag{9.5.54}$$

此处 L 是液滴的周长。式(9.5.52)和式(9.5.53)变为

$$\dot{\rho}_k=\mathrm{i}vk\rho_k \tag{9.5.55}$$

$$H=2\pi\ \frac{v}{\nu}\sum_{k>0}\rho_k\rho_{-k} \tag{9.5.56}$$

将能量记为 H。将 ρ_k 当作广义坐标，记它的广义动量为 p_k，有

$$\frac{\partial H}{\partial p_k}=\dot{\rho}_k=\mathrm{i}vk\rho_k \tag{9.5.57}$$

和式(9.5.56)相比，得到

$$p_k=-\mathrm{i}\ \frac{2\pi}{k\nu}\rho_{-k} \tag{9.5.58}$$

因而有

$$H=\mathrm{i}v\sum_{k>0}k\rho_k p_k \tag{9.5.59}$$

写出另一个正则方程，即

$$-\frac{\partial H}{\partial \rho_k}=\dot{p}_k=-\frac{2\pi}{\nu}v\rho_{-k} \tag{9.5.60}$$

直接对式(9.5.58)取时间微商也会得到这个结果。现在可以将理论量子化，用对易关系(设$\hbar=1$)

$$[\rho_k,p_{k'}]=\mathrm{i}\delta_{kk'} \tag{9.5.61}$$

将式(9.5.58)与式(9.5.61)合并：

$$[\rho_k,\rho_{k'}]=\frac{\nu}{2\pi}k\,\delta_{k+k'} \tag{9.5.62}$$

k 的值由液滴的周长决定：

$$k=\frac{2\pi}{L}\kappa \tag{9.5.63}$$

此处 κ 是整数。从量子化条件式(9.5.61)推得

$$[H,\rho_k]=kv\rho_k \tag{9.5.64}$$

和

$$[H,p_k]=-kvp_k \tag{9.5.65}$$

代数式(9.5.62)被称为“卡克-穆迪代数”(Kac-Moody algebra)。由关系式(9.5.64)和式(9.5.65)推得，对于 H 的任意本征态(相应本征值 E)，有

$$\left.\begin{aligned}H(\rho_k\psi)&=(E+kv)(\rho_k\psi)\\H(p_k\psi)&=(E-kv)(p_k\psi)\end{aligned}\right\}$$

将$\hbar$恢复，我们看到边缘波的能谱是

$$E_k=\hbar kv \tag{9.5.66}$$

这是低动量的色散关系,我们看到边缘激发是无能隙的,而且波是以速度 v 传播的。卡克-穆迪代数式(9.5.62)、式(9.5.63)、式(9.5.64)表征一维单枝的声子理论。这些关系提供了一个简单分数量子霍尔态 $\nu=1/m$ 低能边缘激发的完全描述。

上述理论牵涉电荷中性的激发。带电激发可以用电子算符 $\psi^\dagger$ 产生。它应在边缘产生一个局域化的电荷,并且满足

$$[\rho(x),\psi^\dagger(x')]=\delta(x-x')\psi^\dagger(x') \tag{9.5.67}$$

这个结果启发我们,ψ 可以表示为指数算符

$$\psi(x)\propto \mathrm{e}^{\mathrm{i}C\phi(x)} \tag{9.5.68}$$

此处 C 是常数,$\phi(x)$是标量场。由式(9.5.67)得到

$$[\rho(x),\mathrm{i}C\phi(x')]=\delta(x-x') \tag{9.5.69}$$

在动量空间

$$[\rho_k,\mathrm{i}C\phi_{k'}]=\delta_{k+k'} \tag{9.5.70}$$

和卡克-穆迪代数式(9.5.62)相比,如设 $C\nu=1$,就可以得到

$$k\phi_k=2\pi\mathrm{i}\rho_k \tag{9.5.71}$$

最后有

$$\psi(x)\propto \exp\left[\mathrm{i}\,\frac{1}{\nu}\phi(x)\right] \tag{9.5.72}$$

$$\rho(x)=\frac{1}{2\pi}\partial_x\phi(x) \tag{9.5.73}$$

要想鉴别出 ψ 确实是电子算符,就要证明 $\psi(x)\psi(x')$和 $\psi(x')\psi(x)$在 $x\neq x'$时反对易。根据贝克-坎贝尔-豪斯多夫公式(Baker-Campbell-Hausdorff formula)(此处$[A,B]$是 c 数):

$$\mathrm{e}^A\mathrm{e}^B=\mathrm{e}^B\mathrm{e}^A\mathrm{e}^{[A,B]} \tag{9.5.74}$$

就有

$$\psi(x)\psi(y)=\psi(y)\psi(x)\exp\left(-\frac{1}{\nu^2}[\phi(x),\phi(y)]\right) \tag{9.5.75}$$

计算卡克-穆迪对易子的过程很烦琐,这里只给出结果[36]:

$$[\phi(x),\phi(y)]=\mathrm{i}\pi\nu\,\mathrm{sgn}(x-y) \tag{9.5.76}$$

因此

$$\psi(x)\psi(y)=(-1)^{\frac{1}{\nu}}\psi(y)\psi(x),\quad 当\ x\neq y \tag{9.5.77}$$

结论是:如果 $1/\nu$ 是奇数,ψ 就是电子算符。对于劳克林态 $\nu=1/m$,我们用流体动力学方法得到了单枝边缘激发。看起来简单的最终结果内涵却是很丰富的。自由手性玻色场很容易处理,因为问题是可解的[41]。令 $L=2\pi$,$e=\nu=1$,标量场 $\phi(x)$的拉格朗日密度量是

$$\mathcal{L}=\frac{1}{8\pi}[(\partial_0\phi)^2-(\partial_\sigma\phi)^2] \tag{9.5.78}$$

此处的标量场满足手性约束条件

$$(\partial_0-\partial_\sigma)\phi=0 \tag{9.5.79}$$

$\phi(x)$的运动方程是

$$(\partial_0-\partial_\sigma)(\partial_0+\partial_\sigma)\phi=0 \tag{9.5.80}$$

自由手征场的时空依赖是 $x-vt$,即声子传播子是

$$\langle \phi(x,t)\phi(0,0)\rangle = -\nu\ln(x-vt) \tag{9.5.81}$$

电子传播子是

$$G(x,t)=\langle T(\psi^{\dagger}(x,t)\psi(0,0))\rangle = \exp\left(\frac{1}{\nu^2}\langle \phi(x,t)\phi(0,0)\rangle\right) \propto \frac{1}{(x-vt)^m} \tag{9.5.82}$$

这是出人意料的结果。对于费米液体理论,电子传播子正比于 $1/(x-vt)$。这意味着在分数量子霍尔液体边缘上的电子关联很强,以至于不能被费米液体理论所描述。这种新型的电子状态被称为手性"拉廷格液体"(Lultinger liquids)。边缘电子传播子的幂次 $m=1/\nu$ 是被整体状态(填充因子)决定的。这个幂次是一个拓扑数,它和电子的相互作用、边缘势等无关。它可以被看作一个表征整体分数量子霍尔态的拓扑序[38]。在动量空间中电子传播子的形式是

$$G(k,\omega) \propto \frac{(vk+\omega)^{m-1}}{vk-\omega} \tag{9.5.83}$$

反常幂次可以在隧穿实验中测量。隧穿态密度由下式给出:

$$N(\omega) \propto |\omega|^{m-1}$$

这意味着金属-绝缘体分数量子霍尔结的微分电导是$\frac{\mathrm{d}I}{\mathrm{d}V}\propto V^{m-1}$。

分数量子霍尔液体边缘态的物理状态是一个告诉我们如何解决问题的好例子。教科书中的例子更多的是让我们先写出哈密顿量,再用精确解法或近似解法解决本征问题。但有一些问题,我们根本不知道哈密顿量,就像分数量子霍尔液体边缘态。文小刚[40]采取了另一种办法。因为分数量子霍尔液体是不可压缩的,一定可能有无质量的边缘激发。物理直观思维引导他建立可能的运动方程,然后得到可能的拉格朗日密度,建立正则变量,写出对易关系进行量子化。一旦得到卡克-穆迪代数,就能提出大量的问题并进行理论推导。在劳克林波函数问题中,哈密顿量是已知的,但处理较强的多电子关联是极困难的,甚至是不可能的。从简单体系入手并成功抽出问题的关键,通过基于物理直观思维的成功猜测,得到最后的解。由此,我们再次看到了费曼说的"波函数的直观推导"。物理直观思维在很多重要情况下提供了指导。

获得分数量子霍尔液体边缘态也有另外的途径。虞跃及合作者[41-42]在复合费米子的基础上建立了简化的微观理论。

9.5.6 分数量子霍尔效应的等级态

分数量子霍尔态发生在多个系列中,涉及奇数分母的分数。对于 $\nu<1$,有 1/3,2/3,2/5,3/5,3/7,4/7,4/9…为了理解这个多重性,霍尔丹[43]提出了一个等级模型,从一个母态可以导出一系列的基态。考虑劳克林态 $\nu=1/m$。它是强关联电子凝集形成不可压缩流体的结果。如果我们有这个母态的足够数量的准粒子或准空穴激发,这些元激发也可以再凝集形成劳克林式的关联态,即这个等级结构中的子态。这些子态也有分数电荷的准粒子和准空穴,它们也可以再凝集成孙态,等等。

劳克林波函数中电子坐标$\{z_j\}$的齐次多项式的次数是 $mN(N-1)$。将这个数字除以 N,就是任意一个坐标的幂次 $m(N-1)$,我们称它为"劳克林波函数的多项式幂次"。在热

力学极限下，这个幂次 mN 就是以磁通量子为单位的磁通量。准粒子/准空穴波函数的多项式幂次是

$$N_{\phi}=m(N-1)+\alpha N_{qp} \tag{9.5.84}$$

此处 N_{qp} 是准粒子/准空穴的数目，对于准粒子 $\alpha=+1$，对于准空穴 $\alpha=-1$。从另一个角度看，当准粒子/准空穴凝集成关联态时，波函数为

$$\Psi_m^p(Z_1,\cdots,Z_{N_{qp}},z_1,\cdots,z_N)=\sum_{i<j}^{N_{qp}}(Z_i-Z_j)^p\psi_m$$

此处 $\{Z_j\}$ 是凝集的准粒子/准空穴的复坐标。准粒子激发满足玻色统计，因此 p 应是偶数。Ψ_m^p 的齐次多项式的幂次是

$$\alpha N_{qp}(N_{qp}-1)p+mN(N-1)$$

因此这个态的多项式幂次是

$$N_{\phi}=\alpha\frac{N_{qp}(N_{qp}-1)}{N}p+m(N-1) \tag{9.5.85}$$

比较式(9.5.85)与式(9.5.84)得到

$$N=(n_{qp}-1)p \tag{9.5.86}$$

式(9.5.84)和式(9.5.86)组成了第一级的等级方程。在热力学极限下，第一级子态的填充因子是

$$\nu=\frac{N}{N_{\phi}}=\frac{1}{m+\dfrac{\alpha}{p}} \tag{9.5.87}$$

各等级序列由连分数给出：

$$\nu=\cfrac{1}{m+\cfrac{\alpha_1}{p_1+\cfrac{\alpha_2}{p_2+\cdots}}} \tag{9.5.88}$$

此处 m 是奇数，$\alpha_i=\pm1$，p_i 是偶数。所有的分数量子霍尔等级态都可以在这个序列中找到位置。

9.5.7 复合费米子杰恩构造法

准空穴波函数式(9.5.25)的构成提醒人们可以从另一个角度来诠释劳克林波函数，杰恩(J. K. Jain)[44]提出了这个导致复合费米子图画的诠释。其基本概念是：

(1) 电子俘获了 $2p$ 磁通量子成为复合费米子。因为磁通穿过的地方波函数为零，这就和电子彼此屏蔽等效。

(2) 由于屏蔽效应，复合费米子是弱相互作用的，这使得标准的单粒子描述成为可能。

在劳克林波函数 $m=3$ 的情况下，每个电子分到 3 个磁通量子。如果每个电子聚合了两个磁通量子成为复合费米子，这些复合费米子就在经过磁通聚合后的剩余磁场中运动，每个复合费米子分到一个磁通量子。有效填充因子是 $\nu_{\mathrm{eff}}=1$。填充因子 $\nu=1/3$ 的电子分数量子霍尔态就变成了填充因子 $\nu=1$ 的复合费米子整数量子霍尔态。我们用波函数的语言来表示上面的论据。开始将 ψ_m 重新写作

$$\psi_m(z_1,z_2,\cdots,z_N)=\sum_{i<j}(z_i-z_j)^{m-1}\cdot\chi_1(z_1,z_2,\cdots,z_N) \tag{9.5.89}$$

此处

$$\chi_1(z_1,z_2,\cdots,z_N)=\sum_{i<j}(z_i-z_j)\mathrm{e}^{-\sum_l\frac{1}{4}|z_l|^2} \tag{9.5.90}$$

$(z_i-z_j)^{m-1}$ 的相位，即$(m-1)\varphi_{ij}$ 代表偶数$(m-1)$磁通量子附在坐标 z_i 处的电子上。这个图像的关键之处是，电子结合了偶数磁通量子，仍然保持了费米子的性质。这个方法给出了等级态的简单描述。等级态可以分类为

$$\nu=\frac{n}{2n+1}=\frac{1}{3},\frac{2}{5},\frac{3}{7},\cdots \text{ 等价于 } n_\phi=2n+1;$$

$$\nu=\frac{n}{2n-1}=\frac{2}{3},\frac{3}{5},\frac{4}{7},\cdots \text{ 等价于 } n_\phi=2n-1;$$

$$\nu=\frac{n}{4n+1}=\frac{1}{5},\frac{2}{7},\frac{3}{13},\cdots \text{ 等价于 } n_\phi=4n+1;$$

$$\nu=\frac{n}{4n-1}=\frac{2}{7},\frac{3}{11},\cdots \text{ 等价于 } n_\phi=4n-1$$

在这里，$n_\phi=2n+1$ 可以诠释为每个电子与 2 个磁通量子耦合，剩余的有效磁场就是每个复合费米子分到 1 个磁通量子。$n\phi=2n-1$ 可以诠释为在每个电子结合了两个磁通量子后与原磁场方向相反的有效磁场。结果也是复合费米子的整数量子霍尔效应。其他状态也可以进行类似的诠释。粒子-空穴对称性给出另外的状态：

$$\nu=1-\frac{n}{2pn\pm1}$$

杰恩的构造法建立了分数和整数量子霍尔效应的联系，提供了统一的观点。此外它还提供了用弱相互作用体系的方法来处理强关联态的可能性。一个有趣的例子是 $\nu=1/2$ 态[45]。这不是一个正常的量子霍尔态。可以将一个电子和 2 个磁通量子结合起来变成复合费米子，剩余的磁场就等于零。在没有磁场的条件下，我们可以期待在没有杂质散射的情况下，复合费米子应该有明确的费米面，这是一个霍尔金属态。在理论上，电子结合磁通可以用规范变换来实现。在对体系做出理论预言以前，先要考虑规范涨落。这是可能的，因为复合费米子是弱相互作用的，可以用平均场和无规相近似等方法。在文献[45]中有关于体系与相互作用的讨论。

9.6 分数量子霍尔效应的朗道-金兹堡理论

Girvin 和 MacDonald[46]发现，对劳克林波函数进行规范变换可以得到玻色子体系的波函数，而且这个波函数具有准长程序。这启发人们，有可能将朗道-金兹堡理论用于量子霍尔系统。如果能够成功，就能用这个理论来讨论量子霍尔系统的低能定态和输运性质。

9.6.1 张首晟-汉松-克沃尔森映射，陈-西蒙斯-朗道-金兹堡作用量

张首晟、汉松和克沃尔森[47]提出了一个将量子霍尔态映射到玻色体系状态的规范变换。

有多个电子位于电磁场(以势 A_0,$\boldsymbol{A}$ 描述)中,它们之间有相互作用(以 $V(x_i-x_j)$描述),系统的哈密顿量是

$$H=\frac{1}{2m}\sum_i\left[\boldsymbol{p}_i-\frac{e}{c}\boldsymbol{A}(x_i)\right]^2+\sum_i eA_0(x_i)+\sum_{i<j}V(x_i-x_j) \tag{9.6.1}$$

本征波函数 $\Psi(x_1,x_2,\cdots,x_n)$满足薛定谔能量本征方程,即有

$$H\Psi(x_1,x_2,\cdots,x_n)=E\Psi(x_1,x_2,\cdots,x_n) \tag{9.6.2}$$

$\Psi(x_1,x_2,\cdots,x_n)$对任意一对坐标的交换是反对称的。将其进行规范变换,有

$$\Psi(x_1,x_2,\cdots,x_n)=U\Phi(x_1,x_2,\cdots,x_n) \tag{9.6.3}$$

其中

$$U=\exp\left[-\mathrm{i}\sum_{i<j}\frac{\theta}{\pi}\alpha_{ij}\right] \tag{9.6.4}$$

式中,θ 是一个参量,α_{ij} 是粒子 j 到 i 的坐标连接线与 x 轴的夹角。相应的变换后的哈密顿量是

$$H'=\frac{1}{2m}\sum_i\left[\boldsymbol{p}_i-\frac{e}{c}\boldsymbol{A}(x_i)-\frac{e}{c}\boldsymbol{a}(x_i)\right]^2+\sum_j eA_0(x_i)+\sum_{i<j}V(x_i-x_j) \tag{9.6.5}$$

此处

$$\boldsymbol{a}(x_i)=\frac{\Phi_0}{2\pi}\frac{\theta}{\pi}\sum_{j\neq i}\nabla_i\alpha_{ij} \tag{9.6.6}$$

在参数

$$\theta=(2k+1)\pi \tag{9.6.7}$$

的条件下(k 是整数),新的本征函数满足

$$H'\Phi(x_1,x_2,\cdots,x_n)=E\Phi(x_1,x_2,\cdots,x_n) \tag{9.6.8}$$

式(9.6.8)中的本征值和式(9.6.2)中的相同。重要的是,Φ 对于任何一对坐标的交换都是对称的。对称性的变化是由于在 U 中的角度 α,它在 i 与 j 互换时给出

$$\alpha_{ji}=\alpha_{ij}+\pi \tag{9.6.9}$$

因此在 $\theta=(2k+1)\pi$ 条件下,这个交换导致 U 给出了一个附加因子 $\mathrm{e}^{-\mathrm{i}(2k+1)\pi}=-1$。交换(式(9.6.5))的结果证明如下。将式(9.6.3)代入式(9.6.2),左乘以 U^{-1}。若能证明

$$U\left[\boldsymbol{p}_i-\frac{e}{c}\boldsymbol{A}(x_i)-\frac{e}{c}\boldsymbol{a}(x_i)\right]U^{-1}=\boldsymbol{p}_i-\frac{e}{c}\boldsymbol{A}(x_i)$$

就能得到式(9.6.8)。而上式等号左侧的 U 与 x_i 的函数对易,此外用式(9.6.4)直接计算给出:

$$\begin{aligned}U\boldsymbol{p}_iU^{-1}&=\boldsymbol{p}_i+\hbar\frac{\theta}{\pi}\sum_{i<j}\nabla_i\alpha_{ij}=\boldsymbol{p}_i+\frac{e}{c}\frac{\Phi_0}{2\pi}\sum_{i<j}\nabla_i\alpha_{ij}\\&=\boldsymbol{p}_i+\frac{e}{c}\boldsymbol{a}(x_i)\end{aligned}$$

即式(9.6.5)成立的条件得到满足。统计性的变化称为“统计嬗变”,因此 $\boldsymbol{a}(x_i)$被称为“统计规范场”。它不影响本征值,而只是把反对称的 Ψ 变成了对称的 Φ。在证明了 Ψ 与 Φ 的本征问题等价以后,就可以用玻色子表示进行以下的讨论,借用已经发展得比较成熟的处理玻色子的方法。式(9.6.5)和式(9.6.8)所决定的本征问题是用多粒子形式表示的,应用范围更广泛、更灵活的是二次量子化形式和路径积分形式。引入玻色场算符 φ 和 $\varphi^{\dagger}$,它们满足对易关系

$$[\varphi(\boldsymbol{x}),\varphi^{\dagger}(\boldsymbol{y})]=\delta^{2}(\boldsymbol{x}-\boldsymbol{y}) \tag{9.6.10}$$

此处 $\boldsymbol{x}$ 和 $\boldsymbol{y}$ 为二维矢量。H 的二次量子化形式为

$$H=\int \mathrm{d}^{2}\boldsymbol{x}\varphi^{\dagger}(\boldsymbol{x})\left[\frac{1}{2m}\left(-\mathrm{i}\,\hbar\nabla-\frac{e}{c}\boldsymbol{A}(\boldsymbol{x})-\frac{e}{c}\boldsymbol{a}(\boldsymbol{x})\right)^{2}+eA_{0}(\boldsymbol{x})\right]\varphi(\boldsymbol{x})+\frac{1}{2}\int \mathrm{d}^{2}\boldsymbol{x}\,\mathrm{d}^{2}\boldsymbol{y}\,\delta\rho(\boldsymbol{x})V(\boldsymbol{x}-\boldsymbol{y})\delta\rho(\boldsymbol{y}) \tag{9.6.11}$$

$\rho(\boldsymbol{x})=\varphi^{\dagger}(\boldsymbol{x})\varphi(\boldsymbol{x})$是密度算符，$\delta\rho(\boldsymbol{x})=\rho(\boldsymbol{x})-\bar{\rho}$ 是对平均密度 $\bar{\rho}$(c 数)的偏离。式(9.6.6)的二次量子化形式为

$$a^{\alpha}(\boldsymbol{x})=-\frac{\Phi_{0}}{2\pi}\frac{\theta}{\pi}\boldsymbol{\varepsilon}^{\alpha\beta}\int \mathrm{d}^{2}\boldsymbol{y}\,\frac{\boldsymbol{x}^{\beta}-\boldsymbol{y}^{\beta}}{|\boldsymbol{x}-\boldsymbol{y}|^{2}}\rho(\boldsymbol{y}) \tag{9.6.12}$$

在得到此式时，可以令 $x_i\equiv x, x_j\equiv y$，然后计算$\nabla_x\alpha_{xy}$：令 x 在 x 轴方向有一增量 $\mathrm{d}x_1$，计算$(\mathrm{d}\alpha)_i$，它是$\dfrac{\mathrm{d}x_1\sin\alpha}{|x-y|}$，故$(\nabla_x\alpha_{xy})_1=\dfrac{y_2-x_2}{|x-y|^2}$。同样，$(\nabla_x\alpha_{xy})_2=-\dfrac{y_1-x_1}{|x-y|^2}$。式(9.6.12)中的$\boldsymbol{\varepsilon}^{\alpha\beta}$ 是反对称(二秩)张量。从式(9.6.12)可以看出，$\boldsymbol{a}$ 完全由 $\rho=\varphi^{\dagger}\varphi$ 决定，因此它并不是一个独立的动力学量。但在理论框架中还要知道它所满足的运动方程，就好像电磁势 A_μ 所满足的方程一样，这样才能写出体系的拉格朗日密度和作用量。$\boldsymbol{a}$ 所满足的方程从式(9.6.12)便可得到。取规范$\partial_\alpha a^\alpha=0$①，式(9.6.12)就是以下微分方程的解：

$$\boldsymbol{\varepsilon}^{\alpha\beta}\partial_{\alpha}a_{\beta}(\boldsymbol{x})=\Phi_{0}\frac{\theta}{\pi}\rho(\boldsymbol{x}) \tag{9.6.13}$$

方程不含对时间的演化，因此还需取对时间的微商：

$$\boldsymbol{\varepsilon}^{\alpha\beta}\partial_{\alpha}\dot{a}_{\beta}(\boldsymbol{x},t)=\Phi_{0}\frac{\theta}{\pi}\dot{\rho}(\boldsymbol{x},t)=-\Phi_{0}\frac{\theta}{\pi}\partial_{\alpha}j^{\alpha} \tag{9.6.14}$$

式中，φ 是场密度 ρ 的时间导数，可以通过连续方程 $\dot{\rho}+\partial_\alpha j^\alpha=0$ 表示守恒流 j^α 的散度。此式给出：

$$\boldsymbol{\varepsilon}^{\alpha\beta}\dot{a}_{\beta}(\boldsymbol{x},t)=-\Phi_{0}\frac{\theta}{\pi}j^{\alpha} \tag{9.6.15}$$

式(9.6.13)和式(9.6.15)一起给出了 $\boldsymbol{a}$ 的运动方程：$\boldsymbol{a}$ 的空间和时间导数由 φ 场的密度及流密度 ρ 和 j^α 决定，它们可以由陈-西蒙斯理论的拉格朗日密度导出：

$$\mathscr{L}=\frac{e}{2}\left(\frac{\pi}{\theta}\right)\frac{1}{\Phi_{0}}\boldsymbol{\varepsilon}^{\mu\nu\rho}\boldsymbol{a}_{\mu}\partial_{\nu}a_{\rho}-ea_{\mu}j^{\mu} \tag{9.6.16}$$

三维矢量 $\boldsymbol{a}_\mu(a_0,\boldsymbol{a})$包含了 0 分量(时间分量)$a_0$，它是作为拉格朗日乘子场引入的。将 $\mathscr{L}$对 a_0 的变分置为 0，给出式(9.6.13)；将 $\mathscr{L}$对 $\boldsymbol{a}$ 的变分置为 0，给出方程：

$$\boldsymbol{\varepsilon}^{\alpha\beta}(\partial_{\beta}a_{0}-\partial_{t}a_{\beta})=\Phi_{0}\frac{\theta}{\pi}j^{\alpha}$$

在 $a_0=0$ 的规范中，上式和式(9.6.15)相同。将式(9.6.16)和 φ 场的拉格朗日密度结合，并将它们的耦合项写在 φ 场的拉格朗日密度内[48]，得到体系的陈-西蒙斯-朗道-金兹堡(Chern-Simons-Landau-Ginzburg，CSLG)作用量②：

---

① 在 3+1 维理论中，这是洛伦兹规范；在 2+1 维理论中，它被称为“朗道-洛伦兹规范”。

② 玻色流体 φ 是用朗道-金兹堡(Landau-Ginzburg)理论描述的，但包括了陈-西蒙斯(Chern-Simons)统计规范势 $\boldsymbol{a}$，故总称为“CSLG 理论”。

$$S = S_a + S_\varphi = \int d^3 x \mathscr{L}_a + \int d^3 x \mathscr{L}_\varphi \tag{9.6.17}$$

此处

$$\mathscr{L}_a = \frac{e\pi}{2\theta\Phi_0} \varepsilon^{\mu\nu\rho} a_\mu \partial_\nu a_\rho \tag{9.6.18}$$

$$\mathscr{L}_\varphi = \varphi^\dagger (\mathrm{i}\hbar\partial_t - e(A_0 + a_0))\varphi - \frac{1}{2m}\left|\left(-\mathrm{i}\hbar\nabla - \frac{e}{c}\boldsymbol{A} - \frac{e}{c}\boldsymbol{a}\right)\varphi\right|^2 - \frac{1}{2}\int d^3 y \delta\rho(x) V(x-y) \delta\rho(y) \tag{9.6.19}$$

体系的热力学性质和电磁响应就完全包含在路径积分(配分函数)之中：

$$Z[A_\mu] = \int [\mathrm{d}a_\mu][\mathrm{d}\varphi] \exp(\mathrm{i}S_a[a_\mu] + \mathrm{i}S_\varphi[A_\mu + a_\mu, \varphi]) \tag{9.6.20}$$

以上玻色子描述在 $\theta=(2k+1)\pi$ 的条件下，是与原始的多电子量子霍尔问题完全等价的。它将量子霍尔流体与玻色子超流体联系起来，而对后者已发展了许多研究方法，如平均场理论、无规相近似等，都可以借鉴。

将式(9.6.13)用矢量形式表示为

$$\nabla \times \boldsymbol{a}(x) = (2k+1)\Phi_0 n_s(x) \tag{9.6.21}$$

此处明确规定 $\theta=(2k+1)\pi$，并将 ρ 改写成 n_s(表面密度)。

从反对称波函数到对称波函数，费米子变成了玻色子，但这并不是物理状态发生了变化。$\Phi(x_1, x_2, \cdots, x_n)$所描述的系统除了与 φ 和 $\boldsymbol{A}$ 相互作用外，还和“统计规范场 $\boldsymbol{a}(x)$”相互作用，而从式(9.6.21)看，应有

$$\oint \boldsymbol{a}(x) \cdot \mathrm{d}\boldsymbol{l} = (2k+1)\Phi_0 n \tag{9.6.22}$$

此处，闭合路径积分所包含的面积内有 n 个电子，即“统计规范场”的作用就是赋予每个电子以 $2k+1$ 单位的磁通量子。赋予奇数磁通量子可以改变统计性质，即从费米子变成玻色子，或相反。赋予偶数磁通量子则不改变统计性质，这就是 $\boldsymbol{a}$ 被称为“统计规范场”的原因。9.5.7 节讨论的杰恩构造法和复合费米子就属于后者。

9.6.2 平均场解，分数量子霍尔效应现象学

从作用量式(9.6.19)出发，取平均场解。我们将发现分数量子霍尔效应与超流现象学之间有极密切的对应关系。令外场 A_μ 为垂直于体系平面的均匀磁场(沿 $-z$ 方向)，即有

$$\varepsilon^{\alpha\beta}\partial_\alpha A_\beta = -B \tag{9.6.23}$$

可以猜出平均场解是

$$\varphi(x) = (\bar{\rho})^{\frac{1}{2}}, \quad \boldsymbol{a}(x) = -\boldsymbol{A}(x), \quad a_0(x) = 0 \tag{9.6.24}$$

可以验证，解(9.6.24)确实满足从 CSLG 作用量导出的所有方程，但方程(9.6.13)的满足需要一个条件。式(9.6.13)在平均场情况下的形式是

$$\boldsymbol{\varepsilon}^{\alpha\beta}\partial_\alpha a_\beta = \Phi_0 \frac{\theta}{\pi}\bar{\rho}$$

将解(9.6.24)代入，并使用式(9.6.23)，得

$$B = \Phi_0 \frac{\theta}{\pi}\bar{\rho}$$

将磁通密度 B/Φ_0 记为 ρ_A，则填充因子 ν 是

$$\nu=\frac{\bar{\rho}}{\rho_A}=\frac{\pi}{\theta}=\frac{1}{2k+1} \tag{9.6.25}$$

平均场解式(9.6.24)成立的条件正是 $\theta=(2k+1)\pi$，即费米子到玻色子映射成立的条件，亦即分数量子霍尔态的条件 $\nu=\frac{1}{2k+1}$。

如果将玻色子所带的磁通均匀分布在表面上，它将刚好抵消原有的磁场，即玻色子现在感受不到磁场了。以上变换的结果可以用图 9.18 表示。在低温无磁场条件下，玻色子是可以发生玻色-爱因斯坦凝聚的。这就可以把分数量子霍尔态和超导、超流类比，得出一系列重要结果。由于对超流和超导理论已有系统而深刻的理解，将分数量子霍尔态与之类比，不仅能对已知现象给予更深刻的解释，而且可以做出新的理论预言。

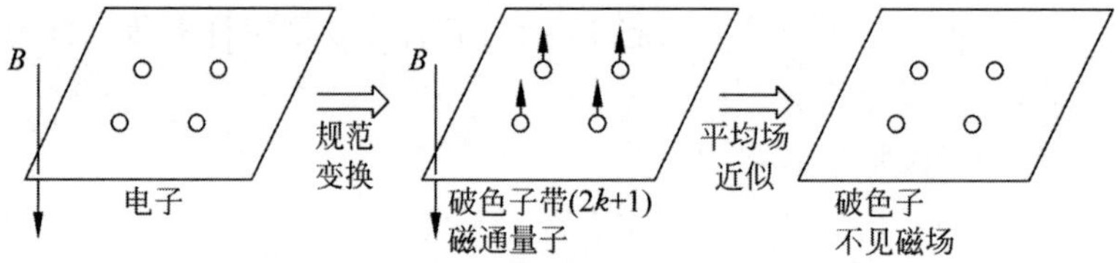

图 9.18 $\nu=\frac{1}{2k+1}$分数量子霍尔态描述方法的改变

先从量子霍尔效应的现象解释开始。带电玻色子凝聚后，超流体内部出现迈斯纳效应(库珀对发生玻色凝聚后会禁止超导体内部存在磁通。杂质处可以钉扎磁通，这是第二类超导体)。这个效应使 $\nu=1/(2k+1)$ 态成为“不可压缩的量子流体”。原因是：根据式(9.6.21)，电子密度的任何改变都要引起统计规范场 $\boldsymbol{a}$ 的改变，即要在一定的区域内产生净磁通，这是迈斯纳效应所不允许的。因此，在 $\nu=1/(2k+1)$ 态下，流体密度不能改变，是很稳定的结构。

容易提出疑问：既然玻色子没有磁场，那么又怎么能产生霍尔效应呢？玻色子不仅带电荷而且携带磁通 $(2k+1)\Phi_0$。当玻色子沿 x 轴运动时，它给出的电流是 $I=e\frac{\mathrm{d}N}{\mathrm{d}t}$，此处 N 是单位时间通过样品 y 方向断面的粒子数。它们携带的磁通量流是

$$\frac{\mathrm{d}\Phi}{\mathrm{d}t}=(2k+1)\Phi_0\frac{\mathrm{d}N}{\mathrm{d}t}$$

根据法拉第定律，这样的磁通量变化率给出的横向电势差为

$$U_{\mathrm{H}}=\frac{1}{c}\frac{\mathrm{d}\Phi}{\mathrm{d}t}=\frac{1}{c}(2k+1)\Phi_0\frac{I}{e}=(2k+1)\frac{h}{e^2}I$$

因此横向电阻是 $\rho_{xy}=\frac{U_{\mathrm{H}}}{I}=(2k+1)\frac{h}{e^2}$。

这种带有磁通的玻色子常被称为“复合玻色子”。在复合玻色子的描述中，整数与分数量子霍尔效应是处于同等地位的。以 $\nu=\frac{1}{3}$ 的分数量子霍尔态为例，一个电子带有 $3\Phi_0$ 磁通量而成为玻色子，它们由于没有磁场而凝聚。$\nu=1$ 的整数量子霍尔态每个电子带有 Φ_0 磁通量，也变为玻色子，它们同样由于没有磁场而凝聚。二者没有分别。

用复合玻色子描述和超流的类比，可以研究分数量子霍尔态的准粒子激发，得到分数电荷的状态，还可以证明它们满足"分数统计"[49]。和第二类超导体(磁通钉扎)类比可以得到涡旋钉扎以解释平台的存在，和超流体的类比可以得到分数量子霍尔态的集体激发等[48]。

对一系列的特殊填充状态$\left(例\ \nu=1,\nu=\frac{1}{3}\right)$，纵向电阻为0，这是完全传导状态。在费米子的描述中，这不易理解。在复合玻色子的描述中，由于玻色-爱因斯坦凝聚形成超流体，玻色子带电，自然形成完全传导。

对外电磁场的响应也可以逐步得到。首先对路径积分积去 φ 场得到电磁势 $A_\mu+a_\mu$ 的有效作用量。再积去 a_μ 得到外矢量势 $\boldsymbol{A}_\mu$ 的有效作用量 S_A。体系的普遍电磁响应 $D_{\mu\nu}(q)$ 可以从关联函数得到：

$$D_{\mu\nu}(q)=\frac{\delta^2 S_A}{\delta\boldsymbol{A}_\mu(-q)\delta\boldsymbol{A}_\nu(q)}$$

9.6.3 代数非对角长程序

CSLG 作用量不仅能给出分数量子霍尔效应的宏观现象学，还能推导得出劳克林波函数以及 Girvin 和 MacDonald 的非对角长程序。注意到 $\mathscr{L}_a$ 对 a_0 变分所得的方程为①

$$\mathrm{i}\varepsilon^{\alpha\beta}(q_\alpha a_\beta(\boldsymbol{q},\omega)-q_\beta a_\alpha(\boldsymbol{q},\omega))=\frac{2\theta}{e}\rho(\boldsymbol{q},\omega)$$

用规范条件 $q_\alpha a^\alpha=0$ 整理上式，得

$$a_\alpha(\boldsymbol{q},\omega)=\frac{2\theta}{e}\varepsilon^{\alpha\beta}\frac{\mathrm{i}q_\beta}{q^2}\rho(\boldsymbol{q},\omega) \tag{9.6.26}$$

对 a 的泛函积分就相当于在路径积分中将积分用 δ 泛函 $\delta\left[a_\alpha(\boldsymbol{q},\omega)-\frac{2\theta}{e}\varepsilon^{\alpha\beta}\frac{\mathrm{i}q_\beta}{q^2}\rho(\boldsymbol{q},\omega)\right]$ 代替。由此，$\mathscr{L}_\phi$(式(9.6.19))在$(\boldsymbol{q},\omega)$空间中变为

$$\begin{aligned}\mathscr{L}_\varphi^{\text{eff}}=&\varphi^\dagger(\boldsymbol{q},\omega)\left[\omega-\frac{1}{2m}q^2\right]\varphi(\boldsymbol{q},\omega)-\frac{1}{2}\delta\rho(-\boldsymbol{q},-\omega)V(q)\delta\rho(\boldsymbol{q},\omega)-\\&2\theta\delta\rho(-\boldsymbol{q},-\omega)\varepsilon^{\alpha\beta}\frac{\mathrm{i}q_\alpha}{q^2}j^\beta(\boldsymbol{q},\omega)-\frac{2\bar{\rho}\theta^2}{m}\delta\rho(-\boldsymbol{q},-\omega)\frac{1}{q^2}\delta\rho(\boldsymbol{q},\omega)\end{aligned} \tag{9.6.27}$$

此处

$$j^\alpha(x)=\frac{\mathrm{i}e}{2m}(\varphi^\dagger\partial^\alpha\varphi-\varphi\partial^\alpha\varphi^\dagger) \tag{9.6.28}$$

式(9.6.27)等号右侧的第三项来自展开式(9.6.19)第二项的$\partial_\alpha a^\alpha$ 项，第四项来自展开的 $a_\alpha a^\alpha$ 项。继续讨论时要做出一个关键性假设，即讨论基态性质时不考虑涡旋的存在。此时 j^α 是纯纵向的，即 $j^\alpha\propto\partial^\alpha\Theta$($\Theta$ 是玻色子场的相位)。因此有 $\varepsilon^{\alpha\beta}q_\alpha q_\beta=0$，即第三项为0，此时 $\mathscr{L}^{\text{eff}}$就很简单：第二项是原哈密顿量的相互作用 $V(x)$项，第四项在恢复粒子图像时用 $\delta\rho(x)=\sum_i\delta(x-x_i)-\bar{\rho}$ 和 $a_0^{-2}=2\pi\bar{\rho}/\nu$② 代入，变为③

---

① 在$(\boldsymbol{q},\omega)$空间，取$\hbar=c=1$，因此有 $\Phi_0=\frac{2\pi}{e}$。

② $a_0^{-2}=eB=\frac{2\pi B}{\Phi_0}=2\pi\rho_A=2\pi\bar{\rho}/\nu$，$a_0$ 是磁回转半径。

③ 二维傅里叶变换：$\int \mathrm{d}^2 q\,\frac{\mathrm{e}^{\mathrm{i}\boldsymbol{q}\cdot\boldsymbol{x}}}{\boldsymbol{q}^2}=-2\pi\ln|\boldsymbol{x}|$。

$$\begin{aligned}&\frac{\bar{\rho}}{2m}\frac{2\pi}{\nu^2}\int \mathrm{d}x\,\mathrm{d}y\delta\rho(x)\ln|x-y|\delta\rho(y)\\&=\frac{1}{m}\frac{1}{a_0^2}\left[\sum_{i<j}\ln|x_i-x_j|^{1/\nu}-\frac{1}{4a_0^2}\sum_i|x_i|^2\right]\end{aligned}\tag{9.6.29}$$

至此,也可以推导代数非对角长程关联函数。由于 $\varphi(x)=\sqrt{\rho(x)}\,\mathrm{e}^{\mathrm{i}\Theta(x)}$,略去振幅部分的涨落,$\varphi(x)$的关联涨落就和$\Theta(x)$的关联涨落有关。将 $\varphi=\sqrt{\rho}\,\mathrm{e}^{\mathrm{i}\Theta}$ 代入式(9.6.27),有

$$\begin{aligned}\mathscr{L}^{\mathrm{eff}}=&\delta\rho(-\boldsymbol{q},-\omega)\mathrm{i}\omega\Theta(\boldsymbol{q},\omega)-\frac{\bar{\rho}}{2m}\Theta(-\boldsymbol{q},-\omega)q^2\Theta(\boldsymbol{q},\omega)-\\&\frac{1}{2}\delta\rho(-\boldsymbol{q},-\omega)\left[V(q)+\frac{4\pi^2\bar{\rho}}{m\nu^2}\frac{1}{q^2}\right]\delta\rho(\boldsymbol{q},\omega)\end{aligned}\tag{9.6.30}$$

对 $\delta\rho$ 积分,就得到 Θ 场的有效拉格朗日密度

$$\mathscr{L}_\Theta^{\mathrm{eff}}=\frac{1}{2}\Theta(-\boldsymbol{q},-\omega)\left[\frac{\omega^2}{V(q)+\frac{4\pi\bar{\rho}}{m\nu^2}\frac{1}{q^2}}-\frac{\bar{\rho}}{m}q^2\right]\Theta(\boldsymbol{q},\omega)\tag{9.6.31}$$

从 $\mathscr{L}_\Theta^{\mathrm{eff}}$可以直接读出传播子,它是上式方括号项的逆。引入回转频率 $\omega_{\mathrm{c}}=\frac{eB}{m}$,有①

$$\langle\Theta(-\boldsymbol{q},-\omega)\Theta(\boldsymbol{q},\omega)\rangle=\frac{\frac{2\pi}{\nu}\omega_{\mathrm{c}}\frac{1}{q^2}+V(q)}{\omega^2-\omega_q^2+\mathrm{i}\delta}\tag{9.6.32}$$

此处

$$\omega_q^2=\omega_{\mathrm{c}}^2+\frac{\bar{\rho}}{m}q^2V(q)\tag{9.6.33}$$

将式(9.6.32)对 ω 积分,得到静态关联函数:

$$\begin{aligned}&\langle\Theta(-\boldsymbol{q})\Theta(\boldsymbol{q})\rangle\\&=-\mathrm{i}\int\frac{\mathrm{d}\omega}{2\pi}\langle\Theta(-\boldsymbol{q},-\omega)\Theta(\boldsymbol{q},\omega)\rangle\\&=-\mathrm{i}\oint\frac{\mathrm{d}\omega}{2\pi}\left(\frac{2\pi\omega_{\mathrm{c}}}{\nu q^2}+V(q)\right)\left[\frac{1}{\omega-\omega_q+\mathrm{i}\delta}-\frac{1}{\omega+\omega_q-\mathrm{i}\delta}\right]\\&=-\frac{1}{2\nu}\frac{2\pi}{q^2}+O\left(\frac{1}{q}\right)\end{aligned}\tag{9.6.34}$$

因此得到序参量关联函数②:

$$\begin{aligned}\langle\varphi^\dagger(x)\varphi(y)\rangle&=\bar{\rho}\langle\mathrm{e}^{\mathrm{i}\Theta(x)-\mathrm{i}\Theta(y)}\rangle\\&=\bar{\rho}\Big(1+\mathrm{i}\langle\Theta(x)\rangle+\mathrm{i}\langle\Theta(y)\rangle+\\&\quad\frac{1}{2}\langle\Theta(x)\Theta(y)\rangle+\frac{1}{2}\langle\Theta(y)\Theta(x)\rangle+\cdots\Big)\end{aligned}$$

---

① 在传播子极点处,式(9.6.31)的方括号项为0。因此,令方括号项为0,解出 ω,记为 ω_q,即为传播子极点,结果就是式(9.6.33)。

② 用$\langle\Theta\rangle=0$并用式(9.6.34)。在推导中略去了 $V(q)$,它对长程关联并不重要,且它对以下分析没有影响。

$$\approx \bar{\rho}\mathrm{e}^{\langle\Theta(x)\Theta(y)\rangle} = \bar{\rho}\exp\left(-\frac{1}{2\nu}\int \frac{2\pi}{q^2}\mathrm{e}^{\mathrm{i}q(x-y)}\right)\mathrm{d}^2 q$$

$$= \bar{\rho}\exp\left[-\frac{1}{2\nu}\ln|x-y|\right] = \bar{\rho}|x-y|^{-1/\nu} \tag{9.6.35}$$

这就是 Girvin 和 MacDonald 用劳克林波函数得到的结果。此处直接用 CSLG 作用量和平均场近似得到了这个结果,并未参考劳克林波函数。因此劳克林波函数也应能从这个理论中推导出来。事实上,式(9.6.29)也出现在劳克林[20]写出的波函数的论据中。第一项的 $\ln|x_j - x_k|$ 是二维空间中两个电子的相互作用势$\left(\text{作用力和}\frac{1}{|x_j - x_k|}\text{成正比}\right)$,而第二项代表正离子背景对电子的吸引势。文献[47]给出了劳克林波函数的推导,此外还考虑了涡旋激发,导出了劳克林准粒子和准空穴波函数式(9.5.25)。

以上$\langle\varphi^\dagger(x)\varphi(y)\rangle$的计算是在 $q_\alpha a^\alpha = 0$ 的规范条件下进行的。在规范变换中,$\langle\varphi^\dagger(x)\varphi(y)\rangle$的相角在一般情况下并不为 0,因此它不满足物理可观量必须为规范不变的要求。实际上,可以定义规范不变的序参量$\langle O^\dagger(x)O(y)\rangle$[50],它在朗道-洛伦兹规范中被约化为$\langle\varphi^\dagger(x)\varphi(y)\rangle$。在其他规范中,算符 $O(x)$并非场算符 $\varphi(x)$的定域函数。

从以上的讨论可知,分数量子霍尔态是一种新的量子流体。作为费米子的电子能够凝聚为流体,关键在于它们所携带的奇数磁通量子将其变成了玻色子。这和超导体以及超流 ^{3}He 中的电子会配成对而形成玻色子类似。分数量子霍尔态这种量子流体具有的分数电荷的元激发则是其独特性质。

9.6.4 分数量子霍尔流体的拓扑序

量子霍尔流体是二维强关联电子系统的一个例子,它有一个极有趣的性质,即具有拓扑序。在凝聚态物理中的许多情况下,序的产生和朗道理论描述的对称破缺有关。在量子霍尔流体中没有对称破缺。在 9.6 节中,张首晟-汉松-克沃尔森有效理论是在具有陈-西蒙斯项的朗道-金兹堡理论的基础上构建的。文小刚和徐一鸿[51]建立了一个只有陈-西蒙斯项的有效理论。这个理论对于研究等级分数量子霍尔态更为方便。这两种有效理论由一个对偶变换相联系[52-53]。陈-西蒙斯作用量通过陈-西蒙斯势 a_μ 表示为

$$S = \int \mathrm{d}^3 x\, \frac{k}{4\pi}\varepsilon^{\mu\nu\lambda} a_\mu \partial_\nu a_\lambda \tag{9.6.36}$$

此处 k 是整数。将这个作用量和标量场作用量比较:

$$S = \int \mathrm{d}^3 x \sqrt{g}\,(\boldsymbol{g}^{\mu\nu}\partial_\mu\phi\partial_\nu\phi - m^2\phi^2) \tag{9.6.37}$$

此处 $\boldsymbol{g}^{\mu\nu}$ 是度规张量。陈-西蒙斯作用量和时空度规毫无关系,即没有尺和表的标度。纯粹的陈-西蒙斯项只和时空的拓扑性质有关。与时空度规无关有深远的影响:任何与度规有关的微扰都不能影响陈-西蒙斯项。例如,杂质和无序都与度规有关,它们不能影响陈-西蒙斯项,也就不能影响量子霍尔液体的长程性质,例如电荷和统计学性质。

在有效理论中,我们只对大的空间距离和时间间隔感兴趣,也就是对小的波数和低的频率感兴趣。作用量的各项是按照微商的幂次和变量的幂次排序的。在 2+1 维时空中,流的质量量纲是 2,规范势的量纲是 1,因为规范势和物质场是按照规范原理耦合的。因此陈-西蒙斯项 $\varepsilon^{\mu\nu\lambda}a_\mu\partial_\nu a_\lambda$ 的量纲是 3,质量量纲最低。麦克斯韦项的量纲是 4,因为它包含两个微

商和两个规范势幂次。因此它按照 $L^{-4}(M^4)$ 标度化，在大距离时不重要。在大距离时的物理性质仅由陈-西蒙斯项控制，只要求 $k\neq 0$。对于 $\nu=1$ 的量子流体，有 $k=1$。一般情况下，有数学论据要求 k 为整数。

劳克林 $\nu=1/m$ 态是最简单的仅包含一个组分不可压缩流体的量子霍尔态。从波函数

$$\Psi_m=\left[\prod(z_i-z_j)^m\right]\mathrm{e}^{-\frac{1}{4}\sum|z|^2}$$

可以看出，当电子 j 围绕电子 i 转一圈时，波函数得到一个相因子 $\mathrm{e}^{\mathrm{i}2\pi m}$。更一般的量子霍尔态，诸如 $\nu=2/5,3/7,\cdots$ 包含不止一个组分不可压缩流体，有更复杂的拓扑序。它们用矩阵元为整数的对称矩阵 $\boldsymbol{K}$ 和整数元素的矢量 $\boldsymbol{Q}$ 所表征。当组分 i 的粒子围绕组分 j 的粒子转一圈时，波函数获得一个相因子 $\mathrm{e}^{\mathrm{i}2\pi k_{ij}}$，此处 k_{ij} 是 $\boldsymbol{K}$ 的矩阵元。矢量 $\boldsymbol{Q}$ 的元素 Q_i 代表组分 i 流体的粒子所带的电荷(以 e 为单位)。所有与拓扑序有关的性质都由 $\boldsymbol{K}$ 与 $\boldsymbol{Q}$ 决定，例如 $\nu=\boldsymbol{Q}^{\mathrm{T}}\boldsymbol{K}^{-1}\boldsymbol{Q}$。劳克林态 $1/m$ 具有 $\boldsymbol{K}=m$ 与 $\boldsymbol{Q}=1$，$\nu=2/5$ 态由 $\boldsymbol{K}=\begin{pmatrix}3&2\\2&3\end{pmatrix}$ 和 $\boldsymbol{Q}=\begin{pmatrix}1\\1\end{pmatrix}$ 描述。

拓扑序从物理学角度上在量子霍尔流体的不同侧面显示出来，例如基态的简并度和边缘态的反常幂次。在亏格为 G 的闭合二维表面上的量子霍尔流体，它的基态简并度为 k^G，这里 k 是式(9.6.36)中的参数。亏格是表面的洞或把手的数量，例如球的亏格为零，环面的亏格为1。拓扑的依赖性在这里是明显的。同样填充率的等级态用不同的构造法得到不同的波函数。这些不同的波函数是否属于同一个等价类，可以从它们的 $\boldsymbol{K}$ 和 $\boldsymbol{Q}$ 来判断。如果两种构造法的 $\boldsymbol{K}$ 和 $\boldsymbol{Q}$ 相同，它们描述的就是同样的量子霍尔流体。

拓扑序的一个引论就是分数量子霍尔态的分数统计。当交换两个全同粒子时，体系的波函数获得一个相因子 $\mathrm{e}^{\mathrm{i}\phi}$，对于玻色子 $\phi=0$，对于费米子 $\phi=\pi$。在二维体系中，导致"交换"的粒子运动需要确切定义，因为粒子不能脱离它们所存在的平面。交换可以定义为将一个粒子绕另一个粒子旋转 π，然后平移两个粒子，使原来占有粒子的位置现在重新被粒子占据，只是两个粒子现在被交换过了。由于量子霍尔体系可以被看作粒子-通量复合体，即一个通量管 Φ 在它附近产生一个矢量势 $\boldsymbol{A}=\dfrac{\Phi}{2\pi}\hat{\boldsymbol{\theta}}$。由于准粒子1围绕准粒子2转 π 的输运所产生的阿哈罗诺夫-玻姆相是 $\phi_{12}=e\Phi/2$，但在这个过程中准粒子2也感受到了准粒子1的磁通，所以总相位是 $e\Phi$。当存在低能简并态、且交换在简并态上的不同准粒子对之间进行时，就形成了"编辫子"的过程。由于两个交换过程可能不对易，所以多交换的过程应该用矩阵表示。因此该过程的统计形式不仅是分数的，而且是非阿贝尔的。

分数电荷可以用边缘电流的噪声测量在实验上探测[34]，统计形式的测量就需要一个非定域的过程，在此一个准粒子围绕另一个准粒子运动。Chamon 等人[54]最先提出了量子霍尔体系的二点接触的干涉仪。Bishara 等人[55]用这样的干涉仪研究了非阿贝尔任意子的行为，如图9.19所示。设备是一个霍尔棒(磁通未标出)，霍尔电压沿棒测量，霍尔电导垂直于棒测量。"插入门"P使边缘

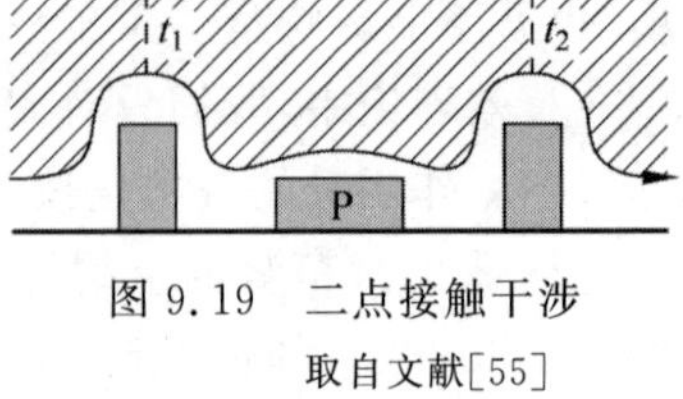

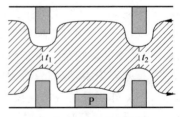

图9.19　二点接触干涉
取自文献[55]

准粒子围绕体准粒子运动，产生了“编辫子”效应。P上的电压可以调整以改变量子霍尔液体的面积。边缘准粒子可以在两个点接触处隧穿，其振幅为 t_1 和 t_2。两条隧穿路径之间的量子干涉就通过随霍尔液体面积变化时隧穿电流的振荡图样给出阿哈罗诺夫-玻姆相的可观测特点和“编辫子”统计。对于阿贝尔量子霍尔态，干涉的振荡行为可以通过仅和电荷有关的阿哈罗诺夫-玻姆效应来理解。对于非阿贝尔态（例如 $\nu=5/2$ 的分数量子霍尔态），在体准粒子数为偶数时出现了附加的振荡行为。这个数通过在中央干涉仪区域中边缘准粒子和体准粒子之间的“编辫子”效应改变点接触的电导。作者们的结论是，观察到的变化是非阿贝尔统计的明显特点，并且建议进行更多的实验以判别其他可能的原因。

9.7 量子霍尔效应的整体相图

在9.4节和9.5节的讨论中突出了描述量子霍尔状态的参数，即填充数 $\nu=\dfrac{n_s}{n_B}$。对一定填充数的状态有特征的 ρ_{xx} 与 ρ_{xy} 值。以 ρ_{xx} 和 ρ_{xy} 为坐标，可以画出量子霍尔效应的整体相图，这是克沃尔森、李东海和张首晟研究的后续[56-57]，他们建立了“对应态定律”，以说明在 ν 不同的状态中，有不少 ν 值体系的性质是彼此对应（相似）的。

（1）朗道能级变换

$$\nu \leftrightarrow \nu+1 \tag{9.7.1}$$

$\leftrightarrow$ 表示两个不同 ν 值体系的性质存在对应。这是因为填满的朗道能级对其他电子而言类似于一个惰性的背景，它对上面未填满的朗道能级的物理性质几乎没有影响。

（2）粒子-反粒子变换

$$\nu \leftrightarrow 1-\nu \tag{9.7.2}$$

在真空态上建立一个 $\nu<1$ 的状态，它和从一个填满的朗道能级（根据式(9.7.1)，它和真空对应）去掉填充数为 ν 的电子是等价的。

（3）通量赋予变换

$$\frac{1}{\nu} \leftrightarrow \frac{1}{\nu}+2 \tag{9.7.3}$$

例如 $3\leftrightarrow 1+2$，这是分数量子霍尔效应 $\nu=1/3$ 和整数量子霍尔效应 $\nu=1$ 之间的对应，9.6节已讨论过。

理论的另一个组成部分是选择规则：从绝缘态到量子霍尔态的转换只能通过 $\nu=1$ 的整数量子霍尔态进行。在杂质增加或磁场减小时，所有高 ν 态只能转换到低 ν 态最终到 $\nu=1$ 态，然后才能转换到绝缘态。得到这个定则的基础是一个“上浮假设”①。相图示于图9.19。

① 在整数量子霍尔效应发现后不久，人们就已经知道在费米能量下面有延展态，因为纵向电导一般是有限的。安德森局域化告诉我们，当无序增加超过某一程度时，所有二维电子系统都是绝缘的。为了解释从量子霍尔相互绝缘相的转变，劳克林和赫梅利尼茨基提出了“上浮假设”，即当磁场减小时，延展态的能量从朗道能级中心上浮。当 B 趋于零时，延展态的能量升到费米能量以上，使所有费米能量以下的状态都变成局域的。

如图 9.20 所示，ρ_{xx} 代表晶体的无序（杂质、缺陷与声子激发），它随温度 T 而变化；$\rho_{xy}=-\frac{B}{nec}$ 与磁场 B 成正比。在存在无序的情况下，当 $T\to 0$ 时有两种不同的相。一是在 $T\to 0$ 时 $\rho_{xx}\to 0$，$\sigma_{xx}\to 0$ 的量子霍尔流体相（见式(9.4.21)后面的讨论）。另一个是绝缘相，在 $T\to 0$ 时有 $\rho_{xx}\to\infty$，$\sigma_{xx}\to 0$，但它和普通的绝缘体又有所不同。当将半导体缺陷增加超过一定限度时，要保持纵向电流需要施加很高的纵向电压。当 T 减小时，所需电压增高，这是绝缘体的特征。但同时霍尔电压 U_{H} 和温度无关，并和磁场强度成比例增加，这是霍尔液体的特点。这个相被称为"霍尔绝缘体"，崔琦研究组在实验中发现了霍尔绝缘体[58]。

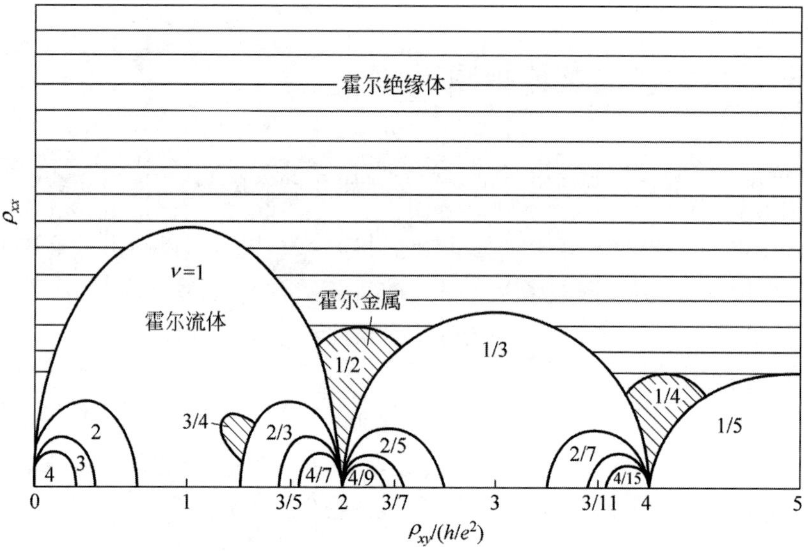

图 9.20　量子霍尔效应的整体相图

取自文献[56]

实验还发现了另一个在 $\nu=1/2$ 附近的相，其电子和无磁场情况下普通金属中的电子一样，ρ_{xy} 随磁场线性变化，没有量子化的平台，拥有这种相的材料被称为"霍尔金属"。从引入统计规范场的变换看，这种相的存在是容易理解的。$\nu=1/2$ 相当于一个电子分配到两个磁通量子，用变换将磁通量赋予电子，它就成为"复合费米子"。用平均场观点将统计磁通量均匀分布，正好抵消了外磁场，其结果就是无磁场的电子！从式(9.7.2)得知，$\nu=1/4$ 是一个对应态，它的粒子-反粒子对应态是 $\nu=3/4$。

对应态原理被许多实验所支持，但选择定则却与不少实验相左。崔琦研究组[59-60]系统研究了从绝缘体到整数量子霍尔态的转变。他们使用局限在 Ge/SiGe 量子阱中的二维系统。从绝缘体到整数量子霍尔态转变的规律是从量子霍尔相绝缘体到整数量子霍尔态，ρ_{xx} 随温度的增加而增加，在绝缘相它随温度增加而减小，见图 9.21。在相变点（图 9.21(a)中的 B_{c}^{L}），ρ_{xx} 与温度无关。当 B 增加时，ρ_{xy} 首先在 ν 发展一个很窄的平台，然后在 $\nu=2$ 处和 $\nu=1$ 处。在 B_{c}^{L} 处，绝缘态到 $\nu=3$ 整数量子霍尔态的转变是直接的。在更高的场值时，量子霍尔态转变到绝缘态的过程示于图 9.21(b)。在这里，B_{c} 处的转变在 ρ_{xx} 曲线的会合点发生。量子霍尔态和绝缘态的转变点（黑点），以及不同 ν 的量子霍尔态之间的转变点（圈

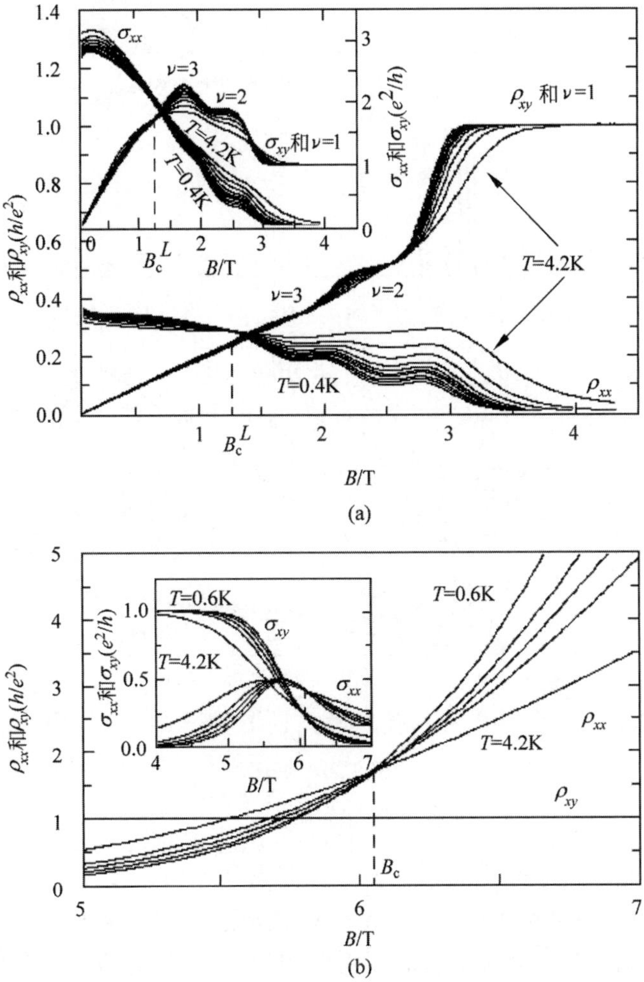

图 9.21　在温度为 0.6K 和 4.2K 时，ρ_{xx} 和 ρ_{xy} 对磁场的依赖

取自文献[59-60]

插图为 σ_{xx} 和 σ_{xy} 对 B 的依赖

(a) $n=1.2\times10^{11}\text{cm}^{-2}$；(b) $n=0.8\times10^{11}\text{cm}^{-2}$

点)示于图 9.22(a)的 n-ν^{-1} 曲线，点的大小代表预期不准确度。为了演示朗道能级作为 B 的函数的转变，同样的数据作为 n-B 曲线画在了图 9.22(b)上。高 B 值数据点精确分布在直线 $n=(i+1/2)eB/\hbar$ 上($i=0,1,2,\cdots$)，这些直线是不同 ν 值态的边界。最低能级 $i=0$ 之下的绝缘态可以从无序造成的能级变宽理解。在能级展宽时，形成小能带(miniband)。在中心的是延展态，远离中心的是局域态。在 $T=0$ 以及费米能位于最低能级之下时，E_{F} 处于局域态中间，体系就是绝缘态。当 B 减小时，能级间的能隙减小，能级发生交叠。高能级的某些态增加了最低能级 $i=0$ 之下的态密度，导致绝缘态的边界升高。所有的高 ν 态都直接过渡到绝缘态。

盛东宁和翁征宇[61-63]进行了从绝缘态到量子霍尔态的转换理论研究。他们用了紧束缚格点模型。令跳跃常数为 1 作为能量的单位，模型中有两个参数。一个是格点单位小格的磁通量 $\phi=2\pi/M$，M 就相当于填充因子。例如 $M=8$ 给出最大填充因子 $n\nu=8$。另一个

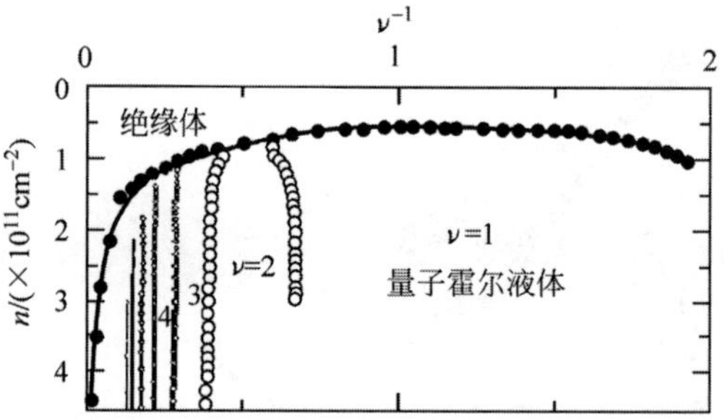

(a)

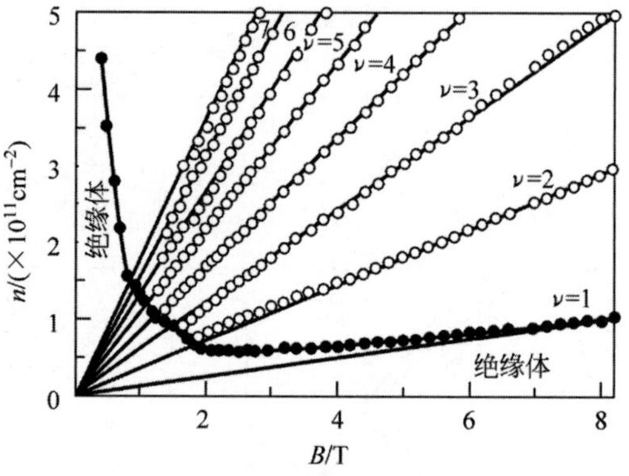

(b)

图 9.22　相图

取自文献[59-60]

(a) n-ν^{-1} 曲线；(b) n-B 曲线

是无序强度 W。每一个格点在 $-W/2\sim W/2$ 随机选定一个无序势。用久保公式计算霍尔电导，图 9.23 给出了 $M=8$ 的结果。在弱无序($W=1$)时，可以看到 3 个整数量子霍尔平台 $\sigma_H=\nu e^2/h(\nu=1,2,3)$，相当于在 $E\leqslant 0$(半个能带)、位于 σ_H 跳跃处的 4 个朗道能级在无序增加时，平台自高能到低能一个又一个地逐次变坏。

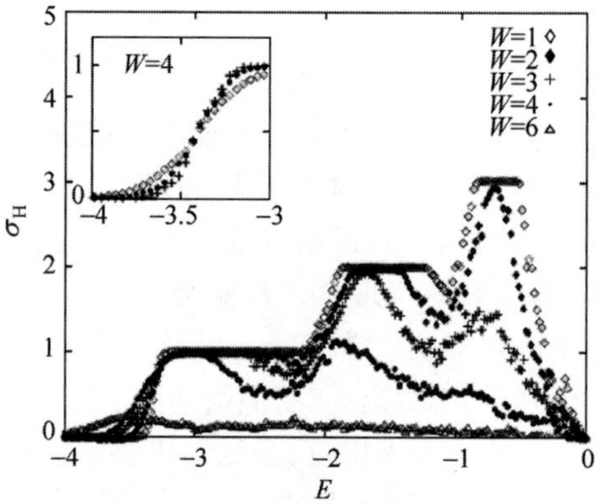

图 9.23　无序参数为 1～6 情况下 σ_H(计算值)与 E 的关系

取自文献[61-62]

插图为 $W=4$ 的 $\nu=1$ 整数量子霍尔平台，相应不同格点点阵大小：8×8(∘)，16×16(・)，24×24(†)

$\nu=3$ 平台在 $W=2$ 时被毁，$\nu=1$ 平台在 $W=6$ 时崩坏。理解整数量子霍尔平台演化的关键是在 9.4 节中讨论的索利斯的拓扑考虑。量子化的霍尔电导是在费米能量下的延展态所携带的陈数之和：

$$\sigma_{\mathrm{H}}(E_{\mathrm{F}})=\frac{e^2}{h}\sum_{\varepsilon(m)<E_{\mathrm{F}}}C^m$$

局域态的陈数为零。延展态的态密度 ρ_{ext} 画于图 9.24。明确的 ρ_{ext} 峰位于朗道能带的中心带间，是局域态分布。每个峰对应于 σ_{H} 快速增长的区域。当费米能量到达峰中所有延展态都已包括的那一点时，就得到一个量子化的平台。三个低能峰中的每一个的总陈数都是 $+1$，这就是当费米能量从低能端向高能变化时，$\nu=1,2,3$ 平台逐次出现的原因。$E=0$（格点半满）时的霍尔电导应该为零。因此，最接近带中心的最后峰带有陈数为 -3，导致 σ_{H} 从 $\nu=3$ 平台降落到 0。拓扑数守恒明确地表现了出来。在由 W 增加导致的 σ_{H} 平台崩坏的过程中，隔开不同平台的延展态会聚到一起然后消失，并未“上浮”。最低的延展态能带是在无序临界值 W_{c} 处最后消失的。无序临界值 W_{c} 随磁场的减小而减小，在趋于零的场极限时可以延伸到零。整数量子霍尔效应崩坏的图画一直持续到弱场极限。

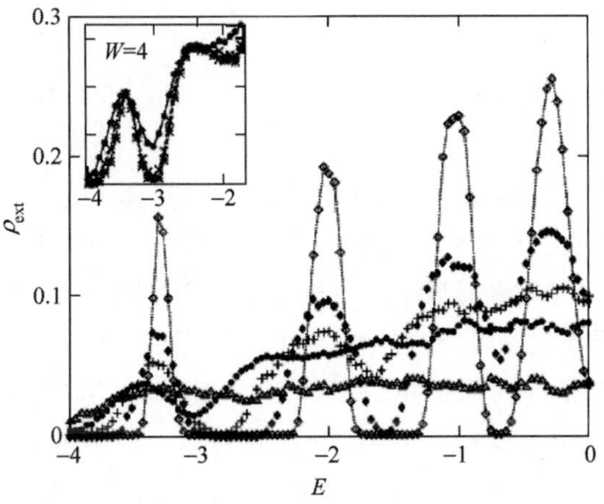

图 9.24 不同无序参数下的计算延展态密度

取自文献[61-62]

紧束缚格点模型给出的相图示于图 9.25。有一些有趣之处：从强磁场的绝缘态（在图中用Ⅱ标出）开始，在固定电子密度条件下连续减小 B，就得到曲线 A，它切过不同的整数量子霍尔相。当 B 减小时，W_{c} 随之减小，因此 $\dfrac{W}{W_{\mathrm{c}}(B)}$ 增加。绝缘相Ⅱ的特征是霍尔电阻 ρ_{xy} 保持在量子化值 h/e^2，甚至纵向电阻 ρ_{xx} 已经增加了许多倍。绝缘相Ⅰ的特征是霍尔电阻的经典值 $\rho_{xy}=\dfrac{1}{n\nu}\dfrac{h}{e^2}=\dfrac{B}{nec}$。相信绝缘相Ⅰ在磁场趋于零时会趋于安德森绝缘体。绝缘相的 σ_{xx} 和 σ_{xy} 满足一个单参数标度律，这是和量子相变有关的结果[63]。

这些“复合粒子”是真实的吗？还是只是一种等价的描述？目前还没有明确的答案。

二十几年来，量子霍尔效应一直是凝聚态物理中十分活跃的研究领域，目前仍有不少基本问题有待研究。虽然对 $\nu=1/2$ 态（称为 $\nu=1/2$“反常”）在理论上已有所阐述[40]，但在这方面对霍尔绝缘体了解得还不够，相信未来将会有更多的新发现。

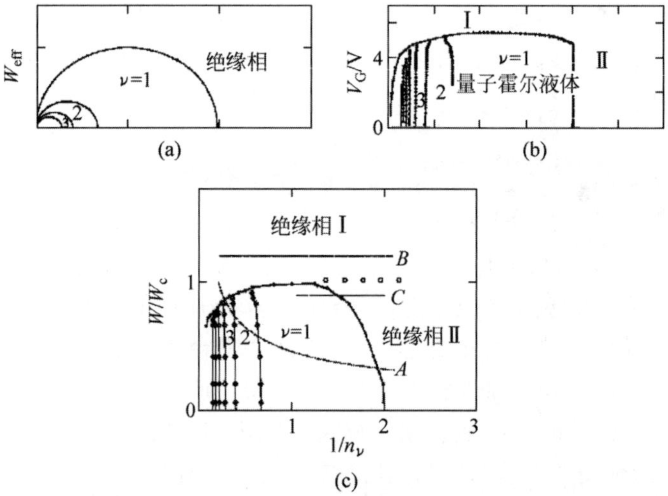

图 9.25 紧束缚格点模型给出的相图

取自文献[63]

9.8 量子自旋霍尔效应

Dyakonov 和 Perel[64-65]指出,当将电压加到一片半导体上时,具有一定自旋方向的电子将积聚到片的一侧,而具有相反自旋方向的电子则积聚到片的另一侧,且横向的霍尔电压并不存在。这个现象是基于电子在杂质原子上的与自旋有关的散射的。当人们意识到自旋自由度可以用来携带、存储和操作信息时,在这个方向上的研究重新兴旺起来。有两个研究组,一个是 Murakami,Nagaosa 和张首晟研究组[66],另一个是 Sinova,MacDonald 及其合作者的研究组,他们都曾独立地[67]指出,即使没有杂质存在仍可以发生强的自旋霍尔效应。这个与杂质无关的效应被称为“内在的”(intrinsic)自旋霍尔效应,在理论上和实验上都有很活跃的研究工作。文献[68]的作者在文献[66]的基础上指出,自旋的输运是无损耗的。与电荷的霍尔效应相同,自旋霍尔效应也有量子的相应效应[69-71]。自旋量子体系是一个新的物质状态,它是在无磁场条件下发展起来的缘态,如图 9.26 所示,在一个给定边缘上,相反自旋的

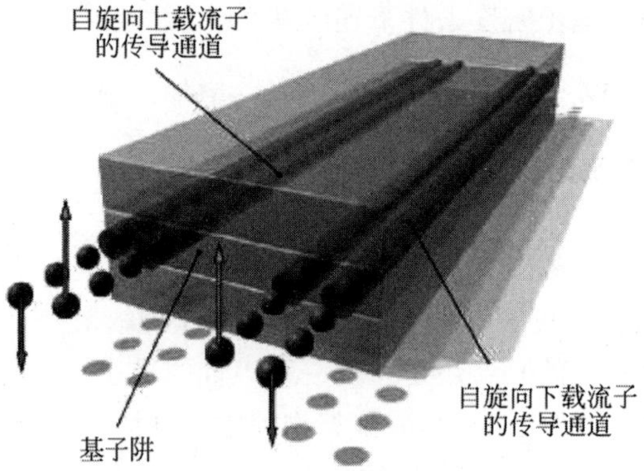

图 9.26 自旋量子体系示意图

载流子运动方向相反。这种体系在 Hg/Te/(Hg,Cd)Te 量子阱中得以实现,阱的宽度大于某个临界值。在这类量子阱中,费米能级附近有4个有关的能带,即具有 s 轨道两种自旋状态 $|s,\uparrow\rangle$,$|s,\downarrow\rangle$ 的 E1 带,和包含 p 轨道 $|p_x+\mathrm{i}p_y,\uparrow\rangle$ 和 $|p_x-\mathrm{i}p_y,\downarrow\rangle$ 的 HH1 带,它们分别为 $m_J=3/2$ 和 $m_J=-3/2$。波函数是4-分量的自旋量:

$$\begin{pmatrix} \left|s,m_J=\frac{1}{2}\right\rangle \\ \left|p,m_J=\frac{3}{2}\right\rangle \\ \left|s,m_J=-\frac{1}{2}\right\rangle \\ \left|p,m_J=-\frac{3}{2}\right\rangle \end{pmatrix} \tag{9.8.1}$$

在布里渊区中心的 Γ 点附近,有效哈密顿量由下式给出[71]:

$$H_{\mathrm{eff}}(k_x,k_y)=\begin{pmatrix} H(\boldsymbol{k}) & 0 \\ 0 & H^*(-\boldsymbol{k}) \end{pmatrix} \tag{9.8.2}$$

$$H(\boldsymbol{k})=\varepsilon(\boldsymbol{k})+d_1(\boldsymbol{k})\boldsymbol{\sigma}_1 \tag{9.8.3}$$

此处$\boldsymbol{\sigma}_1$ 是泡利矩阵,并有

$$\begin{aligned} d_1+\mathrm{i}d_2 &= A(k_x+\mathrm{i}k_y)\equiv Ak_+ \\ d_3 &= M-B(k_x^2+k_y^2) \\ \varepsilon_k &= C-D(k_x^2+k_y^2) \end{aligned} \tag{9.8.4}$$

这里 k_x 和 k_y 是在二维电子气平面中的分量,A,B,C,D 是体系的特征常数。自旋轨道耦合是由哈密顿量中的 $\boldsymbol{d}(\boldsymbol{k})\cdot\boldsymbol{\sigma}$ 项构成的。在式(9.8.2)中,上面的方块指“自旋向上”,下面的方块指“自旋向下”。$d_1+\mathrm{i}d_2$ 将 s 和 p 轨道耦合起来,因此对于 k 是奇的;而 d_3 不耦合它们,因此对于 k 是偶的。H_{eff} 的对角方块是彼此的时间反演变换,而体系是时间反演不变的。这个不变性对于量子自旋霍尔体系是很重要的。在 $d_3\sigma_3$ 中的参数 M 区分 s 和 p 轨道,即区分 E1 和 HH1 能带。对于像 CdTe 这样的传统半导体 $M>0$,即 E1 在 HH1 之上。像平面石墨这样的半金属有 $M=0$,尽管在这里能带有不同的诠释。对例如 HgTe 这样的“能带次序颠倒”的半导体,且当其量子阱的厚度 d 大于一个临界值 $d>d_c$ 时,HH1 位于 E1 之上,此时 $M<0$。对于 $d<d_c$,M 是正值:在临界厚度 d_c 处发生拓扑量子相变。

量子自旋霍尔相出现在能带次序颠倒的体制下,$M<0(d>d_c)$,它以螺旋边缘态的存在为特征。我们回到哈密顿量式(9.8.2),并先集中在上面的方块上。它可以被对角化为

$$E_\pm(\boldsymbol{k})=\varepsilon(\boldsymbol{k})\pm d(\boldsymbol{k}) \tag{9.8.5}$$

此处 $d(\boldsymbol{k})$是三维矢量 $\boldsymbol{d}(\boldsymbol{k})$的模:

$$d(\boldsymbol{k})=\sqrt{d_\alpha(\boldsymbol{k})d^\alpha(\boldsymbol{k})} \tag{9.8.6}$$

对于所有的 $\boldsymbol{k}$ 值,如有

$$E_+(\boldsymbol{k})-E_-(\boldsymbol{k})=2d(\boldsymbol{k})>0 \tag{9.8.7}$$

体系是绝缘体。对 $\boldsymbol{k}\in$ 布里渊区,出现能隙的条件是

$$\min E_+(\boldsymbol{k})>\max E_-(\boldsymbol{k}) \tag{9.8.8}$$

作者用久保公式计算了霍尔电导率 σ_{xy},发现在绝缘相它是在第1布里渊区中的拓扑不变量[70]。虽然在现在的问题中,单电子态和朗道能级非常不同,横向电导率的量子化却有着

相同的拓扑根源。为了说明边缘态的性质，将哈密顿量定义在一条样品上，在 y 方向上使用周期性边界条件，在 x 方向上使用开放边界条件，并令波函数在 $x=0$ 和 $x=L+1$ 处为0，此处 L 是样品的宽度。在此情况下，k_y 是好的量子数，单粒子能量是 $E_m(k_y)$ 的函数，$m=1,2,\cdots,2L$。文献[70]用二维拉廷格模型($d_a\boldsymbol{k}$)矢量紧束缚正规化得到的能谱示于图9.27。对于给定的 k_y 有 $2L$ 个态，其中有两个是定域化的，其他是延展的。当费米能级位于整体能隙中时(在图9.27中用水平点画线代表)，它和边缘态谱的每一个交叉(实曲线和虚曲线)就定义了两个在样品左边缘和右边缘的边缘态，它们的自旋方向相反。

要研究在无限小电场下的边缘的行为，就要考虑劳克林-霍尔珀林的规范论据[72-73]。选定边界条件的样品可以被看作轴在 x 方向的圆柱，如图9.28所示。当穿过圆柱的通量 $\Phi(t)$ 从 $\Phi(0)=0$ 绝热增加到 $\Phi(t)=2\pi$ 时，在时间为 t 时，y 方向的诱导电场是：

$$E_y(t)=-\frac{\partial A_y(t)}{\partial t}=\frac{1}{L}\frac{\partial\Phi(t)}{\partial t} \tag{9.8.9}$$

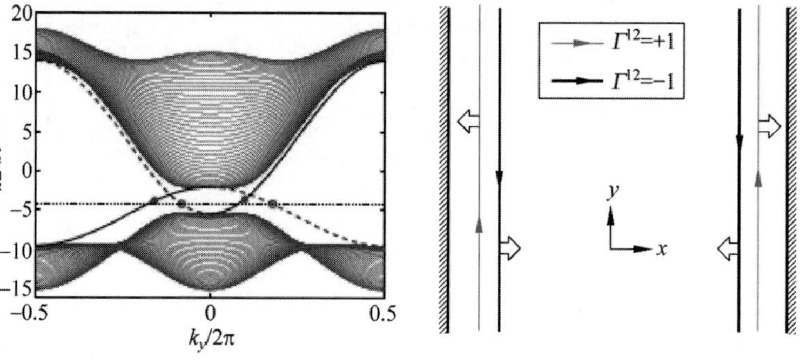

图9.27　能谱(a)和边缘态示意图(b)

取自文献[72]

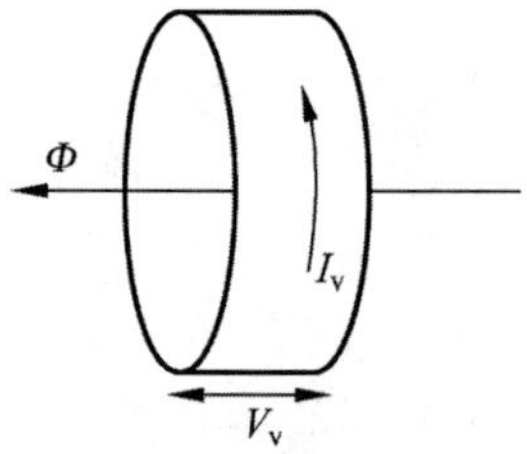

图9.28　样品示意图

由通量 Φ 诱导的电场

在 y 方向(沿带的方向)

此处 $\boldsymbol{A}$ 是与通量联系的矢量势。约定的选择是当 Φ 增加时，$E_y>0$。通量变化的效应由在哈密顿量中 $k_y\to k_y-A_y$ 置换代表。相应地，对于每一个单粒子函数，有

$$\phi_{m,k_y}(x,y)=u_{m,k_y}(x,y)\mathrm{e}^{\mathrm{i}k_y y}$$

应由

$$\phi_{m,k_y}(x,y,t)=u_{m,k_y-A_y(t)}(x,y)\mathrm{e}^{\mathrm{i}(k_y-A_y)y}$$

置换。在时间为 t 时，绝热演化的结果是

$$|m,k_y\rangle \to \left|m,k_y+\frac{2\pi}{L}\right\rangle \tag{9.8.10}$$

此处 L 是样品在 x 方向的长度。体系的基态

$$|G\rangle = \prod_{E_m(k)\leqslant\mu} |m,k_y\rangle \tag{9.8.11}$$

作为通量变化的结果演化为终态

$$|G'\rangle = \prod_{E_m(k)\leqslant\mu} \left|m,k_y+\frac{2\pi}{L}\right\rangle \tag{9.8.12}$$

因为$|G\rangle$的整体部分是所有 k 值态的乘积，它在这一个平移之下不变，因此$|G\rangle$和$|G'\rangle$的区别就只出现在图 9.27(a)中用实心和空心圆代表的费米能级附近的粒子和空穴激发边缘态上。由 k_y 变化产生的单粒子能量变化为

$$\delta E \simeq v_y\delta k = 2\pi\,\hbar v_y \mid L \tag{9.8.13}$$

所以在费米面上 $v_y>0$ 的每个边缘态都从费米海中移出变为粒子激发，而每一个 $v_y<0$ 的态都移进费米海，变为空穴激发。计算这些边缘态的密度分布$|\phi(i_x)|^2$ 就能确定它们究竟是在左(L)边缘还是在右(R)边缘。状态$|G'\rangle$表示为粒子-空穴态：

$$|G'\rangle = \prod_{i=1}^{n} c_{iL}^{\dagger} + c_{iR}^{\dagger} - c_{iL} - c_{iR} + |G\rangle \tag{9.8.14}$$

此处，“±”代表量子数 Γ^{12}。在有自旋-轨道耦合时，自旋是不守恒的。自旋算符分解为和哈密顿量对易的“守恒”部分[70]，Γ^{12} 和 Γ^{34} 代表进动效应的“不守恒”部分：$S^z=-\frac{1}{2}\Gamma^{12}-\Gamma^{34}$。从式(9.8.14)可以看到，绝热地引入通量的净效应是将$\langle S^z\rangle=-1/2$ 的边缘态从右边缘转移到左边缘，而将$\langle S^z\rangle=1/2$ 边缘态向相反的方向转移。这就导致不同的自旋密度在边界上的积聚。这种积聚可以看作被 E_y 诱导式(9.8.9)的自旋霍尔电流：

$$j_x = \sigma_{xy}^{(s)} E_y \tag{9.8.15}$$

在文献[70]中计算得到的自旋霍尔电导是

$$\sigma_{xy}^{(s)} = \frac{2e^2}{h} \tag{9.8.16}$$

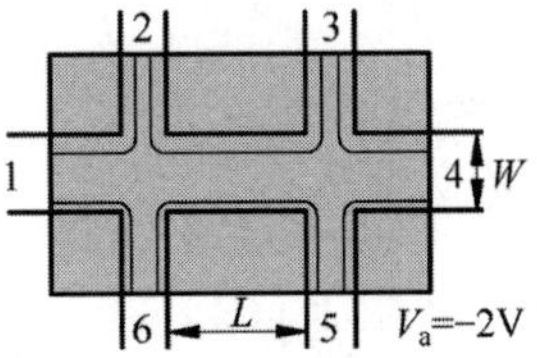

图 9.29 样品和测量连接
取自文献[71]

Molenkamp 和 Buhman[71]发展了制造 HgTe 量子阱的先进工艺。证实小样品中边缘通道的真实存在，可以通过测量纵向电阻，将它作为扫描经过能隙寻找费米能级的门电压的函数。电荷输运是朗道尔-布提克弹道体制，其平均自由程大约是 1μm。图 9.29 给出了测量连接的安排，测出的纵向电阻是 $R_{12,34}=V_{23}/I_{14}$，纵向电导率也是量子化的，$G=2e^2/h$[69]。如在文献[71]中指出的，朗道尔-布提克式的计算也给出了同样的结果，$R_{12,34}=h/2e^2$。在实验中宽度小于临界值的样品(正常电子结构，$d=5.5\text{nm}<d_c=6.3\text{nm}$)基本上显示出零纵向电阻(图 9.30 中的曲线Ⅰ)。对 20.0μm×13.3μm 的样品(图 9.30 中的曲线Ⅱ)，其大小要比平均自由程大，电导还没有达到量子化的值。对于小得多的样品($L=1.0$μm，图 9.30 中的曲线Ⅲ和Ⅳ)，其纵向电导实际上达到了预期值 $G=2e^2/h$，证实了在颠倒电子结构的量子阱中自旋边缘通道的存在。

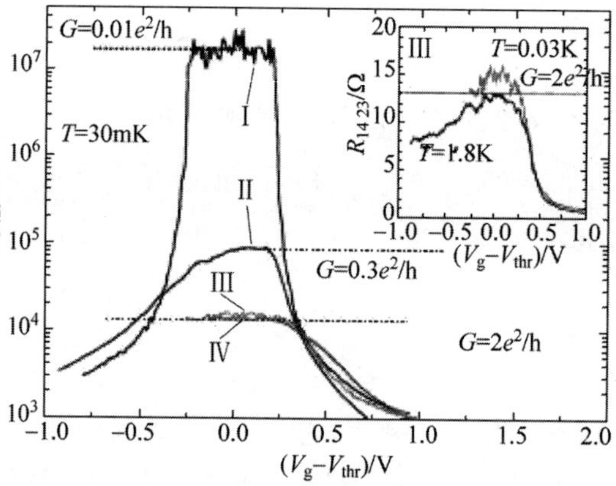

图 9.30 量子阱样品的纵向电阻

取自文献[71]

9.9 2+1 维物理中的拓扑，反常霍尔效应

由 Deser，Jackiw 和 Templeton[75] 所发起的 2+1 维规范场论的研究动机源于它和高温 3+1 维规范理论的联系。研究导致引人注意的结果：拓扑非平凡的规范不变项可以给规范场提供质量。此外，它还引出了和规范场耦合的相对论性费米子的奇异性质：费米子零模、分数量子数和反常真空流。这些结果的重要性引起了之后对于二维空间体系研究的关注。在引入 2+1 维“反常”之前，我们先从 3+1 维手征反常开始。

9.9.1 3+1 维手征反常

以下的讨论基于 Itzykson 和 Zuber 的教科书[76]。

考虑相对论费米子场，它用拉格朗日量密度描述：

$$\mathcal{L}=\bar{\psi}(\mathrm{i}\gamma_{\mu}\partial^{\mu}-m)\psi,\quad \mu=0,1,2,3 \tag{9.9.1}$$

此处$\boldsymbol{\gamma}$是 4×4 矩阵

$$\boldsymbol{\gamma}^{0}=\begin{pmatrix}1 & 0\\ 0 & -1\end{pmatrix},\boldsymbol{\gamma}^{i}=\begin{pmatrix}0 & \sigma_{i}\\ -\sigma_{i} & 0\end{pmatrix},\quad i=1,2,3 \tag{9.9.2}$$

满足反对易关系

$$\{\gamma^{\mu},\gamma^{\nu}\}=2\eta^{\mu\nu},\mathrm{diag}(\eta)=(1,-1,-1,-1) \tag{9.9.3}$$

狄拉克伴随 $\bar{\psi}$ 定义为 $\bar{\psi}=\psi^{\dagger}\gamma_{0}$。$\boldsymbol{\gamma}$ 矩阵的平方为 $\gamma^{02}=-\gamma^{i2}=1$。再定义一个常用的矩阵：

$$\gamma_{5}=\mathrm{i}\gamma^{0}\gamma^{1}\gamma^{2}\gamma^{3}=\begin{pmatrix}0 & 1\\ 1 & 0\end{pmatrix} \tag{9.9.4}$$

它和 γ^{μ} 反对易：

$$\{\gamma_{5},\gamma^{\mu}\}=0 \tag{9.9.5}$$

现在可以将 ψ 分解为它的左手和右手部分：

$$\psi_{\mathrm{L}}=\frac{1}{2}(1-\gamma_{5})\psi,\psi_{\mathrm{R}}=\frac{1}{2}(1+\gamma_{5})\psi,\psi=\psi_{\mathrm{R}}+\psi_{\mathrm{L}} \tag{9.9.6}$$

它们是 γ_5 的本征态，本征值分别为 −1 和 +1。式(9.9.1)的质量项混合了左手和右手部分：

$$m\bar{\psi}\psi = m\bar{\psi}_{\mathrm{L}}\psi_{\mathrm{R}} + m\bar{\psi}_{\mathrm{R}}\psi_{\mathrm{L}} \tag{9.9.7}$$

而动能项并不混合它们。

$$\bar{\psi}(\mathrm{i}\gamma_\mu\partial^\mu)\psi = \overline{\psi_L}(\mathrm{i}\gamma_\mu\partial^\mu)\psi_{\mathrm{L}} + \overline{\psi_{\mathrm{R}}}(\mathrm{i}\gamma_\mu\partial^\mu)\psi_{\mathrm{R}} \tag{9.9.8}$$

费米子是 $SU(2)$群的旋量表示，例如

$$\psi = \begin{pmatrix} u \\ d \end{pmatrix} \tag{9.9.9}$$

可以看到拉格朗日量的动能项有更高的手征对称性 $SU(2)_{\mathrm{L}} \otimes SU(2)_{\mathrm{R}}$，在其中左手部分和右手部分独立变换，而质量项把这个更高的对称性破缺为原来的同位旋 $SU(2)$。

有一个有趣的问题：一个经典理论的对称性必须成为量子理论的对称性吗？以往的场论工作者们认为答案是显明的："是"。在经典理论水平上，如果变换使作用量 I 不变，则对称性存在。在量子水平上，如果变换使路径积分$\int[D\phi]\exp(\mathrm{i}I[\phi])$不变，则对称存在。前者是否一定给出后者？只有积分测度在变换时不变，答案才会为"是"。在我们的情况下，"经典"理论就是运动方程水平$(\mathrm{i}\gamma_\mu\partial^\mu - m)\psi = 0$。从狄拉克方程可以得到，矢量流 $\boldsymbol{j}^\mu = \bar{\psi}\gamma_\mu\psi$ 是守恒的：对称性是和规范不变性，即费米子数(电荷)守恒相联系的。与此对照，轴矢流$\boldsymbol{j}^\mu{}_5 = \bar{\psi}\gamma^\mu\gamma_5\psi$是不守恒的：$\partial_\mu \boldsymbol{j}^\mu{}_5 = 2m\gamma_5\psi \neq 0$。在经典理论中，只有无质量的费米子才满足手征 $SU(2)\otimes SU(2)$ 对称性。无质量费米子的经典对称性能否延续到量子水平？只有实践才能回答这个问题。故事从计算具有可以和光子(k_1,k_2)耦合的两个矢量顶点和一个可以与 π 介子耦合的轴矢顶点的费曼图开始(图 9.31)，记作 $\Delta^{\mu\nu\lambda}(k_1,k_2)$，描述量子过程$\langle 0 \mid TJ_5^\lambda(0)J^\mu(x_1)J^\nu(x_2)\mid 0\rangle$ 即 $\pi^0 \to 2\gamma$。

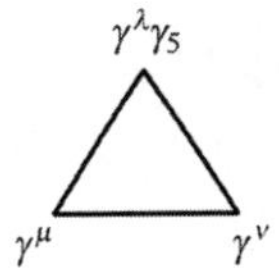

图 9.31　三角图
轴矢顶点与 π 动量 q 耦合，矢量顶点与光子动量 k_1，k_2 耦合

在计算中先用威克转动将 4 维的闵可夫斯基积分变为欧氏 4 维积分，进行积分后再转动回来，结果它满足下式：

$$k_{1\mu}\Delta^{\lambda\mu\nu}(k_1,k_2) = \frac{\mathrm{i}}{8\pi^2}\varepsilon^{\lambda\nu\sigma\tau}k_{1\sigma}k_{2\tau} \neq 0 \tag{9.9.10}$$

这个结果是灾难性的！矢量流守恒基于规范对称性，它意味着费米子数守恒。哪里出了问题？回到积分 $\Delta^{\lambda\mu\nu}(k_1,k_2)$。用费曼规则计算振幅时常会移动积分变量。那么这在什么时候是合理的？考虑

$$\int_{-\infty}^{\infty}\mathrm{d}p f(p+a) - \int_{-\infty}^{\infty}\mathrm{d}p f(p) = \int_{-\infty}^{\infty}\mathrm{d}p\, a\frac{\mathrm{d}f}{\mathrm{d}p} + \cdots = a(f(\infty) - f(-\infty))$$

当 $f(\infty) = f(-\infty)$时，变量移动是合理的，即积分本身应是有限的。在用变量移动计算 $\Delta^{\lambda\mu\nu}(k_1,k_2)$时，发现它和变量移动量 a 有关！这个结果是毫无意义的。换句话说，这个积分是没有确切定义的。用幂次计数分析，它是线性发散的。原来只靠费曼规则是不足以确定这个过程的。解决这个问题可以用"一石二鸟"的办法。启动矢量流守恒的物理要求：

$$k_{1\mu}\Delta^{\lambda\mu\nu}(a,k_1,k_2) = 0 \tag{9.9.11}$$

它在移动量为 $a = -(k_1 - k_2)/2$ 时得到满足。用这个移动量来计算 $\Delta^{\lambda\mu\nu}(a,k_1,k_2)$，以代表$\langle 0|TJ_5^\lambda(0)J^\mu(x_1)J^\nu(x_2)|0\rangle$过程。结果矢量流守恒，而轴矢流不守恒：

$$q_{\lambda}\Delta^{\lambda\mu\nu}(a, k_1, k_2)=\frac{\mathrm{i}}{2\pi^2}\varepsilon^{\lambda\nu\sigma\tau}k_{1\sigma}k_{2\tau}\neq 0 \tag{9.9.12}$$

因此，对于无质量费米子，轴矢流守恒的经典对称性在量子理论中受到破缺。这个“秘密”是由藤川发现的[78]，他指出路径积分测度的雅可比行列式在手征变换下与电磁势有关，即其并非是规范不变的。他没有用微扰论推导出这个反常量。

对于与电磁规范场耦合的费米子，其拉格朗日量密度：

$$\mathcal{L}=\bar{\psi}\mathrm{i}\gamma^{\mu}(\partial_{\mu}-\mathrm{i}eA_{\mu})\psi \tag{9.9.13}$$

给出轴矢流的散度：

$$\partial_{\mu}J_5^{\mu}=\frac{e^2}{(4\pi)^2}\varepsilon^{\mu\nu\lambda\sigma}F_{\mu\nu}F_{\lambda\sigma} \tag{9.9.14}$$

它不为零，被称为“手征反常”。因此左手流和右手流有不为零的散度：

$$\partial_{\mu}J_L^{\mu}=-\frac{1}{2}\frac{e^2}{(4\pi)^2}\varepsilon^{\mu\nu\lambda\sigma}F_{\mu\nu}F_{\lambda\sigma},\quad \partial_{\mu}J_R^{\mu}=\frac{1}{2}\frac{e^2}{(4\pi)^2}\varepsilon^{\mu\nu\lambda\sigma}F_{\mu\nu}F_{\lambda\sigma} \tag{9.9.15}$$

矢量流仍是守恒的。如果费米子是有质量的，则拉格朗日量密度$\mathcal{L}=\bar{\psi}\mathrm{i}\gamma^{\mu}[(\partial_{\mu}-\mathrm{i}eA_{\mu})-m]\psi$给出

$$\partial_{\mu}J_5^{\mu}=2m\bar{\psi}\mathrm{i}\gamma_5\psi+\frac{e^2}{(4\pi)^2}\varepsilon^{\mu\nu\lambda\sigma}F_{\mu\nu}F_{\lambda\sigma} \tag{9.9.16}$$

它被称为“Adler-Bell-Jackiw”方程(ABJ 反常)。总结起来，量子理论破缺了经典的流守恒，除非我们定义积分变量移动以保留矢量流守恒，轴矢流才能获得反常散度。

为了使读者信服，简单说一下中性 π 介子寿命的计算是有帮助的。用流代数的守恒轴矢流计算，所得的零动量转移的衰变振幅$\mathcal{J}$为零：$\mathcal{J}(0)=0$。π 介子的衰变振幅$\mathcal{J}(m_{\pi}^2)$也应该很小，与实验结果不符($\Gamma=7.37\mathrm{eV}$)。用反常轴矢流的三角费曼图，考虑了与各种味的夸克的耦合，再乘上夸克颜色的因子 3，就能给出正确结果。但在把轴矢流和规范场耦合时需要小心。当局域不变性中出现反常时，对理论可能是危险的，因为局域反常可以导致规范不变性的破坏，使理论不可重整化。研究反常抵消成为有关理论的重要内容。这正是理论的优点，因为它限制了对规范对称性的选择！

9.9.2 与规范场耦合的 2+1 维狄拉克场

在 2+1 维时空中和相对论性费米子有关的矩阵是三个 2×2 的矩阵，没有可能组成 γ_5。令人惊异的是，研究 2+1 维费米子和规范场体系竟然带来新的反常现象，在 20 世纪 80 年代很引人注意。它们是：

(1) 相关的费米子零模；

(2) 具有反常宇称的真空感应电流；

(3) 异常的量子数。

它们是量子物理拓扑结构的体现，即并非所有经典理论的优点都被量子理论继承下来，反常的出现就和拓扑有关。

下面讨论几篇展现这些特点的文献，把重点放在厘清物理概念上，主要介绍推导中这些概念出现的层次，而略去详细的计算。从 Deser，Jackiw 和 Templeton[77]开始。

考虑在 2+1 维时空中与 $U(1)$规范场耦合的费米子场，其拉格朗日量密度为

$$\mathcal{L}(x)=\bar{\psi}(x)(\mathrm{i}\gamma^{\mu}D_{\mu}-m)\psi(x),\quad \mu=0,1,2 \tag{9.9.17}$$

此处 2×2 矩阵$\boldsymbol{\gamma}^{\mu}=(\sigma^3,i\sigma^1,i\sigma^2)$,$\boldsymbol{\sigma}^i$ 是泡利矩阵,协变导数 $D_{\mu}=\partial_{\mu}-\mathrm{i}eA_{\mu}$。

宇称变换有些不寻常:

$$\boldsymbol{r}=(x,y),\boldsymbol{r}'=(-x,y) \tag{9.9.18}$$

这里两个坐标中只有一个改变符号。其目的是交换"左手"和"右手"。在宇称变换下,场的变换是

$$\left.\begin{aligned}\mathcal{P}A^0(\boldsymbol{r})\mathcal{P}^{-1}&=A^0(\boldsymbol{r}')\\ \mathcal{P}A^1(\boldsymbol{r})\mathcal{P}^{-1}&=-A^1(\boldsymbol{r}')\end{aligned}\right\} \tag{9.9.19}$$

$$\left.\begin{aligned}\mathcal{P}A^2(\boldsymbol{r})\mathcal{P}^{-1}&=A^2(\boldsymbol{r}')\\ \mathcal{P}\psi(\boldsymbol{r})\mathcal{P}^{-1}&=\sigma^1\psi(\boldsymbol{r}')\end{aligned}\right\} \tag{9.9.20}$$

在时间反转下,场的变换是

$$\left.\begin{aligned}\mathcal{T}A^0(t)\mathcal{T}^{-1}&=A^0(-t)\\ \mathcal{T}\boldsymbol{A}(t)\mathcal{T}^{-1}&=-\boldsymbol{A}(-t)\end{aligned}\right\} \tag{9.9.21}$$

$$\mathcal{T}_{\psi}(t)\mathcal{T}^{-1}=\sigma^2\psi(-t) \tag{9.9.22}$$

在电荷共轭下,场的变换是

$$\left.\begin{aligned}\mathcal{C}A_{\mu}\mathcal{C}^{-1}&=-A_{\mu}\\ \mathcal{C}\psi\mathcal{C}^{-1}&=\sigma^1\psi^{\dagger}\end{aligned}\right\} \tag{9.9.23}$$

重要的是,拉格朗日量的质量项在空间反演和时间反转下都改变了符号:

$$\left.\begin{aligned}&\mathcal{P}:\bar{\psi}\psi=\psi^{\dagger}\sigma^3\psi\rightarrow\psi^{\dagger}\sigma^1\sigma^3\sigma^1\psi=-\bar{\psi}\psi\\ &\mathcal{T}:\bar{\psi}\psi\rightarrow\psi^{\dagger}\sigma^2\sigma^3\sigma^2\psi=-\bar{\psi}\psi\end{aligned}\right\} \tag{9.9.24}$$

而理论是$\mathcal{PT}$和$\mathcal{CPT}$是不变的。

9.9.3 拓扑非平凡的具有反常宇称的真空流

下面的讨论基于 Redlich[78-79] 的研究,作者考虑 2+1 维费米子场耦合于非阿贝尔 SU(2)规范场。非阿贝尔规范场可以施加具有卷绕数 n 的规范变换(7.6.2 节),目的在于演示规范不变性和时空反转不变性的可能冲突。冲突的调和会带来反常。体系的路径积分是

$$Z=\int\mathrm{d}\bar{\psi}\mathrm{d}\psi\mathrm{d}A\exp\mathrm{i}I[A,\psi] \tag{9.9.25}$$

此处作用量 I 由下式给出:

$$I[A,\psi]=\int\mathrm{d}^3x\,[\mathrm{tr}F^2/2+\mathrm{i}\bar{\psi}\gamma^{\mu}(\partial_{\mu}-A_{\mu})\psi],\quad \mu=0,1,2 \tag{9.9.26}$$

作用量对时间-空间反转和 SU(2)局域规范变换是不变的。可以通过对费米子自由度积分得到有效作用量[80]:

$$\begin{gathered}Z=\int\mathrm{d}A\exp\left\{\mathrm{i}\left(\int\mathrm{d}^3x\,\mathrm{tr}F^2/2+I_{\mathrm{eff}}[A]\right)\right\},\\ I_{\mathrm{eff}}[A]=-\mathrm{i}\ln\det(\gamma^{\mu}(\partial_{\mu}-A_{\mu}))\end{gathered} \tag{9.9.27}$$

在卷绕数 n 的同伦非平凡规范变换之下:

$$\det(\gamma^{\mu}(\partial_{\mu}-A_{\mu}))\rightarrow(-1)^{|n|}\det(\gamma^{\mu}(\partial_{\mu}-A_{\mu}))$$

它导致

$$I_{\text{eff}}[A] \to I_{\text{eff}}[A] \pm \pi \mid n \mid \tag{9.9.28}$$

在理论的泛函积分形式下,规范不变性要求 $\exp(\mathrm{i}I_{\text{eff}})$只能改变 2π 的整数倍。在式(9.9.28)中,偶数的 n 对于 $\exp(\mathrm{i}I_{\text{eff}})$不带来任何变化,但对奇数的 n 则带来符号的改变,这是不能接受的。可以尝试用规范不变的正规化方法(例如泡利和维拉斯的文献[76]):

$$I_{\text{eff}}^{R}[A] = \lim_{M\to\infty}(I_{\text{eff}}[A] - I_{\text{eff}}[A,M]) \tag{9.9.29}$$

它最终导致

$$I_{\text{eff}}^{R}[A] = I_{\text{eff}}[A] \pm W[A] \tag{9.9.30}$$

此处 $W[A]$是陈-西蒙斯第二示性类:

$$W[A] = \frac{e^2}{8\pi^2}\int \mathrm{d}^3 x \varepsilon^{\mu\alpha\beta}\left[A_{\mu}^{a}F_{\alpha\beta}^{a} - \frac{e}{3}\varepsilon^{abc}A_{\mu}^{a}A_{\alpha}^{b}A_{\beta}^{c}\right] \tag{9.9.31}$$

它在规范变换下改变$\pm\pi|n|$,正好抵消 I_{eff} 的变化。但要付出的代价是 W 给出附加的基态流:

$$\langle j_{a}^{\mu}\rangle = \frac{\delta W[A]}{\delta A_{\mu a}} = \pm c\,\frac{e}{8\pi}\varepsilon^{\mu\alpha\beta}F_{\alpha\beta}^{a}, \tag{9.9.32}$$

$$c = 1(\text{QED}),\quad c = \frac{1}{2}(\text{SU}(2))$$

这个流是宇称反常的,因为它是赝矢量。"±"的来源是式(9.9.29)泡利-维拉斯正规化质量 M 的符号。在取无限大极限之后,质量消失了,但符号却留了下来。对于 QED 和静态磁场 B,

$$\langle j^{0}\rangle = \pm\frac{e}{4\pi}B,\quad Q = \int \mathrm{d}^2 x\langle j^{0}\rangle = \pm\frac{e}{4\pi}\Phi \tag{9.9.33}$$

对于一个磁通量子,$\Phi=2\pi$,感应电荷是 $e/2$,分数电荷出现了。2+1 维的反常表现为宇称不守恒的拓扑真空流,它会携带分数电荷。3+1 维的反常表现在轴矢流的散度。二者都是因反常造成的物理基态流破坏了作用量的对称性,是对称自发破缺。

看来好像是带有卷绕数的规范变换带来了 2+1 维的反常。实际上,对 2+1 维无质量费米子的 QED 进行真空流的计算也会遇到发散问题,规范不变的正规化也会带来拓扑项。作者用非阿贝尔规范场的目的在于显示规范变换的奇偶效应。

9.9.4 分数电荷、真空流和零模的关系

以下的讨论基于 Jackiw 的研究[81]。在满足某些条件下,时间规范静态背景场中的狄拉克哈密顿量具有电荷共轭对称谱,因而具有零模。无质量的狄拉克哈密顿量是

$$H = \boldsymbol{\alpha}\cdot(\boldsymbol{p} - e\boldsymbol{A}),\quad \alpha_1 = -\sigma_2,\ \alpha_2 = \sigma_1 \tag{9.9.34}$$

矩阵$\boldsymbol{\beta} = \sigma_3$ 是电荷共轭矩阵。本征方程是

$$\boldsymbol{\alpha}\cdot(\boldsymbol{p} - e\boldsymbol{A})\psi_E = E\psi_E \tag{9.9.35}$$

因为$\{H,\sigma_3\}=0$,就有

$$H\sigma_3\psi_E = -E\sigma_3\psi_E$$

即 $\sigma_3\psi_E = \psi_{-E}$ 是电荷共轭态。电荷共轭对称性是零模存在的必要条件,它在质量项为零时成立。假设零模 ψ_0 存在:

$$\boldsymbol{\alpha}\cdot(\boldsymbol{p} - e\boldsymbol{A})\psi_0 = 0,\quad \psi_0 = \begin{pmatrix} u \\ v \end{pmatrix} \tag{9.9.36}$$

库仑规范中的矢量势是单值的,且在原点处是良性的。因此可以引入 a,它满足

$$A^i=\varepsilon^{ij}\partial_j a,\boldsymbol{B}=\hat{z}B,\quad B=-\nabla^2 a \tag{9.9.37}$$

狄拉克方程的退耦为

$$\left.\begin{aligned}(\partial_x+\mathrm{i}\partial_y)u-e(\partial_x+\mathrm{i}\partial_y)au=0\\(\partial_x-\mathrm{i}\partial_y)v+e(\partial_x-\mathrm{i}\partial_y)av=0\end{aligned}\right\} \tag{9.9.38}$$

这样就能形成自对耦解$\begin{pmatrix}u\\0\end{pmatrix}$和$\begin{pmatrix}0\\v\end{pmatrix}$。因为$(\partial_x\pm\mathrm{i}\,\partial_y)(x\pm\mathrm{i}y)=0$,显然退耦方程(9.9.38)有以下的解:

$$\left.\begin{aligned}u=\exp(ea)f(x+\mathrm{i}y)\\v=\exp(-ea)g(x-\mathrm{i}y)\end{aligned}\right\} \tag{9.9.39}$$

此处 f 和 g 是任意的整函数。如果它们是可归一化的,则可以成立。这取决于 a 在 r 较大处的行为。如果 a 在 r 较大处增长得足够快,则 u 和 v 二者之一是可归一化的,而一个或多个孤立的零能量束缚态存在,其多重性与可以选取多少 f 或 g 的不同形式有关。可以用总通量(它正比于总感应电荷)来对不同的可能性做分类:

$$\left.\begin{aligned}&\langle j^0\rangle=\pm\frac{e}{4\pi}B\\&Q=\int\mathrm{d}^2r\langle j^0\rangle=\pm\frac{e}{4\pi}\int\mathrm{d}^2rB=\pm\frac{e}{2}\Phi\\&\Phi=\frac{1}{2\pi}\int\mathrm{d}^2rB=-\frac{1}{2\pi}\int\mathrm{d}\boldsymbol{r}\times\nabla a\end{aligned}\right\} \tag{9.9.40}$$

最后的积分是对在无限远处的圆进行的。因为势是单值的,可以将通量写为

$$\Phi=-\frac{1}{2\pi}\int_0^{2\pi}\mathrm{d}\theta r\left.\frac{\partial}{\partial r}a\right|_{r=\infty} \tag{9.9.41}$$

当 a 在 r 较大距离处趋于零而使 Φ 为零时,式(9.9.39)的 u 和 v 不能归一化。相反地,由于矢量势在无限远处仍然可使通量不为零,导致式(9.9.39)可以归一化,孤立的零模就出现了。分别考虑在对称规范和朗道规范中的常磁场:

$$\left.\begin{aligned}a^{\mathrm{I}}&=-\frac{1}{4}r^2\boldsymbol{B}\\a^{\mathrm{II}}&=-\frac{1}{2}x^2\boldsymbol{B}\end{aligned}\right\} \tag{9.9.42}$$

对于前者,$\exp(ea)$是平方可积的,f 可以是任何整数幂函数。这样零模就是无限简并的:

$$\psi^{\mathrm{I}}_{0(n)}=\mathrm{e}^{-eBr^2/4}r^n\mathrm{e}^{\mathrm{i}n\theta},\quad n=0,1,\cdots \tag{9.9.43}$$

它们是具有量子化角动量的朗道能级。对于后者,$\exp(ea)$对 x 是平方可积的,f 必需选为对 y 是连续可积的。再一次得到无穷多简并,是用连续变量 k 参数化的。

$$\psi^{\mathrm{II}}_{O(k)}=\mathrm{e}^{-eBx^2/2}\mathrm{e}^{k(x+\mathrm{i}y)} \tag{9.9.44}$$

它们是在 y 方向具有量子化线动量的朗道能级。在涡旋磁场中得到有限通量:

$$a\underset{r\to\infty}{\sim}-\Phi\ln r \tag{9.9.45}$$

假设 $\Phi>0$,$u\sim_{r\to\infty}r^{-e\Phi}$ 对 $e\Phi>1$ 是可归一化的。此外,f 可以是比 $e\Phi-1$ 小的幂次。这样就有 $[e\Phi-1]$ 个归一化的零能量态:

$$\psi_{O(n)}=\exp(ea)r^n\mathrm{e}^{in\theta},\quad n=0,1,\cdots,[e\Phi-1] \tag{9.9.46}$$

此处 $[e\Phi-1]$ 是比 $e\Phi-1$ 小的最大整数。当 $e\Phi=N$ 时,有 $N-1$ 个零模。因为测度的原因,零模 $e\Phi=1$ 是不可归一的。将流形 R_2 紧致为 S_2 可以避免此点,$e\Phi=N$ 的零模数变为 N。这就满足了阿蒂亚-辛格指标定理,零模的数目取决于背景场的拓扑性质。

Jackiw 总结[81]:"这样我们就画好了在 2+1 维零模、奇异量子数和真空流之间的圆。拓扑非平凡效应的信号是非零的通量,它的大小能够反映零模的简并度。"但他也警告说,电子是有质量的,因此在应用以上理论时应该小心。我们将在 9.9.5 节讨论 Semenoff 的模型,那里狄拉克粒子的质量是"产生"出来的。

9.9.5 2+1 维反常的凝聚态模拟

Semenoff[82]考虑在平面蜂窝状晶格上有质量电子的紧束缚描述。霍尔丹[83]做了同样的考虑,但有进一步的目的。能带结构显示,每个布里渊区有两个简并点,在此处出现了两类 2+1 维相对论性费米子,体系的低能性质也由简并点附近的连续态所决定。根据一般考虑,外加磁场在电子能谱中感应出零模,所得的简并基态是分数带电的。布拉维格子是三角形的,有两种子格子 A 和 B,如图 9.32 所示。我们考虑更一般的情况,假设格子 A 和 B 由不同的原子布局。令局域在两种原子中的电子能量差为 $\pm\Delta$,为初始无质量的电子提供质量。当 Δ 为零时回归石墨烯模型。

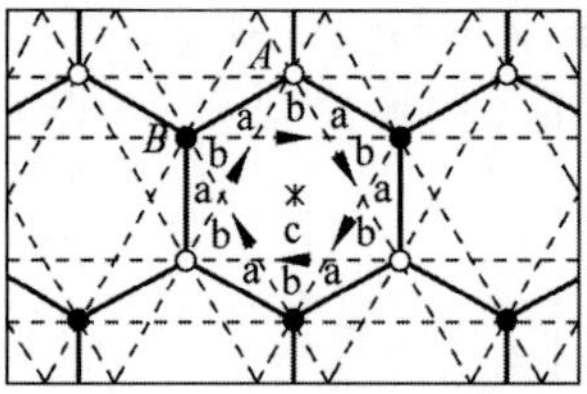

图 9.32 蜂窝状晶格,作为两个相互渗透三角子格子的叠加空心和实心点代表格点 A 和 B

连接格点 B 和它邻近的格点 A 的基格矢是:

$$\left.\begin{aligned}\boldsymbol{a}_1&=\left(\frac{\sqrt{3}}{2},\frac{1}{2}\right)a\\ \boldsymbol{a}_2&=\left(-\frac{\sqrt{3}}{2},\frac{1}{2}\right)a\\ \boldsymbol{a}_3&=(0,-1)a\end{aligned}\right\}$$

此处 a 是六边形的边长。晶格边长实际上是等价晶格间的距离,以 b 表示。一个子格子的三个顶点由以下格矢连接:

$$\left.\begin{aligned}\boldsymbol{b}_1&=\left(-\frac{\sqrt{3}}{2},\frac{3}{2}\right)a=\boldsymbol{a}_2-\boldsymbol{a}_3\\ \boldsymbol{b}_2&=\left(-\frac{\sqrt{3}}{2},-\frac{3}{2}\right)a=\boldsymbol{a}_3-\boldsymbol{a}_1\\ \boldsymbol{b}_3&=(\sqrt{3},0)a=\boldsymbol{a}_1-\boldsymbol{a}_2\end{aligned}\right\}$$

矢量的符号取自文献[83]。与文献[82]相比,a 和 b 交换了位置。在动量空间布里渊区是六边形,如图 9.33 所示。它有两组等价的顶角。两个代表点是 $\boldsymbol{K}_1\left(\frac{4\pi}{3a},0\right)$ 和 $\boldsymbol{K}_2\left(-\frac{4\pi}{3a},0\right)$。

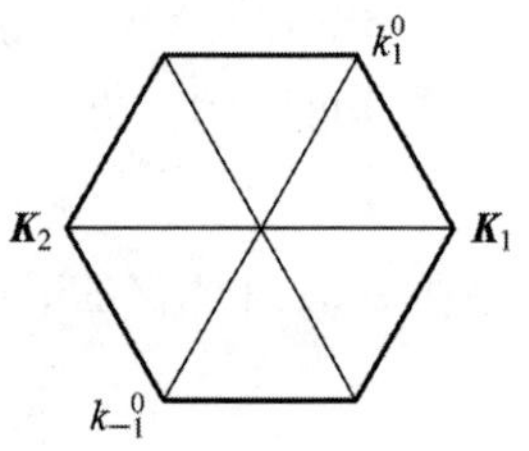

图 9.33 六边形的布里渊区 布里渊区有两组等价的顶点

在紧束缚近似并只保留最近邻相互作用的情况下,哈密顿量是

$$H = t \sum_{j \in \boldsymbol{B}, m=1,2,3} [c_{j+\boldsymbol{a}_m}^{\dagger} c_j + \text{h.c.}] + \Delta \sum_{i \in \boldsymbol{A}, j \in \boldsymbol{B}} [c_i^{\dagger} c_i - c_j^{\dagger} c_j] \tag{9.9.47}$$

这里,$c^{\dagger}_j$ 和 c_j 是在格点 j 处电子的产生和消灭算符,t 是近邻间的隧穿参数。暂时忽略电子自旋。在式(9.9.47)中使用傅里叶变换:

$$c_i = \sum_k \mathrm{e}^{\mathrm{i}\boldsymbol{k}\cdot\boldsymbol{r}_i} \psi_A(\boldsymbol{k}), c_j = \sum_k \mathrm{e}^{\mathrm{i}\boldsymbol{k}\cdot\boldsymbol{r}_j} \psi_B(\boldsymbol{k}) \tag{9.9.48}$$

得到

$$H = \sum_k (\psi_A^{\dagger}(\boldsymbol{k}), \psi_B^{\dagger}(\boldsymbol{k})) \begin{pmatrix} \Delta & t\sum_j \mathrm{e}^{\mathrm{i}\boldsymbol{k}\cdot\boldsymbol{a}_j} \\ t\sum_j \mathrm{e}^{-\mathrm{i}\boldsymbol{k}\cdot\boldsymbol{a}_j} & -\Delta \end{pmatrix} \begin{pmatrix} \psi_A(\boldsymbol{k}) \\ \psi_B(\boldsymbol{k}) \end{pmatrix}$$

$$= \sum_k (\psi_A^{\dagger}(\boldsymbol{k}), \psi_B^{\dagger}(\boldsymbol{k})) h_0(\boldsymbol{k}) \begin{pmatrix} \psi_A(\boldsymbol{k}) \\ \psi_B(\boldsymbol{k}) \end{pmatrix} \tag{9.9.49}$$

此处 $h_0(\boldsymbol{k})$可以写作

$$h_0(\boldsymbol{k}) = i \sum_i [\cos(\boldsymbol{k} \cdot \boldsymbol{a}_i)\sigma_1 - \sin(\boldsymbol{k} \cdot \boldsymbol{a}_i)\sigma_2] + \Delta\sigma_3 \tag{9.9.50}$$

哈密顿量很容易对角化,给出本征值:

$$E(\boldsymbol{k}) = \pm \left(\Delta^2 + t^2 \sum_i | \mathrm{e}^{\mathrm{i}\boldsymbol{k}\cdot\boldsymbol{a}_i} |^2\right)^{\frac{1}{2}} \tag{9.9.51}$$

它明显是电荷共轭对称的。对每个格点填充一个电子(每单位晶胞、每自旋自由度一个电子),负能量态(价带)被充满,正能量态(导带)是空的。在 $\sum_i \exp(\mathrm{e}^{\mathrm{i}k} \cdot \boldsymbol{a}_i)$ 零点处,导带和价带的分隔最小。例如容易验证该情况会在 $\boldsymbol{K}_1 = \left(\frac{4\pi}{3\sqrt{3}a}, 0\right)$ 和 $\boldsymbol{K}_2 = \left(-\frac{4\pi}{3\sqrt{3}a}, 0\right)$ 处出现。在其他等价的顶点,即布里渊区的顶角也如此。在连续(低能)极限下($a \to 0$),只有靠近布里渊区的顶角,例如 K_1 和 K_2 处的电子状态才参与动力学。我们得到两类费米子,作为 ψ_A 和 ψ_B 的叠加态。它们是[82]:

$$\psi_1 = \frac{3}{2} ta\, \mathrm{e}^{-\mathrm{i}\frac{\pi}{3}\sigma_3} \begin{pmatrix} \psi_A \\ \psi_B \end{pmatrix}, \quad \psi_2 = \frac{3}{2} ta\, \mathrm{e}^{-\mathrm{i}\frac{\pi}{3}\sigma_3} \sigma_1 \begin{pmatrix} \psi_A \\ \psi_B \end{pmatrix} \tag{9.9.52}$$

在 K_1 附近,设 $\boldsymbol{q}_1 = \boldsymbol{k} - \boldsymbol{K}_1$,在$|\boldsymbol{q}|$较小时就有

$$\sum_i \cos\boldsymbol{k} \cdot \boldsymbol{a}_i \simeq -\frac{3}{2} q_x a, \sum_i \sin\boldsymbol{k} \cdot \boldsymbol{a}_i \simeq -\frac{3}{2} q_y a$$

因此在 K_1 附近,

$$h_0^{(1)}(q) \approx \begin{pmatrix} \Delta & -\frac{3}{2}tq + a \\ -\frac{3}{2}tq - a & -\Delta \end{pmatrix} \tag{9.9.53a}$$

与此相似,在 K_2 附近,

$$h_0^{(2)}(q) \approx \begin{pmatrix} \Delta & \frac{3}{2}tq - a \\ \frac{3}{2}tq + a & -\Delta \end{pmatrix} \tag{9.9.53b}$$

这就是 Semenoff[82] 发现的“种类倍增”。它们有相同的能谱:

$$E_{\pm}=\pm\left[\Delta^2+\frac{9}{4}t^2\boldsymbol{q}^2a^2\right]^{\frac{1}{2}} \tag{9.9.54}$$

在空间反演式(9.9.18)和式(9.9.20)的作用下有

$$q_+=q_x+\mathrm{i}q_y\to -q_- \tag{9.9.55}$$

因此

$$h_0^{(1)}(q)\to h_0^{(2)}(q) \tag{9.9.56}$$

它们在宇称变换下易位。在时间反转作用下有

$$h_0^{(1,2)}(q)\to h'^{(1,2)}_0(-q)=h_0^{(1,2)}(q) \tag{9.9.57}$$

它们都具有时间反转不变性。在电荷共轭变换作用下，

$$\sigma_3h_0^{(1,2)}\sigma_3=h_0^{(1,2)} \tag{9.9.58}$$

它们都是电荷共轭对称的。这个对称性导致在布里渊区顶点处 $\Delta\to 0$ 时有零模存在。守恒的诱导电流分别是

$$j_1^{\mu}=\left\langle\frac{1}{2}[\bar{\psi}_1,\gamma^{\mu}\psi_1]\right\rangle=\frac{e}{4\pi}\varepsilon^{\mu\nu\lambda}F_{\nu\lambda}(x)\mathrm{sgn}(m)+\cdots$$

$$j_2^{\mu}=\left\langle\frac{1}{2}[\bar{\psi}_2,\gamma^{\mu}\psi_2]\right\rangle=-\frac{e}{4\pi}\varepsilon^{\mu\nu\lambda}F_{\nu\lambda}(x)\mathrm{sgn}(m)+\cdots$$

此处，我们引入了对应自旋简并的因子 2。由于费米子种类倍增，电流 $j_+^{\mu}=j_1^{\mu}+j_2^{\mu}$ 为零，但它们之差不为零：

$$j_-^{\mu}=j_1^{\mu}-j_2^{\mu}=\frac{e}{2\pi}\varepsilon^{\mu\nu\lambda}F_{\nu\lambda}(x)\mathrm{sgn}(m)+\cdots \tag{9.9.59}$$

这样，模型成功地给出了具有反常宇称的诱导真空流(9.9.32)。阿蒂亚-辛格定理给出了一般性考虑：外磁场通量 $\Phi=n$ 就有 $2n$ 零能量模。将自旋纳入考虑范围，每一个束缚态都是一个自旋二重态。基态就是$(4n+1)$重简并的：这些态的电荷是 $Q=-2e|\Phi|,-2e|\Phi|+e,\cdots,2e|\Phi|$。电荷为$\pm 2e|\Phi|$的无自旋态(所有自旋配对为零)可以通过引入一个小的正(负)化学势得到，化学势可以保证所有的零模都被占据(非占据)。另一种情况是，电子受到塞曼相互作用，它使自旋平行于均匀外加磁场的电子能量升高，自旋反平行的电子能量降低，系统就是不带电且有 $2n$ 个不配对的自旋。这种情况可以作为各向异性电子自旋共振振幅被观测到。描述两种无质量狄拉克粒子的哈密顿量在能带图上给出了布里渊区顶角上的狄拉克锥，如图 9.32 所示。

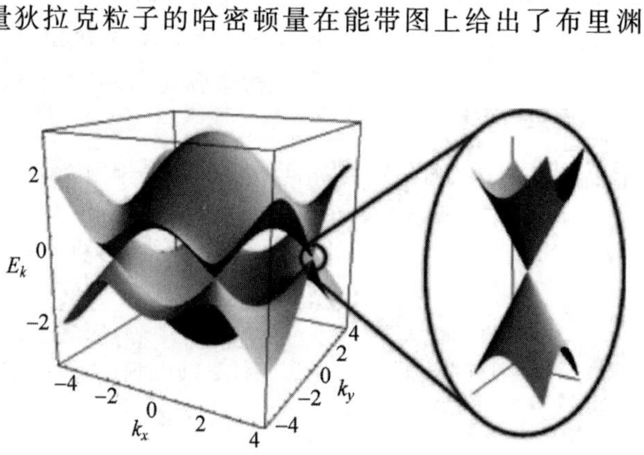

图 9.34　在布里渊区顶角处的狄拉克锥

霍尔丹给出了量子霍尔效应模型。在 9.4.1 节中我们讨论了量子霍尔电导的拓扑意义(Thouless，Kohmoto，Nightingale，denNijs，TKNN)。有一组 N 个价带中被占据的布洛赫态，其波函数 $\{u_m(\boldsymbol{k})\}$ 定义了多体基态。量子霍尔电导的 n 是布里渊区圆环面的第一陈数

$$\left.\begin{aligned} &n=\frac{1}{2\pi}\int_{BZ}\mathrm{d}\boldsymbol{S}\cdot\boldsymbol{F}\\ &\mathcal{F}=\nabla\times\mathcal{A}\\ &\mathcal{A}=\sum_{m=1}^{N}\langle u_m(\boldsymbol{k})\mid \mathrm{i}\,\nabla_k\mid u_m(\boldsymbol{k})\rangle \end{aligned}\right\}\tag{9.9.60}$$

此处$\mathcal{F}$和$\mathcal{A}$分别是贝利曲率和贝利联络。下面计算在布里渊区顶角处低能态的贡献。在 K_1 顶角附近的哈密顿量由式(9.9.53a)给出

$$h_0^{(1)}(q)\approx\begin{pmatrix}\Delta & -\dfrac{3}{2}tq+a\\ -\dfrac{3}{2}tq-a & -\Delta\end{pmatrix}\simeq-\frac{3}{2}ta\boldsymbol{q}\cdot\boldsymbol{\sigma}+\Delta\cdot\sigma_3\tag{9.9.61}$$

价带能级的能量是

$$E_{\text{valence}}=-\sqrt{9t^2q^2a^2/4+\Delta^2}\equiv-\lambda\tag{9.9.62}$$

相应的本征态是

$$\psi^{(1)}=\frac{1}{\sqrt{N}}\begin{pmatrix}-\dfrac{3}{2}tq+a\\ \Delta+\lambda\end{pmatrix}$$

此处 N 是归一化因子。贝利曲率从不同顶角 K_1 和 K_2 获得贡献，

$$\Omega_-^{(1)}=-\Omega_-^{(2)}=-\frac{9t^2q^2a^2/4}{2(9t^2q^2a^2/4+\Delta^2)}\tag{9.9.63}$$

对第一陈数的相应贡献为

$$\frac{1}{2\pi}\int\mathrm{d}^2q\Omega^{(1,2)}(q)=\mp\frac{1}{2}$$

它们相加为零：

$$n=\frac{1}{2\pi}\sum_{i=1,2}\int\mathrm{d}^2q\Omega^{(1,2)}(q)=0\tag{9.9.64}$$

即霍尔电导为零。结果正应如此，因为它对时间反转为奇，而模型本身是时间反转不变的。

9.9.6 反常霍尔效应

大家都认为量子霍尔效应的发生是和在外均匀磁场产生的朗道能级有关的。霍尔丹证明[83]，在一个二维周期体系中，即使通过它的原胞没有净磁通穿过，量子霍尔效应也可以因磁有序破坏时间反转对称而产生。在此情况下，电子状态仍然保留着布洛赫态的性质。霍尔丹引入了在次近邻(在同一个子格子中的近邻)间的另一个实数跳跃参数 t_2。将此后最近邻间的跳跃参数记为 t_1。为了破坏时间反转不变性，霍尔丹引入了在垂直于二维平面的 z 方向的周期性局域磁通密度，保留了原有的全部对称性，且通过一个原胞的总磁通量为零

(图9.35)。这就可以令矢量势 $\boldsymbol{A}(\boldsymbol{r})$ 为周期性的。这个局域场的效应是将次近邻间的跳跃矩阵元乘以 $U(1)$ 相因子 $\exp[\mathrm{i}(e/\hbar)\int \boldsymbol{A}\cdot \mathrm{d}\boldsymbol{r}]$,积分是沿跳跃路径的,因此向前和向后的跳跃相差相因子 $\exp(\pm \mathrm{i}\phi)$。

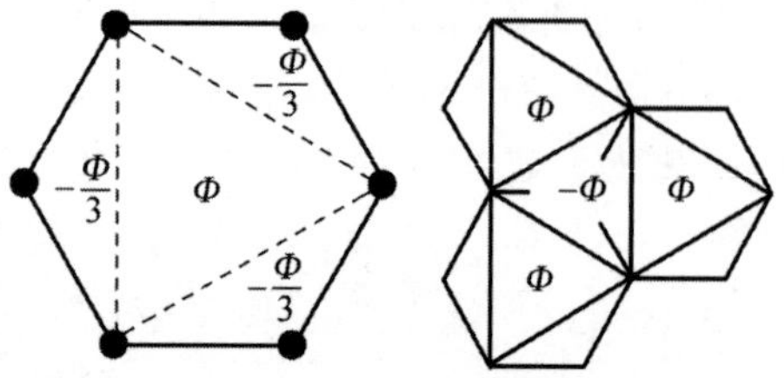

图9.35　局域磁通,穿过原胞的总磁通量为零

如图9.35所示的局域磁通安排,$\phi=-2\pi\Phi/3\Phi_0$。式(9.9.47)应该补充次近邻跳跃项

$$-\left| t_2\sum_{i,j\in A}(\mathrm{e}^{\mathrm{i}\theta_{ij}}c_i^\dagger c_j+\mathrm{h.c.})+t_2\sum_{i,j\in B}(\mathrm{e}^{\mathrm{i}\theta_{ij}}c_i^\dagger c_j+\mathrm{h.c.})\right|$$

此处如果跳跃 $j\to i$ 如图9.32箭头所示,则 $\theta_{ij}=\phi$;如果跳跃和箭头方向相反,则 $\theta_{ij}=-\phi$。给哈密顿量带来新的项:

$$2t_2\cos\phi\left[\sum_i\cos\boldsymbol{k}\cdot\boldsymbol{b}_i\right]I-2t_2\sin\phi\left[\sum_i\sin\boldsymbol{k}\cdot\boldsymbol{b}_i\right]\sigma_3$$

将上式中的最后一项和原有哈密顿量中的质量项 Δ 合并,就有

$$H(\boldsymbol{k})=2t_2\cos\phi\left[\sum_i\cos\boldsymbol{k}\cdot\boldsymbol{b}_i\right]I+t_1\sum_i[\cos(\boldsymbol{k}\cdot\boldsymbol{a}_i)\sigma_1+\sin(\boldsymbol{k}\cdot\boldsymbol{a}_i)\sigma_2]+\left[\Delta-2t_2\sin\phi\left[\sum_i\sin\boldsymbol{k}\cdot\boldsymbol{b}_i\right]\right]\sigma_3 \tag{9.9.65}$$

将哈密顿量在能带极值 $\boldsymbol{k}_\alpha^0(\alpha=\pm1)$(图9.33)附近展开,展开到 $\delta\boldsymbol{k}=\boldsymbol{k}-\boldsymbol{k}_\alpha^0$ 线性阶并作朗道-佩叶尔斯公式变换,将其代入 $\hbar\delta\boldsymbol{k}\to\boldsymbol{\Pi}$ 以包括电磁场。此处 $\boldsymbol{\Pi}=(\Pi^x,\Pi^y)$ 是动力学动量,其分量为

$$\Pi^{x,y}=p_{x,y}-eA_{x,y} \tag{9.9.66}$$

它们满足对易关系:

$$[\Pi^x,\Pi^y]=\mathrm{i}\hbar eB_0 \tag{9.9.67}$$

这里 $\boldsymbol{B}_0=\nabla\times\boldsymbol{A}$ 是在 z 方向的弱磁场。引入这个磁场使相对论性的朗道能级式(9.9.72)得以呈现。实际上,体系的所有可观测量都是在极限 $\boldsymbol{B}_0\to0$ 下取值的。对弱的 $\boldsymbol{B}_0$ 场,两个不同的区顶点间的耦合可以忽略。两个独立的哈密顿量 H_α 是

$$H_\alpha=c(\Pi_\alpha^x\sigma_2-\Pi_\alpha^y\sigma_1)+m_\alpha c^2\sigma_3 \tag{9.9.68}$$

此处 $c=\frac{3}{2}t_1|\boldsymbol{a}_i|/\hbar$,$\Pi_\alpha^x m_\alpha c^2=\Delta-3\sqrt{3}\alpha t_2\sin\phi$;$\Pi_\alpha^x$ 和 Π_α^y 是通过相因子 $\mathrm{e}^{-\mathrm{i}\boldsymbol{k}_\alpha^0\cdot\boldsymbol{a}_i}$ 定义的布里渊区的两个不同顶角处的厄密算符,它们满足以下对易关系:

$$[\Pi_\alpha^x,\Pi_\alpha^y]=\mathrm{i}\alpha\hbar eB_0 \tag{9.9.69}$$

和式(9.9.34)比较,可看出式(9.9.68)是2+1维与磁场相互作用的、有质量的“狄拉克”粒子的哈密顿量,它的“光速”c 和质量 m_α 是通过晶格定义的。在 $B_0=0$ 时,式(9.9.68)的能谱是“相对论性”粒子的:

$$\varepsilon_{\alpha\pm}(\boldsymbol{k})=\pm[(\hbar ck)^2+(m_\alpha c^2)^2]^{\frac{1}{2}} \tag{9.9.70}$$

这是和式(9.9.54)平行的。对于不为零的 B_0,相对论性的朗道能级用以下方法得到:

$$\left.\begin{aligned}&\varepsilon_{\alpha n\pm}=\pm[(m_\alpha c^2)^2+n\hbar|eB_0|c^2]^{\frac{1}{2}},\quad n=1,2,\cdots\\&\varepsilon_{\alpha0}=\alpha m_\alpha c^2\operatorname{sgn}(eB_0)\end{aligned}\right\} \tag{9.9.71}$$

当 B_0 场打开时,每一个从上能带演化出来的 $n\geqslant1$ 的能级都被一个从下能带演化出来的能级所平衡。但 $n=0$ 时“零模”能量(实际上不是零)对于 $B_0\to-B_0$ 是不对称的。如果

$\alpha m_\alpha e B_0$ 是正值，它就从上能带演化出来，如果是负值，就从下能带来。

在时间反转对称的情况下，$t_2\sin\phi=0$，$m_+=m_-$，从两个不同的布里渊区顶角导出的朗道能级谱是粒子-空穴对称的，在 $B_0\to -B_0$ 下是不变的。在此情况下，根据时间反转不变性 $\sigma^{xy}=0$，如在9.9.5节所讨论的那样。当 $\Delta=0$ 时，有 $m_\alpha c^2=-3\sqrt{3}\alpha t_2\sin\phi$，并有 $m_+=-m_-$。容易预料到在此情况下有 $\Omega^{(1)}=\Omega^{(2)}$ 和 $n=1$。

霍尔丹[83]进一步计算了磁场 B_0 感应的电荷密度，在逐步增加外场强度时，改变费米能级，使它保持在能隙中。比较用这个办法得到的朗道能级的布居数与施加外场于时间反转不变体系($m_+=m_-$)得到的布居数时，发现它们相差一个朗道能级的完全填充。对于一个 $m_+=-m_-$ 体系，施加弱外磁场会感应出附加的、与场有关的基态电荷密度 $\pm e^2B_0/h$。与这两个参数同符号时相比，它的电荷密度与场无关。霍尔电导由热力学公式给出(在 $B_0=0$ 时取值)：

$$\sigma_{xy}=\left.\frac{\partial\sigma}{\partial B_0}\right|_{\mu,T}$$

结果是 ve^2/h，且 $v=\frac{1}{2}[\mathrm{sgn}(m_-)-\mathrm{sgn}(m_+)]$。总结一下：在时间反转不变但宇称被破坏时，$m_+$ 与 m_- 同号，就有正常半导体/绝缘体相。在相反的情况下(宇称守恒而时间反转破缺)，m_+ 和 m_- 异号，就有拓扑非平凡的量子霍尔相。在无外磁场和朗道能级条件下出现霍尔电导的现象称为“反常霍尔效应”。

看起来在物理层面实现霍尔丹模型的局域磁通量安排是极为困难的。薛其坤领导的研究组[84]在Cr掺杂的 $(Bi,Sb)_2Te_3$(磁拓扑绝缘体)成功观察到量子反常霍尔效应。在零磁场下，反常霍尔电阻达到了预期值 h/e^2，同时纵向电阻显著减小。在这里，时间反转不变性是在拓扑绝缘体中进行磁性粒子掺杂破缺的。实验说明和结果示于图9.36。

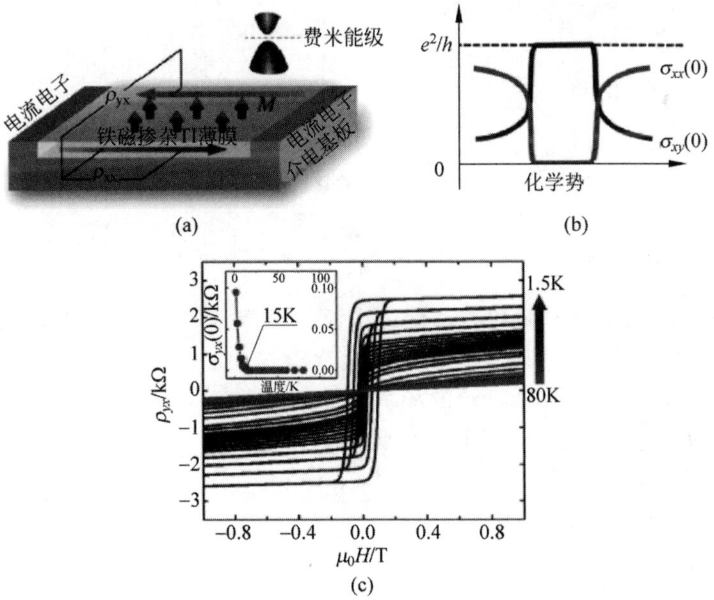

图9.36　量子反常霍尔效应的观察

取自文献[84]

(a) 观察铁磁掺杂Tl薄膜中量子反常霍尔效应实验示意图；(b) 零场 σ_{xx} 与 σ_{xy} 对化学势的依赖；(c) 不同温度(从80K到1.5K)下 $Cr_{0.15}(Bi_{0.1}Sb_{0.9})_{1.85}Te_3$ 薄膜的 ρ_{yx} 对磁场的依赖。插图显示零场 ρ_{yx} 对温度的依赖。可见居里温度约为15K

9.10　凝聚态物理中的拓扑,拓扑绝缘体和超导体

在物理学中,相变可以用朗道相变理论理解,它用对称的自发破缺来刻画物态的特征。例如,结晶固体破缺平移对称性、磁体破缺旋转对称性和超导体破缺微妙的规范对称性。对称破缺的式样决定特有的序参量,它只有在有序相才有非零的期望值。对霍尔效应的研究确立了一个基于拓扑序的不同分类范式。产生霍尔效应的物态不破坏任何对称性,而它定义了一个拓扑相,其意义为某些基本的性质,诸如量子化的霍尔电导值、无能隙的零模,它们对物质参数的平稳变化是不敏感的,它们只有在物态发生相变时才会改变。在物理学中,拓扑的关键概念是"平滑的形变"。在数学中,人们理解几何形状的平滑形变是不要剧烈改变导致洞的产生。在物理学中,考虑多体系统的一般哈密顿量,它有一个将基态和激发态分开的能隙。我们可以定义一个平滑形变为不要把能隙关闭。如果把属于同一拓扑类的两块物质放在一起,则它们之间的界面没有无能隙的态。与此不同的是,如果让属于不同拓扑态的物质相接触,或者让拓扑非平凡的态与真空相接触,它们的界面就必须支持无能隙态,在适当的驱动力下就有边缘流产生。在9.4节中讨论过沿圆环的边缘流动,即在量子霍尔材料和真空界面流动的边缘流。重要的是,边缘流是手征的,即在边缘它只能在一个方向流动。在9.4节中是用半经典的回旋加速器轨道概念解释的(图9.37(a))。在能带图中的手征流示于图9.37(b)。手征流是非耗散性的:它们不能被非磁性杂质所散射,因为不存在反散射的态(图9.37(a))。

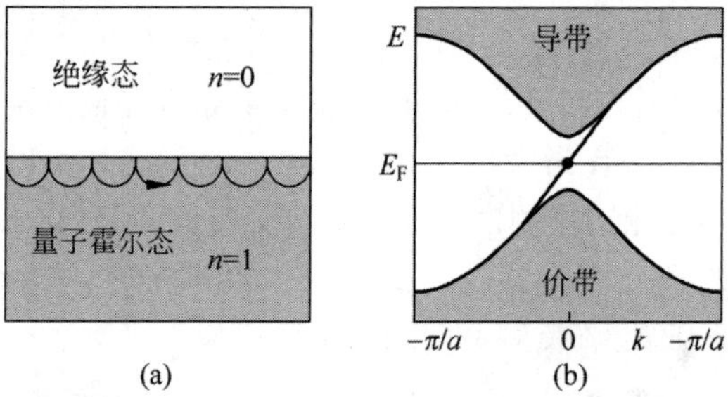

图9.37　回旋加速轨道的概念和手征流示意图

取自文献[85]

(a) 回旋加速器轨道在边缘上跳动;(b) 连接导带和价带的单个边缘流

改变在表面附近的哈密顿量可以改变边缘流的色散。例如$E(\boldsymbol{k})$可以发展为一个扭折(图9.38)。这里边缘态和E_F相交三次——两次群速度为正、一次群速度为负。向右运动的模式和向左运动的模式N_R-N_L之差是不变的,由本体状态的拓扑决定。这被总结为"本体-边缘对应":

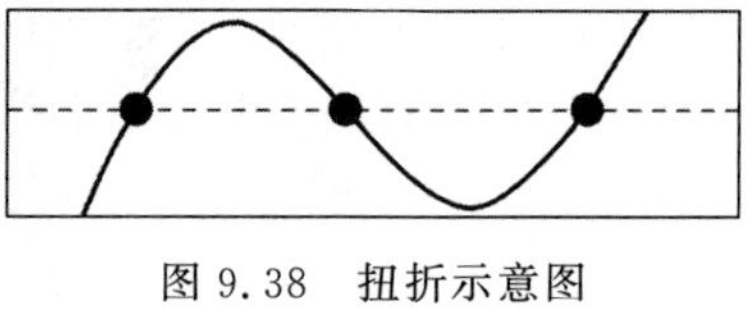

图9.38　扭折示意图

$$N_R-N_L=\Delta n$$

Δn是界面两边的陈数之差。

9.10.1　量子自旋霍尔绝缘体,拓扑分类

9.8节从能带理论的角度介绍了量子自旋霍尔效应。这些新的量子态属于一类在时间反转下不变,且自旋-轨道的相互作用起重要作用的物态。所有自然界的时间反转不变绝缘体(没有基态简并)可以分为两类,用拓扑序参量$\mathcal{Z}_2$来表征。拓扑非平凡态(拓扑绝缘体)的本体

能谱有绝缘能隙,也有由奇数狄拉克费米子构成的无能隙边缘或表面态。二维拓扑绝缘体也可被称为“量子自旋霍尔绝缘体”。关于拓扑绝缘体的评述文献,例如汉森和凯恩[86]、祁晓亮和张首晟[87]的结论都有很高的参考价值。下面我们着重讨论和量子力学基础有关的概念。

假设在量子霍尔体系中电子是自旋极化的,边缘流就不涉及自旋。向前和向后运动的电子态分别存在于霍尔棒的上边缘和下边缘(图 9.39(a))。在量子自旋霍尔体系中,两种自旋都存在,边缘流包括两种自旋的电子。上边缘支持自旋向上的向前运动者和自旋向下的向后运动者,下边缘正好相反(图 9.39(b))。

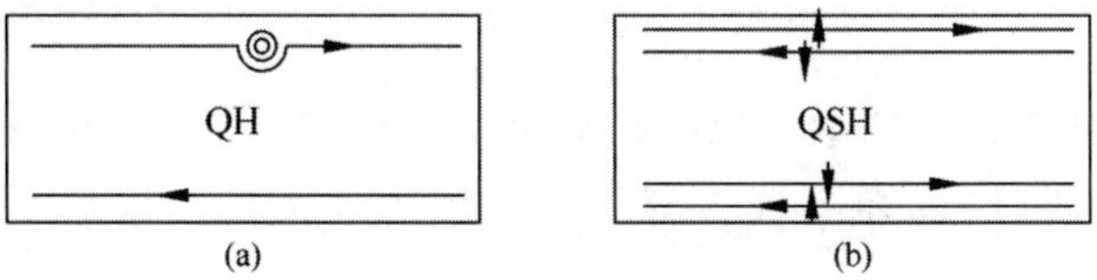

图 9.39 两个体系的边缘流示意图

(a) 量子霍尔体系的边缘流;(b) 量子自旋霍尔体系的边缘流

因为量子霍尔电导在时间反转下为奇,拓扑非平凡的霍尔态只能出现于时间反转对称被破缺之时。但在时间反转未破缺时,如果自旋-轨道相互作用起关键作用,它容许一个不同的拓扑类绝缘能带结构存在[90]。考虑自旋 1/2 粒子的时间反转对称性。时间反转变换由反幺正算符代表:

$$\Theta = \mathrm{e}^{\mathrm{i}\pi S_y/\hbar} K \tag{9.10.1}$$

此处 S_y 是自旋分量算符,K 是取复共轭。反幺正算符的定义如下:

$$(\Theta\Psi, \Theta\Phi) = (\Psi, \Phi)^* \tag{9.10.2}$$

式(9.10.1)中的指数因子实际上是实数,因此对自旋 1/2 电子有

$$\Theta^2 = \mathrm{e}^{\mathrm{i}2\pi S_y/\hbar} = -1 \tag{9.10.3}$$

对于时间反转不变体系,下面的反幺正算符关系成立[89]:

$$[\mathcal{H}, \Theta] = 0 \tag{9.10.4}$$

因此,时间反转不变哈密顿量的定态 χ(本征能量 ε_χ)满足

$$H\Theta\chi = \Theta H\chi = \varepsilon_\chi \Theta\chi$$

即态 $\Theta\chi$ 和态 χ 具有相同的能量。这产生了一个重要的约束条件,即克拉默斯定理:时间反转不变哈密顿量的本征态至少是二重简并的。这是因为:如果非简并态存在,则有 $\Theta\chi = c\chi$,c 是某个常数。这就意味着 $\Theta^2\chi = |c|^2\chi$,而这是不允许的,因为 $|c|^2 \neq -1$,如式(9.10.3)所要求的。在自旋-轨道相互作用不存在时,克拉默斯定理所约束的简并就是自旋向上和向下的简并。在自旋-轨道相互作用存在时,则会产生非平凡的结果。时间反转不变的布拉赫哈密顿量必须满足

$$\Theta H(\boldsymbol{k})\Theta^{-1} = \mathcal{H}(-\boldsymbol{k}) \tag{9.10.5}$$

可以把满足这个条件的哈密顿量分为等价类,每一类的哈密顿量可以在不关闭能隙的条件下平滑地彼此形变。等价类用两个可能值 $\nu = 0$ 或 1 的不变量表征[88]。有两个拓扑类的原因可以从本体-边缘对应来理解。图 9.40 画出了二维时间反转不变绝缘体的边缘态作为沿边缘的晶体的动量函数。但只画了布里渊区的一半($0 < k_x < \pi/a$),因为时间反转不变要求另一半($-\pi/a < k_x < 0$)是它的镜面反射。Γ_a 和 Γ_b 分别是时间反转不变动量 0 和 π/a。

如果边缘态存在,则克拉默斯定理要求它们在时间反转动量处二重简并(π/a 和 $-\pi/a$

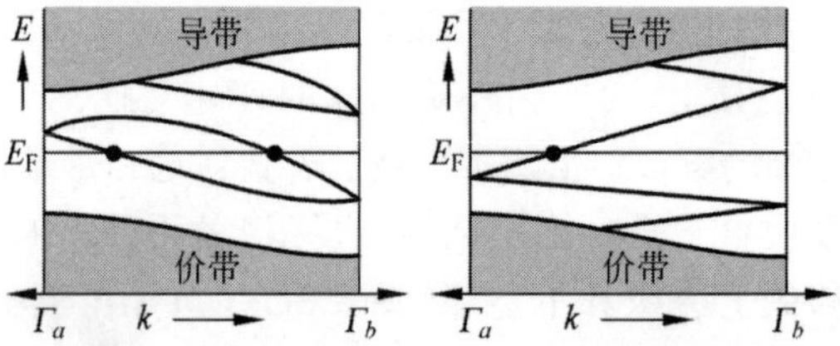

ν=0:常规绝缘体 ν=1:拓扑绝缘体

(a) (b)

图 9.40 在两个边界克拉默斯简并动量 Γ_a 和 Γ_b 之间的电子态色散

图(a)中和费米能级交叉的表面态数为偶，图(b)中为奇

奇数交叉导致了有拓扑保护的边缘态

是一样的)。若离开 Γ_a 和 Γ_b 这两个特殊点，自旋-轨道相互作用则会把简并分开。在 $k_x=0$ 和 π/a 处的态有两种方法相连接。在图 9.40(a)中，它们成对连接。在此情况下可以把所有的束缚态推出能隙，从而消除了边缘态。在 $k_x=0$ 和 π/a 之间，能带和费米能级交叉偶数次。与此对应的是，图 9.40(b)中的边缘态不能消除，能带和 E_F 交叉奇数次。哪一种情况出现再一次取决于本体-边缘对应。每个能带与 E_F 交叉于 k_x，在 $-k_x$ 处就有一个"克拉默斯伙伴"。对应把其与 E_F 交叉的边缘模式和跨越界面的 Z_2 不变量联系起来，

$$N_K=\Delta v \bmod 2$$

在只有一对边缘流的情况下，向上和向下的自旋分量在外加电场的作用下流向相反，并与电场方向垂直：$J_x^{\uparrow}-J_x^{\downarrow}=\sigma_{xy}^s E_y$，给出霍尔电导 $\sigma_{xy}^s=e/2\pi$。边缘态示于图 9.41，与量子霍尔效应的图 9.38 对应。

但这里还有关于拓扑绝缘体边缘流无耗散的疑点。我们仍然可以说在非磁性杂质上没有背散射，因为背散射的道路是在另一个边缘上，但自旋-轨道相互作用会使自旋反向，这样回头的路仍在同一边缘。这里我们需要一个纯粹的量子力学论据：不同的反散射路径有相毁干涉。在边缘上一个自旋向上、向前运动的电子围绕一个杂质可以顺时针转向、也可以逆时针转向(图 9.42)，因为只有自旋向下的电子才能向后方传播，电子自旋必须绝热转动 π，或者 −π，即往相反的方向转动。两种路径因此相差 π−(−π)=2π 的自旋转动。但自旋 1/2 粒子的波函数在 2π 转动时获得一个负号，所以这两种由时间反转相连系的路径永远相毁干涉，导致完全透射。

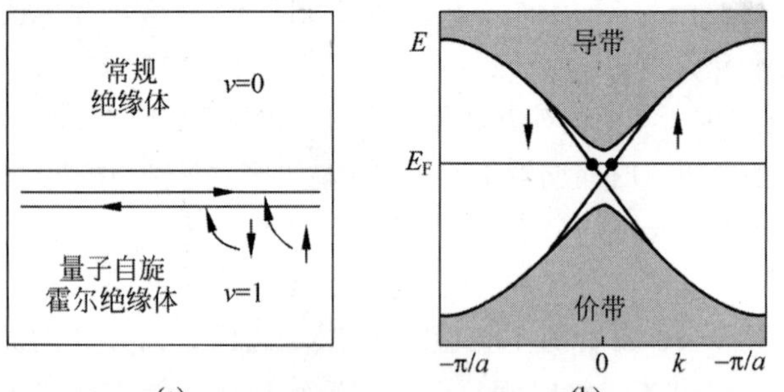

(a) (b)

图 9.41 量子自旋霍尔绝缘体的边缘态

(a) 不同拓扑材料的界面；(b) 边缘态的色散

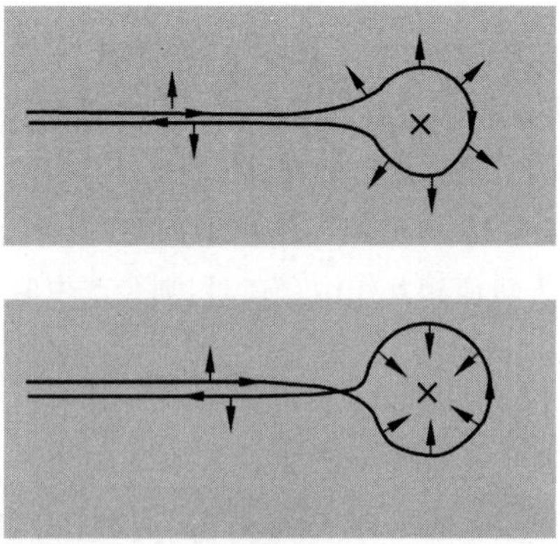

图 9.42 两个背散射的路径相毁干涉

导致完全的透射

我们着重讨论凯恩和迈乐[87]的研究,演示自旋-轨道势如何把石墨烯从二维的半金属变为量子自旋霍尔绝缘体,它在本体上是有能隙的,但在边缘上支持无能隙边缘态的自旋和电荷的输运。边缘态的存在将它在拓扑上和能带绝缘体分开。在 9.9.5 节 Semenoff 指出,成键和反键的 p_z 轨道在布里渊区的边缘相遇(图 9.34),在费米能量附近的态是 π 轨道,位于布里渊区相反的顶点 K 和 K'附近。迪温琴佐和迈乐[90]发展了一个模型。在 K 点附近的试探波函数构造为

$$\psi(\boldsymbol{k},\boldsymbol{r})=f_A(\boldsymbol{\kappa})\mathrm{e}^{\mathrm{i}\boldsymbol{\kappa}\cdot\boldsymbol{r}}\psi_A(\boldsymbol{K},\boldsymbol{r})+f_B(\boldsymbol{\kappa})\mathrm{e}^{\mathrm{i}\boldsymbol{K}\cdot\boldsymbol{r}}\psi_B(\boldsymbol{K},\boldsymbol{r}) \tag{9.10.6}$$

此处 $\psi_A(\boldsymbol{K},\boldsymbol{r})$和 $\psi_B(\boldsymbol{K},\boldsymbol{r})$是在 K 处的子格子 A 和 B 上的两个简并的布洛赫本征态,$f_A(\kappa)$和 $f_B(\kappa)$是基状态的振幅,$\boldsymbol{\kappa}$ 是对 $\boldsymbol{K}$ 的偏离,定义为$\boldsymbol{\kappa}=\boldsymbol{k}-\boldsymbol{K}$。$K$ 与 K'由对于布里渊区中心的反转相联系。代入薛定谔方程,保留到 κ 线性项并取 $E_F=0$ 就可以得到 f_A 和 f_B 所满足的方程:

$$\frac{\hbar}{m}\boldsymbol{\kappa}\cdot\begin{pmatrix}p_{AA} & p_{AB}\\ p_{BA} & P_{BB}\end{pmatrix}\begin{pmatrix}f_A(\boldsymbol{\kappa})\\ f_B(\boldsymbol{\kappa})\end{pmatrix}=E(\boldsymbol{\kappa})\begin{pmatrix}f_A(\boldsymbol{\kappa})\\ f_B(\boldsymbol{\kappa})\end{pmatrix} \tag{9.10.7}$$

此处

$$p_{ij}=\int\psi_i^*(\boldsymbol{K},\boldsymbol{r})\boldsymbol{p}\psi_j(\boldsymbol{K},\boldsymbol{r})\mathrm{d}\boldsymbol{r},\quad (i,j)=(A,B)$$

可以用群论证明(也可以从紧束缚模型直接验算)矩阵 $\boldsymbol{p}$ 的形式为

$$\hbar v_F\begin{pmatrix}0 & \hat{x}-\mathrm{i}\hat{y}\\ \hat{x}+\mathrm{i}\hat{y} & 0\end{pmatrix}=\hbar v_F(\hat{x}\sigma_x+\hat{y}\sigma_y)=\hbar v_F\hat{r}\cdot\boldsymbol{\sigma} \tag{9.10.8}$$

此处泡利矩阵$\boldsymbol{\sigma}$ 作用在子格子 A 和 B 的空间上,$\hat{r}=(\hat{x},\hat{y})$,$v_F$ 是费米能级速度。重要的结果是没有 σ_z 项。

凯恩和迈乐[87]引入泡利矩阵 $\tau_z=\pm1$ 以明显区别 K 和 K'。现在,ψ 成为 4 分量旋量

$$\boldsymbol{\Psi}(\boldsymbol{r})=((u_A(\boldsymbol{K}),u_A(\boldsymbol{K})),(u_A(\boldsymbol{K}'),u_A(\boldsymbol{K}')))\psi(\boldsymbol{r}) \tag{9.10.9}$$

在两个狄拉克点附近的石墨烯低能物理态由哈密顿量给出:

$$\mathcal{H}_0=-\mathrm{i}\,\hbar v_F\Psi^\dagger(\sigma_x\tau_z\partial_x+\sigma_y\partial_y)\Psi \tag{9.10.10}$$

矩阵$\boldsymbol{\tau}_z$ 的出现是因为反演把 K 变成了 K',把 p_x 变成了 $-p_x$。矩阵形式的哈密顿量是

$$\mathcal{H}_0=-\mathrm{i}\,\hbar v_F\Psi\begin{pmatrix}\sigma_x\partial_x+\sigma_y\partial_y & 0\\ 0 & -\sigma_x\partial_x+\sigma_y\partial_y\end{pmatrix}\Psi$$

这个哈密顿量描述无能隙态,其能量为 $E(\boldsymbol{\kappa})=\pm\hbar v_F|\boldsymbol{\kappa}|$。此时没有自旋,在$\boldsymbol{\kappa}=0$ 处的简并被空间反演和时间反转保护。凯恩和迈乐采取的重要一步是把自旋-轨道相互作用包括进来,为了探索在狄拉克点处的能隙打开。哈密顿量是

$$\mathcal{H}_{SO}=\Delta_{SO}\Psi^\dagger\sigma_z\tau_z\boldsymbol{s}_z\Psi \tag{9.10.11}$$

此处 $\boldsymbol{s}_z$ 是代表电子自旋的泡利矩阵,这一项尊重石墨烯的所有对称性。在 P 的作用下,$\sigma_z(A\leftrightarrow B)$和 $\tau_z(K\leftrightarrow K')$的符号改变,而 $\boldsymbol{s}_z$ 不变。自旋-轨道相互作用的哈密顿量式(9.10.11)是靠直觉写出来的,但也可以从一个紧束缚模型得出,它包括了次近邻间的跳跃:

$$\mathcal{H}=\sum_{ij\alpha}tc_{i\alpha}^\dagger c_{j\alpha}+\sum_{\langle\langle j\rangle\rangle\alpha\beta}it'\nu_{ij}s_{\alpha\beta}^z c_{i\alpha}^\dagger c_{j\beta} \tag{9.10.12}$$

第二项连接次近邻,其振幅与自旋有关,因子 $\nu_{ij}=-\nu_{ji}=\pm1$,和 9.9.6 节中霍尔丹模型的约定相同。在低能下,式(9.10.12)变为式(9.10.11),$\Delta_{SO}=3\sqrt{3}t'$。

在狄拉克点处可以引入与 σ_z 成正比的项打开能隙,例如子格子 A 和 B 的能量区别。但由 $\sigma_z\tau_z\boldsymbol{s}_z$ 打开的能隙在本质上与前者不同。因为 τ_z 的存在使 K 和 K'处的能隙符号相反,这个区别是拓扑性的。将 σ_z 和 $\sigma_z\tau_z\boldsymbol{s}_z$ 产生的态平滑地连接起来要通过一个临界点,在

那里能隙关闭。式(9.10.11)中的 $\boldsymbol{s}_z$ 项对相反的自旋导致相反的符号。所以电场对不同的自旋可以感应相反的电流,由此给出自旋流

$$J_s = \frac{\hbar}{2e}(\boldsymbol{J}_\uparrow - \boldsymbol{J}_\downarrow) \tag{9.10.13}$$

实际上这个哈密顿量是包括自旋的霍尔丹模型(9.9.6 节)的推广。在布里渊区两个顶角处,不同自旋的能隙相应于霍尔丹模型的 $m_+ = -m_-$ 关系。霍尔丹模型的霍尔电导相应于自旋霍尔电导:

$$\sigma_{xy}^s = \sigma_{xy}\frac{\hbar}{2e} = \frac{e}{4\pi} \tag{9.10.14}$$

比例 $\hbar/2e$ 是自旋-电荷的转换比。

当 $\boldsymbol{s}_z$ 守恒时,在整数量子霍尔效应中的劳克林论据可以应用。考虑把一个石墨烯平面卷成一个比 $\hbar v_F/\Delta_{SO}$ 大的圆柱,并将一个磁通量子 $\Phi = h/e$ 沿圆柱的轴向绝热地引入。沿方位角方向的法拉第感应电场诱导一个自旋流,它将自旋 $\hbar$ 从圆柱的一头输运到另一头。因为通量的绝热变化不能激发粒子跨越能隙,必然在圆柱的两端有无能隙态容纳多出来的自旋。

体系的系统处理需要一个给出整个布里渊区能带的模型。凯恩和迈乐使用曲折的条带几何数值解方程(9.10.12),边缘就沿着石墨烯平面的曲折方向,结果示于图 9.43。块体能隙位于点 K 和点 K' 在 k_x 轴上的投影。跨越能隙的态位于条带的边缘。每个态都为两个边缘各自配备一个简并态(图 9.44)。边缘态是“自旋过滤”的,意为相反自旋的电子沿相反方向传播。在 $k_x = \pi/a$ 处的交叉是由时间反转对称保护的。在一个边缘上的两个态组成一个克拉默斯对(具有相反自旋),因此简并不能被任何时间反转对称的微扰去除,背散射不能发生,因为自旋不能被反转。边缘流是无耗散的,边缘弹道输运也由朗道尔-布提克理论描述。

研究者们也考虑了拉什巴自旋轨道耦合,它破缺了 $\boldsymbol{s}_z$ 守恒,因此劳克林论据不能应用。但边缘态依然留存。边缘态对于电荷和自旋输运具有重要意义。对于二终端几何(图 9.44),弹道电荷的电导是 $G = 2e^2/h$。对于自旋过滤边缘态(右和 ↑ 相关联,左和 ↓ 相关联),边缘流密度与 $n_{R\uparrow} - n_{L\downarrow}$ 成正比(左减右),自旋流密度用同一式表达(上减下)。如此,电荷流伴随着在边缘上积聚的自旋。

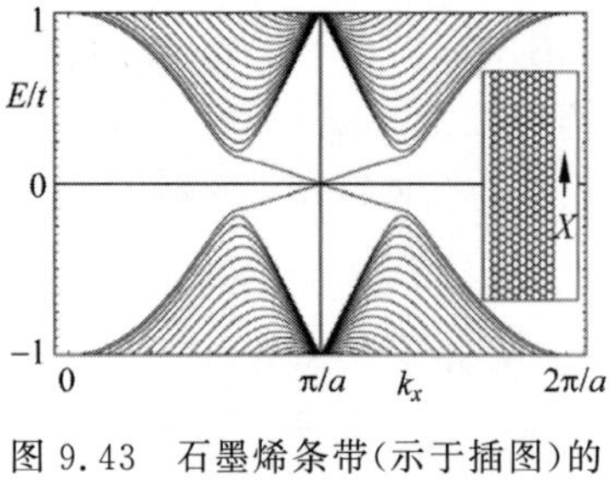

图 9.43 石墨烯条带(示于插图)的一维能带,$t'/t = 0.03$

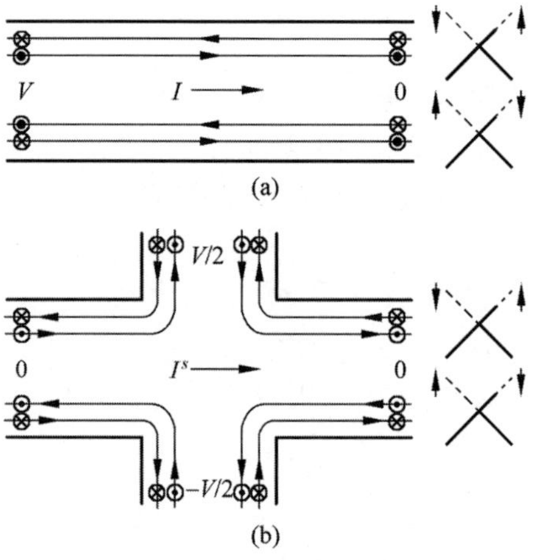

图 9.44 二终端量测几何和四终端量测几何示意图

(a) 二终端量测;(b) 四终端量测

右方的图为边缘态的布居

电荷流 $I=(2e^2/h)V$ 流向右侧的接头。四终端几何用来探索电荷与自旋的互动。自旋传导 G^s 定义为

$$I_i^s=\sum_j G_{ij}^s V_j \tag{9.10.15}$$

时间反转对称要求 $G^s{}_{ij}=-G^s{}_{ji}$。式(9.10.14)给出 $G^s{}_{ij}=G^s{}_{ij}=\pm\frac{e}{4\pi}$。因此自旋流 $I^s=(e/4\pi)V$ 流向右侧的接头。四终端几何能用来测量自旋流。从左侧来的自旋流(例如由电磁接触发射)将被分开,向上(向下)自旋被输送到顶部(底部)的接头。

为了明确演示量子自旋霍尔相和正常绝缘相的拓扑区别,凯恩和迈乐[91]给出了一个格点模型,比式(9.10.12)更为详尽(此处略去自旋指标):

$$H=t\sum_{\langle ij\rangle}c_i^\dagger c_j+\mathrm{i}\lambda_{SO}\sum_{\langle\langle ij\rangle\rangle}\nu_{ij}c_i^\dagger s^z c_j+\mathrm{i}\lambda_R c_i^\dagger(\boldsymbol{s}\times\widehat{\boldsymbol{d}_{ij}})_z c_j+\lambda_\nu\sum_i\xi_i c_i^\dagger c_i \tag{9.10.16}$$

该式符号和前文相同,除了拉什巴项明显出现(等号右侧第三项),以及子格子的区别势($\xi=\pm1$)出现(等号右侧第四项)外,它区别于拓扑绝缘相和正常绝缘相。我们略去文献[91]中的详细推导而只明确区别。此处自旋明显被包括进来,哈密顿量导致四个能带的其中两个被布居。对 $\lambda_R=0$,能隙宽度是 $|6\sqrt{3}\lambda_{SO}-2\lambda_\nu|$。当 $\lambda_\nu>2\sqrt{3}\lambda_{SO}$ 时,体系是正常绝缘体;而当 $\lambda_\nu<2\sqrt{3}\lambda_{SO}$ 时,体系是拓扑绝缘体,如图 9.45 所示。给定边缘的两个边缘态在 $ka=\pi$ 处交叉,插图为相图。在拓扑绝缘相中,边缘态可以通过能隙。

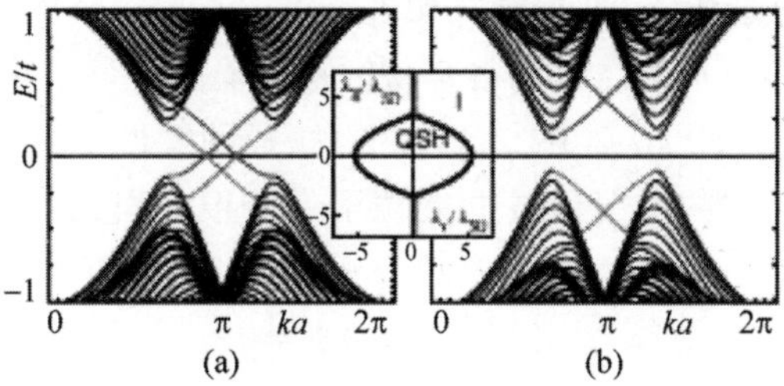

图 9.45 一维条带的能带

(a) 量子自旋霍尔相 $\lambda_\nu=0.1t$；(b) 绝缘相 $\lambda_\nu=0.4t$

两种情况下都有 $\lambda_{SO}=0.06t$，$\lambda_R=0.05t$

9.10.2 拓扑超导体,马约拉纳费米子

在 BCS 超导平均场理论中,无自旋电子体系的哈密顿量可以写成

$$H-\mu N=\frac{1}{2}\sum_{\boldsymbol{k}}(c_{\boldsymbol{k}}^\dagger c_{-\boldsymbol{k}})H_{\mathrm{BdG}}(\boldsymbol{k})\begin{pmatrix}c_{\boldsymbol{k}}\\ c^\dagger{\boldsymbol{k}}'\end{pmatrix} \tag{9.10.17}$$

此处 $c_k^\dagger$ 是电子产生算符,波戈留波夫-德热纳(Bogoliubov-de Gennes)哈密顿量$\mathcal{H}_{\mathrm{BdG}}$是 2×2 对角矩阵:

$$\mathcal{H}_{\mathrm{BdG}}=\begin{pmatrix}\mathcal{H}_0(\boldsymbol{k})-\mu & \Delta\\ \Delta^* & -(\mathcal{H}_0(\boldsymbol{k})-\mu)\end{pmatrix} \tag{9.10.18}$$

这里$\mathcal{H}_0(\boldsymbol{k})$是无超导时的布洛赫、哈密顿量。Δ 是 BCS 平均场配对势,对于无自旋粒子,它有奇宇称:

$$\Delta(-\boldsymbol{k})=-\Delta(\boldsymbol{k}) \tag{9.10.19}$$

一个均匀系统超导体的激发谱由$\mathcal{H}_{\rm BdG}$的本征值给出，它显示出超导能隙。因为在式(9.10.17)中，c 和 $c^\dagger$ 出现在$\mathcal{H}_{\rm BdG}$的两侧，在哈密顿量中就注入了一个内在的多余成分。对 $\Delta=0$，$\mathcal{H}_{\rm BdG}$包括了具有相反符号的两个$\mathcal{H}_0$。这是粒子-空穴对称性的信号。考虑电荷共轭算符 $\Xi=\sigma_1 K$，它满足 $\Xi^2=1$。从关系$\mathcal{H}_0(-\boldsymbol{k})=\mathcal{H}_0(\boldsymbol{k})^*$ 和 $\Delta(\boldsymbol{k})$的奇宇称，可以证明$\mathcal{H}_{\rm BdG}$有内禀的粒子-空穴对称性，表示为

$$\Xi\,\mathcal{H}_{\rm BdG}(\boldsymbol{k})\Xi^{-1}=-\mathcal{H}_{\rm BdG}(-\boldsymbol{k}) \tag{9.10.20}$$

于是就有$\mathcal{H}_{\rm BdG}$的每一个能量为 E 的本征态都有一个能量为 $-E$ 的“伙伴”。然而，其具有两个状态是多余的，因为和它们相联系的波戈留波夫准粒子算符满足 $G^s{}_{ij}=\Gamma_E^\dagger=\Gamma_{-E}$，即产生一个能量为 E 的准粒子和除去一个能量为 $-E$ 的准粒子是等效的。粒子-空穴的对称性约束(9.10.20)和在式(9.10.5)中的时间反转约束有相似的结构。因此考虑可以彼此平滑变形而不关闭能隙的$\mathcal{H}_{\rm BdG}$哈密顿量的分类是很自然的。在最简单的情况下，可以证明无质量费米子一维的分类是 Z_2，二维的分类是 Z。求助于本体-边缘对应是最容易理解的。考虑一维超导体[88]，在它的两端可能有、也可能没有分立的束缚态(图9.46)。如果有，则能量为 E 的态都有像在 $-E$ 的有限能量对是不受拓扑保护的。它们很容易被推出能隙。但一个单独在 $E=0$ 的束缚态是受保护的，因为它不能从 $E=0$ 离开。是否存在这样的零模是由一维超导体本体的 Z_2 拓扑分类决定的。和零模对应的波戈留波夫准粒子是个很吸引人的粒子：马约拉纳费米子。它是由基塔耶夫提出的[89]。下面对此做简单介绍。自由费米子粒子的狄拉克方程是

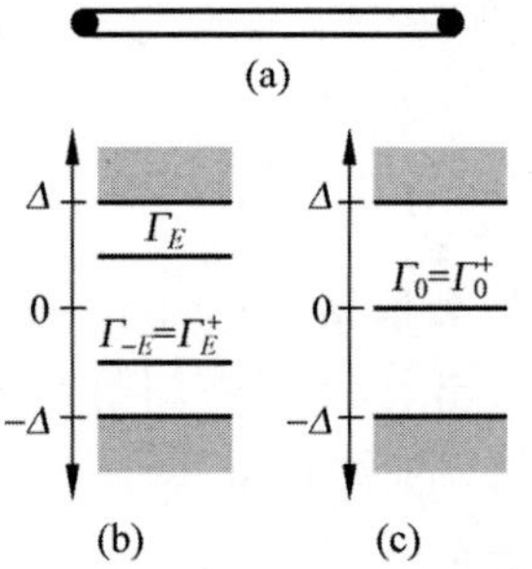

图9.46　一维超导体和两种能谱示意图
(a) 一维超导体；(b) 平凡超导体能谱；(c) 拓扑超导体能谱

$$(\mathrm{i}\partial^\mu\gamma_\mu-m)\psi=0 \tag{9.10.21}$$

采用比约肯-德雷尔约定：

$$\gamma_0=\beta,\quad \gamma_k=\beta\alpha_k$$

γ_0 是厄密的，$(\gamma_0)^2=1$，γ_k 是反厄密的。带电粒子由复波函数描述。这点和薛定谔方程类似。可以从流的表达式看出：

$$j^\mu=\bar{\psi}\gamma^\mu\psi \tag{9.10.22}$$

此处 $\bar{\psi}=\psi^\dagger\gamma_0$。马约拉纳要描述一种中性的自旋1/2费米子，而它的反粒子就是它自己，这样它必须是中性的。作为自旋1/2粒子，描述它的方程仍然是狄拉克方程。要使狄拉克旋量为实的，γ_μ 必然是虚的。马约拉纳找到了这个表示：

$$\tilde{\gamma}^0=-\sigma_2\otimes\sigma_1,\quad \tilde{\gamma}^1=\mathrm{i}\sigma_1\otimes 1,\quad \tilde{\gamma}^2=\mathrm{i}\sigma_3\otimes 1,\quad \tilde{\gamma}^3=\mathrm{i}\sigma_2\otimes\sigma_2$$

即

$$\tilde{\gamma}^0=\begin{pmatrix}0&0&0&-\mathrm{i}\\0&0&-\mathrm{i}&0\\0&\mathrm{i}&0&0\\\mathrm{i}&0&0&0\end{pmatrix},\quad \tilde{\gamma}^1=\begin{pmatrix}0&0&\mathrm{i}&0\\0&0&0&\mathrm{i}\\\mathrm{i}&0&0&0\\0&\mathrm{i}&0&0\end{pmatrix},$$

$$\widetilde{\gamma}^2=\begin{pmatrix}i&0&0&0\\0&i&0&0\\0&0&-i&0\\0&0&0&-i\end{pmatrix},\quad \widetilde{\gamma}^3=\begin{pmatrix}0&0&0&-i\\0&0&i&0\\0&-i&0&0\\i&0&0&0\end{pmatrix}$$

用这个表示,满足狄拉克方程的实马约拉纳旋量 ψ_M 即可描述反粒子和其本身等同的中性自旋 1/2 粒子。马约拉纳猜想中微子可能就是这样的粒子,理由看起来很充足,即使从如今的物理学理论来判断也是如此。中微子只参与弱作用,在弱作用中所有的中微子都是左旋的,所有的反中微子都是右旋的。所以 ν 和 $\bar{\nu}$ 可以被认为是马约拉纳中微子的左手和右手分量。在粒子物理中,中微子是"基本粒子"。在核物理研究中,无中微子的双 β 衰变,例如 $Ge^{76}\rightarrow Se^{76}+2e^-$ 是个热门课题,但至今没有肯定的实验结果。

在凝聚态物理中,马约拉纳费米子只能在某些相互作用的电子体系中作为衍生自由度出现。由于此前讨论的一维超导体的粒子-自旋多余度,零模准粒子算符满足 $\Gamma_0^\dagger=\Gamma_0$。因此准粒子就是它自己的反粒子-马约拉纳费米子定义的根据。马约拉纳零模必须成对出现。例如,一维超导体有两个端点:一个被分离的对组成简并的二能级体系,它们的量子态被非定域地存储,这有极其重要的含义。考虑由 N 个格点组成的一维链[89],电子算符为 a_j 和 $a_j^\dagger$。可以定义马约拉纳算符:

$$c_{2j-1}=a_j+a_j^\dagger,c_{2j}=(a_j-a_j^\dagger)/i,\quad j=1,2,\cdots,N \tag{9.10.23}$$

它们满足

$$c_m^\dagger=c_m,\{c_l\cdot c_m\}=2\delta_{lm},\quad l,m=1,2,\cdots,2N \tag{9.10.24}$$

注意,马约拉纳算符是费米子算符,满足反对易关系。但是任何算符平方都给出了 1,而不是 0。粗略言之,c_{2j-1} 和 c_{2j} 对应于狄拉克算符 a_j 的实部和虚部,它们都属于一个链上的同一格点。一个马约拉纳费米子大体上是半个普通费米子。在超导体中电荷是不守恒的,但可以定义一个守恒的费米子的奇偶性,即以 2 为模的电荷。因为两个自由电子可以配对形成一个库珀对,而它的电荷就不再被计数了。因为单个马约拉纳算符不能在费米子奇偶性守恒的正常哈密顿量中出现,所以马约拉纳费米子多成对出现。

基塔耶夫模型研究在超导体表面上的有 N 个格点的量子线。因为一维体系自己不能成为超导体,所以紧密接触就十分必要了。为了简化模型,假设只有一种自旋分量存在。超导体就只能是 p-波三重态配对的类型了。哈密顿量是

$$\mathcal{H}-\mu N=\sum_j\left[-t(a_j^\dagger a_{j+1}+a_{j+1}^\dagger a_j)-\mu\left(a_j^\dagger a_j-\frac{1}{2}\right)+\Delta a_j a_{j+1}+\Delta^* a_j^\dagger a_{j+1}^\dagger\right] \tag{9.10.25}$$

此处 t 是跳跃振幅,μ 是化学势,$\Delta=|\Delta|e^{i\theta}$ 是超导配对参数。配对参数的相位 θ 可以藏在马约拉纳算符的定义中。因此式(9.10.23)就有

$$c_{2j-1}=e^{i\frac{\theta}{2}}a_j+e^{-i\frac{\theta}{2}}a_j^\dagger,c_{2j}=(e^{i\frac{\theta}{2}}a_j-e^{-i\frac{\theta}{2}}a_j^\dagger)/i,\quad j=1,2,\cdots,N \tag{9.10.26}$$

用马约拉纳算符表示,$\mathcal{H}$写成

$$\mathcal{H}=\frac{i}{2}\sum_i[-\mu c_{2j-1}c_{2j}+(t+|\Delta|)c_{2j}c_{2j+1}+(-t+|\Delta|c_{2j-1}c_{2j+2}] \tag{9.10.27}$$

我们只讨论两种特殊情况:

$$(1)\ |\Delta|=t=0,\mu<0$$

在此情况下，

$$\mathcal{H}=-\mu\sum_j\left(a_j^\dagger a_j-\frac{1}{2}\right)=-\frac{\mathrm{i}}{2}\mu\sum_j c_{2j-1}c_{2j}$$

具有相同格点的马约拉纳算符 c_{2j-1} 和 c_{2j} 配对到一起(图 9.47(a))，基态布居数为零：

(2) $|\Delta|=t>0,\mu=0$

在此情况下，

$$\mathcal{H}=\mathrm{i}t\sum_j c_{2j}c_{2j+1}$$

现在，具有不同格点的马约拉纳算符 c_{2j} 和 c_{2j+1} 配对到一起(图 9.47(b))，这样就可以定义新的跨越两个格点 $2j$ 和 $2j+1$ 的消灭和产生算符：

$$\gamma_j=\frac{1}{2}(c_{2j}+\mathrm{i}c_{2j+1}),\quad \gamma_j^\dagger=\frac{1}{2}(c_{2j}-\mathrm{i}c_{2j+1})$$

哈密顿量变为

$$\mathcal{H}=2t\sum_{j=1}^{N-1}\left(\gamma_j^\dagger\gamma_j-\frac{1}{2}\right)$$

基态满足条件 $\gamma_j|\psi\rangle=0,j=1,2,\cdots,N-1$。有两个互相正交的态 $|\psi_0\rangle$ 和 $|\psi_1\rangle$ 具有此性质。实际上，马约拉纳算符 c_1 和 c_{2N} 没有配对(它们并未进入哈密顿量)，所以可以写出

$$-\mathrm{i}c_1c_{2N}\,|\psi_0\rangle=|\psi_0\rangle,\ -\mathrm{i}c_1c_{2N}\,|\psi_1\rangle=-|\psi_1\rangle \tag{9.10.28}$$

定义费米子奇偶性算符：

$$P=\prod_j(-\mathrm{i}c_{2j-1}c_{2j}) \tag{9.10.29}$$

发现 $|\psi_0\rangle$ 有偶的费米子奇偶性(它是具有偶数电子态的叠加)，而 $|\psi_1\rangle$ 具有奇的奇偶性。在基态中，两端的马约拉纳费米子用非定域方式耦合。

一般的情况在文献[89]中有讨论。

图 9.47 两种配对

(a) 平凡情况；(b) 非平凡情况

9.10.3 外尔点和费米弧

在 9.9.1 节中引入了狄拉克旋量的左手和右手部分：

$$\psi_L=\frac{1}{2}(1+\gamma_5)\psi,\quad \psi_R=\frac{1}{2}(1-\gamma_5)\psi,\quad \psi_L+\psi_R=\psi \tag{9.10.30}$$

它们是 γ_5 的本征态，手征本征值分别为 -1 和 $+1$。对无质量的狄拉克粒子，狄拉克方程是

$$\mathrm{i}\frac{\partial\psi}{\partial t}=\boldsymbol{\alpha}\cdot\boldsymbol{p}\psi \tag{9.10.31}$$

在手征表示中，

$$\boldsymbol{\alpha}=\begin{pmatrix}\boldsymbol{\sigma} & 0\\ 0 & \boldsymbol{\sigma}\end{pmatrix},\quad \gamma^0=\begin{pmatrix}0 & -1\\ 1 & 0\end{pmatrix},\quad \gamma^5=\begin{pmatrix}1 & 0\\ 0 & -1\end{pmatrix} \tag{9.10.32}$$

代数

$$\{\alpha_i, \alpha_j\} = 2\delta_{ij}$$

可以用 2×2 的泡利矩阵来实现，因为包含 γ^0 的质量项不存在。对于手征+1 态：

$$\psi = \begin{pmatrix} \phi \\ 0 \end{pmatrix}, (-p^0 + \boldsymbol{p} \cdot \boldsymbol{\sigma})\phi = 0 \tag{9.10.33}$$

对手征−1 态：

$$\psi = \begin{pmatrix} 0 \\ \chi \end{pmatrix}, (p^0 + \boldsymbol{p} \cdot \boldsymbol{\sigma})\chi = 0 \tag{9.10.34}$$

狄拉克方程分解为一对二分量方程——外尔方程。在粒子物理中，外尔方程曾有机会描述中微子。因为在弱作用中中微子永远是左手的，而反中微子永远是右手的，而它们曾经被认为是无质量的。但三种味道的中微子的混合与振荡给出了较强的证据——它们是有质量的。

总结一下，狄拉克方程的解可以分为三类，①狄拉克费米子：可以有质量，有与已不同的反粒子；②马约拉纳费米子：可以有质量，反粒子等同于本身；③外尔费米子：无质量，手征。

外尔费米子由此进入了凝聚态物理学。万贤刚等人[92]在 2011 年做了理论预言，三个实验组在 2015 年完成了确定的实验观测[95-97]，其研究进展由 Bernevig 进行了述评[96]。我们仅就拓扑外尔半金属物理作简要的介绍。外尔方程破缺空间反演和时间反转，所以外尔费米子不会在 P 和 T 不变的体系中出现。万贤刚等人[92]研究的磁性材料是铱酸焦绿石，时间反转被破缺而宇称不变性依然保留。在此情况下在 k_0 处出现外尔点，另一个手征相反的外尔点必然在 $-k_0$ 点处出现。杨乐仙等人[94]和徐苏扬等人[95]研究了 TaAs，P 不变而 T 破缺。

外尔半金属这种量子物质状态有异常的电子结构，既像"3 维石墨烯"又像拓扑绝缘体。

首先，电子结构显示相反手征的一对外尔点，在那里电子能带在三个动量方向线性色散，所以像"3 维"石墨烯。例如 TaAs 单晶在三维布里渊区本体中有 12 对外尔点[92]。实际上一个狄拉克费米子可以看作由两个相反手征的外尔费米子构成：$\psi = \psi_L + \psi_R$。在从拓扑绝缘体到正常绝缘体的相变点处，导带和价带的接触点可以是狄拉克点或外尔点，取决于反演对称存在与否。位于 $\boldsymbol{k}_0$ 处外尔点附近 $\boldsymbol{k}$ 的态，激发能为 $\varepsilon_{\boldsymbol{q}} = \pm \hbar v_F |\boldsymbol{q}|$，此处 $\boldsymbol{q}$ 是动量 $\boldsymbol{k}$ 对于 $\boldsymbol{k}_0$ 的偏离：$\boldsymbol{q} = \boldsymbol{k} - \boldsymbol{k}_0$。

其次，与拓扑绝缘体的相似性基于和本体拓扑相联系的边缘态的存在。手征性 $c = \pm 1$ 代表一个外尔点的拓扑荷，它是贝利通量的源。和 9.9 节中一样，贝利联络是 $\mathcal{A}(\boldsymbol{k}) = \sum_{m=1}^{N} i\langle u_n(\boldsymbol{k}) | i\nabla_{\boldsymbol{k}} | u_m(\boldsymbol{k})\rangle$，此处 N 为布居的能带数。贝利曲率是 $F = \nabla_{\boldsymbol{k}} \times A(\boldsymbol{k})$。贝利曲率在封闭表面上的积分给出拓扑荷的强度 - 手征性（陈数）。具有一对外尔节点的最简单的外尔半金属状态示于图 9.53。外尔节点处的拓扑手征保护在本体边界的无能隙表面状态。这些表面态以费米弧的形式连接本体外尔节点在表面布里渊区上的投影。这成为拓扑相本体 - 边缘对应的又一个例子。比拓扑绝缘体更有趣的是，外尔半金属既在本体中又在表面上显现非平凡的能带结构。在本体中的外尔费米子给出了手征反常在凝聚态物理中的实现，导致若干有趣的现象。如在文献[95]中讨论的，费米弧表面态也表现出非常规的量

子效应。

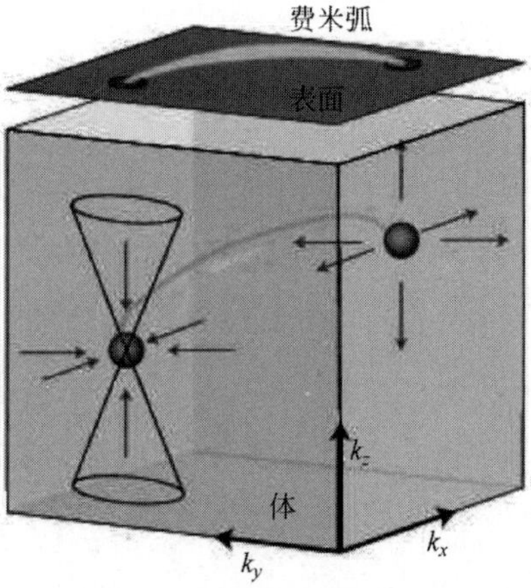

图 9.48　外尔节点和费米弧示意图
每一个节点都是由狄拉克弦连接的贝利联络通量的源或漏，表面布里渊区是体布里渊区的投影

下面我们稍详细地讨论一下手征反常和有关的反常磁输运[97-98]。外尔半金属显示出电子物态中尚未发现的新奇性质。式(9.9.6)表达手征反常，即手征流 j_μ^5 的散度不为零，即使费米子是无质量的：

$$\partial_{\mu} j^{\mu 5} = -\chi \frac{e^3}{4\pi^2 \hbar^2} \boldsymbol{E} \cdot \boldsymbol{B} = -\chi \frac{e^3}{32\pi^2 \hbar^2} \varepsilon^{\mu\nu\rho\lambda} F_{\mu\nu} F_{\rho\lambda} \tag{9.10.35}$$

这导致每个外尔节点的手征荷 χ 都不守恒。尼尔森和二宫[99]证明，一个能带结构中的总贝利荷为零。这意味着外尔节点的总数必须为偶，两种手征各占一半。考虑三维布里渊区的一个二维切片，如图 9.54 所示。任何不包括外尔点的切片都有能隙，由此我们计算切片的陈数，用这种方法可以把三维的能带结构看作可用 k_x 作为参数来调节得到的一系列二维切片。考虑具有两个手征 $\chi=\pm 1$ 的分别位于 $k_x=\pm k_0$ 的外尔点的体系，我们来计算在布里渊区不同 k_x 值切片的陈数。当一个切片扫过外尔点时，二维体系就会发生拓扑相变，它的陈数改变为 1 或 −1 时，本体能隙就会随之开与合。具体地说，当 $k_x<-k_0$ 和 $k_x>k_0$ 时，陈数 $\nu=0$；而当 $-k_0<k_x<k_0$ 时，陈数 $\nu=1$，此时切片就拥有一个被保护的无能隙手征边缘模(图 9.49 上图)。费米弧可以理解为由所有的手征边缘模集合在一起形成的表面态。将外尔节点和边缘态投影在布里渊区的边界上就得到如图 9.48 所示的图。这就是外尔半金属拓扑性质的显现。

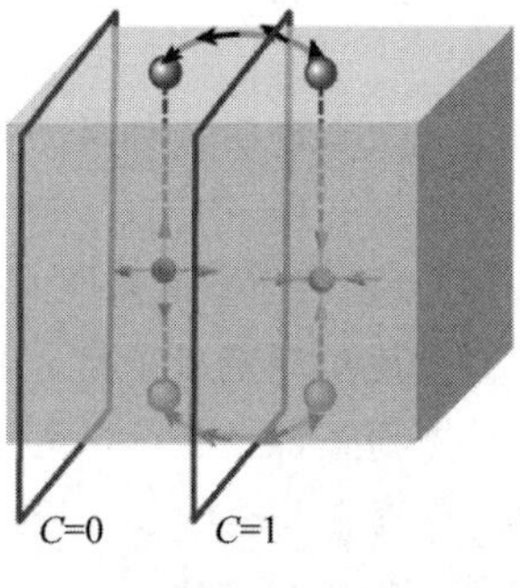

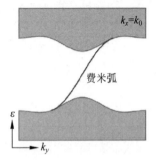

图 9.49　布里渊区的切片和有关的表面态

我们来讨论手征反常。在常磁场 $\boldsymbol{B}$ 中，单个外尔节点的谱由下式给出：

$$\varepsilon_n = v_F \mathrm{sgn}(n)\sqrt{2\hbar|n|eB + (\hbar \boldsymbol{k}\cdot\hat{B})^2}, \quad n=\pm 1, \pm 2, \cdots$$
$$\varepsilon_0 = -\chi \hbar v_F \boldsymbol{k}\cdot\hat{B} \tag{9.10.36}$$

此处 $\hat{B}$ 是在 $\boldsymbol{B}$ 方向的单位矢量，n 是朗道能级的指标。朗道能级 $n=0$ 是特殊的，它色散的方向依赖于外尔点的手征。当外加一个平行于 $\boldsymbol{B}$ 的电场 $\boldsymbol{E}$ 时，两个节点之间发生电荷抽运(图 9.50)，速率为 $W=\chi\dfrac{e^3}{4\pi^2\hbar^2}\boldsymbol{E}\cdot\boldsymbol{B}$。这正是手征反常。纵向电流减小的速率为 $1/\tau_a \sim |M|^2 eB/h\nu$，这里 M 是杂质散射的矩阵元，$eB/h\nu$ 是朗道能级的简并度。因此手征电导率 $\sigma_\chi \sim W\tau_a$ 在量子极限下(强场，只有最低朗道能级参与过程)和 B 无关，实验也证实了这点。

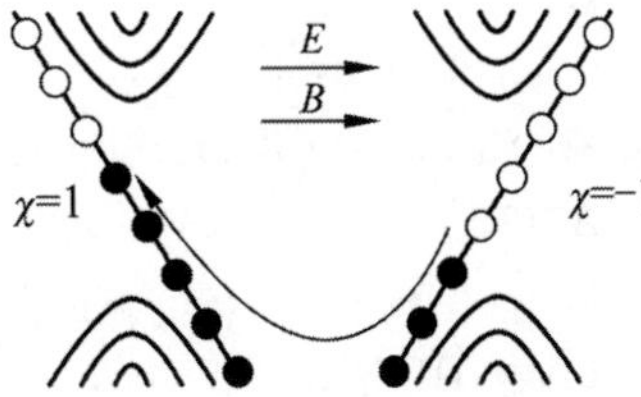

图 9.50 外尔节点之间的电荷抽运

参考文献

[1] VON KLITZING K, DORDA G, PEPPER M. New method for high-accuracy determination of the fine-structure constant based on quantized Hall resistance[J]. Physical Review Letters, 1980, 45: 494-497.

[2] VON KLITZING K. The quantized Hall effect[J]. Review of Modern Physics, 1986, 58: 519-531.

[3] TSUI D C, STORMER H L, GOSSARD A C. Two-dimensional magnetotransport in the extreme quantum limit[J]. Physical Review Letters, 1982, 48: 1559-1562.

[4] STORMER H L, CHANG A, TSUI D C, et al. Fractional quantization of the Hall effect[J]. Physical Review Letters, 1983, 50: 1953-1956.

[5] TSUI D C. Nobel lecture: Interplay of disorder and interaction in two-dimensional electron gas in intense magnetic fields[J]. Review of Modern Physics, 1999, 71: 891-895.

[6] STORMER H L. Nobel lecture: The fractional quantum Hall effect[J]. Review of Modern Physics, 1999, 71: 875-889.

[7] PRANGE R E, GIRVIN S M. The quantum Hall effect[M]. New York: Springer US, 1987.

[8] LAUGHLIN R B. Quantized Hall conductivity in two dimensions[J]. Physical Review B, 1981, 23: 5632-5633.

[9] HALPERIN B I. Quantized Hall conductance, current-carrying edge states, and the existence of extended states in a two-dimensional disordered potential[J]. Physical Review B, 1982, 25: 2185-2190.

[10] THOULESS D J. Topological considerations[M]//PRANGE R E, GIRVIN S M. The quantum Hall effect. New York: Springer US, 1987: 101-116.

[11] THOULESS D J, KOHMOTO M, NIGHTINGALE M P, et al. Quantized Hall conductance in a two-dimensional periodic potential[J]. Physical Review Letters, 1982, 49: 405-408.

[12] NIU Q, THOULESS D J, WU Y S. Quantized hall conductance as a topological invariant[J]. Physical Review B, 1985, 31: 3372-3377.

[13] HARPER P G. Single band motion of conduction electrons in a uniform magnetic field[J]. Proceedings of the Physical Society. Section A, 1955, 68(10): 874-878.

[14] ZIL'BERMAN G E. Behavior of an electron in a periodic electric and a uniform magnetic field[J]. Soviet Physics JETP, 1957, 5: 208.

[15] ZIL'BERMAN G E. Electron in a periodic electric and homogenous magnetic field, II[J]. Soviet Physics JETP, 1957, 6: 299.

[16] ZAK J. Magnetic translation group[J]. Physical Review, 1964, 134: A1602-A1606.

[17] HOFSTADTER D R. Energy levels and wave functions of Bloch electrons in rational and irrational magnetic fields[J]. Physical Review B, 1976, 14: 2239-2249.

[18] STONE M. Quantum Hall effect[M]. Singapore: World Scientific, 1992.

[19] APPELQUIST T, CHODOS A. Quantum effects in Kaluza-Klein theories[J]. Physical Review Letters, 1983, 50: 141-145.

[20] LAUGHLIN R B. Elementary theory: The incompressible quantum fluid[M]//PRANGE R E, GIRVIN S M. The quantum Hall effect. New York: Springer US, 1987: 233-301.

[21] TRUGMAN S A, KIVELSON S. Exact results for the fractional quantum Hall effect with general interactions[J]. Physical Review B, 1985, 31: 5280-5284.

[22] HALDANE F D M. Fractional quantization of the Hall effect: A hierarchy of incompressible quantum fluid states[J]. Physical Review Letters, 1983, 51: 605-608.

[23] PINES D. Richard Feynman and condensed matter physics[J]. Physics Today, 1989, 42(2): 61.

[24] FEYNMAN R P. Atomic theory of the two-fluid model of liquid helium[J]. Physical Review, 1954, 94: 262-277.

[25] GIRVIN S M. Collective excitations[M]//PRANGE R E, GIRVIN S M. The quantum Hall effect. New York: Springer US, 1987: 353-378.

[26] GIRVIN S M, JACH T. Formalism for the quantum Hall effect: Hilbert space of analytic functions [J]. Physical Review B, 1984, 29: 5617-5625.

[27] GIRVIN S M, MACDONALD A H, PLATZMAN P M. Collective-excitation gap in the fractional quantum Hall effect[J]. Physical Review Letters, 1985, 54: 581-583.

[28] GIRVIN S M, MACDONALD A H, PLATZMAN P M. Magneto-roton theory of collective excitations in the fractional quantum Hall effect[J]. Physical Review B, 1986, 33: 2481-2494.

[29] CLARK R G, MALLETT J R, HAYNES S R, et al. Experimental determination of fractional charge e/q for quasiparticle excitations in the fractional quantum Hall effect[J]. Physical Review Letters, 1988, 60: 1747-1750.

[30] SIMMONS J A, WEI H P, ENGEL L W, et al. Resistance fluctuations in narrow AlGaAs/GaAs heterostructures: Direct evidence of fractional charge in the fractional quantum Hall effect[J]. Physical Review Letters, 1989, 63: 1731-1734.

[31] CHANG A, CUNNINGHAM J. Transmission and reflection probabilities between $\nu=1$ and $\nu=23$ quantum Hall effects and between $\nu=23$ and $\nu=13$ effects[J]. Solid State Communications, 1989, 72(7): 651-655.

[32] WEN X G. Electrodynamical properties of gapless edge excitations in the fractional quantum Hall states[J]. Physical Review Letters, 1990, 64: 2206-2209.

[33] KANE C L, FISHER M P A. Nonequilibrium noise and fractional charge in the quantum Hall effect [J]. Physical Review Letters, 1994, 72: 724-727.

[34] SAMINADAYAR L, GLATTLI D C, JIN Y, et al. Observation of the e/3 fractionally charged Laughlin quasiparticle[J]. Physical Review Letters, 1997, 79: 2526-2529.

[35] DE PICCIOTTO R, REZNIKOV M, HEIBLUM M, et al. Direct observation of a fractional charge [J]. Nature, 1997, 389(6647): 162-164.

[36] REZNIKOV M, DE PICCIOTTO R, GRIFFITHS T G, et al. Observation of quasiparticles with one-

fifth of an electron's charge[J]. Nature,1999,399(6733): 238-241.

[37] KANE C L,FISHER M P A. Edge-state transport[M]//SARMA S D,PINCZUK A. Perspectives in quantum Hall effects. Hoboken,New Jersey: John Wiley & Sons,1997.

[38] WEN X G. Topological orders and Chern-Simons theory in strongly correlated quantum liquid[J]. International Journal of Modern Physics B,1991,05(10): 1641-1648.

[39] WEN X G. Theory of the edge states in fractional quantum Hall effects[J]. International Journal of Modern Physics B,1992,06(10): 1711-1762.

[40] WEN X G. Chiral Luttinger liquid and the edge excitations in the fractional quantum hall states[J]. Physical Review B,1990,41: 12838-12844.

[41] YU Y,ZHENG W,ZHU Z. Microscopic picture of a chiral Luttinger liquid: Composite fermion theory of edge states[J]. Physical Review B,1997,56: 13279-13289.

[42] ZHENG W, YU Y. Temperature-dependent crossover in fractional quantum Hall edges in the presence of coulomb interaction[J]. Physical Review Letters,1997,79: 3242-3245.

[43] HALDANE F D M. The hierarchy of fractional states and numerical studies[M]//PRANGE R E, GIRVIN S M. The quantum Hall effect. New York: Springer US,1987: 303-352.

[44] JAIN J K. Composite-fermion approach for the fractional quantum Hall effect[J]. Physical Review Letters,1989,63: 199-202.

[45] HALPERIN B I,LEE P A,READ N. Theory of the half-filled Landau level[J]. Physical Review B, 1993,47: 7312-7343.

[46] LAZARUS D,LUSTIG H. The cost of success[J]. Physical Review Letters,1987,58: 1-2.

[47] ZHANG S C, HANSSON T H, KIVELSON S. Effective-field-theory model for the fractional quantum Hall effect[J]. Physical Review Letters,1989,62: 980.

[48] ZHANG S C. The Chern-Simons-Landau-Ginzburg theory of the fractional quantum hall effect[J]. International Journal of Modern Physics B,1992,06(01): 25-58.

[49] WILCZEK F. Anyons[J]. Scientific American,1991,264: 58-65.

[50] FRADKIN E. Field theories of condensed matter systems [M]. Redwood City: Addison-Wesley,1991.

[51] WEN X G,ZEE A. Neutral superfluid modes and "magnetic" monopoles in multilayered quantum Hall systems[J]. Physical review letters,1992,69(12): 1811.

[52] FISHER M P A, LEE D J. Anyon superconductivity and the fractional quantum Hall effect[J]. Physical Review Letters,1989,63(8): 903.

[53] WEN X G,ZEE A. Universal conductance at the superconductor-insulator transition[J]. International Journal of Modern Physics B,1990,4(03): 437-445.

[54] CHAMON C DE C,FREED D E,KIVELSON S A. Two point-contact interferometer for quantum Hall systems[J]. Physical Review B,1997,55(4): 2331.

[55] BISHARA W,BONDERSON P,NAYAK C,et al. Interferometric signature of non-Abelian anyons [J]. Physical Review B,2009,80(15): 155303.

[56] KIVELSON S, LEE D H, ZHANG S C. Global phase diagram in the quantum Hall effect[J]. Physical Review B,1992,46: 2223-2238.

[57] KIVELSON S,LEE D H,ZHANG S C. Electrons in flatland[J]. Scientific American, 1996, 274: 86-91.

[58] HILKE M,SHAHAR D,SONG S H,et al. Experimental evidence for a two-dimensional quantized Hall insulator[J]. Nature,1998,395(6703): 675-677.

[59] SONG S H, SHAHAR D, TSUI D C, et al. New universality at the magnetic field driven insulator to integer quantum Hall effect transitions[J]. Physical Review Letters, 1997, 78: 2200-2203.

[60] HILKE M, SHAHAR D, SONG S H, et al. Phase diagram of the integer quantum Hall effect in p-type germanium[J]. Physical Review B, 2000, 62: 6940-6943.

[61] SHENG D N, WENG Z Y. Disappearance of integer quantum Hall effect[J]. Physical Review Letters, 1997, 78: 318-321.

[62] SHENG D N, WENG Z Y. New universality of the metal-insulator transition in an integer quantum Hall effect system[J]. Physical Review Letters, 1998, 80: 580-583.

[63] SHENG D N, WENG Z Y. Phase diagram of the integer quantum Hall effect[J]. Physical Review B, 2000, 62: 15363-15366.

[64] Dyakonov M I, Perel V I. Possibility of orientating electron spins with current[J]. JETP Letters, 1971, 13: 467-469.

[65] ALFANO R R, WANG Q Z, JIMBO T, et al. Induced spectral broadening about a second harmonic generated by an intense primary ultrashort laser pulse in ZnSe crystals[J]. Physical Review A, 1987, 35(1): 495.

[66] MURAKAMI S, NAGAOSA N, ZHANG S. Dissipationless quantum spin current at room temperature[J]. Science, 2003, 301: 1348-1351.

[67] SINOVA J, CULCER Q, NIU N A, et al. Universal intrinsic spin Hall effect[J]. Physical Review Letters, 2004, 92(12): 126603.

[68] Zhang S C, Hu J P. A four dimensional generalization of the quantum Hall effect[J]. Science, 2001, 294: 823.

[69] Bernevig B A, Hughes T L, Zhang S C, Quantum spin Hall effect and topological phase transition in HgTe quantum wells[J]. Science, 314: 1757-1761.

[70] QI X L, WU Y S, ZHANG S C. Topological quantization of the spin Hall effect in two-dimensional paramagnetic semiconductors[Z]. arXiv: cond-mat/0505308.

[71] KÖNIG M, WIEDMANN S, BRÜNE C, et al. Quantum spin Hall insulator state in HgTe quantum wells[J]. Science, 2007, 318: 766-770.

[72] LAUGHLIN R B. Classification of adsorbed films [J]. Physical Review B, 1981, 23(10): 5623.

[73] HALPERIN B I. Quantized Hall conductance, current-carrying edge states, and the existence of extended states in a two-dimensional disordered potential [J]. Physical Review B, 1982, 25(4): 2185.

[74] MURAKAMI S, NAGAOSA, ZHANG S C. *SU*(2) non-Abelian holonomy and dissipationless spin current in semiconductors[J]. Physical Review B, 2004, 69(23): 235206.

[75] DESER S, JACKIW R, TEMPLETON S. Topologically massive gauge theories[J]. Annals of Physics, 2000, 281(1-2): 409-449.

[76] ITZYKSON C, ZUBER J B. Quantum field theory[M]. New York: McGraw, 1980.

[77] DESER S, JACKIW R, TEMPLETON S. Topologically massive gauge theories[J]. Annals of Physics, 2000, 281(1-2): 409-449.

[78] REDLICH A N. Gauge noninvariance and parity nonconservation of three-dimensional Fermions [J]. Physical Review Letters, 1984, 52(1): 18.

[79] REDLICH A N. Parity violation and gauge noninvariance of the effective gauge field action in three dimensions[J]. Physical Review D, 1984, 29(10): 2366.

[80] CHENG T P, LI L F. Gauge field theory[M]. Oxford: Clarendon Press, 1984.

[81] JACKIW R. Fractional charge and zero modes for planar systems in a magnetic field[J]. Physical

Review D,1984,29(10): 2375.

[82] SEMENOFF G W. Condensed-matter simulation of a three-dimensional anomaly[J]. Physical Review Letters,1984,53(26): 2449.

[83] HALDANE F D M. Model for a quantum Hall effect without Landau levels: Condensed-matter realization of the "parity anomaly"[J]. Physical Review Letters,1988,61(18): 2015.

[84] CHANG S Z,ZHANG J S,FENG X,et al. Experimental observation of the quantum anomalous Hall effect in a magnetic topological insulator[J]. Science express,2013: 340(6129): 167-170.

[85] HASEN M Z, KANE C L. Colloquium: Topological insulators[J]. Reviews of Modern Physics, 2010,82(4): 3045.

[86] QI X L,ZHANG S C. Topological insulators and superconductors[J]. Reviews of Modern Physics, 2011,83(4): 1057.

[87] KANE C L, MELE E J. Quantum spin Hall effect in graphene[J]. Physical Review Letters,2005, 95(22): 226801.

[88] MERZBACHER E. Quantum mechanics[M]. 2nd edition. New York: John Wiley & Sons,1970.

[89] KITAEV A. Unpaired Majorana fermions in quantum wires[Z]. arXiv: cond-mat/0010440.

[90] DIVINCENZO D P, MELE E J. Self-consistent effective-mass theory for intralayer screening in graphite intercalation compounds[J]. Physical Review B,1984,29(4): 1685.

[91] KANE C L, MELE J. Z_2 topological order and the quantum spin Hall effect[J]. Physical Review Letters,2005,95(14): 146802.

[92] WAN X G,TURNER A M,VISHWANATH A,et al. Topological semimetal and Fermi-arc surface states in the electronic structure of pyrochlore iridate[J]. Physical Review B,2011,83(20): 205101.

[93] LV B Q,XU NIU,WENG H M. et al. Observation of Weyl nodes in TaAs[J]. Nature Physics,2015, 11: 724-727.

[94] YANG L X,LIU Z K,SUN Y,et al. Weyl semimetal phase in the non-centrosymmetric compound TaAs[J]. Nature Physics,2015,11: 728-732.

[95] XU S Y,ALIDOST N,BELOPOLSKI I,et al. Discovery of a Weyl fermion state with Fermi arcs in niobium arsenide[J]. Nature Physics,2015,11: 748-754.

[96] BERNEVIG B V. It's been a Weyl coming[J]. Nature Physics,2015,11: 698-699.

[97] HASAN M Z, XU S Y, BELOPOLSKI I, et al. Discovery of Weyl Fermion semimetals and topological Fermi arc states [J]. Annual Review of Condensed Matter Physics,2017,8: 289-309.

[98] YAN B H,FELSER C. Topological materials: Weyl semimetals[J]. Annual Review of Condensed Matter Physics,2017,8: 337-354.

[99] NIELSEN H B,NINOMIYA M. The Adler-Bell-Jackiw anomaly and Weyl fermions in a crystal[J]. Physics Letters B,1983,130: 389-396.

第10章 玻色-爱因斯坦凝聚

1924年，玻色将光子作为数量并不守恒的全同粒子处理而成功地导出了普朗克黑体辐射定律，爱因斯坦随即将这个问题推广到全同粒子理想气体，这是玻色-爱因斯坦统计的开始。1925年，爱因斯坦导出了出现凝聚现象的临界温度 T_E，以后被称为“玻色-爱因斯坦温度”。他对凝聚现象的产生有些怀疑，在给保罗·埃伦费斯特(Paul Ehrenfest)的信中写道：“这(凝聚现象)真是漂亮，但它会是正确的吗?[1]”此后他再也没有提起过这个问题。直到1938年发现了低温(2.2K以下)液氦的超流现象。F. London指出，超流现象本质上是量子统计现象，在他计算出 T_E 为3.2K之后，玻色-爱因斯坦凝聚(Bose-Einstein condensation，缩写为BEC)才真正引起物理学界的重视。多年来，已知的玻色-爱因斯坦凝聚体(Bose-Einstein condensates，缩写为BEc，以区别于BEC)有He Ⅱ(氦的超流相)、超导中的库珀对和半导体中的激子。由于实验技术的发展，20世纪80年代初开始了寻找气态原子BEc的研究，这些努力被实验物理学家喻为争夺“圣餐杯”(the Holy Grail)。终于，在1995年获得了^{87}Rb，^{23}Na，^{7}Li气态原子的BEc[2-4]。威曼、克特勒和康奈尔因此获得了2001年诺贝尔物理学奖[5-6]，这在物理学界引起了相当大的轰动。实验技术的精妙，所得结果的确切都是令人印象深刻的。但毕竟BEC是早已确立的现象，且已有了不少研究成果，为什么气态原子BEc的发现还能引起如此的轰动呢？其原因是，在此之前的BEc体系中，因相互作用太强(He Ⅱ液体中原子间作用力使凝聚高度“贫化”)或环境太复杂，在理论上不易处理。实验中观察到的现象，哪些是属于BEC的内在原因，哪些只是相互作用的结果，也难以分辨。气态原子BEc属于弱相互作用的玻色气体，相互作用在理论上较易处理。而理论和实验可以细致比较，对于理解这一重要现象的本质有很大的好处。这是自1995年下半年以来，理论和实验研究成果大量涌现的原因。

从玻色气体到玻色-爱因斯坦凝聚发生了相变，对比之下可以立即提出问题：序参量是什么？对这个问题及其相应的超导相变序参量问题的答案是非对角长程序中的凝聚体波函数，我们将在10.2节中介绍这个概念。一个包含宏观量原子的体系能用单粒子波函数描述需建立在所有粒子波函数的相位相干性之上，它意味着规范对称性的自发破缺，这一点将在10.3节讨论。

玻色-爱因斯坦凝聚体中原子间的相互作用是核心问题。这个问题对均匀凝聚体早在20世纪50年代中期就已解决，其结果将在10.4节中介绍。在实验室中研究的凝聚体是用势捕获的，常用的是各向异性势，实验研究的理论诠释需要适应这个情况，我们将在10.5节和10.6节讨论这个问题。最后，在10.7节讨论涡旋及其在凝聚体稳定性中所起的作用。

光阱约束的应用使自旋自由度进入研究范围。10.8 节讨论旋量凝聚体。相对传播的激光束形成光晶格开辟了冷原子气体在光晶格中量子相变的研究，这些内容将在 10.9 节中予以介绍。费什巴赫共振(Feshbach resonance)可以调节原子间的相互作用。它的应用开创了超冷费米原子气体的 BEC-BCS 跨越等方面的研究，这些内容将在 10.10 节中介绍。

10.1 玻色-爱因斯坦凝聚的一些基本关系

在三维空间中，自由理想玻色子气体的基态(零动量态)上布居有限密度为 n_0 的粒子，就会发生 BEC：

$$n_0 \equiv \frac{1}{V}\langle a_0^\dagger a_0 \rangle > 0 \tag{10.1.1}$$

以 a_k 代表动量为 $\hbar \boldsymbol{k}$ 的粒子湮灭算符，则 a_0 对应零动量态，V 是总体积，$\langle\rangle$ 指热平均。对宏观量粒子体系的 BEc 而言，其基态上的粒子数必须是宏观量。对相互作用的玻色体系，BEC 仍可由上式定义，在取热平均时要使用包括相互作用的哈密顿量。

10.1.1 BEC 本质上是量子统计现象

常常会提出问题：用经典统计的玻尔兹曼因子，两个能级 E_1(基态)和 $E_2(E_2>E_1)$上粒子布居数之比是：

$$N_2 : N_1 = \mathrm{e}^{-(E_2-E_1)/kT}$$

此处 k 为玻尔兹曼常数，在 $kT \ll E_2-E_1$ 时也可以使 $N_1 \gg N_2$，这能否算是发生了凝聚呢? 以 He Ⅱ 为例，用方势阱对边长为 1cm 的立方体内作简单估计①，基态与第一激发态的能量差为 $\Delta E = 2.48\times10^{-30}$ erg，与此相当的 kT 的温度是：T 约为 10^{-14}K。如果要求 $N_1 \gg N_2$，就需 $T \ll 10^{-14}$K。液氦的 λ 相变点是 2.18K，可见靠玻尔兹曼因子是不能产生凝聚的。F. London 最早指出，液氦 BEC 是量子统计的结果，而量子统计必须在粒子数密度 $n>n_Q$(量子浓度)时才会起作用：

$$n_Q = \left(\frac{mkT}{2\pi\hbar^2}\right)^{3/2} \tag{10.1.2}$$

质量为 m 的原子的德布罗意热波长是

$$\lambda = \left(\frac{2\pi\hbar^2}{mkT}\right)^{1/2} \tag{10.1.3}$$

因此在 λ^3 体积内有一个原子的体系，其密度就是 n_Q，这正是全同粒子不可区分的条件。这个条件对低温下的液氦是满足的。此时，玻色-爱因斯坦分布给出在温度 T 下能量为 ε 的粒子数的热平均值 $N(\varepsilon, T)$为

$$N(\varepsilon, T) = \frac{1}{\mathrm{e}^{(\varepsilon-\mu)/kT}-1} \tag{10.1.4}$$

此处 μ 是化学势。对理想玻色气体，在 $n<n_Q$ 时，$\mu = kT\ln\frac{n}{n_Q}$②。在 $T\to0$ 时，$N(\varepsilon=0)=$

---

① 参阅文献[7]201 页。

② 参阅文献[7]121 页。

N,为总粒子数。式(10.1.4)给出 $N=-kT/\mu$,即 $\mu=-kT/N$,μ 值为负。对 $N=10^{22}$,$T=1\text{K}$,$\mu\approx-1.4\times10^{-38}\text{erg}$。仍以 1cm 边长立方体中的液氦为例,基态 $\varepsilon_1=0$,$\varepsilon_1-\mu=1.4\times10^{-38}\text{erg}$,第一激发态 ε_2 与 μ 之差为 $\varepsilon_2-\mu\approx\varepsilon_2=2.48\times10^{-30}\text{erg}$。在 $T\approx O(1\text{K})$时,它们都满足 $\varepsilon-\mu\ll kT(k=1.38\times10^{-16}\text{erg}\cdot\text{K}^{-1})$。此时有

$$N(\varepsilon,T)\approx\frac{kT}{\varepsilon-\mu}$$

即 $N_2:N_1=(\varepsilon_1-\mu):(\varepsilon_2-\mu)\approx O(10^8)$。可见基态上布居宏观量粒子是化学势 μ 非常接近 ε_1 所致,这是量子统计(源于玻色子体系波函数的交换对称性)的结果。

10.1.2　玻色-爱因斯坦温度

令 $N_e(T)$代表在所有激发态上的粒子数,它是温度的函数,由玻色-爱因斯坦分布和自由粒子的态密度 $\mathscr{D}(\varepsilon)$决定:

$$\mathscr{D}(\varepsilon)=\frac{V}{4\pi^2}\left(\frac{2m}{\hbar^2}\right)^{3/2}\varepsilon^{1/2}\tag{10.1.5}$$

由此得

$$N_e(T)=\int N(\varepsilon,T)\mathscr{D}(\varepsilon)\mathrm{d}\varepsilon$$

上式中的积分下限为第一激发态能量。在 $|\mu|\ll kT$ 的情况下,它可以从式(10.1.4)中略去。令 $x=\varepsilon/kT$,上式可写作

$$N_e(T)=\frac{V}{4\pi^2}\left(\frac{2m}{\hbar^2}\right)^{3/2}(kT)^{3/2}\int_0^{\infty}\frac{x^{1/2}\mathrm{d}x}{e^x-1}\tag{10.1.6}$$

由于 $\mathscr{D}(\varepsilon=0)=0$,因此把积分下限设为 0 并没有把基态上的粒子包括进来。积分的值是 $1.036\sqrt{\pi}$[①],因此

$$N_e(T)=V2.612n_Q(T)$$

即

$$\frac{N_e(T)}{N}=2.612\,\frac{n_Q(T)}{n}\tag{10.1.7}$$

此处 n 是体系粒子数密度,$n=\dfrac{N}{V}$。将上式等号右侧与 T 的关系写出,有

$$\frac{N_e(T)}{N}=\left(\frac{T}{T_E}\right)^{3/2}\tag{10.1.8}$$

此处

$$T_E=\frac{2\pi\hbar^2}{km}\left(\frac{N}{2.612V}\right)^{2/3}\tag{10.1.9}$$

就是玻色-爱因斯坦温度。从式(10.1.7)看,只有在体系的粒子数密度 n 大于 $2.612n_Q$ 时,BEC 才能发生,而要达到这个条件,T 必须小于 T_E。理想玻色气体的 $N_e(T)$和 $N_0(T)$(基态上粒子数)与 T 的关系示于图 10.1。

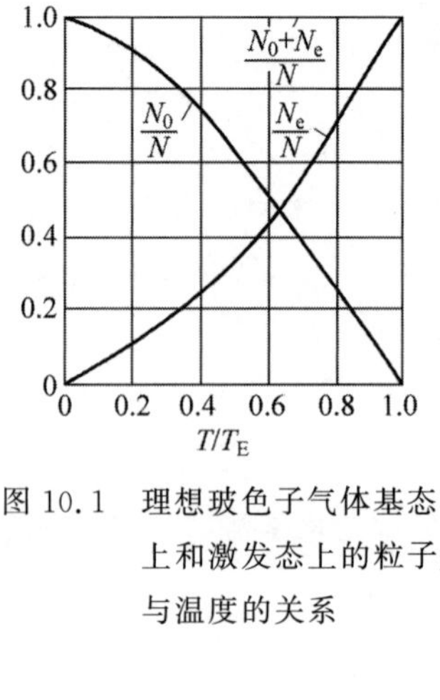

图 10.1　理想玻色子气体基态上和激发态上的粒子数与温度的关系

① 参阅文献[7]204 页。

10.1.3 玻色气体的热力学性质

下面将统计力学中的有关公式列出[7-8]，其中部分公式仅说明出处，不作推导。

体系与温度为 T 的热库平衡时，其位于能量 ε_s 的状态的概率 $\mathscr{D}(\varepsilon_s)$ 与玻尔兹曼因子 $e^{-\beta\varepsilon_s}$ 成正比，此处 $\beta=1/kT$。因此概率 $\mathscr{P}(\varepsilon)$ 是

$$\mathscr{P}(\varepsilon)=\frac{e^{-\beta\varepsilon_s}}{Q} \tag{10.1.10}$$

$Q(T)$ 是正则配分函数，即

$$Q(T)=\sum_s e^{-\beta\varepsilon_s} \tag{10.1.11}$$

对 s 求和遍及体系所有可能的能量状态。体系所有的热力学量都通过求热平均决定，例如内能 U 就是

$$U=\frac{\sum_s \varepsilon_s e^{-\beta\varepsilon_s}}{Q}=kT^2\frac{\partial}{\partial T}\ln Q \tag{10.1.12}$$

体系的亥姆霍兹自由能 $F(V,T)$ 与配分函数的关系是

$$F(V,T)=-\frac{1}{\beta}\ln Q(V,T) \tag{10.1.13}$$

而所有的热力学函数都可以从 $F(V,T)$ 导出：

$$\text{压力}\quad P=-\frac{\partial F}{\partial V} \tag{10.1.14}$$

$$\text{熵}\quad S=-\frac{\partial F}{\partial T} \tag{10.1.15}$$

$$\text{内能}\quad U=F+TS \tag{10.1.16}$$

$$\text{热容量}\quad C_V=\frac{\partial U}{\partial T} \tag{10.1.17}$$

当系统和热库之间不仅能交换能量，而且可以交换粒子时，决定体系粒子数为 N、能量为 ε 的概率 $\mathscr{P}(N,\varepsilon)$ 由吉布斯因子 $e^{\beta(\mu N-\varepsilon)}$ 决定，此处 μ 是化学势：

$$\mu(T,V,N)=\left(\frac{\partial F}{\partial N}\right)_{T,V} \tag{10.1.18}$$

它也可以表示为

$$\mu=\left(\frac{\partial U}{\partial N}\right)_{S,V}=-T\left(\frac{\partial S}{\partial N}\right)_{U,V} \tag{10.1.19}$$

当两个体系的热接触和扩散接触(它们可交换粒子)达到平衡时，双方的化学势相等。从吉布斯因子给出

$$\mathscr{F}(N,\varepsilon)=\frac{e^{\beta(\mu N-\varepsilon)}}{\mathscr{Q}} \tag{10.1.20}$$

此处的巨配分函数 $\mathscr{Q}$ 是

$$\mathscr{Q}(\mu,V,T)=\sum_{N=0}^{\infty}\sum_{S(N)}e^{\beta(N\mu-\varepsilon_s(N))} \tag{10.1.21}$$

需要明确标出 $\varepsilon_s(N)$ 是 N 个粒子体系的能量本征值。统计物理学中的一个重要的量是“逸

性”(fugacity)或称“绝对活性”(absolute activity)，记作 z：

$$z=e^{\beta\mu} \tag{10.1.22}$$

对于理想气体，$z=n/n_Q$，通过 z，$\mathscr{Q}$ 可以写为

$$\mathscr{Q}(z,V,T)=\sum_{N=0}^{\infty}z^n Q_N(V,T) \tag{10.1.23}$$

此处对正则配分函数 Q 也标明了粒子数。体系的热力学性质可以从 $\mathscr{Q}$ 导出，例如考虑到 $\dfrac{\partial}{\partial\mu}=\dfrac{\partial z}{\partial\mu}\dfrac{\partial}{\partial z}=\beta z\dfrac{\partial}{\partial z}$，则平均粒子数是

$$\langle N\rangle=\frac{\sum_N\sum_{s(N)}N e^{\beta(N\mu-\varepsilon_s(N))}}{\mathscr{Q}}=\frac{kT}{\mathscr{Q}}\frac{\partial\mathscr{Q}}{\partial\mu}=z\frac{\partial}{\partial z}\ln\mathscr{Q} \tag{10.1.24}$$

从此可以得到体系的状态方程。定义比体积 $v=V/N$(一个粒子所占据的体积)，从式(10.1.24)可得

$$\frac{1}{v}=\frac{\langle N\rangle}{V}=z\frac{\partial}{\partial z}\left(\frac{1}{V}\ln\mathscr{Q}\right) \tag{10.1.25}$$

此外，从统计力学巨正则系综描述，有①

$$\frac{PV}{kT}=\ln\mathscr{Q}(z,V,T) \tag{10.1.26}$$

式(10.1.25)和式(10.1.26)是状态方程的含参数 z 的形式。理想玻色子气体的巨配分函数是

$$\mathscr{Q}=\frac{1}{1-ze^{-\beta\varepsilon}} \tag{10.1.27}$$

将式(10.1.27)代入式(10.1.24)得出

$$\langle N\rangle=\frac{1}{\frac{1}{z}e^{\beta\varepsilon}-1}=\frac{1}{e^{\beta(\varepsilon-\mu)}-1}$$

这正是玻色-爱因斯坦分布函数。通过鞍点积分可以建立一个重要关系②：

$$\frac{1}{V}\ln Q_N=\frac{1}{V}\ln\mathscr{Q}(z)-\frac{1}{v}\ln z \tag{10.1.28}$$

对于自由玻色子，能量决定于动量 $\boldsymbol{p}$：

$$\varepsilon_p=\frac{1}{2m}\boldsymbol{p}^2$$

在 $\varepsilon=0$ 态上的粒子数是

$$\langle N_0\rangle=\frac{z}{1-z} \tag{10.1.29}$$

由于 $N_0\geqslant0$，有 $0\leqslant z\leqslant1$。考虑到 $z=e^{\beta\mu}$，这与10.1.1节给出的 μ 为负值是相对应的。理想玻色气体在低温下有 $\beta\mu=-\dfrac{1}{N}$，即在热力学极限下，当 $T\to0$ 时 $z\to1$。将 $\boldsymbol{p}$ 作为连续变

---

① 参阅文献[9]关于巨正则系综一节。

② 参阅文献[10]6～7页。

量,半经典近似给出 $\sum\limits_{s} \to \frac{1}{h^3}V\int \mathrm{d}^3 \boldsymbol{p}$,式(10.1.26)导致

$$\frac{P}{kT}=\frac{1}{V}\ln\mathcal{Q}=\frac{4\pi}{h^3}\int_0^{\infty}\mathrm{d}p\ p^2\ln(1-z\mathrm{e}^{-\beta p^2/2m})-\frac{1}{V}\ln(1-z) \tag{10.1.30}$$

由于动量空间的体积元在 $\boldsymbol{p}=0$ 处为 0,应将 $\mathcal{Q}$ 在 $p=0$ 处的贡献单独分出,它是 $\mathcal{Q}\to\frac{1}{1-z}$,这就是上式第二个等号右侧的第二项,而第一项中的积分可归结为

$$g_{5/2}(z)\equiv-\frac{4}{\sqrt{\pi}}\int_0^{\infty}\mathrm{d}x\ x^2\ln(1-z\mathrm{e}^{-x^2})=\sum_{l=1}^{\infty}\frac{z^l}{l^{5/2}} \tag{10.1.31}$$

即

$$\frac{P}{kT}=\frac{1}{\lambda^3}g_{5/2}(z)-\frac{1}{V}\ln(1-z) \tag{10.1.32}$$

此处 λ 是德布罗意热波长 $\lambda=\left(\frac{2\pi\hbar^2}{mkT}\right)^{1/2}$。定义

$$g_{3/2}(z)\equiv z\frac{\partial}{\partial z}g_{5/2}(z)\equiv\sum_{l=1}^{\infty}\frac{z^l}{l^{3/2}} \tag{10.1.33}$$

式(10.1.25)给出

$$\frac{1}{v}=\frac{1}{\lambda^3}g_{3/2}(z)+\frac{1}{V}\frac{z}{1-z} \tag{10.1.34}$$

参数化状态方程式(10.1.32)和式(10.1.34)的特点是,方程等号右侧的第一项来自所有 $\boldsymbol{p}\neq 0$ 的状态,而第二项来自 $\boldsymbol{p}=0$ 的状态。在热力学极限下 $V\to\infty$,第二项只有在 $z=1$ 时的贡献才不为零。从式(10.1.34)可以得出 BEC 发生的临界条件。函数 $g_{3/2}(z)$ 示于图 10.2,在 $z=1$ 时它的导数发散,但它本身的值是有限的,为 2.612,即

$$g_{3/2}(1)=\sum_{l=1}^{\infty}\frac{1}{l^{3/2}}=2.612 \tag{10.1.35}$$

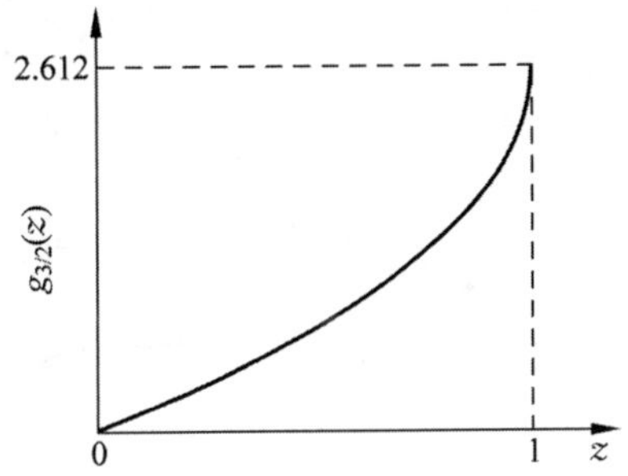

图 10.2 函数 $g_{3/2}(z)$

结合式(10.1.29),式(10.1.34)可改写为

$$\lambda^3\frac{\langle N_0\rangle}{V}=\frac{\lambda^3}{v}-g_{3/2}(z) \tag{10.1.36}$$

它意味着当温度与比体积满足条件

$$\frac{\lambda^3}{v}>g_{3/2}(1) \tag{10.1.37}$$

时,$\langle N_0\rangle/V$ 才不为 0。这是 BEC 的条件:占粒子总数的一定比例的、宏观量的粒子集中于 $\boldsymbol{p}=0$ 一个能级之上。对给定的比体积 v,式(10.1.37)的临界条件为

$$\frac{\lambda_c^3}{v}=g_{3/2}(1) \tag{10.1.38}$$

给出 λ 的临界值 $\lambda_c=[vg_{3/2}(1)]^{1/3}$,它相应的临界温度 T_E 为

$$T_E=\frac{2\pi\hbar^2}{mk[vg_{3/2}(1)]^{2/3}} \tag{10.1.39}$$

即玻色-爱因斯坦温度(式(10.1.9))。对于应给定的 T,式(10.1.38)给出临界比体积 v_c:

$$v_c = \frac{\lambda^3}{g_{3/2}(1)} = \frac{1}{g_{3/2}(1)}\left(\frac{2\pi\hbar^2}{mkT}\right)^{3/2} \tag{10.1.40}$$

为了进一步讨论状态方程的性质,先要解出作为 v 与 T 函数的 $z(v,T)$。方程(10.1.34)对 z 进行求解,用图解法是简明的(图 10.3(a))。对于大而有限的 V,图解法给出图 10.3(b)的 z 作为 v/λ^3 的函数。在 $V\to\infty$ 时,有

$$z = \begin{cases} 1, & \text{当} \dfrac{\lambda^3}{v} \geqslant g_{3/2}(1) \\ \text{方程 } g_{3/2}(z) = \dfrac{\lambda^3}{v} \text{ 的根,} & \text{当} \dfrac{\lambda^3}{v} \leqslant g_{3/2}(1) \end{cases} \tag{10.1.41}$$

结果示于图 10.3(c)。式(10.1.36)可改写为

$$\frac{\langle N_0 \rangle}{N} = 1 - \frac{v}{\lambda^3} g_{3/2}(z)$$

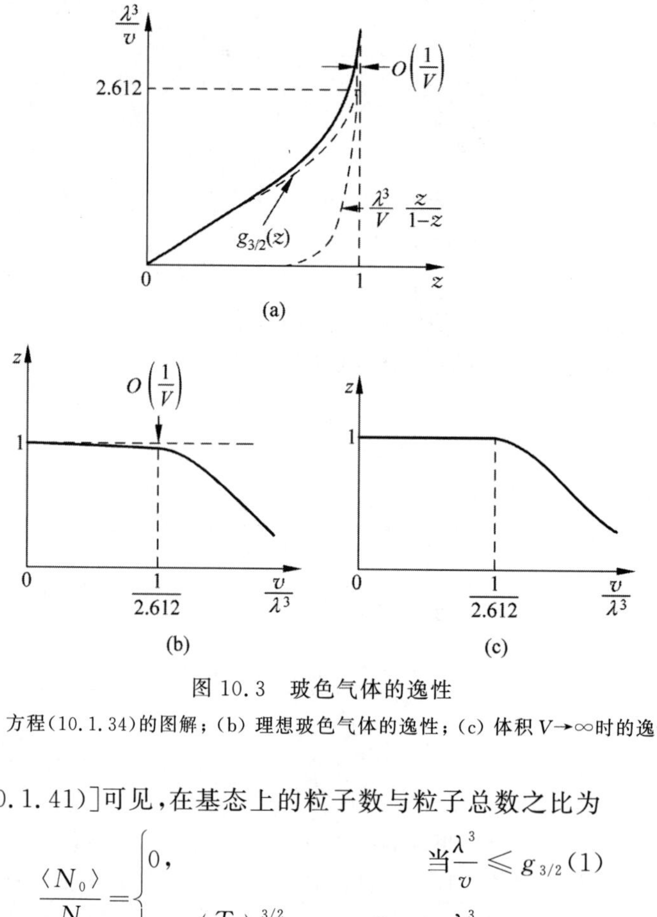

图 10.3　玻色气体的逸性

(a) 方程(10.1.34)的图解;(b) 理想玻色气体的逸性;(c) 体积 $V\to\infty$ 时的逸性

通过求解 z[式(10.1.41)]可见,在基态上的粒子数与粒子总数之比为

$$\frac{\langle N_0 \rangle}{N} = \begin{cases} 0, & \text{当} \dfrac{\lambda^3}{v} \leqslant g_{3/2}(1) \\ 1 - \left(\dfrac{T}{T_E}\right)^{3/2} = 1 - \dfrac{v}{v_c}, & \text{当} \dfrac{\lambda^3}{v} \geqslant g_{3/2}(1) \end{cases} \tag{10.1.42}$$

在 $T>T_E$ 或 $v<v_c$ 时,在宏观量 N 粒子中布居于基态的比例为 0,只在 $T<T_E$ 或 $v>v_c$ 时才有有限比例的粒子处于基态。在 $T\to 0$ 时,这个比例趋近于 1。

状态方程(10.1.32)等号右侧的第二项$-\frac{1}{V}\ln(1-z)$是来自基态的贡献。在$T>T_E$时,$z<1$,当$V\to\infty$时,它的贡献为0。在$T<T_E$时,z与1的差别是$O\left(\frac{1}{V}\right)$。这一项是$\frac{1}{V}(\ln V+\text{const})$,在$V\to\infty$时,它的贡献也为0。因此有

$$\frac{P}{kT}=\begin{cases}\frac{1}{\lambda^3}g_{5/2}(z), & 当\ v>v_c\\ \frac{1}{\lambda^3}g_{5/2}(1), & 当\ v<v_c\end{cases}\tag{10.1.43}$$

基态上的粒子,不论是否发生BEC,对压力都没有贡献。当v减小(但仍大于v_c)时,z随之增大,P也因$g_{5/2}(z)$增大。当v从v_c进一步减小时,P即与v无关($g_{5/2}(1)=1.342\cdots$)。图10.4给出了理想玻色气体的两条等温线。越过临界点之后,P不再变化的行为是气体相($\boldsymbol{p}\neq0$)和凝聚相($\boldsymbol{p}=0$)共存的表现,这和气液相变极为相似。从式(10.1.42)也可以看出,当$T\to0$时,$\frac{\langle N_0\rangle}{N}\to1$,即$v\to0$。气相具有有限的比体积,而凝聚相的比体积为0。在临界点,有

$$\frac{\mathrm{d}P}{\mathrm{d}T}=\frac{5}{2}\frac{kg_{5/2}(1)}{\lambda^2}=\frac{L}{T\Delta v}\tag{10.1.44}$$

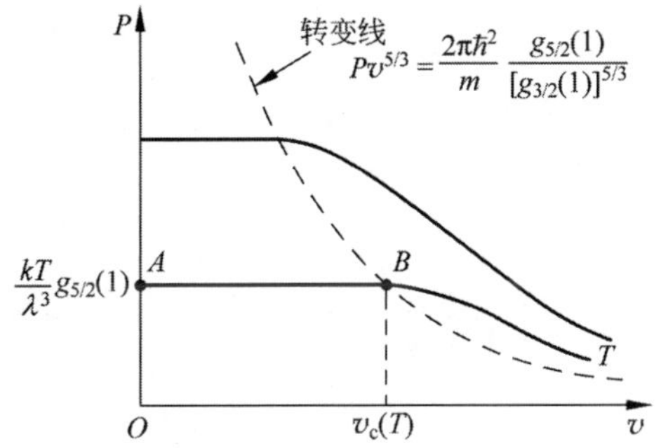

图10.4 理想玻色气体的等温线

第二个等号的导出基于克拉伯龙方程(Clapeyron equation),$\Delta v=v_c-0=v_c$是两相比体积之差,L是每个粒子的潜热:

$$L=\frac{g_{5/2}(1)}{g_{3/2}(1)}\frac{5}{2}kT\tag{10.1.45}$$

因此,理想玻色气体的BEC是一阶相变。这个结论对理想玻色气体适用,在相互作用足够强时它会失败,例如He Ⅱ的λ相变并没有潜热。在文献中常将BEC描述为"动量空间的凝聚"。这个提法只强调BEC发生的原因在于波函数的对称性而不取决于粒子间相互作用,不能把它理解为凝聚仅在动量空间发生。如果将理想玻色气体置于引力场中,则在发生凝聚时会和气液相变一样发生两个相的空间分离。这一点是由W. Lamb和A. Nordsieck在1941年指出的[11]。

体系的内能是

$$\frac{U}{N}=\frac{3}{2}Pv=\begin{cases}\dfrac{3}{2}\dfrac{kTv}{\lambda^3}g_{5/2}(z), & \text{当 } v>v_c\\[2mm] \dfrac{3}{2}\dfrac{kTv}{\lambda^3}g_{5/2}(1), & \text{当 } v<v_c\end{cases}\tag{10.1.46}$$

下面计算体系的熵。对开放体系，势力学势 $G(T,V,\mu)$ 与 P,S 的关系是

$$P=-\frac{\partial G}{\partial V}\bigg|_T,\quad S=-\frac{\partial G}{\partial T}\bigg|_V$$

考虑 $T>T_E$ 的情况。取热力学极限：

$$P=\lim\left(-\frac{G(T,V,\mu)}{V}\right)=\frac{kT}{\lambda^3}g_{5/2}(z)$$

体系单位体积的熵是

$$\lim\frac{\langle S\rangle}{T}=\lim\left(-\frac{1}{V}\frac{\partial G}{\partial T}\bigg|_{V,\mu}\right)=\frac{\partial}{\partial T}\frac{kT}{\lambda^3}g_{5/2}(z)$$

由

$$\frac{T}{\lambda^3}=T\left(\frac{2\pi\hbar^2}{mkT}\right)^{-3/2}=T^{5/2}\left(\frac{2\pi\hbar^2}{mk}\right)^{-3/2},$$

$$z\frac{\partial}{\partial z}g_{5/2}(z)=g_{3/2}(z)=\frac{\lambda^3\langle N\rangle}{V}$$

可得

$$\lim\frac{\langle S\rangle}{V}=\frac{5}{2}\frac{k}{\lambda^3}g_{5/2}(z)-\frac{k\langle N\rangle}{V}\ln z$$

故有

$$\frac{S}{Nk}=\begin{cases}\dfrac{5}{2}\dfrac{v}{\lambda^3}g_{5/2}(z)-\ln z, & \text{当 } v>v_c\\[2mm] \dfrac{5}{2}\dfrac{v}{\lambda^3}g_{5/2}(1), & \text{当 } v<v_c\end{cases}\tag{10.1.47}$$

当 $T\to 0$ 时，$z\to 1$，$v\to 0$，因此 $S=0$，符合热力学第三定律。气体相占粒子总数的份额为 $\dfrac{v}{v_c}$，凝聚相粒子熵为 0。在临界点以下，每个粒子的熵是

$$\frac{S}{N}=\frac{v}{v_c}s=\left(\frac{T}{T_E}\right)^{3/2}s$$

此处 s 是气体相每个粒子的熵。在临界点处，

$$\frac{S}{N}=\frac{5}{2}k\frac{v_c}{\lambda^3}g_{5/2}(1)$$

即

$$s=\frac{g_{5/2}(1)}{g_{3/2}(1)}\frac{5}{2}k\tag{10.1.48}$$

因此相变潜热为

$$L=T\Delta s=Ts=\frac{g_{5/2}(1)}{g_{3/2}(1)}\frac{5}{2}kT$$

与式(10.1.45)相同。

10.2 玻色-爱因斯坦凝聚的序参量与非对角长程序

O. Penrose 和 L. Onsager[12-13]首先提出在相互作用玻色子体系中,BEC 是以非对角长程序表征的。为了给出相互作用的玻色子和费米子体系中产生 BEC 的普遍判据,杨振宁对此进行了系统研究[14]。考虑具有平移不变性的多粒子体系,其单粒子密度矩阵定义为

$$\rho_1(\boldsymbol{x},\boldsymbol{y})=\langle\psi^\dagger(\boldsymbol{x})\psi(\boldsymbol{y})\rangle=\frac{1}{V}\sum_{\boldsymbol{p},\boldsymbol{q}}\mathrm{e}^{-\mathrm{i}(\boldsymbol{p}\cdot\boldsymbol{x}-\boldsymbol{q}\cdot\boldsymbol{y})}\langle a_{\boldsymbol{p}}^\dagger a_{\boldsymbol{q}}\rangle \tag{10.2.1}$$

此处二次量子化的粒子场算符 ψ 是用平面波模式展开的,$a_{\boldsymbol{q}}$ 是波矢为 $\boldsymbol{q}$(动量 $\hbar\boldsymbol{q}$)粒子的湮灭算符,⟨⟩是系综平均(热平均)。单粒子密度矩阵也是一个关联函数:在 $\boldsymbol{y}$ 消灭一个粒子与在 $\boldsymbol{x}$ 产生一个粒子间的关联。总动量算符 $\boldsymbol{P}$ 是

$$\boldsymbol{P}=\sum\boldsymbol{p}a_{\boldsymbol{p}}^\dagger a_{\boldsymbol{p}} \tag{10.2.2}$$

由于体系是平移不变的,应有

$$[\boldsymbol{P},H]=0 \tag{10.2.3}$$

考虑

$$\begin{aligned}\langle[\boldsymbol{P},a_{\boldsymbol{p}}^\dagger a_{\boldsymbol{q}}]\rangle&=\frac{\mathrm{tr}(\mathrm{e}^{-\beta H}\boldsymbol{p}a_{\boldsymbol{p}}^\dagger a_{\boldsymbol{q}}-\mathrm{e}^{-\beta H}a_{\boldsymbol{p}}^\dagger a_{\boldsymbol{q}}\boldsymbol{P})}{\mathrm{tr}\ \mathrm{e}^{-\beta H}}\\&=\frac{\mathrm{tr}([\mathrm{e}^{-\beta H},\boldsymbol{P}]a_{\boldsymbol{p}}^\dagger a_{\boldsymbol{q}})}{\mathrm{tr}\ \mathrm{e}^{-\beta H}}=0\end{aligned}$$

此处第二个等号采用 trABC=tr CAB 重写了分子的第二项,第三个等号采用了式(10.2.3)。此外,直接计算给出

$$[\boldsymbol{P},a_{\boldsymbol{p}}^\dagger a_{\boldsymbol{q}}]=(\boldsymbol{P}-\boldsymbol{q})a_{\boldsymbol{p}}^\dagger a_{\boldsymbol{q}}$$

因此

$$\langle a_{\boldsymbol{p}}^\dagger a_{\boldsymbol{q}}\rangle=\delta_{\boldsymbol{pq}}\langle N_{\boldsymbol{p}}\rangle \tag{10.2.4}$$

此处

$$N_{\boldsymbol{p}}=a_{\boldsymbol{p}}^\dagger a_{\boldsymbol{p}}$$

代回式(10.2.1),有

$$\begin{aligned}\rho_1(\boldsymbol{x},\boldsymbol{y})&=\frac{1}{V}\sum_{\boldsymbol{p}}\mathrm{e}^{-\mathrm{i}\boldsymbol{p}\cdot(\boldsymbol{x}-\boldsymbol{y})}\langle N_{\boldsymbol{p}}\rangle\\&=\frac{\langle N_0\rangle}{V}+\int\frac{\mathrm{d}^3p}{(2\pi)^3}\mathrm{e}^{-\mathrm{i}\boldsymbol{p}\cdot(\boldsymbol{x}-\boldsymbol{y})}\langle N_{\boldsymbol{p}}\rangle\end{aligned} \tag{10.2.5}$$

以上将求和中 $\boldsymbol{p}=0$ 一项分出,并将 $\boldsymbol{p}\neq0$ 部分作为连续变量 $\boldsymbol{p}$ 的积分处理。形式上这也包括 $\boldsymbol{p}=0$ 态,但积分的变量元 d^3p 中的 $\boldsymbol{p}^2$ 因子自动去掉了 $\boldsymbol{p}=0$ 态。上式在 $|\boldsymbol{x}-\boldsymbol{y}|\to\infty$ 时,等号右侧的第二项趋于 0。这可以从定性论据判断(在 $|\boldsymbol{x}-\boldsymbol{y}|\to\infty$ 时,指数因子急剧振荡等),并且存在严格证明①。因此

$$\rho_1(\boldsymbol{x},\boldsymbol{y})\xrightarrow{|\boldsymbol{x}-\boldsymbol{y}|\to\infty}\frac{\langle N_0\rangle}{V} \tag{10.2.6}$$

---

① 参阅文献[14]304 页。

在推导式(10.2.6)时并未具体规定多体系统的统计性质。因此,对费米子以及在 $T>T_E$ 条件下的玻色子,在热力学极限下,其 $\rho_1(\boldsymbol{x},\boldsymbol{y})\xrightarrow{|\boldsymbol{x}-\boldsymbol{y}|\to\infty}0$;而只有在 $T<T_E$ 的玻色子体系,$\rho_1(\boldsymbol{x},\boldsymbol{y})$在极限下才不为0。式(10.2.6)并不意味着体系存在长程关联,它只说明体系在$\boldsymbol{p}=0$态上的粒子数密度为有限值。条件(10.2.6)被称为"非对角长程序"①。作为BEC存在的判据,其重要意义在于:对于相互作用体系,单粒子动量已不是好量子数,$N_0=a_0^\dagger a_0$ 也和 H 不对易。但作为系综平均值,$\langle N_0\rangle/V$ 的不为0仍可作为BEC存在的表征。在20世纪50年代,彭罗斯和昂萨格提出BEC存在的特征是

$$\langle\psi^\dagger(\boldsymbol{x})\psi(\boldsymbol{y})\rangle\longrightarrow f^*(\boldsymbol{x})f(\boldsymbol{y})$$

即在 $\boldsymbol{x},\boldsymbol{y}$ 两点用同一函数 f 表征,不论 $\boldsymbol{x},\boldsymbol{y}$ 相距多远。f 都只与定域的动力学变量有关。他们认为 $f(x)$是BEC的序参量,当前普遍接受的选择是

$$\langle\psi^\dagger(\boldsymbol{x})\psi(\boldsymbol{y})\rangle\xrightarrow{|\boldsymbol{x}-\boldsymbol{y}|\to\infty}\langle\psi^\dagger(\boldsymbol{x})\rangle\langle\psi(\boldsymbol{y})\rangle \tag{10.2.7}$$

复函数$\langle\psi(\boldsymbol{x})\rangle$有幅和相位,它就是"凝聚体波函数",是BEC的序参量。对于相互作用的费米子体系,文献[14]中证明,存在BEC的判据是二粒子密度矩阵$\langle\psi^\dagger(\boldsymbol{x}'_1)\psi^\dagger(\boldsymbol{x}'_2)\psi(\boldsymbol{x}_1)\psi(\boldsymbol{x}_2)\rangle$存在非对角长程序:

$$\langle\psi^\dagger(\boldsymbol{x}'_1)\psi^\dagger(\boldsymbol{x}'_2)\psi(\boldsymbol{x}_1)\psi(\boldsymbol{x}_2)\rangle\xrightarrow[\boldsymbol{x}_1\approx\boldsymbol{x}_2,\boldsymbol{x}'_1\approx\boldsymbol{x}'_2]{|\boldsymbol{x}_1-\boldsymbol{x}'_1|\to\infty}\varphi^*(\boldsymbol{x}'_1,\boldsymbol{x}'_2)\varphi(\boldsymbol{x}_1,\boldsymbol{x}_2)\neq0 \tag{10.2.8}$$

式中符号"≈"代表两个位置的距离是微观的。和式(10.2.6)类似,式(10.2.8)并不代表体系存在 $\boldsymbol{x}_1$ 与 $\boldsymbol{x}'_1$(相距甚远)的长程关联,而仅意味着体系中如果发生库珀对的BEC,则在 $\boldsymbol{x}_1$ 处和 $\boldsymbol{x}'_1$ 处的对都由同一个波函数 φ 描述。之所以称为"非对角",是因为式(10.2.6)是 ρ_1 的非对角元$\langle\boldsymbol{x}|\rho_1|\boldsymbol{y}\rangle$,式(10.2.8)是 ρ_2 的非对角元$\langle\boldsymbol{x}'_1\boldsymbol{x}'_2|\rho_2|\boldsymbol{x}_1\boldsymbol{x}_2\rangle$。固体的长程序是可以用经典力学语言描述的。在量子力学中,它相当于 ρ_2 的对角元$\langle\boldsymbol{x}_1\boldsymbol{x}_2|\rho_2|\boldsymbol{x}_1\boldsymbol{x}_2\rangle$的性质。非对角长程序没有经典的对应,是纯粹量子力学的性质。重要的是,自由费米子体系的单粒子密度矩阵和二粒子密度矩阵都没有非对角长程序,只有在一对费米子结合成库珀对、且大量的库珀对占据一个单粒子能级时才会有非对角长程序。

作为BEC存在的判据,非对角长程序应该能导致凝聚体产生其他基本性质。事实也确实如此:在超导中,ρ_2 的非对角长程序导致迈斯纳效应和磁通量子化。这是G. L. Sewell[15]以及聂华桐、苏刚和赵保恒[16]证明的。对于超流体,ρ_1 的非对角长程序在单联通区域导致无旋流,在多联通区域导致环流量子化②,这是苏刚和铃木增雄[17]证明的。在文献[16]和文献[17]的证明中,相关的现象有一个共同的根源,即凝聚体波函数的相位相干性。

10.3　玻色-爱因斯坦凝聚的本质:对称自发破缺和相位相干性

有一对和BEC本质相关的、联系密切的重要概念,一是"对称自发破缺",一是"相位相干"。先讨论对称自发破缺③。BEC的序参量$\langle\psi(\boldsymbol{x})\rangle$是场算符的系综平均值,即

① 命名的解释见式(10.5.6)下面的一段。

② 参见式(9.5.36)、式(10.3.8)和式(10.3.9)

③ 这个讨论基于文献[6]300～302页。

$$\langle\psi(\boldsymbol{x})\rangle=\frac{\operatorname{tr}(\mathrm{e}^{-\beta(\hat{H}-\mu\hat{N})}\psi(\boldsymbol{x}))}{\operatorname{tr}\mathrm{e}^{-\beta(\hat{H}-\mu\hat{N})}} \tag{10.3.1}$$

其分子也可以从形式上写作 $\sum_s\langle s\mid\psi(\boldsymbol{x})\mid s\rangle$，此处 s 是巨正则哈密顿量 $\hat{H}-\mu\hat{N}$ 的本征态，$\sum_s$ 是对所有本征态求和。$\psi(\boldsymbol{x})$是粒子湮灭算符，对于 $\hat{N}$ 的本征态，它的期待值应是 0。但此处用的是 $\hat{H}-\mu\hat{N}$ 的本征态，并不要求它必须是 $\hat{N}$ 的本征态。在无限大体积极限下，$\hat{H}-\mu\hat{N}$ 是高度简并的，完全可以取不同粒子数、不同能量的态组成 $\hat{H}-\mu\hat{N}$ 的本征态集合。因此，$\langle\psi(\boldsymbol{x})\rangle$可以不为 0，这样的观点看起来好像能够成立。但从另一角度考虑，计算式(10.3.1)分子上的迹，可以取任意的基。我们完全可以取一组具有确定粒子数的基来进行计算，这样$\langle\psi(\boldsymbol{x})\rangle$就必须为 0。这一点反映了一个深刻的原理：哈密顿量具有整体规范不变性，即在变换

$$\psi(\boldsymbol{x})\longrightarrow\mathrm{e}^{\mathrm{i}\alpha}\psi(\boldsymbol{x}) \tag{10.3.2}$$

下的不变性，此处 α 是任意实常数。这个不变性是与粒子数守恒相对应的。在取系综平均时，每一个 $\psi=r\mathrm{e}^{\mathrm{i}\theta}$ 总会有一个 $\psi=r\mathrm{e}^{\mathrm{i}(\theta+\pi)}$ 和它相抵消。这一点和磁学中的玻尔-范莱文定理是完全类似的。在计算铁磁体的自发磁化 $\boldsymbol{M}$ 时，要取系综平均

$$\langle\boldsymbol{M}\rangle=\frac{\operatorname{tr}(\mathrm{e}^{-\beta\hat{H}}\boldsymbol{M})}{\operatorname{tr}\mathrm{e}^{-\beta\hat{H}}} \tag{10.3.3}$$

由于在无外磁场存在时，$\hat{H}$ 对 $\boldsymbol{M}\to-\boldsymbol{M}$ 变换是不变的，因此有一个 $\boldsymbol{M}$ 就有一个等概率的 $-\boldsymbol{M}$ 和它抵消，即自发磁化为 0。这显然和在居里温度(Curie temperature)T_c 下铁磁体存在自发磁化这一概念相抵触。

解决这个佯谬的关键是对称自发破缺①，即体系的基态不具有体系哈密顿量的某个对称性。这只在最低能量态是简并的情况下才会发生：体系的对称性体现在简并态中任何一个态都可以成为物理上的基态。如铁磁体，它的基态不具有体系的空间旋转不变性，因为 $\boldsymbol{M}$ 总要选定空间的一个方向。选定某个方向或另一个方向在能量上是一样的。从一个方向跃迁到另一个方向是不需要能量的，但需要所有的原子磁矩一齐转向。如果体系有少数几个原子，出现这种情况的概率还不算太小。但如果体系是宏观的，就需要庞加莱循环量级的巨大的长时间。统计力学的系综平均只在弛豫时间有限时才有意义。因此在作系综平均时，$\boldsymbol{M}$ 与$-\boldsymbol{M}$ 的出现就不可能是等概率的。对此采用的方法是：引入一个外磁场 $\boldsymbol{B}$，其方向和最终的自发磁化方向一致，然后进行平均，平均之后再将磁场去掉，此时单位体积内的磁化强度为

$$\frac{\langle\boldsymbol{M}\rangle}{V}\equiv\lim_{|\boldsymbol{B}|\to0}\lim_{V\to\infty}\frac{1}{V}\frac{\operatorname{tr}\mathrm{e}^{-\beta(\hat{H}-\mu\hat{N}-\boldsymbol{M}\cdot\boldsymbol{B})}\boldsymbol{M}}{\operatorname{tr}\mathrm{e}^{-\beta(\hat{H}-\mu\hat{N}-\boldsymbol{M}\cdot\boldsymbol{B})}} \tag{10.3.4}$$

这个办法可以借鉴到 BEC 来。可以引入虚拟的 c 数外源 $\eta(\boldsymbol{x})$，使巨正则哈密顿量变成 ψ 与 η 的泛函：

① 请参阅本书 7.2 节。

$$\hat{\mathscr{E}}[\psi,\eta]=\hat{H}-\mu\hat{N}-\int \mathrm{d}^3x[\psi(\boldsymbol{x})\eta(\boldsymbol{x})+\psi^{\dagger}(\boldsymbol{x})\eta^{*}(\boldsymbol{x})] \tag{10.3.5}$$

取过平均之后再令 $\eta\to 0$，则

$$\langle\psi(\boldsymbol{x})\rangle\equiv\lim_{\eta\to 0}\lim_{V\to\infty}\frac{1}{V}\frac{\mathrm{tr}[\mathrm{e}^{-\beta\hat{\mathscr{E}}[\psi,\eta]}\psi(\boldsymbol{x})]}{\mathrm{tr}\ \mathrm{e}^{-\beta\hat{\mathscr{E}}[\psi,\eta]}} \tag{10.3.6}$$

如果将平均值式(10.3.4)和式(10.3.6)取极限的次序颠倒，就得到 0，这反映了体系本身的对称性。不为 0 的序参量有其相位，即真空态和相位有关。但体系的哈密顿量并不依赖 ψ 的相位。存在不为 0 的序参量(BEc 波函数)，即意味着对称的自发破缺。

莱格特[18-20]不同意使用整体相位的对称性自发破缺。他认为叠加 $\Psi=\sum_N a_N\psi_N$ ①根本不是体系的正确描述，并认为把 $\langle\psi(\boldsymbol{r},t)\rangle$ 作为序参量来定义会导致不必要的问题，最好不用它。莱格特采用的序参量定义是 $\psi(\boldsymbol{r},t)=\sqrt{N_0(t)}\chi_0(\boldsymbol{r},t)$，此处 χ_0 是凝聚发生的单粒子态。

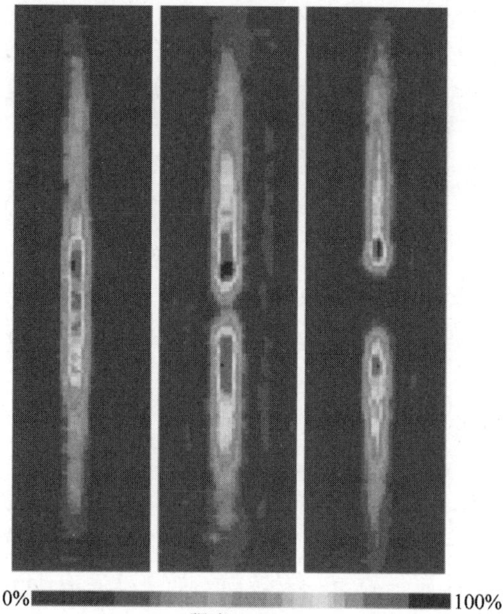

图 10.5 磁-光阱内凝聚体被激光一分为二，激光参数不同可使两团 BEC 距离不同(中下图)

取自文献[23]

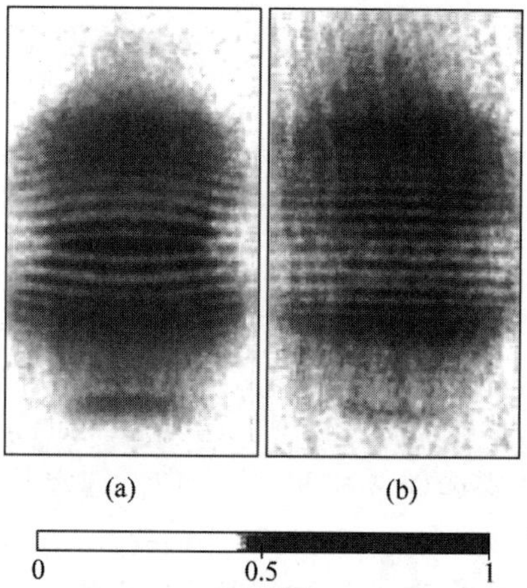

图 10.6 两团凝聚体的干涉条纹

取自文献[23]

(a) 两团原始距离为 32μm；(b) 两团原始距离为 35μm

另一个概念是相位相干。序参量可以写作

$$\langle\psi(\boldsymbol{x})\rangle=f(\boldsymbol{x})\mathrm{e}^{\mathrm{i}\theta(\boldsymbol{x})} \tag{10.3.7}$$

其中幅 $f(\boldsymbol{x})$ 是 BEc 数密度的平方根。相位 $\theta(\boldsymbol{x})$ 的意义需要进一步探讨。作为 BEc 的波

① 这是一个相干叠加。相干态就是这种叠加的一个例子。不同粒子数状态构成的巨正则系综是统计混合，各态间没有相位相干性。

函数，它是宏观的。不仅指 BEc 包括宏观量的粒子，且 $\boldsymbol{x}$ 所延伸的距离也是宏观的。和多体系统的一般波函数不同，它不是 N 个坐标的函数 $\Psi(\boldsymbol{x}_1,\cdots,\boldsymbol{x}_N)$，而是用一个坐标描述的函数。其相位有任意性，例如在 $\langle\psi(\boldsymbol{x})\rangle$ 上乘以相因子 $e^{i\alpha}$ (α 为任意实常数)不会带来任何物理差别。但这里重要的是 $\theta(\boldsymbol{x}_1)$ 和 $\theta(\boldsymbol{x}_2)$ 是互相关联的。不论 $|\boldsymbol{x}_1-\boldsymbol{x}_2|$ 有多大，只要这两点都在体系内，那么这两个相位的相对值就是固定的。安德森[20]举例说明了这一点。设想将体系分为同样体积的 K 个宏观盒子。每个盒子内在 $\boldsymbol{k}=0$ 态上有 N_0/K 个粒子。令 A_i 为在第 i 个盒内消灭一个 $\boldsymbol{k}=0$ 态粒子的算符。因此有

$$a_0=\frac{1}{\sqrt{K}}\sum_i A_i,$$

$$\langle a_0^{\dagger}a_0\rangle=N_0,$$

$$\langle A_i^{\dagger}A_i\rangle=\frac{N_0}{K}$$

将第一式代入第二式，就有

$$\langle a_0^{\dagger}a_0\rangle=\frac{1}{K}\sum_{i,j}\langle A_i^{\dagger}A_j\rangle=\frac{1}{K}\sum_i\langle A_i^{\dagger}A_i\rangle+\frac{1}{K}\sum_{i\neq j}\langle A_i^{\dagger}A_j\rangle$$

$$=\frac{N_0}{K}+\frac{1}{K}\sum_{i\neq j}\langle A_i^{\dagger}A_j\rangle$$

在 K 值较大时，以第二项为主，因此在不同的盒子内的相位必须是相干的。式(10.3.7)已在本书 6.1 节中出现过，式(6.1.4)给出了超流体速度与相位梯度的关系：

$$\boldsymbol{v}_s=\frac{\hbar}{m}\nabla\theta \tag{10.3.8}$$

从流体中某一点出发作 $\boldsymbol{v}_s$ 的封闭线积分：

$$\oint\boldsymbol{v}_s\cdot d\boldsymbol{s}=\frac{\hbar}{m}\oint\nabla\theta\cdot d\boldsymbol{s}$$

等号右侧的积分正是绕封闭曲线一周后回到原地相位的变化。不同于波函数的单值性，θ 的变化只能是 2π 的整数倍。因此

$$\oint\boldsymbol{v}_s\cdot d\boldsymbol{s}=\frac{2\pi\hbar}{m}\kappa,\quad \kappa=0,\pm1,\pm2,\cdots \tag{10.3.9}$$

这是昂萨格-费曼(Onsager-Feynman)涡旋量子化条件，在后面讨论 BEc 稳定性时将会有应用。

在本书第 6 章介绍过金兹堡和朗道提出了复序参量场，研究的背景是超导。上面提到的彭罗斯-昂萨格序参量场，其研究的对象是超流，杨振宁的非对角长程序对此给出了严格、统一的描述。在 BEC 波函数(10.3.7)中，$\theta(\boldsymbol{x})$ 是确定的函数(准到一个加性常数)，它被称为“相位锁定态”。和它平行的是粒子数锁定态，即 BEc 有确定粒子数的态，记为 $\psi(N)$。从 $\psi(N)$ 可以构成相位锁定态：

$$\psi(\theta)=\sum_N c_N e^{i\theta N}\psi(N) \tag{10.3.10}$$

其中 c_N 在平均值 N_0 处有峰值，它容许 N 值有适当涨落①。计算波场 $\hat{\psi}$ 对 $\psi(\theta)$ 态的期

① 相干态常被用来描述 BEc：$\langle z\rangle=e^{-\frac{1}{2}|z|^2}\sum_n\frac{1}{\sqrt{n!}}z^n|n\rangle$，此处 $z=|z|e^{i\theta}$ 是复数，$|n\rangle$ 是粒子数确定的福克态。它是式(10.3.10)的一个特例。

望值：

$$\langle\hat{\psi}\rangle=(\psi(\theta),\hat{\psi}\,\psi(\theta))$$

由于 $\hat{\psi}$ 是粒子湮灭算符，在标量积左侧的展开式中，$e^{-i\theta(N-1)}$ 和右侧的 $e^{i\theta N}$ 相联系，故有

$$\langle\hat{\psi}\rangle=f\,e^{i\theta}$$

这正是我们所需要的，因此构成式(10.3.10)是正确的。算符 N 和 θ 是共轭的，即

$$N=i\frac{\partial}{\partial\theta}\quad 或\quad \theta=-i\frac{\partial}{\partial N}\tag{10.3.11}$$

在量子力学中，关于量子相位算符有很深的历史争议。问题在于 $e^{i\theta}$ 作为算符不是幺正的，即 θ 是非厄密的。此外，不确定关系 $\Delta N\Delta\theta\geqslant\frac{1}{2}$ 也会遇到矛盾，因为相位 $|\Delta\theta|$ 的最大值是 π。如果要求 ΔN 很小，就会破坏不确定关系[21]。这些问题在本书12.14节中还有系统论述。以上提到的矛盾在微观体系中会变得尖锐。对于本章讨论的问题，N 是宏观量，其涨落也是宏观量，因此还是可以用 $[N,\theta]=i$ 以及算符式(10.3.11)。例如 N 和 θ 的运动方程会给出金兹堡-朗道超电流(supercurrent)方程和伦敦方程(London equation)[20,22]。在评述有关超流体的理论工作时，安德森指出①，过去人们研究这个问题总是要加上一条本不需要的假设，即粒子数必须固定，陡然增加了很多困难。实际上这个问题可以用非对角长程序成功地处理。BEc的相位相干性在实验中已得到证实[23]。克特勒的研究组在磁-光阱中形成长椭球状的Na原子BEc。用聚焦在平面的激光束将凝聚体一分为二(图10.5)，然后去掉磁-光阱，两团凝聚体自由下落并膨胀，它们重叠后会发生干涉。用光照明以探测一个"切片"内的原子密度，结果发现了干涉条纹(图10.6)。原始距离较小的两团干涉条纹间的距离较大，这说明凝聚体在形成、分成两团、自由下落之后仍很好地保持了相位相干。条纹间距和曲率完全可以从凝聚体原子的非线性相互作用来解释[24]。

用量子光学方法研究BEC带来有意义的结果。菲利普斯、邓鲁和合作者[25]用光的驻波作为光栅，使凝聚体的物质波在上面发生布拉格散射，他们由此建立了物质波的马赫-泽德尔干涉仪(Mach-Zender interferometer)[26]。是否能够按照需要制备具有一定相位分布的凝聚体呢？菲利普斯的研究组创造了一个"相位刻印方法"。原子在光场中的能移被称为"光移"(light shift)。原子的光移 δE 产生相移 $\delta\phi=-\frac{i}{\hbar}t\,\delta E$，此处 t 是光脉冲维持的时间。因此可以调整光的强度分布 $I(x,y)$ 和光脉冲的时间 t，得到在 xy 平面的相位分布，并使用(马赫-泽德尔)干涉仪测量。凝聚体(物质波)相位是一个已经确立的理论概念，并且可以在实验上调控。

相位的物理特性是关注度很高的课题。有关量子相位动力学的问题将在10.5.4节中讨论。关于两个凝聚体间的相对相位，安德森提出过一个问题[27]：如果两团超流液氦在地球的两端制备，并把它们带到同一个地方，用一个约瑟夫森结把它们连接起来，那么会发生约瑟夫森流吗？约瑟夫森流和 $\sin\delta$ 成正比，δ 是两个凝聚体间的相位差。它们在相隔很远处制备，从来没有机会相见。那么，相对相位应该是多少呢？有两个可能的答案。

答案1：多次测量都没有约瑟夫森流。

---

① 参阅文献[22]231页，上面提到的两个方程也称"安德森方程"。

答案 2：一般情况下有约瑟夫森流，但相应的相对相位每次都不同。

安德森自己喜欢第二个答案。莱格特和索尔斯[18]则给出以下答案。考虑两个包含同样原子数 $N_1=N_2=N_0/2$ 的凝聚体。在它们放到一起时原子数会改变，因为可能有约瑟夫森隧穿发生。令 $N_2-N_1=2N$，此处 N 是从凝聚体 1 转移到凝聚体 2 的原子数，相对相位是 $\varphi=\varphi_1-\varphi_2$。从 6.2 节的讨论得知，体系的哈密顿量是

$$H=\frac{1}{2}E_{\mathrm{J}}(1-\cos\varphi)+\frac{1}{2}E_{\mathrm{C}}N^2 \tag{10.3.12}$$

第一项是耦合能，第二项是电容能。对于大而均匀的凝聚体，E_{C} 很小，因而以耦合能为主。这意味着可以把 φ 确定得很准确，而 N 可以不准确。此后的发展取决于退相干过程：

(1) 对于演化时间很长的情况，退相干进行得比较完全，因此两个凝聚体都形成了确定的粒子数的态。当约瑟夫森连接建立时，哈密顿量式(10.3.12)成立。系统就可以弛豫到基态，$\varphi=0$，因此没有约瑟夫森流。

(2) 如果退相干很轻微，两个子系统之间可以有某种电位差，根据约瑟夫森关系，相位会变化。它们会有某个相位差，即有约瑟夫森流。但每次测量的值会不同。

莱格特和索尔斯得出结论：“在某种条件下，两个凝聚体的相对相位会是有意义的，尽管它们在物理上是分开的。但这个条件是很苛刻的。”

Y. Castin 和 J. Dalibard[28]，以及 J. Javanainen 和 S. M. Yoo[29]进行了很有趣的研究。下面简单介绍文献[28]的内容。两个玻色-爱因斯坦凝聚体都包含确定数量的原子。将要证明的是：在测量它们之间干涉的实验中，它们会显得是相干的，即相位相干性是在测量过程中由动力学发展起来的。图 10.7 示出一个想象的实验。从两个凝聚体 A 和 B 中漏出的原子在 50%-50%分束器的输出通道 D_+ 和 D_- 中被探测。假设凝聚体有确定的相位，两束分别由 $|\psi_0|e^{i\phi_a}$ 和 $|\psi_0|e^{i\phi_b}$ 描述，则分束器的两个输出强度是

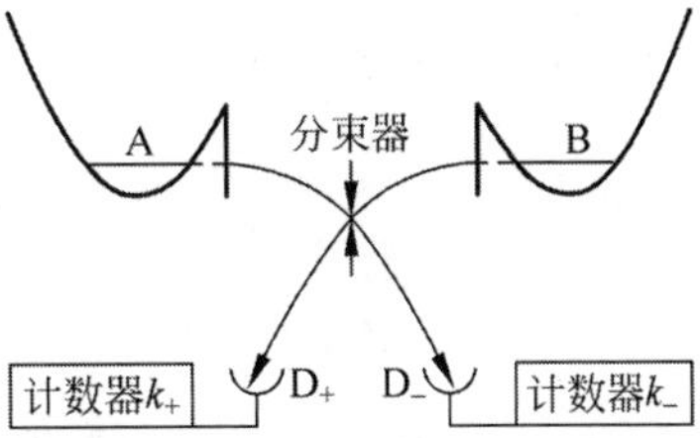

图 10.7 一个想象的实验：从两个阱中凝聚体 A 和 B 漏出的原子经分束器后被探测

取自文献[28]

$$I_+=2|\psi_0|^2\cos^2\phi,\quad I_-=2|\psi_0|^2\sin^2\phi \tag{10.3.13}$$

此处

$$\phi=\frac{1}{2}(\phi_{\mathrm{A}}-\phi_{\mathrm{B}}) \tag{10.3.14}$$

当两个凝聚体间的相位差是 2ϕ 时，在两个探测器中的计数分别是 k_+ 和 $k_-(k_++k_-=k)$ 的概率是

$$P(k_+,k_-,\phi)=\frac{k!}{k_+!\ k_-!}(\cos\phi)^{2k}+(\sin\phi)^{2k_-} \tag{10.3.15}$$

假设两个凝聚体是粒子数确定的福克态 $\left|\frac{N}{2},\frac{N}{2}\right\rangle$（原来安德森设定的条件），干涉的结果应该是怎样的呢？仿照莱格特和索尔斯的观点定义相位态[18]：

$$|\phi\rangle_N=\frac{1}{\sqrt{2^N N!}}(\hat{a}^\dagger e^{i\phi}+\hat{b}^\dagger e^{-i\phi})^N|0\rangle \tag{10.3.16}$$

它描述的是确定的 $N=N_{\mathrm{A}}+N_{\mathrm{B}}$ 和 $\phi=\phi_{\mathrm{A}}-\phi_{\mathrm{B}}$ 的 EPR 态。任何粒子数为 N 的状态 $|\psi\rangle$ 都

可以用相位态表示：

$$|\psi\rangle=\int_{-\pi/2}^{\pi/2}\frac{\mathrm{d}\phi}{\pi}c(\phi)\,|\,\phi\rangle_N \tag{10.3.17}$$

福克态$\left|\frac{N}{2},\frac{N}{2}\right\rangle$可以表示为

$$\left|\frac{N}{2},\frac{N}{2}\right\rangle=c_0\int_{-\pi/2}^{\pi/2}\frac{\mathrm{d}\phi}{\pi}\,|\,\phi\rangle_N \tag{10.3.18}$$

此处

$$c_0=2^{N/2}\frac{(N/2)!}{\sqrt{N!}} \tag{10.3.19}$$

由此可见福克态的相位是完全随机的。我们来记录测量福克态干涉的计数。在 k 个粒子被记录后($k_+ + k_- = k$，都是大数)，福克态变为

$$\begin{aligned}|\,\Psi(k_+,k_-)\rangle &\propto (\hat{a}+\hat{b})^{k_+}(\hat{a}-\hat{b})^{k_-}\left|\frac{N}{2},\frac{N}{2}\right\rangle\\ &=c_0\int\frac{\mathrm{d}\phi}{\pi}(\cos\phi)^{k_+}(\sin\phi)^{k_-}\,|\,\phi\rangle_{N-K}\end{aligned} \tag{10.3.20}$$

对于 $k_\pm\gg1$，被积分函数可以用极大值在 ϕ_0 和 $-\phi_0$ 处的高斯函数来近似，此处

$$k_+=k\cos^2\phi_0,\ k_-=k\sin^2\phi_0 \tag{10.3.21}$$

算出积分，得到

$$|\,\Psi(k_+,k_-)\rangle\propto\int_{-\pi/2}^{\pi/2}\mathrm{d}\phi\left[\mathrm{e}^{-k(\phi-\phi_0)^2}+(-1)^{k_-}\mathrm{e}^{-k(\phi+\phi_0)^2}\right]|\,\phi\rangle_{N-K} \tag{10.3.22}$$

从式(10.3.22)看出，原来的平坦分布 $c(\phi)=\mathrm{const}$ 已经变为极大值在 $\pm\phi_0$ 的双高斯函数了。在测量的过程中，动力学发展了一个相位。实际上，探测到一个原子会影响此后探测的原子的分布，以致总体的分布塌缩到干涉条纹图像：正是探测过程选择了干涉的相位。当然要强调的是，对于足够大的 k，k_+，k_-，每一次测量的 ϕ_0 是随机变化的。

在克特勒研究组第一次进行凝聚体间的相位差实验[23]中，一个凝聚体被激光束一分为二。这两个凝聚体从阱中释放出来，自由膨胀并最后互相重叠。它们间的干涉验证了相位相干。实验之后凝聚体就弥散了。M. Saba 等人[30]用布拉格激光束从两个凝聚体中抽出小样品，并让小样品发生干涉。这样凝聚体间的相位差就可以不断地得到监测。这是实现原子干涉仪的第一步，它可以有很高的灵敏度和很低的噪声。即使凝聚体处在相对相位不很确定的状态，它们也能干涉。而一个确定的相位就在测量过程中被动力学“创造”出来，把体系的状态投影到具有确定相位的相干态上。这是上面的讨论给出的结论。他们实验的基础是光在两个相邻的 BEc 上的非弹性散射[31]。在非弹性散射中，靶原子从光子接受动量转移 q 和能量转移 E。非弹性散射率和结构因子 $S(q,E)$成正比。测量散射原子的 q 和 E 可以得出结构因子。当光在两个具有同样粒子数和相对相位 ϕ 的凝聚体上发生非弹性散射时，其结构因子是[31]

$$S(q,E)=2\left[1+\cos\left(\frac{md}{q\,\hbar}\left(E-\frac{q^2}{2m}\right)+\phi\right)\right]S_0(q,E) \tag{10.3.23}$$

此处 $S_0(q,E)$是单个 BEc 的结构因子。因此在 E 固定和高动量转移情况下，结构因子，即散射光子数，对 q 显示周期为 $2h/d$ 的振荡行为。如果将 q 固定，而相对位相随时间变化

(例如由于两个凝聚体的阱深度不同有 $\phi=t\Delta V/h$)，散射原子数也将随时间变化，变化率与相位相同。Saba 用选择原子反冲动量的非弹性散射来从两个凝聚体中得到原子波包，即从同一个相干系综中得到两个波包，影响的原子数很少。两个波包干涉，给出强度随时间振荡的反冲原子流，这个过程就和让两束激光发生拍音一样。用来给反冲原子以确定动量的实验工具就是布拉格散射。两束波矢为 $\boldsymbol{k}_1$ 和 $\boldsymbol{k}_2$、平行于两个凝聚体位移的相对传播的激光束打在原子上，吸收了光子 $\boldsymbol{k}_1$ 并在受激条件下发射光子 $\boldsymbol{k}_2$ 的原子就能获得反冲动量 $\hbar(\boldsymbol{k}_1-\boldsymbol{k}_2)$，只要能量转移和原子反冲能相匹配。当从第 1 个凝聚体出来的原子到达第 2 个凝聚体时，以相同动量 q 运动的两注原子将重叠和干涉。在实验中，两个雪茄形的 Na 原子 BEc 在双阱的光阱中制备，用布拉格激光束照射。布拉格散射的原子从阱中逸出，因为反冲能量要比阱的势垒高得多。在耦合出来的原子流中吸收造影的空间调制反映了原子数的时间振荡，如图 10.8 所示。

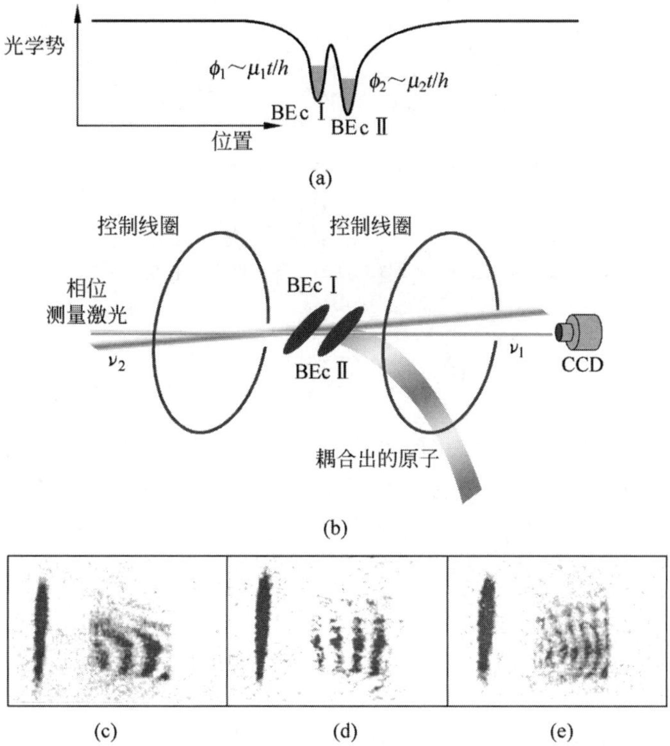

图 10.8 双阱 BEC 的干涉

取自文献[30]

(a) 双阱中的 BEc；(b) 实验示意图；(c)～(e)吸收造影，显示原子云的光学密度。所加磁场梯度是：(c) 11.5G/cm(1G=10^{-4}T)，(e) −0.77G/cm。双阱间磁场强度的不同改变了能量偏移，因此改变了拍频

每一个耦合出去的原子都有一个光子从一束激光转移到另一束。因此在耦合出去的原子流中包含的信息也在散射光子中存在，可以通过电荷耦合装置实时监测一束光的强度获得。结果示于图 10.9。

实验结果代表了原子干涉仪实际应用的真实进展。J. Javanainen[92] 将此过程比作激光刚开始出现时的 20 世纪 60 年代，那时也是先有了解决方法，再寻找问题。

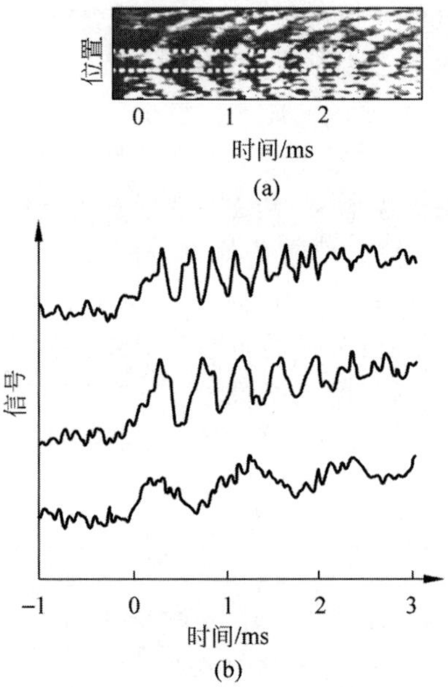

图 10.9 凝聚体相对相位的连续光学读出

取自文献[30]

(a)显示了电荷耦合装置探测的光学信号造影。不同磁场强度梯度的信号随时间的变化示于(b)。将不同磁场强度梯度的光学造影错开是为了方便比较。

10.4 弱相互作用玻色气体：均匀凝聚体

BEC 可以在粒子间没有相互作用时发生，它是全同玻色子体系波函数对称性的后果。在这个意义上可以称其为“纯量子力学根源的相变”。但是它的物理性质却依赖于相互作用的性质。在以上的讨论中曾提到，自由玻色气体的 BEC 属于一阶相变，而有相互作用时就不能下此结论。He Ⅱ的超流往往和 BEC 相提并论，但实际上这两种现象还是有区别的。在超流中有一个临界速度 v_{cr}，当流体速度超过它时，在流体中能够产生导致能量转移的激发，因而产生黏滞性，即超流状态被破坏。理想玻色流体的 $v_{cr}=0$。虽然理想玻色流体的基态是超流体，但其稳定性会被任何运动(不论速度多小)破坏①。气体原子 BEc 的稳定性首先取决于相互作用是排斥还是吸引，这一点将在下面讨论。

考虑不存在外场的玻色气体，形成凝聚体后其密度是均匀的。先考虑 $T=0$ 的情况，这属于量子力学的多体问题；然后再讨论有限 T 的情况，需要用到统计力学。

10.4.1 波戈留波夫弱相互作用玻色气体理论

波戈留波夫早在 1947 年就提出了弱相互作用玻色气体理论，其中包括引入准粒子的波戈留波夫变换，它在超导和超流理论中都是很重要的。当 $T=0$ 时，理想玻色气体的基态是 $N_0=N, N_i=0(i\neq0)$。在有粒子相互作用时，通过二体相互作用可以有若干对粒子处于 $(\boldsymbol{k}_1,-\boldsymbol{k}_1),(\boldsymbol{k}_2,-\boldsymbol{k}_2),\cdots$ 状态，处于 $(\boldsymbol{k}_i,-\boldsymbol{k}_i)$ 态是二体碰撞中动量守恒的要求。弱相互作

① 参阅文献[32]75 页，文献[11]35 页。

用玻色气体的基态可以包含任意数量的这种对，以相干叠加的方式使能量取到最低。相互作用能量的二次量子化形式是

$$\frac{1}{2}\int \psi^{\dagger}(\boldsymbol{x})\psi^{\dagger}(\boldsymbol{x}')V(\boldsymbol{x}-\boldsymbol{x}')\psi(\boldsymbol{x}')\psi(\boldsymbol{x})\mathrm{d}^3x\mathrm{d}^3x' \tag{10.4.1}$$

转换到动量空间，它是

$$\sum_{\boldsymbol{k},\boldsymbol{p},\boldsymbol{q}} \frac{V_{\boldsymbol{q}}}{2} a^{\dagger}_{\boldsymbol{p}+\boldsymbol{q}} a^{\dagger}_{\boldsymbol{k}-\boldsymbol{q}} a_{\boldsymbol{k}} a_{\boldsymbol{p}} \tag{10.4.2}$$

式中，$V_{\boldsymbol{q}}$ 是 $V(\boldsymbol{x})$ 的动量传输为 $\boldsymbol{q}$ 的傅里叶分量，$V_{\boldsymbol{q}}=V_{-\boldsymbol{q}}$。图 10.10 表示相互作用产生的跃迁。未微扰的基态是 $|\Phi_0(N)\rangle$（真空），算符 a_0 和 $a_0^{\dagger}$ 作用在 $|\Phi_0(N)\rangle$ 上的结果是

$$\left.\begin{aligned} a_0 \mid \Phi_0(N)\rangle &= \sqrt{N} \mid \Phi_0(N-1)\rangle \\ a_0^{\dagger} \mid \Phi_0(N)\rangle &= \sqrt{N+1} \mid \Phi_0(N+1)\rangle \end{aligned}\right\} \tag{10.4.3}$$

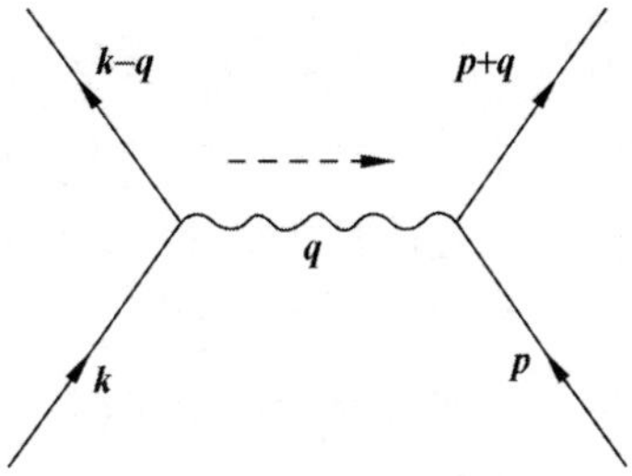

图 10.10 二粒子相互作用产生的跃迁

由于凝聚体的存在，湮灭算符 a_0 不能湮灭真空。在量子场论中，湮灭算符应该满足 $a|\mathrm{vac}\rangle=0$ 和 $\langle\mathrm{vac}|a^{\dagger}=0$（此处 $|\mathrm{vac}\rangle$ 代表真空态），而算符的正规乘积的真空期待值为 0。此处式(10.4.3)可以使包含 a_0 和 $a_0^{\dagger}$ 的算符正规乘积的真空期待值不为 0，从而使建立在量子场论基础上的用于解决量子力学多体问题的方法不再适用。由于 N_0 是宏观量，N_0-1, N_0, N_0+1 没有太大区别；$|N_0-1\rangle$，$|N_0\rangle$ 与 $|N_0+1\rangle$ 也没有太大区别。考虑 $a_0^{\dagger}a_0|\Phi_0(N_0)\rangle=N_0|\Phi_0(N_0)\rangle$，$a_0a_0^{\dagger}|\Phi_0(N_0)\rangle=(N_0+1)|\Phi_0(N_0)\rangle\approx N_0|\Phi_0(N_0)\rangle$，可以作以下置换：

$$a_0 \rightarrow \sqrt{N_0}, \quad a_0^{\dagger} \rightarrow \sqrt{N_0} \tag{10.4.4}$$

即将它们作 c 数看待。其他湮灭算符 $a_{\boldsymbol{k}}(\boldsymbol{k}\neq 0)$ 作用于真空 $|\Phi_0(N_0)\rangle\equiv|N_0,0,\cdots,0\rangle$ 时仍有

$$a_{\boldsymbol{k}} \mid N_0,0,\cdots,0\rangle = 0, \quad \boldsymbol{k}\neq 0 \tag{10.4.5}$$

玻色子场算符现在是

$$\hat{\psi}(\boldsymbol{x}) = \sqrt{n_0(\boldsymbol{x})} + \hat{\varphi}(\boldsymbol{x}) \tag{10.4.6}$$

$$\hat{\varphi}(\boldsymbol{x}) = \frac{1}{\sqrt{V}} \sum_{\boldsymbol{k}}{}' \mathrm{e}^{\mathrm{i}\boldsymbol{k}\cdot\boldsymbol{x}} a_{\boldsymbol{k}} \tag{10.4.7}$$

此处 $n_0(\boldsymbol{x})$ 是 $\boldsymbol{k}=0$ 态上的粒子数密度，求和符号的撇号“′”代表不包括 $\boldsymbol{k}=0$ 态，同时 $\hat{\varphi}$ 算符包括所有 $\boldsymbol{k}\neq 0$ 态的湮灭算符。这样，粒子数算符

$$\hat{N}' = \sum_{\boldsymbol{p}}{}' a^{\dagger}_{\boldsymbol{p}} a_{\boldsymbol{p}} \tag{10.4.8}$$

就不再守恒，而有附加条件成立：

$$\langle \hat{N}' \rangle = N - N_0 \tag{10.4.9}$$

在写出哈密顿量时，式(10.4.2)中的 $\boldsymbol{p}$ 和 $\boldsymbol{q}$ 可以根据其中一个或两个属于 $\boldsymbol{k}=0$、或均不属于 $\boldsymbol{k}=0$ 分为 8 项，由(a)～(h)标记：

$$\hat{H} = \sum_{\boldsymbol{p}}{}'(\varepsilon^0_{\boldsymbol{p}} + \underset{(\mathrm{a})}{N_0V_0} + \underset{(\mathrm{b})}{N_0V_{\boldsymbol{p}}}) a^{\dagger}_{\boldsymbol{p}} a_{\boldsymbol{p}} +$$

$$\sum_{\boldsymbol{p}}{}' \frac{N_0V_{\boldsymbol{p}}}{2}(\underset{(\mathrm{c})}{a^{\dagger}_{\boldsymbol{p}} a^{\dagger}_{-\boldsymbol{p}}} + \underset{(\mathrm{d})}{a_{\boldsymbol{p}} a_{-\boldsymbol{p}}}) + \frac{1}{2}\underset{(\mathrm{e})}{N_0^2 V_0} +$$

$$\sum_{pq}{}' \sqrt{N_0}\,\frac{V_q}{2}(a^\dagger_{p+q}\underset{(\text{f})}{a_q}a_p + a^\dagger_{p+q}\underset{(\text{g})}{a^\dagger_{-q}}a_p) +$$

$$\sum_{kpq}{}' \frac{V_q}{2} a^\dagger_{p+q}\underset{(\text{h})}{a^\dagger_{k-q}}a_k a_p \tag{10.4.10}$$

在哈密顿量式(10.4.10)中,所有求和都不包括 $\boldsymbol{p}=0$ 态,即零动量态不再进入,只有各 N_0 因子出现。式中 ε^0_p 是未微扰的粒子能量:

$$\varepsilon^0_p = \frac{1}{2m}\boldsymbol{p}^2 \tag{10.4.11}$$

以实线代表动量不为0的粒子,虚线代表动量为0的粒子。以上(a)~(h)各项示于图10.11,其物理意义可以直接从图上读出。例如,(c)代表凝聚体中的两个粒子通过相互作用交换动量 $\boldsymbol{p}$ 而变成具有动量 $-\boldsymbol{p}$ 与 $\boldsymbol{p}$ 的两个粒子,属于非凝聚相。有一条虚线的图,相应的项前有一个 $\sqrt{N_0}$ 因子,这是源于一个 α_0 中 $a^\dagger_0$ 被 $\sqrt{N_0}$ 取代。有两条虚线的图,相应的项前有 N_0。有四条虚线的图,相应的项前有 N_0^2。由于动量守恒,不能有由三条虚线一条实线组成的图。从式(10.4.10)可见,$\sum_p{}' a^\dagger_p a_p$ 与 $\hat{H}$ 并不对易。求这个相互作用体系的能级,需要在附加条件式(10.4.9)下将 $\hat{H}$ 对角化。用拉格朗日不定乘子法,可以对巨正则哈密顿量

$$\hat{K} = \hat{H}(N_0) - \mu\hat{N}' \tag{10.4.12}$$

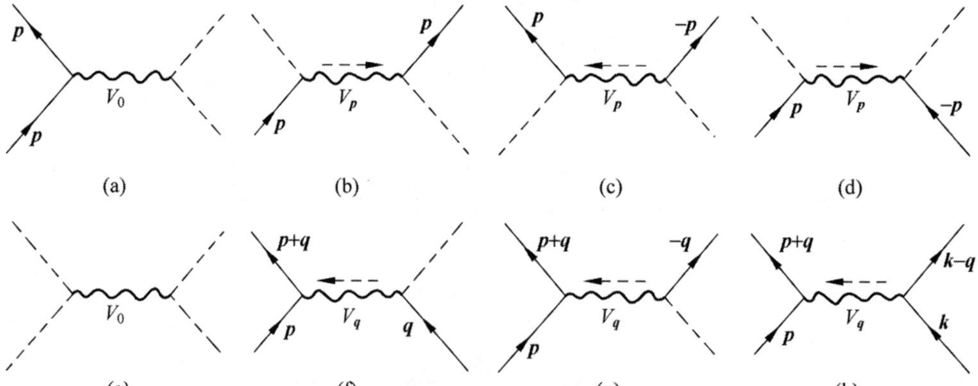

图10.11 二体相互作用导致的各种跃迁

对角化,μ(化学势)就是不定乘子。这个方法是 N. M. Hugenholtz 和 D. Pines 提出的[33]。令算符 $\hat{K}$,$\hat{H}(N_0)$和 $\hat{N}'$的本征值分别记为 $E'_0(N_0,\mu)$,$E_0(N_0,\mu)$和 $N'(N_0,\mu)$,用

$$N'(N_0,\mu) + N_0 = N \tag{10.4.13}$$

可以求得 $\mu(N,N_0)$。将 μ 代入 $E_0(N_0,\mu)$,再用

$$\frac{\mathrm{d}}{\mathrm{d}N_0}E_0 = 0 \tag{10.4.14}$$

可以求得 N_0。在求解中不要求 $N-N_0 \ll N_0$,即对贫化较大的情况也能应用。对 $N-N_0 \ll N_0$ 的情况,解会比较简单。有两个关系是在文献[33]中给出的,它们在有些情况下可以直接给出 μ,不必走以上提到的正规步骤,这在下面的讨论中会有应用。为了得到这两个关

系，考虑式(10.1.19)，对量子力学基态有 $S=0$，故 $\mu=\dfrac{\partial E_0(V,N)}{\partial N}$。由于 $E'_0=E_0-\mu N'=E_0+\mu N_0-\mu N$，故可求出$\dfrac{\partial E'_0}{\partial N_0}=\dfrac{\partial E_0}{\partial N_0}+\mu$，而对 $\hat{H}$ 的基态，等号右侧的第一项为 0。因此就有

$$\mu=\frac{\partial E_0}{\partial N}=\frac{\partial E'_0}{\partial N_0} \tag{10.4.15}$$

对于波戈留波夫的弱耦合近似，只取 $\hat{K}$ 中的相互作用项和与 N_0、N_0^2 成正比的两项：

$$\hat{K}=\sum_q{}'\tilde{\varepsilon}_q a_q^\dagger a_q+\sum_q{}' N_0\frac{V_q}{2}(a_q^\dagger a_{-q}^\dagger+a_q a_{-q})+\frac{1}{2}N_0^2V_0 \tag{10.4.16}$$

其中

$$\tilde{\varepsilon}_q=\varepsilon_q^0+N_0V_0+N_0V_q-\mu \tag{10.4.17}$$

式(10.4.16)等号右侧的第二项在 n_q 空间中是非对角的，需对角化。先研究一下算符 a_p 的演化。直接计算给出

$$\begin{aligned}\mathrm{i}\hbar\frac{\mathrm{d}a_p}{\mathrm{d}t}&=[a_p,\hat{K}]\\&=\tilde{\varepsilon}_p a_p+N_0V_p a_{-p}^\dagger\end{aligned}$$

第二个等号右侧的第一项是可以预期的：如果不考虑第二项，方程就是含时薛定谔方程。第二项源于相互作用，表示以 a_p 开始，随时间进行它会与 $a_{-p}^\dagger$ 混合。同样，以 $a_p^\dagger$ 开始，随时间演化它会与 a_{-p} 混合。根据这个提示，引入准粒子算符 α_p 和$\alpha_p^\dagger$ 以体现这个混合：

$$\left.\begin{aligned}\alpha_p&=u_p a_p-v_p a_{-p}^\dagger\\\alpha_p^\dagger&=u_p a_p^\dagger-v_p a_{-p}\end{aligned}\right\} \tag{10.4.18}$$

式中，u_p 与 v_p 为 $\boldsymbol{p}$ 的实函数。这个变换的目的是使 $\hat{K}$ 对准粒子成为对角的。为了使算符 α_p 和$\alpha_p^\dagger$ 满足对易关系

$$[\alpha_p,\alpha_q^\dagger]=\delta_{pq} \tag{10.4.19}$$

应有

$$u_p^2-v_p^2=1 \tag{10.4.20}$$

对角化要求

$$\hat{K}=\text{const}+\sum_q{}'\omega_q\alpha_q^\dagger\alpha_q$$

给出

$$[\alpha_p,\hat{K}]=\omega_p\alpha_p,\quad [\alpha_p^\dagger,\hat{K}]=-\omega_p\alpha_p^\dagger \tag{10.4.21}$$

将式(10.4.18)代入式(10.4.16)，并用式(10.4.21)，有

$$\begin{aligned}[\alpha_p^\dagger,\hat{K}]&=-u_p(\tilde{\varepsilon}_p a_p^\dagger+N_0V_p a_{-p})-v_p(\tilde{\varepsilon}_p a_{-p}+N_0V_p a_p^\dagger)\\&=-\omega_p(u_p a_p^\dagger-v_p a_{-p})\end{aligned}$$

因此

$$\begin{aligned}\tilde{\varepsilon}_p u_p+N_0V_p v_p&=\omega_p u_p,\\N_0V_p u_p+\tilde{\varepsilon}_p v_p&=-\omega_p v_p\end{aligned}$$

方程组有非零解的条件为

$$\omega_p^2 = \tilde{\varepsilon}_p^2 - N_0^2 V_p^2 \tag{10.4.22}$$

$$\left.\begin{aligned} u_p^2 &= \frac{1}{2}\left[1 + \frac{\tilde{\varepsilon}_p}{\omega_p}\right] \\ v_p^2 &= \frac{1}{2}\left[\frac{\tilde{\varepsilon}_p}{\omega_p} - 1\right] \end{aligned}\right\} \tag{10.4.23}$$

$\hat{K}$ 对角化后变为

$$\hat{K} = \sum_q{}' \left\{\omega_q \alpha_q^\dagger \alpha_q + \frac{1}{2}(\omega_q - \tilde{\varepsilon}_q)\right\} + \frac{1}{2} N_0^2 V_0 \tag{10.4.24}$$

式(10.4.18)被称为"波戈留波夫变换"。它的逆变换是

$$\left.\begin{aligned} a_p &= u_p \alpha_p - v_p \alpha_{-p}^\dagger \\ a_p^\dagger &= u_p \alpha_p^\dagger - v_p \alpha_{-p} \end{aligned}\right\} \tag{10.4.25}$$

波戈留波夫变换导致以算符 α_p 和 $\alpha_p^\dagger$ 表征准粒子,其基态被称为"准粒子真空",记为$|0\rangle$,它满足条件

$$\alpha_p \mid 0\rangle = 0 \tag{10.4.26}$$

变换的意义可以作以下理解。由于相互作用,体系在 $T=0$ 时的基态除有宏观量粒子布居于未微扰的 $\boldsymbol{p}=0$ 态外,还有不确定数量的对$(\boldsymbol{q},-\boldsymbol{q})$位于 $\boldsymbol{q}\neq 0$ 的态上。就一个确定的 $\boldsymbol{q}$ 态而言,它上面可能有对,也可能没有。因此要想产生一个准粒子 $\boldsymbol{q}$,可以用 $a_q^\dagger$(如果那里没有粒子),也可以用 a_{-q}(如果那里有一对粒子,消灭了 $-\boldsymbol{q}$ 粒子,余下单个的 $\boldsymbol{q}$ 粒子)。为了确定 ω_p,还须求出化学势 μ。这里正好用到上式(10.4.15):基态 $\hat{K}$ 的期望值 E'_0 的带头项是$\frac{1}{2}N_0^2 V_0$,因此

$$\mu = \frac{\partial E'_0}{\partial N_0} = N_0 V_0 \tag{10.4.27}$$

再用式(10.4.17)和式(10.4.22)得

$$\tilde{\varepsilon}_q = \frac{1}{2m}\boldsymbol{q}^2 + N_0 V_q \tag{10.4.28}$$

$$\omega_q = \left(\frac{q^2 N_0 V_q}{m} + \frac{q^4}{4m^2}\right)^{1/2} \tag{10.4.29}$$

从式(10.4.22)看出,$\omega_p < \tilde{\varepsilon}_p$,因此真空态能量中的$\frac{1}{2}(\omega_q - \tilde{\varepsilon}_q)$是负的。在 10.2 节讨论过粒子数锁定态与相位锁定态,它们彼此是傅里叶变换关系,因此具有相同能量。但通过波戈留波夫变换,将不同数量、不同动量的$(\boldsymbol{p},-\boldsymbol{p})$对相干叠加(因此凝聚体粒子数量也相应涨落),体系的能量被进一步降低。相互作用在 BEc 中选定了粒子数在 N_0 附近相干涨落的态作为基态。

从式(10.4.29)取低动量极限,得到色散关系:

$$\omega_q = q\sqrt{\frac{N_0 V_0}{m}} \tag{10.4.30}$$

这是集体声子态,其声速是

$$s_B=\left(\frac{N_0V_0}{m}\right)^{1/2}$$

给出高动量极限

$$\omega_{\boldsymbol{q}}=\tilde{\varepsilon}_{\boldsymbol{q}}=\frac{q^2}{2m}+N_0V_{\boldsymbol{q}} \tag{10.4.31}$$

式中第二个等号右侧的第一项是粒子动能，第二项是非凝聚体粒子所感受的平均势能。因此 $\tilde{\varepsilon}_{\boldsymbol{q}}$ 就是哈特里-福克单粒子能量。此外，波戈留波夫理论还可以用来讨论对外加扰动的响应、超流体运动等问题[32]。

10.4.2　非理想玻色气体

对于 $T\neq 0$ 的非理想玻色气体，必须从计算配分函数开始。计算的方法之一是统计力学中的集团积分[9]。另外也可以计算体系的能级，然后用 $Q_N(V,T)=\sum_n e^{-\beta\varepsilon_n}$ 得出配分函数。在相互作用势比较简单、能用微扰论解出能级的情况下，这种方法就是可行的。实际上原子间的相互作用势甚为复杂。它有一个很强的排斥芯（称为"硬球势"），但由于硬球芯很小，使一种近似法——赝势法的采用成为可能。它将相互作用势转变成有效作用势，只通过低能相移参数表示，使微扰计算得到简化。硬球玻色气体理论是由杨振宁、李政道、黄克孙在 20 世纪 50 年代后期发展的[34-35]①。在量子力学中，低能散射的散射相移与势的形状无关，只依赖于一个参数 a，称为"散射长度"。在 $r\to\infty$时，散射波函数 ψ_∞ 是

$$r\psi_\infty=\text{const}\cdot(\sin kr+\tan\eta_0\cos kr)$$

此处 k 是波矢大小，η_0 是相移。在低能情况下 $k\to 0$，就有

$$\psi_\infty\xrightarrow{k\to 0}\text{const}\cdot\left(1+\frac{\tan\eta_0}{kr}\right)$$

其中

$$\tan\eta_0=-ka$$

对于排斥势，$a>0$；对于吸引势，$a<0$。硬球势（硬球芯半径为 a）在低能散射情况下的散射长度正好等于球芯半径。在低温下的非理想气体有三个参数，即德布罗意热波长 λ、粒子间的平均距离 $v^{1/3}$ 和散射长度 a。在赝势法中，a/λ 和 $a/v^{1/3}$ 都是小参数。前者是低温的条件，后者是稀薄的条件。硬球势散射方程及边界条件是

$$\left.\begin{aligned}&(\nabla^2+k^2)\psi=0, && r>a\\ &\psi(r)=0, && r<a\end{aligned}\right\} \tag{10.4.32}$$

费米在 1936 年证明，对于 $r>a$ 的波函数，这种散射相当于一个有效相互作用：

$$V=\frac{4\pi a\hbar^2}{m}\sum_{i<j}\delta^3(\boldsymbol{r}_i-\boldsymbol{r}_j)\frac{\partial}{\partial r_{ij}}r_{ij} \tag{10.4.33}$$

这样就完成了以下过程：将物理上的粒子间作用势在低能散射下归结为硬球，然后用费米的方法，把式(10.4.32)中的边界条件纳入了有效相互作用（式(10.4.33)）。之所以称其为"赝势"，是因为它除了依赖于距离 r_{ij} 以外还依赖于一个求导数的算符。算符$\frac{\partial}{\partial r}r$ 作用于一

① 参阅文献[9]第 10 章、第 13 章。

个波函数$\psi(r)$，结果是$\frac{\partial}{\partial r}r\psi=\psi+r\frac{\partial\psi}{\partial r}$。在前面的$\delta(r)$作用下，如果$\psi$在$r\to 0$时是正规的，则有$\frac{\partial}{\partial r}r\psi\to\psi$，$\frac{\partial}{\partial r_{ij}}r_{ij}$就可以被1替代。在一阶微扰论计算中，赝势只作用于非微扰波函数，因此可将$\frac{\partial}{\partial r_{ij}}r_{ij}$换成1。在高阶微扰中，它发挥着重要作用，从而得出重要的物理结果[34-35]。限于一阶微扰，H是

$$H=\frac{\hbar^2}{2m}(\nabla_1^2+\cdots+\nabla_n^2)+\frac{4\pi a\hbar^2}{m}\sum_{i<j}\delta^3(\boldsymbol{r}_i-\boldsymbol{r}_j) \tag{10.4.34}$$

未微扰状态用$\{n_{\boldsymbol{p}}\}$表征，$n_{\boldsymbol{p}}$为单粒子态$\boldsymbol{p}$上的粒子数：

$$\Phi_n=\{\cdots n_{\boldsymbol{p}}\cdots\} \tag{10.4.35}$$

在Φ_n态中能量的平均值是①

$$E_n=(\Phi_n,H\Phi_n)=\sum_{\boldsymbol{p}}\frac{\boldsymbol{p}^2}{2m}n_{\boldsymbol{p}}+\frac{4\pi a\hbar^2}{mV}\left(N^2-\frac{1}{2}\sum_{\boldsymbol{p}}n_{\boldsymbol{p}}^2\right) \tag{10.4.36}$$

在低温时，$\boldsymbol{p}\neq 0$态上的布居数很低，上式等号右侧第二项括号中的$n_{\boldsymbol{p}}(\boldsymbol{p}\neq 0)$可以略去，因此

$$E_n=\sum_{\boldsymbol{p}}\frac{\boldsymbol{p}^2}{2m}n_{\boldsymbol{p}}+\frac{4\pi a\hbar^2}{mV}\left(N^2-\frac{1}{2}n_0^2\right) \tag{10.4.37}$$

其配分函数是

$$Q_n=\sum_{\{n_{\boldsymbol{p}}\}}\exp\left\{-\beta\left[\sum_{\boldsymbol{p}}\frac{\boldsymbol{p}^2}{2m}n_{\boldsymbol{p}}+\frac{4\pi a\hbar^2}{mV}\left(N^2-\frac{1}{2}n_0^2\right)\right]\right\} \tag{10.4.38}$$

进一步计算给出②

$$\frac{1}{N}\ln Q_N=\begin{cases}\dfrac{v}{\lambda^3}g_{5/2}(z)-\ln z-\dfrac{2a\lambda^2}{v}, & v>v_c, T>T_E\\[2ex] \dfrac{v}{\lambda^3}g_{5/2}(1)-2\dfrac{a\lambda^2}{v}\left[1-\dfrac{1}{2}\left(1-\dfrac{v}{v_c}\right)^2\right], & v<v_c, T<T_E\end{cases} \tag{10.4.39}$$

从此可以得出系统的宏观性质，例如对于$T>T_E$，有

$$\left.\begin{aligned}\lambda^3\frac{P}{kT}&=g_{5/2}(z)-\frac{2a}{\lambda}(g_{3/2}(z))^2+\cdots\\ \rho&=z\frac{\partial}{\partial z}\left(\frac{P}{kT}\right)=\lambda^{-3}\left(g_{3/2}(z)-\frac{4a}{\lambda}g_{3/2}(z)g_{1/2}(z)+\cdots\right)\end{aligned}\right\}$$

10.5 弱相互作用玻色气体：非均匀凝聚体

10.5.1 凝聚性质与外场的关系

在研究原子气体BEC的装置中会使用磁场和磁-光阱或激光阱。当有外场存在时，凝聚体的密度是位置坐标的函数。在外场中，凝聚体的性质，例如临界温度、凝聚粒子数比例

① 参阅文献[9]附录A。

② 参阅文献[9]第12章。

以及玻色气体热容量等，都依赖于势的形式[36]。先考虑在外场 $U(\boldsymbol{r})$ 中的 N 个理想玻色气体粒子，它们在温度 T 下依各量子能级 ε 分布：

$$n_\varepsilon = \frac{g_\varepsilon}{e^{(\varepsilon-\mu)/kT}-1} \tag{10.5.1}$$

此处 g_ε 是能级简并度，μ 是化学势，基态能量取为 0。设能级间距远远小于 kT，即 $kT \gg \varepsilon_{i+1}-\varepsilon_i$。能级密度取决于外场的势 $V(\boldsymbol{r})$，可以用半经典近似估计。在相空间中的每 h^3 体积中有一个能级。能量为 ε 的粒子被势局限在体积 $\mathscr{V}(\varepsilon)$ 内，动量空间的体积元为 $4\pi p^2 \mathrm{d}p = 4\pi m p\,\mathrm{d}\varepsilon = 4\pi m(2m)^{\frac{1}{2}}\sqrt{\varepsilon - V(\boldsymbol{r})}\,\mathrm{d}\varepsilon$。因此态密度是

$$\rho(\varepsilon) = \frac{(2\pi)(2m)^{3/2}}{h^3}\int_{\mathscr{V}(\varepsilon)} \sqrt{\varepsilon - V(\boldsymbol{r})}\,\mathrm{d}^3 r \tag{10.5.2}$$

化学势与总粒子数 N 的关系由下式决定：

$$N = N_0 + \int_0^\infty n_\varepsilon \rho(\varepsilon)\,\mathrm{d}\varepsilon \tag{10.5.3}$$

和自由粒子情况类似，由于 $\rho(0)=0$，基态上粒子的贡献需单独写出。设 $g_\varepsilon=1$，将上式展开，得

$$N = N_0 + \sum_{j=1}^{\infty}\exp\left(\frac{j\mu}{kT}\right)\int_0^\infty \rho(\varepsilon)\exp\left(\frac{-j\varepsilon}{kT}\right)\mathrm{d}\varepsilon \tag{10.5.4}$$

取带头项作出积分，可得 $\mu(T)$。

临界温度 T_c 的决定与自由粒子的 T_E 类似，即在式(10.5.3)中设 $N_0=0$，$\mu=0$，即可解出 T。体系的总能量是

$$E(T) = \int_0^\infty \varepsilon n_\varepsilon \rho(\varepsilon)\,\mathrm{d}\varepsilon \tag{10.5.5}$$

即可求出热容量：

$$C(T) = \frac{\partial E(T)}{\partial T} = \frac{1}{kT}\int_0^\infty \frac{\varepsilon\rho(\varepsilon)}{g_\varepsilon}(n_\varepsilon)^2\left[\frac{\partial\mu}{\partial T} + \frac{\varepsilon-\mu}{T}\right]\exp\left(\frac{\varepsilon-\mu}{kT}\right)\mathrm{d}\varepsilon \tag{10.5.6}$$

文献[36]研究了各向异性幂次势。下面仅举一例说明势对各种参数的影响，列于表 10.1。

表 10.1 势对 BEc 参数的影响

势	T_c	$\frac{N_0}{N}(T<T_\mathrm{c})$	$C(T_{\mathrm{c}-})/Nk$
三维方盒	$\frac{2\pi\hbar^2}{km}\left(\frac{N}{2.612V}\right)^{2/3} \equiv T_\mathrm{E}$	$1-\left(\frac{T}{T_\mathrm{c}}\right)^{3/2}$	1.92
$V(r)=\varepsilon_1\left(\frac{r}{a}\right)^2$ （各向同性谐振子）	$\sqrt{\frac{2}{m}}\frac{\hbar}{k}\left(\frac{N}{1.202}\right)^{1/3}\left(\frac{\varepsilon_1}{a^2}\right)^{1/2}$	$1-\left(\frac{T}{T_\mathrm{c}}\right)^3$	10.82

下面推广到弱相互作用玻色气体。从二体作用势式(10.4.34)得到平均每个粒子的相互作用能 $E_\mathrm{int} = \frac{2\pi a\hbar^2}{m}\left(\frac{\mathrm{d}N}{\mathrm{d}\mathscr{V}}\right)$①，此处$\frac{\partial N}{\partial \mathscr{V}}$是粒子数密度。因此，半经典近似的哈密顿量可以写为

① 由式(10.4.38)读出总相互作用能($n_0=N$ 情况)为$\frac{2\pi a\hbar^2}{m\mathscr{V}}N^2$，平均每个粒子的能量为$\frac{2\pi a\hbar^2}{m}\left(\frac{N}{\mathscr{V}}\right)$。

$$H(\boldsymbol{p},\boldsymbol{r})=\frac{p^2}{2m}+V(\boldsymbol{r})+\frac{2\pi a\hbar^2}{m}n(\boldsymbol{r}) \tag{10.5.7}$$

阱中的粒子密度 $n(\boldsymbol{r})$ 应为

$$\frac{\mathrm{d}N}{\mathrm{d}\mathscr{V}}=\sum_{\varepsilon}n_{\varepsilon}\mid\psi_{\varepsilon}\mid^2$$

这很难精确计算。但使用半经典近似，有

$$\mathrm{d}N=\frac{1}{h^3}n(\boldsymbol{p},\boldsymbol{r})\mathrm{d}^3p\mathrm{d}^3r \tag{10.5.8}$$

此处

$$n(\boldsymbol{p},\boldsymbol{r})=\frac{1}{\mathrm{e}^{[(\boldsymbol{p}^2/2m)+V(\boldsymbol{r})-\mu]/kT}-1} \tag{10.5.9}$$

粒子数密度是

$$\left(\frac{\mathrm{d}N}{\mathrm{d}\mathscr{V}}\right)_{\boldsymbol{p},\boldsymbol{r}}=\frac{1}{h^3}n(\boldsymbol{p},\boldsymbol{r})\mathrm{d}^3p$$

对动量积分，有

$$\left(\frac{\mathrm{d}N}{\mathrm{d}\mathscr{V}}\right)_{\boldsymbol{r}}=\frac{4\pi}{h^3}\int p^2n(\boldsymbol{p},\boldsymbol{r})\mathrm{d}p \tag{10.5.10}$$

令 $x=\dfrac{p^2}{2mkT}$，则上式变为

$$\begin{aligned}\left(\frac{\mathrm{d}N}{\mathrm{d}\mathscr{V}}\right)_{\boldsymbol{r}}&=\frac{2}{\sqrt{\pi}}\frac{1}{\lambda^3}\int_0^{\infty}x^{1/2}\frac{1}{\mathrm{e}^{x+(V(\boldsymbol{r})/kT)-(\mu/kT)}-1}\\&=\frac{2}{\sqrt{\pi}}\frac{1}{\lambda^3}\sum_{t=0}^{\infty}\exp\left[-t\left(\frac{V}{kT}-\frac{\mu}{kT}\right)\right]\int_0^{\infty}\mathrm{e}^{-xt}x^{1/2}\mathrm{d}x\end{aligned} \tag{10.5.11}$$

此处 λ 是德布罗意热波长，以上使用了 $\dfrac{1}{1-y}=\sum\limits_{t=0}^{\infty}y^t$。积分后得

$$\left(\frac{\mathrm{d}N}{\mathrm{d}\mathscr{V}}\right)_{\boldsymbol{r}}=\frac{1}{\lambda^3}\sum_{t=1}^{\infty}\mathrm{e}^{t[\mu-V(\boldsymbol{r})]/kT}\frac{1}{t^{3/2}} \tag{10.5.12}$$

在 $\mu\lesssim0$ 时，求和可以只取带头的第一项，即取 $t=1$，式(10.5.7)变为

$$H(\boldsymbol{r},\boldsymbol{p})=\frac{p^2}{2m}+V_{\mathrm{eff}}(\boldsymbol{r})$$

此处

$$V_{\mathrm{eff}}(\boldsymbol{r})=V(\boldsymbol{r})+\frac{2\pi\hbar^2a}{m\lambda^3}\mathrm{e}^{-V(\boldsymbol{r})/kT} \tag{10.5.13}$$

文献[36]考虑了圆柱势的情况，给出了有关参数的结果。

低空间维中的 BEC 是个有趣的课题。从式(10.5.4)开始，等号右侧的第二项给出在各激发态上的粒子数 N_{ex}，它依赖于态密度 $\rho(\varepsilon)$。三维空间中的自由粒子态密度为 $\rho(\varepsilon)\propto\sqrt{\varepsilon}$。积分给出 $N_{\mathrm{ex}}\propto(kT)^{3/2}g_{3/2}(z)$，这是式(10.1.34)等号右侧的第一项。对于二维玻色气体，动量空间的体积元是 $2\pi p\,\mathrm{d}p\propto\mathrm{d}\varepsilon$，能级密度 $\rho(\varepsilon)$ 与 ε 无关，因此

$$N_{\mathrm{ex}}\propto kTg_1(z)$$

玻色函数的定义是 $g_p(z)=\sum_{l=1}^{\infty}\frac{z^l}{p^l}$，从定义可知 $g_1(1)$是发散的。这意味着在有限的温度下，位于各激发态上的粒子数是不受限制的，即二维理想玻色气体在有限温度下，不能发生玻色-爱因斯坦凝聚，态密度起着关键的作用。在有外场存在时，具有一定能量的粒子被局限于相应的体积中，这使 T_C 成为有限的[37]。具体地说，对三维各向同性谐振子势(频率为 ω)，包含粒子的体积 $v(\varepsilon)$与粒子能量 ε 有关。半经典计算给出 $v(\varepsilon)\propto\varepsilon^{3/2}$，动量空间体积元 $\propto\varepsilon^{1/2}$，二者一并给出相空间体积$\propto\varepsilon^2$，因此 $N_{ex}\propto(kT)^3 g_3(z\mathrm{e}^{-\hbar\omega/kT})$，而 N_{ex} 在有限温度下仍为有限值，故在二维空间势阱中，BEC 可能发生。

10.5.2　阱中弱相互作用玻色气体的玻色-爱因斯坦凝聚

在有外场时，10.4 节讨论的弱相互作用玻色气体的统计力学就需要将外场的影响包括进来。早期原子物理领域中的托马斯-费米模型[38]便是用“局域密度近似”来处理这类问题的例子，它被称为“原子的统计理论”。J. Oliva[39]将这个办法移植到玻色-爱因斯坦凝聚。在托马斯-费米模型中，令平衡电子分布与核的库仑势在原子中共同产生的势为 $V(r)$，则有

$$\frac{1}{2m}\boldsymbol{p}_F^2(r)+V(r)=\text{const} \tag{10.5.14}$$

此处 $\boldsymbol{p}_F(r)$为在 r 处的费米动量，它的值因在不同 r 处的电子密度不同而异。Oliva 提出，在阱中非均匀体系处于扩散平衡时，总的化学势应该为常数，即有

$$\bar{\mu}[\rho(\boldsymbol{r})]+V(\boldsymbol{r})=\mu \tag{10.5.15}$$

此处 μ 为总化学势(常数)，$\bar{\mu}$ 为内部化学势，在一般情况下它应是密度分布函数 $\rho(\boldsymbol{r})$的泛函。如果 $\rho(\boldsymbol{r})$的变化足够平缓，就可以采用“局域密度近似”，将非定域的泛函 $\bar{\mu}[\rho(\boldsymbol{r})]$用局域的坐标函数 $\bar{\mu}(\boldsymbol{r})$代替，就有

$$\bar{\mu}(\boldsymbol{r})+V(\boldsymbol{r})=\mu \tag{10.5.16}$$

Oliva 用从式(10.4.39)导出的自由能计算在阱中自旋确定取向的氢原子的密度分布。

邹祖德、杨振宁、余立华[40-41]严格论证了局域密度近似的成立条件，并对原子散射长度 $a>0$(排斥相互作用)的情况给出了一个易于实验验证的关系，还给出了阱中玻色子的动量分布。考虑谐振子阱 $V=\frac{1}{2}m\omega^2r^2$，其中的玻色气体有 4 个量纲为长度的参数。除散射长度 a 和热德布罗意波长 λ 以外，还有阱中谐振子基态的大小 L_2 和能量为 kT 的经典谐振子振幅 L_1：

$$\left.\begin{aligned}L_1&=(2\pi m\omega^2\beta)^{-1/2}\\L_2&=(\hbar/m\omega)^{1/2}\end{aligned}\right\} \tag{10.5.17}$$

此处 $\beta=1/kT$。在局域密度近似中，空间被分成元胞，其体积介于 L_1^3 和 L_2^3 之间：

$$L_1^3\gg\text{元胞体积}\gg L_2^3$$

在一个元胞中，势能 $V(\boldsymbol{r})$被当作常数。在相互作用玻色体系的统计力学中的逸性 $z=\mathrm{e}^{\beta\mu}$，现在被 ζ 所取代：

$$\zeta(\boldsymbol{r})=\mathrm{e}^{\beta\bar{\mu}(\boldsymbol{r})}=\mathrm{e}^{\beta\mu}\mathrm{e}^{-\beta V(\boldsymbol{r})}=z\mathrm{e}^{-\beta V(\boldsymbol{r})} \tag{10.5.18}$$

z 在整个体系中为常数。有巨配分函数

$$\mathscr{D}=\prod_{p}\frac{1}{1-\zeta e^{-\beta\varepsilon_p}} \tag{10.5.19}$$

式(10.4.39)导致的玻色气体(不计 BEc)密度分布函数

$$\rho(\boldsymbol{r})=\lambda^{-3}g_{3/2}(z)\left(1-\frac{4a}{\lambda}g_{1/2}(z)\right)$$

现在被 $z\to\zeta$ 置换所得的表达式取代：

$$\rho(\boldsymbol{r})=\lambda^{-3}g_{3/2}(\zeta)\left(1-\frac{4a}{\lambda}g_{1/2}(\zeta)\right) \tag{10.5.20}$$

ρ 通过 $\zeta(\boldsymbol{r})$ 取决于位置坐标 $\boldsymbol{r}$。

对于 $a=0$ 的情况，$\rho(\boldsymbol{r})$ 可以严格解出，从而可以对局域密度近似做出估计。原子体系球对称的总密度分布函数 $\rho_t(r)$ 是

$$\rho_t(r)=\langle r\mid D\mid r\rangle \tag{10.5.21}$$

此处

$$D=\frac{ze^{-\beta H}}{1-ze^{-\beta H}}=\sum_{l=1}^{\infty}z^l e^{-\beta Hl} \tag{10.5.22}$$

是密度算符。$e^{-\beta Hl}$ 的矩阵元是已知的①，代入式(10.5.22)后给出

$$\rho_t(r)=\varepsilon^{3/2}\lambda^{-3}\sum_{l=1}^{\infty}(\sinh l\varepsilon)^{-3/2}z^l e^{-\sigma^2\tanh l\varepsilon/2} \tag{10.5.23}$$

此处

$$\varepsilon=\frac{\hbar\omega}{kT},\quad \sigma=\frac{r}{L_2} \tag{10.5.24}$$

式(10.5.23)中的级数记为 $\sum_l a_l$，它的收敛条件由下式决定(对大的 l 值)：

$$\left(\frac{a_{l+1}}{a_l}\right)=z\left(\frac{e^{(l+1)\varepsilon}}{e^{l\varepsilon}}\right)^{-\frac{3}{2}}=ze^{-(3/2)\varepsilon}\equiv z_1<1 \tag{10.5.25}$$

对于 $z_1=1$，级数对任何 r 值都发散。与均匀玻色气体情况相比，可知若将发散部分分出，它就相当于 BEc，而余下的部分则属于“热气体”。取式(10.5.23)中级数的一般项 a_l，其对数

$$\begin{aligned}\ln a_l&=l(\ln z)-\frac{3}{2}\ln\sinh l\varepsilon-\sigma^2\tanh\frac{l\varepsilon}{2}\\&=l\left(\ln z-\frac{3}{2}\varepsilon\right)+\left(\frac{3}{2}\ln 2-\sigma^2\right)+c_l\end{aligned}$$

此处 $c_l\to 0$(当 $l\to\infty$ 时)。在 l 足够大时，

$$a_l\to 2^{3/2}e^{-\sigma^2}z_1^l e^{c_l}$$

将 a_l 改写：

$$\left.\begin{aligned}a_l&=2^{3/2}e^{-\sigma^2}z_1^l+2^{3/2}e^{-\sigma^2}z_1^l(e^{c_l}-1)\\\sum_l a_l&=2^{3/2}e^{-\sigma^2}\frac{z_1}{1-z_1}+2^{3/2}e^{-\sigma^2}\sum_l z_1^l(e^{c_l}-1)\end{aligned}\right\}$$

代回式(10.5.23)有

① 见费曼的专著：Statistical Mechanics，1972 年版，49 页。

$$\rho_t(r)=\frac{z_1}{1-z_1}\mid\psi_0(r)\mid^2+\rho(r) \tag{10.5.26}$$

等号右侧的第一项是在 $z_1=1$ 时的发散项，即凝聚体的密度分布，而

$$\psi_0(r)=2^{3/4}\mathrm{e}^{-r^2/2L_2^2} \tag{10.5.27}$$

正是谐振子基态波函数。式(10.5.26)等号右侧的第二项

$$\rho(r)=\lambda^{-3}(2\varepsilon)^{3/2}\sum_{l=1}^{\infty}z_1^l\left\{\frac{1}{(1-\mathrm{e}^{-2l\varepsilon})^{3/2}}\mathrm{e}^{-\sigma^2\tanh\frac{\varepsilon l}{2}}-\mathrm{e}^{-\sigma^2}\right\} \tag{10.5.28}$$

是正常气体部分。这证明了在势 $V(r)$ 场中的凝聚体正是按基态波函数分布的。式(10.5.28)的求和在 $z_1=1$ 时仍是收敛的。式(10.5.26)～式(10.5.28)是精确的，可以用来判断局域密度近似的精确程度。考虑 $\varepsilon\ll1$ 的情况。在式(10.5.28)的求和中，$\varepsilon l>1$ 的各项因花括号中两项抵消可略去。对于 $\varepsilon l<1$ 的各项，可用以下置换：$1-\mathrm{e}^{-2l\varepsilon}\to2l\varepsilon$，$\tanh\frac{\varepsilon l}{2}\to\frac{\varepsilon l}{2}$，而 $\mathrm{e}^{-\sigma^2}$ 项可略去。求和项变为

$$\sum_1^{\infty}\frac{\left[z_1\exp\left(-\frac{1}{2}\beta m\omega^2r^2\right)\right]^l}{l^{3/2}}=g_{3/2}\left[z_1\exp\left(-\frac{1}{2}\beta m\omega^2r^2\right)\right]$$

因而有

$$\rho_t(r)\approx\frac{z_1}{1-z_1}\mid\psi_0(r)\mid^2+\lambda^{-3}g_{3/2}\left[z_1\exp\left(-\frac{1}{2}\beta m\omega^2r^2\right)\right] \tag{10.5.29}$$

式(10.5.20)在 $a=0$ 的情况下给出的正是上式约等号右侧的第二项，仅将 z 换成 z_1。对于 $\varepsilon\ll1$，这个置换带来的误差可以不计。在气体相，$1-z_1=O(1)$，式(10.5.29)以约等号右侧的第二项为主，因此局域密度近似得很好。在凝聚相，$1-z_1\approx O(N^{-1})$，因此在约等号右侧的第二项中可置 $z_1=1$，这使它与近似表达式完全相同。对凝聚相本身还须进一步讨论。式(10.5.28)在 $a=0$ 时是 $\rho(r)=\lambda^{-3}g_{3/2}(z\mathrm{e}^{-\beta\frac{1}{2}m\omega^2r^2})$。对体系增加粒子使 z 值增大，但 $g_{3/2}$ 的宗量的最大可能值为 1。因此，在 $r=0$ 处宗量值先达到 1。如果再增加粒子，便要在 $r=0$ 处产生凝聚。在局域密度近似中，BEc 的密度分布是 δ 函数型的，而精确结果的密度分布是 $|\psi_0(r)|^2$，这个区别正好说明了近似的性质。在将空间分成元胞时，元胞的尺度甚大于 L_2，因此 $\psi_0(r)$ 的尺度 L_2 对元胞而言就缩成了一点。

对于 $a=0$ 的情况，体系的哈密顿量为

$$H=\frac{1}{2m}p^2+\frac{1}{2}m\omega^2x^2$$

其具有 x 和 p 的置换对称：

$$p\leftrightarrow x,\quad \frac{1}{m}\leftrightarrow m\omega^2$$

配分函数 $Q_N(V,T)=\mathrm{tr}\ \mathrm{e}^{-\beta H}$ 对这个置换不变。因此 BEc 的动量分布一定是 $|\psi_0(p)|^2$。对于 $a\neq0$ 的情况，阱中玻色气体的动量分布在文献[41]中有详细讨论。

对于 $a>0$ 的情况，式(10.5.28)在展开至 a/λ 一阶时可以写作

$$\rho(r)=\lambda^{-3}g_{3/2}(z\mathrm{e}^{-\beta V(r)-4a\lambda^2\rho(r)}) \tag{10.5.30}$$

当体系的粒子数增加时，仍在 $r=0$ 处开始凝聚。在均匀体系中 $\mu=kT\ln z$，在阱中局域密

度近似给出：

$$\bar{\mu}(r)=kT\ln(z\mathrm{e}^{-\beta V})=kT\ln z-V(r) \tag{10.5.31}$$

式(10.5.30)给出了饱和气体密度 $\rho_0=\lambda^{-3}g_{3/2}(1)$，因此凝聚体的密度为 $\rho_c=\rho_t-\rho_0$。式(10.4.39)给出了体系的亥姆霍兹自由能 $A=-\dfrac{1}{\beta}\ln Q_N$，则有

$$\frac{A}{V}=-kT\lambda^{-3}g_{5/2}(1)+2a\lambda^2kT\rho_t^2-a\lambda^2kT\rho_c^2 \tag{10.5.32}$$

从此可以得到化学势 $\bar{\mu}=\dfrac{\partial}{\partial\rho_t}\left(\dfrac{A}{V}\right)\Big|_{V,T}$：

$$\begin{aligned}\bar{\mu}&=[4a\lambda^2\rho_t-2a\lambda^2(\rho_t-\rho_0)]kT\\&=\frac{a4\pi\hbar^2}{m}(\rho_t+\rho_0)\end{aligned}$$

上式与式(10.5.31)相等，可得

$$kT\ln z-V(r)=4\pi a(\rho_t+\rho_0)\hbar^2/m$$

在凝聚体边界，$r=r_0$，$\rho_c=0$，$\rho_t=\rho_0$，因此有

$$V(r)+4\pi a\rho_t(r)\hbar^2/m=V(r_0)+4\pi a\rho_0\hbar^2/m \tag{10.5.33}$$

这个关系对任何阱势 $V(r)$ 都成立，在实验上是可以检验的。

10.5.3 格罗斯-彼得耶夫斯基方程

在有外场时，与式(10.4.6)相对应的场算符关系是

$$\hat{\psi}(\boldsymbol{x})=\Psi(\boldsymbol{x})+\hat{\varphi}(\boldsymbol{x}) \tag{10.5.34}$$

此处

$$\Psi(\boldsymbol{x})=\langle\hat{\psi}(\boldsymbol{x})\rangle \tag{10.5.35}$$

是凝聚体波函数，而 $\hat{\varphi}(\boldsymbol{x})$ 是非凝聚体各态的场算符，满足

$$\langle\hat{\varphi}(\boldsymbol{x})\rangle=0 \tag{10.5.36}$$

下面从 $\hat{\psi}$ 的运动方程出发，在平均场近似下导出 Ψ 和 $\hat{\varphi}$ 所满足的演化方程和本征方程。二次量子化的哈密顿量是

$$\hat{H}=\int\mathrm{d}^3x\hat{\psi}^\dagger\left(-\frac{\hbar^2}{2m}\nabla^2+V\right)\hat{\psi}+\frac{1}{2}\int\mathrm{d}^3x\mathrm{d}^3x'U(\boldsymbol{x}-\boldsymbol{x}')\hat{\psi}^\dagger(\boldsymbol{x})\hat{\psi}(\boldsymbol{x})\hat{\psi}^\dagger(\boldsymbol{x}')\hat{\psi}(\boldsymbol{x}') \tag{10.5.37}$$

此处在弱相互作用玻色气体近似下，有

$$U(\boldsymbol{r})=\frac{4\pi\hbar^2a}{m}\delta^3(\boldsymbol{r}) \tag{10.5.38}$$

用式(10.5.38)，$\hat{H}$ 等号右侧的第二项变为 $\int\mathrm{d}^3x\ \dfrac{2\pi\hbar^2a}{m}\hat{\psi}^\dagger(\boldsymbol{x})\hat{\psi}(\boldsymbol{x})\hat{\psi}^\dagger(\boldsymbol{x})\hat{\psi}(\boldsymbol{x})$。$\hat{\psi}$ 满足的运动方程是

$$\mathrm{i}\hbar\frac{\partial\hat{\psi}}{\partial t}=-\frac{\hbar^2}{2m}\nabla^2\hat{\psi}+V(\boldsymbol{x})\hat{\psi}+\frac{4\pi\hbar^2a}{m}\hat{\psi}^\dagger\hat{\psi}\hat{\psi} \tag{10.5.39}$$

将式(10.5.34)代入式(10.5.39)，并取此式的平均，考虑 $\langle\hat{\varphi}\rangle=\langle\hat{\varphi}^\dagger\rangle=0$，$\langle\hat{\varphi}^\dagger\hat{\varphi}\rangle=n'(\boldsymbol{r},t)$，得

$$\mathrm{i}\,\hbar\frac{\partial\Psi}{\partial t}=-\frac{\hbar^2}{2m}\nabla^2\Psi+V(\boldsymbol{x})\Psi+\frac{4\pi\,\hbar^2 a}{m}(2n'+|\Psi|^2)\Psi \tag{10.5.40}$$

这是凝聚体波函数满足的方程，由于$|\Psi|^2\Psi$项的存在，它是非线性的。

求$\hat{\varphi}$所满足的方程要用平均场方法。考虑

$$\begin{aligned}\hat{\psi}^\dagger\hat{\psi}\hat{\psi}&=(\Psi^\dagger+\hat{\varphi}^\dagger)(\Psi+\hat{\varphi})(\Psi+\hat{\varphi})\\&=|\Psi|^2\Psi+2|\Psi|^2\hat{\varphi}+\Psi\hat{\varphi}\hat{\varphi}+\Psi^2\hat{\varphi}^\dagger+2\Psi\hat{\varphi}^\dagger\hat{\varphi}+\hat{\varphi}^\dagger\hat{\varphi}\hat{\varphi}\end{aligned}$$

在进行线性化时，双线型$\hat{\varphi}^\dagger\varphi$用其平均值$n'$代替，$\hat{\varphi}\hat{\varphi}$的平均值为0。注意到$\hat{\varphi}^\dagger\hat{\varphi}\hat{\varphi}$在约化时，$\hat{\varphi}^\dagger$要和两个$\hat{\varphi}$因子分别组合，故有$\hat{\varphi}^\dagger\hat{\varphi}\hat{\varphi}\to 2n'\hat{\varphi}$。这种做法略去了场的涨落，对其推论应持谨慎态度。上面的算符$\hat{\psi}^\dagger\hat{\psi}\hat{\psi}$约化为

$$\hat{\psi}^\dagger\hat{\psi}\hat{\psi}\to 2n'\hat{\varphi}+2n'\Psi+\Psi^2\hat{\varphi}^\dagger+2|\Psi|^2\hat{\varphi}+|\Psi|^2\Psi \tag{10.5.41}$$

即完成了$\hat{\varphi}$算符的线性化。从式(10.5.39)减去式(10.5.40)，并用式(10.5.41)，得

$$\mathrm{i}\,\hbar\frac{\partial\hat{\varphi}}{\partial t}=-\frac{\hbar^2}{2m}\nabla^2\hat{\varphi}+V(\boldsymbol{r})\hat{\varphi}+\frac{4\pi\,\hbar^2 a}{m}[2(|\Psi|^2+n')\hat{\varphi}+\Psi^2\hat{\varphi}^\dagger] \tag{10.5.42}$$

式(10.5.40)和式(10.5.42)是耦合方程。通常在式(10.5.40)中略去n'，因为在BEc形成后，$|\Psi|^2$要比n'大得多。这样式(10.5.40)就变为

$$\mathrm{i}\,\hbar\frac{\partial\Psi}{\partial t}=-\frac{\hbar^2}{2m}\nabla^2\Psi+V(\boldsymbol{r})\Psi+\frac{4\pi\,\hbar^2 a}{m}|\Psi|^2\Psi \tag{10.5.43a}$$

这就是格罗斯-彼得耶夫斯基方程[42-44](Gross-Pitaevskii equation，以下简称"GP方程")。

从式(10.5.43)可以得到定态的GP方程。序参量的时间依赖是

$$\Psi(\boldsymbol{x},t)=\langle\hat{\psi}(\boldsymbol{x})\mathrm{e}^{-\mathrm{i}Ht/\hbar}\rangle=\Psi(\boldsymbol{x})\mathrm{e}^{-\mathrm{i}\mu t/\hbar}$$

此处$\mu=E(N)-E(N-1)\sim\partial E/\partial N$是化学势。将上式代入式(10.5.43)就得到定态GP方程：

$$-\frac{\hbar^2}{2m}\nabla^2\Psi+V(\boldsymbol{r})\Psi+\frac{4\pi\,\hbar^2 a}{m}|\Psi|^2\Psi=\mu\Psi \tag{10.5.43b}$$

GP方程的应用广泛而成功。E. H. Lieb等人[45]从严格证明的角度重新考虑了这个问题。他们首先证明了每个原子的相互作用能量的下限是$2\pi\,\hbar^2 a\rho/m\,(a>0)$；再进一步，E. H. Lieb等人[46]严格推导了$a>0$情况下的GP泛函。

10.5.4　量子相位动力学

凝聚体的基态往往用具有确定相位的相干态描述，但相干态并不是如相互作用的均匀凝聚体这样的简单哈密顿量的本征态，相位的扩散是不可避免的。在$T=0$的凝聚体要发生相位扩散是因为确定的相位和确定原子数不相容。M. Lewenstein和尤力[47]研究了玻色-爱因斯坦凝聚体的相位扩散问题。二次量子化的哈密顿是

$$\mathscr{H}=\int\mathrm{d}^3r\hat{\Psi}^\dagger(\boldsymbol{r})\left[-\frac{\hbar^2}{2M}\nabla^2+V_t(\boldsymbol{r})-\mu\right]\hat{\Psi}(\boldsymbol{r})+\frac{u_0}{2}\int\mathrm{d}^3r\hat{\Psi}^\dagger(\boldsymbol{r})\hat{\Psi}^\dagger(\boldsymbol{r})\hat{\Psi}(\boldsymbol{r})\hat{\Psi}(\boldsymbol{r}) \tag{10.5.44}$$

在这里$u_0=4\pi\,\hbar^2 a/M$，a是散射长度。平均粒子数守恒通过拉格朗日不定乘子项$\mu\hat{N}=$

$\mu\int d^3 r\hat{\Psi}(\boldsymbol{r})\hat{\Psi}(\boldsymbol{r})$ 得到反映，μ 是化学势。用波戈留波夫近似，设

$$\hat{\Psi}(\boldsymbol{r})=\sqrt{N}\psi_0(\boldsymbol{r})+\delta\hat{\Psi}(\boldsymbol{r}) \tag{10.5.45}$$

此处 ψ_0 是凝聚体的基态波函数（设为实函数），归一化到 $\int d^3 r\,|\psi_0(\boldsymbol{r})|^2=1$，$\delta\hat{\Psi}(\boldsymbol{r})$ 是量子涨落。将式(10.5.45)代入式(10.5.44)，并略去 $\delta\hat{\Psi}(\boldsymbol{r})$的三次项和四次项。如果 ψ_0 是 GP 方程的解，一次项就将为零：

$$[\mathscr{L}+u_0\rho(\boldsymbol{r})]\psi_0(\boldsymbol{r})=0 \tag{10.5.46}$$

此处

$$\mathscr{L}=-\frac{\hbar^2}{2M}\nabla^2+V_t(\boldsymbol{r})-\mu \tag{10.5.47}$$

$$\rho(\boldsymbol{r})=N\psi_0^2(\boldsymbol{r})$$

哈密顿量除一个常数项外就成为 $\delta\hat{\Psi}$ 和 $\delta\hat{\Psi}^\dagger$ 的二次型：

$$\mathscr{H}=\int d^3 r\delta\hat{\Psi}^\dagger\mathscr{L}\delta\hat{\Psi}+\frac{u_0}{2}\int d^3 r\rho(\boldsymbol{r})(\delta\hat{\Psi}^\dagger\delta\hat{\Psi}^\dagger+\delta\hat{\Psi}\delta\hat{\Psi}+4\delta\hat{\Psi}^\dagger\delta\hat{\Psi}) \tag{10.5.48}$$

引入准粒子的湮灭和产生算符：

$$\left.\begin{aligned} g_k&=\int d^3 r\,[U_k(\boldsymbol{r})\delta\hat{\Psi}(\boldsymbol{r})+V_k(\boldsymbol{r})\delta\hat{\Psi}^\dagger(\boldsymbol{r})]\\ g_k^\dagger&=\int d^3 r\,[U_k^*(\boldsymbol{r})\delta\hat{\Psi}^\dagger(\boldsymbol{r})+V_k^*(\boldsymbol{r})\delta\hat{\Psi}(\boldsymbol{r})]\end{aligned}\right\} \tag{10.5.49}$$

U 和 V 是 $\boldsymbol{r}$ 的复函数，相当于均匀情况下的 u_p 和 ν_p（10.4.1 节），有时被称为“阱模式”。算符 g_k 和 $g_k^\dagger$ 满足玻色对易关系

$$[g_k,g_{k'}^\dagger]=\delta_{kk'}\ \text{和}\ [g_k,g_{k'}]=0 \tag{10.5.50}$$

根据式(10.5.49)，以上关系导致双正交归一条件：

$$\int d^3 r(U_k(\boldsymbol{r})U_{k'}^*(\boldsymbol{r})-V_k(\boldsymbol{r})V_{k'}^*(\boldsymbol{r}))=\delta_{kk'} \tag{10.5.51}$$

我们期望在对角化之后能够得到

$$\mathcal{H}\sim\sum_k\hbar\omega_k g_k^\dagger g_k \tag{10.5.52}$$

这个形式是试探性的，将在下面的发展中精确化。上式导致

$$[\mathcal{H},g_k]=-\hbar\omega_k,\ [\mathcal{H},g_k^\dagger]=\hbar\omega_k \tag{10.5.53}$$

这正是我们预期的，因为 g_k 作用在$\mathcal{H}$的本征态上会减少它的本征值$\hbar\omega_k$。用式(10.5.48)和式(10.5.49)计算$[\mathcal{H},g_k]$，并将结果与式(10.5.53)比较，得到

$$\left.\begin{aligned}[\mathscr{L}+2u_0\rho(\boldsymbol{r})]U_k(\boldsymbol{r})-u_0\rho(\boldsymbol{r})V_k(\boldsymbol{r})&=\hbar\omega_k U_k(\boldsymbol{r})\\ [\mathscr{L}+2u_0\rho(\boldsymbol{r})]V_k(\boldsymbol{r})-u_0\rho(\boldsymbol{r})U_k(\boldsymbol{r})&=-\hbar\omega_k V_k(\boldsymbol{r})\end{aligned}\right\} \tag{10.5.54}$$

这是准粒子波函数的波戈留波夫-德热纳方程（Bogoliubov-de Gennes equation）。在时间反演下，有

$$U_k\leftrightarrow U_k^*,V_k\leftrightarrow V_k^*, \tag{10.5.55}$$

$$\delta\hat{\Psi}\leftrightarrow\delta\hat{\Psi}^\dagger,g_k\leftrightarrow g_k^\dagger$$

因此，时间反演不变性要求对应于 ω_k 的一组解(U_k,V_k)，一定存在$-\omega_k$ 的一组解(V_k^*,U_k^*)。

方程式(10.5.54)对于 $\omega_0=0$ 有唯一解 $U_0(\boldsymbol{r})=V_0^*(\boldsymbol{r})\propto\psi_0(\boldsymbol{r})$。这就是源于整体 $U(1)$ 对称破缺的戈德斯通模。

仿照式(10.5.49)来定义零模的湮灭算符是个诱人的尝试：

$$\hat{P}=\int \mathrm{d}^3 r\psi_0(\boldsymbol{r})\left[\delta\hat{\Psi}(\boldsymbol{r})+\delta\hat{\Psi}^\dagger(\boldsymbol{r})\right] \tag{10.5.56}$$

但这个算符是厄密的，厄密算符不能成为产生算符和湮灭算符。由于 GP 方程式(10.5.46)，$\hat{P}$ 也和哈密顿量算符对易：

$$[\hat{P},\mathcal{H}]=\int \mathrm{d}^3 r\{\psi_0(\mathscr{L}+u_0\rho)\delta\hat{\Psi}-\psi_0(\mathscr{L}+u_0\rho)\delta\hat{\Psi}^\dagger\}=0 \tag{10.5.57}$$

因为双正交归一条件式(10.5.51)，它也和 g_k 和 $g_k^\dagger$ 对易($k\neq0$)：

$$[g_k,\hat{P}]=\int \mathrm{d}^3 r\psi_0[U_k-V_k]=0 \tag{10.5.58}$$

现在我们可以将式(10.5.52)精确写出。$\mathcal{H}$必须是双线性型，必须和 $\hat{P}$ 对易，因此它的正确形式是：

$$\mathcal{H}=\frac{\alpha}{2}\hat{P}^2+\sum_{k\neq0}\hbar\omega_k g_k^\dagger g_k \tag{10.5.59}$$

零模代表了与整体相位不变性的自发破缺相联系的集体运动①，α 是待定参数。$\hat{P}$ 就是这个模的动量算符，它的正则共轭位置算符是

$$\hat{Q}=\mathrm{i}\int \mathrm{d}^3 r\Phi_0(\boldsymbol{r})\left[\delta\hat{\Psi}(\boldsymbol{r})-\delta\hat{\Psi}^\dagger(\boldsymbol{r})\right] \tag{10.5.60}$$

它们满足

$$[\hat{Q},\hat{P}]=\mathrm{i},[\hat{Q},g_k]=0,\quad k\neq0 \tag{10.5.61}$$

因此从式(10.5.59)可得

$$[\hat{Q},\mathcal{H}]=\mathrm{i}\alpha\hat{P} \tag{10.5.62}$$

从这个要求得出以下结果：

$$2\int \mathrm{d}^3 r\Phi_0(\boldsymbol{r})\psi_0(\boldsymbol{r})=1 \tag{10.5.63}$$

$$\int \mathrm{d}^3 r\Phi_0(\boldsymbol{r})[U_k+V_k]=0,\quad k\neq0 \tag{10.5.64}$$

$$[\mathscr{L}+3u_0\rho(\boldsymbol{r})]\Phi_0(\boldsymbol{r})=\alpha\psi_0(\boldsymbol{r}) \tag{10.5.65}$$

对应美国天体物理联合实验室(Joint Institute for Laboratory Astrophysics, JILA)阱参数的方程式(10.5.65)的解示于图 10.12。

以对易关系为指引，得到零模的湮灭和产生算符：

$$g_0=\frac{\hat{P}-\mathrm{i}\hat{Q}}{\sqrt{2}},\quad g_0^\dagger=\frac{\hat{P}+\mathrm{i}\hat{Q}}{\sqrt{2}} \tag{10.5.66}$$

零模函数是：

$$U_0(\boldsymbol{r})=\frac{1}{\sqrt{2}}(\psi_0(\boldsymbol{r})+\Phi_0(\boldsymbol{r})),\quad V_0(\boldsymbol{r})=\frac{1}{\sqrt{2}}(\psi_0(\boldsymbol{r})-\Phi_0(\boldsymbol{r})) \tag{10.5.67}$$

---

① 参阅文献[48]10.6 节。

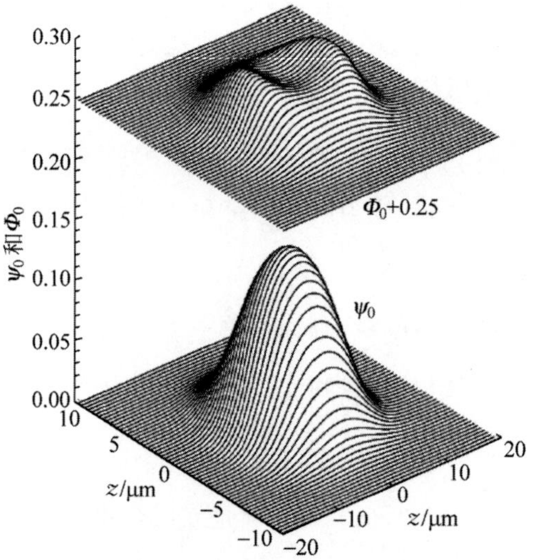

图 10.12　对应 JILA 阱参数的波函数 Φ_0 和 Ψ_0

取自文献[47]

参数是：$N=2\,000, a=5.2\text{nm}, (\omega_x:\omega_y:\omega_z)=(1:1:8^{1/2})(10\text{Hz})$；

计算波函数的参数是：$\mu=1.769\,\hbar\omega_x, \alpha=1.129\,\hbar\omega_x$

只有在把零模函数包括在内时，集合(U_k, V_k)才是完备的：

$$\left.\begin{aligned}&\sum_{k=0}^{\infty}[U_k(\boldsymbol{r})U_k^*(\boldsymbol{r}')-V_k(\boldsymbol{r})V_k^*(\boldsymbol{r}')]=\delta^3(\boldsymbol{r}-\boldsymbol{r}')\\&\sum_{k=0}^{\infty}[U_k(\boldsymbol{r})V_k^*(\boldsymbol{r}')-V_k(\boldsymbol{r})U_k^*(\boldsymbol{r}')]=0\end{aligned}\right\}\tag{10.5.68}$$

双正交归一条件式(10.5.51)现在延伸到包括 $k=0$。量子涨落 $\delta\Psi$ 式(10.5.45)可以展开为

$$\delta\Psi(\boldsymbol{r})=\sum_{k=0}^{\infty}[U_k(\boldsymbol{r})g_k-V_k^*(\boldsymbol{r})g_k^\dagger]\tag{10.5.69}$$

零模的贡献是

$$U_0g_0-V_0g_0^\dagger=-\mathrm{i}\psi_0\hat{Q}+\Phi_0\hat{P}\tag{10.5.70}$$

场算符的展开就是

$$\hat{\Psi}(\boldsymbol{r},t)=\sqrt{N}\psi_0(\boldsymbol{r})-\mathrm{i}\psi_0\hat{Q}+\Phi_0\hat{P}+\sum_{k\neq0}^{\infty}[U_k(\boldsymbol{r})g_k-V_k^*(\boldsymbol{r})g_k^\dagger]\tag{10.5.71}$$

零模的动力学由运动方程决定。从式(10.5.59)得到运动方程：

$$\left.\begin{aligned}&[\hat{P},\mathcal{H}]=0\\&\mathrm{i}\frac{\partial\hat{Q}}{\partial t}=[\hat{Q},\mathcal{H}]=\mathrm{i}\alpha\hat{P}\end{aligned}\right\}$$

它们的解是：

$$\hat{P}(t)=\hat{P}(0),\text{常数}\tag{10.5.72}$$

$$\hat{Q}(t)=\hat{Q}(0)+\alpha\hat{P}(0)t\tag{10.5.73}$$

10.6 各向异性势阱中的玻色-爱因斯坦凝聚

BEc 的定态性质以及在形成后的演化，要靠 GP 方程的解给出。由于方程的非线性，多靠数值解法[49-50]求解，但不用数值解也能得到若干重要的定性结论[51]。这项工作以威曼和康奈尔研究组对^{87}Rb 的 BEC 实验为例展开讨论。势阱是各项异性的，轴向频率为 ω°_z，横向频率为 $\omega^{\circ}_{\perp}=\frac{\omega^{\circ}_z}{\sqrt{8}}$；相应的振子振幅为 $a_z=\left(\frac{\hbar}{m\omega^{\circ}_z}\right)^{1/2}$，$a_{\perp}=\left(\frac{\hbar}{m\omega^{\circ}_{\perp}}\right)^{1/2}$。在无相互作用时，单粒子态波函数是

$$\boldsymbol{\Psi}_0(\boldsymbol{r})=\frac{1}{\pi^{3/4}a_{\perp}\ a_z^{1/2}}\exp\left[-\frac{1}{2\hbar}m(\omega^{\circ}_{\perp}\ \boldsymbol{r}_{\perp}^2+\omega^{\circ}_z z^2)\right] \tag{10.6.1}$$

此处 $\boldsymbol{r}_{\perp}$ 是 $\boldsymbol{r}$ 在 xy 平面的投影。密度分布 $\rho_0(\boldsymbol{r})=N\Psi_0^2(\boldsymbol{r})$是高斯型的。^{87}Rb 的散射长度是 $a\approx100a_0$，a_0 是玻尔半径，$a>0$ 意为相互作用是排斥。单位体积气体的相互作用能是 $\frac{2\pi\hbar^2 a}{m}|\rho(\boldsymbol{r})|^2$。排斥作用使密度和理想气体情况相比要低一些。由于横向(xy 平面)势较弱，当凝聚粒子数增加时，气体密度首先在 xy 平面内伸展，然后扩展到 z 轴方向，最终气体云的大小将取决于相互作用能与阱势能间的平衡。暂时不考虑势的各向异性，设气体云半径为 R，则 ρ 约为 N/R^3。每个粒子的振子势能为$\frac{1}{2}m\omega_{\perp}^2R^2$，它感受到其他粒子的相互作用能约为$\frac{4\pi\hbar^2 a}{m}\frac{N}{R^3}$。此二者之间的平衡给出

$$R^5=8\pi\frac{\hbar^2}{m^2\omega_{\perp}^2}aN=aa_{\perp}^4\ 8\pi N\equiv a_{\perp}^5\ \zeta^5 \tag{10.6.2}$$

此处

$$\zeta=\left(\frac{8\pi Na}{a_{\perp}}\right)^{1/5} \tag{10.6.3}$$

是阱中的 BEc，是无量纲尺度，BEc 的特征长度是 $a_{\perp}\zeta$。在形成 BEc 后的实验条件下，$\zeta\gg1$。粒子的平均动能是 $\overline{T}=\hbar^2/2mR^2$，故有动能与相互作用势能(或阱势能 $\overline{V}$)之比为

$$\frac{\overline{T}}{\overline{V}}\approx\frac{\hbar^2}{mR^2m\omega_{\perp}^2\ R^2}=\left(\frac{a_{\perp}}{R}\right)^4=\zeta^{-4}$$

它是很小的。为了进一步考查相互作用的影响，使用凝聚体波函数 $\boldsymbol{\Psi}$，它的归一化是 $\int|\boldsymbol{\Psi}|^2\mathrm{d}^3r=N$。单粒子的哈特里波函数是$\frac{\boldsymbol{\Psi}(\boldsymbol{r})}{N^{1/2}}$，GPG 能量泛函是

$$E[\boldsymbol{\Psi}(\boldsymbol{r})]=\int\mathrm{d}^3r\left\{\frac{\hbar^2}{2m}|\nabla\boldsymbol{\Psi}(\boldsymbol{r})|^2+\frac{m}{2}[(\omega^{\circ}_{\perp})^2r_{\perp}^2+(\omega^{\circ}_z)^2z^2]|\boldsymbol{\Psi}(\boldsymbol{r})|^2+\right.$$
$$\left.\frac{2\pi\hbar^2 a}{m}|\boldsymbol{\Psi}(\boldsymbol{r})|^4\right\} \tag{10.6.4}$$

作为第一级近似，取 Ψ 为元相互作用的基态波函数形式，同时取有效频率 $\omega_{\perp}$ 和 ω_z 作为变分参量：

$$\Psi(\boldsymbol{r})=\pi^{-3/4}\omega_{\perp}^{1/2}\,\omega_{z}^{1/4}\left(\frac{m}{\pi\hbar}\right)^{3/4}\exp\left[-\frac{m}{2\hbar}(\omega_{\perp}r_{\perp}^{2}+\omega_{z}z^{2})\right] \tag{10.6.5}$$

将式(10.6.5)代入式(10.6.4)，得到 $E(\omega_{\perp},\omega_z)$。通过改变 $\omega_{\perp}$ 求 E 极小，得到极小条件 $\omega_{\perp}=\omega^{\circ}_{\perp}/\Delta$，此处 $\Delta\propto N^{1/2}a^{1/4}$。和威曼和康奈尔组的实验比较，对于 $N=10^4$，有 $\omega_z/\omega^{\circ}_z=0.40\sim0.55$（取决于阱参数），$\omega_{\perp}/\omega^{\circ}_{\perp}=0.16\sim0.26$。由于排斥相互作用，波函数已有相当程度的扩展。如果实验以后达到 $N=10^6$，扩展将更为可观。

对泛函（式(10.6.4)）在 N 固定的情况下求极小，就得到 GP 方程：

$$\left[-\frac{\hbar^2}{2m}\nabla^2+\frac{1}{2}m(\omega^{\circ 2}_{\perp}r_{\perp}^2+\omega^{\circ 2}_{z}z^2)+\frac{4\pi\hbar^2a}{m}\mid\Psi(\boldsymbol{r})\mid^2\right]\Psi(\boldsymbol{r})=\mu\Psi(\boldsymbol{r}) \tag{10.6.6}$$

μ 是化学势。利用阱中 BEc 的特征长度 $a_{\perp}\zeta$ 可以定义无量纲长度 $\boldsymbol{r}_1$：$\boldsymbol{r}=a_{\perp}\zeta\boldsymbol{r}_1$。方程(10.6.6)即可写作下列形式（记 $\lambda=\omega^{\circ}_z/\omega^{\circ}_{\perp}$）：

$$\left[-\frac{1}{\zeta^4}\nabla_1^2+r_{1\perp}^2+\lambda^2z_1^2+\mid f(\boldsymbol{r}_1)\mid^2\right]f(\boldsymbol{r}_1)=\nu^2f(\boldsymbol{r}_1) \tag{10.6.7}$$

其中

$$\nu^2=\frac{2\mu}{\zeta^2\,\hbar\omega^{\circ}_{\perp}} \tag{10.6.8}$$

对于足够大的 N 值，动能项可以忽略。无量纲波函数 f 就可以解出：

$$f(\boldsymbol{r}_1^2)=\nu^2-r_{1\perp}^2-(\lambda z_1)^2 \tag{10.6.9}$$

该解在等号的左右侧都为正值时成立，在此区域外 $f=0$。

试探波函数式(10.6.5)给出的动量分布 $\mathscr{F}(\boldsymbol{p})$ 是高斯型的，即有

$$\mathscr{F}(\boldsymbol{p})=\left|\int d^3r\exp\left(-i\frac{\boldsymbol{p}\cdot\boldsymbol{r}}{\hbar}\right)\Psi(\boldsymbol{r})\right|^2\propto$$

$$\exp\left[-\left(\frac{p_{\perp}^2}{\omega_{\perp}}+\frac{p_z^2}{\omega_z}\right)\Big/m\,\hbar\right] \tag{10.6.10}$$

动量平方的平均值是

$$\langle p^2\rangle=\frac{m\,\hbar}{2}(\omega_z+2\omega_{\perp}) \tag{10.6.11}$$

将 BEc 的动能相对于相互作用能和阱势能略去，就从 GP 方程式(10.6.6)直接得到

$$\left.\begin{array}{ll}\mid\Psi(\boldsymbol{r})\mid^2=\dfrac{m}{4\pi\hbar a}(\mu-V(\boldsymbol{r})), & 若\ \mu>V(\boldsymbol{r})\\ 0, & 其他情况\end{array}\right\} \tag{10.6.12}$$

这就是托马斯-费米近似，适用条件是 $Na/a_{\mathrm{HO}}\gg1$，$a_{\mathrm{HO}}=\sqrt{\hbar/m\bar{\omega}}$，$\bar{\omega}$ 为阱势的频率。S. Stringari[61] 用含时 GP 方程求得阱中 BEc 集体激发的模式。BEc 的基态密度 $\rho_0=\mid\Psi_0(\boldsymbol{r})\mid^2$ 用托马斯-费米近似式(10.6.12)描述。激发模式密度对基态有偏离 $\delta\rho$：

$$\rho(\boldsymbol{r},t)=\rho_0(\boldsymbol{r})+\delta\rho(\boldsymbol{r})e^{-i\omega t} \tag{10.6.13}$$

此处 ω 是待定的激发态频率。将激发态定态波函数

$$\Psi(\boldsymbol{r},t)=\sqrt{\rho(\boldsymbol{r},t)}\,e^{-i\theta(\boldsymbol{r})}\,e^{-i\mu t/n} \tag{10.6.14}$$

代入含时 GP 方程，就得到托马斯-费米近似下 Ψ 的实部和虚部所满足的两个方程：

$$\frac{\partial\rho}{\partial t}=-\nabla\cdot(\rho\boldsymbol{v}) \tag{10.6.15}$$

$$m\frac{\partial \boldsymbol{v}}{\partial t}+\nabla\left(V+\frac{4\pi\hbar^2 a}{m}\rho-\mu\right)=0 \tag{10.6.16}$$

此处

$$\boldsymbol{v}=\frac{\hbar}{m}\nabla\theta \tag{10.6.17}$$

令 V 为各向同性谐振子势

$$V=\frac{1}{2}m\omega_0^2r^2 \tag{10.6.18}$$

将式(10.6.14)代入式(10.6.16)和式(10.6.17),并消去 $\boldsymbol{v}$,将 $\delta\rho$ 和 $\boldsymbol{v}$ 作为小量,就得到

$$\omega^2\delta\rho(\boldsymbol{r})=-\frac{1}{2}\omega_0^2\nabla\cdot(R^2-r^2)\nabla(\delta\rho) \tag{10.6.19}$$

此处 R 是托马斯-费米近似下 BEc 的半径,定义为

$$V(R)=\frac{m}{2}\omega_0^2R^2=\mu \tag{10.6.20}$$

式(10.6.19)可以展开为球谐函数 $Y_{lm}(\vartheta,\varphi)$求解,得到激发模的频率

$$\omega(n,l)=\omega_0(2n^2+2nl+3n+l)^{\frac{1}{2}} \tag{10.6.21}$$

此处 $n=1,2,3,\cdots$; $l=0,1,2,\cdots,n-1$。Stringari 还求出了各向异性阱中的激发模式,并用求和规则考虑了动能的影响。

容易理解,一个液滴或者原子核,可以有这类集体激发,例如表面四级振动。有意思的是,稀薄的玻色气体在发生玻色-爱因斯坦凝聚后也能支持这类集体振动。这在式(10.6.16)中已经可以看出,因为它是无旋流的流体动力学方程。

对于各向异性的阱,且阱参数可以随时间变化的情况,Yu. Kagan,E. L. Surkov 和 G. V. Shlyapnikov[52-54]用局域密度近似并忽略动能项,发展了 GP 方程的普适标度解。凝聚体波函数通过标度参数 $b_i(t)$表示,此处 $i=x,y,z$。$b_i(t)$满足的是经典运动方程,利用这种解可以讨论凝聚体在外界扰动和阱参数变化情况下的演化。

10.7 涡旋及玻色-爱因斯坦凝聚体的稳定性

BEc 形成的一个实验标志是涡旋的形成。对于 BEc 波函数 $\Psi=\sqrt{n(\boldsymbol{r})}\,e^{i\theta}$,式(10.3.8)给出了超流体速度

$$\boldsymbol{v}_s=\frac{\hbar}{m}\nabla\theta$$

它显然是无旋的:

$$\nabla\times\boldsymbol{v}_s=0$$

因此,在一条涡旋线附近,沿方位角方向的速度场的流体速度大小与该点距涡旋线的距离 r 成反比,这样才能保证速度场的无旋,即沿图 10.13 封闭路径作$\oint\boldsymbol{v}\cdot d\boldsymbol{s}$ 积分才能给出 0。如果路径包括沿 z 轴的涡旋线在内,则涡旋量子化的条件式(10.3.9)变为

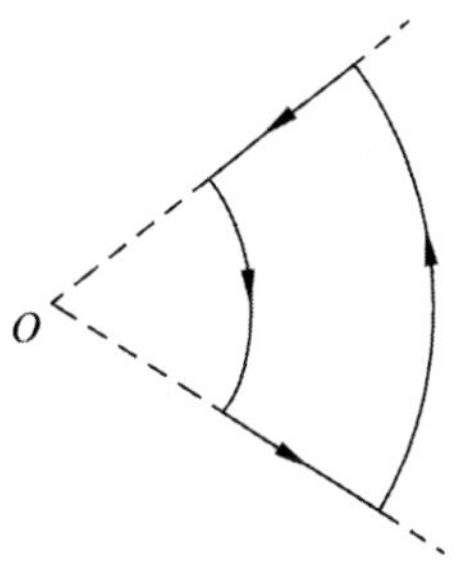

图 10.13 涡旋线 O 附近的积分路径

$$\oint \boldsymbol{v}_{\mathrm{s}} \cdot \mathrm{d}\boldsymbol{s}=\frac{2\pi\hbar}{m}\kappa, \quad \kappa=1, \pm 1, \pm 2, \cdots$$

给出量子数 κ 的状态波函数的相位 θ：

$$\theta=\kappa\phi \tag{10.7.1}$$

此处 ϕ 是方位角。理由是梯度沿 ϕ 增加方向的分量是

$$\nabla_{\phi}=\hat{\boldsymbol{\phi}} \frac{1}{r_{\perp}} \frac{\partial}{\partial\phi} \tag{10.7.2}$$

$\hat{\boldsymbol{\phi}}$ 是在 ϕ 增加方向的单位矢量。因此

$$\boldsymbol{v}=\frac{\hbar}{m} \nabla\theta=\frac{\hbar\kappa}{m r_{\perp}} \hat{\boldsymbol{\phi}} \tag{10.7.3}$$

它正好给出了量子化条件。在量子数 κ 状态，BEc 在 z 方向的角动量是 $N\kappa\hbar$。在超流液氦 ^{4}He 中曾观察到涡旋态的存在，在气体 BEc 被发现后，各实验室都设法观测其中的涡旋态。实验的重要性在于证实气体 BEc 的超流性质，因为在涡旋态中的超流速度是和 BEc 序参量相位梯度成正比的，最初的努力是在蒸发冷却过程中使势阱略有变形并使势阱旋转，希望 BEc 就形成在涡旋态上。这个方案没有得到肯定结果。J. E. Williams 和 M. J. Holland 建议[55]，使用 ^{87}Rb 的两种超精细结构态。它们可以通过微波相互转变，各自由势阱约束。两个阱的中心距离较小，在微波作用时令两个阱围绕其中点以适当频率旋转。实验开始时已形成一种态的 BEc(没有涡旋)，在微波作用一定时间后关闭微波并停止势阱旋转，结果可以产生相当数量的具有涡旋的第二种态的 BEc，与第一种态的 BEc 共存。这个建议已由威曼和康奈尔的研究组实现[56]。K. W. Madison，F. Chevy，W. Wolleben 和 J. Dalibard[57] 通过轻度各向异性阱中的单种 BEc 得到了涡旋。他们逐次得到了 1 个，2 个，3 个，4 个涡旋。克特勒研究组也给出了 BEc 超流的临界速度的证据，并得到了许多涡旋组成三角晶格[58-59]。至此，气态 BEc 的超流性质得到了直接的实验证明。

F. Dalfavo 和 S. Stringari 研究了各向异性阱中 BEc 的涡旋态，发现它对相互吸引的玻色子系统形成 BEc 的稳定性有重要意义。

涡旋态波函数

$$\Psi(\boldsymbol{r})=\psi(\boldsymbol{r}) \mathrm{e}^{\mathrm{i}\kappa\phi}$$

的梯度是

$$\nabla\Psi(\boldsymbol{r})=\mathrm{e}^{\mathrm{i}\kappa\phi} \nabla\psi+\frac{\mathrm{i}\kappa}{r_{\perp}} \mathrm{e}^{\mathrm{i}\kappa\phi} \hat{\boldsymbol{\phi}}\psi \tag{10.7.4}$$

等号右侧的第一项 $\nabla\psi$ 只有 $\hat{z}$ 和 $\hat{\boldsymbol{r}}$ 方向的分量，因为 $\sqrt{n(\boldsymbol{r})}$ 只是 r 与 z 的函数。因此

$$|\nabla\Psi|^2=|\nabla\psi|^2+\frac{\kappa^2}{r_{\perp}^2}|\psi|^2$$

将其代入能量泛函就得到

$$E[\psi]=\int \mathrm{d}^3 r\left[\frac{\hbar^2}{2m}|\nabla\psi|^2+\frac{m}{2}\left(\omega_{\perp}^2 r_{\perp}^2+\omega_z^2 z^2+\frac{\hbar^2\kappa^2}{m^2 r_{\perp}^2}\right)|\psi(\boldsymbol{r})|^2+\frac{2\pi\hbar^2 a}{m}|\psi(\boldsymbol{r})|^4\right] \tag{10.7.5}$$

涡旋带来的正是“离心势”(角动量)项，在涡旋线上 ψ 为 0。F. Dalfovo 和 S. Stringari[54] 对

此式作了数值计算，使用了无量纲坐标 $\boldsymbol{r}_1=\dfrac{1}{a_\perp}\boldsymbol{r}$，$z_1=\dfrac{1}{a_\perp}z$，以及归一化为 1 的波函数 $\psi_1(\boldsymbol{r}_1)$和无量纲能量 $E_1=(\hbar\omega_\perp)^{-1}E$。计算步骤从试探波函数 $\psi_1(\boldsymbol{r}_1,t)$开始。此处 t 是一个代表计算步骤的参数。用 ψ_1 算出 E_1/N，然后取 Δt。对于下一个步骤，有

$$\frac{\partial}{\partial t}\psi_1(\boldsymbol{r}_1,t)=-\frac{\bar{\delta}E_1/N}{\bar{\delta}\psi_1(\boldsymbol{r}_1,t)}$$

此处 $\bar{\delta}$ 代表维持归一化的受限泛函导数。希望通过这个方法得到更小的 E_1/N。这样重复下去，到 E_1/N 收敛时，它就是变分极小值。图 10.14 给出^{87}Rb 无量纲波函数(用虚线代表)时的无相互作用情况，实线从上到下代表 $N=100,200,500,1\,000,2\,000,5\,000,10\,000$。可以看出，相互作用对波函数的扩展是有很大影响的，特别是在 xy 平面。图 10.15 给出了^{87}Rb BEc 波函数，虚线是无相互作用时的情况，实线是数值解，点画线是近似解(式(10.6.9))，可见在 $N=5\,000$ 时，近似解已是相当好的。图 10.16 给出了涡旋的影响，图(a)画出了无涡旋 $\kappa=0$ 情况，波函数用等值线标出，数字单位是任意的。图(b)是 $\kappa=1$ 的情况，可见涡旋将波函数推离涡旋线。

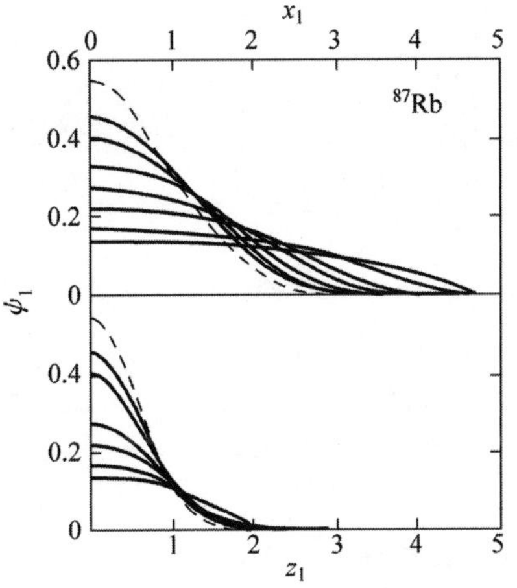

图 10.14 ^{87}Rb BEc 的无量纲波函数显示相互作用的影响

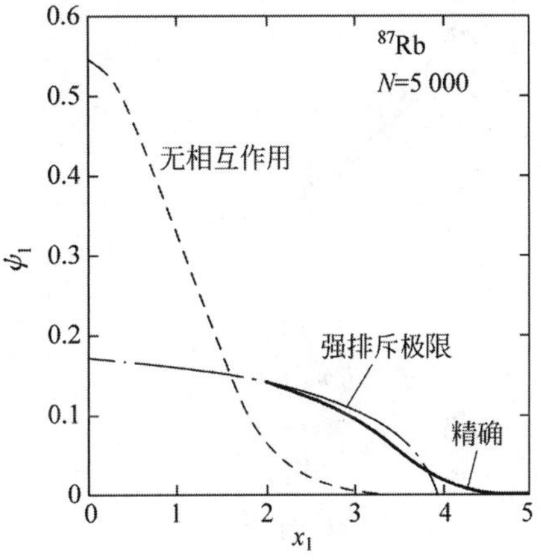

图 10.15 ^{87}Rb BEc 波函数数值解与近似解比较

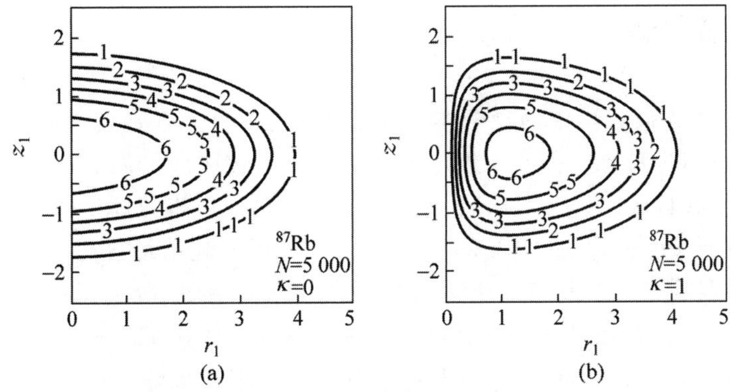

图 10.16 波函数等值线

(a) 无涡旋波函数等值线；(b) $\kappa=1$ 时的波函数等值线

研究者们感兴趣的是关于^{7}Li BEc的计算。若它的$a<0$，则原子间是吸引力。据式(10.4.37)，由于相互作用能与a/v成正比(v是比体积)，对于$a<0$的情况，v会趋于0，即均匀凝聚体要塌缩。由于外场提供了零点能，在N小于临界值时，BEc有可能稳定。以下的数值计算证实了这一点，且涡旋有助于使$a<0$的BEc稳定。计算结果示于图10.17，虚线代表无相互作用的BEc波函数。实线从下到上分别代表$N=200,500,1\,000$。随N的增加，波函数的中心密度加大且在计算中的收敛速度减慢。到$N>1\,400$时，E_1/N就不再收敛。涡旋的一个影响是把波函数推离涡旋线，见图10.18(a)；另一个影响是提高了BEc的稳定性。图10.18(b)给出了不同的N值和κ值时的波函数等值线。当$\kappa=1$时，N可达4 000；当$\kappa=2$时，N可达6 500；当$\kappa=3$时，N可达8 300的稳定BEc。

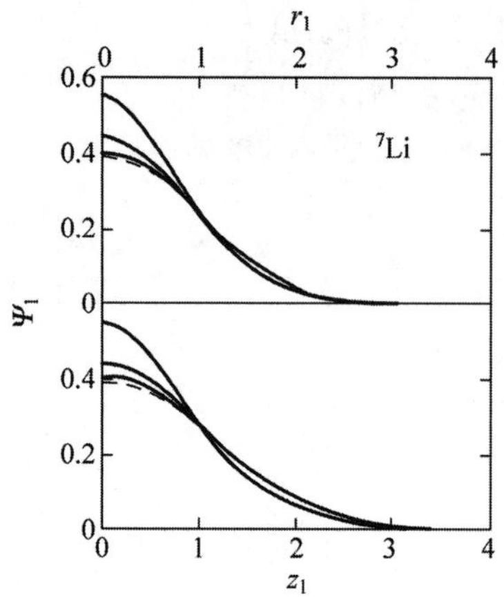

图10.17 ^{7}Li BEc波函数显示相互作用影响

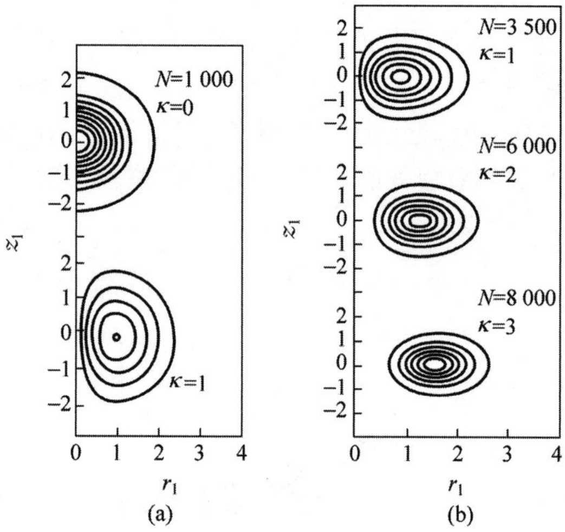

图10.18 ^{7}Li BEc波函数等值线

(a) 同N值无涡旋($\kappa=0$)与有涡旋($\kappa=1$)的比较；
(b) 不同N值与不同κ值的比较

使用GP方程(含时的、定态的)研究过凝聚体的很多物理问题，均取得了一大批成果。当然，它只在BEc已形成的情况下适用，除此之外，BEc是如何形成的显然是大家最关注的问题。关于BEC的动力学问题已有不少讨论，但到把问题搞清楚还有相当长的距离[47]。

10.8 旋量凝聚体

光阱的使用[60]为研究阱中的凝聚体开辟了新的可能性。在通常的磁阱中，原子的自旋自由度被冻结了，因为只有一种或少数超精细结构态能被阱所局限。一种自旋态被局限在阱中，原子就和没有自旋一样。对(超精细)自旋为1的凝聚体的理论研究是从何天伦[61-62]开始的。碱金属原子^{23}Na，^{39}K，^{87}Rb的核自旋是3/2，因此超精细自旋f可以是1或2。在能量上，$f=2$的多重态的激发能远比阱的势能高。在低温时，两个$f=1$的原子散射的结果仍然停留在$f=1$的多重态内。因此可以只考虑$f=1$的多重态，$m_f=-1,0,1$。散射道可以有超精细自旋0或2，超精细自旋1由于对称性要求被排除。两个原子间的相互作用势是

$$V(\boldsymbol{r}_1-\boldsymbol{r}_2)=\delta^3(\boldsymbol{r}_1-\boldsymbol{r}_2)\sum_{F=0,2}g_F\mathscr{P}_F \tag{10.8.1}$$

此处 $g_F=4\pi\hbar^2a_F/M$，a_F 是散射长度，M 是原子质量，p_F 是超精细自旋 F 散射道的投影算符。投影算符有以下性质：

$$\mathscr{P}_0+\mathscr{P}_2=1,\mathscr{P}_0\mathscr{P}_2=\mathscr{P}_2\mathscr{P}_0=0,\mathscr{P}_0^2=\mathscr{P}_0,\mathscr{P}_2^2=\mathscr{P}_2 \tag{10.8.2}$$

投影算符可以用原子 1 和 2 的超精细自旋算符 $\boldsymbol{F}_1$ 和 $\boldsymbol{F}_2$ 的标量积 $\boldsymbol{F}_1\cdot\boldsymbol{F}_2$ 表示。因为 $\boldsymbol{F}_1\cdot\boldsymbol{F}_2=\frac{1}{2}[F(F+1)-2f(f+1)]$，所以有

$$\left.\begin{aligned}\lambda_0&\equiv\boldsymbol{F}_1\cdot\boldsymbol{F}_2\,|_{F=0}=-2\\ \lambda_2&\equiv\boldsymbol{F}_1\cdot\boldsymbol{F}_2\,|_{F=2}=1\end{aligned}\right\}$$

因此

$$\boldsymbol{F}_1\cdot\boldsymbol{F}_2=-2\mathscr{P}_0+\mathscr{P}_2$$

用式(10.8.2)得到

$$\mathscr{P}_0=\frac{1}{3}(1-\boldsymbol{F}_1\cdot\boldsymbol{F}_2),\quad \mathscr{P}_2=\frac{1}{3}(2+\boldsymbol{F}_1\cdot\boldsymbol{F}_2) \tag{10.8.3}$$

去掉式(10.8.1)中的 δ 函数，有

$$\begin{aligned}V&=g_0\,\frac{1}{3}(1-\boldsymbol{F}_1\cdot\boldsymbol{F}_2)+g_2\,\frac{1}{3}(2+\boldsymbol{F}_1\cdot\boldsymbol{F}_2)\\&=c_0+c_2\boldsymbol{F}_1\cdot\boldsymbol{F}_2\end{aligned} \tag{10.8.4}$$

此处

$$c_0=\frac{1}{3}(g_0+2g_2),\quad c_2=\frac{1}{3}(g_2-g_0) \tag{10.8.5}$$

旋量凝聚体的二次量子化的哈密顿量是

$$\begin{aligned}\mathcal{H}=\int\mathrm{d}^3r\Bigg[&\sum_a\left(\frac{\hbar^2}{2M}\right)\nabla\psi_a^\dagger\cdot\nabla\psi_a+\sum_a U\psi_a^\dagger\psi_a+\frac{c_0}{2}\sum_{a,a'}\psi_a^\dagger\psi_{a'}^\dagger,\psi_{a'}\psi_a+\\&c_2\sum_{aa'bb'}(\psi_a^\dagger\boldsymbol{F}\psi_b)\cdot(\psi_{a'}^\dagger\boldsymbol{F}\psi_{b'})\Bigg]\end{aligned} \tag{10.8.6}$$

此处 ψ_a 是湮灭超精细自旋分量为 $a(a=-1,0,1)$ 原子的场算符，U 是阱的势。为了简便，我们给出 $f=1$ 的多重态的超精细自旋算符的矩阵形式($\hbar=1$)：

$$F_x=\begin{pmatrix}0&1&0\\1&0&1\\0&1&0\end{pmatrix},\quad F_y=\frac{\mathrm{i}}{\sqrt{2}}\begin{pmatrix}0&-1&0\\1&0&-1\\0&1&0\end{pmatrix},\quad F_z=\begin{pmatrix}1&0&0\\0&0&0\\0&0&-1\end{pmatrix} \tag{10.8.7}$$

自旋的转动算符用欧拉角(α,β,τ)表示：

$$\mathscr{U}(\alpha,\beta,\tau)=\mathrm{e}^{-\mathrm{i}F_x\alpha}\mathrm{e}^{-\mathrm{i}F_y\beta}\mathrm{e}^{-\mathrm{i}F_z\tau} \tag{10.8.8}$$

$$\begin{gathered}\mathrm{e}^{-\mathrm{i}F_x\alpha}=\begin{pmatrix}\mathrm{e}^{-\mathrm{i}\alpha}&0&0\\0&1&0\\0&0&\mathrm{e}^{\mathrm{i}\alpha}\end{pmatrix},\quad \mathrm{e}^{-\mathrm{i}F_z\tau}=\begin{pmatrix}\mathrm{e}^{-\mathrm{i}\tau}&0&0\\0&1&0\\0&0&\mathrm{e}^{-\mathrm{i}\tau}\end{pmatrix},\\ \mathrm{e}^{-\mathrm{i}F_y\beta}=\begin{bmatrix}\cos^2\dfrac{\beta}{2}&-\dfrac{1}{\sqrt{2}}\sin\beta&-\cos^2\dfrac{\beta}{2}\\ \dfrac{1}{\sqrt{2}}\sin\beta&\cos\beta&-\dfrac{1}{\sqrt{2}}\sin\beta\\ -\cos^2\dfrac{\beta}{2}&\dfrac{1}{\sqrt{2}}\sin\beta&\cos^2\dfrac{\beta}{2}\end{bmatrix}\end{gathered} \tag{10.8.9}$$

我们将要看到，基态结构、集体激发和涡旋结构依赖于参数 g_0 和 g_2，有着不同的性质。

10.8.1　基态结构

将凝聚体波函数写作

$$\Psi_a(\boldsymbol{r}) \equiv \langle \hat{\psi}_a(\boldsymbol{r}) \rangle = \sqrt{n(\boldsymbol{r})}\,\zeta_a(\boldsymbol{r}) \tag{10.8.10}$$

此处 n 是密度，ζ_a 是表征超精细自旋态 a 和相位的归一化旋量，$\zeta^\dagger\zeta=1$。基态由在粒子数确定的局限下使能量最小化的要求确定，$\delta(H-\mu N)=0$：

$$H-\mu N=\int \mathrm{d}^3 r\left(\frac{\hbar^2}{2m}(\nabla\sqrt{n})^2+\frac{\hbar^2}{2m}\mid \nabla\zeta_a\mid^2 n-[\mu-U(\boldsymbol{r})]n+\frac{n^2}{2}[c_0+c_2\langle F\rangle^2]\right) \tag{10.8.11}$$

此处

$$\langle F\rangle=\zeta_a^\dagger \boldsymbol{F}\zeta_a$$

所有的旋量都由规范变换和自旋转动式(10.8.8)相联系，在能量上都是简并的。有两种不同的情况：

(1) 极态(polar state)[①]

对于 $g_2>g_0$，有 $c_2>0$。从式(10.8.11)可以看出能量极小化的条化是$\langle \boldsymbol{F}\rangle^2=0$。这可以通过选择超精细自旋分量 $m_f=0$ 态来达到：

$$\zeta=\mathrm{e}^{\mathrm{i}\theta}\begin{pmatrix}0\\1\\0\end{pmatrix}$$

对于这个态，$\langle F_x\rangle=\langle F_y\rangle=\langle F_z\rangle=0$。对它使用自旋转动，得到

$$\zeta=\mathrm{e}^{\mathrm{i}\theta}\,\mathscr{U}\begin{pmatrix}0\\1\\0\end{pmatrix}=\mathrm{e}^{\mathrm{i}\theta}\begin{pmatrix}-\dfrac{1}{\sqrt{2}}\mathrm{e}^{-\mathrm{i}\alpha}\sin\beta\\ \cos\beta\\ \dfrac{1}{\sqrt{2}}\mathrm{e}^{\mathrm{i}\alpha}\sin\beta\end{pmatrix} \tag{10.8.12}$$

$H-\mu N$ 的最小化给出：

$$\delta\langle H-\mu N\rangle=\int \mathrm{d}^3 r\left(-\frac{\hbar^2}{2M}\frac{\nabla^2\sqrt{n}}{\sqrt{n}}-[\mu-U(\boldsymbol{r})]+c_0 n\right)\delta n=0$$

它导致基态密度

$$n^0(\boldsymbol{r})=\frac{1}{c_0}[\mu-U(\boldsymbol{r})-W(\boldsymbol{r})] \tag{10.8.13}$$

此处

$$W(r)=\frac{\hbar^2}{2M}\frac{\nabla^2\sqrt{n^0}}{\sqrt{n^0}} \tag{10.8.14}$$

---

① 这个名称源于液体 ^{3}He 的极态类比。

注意式 ζ(10.8.12)是和欧拉角 τ 无关的。因此极态的对称群是 $U(1)\times S^2$,此处 $U(1)$指相角 θ,S^2 指单位球面,自旋量子化轴的方向由球面上的点(α,β)决定。

(2) 铁磁态

对于 $g_2<g_0$,有 $c_2<0$。能量最小化要求$\langle \boldsymbol{F}\rangle^2=1$。选择超精细自旋分量 $m_f=1$ 就能做到。更普遍可以选择

$$\zeta=\mathrm{e}^{\mathrm{i}\theta}\mathscr{U}\begin{pmatrix}1\\0\\0\end{pmatrix}=\mathrm{e}^{\mathrm{i}(\theta-\tau)}\begin{bmatrix}\mathrm{e}^{-\mathrm{i}\alpha}\cos^2\dfrac{\beta}{2}\\ \sqrt{2}\cos\dfrac{\beta}{2}\sin\dfrac{\beta}{2}\\ \mathrm{e}^{\mathrm{i}\alpha}\sin^2\dfrac{\beta}{2}\end{bmatrix}\tag{10.8.15}$$

在计算 $\delta(H-\mu N)$时,注意到和 n^2 成正比的那一项是 $n^2(c_0+c_2)/2=n^2g_2/2$。最后得到

$$n^0(\boldsymbol{r})=\frac{1}{g_2}[\mu-U(\boldsymbol{r})+W(\boldsymbol{r})]\tag{10.8.16}$$

自旋的方向是$\langle\boldsymbol{F}\rangle=\cos\beta\hat{\boldsymbol{z}}+\sin\beta(\cos\alpha\hat{\boldsymbol{x}}+\sin\alpha\hat{\boldsymbol{y}})$。在式(10.8.15)中,相角的组合$(\theta-\tau)$显示一个定域"自旋-规范"对称性①,铁磁态的对称群是 $SO(3)$。对称性的不同会导致涡旋性质的根本不同。^{23}Na 和^{87}Rb 分别是极态和铁磁态。

10.8.2 阱中旋量凝聚体的集体模

哈密顿量(式(10.8.6))给出了场算符的运动方程:

$$\mathrm{i}\hbar\partial_t\hat{\psi}_m=-\frac{\hbar^2}{2M}\nabla^2\hat{\psi}_m+[U(r)-\mu]\hat{\psi}_m+c_0\sum_a(\hat{\psi}_a^\dagger\hat{\psi}_a)\hat{\psi}_m+c_2\sum_{a,b}(\hat{\psi}_a^\dagger\boldsymbol{F}\hat{\psi}_b)\cdot\boldsymbol{F}\hat{\psi}_m\tag{10.8.17}$$

要探讨元激发,应将场算符写作 $\hat{\Psi}_m=\Psi^0+\hat{\phi}_m$,并将方程(10.8.17)在基态 Ψ^0 附近线性化。

(1) 极态

取 $\Psi^0=\sqrt{n}\begin{pmatrix}0\\1\\0\end{pmatrix}$,用式(10.8.13)和$\langle\boldsymbol{F}\rangle=0$,式(10.8.17)就可以给出量子涨落 $\hat{\phi}$ 所满足的方程:

$$\mathrm{i}\hbar\partial_t\begin{pmatrix}\hat{\phi}_0\\-\hat{\phi}_0^\dagger\end{pmatrix}=-\frac{\hbar^2}{2M}\nabla^2\begin{pmatrix}\hat{\phi}_0\\\hat{\phi}_0^\dagger\end{pmatrix}+W(\boldsymbol{r})\begin{pmatrix}\hat{\phi}_0\\\hat{\phi}_0^\dagger\end{pmatrix}+n^0c_0\begin{pmatrix}\hat{\phi}_0+\hat{\phi}_0^\dagger\\\hat{\phi}_0+\hat{\phi}_0^\dagger\end{pmatrix}\tag{10.8.18}$$

$$\mathrm{i}\hbar\partial_t\begin{pmatrix}\hat{\phi}_1\\-\hat{\phi}_{-1}^\dagger\end{pmatrix}=-\frac{\hbar^2}{2M}\nabla^2\begin{pmatrix}\hat{\phi}_1\\\hat{\phi}_{-1}^\dagger\end{pmatrix}+W(\boldsymbol{r})\begin{pmatrix}\hat{\phi}_1\\\hat{\phi}_{-1}^+\end{pmatrix}+n^0c_2\begin{pmatrix}\hat{\phi}_1+\hat{\phi}_{-1}^\dagger\\\hat{\phi}_1+\hat{\phi}_{-1}^\dagger\end{pmatrix}\tag{10.8.19}$$

在线性化中,代入

$$\hat{\psi}^\dagger\hat{\psi}\rightarrow\Psi^{0*}\hat{\phi}+\hat{\phi}^\dagger\Psi^0$$

---

① 令凝聚体的波函数为 $\Psi_m(\boldsymbol{r},t)=\zeta_m(\boldsymbol{r},t)\Phi(\boldsymbol{r},t)$,此处 m 是沿量子化轴 $\hat{n}$ 的超精细自旋分量。在 Ψ 上作用的定域规范变换 $\mathrm{e}^{\mathrm{i}\chi(\boldsymbol{r},t)}$ 可以被一个定域自旋转动 $\mathrm{e}^{-\mathrm{i}\chi(\boldsymbol{r},t)\hat{\boldsymbol{n}}\cdot\boldsymbol{F}/F}$ 所抵消,所以该性质被称为"定域规范-自旋对称性"。

并考虑到 $\Psi^0 \propto \zeta_0$，因而只有 $\hat{\phi}_0$ 和 $\hat{\phi}_0^\dagger$ 对密度涨落有贡献：

$$\delta\hat{n}(\boldsymbol{r}) = \sqrt{n^0(\boldsymbol{r})}(\hat{\phi}_0 + \hat{\phi}_0^\dagger)$$

自旋涨落是

$$\delta\hat{M}_+ \equiv \delta(\hat{M}_x + \mathrm{i}\hat{M}_y) = \sqrt{n^0(\boldsymbol{r})}(\hat{\phi}_1 + \hat{\phi}_{-1}^\dagger)$$

$$\delta\hat{M}_- = \delta\hat{M}_+^\dagger$$

记激发模 $\hat{\phi}_0$ 和 $\hat{\phi}_\pm$ 的频率为 ω_0 和 $\omega_\pm$，并将 $\phi \propto \mathrm{e}^{\mathrm{i}(\boldsymbol{k}\cdot\boldsymbol{x}-\omega t)}$ 代入方程(10.8.18)和方程(10.8.19)，就得到一组耦合线性齐次方程。方程具有非零解的条件导致(在忽略 W 条件下)

$$\hbar\omega_0 = \sqrt{\varepsilon_{\boldsymbol{k}}(\varepsilon_{\boldsymbol{k}} + 2c_0 n_0)}, \hbar\omega_\pm = \sqrt{\varepsilon_{\boldsymbol{k}}(\varepsilon_{\boldsymbol{k}} + 2c_2 n_0)}$$

此处 $\varepsilon_{\boldsymbol{k}} = \hbar^2 k^2/2M$。在谐振子阱中，方程(10.8.18)和标量凝聚体的集体激发方程相同。忽略 W 并用托马斯-费米近似 $n^0(\boldsymbol{r}) = [\mu - U(\boldsymbol{r})]/c_0$，方程(10.8.18)和方程(10.8.19)可以写为

$$\partial_t \delta\hat{n} = \nabla(c_0 n^0 \nabla\delta\hat{n}), \quad \partial_t \delta\hat{M}_\pm = \nabla(c_2 n^0 \nabla\delta\hat{M}_\pm) \tag{10.8.20}$$

注意到自旋波模式满足和密度模式同样的方程，只需将 c_0 换为 c_2，因此自旋模式的量子数和波函数与密度模式的完全相同，它们的频率关系是

$$\omega_\pm^2 = \frac{c_2}{c_0}\omega_0^2 = \frac{a_2 - a_0}{2a_2 + a_0}\omega_0^2 \tag{10.8.21}$$

(2) 铁磁态

取 $\Psi^0 = \sqrt{n}\begin{pmatrix}1\\0\\0\end{pmatrix}$，并用 $\langle\boldsymbol{F}\rangle = \hat{\boldsymbol{z}}$，将 $\hat{\Psi}_m = \Psi^0 + \hat{\phi}_m$ 代入方程(10.8.17)，得到

$$\mathrm{i}\hbar\partial_t\begin{pmatrix}\hat{\phi}_1\\\hat{\phi}_0\\\hat{\phi}_{-1}\end{pmatrix} = -\frac{\hbar^2}{2M}\nabla^2\begin{pmatrix}\hat{\phi}_1\\\hat{\phi}_0\\\hat{\phi}_{-1}\end{pmatrix} + W(\boldsymbol{r})\begin{pmatrix}\hat{\phi}_1\\\hat{\phi}_0\\\hat{\phi}_{-1}\end{pmatrix} + n^0\begin{pmatrix}g_2(\hat{\phi}_1 + \hat{\phi}_1^\dagger)\\0\\2|c_2|\hat{\phi}_{-1}\end{pmatrix} \tag{10.8.22}$$

展开至 $\hat{\phi}$ 的线性项，密度、自旋和"四极自旋涨落"分别是 $\delta\hat{n} = \sqrt{n_0}(\hat{\phi}_1 + \hat{\phi}_1^\dagger)$，$\delta\hat{M}_- = \sqrt{n_0}\hat{\phi}_0^\dagger$ 和 $\delta\hat{M}_-^2 = 2\sqrt{n_0}\hat{\phi}_{-1}^\dagger$。在均匀情况下，($W=0$)这些模式的频率分别是 $\hbar\omega_1 = \sqrt{\varepsilon_{\mathrm{k}}(\varepsilon_{\mathrm{k}} + 2g_2 n_0)}$(波戈留波夫谱)，$\hbar\omega_0 = \varepsilon_{\boldsymbol{k}}$(自由粒子谱)和 $\hbar\omega_{-1} = \varepsilon_{\boldsymbol{k}} + 2c_2 n_0$(类似于自由粒子谱，有能隙)。

10.8.3 铁磁态涡旋的内在稳定性

超流体速度是 $\boldsymbol{v}_{\mathrm{s}} = \frac{\hbar}{M}\zeta^\dagger\nabla\zeta$。现在容许欧拉角随位置变化，这是"自旋织构"(spin texture)的情况。那么，超流体速度就是

$$\left.\begin{aligned}\boldsymbol{v}_{\mathrm{s}} &= \frac{\hbar}{M}\nabla\theta, \text{极态情况}\\ \boldsymbol{v}_{\mathrm{s}} &= \frac{\hbar}{M}[\nabla(\theta-\tau) - \cos\beta\,\nabla\alpha], \text{铁磁态情况}\end{aligned}\right\} \tag{10.8.23}$$

铁磁态的超流体速度与极态不同，它和自旋转动有关，导致了铁磁态涡旋的独特性质。如果

过多的涡旋能量存储在一个自旋分量中,体系可以通过自旋转动来摆脱它,那么这样的涡旋是不稳定的。我们来演示一下,选定一个状态:$\tau=0$,$-\alpha=\theta=m\phi$(m 是正整数),$\beta=\pi t$(t 是从 0 到 1 变化的参数)。这个状态由下式描述:

$$\Psi(t)=\sqrt{n^0}\begin{pmatrix} e^{i2m\phi}\cos^2\left(\frac{\pi t}{2}\right) \\ e^{im\phi}\sqrt{2}\sin\frac{\pi t}{2}\cos\frac{\pi t}{2} \\ \sin^2\frac{\pi t}{2} \end{pmatrix} \tag{10.8.24}$$

从在 $\hat{z}$ 方向的量子数为 $2m$ 的涡旋开始:

$$\zeta(t=0)=\begin{pmatrix} e^{i2m\phi} \\ 0 \\ 0 \end{pmatrix}$$

通过局域地变化欧拉角 β(t 从 0 变到 1),让这个状态连续变化到

$$\zeta(t=1)=\begin{pmatrix} 0 \\ 0 \\ 1 \end{pmatrix}$$

这表征了一个自旋为-1 的没有涡旋的凝聚体。态(10.8.24)的自旋织构是

$$\langle \boldsymbol{F}\rangle=\cos(\pi t)\hat{\boldsymbol{z}}+\sin(\pi t)[\cos(m\phi)\hat{\boldsymbol{x}}+\sin(m\phi)\hat{\boldsymbol{y}}]$$

可见环流量子数为 $2m$ 的涡旋是拓扑不稳定的。将式(10.8.24)乘以 $e^{i\phi}$,就得到对另一个态 t 的演化:

$$\zeta(0)=\begin{pmatrix} e^{i(2m+1)\phi} \\ 0 \\ 0 \end{pmatrix}\longrightarrow \zeta(1)=\begin{pmatrix} 0 \\ 0 \\ e^{i\phi} \end{pmatrix} \tag{10.8.25}$$

这表征了一个在$\hat{\boldsymbol{z}}$ 方向的 $2m+1$ 涡旋演化为一个在$-\hat{\boldsymbol{z}}$ 方向的单位涡旋。单位环流涡旋对自旋织构的变化是稳定的。极态和铁磁态的区别源于它们的第一同伦群,$\Pi_1(U(1)\times S^2)=Z$ 和 $\Pi_1(SO(3))=Z_2$。极态相角有无穷多的具有不同卷绕数的缺陷,铁磁态相角只有一个具有非平庸卷绕数的缺陷。

10.8.4 无核的涡旋

考虑一个凝聚体:

$$\zeta=\begin{pmatrix} \cos^2\frac{\beta}{2} \\ \sqrt{2}e^{i\phi}\sin\frac{\beta}{2}\cos\frac{\beta}{2} \\ e^{2i\phi}\sin^2\frac{\beta}{2} \end{pmatrix}$$

此处 $\beta(r)$是一个 r 的增函数,在 $r=0$ 处有 $\beta=0$。这个凝聚体的自旋织构和超流体速度都是圆柱对称的:$\langle \boldsymbol{F}\rangle=\hat{\boldsymbol{z}}\cos\beta+\sin\beta(\cos\alpha\hat{\boldsymbol{x}}+\sin\alpha\hat{\boldsymbol{y}})$和 $\boldsymbol{v}_s=\frac{\hbar}{mr}(1-\cos\beta)\hat{\boldsymbol{\phi}}$。当 $\beta(r)$到达 $\pi/2$

时，$\boldsymbol{v}_s$ 是超流体速度，但当 $r\to 0,\beta\to 0$ 时，超流体速度并不发散而趋于零。自旋织构、拓扑不稳定性和超流体速度与超流^{3}He 的 A-相极为相似。

10.8.5 碎裂的凝聚体

前面的讨论是基于平均场理论的。如果超出平均场理论，我们就有可能探索具有内在自由度的玻色子体系的独特性质。根据文献[63]，讨论自旋为 1 的玻色体系的碎裂以及单一凝聚体问题。在外磁场内的自旋为 1 的玻色气体的哈密顿量为

$$\hat{H}=\int\hat{\psi}_\mu^*\left(-\frac{\hbar^2}{2m}\delta_{\mu\nu}\nabla^2-\gamma\boldsymbol{B}\cdot F_{\mu\nu}\right)\hat{\psi}_\nu\mathrm{d}^3r+\frac{1}{2}\int\hat{\psi}_\mu^\dagger\hat{\psi}_\alpha^\dagger\hat{\psi}\beta\hat{\psi}_\nu(c_0\delta_{\alpha\beta}\delta_{\mu\nu}+c_2F_{\mu\nu}\cdot F_{\alpha\beta})\mathrm{d}^3r \tag{10.8.26}$$

场算符 $\hat{\psi}_\mu$ 可以展开为

$$\hat{\psi}_\mu=\frac{1}{\Omega^{1/2}}\sum_k \mathrm{e}^{\mathrm{i}k^*r}a_\mu(\boldsymbol{k}) \tag{10.8.27}$$

此处 Ω 为体系的体积。将 $a_\mu(0)$简单地表示为 a_μ，$\hat{H}$ 中仅含 a_μ 的部分表示为 $\hat{H}_0$：

$$\left.\begin{aligned}&\hat{H}=\hat{H}_0+\hat{H}'\\&\hat{H}_0=\frac{c_2}{2\Omega}(F^2-2N)-\gamma\boldsymbol{B}\cdot F+\frac{c_0}{2\Omega}N(N-1)\end{aligned}\right\} \tag{10.8.28}$$

此处 $\boldsymbol{F}=a_\mu^\dagger\boldsymbol{F}_{\mu\nu}a_\nu$，$N=a_\mu^\dagger a_\mu$。$\hat{H}_0$ 用来研究基态(凝聚体)，$\hat{H}'$则给出凝聚体的贫化。将 $\hat{H}_0$ 的基态表示为$|F\rangle$，从式(10.8.28)可以得出：

$$|F\rangle=|F=S,\ F_z=S\rangle \tag{10.8.29}$$

此处 S 是使下式得以极小化的整数：

$$\langle\hat{H}_0\rangle_F=\frac{c_2}{2\Omega}S(S+1)-\gamma BS+\frac{c_0}{2\Omega}N(N-1)-\frac{c_2N}{\Omega} \tag{10.8.30}$$

在详细讨论本征态的性质之前，应该提一下 Law，Pu 和 Bigelow 的一篇论文[64]。他们首先超越平均场方法研究了 $S=1$ 旋量凝聚体基态的性质。在没有外磁场的情况下，哈密顿量可以由式(10.8.28)给出。与自旋有关的部分是：

$$\hat{H}_a=\frac{c_2}{2\Omega}[S(S+1)-2N] \tag{10.8.31}$$

对于 $c_2>0$ 的情况，基态是$|F\rangle=|0,0\rangle$，本征值是 $E_a=-c_2N/\Omega$。用福克态$|N_1,N_0,N_{-1}\rangle$来展开$|F\rangle$，结果是：

$$|F\rangle=\sum_{k=0}^{[N/2]}A_k\,|k,N-2k,k\rangle \tag{10.8.32}$$

文献[62]给出了展开系数 A_k 的递推公式。$|F\rangle$态各分量的平均粒子数都相等：$\langle N_1\rangle=\langle N_0\rangle=\langle N_{-1}\rangle=N/3$。$A_k$ 对于 k 的分布几乎是均匀的，因此粒子数涨落极大，虽然总粒子数是固定的。文献[64]的作者指出，这类超泊松的粒子数分布对于反铁磁的低能量本征态是常见的。这样的状态被文献作者称为“集体的自旋状态”，因为它不能被表示为个别原子波函数的乘积。

对于 $c_2<0$ 的情况，体系有 $2N+1$ 个简并基态：

$$|F\rangle_{m_l}=|N,m_l\rangle,\quad m_l=0,\pm1,\cdots,\pm N \tag{10.8.33}$$

其本征值是 $E_a=\frac{c_2}{2\Omega}N(N-1)$。将态用福克态展开，有

$$|N,m_l\rangle=\sum_k B_k^{(m_l)}\ |k+m_l,N-2k-m_l,k\rangle \tag{10.8.34}$$

其分布 $B_k^{(m_l)}$ 是亚泊松的，宽度随 m_l 的增加而减小。在文献[62]中给出了 A_k 和 B_k 的典型曲线图。

现在回到文献[63]的基态式(10.8.29)，集中考虑有磁场存在的 $c_2>0$ 的情况。要了解这个态的结构和性质，我们先注意到由于玻色统计，自旋为 1 的玻色气体的多体单态是唯一的；这是因为将任意两个玻色子交换所得的状态和交换前是完全相同的。产生一个单态对的算符是

$$\Theta^\dagger=-2a_1^\dagger a_{-1}^\dagger+a_0^{\dagger 2} \tag{10.8.35}$$

基态 $|F\rangle=|S,S\rangle$ 是由 S 个 $f_z=1$ 的玻色子和 $(N-S)/2$ 个单态对组成的，即

$$|S,S\rangle=\frac{1}{\sqrt{f(Q,S)}}a_1^{\dagger S}\Theta^{\dagger\frac{N-S}{2}}\ |\mathrm{vac}\rangle \tag{10.8.36}$$

归一化因子 $f(Q,S)$ 在文献[63]中给出：

$$f(Q,S)=S!\ Q!\ 2^Q\ \frac{(2Q+2S+1)!!}{(2S+1)!!} \tag{10.8.37}$$

$|F\rangle$ 的单粒子密度矩阵是对角的：

$$(\hat{\boldsymbol{\rho}}^F)_{\alpha\beta}=\langle a_\beta^\dagger a_\alpha\rangle_F=N_\alpha\delta_{\alpha\beta} \tag{10.8.38}$$

其中

$$N_1=\frac{N(S+1)+S(S+2)}{2S+3},\quad N_0=\frac{N-S}{2S+3},\quad N_{-1}=\frac{(N-S)(S+1)}{2S+3} \tag{10.8.39}$$

若要表征体系，只靠单粒子密度矩阵是不够的。两个体系可以有完全相同的单粒子密度矩阵，但它们的二粒子关联可以完全不同。我们注意到，因为有恒等式 $\hat{N}_{-1}=\hat{N}_1-S$(因为在单态对中 $+1$ 分量和 -1 分量的数量相同)和 $\hat{N}_0=N+S-2\hat{N}_1$，所有的二粒子关联都可以用 $(\Delta\hat{N}_1)^2\equiv\langle(a_1^\dagger a_1-\langle a_1^\dagger a_1\rangle^2)\rangle=\langle(a_1^\dagger a_1)^2\rangle-\langle a_1^\dagger a_1\rangle^2$ 表示。例如 $(\Delta\hat{N}_1)^2=(\Delta\hat{N}_0)^2/4=(\Delta\hat{N}_{-1})^2$，$\langle\hat{N}_0\hat{N}_{-1}\rangle=\langle\hat{N}_1\rangle(N+3S)-2\langle\hat{N}_1^2\rangle SN-S^2$，等等。用式(10.8.37)可以证明：

$$(\Delta\hat{N}_1)^2=\left(\frac{N}{2S+3}\right)^2\left(\frac{S+1}{2S+5}\right)+\left(\frac{3N}{(2S+3)^2}\right)\left(\frac{S+1}{2S+5}\right)+\left(\frac{S+1}{2S+5}\right)\left(\frac{S^2-3S}{(2S+3)^2}\right) \tag{10.8.40}$$

态 $|F\rangle=|S,S\rangle$ 的性质与磁化度 S/N 有关。对于 $S=0$，就得到 Law，Pu 和 Bigelow 最早研究的 $|0,0\rangle$ 态[62]，其三个分量的平均粒子数相同：$N_1=N_0=N_{-1}=N/3$，并且具有巨大的粒子数涨落 $\Delta N_\alpha\sim N$。当 S 的值增加时，N_0 和 ΔN_0 迅速减小。

当 S 变为宏观量时，N_0 和 ΔN_0 都变为 $O(1)$ 量级，即在热力学极限时为零，而 $N_{+1}=(N\pm S)/2$ 仍保持为宏观量。态 $|F\rangle$ 代表碎裂的凝聚体，因为单粒子密度矩阵对于任何磁化值都具有不止一个宏观本征值。设定泊松分布 $\Delta N\sim\sqrt{N}$ 作为“超碎裂态”($\Delta N_\alpha\sim N$)到

“相干碎裂态”($\Delta N_\alpha \sim 1$)过渡的界限,式(10.8.40)给出,对于 $N, S \gg 1$,过渡发生在 $S/N < 1/\sqrt{8N}$ 时。因此,超碎裂只能在 S/N 很小时才能达到,而相干碎裂则因易于实现而经常出现。

考虑大 S 值的 $N_0=0$ 相干碎裂:

$$N_{\pm 1} = \frac{N \pm S}{2}, \quad N_0 = 0,$$

$$|C\rangle = \frac{1}{\sqrt{N!}}\left(\sqrt{\frac{N_1}{N}}a_1^\dagger + \sqrt{\frac{N_{-1}}{N}}a_{-1}^\dagger\right)^N |\text{vac}\rangle \tag{10.8.41}$$

这个态可以用福克态来近似:

$$|S,S\rangle \to |N_1, 0, N_{-1}\rangle = \frac{a_1^{\dagger N_1} a_{-1}^{\dagger N_{-1}}}{\sqrt{N_1!\ N_{-1}!}} |\text{vac}\rangle \tag{10.8.42}$$

在福克态空间内(总粒子数固定),$\hat{H}_0$ 可以写为

$$\hat{H}_0 = \frac{c_2}{2\Omega}(N_1 - N_{-1})^2 - \gamma B(N_1 - N_{-1}) \tag{10.8.43}$$

态式(10.8.42)相当于在算符 Θ 内去掉 a_0。这可以理解为对于 N 值较大的玻色增强:在具有 N 个玻色子的状态上再加一个玻色子的过程伴随有 $\sqrt{N+1}$ 因子。将态(10.8.42)与下面的单一凝聚体状态相比是有启发意义的:

$$|C\rangle = \frac{1}{\sqrt{N!}}\left(\sqrt{\frac{N_1}{N}}a_1^\dagger + \sqrt{\frac{N_{-1}}{N}}a_{-1}^\dagger\right)^N |\text{vac}\rangle \tag{10.8.44}$$

$|C\rangle$的单粒子密度矩阵是:

$$\hat{\boldsymbol{\rho}}^C = \begin{pmatrix} N_1 & \sqrt{N_1 N_{-1}} \\ \sqrt{N_1 N_{-1}} & N_{-1} \end{pmatrix} \tag{10.8.45}$$

和态$|F\rangle$的单粒子密度矩阵比较:

$$\hat{\boldsymbol{\rho}}^F = \begin{pmatrix} N_1 & 0 \\ 0 & N_{-1} \end{pmatrix} \tag{10.8.46}$$

我们注意到,算符 $a_\mu^\dagger a_0$ 的期望值将会出现在密度矩阵的非对角元位置上,它在作用于一个自旋状态时会改变自旋分量的值。因此,碎裂态的密度矩阵没有非对角元的根源就是自旋守恒。这启发我们,可以通过改变自旋分量的磁场梯度从而产生非对角元来恢复一个凝聚体的相相干。

考虑以下的外磁场:

$$\boldsymbol{B}(\boldsymbol{r}) = B_0(\hat{\boldsymbol{z}} + G'[x\hat{\boldsymbol{x}} - z\hat{\boldsymbol{z}}]) \tag{10.8.47}$$

其中 G'表征磁场梯度的强度。进行一个会导致选择局域场的方向作为量子化轴的幺正变换,则哈密顿量变为[63]

$$\hat{H}_0 = -\frac{\varepsilon}{2}(a_1^\dagger a_{-1} + \text{H.c.}) + \frac{c_2}{2\Omega}(N_1 - N_{-1})^2 - \gamma B(N_1 - N_{-1}) \tag{10.8.48}$$

此处出现了改变自旋分量的算符 $a_1^\dagger a_{-1} + \text{h.c.}$,以及 $\varepsilon = \hbar^2 G'^2/2M$。$\widetilde{H}_0$ 的基态是[63]

$$|\psi\rangle = (\pi\eta^2)^{-1/4} \sum_{l=-N_1}^{N_{-1}} \mathrm{e}^{-l^2/2\eta^2} \mathrm{e}^{\xi l} |l\rangle \tag{10.8.49}$$

此处$|l\rangle=|N_1+l,N_0,N_{-1}-l\rangle$，$\eta^4=\varepsilon\sqrt{N_1N_{-1}}\,\Omega/4c_2$，$\xi=(N_{-1}^{-1}-N_1^{-1})/4$。这个态的密度矩阵是

$$\hat{\boldsymbol{\rho}}_\psi=\begin{pmatrix} N_1 & \sqrt{N_1N_{-1}}\,\mathrm{e}^{-1/4\eta^2} \\ \sqrt{N_1N_{-1}}\,\mathrm{e}^{-1/4\eta^2} & N_{-1} \end{pmatrix} \tag{10.8.50}$$

它的本征值是：

$$\lambda_\pm=\frac{1}{2}\left[N\pm\sqrt{N^2\mathrm{e}^{-1/2\eta^2}+S^2(1-\mathrm{e}^{-1/2\eta^2})}\right] \tag{10.8.51}$$

对于零场梯度，$\eta\to 0$，$\lambda_\pm\to\frac{1}{2}(N\pm S)$，凝聚体是碎裂的。对于大一些的场梯度，例如$\eta\sim 5$，体系基本上是单一的凝聚体。

在有束缚阱的存在时，文献[63]进行了仔细的分析，并讨论了在束缚气体内观察碎裂凝聚体的可能性。

10.9 在光晶格中的冷玻色原子

两个相对传播的激光束形成驻波，对中性原子形成了周期势。这是因为原子感受交流斯塔克效应(Stark effect)根据失谐而趋于波腹或波节(相当周期势的阱)。周期势的阱形成光晶格的格点阵列，根据激光束的数目，光晶格可以是一维、二维或三维的。在势阱中的原子往返振动，势阱间的隧穿导致能带结构产生。令作用在原子上的势为

$$V_0(\boldsymbol{x})=\sum_{j=1}^{3}V_{j0}\sin^2 kx_j \tag{10.9.1}$$

此处k是激光的波矢值，其与波长的关系是$k=2\pi/\lambda$。晶格常数是$\lambda/2$。参数V_0和原子极化率与激光强度的乘积成正比。D. Jaksch 等人[65]证明，装载到光晶格中的玻色原子的动力学实现了费希尔等人[66]首先提出的玻色-哈伯德模型(Bose-Hubbard model)，模型的参数取决于激光束的排列和强度。在周期势$V_0(\boldsymbol{x})$和慢变化的势阱$V_{\mathrm{T}}(\boldsymbol{x})$中的相互作用玻色原子的哈密顿量是

$$H=\int\mathrm{d}^3x\psi^\dagger(\boldsymbol{x})\left(-\frac{\hbar^2}{2m}\nabla^2+V_0(\boldsymbol{x})+V_{\mathrm{T}}(\boldsymbol{x})\right)\psi(\boldsymbol{x})+ \tag{10.9.2}$$
$$\frac{1}{2}\frac{4\pi a_{\mathrm{s}}\hbar^2}{m}\int\mathrm{d}^3x\psi^\dagger(\boldsymbol{x})\psi^\dagger(\boldsymbol{x})\psi(\boldsymbol{x})\psi(\boldsymbol{x})$$

此处$\psi(\boldsymbol{x})$是玻色场算符，a_{s}是s波散射长度。将$\psi(\boldsymbol{x})$用瓦尼尔基展开，只限于每个格点处的最低振动态，有

$$\psi(\boldsymbol{x})=\sum_i b_i w(\boldsymbol{x}-\boldsymbol{x}_i) \tag{10.9.3}$$

此处$w(\boldsymbol{x}-\boldsymbol{x}_i)$是原子局域在格点$i$处的瓦尼尔函数，$b_i$是在格点$i$处的原子湮灭算符。算符$b_i$和它的共轭算符$b_i^\dagger$满足对易关系

$$[b_i,b_j^\dagger]=\delta_{ij} \tag{10.9.4}$$

将式(10.9.3)代入式(10.9.2)，并用式(10.9.4)，式(10.9.2)就变为玻色-哈伯德模型的哈密顿量

$$H=-J\sum_{\langle i,j\rangle}b_i^{\dagger}b_j+\sum_i\varepsilon_i\hat{n}_i+\frac{1}{2}U\sum_i\hat{n}_i(\hat{n}_i-1) \tag{10.9.5}$$

等号右侧的第一项代表原子从一个格点跳跃到一个邻近格点,求和对每一对最近邻格点进行。跳跃常数 J 的定义是

$$J=\int d^3xw^*(\boldsymbol{x}-\boldsymbol{x}_i)\left[-\frac{\hbar^2}{2m}\nabla^2+V_0(\boldsymbol{x})\right]w(\boldsymbol{x}-\boldsymbol{x}_j) \tag{10.9.6}$$

式(10.9.5)等号右侧的第二项是格点能,数算符 $\hat{n}_i=b_i^{\dagger}b_i$,$\varepsilon_i$ 由下式给出:

$$\varepsilon_i=\int d^3xV_T(\boldsymbol{x})\mid w(\boldsymbol{x}-\boldsymbol{x}_i)\mid^2\approx V_T(\boldsymbol{x}_i) \tag{10.9.7}$$

这是每个格点处的能量偏置。动能算符和光学势并未包括在格点能内,因为它们只导致了各格点都相同的常数值。式(10.9.5)等号右侧的第三项是相互作用能,U 由下式给出:

$$U=\frac{4\pi a_s\hbar^2}{m}\int d^3x\mid w(\boldsymbol{x})\mid^4 \tag{10.9.8}$$

对于给定的光学势,参数 J 和 U 可以立即算出。瓦尼尔函数 $w(\boldsymbol{x})=w(x)w(y)w(z)$ 可以从一维能带计算确定。光学势与参数 J 和 U 的关系分别示于图10.19(a)和(b)。能量的自然单位是反冲能量 $E_R=\hbar^2k^2/2m$,这是静止的原子吸收一个激光的光量子后反冲的能量①。用反冲能量表示原子在阱中的振动频率是 $\omega=2\sqrt{E_RV_0}/\hbar$。最低能带和上面一个能带的能量差是 $\hbar\omega$。谐振子波函数的大小是 $a_0=\sqrt{\hbar/m\omega}$。

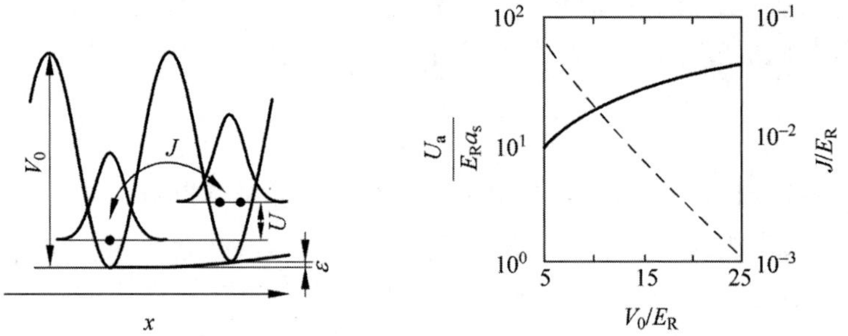

(a) (b)

图10.19 光学势与 J 和 U 的关系

取自文献[65]

(a) 光学势;(b) U_a/E_Ra_s(实线),J/E_R(虚线)与 V_0/E_R 的关系

玻色-哈伯德模型的物理意义就是 J 与 U 之间的竞争。假设每个格点平均有一个原子,在图10.19(a)的左阱中用黑点表示。如果它跳到右阱并和原先就在右阱中的原子耦合,则它们的相互作用能够将系统的能量提升一个与 U 成正比的量。跳跃本身会降低一个与 J 成正比的量。系统的基态就由 J 与 U 之间的竞争确定。如果 V_0 足够大,使得 U 的影响大于 J,跳跃将变得困难。系统的基态把所有的原子均匀分配到各个格点以使相互作用能降到最低。令原子数为 N、格点数为 M,每格点的平均原子数为 $n=N/M$(整数)。在 U 很大的极限下,没有跳跃,n 为有限,也没有涨落,因此也就没有格点之间的相位相干。这种状态称为"莫特绝缘体"(Mott insulator),由下式描述:

① 实际上,激光束与原子共振有一定的失谐,以避免原子损失。

$$|\Psi_{\mathrm{MI}}\rangle \propto \prod_{i=1}^{M}(b_i^{\dagger})^n\,|0\rangle \tag{10.9.9}$$

另一种情况，减小 V_0 使得跳跃更方便，各格点的粒子数涨落增加，相位相干性也增加。于是出现了超流相。在很大的 J 极限下，系统的基态变为

$$|\Psi_{\mathrm{SF}}\rangle \propto \left(\sum_{i=1}^{M}b_i^{\dagger}\right)^N|0\rangle \tag{10.9.10}$$

这个状态是一个单一的凝聚体。玻色-哈伯德模型预言了在增加 U/J 的值时，从超流体到莫特绝缘体的相变。在 $n=1$ 时，相变的临界值是 $U/zJ\approx5.8$，此处 z 是格点最近邻的数目[66]。相变在模型的参数发生变化时发生。与热涨落诱发的热力学相变不同，它可以发生在极低的温度，被称为“量子相变”，是由量子涨落诱发的。

文献[65]进行了二维平均场的数值计算。平均场的基态波函数设定为

$$|\Psi_{\mathrm{MF}}\rangle=\prod_i|\varphi_i\rangle \tag{10.9.11}$$

格点 i 的波函数以福克态$|n\rangle$为基础展开：

$$|\varphi_i\rangle=\sum_i f_n^{(i)}\,|n\rangle_i \tag{10.9.12}$$

将巨正则哈密顿量 $H-\mu\sum_i\hat{n}_i$ 对 $f_n^{(i)}$ 求最小化，拉格朗日不定乘子的化学势 μ 保证总原子数固定：

$$\langle\Psi_{\mathrm{MF}}|H|\Psi_{\mathrm{MF}}\rangle-\mu\langle\Psi_{\mathrm{MF}}|\sum_i\hat{n}_i|\Psi_{\mathrm{MF}}\rangle\longrightarrow\min \tag{10.9.13}$$

如果问题的解是$|\varphi_i\rangle$，即单一的福克态$|n_i\rangle$，粒子数涨落就是零，这就是莫特绝缘体的特点。如果问题的解$|\varphi_i\rangle$是许多福克态的叠加，而格点的平均场不为零：$\phi_i\equiv\langle b_i\rangle\neq0$，超流相就会出现。计算的结果示于图 10.20。图中画出了光晶格、慢变化阱中的冷玻色气体的密度 $\rho(x,y)=\langle\boldsymbol{n}(x,y)\rangle$ 和超流成分 $|\phi(x,y)|^2$。格点 $(i,j)=\left(\dfrac{x}{a},\dfrac{y}{b}\right)$，$i,j=0,\pm1,\cdots$。图 10.20(a)在中心部分显示了 $\rho=2$ 的莫特绝缘相，外面环绕有 $\rho=1$ 的绝缘相，二者中间是一个超流相的环。阱势 $V_{\mathrm{T}}(x_i)\approx\varepsilon_i$（式(10.9.7)）导致了局域化学势 $\mu(x_i)=\mu-\varepsilon_i$。在绝缘相之间。粒子数偏离整数 1 或 2；小数的部分可以自由隧穿，形成超流成分。

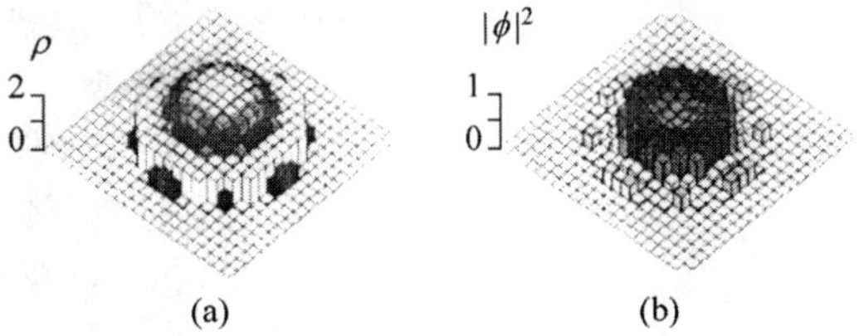

图 10.20　二维光学势和谐振子阱中的莫特绝缘相和超流相

取自文献[65]

(a) 密度；(b) 超流成分

在图 10.19(b)中我们注意到，一旦 V_0 给定，J 和 U 就同时确定，不能独立变化。可以选择原子的不同内部结构态$|g_1\rangle$和$|g_2\rangle$，它们有不同符号的原子极化率，因此感受到的光学势相对移动 1/4 波长，如图 10.21(a)所示。这样就有二组分(a,b)的玻色-哈伯德模型的哈密顿量：

$$H=-\left(J\sum_{\langle i,j\rangle}a_i^{\dagger}b_j+\text{H. c.}\right)+\sum_i\varepsilon_{ii}a_i^{\dagger}a_i+\sum_j(\varepsilon_j-\delta)b_j^{\dagger}b_j+$$

$$\frac{U_{\text{aa}}}{2}\sum_i a_i^{\dagger 2}a_i^2+\frac{U_{\text{bb}}}{2}\sum_j b_j^{\dagger 2}b_j^2+U_{\text{ab}}\sum_{\langle i,j\rangle}a_i^{\dagger}a_ib_j^{\dagger}b_j \tag{10.9.14}$$

当原子不同内部态用两个拉曼束耦合时，相邻元胞间的隧穿由下列耦合诱发：

$$J=\frac{1}{2}\int \text{d}^3x w_{\text{a}}^*(x)\Omega_{\text{eff}}(x)w_{\text{b}}\left(x-\frac{\lambda}{4}\right) \tag{10.9.15}$$

此处 Ω_{eff} 是有效二光子拉比频率。拉曼失谐 $-\delta$ 是为了位于 $|g_2\rangle$ 态的原子引入的，它移动了组分 b 相对于组分 a 的化学势。这用来产生棋盘式的图样：品种 a 是莫特绝缘态，品种 b 是超流体，如图 10.21(b)所示。

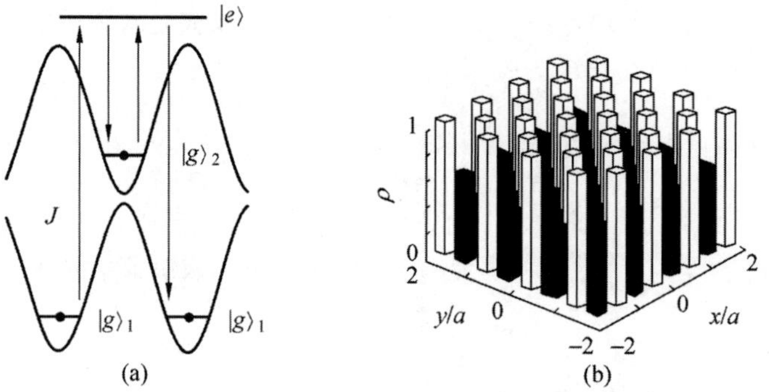

图 10.21　原子能级和棋盘式图样

取自文献[65]

(a) 移动 $\lambda/4$ 光学势的原子能级；(b) 共存的莫特绝缘相和超流相，参数为 $\mu=25\text{J}, U_{aa}=U_{bb}=45\text{J}, U_{ab}=0, \delta=-25\text{J}, \varepsilon_i=0$

光晶格中冷玻色气体的超流到莫特绝缘相的相变实验是由 T. Hänsch 和 I. Bloch 领导的慕尼黑大学研究组进行的[67]。他们使用超精细自旋态 $F=2$ 和 $m_f=2$ 的 ^{87}Rb 原子。先在磁阱中形成托马斯-费米半径为 26μm 的 BEc，然后逐渐增加激光束的强度，把它转移到光晶格中。激光波长为 852nm，光学势的振幅最大可达 $22E_{\text{R}}$。光学势阱的频率为 30kHz。激光束的高斯截面产生慢变化的势 V_{T}，频率为 65Hz。格点数为 1.5×10^5，BEc 共有 2×10^5 个原子。

在达到需要的激光束强度后，所有的约束势突然取消，原子云自由膨胀，取激光造影可以验证相位的相干性。当系统位于超流相时（浅晶格势），所有原子是不局域化的，可以得到高对比度的三维干涉图像（图 10.22）。当晶格势深度增加时，干涉图像变化甚大（图 10.23）。在开始时，高阶干涉极大的强度随势深度的增加而增加，这是因为越来越多的原子局域在格点处。在 $V_0=13E_{\text{R}}$ 时，高阶极大停止增加（图 10.23(e)），同时原子的非相干背景越来越强，直到势深度达到 $22E_{\text{R}}$ 时，干涉图样完全消失。值得注意的是，在演化过程中只要干涉图样还存在，干涉的峰值就不会变宽，直到它们消失在非相干的背景中。

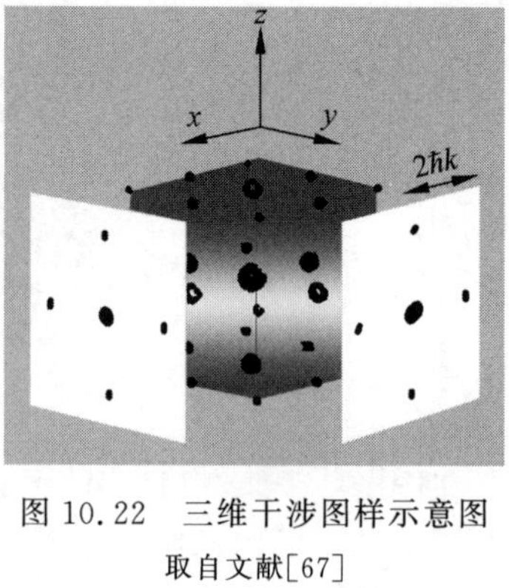

图 10.22　三维干涉图样示意图

取自文献[67]

在两个方向上给出造影图，$V_0=10E_{\text{R}}$

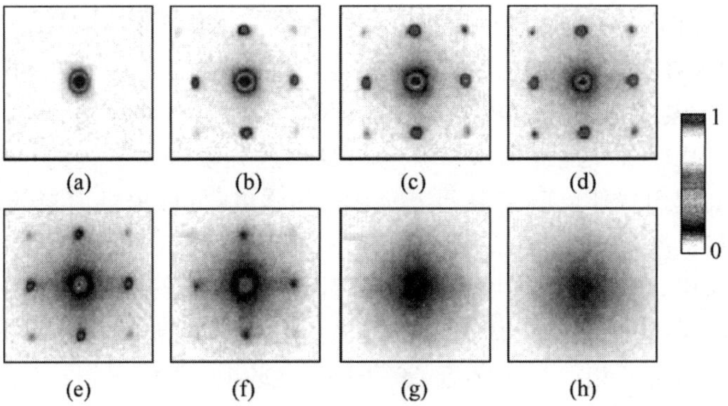

图 10.23 干涉图样造影

取自文献[67]

以 E_R 为单位各图的 V_0 值依次为 0,3,7,10,13,14,16,20

莫特绝缘体的一个极有趣的性质是，当势深度减小到对应体系为超流体的数值时，其相位相干性能够很快恢复。在实验中，V_0 在 80ms 内升到 $22E_R$，保持 20ms。然后把 V_0 在时间 t（取不同值）内减到 $9E_R$（图 10.24(a)）。在图 10.24(b)中可以看出，在只用 4ms 来减小

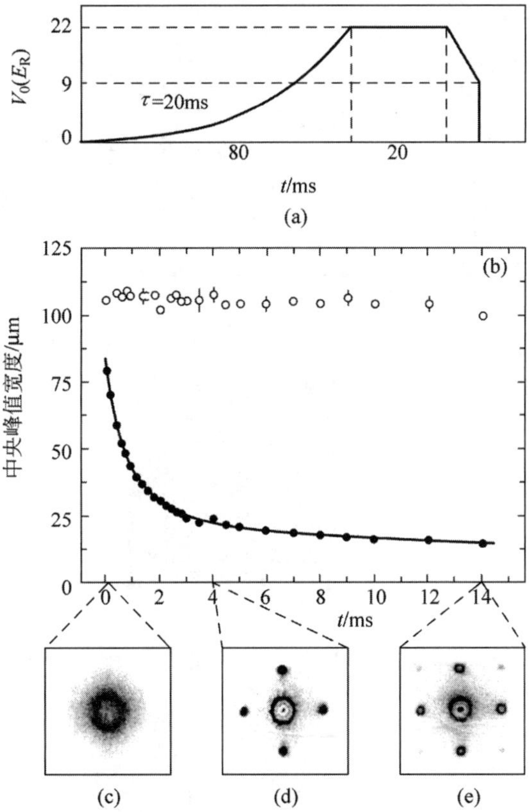

图 10.24 相位相干性随势 V_0 深度的变化

取自文献[67]

(a) V_0 变化的实验过程；(b) 不同 V_0 减小过程时间下的中央峰值宽度；(c)～(e) 三个不同 V_0 减小时间的干涉图样造影

V_0 时，已经可以看到干涉图样；而在用 14ms 来减小 V_0 时，干涉峰的宽度已经和原来一样了。与此对照，如果在 V_0 升高而体系仍在超流体的状态下施加一个磁场梯度，然后达到相位非相干状态，再重复上述的 V_0 减小过程，相位相干性就不再恢复(图 10.24(b)中的圆点)。光晶格上的 BEC 研究提供了探索玻色和费米强关联多体系统的可能性，实验中的参数可以精确操控。应用费什巴赫共振调节相互作用强度，可以提供大参数范围的精确、干净的实验结果。苏黎世联邦理工学院的研究组[68](M. Köhl 等人)就用两个^{40}K 超精细自旋态的气体填充了光晶格，用费什巴赫共振来研究不同相互作用下的能级填充，画出了费米面。在不考虑相互作用时，自由费米气体先填充第一个能带(能量范围在第一布里渊区)，然后再填充第二个能带。但有了相互作用之后就不同了。视相互作用强弱，可能会提前开始填充第二个能带。在光晶格实验中，把磁场固定后，去掉一切俘获势，对自由膨胀的气体云进行造影，就得到了动量分布。在相互作用很弱的情况下，在密度逐步增加时可以看到原子动量分布的变化，在二维动量平面上先充满一个圆，然后这个圆逐渐变形趋向布拉格平面，最后完全充满第一布里渊区的边长为 2 $\hbar k$ 的正方形，此处 $k=\pi^{-1}$(晶格常数)。当原子间有相互作用时，情况也会不同。为了研究相互作用的影响，将光晶格加以调整，使 $\omega_x=2\pi\times 50\text{kHz}$，$\omega_y=\omega_z=2\pi\times 62\text{kHz}$。磁场扫过的共振面是从 $a>0$ 到 $a<0$，确定原子被转移到高能带的比例分数。当最终磁场在共振面之上时，可以观察到在晶格的弱轴方向，位于高能带的原子数目有可观的增加(图 10.25)。

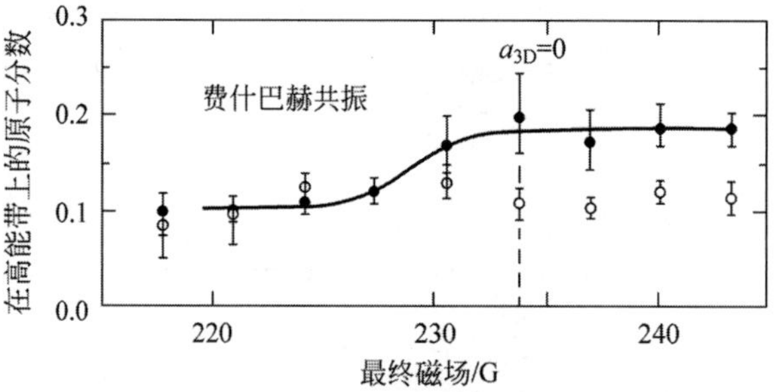

(a)

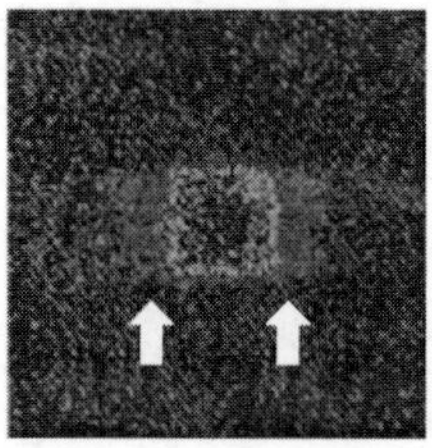

(b)

图 10.25 相互作用诱导的布洛赫能带间的跃迁

取自文献[68]

箭头标明在第一布里渊区以外(相当于第二能带)的动量

这些实验结果对强相互作用下费米面变化的理论研究有参考价值。

最后，讨论一个阵列的独立凝聚体的干涉问题。将凝聚体装入光晶格就能做到这一点[69]。这是在 10.3 节中讨论的文献[28]的推广。用交叉一个角度 θ 的激光束来形成光晶格(图 10.26(a))，这样可以把格点距离从 $\lambda/2$ 增加到 $\lambda/2(\sin\theta/2)$。用波长为 532nm 的激光束交叉 0.20rad 可以达到格点距离 2.7μm。在实验中，先在圆柱对称磁阱中形成^{87}Rb 的雪茄形凝聚体，托马斯-费米长度为 84μm，半径为 6μm。增加光晶格势产生 30 个 BEc，每个 BEc 有 10^4 个原子。由于较长的晶格距离和格点间较高的势垒 $V_0 \approx 600E_R$，隧穿的拉比频率仅有 10^{-4} Hz，在实验的时间尺度上可以忽略。原子的轴向运动是被冻结的，谐振子的基态长度是 120nm，远小于格点距离。

在典型实验中，光晶格势在 200ms 中升到 $600E_R$。在形成晶格前，化学势为常数。由于托马斯-费米分布，在不同位置的原子数是不同的。这个差别正好被相互作用能量平衡，因此化学势保持为常数。当光晶格势增加到 $100E_R$ 以上时，格点间的隧穿就可忽略了，每个格点上的原子数就固定了。以后再增加光晶格势，虽然格点的原子云被压缩，但相互作用能的增加不再被粒子数的变化平衡，化学势就成为格点位置的函数了。不同格点上的凝聚体波函数的时间演化导致不同的相位，在足够长的时间以后，各个格点的相位会有很大的差别。

将格点上的原子再保持 500ms，撤掉光阱和磁阱，原子云在自由膨胀 22ms 以后被吸收造影，记录下密度分布。虽然不同的 BEc 相位完全没有关联，但一般情况下，造影还是显示出干涉图样。图 10.26(b)和(c)显示了高达 60%的对比度。

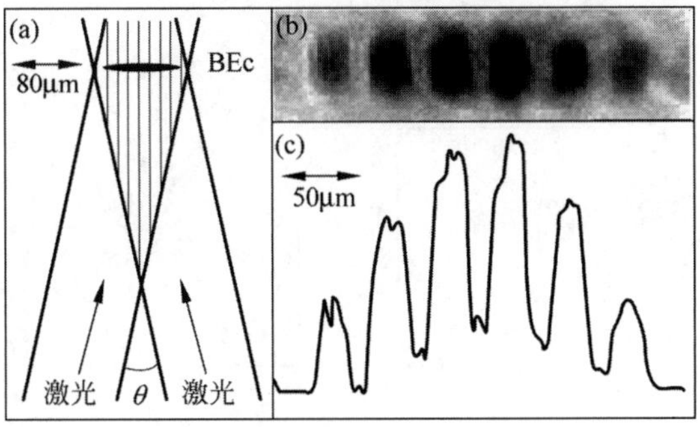

图 10.26 典型实验中的情况

取自文献[69]

(a) 光晶格和 BEc 的形成；(b) 自由膨胀后的吸收造影；(c) 原子云的轴向密度分布，在径向平均了中心附近的 25μm，拟合达到了 60%的对比度

结果的理论分析如下。考虑位于 $z_d = nd\,(n=1,\cdots,N)$ 的 N 个凝聚体一维阵列，每个凝聚体处于振幅为 α_n、相位为 ϕ_n 的相干态中。在膨胀了时间 t 后，位置 z 的原子密度为

$$I(z) \propto \left| \sum \alpha_n e^{i\phi_n} e^{im(z-z_n)^2/2\hbar t} e^{-(z-z_n)^2/Z_0^2} \right|^2 \tag{10.9.16}$$

此处 $Z_0 = \hbar t/ml$。周期性指数函数是时间演化因子：要在时间 t 内从格点 z_n 到达 z 点，原子需要具有的能量为$\frac{1}{2}m\,\frac{(z-z_n)^2}{t^2}$。高斯因子是谐振子基态波函数膨胀了时间 t 的结果。凝聚体在格点上的动量标度是$\hbar/l$，在时间 t 之后，长度标度变为$\hbar t/ml \equiv Z_0$。此时的高斯分布就是 $e^{-(z-z_0)^2/Z_0^2}$。假设格点上有同样的原子数 $\alpha_n = \alpha$，膨胀时间足够长，使得 l 和 $z_n \ll Z_0$ 和$\sqrt{\hbar t/m}$。在此情况下，式(10.9.16)变为

$$I(z) \propto N\alpha^2 \exp(-2z^2/Z_0^2) F(z) \tag{10.9.17}$$

此处

$$F(z) = 1 + \sum A_n \cos(B_n + 2\pi nz/D) \tag{10.9.18}$$
$$D = ht/md$$

A_n 和 B_n 分别是 $F(z)$ 的第 n 泛波的振幅和相位，由 $\frac{2}{N}\sum_j e^{i(\phi_j-\phi_{j-n})}$ 的模和宗量给出。到第一个泛波[①]

$$F(z)=1+A_1\cos(B_1+2\pi z/D) \tag{10.9.19}$$

在图 10.27 中总结了 200 个相继的造影结果。多数情况下的条纹对比度 A_1 是可观的，平均为 $\langle A_1\rangle=0.34$。图 10.27(a)显示了相位 B_1 在 0 和 2π 的随机分布。因此，如果对 200 个造影进行平均，就看不到任何调制。为了得到相位更为相关的凝聚体，要把晶格势更快地提升(在 3ms 内)，并将凝聚体立即释放，使退相干来不及进行。在此情况下(图 10.27(b))，条纹相位 B_1 就不再随机分布，对 200 个造影求和还能得到有相当对比度的干涉图样。以上的论据可以推广到二维和三维。总结一下：相位不相关联的 BEc 阵列的一次性干涉造影是随机的，即由 A_1 决定的对比度可以在一个范围内取任意值，多数情况下的对比度可以是可观的值。相位 B_1 决定沿 z 轴方向的相移。它的随机性意味着当对许多造影取平均时，会得到无结构的分布。因此，应注意不要把任何干涉图样的出现当作相位相干的确定象征。

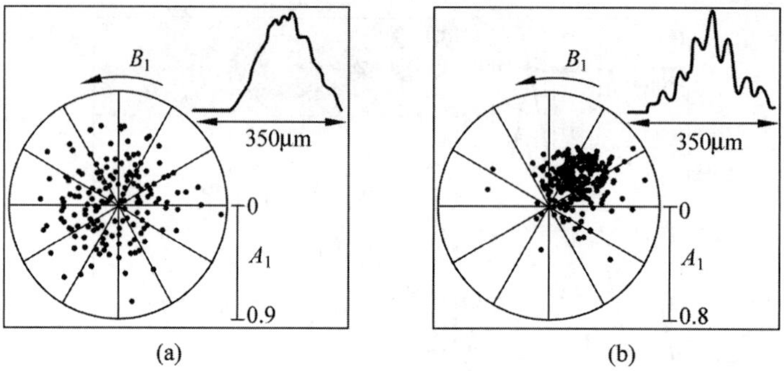

图 10.27　同样实验条件下得到的 200 个造影条纹振幅和相位(A_1，B_1)

取自文献[69]

(a) 相位不相干凝聚体的造影；(b) 相位相干凝聚体的造影；插图：200 个造影平均的轴向分布

10.10　费什巴赫共振和共振超流性

低能原子散射由散射长度表征，在费什巴赫共振存在的条件下，散射长度可以通过磁场调节。不仅相互作用的强度可以改变，而且吸引或排斥的性质也能够改变。这个可能性开辟了冷原子气体物理实验研究的广大领域，不仅是玻色气体，而且包括费米气体。费米原子可以形成分子，在多体相互作用存在的条件下还可以形成对，就像库珀对一样。当温度足够低时，分子可以形成 BEc，因为两个费米原子形成的分子是玻色子。费米原子对在温度低于临界温度时也可以凝聚成 BEc 并显出超流性质。这些现象的实验实现是 2004 年物理学研究的主要进展之一。

---

① 考虑 $\frac{1}{N}\left|\sum_n e^{i\phi_n}e^{im(z-z_n)^2/2\hbar t}\right|^2=\frac{1}{N}(\sum)^*(\sum)$，其平方各项求和得 1。第一泛波是由 k 和 l 相差为 1 的交叉乘积求和得来。和 ϕ 有关的部分给出 $\frac{2}{N}\sum_j e^{i(\phi_j-\phi_{j-1})}$，和 z 有关的部分给出 $e^{imdz/\hbar t}=e^{i2\pi z/D}$，与 z 无关的公共相因子被略去了。最后的结果为 $A_1\cos(B_1+2\pi z/D)$。

10.10.1 费什巴赫共振

在量子力学散射问题中，波矢为 $\boldsymbol{k}$ 的粒子的低能散射振幅为

$$f=\frac{1}{2ik}(e^{2i\delta_0}-1) \tag{10.10.1}$$

式中，δ_0 是 s 波散射相移。在低能散射中以 s 波散射为主。散射理论给出：

$$\tan\delta_0=-ka \tag{10.10.2}$$

常数 a 称为“(s 波)散射长度”。在相移很小时，有

$$f\approx\frac{\delta_0}{k}=-a \tag{10.10.3}$$

散射截面为

$$\sigma=4\pi\mid f\mid^2=4\pi a^2 \tag{10.10.4}$$

二粒子的低能散射仅由散射长度一个参数描述。用二粒子的相对坐标 $\boldsymbol{r}=\boldsymbol{r}_1-\boldsymbol{r}_2$ 可以把散射问题归结为单粒子问题，散射势就是相互作用势 $V(r)$。图 10.28 给出了原子间典型的相互作用势，R 是原子间的相对距离。通常，二原子逼近进入相互作用区域，到 R 值很小时遇到很强的排斥，使原子远离，完成散射过程。原子在相互作用区域的停留时间短，数量级是相互作用区的大小除以原子相对速度。这种情况称为“势散射”。散射长度由原子的性质决定，$a>0$ 代表原子之间为相互排斥作用，$a<0$ 代表原子之间为相互吸引作用[70]。

原子之间的相互作用力与价电子的自旋取向有关。碱金属有一个价电子。Na 原子间的相互作用势阱在价电子自旋平行时比自旋反平行时要低一些。超精细相互作用(原子核自旋与价电子自旋合成为超精细自旋)使原子在散射过程中的自旋状态可以发生变化。设价电子自旋平行的原子低能入射在进入势阱后变为反平行。如果这时原子看到的是一个更高的势阱，比动能还要高，原子就会被囚禁。如果在反平行自旋的势阱中正好有一个束缚态能级在附近(图 10.28 中表明，有一个能量差为 ε 的能级存在)，原子就能够暂时以束缚态存在于自旋反平行势阱中。对能量很低的一对原子而言，自旋平行的道是开道，自旋反平行的道是闭道。直到超精细相互作用使这对原子的自旋再变成平行时，较低的势阱对它们才会变得畅通无阻，它们才会分离，完成散射过程，如图 10.29 所示。$\varepsilon=0$，即在闭道中正好有一个能级和开道的散射态能量相同，被称为“共振”。当 ε 很小时，发生的散射称为“共振散射”。和势散射不同，原子在势阱中要度过一段时间，等待自旋再次变更取向。

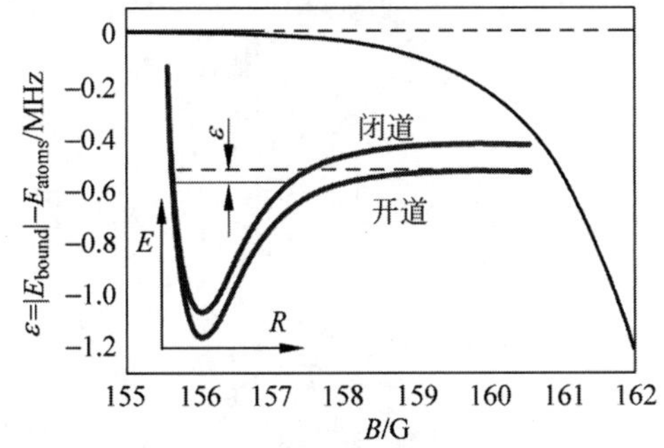

图 10.28 原子间的相互作用势
势与自旋有关，对低能散射态可以分出开道与闭道

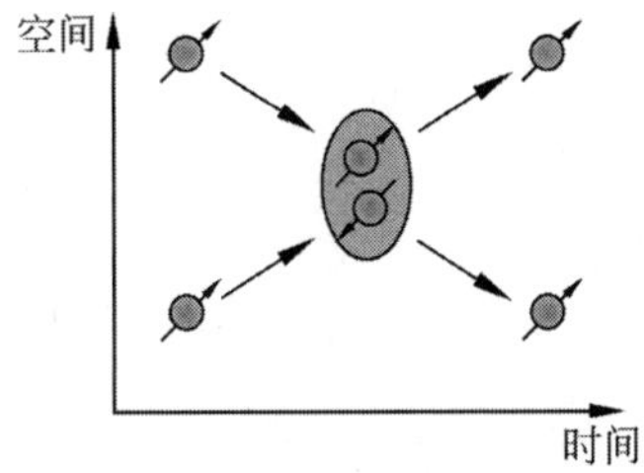

图 10.29 自旋取向改变导致共振散射示意图

通常，共振散射比势散射时间要大几个量级。共振散射的散射截面显示共振峰，其宽度比势散射截面曲线的宽度要小得多。这是由量子力学能量和时间的不确定关系所决定的。当共振散射为主时，散射长度也随之发生变化：

$$a = a_0 - \frac{\Gamma}{2k\varepsilon} \tag{10.10.5}$$

式中，a_0 是远离共振时的散射长度，Γ 是共振峰宽度。从式(10.10.5)可知，共振时 $a \to \pm\infty$。极为重要的一点是：闭道的束缚态位置，即参数 ε，是可以用磁场调节的。令束缚态的磁矩为 μ_0，单个原子的磁矩为 μ_i，则散射态的磁矩为 $2\mu_i$，在磁场中散射态和束缚态的塞曼能量差为 $(2\mu_i - \mu_0)B$。因此有

$$\varepsilon(B) = (2\mu_i - \mu_0)(B - B_0) \tag{10.10.6}$$

此处 B_0 为发生共振时的磁场。因此调节磁场可以使 ε 变更符号，即在共振附近式(10.10.5)等号右侧的第二项可以是很大的正数或负数。图10.30给出了 ^{40}K 原子散射长度随磁场的变化。由于美国核物理学家费什巴赫在20世纪40年代对热中子在重原子核上的共振散射作了系统的研究，冷原子研究中的共振散射就被称为“费什巴赫共振”。在共振时，$a \to \pm\infty$，这是否意味着原子相互作用是无限强的呢？是否会有无限大的散射截面呢？答案都是否定的。式(10.10.3)和式(10.10.4)是在 δ_0 很小时的近似结果。式(10.10.1)的散射振幅和相移的关系有：

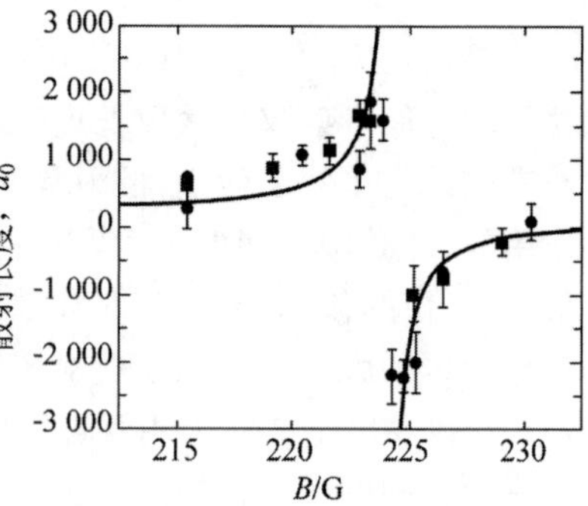

图 10.30　^{40}K 的散射长度

取自文献[71]

实验点是通过相互作用能测量换算的

$$f = \frac{1}{2ik}(-2\sin^2\delta_0 + 2i\sin\delta_0\cos\delta_0) = -\frac{1}{2ik}\left(\frac{2k^2a^2 + 2ika}{1 + k^2a^2}\right)$$
$$= -a\,\frac{1 - ika}{1 + k^2a^2} \tag{10.10.7}$$

f 的实部决定基态的能移，虚部决定散射时间的倒数。当 ka 很大时，$f \to i/k$，$\sigma \to 4\pi/k^2$。这个截面值与散射长度无关，称为截面的“幺正极限”。由于散射过程的幺正性(反映概率守恒)，截面不可能超越这个极限值。不论何种原子，到共振散射时截面都相同，而与原子的散射长度无关。这被称为“普适行为”(universal behavior)。至于在共振条件下的原子相互作用能量，何天伦与 E. Mueller[72] 给出：

$$|\varepsilon_{\text{int}}| = \frac{3k_B T n}{2}\left(\frac{n\lambda^3}{2^{3/2}}\right) \tag{10.10.8}$$

此处 k_B 为玻尔兹曼常数，T 为气体温度，n 为密度，λ 为热德布罗意波长：

$$\lambda = \left(\frac{2\pi\hbar^2}{mk_B T}\right)^{1/2} \tag{10.10.9}$$

共振时的相互作用能量也与散射长度无关，呈现普适行为。图10.31的实验点是 C. Regal 和 D. Jin[71] 用射频谱学方法测得的 ^{40}K 气体的散射长度 a。可见远离共振时的相互作用能量由散射长度决定，而

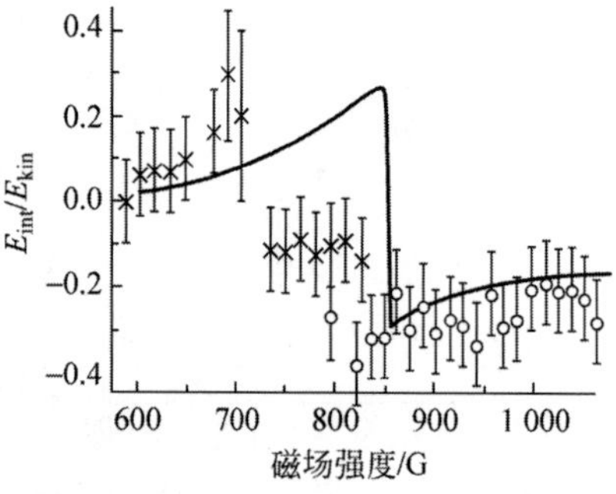

图 10.31　相互作用能在共振区内与散射长度无关

取自文献[71]

接近共振时的相互作用能量表现为普适行为，与散射长度无关。巴黎高等师范学院的 C. Salomon 研究组[73]直接测量了相互作用能与动能之比作为磁场强度的函数，示于图 10.31。在共振区域完全呈现出普适行为。何天伦与 E. Mueller[72]理论和实验结果符合得很好。

10.10.2 简并费米气体

要制备简并费米气体，首先要冷却它。例如用蒸发冷却法使能量最大的原子逃逸，余下的气体原子通过碰撞而趋向平衡。但在磁阱中约束的费米气体原子，其价电子的自旋是同向的。原子间的相对轨道角动量必须为奇数，至少应是 $l=1$ 的 p 态。这样两个原子的波函数才能是反对称的，满足费米统计要求。在低能碰撞中，p 态的分波散射幅比 s 态要小得多，因此碰撞概率很低。通过费什巴赫共振可以使相互作用增强很多，促进趋向平衡的过程。

在费什巴赫共振两侧，费米气体具有极为丰富的物理性质。先考虑两个费米原子的费什巴赫共振。当磁场 B 从大到小趋于共振值 B_0 时，开道散射态和闭道束缚态的能量也趋于相等。此时即将出现一对由原子组成的束缚态。B 继续减小，束缚态的结合能增加，空间尺度减小。在共振之上 $B>B_0$ 时，原子处于非束缚状态。

多体费米原子的情况有所不同。BCS-BEC 跨接理论(BCS-BEC crossover theory)[74-75]给出了以下图像(图 10.32)。在从 $B<B_0$ 一方趋近费什巴赫共振时，束缚态的尺度增大。在接近共振时，束缚态的尺度与原子平均距离相等。对于所有费米原子气体，只要密度相同，在费什巴赫共振处的性质都一样，呈现普适性。在共振之上，闭道和开道状态间的涨落继续将费米原子约束成对。余下的气体原子通过碰撞而趋于平衡，这样原子对和自由原子就同时并存。在 $a<0(B>B_0)$一侧远离共振处，较弱的相互作用将一对费米原子配成 BCS 对。两个费米原子配对所形成的体系是玻色粒子，因此在温度足够低时，大量的对也能形成玻色-爱因斯坦凝聚体，表现出超流体性质。BCS 超流转变温度对相互作用强度的依赖很灵敏。弱耦合理论给出：

$$T_C \sim T_F e^{-\frac{\pi}{2|a|k_F}} \tag{10.10.10}$$

此处 k_F 是费米动量，$T_F=\varepsilon_F/k_B$ 是费米温度，其和简并温度近乎相等。在相互作用弱时，转变温度很低，BCS 对在空间有很松散的结构。配对的两个原子之间的距离比气体原子间的平均距离大得多，即在它们之间还有许多其他的原子存在。当减小磁场、逐步趋近共振时，

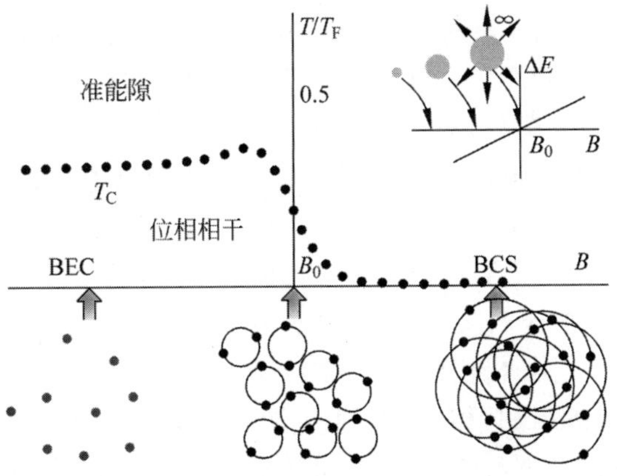

图 10.32 费米气体 BEC-BCS 跨接相图

取自文献[75]

转变温度很快升高,但此时导致式(10.10.10)的弱耦合理论已不再适用。当接近共振时,配对原子的距离已经和气体原子的平均距离相等。在 $a>0(B<B_0)$一侧,束缚态的能量低于散射态,束缚态的结合能和尺度大小相应地随磁场的减小而增加和减小。当远离共振时,束缚态的尺度和原子大小相同。当温度低于临界温度时,束缚态形成玻色-爱因斯坦凝聚体。在温度升高到大于临界温度时,超流性质被热涨落破坏,即BEC不复存在,但原子配对仍然存在,对之间的相干已经丧失,形成"准能隙"(pseudogap)。

图10.32给出了超冷费米气体的BEC-BCS跨接理论的示意相图。插图代表两个费米子的情况,主图代表多体费米子的情况。主图中 T_C 是BEc(或超流)转变温度。图下方绘出了原子对的尺度。主图左侧体系是分子状态,在 T_C 之下是BEc,在 T_C 之上有一段准能隙。在灰色线以上形成对已经困难了。插图中的 ΔE 代表束缚态与开道散射态之间的能量差。在实验验证方面,首先实现的是分子态的BEc。由于分子具有不同的内部状态,有关它的研究可以揭示丰富的物理性质。在 $a<0(B>B_0)$一侧,接近共振附近,费米原子对的凝聚体(称为"对凝聚体",pair condensates)具有和远处的BCS型配对的凝聚体不同的性质。关于它的发现从2004年初到现在已经有了不同实验组的报道。以下分别介绍分子凝聚体和相关的实验研究。

10.10.3　费米原子组成分子和分子的BEc

由费米原子组成的分子BEc之发现被认为是冷量子气体研究的一个里程碑,它也被作为向凝聚超流体研究进军的桥头堡。

要得到分子BEc,先要得到长寿命的分子。在2003年JILA的D. Jin研究组[76]将 ^{40}K 气体的50%以上转变为分子 $^{40}K_2$。将内部状态分别为 $|f=9/2, m_f=-5/2\rangle$ 和 $|f=9/2, m_f=-9/2\rangle$ 的两种原子等量混合(此处 f 和 m_f 分别是超精细自旋及其分量),在 $T=150nK$ 时,从费什巴赫共振的 $a<0$ 一侧减小磁场到 $a>0$ 一侧。使用射频分子离解谱,可以得到分子的波函数和结合能,与理论结果完全一致。实验结果示于图10.33。在不同的磁场条件下用斯特恩-盖拉赫(Stern-Gerlach)方法分开不同的自旋态,再作激光吸收造影。图10.33(a)是在磁场扫掠前,显示的 $m_f=-5/2$ 和 $-9/2$ 两种成分。在将磁场绝热调到 $a>0$ 区后(图10.33(b)),可以看到两种成分损失过半(分子是造影激光看不到的)。用射频离解得到两个原子位于 $m_f=-7/2$ 和 $-9/2$ 态。图10.33(c)显示了 $m_f=-7/2$ 成分和较强的 $m_f=-9/2$ 成分。一部分 $m_f=-9/2$ 成分是图(b)原有的,另一部分是分子离解给出的。重要的一点是,分子和原子在磁场调节过程中的相互转变是可逆的。

关于此,奥地利因斯布鲁克大学的R. Grimm研究组,法国巴黎高等师范学院的C. Salomon研究组,美国莱斯大学的R. Hulet研究组都得到了由费米原子组成的分子。这些分子的一个特点是寿命较长,可达秒的量级。玻色原子形成的分子寿命则较短,只有若干毫秒量级。原因是费米原子形成的分子中的两个价电子自旋是反平行的,其离解的主要机制是三体碰撞。不论第三个原子的价电子自旋如何,总会和分子中的两个价电子之一的自旋相同。根据泡利不相容原理,自旋相同的两个电子的相对轨道角动量不能为零。因此,s 波散射是不可能的,碰撞率受到了很大压制,称为"泡利阻塞"(Pauli blocking)。玻色原子形成的分子则不受此限制,三体碰撞离解率较高。寿命长的分子对形成玻色爱因斯坦凝聚体是很有利的。

分子BEc是在2003年冬季得到的。奥地利因斯布鲁克大学的R. Grimm研究组,JILA的D. Jin研究组和美国麻省理工学院(MIT)的克特勒研究组的成果受到了普遍关注。原因

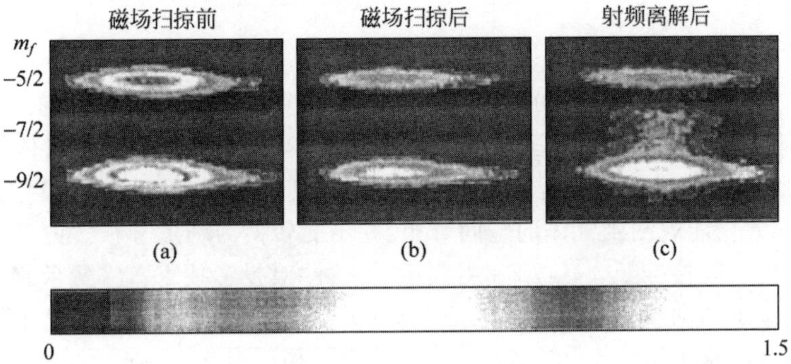

图 10.33 磁场扫掠前

取自文献[76]

(a) 扫掠后的吸收造影；(b) 射频离解后的吸收造影；(c) 不同自旋状态的吸收造影

一方面是可以用分子 BEc 作为基础，经过绝热改变磁场达到费什巴赫共振的 $a<0$ 一侧，试图获得费米原子对的凝聚体(超流体)；另一方面是形成 BEc 的分子具有可以调节的丰富的内部结构。三个研究组的方案各有特点。下面介绍的是 D. Jin 研究组直接用造影观测的实验[77]。采用 ^{40}K 气体的两个不同超精细结构态 $|f=9/2, m_f=-7/2\rangle$ 和 $|f=9/2, m_f=-9/2\rangle$ 的混合，它们的费什巴赫共振位于 $B_0=202.10$G。在 10ms 时间内缓慢地将磁场从 278G 调到 201.54G。然后将束缚光阱撤去，令气体自由膨胀 20ms 后再用激光沿轴方向对分子作飞行时间吸收造影，得到分子的空间分布。由于气体是自由膨胀的，空间分布直接反映动量分布。图 10.34 表明，如果从 $T=1.54T_c$ 开始调低磁场(图 10.34(a))，则动量分布显示不出 BEc 的存在。图 10.34(c)给出了动量分布的剖面。图 10.34(b)和(d)是从 $T=0.49T_c$ 开始的，动量分布明显显示了 BEc 的形成，剖面表示在高斯分布的本底上叠加 BEc 的动量峰。实验表明最多有 88%的原子可以转变为分子。

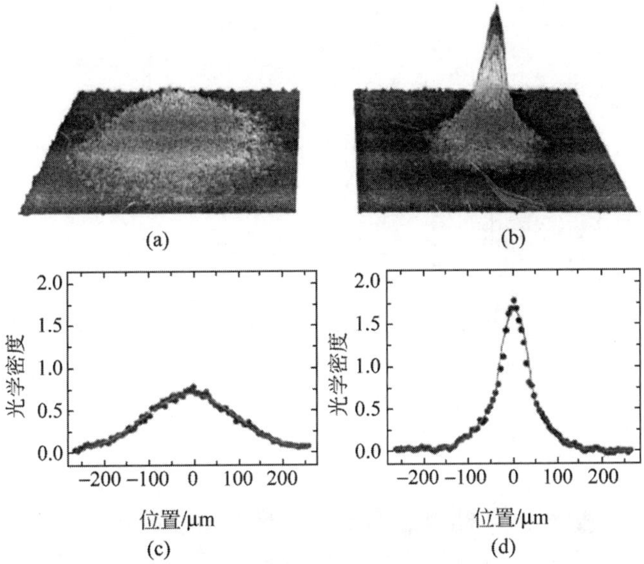

图 10.34 分子云的飞行时间造影在 BEc 临界温度上下的光学密度

取自文献[77]

(a)和(c)在临界温度以上；(b)和(d)在临界温度以下

10.10.4　费米原子对的凝聚体

获得费米原子对超流体在 2004 年年初就有了报道。取得结果的仍是 Jin[78]，Grimm[79] 和克特勒[80]研究组。由于费米原子对在费什巴赫共振 $a<0$ 区形成原子对依靠的是集体效应，不能在撤阱和气体膨胀后观测，Grimm 组决定使用“光学现场造影”（Optical in-situ imaging），这样就只能观测到气体的空间分布，并不能转换为动量分布。关于凝聚体的存在只能靠和理论比较间接推断。Jin 研究组创造了一种“对投影技术”，将费米原子对转变为分子。只要测量分子的动量分布就能推断原子对的动量分布。现将他们的结果简述如下。^{40}K 气体的两个最低超精细结构态 $|f=9/2, m_f=-7/2\rangle$ 和 $|f=9/2, m_f=-9/2\rangle$ 在 202.1G 发生费什巴赫共振，共振宽度为 7.8G。研究组在共振两侧都观测到了费米原子凝聚，相当于 BCS-BEC 跨越。先将磁场固定在 $a<0$ 接近共振处，然后将磁场扫掠到 $a>0$。这个“投影磁场”扫掠的速度必须快慢适当：要慢得使分子可以形成，又要快得不致使粒子在阱中碰撞并跑得太远。投影可以使 60%～80% 的原子组成分子。在变更初始温度时，发现有一个 T/T_F 与磁场失谐 $B-B_0$ 值的阈值曲线，在曲线之下能观察到动量在 0 附近的分子。研究者将此诠释为反映费米原子对凝聚体的存在。在 $a<0$ 一侧，二体费什巴赫共振不能支持分子状态，因此凝聚体只能是由多体效应给出的费米原子对，实验结果示于图 10.35。初始温度是 $T/T_F=0.08$，$T_F=0.35\mu$K。磁场随时间变化示于插图内，开始是在 $a<0$ 区，降到虚线处是费什巴赫共振。在共振上下（上下箭头）停留不同时间：图中黑点为停留 2ms，三角为停留 30ms。然后将光阱撤掉，将磁场扫掠约 10G 到 $a>0$ 区，以便原子对变为分子。图 10.35 给出了在不同初始磁场值时，最终得到的凝聚粒子数。不同停留时间的结果显示对凝聚体在共振附近以及在 BCS 一侧的寿命比在 BEC 一侧的长得多。气体云自由膨胀后进行造影，得到图 10.36。三幅图分别对应在 BCS 一侧的 ΔB（0.12G，0.25G，0.55G），起始温度 $T/T_F=0.07$。分析结果得到 N_0/N 值为 0.10，0.05，0.01，表明在 BCS 一侧接近共振处的费米原子对较多，远离共振处由于原子相互作用太弱，临界温度太低，观测到的对数量极少。

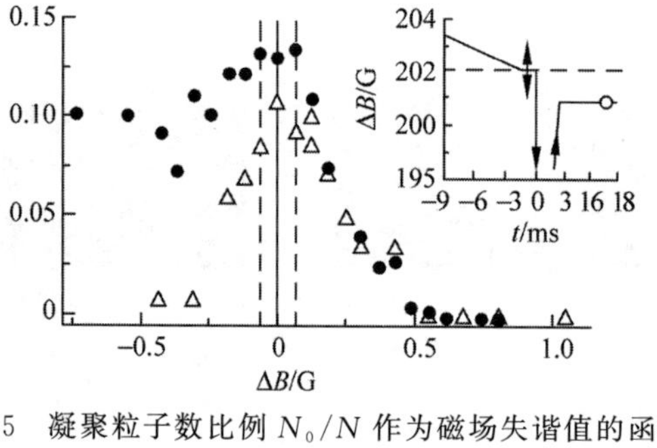

图 10.35　凝聚粒子数比例 N_0/N 作为磁场失谐值的函数

取自文献[78]

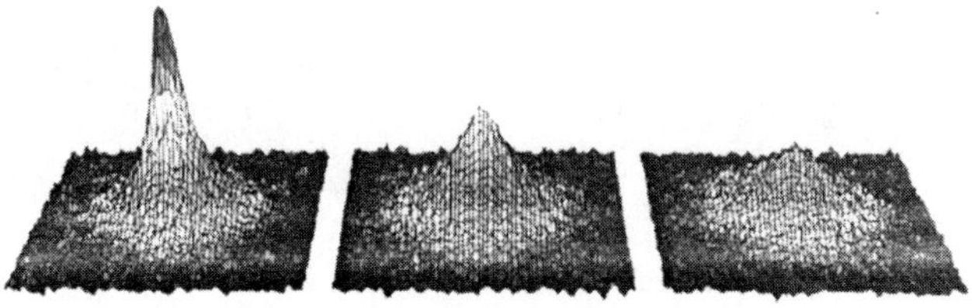

图 10.36　气体云飞行时间造影

取自文献[78]

MIT 的克特勒研究组[80]也用了投影技术,采用^{6}Li 得到的凝聚体比例高达 80%。已知在 BCS 一侧的费米原子对结构比较松散(图 10.32 下方示意图),那么在磁场通过共振向 BEC 一侧扫掠时,究竟是哪一对原子结合成了分子?如果就近选择,会有不少对的总动量不为零,即多数对不能凝聚。如果测出 80%动量为零的凝聚体,只能判断在 BCS 一侧也有束缚态的分子存在。研究者对于此的解释是,虽然束缚态在 $\Delta B>0$(BCS)一侧比散射态能量高,以二体作用判断是不会稳定的,但因在 BCS 一侧有自由费米原子分布在较低的动量状态上,使分子离解在动量空间上受到抑制。因为只有在能量差较大时才能离解,所以这些亚稳态的分子在磁场向 BEC 一侧扫掠时就以稳定分子出现。这种解释使人们一时间对实验研究能否确立超流体的存在表示怀疑。

奥地利因斯布鲁克大学的 R. Grimm 研究组[81]采用了不同的实验途径:用射频谱学方法测定了费米原子对的能隙。取^{6}Li 的三个超精细结构态$|1\rangle$,$|2\rangle$和$|3\rangle$(基本上相当于核自旋的 $m_I=1,0,-1$)中的含有$|1\rangle$和$|2\rangle$两种状态等量混合的气体。如果$|1\rangle$和$|2\rangle$之间没有配对,射频辐射场的频率就等于$|2\rangle\to|3\rangle$跃迁时被共振吸收的频率。如果存在配对,就会出现另一个吸收频率,相当于将配对$|1\rangle$和$|2\rangle$离解。实验表明,在温度降低到一定值时,果然出现了这个新的频率。对于$|1\rangle$和$|2\rangle$两种态的原子,$B=720$G 在 BEC 区相当于 $a=120$nm。$B=822$G 和 837G 相当于共振的下限和上限,$B=875$G 在 BCS 区,相当于 $a=-600$nm。图 10.37 给出了不同温度下共振两侧的射频谱。由于在磁场扫掠时温度会有变化,须确定气体在 BEC 极限下的温度 T'。磁场扫掠到 BCS 区时温度会更低。图中第一行是在温度 $T'=6T_F(T_F=15\mu K)$时取的。可以看出不同磁场下都只有相当于$|2\rangle\to|3\rangle$跃迁的吸收频率,将此频率定为横坐标原点。中间一行相当于 $T'=0.5T_F(T_F=3.4\mu K)$。在 BEC 区看到了相当于分子结合能的峰,在共振区和 BCS 一侧都有另一个吸收峰,可以认为是费米原子对的能隙。最下一行相当于 $T'<0.2T_F$,$(T_F=1.2\mu K)$。此时自由原子$|1\rangle$和$|2\rangle$态都不存在了,只有相当于分子和费米原子对的结合能和能隙的吸收峰。注意,在 BEC 区的横坐标尺度与在其他磁场时不同:分子结合能比原子对的能隙要大得多。由于芬兰 Torma 研究组的工作支持,射频谱线型实验工作与已知理论结果符合得很好。

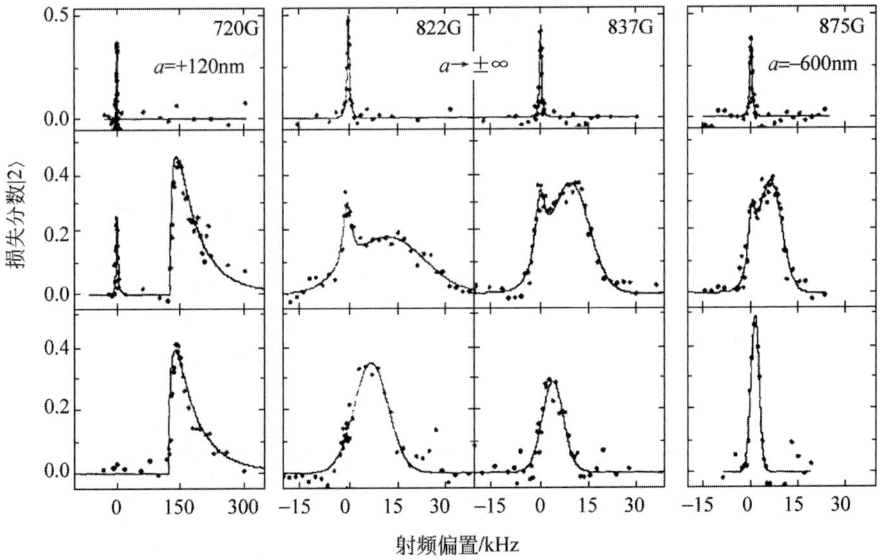

图 10.37 不同磁场下不同温度的射频谱

取自文献[81]

到此,已有更多物理学家相信费米原子对超流体存在。何天伦的评述[75]便是对这种观点的总结。他还在文献[82]和文献[83]中从理论上对文献[78]和文献[80]两项研究给予了强有力的支持。他认为这就是在强相互作用区费米原子对存在的标志。他们采用了三种势：V_{I} 为方势阱,V_{II} 为有高垒的方势阱,V_{III} 为 δ 函数势。因为 V_{II} 可以容许长寿命的准束缚态,它具有二通道共振模型的特点。

为了描述凝聚体分子占总粒子数的比例,定义动量为 $\boldsymbol{q}$ 的费米子对的产生算符为

$$D_{\boldsymbol{q}}^{\dagger}(x)=\sum_{\boldsymbol{k},\alpha\beta} f_{\boldsymbol{k},\alpha\beta}(x) a_{\boldsymbol{k}+\boldsymbol{q}/2,\alpha}^{\dagger} a_{-\boldsymbol{k}+\boldsymbol{q}/2,\beta}^{\dagger} \tag{10.10.11}$$

此处 $x=(k_{\mathrm{F}} a_{\mathrm{s}})^{-1}$ 是离共振的距离,是表征在跨越中的系统状态的变量,$f_{\boldsymbol{k},\alpha\beta}(x)$是对波函数的傅里叶变换：

$$f_{\alpha\beta}(\boldsymbol{r};\ x)=\Omega^{-1/2} \sum_{k} \mathrm{e}^{\mathrm{i}\boldsymbol{k}\cdot\boldsymbol{r}} f_{\boldsymbol{k},\alpha\beta}(x) \tag{10.10.12}$$

Ω 是系统的体积。具有 N 个零动量对的凝聚体状态由下式描述：

$$|x\rangle=\mathcal{N} D_{\boldsymbol{q}=0}^{\dagger N}(x)\,|\,\mathrm{vac}\rangle \tag{10.10.13}$$

成对基态是

$$|\boldsymbol{\Psi}(x)\rangle=\mathcal{N} \prod_{\boldsymbol{k},\alpha\beta}\left(u_{\boldsymbol{k}}(x)+v_{\boldsymbol{k},\alpha\beta}(x) a_{\boldsymbol{k},\alpha}^{\dagger} a_{-\boldsymbol{k},\beta}^{\dagger}\right)|\,\mathrm{vac}\rangle \tag{10.10.14}$$

此处 u 和 v 与 $f_{\boldsymbol{k},\alpha\beta}(x)$的关系是

$$f_{\boldsymbol{k},\alpha\beta}(x)=\zeta v_{\boldsymbol{k},\alpha\beta}(x)/u_{\boldsymbol{k}} \tag{10.10.15}$$

ζ 是归一化常数。在原子对投影过程中,体系从 x_0 演化到 x。此时凝聚和非凝聚分子的数目分别是

$$N_0=\langle D_0^{\dagger}(x) D_0(x)\rangle_{x_0},\quad N_{\mathrm{ex}}=\sum_{\boldsymbol{q}\neq 0}\langle D_{\boldsymbol{q}}^{\dagger}(x) D_{\boldsymbol{q}}(x)\rangle_{x0}$$

对这两个数字分别计算如下。我们有

$$N_0=|\langle D_0(x)\rangle|^2=\left|\sum f_{\boldsymbol{k},\alpha\beta}(x) \boldsymbol{\Psi}_{\boldsymbol{k},\alpha\beta}^{*}(x_0)/2\right|^2 \tag{10.10.16}$$

此处 $\boldsymbol{\Psi}_{\boldsymbol{k},\alpha\beta}^{*}(x_0)=\langle a_{\boldsymbol{k},\alpha}^{\dagger} a_{-\boldsymbol{k},\beta}^{\dagger}\rangle$是凝聚体的序参量。此外还有

$$N_{\mathrm{ex}}=\sum_{\boldsymbol{k},\boldsymbol{q}}|f_{\boldsymbol{k},\alpha\beta}|^2 n_{\boldsymbol{q},\alpha} n_{\boldsymbol{q}-2\boldsymbol{k}}/2 \tag{10.10.17}$$

此处 $n_k=\langle a_{k\alpha}^{\dagger} a_{k\alpha}\rangle_{x_0}$。式(10.10.16)表明,$N_0$ 是初始序参量 $\Psi_{\alpha\beta}$ 和末态波函数的重叠。因此凝聚体占总数的比例是

$$\frac{N_0}{N_m}=\frac{\left|\sum_{\boldsymbol{k}} f_{\boldsymbol{k}}(x) \boldsymbol{\Psi}_{\boldsymbol{k}}^{*}\right|^2}{\left|\sum_{\boldsymbol{k}} f_{\boldsymbol{k}}(x) \boldsymbol{\Psi}_{\boldsymbol{k}}^{*}\right|^2+\sum_{\boldsymbol{k},\boldsymbol{q}}|f_{\boldsymbol{k}}|^2 n_{\boldsymbol{q}} n_{\boldsymbol{q}-2\boldsymbol{k}}} \tag{10.10.18}$$

此处分子总数 N_{m} 是 $N_{\mathrm{m}}=N_0+N_{\mathrm{ex}}$。

跨越图景由以下哈密顿量表征：

$$H=\sum_{\boldsymbol{k},\alpha} \varepsilon_{\boldsymbol{k}} a_{\boldsymbol{k},\alpha}^{\dagger} a_{\boldsymbol{k},\alpha}+\sum_{\boldsymbol{k},\boldsymbol{k}',\boldsymbol{q}} V(\boldsymbol{k}-\boldsymbol{k}') a_{\boldsymbol{q}/2+\boldsymbol{k},\uparrow}^{\dagger} a_{\boldsymbol{q}/2-\boldsymbol{k},\downarrow}^{\dagger} a_{\boldsymbol{q}/2-\boldsymbol{k}',\downarrow} a_{\boldsymbol{q}/2+\boldsymbol{k}',\uparrow} \tag{10.10.19}$$

这里 V 就采用三种前面给出过的势。和 BCS 理论一样,有关的参数 u 和 v 为

$$|u_{\boldsymbol{k}}|^2=(E_{\boldsymbol{k}}+\xi_{\boldsymbol{k}})/2E_{\boldsymbol{k}},\quad |v_{\boldsymbol{k}}|^2=(E_{\boldsymbol{k}}-\xi_{\boldsymbol{k}})/2E_{\boldsymbol{k}}$$

此处

$$\xi_{\boldsymbol{k}}=e_{\boldsymbol{k}}-\mu,\quad E_{\boldsymbol{k}}=\sqrt{\xi^2+\Delta_{\boldsymbol{k}}^2}$$

得到能隙方程

$$\Delta_k = -\sum_{k'} V(\boldsymbol{k}-\boldsymbol{k}')\Delta_{k'}/(2E_{k'}) \tag{10.10.20}$$

序参量 $\Psi_k = u_k v_k = \Delta_k / 2E_k$，布居数 $n_k = v_k^2$。化学势 μ 由以下关系决定：

$$n = \Omega^{-1}\sum_k n_k = n(T=0,\mu) \tag{10.10.21}$$

用不同的势对能隙方程求解，从式(10.10.23)解出 μ，就得到有关量 $\Delta_k, u_k, v_k, \Psi_k$ 和 n_k 作为势参量和粒子数的函数。所有三种势在共振附近都给出了同样的性质(例如化学势、能隙、相干因子等)，这表明了在此体制下普适性(与相互作用细节无关)的存在。文献[82]给出的 $\boldsymbol{\Psi}(\boldsymbol{k})$ 图示于图 10.38，虚线、实线和点线分别代表 $x=2$(BEC 区)，$x=0$(共振)和 $x=-2$(BCS 区)。在 BCS 区看到了在 k_F 处的峰值，显示出原子配对的强烈信号；在 BEC 区则看到了分子的波函数，没有极值的表现；而在共振处则是介于二者之间。

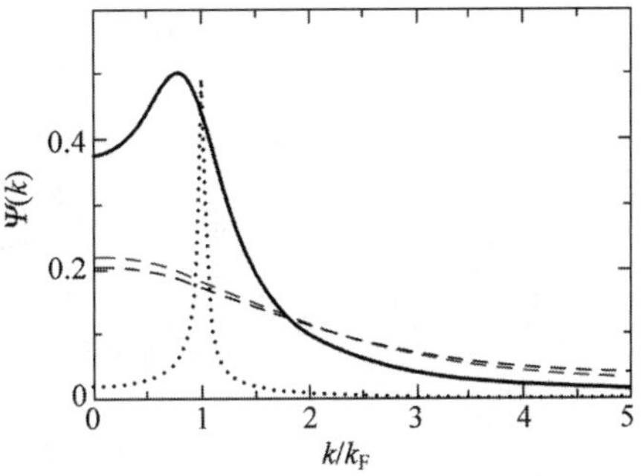

图 10.38 跨过共振不同区域的序参量

取自文献[70]

以上讨论的各个实验研究都指向费米子气体的超流性，尽管它们和理论工作的预言有很好的符合，但还都不算是直接的证明。旋转气体中涡旋的存在是超流性的直接证明，因为它是描述超流性的宏观波函数的直接后果。克特勒研究组[84]在强相互作用体制下直接观察了涡旋点阵。他们采用了 50%∶50% ^{6}Li 的两个最低超精细自旋态，在这两个态之间有一个宽费什巴赫共振，相应的磁场为 834G。BEC-BCS 跨越区由 $1/k_F|a|<1$ 定义，位于 780G 和 925G 之间。在 812G 对 Li 原子云用两束平行于轴的激光"搅拌"300～500ms，然后在不同实验序列中把磁场调低到 792G(在 BEC 一侧)，833G(共振)和 853G(在 BCS 一侧)。等待 500ms 平衡时间后去掉俘获势，令气体自由膨胀 2ms，将磁场快速调到 735G，在此磁场值下再经过 9ms 膨胀后造影。这个措施之所以必要，是因为费米原子对在气体膨胀中是很不稳定的，在 735G 磁场条件下，对已经变成稳定的分子，可以保留已经存在的涡旋点阵。那么，如何排除涡旋点阵不是在 735G 条件下形成的可能呢？因为磁场调整所需的时间远小于涡旋形成的时间(经实验确定为几百毫秒)，所以可以排除。在共振和两侧形成的涡旋点阵示于图 10.39。研究组还研究了涡旋点阵的寿命与磁场(相互作用强度)的关系，结果示于图 10.40。

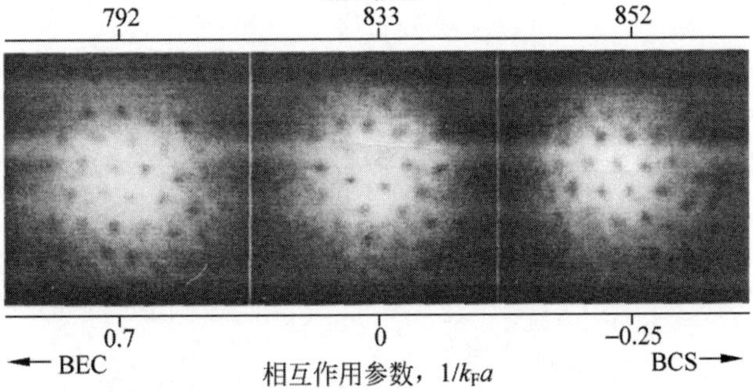

图 10.39 在 BEC-BCS 跨越区的涡旋点阵

取自文献[84]

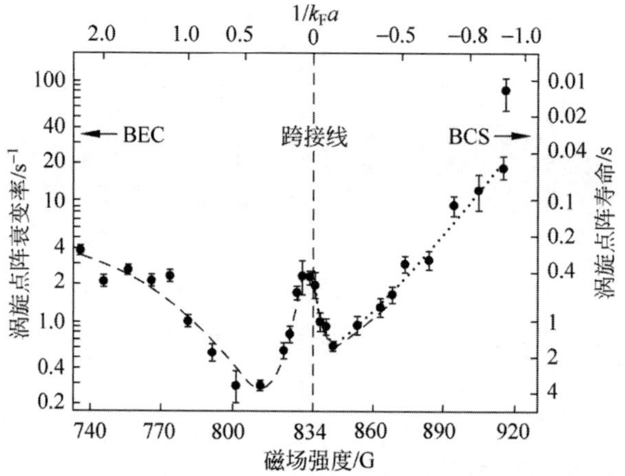

图 10.40　涡旋点阵衰变率和寿命与磁场强度和相互作用强度的关系

取自文献[84]

虚线和点线分别是高斯和指数函数拟合。垂直点画线标明费什巴赫共振

R. Grimm[85]称这项研究为“超流性的最后的、戏剧性的证明”。费米气体超流性可以很好地模拟一般量子物质的物理性质，如高温超导、中子星和夸克-胶子等离子体等。用T_C/T_F来作比较，普通超导体的T_C/T_F是10^{-4}，超流^{3}He的是10^{-3}，高温超导体的是10^{-2}，而^{6}Li超流体的是0.3。因此^{6}Li是迄今为止所知的最高温的超流体。由于其纯净度和高度精确的可操控性，对超冷量子气体的研究有望为多体量子物理的各个领域提供参考。

由于对超冷量子气体的研究热度持续不减，已有若干评述性文章[86-88]和暑期学校文集[89-90]可查，并已有专著出版[91-92]。

10.11　作用于冷中性原子的人造规范场

模拟作用于中性原子冷量子气体的磁场效应从来就是一个巨大的挑战[93-96]。要用某种办法制造出一种人工的规范场，它作用于中性原子，就像电磁场作用于带电粒子一样。回顾一下，当绝热态$|n,r\rangle$在势$V(\boldsymbol{r})$中演化时，出现了贝利联络$\mathcal{A}=\mathrm{i}\hbar\langle n|\nabla|n\rangle$，它在$\boldsymbol{r}$空间中是规范矢量势。考虑一个具有二能级内部结构$\{|g\rangle,|e\rangle\}$的原子，它们与坐标依赖的外势相耦合。体系的哈密顿量是

$$H=\left(\frac{P^2}{2M}+V\right)+U \tag{10.11.1}$$

此处P是动量算符，U是$|g\rangle$和$|e\rangle$间的耦合算符，其参数化形式为

$$U=\hbar\Omega\begin{pmatrix}\cos\theta & \mathrm{e}^{-\mathrm{i}\phi}\sin\theta\\ \mathrm{e}^{\mathrm{i}\phi}\sin\theta & -\cos\theta\end{pmatrix} \tag{10.11.2}$$

粒子动力学由实参数Ω（广义拉比频率）、混合角θ和相位ϕ决定，它们都依赖于位置矢量$\boldsymbol{r}$。势V作用于粒子，与内在态无关。在$\boldsymbol{r}$点，矩阵算符U的本征态是

$$\left.\begin{aligned}|\chi_1\rangle&=\begin{pmatrix}\cos(\theta/2)\\ \mathrm{e}^{\mathrm{i}\phi}\sin(\theta/2)\end{pmatrix}\\ |\chi_2\rangle&=\begin{pmatrix}-\mathrm{e}^{-\mathrm{i}\phi}\sin(\theta/2)\\ \cos(\theta/2)\end{pmatrix}\end{aligned}\right\} \tag{10.11.3}$$

它们的本征值分别是$\hbar\Omega/2$和$-\hbar\Omega/2$，由此组成完备基被称为“装饰态”，即被势U(例如激光场)所装饰的原子态。体系的一般态矢量是

$$|\boldsymbol{\Psi}(\boldsymbol{r},t)\rangle=\sum_{j=1,2}\psi_j(\boldsymbol{r},t)\mid\chi_j(\boldsymbol{r})\rangle \tag{10.11.4}$$

设原子初始被制备在装饰态χ_1上。如果原子质心运动得很慢，在任何时间原子都停留在χ_1上，就当然会有一个相因子。为了找出χ_1的运动方程，将算符$P=-\mathrm{i}\hbar\nabla$作用在$\Psi(\boldsymbol{r},t)$上：

$$\boldsymbol{P}\mid\Psi\rangle=\sum_{jl}[(\delta_{j,l}\boldsymbol{P}-\boldsymbol{A}_{jl})\psi_l]\mid\chi_j\rangle \tag{10.11.5}$$

此处

$$\boldsymbol{A}_{jl}(\boldsymbol{r})=\mathrm{i}\hbar\langle\chi_j\mid\nabla\chi_l\rangle \tag{10.11.6}$$

并有$\chi=0$(绝热消除)，哈密顿量(10.11.1)作用在Ψ上给出χ_1的薛定谔方程：

$$\mathrm{i}\hbar\frac{\partial}{\partial t}\psi_1=\left[\frac{(\boldsymbol{P}-\boldsymbol{A})^2}{2M}+V+\frac{\hbar\Omega}{2}+W\right]\psi_1 \tag{10.11.7}$$

在绝热消除χ_2的过程中浮现出矢量势$\mathbf{A}$和标量势W。两种势被称为“几何的”，因为它们是$\boldsymbol{r}$的函数：

$$\left.\begin{aligned}\boldsymbol{A}(\boldsymbol{r})&=\mathrm{i}\hbar\langle\chi_1\mid\nabla\chi_1\rangle=\frac{\hbar}{2}(\cos\theta-1)\nabla\phi\\ W(\boldsymbol{r})&=\frac{\hbar^2}{2M}|\langle\chi_2\mid\nabla\chi_1\rangle|^2=\frac{\hbar^2}{8M}[(\nabla\theta)^2+\sin^2\theta(\nabla\phi)^2]\end{aligned}\right\} \tag{10.11.8}$$

矢量势(贝利联络)给出贝利曲率(等价于磁场)

$$\boldsymbol{B}(\boldsymbol{r})=\nabla\times\boldsymbol{A}=\frac{\hbar}{2}(\nabla\cos\theta)\times\nabla\phi \tag{10.11.9}$$

如果我们从绝热装饰态χ_2开始，得到的方程除去$\mathbf{A}$的符号外，其他都一样。

人造规范场的实验实现

早期的人造规范场的构造，包括量子气体的转动和各种量子光学的方法，曾由 J. Dalibard 等人[97]写过评述。这里我们集中介绍美国国家标准与技术研究所(National Institute of Standards and Technology, NIST)的 I. B. Spielman 研究组[98-99]的实验，他们以两束沿x轴相对传播的激光装饰了 87Rb 的 BEC 原子(图 10.41(a))。

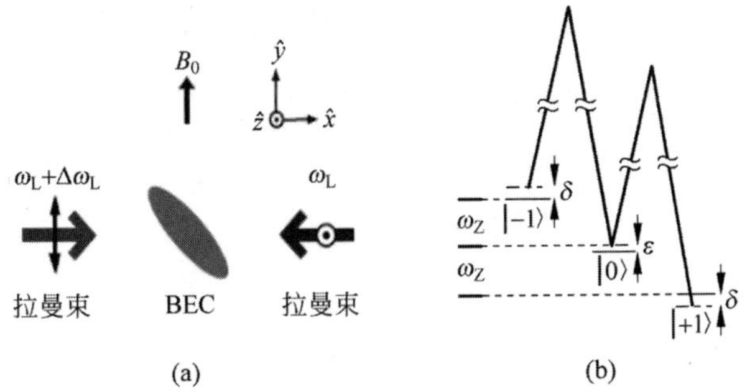

图 10.41 Rb 原子在相向传播的激光作用下的实验布局图和能级图

(a) 实验布局图：BEC 原子在偶极阱中，拉曼束频率为ω_L和$\omega_L+\Delta\omega_L$，分别沿$\hat{z}$和$\hat{y}$偏振。偏置场$B_0\hat{y}$产生塞曼偏移$\hbar\omega_Z=g\mu_B B_0\simeq\hbar\Delta\omega_L$。$\varepsilon$是二次塞曼偏移；(b) $F=1$态的拉曼耦合能级图

拉曼束耦合起来的自旋和质心动量态 $|m_F, k_x\rangle$ 可以组合为三族：

$$\psi(k_x) = \{|-1, k_x + 2k_L\rangle, |0, k_x\rangle, |1, k_x - 2k_L\rangle\} \tag{10.11.10}$$

此处 $k_r = 2\pi/\lambda$ 是单光子反冲动量。用 Ω_R 表示共振拉比频率，用 $\delta = \Delta\omega_L - \omega_Z$ 表示偏离拉曼共振的失谐。以 $\{|1,1\rangle, |1,0\rangle, |1,-1\rangle\}$ 为基，激光-原子系统可以用哈密顿量描述：

$$\mathscr{H} = \begin{pmatrix} \dfrac{k_x^2}{2m} + \varepsilon_1 & \dfrac{\Omega_R}{2}\mathrm{e}^{\mathrm{i}2k_L x} & 0 \\ \dfrac{\Omega_R}{2}\mathrm{e}^{-\mathrm{i}2k_L x} & \dfrac{k_x^2}{2m} & \dfrac{\Omega_R}{2}\mathrm{e}^{\mathrm{i}2k_L x} \\ 0 & \dfrac{\Omega_R}{2}\mathrm{e}^{-\mathrm{i}2k_L x} & \dfrac{k_x^2}{2m} - \varepsilon_2 \end{pmatrix} \tag{10.11.11}$$

这里 $\varepsilon_1 = \omega_Z + \Delta\omega_L + \varepsilon$，$\varepsilon_2 = \omega_Z + \Delta\omega_L - \varepsilon$。使用幺正变换 $U\mathscr{H}U^\dagger$ 得到

$$\mathscr{H}_1 = \begin{pmatrix} \dfrac{(k_x + 2k_L)^2}{2m} + \varepsilon_1 & \dfrac{\Omega_R}{2} & 0 \\ \dfrac{\Omega_R}{2} & \dfrac{k_x^2}{2m} & \dfrac{\Omega_R}{2} \\ 0 & \dfrac{\Omega_R}{2} & \dfrac{(k_x - 2k_L)^2}{2m} - \varepsilon_2 \end{pmatrix} \tag{10.11.12}$$

此处

$$U = \begin{pmatrix} \mathrm{e}^{-\mathrm{i}2k_L x} & 0 & 0 \\ 0 & 1 & 0 \\ 0 & 0 & \mathrm{e}^{\mathrm{i}2k_L x} \end{pmatrix} \tag{10.11.13}$$

对于每一个 k_x 的值，H_1 的对角化都给出三个本征值 $E_j(k_x)$，$j=1,2,3$。首先我们考虑 ε_1 和 ε_2 都满足 $\varepsilon_1, \varepsilon_2 \gg E_R 6$。最低的装饰态(粗实线)远低于其他态，如图 10.42 所示。

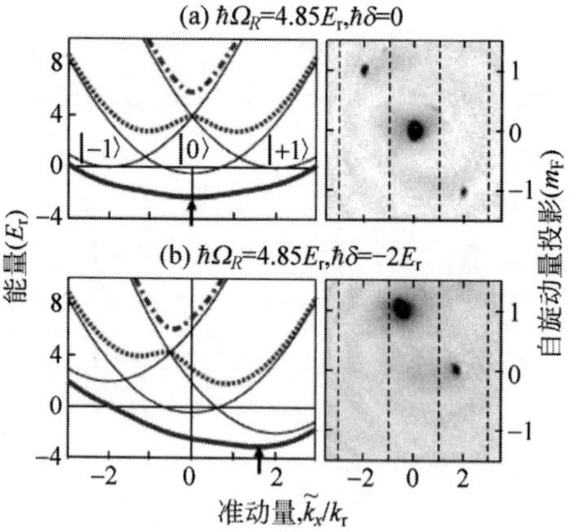

图 10.42　色散曲线

裸态用黑色实线表示。$k_{\min}$ 用箭头标出(左图)。拉曼装饰态的飞行时间造影示于右图。参数的数值示于图的上端

在 $k_{\min}$ 附近，装饰态的能量可以被展开为$\dfrac{\hbar^2(k_x-k^2{}_{\min})}{2m^*}$，此处 m^* 是有效质量。因此 $k_{\min}$ 可以等同于人造势 $q\boldsymbol{A}^*$。在此情况下，$k_{\min}$ 是个常数，而矢量势导致场强为零。引入在 y 轴方向偏置场的空间梯度，$\boldsymbol{B}\to(\boldsymbol{B}_0-b'y)\hat{y}$，即在 y 轴方向引入了失谐的梯度 $g\mu_B b'/\hbar$，因而产生了 A_x^* 的空间梯度[99]。这就给出了一个近似均匀的人造场 $B^*=\dfrac{\partial A_x^*}{\partial y}=\delta'\dfrac{\partial A_x^*}{\partial\delta}$。实验结果示于图 10.43。人造势 A_x^* 在一定范围内线性依赖于 y，给出了常数的人造磁场，它强到可以产生涡旋。

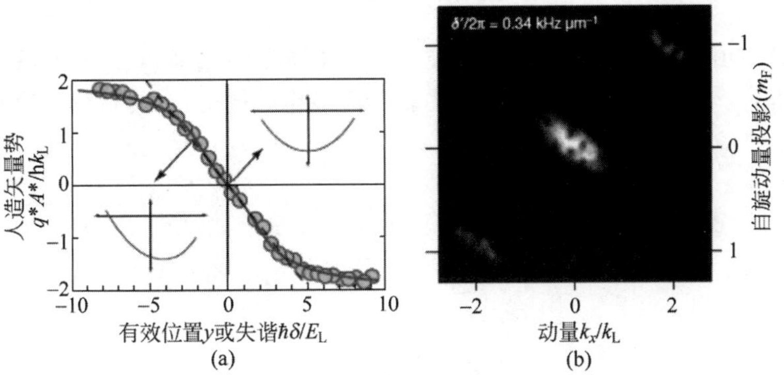

图 10.43 拉曼失谐势产生涡旋

(a) 作为拉曼失谐函数 δ 的人造矢量势，插图表示在不同失谐值的色散；

(b) 飞行时间造影的装饰 BEC，显示涡旋

10.12 超冷原子的人造自旋-轨道耦合

人造自旋-轨道耦合的发现是超冷量子气体物理领域的一个杰出的进展。电子在电场中的运动会产生自旋-轨道耦合，因为它具有磁矩和电荷。在自然界，BEC 的原子是中性的，它们没有磁矩，因此它们不具有自旋轨道相互作用。拉曼耦合之所以能够完成为玻色原子产生人造自旋轨道耦合的奇妙工作，是因为赝自旋和轨道的耦合。该耦合产生了丰富的相图，显示了分开零动量相、自旋极化的平面波相和条纹相的三临界点。自旋-轨道耦合还强烈地影响着体系的动力学，不同相的激发态呈现出有趣的面貌。

调整塞曼能量和拉曼束的频率，使 $\omega_Z+\Delta\omega_L=\varepsilon+\delta$，并有 $\delta\ll\varepsilon$，它们使 $\varepsilon_2=\delta$ 和 $\varepsilon_1=2\varepsilon+\delta$。其效果是态 $|1,1\rangle$ 的能量大大高于另两个态 $|1,0\rangle$ 和 $|1,-1\rangle$。在讨论体系的低能行为时，态 $|1,1\rangle$ 可以忽略，H_{eff} 可以写作

$$\begin{pmatrix}\dfrac{k_x{}^2}{2m}+\dfrac{\delta}{2} & \dfrac{\Omega}{2}\mathrm{e}^{\mathrm{i}2k_Lx}\\[2ex] \dfrac{\Omega}{2}\mathrm{e}^{-\mathrm{i}2k_Lx} & \dfrac{k_x{}^2}{2m}-\dfrac{\delta}{2}\end{pmatrix}$$

此处对角元移动了 $\delta/2$。现在两个光子的失谐是 δ[101]。经过幺正变换

$$U=\begin{pmatrix}\mathrm{e}^{-\mathrm{i}k_Lx} & 0\\ 0 & \mathrm{e}^{\mathrm{i}k_Lx}\end{pmatrix}$$

它变为

$$\begin{pmatrix} \dfrac{(k_x+k_{\mathrm{L}})^2}{2m}+\dfrac{\delta}{2} & \dfrac{\Omega}{2} \\ \dfrac{\Omega}{2} & \dfrac{(k_x-k_{\mathrm{L}})^2}{2m}-\dfrac{\delta}{2} \end{pmatrix}=\frac{(k_x+k_{\mathrm{L}}\sigma_z)^2}{2m}+\frac{\delta}{2}\sigma_z+\frac{\Omega}{2}\sigma_x \tag{10.12.1}$$

沿 $\hat{y}$ 作自旋转动 $\pi/2$，则有泡利矩阵的变换是 $\sigma_x \to \sigma_z, \sigma_z \to -\sigma_x$。自旋-轨道哈密顿量的最后表达为

$$H_{\mathrm{SO}}=\frac{(k_x-k_{\mathrm{L}}\sigma_x)^2}{2m}-\frac{\delta}{2}\sigma_x+\frac{\Omega}{2}\sigma_z \tag{10.12.2}$$

等号右侧的第一项等价于拉什巴$(k_x\sigma_x+k_y\sigma_y)$和德雷斯尔蒙斯$(k_x\sigma_x-k_y\sigma_y)$自旋-轨道耦合的等权重混合。纯粹的拉什巴自旋-轨道耦合是经常讨论的，它的单粒子哈密顿量是

$$H_0=\frac{(k_x-k_{\mathrm{L}}\sigma_x)^2}{2m}+\frac{(k_y-k_{\mathrm{L}}\sigma_y)^2}{2m} \tag{10.12.3}$$

自旋-轨道耦合哈密顿量具有平移对称性，动量 $\boldsymbol{k}$ 是好量子数，但自旋不是，因为包含了两个互不对易的分量。同时出现了另一个量子数：螺旋度。拉曼耦合的哈密顿量和拉什巴哈密顿量都可以写作

$$H=\frac{\boldsymbol{k}^2}{2m}+\boldsymbol{b}_{\boldsymbol{k}}\cdot\boldsymbol{\sigma}$$

此处 $\boldsymbol{b}$ 场是耦合于$\boldsymbol{\sigma}$ 并依赖于 $\boldsymbol{k}$ 的，它实现了轨道与自旋的耦合。对于拉曼诱导的情况，它是 $\boldsymbol{b}(\Omega/2,0,k_xk_{\mathrm{L}}/m+\delta/2)$；而对于拉什巴情况，它是 $\boldsymbol{b}(-k_xk_{\mathrm{L}}/m,-k_yk_{\mathrm{L}}/m,0)$。螺旋度 $h=\pm$ 表明自旋平行或反平行于场 $\boldsymbol{b}$。这两支的能量为

$$E_{\boldsymbol{k},\pm}=\frac{\boldsymbol{k}^2}{2m}\pm|\boldsymbol{b}_{\boldsymbol{k}}|$$

负螺旋度的一支能量更低。

下面我们研究单粒子的自旋轨道耦合，将哈密顿量(10.12.1)对角化，取 $\zeta=0$，结果是：

$$\varepsilon_{\boldsymbol{k},\pm}=\frac{\boldsymbol{k}^2}{2m}\pm\sqrt{\frac{k^2{}_xk^2{}_{\mathrm{L}}}{m^2}+\frac{\Omega^2}{4}} \tag{10.12.4}$$

此处我们略去了反冲能量常数项 $E_r=k^2{}_{\mathrm{L}}/2m$。对于 $\Omega<4E_{\mathrm{r}}$，色散曲线显示两个简并的极小：

$$k_xL\sqrt{1-\left(\frac{\Omega}{4E_{\mathrm{r}}}\right)^2_{\min}} \tag{10.12.5}$$

在 Ω 增加并趋近 $4E_{\mathrm{r}}$ 时，两个极小彼此趋近，最后在 $\Omega=4E$ 时在 $k_x=0$ 处重合。对于 $\Omega>4E_{\mathrm{r}}$，色散曲线只有在 $k_x=0$ 处有一个极小。图 10.44 给出了色散曲线对 Ω 的变化。

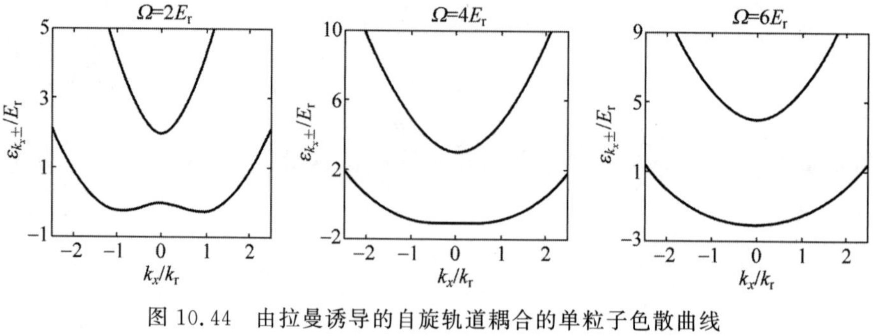

图 10.44　由拉曼诱导的自旋轨道耦合的单粒子色散曲线

下面讨论由拉曼诱导的自旋轨道耦合的玻色凝聚体，其哈密顿量由式(10.12.1)给出。在一般情况下，$\delta\neq0$ 的螺旋度的两支本征能量为

$$\varepsilon_{\boldsymbol{k},\pm}=\frac{\boldsymbol{k}^2}{2m}\pm\sqrt{\left(\frac{k_x k_{\mathrm{L}}}{m}-\frac{\delta}{2}\right)+\frac{\Omega^2}{4}} \tag{10.12.6}$$

它们相应的波函数是

$$\phi_{\boldsymbol{k},+}(\boldsymbol{r})=\mathrm{e}^{\mathrm{i}\boldsymbol{k}\cdot\boldsymbol{r}}\begin{pmatrix}\sin\theta_{\boldsymbol{k}}\\ \cos\theta_{\boldsymbol{k}}\end{pmatrix},\phi_{\boldsymbol{k},-}(\boldsymbol{r})=\mathrm{e}^{\mathrm{i}\boldsymbol{k}\cdot\boldsymbol{r}}\begin{pmatrix}\cos\theta_{\boldsymbol{k}}\\ -\sin\theta_{\boldsymbol{k}}\end{pmatrix} \tag{10.12.7}$$

此处

$$\theta_{\boldsymbol{k}}=\arcsin\left[\frac{1}{2}\left(1+\frac{k_x k_{\mathrm{L}}/m-\delta/2}{\sqrt{(k_x k_{\mathrm{L}}/m-\delta/2)^2+\Omega^2/4}}\right)\right]^{\frac{1}{2}} \tag{10.12.8}$$

知道了能谱就能计算单粒子态密度：

$$D(\varepsilon)=\sum\left[\delta_{\mathrm{D}}(\varepsilon-\varepsilon_{\boldsymbol{k},+})+\delta_{\mathrm{D}}(\varepsilon-\varepsilon_{\boldsymbol{k},-})\right] \tag{10.12.9}$$

此处 δ_{D} 是狄拉克的 δ 函数。

最后，我们讨论由拉曼诱导的^{87}Rb 玻色凝聚体的相图。玻色子间的相互作用起着关键作用。记$|\uparrow\rangle=|1,0\rangle$和$|\downarrow\rangle=|1,-1\rangle$，将相互作用表示为

$$\varepsilon\ \frac{1}{2}\int\mathrm{d}^3r(g_{\uparrow\uparrow}n_{\uparrow}^2+2g_{\uparrow\downarrow}n_{\uparrow}n_{\downarrow}+g_{\downarrow\downarrow}n_{\downarrow}^2)_{\mathrm{int}} \tag{10.12.10}$$

体系的赝自旋为 1/2，但没有要求相互作用具有 $SU(2)$对称的先验的理由。根据单粒子图像，在适当条件下体系的基态有两个简并的极小。合理的猜测是基态波函数采用两个动量在 p_+ 和 p_- 的平面波的相干叠加，即[100]

$$\psi=\cos\alpha\,\mathrm{e}^{\mathrm{i}\theta/2}\varphi(p_+)+\sin\alpha\,\mathrm{e}^{-\mathrm{i}\theta/2}\varphi(p_-) \tag{10.12.11}$$

这里 $\varphi(\boldsymbol{p})=\mathrm{e}^{\mathrm{i}\boldsymbol{p}\cdot\boldsymbol{r}}\begin{pmatrix}\cos\theta_{\boldsymbol{p}}\\ -\sin\theta_{\boldsymbol{p}}\end{pmatrix}$，因为基态是为负螺旋度的(式(10.12.7))，θ 由式(10.12.8)给出。叠加的系数 α 和θ 是变分参数。我们预期在单粒子情况下，动量 $p_\pm$ 和 $k_\pm$ 不同，也把它们当作变分参数，细节在文献[99]、文献[102]和文献[103]中有所讨论，在此只给出一般结果。如果最小化给出 $0<\alpha<\pi/2$，凝聚体波函数包含两项，空间密度分布就会由于它们的干涉是周期性的，如图 10.45(b)所示，这被称为"条纹相"。密度调制随拉曼耦合 Ω 增加而增加。在某个极限值 Ω_1 之上，最小化产生 $\alpha=0$ 或 $\alpha=\pi/2$，因此凝聚体的波函数变为动量为 p_+ 或 p_- 的平面波，在图 10.45(a)中表示为 PW1 或 PW2。在拉曼耦合继续增加达到 Ω_2 时，p_+ 和 p_- 彼此趋近直至完全重合，这个相表示为 PW3。

为了考察相互作用的对称性，记 $g_{\uparrow\uparrow}=g+\delta g$ 和 $g_{\downarrow\downarrow}=g-\delta g$，相互作用式(10.11.12)给出 $\delta g(n_{\uparrow}^2-n_{\downarrow}^2)=\delta g(n_{\uparrow}+n_{\downarrow})(n_{\uparrow}-n_{\downarrow})\equiv\delta g\tilde{n}(n_{\uparrow}-n_{\downarrow})$。通过定义 $\tilde{\delta}=\delta+\delta gn$，可以把这一项和式(10.11.14)的失谐项合并起来。余下的相互作用项现在是

$$\varepsilon\ \frac{1}{2}\int\mathrm{d}^3r(gn_{\uparrow}^2+2g_{\uparrow\downarrow}n_{\uparrow}n_{\downarrow}+gn_{\downarrow}^2)_{\mathrm{int}} \tag{10.12.12}$$

将式(10.12.12)和式(10.12.11)合并起来，以 $\tilde{\delta}$ 代替 δ，我们看到新的哈密顿量在 $\tilde{\delta}=0$ 时具有 Z_2 对称性，即在 $\boldsymbol{k}\to-\boldsymbol{k}$ 的同时 $\sigma_z\to-\sigma_z$。在此条件下的条纹相表达为

$$\Psi=\left(\frac{\mathrm{e}^{\mathrm{i}\theta/2}\psi_{\mathrm{L}}^{\dagger}+\mathrm{e}^{-\mathrm{i}\theta/2}\psi_R^{\dagger}}{\sqrt{2}}\right)^{N_0}|0\rangle \tag{10.12.13}$$

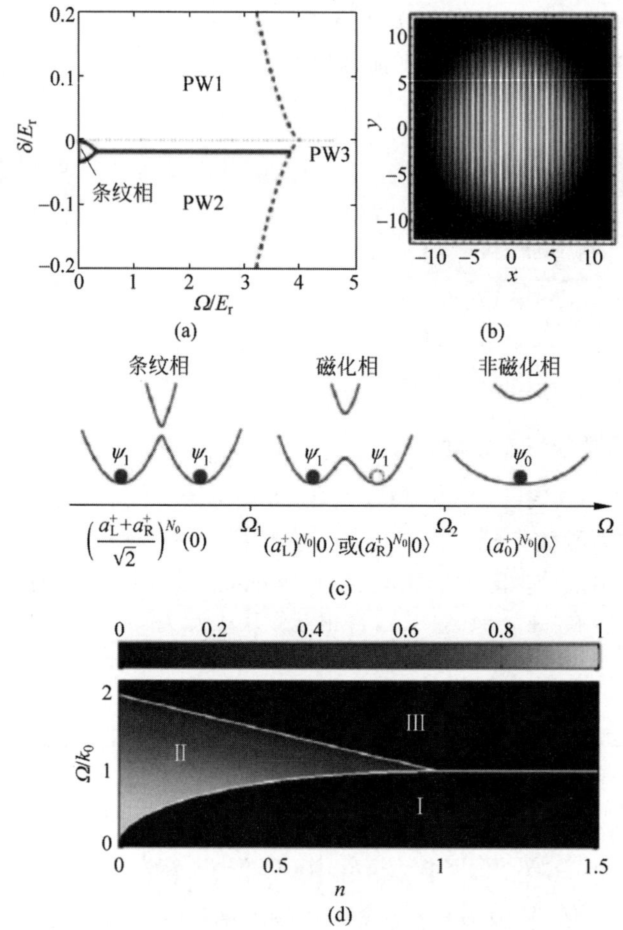

图 10.45　由拉曼诱导的 ^{87}Rb 玻色凝聚体的相图

(a) ^{87}Rb 相图，以 δ 和 Ω 为变量；(b) 条纹相；

(c) 以 Ω 为变量的波函数；(d) 以 Ω 和密度 n 为变量的相图，$\tilde{\delta}=0$

此处 $\psi_R^\dagger$ 和 $\psi_L^\dagger$ 是动量分别为 p_+ 和 p_- 的单粒子态的产生算符。在 $U(1)$ 整体相对称破缺以外，这个态还破缺空间平移对称性，即 θ 可以选任何值，就可给出两个分量的干涉。当 $\Omega>\Omega_1$ 时，体系进入平面波相，基态被表示为 $\psi^{\dagger N_0}{}_R|0\rangle$ 或 $\psi^{\dagger N_0}{}_L|0\rangle$。这个态不破缺空间平移对称性，但破缺 Z_2 对称性。因为具有相反动量的态显示相反的磁化强度，一旦 Z_2 对称性被破缺，基态将具有在某个方向上的有限磁化强度。在相图 10.45(c)中，它被称为“磁化相”。最后，当 $\Omega>\Omega_2$ 时，两个极小在零动量处重合。玻色原子就在零动量处凝聚，和普通的 BEc 相同，体系是非磁的。

在评述文献[100]和文献[104]中描述了许多冷量子气体中的有趣现象，感兴趣的读者可以深入阅读。

10.13　叶非莫夫态物理和檀时钠关系

在托马斯关于氚作为三体问题研究的启发下，1970 年叶非莫夫对量子三体物理做出了一个有意义的贡献。叶非莫夫态集中在三个具有短程 r_0 近共振二体相互作用的全同玻色子体系[105-106]，条件是 s 波散射长度是负的，但有较大的绝对值。在共振下的体系具有普适性的特点，简化了三体问题的研究：只用两个参数就可以完全描述一个体系，即 s 波散射长度和三体损失。还有，无论是何种原子核、原子或其他共振相互作用的粒子都可应用。

如叶菲莫夫后来描述的，他的预言在 30 年间经过了从"有问题"到"病态""奇怪"，直至热门话题的发展阶段，主要是因为很难找到实验验证。直到 20 世纪 90 年代末期，在冷原子研究中，费希巴赫共振的出现使调谐原子相互作用达到共振，才触发了三体问题实验研究的可能性。2006 年，Innsbruck 研究组第一个通过实验验证看到了三体共振。2009 年，几个研究组找到了关于叶菲莫夫三体束缚态普适重现的有说服力的证据。

这里我们简单介绍一下叶菲莫夫理论。由于推导很复杂，在此只给出一个理论的纲要，感兴趣的读者可以查阅文献[107]。我们着重讨论理论的诠释和推论，以及它的推广。

为了描述位于 $\boldsymbol{r}_i,\boldsymbol{r}_j,\boldsymbol{r}_k$ 的三个全同玻色子（这里 $\{i,j,k\}=1,2,3$，循环次序），用雅可比坐标（$\boldsymbol{x}_i,\boldsymbol{y}_i$）：

$$\boldsymbol{x}_i=\boldsymbol{r}_j-\boldsymbol{r}_k,\boldsymbol{y}_i=\frac{2}{\sqrt{3}}\left(\boldsymbol{r}_i-\frac{\boldsymbol{r}_j+\boldsymbol{r}_k}{2}\right) \tag{10.13.1}$$

此处 $\boldsymbol{x}_i$ 是粒子 j 和 k 的相对位置矢量，$\boldsymbol{y}_i$ 是粒子 i 对粒子 j 和 k 质心的相对位置矢量。由于粒子不同配对的选择，有相应的三组雅可比坐标。超球面坐标（r,α_i,W_{xi},W_{yi}）通过雅可比坐标定义：

$$\rho=\sqrt{x_i^2+y_i^2}=\sqrt{\frac{2}{3}\sum_{i<j}|\ \boldsymbol{r}_i-\boldsymbol{r}_j\ |^2},x_i=\rho\sin\alpha_i,y_i=\rho\cos\alpha_i \tag{10.13.2}$$

此处 r 是超球半径，α_i 是超球角，其值限于 $0\leqslant a_i\leqslant\dfrac{p}{2}$。$W_{xi}$ 和 W_{yi} 分别是在矢量 $\boldsymbol{x}_i$ 和 $\boldsymbol{y}_i$ 方向的角度部分。x_i 和 y_i 是矢量的大小。超球半径是具有集体性质的，$\langle r^2\rangle$ 表示态的尺寸。

用 $f(r)$ 和 $F(r,W)$ 表示波函数的径向和角度部分。采用了绝热超球膨胀[108]方法，该方法的概要是先将 r 当作参数，解固定 r 的薛定谔方程，本征值决定了 $f(r)$ 的绝热势 V_{eff}，就像在玻恩-奥本海默近似中一样。我们先解薛定谔方程的角度部分得到本征值 $l_n(r)$ 和本征函数 $F_n(r,W)$，$n=1,2,\cdots$。然后将总波函数用角度波函数的完备集展开：

$$\Psi=\sum_n\rho^{-5/2}f_n(\rho)\Phi_n(\rho,\Omega) \tag{10.13.3}$$

将展开代入薛定谔方程，就得到一组（n 个）超径向方程。在绝热极限下，这组方程完全退耦：

$$\frac{\partial}{\partial\rho}\Phi_n=\frac{\partial^2}{\partial\rho^2}\Phi_n=0 \tag{10.13.4}$$

结果是

$$\left[-\frac{\mathrm{d}^2}{\mathrm{d}\rho^2}+U_{\text{eff},n}-E\right]f_n(\rho)=0,\quad U=V2m/\hbar^2 \tag{10.13.5}$$

在最低的超角度态 $n=1$。$l_1(r)$ 在 $r_0=r=|a_s|$ 区域内基本上是常数，求值给出 $l=-5.01$。对角有效势为

$$V_{\text{eff},1}=\frac{\hbar^2}{2m}\left(\frac{15}{4}+\lambda_1(\rho)\right)\frac{1}{\rho^2} \tag{10.13.6}$$

具体写出

$$V_{\mathrm{eff}}=\frac{\hbar^2}{2m}\left(\frac{-1.26}{\rho^2}\right)=\frac{\hbar^2}{2m}\left(\frac{-\xi^2-\frac{1}{4}}{\rho^2}\right),\quad \xi=1.006 \tag{10.13.7}$$

未归一化的超径向波函数是此势的解：

$$f_1(\rho)=\sqrt{\rho}\sin\left[\xi\ln(\rho/r_0)+\delta\right] \tag{10.13.8}$$

相移 d 由在 $r=r_0$ 处令解的对数导数和内区的解相等的条件决定。体系的束缚态对应于解的节点。表达式(10.12.8)对于计数节点是简便的。计数在 r_0 和 $|a_s|$ 之间的节点可以得到束缚态数目的估计，即

$$N\simeq\frac{\xi}{\pi}\ln\left(\frac{|a_s|}{r_0}\right) \tag{10.13.9}$$

当 $|a_s|$ 为某一数值时就会有无限多束缚态。这被称为“叶菲莫夫极限”。当 $|a_s|$ 大而有限时，N 也是大而有限的。改进的波函数由下式给出：

$$f_1(\rho)=\sqrt{\rho}K_{i\xi}(\kappa\rho),\kappa=\sqrt{2m(-E)/\hbar^2} \tag{10.13.10}$$

此处 K_n 是第二类改性贝塞尔函数，它对大的宗量是指数减小的。当能量趋于零时，波函数回归于式(10.12.8)。当计算期望值时，我们用对所有 r 值都适用的式(10.12.10)，无论 r 值很小还是很大，它对期望值的贡献都很小。我们得到：

$$\langle\rho^2\rangle=\frac{2}{3}(1+\xi^2)\frac{\hbar^2}{2m(-E)} \tag{10.13.11}$$

在用边界条件决定 d 之后，$f_1(r)$ 的最低节点就知道了，记之为 r_0。记 K 的零点为 z_n，即 $K_{i\xi}(z_n)=0, n=0,1,2,\cdots$，因此 $\kappa_n=z_n/r_0$。从式(10.12.8)可得 z_n 和 $z_0\exp(-np/x)$，因此

$$E_n=E_0\exp\left(-\frac{2\pi n}{\xi}\right) \tag{10.13.12}$$

此处 E_0 是第一叶菲莫夫态的结合能。由大小-能量关系式(10.12.11)可得

$$\langle\rho^2\rangle_n=\exp\left(\frac{2\pi n}{\xi}\right)\langle\rho^2\rangle_0 \tag{10.13.13}$$

在叶菲莫夫态存在的 r 值区间 l_1 几乎是常数，所以这些态有几乎全同的超角度波函数 F。

强调一点，r_0 由在 r_0 的边界条件决定，对不同的体系是不一样的，即 r_0 不是普适的，而叶菲莫夫态的结合能和其大小有普适的标度因子 $\exp(p/x)=22.7$。

叶菲莫夫态的基本情景示于图 10.46，图中给出了三原子体系的能量作为 s 波散射长度倒数 $1/a_s$ 的函数。对于 $E>0$ 的区域，原子是自由的。在 $E=0$ 线下同时有 $a>0$ 的弱二体束缚态存在，结合能为 $-h^2/(ma^2)$，它和一个自由原子共存。叶菲莫夫态对 $a<0$ 在三原子阈之下存在，对 $a>0$ 在原子-二聚体阈下存在，在这里只有束缚三聚体能够存在。箭头标明叶菲莫夫态位于阈处，导致了共振现象[109]。

叶菲莫夫态的实验标识是在不同散射长度下阱中超冷气体的衰变。领头的衰变过程是三体复合，其中两个原子形成一个二聚体，结合能被复合的产物即二聚体和另一个原子所携带：$A+A+A\longrightarrow A_2+A$（图 10.47(a)）。这里三体损失是用 $r\mu L_3^{1/4}$ 表示的。叶菲莫夫态最引人注目的标识是在 $a<0$ 的叶菲莫夫共振处发生的共振增强损失。另一个损失过程是在 $a>0$ 的原子-二聚体共振，它在原子-二聚体非弹性散射中表现出来，二体损失率系数示于图 10.47(b)。

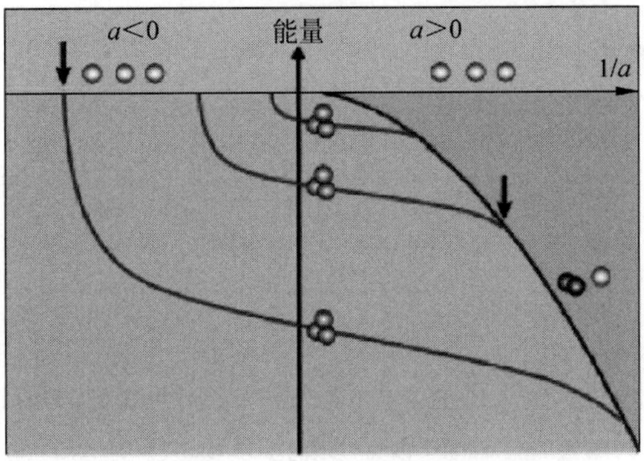

图 10.46　三个全同玻色子能量对 1/a

为了显示一系列的叶菲莫夫态,标度因子在图中选为 2

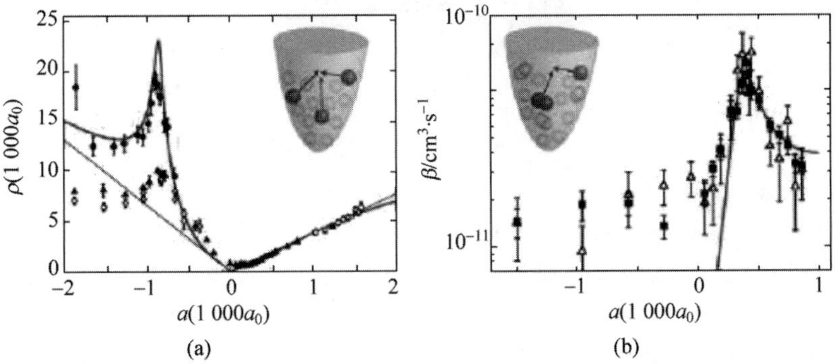

图 10.47　超冷局限 Cs 原子的叶菲莫夫共振

(a) 三体损失;(b) 二体损失

三体原子衰变的损失率方程是

$$\frac{\mathrm{d}n}{\mathrm{d}t}=-L_2n^2-L_3n^3-L_4n^4 \tag{10.13.14}$$

此处 n 是气体密度,L_N 是与 N 体碰撞相联系的平均非弹性损失率。在多数实验中,二体损失被极小化,三体损失是主要的:

$$\frac{\mathrm{d}n}{\mathrm{d}t}=-L_3n^3 \tag{10.13.15}$$

在$|a|$较大的普适体制下,三体损失可以写作[110]

$$L_3=\frac{3\hbar}{m}C(a)a^4 \tag{10.13.16}$$

这里对散射长度的依赖分为两个因子:一个一般的标度因子和一个无量纲函数 $C(a)$,它显示出叶菲莫夫标度:

$$C(22.7a)=C(a) \tag{10.13.17}$$

对玻色量子气体的研究提供了对叶菲莫夫物理状态的进一步理解。佛罗伦萨的研究组用^{39}K 实验演示了在 $a>0$ 时三体复合连贯的极小,示于图 10.48。这些极小源于不同复合路径间的相毁干涉(图 10.49),由文献[111]给出解释。

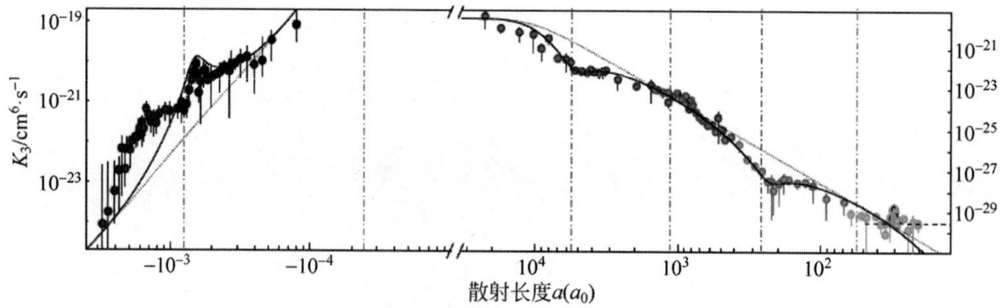

图 10.48　^{39}K 的复合系数 L_3 作为散射长度的函数

虚线为 a^4 依赖；偏离显示的是叶菲莫夫标度 $C(a)$

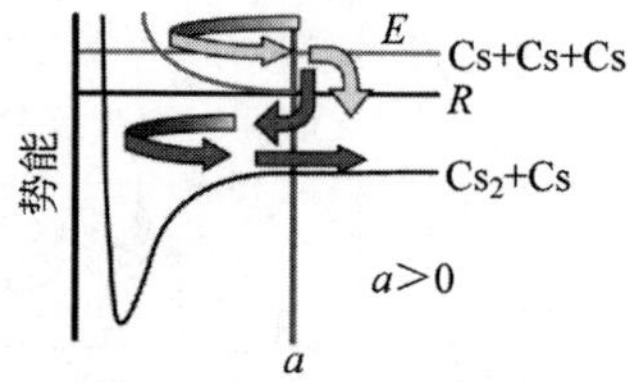

图 10.49　三体复合的两个路径

在图 10.49 中，浅色曲线是势的开通道，深色曲线是闭通道。两个原子进入开通道，在势垒处反射，在 $R\gg a$ 处隧穿入闭通道，第三个原子带走结合能。隧穿是在原子在 R 增加方向运动时发生的(浅色箭头)。另一个路径是原子进入开通道，在 $R\gg a$ 处隧穿入闭通道，当原子在 R 减小方向运动时形成二聚体(深色箭头)。二聚体继续向势垒前进，在那里被反射后向 R 增加方向运动。这两个路径相毁干涉给出了三体损失曲线的极小。此外，相应的极小处散射长度的比值依次由叶菲莫夫因子 $\exp(p/x)=22.7$ 给出。

叶菲莫夫态除了 3 个玻色子外在其他体系中也有存在。它也参与可分辨粒子和不同质量的粒子体系。质量比例改变几何标度因子。对极端的质量比它可以比 22.7 小很多。

叶菲莫夫场景可以推广到普适四体问题。曾有两个理论研究组[112-113]预言，每个叶菲莫夫态都伴随一对普适四聚体。该预言已被实验证实[114]。

少体问题的研究是重要的，因为它提供了对多体问题物理的洞察。檀时钠关系[115]以及张世忠和莱格特[116]的研究都指出了少体相互作用和多体物理的关系。檀时钠在 2005 年的一系列文献中研究了强关联费米子气体在散射长度大时的性质，给出了若干精确的关系。这些关系在理论上很重要是因为一般的近似方法在大的散射长度时会失效。其推导过程是复杂的，我们只给出简单的介绍。

第一个檀关系给出了稀薄强关联费米气体能量和动量分布的关系：

$$E=\frac{\Omega C}{4\pi am}+\sum_{k,\sigma}\frac{k^2}{2m}\left(n_{k,\sigma}-\frac{C}{k^4}\right)\tag{10.13.18}$$

此处

$$C\equiv\lim_{k\to\infty}k^4 n_{k,\sigma}\tag{10.13.19}$$

Ω 是系统的体积，C 被称为“接触”，它和自旋无关。它包含着由动量分布的大动量极限 k^{-4} 给出的结果[117]。这可以理解如下：在稀薄相互作用费米子中，当两个自旋相反的费米子相

互趋近($r\to0$)时,作为 r 的函数的多体波函数 Ψ 由下式给出:

$$\Psi \propto \frac{1}{r'} - \frac{1}{a} \tag{10.13.20}$$

实际上,这就是用于多体波函数的贝特-派尔斯接触边界条件[118]。对于 $|a|\to\infty$,第二项为零,而 Ψ 的傅里叶变换在 $k\to\infty$ 时是:$\lim_{k\to\infty}\Phi(k)\propto 1/k^2$。这会导致 $\lim_{k\to\infty} n_{k,\sigma}=C/k^4$。但这个 k^{-4} 是有问题的,因为它导致了线性发散的动能:

$$\sum_k k^2 n_{k,\sigma} \to \int_0^{\Lambda} k^2 \frac{1}{k^4} k^2 \mathrm{d}k \propto \Lambda$$

此处 Γ 相当于小距离 r_0(势的短力程)的切断。相互作用能量对 r_0 是灵敏的。与切断无关的结果由檀关系式(10.12.18)给出,在那里动能的发散部分 C/k^4 与等号右侧的第二项对消,留下有限且与 r_0 无关的第一项代表动能。

檀时钠表明,式(10.12.18)对任何能量有限的体系都适用,不论它是少体或多体,平衡或非平衡,零温或有限温度,超流态或正常态。它对两个自旋的任何布居比例都适用,无论是平衡的或非平衡的体系。

第二个关系,被檀时钠称为"绝热定理",在常数熵情况下的能量绝热变化为

$$\left(\frac{\mathrm{d}E}{\mathrm{d}(-1/a)}\right)_s = \frac{\hbar^2 \Omega C}{4\pi m} \tag{10.13.21}$$

这些关系表明,在远高于费米能量处的动量分布行为在决定体系总能量时起着核心作用。绝热定理也有张世忠和莱格特独立推出。他们证明了一些强关联费米子气体的重要性质依赖于数密度 n、温度 T,只通过一个无量纲函数 $h(n,T,a_s)$,就得出了当 $a\to\pm\infty$ 时有平滑的幺正极限:

$$\frac{\mathrm{d}(E/N)}{\mathrm{d}(1/a_s)} = -\frac{\hbar^2}{m} k_F h(n,T,a_s) \tag{10.13.22}$$

此处 $k_F=(3\pi^2 n)^{1/3}$ 是费米波数。这是檀绝热关系的形式,应用于均匀、平衡态。这个关系表明,E/N 及其他体系的热力学函数可以从函数 h 经积分获得。此外,一些体系的其他重要性质可以表示为函数 h 和一个因子的乘积,这个因子完全取决于二体物理领域。檀关系以及许多此后的发展逐步说明了少体和多体物理领域的错综的相互影响。

10.14 周期驱动光晶格中的超冷原子

近期,光晶格中的冷原子实验表明,周期性驱动对于多体体系的相干操控是一个强有力的工具。考虑由随时间周期性变化的哈密顿量

$$\hat{H}(t) = \hat{H}(t+T) \tag{10.14.1}$$

所描述的量子体系[119-120]。它的状态 $\psi(t)$ 满足薛定谔方程:

$$\mathrm{i}\partial_t \psi(t) = H(t)\psi(t) \tag{10.14.2}$$

在一个周期 T 之后,方程演化为

$$\mathrm{i}\partial_t \psi(t+T) = H(t)\psi(t+T)$$

将此式与式(10.14.2)相比,就有

$$\psi(t+T) = \mathrm{e}^{-\mathrm{i}\theta}\psi(t) \tag{10.14.3}$$

此处 θ 是态演化一个周期 T 所积累的相位。和处理空间平移对称性的布洛赫定理做相似类比,可得

$$\psi_n(t)=\mathrm{e}^{-\mathrm{i}\frac{\varepsilon_n}{\hbar}t}u_n(t),\quad u_n(t+T)=u_n(t) \tag{10.14.4}$$

因此有

$$\psi_n(t+T)=\mathrm{e}^{-\mathrm{i}\frac{\varepsilon_n}{\hbar}(t+T)}u_n(t)=\mathrm{e}^{-\mathrm{i}\frac{\varepsilon_n}{n}T}\psi_n(t) \tag{10.14.5}$$

将式(10.14.5)与式(10.14.3)相比,得到

$$\theta=\frac{\varepsilon}{\hbar}T,\quad \frac{\varepsilon}{\hbar}=\frac{\theta}{T} \tag{10.14.6}$$

此处 θ 定义以 2π 为模,ε 定义以 $2\pi\hbar/T$ 为模。ε 被称为"准能量"。将式(10.14.4)代入式(10.14.2)得到

$$[H(t)-\mathrm{i}\partial_t]u_n(t)=\varepsilon_n u_n(t) \tag{10.14.7}$$

方括号中的量被称为"准能量算符",

$$\Omega(t)=H(t)-\mathrm{i}\partial_t \tag{10.14.8}$$

我们称 u_n 为"弗洛凯模",称定态 $\psi_n(t)$ 为"弗洛凯态"。弗洛凯态是演化一个周期 T 的时间演化算符的本征函数:

$$U(t_0+T,t_0)\mid\psi_n(t_0)\rangle=\mathrm{e}^{-\mathrm{i}\frac{\varepsilon_n}{\hbar}t}\mid\psi_n(t_0)\rangle \tag{10.14.9}$$

此处

$$U(t_0+T,t_0)=T\exp\left[-\mathrm{i}\int_{t_0}^{t_0+T}\mathrm{d}tH(t)\right] \tag{10.14.10}$$

式(10.13.9)中的本征值 $\exp\left(-\mathrm{i}\frac{\varepsilon_n}{h}t\right)$ 不依赖时间 t_0。因此我们可以在任意时间 t_0 通过将 $U(t_0+T,t_0)$ 对角化得到准能量谱。在此之后可以用 $|\psi_n(t)\rangle=U(t_0+T,t_0)|\psi_n(t_0)\rangle$ 算得弗洛凯态 $\psi_n(t)$。

在任意的固定时间 t 都可以选弗洛凯态组成完备的正交归一的基。结果是可以将时间演化算符写作

$$U(t_2,t_1)=\sum_n \mathrm{e}^{-\mathrm{i}\varepsilon_n(t_2-t_1)/\hbar}\mid u(t_2)\rangle u(t_1\mid\rangle \tag{10.14.11}$$

再者,态 $\psi(t)$ 可以写作本征函数展开形式:

$$\mid\psi(t)\rangle=\sum_n c_n\mathrm{e}^{-\mathrm{i}\varepsilon_n(t-t_0)/\hbar}\mid u_n(t)\rangle \tag{10.14.12}$$

此处 $c_n=\langle u_n(t_0)|\psi(t_0)\rangle$。如果体系被制备为一个单纯的弗洛凯态 n_0,则 $c_n=\delta_{n,0}$。它的时间演化就是周期性的,周期为 $T=2\pi\hbar/\varepsilon_{n_0}$。如果体系被制备为一些弗洛凯态的相干叠加,时间演化将不再是周期性的,它将分为两部分:第一部分是由周期弗洛凯模 $|u_n(t)\rangle$ 描述的微运动,每个模的周期为 h/ε_n。第二部分导致对周期性的偏离,其原因是不同模式 n 的时间演化因子 $\exp(-\mathrm{i}\varepsilon_n t/\hbar)$ 会造成相失谐。因此,除周期性的微运动外,弗洛凯体系的时间演化是由准能量 ε_n 引导的,这和一个与时间无关的哈密顿量描述的体系的时间演化是很相像的。

一个不依赖时间的弗洛凯-哈密顿量 $H_{t_0}^{\mathrm{F}}$ 可以通过 $U(t_0+T,t_0)$ 来定义:

$$U(t_0+T,t_0)=\exp\left(-\frac{\mathrm{i}}{\hbar}H_{t_0}^{\mathrm{F}}T\right) \tag{10.14.13}$$

它可以表示为

$$H_{t_0}^{\mathrm{F}} = \sum_n \varepsilon_n \mid u(t_0)\rangle u(t_0 \mid \rangle \tag{10.14.14}$$

在弧态中,本来可以用 $t_0 + T$ 表示时间,但因 $|u(t_0+T)\rangle = |u(t_0)\rangle$,故而用 t_0 表示时间。它使得在此后的推演中可以使用一个与时间无关的哈密顿量。它对 t_0 的参数依赖是周期性的,即有 $H_{t_0}^{\mathrm{F}} = H_{t_0+T}^{\mathrm{F}}$。要构造起始时间为 t_0' 的弗洛凯哈密顿量,可以用幺正变换 $H_{t_0'}^{\mathrm{F}} = U^{\dagger}(t_0, t_0') H_{t_0}^{\mathrm{F}} U(t_0, t_0')$。可以定义连接 $|u_n(t_1)\rangle$ 和 $|u(t_2)\rangle$ 的微运动算符 $U_{\mathrm{F}}(t_2, t_1)$:

$$U_{\mathrm{F}}(t_2, t_1) = \sum_n \mid u_n(t_2)\rangle\langle u_n(t_1) \mid \tag{10.14.15}$$

显然有:

$$\mid u_n(t_2)\rangle = U_{\mathrm{F}}(t_2, t_1) \mid u_n(t_1)\rangle \tag{10.14.16}$$

这个幺正算符对于它的两个宗量都具有周期性:

$$U_{\mathrm{F}}(t_2, t_1) = U_{\mathrm{F}}(t_2 + T, t_1) = U_{\mathrm{F}}(t_2, t_1 + T)$$

我们注意到,弗洛凯模是弗洛凯哈密顿量的本征态,因为式(10.13.14)可以立即导致

$$H_{t_0}^{\mathrm{F}} \mid u_n(t_0)\rangle = \varepsilon_n \mid u_n(t_0)\rangle \tag{10.14.17}$$

翟荟和郑炜[121]指出,在 $H(t)$ 给定之后,有两个方法计算 $U(t_0 + T, t_0)$。一个方法是数值解弗洛凯算符,然后解式(10.13.17)决定其本征矢和本征值。如果一个周期驱动体系展示了非平凡态,就一定有能隙间的赝能量,它们相应的空间本征函数就定域在系统的边缘。这个办法的优点是一旦得到了 $H(t)$,就不再需要更多的近似。

另一种办法是直接求出弗洛凯哈密顿量。周期哈密顿量可以展开为傅里叶级数

$$H(t) = \sum_{n=-\infty}^{n=\infty} H_n(t) \mathrm{e}^{\mathrm{i}n\omega t}, \quad \omega = \frac{2\pi}{T} \tag{10.14.18}$$

假设级数的零分量 H_0 的能带是位于能量间隔 Δ 中的 m 个能带,并有 $\Delta \ll \omega$。赝能量谱就是这些能带在上方和在下方的重复,距离是 ω 的整数倍,如图 10.50 所示。将弗洛凯哈密顿量展开至 Δ/ω 的带头(线性)项:

$$H^{\mathrm{F}} = H_0 + \sum \left\{ \frac{[H_n, H_{-n}]}{n\omega} - \frac{[H_n, H_0]}{\mathrm{e}^{-2\pi n \mathrm{i}\alpha} n\omega} + \frac{[H_{-n}, H_0]}{\mathrm{e}^{2\pi n \mathrm{i}\alpha} n\omega} \right\} \tag{10.14.19}$$

此处 $\alpha = t_i/T, 0 \leqslant \alpha < 1$。正如前面指出过的,赝能量是和起始时间无关的。在以下的讨论中可以照常使用与时间无关的理论形式,选一个最利于计算的 α 数值。

我们从文献[121]中选一个例子。两个激光束产生一维晶格的相位 θ 被调制,给出时间依赖势,示于图 10.51:

$$H(t) = \frac{k_x^2}{2m} + V\cos^2[k_r x + \theta(t)] \tag{10.14.20}$$

此处 $\theta(t) = k_r b\cos\omega t b$ 是最大的晶格位移。在共动坐标系 $x \to x + b\cos\omega t$ 中更容易操控此势:

$$H(t) = \frac{k_x^2}{2m} + V\cos^2 k_r x - b\omega\sin\omega t \cdot k_x \tag{10.14.21}$$

前两个不含时间的相是哈密顿量的主要成分,它们确定能级结构 $\varphi_\lambda(k_x)$。简单起见,我们只保留 s 和 p 轨道。在此基中 $\psi_i^{\dagger} = (a_{p,i}^{\dagger}, a_{s,i}^{\dagger})$,紧束缚哈密顿量的表达式为

$$H(t) = \sum_i \psi_i^{\dagger} K(t) \psi_i + \sum_i [\psi_i^{\dagger} J(t) \psi_{i+1} + \mathrm{h.c.}] \tag{10.14.22}$$

此处

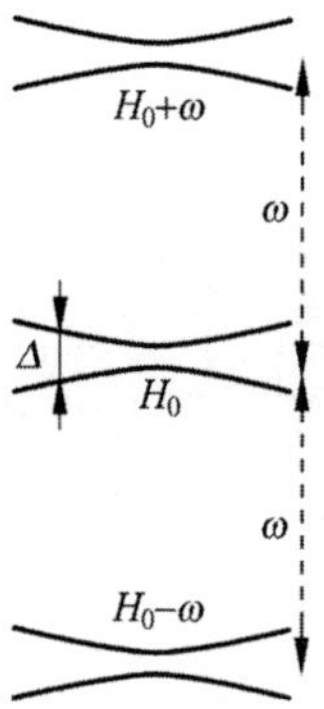

图 10.50 赝能量谱

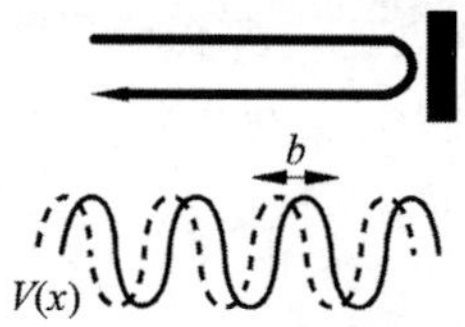

图 10.51 一维驱动晶格

$$K(t)=\begin{pmatrix}\varepsilon_p & \mathrm{i}h_0^{sp}\sin\omega t\\ -\mathrm{i}h_0^{sp}\sin\omega t & \varepsilon_s\end{pmatrix}\tag{10.14.23}$$

$$J(t)=\begin{pmatrix}t_p-\mathrm{i}h_1^{pp}\sin\omega t & \mathrm{i}h_1^{sp}\sin\omega t\\ -\mathrm{i}h_1^{sp}\sin\omega t & t_s-\mathrm{i}h_1^{ss}\sin\omega t\end{pmatrix}\tag{10.14.24}$$

ε_s 和 ε_p 是晶格处的能量，t_s 和 t_p 是因静态势跳跃到临近格点的振幅，$h_0^{sp}=b\omega\int\mathrm{d}x\phi_s(x)\partial_x\phi_p(x)$ 是驱动诱发的同格点处 s 与 p 轨道间的跳跃振幅，用指标“0”表示。指标“1”表示跳跃到最近邻，例如 $h_1^{sp}=b\omega\int\mathrm{d}x\phi_s(x)\partial_x\phi_p(x-a)$。这里 ϕ 表示瓦尼尔波函数。对于给定的晶格势深度，$\varepsilon_{s,p}$ 和 $t_{s,p}$ 是固定的，跳跃振幅与 $b\omega$ 线性相关。

用数值计算决定能带结构。当驱动频率通过 $\Delta_0=(\varepsilon_p-\varepsilon_s)/2$ 改变、驱动振幅如 k,b 变化时，相变发生，如图 10.52(a)所示。拓扑非平凡态随体系的大小 n 变化，在赝能量谱中有一对能隙间态，如图 10.52(d)所示。

为了更好地理解拓扑非平凡相，研究者们重写了动量空间的 $H(t)$，并在最后得出 H^{F}：

$$H^{\mathrm{F}}=\boldsymbol{B}(k_x)\cdot\boldsymbol{\sigma}\tag{10.14.25}$$

此处

$$\left.\begin{aligned}&B_x=0\\&B_y=\frac{2(h_0^{sp}+2h_1^{sp}\cos k_x)}{\omega}\left[h_1^{sp}\sin k_x-\frac{2(\Delta_0+2t\cos k_x)}{3}\right]\\&B_z=\Delta_0+2t\cos k_x+\frac{2(h_0^{sp}+2h_1^{sp}\cos k_x)^2}{3\omega}\end{aligned}\right\}\tag{10.14.26}$$

当 k_x 从 $-\pi$ 变到 π 时，依赖于动量的场 $\boldsymbol{B}$ 就在 yz 平面转动。在图 10.52 的插图中显示了 $\boldsymbol{B}$ 的缠绕，对于拓扑非平凡相它是 1(图 10.52(b))，对于平凡相它是 0(图 10.52(d))。

周期驱动体系的拓扑分类是由北川等人给出的[122]。这个分类法被用于弗洛凯算符。赝能量的周期性引入了一个附加的拓扑结构，和赝能量的缠绕并列。这是在静态体系中不曾见过的。具有 d 维分立格点对称性的体系被施加空间均匀的周期驱动。当用来分类的同伦群给出没有赝能量缠绕的平凡结果时，驱动体系可以用静态体系的方法以 H^{F} 来分类。

由于拓扑分类与弗洛凯算符的起始时间无关，我们将起始时间置于零：

$$U(T)=T\exp\left(-\int_0^T H(t)\mathrm{d}t\right)\tag{10.14.27}$$

假设体系有 m 个能带，在任何时间它们都与较高的能带以带隙 E_g 相分离。如果演化是绝热

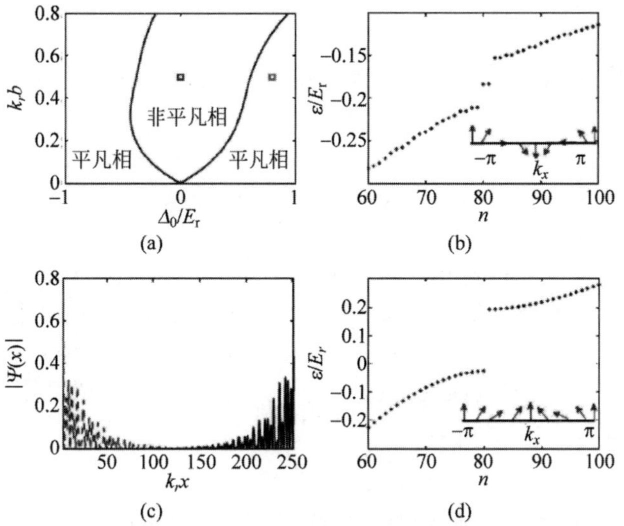

图 10.52 周期驱动体系的相图

(a) 驱动频率和驱动振幅决定的相图,$V=3E_r$;(b)和(d) 体系赝能量谱,

(b) $\Delta_0/E_r=0,k_rb=0.5$,(d)$\Delta_0/E_r=0.8,k_rb=0.5$;(c)波函数(b 条件下)

(b) 和(d)插图:当 k_x 从 $-\pi$ 到 π 变化时 $B(k_x)$在 yz 平面上的缠绕(转动)

的,则驱动总是把体系送回在 $H(0)$的子空间而不诱发到其他能带的激发。用 m 维低能带作基,一个整周期的演化算符就被描述为以晶体动量 $\boldsymbol{k}$ 标志的一组 $m\times m$ 矩阵$\{U_{\boldsymbol{k}}(T)\}$:

$$U(T)=\sum_{\boldsymbol{k}}U_{\boldsymbol{k}}(T)\otimes P_{\boldsymbol{k}} \tag{10.14.28}$$

此处 $P_{\boldsymbol{k}}$ 是到晶体动量为$\boldsymbol{k}$ 的 m 维低能态子空间的投影算符。注意对于一个周期内的时间 $0<t<T$,即使在绝热体制下,算符 $P_{\boldsymbol{k}}(t)$一般也会诱发与 $H(0)$的高能带混合。局限于最低 m 个能带的限制只适用于周期驱动的完整周期。对平移对称体系,赝能量以$\{\varepsilon_{\boldsymbol{k},\alpha}\}$为指标,$\alpha$ 是能带指标。周期驱动体系的拓扑分类是用 $U_{\boldsymbol{k}}(T)$的同伦群表达的。我们从文献[121]中选一个一维的例子。一组算符$\{U_k(T)\}$将布里渊区$-\pi\leqslant k<\pi$ 映射到 $m\times m$ 幺正矩阵$\boldsymbol{U}$ 的空间。布里渊区是一个圆,映射描绘出一个 $m\times m$ 矩阵空间的封闭环。这个环属于一个同伦类,它把所有彼此能够平滑变形的映射归为一类。这些类由一个拓扑不变量 ν_1 作为指标,它作为映射卷绕数的特征是

$$\nu_1=\frac{1}{2\pi}\int_{-\pi}^{\pi}\mathrm{d}k Tr\left[U_k(T)^{-1}\mathrm{i}\partial_k U_k(T)\right] \tag{10.14.29}$$

此处对 m 维布洛赫波函数的内在空间求迹。在 $d>1$ 的情况下有更多的不变量,例如对于 $d=2$(方晶格),晶体的动量为 k_x 和 k_y,布里渊区是圆环。对应于圆环上两个不同的封闭环 $k_x=\mathrm{const}(-\pi\leqslant k_y<\pi)$和 $k_y=\mathrm{const}(-\pi\leqslant k_x<\pi)$,构造两个不变量 ν_{1x} 和ν_{1y}:

$$\nu_{1x}=\frac{1}{2\pi}\int_{-\pi}^{\pi}\mathrm{d}k_y Tr\left[U_k(T)^{-1}\mathrm{i}\partial_{k_y}U_k(T)\right] \tag{10.14.30}$$

在此 k_x 是固定的。对于 ν_{1y} 也有类似定义。考虑在一维自旋依赖的晶格深势阱中自旋 1/2 粒子。取 $a=1$,并以 x(整数)标志格点。作用于自旋向下的势与时间无关,对于向上的自旋,势将它缓慢向右移动,速率为在时间 T 走 s 个格距,s 是整数。对晶格的绝热运动 $U(T)$,只限其在最低能带作用:

$$U(T)=\sum_{x}|x+s\rangle\langle x|\otimes P_{\uparrow}+1\otimes P_{\downarrow} \tag{10.14.31}$$

此处 $P_\sigma=|\sigma\rangle\langle\sigma|$ 是到自旋态 $\sigma=\uparrow,\downarrow$ 的投影算符，$|x\rangle$ 是定域在格点 x 的状态。在动量 k 基中有

$$U(T)=\mathrm{e}^{-\mathrm{i}sk}\otimes P_{\uparrow}+1\otimes P_{\downarrow}$$

在弗洛凯基中计算 ν_1：

$$\nu_1=\sum_{\alpha}\frac{1}{2\pi}\int_{-\pi}^{\pi}\mathrm{d}k\ \frac{\mathrm{d}\varepsilon_{k,\alpha}}{\mathrm{d}k}T \tag{10.14.32}$$

积分结果为赝能量能带在 k 横跨布里渊区时的缠绕数。ν_1 的这个图画特别引人注意，因为它使非平凡拓扑通过赝能量谱得以展现。图10.53显示了这个例子的赝能量谱。这种缠绕对赝能量谱的周期性是典型的，因此对于任何定域的、静态的体系 $\nu_1=0$。在上面的例子中，自旋向上的粒子 $\nu_1=1$，自旋向下的粒子 $\nu_1=0$。除了上述便利以外，式(10.14.32)还有一个物理意义：因子 $\frac{\mathrm{d}\varepsilon_{k,\alpha}}{\mathrm{d}k}$ 是 α 态的群速度。由于 $\varepsilon_{k,\alpha}$ 对 k 的周期性以及赝能量的周期性群速度的平均值必须是量子化的：赝能量的斜度 $\frac{\mathrm{d}\varepsilon_{k,\alpha}}{\mathrm{d}k}$ 取值必须使横越布里渊区的缠绕数为整数。在上面的例子中，自旋向上的粒子在整个周期后的位移 $\Delta x=(\overline{\mathrm{d}\varepsilon}_{k,\alpha}/\mathrm{d}k)T$ 必须是向右的 s(整数)个原胞，而自旋向下的粒子不变(图10.53(a))。拓扑的性质对于微扰是坚定的。ν_1 的值对于赝能量谱的平滑变形和与其他拓扑平凡能带的混合是不敏感的。这样的混合是可能的，例如在引入上下自旋间的耦合时，这些态混合在一起(图10.53(b))，而缠绕仍然是 $\nu_1=1$。

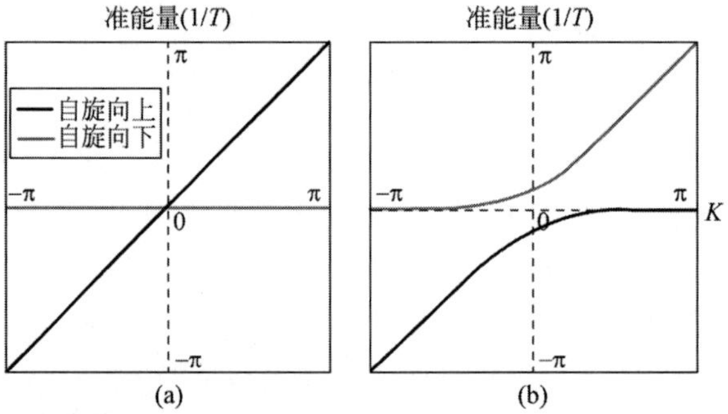

图10.53　在时间和自旋依赖势中自旋1/2粒子的赝能量谱，显示非平凡拓扑 $\nu_1=1$

(a) 无相互作用粒子；(b)引入自旋向上与向下粒子的耦合，ν_1 并无变化

在弗洛凯演化算符是拓扑平凡时，它的动力学可能具有其他拓扑特性，这和在周期 T 为整数时的有效哈密顿量 H^{F} 有关。对此要用静态体系的分类方案。北川拓也[122]研究了驱动二维紧束缚系统。驱动可以在 H^{F} 的能带中诱发非零的陈数，这样体系就会支持单向传播的手征弗洛凯边缘态。

在介绍驱动光晶格的实验研究之前，先简单讨论一下在超冷原子光晶格的一个新发展。在苏黎世联邦理工学院(ETH)的艾斯林格研究组构造了二维可调的光晶格[123]。如图10.54(a)所示，它是由三个回复反射的激光束形成的。相同频率($\lambda=1\ 064\mathrm{nm}$)的 X 束和 Y 束互相干涉形成了格距为 $\lambda/2$ 的棋盘状晶格(图10.54(b))。失谐频率为 δ 的第三束 $\overline{X}$ 产生了另一个格距为 $\lambda/2$ 的驻波。晶格势为

$$\begin{aligned}V(x,y)=&-V_{\overline{X}}\cos^2(kx+\theta/2)-V_X\cos^2kx-V_Y\cos^2ky-\\&2\alpha\sqrt{V_XV_Y}\cos kx\cos ky\cos\varphi\end{aligned} \tag{10.14.33}$$

此处，$V_{\overline{X}}$，V_X，V_Y 是单束的深度，α 是干涉图样的可视度，$k=2\pi/\lambda$。相位 θ 和 φ 是可调的，改变激光束的相对强度可以实现不同的晶格结构。图 10.54(图(b)下图)给出在给定 V_Y 值时，晶格深度，$V_{\overline{X}}$，V_X 的函数可获得的各种几何形状。它们是：棋盘状($V_{\overline{X}}=0$)，三角状(T)，双格状(D)，蜂窝状(Hc)，一维链(1Dc)和方形($V_X=0$)。图 10.54(图(b)上图)给出了晶格的图样，浅色区域代表低势能区，深色区域代表高势能区。我们用蜂窝状格子集中讨论苏黎世联邦理工学院关于驱动光晶格中霍尔丹模型[124]和磁关联[125]的研究。

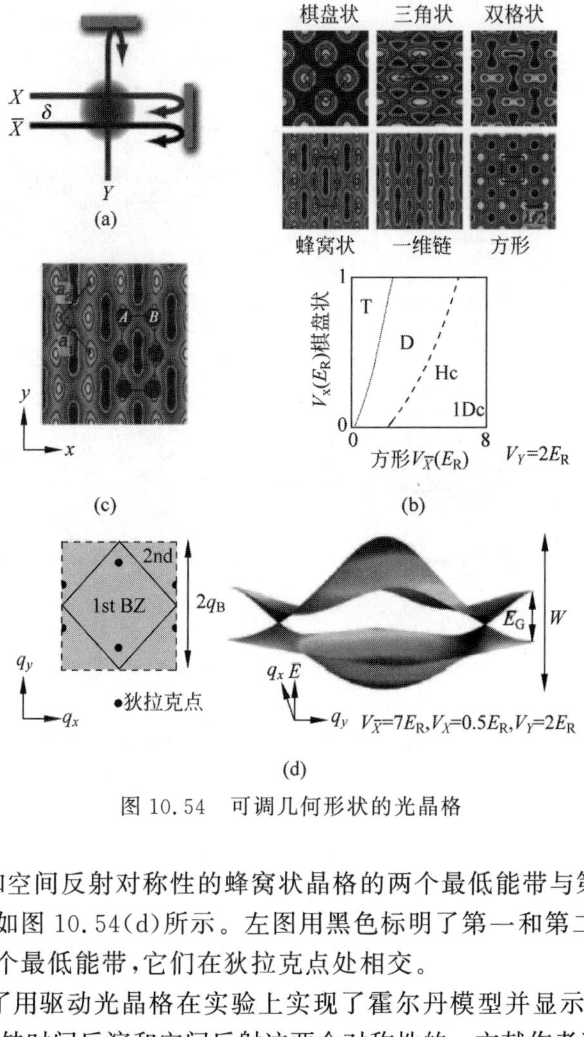

图 10.54　可调几何形状的光晶格

具有时间反演和空间反射对称性的蜂窝状晶格的两个最低能带与第一布里渊区中的两个狄拉克点相连接，如图 10.54(d)所示。左图用黑色标明了第一和第二布里渊区中的狄拉克点，右图给出了两个最低能带，它们在狄拉克点处相交。

文献[124]报告了用驱动光晶格在实验上实现了霍尔丹模型并显示了其拓扑能带结构。霍尔丹模型是基于破缺时间反演和空间反射这两个对称性的。文献作者通过晶格位置的圆调制引入复数的次近邻隧穿项以破缺时间反演，在子晶格 A 和 B 之间建立能量差异(图 10.55(a))以破缺空间反射。破缺的二者之一会在能带结构中打开能隙，文献作者通过动量分辨的带间跃迁对其加以测量。两种对称破缺之间的竞争带来不同的拓扑体制。破缺的空间反射在半满晶格条件下导致拓扑平凡的能带绝缘体 $\nu=0$(图 10.55(b)$\Phi=0$，$\Delta_{AB}\neq 0$ 线)。在空间反射对称不受破坏时，时间反演破缺导致拓扑性的陈省身绝缘体 $\nu=\pm 1$($\Delta_{AB}=0$ 线)，其中霍尔电导在无整体磁场情况下出现。在两种对称性同时破缺时，连接两种拓扑相($\nu=0$ 和 $\nu=\pm 1$)的拓扑相变发生。在相变线上能带的一个狄拉克点处能隙关闭(图 10.55(b))。实验结果可以和扭矩理论计算进行比较。

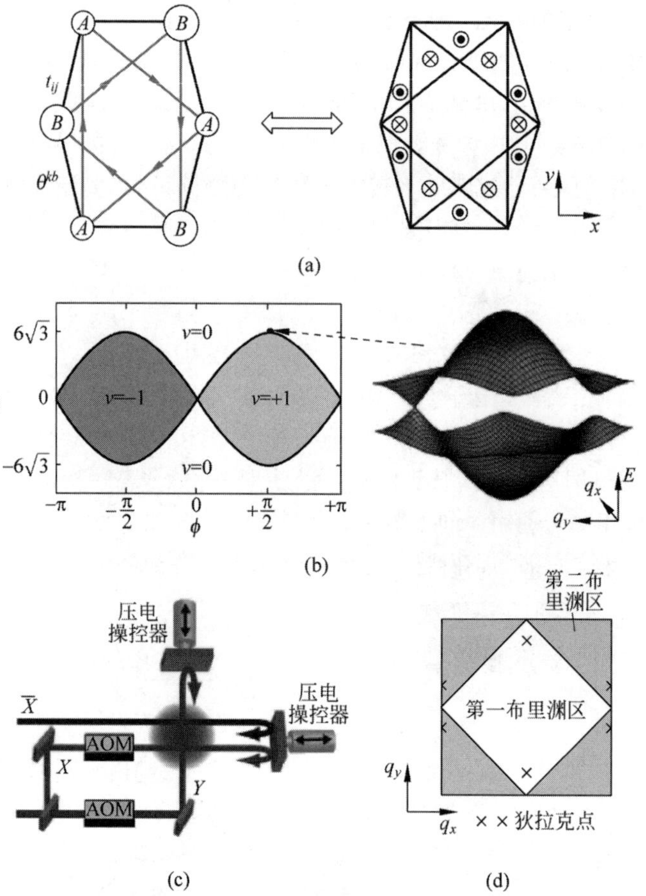

图 10.55　光晶格上的霍尔丹模型

在实验中，在蜂窝状光晶格的最低能带上制备了位于超精细结构$|F=9/2m=-9/2\rangle$态的^{40}K 原子。用压电操控器以正弦波形调制反射镜实现周期调制，相位 φ 是可调的：

$$\boldsymbol{r}_{\text{lat}}=-A\left[\hat{e}_x\cos\omega t+\hat{e}_y\cos(\omega t-\varphi)\right] \tag{10.14.34}$$

此处 $\omega/2\pi=4\text{kHz}$，$A=0.087\lambda$ 调制给出线性（$\varphi=0°,180°$）、圆（$\varphi=\pm 90°$）和椭圆轨道（图 10.55(c)）。声光调制器（AOM）用来保证几何的稳定性。用解析和数值弗洛凯理论计算相调制蜂窝状晶格的有效哈密顿量（文献[124]的附加材料部分给出详细描述）。它正好是霍尔丹模型的忠实复制件：

$$H=\sum_{\langle ij\rangle}t_{ij}c_i^{\dagger}c_j+\sum_{\langle jj\rangle}\mathrm{e}^{\mathrm{i}\Phi_{ij}t'_{ij}c_i^{\dagger}c_j}+\Delta_{AB}\sum_{i\in A}c_i^{\dagger}c_j \tag{10.14.35}$$

此处到次近邻跳跃的相位由图 10.55(a) 的箭头定义。能量差异 Δ_{AB} 破缺了空间反演对称，打开了能隙 $|\Delta_{AB}|$。改变控制次近邻跳跃虚部的相位 ϕ 在不影响其他参数的情况下破缺时间反射对称。它带来能隙 $\Delta_T=-\sum_l w_l t'_l\sin\Phi_l=\Delta_T^{\max\sin\varphi}$，其中求和是对同一个子晶格的三个次近邻跳跃进行的，权重 w_l 与狄拉克点在布里渊区中的位置有关，是 1 的量级。在文献[124]的附加材料中给出了论据，圆调制（$\varphi=90°$）导致最大的能隙，而线性调制能隙为 0。

实验验证了两种对称破缺的任何一种在能带结构中都打开了能隙。为了探索能隙的出现，研究者采用了朗道-齐纳（能带间）跃迁方法。用磁场梯度在 x 方向施加作用力，从而引起布洛赫振动。经过一个完整的布洛赫循环停止磁场梯度,用能带映射方法测定第二能带中的原子份额 ξ。当能隙不存在时,这个份额达到极大;而在能隙出现并逐渐增加时,份额减小。相关结果示于图 10.56。

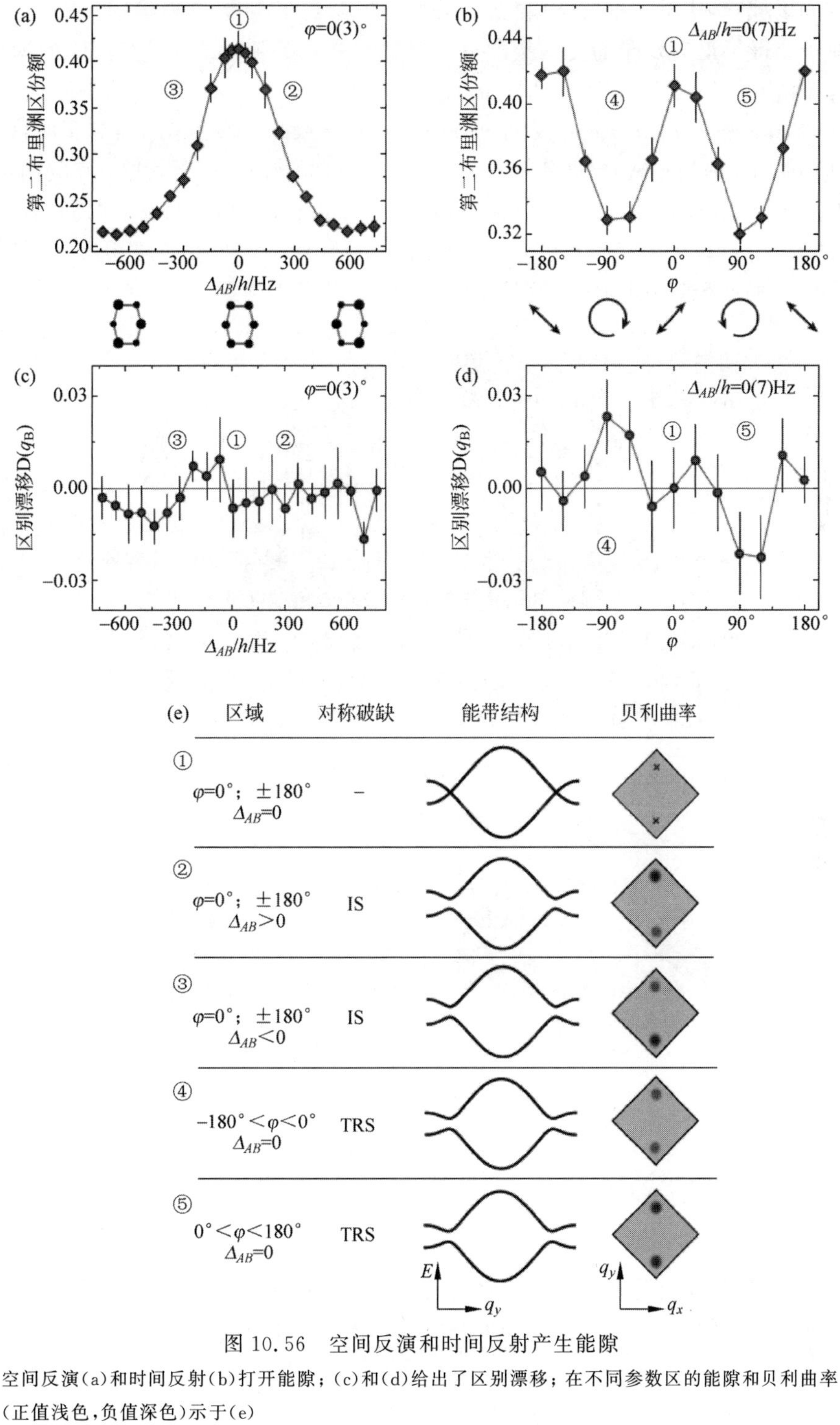

图 10.56　空间反演和时间反射产生能隙

空间反演(a)和时间反射(b)打开能隙；(c)和(d)给出了区别漂移；在不同参数区的能隙和贝利曲率(正值浅色,负值深色)示于(e)

能谱不能识别不同的拓扑状况。区别拓扑需要能带的本征态。它们由贝利曲率 $\Omega(\boldsymbol{q})$ 所表征。它的值在狄拉克点附近比较大,围绕布里渊区的积分给出陈省身数 ν。(请参阅 9.9.5 节和 9.9.6 节)。要确定最低能带的拓扑,将原子在 y 方向移动。当原子通过曲率较大的 q 空间区域时,获得了垂直方向($\pm x$ 方向)的速度,它与施力和 $\Omega(\boldsymbol{q})$ 成正比[126]。这意味着原子获得了正交方向的准动量漂移。给每个格点施加 $\Delta E/h=114\mathrm{Hz}$ 的梯度,在一个完整的布洛赫循环之后,测量最低能带准动量分布的质心。由于贝利曲率感应的速度在施加力反向时要变符号,所以将正反两个方向的梯度导致的漂移相减就得到了漂移差 $\mathcal{D}$。

当仅有空间反演被破缺时,贝利曲率对中心是反对称的,因此两个狄拉克点处的贡献彼此相消为零。这个情况给出了 $\nu=0$ 的陈数,和拓扑平凡状况相对应。与此对照的是,当只有时间反射破缺($\Delta_{AB}=0,\phi\neq0$)时,可以观察到漂移差,而且对 $\varphi=\pm90°$ 符号相反。这和 $\nu=\mp1$ 的拓扑状况相对应。当调制变为线性时($\varphi=0°,180°$),漂移差为零。实验结果示于图 10.57。

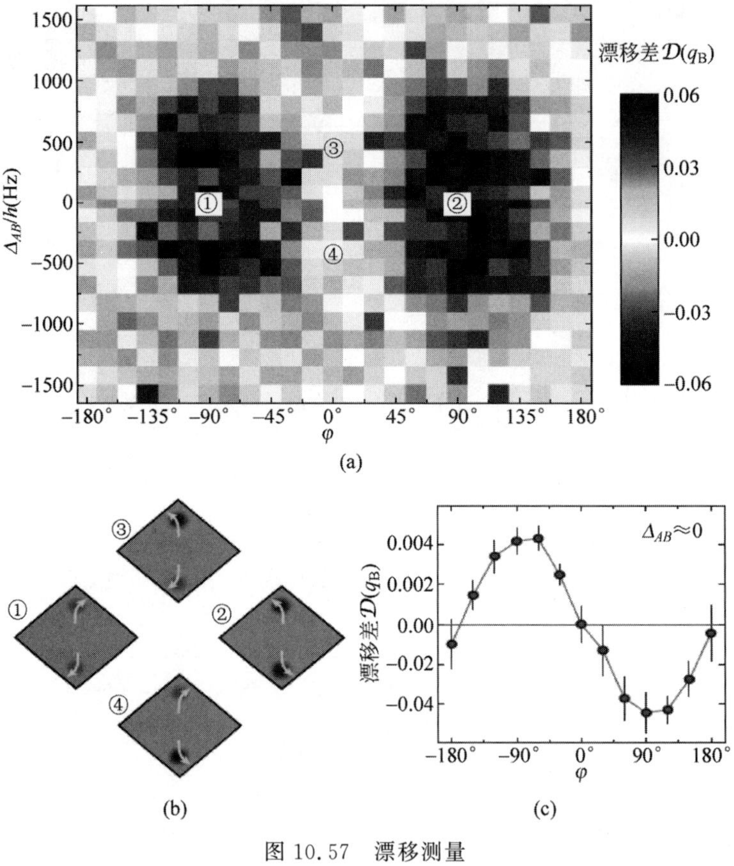

图 10.57　漂移测量

(a) 拓扑状况漂移(1,2),平凡状况漂移(3,4)以布洛赫动量 $q_B=2\pi/\lambda$ 为单位;
(b) 贝利曲率造成的漂移;(c) 漂移对于 φ 的依赖

同时,破缺的空间反演和时间反射之间的竞争是特别有趣的,因为它象征着不同拓扑态之间的过渡。在此情况下,能带结构和贝利曲率都不再是中心对称的,而在两个狄拉克点的能隙 $G_\pm$ 为

$$G_\pm=|\Delta_{AB}\pm\Delta_I^{\max}\sin\varphi| \tag{10.14.36}$$

在边界线上，体系在一个狄拉克点处为零，在另一个狄拉克点处不为零，即 $G_{+}=0$ 或 $G_{-}=0$。

通过对每一个狄拉克点分别测量原子转移 $\xi_{\pm}$，可以描绘相变线。这里，$\xi_{\pm}$ 是在沿 x 方向经过一个完整的布洛赫振动后的原子在第二个布里渊区上(下)半的布居分数。实验表现出 ξ_{+} 与 ξ_{-} 的不同，表明能带结构不再是中心对称的。当拓扑改变时，一个狄拉克点处的能隙关闭。能隙关闭可以用当 Δ_{AB} 变化时 ξ 达到极大来识别。对于 $\varphi=0°$，ξ_{+} 与 ξ_{-} 的极大重合，这是在时间反射对称成立时可以预期的。在 $\varphi=90°$时，ξ_{+} 与 ξ_{-} 的极大向相反的方向分裂，表明每一个狄拉克点的能隙在不同的 Δ_{AB} 值出现。在这两个 φ 值之间，系统处于拓扑非平凡区。在 φ 变化时记录了每一个极大值，观察到负值的 φ 给出相反的移动，正如式(10.14.21)所表明的那样，结果示于图 10.58。

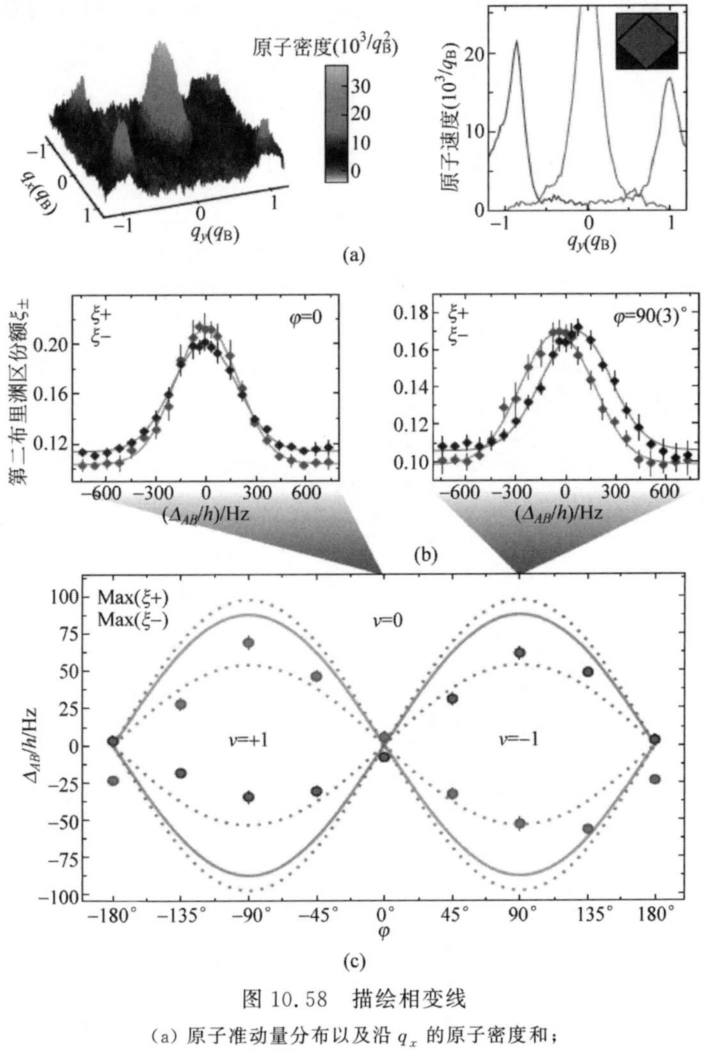

图 10.58 描绘相变线

(a) 原子准动量分布以及沿 q_x 的原子密度和；

(b) 第二布里渊区上、下两半原子份额线性调制($\varphi=0$，左图)和圆调制($\varphi=90°$，右图)；

(c) 相变线，实线：理论；虚线：$|\Delta^{\max_T}|||$值的不确定性

苏黎世联邦理工学院的艾斯林格研究组用周期驱动改变了量子多体系统的磁性质，即将磁关联增加或改变符号[125]。在驱动光晶格中用光学的方法操控材料的磁性质是具有挑战性

的，主要是由于多体系统中周期驱动产生的热量会破坏磁关联，特别是在近共振区域。实验采用^{40}K 原子两个超精细态$|F=9/2,m=-9/2\rangle$和$|F=9/2,m=-7/2\rangle$的等量混合物，分别以↑和↓表示。原子装载于可调几何的光晶格中(图 10.59)。激光束 X 和 Z 相干涉，而 $\overline{X}$ 和 $\widetilde{Y}$ 是失谐的。在 XZ 平面上的六角晶格由$\mathcal{A}$和$\mathcal{B}$子格子组成，各向异性跳跃耦合 $t_x>t_z$。六角格子在 y 方向堆叠起来。晶格在 x 方向以振幅 A 和频率 $\omega/2\pi$ 作周期调制。请看图 10.59(a)和(b)。晶格的紧束缚示于图 10.59(c)，调制的晶格用灰色代表。体系用驱动费米-赫巴德模型描述：

$$H(\tau)=-\sum_{\langle ij\rangle\sigma}t_{ij}c_{i\sigma}^{\dagger}c_{j\sigma}+U\sum_{i}n_{i\uparrow}n_{i\downarrow}+\sum_{i\sigma}[V_i(\tau)+V_i]n_{i\sigma} \tag{10.14.37}$$

此处 V_i 是在 i 格点处的谐振子势，$V_i(\tau)$是在 i 格点处的驱动势。驱动给出力 $f(\tau)=-mA\omega^2\cos\omega\tau$，它导致在 i 格点处的势 $V_i(\tau)=mA\omega^2x_i\cos\omega\tau$，$x_i$ 是位置算符 $\hat{x}_i$ 在格点 i 处对瓦尼尔波函数的平均。引入“归一化驱动振幅”：

$$K_0=\frac{mA\omega}{\hbar}d_x \tag{10.14.38}$$

此处 d_x 是水平链接长度(图 10.59(c))，力 $f(\tau)$可以写作

$$\boldsymbol{f}(\tau)=\hat{e}_x\frac{\hbar\omega K_0}{d_x}\cos\omega\tau \tag{10.14.39}$$

应该记住，一般地，有 $d_x\neq\lambda/2$，对于每一种位型都要具体计算 d_x。

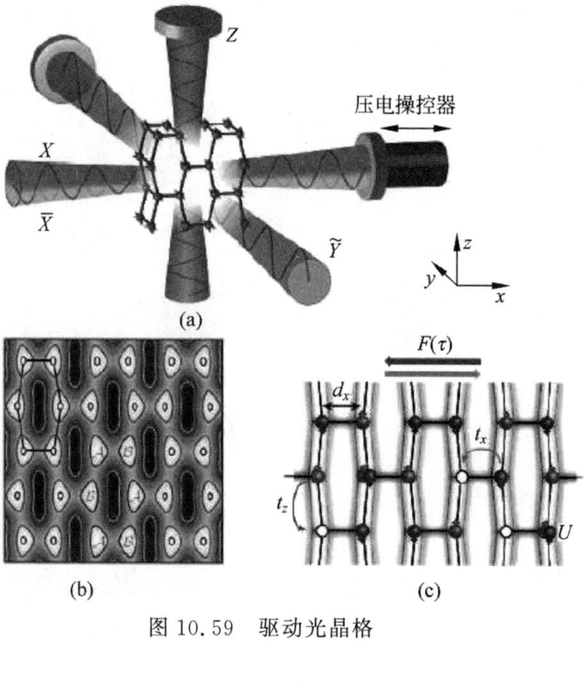

图 10.59 驱动光晶格

为了表征晶格上的多体状态，要用到两个物理量，即在双占据的点上的原子份额：

$$\mathcal{D}=\frac{2}{N}\sum_{i\in A,B}\langle n_{i\uparrow}n_{i\downarrow}\rangle$$

和在 x 方向水平链接的次近邻自旋-自旋关联函数：

$$\mathcal{C}=-\frac{1}{N}\sum_{i\in A}(\langle S_i^xS_{i+e_x}^x\rangle+\langle S_i^zS_{i+e_x}^z\rangle)$$

这两个物理量要对空间谐振子势阱中的密度分布做平均,并对周期驱动的一个振动循环做平均。

1. 远离共振的驱动

考虑驱动频率远高于所有微观能标的情况：$\hbar\omega \gg t, U$。在无相互作用下,驱动将水平隧穿率重整化为

$$t_x^{\text{eff}}(K_0)=t_x\ \mathcal{J}_0(K_0) \tag{10.14.40}$$

此处$\mathcal{J}_0$是零阶贝塞尔函数。文献作者要验证这种描述是否对于多体体系也适用。他们将驱动实验的结果和非驱动的、但有不同隧穿率的晶格结果相比较,这和量子模拟实验的方法类似,结果符合得很好。

如图 10.60(a)所示,双占据随带宽 W 的减小而减小(插图),因此,随驱动振幅的增大,体系进入莫特绝缘体制。自旋关联受晶格各向异性 $t_x^{\text{eff}}/t_{y,z}$ 的影响因驱动振幅的增加而减小(图 10.60(b)插图)[127]。

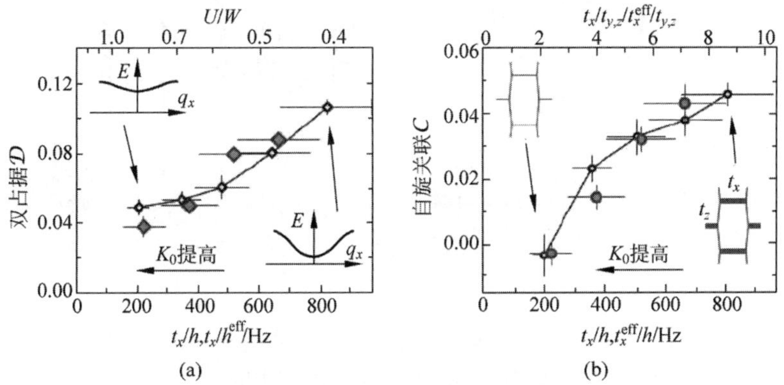

图 10.60 高频率情况下的驱动系统

(a) 双占据$\mathcal{D}$作为 t_x^{eff}/h 的函数,插图显示能带结构的切面;

(b) 自旋-自旋关联C驱动体系的数据为浅色,非驱动体系为深色

2. 近共振驱动

在近共振驱动过程中,出现了在静止的点体系中不可能出现的新物理现象。例如,隧穿率会依赖于格点的布居数,这在单能带的赫巴德模型中是没有的。实验设定了较大格点上的相互作用,和驱动频率的整数倍相近,例如 $U\approx l\ \hbar\omega$。在此情况下,观察到了双占据的更高份额(图 10.61(a))。

引人注目的是,水平链接上的磁关联与调制失谐 $\delta=\hbar\omega-U$ 的符号和大小有关。(图 10.61(b))。当 $U>\hbar\omega(\delta<0)$时,和静止格点比,反铁磁关联在相互作用的很宽的区域中得到增强。当 $U<\hbar\omega(\delta>0)$时,关联函数改变符号,体系中发展了铁磁关联。如果固定 U 而变化 K_0(图 10.61(c)),则在 $\delta<0$ 时,关联增加,到 $K_0\approx 1.3$ 后趋于减小。对于 $\delta>0$,驱动强度到达一个临界值后体系发展为铁磁关联。

为了理解上述现象的微观过程,对哈密顿量(10.14.22)在近共振 $t\ll U\approx l\hbar\omega$ 条件下进行了弗洛凯分析。使用算符

$$R(\tau)=\exp\left\{i\sum_j\left[l\omega\tau n_{j\uparrow}n_{j\downarrow}+\sum_\sigma V_j(\tau)n_{j\sigma}\right]\right\} \tag{10.14.41}$$

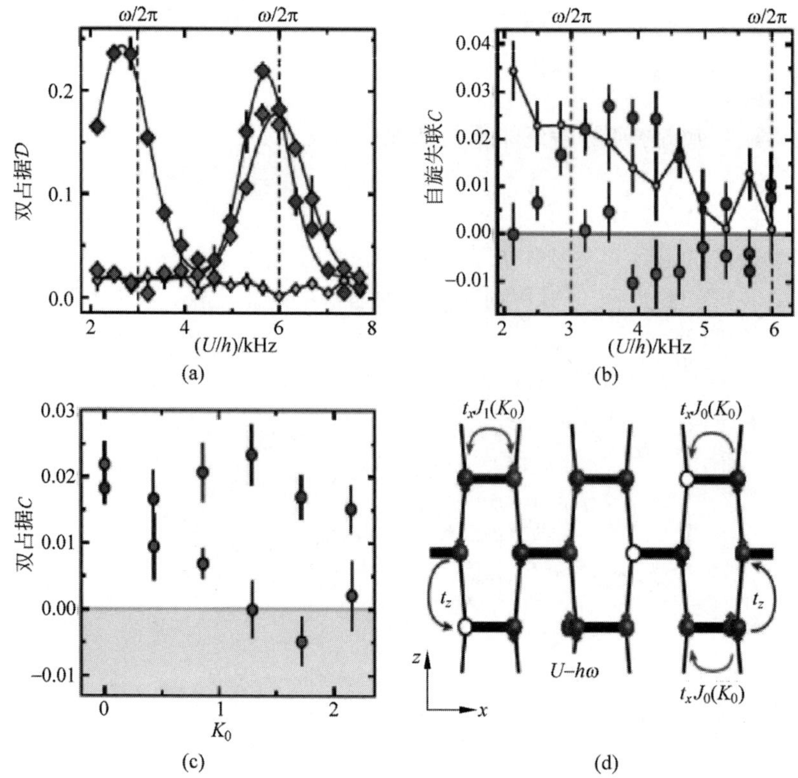

图 10.61　近共振驱动导致磁关联的增强和变号

(a) 格点上的相互作用变化时双占据的变化：静止格点，驱动频率 $\omega/2\pi=3\text{kHz},6\text{kHz}$；(b) 作为 U 的函数的水平链接的自旋-自旋关联，参数同(a)；(c) 作为 K_0 的函数的自旋-自旋关联：$\omega/2\pi=3\text{kHz},U/h=3.8\text{kHz},\omega/2\pi=6\text{kHz},U/h=4.4\text{kHz}$；(d) 哈密顿量的图示

转换到旋转坐标系，此处：

$$\mathcal{V}_j(\tau)=\frac{1}{\hbar}\int_0^{\tau}f_j(\tau')\,\mathrm{d}\tau'$$

这个过程是根据施里弗-沃尔夫变换[128]的理论进行的。它是对强关联多体系统推导低能有效理论的一种典型方法。主要概念是将虚布居的高能量状态消去以得到有效修饰的低能量描述。在此处驱动势和在格点处相互作用的主要部分($l\hbar\omega$)被从哈密顿量中移除，它们的修饰作用就保留在低能哈密顿量中。在这个坐标系中，水平链接间的隧穿由以下有效哈密顿量描述：

$$H_{t_x}^{\text{eff}}=-t_x\sum_{\substack{i\in A,\sigma\\ j=i+e_x}}\left[\mathcal{J}_0(K_0)\,a_{ij\bar{\sigma}}+\mathcal{J}_1(K_0)\,b_{tj\bar{\sigma}}^{l}\right]c_{i\sigma}^{+}c_{j\sigma}+\text{h. c.}\tag{10.14.42}$$

此处 $\overline{\uparrow}=\downarrow,\overline{\downarrow}=\uparrow$，$\mathcal{J}_1$ 是一阶贝塞尔函数[129-130]。这里，有效隧穿能量和格点的布居有关：不改变双占据数的过程，由算符 $a_{ij\sigma}=(1-n_{i\sigma})(1-n_{j\sigma})+n_{i\sigma}n_{j\sigma}$ 描述，它们被 $\mathcal{J}_0(K_0)$ 重整化。满足这个条件的过程令 $a_{ij\sigma}$ 取值为1，否则为0。与此对比的是产生或消灭双子-空穴对的过程由算符 $b_{ij\sigma}^{l}=(-1)^{l}(1-n_{i\sigma})n_{j\sigma}+n_{i\sigma}(1-n_{j\sigma})$ 描述，它们被 $\mathcal{J}_1(K_0)$ 重整化。满足这个条件的过程令 $b_{ij\sigma}^{l}$ 取值为1，否则为0。该过程举例示于图10.61(d)。当 K_0 从0开始增加时，$\mathcal{J}_0$ 很快减小，$\mathcal{J}_1$ 很快增加。有效相互作用 $U^{\text{eff}}=U-l\hbar\omega=-\delta_l$。这样我们就理解了

对较小的 δ_l 的双占据增强现象。

从有效哈密顿量看，在微观尺度，多体系统由超交换过程占支配地位，它导致了包括两个由 $\mathcal{J}_1(K_0)$ 决定、产生和消灭的能量 U^{eff} 的双占据——这一虚跳跃过程的自旋-自旋相互作用。因此在水平链接上，自旋单态和三重态能量分裂的交换能 J_{ex} 就和 K_0 与 δ 都有关系。对于 $\delta>0$，它甚至会改变符号，因为在此情况下 $U^{\text{eff}}<0$，有效相互作用变为吸引。交换能 J_{ex} 在实验中直接测量。研究者们先断开在 x 方向的一对格点，以提升在 y 和 z 方向的势垒，使 $t_{y,z}$ 变得可以忽略，并用拉姆齐干涉方法(图 10.62)测量交换能。它们在一个孤立的双势阱中制备单态 $|s\rangle$，用一个 $\pi/2$ 脉冲产生 $|s\rangle$ 和 $|t\rangle$ 的叠加态。之后突然降低双阱势垒以激发交换振荡(实线代表 1/4 周的演化时间)。在一个可变的演化时间 τ_{evol} 之后施加第二个 $\pi/2$ 脉冲，再测量最后的单态份额，它以频率 $|J_{\text{ex}}|$ 振荡。

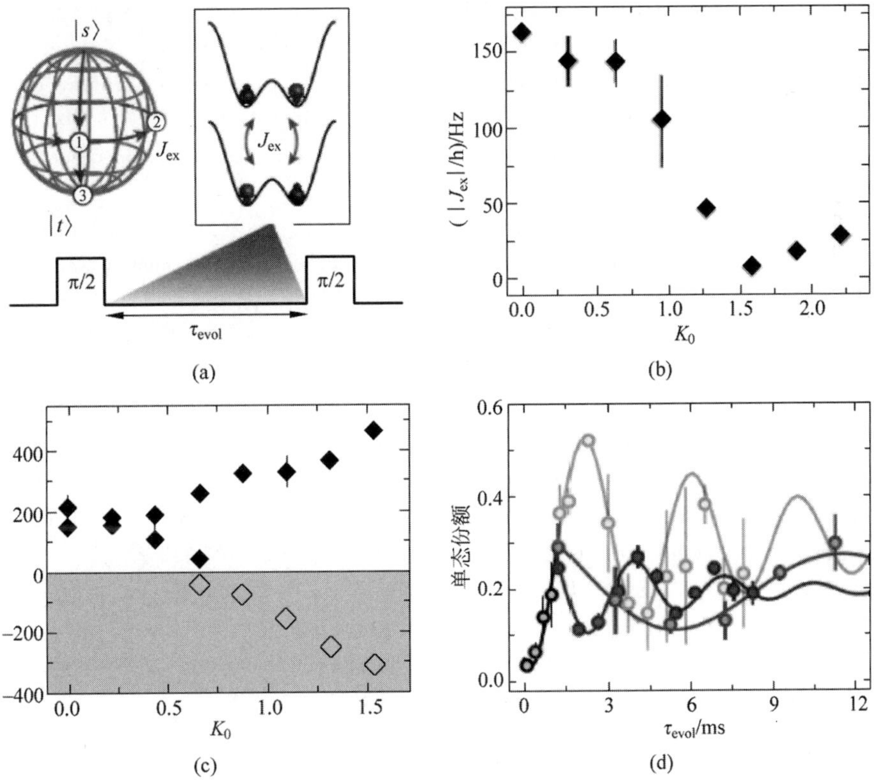

图 10.62 远离共振和近共振驱动下的磁交换能

(a) J_{ex} 的测量从制备单态开始，然后启动拉姆齐干涉步骤；(b) 远离共振体制下的磁交换能 $\omega/2\pi=8\text{kHz}$，$t_x/h=350\text{Hz}$，$U/h=2.1\text{kHz}$；(c) 近共振体制下的磁交换能 $\omega/2\pi=8\text{kHz}$，$t_x/h=640\text{Hz}$，$U/h=9.1\text{kHz}$；(d) $U<\hbar\omega$ 条件下交换能符号改变：静止晶格 $U/h=6.5\text{kHz}$，突然启动调制 $K_0=0.88$ 或 $K_0=1.31$ 后等待 1/4 交换振荡周期。由于 J_{ex} 符号改变，在布洛赫球上转动的方向和原来相反，导致振荡相位移动 π

在图 10.62(b)中看到，在远离共振情况下，$t_x\ll U\ll\hbar\omega$，隧穿根据(10.14.40)重整化，交换能作为驱动振幅的函数减小，如 $J_{\text{ex}}\approx 4t_x^2J_0^2(K_0)/U$，这是熟知的二阶微扰的结果。与此对照，在近共振体制下体系隧穿由(10.14.42)描述，我们看到在 $\delta<0$ 时，交换能作为驱动振幅的函数在增加(图 10.62(c))。如果 $\delta>0$，J_{ex} 在调制振幅的临界值 $K_0\approx0.7$ 时等于零，对于更强的驱动则改变符号。为了显示对于大的 K_0 交换能变为负数，研究者们先在静止双阱中进行 1/4 周期振荡，再突然加上驱动 $K_0>0.7$。因为在驱动的双阱中交换是铁磁性的，它在布洛赫球上的转动扭转了方向，导致振荡相位与静止晶格相比移动了 π(图 10.62(d))。

参考文献

[1] KLEPPNER D. The fuss about Bose-Einstein condensation[J]. Physics Today,1996,49(11).

[2] ANDERSON M H, ENSHER J R, MATTHEWS M R, et al. Observation of Bose-Einstein condensation in a dilute atomic vapor[J]. Science,1995,269(198-201).

[3] DAVIS K B,MEWES M O,ANDREWS M R,et al. Bose-Einstein condensation in a gas of sodium atoms[J]. Physical Review Letters,1995,75: 3969-3973.

[4] BRADLEY C C,SACKETT C A,TOLLETT J J,et al. Evidence of Bose-Einstein condensation in an atomic gas with attractive interactions[J]. Physical Review Letters,1995,75: 1687-1690.

[5] CORNELL E A,WIEMAN C E. Nobel lecture: Bose-Einstein condensation in a dilute gas,the first 70 years and some recent experiments[J]. Review of Modern Physics,2002,74: 875-893.

[6] KETTERLE W. Nobel lecture: When atoms behave as waves: Bose-Einstein condensation and the atom laser[J]. Review of Modern Physics,2002,74: 1131-1151.

[7] KITTEL C,KROEMER H. Thermal physics[M]. San Francisco: W. H. Freeman,1980.

[8] LEGGETT A. Bose-Einstein condensation and superfluidity[M]. Cambridge: Cambridge University Press,1995.

[9] HUANG K. Studies In statistical mechanics[M]. New York: Wiley & Sons,1987.

[10] HUANG K. Imperfect Bose gas[M]//De BOER J, UHLENBECK G E. Studies in Statistical Mechanics. Amsterdam: North Holland,1964.

[11] HUANG K. Bose-Einstein condensation and superfluidity[M]//GRIFFIN A, SNOKE D W, STRINGARI S. Bose-Einstein condensation. Cambridge: Cambridge University Press,1995: 31-50.

[12] PENROSE O. On the quantum mechanics of helium II[J]. The London, Edinburgh, and Dublin Philosophical Magazine and Journal of Science,1951,42(335): 1373-1377.

[13] PENROSE O,ONSAGER L. Bose-Einstein condensation and liquid helium[J]. Physical Review, 1956,104: 576-584.

[14] YANG C N. Concept of off-diagonal long-range order and the quantum phases of liquid He and of superconductors[J]. Review of Modern Physics,1962,34: 694-704.

[15] SEWELL G L. Off-diagonal long range order and superconductive electrodynamics[J]. Journal of Mathematical Physics,1997,38(4): 2053-2071.

[16] NIEH H T,SU G,ZHAO B H. Off-diagonal long-range order: Meissner effect and flux quantization [J]. Physical Review B,1996,51: 3760-3764.

[17] SU G,SUZUKI M. Off-diagonal long-range order in Bose liquids: Irrotational flow and quantization of circulation[J]. Physical Review Letters,2001,86: 2708-2711.

[18] LEGGETT A J,SOLS F. On the concept of spontaneously broken gauge symmetry in condensed matter physics[J]. Foundations of Physics,1991,21(3): 353-364.

[19] LEGGETT A J. Bose-Einstein condensation in the alkali gases: Some fundamental concepts[J]. Review of Modern Physics,2001,73: 307-356.

[20] ANDERSON P W. Considerations on the flow of superfluid helium[J]. Review of Modern Physics, 1966,38: 298-310.

[21] NIETO M M. Quantum phase and quantum phase operators: Some physics and some history[J].

Physica Scripta, 1993, T48: 5-12.

[22] ANDERSON P W. Basic notions of condensed matter physics[M]. Menlo Park: The Benjamin/Cummings Publishing Company, 1984.

[23] ANDREWS M R, TOWNSEND C G, MIESNER H J, et al. Observation of interference between two Bose condensates[J]. Science, 1997, 275: 637-641.

[24] LIU W M, WU B, NIU Q. Nonlinear effects in interference of Bose-Einstein condensates[J]. Physical Review Letters, 2000, 84: 2294-2297.

[25] KOZUMA M, DENG L, HAGLEY E W, et al. Coherent splitting of Bose-Einstein condensed atoms with optically induced Bragg diffraction[J]. Physical Review Letters, 1999, 82: 871-875.

[26] DENSCHLAG J, SIMSARIAN J E, Feder D L, et al. Generating solitons by phase engineering of a Bose-Einstein condensate[J]. Science, 2000, 287: 97-101.

[27] ANDERSON P W. Measurement in quantum theory and the problem of complex systems[M]//DE BOER J, DAL E, ULFBECK O. Lesson of quantum theory: Niels Bohr Centenary Symposium, held at Copenhagen, Denmark, 3-7 October 1985. Amsterdam: North Holland, 1986.

[28] CASTIN Y, DALIBARD J. Relative phase of two Bose-Einstein condensates[J]. Physical Review A, 1997, 55: 4330-4337.

[29] JAVANAINEN J, YOO S M. Quantum phase of a Bose-Einstein condensate with an arbitrary number of atoms[J]. Physical Review Letters, 1996, 76: 161-164.

[30] SABA M, PASQUINI T A, SANNER C, et al. Light scattering to determine the relative phase of two Bose-Einstein condensates[J]. Science, 2005, 307: 1945-1948.

[31] PITAEVSKII L, STRINGARI S. Interference of Bose-Einstein condensates in momentum space[J]. Physical Review Letters, 1999, 83: 4237-4240.

[32] NOZIÈRES P, DAVID P. The theory of quantum liquids: Volume 2: Superfliud Bose liquids[M]. Boca Raton, FL: CRC Press, 1990.

[33] HUGENHOLTZ N M, PINES D. Ground-state energy and excitation spectrum of a system of interacting bosons[J]. Physical Review, 1959, 116: 489-506.

[34] HUANG K, YANG C N. Quantum-mechanical many-body problem with hard-sphere interaction[J]. Physical Review, 1957, 105: 767-775.

[35] LEE T D, HUANG K, YANG C N. Eigenvalues and eigenfunctions of a Bose system of hard spheres and its low-temperature properties[J]. Physical Review, 1957, 106: 1135-1145.

[36] BAGNATO V, PRITCHARD D E, KLEPPNER D. Bose-Einstein condensation in an external potential[J]. Physical Review A, 1987, 35: 4354-4358.

[37] BAGNATO V, KLEPPNER D. Bose-Einstein condensation in low-dimensional traps[J]. Physical Review A, 1991, 44: 7439-7441.

[38] LANDAU L D, LIFSHITZ E M. Quantum mechanics: Non-relativistic theory[M]. 3rd edition. Oxford: Pergamon Press, 1977.

[39] OLIVA J. Density profile of the weakly interacting Bose gas confined in a potential well: Nonzero temperature[J]. Physical Review B, 1989, 39: 4197-4203.

[40] CHOU T T, YANG C N, Yu L H. Bose-Einstein condensation of atoms in a trap[J]. Physical Review A, 1996, 53: 4257-4259.

[41] CHOU T T, YANG C N, YU L H. Momentum distribution for bosons with positive scattering length in a trap[J]. Physical Review A, 1997, 55: 1179-1181.

[42] GINZBURG V L, PITAEVSKII L P. On the theory of superfluidity[J]. Soviet Physics JETP, 1958, 7: 858.

[43] GROSS E P. Structure of a quantized vortex in boson systems[J]. Il Nuovo Cimento(1955—1965),

1961,20(3): 454-477.

[44] PITAEVSKII L P. Vortex lines in an imperfect Bose gas[J]. Soviet Physics JETP,1961,13: 451.

[45] LIEB E H, YNGVASON J. Ground state energy of the low density Bose gas[J]. Physical Review Letters,1998,80: 2504-2507.

[46] LIEB E H,SEIRINGER R, YNGVASON J. Bosons in a trap: A rigorous derivation of the Gross-Pitaevskii energy functional[J]. Physical Review A,2000,61: 043602.

[47] LEWENSTEIN M, YOU L. Quantum phase diffusion of a Bose-Einstein condensate[J]. Physical Review Letters,1996,77: 3489-3493.

[48] BLAIZOT J P,RIPKA G. Quantum theory of finite systems[M]. Cambridge, Massachusetts: The MIT Press,1986.

[49] EDWARDS M,BURNETT K. Numerical solution of the nonlinear Schrödinger equation for small samples of trapped neutral atoms[J]. Physical Review A,1995,51: 1382-1386.

[50] RUPRECHT P A,HOLLAND M J,BURNETT K,et al. Time-dependent solution of the nonlinear Schrödinger equation for Bose-condensed trapped neutral atoms[J]. Physical Review A, 1995, 51: 4704-4711.

[51] BAYM G,PETHICK C J. Ground-state properties of magnetically trapped Bose-condensed rubidium gas[J]. Physical Review Letters,1996,76: 6-9.

[52] KAGAN Y, SURKOV E L, SHLYAPNIKOV G V. Evolution of a Bose-condensed gas under variations of the confining potential[J]. Physical Review A,1996,54: R1753-R1756.

[53] KAGAN Y, SURKOV E L, SHLYAPNIKOV G V. Evolution of a Bose gas in anisotropic time-dependent traps[J]. Physical Review A,1997,55: R18-R21.

[54] DALFOVO F,STRINGARI S. Bosons in anisotropic traps: Ground state and vortices[J]. Physical Review A,1996,53: 2477-2485.

[55] WILLIAMS J E, HOLLAND M J. Preparing topological states of a Bose-Einstein condensate[J]. Nature,1999,401(6753): 568-572.

[56] MATTHEWS M R,ANDERSON B P, HALJAN P C,et al. Vortices in a Bose-Einstein condensate [J]. Physical Review Letters,1999,83: 2498-2501.

[57] MADISON K W,CHEVY F,WOHLLEBEN W,et al. Vortex formation in a stirred Bose-Einstein condensate[J]. Physical Review Letters,2000,84: 806-809.

[58] ABO-SHAEER J R,RAMAN C,VOGELS J M,et al. Observation of vortex lattices in Bose-Einstein condensates[J]. Science,2001,292: 476.

[59] RAMAN C, KÖHL M, ONOFRIO R, et al. Evidence for a critical velocity in a Bose-Einstein condensed gas[J]. Physical Review Letters,1999,83: 2502-2505.

[60] STAMPER-KURN D M,ANDREWS M R,CHIKKATUR A P,et al. Optical confinement of a Bose-Einstein condensate[J]. Physical Review Letters,1998,80: 2027-2030.

[61] HO T L. Spinor Bose condensates in optical traps[J]. Physical Review Letters,1998,81: 742-745.

[62] HO T L,SHENOY V B. Local spin-gauge symmetry of the Bose-Einstein condensates in atomic gases[J]. Physical Review Letters,1996,77: 2595-2599.

[63] HO T L,SHENOY V B. Binary mixtures of Bose condensates of alkali atoms[J]. Physical Review Letters,1996,77: 3276-3279.

[64] LAW C K,PU H,BIGELOW N P. Quantum spins mixing in spinor Bose-Einstein condensates[J]. Physical Review Letters,1998,81: 5257-5261.

[65] JAKSCH D,BRUDER C,CIRAC J I,et al. Cold bosonic atoms in optical lattices[J]. Physical Review Letters,1998,81: 3108-3111.

[66] FISHER M P A, WEICHMAN P B, GRINSTEIN G, et al. Boson localization and the superfluid-

insulator transition[J]. Physical Review B,1989,40: 546-570.
[67] GREINER M,MANDEL O,ESSLINGER T,et al. Quantum phase transition from a superfluid to a Mott insulator in a gas of ultracold atoms[J]. Nature,2002,415(6867): 39-44.
[68] KÖHL M,MORITZ H,STÖFERLE T,et al. Fermionic atoms in a three dimensional optical lattice: Observing Fermi surfaces,dynamics,and interactions[J]. Physical Review Letters,2005,94: 080403.
[69] HADZIBABIC Z,STOCK S,BATTELIER B,et al. Interference of an array of independent Bose-Einstein condensates[J]. Physical Review Letters,2004,93: 180403.
[70] RANDERIA M,DUAN J M,SHIEH L Y. Superconductivity in a two-dimensional fermi gas: Evolution from Cooper pairing to Bose condensation[J]. Physical Review B,1990,41: 327-343.
[71] REGAL C A,JIN D S. Measurement of positive and negative scattering lengths in a Fermi gas of atoms[J]. Physical Review Letters,2003,90: 230404.
[72] HO T L,MUELLER E J. High temperature expansion applied to fermions near Feshbach resonance [J]. Physical Review Letters,2004,92: 160404.
[73] BOURDEL T,CUBIZOLLES J,KHAYKOVICH L,et al. Measurement of the interaction energy near a Feshbach resonance in a 6Li Fermi gas[J]. Physical Review Letters,2003,91: 020402.
[74] NOZIÈRES P,SCHMITT-RINK S. Bose condensation in an attractive fermion gas: From weak to strong coupling superconductivity[J]. Journal of Low Temperature Physics,1985,59(3): 195-211.
[75] HO T L. Arrival of the fermion superfluid[J]. Science,2004,305: 1114-1115.
[76] REGAL C A,TICKNOR C,BOHN J L,et al. Creation of ultracold molecules from a Fermi gas of atoms[J]. Nature,2003,424(6944): 47-50.
[77] GREINER M,REGAL C A,JIN D S. Emergence of a molecular Bose-Einstein condensate from a Fermi gas[J]. Nature,2003,426(6966): 537-540.
[78] REGAL C A,GREINER M,JIN D S. Observation of resonance condensation of fermionic atom pairs [J]. Physical Review Letters,2004,92: 040403.
[79] BARTENSTEIN M,ALTMEYER A,RIEDL S,et al. Crossover from a molecular Bose-Einstein condensate to a degenerate Fermi gas[J]. Physical Review Letters,2004,92: 120401.
[80] ZWIERLEIN M W,STAN C A,SCHUNCK C H,et al. Condensation of pairs of fermionic atoms near a Feshbach resonance[J]. Physical Review Letters,2004,92: 120403.
[81] CHIN C,BARTENSTEIN M,ALTMEYER A,et al. Observation of the pairing gap in a strongly interacting Fermi gas[J]. Science,2004,305: 1128-1130.
[82] DIENER R B,HO T L. Projecting fermion pair condensates into molecular condensates[EB/OL]. [2004-07-15]. https://arxiv. org/abs/cond-mat/0404517.
[83] DIENER R B,HO T L. The condition for universality at resonance and direct measurement of pair wavefunctions using rf spectroscopy[EB/OL]. 2004. https://arxiv. org/abs/cond-mat/0405174.
[84] ZWIERLEIN M W,ABO-SHAEER J R,SCHIROTZEK A,et al. Vortices and superfluidity in a strongly interacting Fermi gas[J]. Nature,2005,435(7045): 1047-1051.
[85] GRIMM R. A quantum revolution[J]. Nature,2005,435(7045): 1035-1036.
[86] STRINGARI S. Collective excitations of a trapped Bose-condensed gas[J]. Physical Review Letters, 1996,77: 2360-2363.
[87] PARKINS A,WALLS D. The physics of trapped dilute-gas Bose-Einstein condensates[J]. Physics Reports,1998,303(1): 1-80.
[88] DALFOVO F,GIORGINI S,PITAEVSKII L P,et al. Theory of Bose-Einstein condensation in trapped gases[J]. Review of Modern Physics,1999,71: 463-512.
[89] INGUSCIO M,STRINGARI S,WIEMAN C E. Proceedings of the international school of physics "Enrico Fermi": volume 140 Bose-Einstein condensation in atomic gases[M]. Amsterdam: IOP

Press,1999.

[90] SAVAGE C M,DAS M P. Bose-Einstein condensation: From atomic physics to quantum fluids[M]. Singapore: World Scientific,2000.

[91] Pethick C J, Smith H. Bose-Einstein condensation in dilute gases [M]. Cambridge: Cambridge university press,2008.

[92] PITAEVSKII L,STRINGARI S. Bose-Einstein condensation[M]. Oxford: Clarendon Press,2003.

[93] DUINE R,STOOF H. Atom-molecule coherence in Bose gases[J]. Physics Reports,2004,396(3): 115-195.

[94] JAVANAINEN J. Bose-Einstein condensates interfere and survive[J]. Science,25; 307(5717): 1945-1948.

[95] HO T L,YIP S L. Fragmented and single condensate ground states of spin-1 Bose gas [J]. Physical Review Letters,2000,84: 4031-4034.

[96] LAW C K,PU H,BIGELOW N P. Quantum spins mixing in spinor Bose-Einstein condensates[J]. Physical Review Letters,1998,81: 5257-5261.

[97] DALIBARD J, CERBIER F, JUZELIUNAS G, et al. Colloquium: Artificial gauge potentials for neutral atoms[J]. Reviews of Modern Physics,2011,83: 1523-1544.

[98] LIN Y J,COMPTON R L,PERRY A R,et al. Bose-Einstein condensate in a uniform light-induced vector potential[J]. Physical Review Letters,2009,102: 130401.

[99] LIN Y J,COMPTON R L, SPIELMAN I B. Synthetic magnetic fields for ultracold neutral atoms [J]. Nature,462: 628-632.

[100] ZHAI H. Degenerate quantum gases with spin-orbit coupling: A review[J]. Reports on Progress in Physics,2015,78: 026001.

[101] ZHAI H. Spin-orbit coupled quantum gases[J]. International Journal of Modern Physics B,2013, 26: 12300010.

[102] HO T L,ZHANG S. Bose-Einstein condensates with spin-orbit interaction[J]. Physical Review Letters,2011,107: 150403.

[103] LI Y,PITAEVSKI L, STRINGARI S. Quantum tricriticality and phase transitions in spin-orbit coupled bose-einstein condensates[J]. Physical Review Letters,2012,108: 225301.

[104] LI Y,GIOVANNI I,MARTONE G,et al. Bose-Einstein condensation with spin-orbit coupling[Z]. arXiv: 1410.5526,2015.

[105] EFIMOV V. Energy levels arising from resonant two-body forces in a three-body system[J]. Physics Letters B,1970,33(8): 563-564.

[106] EFIMOV V. Weakly-bound states of three resonantly-interacting particles[J]. Soviet journal of nuclear physics,1971,12: 589.

[107] NIELSEN E, FEDOROV D B, HENSEN A S, et al. The three-body problem with short-range interactions[J]. Physics Reports,2001,347(5): 373-459.

[108] MACEK J. Properties of autoionizing states of He[J]. Journal of Physics B: Atomic and Molecular Physics,1968,1: 831.

[109] FERLAINO F,GRIMM R. Forty years of Efimov physics: How a bizarre prediction turned into a hot topic[J]. Physics,2010,3: 9.

[110] ESRY B D,CHRIS H,JAMES P B. Recombination of three atoms in the ultracold limit[J]. Physical Review Letters,1999,83(9): 1751-1754.

[111] ZACCANTI M,B. DEISSLER B,D'ERRICO C,et al. Observation of an Efimov spectrum in an atomic system[J]. Nature Physicas 2009,5(7): 586-591.

[112] HAMMER H,PLATTER L. Universal properties of the four-body system with large scattering length[J]. The European Physical Journal A,2007,32(1): 113-120.

[113] VON STECHER J, D' INCAO J P, CHRIS H GREENE. Signatures of universal four-body phenomena and their relation to the Efimov effect[J]. Nature Physicals 2009,5(7): 586-591.

[114] FERLAINO F,KNOOP S,BERNINGER M,et al. Evidence for universal four-body states tied to an Efimov trimer[J]. Physical Review Letters,2009,102(14): 140401.

[115] TAN S. Large momentum part of a strongly correlated Fermi gas[J]. Annals of Physics,2008,323: 2971-2986.

[116] ZHANG S Z,LEGGETT A J. Universal properties of the ultracold Fermi gas[J]. Physical. Review A,2009,79(2):023601.

[117] VIVERIT L,GIORGINI S,PITAEVSKII L P,et al. Momentum distribution of a trapped Fermi gas with large scattering length [J]. Physical Review A,2009,69(1):013607.

[118] BETHE H, PEIERLS R. Quantum theory of the diplon[J]. Proceedings of the Royal Society London A,1935,148: 146-156.

[119] SHIRLEY J H. Solution of the Schrödinger equation with a hamiltonian periodic in time [J]. Physical Review,1966,128(4B): 979.

[120] SAMBE H. Steady states and quasienergies of a quantum-mechanical system in an oscillating field [J] Physical Review A,1973,7(6): 2203-2213.

[121] ZHENG W,ZHAI H. Floquet topological states in shaking optical lattices [J]. Physical Review A, 2014,89(6):2203-2213.

[122] KITAGAWA T,BERG E,RUDNER M. Topological characterization of periodically driven quantum systems [J]. Physical. Review B,2014,82(23):235114.

[123] TARRUELL L,GREIF D,UEHLINGER T,et al. Creating,moving and merging Dirac points with a Fermi gas in a tunable honeycomb lattice[J]. Nature,2012,483: 302-305.

[124] JOTZU G,MESSER M,DESBUQUOIS R,et al. Experimental realization of the topological Haldane model with ultracold fermions[J]. Nature,2014,515: 237-240.

[125] GÖRG F, MESSER M, SANDHOLZER K, et al. Enhancement and sign change of magnetic correlations in a driven quantum many-body system. Nature,2018,553: 481-485.

[126] ECKARDT A. Colloquium: Atomic quantum gases in periodically driven optical lattices [J]. Physical Review Letters,1999,75(7): 1348.

[127] SCHRIEFFER J R, WOLFF P A. Relation between the Anderson and Kondo hamiltonians [J]. Physical Review Letters,2017,89(2): 011004.

[128] SCHRIEFFER J R, WOLFF P A. Relation between the Anderson and Kondo hamiltonians [J]. Physical Review,1966,149(2): 491.

[129] ITIN A P, KATSNELSON M I. Effective hamiltonians for rapidly driven many-body lattice systems: Induced exchange interactions and density-dependent hoppings [J]. Physical Review Letters,2015,115(7): 075301.

[130] BUKOV M, KOLODRUBETZ M, POLKOVNIKOV A. Schrieffer-Wolff transformation for periodically driven systems: Strongly correlated systems with artificial gauge fields [J]. Physical Review Letters,2016,116(12): 125301.

第 11 章
量子力学中的 Yangian 对易关系

从本章开始，将着重介绍杨振宁-Baxter 系统（简称杨-Baxter 系统）①。它是处理一大类非线性量子可积模型的普遍理论，对象是多体系统。30 年来，这方面的研究取得了长足进展，成为数学物理学研究中的一个蓬勃发展的分支。由于有许多数学家的参与，很多文献在形式上比较数学化，然而，不少理论物理问题又与它密切相关，甚至量子力学中很基础的氢原子也是如此。在第 3 章中我们介绍了氢原子的 $SO(4)$ 对称性：动力学对称性本身能够给出束缚态能谱。在本章中将看到氢原子还具有 Yangian 对称性，即它具有超出李代数范围的一种无穷维代数结构，这是对氢原子更深一步的理解。在此基础上，本章将介绍杨-Baxter 系统最基本的内容，然后再回到氢原子问题，这将有助于对杨-Baxter 系统的了解。

11.1 氢原子的张量算符与 Yangian

在 4.3 节中讨论了氢原子的 $SO(4)$ 动力学对称性。对称群的生成元是角动量算符 $I_\alpha(\alpha=1,2,3)$ 以及标度化了的 LRL 矢量算符 B_α。$\boldsymbol{I}$ 与 $\boldsymbol{B}$ 是满足以下 $SO(4)$ 对易关系的一种特殊实现：

$$[I_\alpha, I_\beta] = \mathrm{i}\varepsilon_{\alpha\beta\gamma} I_\gamma \tag{11.1.1}$$

$$[B_\alpha, B_\beta] = \mathrm{i}\varepsilon_{\alpha\beta\gamma} I_\gamma \tag{11.1.2}$$

$$[I_\alpha, B_\beta] = \mathrm{i}\varepsilon_{\alpha\beta\gamma} B_\gamma \tag{11.1.3}$$

其中 $\varepsilon_{\alpha\beta\gamma}$ 为三维全反对称张量，即 $\varepsilon_{123}=1$，且任意两个下标交换时改变符号，例如 $\varepsilon_{213}=-1$ 等。在式(11.1.1)～式(11.1.3)中，如果令 $I_\alpha=L_\alpha, B_\alpha=M'_\alpha$，则回到 4.3 节的情况($\hbar=1$)。现在我们先从式(11.1.1)～式(11.1.3)所示的一般情况出发，建立较为一般的理论，然后再回到氢原子问题。

定义张量算符

$$\boldsymbol{J} = \frac{1}{2\mathrm{i}} \boldsymbol{I} \times \boldsymbol{B} \tag{11.1.4}$$

算符 I_α 与 J_β 的对易子是简单的：

① 有关杨-Baxter 方程的早期文章已汇编在文献[1]中，从物理角度综合介绍相关的内容可参阅文献[2]。

$$
\begin{aligned}
[I_\alpha, J_\beta] &= \varepsilon_{\beta\mu\nu}\left[I_\alpha, \frac{1}{2\mathrm{i}} I_\mu B_\nu\right] \\
&= \varepsilon_{\beta\mu\nu}\left([I_\alpha, I_\mu]\frac{1}{2\mathrm{i}}B_\nu + I_\mu\left[I_\alpha, \frac{1}{2\mathrm{i}}B_\nu\right]\right) \\
&= \frac{1}{2}\varepsilon_{\beta\mu\nu}(\varepsilon_{\alpha\mu\lambda}I_\lambda B_\nu + \varepsilon_{\alpha\nu\lambda}I_\mu B_\lambda) \\
&= I_\alpha B_\beta - I_\beta B_\alpha \\
&= \mathrm{i}\varepsilon_{\alpha\beta\gamma}J_\gamma
\end{aligned}
\tag{11.1.5}
$$

在以上推导中使用了 $\varepsilon_{\alpha\beta\gamma}$ 的性质：

$$
\varepsilon_{\alpha\beta\mu}\varepsilon_{\gamma\delta\mu} = \delta_{\alpha\gamma}\delta_{\beta\delta} - \delta_{\alpha\delta}\delta_{\beta\gamma}
\tag{11.1.6}
$$

对易关系式(11.1.5)和式(11.1.3)是相似的，但 J_α 和 J_β 的对易子却比较复杂：

$$
\begin{aligned}
[J_\alpha, J_\beta] &= -\frac{1}{4}\varepsilon_{\alpha\mu\nu}\varepsilon_{\beta\sigma\tau}[I_\mu B_\nu, I_\sigma B_\tau] \\
&= -\frac{1}{4}\varepsilon_{\alpha\mu\nu}\varepsilon_{\beta\sigma\tau}([I_\mu, I_\sigma]B_\nu B_\tau + I_\sigma[I_\mu, B_\tau]B_\nu + \\
&\quad I_\mu[B_\nu, I_\sigma]B_\tau + I_\mu I_\sigma[B_\nu, B_\tau])
\end{aligned}
\tag{11.1.7}
$$

利用式(11.1.1)～式(11.1.3)和式(11.1.6)，并使用 $\varepsilon_{\alpha\beta\mu}\varepsilon_{\alpha\beta\nu} = 2\delta_{\mu\nu}$，得到

$$
\begin{aligned}
\varepsilon_{\alpha\mu\nu}I_\mu I_\nu &= \frac{1}{2}\varepsilon_{\alpha\mu\nu}[I_\mu, I_\nu] = \frac{1}{2}\mathrm{i}\varepsilon_{\alpha\mu\nu}\varepsilon_{\mu\nu\lambda}I_\lambda \\
&= \mathrm{i}\delta_{\alpha\lambda}I_\lambda = \mathrm{i}I_\lambda
\end{aligned}
\tag{11.1.8}
$$

式(11.1.7)简化为

$$
[J_\alpha, J_\beta] = -\frac{\mathrm{i}}{4}\varepsilon_{\alpha\beta\gamma}I_\gamma[\boldsymbol{I}^2 - \boldsymbol{B}^2 - 1]
\tag{11.1.9}
$$

对于氢原子，从式(4.3.20)和式(4.3.26)(置$\hbar=1$ 以及 $m=1$)有 $\boldsymbol{B}=\boldsymbol{M}'$，于是有

$$
\boldsymbol{B}^2 = -(\boldsymbol{I}^2 + 1) - \frac{k^2}{2E}
\tag{11.1.10}
$$

将式(11.1.10)代入式(11.1.9)，得

$$
[J_\alpha, J_\beta] = -\frac{1}{4}\mathrm{i}\varepsilon_{\alpha\beta\gamma}I_\gamma\left(2\boldsymbol{I}^2 + \frac{k^2}{2E}\right)
\tag{11.1.11}
$$

上式中的对易子涉及能量本征值，且其右端不能表示为 I_α 与 J_β 线性组合的形式(现为非线性组合)。为此，我们要计算式(11.1.11)与 J_α 的对易关系。为了简便，矢量算符分量采用(+，-，3)形式代替 $\alpha=1,2,3$，例如

$$
I_+ = I_1 + \mathrm{i}I_2, \quad I_- = I_1 - \mathrm{i}I_2
$$

式(11.1.4)的分量形式为

$$
\left.
\begin{aligned}
J_\pm &= \mp\frac{1}{2}(L_\pm B_3 - L_3 B_\pm) \\
J_3 &= \frac{1}{4}(L_+ B_- - L_- B_+)
\end{aligned}
\right\}
\tag{11.1.12}
$$

$\boldsymbol{I}$ 分量的对易关系是

$$
[I_3, I_\pm] = \pm I_\pm, \quad [I_+, I_-] = 2I_3
\tag{11.1.13}
$$

$\boldsymbol{I}$ 和 $\boldsymbol{J}$ 间的对易关系式(11.1.5)的新形式是

$$\left.\begin{aligned}&[I_\pm,J_\pm]=0,\quad [I_3,J_3]=0\\&[I_3,J_\pm]=[J_3,I_\pm]=\pm J_\pm\\&[I_+,J_-]=[J_+,I_-]=2J_3\end{aligned}\right\}\tag{11.1.14}$$

此外还有

$$\left.\begin{aligned}&[I^2,J_\pm]=\pm 2(I_3J_\pm-J_3I_\pm)\\&[I^2,J_3]=I_+J_--J_+I_-\end{aligned}\right\}\tag{11.1.15}$$

式(11.1.9)给出：

$$\left.\begin{aligned}&[J_3,J_\pm]=\mp\frac{1}{4}\left(2\boldsymbol{I}^2+\frac{k^2}{2E}\right)I_\pm\\&[J_+,J_-]=-\frac{1}{2}\left(2\boldsymbol{I}^2+\frac{k^2}{2E}\right)I_3\end{aligned}\right\}\tag{11.1.16}$$

用式(11.1.16)和式(11.1.15)可以得出高阶对易关系：

$$\begin{aligned}[J_\pm,[J_3,J_\pm]]&=\mp\frac{1}{4}\left[J_\pm,\left(2\boldsymbol{I}^2+\frac{k^2}{2E}\right)I_\pm\right]\\&=\mp\frac{1}{2}[J_\pm,\boldsymbol{I}^2]I_\pm\\&=(I_3J_\pm-J_3I_\pm)I_\pm\end{aligned}$$

利用式(11.1.14)可以得到它的其他分量形式：

$$\begin{aligned}[J_\pm,[J_3,J_\pm]]&=(I_3J_\pm-J_3I_\pm)I_\pm\\&=(J_\pm I_3-I_\pm J_3)I_\pm\\&=I_\pm(I_3J_\pm-J_3I_\pm)\\&=I_\pm(J_\pm I_3-I_\pm J_3)\end{aligned}\tag{11.1.17}$$

类似地可以得到

$$\begin{aligned}[J_3,[J_+,J_-]]&=I_3(I_+J_--J_+I_-)\\&=I_3(J_-I_+-I_-J_+)\\&=(I_+J_--J_+I_-)I_3\\&=(J_-I_+-I_-J_+)I_3\end{aligned}\tag{11.1.18}$$

进一步可以计算$[J_\pm,[J_+,J_-]]$和$[J_3,[J_3,J_\pm]]$。为此，引入

$$K=[J_3,J_\pm]$$

则雅可比恒等式(Jacobi identity)为

$$[I_\mp,[J_\pm,K]]+[J_\pm,[K,I_\mp]]+[K,[I_\mp,J_\pm]]=0\tag{11.1.19}$$

上式第三项用式(11.1.14)可改写为

$$\begin{aligned}[K,\mp 2J_3]&=\mp 2[[J_3,J_\pm],J_3]\\&=\mp 2[J_3,[J_\pm,J_3]]\end{aligned}$$

而第二项中

$$\begin{aligned}[K,I_\mp]&=[J_3J_\pm,I_\mp]-[J_\pm J_3,I_\mp]\\&=[J_\pm,I_\mp]J_\pm-J_\pm[J_3,J_\pm]=\pm[J_\pm,J_\pm]\end{aligned}$$

故式(11.1.19)的第二项为

$$\pm[J_\pm,[J_\pm,J_\mp]]=[J_\pm,[J_+,J_-]]$$

而式(11.1.19)的第一项用式(11.1.15)可写作

$$\begin{aligned}&[I_\mp,I_\pm(J_\pm I_3-I_\pm J_3)]\\&=[I_\mp,I_\pm](J_\pm I_3-I_\pm J_3)+I_\pm[I_\mp,(J_\pm I_3-I_\pm J_3)]\\&=-2I_3(J_\pm I_3-I_\pm J_3)+I_\pm(J_\pm I_\mp-I_\pm J_\mp)\end{aligned}$$

将结果代回恒等式(11.1.19),得

$$\begin{aligned}&[J_\pm,[J_+,J_-]]\pm 2[J_3,[J_3,J_\pm]]\\&=2I_3(J_\pm I_3-I_\pm J_3)+I_\pm(I_\pm J_\mp-J_\pm I_\mp)\end{aligned}\tag{11.1.20}$$

因此,考虑式(11.1.14)与雅可比恒等式可知,式(11.1.17)、式(11.1.18)与式(11.1.20)中只有一个是独立的。

以上的推证表明,角动量算符 $\boldsymbol{I}$ 与张量算符 $\boldsymbol{J}=\frac{1}{2\mathrm{i}}\boldsymbol{I}\times\boldsymbol{B}$ 作为一个集合,满足式(11.1.13)、式(11.1.14)、式(11.1.17)、式(11.1.18)及其推论(式(11.1.20))。$\boldsymbol{I}$ 所满足的式(11.1.13)是李代数关系。$\boldsymbol{I}$ 和 $\boldsymbol{J}$ 分量间的对易关系(式(11.1.14))反映了 $\boldsymbol{J}$ 的矢量性质,而 $\boldsymbol{J}$ 分量间的对易关系(式(11.1.17)~式(11.1.20))则比较复杂。这些代数关系有深刻的含义,将在以下逐步阐明。

上面讨论的算符集合 $\boldsymbol{I}$ 和 $\boldsymbol{J}$ 均源于李代数 $SL(2)$,且满足对易关系(式(11.1.13)、式(11.1.14)、式(11.1.17)~式(11.1.20))。由($\boldsymbol{I},\boldsymbol{J}$)(注意 $\boldsymbol{I}$ 不限于角动量 $\boldsymbol{L}$,$\boldsymbol{J}$,也不限于$\frac{1}{2\mathrm{i}}\boldsymbol{L}\times\boldsymbol{B}$)组成的集合称为"$Y(SL(2))$"。这一类代数结构称为"Yangian",是数学家 V. G. Drinfeld 于 1985 年命名的[3],以纪念杨振宁教授在研究多体可积模型(1967 年)中的杰出贡献。Yangian 的引入始于一维量子多体问题严格解的研究,此后成为数学物理学科的一个热门方向。在不少问题中,它是和抽象的概念联系在一起的。但从以上的例子说明,它已包含在氢原子问题之中。

11.2 Yangian 代数

将 11.1 节的代数关系进行推广:

(1) $$[I_\lambda,I_\mu]=C_{\lambda\mu\nu}I_\nu,\quad \lambda,\mu,\nu=1,2,3,\cdots\tag{11.2.1}$$

式中,$C_{\lambda\mu\nu}$ 为结构常数,当 $C_{\lambda\mu\nu}=\mathrm{i}\varepsilon_{\lambda\mu\nu}$,$\lambda,\mu,\nu=1,2,3$ 时,式(11.2.1)还原为式(11.1.13)。

(2) $$[I_\lambda,J_\mu]=C_{\lambda\mu\nu}J_\nu,\quad \lambda,\mu,\nu=1,2,3,\cdots\tag{11.2.2}$$

当 $C_{\lambda\mu\nu}=\mathrm{i}\varepsilon_{\lambda\mu\nu}$,$\lambda,\mu,\nu=1,2,3$ 时,式(11.2.2)还原为式(11.1.14)。

(3) $$[J_\lambda,[J_\mu,I_\nu]]-[I_\lambda,[J_\mu,J_\nu]]=a_{\lambda\mu\nu\alpha\beta\gamma}\{I_\alpha,I_\beta,I_\gamma\}\tag{11.2.3}$$

其中

$$a_{\lambda\mu\nu\alpha\beta\gamma}=\frac{1}{4!}C_{\lambda\alpha\sigma}C_{\mu\beta\tau}C_{\nu\gamma\rho}C_{\sigma\tau\rho}\tag{11.2.4}$$

$$\{x_1,x_2,x_3\}=\sum_{\substack{i,j,k=1,2,3\\ i\neq j\neq k}}x_ix_jx_k\tag{11.2.5}$$

式(11.2.5)是三个量的对称组合。

(4) $$\begin{aligned}&[[J_\lambda,J_\mu],[I_\sigma,J_\tau]]+[[J_\sigma,J_\tau],[I_\lambda,J_\mu]]\\&=(a_{\lambda\mu\nu\alpha\beta\gamma}C_{\sigma\tau\nu}+a_{\sigma\tau\nu\alpha\beta\gamma}C_{\lambda\mu\nu})\{I_\alpha,I_\beta,J_\gamma\}\end{aligned}\tag{11.2.6}$$

当 $C_{\lambda\mu\nu}=\mathrm{i}\varepsilon_{\lambda\mu\nu}(\lambda,\mu,\nu=1,2,3)$ 时，式(11.2.3)自然满足。证明如下：利用雅可比恒等式可将式(11.2.2)的等号左侧第二项改写，即

$$[J_\lambda,[J_\mu,I_\nu]]-[I_\lambda,[J_\mu,J_\nu]]=[J_\lambda,[J_\mu,I_\nu]]+[J_\mu,[J_\nu,I_\lambda]]+[J_\nu,[I_\lambda,J_\mu]]$$
$$=\mathrm{i}\varepsilon_{\mu\nu\sigma}[J_\lambda,J_\sigma]+\mathrm{i}\varepsilon_{\nu\lambda\sigma}[J_\mu,J_\sigma]+\mathrm{i}\varepsilon_{\lambda\mu\sigma}[J_\nu,J_\sigma] \quad (11.2.7)$$

当 λ,μ,ν 三个指标中有两个相等时(例 $\lambda=\mu$)，上式三项中有一项为0(例如第三项)，而其他两项抵消。当 λ,μ,ν 各不相同时，以第一项为例，它的求和指标 σ 必须等于 λ 才能使 $\varepsilon_{\mu\nu\sigma}$ 不为0，但此时对易子却等于0。其他两项也是一样。结论是：当 $\lambda,\mu,\nu=1,2,3$ 时，式(11.2.3)的等号左侧恒为0。考虑式(11.2.3)的等号右侧在 $C_{\lambda\mu\nu}=\mathrm{i}\varepsilon_{\lambda\mu\nu}(\lambda,\mu,\nu=1,2,3)$ 时的情况，先设固定指标 λ,μ,ν 各不相同。求和指标 α,β,γ 必须彼此不同且分别等于 λ,μ,ν 的其中之一，否则 $a_{\lambda\mu\nu\alpha\beta\gamma}$(简称"$a$")为0。$a$ 不为0的组合只有 $\alpha=\mu,\beta=\nu,\gamma=\lambda$ 或 $\alpha=\nu,\beta=\lambda,\gamma=\mu$。因此式(11.2.3)的等号右侧是

$$a_{\lambda\mu\nu\alpha\beta\gamma}\{I_\alpha,I_\beta,I_\gamma\}$$
$$=\frac{\mathrm{i}^3}{24}\varepsilon_{\lambda\mu\nu}\varepsilon_{\mu\nu\lambda}\varepsilon_{\nu\lambda\mu}\varepsilon_{\nu\lambda\mu}\{I_\mu,I_\nu,I_\lambda\}+\frac{\mathrm{i}^3}{24}\varepsilon_{\lambda\nu\mu}\varepsilon_{\mu\lambda\nu}\varepsilon_{\nu\mu\lambda}\varepsilon_{\mu\nu\lambda}\{I_\nu,I_\lambda,I_\mu\}$$

以 λ,μ,ν 为标准次序，则上式等号右侧第一项的系数为 $\mathrm{i}^3/24$，第二项的系数为 $-\mathrm{i}^3/24$。由于 $\{I_\mu,I_\nu,I_\lambda\}$ 是对称组合，故两项抵消为0。设 λ,μ,ν 中有一对指标相等，如 $\lambda=\mu\neq\nu$。令与 λ 和 ν 不等的第三个指标为 σ。$a_{\lambda\nu\alpha\beta\gamma}$ 式等号右侧的四个反对称张量中的第一个因子可以是 $\varepsilon_{\lambda\sigma\nu}$ 或是 $\varepsilon_{\lambda\nu\sigma}$，第四个因子的三个指标必须完全不同(否则它为0)，要求第一个与第二个因子的最后一个指标必须不同。因此相应第一个因子的两种选择，第二个因子是 $\varepsilon_{\lambda\nu\sigma}$ 与 $\varepsilon_{\lambda\sigma\nu}$(其第一个指标为 λ，因为设定 $\lambda=\mu$)。第四个因子相应地是 $\varepsilon_{\nu\sigma\lambda}$ 与 $\varepsilon_{\nu\sigma\lambda}$，而第三个因子对两种选择都是 $\varepsilon_{\nu\sigma\lambda}$。因此

$$a_{\lambda\lambda\nu\alpha\beta\gamma}\{I_\alpha,I_\beta,I_\gamma\}$$
$$=\frac{\mathrm{i}^3}{24}(\varepsilon_{\lambda\sigma\nu}\varepsilon_{\lambda\nu\sigma}\varepsilon_{\nu\sigma\lambda}\varepsilon_{\nu\sigma\lambda}\{I_\sigma,I_\nu,I_\sigma\}+\varepsilon_{\lambda\nu\sigma}\varepsilon_{\lambda\sigma\nu}\varepsilon_{\nu\sigma\lambda}\varepsilon_{\sigma\nu\lambda}\{I_\nu,I_\sigma,I_\sigma\})$$

在两项的全反对称张量中，有三对是相同的，第四对符号相反，而{}内是对称组合，彼此相等，故上式为0。如果 $\lambda=\mu=\nu$，则 σ,τ,ρ 彼此不同但任何一个又都不能等于 λ 的要求无法实现，因此至少有一个 ε 张量为0，即 $a_{\lambda\lambda\lambda\alpha\beta\gamma}\{I_\alpha,I_\beta,I_\gamma\}=0$。若将以上证明应用于 $SL(2)$，则式(11.2.3)是 $0=0$。

考虑 $SL(2)$ 情况下的式(11.2.6)，其等号左侧的四个固定指标两两成对：(λ,μ) 与 (σ,τ)。如有一对指标相等，例如 $\lambda=\mu$，则等号左侧为0。式(11.2.6)等号右侧的第一项 $a_{\lambda\lambda\nu\alpha\beta\gamma}C_{\sigma\tau\nu}\{I_\alpha,I_\beta,I_\gamma\}=0$，原因和以上分析式(11.2.3)$\lambda=\mu$ 的情况相同；而等号右侧的第二项 $\varepsilon_{\lambda\lambda\nu}=0$，原因自明。在 $\sigma=\tau$ 时情况类似。此时式(11.2.6)又是 $0=0$。

如果前一对中的一个指标和后一对中的一个指标相等，例如 $\lambda=\tau$，则另两个指标可以相等($\sigma=\mu$)，也可以不相等($\sigma\neq\mu$)。当 $\lambda=\tau$ 时，式(11.2.6)的等号左侧为

$$[[J_\lambda,J_\mu],[I_\sigma,J_\lambda]]+[[J_\sigma,J_\lambda],[I_\lambda,J_\mu]]$$

用 $\boldsymbol{I}$ 与 $\boldsymbol{J}$ 分量的对易关系，上式变为

$$\mathrm{i}\varepsilon_{\sigma\lambda\rho}[J_p,[J_\mu,J_\lambda]]+\mathrm{i}\varepsilon_{\lambda\mu\rho}[J_\rho,[J_\lambda,J_\sigma]] \quad (11.2.8)$$

以上 λ,μ,σ 是固定指标，ρ 是求和指标。第一项不为0的条件是 $\sigma\neq\lambda\neq\rho,\mu\neq\lambda$。因此求和指标 ρ 必须为 μ。第二项不为0的条件是 $\lambda\neq\mu\neq\rho,\lambda\neq\sigma$，因此 ρ 必须为 σ。以上两项之和

的不为 0 部分是(在 $\sigma\neq\mu$ 条件下)

$$\begin{aligned}&\mathrm{i}\varepsilon_{\sigma\lambda\mu}[J_\mu,[J_\mu,J_\lambda]]+\mathrm{i}\varepsilon_{\lambda\mu\sigma}[J_\sigma,[J_\lambda,J_\sigma]]\\&=\mathrm{i}\varepsilon_{\lambda\mu\sigma}([J_\mu,[J_\mu,J_\lambda]]+[J_\sigma,[J_\lambda,J_\sigma]]),\quad \sigma\neq\mu\end{aligned}$$

要注意的一点是,上式没有求和指标,重复的指标没有求和的意义。当 $\mu=\sigma$ 时,式(11.2.8)变为

$$2\mathrm{i}\varepsilon_{\lambda\mu\rho}[J_\rho,[J_\lambda,J_\mu]],\quad \sigma=\mu$$

总结以上内容,式(11.2.6)在 $\lambda=\tau$ 时,其等号左侧等于

$$\left.\begin{array}{ll}\mathrm{i}\varepsilon_{\lambda\mu\sigma}([J_\mu,[J_\mu,J_\lambda]]+[J_\sigma,[J_\lambda,J_\sigma]]), & \sigma\neq\mu\\ 2\mathrm{i}\varepsilon_{\lambda\mu\rho}[J_\rho,[J_\lambda,J_\mu]], & \text{对 }\rho\text{ 求和},\sigma=\mu\end{array}\right\}$$

相应地,在 $\lambda=\tau$ 时,式(11.2.6)等号右侧等于

$$\mathrm{i}(a_{\lambda\mu\nu\alpha\beta\gamma}\varepsilon_{\sigma\lambda\nu}+a_{\sigma\lambda\nu\alpha\beta\gamma}\varepsilon_{\lambda\mu\nu})\{I_\alpha,I_\beta,J_\gamma\}$$

注意到 λ,μ,σ 是固定指标;ν,α,β,γ 是求和指标。将 a 的定义式(11.2.4)代入,进行求和,并用式(11.1.6),得

$$\left.\begin{array}{ll}\dfrac{\mathrm{i}}{24}\varepsilon_{\lambda\mu\sigma}(\{I_\sigma,I_\lambda,J_\sigma\}-\{I_\mu,I_\lambda,J_\mu\}+\{I_\mu,I_\mu,J_\lambda\}-\{I_\sigma,I_\sigma,J_\lambda\}), & \sigma\neq\mu\\ \dfrac{\mathrm{i}}{24}2\varepsilon_{\lambda\mu\rho}(\{I_\rho,I_\lambda,J_\mu\}-\{I_\mu,I_\rho,J_\lambda\}), & \sigma=\mu\end{array}\right\}$$

考虑到 $\{I_\alpha,I_\beta,J_\gamma\}$ 是对称组合,则式(11.2.6)给出:

$$[J_\nu,[J_\lambda,J_\mu]]=\frac{1}{4}(J_\mu I_\lambda-I_\mu J_\lambda)I_\nu \tag{11.2.9}$$

$$\begin{aligned}&[J_\mu,[J_\lambda,J_\mu]]-[J_\nu,[J_\lambda,J_\nu]]\\&=\frac{1}{4}(I_\nu I_\lambda J_\nu-I_\mu I_\lambda J_\mu+I_\mu I_\lambda J_\mu-I_\nu I_\lambda J_\nu)\end{aligned} \tag{11.2.10}$$

上式中的 λ,μ,ν 均为固定指标 1,2,3。

在式(11.2.6)的两对指标 (λ,μ) 与 (σ,τ) 中,如果令 $\lambda=\sigma$,或 $\mu=\sigma$,或 $\mu=\tau$,导致的结果与上面讨论的 $\lambda=\tau$ 的情况相同。如用(+,−,3)分量表示,则式(11.2.6)和式(11.2.10)可以写作 5 个关系式:

$$[J_3,[J_+,J_-]]=\frac{1}{4}(J_-I_+-I_-J_+)I_3 \tag{11.2.11}$$

$$[J_+,[J_3,J_+]]=\frac{1}{4}I_+(J_+I_3-I_+J_3) \tag{11.2.12}$$

$$[J_-,[J_3,J_-]]=\frac{1}{4}I_-(J_-I_3-I_-J_3) \tag{11.2.13}$$

$$\begin{aligned}&2[J_3,[J_3,J_+]]+[J_+,[J_+,J_-]]\\&=\frac{1}{4}(2I_3(J_+I_3-I_+J_3)+I_+(J_+I_--I_+J_-))\end{aligned} \tag{11.2.14}$$

$$\begin{aligned}&2[J_3,[J_3,J_+]]+[J_-,[J_-,J_+]]\\&=\frac{1}{4}(2I_3(J_-I_3-I_-J_3)+I_-(J_-I_+-I_-J_+))\end{aligned} \tag{11.2.15}$$

将 $J_\alpha\to\frac{1}{2}J_\alpha$ 重新标度并考虑到 $J_3(J_-I_+-I_-J_+)=(I_+J_--J_+I_-)J_3$ 等关系,则

式(11.2.11)～式(11.2.15)正是式(11.1.17)～式(11.1.20)。由式(11.2.2)与雅可比恒等式,可证式(11.2.11)～式(11.2.15)中只有一个是独立的。

以上的讨论表明,式(11.2.1)、式(11.2.2)、式(11.2.3)与式(11.2.6)是德里费尔德给出的一般的 Yangian 对易关系,它适用于任何简单李代数,而在 $SL(2)$ 情况($C_{\lambda\mu\nu}=\mathrm{i}\varepsilon_{\lambda\mu\nu}(\lambda,\mu,\nu=1,2,3)$)下,就简化为氢原子中的角动量算符 $\boldsymbol{L}$ 和 $\boldsymbol{J}=\frac{1}{2\mathrm{i}}\boldsymbol{L}\times\boldsymbol{B}$ 所满足的代数关系,即氢原子的 $\boldsymbol{L}$ 和 $\boldsymbol{J}$ 算符是 $Y(SL(2))$ 的一个简单实现。

11.3　$Y(SL(2))$在量子力学中的其他实现

本节内容源于文献[4]。

从 Yangian 的基本关系(式(11.1.13)、式(11.1.14)、式(11.1.18)或式(11.1.17))出发,容易得到:如果 I_α 与 $J_\alpha(\alpha=+,-,3)$ 满足 $Y(SL(2))$ 的对易关系,则 I_α 与 $-J_\alpha$ 必满足 Yangian。同时,I_α 和 $\mu I_\alpha+J_\alpha$ 也满足 Yangian。由于式(11.1.14)、式(11.1.17)和式(11.1.18)中只含奇数个 J_α,I_α 与 $-J_\alpha$ 满足 Yangian 是显然的。在式(11.1.14)中将 $J_\pm$ 作平移,$J_\pm\to J_\pm+\mu I_\pm$,μ 为任意参数或 Yangian 的卡西米尔算符,得到

$$\begin{aligned}[I_3,J_\pm+\mu I_\pm]&=[I_3,J_\pm]+\mu[I_3,I_\pm]\\&=\pm J_\pm\pm\mu I_\pm=\pm(J_\pm+\mu I_\pm)\end{aligned}$$

式(11.1.14)在 $J_\pm$ 平移后仍然保持。考察式(11.1.18),$[J_+,J_-]$在平移以后为

$$[J_++\mu I_+,J_-+\mu I_-]=[J_+,J_-]+2\mu^2 I_3+4\mu J_3$$

再计算$[J_3+\mu I_3,[J_++\mu I_+,J_-+\mu I_-]]$,给出 $\mu[I_3,[J_+,J_-]]+[J_3,[J_+,J_-]]$。因此对易子$[J_3,[J_+,J_-]]$在平移后的增量为 $\mu[I_3,[J_+,J_-]]$,用雅可比恒等式,它变为

$$-\mu[J_+,[J_-,I_3]]-\mu[J_-,[I_3,J_+]]=-\mu([J_+,J_-])+([J_-,J_+])=0$$

式(11.1.18)的等号右侧在平移时的增量为

$$\mu(I_+I_--I_+I_-)I_3=0$$

类似地可以证明式(11.1.17)在 J_α 作平移时不变。下面讨论 $Y(SL(2))$几个已经实现的例子。

1. 二角动量系统

有任意两个角动量算符 $\boldsymbol{j}_1$ 和 $\boldsymbol{j}_2$,且其总角动量为 $\boldsymbol{I}$:

$$\boldsymbol{I}=\boldsymbol{j}_1+\boldsymbol{j}_2 \tag{11.3.1}$$

并定义

$$\boldsymbol{J}=-\mathrm{i}\boldsymbol{j}_1\times\boldsymbol{j}_2 \tag{11.3.2}$$

其中 $\boldsymbol{j}_1,\boldsymbol{j}_2$ 满足对易关系

$$[j_i^\alpha,j_j^\beta]=\mathrm{i}\varepsilon_{\alpha\beta\gamma}j_i^\gamma\delta_{ij},\quad i,j=1,2 \tag{11.3.3}$$

由于任意 $\boldsymbol{j}_1$ 分量与任意 $\boldsymbol{j}_2$ 分量对易,总角动量分量满足 $SL(2)$对易关系(式(11.1.13))。下面验证式(11.1.14):

$$\begin{aligned}\mathrm{i}[I_\alpha,J_\beta]&=[j_1^\alpha+j_2^\alpha,\varepsilon_{\beta\sigma\tau}j_1^\sigma j_2^\tau]\\&=\varepsilon_{\beta\sigma\tau}([j_1^\alpha,j_1^\sigma]j_2^\tau+j_1^\sigma[j_2^\alpha,j_2^\tau])\\&=\mathrm{i}\varepsilon_{\beta\sigma\tau}(\varepsilon_{\alpha\sigma\rho}j_1^\rho j_2^\tau+\varepsilon_{\alpha\tau\rho}j_1^\sigma j_2^\rho)\\&=\mathrm{i}(j_1^\alpha j_2^\beta-j_1^\beta j_2^\alpha)\end{aligned}$$

即有

$$[I_\alpha, I_\beta] = \mathrm{i}\varepsilon_{\alpha\beta\gamma} J_\gamma \tag{11.3.4}$$

式(11.1.17)和式(11.1.18)验证如下:

$$\begin{aligned}[J_\alpha, J_\beta] &= -\varepsilon_{\alpha\rho\sigma}\varepsilon_{\beta\mu\nu}[j_1^\rho j_2^\sigma, j_1^\mu j_2^\nu] \\ &= -\varepsilon_{\alpha\rho\sigma}\varepsilon_{\beta\mu\nu}([j_1^\rho, j_1^\mu] j_2^\sigma j_2^\nu + j_1^\rho j_1^\mu [j_2^\sigma, j_2^\nu]) \\ &= -\mathrm{i}\varepsilon_{\alpha\rho\sigma}\varepsilon_{\beta\mu\nu}(\varepsilon_{\rho\mu\tau} j_1^\tau j_2^\sigma j_2^\nu + \varepsilon_{\sigma\nu\tau} j_1^\rho j_1^\mu j_2^\tau) \\ &= \mathrm{i}\varepsilon_{\alpha\rho\sigma}(j_1^\beta j_2^\sigma j_2^\rho - \delta_{\beta\rho} j_2^\sigma (\boldsymbol{j}_1 \cdot \boldsymbol{j}_2) + \delta_{\sigma\beta} j_1^\rho (\boldsymbol{j}_1 \cdot \boldsymbol{j}_2) - j_1^\rho j_1^\sigma j_2^\beta)\end{aligned}$$

在以上的步骤中使用了对易子的展开:

$$[AB, CD] = [A, C]BD + B[A, D]C + A[B, C]D + AC[B, D]$$

以及 $\boldsymbol{j}_1$ 和 $\boldsymbol{j}_2$ 的对易关系,进一步简化要用到

$$\begin{aligned}\varepsilon_{\alpha\rho\sigma} j^\rho j^\sigma &= \frac{1}{2}\varepsilon_{\alpha\rho\sigma}[j^\rho, j^\sigma] = \frac{\mathrm{i}}{2}\varepsilon_{\alpha\rho\sigma}\varepsilon_{\rho\sigma\tau} j^\tau \\ &= \mathrm{i} j^\alpha\end{aligned}$$

将式(11.2.16)定义的 $(I_1)^2 + (I_2)^2 + (I_3)^2$ 记为 $\boldsymbol{I}^2$,则得

$$[J_\alpha, J_\beta] = -\mathrm{i}\varepsilon_{\alpha\beta\sigma}(\boldsymbol{j}_1 \cdot \boldsymbol{j}_2)\boldsymbol{I}^2 + \mathrm{i}(j_1^\alpha j_2^\beta - j_2^\alpha j_1^\beta) \tag{11.3.5}$$

定义式(11.2.17)导致 $\mathrm{i}\varepsilon_{\alpha\beta\gamma} J^\gamma = \mathrm{i}(j_1^\alpha j_2^\beta - j_2^\alpha j_1^\beta)$,此外还有 $\boldsymbol{j}_1 \cdot \boldsymbol{j}_2 = \frac{1}{2}[\boldsymbol{I}^2 - j_1(j_1+1) - j_2(j_2+1)] \equiv \frac{1}{2}(\boldsymbol{I}^2 - \zeta)$,最后得到

$$[J_\alpha, J_\beta] = -\varepsilon_{\alpha\beta\sigma} J_\sigma - \frac{\mathrm{i}}{2}\varepsilon_{\alpha\beta\sigma}(\boldsymbol{I}^2 - \zeta) I_\sigma \tag{11.3.6}$$

用(+,-,3)分量表示,有

$$\left.\begin{aligned}[J_3, J_\pm] &= \pm\left\{J_\pm - \frac{\mathrm{i}}{2}(\boldsymbol{I}^2 - \zeta) I_\pm\right\} \\ [J_+, J_-] &= 2J_3 - (\boldsymbol{I}^2 - \zeta) I_3\end{aligned}\right\} \tag{11.3.7}$$

用式(11.1.15)最后得出

$$\left.\begin{aligned}[J_3, [J_+, J_-]] &= [J_3, \boldsymbol{I}^2] I_3 = (J_+ I_- - I_+ J_-) I_3 \\ [J_\pm, [J_3, J_\pm]] &= \mp\frac{\mathrm{i}}{2}[J_\pm, \boldsymbol{I}^2 I_\pm] = (I_3 J_\pm - J_3 I_\pm) I_\pm\end{aligned}\right\} \tag{11.3.8}$$

与式(11.1.17)和式(11.1.18)相同。

考虑两个自旋 1/2 组成的系统,$\boldsymbol{I} = \boldsymbol{S}_1 + \boldsymbol{S}_2$。$\boldsymbol{J}$ 的分量是

$$\left.\begin{aligned}J_3 &= \frac{1}{2}(S_1^+ S_2^- - S_1^- S_2^+) \\ J_\pm &= \pm(S_1^3 S_2^\pm - S_1^\pm S_2^3)\end{aligned}\right\} \tag{11.3.9}$$

如果在定义 $\boldsymbol{I}$ 与 $\boldsymbol{J}$(+,-)的分量时采用另一种归一的方式:

$$J_\pm = \frac{1}{\sqrt{2}}(J_1 \pm \mathrm{i}J_2)$$

它的分量以 S_1 和 S_2 表示就是(另记为 Q_3 和 $Q_\pm$)

$$\left.\begin{aligned}Q_3 &= S_1^+ S_2^- - S_1^- S_2^+ \\ Q_\pm &= \pm\frac{1}{\sqrt{2}}(S_1^3 S_2^\pm - S_1^\pm S_2^3)\end{aligned}\right\} \tag{11.3.10}$$

在系统的总自旋状态的关系中，算符 $\boldsymbol{Q}$ 具有直接的物理意义。以 $|\uparrow\downarrow\rangle$ 表示自旋 1 与 2 的 z 分量（量子化轴方向分量），分别为 $+1/2$ 与 $-1/2$，其余类推。系统的总自旋可以为 1（分量 1,0,−1），即三重态；也可以为 0（分量 0），即单态；三重态的波函数是

$$\left.\begin{aligned}&\boldsymbol{\Psi}_{1,1}=|\uparrow\uparrow\rangle\\&\boldsymbol{\Psi}_{1,0}=\frac{1}{\sqrt{2}}(|\uparrow\downarrow\rangle+|\downarrow\uparrow\rangle)\\&\boldsymbol{\Psi}_{1,-1}=|\downarrow\downarrow\rangle\end{aligned}\right\}\tag{11.3.11}$$

$\boldsymbol{\Psi}$ 的两个下标分别表示总自旋及其 z 分量。单态波函数是

$$\boldsymbol{\Psi}_{0,0}=\frac{1}{\sqrt{2}}(|\uparrow\downarrow\rangle-|\downarrow\uparrow\rangle)\tag{11.3.12}$$

S^+ 和 S^- 分别是自旋 z 分量的升、降算符：

$$\left.\begin{aligned}&S^+|\downarrow\rangle=|\uparrow\rangle,\quad S^+|\uparrow\rangle=0\\&S^-|\uparrow\rangle=|\downarrow\rangle,\quad S^-|\downarrow\rangle=0\end{aligned}\right\}\tag{11.3.13}$$

在三重态的三个状态之间，$I^+=S_1^++S_2^+$ 与 $I^-=S_1^-+S_2^-$ 正是自旋 z 分量的升与降算符，在三重态与单态之间进行变换的"跃迁算符"正是 $Q^\pm$ 与 Q^3，考虑将 Q^+ 作用于 $\boldsymbol{\Psi}_{1,-1}$：

$$\begin{aligned}Q^+\boldsymbol{\Psi}_{1,-1}&=\frac{1}{\sqrt{2}}(S_1^3S_2^+-S_1^+S_2^3)\,|\downarrow\downarrow\rangle=\frac{1}{\sqrt{2}}(-|\downarrow\uparrow\rangle+|\downarrow\uparrow\rangle)\\&=\boldsymbol{\Psi}_{0,0}\end{aligned}$$

$I^\pm$ 与 $Q^\pm$ 和 Q^3 对自旋态的变换示于图 11.1。更复杂的自旋系统也可以引入多个 $\boldsymbol{J}$ 算符：

$$\hat{\boldsymbol{J}}_{ik}=-\mathrm{i}\boldsymbol{S}_i\times\boldsymbol{S}_k$$

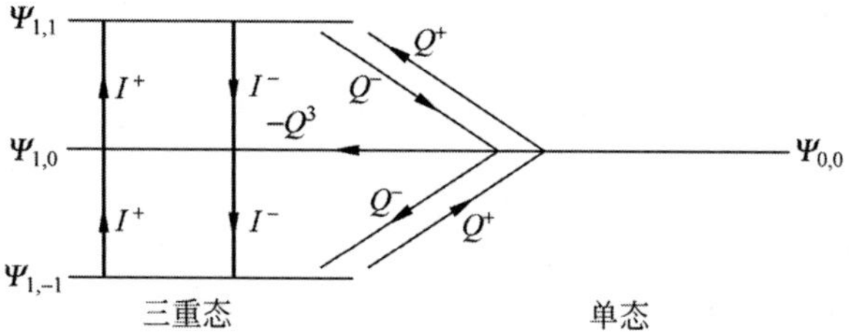

图 11.1 体系总自旋态间的升、降算符

以实现不同权的多重态间的跃迁。自旋角动量与轨道角动量的耦合也可以用相同的方法处理：

$$\left.\begin{aligned}&\boldsymbol{j}_1=\boldsymbol{L},\quad \boldsymbol{j}_2=\frac{1}{2}\boldsymbol{\sigma}\\&\boldsymbol{I}=\boldsymbol{L}+\frac{1}{2}\boldsymbol{\sigma}\\&\boldsymbol{J}=-\mathrm{i}\boldsymbol{L}+\frac{1}{2}\boldsymbol{\sigma}\end{aligned}\right\}\tag{11.3.14}$$

2. 转动（角动量）与平移（动量）结合的 $\boldsymbol{J}$ 算符

将 $(L_1)^2+(L_2)^2+(L_3)^2$ 仍简写为 $\boldsymbol{L}^2$，则

$$\left.\begin{aligned}&\boldsymbol{I}=\boldsymbol{L}\\&\boldsymbol{J}=\boldsymbol{L}^2\boldsymbol{p}\end{aligned}\right\}\tag{11.3.15}$$

也是 $Y(SL(2))$的生成元。由于坐标 $\boldsymbol{r}$ 与 $\boldsymbol{L}$ 的对易关系

$$[L_\alpha, r_\beta] = \mathrm{i}\varepsilon_{\alpha\beta\gamma} r_\gamma \tag{11.3.16}$$

与 $\boldsymbol{p}$ 和 $\boldsymbol{L}$ 的对易关系

$$[L_\alpha, p_\beta] = \mathrm{i}\varepsilon_{\alpha\beta\gamma} p_\gamma \tag{11.3.17}$$

相同,所以 $\boldsymbol{I}=\boldsymbol{L}, \boldsymbol{J}=\boldsymbol{L}^2\boldsymbol{r}$ 也满足 Yangian 对易关系。以下给出式(11.3.15)满足 Yangian 对易关系的证明。

$\boldsymbol{I}$ 与 $\boldsymbol{J}$ 间的对易关系很简单:

$$[I_\alpha, J_\beta] = [L_\alpha, \boldsymbol{L}^2 p_\beta] = \mathrm{i}\boldsymbol{L}^2 \varepsilon_{\alpha\beta\gamma} p_\gamma = \mathrm{i}\varepsilon_{\alpha\beta\gamma} J_\gamma$$

在计算$[J_\alpha, J_\beta]$中将会遇到$[\boldsymbol{L}^2, p_\beta]$,它是

$$\begin{aligned}[\boldsymbol{L}^2, p_\beta] &= L_\alpha [L_\alpha, p_\beta] + [L_\alpha, p_\beta] L_\alpha \\ &= \mathrm{i}\varepsilon_{\alpha\beta\sigma}(L_\alpha p_\sigma + p_\sigma L_\alpha) \\ &= -2\mathrm{i}\varepsilon_{\beta\alpha\sigma} L_\alpha p_\sigma - 2p_\beta\end{aligned} \tag{11.3.18}$$

$\boldsymbol{J}$ 分量间的对易关系计算如下:

$$\begin{aligned}[J_\alpha, J_\beta] &= [\boldsymbol{L}^2 p_\alpha, \boldsymbol{L}^2 p_\beta] = \boldsymbol{L}^2[\boldsymbol{L}^2, \rho_\beta] p_\alpha + \boldsymbol{L}^2 [p_\alpha, \boldsymbol{L}^2] p_\beta \\ &= 2\mathrm{i}\boldsymbol{L}^2(\varepsilon_{\alpha\mu\nu} L_\mu p_\nu p_\beta - 2\mathrm{i} p_\alpha p_\beta - \alpha \leftrightarrow \beta)\end{aligned}$$

注意到 $\alpha\leftrightarrow\beta$ 意为对指标 α 和 β 进行反对称化,$p_\alpha p_\beta$ 对指标反对称化时为 0,因 p_α 与 p_β 对易,有

$$[J_\alpha, J_\beta] = 2\mathrm{i}\boldsymbol{L}^2(\varepsilon_{\alpha\mu\nu} L_\mu p_\nu p_\beta - \alpha \leftrightarrow \beta)$$

式中,α 与 β 为固定指标,μ 与 ν 为求和指标。我们只关心 $\alpha\neq\beta$ 的情况。在 $\varepsilon_{\alpha\mu\nu}$ 的指标各不相同时(否则为 0),或有 $\mu=\beta$,或有 $\nu=\beta$,因此

$$[J_\alpha, J_\beta] = 2\mathrm{i}\boldsymbol{L}^2(\varepsilon_{\alpha\beta\nu} L_\beta p_\nu p_\beta + \varepsilon_{\alpha\mu\beta} L_\mu p_\beta p_\beta - \alpha \leftrightarrow \beta)$$

将指标反对称化明确写出,并使用 ε 对指标的反对称性质,最后有

$$[J_\alpha, J_\beta] = 2\mathrm{i}\boldsymbol{L}^2 \varepsilon_{\alpha\beta\nu}[(\boldsymbol{L}\cdot\boldsymbol{p}) p_\nu - L_\nu \boldsymbol{p}^2] \tag{11.3.19}$$

继续计算时,以下关系是有用的:

$$\left.\begin{aligned}&[\boldsymbol{L}\cdot\boldsymbol{p}, L_\alpha] = 0, \quad [\boldsymbol{L}\cdot\boldsymbol{p}, p_\alpha] = 0 \\ &[\boldsymbol{p}^2, L_\alpha] = 0 \\ &[\boldsymbol{L}\cdot\boldsymbol{p}, J_\alpha] = [\boldsymbol{L}\cdot\boldsymbol{p}, \boldsymbol{L}^2 p_\alpha] = 0\end{aligned}\right\} \tag{11.3.20}$$

从式(11.3.19)可得

$$[J_+, J_-] = -2\mathrm{i}[J_1, J_2] = 4\boldsymbol{L}^2[(\boldsymbol{L}\cdot\boldsymbol{p}) p_3 - L_3 \boldsymbol{p}^2]$$

以下的计算是直接的:

$$\begin{aligned}[J_3, [J_+, J_-]] &= -4[\boldsymbol{L}^2 p_3, \boldsymbol{L}^2 \boldsymbol{p}^2 L_3] = -4\boldsymbol{L}^2[p_3, \boldsymbol{L}^2]\boldsymbol{p}^2 L_3 \\ &= -8\boldsymbol{L}^2 \boldsymbol{p}^2 L_3(\mathrm{i}(L_1 p_2 - L_2 p_1) + p_3)\end{aligned}$$

从另一方面,有

$$\begin{aligned}I_3(J_- I_+ - I_- J_+) &= I_3(I_+ J_- - I_- J_+ - 2J_3) \\ &= -2L_3 \boldsymbol{L}^2(\mathrm{i}(L_1 p_2 - L_2 p_1) + p_3)\end{aligned}$$

因此得

$$[J_3, [J_+, J_-]] = 4\boldsymbol{p}^2 I_3(J_- I_+ - I_- J_+) \tag{11.3.21}$$

类似地,可以得到

$$\begin{aligned}[J_\pm, [J_3, J_\pm]] &= 4\boldsymbol{p}^2 \boldsymbol{L}^2 L_\pm(-L_\pm p_3 + L_3 p_\pm \mp p_\pm) \\ &= 4\boldsymbol{p}^2 I_\pm(J_\pm I_3 - I_\pm J_3)\end{aligned} \tag{11.3.22}$$

由于 $\boldsymbol{p}^2$ 是代数的卡西米尔算符，$4\boldsymbol{p}^2$ 因子可以用重新定义 $\boldsymbol{J}$ 的方式消去，至此 $SL(2)$ Yangian 代数关系已全部验证完毕。

11.4 长程相互作用的一维链模型

N 个自旋算符($s=1/2$)位于 N 个一维链的格点上，不同格点上的自旋算符对易：

$$[S_i^\alpha, S_j^\beta]=0, \quad i\neq j \tag{11.4.1}$$

自旋 1/2 的条件给出：

$$(S_i^+)^2=(S_i^-)^2=0 \tag{11.4.2}$$

$\boldsymbol{I}$ 与 $\boldsymbol{J}$ 构造如下：

$$\left.\begin{aligned}
&I_\alpha=\sum_{i=1}^N S_i^\alpha, \quad \alpha=+,-,3\\
&J_\pm=\mp\sum_{i\neq j}^N w_{ij}S_i^\pm S_j^3=\pm\sum_{i\neq j}^N w_{ij}S_i^3S_j^\pm\\
&J_3=\frac{1}{2}\sum_{i\neq j}^N w_{ij}S_i^+S_j^-
\end{aligned}\right\} \tag{11.4.3}$$

此处 ω_{ij} 满足

$$\left.\begin{aligned}
&\omega_{ij}=-\omega_{ji}\\
&\Delta_{ijk}=w_{ij}w_{jk}+w_{jk}w_{ki}+w_{ki}w_{ij}=-1
\end{aligned}\right\} \tag{11.4.4}$$

$J_\pm$ 的写法是与不同格点自旋算符对易以及 w_{ij} 的反对称性质一致的，w_{ij} 体现了长程相互作用。满足式(11.4.4)最简单的解是

$$w_{ij}=\begin{cases}1, & i>j, \quad i,j=1,2,\cdots,N\\ 0, & i=j, \quad i,j=1,2,\cdots,N\\ -1, & i<j, \quad i,j=1,2,\cdots,N\end{cases} \tag{11.4.5}$$

为了验证这样定义的 $\boldsymbol{I}$ 与 $\boldsymbol{J}$ 满足 Yangian 条件，计算

$$\begin{aligned}
[J_3,J_+]&=\frac{1}{2}\sum_{i,j,k,l}w_{ij}w_{kl}[S_i^+S_j^-,S_k^+S_l^3]\\
&=-\frac{1}{2}\sum_{i,j,k,l}w_{ij}w_{kl}(S_i^+S_k^+S_j^-\delta_{lj}-2S_i^+S_j^3S_l^3\delta_{jk}-S_k^+S_i^+S_j^-\delta_{il})\\
&=\frac{1}{2}\sum_{i,j,k,l}w_{ij}(2w_{jk}S_i^+S_j^3S_k^3+(w_{jk}+w_{ki})S_i^+S_k^+S_j^-)
\end{aligned} \tag{11.4.6}$$

进一步用式(11.4.6)计算$[J_+,[J_3,J_+]]$：

$$\begin{aligned}
[J_+,[J_3,J_+]]&=\frac{1}{2}\sum_{i,j,k,l,m}w_{ij}w_{lm}[S_l^+S_m^3,2w_{jk}S_i^+S_j^3S_k^3+(w_{jk}+w_{ki})S_i^+S_k^+S_j^-]\\
&=-\frac{1}{2}\sum_{i,j,k,l,m}w_{ij}w_{lm}\{S_l^+[2w_{jk}S_i^+S_j^3S_k^3\delta_{mi}+(w_{jk}+w_{ki})\cdot\\
&\quad(\delta_{im}+\delta_{km}-\delta_{jm})S_i^+S_k^+S_j^-]+[-2w_{jk}(\delta_{jl}S_i^+S_j^+S_k^3+\delta_{kl}S_i^+S_j^3S_k^+)+\\
&\quad 2(w_{jk}+w_{ki})\delta_{jl}S_i^+S_k^+S_j^3]S_m^3\}\\
&=-\frac{1}{2}\sum_{i,j,k,l,m}w_{ij}\{2w_{jk}w_{li}S_i^+S_l^+S_j^3S_k^3+(w_{jk}+w_{ki})(w_{li}+w_{lk}-w_{lj})\cdot
\end{aligned}$$

$$S_i^+S_k^+S_l^+S_j^- - 2w_{jk}w_{jl}S_i^+S_j^+S_k^3S_l^3 - 2w_{jk}w_{kl}S_i^+S_j^3S_k^+S_l^3 +$$
$$2(w_{jk}+w_{ki})w_{jl}S_i^+S_k^+S_j^3S_l^3\}$$
$$= -\frac{1}{2}\sum_{i,j,k,l,m}\{(2w_{il}w_{lk}w_{ji} - 2w_{ij}w_{jk}w_{jl} - 2w_{ik}w_{kj}w_{jl} +$$
$$2w_{ik}(w_{kj}+w_{ji})w_{kl})S_i^+S_j^+S_k^3S_l^3 +$$
$$w_{ij}(w_{jk}+w_{ki})(w_{li}+w_{lk}-w_{lj})S_i^+S_k^+S_l^+S_j^-\}$$

注意在求和符号内作为 $S_k^3S_l^3$ 的系数，指标 l 和 k 可以互换：

$$w_{ik}w_{ji}w_{kl} \overset{k\leftrightarrow l}{=\!=\!=} w_{il}w_{ji}w_{lk}$$

得

$$[J_+,[J_3,J_+]] = -\frac{1}{2}\sum_{i,j,k,l}\{2(2w_{il}w_{ji}w_{lk} - w_{ij}w_{jk}w_{jl} - w_{ik}w_{jl}w_{kj} + w_{ik}w_{kj}w_{kl})S_i^+S_j^+S_k^3S_l^3 +$$
$$w_{ij}(w_{jk}+w_{ki})(w_{li}+w_{lk}-w_{lj})S_i^+S_k^+S_l^+S_j^-\} \tag{11.4.7}$$

在等号右侧第一项的系数中，注意到在求和符号内作为对称算符乘积 $S_i^+S_j^+S_k^3S_l^3$ 的系数，i,j 和 k,l 各自可以互换：

$$w_{ji}w_{kl}w_{li} \overset{k\leftrightarrow l}{=\!=\!=} w_{ji}w_{ik}w_{kl},$$
$$-w_{ij}w_{jk}w_{jl} \overset{i\leftrightarrow j}{=\!=\!=} w_{ji}w_{li}w_{ik}$$

于是在式(11.4.7)中有下式成立：

$$2w_{il}w_{ji}w_{lk} - w_{ij}w_{jk}w_{jl} = w_{ji}(w_{ik}w_{kl} + w_{kl}w_{li} + w_{li}w_{ik})$$
$$= w_{ji}\Delta_{ikl}$$

作为 $S_i^+S_j^+S_k^3S_l^3$ 的系数，i,j 和 k,l 各自可以互换，有

$$w_{ik}w_{lj}w_{kl} \overset{\substack{i\leftrightarrow j\\ k\leftrightarrow l}}{=\!=\!=} -w_{ik}w_{lj}w_{kl}$$

因此

$$\sum_{i,j,k,l} w_{ik}w_{lj}w_{kl}S_i^+S_j^+S_k^3S_l^3 = 0$$

这导致

$$w_{ik}w_{jl}w_{kj} - w_{ik}w_{kj}w_{kl} = w_{ik}(w_{jk}w_{kl} + w_{kl}w_{lj} + w_{lj}w_{jk}) - w_{ik}w_{lj}w_{kl}$$
$$= w_{ik}\Delta_{jkl} - w_{ik}w_{lj}w_{kl}$$

Δ 的定义是式(11.4.4)。

在式(11.4.7)等号右侧第二项的系数中

$$w_{ij}(w_{jk}+w_{ki})(w_{lj}+w_{lk}-w_{lj})$$
$$= w_{lk}(w_{ij}w_{jk} + w_{jk}w_{ki} + w_{ki}w_{ij}) - w_{lk}w_{jk}w_{ki} +$$
$$w_{ij}(w_{jk}+w_{ki})w_{li} - w_{lj}w_{ij}(w_{jk}+w_{ki})$$
$$= w_{lk}\Delta_{ijk} - w_{li}w_{ji}w_{jk} + w_{ij}w_{jk}w_{li} + w_{lj}w_{ij}w_{ki} -$$
$$w_{lj}w_{ij}w_{jk} - w_{lj}w_{ij}w_{ki}$$

作 i,l,k 循环置换，上式等于

$$w_{lk}\Delta_{ijk} + w_{jk}w_{li}w_{ij} + w_{jk}w_{ij}w_{jl} + w_{jk}w_{jl}w_{li}$$
$$= w_{lk}\Delta_{ijk} + w_{jk}\Delta_{ijl}$$

将以上计算的两项系数代入式(11.4.7),则有

$$[J_+,[J_3,J_+]]=-\frac{1}{2}\sum_{i,j,k,l}\{2(w_{ji}\Delta_{ikl}-w_{ik}\Delta_{jkl})S_i^+S_j^+S_k^3S_l^3+ (w_{lk}\Delta_{ijk}+w_{jk}\Delta_{ijl})S_i^+S_k^+S_l^+S_j^-\} \tag{11.4.8}$$

其中

$$\Delta_{ijk}\equiv w_{ij}w_{jk}+w_{jk}w_{ki}+w_{ki}w_{ij}$$

由式(11.2.12),现在计算

$$\begin{aligned} I_+(I_3J_+-J_3I_+) &= I_+(J_+I_3-I_+J_3) \\ &= -\sum_{i,j,k,l}\left\{w_{jk}S_i^+S_j^+S_k^3S_l^3+\frac{1}{2}w_{kl}S_i^+S_j^+S_k^+S_l^-\right\} \\ &= -\sum_{i,j,k,l}w_{jk}\left\{S_i^+S_j^+S_k^3S_l^3-\frac{1}{2}S_i^+S_k^+S_l^+S_j^-\right\} \end{aligned} \tag{11.4.9}$$

如果要求式(11.1.17)成立,即要求$[J_+,[J_3,J_+]]=I_+(I_3J_+-J_3I_+)$,则式(11.4.8)应等于式(11.4.9),即

$$\begin{aligned} &\frac{1}{2}\sum_{i,j,k,l}\{2(w_{ji}\Delta_{ikl}-w_{ik}\Delta_{jkl})S_i^+S_j^+S_k^3S_l^3+(w_{lk}\Delta_{ijk}+w_{jk}\Delta_{ijl})S_i^+S_k^+S_l^+S_j^-\} \\ &=\sum_{i,j,k,l}w_{jk}\left\{S_i^+S_j^+S_k^3S_l^3-\frac{1}{2}S_i^+S_k^+S_l^+S_j^-\right\} \end{aligned} \tag{11.4.10}$$

以下证明它是成立的。

当$i\neq j\neq k\neq l$时,取$\Delta_{ijk}=-1$,则有$\Delta_{ikl}=\Delta_{jkl}=-1$,必有

$$\sum_{\substack{i,j,k,l\\ i\neq j\neq k\neq l}}(w_{ik}-w_{ji}-w_{jk})S_i^+S_j^+S_k^3S_l^3=0$$

因为$w_{ji}=-w_{ij}$,而$S_i^+S_j^+$对i和j为对称,将上式括号中的第三项与括号外因子的对j求和换为对i求和,则$w_{jk}\to w_{ik}$。同理,

$$\sum_{\substack{i,j,k,l\\ i\neq j\neq k\neq l}}(w_{lk}-w_{jk}-w_{jk})S_i^+S_k^+S_l^+S_j^-=0$$

于是在$\Delta_{ijk}=-1$条件下,式(11.1.17)成立。

当$i\neq j\neq k$时,式(11.4.10)的等号左侧给出:

$$\begin{aligned} &\frac{1}{2}\sum_{\substack{i,j,l\\ i\neq j\neq l}}\{2(w_{ji}\Delta_{iil}S_i^+S_i^3S_j^+S_l^3+(w_{ji}\Delta_{ijl}-w_{ij}\Delta_{jjl})S_i^+S_j^+S_j^3S_l^3)+ \\ &w_{lj}\Delta_{ijj}S_i^+S_j^+S_j^-S_l^+\}+ \\ &\sum_{\substack{i,j,l\\ i\neq j\neq k}}\{2(w_{ji}\Delta_{iki}-w_{jk}\Delta_{ijk})S_i^+S_i^3S_j^+S_k^3+ \\ &2(w_{ji}\Delta_{ikj}-w_{ik}\Delta_{jkj})S_i^+S_j^+S_j^3S_k^3+ \\ &2(w_{ji}\Delta_{ikk}-w_{jk}\Delta_{jkk})S_i^+S_j^+(S_k^3)^2(w_{jk}\Delta_{ijk}-w_{jk}\Delta_{ijj})S_i^+S_k^+S_j^+S_j^-\}+ \\ =&\frac{1}{2}\sum_{\substack{i,j,l\\ i\neq j\neq k}}\{2(w_{ji}\Delta_{iik}+w_{ij}\Delta_{ijk}-w_{ji}\Delta_{iik}+w_{ji}\Delta_{iki}- \\ &\Delta_{jk}\Delta_{ijk}+w_{ij}\Delta_{ijk}-w_{jk}\Delta_{iik})S_i^+S_i^3S_j^+S_k^3+ \end{aligned}$$

$$2(w_{ji}\Delta_{ikk}-w_{ik}\Delta_{ikk})S_i^+S_j^+(S_k^3)^2+$$
$$(w_{kj}\Delta_{ijj}+w_{jk}\Delta_{ijk}+w_{jk}\Delta_{ijj})S_i^+S_k^+S_j^+S_j^-\}$$
$$=\frac{1}{2}\sum_{\substack{i,j,l\\i\neq j\neq k}}\{2(2w_{ij}\Delta_{ijk}-w_{jk}\Delta_{ijk}-w_{jk}(w_{ij}w_{jk}+w_{jk}w_{ki}+$$
$$w_{ki}w_{ij})-w_{ik}w_{ij}w_{jk})S_i^+S_i^3S_j^+S_k^3-$$
$$2w_{ik}(w_{ij}w_{jk}+w_{jk}w_{ki}+w_{ki}w_{ij})S_i^+S_j^+(S_k^3)^2+$$
$$w_{jk}\Delta_{ijk}S_i^+S_k^+S_j^+S_j^-\}$$
$$=\frac{1}{2}\sum_{\substack{i,j,l\\i\neq j\neq k}}\{2((2w_{ij}-w_{jk}-w_{ik})\Delta_{ijk}-w_{ij}w_{ik}w_{jk})S_i^+S_i^3S_j^+S_k^3-$$
$$w_{ij}\Delta_{ijk}S_i^+S_j^+(S_k^3)^2+w_{ij}\Delta_{ijk}S_i^+S_k^+S_j^+S_j^-\}$$
$$=\frac{1}{2}\sum_{\substack{i,j,l\\i\neq j\neq k}}\{(w_{jk}+w_{ik})\Delta_{ijk}S_i^+S_j^+S_k^3-$$
$$2w_{ik}\Delta_{ijk}S_i^+S_j^+(S_k^3)^2+w_{jk}\Delta_{ijk}S_i^+S_k^+S_j^+S_j^-\} \tag{11.4.11}$$

计算上式时已知,对自旋 1/2 有下述等式成立:

$$S_i^+S_i^3=-\frac{1}{2}S_i^+,$$
$$\sum_{\substack{i,j,l\\i\neq j\neq k}}w_{ij}w_{ik}w_{jk}S_i^+S_j^+S_k^3=0$$

现在考虑式(11.4.10)的等号右侧,即

$$\sum_{\substack{i,j,l\\i\neq j\neq k,l}}w_{jk}\left\{S_i^+S_j^+S_k^3S_l^3-\frac{1}{2}S_i^+S_k^+S_l^+S_j^-\right\}$$
$$=\sum_{\substack{i,j,l\\i\neq j\neq k}}\left\{w_{ji}S_i^+S_j^+S_i^3S_k^3+w_{jk}S_i^+S_i^3S_j^+S_k^3+w_{jk}S_i^+S_j^+S_j^3S_k^3+\right.$$
$$\left.w_{jk}S_i^+S_j^+(S_k^3)^2-\frac{1}{2}w_{jk}S_i^+S_k^+S_j^+S_j^-\right\}$$
$$=\sum_{\substack{i,j,l\\i\neq j\neq k}}\left\{(w_{ji}+w_{jk}+w_{ik})S_i^+S_i^3S_j^+S_k^3+\right.$$
$$\left.2w_{jk}S_i^+S_j^+(S_k^3)^2-\frac{1}{2}w_{jk}S_i^+S_k^+S_j^+S_j^-\right\}$$
$$=-\frac{1}{2}\sum_{\substack{i,j,l\\i\neq j\neq k}}\{(w_{jk}+w_{ik})S_i^+S_j^+S_k^3-2w_{ik}S_i^+S_j^+(S_k^3)^2+$$
$$w_{jk}S_i^+S_k^+S_j^+S_j^-\} \tag{11.4.12}$$

比较式(11.4.11)与式(11.4.12),亦即式(11.4.10)的等号两侧,在 $i\neq j\neq k$ 情况下,等号两侧相等的条件是

$$\Delta_{ijk}=1$$

于是我们在将各种可能的指标求和均考虑在内时证明了式(11.4.3)满足 $Y(SL(2))$ 的对易关系。

容易验证,满足式(11.4.4)的 w_{jk} 的参数被化解为

$$w_{jk}=\frac{z_j+z_k}{z_{jk}},\quad z_{jk}=z_j-z_k \tag{11.4.13}$$

将式(11.4.13)代入式(11.4.4)验证,有

$$\begin{aligned}\Delta_{ijk}&=\frac{1}{z_{ij}z_{jk}z_{ki}}\{(z_i+z_j)(z_j+z_k)z_{ki}+(z_i+z_k)(z_j+z_k)z_{ij}+\\&\quad(z_i+z_k)(z_i+z_j)z_{jk}\}\\&=\frac{1}{z_{ij}z_{jk}z_{ki}}(z_j^2z_{ki}+z_k^2z_{ij}+z_i^2z_{jk})=-1\end{aligned}$$

当选择

$$z_k=\exp\left(\mathrm{i}k\,\frac{2\pi}{N}\right) \tag{11.4.14}$$

时,则

$$w_{jk}=\mathrm{i}\cot(j-k)\,\frac{\pi}{N} \tag{11.4.15}$$

与之相应的 J_α 是

$$J_\alpha=-\mathrm{i}\sum_{\substack{j,k\\j\neq k}}^{N}\cot\frac{(j-k)\pi}{N}\varepsilon_{\alpha\beta\gamma}S_j^\beta S_k^\gamma \tag{11.4.16}$$

它对应一个长程相互作用模型。在 $\boldsymbol{J}$ 的构成中,不同的一对格点 j 和 k 的系数 $\cot\frac{(j-k)\pi}{N}$ 不同,它与两格点的间距有关。这个模型是一个长程相互作用模型[5-6]。

11.5　哈伯德模型

令 a_j 与 b_j 代表在 j 格点处消灭自旋 1/2 与 −1/2 粒子的费米算符,$a_j^\dagger$ 与 $b_j^\dagger$ 是相应的产生算符。它们满足反对易关系

$$\left.\begin{aligned}&\{a_j,a_k^\dagger\}=\delta_{jk}\\&\{b_j,b_k^\dagger\}=\delta_{jk}\\&\{a_j,b_k\}=\{a_j,b_k^\dagger\}=0\end{aligned}\right\} \tag{11.5.1}$$

格点上以及体系总的自旋算符都可以用这些算符表示:

$$\left.\begin{aligned}S^+&=\sum_{j=1}^{N}a_j^\dagger b_j\\S^-&=\sum_{j=1}^{N}b_j^\dagger a_j\\S^3&=\frac{1}{2}\sum_{j=1}^{N}(a_j^\dagger a_j-b_j^\dagger b_j)\end{aligned}\right\} \tag{11.5.2}$$

它们满足对易关系

$$[S^3,S^\pm]=\pm S^\pm,\quad [S^+,S^-]=2S^3 \tag{11.5.3}$$

这很容易从 a 和 b 算符的反对易关系式(11.5.1)以及 $\boldsymbol{S}$ 算符的构成(式(11.5.2))证明,仍

定义 S^α 为 I^α：

$$I^\alpha = S^\alpha \tag{11.5.4}$$

而 J^α 的构成为

$$\left.\begin{aligned} J_+ &= \sum_{i,j}\theta_{ij}a_i^\dagger b_j - U\sum_{\substack{i,j\\ i\neq j}}\varepsilon_{ij}I_i^+I_j^3 \\ J_- &= \sum_{i,j}\theta_{ij}b_i^\dagger a_j + U\sum_{\substack{i,j\\ i\neq j}}\varepsilon_{ij}I_i^-I_j^3 \\ J_3 &= \frac{1}{2}\sum_{i,j}\theta_{ij}(a_i^\dagger a_j - b_i^\dagger b_j) + U\sum_{i,j}\varepsilon_{ij}I_i^+I_j^- \end{aligned}\right\} \tag{11.5.5}$$

其中

$$\left.\begin{aligned} \theta_{ij} &= \delta_{i,j-1} - \delta_{i,j+1} \\ \varepsilon_{ij} &= \begin{cases} 1, & i > j \\ 0, & i = j \\ -1, & i < j \end{cases} \end{aligned}\right\} \tag{11.5.6}$$

式(11.5.5)等号右侧含 U 的项正是 $\sum_{i\neq j}\boldsymbol{S}_i\times\boldsymbol{S}_j$，而包含 θ_{ij} 的项称为“巡游项”(hopping term)：从一个格点移向相邻的一个格点。巡游项只能用算符 a 和 b 表示，不能由整体算符 $\boldsymbol{S}$ 表示。证明 $\boldsymbol{I}$ 与 $\boldsymbol{J}$ 满足 Yangian 的计算较为烦琐，以下仅给出证明的要点[7]。

$\boldsymbol{I}$ 与 $\boldsymbol{J}$ 分量间的对易关系可以用 a，b 间的对易关系式(11.5.1)和对易子展开：

$$\begin{aligned} [AB,C] &= A[B,C] + [A,C]B \\ &= A\{B,C\} - \{A,C\}B \end{aligned}$$

$\boldsymbol{J}$ 分量间的对易子 $[J_3,J_\pm]$ 经过直接计算，结果是

$$[J_3,J_\pm] = A_\pm + UB_\pm + U^2C_\pm \tag{11.5.7}$$

其中

$$A_+ = \sum_{i,k,l}\theta_{ij}\theta_{jk}a_i^\dagger b_k,$$

$$B_+ = -\frac{1}{2}\sum_{i,j,k}\theta_{ij}\Big\{(\varepsilon_{jk}+\varepsilon_{ik})a_i^\dagger b_j I_k^3 + \frac{1}{2}(3\varepsilon_{kj}-\varepsilon_{ki})I_k^+a_i^\dagger a_j + \frac{1}{2}(\varepsilon_{kj}-3\varepsilon_{ki})I_k^+b_i^\dagger b_j\Big\},$$

$$C_+ = \frac{1}{2}\sum_{i,j,k}\varepsilon_{ij}\{2\varepsilon_{jk}I_i^+I_j^3I_k^3 + (\varepsilon_{ki}-\varepsilon_{kj})I_i^+I_k^+I_j^-\},$$

$$A_- = -(A_+)^+,\quad B_- = -(B_+)^+,$$

$$C_- = -\frac{1}{2}\sum_{i,j,k}\varepsilon_{ij}\{2\varepsilon_{jk}I_i^-I_j^3I_k^3 + (\varepsilon_{ki}-\varepsilon_{kj})I_i^-I_k^-I_j^+\}$$

利用雅可比恒等式，有

$$[[J_3,J_-],I_+] + [[J_-,I_+],J_3] + [[I_+,J_3],J_-] = 0$$

上式等号左侧的第二项中 $[J_-,I_+] = -2J_3$，故它为 0，第三项中 $[I_+,J_3] = -J_+$，因此恒等式变为

$$[J_+,J_-] = [[J_3,J_-],I_+]$$

直接计算得

$$[J_+, J_-] = A_3 + UB_3 + U^2 C_3 \tag{11.5.8}$$

其中

$$A_3 = \sum_{i,j,k} \theta_{ij}\theta_{jk}(a_i^\dagger a_k - b_i^\dagger b_k),$$

$$B_3 = -\frac{1}{2}\sum_{i,j,k}\theta_{ij}\{(\varepsilon_{jk} + \varepsilon_{ik})(b_i^\dagger a_j I_k^+ - a_i^\dagger b_j I_k^-) + 2(\varepsilon_{ij} - \varepsilon_{jk})(a_i^\dagger a_j - b_i^\dagger b_j) I_k^3\},$$

$$C_3 = -\frac{1}{2}\sum_{i,j,k}\varepsilon_{ij}\{2\varepsilon_{jk} I_i^3 I_j^3 I_k^3 + (\varepsilon_{ki} - \varepsilon_{kj}) I_i^- I_j^+ I_k^3\}$$

在式(11.5.7)的基础上可算出

$$[J_+, [J_3, J_+]] = \mathscr{A} + U\mathscr{B} + U^2\mathscr{C} + U^3\mathscr{D} \tag{11.5.9}$$

其中

$$\mathscr{A} = 0,\quad \mathscr{B} = 0,$$

$$\mathscr{C} = -\frac{1}{2}\sum_{i,j,k,l}\Bigg\{(\bar{\Delta}_{ijk} + \bar{\Delta}_{ikl} + \varepsilon_{kl}\varepsilon_{li} + \varepsilon_{ij}\varepsilon_{jk} + \varepsilon_{ij}\varepsilon_{kl} - \varepsilon_{jk}\varepsilon_{il})\cdot I_i^+ a_j^\dagger b_l I_k^3 + I_i^+ I_k^+ \Bigg[\Bigg(\varepsilon_{il}(\varepsilon_{ik} + \varepsilon_{kl}) + \frac{1}{2}(\varepsilon_{jk} - 3\varepsilon_{lk})\cdot \left(\varepsilon_{ki} + \frac{1}{2}(\varepsilon_{il} - \varepsilon_{lj})\right)\Bigg) a_j^\dagger a_l + \Bigg(\varepsilon_{ij}(\varepsilon_{ki} - \varepsilon_{kj}) + \frac{1}{2}(3\varepsilon_{jk} - \varepsilon_{lk})\cdot \left(\varepsilon_{ki} - \frac{1}{2}(\varepsilon_{il} - \varepsilon_{ij})\right)\Bigg) b_j^\dagger b_l\Bigg]\Bigg\} - \frac{1}{4}\sum_{i,j,k}\theta_{jk}(\varepsilon_{ij}\varepsilon_{jk} + \varepsilon_{jk}\varepsilon_{ki}) I_i^+ a_j^\dagger b_k,$$

$$\mathscr{D} = \frac{1}{2}\sum_{i,j,k,l}\{2(\varepsilon_{jl} - \varepsilon_{kl})\bar{\Delta}_{ijk} I_i^+ I_j^+ I_k^3 I_l^3 + (\varepsilon_{jl} - \varepsilon_{jk})\bar{\Delta}_{ikl} I_i^+ I_j^+ I_k^+ I_l^+\}$$

此处

$$\bar{\Delta}_{ijk} = \varepsilon_{ij}\varepsilon_{jk} + \varepsilon_{jk}\varepsilon_{ki} + \varepsilon_{ki}\varepsilon_{ij}$$

应与式(11.5.9)相比的是

$$I_+(I_3 J_+ - J_3 I_+) = D_+ + UE_+ \tag{11.5.10}$$

计算结果是

$$D_+ = \sum_{i,j,k,l}\theta_{jl}\left\{I_i^+ a_j^\dagger b_l I_k^3 + \frac{1}{2} I_i^+ I_k^+ (b_j^\dagger b_l - a_j^\dagger a_l)\right\},$$

$$E_+ = -\sum_{i,j,k,l}\varepsilon_{jl}\left\{I_i^+ I_j^+ I_l^3 I_k^3 + \frac{1}{2} I_i^+ I_k^+ I_j^+ I_l^-\right\}$$

比较的结果发现

$$D_+ = \mathscr{C},\quad E_+ = \mathscr{D}$$

从而导致

$$[J_+, [J_3, J_+]] = U^2 I_+(I_3 J_- - J_3 I_+) \tag{11.5.11}$$

其他关系也可以类似地得出。

哈伯德模型的哈密顿量是

$$H=-\sum_{i=1}^{N}(a_i^\dagger a_{i+1}+a_{i+1}^\dagger a_i+b_i^\dagger b_{i+1}+b_{i+1}^\dagger b_i)-$$
$$U\sum_{i=1}^{N}\left(a_i^\dagger a_i-\frac{1}{2}\right)\left(b_i^\dagger b_i-\frac{1}{2}\right)\tag{11.5.12}$$

可以证明 Yangian 生成元(式(11.5.4)和式(11.5.5))与 H 对易(当 N 为无穷时),即一维无穷哈伯德链具有 $Y(SL(2))$对称性。将式(11.5.12)改写:

$$H=-\sum_i\tau_{ij}(a_i^\dagger a_j+b_i^\dagger b_j)-U\left(\sum_i\left(a_i^\dagger a_i b_i^\dagger b_i-\frac{1}{4}\right)-\frac{N}{2}\right)\tag{11.5.13}$$

其中

$$\tau_{ij}=\delta_{i+1,j}-\delta_{i-1,j}$$

可以直接证明

$$\left[\sum_i\tau_{ij}(a_i^\dagger a_j+b_i^\dagger b_j),I_+\right]=\sum_i\tau_{ij}(a_i^\dagger b_j-a_i^\dagger b_j)=0,$$
$$\left[\sum_i a_i^\dagger a_i b_i^\dagger b_i,I_+\right]=\sum_i(a_i^\dagger b_i-a_i^\dagger b_i)=0$$

故有$[H,I_+]=0$。再由$[H,I_-]=-[H,I_+]^+$以及雅可比恒等式可证$[H,I_-]=0$,$[H,I_3]=0$。

$[H,\boldsymbol{J}]=0$ 的证明以$[H,J_+]$为例:

$$[H,J_+]=-\left[\sum_{i,j}^{N}\tau_{ij}(a_i^\dagger a_j+b_i^\dagger b_j),\sum_{k,l}^{N}\theta_{kl}a_k^\dagger b_l\right]+U\left\{\left[\sum_{i,j}^{N}\tau_{ij}(a_i^\dagger a_j+b_i^\dagger b_j),\sum_{k,l}^{N}\varepsilon_{kl}I_k^+I_l^3\right]-\right.$$
$$\left.\left[\sum_{i}^{N}a_i^\dagger a_i b_i^\dagger b_i,\sum_{j,k}^{N}\theta_{jk}a_j^\dagger b_k\right]\right\}+U^2\left[\sum_{i}^{N}a_i^\dagger a_i b_i^\dagger b_i,\sum_{j,k}^{N}\varepsilon_{jk}I_j^+I_k^3\right]\tag{11.5.14}$$

当链长 $N\to\infty$时,可以通过具体计算证明式(11.5.14)中U 的零次幂与二次幂项系数为零,而U 的一次幂的系数由两项构成,分别是

$$\left[\sum_{i,j}\tau_{ij}(a_i^\dagger a_j+b_i^\dagger b_j),\sum_{k,l}\varepsilon_{kl}I_k^+I_l^3\right]$$
$$=\sum_{i,j,k}\tau_{ij}\left\{(\varepsilon_{jk}-\varepsilon_{ik})a_i^\dagger b_j I_k^3+\frac{1}{2}(\varepsilon_{jk}-\varepsilon_{ki})I_k^+(a_i^\dagger a_j-b_i^\dagger b_j)\right\}$$
$$=\sum_{i,k}\left\{(\varepsilon_{i+1,k}-\varepsilon_{ik})a_i^\dagger b_{i+1}I_k^3+(\varepsilon_{i-1,k}-\varepsilon_{ik})a_i^\dagger b_{i-1}I_k^3+\right.$$
$$\left.\frac{1}{2}(\varepsilon_{k,i+1}-\varepsilon_{ki})I_k^+(a_i^\dagger a_{i+1}-b_i^\dagger b_{i+1})+\frac{1}{2}(\varepsilon_{k,i-1}-\varepsilon_{ki})I_k^+(a_i^\dagger b_{i-1}-b_i^\dagger b_{i-1})\right\}$$
$$=-\frac{1}{2}\sum_i\{a_i^\dagger b_{i+1}(b_ib_i^\dagger-b_i^\dagger b_i)-a_i^\dagger b_{i+1}+a_i^\dagger b_{i-1}(b_i^\dagger b_i-b_ib_i^\dagger)+$$
$$a_i^\dagger b_{i-1}-a_i^\dagger b_{i+1}a_{i+1}^\dagger a_{i+1}+a_i^\dagger b_{i-1}a_{i-1}^\dagger a_{i-1}\}$$
$$=\sum_i a_i^\dagger\{(b_{i+1}-b_{i-1})b_i^\dagger b_i-b_{i+1}a_{i+1}^\dagger a_{i+1}+b_{i-1}a_{i-1}^\dagger a_{i-1}\}$$

以及

$$-\left[\sum_i a_i^\dagger a_i b_i^\dagger b_i,\sum_{j,k}\theta_{jk}a_j^\dagger b_k\right]$$
$$=-\sum_{i,j}\theta_{ij}\{a_i^\dagger b_j b_i^\dagger b_i-a_i^\dagger b_j a_j^\dagger a_j\}$$

$$= -\sum_i a_i^\dagger \{ b_{i+1}(b_i^\dagger b_i - a_{i+1}^\dagger a_{i+1}) - b_{i-1}(b_i^\dagger b_i - a_{i-1}^\dagger a_{i-1}) \}$$

$$= -\sum_i a_i^\dagger \{ (b_{i+1} - b_{i-1}) b_i^\dagger b_i - b_{i+1} a_{i+1}^\dagger a_{i+1} + b_{i-1} a_{i-1}^\dagger a_{i-1} \}$$

它们正好彼此抵消。其他对易子$[H,J_-]$和$[H,J_3]$也类似地可以证明为零。这个例子表明,李代数(如 $SL(2)$)描述了局域转动,而 Yangian 描述了转动与巡游的结合。

以上举出了一些具体实现 Yangian 的例子,有单体的形式,也有多体的形式。有的是一次量子化的,有的是二次量子化的。Yangian 关系仅规定了算符的对易关系,因此在具体实现中允许有较大的选择自由度。Yangian 是一种新的对称性运算,它包含李代数为其子代数,并有组成无穷维代数的机制。例如在 $\boldsymbol{J}=\boldsymbol{L}^2\boldsymbol{p}$ 或 $\boldsymbol{j}=\boldsymbol{L}^2\boldsymbol{r}$ 中,$\boldsymbol{L}^2$ 是转动不变的,而 $\boldsymbol{p}$ 则是平移算符,它已超出转动操作的范围。从哈伯德模型的 $\boldsymbol{J}$(式(11.3.43))来看,既有表征同一格点处转动的张量算符 $\boldsymbol{S}_i\times\boldsymbol{S}_j$,又有在不同格点间的巡游项,它导致了无限维代数结构。另一方面,多格点的移动都可以由一个格点逐步移动实现。这使我们可以理解 Yangian 的本质:它是无穷维代数,但由有限个生成元构成。两组基本的生成元 $\boldsymbol{I}$ 与 $\boldsymbol{J}$ 决定了所有更高阶算符的行为。这种现象来源于系统存在某种强烈限制,并非每阶的元素都是独立的;而这种限制又是很巧妙的,即只有 $\boldsymbol{I}$ 与 $\boldsymbol{J}$ 才是独立的生成元。当然并非任意系统都有 Yangian,但有一大类模型与 Yangian 相关,下一章介绍的杨振宁-Baxter 系统就提供了这类模型的例子。

本章从量子力学中的一个例子——氢原子引出了 Yangian 代数。我们将在后两章看到,它与物理学中的许多模型和现象都有关。

11.6 $SL(3)$一维表示和八维表示间的 Yangian 跃迁

在 11.3 节我们证明了 $Y(SL(2))$算符能引起自旋单态和三重态间的跃迁。这个概念很容易推广到 $SL(3)$。在基本粒子物理学的课程中,我们学到了基本粒子的 $SL(3)$对称性。

$SL(3)$代数由下式定义:

$$[F_\lambda, F_\mu] = \mathrm{i} f_{\lambda\mu\nu} F_\nu \tag{11.6.1}$$

此处 $\lambda,\mu,\nu=1,2,\cdots,8$,结构常数 $f_{\lambda\mu\nu}$ 对任意两个指标是反对称的:

$$\begin{aligned} &f_{123}=1,\ f_{458}=f_{678}=\frac{\sqrt{3}}{2}, \\ &f_{147}=f_{246}=f_{257}=f_{345}=-f_{156}=-f_{367}=\frac{1}{2} \end{aligned} \tag{11.6.2}$$

$SL(3)$的三维表示是由盖尔曼矩阵(Gell-mann matrices)$\boldsymbol{\lambda}_\nu=2F_\nu$ 构成的,它们是泡利矩阵的推广:

$$\boldsymbol{\lambda}_1=\begin{bmatrix}0&1&0\\1&0&0\\0&0&0\end{bmatrix},\quad \boldsymbol{\lambda}_2=\begin{bmatrix}0&-\mathrm{i}&0\\\mathrm{i}&0&0\\0&0&0\end{bmatrix},\quad \boldsymbol{\lambda}_3=\begin{bmatrix}1&0&0\\0&-1&0\\0&0&0\end{bmatrix},$$

$$\boldsymbol{\lambda}_4=\begin{bmatrix}0&0&1\\0&0&0\\1&0&0\end{bmatrix},\quad \boldsymbol{\lambda}_5=\begin{bmatrix}0&0&-\mathrm{i}\\0&0&0\\\mathrm{i}&0&0\end{bmatrix},\quad \boldsymbol{\lambda}_6=\begin{bmatrix}0&0&0\\0&0&1\\0&1&0\end{bmatrix},$$

$$\boldsymbol{\lambda}_7=\begin{bmatrix}0&0&0\\0&0&-\mathrm{i}\\0&\mathrm{i}&0\end{bmatrix},\boldsymbol{\lambda}_8=\frac{1}{\sqrt{3}}\begin{bmatrix}1&0&0\\0&1&0\\0&0&-2\end{bmatrix}$$

定义

$$I_{\pm}=F_1\pm\mathrm{i}F_2,\ U_{\pm}=F_6\pm\mathrm{i}F_7,\ V_{\pm}=F_4\mp\mathrm{i}F_5 \tag{11.6.3}$$

$$I_3=F_3,Y=\frac{2}{\sqrt{3}}F_8$$

$SL(3)$的对易关系可以写作以下形式：

$$\begin{gathered}[I_3,I_{\pm}]=\pm I_{\pm},[I_+,I_-]=2I_3,[I_8,I_\alpha]=0(\alpha=\pm,3),\\ [I_3,U_{\pm}]=\mp\frac{1}{2}U_{\pm},[I_8,U_{\pm}]=\pm U_{\pm},[U_+,U_-]=-I_3+\frac{3}{2}I_8,\\ [I_3,V_{\pm}]=\mp\frac{1}{2}V_{\pm},[I_8,V_{\pm}]=\mp V_{\pm},[V_+,V_-]=-\left(I_3+\frac{3}{2}I_8\right),\\ [I_{\pm},U_{\mp}]=[U_{\pm},V_{\mp}]=[V_{\pm},I_{\mp}]=0,\\ [I_{\pm},U_{\pm}]=\pm U_{\mp},[U_{\pm},V_I]=\pm I_{\pm},[V_{\pm},I_{\pm}]=\pm U_{\pm}\end{gathered} \tag{11.6.4}$$

通过以下符号：

$$U_3=-\frac{1}{2}I_3+\frac{3}{4}I_8\ V_3=-\frac{1}{2}I_3-\frac{3}{4}I_8 \tag{11.6.5}$$

我们得到

$$\begin{gathered}[U_3,U_{\pm}]=\pm U_{\pm},[U_+,U_-]=2U_3,\\ [V_3,V_{\pm}]=\pm V_{\pm},[V_+,V_-]=2V_3\end{gathered} \tag{11.6.6}$$

以及

$$Q=I_3+\frac{1}{2}Y \tag{11.6.7}$$

此处 Q 是电荷算符，Y 是超荷。夸克和反夸克组成介子，例如 η^0（属于八维表示）以及 $\eta^{0'}$（一维表示）。二者均有 $I=I_3=Y=Q=0$：

$$|\eta^0\rangle=\frac{1}{\sqrt{6}}(-|u\bar{u}\rangle-|d\bar{d}\rangle+2|s\bar{s}\rangle) \tag{11.6.8}$$

$$|\eta^{0'}\rangle=\frac{1}{\sqrt{3}}(|u\bar{u}\rangle+|d\bar{d}\rangle+|s\bar{s}\rangle) \tag{11.6.9}$$

此处$|u\bar{u}\rangle=|u\rangle_1|\bar{u}\rangle_2$。其他介子也由以下夸克和反夸克组成：

$$|u\rangle:I=\frac{1}{2},\quad I_3=\frac{1}{2},\quad Y=\frac{1}{3},\quad Q=\frac{2}{3};$$

$$|d\rangle:I=\frac{1}{2},\quad I_3=-\frac{1}{2},\quad Y=\frac{1}{3},\quad Q=-\frac{1}{3};$$

$$|s\rangle:I=0,\quad I_3=0,\quad Y=-\frac{2}{3},\quad Q=-\frac{1}{3};$$

$$|\bar{u}\rangle:I=\frac{1}{2},\quad I_3=-\frac{1}{2},\quad Y=-\frac{1}{3},\quad Q=-\frac{2}{3};$$

$$
\begin{aligned}
&|\bar{d}\rangle: I=\frac{1}{2},\quad I_3=\frac{1}{2},\quad Y=-\frac{1}{3},\quad Q=\frac{1}{3};\\
&|\bar{s}\rangle: I=0,\quad I_3=0,\quad Y=\frac{2}{3},\quad Q=\frac{1}{3}
\end{aligned}
\tag{11.6.10}
$$

有关的算符导致夸克之间的转换

$$
\begin{aligned}
&I_+|d\rangle=|u\rangle, I_-|u\rangle=|d\rangle, V_-|d\rangle=|s\rangle,\\
&U_+|s\rangle=|d\rangle, V_+|u\rangle=|s\rangle, V_-|s\rangle=|u\rangle
\end{aligned}
\tag{11.6.11}
$$

我们定义算符

$$
I_\lambda=\sum_i F_i^\lambda \tag{11.6.12}
$$

$$
J_\lambda=\sum_{i=1}^N \mu_i F_i^\lambda+\beta f_{\lambda\mu\nu}\sum_{i\neq j}^N W_{ij}F_i^\mu F_j^\nu\quad (W_{ij}=-W_{ji}) \tag{11.6.13}
$$

此处

$$
[F_i^\lambda, F_j^\mu]=\mathrm{i}f_{\lambda\mu\nu}F^\nu\delta_{ij} \tag{11.6.14}
$$

指标 i 代表夸克的味。将式(11.6.12)和式(11.6.13)代入 11.2 节的 Yangian 对易关系，注意这些关系和 $SL(2)$的不同，式(11.6.12)和式(11.6.13)满足 $Y(SL(3))$的充分条件：

(1) $A_{ijk}=W_{ij}W_{jk}+W_{jk}W_{ki}+W_{ki}W_{ij}=-1$(对重复指标不求和 $i\neq j\neq k, W_{ij}=-W_{ji}$)；

(2) F_i^λ 取盖尔曼矩阵(基础表示)；

(3) μ_i 是任意参数。

采用以下的符号：

$$
\begin{aligned}
&\bar{I}_\pm=J_1\pm \mathrm{i}J_2,\quad \bar{v}_\pm=J_6\pm \mathrm{i}J_7,\quad \bar{V}_\pm=J_4\pm \mathrm{i}J_5\\
&\bar{I}_3=J_3,\quad \bar{I}_8=\frac{2}{\sqrt{3}}J_8
\end{aligned}
\tag{11.6.15}
$$

并设 $\beta=-\mathrm{i}\rho$， $Y(SL(3))$可以充分得到实现：

$$
\begin{aligned}
&I_\pm=\sum_{i=1}I_i^\pm,\quad v_\pm=\sum_i U_i^\pm,\quad v_\pm=\sum_i V_i^\pm,\quad I_3=\sum_i I_i^3,\quad I_8=\sum_i I_i^8,\\
&\bar{I}_\pm=\sum_{i=1}^N \mu_i I_i^\pm \mp 2\rho\sum_{i\neq j}^N W_{ij}\left(I_i^\pm I_j^3+\frac{1}{2}U_i^\mp V_j^\mp\right),\\
&\bar{U}_\pm=\sum_i \mu_i V_j^\pm \pm\rho\sum_{i\neq j}W_{ij}\left[V_j^\pm\left(I_j^3-\frac{3}{2}Y_j\right)+I_i^\mp V_j^\mp\right],\\
&\bar{V}_\pm=\sum_i \mu_i V_i^\pm \pm\rho\sum_{i\neq j}W_{ij}\left[V_i^\pm\left(I_j^3+\frac{3}{2}Y_j\right)+U_i^\mp I_j^\mp\right],\\
&\bar{I}_3=\sum_i \mu_i I_i^3+\rho\sum_{i\neq j}W_{ij}\left[I_i^+I_j^- -\frac{1}{2}(U_i^+U_j^- +V_i^+V_j^-)\right],\\
&\bar{I}_8=\sum_i \mu_i Y_i+\rho\sum_{i\neq j}W_{ij}[U_i^+U_j^- -V_i^+V_j^-]
\end{aligned}
\tag{11.6.16}
$$

对于 $N=2$，即有两个夸克，设 $W_{12}=1(W_{21}=-1)$。将 $\bar{I}_8$ 作用于$|\eta^0\rangle$得到

$$
\begin{aligned}
\bar{I}_8|\eta^0\rangle&=-\frac{1}{3}(\mu_1-\mu_2)|\eta^0\rangle-\frac{\sqrt{2}}{3}(\mu_1-\mu_2+3\rho)|\eta^{0'}\rangle\\
&=\sqrt{r^2-4\rho r+6\rho^2}(\cos\theta|\eta^0\rangle+\sin\theta|\eta^{0'}\rangle)
\end{aligned}
\tag{11.6.17}
$$

此处 $r=\mu_2-\mu_1$，$\cos\theta=\frac{1}{\sqrt{3}}\frac{r}{\sqrt{r^2-4\rho r+6\rho^2}}$。

式(11.6.17)告诉我们，$\bar{I}_8$ 导致了从 $|\eta^0\rangle$ 到混合态 $|\eta^0\rangle$ 和 $|\eta^{0'}\rangle$ 的跃迁。它是和二自旋 $-\frac{1}{2}$ 粒子体系 $\Psi_{10}\sim\Psi_{00}$ 跃迁相对应的。

参考文献

[1] JIMBO M. Yang-Baxter equation in integrable systems[M]. Singapore: World Scientific,1990.

[2] 葛墨林，薛康. 杨-巴克斯特方程的物理含义[M]. 上海：上海科技教育出版社，1999.

[3] DRINFELD V. HOPF algebras and the quantum Yang-Baxter equation[J]. Soviet Mathematics Doklady,1985,32: 254-258.

[4] GE M L,XUE K,CHO Y M. RTT relations and realizations of a Yangian in quantum mechanics[J]. Physics Letters A,1998,249(5): 358-362.

[5] HALDANE F D M. Exact Jastrow-Gutzwiller resonating-valence-bond ground state of the spin-1/2 antiferromagnetic Heisenberg chain with $1/r^2$ exchange[J]. Physical Review Letters, 1988, 60: 635-638.

[6] SHASTRY B S. Exact solution of an s = 1/2 Heisenberg antiferromagnetic chain with long-ranged interactions[J]. Physical Review Letters,1988,60: 639-642.

[7] UGLOV D,KOREPIN V. The Yangian symmetry of the Hubbard model[J]. Physics Letters A,1994, 190(3): 238-242.

第12章
RTT关系与杨-Baxter方程

在第11章中，我们从氢原子引出了Yangian，又讨论了几个实现Yangian的例子。这种代数结构的存在是有深刻根源并和一个普遍的原则相联系的。氢原子的问题很简单，因为它是线性问题。Yangian的重要性恰恰在于它本质上反映了一大类非线性模型的特点，对于非线性问题，其严格解常常不能由微扰解叠加而得到。在低维情况下，对一些模型已经有办法得到严格解。最好能有一个原则性的理论，它一方面能给出如式(11.1.13)、式(11.1.14)，式(11.1.17)、式(11.1.18)一类的对易关系，同时又能给出构造哈密顿量的原则，这样就在更深入的层次上建立了新型代数关系与哈密顿守恒系统的联系。为了使讨论具有普遍性，最好不涉及对易括号的具体实现形式，而进行与模型无关的讨论。

12.1 对易关系的矩阵直积形式

本节内容基于文献[1]和文献[2]。

量子力学中最基本的对易关系是x和p这对共轭力学量间的对易关系($\hbar=1$)：

$$[x_\alpha, p_\beta] = \mathrm{i}\delta_{\alpha\beta} \tag{12.1.1}$$

由此导出其他一些力学量间的对易关系，例如

$$[L_\alpha, L_\beta] = \mathrm{i}\varepsilon_{\alpha\beta\gamma}L_\gamma \tag{12.1.2}$$

这是角动量分量间的对易关系，还有

$$[L_\alpha, x_\beta] = \mathrm{i}\varepsilon_{\alpha\beta\gamma}L_\gamma,$$

$$[L_\alpha, p_\beta] = \mathrm{i}\varepsilon_{\alpha\beta\gamma}p_\gamma$$

等。在量子场论中，相应式(12.1.1)的正则对易关系对不同的场形式也有不同。例如对标量场有

$$[\varphi(\boldsymbol{x},t), \dot{\varphi}(\boldsymbol{y},t)] = \delta^3(\boldsymbol{x}-\boldsymbol{y}) \tag{12.1.3}$$

对旋量场则有

$$[\psi_\alpha(\boldsymbol{x},t), \psi_\beta^+(\boldsymbol{y},t)] = \delta^3(\boldsymbol{x}-\boldsymbol{y})\delta_{\alpha\beta} \tag{12.1.4}$$

等。能否构造一种对易关系的普遍框架，它能涵盖各种可能的形式，作为它自身的实现呢？

对易关系的核心在于算符的先后次序。可以引入一个2×2矩阵$\boldsymbol{L}$，它的矩阵元都是量子力学算符。为了区别两个矩阵的次序，可引入一个参数u，例如$\boldsymbol{L}(u)$先、$\boldsymbol{L}(v)$后不同于

$\boldsymbol{L}(v)$先、$\boldsymbol{L}(u)$后：

$$\boldsymbol{L}(u)=\begin{bmatrix} L_{11}(u) & L_{12}(u) \\ L_{21}(u) & L_{22}(u) \end{bmatrix} \tag{12.1.5}$$

矩阵所张的空间称为"辅助空间",每个元素都是作用于希尔伯特空间的量子力学算符。为了使前面的矩阵的任意一个元素都有机会和后面矩阵的任意一个元素形成乘积,应采用直积法。矩阵 $\boldsymbol{A}$ 与 $\boldsymbol{B}$ 的直积 $\boldsymbol{A}\otimes\boldsymbol{B}$ 的定义是

$$\boldsymbol{A}=\begin{bmatrix} a_{11} & a_{12} \\ a_{21} & a_{22} \end{bmatrix},\quad \boldsymbol{B}=\begin{bmatrix} b_{11} & b_{12} \\ b_{21} & b_{22} \end{bmatrix},$$

$$\boldsymbol{A}\otimes\boldsymbol{B}=\begin{array}{c} \\ 11 \\ 12 \\ 21 \\ 22 \end{array}\begin{array}{c} \begin{array}{cccc} 11 & 12 & 21 & 22 \end{array} \\ \begin{bmatrix} a_{11}b_{11} & a_{11}b_{12} & a_{12}b_{11} & a_{12}b_{12} \\ a_{11}b_{21} & a_{11}b_{22} & a_{12}b_{21} & a_{12}b_{22} \\ a_{21}b_{11} & a_{21}b_{12} & a_{22}b_{11} & a_{22}b_{12} \\ a_{21}b_{21} & a_{21}b_{22} & a_{22}b_{21} & a_{22}b_{22} \end{bmatrix} \end{array} \tag{12.1.6}$$

$\boldsymbol{A}\otimes\boldsymbol{B}$ 的矩阵元的行与列均用两个指标表示：

$$(\boldsymbol{A}\otimes\boldsymbol{B})_{ij,kl}=a_{ik}b_{jl} \tag{12.1.7}$$

$\boldsymbol{A}\otimes\boldsymbol{B}$ 的各个元素都是 $\boldsymbol{A}$ 的元素在前,$\boldsymbol{B}$ 的元素在后,$\boldsymbol{A}\otimes\boldsymbol{B}$ 与 $\boldsymbol{B}\otimes\boldsymbol{A}$ 的差别形成了对易关系。

以下讨论一种特定形式的 $\boldsymbol{L}(u)$：

$$\boldsymbol{L}(u)=\begin{bmatrix} 1 & 0 \\ 0 & 1 \end{bmatrix}+u^{-1}\begin{bmatrix} a & b \\ c & d \end{bmatrix} \tag{12.1.8}$$

其中 u 称为"谱参数",下面计算 $\boldsymbol{L}(u)\otimes\boldsymbol{L}(v)$ 与 $\boldsymbol{L}(v)\otimes\boldsymbol{L}(u)$：

$$\begin{aligned}\boldsymbol{L}(u)\otimes\boldsymbol{L}(v)&=\left(\begin{bmatrix} 1 & 0 \\ 0 & 1 \end{bmatrix}+u^{-1}\begin{bmatrix} a & b \\ c & d \end{bmatrix}\right)\otimes\left(\begin{bmatrix} 1 & 0 \\ 0 & 1 \end{bmatrix}+v^{-1}\begin{bmatrix} a & b \\ c & d \end{bmatrix}\right)\\ &=\begin{bmatrix} 1 & & & \\ & 1 & & \\ & & 1 & \\ & & & 1 \end{bmatrix}+u^{-1}\begin{bmatrix} a & 0 & b & 0 \\ 0 & a & 0 & b \\ c & 0 & d & 0 \\ 0 & c & 0 & d \end{bmatrix}+v^{-1}\begin{bmatrix} a & b & 0 & 0 \\ c & d & 0 & 0 \\ 0 & 0 & a & b \\ 0 & 0 & c & d \end{bmatrix}+\\ &\quad u^{-1}v^{-1}\begin{bmatrix} a^2 & ab & ba & b^2 \\ ac & ad & bc & bd \\ ca & cb & da & db \\ c^2 & cd & dc & d^2 \end{bmatrix}\end{aligned} \tag{12.1.9}$$

$$\begin{aligned}\boldsymbol{L}(v)\otimes\boldsymbol{L}(u)&=\begin{bmatrix} 1 & & & \\ & 1 & & \\ & & 1 & \\ & & & 1 \end{bmatrix}+v^{-1}\begin{bmatrix} a & 0 & b & 0 \\ 0 & a & 0 & b \\ c & 0 & d & 0 \\ 0 & c & 0 & d \end{bmatrix}+u^{-1}\begin{bmatrix} a & b & 0 & 0 \\ c & d & 0 & 0 \\ 0 & 0 & a & b \\ 0 & 0 & c & d \end{bmatrix}+\\ &\quad v^{-1}u^{-1}\begin{bmatrix} a^2 & ab & ba & b^2 \\ ac & ad & bc & bd \\ ca & cb & da & db \\ c^2 & cd & dc & d^2 \end{bmatrix}\end{aligned} \tag{12.1.10}$$

由于谱参数的存在，它们显示了区别。但因 $\boldsymbol{L}$ 除谱参数外的矩阵组成是确定的，在以上两式中位置相同的矩阵元的算符次序仍是一样的。为了使算符能以不同的次序出现，需引入置换矩阵

$$\boldsymbol{P}=\begin{bmatrix}1&0&0&0\\0&0&1&0\\0&1&0&0\\0&0&0&1\end{bmatrix}\tag{12.1.11}$$

容易验证，将 $\boldsymbol{P}$ 自左侧作用于 4×4 矩阵上，能使第2行与第3行对调。将 $\boldsymbol{P}$ 从右侧作用时，能使第2列与第3列对调。定义一个 c 数矩阵 $\check{\boldsymbol{R}}$：

$$\check{\boldsymbol{R}}(u-v)=\boldsymbol{I}+(u-v)\boldsymbol{P}\tag{12.1.12}$$

其中 $\boldsymbol{I}$ 是单位矩阵。将 $\check{\boldsymbol{R}}$ 从左侧和右侧分别作用于式(12.1.9)和式(12.1.10)时，将会在许多矩阵元的相应位置上产生不同的算符次序，令其结果相等则能产生出对易关系。演示如下：

$$\begin{aligned}
&\check{\boldsymbol{R}}(u-v)(\boldsymbol{L}(u)\otimes\boldsymbol{L}(v))\\
&=\boldsymbol{I}+u^{-1}\begin{bmatrix}a&0&b&0\\0&a&0&b\\c&0&d&0\\0&c&0&d\end{bmatrix}+v^{-1}\begin{bmatrix}a&b&0&0\\c&d&0&0\\0&0&a&b\\0&0&c&d\end{bmatrix}+\\
&\quad u^{-1}v^{-1}\begin{bmatrix}a^2&ab&ba&b^2\\ac&ad&bc&bd\\cd&cb&da&db\\c^2&cd&dc&d^2\end{bmatrix}+(u-v)\left(\begin{bmatrix}1&0&0&0\\0&0&1&0\\0&1&0&0\\0&0&0&1\end{bmatrix}+u^{-1}\begin{bmatrix}a&0&b&0\\c&0&d&0\\0&a&0&b\\0&c&0&d\end{bmatrix}+\right.\\
&\quad\left.v^{-1}\begin{bmatrix}a&b&0&0\\0&0&a&b\\c&d&0&0\\0&0&c&d\end{bmatrix}+u^{-1}v^{-1}\begin{bmatrix}a^2&ab&ba&b^2\\ca&cb&da&db\\ac&ad&bc&bd\\c^2&cd&dc&d^2\end{bmatrix}\right)
\end{aligned}$$

$$\begin{aligned}
(\boldsymbol{L}(v)\otimes\boldsymbol{L}(u))\check{\boldsymbol{R}}(u-v)&=\boldsymbol{I}+v^{-1}\begin{bmatrix}a&0&b&0\\0&a&0&b\\c&0&d&0\\0&c&0&d\end{bmatrix}+u^{-1}\begin{bmatrix}a&b&0&0\\c&d&0&0\\0&0&a&b\\0&0&c&d\end{bmatrix}+\\
&\quad u^{-1}v^{-1}\begin{bmatrix}a^2&ab&ba&b^2\\ac&ad&bc&bd\\cd&cb&da&db\\c^2&cd&dc&d^2\end{bmatrix}+(u-v)\left(\begin{bmatrix}1&0&0&0\\0&0&1&0\\0&1&0&0\\0&0&0&1\end{bmatrix}+v^{-1}\begin{bmatrix}a&b&0&0\\0&0&a&b\\c&d&0&0\\0&0&c&d\end{bmatrix}+\right.\\
&\quad\left.u^{-1}\begin{bmatrix}a&0&b&0\\c&0&d&0\\0&a&0&b\\0&c&0&d\end{bmatrix}+u^{-1}v^{-1}\begin{bmatrix}a^2&ba&ab&b^2\\ac&bc&ad&bd\\ca&da&cb&db\\c^2&dc&cd&d^2\end{bmatrix}\right)
\end{aligned}$$

令二者相等：

$$\check{\boldsymbol{R}}(u-v)\boldsymbol{L}(u)\otimes\boldsymbol{L}(v)=\boldsymbol{L}(v)\otimes\boldsymbol{L}(u)\check{\boldsymbol{R}}(u-v) \tag{12.1.13}$$

则容易验证有以下结果：

$$(v^{-1}-u^{-1})\begin{bmatrix} 0 & [a,b]+b & [b,a]-b & 0 \\ [c,a]+c & [c,b]+d-a & [d,a] & [d,b]-b \\ [a,c]-c & [a,d] & [b,c]-d+a & [b,d]+b \\ 0 & [c,d]-c & [d,c]+c & 0 \end{bmatrix}=0 \tag{12.1.14}$$

$\check{\boldsymbol{R}}$ 中的谱参数设置为 $u-v$，使式(12.1.13)等号两侧各自有 8 个矩阵，除最后一个以外，其他 7 个之和正好对消，而最后一个矩阵的相等关系便给出了式(12.1.14)。从式(12.1.14)便得到以下对易关系：

$$\left.\begin{aligned} &[a,b]=-b, \quad [a,d]=0 \\ &[a,c]=c, \quad\ \ [b,d]=-b \\ &[c,b]=a-d, [c,d]=c \end{aligned}\right\} \tag{12.1.15}$$

式(12.1.18)中的 $\boldsymbol{L}(u)$ 是一种选择。如果将它改为

$$\boldsymbol{L}(u)=\begin{bmatrix} 1 & 0 \\ 0 & \lambda \end{bmatrix}+u^{-1}\begin{bmatrix} a & b \\ c & d \end{bmatrix} \tag{12.1.16}$$

则得到以下对易关系：

$$\left.\begin{aligned} &[a,b]=-b, \qquad [a,d]=0 \\ &[a,c]=c, \qquad\ \ [b,d]=-\lambda b \\ &[c,b]=\lambda a-d, \quad [c,d]=\lambda c \end{aligned}\right\} \tag{12.1.17}$$

量子力学中的算符都可以用来实现这些关系。在式(12.1.16)中，令 $\lambda=0$，$d=0$，则对易关系式(12.1.17)变为

$$[a,c]=c; \quad [a,b]=-b; \quad [c,b]=0 \tag{12.1.18}$$

容易验证

$$a=\frac{\partial}{\partial q}, \quad c=\mathrm{e}^{q}, \quad b=\mathrm{e}^{-q} \tag{12.1.19}$$

或

$$a=\mathrm{i}\frac{\partial}{\partial q}, \quad c=\mathrm{e}^{-\mathrm{i}q}, \quad b=\mathrm{e}^{\mathrm{i}q} \tag{12.1.20}$$

这些都是式(12.1.18)的实现，只要 q,p 满足正则对易关系 $[q,p]=\mathrm{i}$。如果令式(12.1.16)中的 $\lambda=1$(回到式(12.1.8))，并选择

$$a=-L_3, \quad b=L_+, \quad c=L_-, \quad d=L_3 \tag{12.1.21}$$

或

$$a=L_3, \quad b=L_-, \quad c=L_+, \quad d=-L_3 \tag{12.1.22}$$

则式(12.1.15)变为

$$\begin{aligned} &[L_3,L_\pm]=\pm L_\pm, \\ &[L_+,L_-]=2L_3 \end{aligned} \tag{12.1.23}$$

在建立对易关系的普遍框架中，置换矩阵起了重要作用。今后会看到，在处理相互作用

全同的粒子体系中，矩阵 $\check{\boldsymbol{R}}(u)$ 会有重要作用。下面着重讨论一下置换矩阵。置换矩阵式(12.1.11)可以用泡利矩阵的直积表示出来，它是

$$\boldsymbol{P}=\frac{1}{2}(\boldsymbol{I}+\boldsymbol{\sigma}\otimes\boldsymbol{\sigma}) \tag{12.1.24}$$

其中

$$\boldsymbol{\sigma}\otimes\boldsymbol{\sigma}=\boldsymbol{\sigma}^1\otimes\boldsymbol{\sigma}^1+\boldsymbol{\sigma}^2\otimes\boldsymbol{\sigma}^2+\boldsymbol{\sigma}^3\otimes\boldsymbol{\sigma}^3 \tag{12.1.25}$$

注意，泡利矩阵的直积是

$$\boldsymbol{\sigma}^1\otimes\boldsymbol{\sigma}^1=\begin{bmatrix} & & & 1\\ & & 1 & \\ & 1 & & \\ 1 & & & \end{bmatrix},\quad \boldsymbol{\sigma}^2\otimes\boldsymbol{\sigma}^2=\begin{bmatrix} & & & -1\\ & & 1 & \\ & 1 & & \\ -1 & & & \end{bmatrix},\quad \boldsymbol{\sigma}^3\otimes\boldsymbol{\sigma}^3=\begin{bmatrix}1 & & & \\ & -1 & & \\ & & -1 & \\ & & & 1\end{bmatrix}$$

其中空白处的矩阵元为0，则

$$\boldsymbol{P}=\begin{bmatrix}1 & & & \\ & 0 & 1 & \\ & 1 & 0 & \\ & & & 1\end{bmatrix} \tag{12.1.26}$$

在式(12.1.24)中，直积代表不同空间算符的积。例如两个自旋1/2粒子的体系，两个自旋算符作用于两个不同的空间。如果标明粒子自旋的泡利算符为 $\boldsymbol{\sigma}_1$ 与 $\boldsymbol{\sigma}_2$，体系的状态用 $|\uparrow\downarrow\rangle$ 等表示，则式(12.1.24)便是量子力学中的置换算符

$$\boldsymbol{P}=\frac{1}{2}(\boldsymbol{I}+\boldsymbol{\sigma}_1\cdot\boldsymbol{\sigma}_2)$$

为了演示 $\boldsymbol{P}$ 在自旋状态上的作用，将 $\boldsymbol{P}$ 改写为

$$\boldsymbol{P}=\frac{1}{2}\left[\boldsymbol{I}+\frac{1}{2}(\boldsymbol{\sigma}_1^+\boldsymbol{\sigma}_2^-+\boldsymbol{\sigma}_1^-\boldsymbol{\sigma}_2^+)+\boldsymbol{\sigma}_1^3\boldsymbol{\sigma}_2^3\right] \tag{12.1.27}$$

很容易验证

$$\begin{aligned}
&\boldsymbol{P}\,|\uparrow\uparrow\rangle=|\uparrow\uparrow\rangle,\\
&\boldsymbol{P}\,\frac{1}{\sqrt{2}}(|\uparrow\downarrow\rangle+|\downarrow\uparrow\rangle)=\frac{1}{\sqrt{2}}(|\downarrow\uparrow\rangle+|\uparrow\downarrow\rangle),\\
&\boldsymbol{P}\,|\downarrow\downarrow\rangle=|\downarrow\downarrow\rangle,\\
&\boldsymbol{P}\,\frac{1}{\sqrt{2}}(|\uparrow\downarrow\rangle-|\downarrow\uparrow\rangle)=\frac{1}{\sqrt{2}}(|\downarrow\uparrow\rangle-|\uparrow\downarrow\rangle)
\end{aligned}$$

置换算符恰好对两个粒子进行置换，当它作用于三重态波函数(对称)时给出1，作用于单态波函数(反对称)时给出−1。置换算符(矩阵)有一个重要性质，即

$$\boldsymbol{P}^2=1 \tag{12.1.28}$$

两次置换相当于全同变换。

再回到式(12.1.13)。$\boldsymbol{L}(u)$ 的辅助空间属于 $SL(2)$，与自旋1/2矩阵表示相联系。$\boldsymbol{L}(u)\otimes\boldsymbol{L}(v)$ 涉及两个自旋空间，包含了 $\boldsymbol{P}$ 矩阵的 $\check{\boldsymbol{R}}(u-v)$ 对两个空间进行置换。为了进一步讨论式(12.1.13)，将它写作矩阵元形式：

$$\check{R}(u-v)_{ij,mn}(\boldsymbol{L}(u)\otimes\boldsymbol{L}(v))_{mn,kl}=(\boldsymbol{L}(v)\otimes\boldsymbol{L}(u))_{ij,mn}\check{R}(u-v)_{mn,kl} \tag{12.1.29}$$

矩阵元指标取值定为+,−,则 2×2 矩阵 $\boldsymbol{L}$ 写作

$$\boldsymbol{L}=\begin{bmatrix}L_{++} & L_{+-}\\ L_{-+} & L_{--}\end{bmatrix}$$

利用式(12.1.7)将直积的矩阵元用 $\boldsymbol{L}$ 的矩阵元表示,有

$$\check{R}(u-v)_{ij,mn}L(u)_{mk}L(v)_{nl}=L(v)_{im}L(u)_{jn}\check{R}(u-v)_{mn,kl} \tag{12.1.30}$$

引入新的矩阵 $\boldsymbol{R}(u)$:

$$R(u)_{ij,mn}=\check{R}(u)_{ji,mn} \tag{12.1.31}$$

式(12.1.30)可以写作三个 4×4 矩阵的乘积:

$$\boldsymbol{R}(u-v)\overset{1}{\boldsymbol{L}}(u)\overset{2}{\boldsymbol{L}}(v)=\overset{2}{\boldsymbol{L}}(v)\overset{1}{\boldsymbol{L}}(u)\boldsymbol{R}(u-v) \tag{12.1.32}$$

其中

$$\overset{1}{\boldsymbol{L}}(u)=\boldsymbol{L}(u)\otimes\boldsymbol{I},$$

$$\overset{2}{\boldsymbol{L}}(u)=\boldsymbol{I}\otimes\boldsymbol{L}(u)$$

$\boldsymbol{I}$ 是 2×2 单位矩阵。式(12.1.32)的证明如下,将它用矩阵元的形式写出:

$$\begin{aligned}\boldsymbol{R}(u-v)\overset{1}{\boldsymbol{L}}(u)\overset{2}{\boldsymbol{L}}(v)&=R(u-v)_{ij,mn}(\boldsymbol{L}(u)\otimes\boldsymbol{I})_{mn,st}(\boldsymbol{I}\otimes\boldsymbol{L}(v))_{st,kl}\\&=R(u-v)_{ij,mn}L(u)_{ms}\delta_{nt}\delta_{sk}L(v)_{tl}\\&=R(u-v)_{ij,mn}L(u)_{mk}L(v)_{nl}\end{aligned}$$

$$\begin{aligned}\overset{2}{\boldsymbol{L}}(v)\overset{1}{\boldsymbol{L}}(u)\boldsymbol{R}(u-v)&=(\boldsymbol{I}\otimes\boldsymbol{L}(v))_{ij,mn}(\boldsymbol{L}(u)\otimes\boldsymbol{I})_{mn,st}R(u-v)_{st,kl}\\&=\delta_{im}L(v)_{jn}L(u)_{ms}\delta_{nt}R(u-v)_{st,kl}\\&=L(v)_{jn}L(u)_{is}R(u-v)_{sn,kl}\end{aligned}$$

将以上自由指标 i 与 j 对换,等号右侧求和指标(n,s)换为(m,n),即为

$$R(u-v)_{ji,mn}L(u)_{mk}L(v)_{nl}=L(v)_{im}L(u)_{jn}R(u-v)_{nm,kl} \tag{12.1.33}$$

将它和式(12.1.30)比较,就会看到式(12.1.31)中 $\check{\boldsymbol{R}}$ 与 $\boldsymbol{R}$ 的关系。将 $\check{\boldsymbol{R}}$ 的矩阵形式写出:

$$\check{\boldsymbol{R}}=\boldsymbol{I}+u\boldsymbol{P}=\begin{bmatrix}1&&&\\&1&&\\&&1&\\&&&1\end{bmatrix}+u\begin{bmatrix}1&&&\\&&1&\\&1&&\\&&&1\end{bmatrix}$$

将此矩阵的矩阵元$(ij;kl)$与$(ji;kl)$对换,就是 $\boldsymbol{R}$。实际上这只涉及与第二行和第三行对换,其第一行的元素是$(++;kl)$,第二行的元素是$(+-;kl)$,第三行的元素是$(-+;kl)$,第四行的元素是$(--;kl)$。故有

$$\boldsymbol{R}=\begin{bmatrix}1&&&\\&&1&\\&1&&\\&&&1\end{bmatrix}+u\begin{bmatrix}1&&&\\&1&&\\&&1&\\&&&1\end{bmatrix}=\boldsymbol{P}+u\boldsymbol{I} \tag{12.1.34}$$

亦即

$$\boldsymbol{R}=\boldsymbol{P}\check{\boldsymbol{R}},\check{\boldsymbol{R}}=\boldsymbol{P}\boldsymbol{R} \tag{12.1.35}$$

从 $\boldsymbol{R}$ 和 $\check{\boldsymbol{R}}$ 的不为 0 的元素看,它们是(以 $\check{\boldsymbol{R}}$ 为例):$\check{R}_{ij,kl}=\check{R}_{++,++},\check{R}_{+-,+-},\check{R}_{+-,-+}$,

$\check{R}_{-+,+-}$，$\check{R}_{-+,-+}$，$\check{R}_{--,--}$。

其共同特点是 $i+j=k+l$，以后会看到它反映了自旋守恒。

如果 $\boldsymbol{P}$ 交换的对象是多个自旋（或多个粒子）中的两个，就需要标出它们的标号，例如 P_{12} 表示粒子1与2的交换。置换算符的重要性质是

$$P_{12}P_{13}P_{23}=P_{23}P_{13}P_{12} \tag{12.1.36}$$

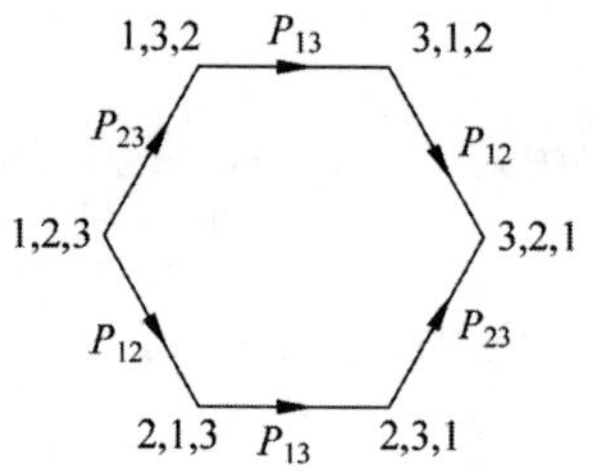

图12.1　式(12.1.36)的说明

它以图12.1表明。粒子(1,2,3)先经 P_{23}，再经 P_{13}，再经 P_{12} 达到(3,2,1)。它们也可以先经 P_{12}，再经 P_{13}，再经 P_{23} 达到同样的状态。同样还可以证明

$$P_{23}P_{12}(1,2,3)=P_{23}(2,1,3)=(3,1,2),$$
$$P_{13}P_{23}(1,2,3)=P_{13}(1,3,2)=(3,1,2)$$

故有 $P_{23}P_{12}=P_{13}P_{23}$ 等。总结结果如下：

$$P_{23}P_{12}=P_{13}P_{23}=P_{12}P_{13} \tag{12.1.37}$$

$$P_{23}P_{13}=P_{13}P_{12}=P_{12}P_{23} \tag{12.1.38}$$

由于 $\boldsymbol{R}(u)$ 与 $\boldsymbol{P}$ 有线性关系，$\boldsymbol{R}$ 也应满足类似的关系：

$$R(u)_{12}R(u+v)_{13}R(v)_{23}=R(v)_{23}R(u+v)_{13}R(u)_{12} \tag{12.1.39}$$

直接计算就可以证明

$$\begin{aligned}R(u)_{12}R(u+v)_{13}R(v)_{23}&=(u+P_{12})[(u+v)+P_{13}](v+P_{23})\\&=uv(u+v)+v(u+v)P_{12}+uvP_{13}+u(u+v)P_{23}+\\&\quad(u+v)P_{12}P_{23}+vP_{12}P_{13}+uP_{13}P_{23}+P_{12}P_{13}P_{23}\end{aligned}$$

利用式(12.1.38)可得以上 u 与 v 的线性项 $vP_{12}P_{13}+uP_{13}P_{23}=(u+v)P_{12}P_{13}$。再考虑式(12.1.36)，结果和式(12.1.39)的等号右侧相同。$\boldsymbol{R}(u)$ 是置换算符的推广，作用在自旋空间，与 $\boldsymbol{P}$ 满足类似的关系，只是在不同空间有了不同的谱参数，并且 $[\boldsymbol{R}(u)]^2\neq\boldsymbol{I}$。以后可以看到，谱参数具有动量的意义，因此 $\boldsymbol{R}(u)$ 的解具有动力学内容。以上我们从一个简单的 $\boldsymbol{R}(u)$ 形式（式(12.1.34)）推出了方程(12.1.39)，它有多种形式的解，式(12.1.34)是最简单的形式。实际上，方程(12.1.39)具有非常普遍的意义，它就是杨-Baxter方程[2-6]。

12.2　RTT关系

12.1节讨论的 $\boldsymbol{L}(u)$ 辅助空间是 2×2 矩阵，从而 $\check{\boldsymbol{R}}(u)$ 矩阵是 4×4 矩阵。实际上，辅助空间可以是任意维的，例如 $\boldsymbol{L}(u)$ 是 $M\times M$ 矩阵。相应地，$\check{\boldsymbol{R}}$ 即 $M^2\times M^2$ 矩阵。在显示矩阵 $\boldsymbol{R}$ 的置换作用的式(12.1.32)中，$\overset{1}{\boldsymbol{L}}(u)$ 与 $\overset{2}{\boldsymbol{L}}(v)$ 分属不同的空间，而 $\boldsymbol{R}(u-v)$ 作用于两个空间上。

在物理问题中会出现具有许多格点的体系。每个格点上的力学量（算符）满足通常的对易关系，但不同格点上的力学量彼此对易。矩阵 $\boldsymbol{L}(u)$ 可以在各个格点上定义，例如在格点 j 上的矩阵是 $\boldsymbol{L}_j(u)$，它的矩阵元是 j 格点上的算符。不同格点上的算符对易，因此

$$[L_j^{ab}(u),L_k^{cd}(v)]=0,\quad j\neq k \tag{12.2.1}$$

a,b 与 c,d 是 $\boldsymbol{L}$ 辅助空间的矩阵元指标，作为矩阵，$\boldsymbol{L}_j(u)$ 与 $\boldsymbol{L}_k(v)$ 一般是不对易的。对于 N 格点体系，$\boldsymbol{L}(u)$ 可推广为 $\boldsymbol{T}(u)$：

$$\boldsymbol{T}(u)=\boldsymbol{L}_N(u)\boldsymbol{L}_{N-1}(u)\cdots\boldsymbol{L}_2(u)\boldsymbol{L}_1(u)\equiv\prod_{j=1}^{\overleftarrow{N}}\boldsymbol{L}_j(u) \tag{12.2.2}$$

箭头表示 $\boldsymbol{L}$ 矩阵的次序。$\boldsymbol{T}(u)$ 称为“整体转移矩阵”。式(12.1.32)给出的 $\boldsymbol{R}(u-v)\overset{1}{\boldsymbol{L}}(u)\overset{2}{\boldsymbol{L}}(v)=\overset{2}{\boldsymbol{L}}(v)\overset{1}{\boldsymbol{L}}(u)\boldsymbol{R}(u-v)$ 关系可推广为

$$R(u-v)_{ij,mn}T(u)_{mk}T(v)_{nl}=T(v)_{jm}T(u)_{in}R(u-v)_{nm,kl} \tag{12.2.3}$$

其矩阵形式是

$$\boldsymbol{R}(u-v)\overset{1}{\boldsymbol{T}}(u)\overset{2}{\boldsymbol{T}}(v)=\overset{2}{\boldsymbol{T}}(v)\overset{1}{\boldsymbol{T}}(u)\boldsymbol{R}(u-v) \tag{12.2.4}$$

对式(12.2.3)的证明，可以先证 $N=2$ 的情况：$\boldsymbol{T}(u)=\boldsymbol{L}_2(u)\boldsymbol{L}_1(u)$。式(12.2.3)等号左侧为

$$R(u-v)_{ij,mn}L_2(u)_{ms}L_1(u)_{sk}L_2(v)_{nr}L_1(v)_{rl}$$

利用不同格点的算符对易将 $\boldsymbol{L}_2$ 与 $\boldsymbol{L}_1$ 各自的矩阵元颠倒次序，然后利用式(12.1.33)将 $\boldsymbol{RLL}$ 写为 $\boldsymbol{LLR}$，等号左侧即为

$$\begin{aligned}&L_2(v)_{jm}L_2(u)_{in}R(u-v)_{nm,sr}L_1(u)_{sk}L_1(v)_{rl}\\=&L_2(v)_{jm}L_2(u)_{in}L_1(v)_{mr}L_1(u)_{ns}R(u-v)_{sr,kl}\\=&L_2(v)_{jm}L_1(v)_{mr}L_2(u)_{in}L_1(u)_{ns}R(u-v)_{sr,kl}\\=&T(v)_{jm}T(u)_{in}R(u-v)_{nm,kl}\end{aligned}$$

这正是式(12.2.3)的等号右侧。在证明在 $N=2$ 的情况下式(12.2.2)满足式(12.2.3)后，将 $\boldsymbol{T}(u)$ 再乘以另一个格点的 $\boldsymbol{L}(u)$ 矩阵，用同样的方法可以证明 $N=3$ 的情况正确，以此类推，可证一般情况正确。式(12.2.3)称为“RTT 关系”。和式(12.1.30)相比，只是将 $\boldsymbol{L}$ 换为 $\boldsymbol{T}$，$\boldsymbol{L}$ 表征一个格点处的局域关系，而 RTT 关系表征整体关系。RTT 关系是杨-Baxter 系统理论中的基本关系式，也是联系物理学中模型的出发点。

给定 $\boldsymbol{R}(u)$，求解 RTT 关系是指寻找满足 RTT 关系的 $\boldsymbol{T}$ 矩阵的矩阵元，它们可用量子理论中的基本算符表示出来。在 12.1 节的简单例子中，式(12.1.8)中的 $\boldsymbol{L}(u)$ 矩阵的实现式(12.1.21)是

$$\boldsymbol{L}(u)=\begin{bmatrix}1&0\\0&1\end{bmatrix}+u^{-1}\begin{bmatrix}L_3&L_-\\L_+&-L_3\end{bmatrix} \tag{12.2.5}$$

它满足最简单的 $\boldsymbol{R}$ 矩阵 $\boldsymbol{R}(u)=u\boldsymbol{I}+\boldsymbol{P}$ 所确定的 RTT 关系。将 $\boldsymbol{L}$ 改写为 $\boldsymbol{S}$：

$$\boldsymbol{S}_\pm=\frac{1}{2}(\boldsymbol{L}_1\pm\mathrm{i}\boldsymbol{L}_2)$$

则用泡利矩阵 $\boldsymbol{\sigma}$ 可将 $\boldsymbol{L}(u)$ 写作

$$\boldsymbol{L}(u)=\boldsymbol{I}+u^{-1}\boldsymbol{S\sigma} \tag{12.2.6}$$

$\boldsymbol{S}$ 是希尔伯特空间的算符，而 $\boldsymbol{\sigma}$ 是辅助空间的矩阵。将量子力学算符 $\boldsymbol{S}$ 和相应的 $\boldsymbol{L}(u)$ 定义在各个格点上，则有

$$\boldsymbol{L}_j(u)=\boldsymbol{I}+u^{-1}\boldsymbol{S}_j\boldsymbol{\sigma} \tag{12.2.7}$$

$\boldsymbol{S}_j$ 的对易关系是

$$[S_j^\alpha,S_k^\beta]=\mathrm{i}\varepsilon_{\alpha\beta\gamma}S_j^\gamma\delta_{jk} \tag{12.2.8}$$

$\boldsymbol{L}_j(u)$ 称为“局域转移矩阵”。整体转移矩阵是

$$\boldsymbol{T}(u)=(\boldsymbol{I}+u^{-1}\boldsymbol{S}_N\boldsymbol{\sigma})(\boldsymbol{I}+u^{-1}\boldsymbol{S}_{N-1}\boldsymbol{\sigma})\cdots(\boldsymbol{I}+u^{-1}\boldsymbol{S}_1\boldsymbol{\sigma}) \tag{12.2.9}$$

利用

$$\sigma_\alpha\sigma_\beta=\delta_{\alpha\beta}+\mathrm{i}\varepsilon_{\alpha\beta\gamma}\sigma_\gamma$$

可将 $\boldsymbol{T}(u)$展开,得

$$\begin{aligned}\boldsymbol{T}(u)&=\boldsymbol{I}+u^{-1}\Big(\sum_{j=1}^N\boldsymbol{S}_j\Big)\boldsymbol{\sigma}+u^{-2}\Big\{\mathrm{i}\sum_{j,k,j\neq k}\varepsilon_{\alpha\beta\gamma}S_j^\alpha S_k^\beta\sigma_\gamma+\sum_{j,k,j>k}\boldsymbol{S}_j\boldsymbol{S}_k\Big\}+\cdots\\&=\boldsymbol{I}+u^{-1}\boldsymbol{S}\boldsymbol{\sigma}+u^{-2}\mathrm{i}\sum_{j,k,j\neq k}\boldsymbol{S}_j\times\boldsymbol{S}_k\boldsymbol{\sigma}+u^{-2}\sum_{j,k,j>k}\boldsymbol{S}_j\boldsymbol{S}_k+\cdots\end{aligned} \tag{12.2.10}$$

其中 $\boldsymbol{S}=\sum_j^N\boldsymbol{S}_j$ 为总自旋。

以上从局域转移矩阵 $\boldsymbol{L}(u)$出发,构造了整体转移矩阵 $\boldsymbol{T}(u)$,并证明了 RTT 关系式(12.2.4)成立。但一般 RTT 关系(式(12.2.4))的解,却不一定总能分解为局域转移矩阵的乘积。

整体转移矩阵式(12.2.9)可以展开为 u^{-1} 的无穷级数式(12.2.10),也可能是 u^{-1} 的有限阶级数,核心是当给定 $\boldsymbol{R}$ 矩阵时,能解出 $\boldsymbol{T}(u)$。

RTT 关系是在给定 $\boldsymbol{R}(u)$情况下对转移矩阵 $\boldsymbol{T}$ 的限定条件,而 $\boldsymbol{R}(u)$的"给定"也是有条件的,它必须是杨-Baxter 方程的解。

12.3 杨-Baxter 方程

12.2 节从一个简单的 $\boldsymbol{R}(u)=\boldsymbol{P}+u\boldsymbol{I}$ 出发,考虑在不同空间上按一定次序作用以 $\boldsymbol{R}$ 算符,其结果应该自洽,得出杨-Baxter 方程(YBE)(式(12.1.39)),但方程普遍的正确性不应依赖具体的 $\boldsymbol{R}(u)$。由于要考虑多个空间,将 RTT 关系式(12.2.4)略作改变,写为

$$R_{12}(u_1-u_2)\overset{1}{\boldsymbol{T}}(u_1)\overset{2}{\boldsymbol{T}}(u_2)=\overset{2}{\boldsymbol{T}}(u_2)\overset{1}{\boldsymbol{T}}(u_1)R_{12}(u_1-u_2) \tag{12.3.1}$$

考虑三个空间的矩阵乘积$\overset{1}{\boldsymbol{T}}(u_1)\overset{2}{\boldsymbol{T}}(u_2)\overset{3}{\boldsymbol{T}}(u_3)$。对它们的辅助空间而言,应满足矩阵的结合律:

$$\overset{1}{\boldsymbol{T}}(u_1)(\overset{2}{\boldsymbol{T}}(u_2)\overset{3}{\boldsymbol{T}}(u_3))=(\overset{1}{\boldsymbol{T}}(u_1)\overset{2}{\boldsymbol{T}}(u_2))\overset{3}{\boldsymbol{T}}(u_3) \tag{12.3.2}$$

这个普遍的要求导致 $\boldsymbol{R}(u)$必然满足 YBE。

将式(12.3.1)左右各乘 $R_{12}^{-1}(u_1-u_2)$,易得

$$R_{12}^{-1}(u_1-u_2)\overset{2}{\boldsymbol{T}}(u_2)\overset{1}{\boldsymbol{T}}(u_1)=\overset{1}{\boldsymbol{T}}(u_1)\overset{2}{\boldsymbol{T}}(u_2)R_{12}^{-1}(u_1-u_2) \tag{12.3.3}$$

并注意 R_{12} 和 R_{12}^{-1} 只作用在空间 1 和 2,因而与 $\overset{3}{\boldsymbol{T}}$ 对易,同时用结合律,在诸如$\overset{1}{\boldsymbol{T}}\overset{2}{\boldsymbol{T}}\overset{3}{\boldsymbol{T}}$ 乘积中不再用括号。在以下证明中暂时略去 $R_{ij}(u_i-u_j)$和$\overset{i}{\boldsymbol{T}}(u_i)$中的谱参数。从 $R_{23}R_{13}R_{12}\overset{1}{\boldsymbol{T}}\overset{2}{\boldsymbol{T}}\overset{3}{\boldsymbol{T}}$ 开始,用 RTT 关系和 R_{12} 与$\overset{3}{\boldsymbol{T}}$ 对易的关系,令它变为 $R_{23}R_{13}\overset{2}{\boldsymbol{T}}\overset{1}{\boldsymbol{T}}\overset{3}{\boldsymbol{T}}R_{12}$。再同样处理前两个因子 R_{23} 和 R_{13},最后得

$$R_{23}R_{13}R_{12}\overset{1}{\boldsymbol{T}}\overset{2}{\boldsymbol{T}}\overset{3}{\boldsymbol{T}}=\overset{3}{\boldsymbol{T}}\overset{2}{\boldsymbol{T}}\overset{1}{\boldsymbol{T}}R_{23}R_{13}R_{12} \tag{12.3.4}$$

再用

$$[R_{12}R_{13}R_{23}]^{-1}=R_{23}^{-1}R_{13}^{-1}R_{12}^{-1}$$

将上式等号左侧作用于式(12.3.4)等号左侧,上式等号右侧作用于式(12.3.4)等号右侧,得

$$[R_{12}R_{13}R_{23}]^{-1}R_{23}R_{13}R_{12}\overset{1}{\boldsymbol{T}}\overset{2}{\boldsymbol{T}}\overset{3}{\boldsymbol{T}}=\overset{1}{\boldsymbol{T}}\overset{2}{\boldsymbol{T}}\overset{3}{\boldsymbol{T}}[R_{12}R_{13}R_{23}]^{-1}R_{23}R_{13}R_{12}$$

这正是

$$[(R_{12}R_{13}R_{23})^{-1}R_{23}R_{13}R_{12},\overset{1}{\boldsymbol{T}}\overset{2}{\boldsymbol{T}}\overset{3}{\boldsymbol{T}}]=0$$

由于$\overset{1}{\boldsymbol{T}}\overset{2}{\boldsymbol{T}}\overset{3}{\boldsymbol{T}}$是三个空间矩阵的乘积,与它对易的只能是常数 c,亦即

$$R_{23}R_{13}R_{12}=cR_{12}R_{13}R_{23}$$

对三个空间矩阵乘积取行列式,用 $\det\boldsymbol{ABC}=\det\boldsymbol{A}\ \det\boldsymbol{B}\ \det\boldsymbol{C}$,即可确定 $c=1$,因此

$$R_{12}(u_1-u_2)R_{13}(u_1-u_3)R_{23}(u_2-u_3)=R_{23}(u_2-u_3)R_{13}(u_1-u_3)R_{12}(u_1-u_2) \tag{12.3.5}$$

证明完毕。式(12.3.5)是个比较抽象的形式,辅助空间标号 1,2,3 实际上是矩阵元标号演变来的。和 RTT 关系式(12.2.3)相比,现在的式(12.3.5)应该写作

$$R(u)_{ji}^{ml}R(u+v)_{kl}^{nt}R(v)_{nm}^{rs}=R(v)_{kj}^{lm}R(u+v)_{li}^{rn}R(u)_{mn}^{st} \tag{12.3.6}$$

式(12.3.6)中已将 u_1-u_2,u_1-u_3,u_2-u_3 分别改写为 $u,u+v,v$。注意到$(u_1-u_2)+(u_2-u_3)=u_1-u_3$,原来的矩阵指标 $R_{ji,ml}$ 改为 R_{ji}^{ml}。式(12.3.6)双方并非三个矩阵的乘积。若是那样,就应该只有两个自由下指标和两个自由上指标。式(12.3.6)等号两侧各有三个自由下指标 i,j,k 和三个自由上指标 t,r,s。其他的 l,m,n 是求和指标,代表一个上指标与一个下指标求和。它的来源是等号两侧都是作用于三个 $\boldsymbol{T}$ 矩阵乘积,它各有一个上、下指标。这些指标"消耗"了三个 $\boldsymbol{R}$ 乘积的三个下指标和三个上指标。式(12.3.6)与式(12.3.5)的关系正如式(12.2.3)与式(12.2.4)的关系。相应地,$\check{R}(u)_{ij}^{kl}=R(u)_{ji}^{kl}$,满足

$$\check{R}(u)_{ij}^{ml}\check{R}(u+v)_{lk}^{nt}\check{R}(v)_{mn}^{rs}=\check{R}(v)_{jk}^{lm}\check{R}(u+v)_{il}^{rn}\check{R}(u)_{nm}^{st} \tag{12.3.7}$$

用空间记法表示则为

$$\check{R}_{12}(u)\check{R}_{23}(u+v)\check{R}_{12}(v)=\check{R}_{23}(v)\check{R}_{12}(u+v)\check{R}_{23}(u) \tag{12.3.8}$$

为了了解用空间记法与矩阵指标记法的一致性,可以用图示法,见图 12.2。图中,$\check{R}(u)_{ij}^{lk}$ 表示一个具有内部自由度 i 的粒子与一个具有内部自由度 j 的粒子以相对快度[①] u 发生碰撞,碰撞后的内部自由度分别变为 k 与 l。如果这个自由度是自旋,则自旋守恒要求 $i+j=k+l$。图中标出空间Ⅰ与Ⅱ碰撞后,末态粒子 l 和 k 分别处于空间Ⅰ和Ⅱ,线交叉表示碰撞。$\check{\boldsymbol{R}}^{-1}$ 与 $\check{\boldsymbol{R}}$ 的不同之处在于两条粒子空间线的交叉不同。这是一个约定问题。现在的约定是在 $\check{\boldsymbol{R}}$ 中的末态处于空间Ⅰ的在上,而 $\check{\boldsymbol{R}}^{-1}$ 与它相反,这是由 $\check{\boldsymbol{R}}\check{\boldsymbol{R}}^{-1}=\boldsymbol{I}$ 决定的。从图 12.3 看 $\check{\boldsymbol{R}}$ 和 $\check{\boldsymbol{R}}^{-1}$ 两条线,一条总在另一条上面。因此可以把它们拉开,最后成为两条平行线,根本没有碰撞(Ⅰ)。这类图形的性质仅依赖于交叉点的数目及交叉为上交(overcrossing)或下交(undercrossing)的性质。不改变交叉数目而将线连续变形,是一种拓扑变换。上面列举的性质是拓扑性质,而 $\check{\boldsymbol{R}}\check{\boldsymbol{R}}^{-1}$ 或 $\check{\boldsymbol{R}}^{-1}\check{\boldsymbol{R}}$ 与 $\boldsymbol{I}$ 拓扑等价。另外,还应注意 $\check{\boldsymbol{R}}=\boldsymbol{PR}$。

① 在相对论运动学中,质量为 m 的粒子与能量 ε、动量 $\boldsymbol{p}$ 之间关系为 $\varepsilon^2=\boldsymbol{p}^2+m^2$。因此可定义快度 u,即 $\varepsilon=m\cosh u$,$\boldsymbol{p}=m\sinh u$。在 $v\ll c$ 时,u 就是速度 v。

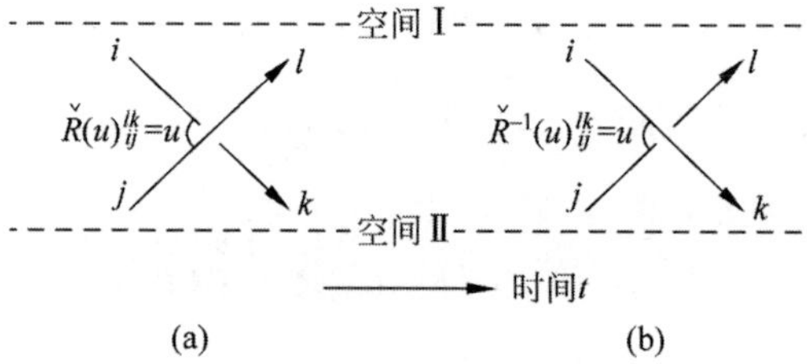

图 12.2　$\check{\boldsymbol{R}}$ 与$\check{\boldsymbol{R}}^{-1}$ 的图示

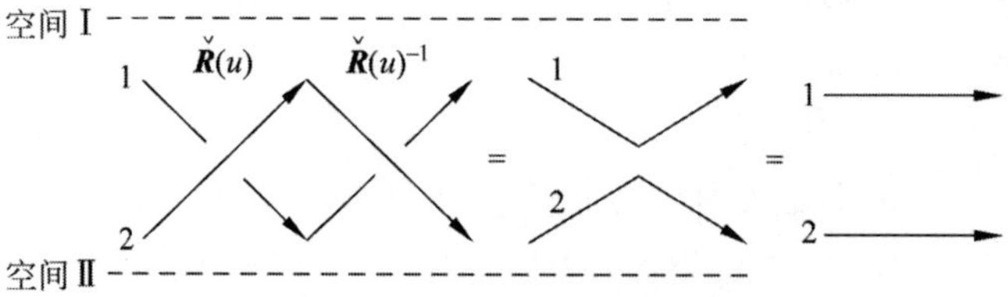

图 12.3　$\check{\boldsymbol{R}}(u)\check{\boldsymbol{R}}^{-1}(u)=\boldsymbol{I}$ 的图示

RTT 关系：

$$R(u-v)_{ij}^{mn}T(u)_m^k T(v)_n^l=T(v)_j^m T(u)_i^n R(u-v)_{nm}^{kl}$$

可用图 12.4 表示。图中的两个交叉分别代表 $R_{ij}^{mn}(u-v)$ 与 $R_{kl}^{nm}(u-v)$，它们已在图 12.2 中解释过。图 12.4 左图中的 R_{ij}^{mn} 作用于 T_n^l 与 T_m^k 上，使粒子 1(快度 u)的状态由 m 变为 k，粒子 2(快度 v)由 n 变为 l，虚线代表量子的空间指标，未标出。m 与 n 是求和指标。右图的诠释与左图类似。它们相等的含义是：将左图的虚线连续移动，在不改变图的拓扑性质的情况下就成了右图。

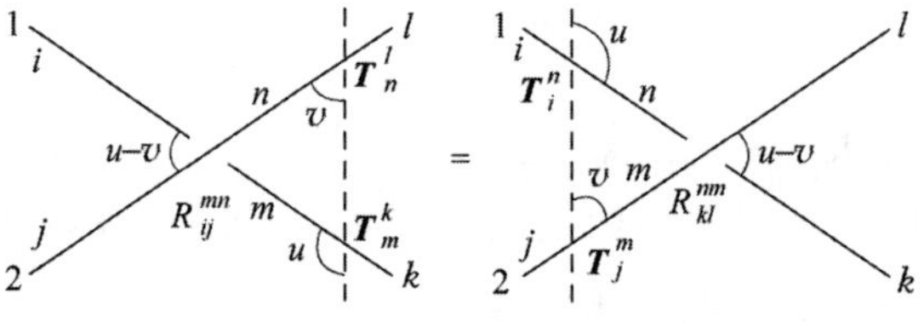

图 12.4　RTT 关系

求解问题的过程是，先解 YBE，得到一种解 $\boldsymbol{R}(u)$。然后对给定的 $\boldsymbol{R}(u)$ 求解 RTT 关系，即得到 $\boldsymbol{T}(u)$ 矩阵的各矩阵元作为基本量子力学算符的实现。这种表示要做到使 $\boldsymbol{T}(u)$ 作为 u^{-1} 展开到某一阶，满足 RTT 关系，式(12.2.10)给出了这种表示的一个例子。

RTT 关系的重要性在于它不仅给出了对易关系，还给出了量子系统的守恒量，包括哈密顿量，即规定系统的动力学。RTT 关系是法捷耶夫[1-2]及其合作者在建立二次量子化反散射方法时提出的。此后经德里费里德[7-9]进一步发展成为新型对称性理论。

12.4　守恒量集合，哈密顿量

在力学中，只要知道系统的所有运动积分(守恒量)，这个系统就称为“完全可积的”。在量子理论中，相应的系统称为“量子可积系统”。在 12.2 节中引入的转移矩阵与守恒量族有

密切关系。用 $\check{\boldsymbol{R}}$ 表示的 RTT 关系是式(12.1.29):

$$\check{\boldsymbol{R}}(u-v)(\boldsymbol{T}(u)\otimes\boldsymbol{T}(v))=(\boldsymbol{T}(v)\otimes\boldsymbol{T}(u))\check{\boldsymbol{R}}(u-v)\tag{12.4.1}$$

$\check{\boldsymbol{R}}$ 为非奇异矩阵,存在 $\check{\boldsymbol{R}}^{-1}$,故有

$$\boldsymbol{T}(u)\otimes\boldsymbol{T}(v)=\check{\boldsymbol{R}}^{-1}(u-v)(\boldsymbol{T}(v)\otimes\boldsymbol{T}(u))\check{\boldsymbol{R}}(u-v)$$

由于 $\mathrm{tr}(\boldsymbol{A}\otimes\boldsymbol{B})=\mathrm{tr}\boldsymbol{A}\ \mathrm{tr}\boldsymbol{B}$,上式双方取迹,有

$$\mathrm{tr}\boldsymbol{T}(u)\mathrm{tr}\boldsymbol{T}(v)=\mathrm{tr}\boldsymbol{T}(v)\mathrm{tr}\boldsymbol{T}(u)$$

即

$$[\mathrm{tr}\boldsymbol{T}(u),\mathrm{tr}\boldsymbol{T}(v)]=0\tag{12.4.2}$$

定义

$$\tau(u)=\mathrm{tr}\boldsymbol{T}(u)=\sum_n u^{-n}\tau^{(n)}\tag{12.4.3}$$

从式(12.4.2)和式(12.4.3)得

$$[\tau^{(n)},\tau^{(m)}]=0\tag{12.4.4}$$

在式(12.4.3)中未规定 n 求和的上下限,这取决于 RTT 关系解 $\boldsymbol{T}(u)$的形式。有时 $0\leqslant n<\infty$,有时上限是正整数,一般 n 可以对 $-\infty\sim+\infty$求和。

以上的讨论表明,已知 $\boldsymbol{T}(u)$的物理实现,取其矩阵迹再对谱参数展开,就可以得到系统的所有守恒量 $\tau^{(n)}$,它们彼此对易。可以选择其中一个或几个的线性组合作为哈密顿量。这种选择往往以物理意义作为导引,它的经典极限也可以提供参考。此外,满足 RTT 关系的系统一定是量子可积系统。虽然在具体实现时并不简单,但理论构架却是十分确切而简洁的。RTT 关系不仅给出了力学量的对易关系,还给出了守恒量的完全集合,并且判断出了系统的量子可积性。

若将 τ 对 u^{-1} 展开至无穷阶,就有无穷多守恒量。经典一维孤子解有无穷多守恒量,这里粗略将其称为它的量子对应。当展开式止于有限阶时,守恒量的个数就是有限的。它的数目由系统自由度确定。

作展开时可以用 $\mathrm{tr}\boldsymbol{T}(u)$,也可以用 $\ln\,\mathrm{tr}\boldsymbol{T}(u)$。对于长程相互作用的一维格点模型,有特定的展开方式。下面讨论近邻作用的户田格子。在第 n 个格点上的局域转移矩阵是

$$\boldsymbol{L}_n(u)=\begin{bmatrix}1&0\\0&0\end{bmatrix}+u^{-1}\begin{bmatrix}-p_n&\mathrm{e}^{\mathrm{i}q_n}\\\mathrm{e}^{-\mathrm{i}q_n}&0\end{bmatrix}\tag{12.4.5}$$

整体转移矩阵是

$$\begin{aligned}\boldsymbol{T}(u)=&\left\{\begin{bmatrix}1&0\\0&0\end{bmatrix}+u^{-1}\begin{bmatrix}-p_N&\mathrm{e}^{\mathrm{i}q_N}\\\mathrm{e}^{-\mathrm{i}q_N}&0\end{bmatrix}\right\}\left\{\begin{bmatrix}1&0\\0&0\end{bmatrix}+u^{-1}\begin{bmatrix}-p_{N-1}&\mathrm{e}^{\mathrm{i}q_{N-1}}\\\mathrm{e}^{-\mathrm{i}q_{N-1}}&0\end{bmatrix}\right\}\\&\cdots\left\{\begin{bmatrix}1&0\\0&0\end{bmatrix}+u^{-1}\begin{bmatrix}-p_1&\mathrm{e}^{\mathrm{i}q_1}\\\mathrm{e}^{-\mathrm{i}q_1}&0\end{bmatrix}\right\}\end{aligned}\tag{12.4.6}$$

以下计算 $\boldsymbol{T}(u)$按 u^{-1} 的低阶幂次展开,并取迹:

$$\mathrm{tr}\boldsymbol{T}(u)=A_0+u^{-1}A_1+u^{-2}A_2+\cdots\tag{12.4.7}$$

其中

$$A_0=1,$$

$$A_1 = -\sum_{n=1}^{N} p_n,$$

$$A_2 = \sum_{n,m,n>m}^{N} p_n p_m + \sum_{n=1}^{N-1} \mathrm{e}^{\mathrm{i}(q_{n+1}-q_n)}$$

其中 A_2 的计算如下：给出 u^{-2} 的两个矩阵可以相邻，也可以不相邻。对于周期边界条件，如果它们相邻，给出的是 $\sum_n p_{n+1}p_n + \sum_n \exp[\mathrm{i}(q_{n+1}-q_n)]$；如果它们不相邻，矩阵之间会有 $\begin{bmatrix}1 & 0\\ 0 & 0\end{bmatrix}$，结果是 $\sum_{n,m,n>m} p_n p_m$。为了得到与经典的对应，先取 $\ln \operatorname{tr}\boldsymbol{T}(u)$ 再进行展开。用

$$\ln(1+x) = x - \frac{1}{2}x^2 + \cdots$$

式(12.4.7)中相应的 x 是

$$x = u^{-1}A_1 + u^{-2}A_2 + \cdots$$

因此有

$$\begin{aligned}\ln \operatorname{tr}\boldsymbol{T}(u) &= uA_1 + u^{-2}\left(A_2 - \frac{1}{2}A_1^2\right) + \cdots\\ &= uP - u^{-2}H + \cdots\end{aligned}$$

由于 $-\frac{1}{2}A_1^2 = -\frac{1}{2}\left(\sum_{n=1}^{N} p_n\right)^2 = -\sum_{n,m,n>m}^{N} p_n p_m - \sum_{n=1}^{N} p_n^2$，前项与 A_2 的第一项抵消，于是守恒量是

$$\left.\begin{aligned}-\boldsymbol{P} &= -\sum_{n=1}^{N} p_n\\ +H &= \sum_{n=1}^{N}\left(\frac{1}{2}p_m^2 + \mathrm{e}^{\mathrm{i}(q_n - q_{n-1})}\right)\\ \cdots\end{aligned}\right\} \tag{12.4.8}$$

其中 $\boldsymbol{P}$ 是总动量，H 是户田格子的哈密顿量。在 H 中格点的相互作用只涉及近邻。若在选局域转移矩阵时不用 $\begin{bmatrix}1 & 0\\ 0 & 0\end{bmatrix}$ 而用 $\begin{bmatrix}1 & 0\\ 0 & 1\end{bmatrix}$，便会出现长程相互作用。

以上描述的方法可以总结为三个步骤：① 给定 $\boldsymbol{R}(u)$，求出转移矩阵 $\boldsymbol{L}(u)$；② 给 $\boldsymbol{L}(u)$ 赋予格点指标 $\boldsymbol{L}_n(u)$，形成整体转移矩阵 $\boldsymbol{T}(u) = \prod_1^N \boldsymbol{L}_n(u)$；③ 将 $\operatorname{tr}\boldsymbol{T}(u)$ 或 $\ln \operatorname{tr}\boldsymbol{T}(u)$ 展成 u^{-1} 的幂级数，各阶系数就是守恒量。这个普遍的方法是法捷耶夫等人在量子反散射方法中首创的。在一些特定情况下，可以直接从 $\boldsymbol{R}$ 矩阵求出哈密顿量，大大简化了上述方法的步骤。

矩阵 $\boldsymbol{L}(u)$ 的每个元素都是希尔伯特空间的算符。若取式(12.1.33)在量子态 a 和 b 间的矩阵元，结果将是

$$R(u)_{ij}^{nm}(L_{ac}(u+v))_n^t(L_{cb}(v))_m^s = (L_{ac}(v))_j^m(L_{cb}(u+v))_i^n R(u)_{nm}^{ts} \tag{12.4.9}$$

定义矩阵 $\hat{\boldsymbol{R}}(u)$：

$$\hat{R}(u)_{ij}^{mn} = R(u)_{ij}^{nm} \tag{12.4.10}$$

它将 $\boldsymbol{R}$ 的两个后指标交换，而 $\check{\boldsymbol{R}}$ 则是将 $\boldsymbol{R}$ 的两个前指标交换。再定义一个矩阵

$$\widetilde{R}(u)_{na}^{ct} = (L_{ac}(u))_n^t \tag{12.4.11}$$

它的指标既来自辅助空间矩阵元指标(n,t),又来自希尔伯特空间指标(a,c)。式(12.4.9)便可以写作

$$\hat{R}(u)_{ij}^{mn}\widetilde{R}(u+v)_{na}^{ct}\widetilde{R}(v)_{mc}^{bs} = \widetilde{R}(v)_{ja}^{cm}\widetilde{R}(u+v)_{ic}^{bn}\hat{R}(u)_{nm}^{st} \tag{12.4.12}$$

和 YBE(式(12.3.7))相比,发现 $\widetilde{\boldsymbol{R}}$ 满足的方程与 $\hat{\boldsymbol{R}}$ 相同。因此它最简单的解便是

$$\widetilde{\boldsymbol{R}}(u) = \hat{\boldsymbol{R}}(u) \tag{12.4.13}$$

在一个特定情况下,当辅助空间指标 $i,j,k,\cdots$ 与希尔伯特空间指标取值范围相同时,还可以用 $\widetilde{\boldsymbol{R}}$ 定义整体转移矩阵:

$$\{T^{(N)}(u)_{\boldsymbol{a}}^{\boldsymbol{b}}\}_{i_1}^{i_{N+1}} = (L_{a_1b_1}(u))_{i_1}^{i_2}(L_{a_2b_2}(u))_{i_2}^{i_3}\cdots(L_{a_Nb_N}(u))_{i_N}^{i_{N+1}} \tag{12.4.14}$$

其中

$$\boldsymbol{a} = (a_1,a_2,\cdots,a_N),\quad \boldsymbol{b} = (b_1,b_2,\cdots,b_N)$$

在式(12.4.14)中,希尔伯特空间指标是与格点有关的,格点间没有求和,而辅助空间则是 N 个矩阵相乘,因此有指标求和。使用定义式(12.4.11),有

$$\{T^{(N)}(u)_{\boldsymbol{a}}^{\boldsymbol{b}}\}_{i_1}^{i_{N+1}} = \hat{R}(u)_{i_1a_1}^{b_1i_2}\hat{R}(u)_{i_2a_2}^{b_2i_3}\cdots\hat{R}(u)_{i_Na_N}^{b_Ni_{N+1}} \tag{12.4.15}$$

RTT 关系是

$$\hat{\boldsymbol{R}}(u-v)(\boldsymbol{T}^{(N)}(u)_{\boldsymbol{a}}^{\boldsymbol{c}} \otimes \boldsymbol{T}^{(N)}(v)_{\boldsymbol{c}}^{\boldsymbol{b}}) = (\boldsymbol{T}^{(N)}(v)_{\boldsymbol{a}}^{\boldsymbol{c}} \otimes \boldsymbol{T}^{(N)}(u)_{\boldsymbol{c}}^{\boldsymbol{b}})\hat{\boldsymbol{R}}(u-v) \tag{12.4.16}$$

由于 $\hat{\boldsymbol{R}}$ 是置换辅助空间指标的,故希尔伯特空间指标不受影响。关系式(12.4.16)的图示是图 12.4 的扩展,示于图 12.5。图中 a_i 与 b_j 均为自由指标。令一个图的虚线平移越过交叉点,各线保持距交叉点远近的次序,便可形成另一个(相等的)图。对辅助空间求迹,得

$$\begin{aligned}(\tau^{(N)}(u))_{\boldsymbol{a}}^{\boldsymbol{b}} &\equiv \mathrm{tr}(\boldsymbol{T}^{(N)}(u))_{\boldsymbol{a}}^{\boldsymbol{b}} = \{T^{(N)}(u)_{\boldsymbol{a}}^{\boldsymbol{b}}\}_{i_1}^{i_1} \\ &= \hat{R}(u)_{i_1a_1}^{b_1i_2}\hat{R}(u)_{i_2a_2}^{b_2i_3}\cdots\hat{R}(u)_{i_{N-1}a_{N-1}}^{b_{N-1}i_N}\hat{R}(u)_{i_Na_N}^{b_Ni_1}\end{aligned} \tag{12.4.17}$$

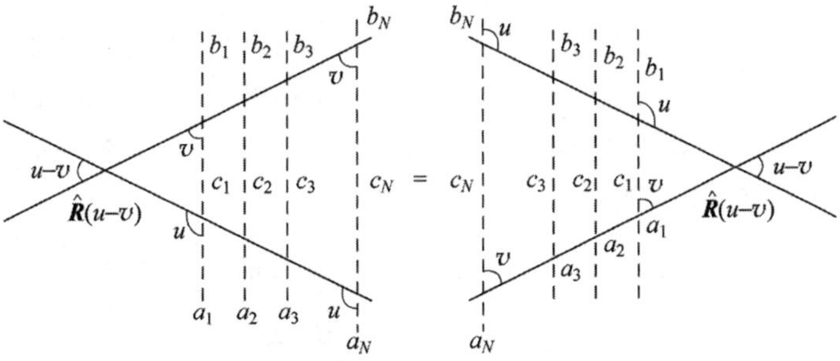

图 12.5　$\hat{\mathrm{R}}$TT 关系图示

在 YBE 的解中,原有 $\check{\boldsymbol{R}}(u=0)=\boldsymbol{I}$,现要求

$$\hat{\boldsymbol{R}}(u=0) = \boldsymbol{I} \tag{12.4.18}$$

因为 $\hat{\boldsymbol{R}}$ 与 $\check{\boldsymbol{R}}$ 在 YBE 的意义下没有差别。当希尔伯特空间指标与辅助空间的取值范围相等时,利用

$$\hat{R}(0)_{i_1a_1}^{b_1i_2}=(\boldsymbol{I}\otimes\boldsymbol{I})_{i_1a_1}^{b_1i_2}=\delta_{i_1b_1}\delta_{a_1i_2}$$

其中 $\hat{\boldsymbol{R}}$ 是 $M^2\times M^2$ 矩阵，$\boldsymbol{I}$ 是 $M\times M$ 单位矩阵，得

$$\{T^{(N)}(u)_{\boldsymbol{a}}^{\boldsymbol{b}}\}_{i_1}^{i_1}=\underbrace{\delta_{i_1}^{b_1}\delta_{a_1}^{i_2}\cdot\delta_{i_2}^{b_2}\delta_{a_2}^{i_3}\cdot\cdots\cdot\delta_{i_N}^{b_N}\delta_{a_N}^{i_1}}_{2N\text{个克罗内克}\delta}=\underbrace{\delta_{a_N}^{b_1}\delta_{a_1}^{b_2}\delta_{a_2}^{b_3}\cdots\delta_{a_{N-1}}^{b_N}}_{N\text{个克罗内克}\delta}\tag{12.4.19}$$

$$(T^{(N)^{-1}}(u)_{\boldsymbol{a}}^{\boldsymbol{b}})_{i_1}^{i_1}\big|_{u=0}=\delta_{a_2}^{b_1}\delta_{a_3}^{b_2}\cdots\delta_{a_N}^{b_{N-1}}\delta_{a_1}^{b_N}\tag{12.4.20}$$

于是有

$$\begin{aligned}\frac{\mathrm{d}}{\mathrm{d}u}\ln\{\tau^{(N)}(u)\}_{\boldsymbol{a}}^{\boldsymbol{b}}\bigg|_{u=0}&=\{\tau^{(N)}(u)^{-1}\}_{\boldsymbol{c}}^{\boldsymbol{b}}\frac{\mathrm{d}}{\mathrm{d}u}\{\tau^{(N)}(u)\}_{\boldsymbol{a}}^{\boldsymbol{c}}\bigg|_{u=0}\\&=\sum_{i=1}^{N}\left(\delta_{a_1}^{b_1}\delta_{a_2}^{b_2}\cdots\delta_{a_{i-1}}^{b_{i-1}}\frac{\mathrm{d}}{\mathrm{d}u}\hat{R}(u)_{a_ia_{i+1}}^{b_ib_{i+1}}\bigg|_{u=0}\delta_{a_{i+2}}^{b_{i+2}}\cdots\delta_{a_N}^{b_N}\right)\end{aligned}\tag{12.4.21}$$

用空间直积形式写出，有

$$\frac{\mathrm{d}}{\mathrm{d}u}\ln\tau^{(N)}(u)\big|_{u=0}=\sum_{i=1}^{N}\overset{(1)}{I}\otimes\overset{(2)}{I}\otimes\cdots\otimes\overset{(i-1)}{I}\otimes\frac{\mathrm{d}\hat{R}(u)^{(i,i+1)}}{\mathrm{d}u}\bigg|_{u=0}\otimes I^{(i+2)}\otimes\cdots\otimes I^{(N)}\tag{12.4.22}$$

式(12.4.22)给出的是 $\ln\tau^{(N)}(u)$对 u 展开的一阶系数(算符)，有些模型就是取它为哈密顿量。按这种选择，式(12.4.22)就可以给出"局域"哈密顿量[10,14]

$$H_{i,i+1}=\frac{\mathrm{d}}{\mathrm{d}u}\hat{R}(u)^{(i,i+1)}\big|_{u=0}\tag{12.4.23}$$

而系统的哈密顿量是

$$H=\sum_{i=1}^{N}H_{i,i+1}\tag{12.4.24}$$

由于 $\hat{\boldsymbol{R}}(u)$与 $\check{\boldsymbol{R}}(u)$都是 YBE 的解，也可以选择

$$H_{i,i+1}=\frac{\mathrm{d}}{\mathrm{d}u}\check{R}(u)^{(i,i+1)}\big|_{u=0}\tag{12.4.25}$$

以上的讨论证明了对于一类可积系统，当它的量子空间维数与辅助空间维数相同时，例如自旋 1/2 的态空间与辅助空间维数均为 2 时，再选 $\ln\tau(u)$的一阶展开系数为哈密顿量即可，不必从头按法捷耶夫等人创立的步骤执行。只要选好 YBE 的解，将它局域化，取对 u 的导数，然后设 $u=0$，即可得到哈密顿量。

由于 $\check{\boldsymbol{R}}(u)$矩阵是将两个相邻空间进行置换，而最简单的解 $\check{\boldsymbol{R}}=\boldsymbol{I}+u\boldsymbol{P}$ 在格点下为

$$\check{R}(u)^{(i,i+1)}=I+uP_{i,i+1}$$

$\check{\boldsymbol{R}}$ 的一阶系数就是 $\boldsymbol{P}$，因此

$$H=\sum_{i=1}^{N}H_{i,i+1}=\sum_{i=1}P_{i,i+1}\tag{12.4.26}$$

置换算符式(12.1.26)仅在自旋 1/2 时可以表示为

$$P_{i,i+1}=\frac{1}{2}(\boldsymbol{I}+\boldsymbol{\sigma}_i\boldsymbol{\sigma}_{i+1})$$

即得到

$$H = \frac{1}{2}\sum_{i=1}^{N}(\boldsymbol{I} + \boldsymbol{\sigma}_i \boldsymbol{\sigma}_{i+1}) \tag{12.4.27}$$

这是各向同性海森堡链模型的哈密顿量。在自旋不是 1/2 时,用自旋算符表示 $\boldsymbol{P}_{i,i+1}$ 就要更复杂了。以上方法大体适用于近邻自旋相互作用的链模型。

最后,对谱参数的展开做一点补充。上面提到过将 $\mathrm{tr}\boldsymbol{T}(u)$ 对 u^{-1} 作展开,在上述简便方法中,取的是 u 的一次项。由于 RTT 关系,如果在 $\boldsymbol{R}$ 中选择 u 的正幂次,$\boldsymbol{T}$ 便依 u 的负幂次展开,反过来也一样。物理学中的许多问题是和某些解析函数的极点及在极点处的留数有关的。因此需要得到洛朗级数(Laurent series),这便是存在以上两种选择的原因。如果函数可以到处解析,在物理意义上便成为平庸的了。

本节的相关内容可参阅文献[1],[2],[10]~[13]。

12.5 量子行列式,余乘法

当辅助空间为 $SL(2)$时,转移矩阵 $\boldsymbol{T}(u)$是 2×2 矩阵,但其矩阵元是算符。对于一个 c 数矩阵,其逆矩阵与矩阵的行列式有关。因此,需要找出转移矩阵的相应"行列式",它应能和任何矩阵元(算符)对易。这个"行列式"记为$\widetilde{\det}\boldsymbol{T}(u)$,称为"量子行列式":

$$\widetilde{\det}\boldsymbol{T}(u) = T_{11}(u)T_{22}(u-1) - T_{12}(u)T_{21}(u-1) \tag{12.5.1}$$

它满足

$$[\widetilde{\det}\boldsymbol{T}(u), T_{ab}(v)] = 0 \tag{12.5.2}$$

在证明之前,先要导出一个关系,在 RTT 关系

$$\check{\boldsymbol{R}}(u-v)(\boldsymbol{T}(u)\otimes \boldsymbol{T}(v)) = (\boldsymbol{T}(v)\otimes \boldsymbol{T}(u))\check{\boldsymbol{R}}(u-v)$$

中,取

$$\check{\boldsymbol{R}}(u) = \boldsymbol{I} + u\boldsymbol{P}$$

并使用置换矩阵 $\boldsymbol{P}$ 的表达式

$$P_{ab}^{cd} = \delta_a^d \delta_b^c, \quad a,b,c,d = 1,2 \tag{12.5.3}$$

RTT 关系给出:

$$(u-v)[T_{bc}(u), T_{ad}(v)] + T_{ac}(u)T_{bd}(v) - T_{ac}(v)T_{bd}(u) = 0 \tag{12.5.4}$$

在式(12.5.4)中令 $a=b, c=d$,考虑到 u 与 v 是任意的,有

$$[T_{ac}(u), T_{ac}(v)] = 0 \tag{12.5.5}$$

为了证明式(12.5.2),先取一个矩阵元 T_{11} 为例。用式(12.5.5),有

$$\begin{aligned}[\widetilde{\det}\boldsymbol{T}(u), T_{11}(v)] = {} & T_{11}(u)[T_{22}(u-1), T_{11}(v)] - \\ & [T_{12}(u), T_{11}(v)]T_{21}(u-1) - T_{12}(u)[T_{21}(u-1), T_{11}(v)]\end{aligned}$$

将式(12.5.4)给出的$[T_{bc}(u-1), T_{ad}(v)] = (u-v-1)^{-1}(T_{ac}(v)T_{bd}(u) - T_{ac}(u)T_{bd}(v))$代入上式,则有

$$\begin{aligned}[\widetilde{\det}\boldsymbol{T}(u), T_{11}(v)] = {} & (u-v-1)^{-1}T_{11}(u)(T_{12}(v)T_{12}(u-1) - T_{12}(u-1)T_{21}(v)) - \\ & (u-v)^{-1}(T_{11}(v)T_{12}(u) - T_{11}(v)T_{12}(u))T_{21}(u-1) - \\ & (u-v-1)^{-1}T_{12}(u)(T_{11}(v)T_{21}(u-1) - T_{11}(u-1)T_{21}(v))\end{aligned}$$

$$=(u-v-1)^{-1}(u-v)^{-1}\{(u-v)[T_{11}(v),T_{12}(u)]+T_{11}(u)T_{12}(v)-T_{11}(v)T_{12}(u)\}T_{21}(u-1)$$
$$=0$$

最后一步是式(12.5.4)中 $b=c=1,a=1,d=2$ 的结果。类似地，可以证明$\widetilde{\det}\boldsymbol{T}(u)$与所有$\boldsymbol{T}(v)$的矩阵元对易，$\widetilde{\det}\boldsymbol{T}(u)$显然也和 $\mathrm{tr}\boldsymbol{T}(v)=T_{11}(v)+T_{22}(v)$对易：

$$[\widetilde{\det}\boldsymbol{T}(u),\mathrm{tr}\boldsymbol{T}(v)]=0 \tag{12.5.6}$$

对 $T_{ab}(u)$和$\widetilde{\det}\boldsymbol{T}(u)$都作展开：

$$T_{ab}(u)=1+\sum_{n=1}^{\infty}u^{-n}T_{ab}^{(n)} \tag{12.5.7}$$

$$\widetilde{\det}\boldsymbol{T}(u)=C_0+\sum_{n=1}^{\infty}u^{-n}C_n \tag{12.5.8}$$

式(12.5.2)给出

$$[C_n,T_{ab}^{(m)}]=0 \tag{12.5.9}$$

必有

$$[C_n,\tau^{(m)}]=0 \tag{12.5.10}$$

$\{C_n\}$构成一族守恒量

$$[C_n,C_m]=0 \tag{12.5.11}$$

并与$\{\tau^{(m)}\}$对易。不同的是，C_n 和 $T_{ab}^{(m)}$ 对易，而 $\tau^{(n)}$一般与 $T_{ab}^{(m)}$ 不对易。注意，守恒量族是由彼此对易的集合构成的，原则上并不要求与 $T_{ab}^{(m)}$ 对易。有些模型的哈密顿量是与 C_n 相联系的，有些则与 $\tau^{(m)}$ 相联系。

由于$\widetilde{\det}\boldsymbol{T}(u)$与 T_{ab} 对易，便可引入$(\boldsymbol{T}(u))^{-1}$：

$$(\boldsymbol{T}(u))^{-1}=(\widetilde{\det}\boldsymbol{T}(u))^{-1}\begin{bmatrix}T_{22}(u-1) & -T_{12}(u-1)\\ -T_{21}(u-1) & T_{11}(u-1)\end{bmatrix} \tag{12.5.12}$$

在定义$\widetilde{\det}$时用了 $u-1$，实际上用 $u-a$(a 为任意常数)也是一样的。

Yangian 的另一个要素是余乘法(co-product)。它是一种运算[7-9]，用 Δ 表示。它作用于两个算符之积时满足

$$\Delta(AB)=\Delta(A)\Delta(B) \tag{12.5.13}$$

它作用于转移矩阵的算符元素时定义为

$$\Delta(T_{ab})=\sum_c T_{ac}\otimes T_{cb}\equiv T_{ac}\otimes T_{cb} \tag{12.5.14}$$

用直积表示算符分属两个独立的量子空间。当玻色算符直积相乘时有

$$(\boldsymbol{A}\otimes\boldsymbol{B})(\boldsymbol{C}\otimes\boldsymbol{D})=\boldsymbol{AC}\otimes\boldsymbol{BD} \tag{12.5.15}$$

两个空间分别保持算符次序。余乘法的定义保证当 Δ 运算作用于 $\boldsymbol{T}(u)$元素算符乘积上时，RTT 关系在量子空间的张量空间也成立。若选择 $\check{\boldsymbol{R}}=\boldsymbol{I}+u\boldsymbol{P}$，RTT 的具体形式就是式(12.5.2)。以下证明这个关系在 Δ 作用时是不变的。考虑将 Δ 作用于$[T_{bc}(u),T_{ad}(v)]$的结果：

$$
\begin{aligned}
&\Delta[T_{bc}(u),T_{ad}(v)]\\
&=\Delta[T_{bc}(u)T_{ad}(v)-T_{ad}(v)T_{bc}(u)]\\
&=\Delta(T_{bc}(u))\Delta(T_{ad}(v))-\Delta(T_{ad}(v))\Delta(T_{bc}(u))\\
&=(T_{bn}(u)\otimes T_{nc}(u))(T_{am}(v)\otimes T_{md}(v))-(T_{an}(v)\otimes T_{nd}(v))(T_{bm}(u)\otimes T_{mc}(u))
\end{aligned}
$$

上式使用了式(12.5.13)和式(12.5.14),重复指标 n 和 m 代表求和。再用式(12.5.15),有

$$
\begin{aligned}
&\Delta[T_{bc}(u),T_{ad}(v)]\\
&=T_{bn}(u)T_{am}(v)\otimes T_{nc}(u)T_{md}(v)-\\
&\quad T_{am}(v)T_{bn}(u)\otimes T_{nc}(u)T_{md}(v)+T_{am}(v)T_{bn}(u)\otimes T_{nc}(u)T_{md}(v)-\\
&\quad T_{am}(v)T_{bn}(u)\otimes T_{md}(v)T_{nc}(u)
\end{aligned}
$$

上式等号右侧的第二项与第三项是故意加进去的,其和为零,第四项哑标 m 和 n 作了对换。故有

$$
\begin{aligned}
\Delta[T_{bc}(u),T_{ad}(v)]=&[T_{bn}(u),T_{am}(v)]\otimes T_{nc}(u)T_{md}(v)+\\
&T_{am}(v)T_{bn}(u)\otimes[T_{nc}(u),T_{md}(v)]
\end{aligned}
$$

对上式乘以 $(u-v)$,对等号右侧的 $(u-v)[,]$ 都用式(12.5.4),因此有

$$
\begin{aligned}
&(u-v)\Delta[T_{bc}(u),T_{ad}(v)]\\
&=(T_{an}(v)T_{bm}(u)-T_{an}(u)T_{bm}(v))\otimes T_{nc}(u)T_{md}(v)+\\
&\quad T_{am}(v)T_{bn}(u)\otimes(T_{mc}(v)T_{nd}(u)-T_{mc}(u)T_{nd}(v))\\
&=T_{an}(v)T_{bm}(u)\otimes T_{nc}(u)T_{md}(v)-T_{an}(u)T_{bm}(v)\otimes T_{nc}(u)T_{md}(v)+\\
&\quad T_{am}(v)T_{bn}(u)\otimes T_{mc}(v)T_{nd}(u)-T_{am}(v)T_{bn}(u)\otimes T_{mc}(u)T_{nd}(v)
\end{aligned}
$$

将等号右侧第一项中的哑标 n 与 m 对换,发现它和第四项正好抵消,结果是

$$
\begin{aligned}
&(u-v)\Delta[T_{bc}(u),T_{ad}(v)]\\
&=(T_{am}(v)\otimes T_{mc}(v))(T_{bn}(u)\otimes T_{nd}(u))-\\
&\quad(T_{an}(u)\otimes T_{nc}(u))(T_{bm}(v)\otimes T_{md}(v))\\
&=\Delta(T_{ac}(v))\Delta(T_{bd}(u))-\Delta(T_{ac}(u))\Delta(T_{bd}(v))\\
&=\Delta(T_{ac}(v)T_{bd}(u)-T_{ac}(u)T_{bd}(v))
\end{aligned}
$$

这正是将 Δ 运算作用于式(12.5.4)的结果。即余乘法保证了 RTT 关系。

上述定义的余乘法 Δ 的形式(式(12.5.14))有更深一层的含义。我们知道,RTT 关系给出了量子空间中诸算子(矩阵元 $T_{ab}^{(n)}$)间的对易关系,它们都是在同一个量子空间,即"向量"空间中实现的,但是作为完整的运算,必应存在量子张量空间的定义,它必须满足一定的运算封闭性。因而余乘法的引入是十分必要的,因为它给出了从量子向量空间向张量空间扩张的规则。从 RTT 关系来看,所定义的 Δ 运算(余乘法)必须满足 RTT 关系等号两侧在 Δ 下相等,亦即在量子张量空间的成立,这就是上述证明过程的含义。严格地说,Yangian 由两部分构成,一个是对易关系,另一个是余乘法。如果是从 RTT 关系出发,那么将出现两者的一致性:只要找到满足 RTT 关系的 $T_{ab}(u)$,按式(12.5.14)就可以立即定义余乘法,一切都是自洽的。

当辅助空间取为 2×2 时,$\boldsymbol{T}(u)$ 的对 u^{-n} 展开的一般形式写为

$$
\boldsymbol{T}(u)=\boldsymbol{I}+\sum_{n=1}^{\infty}u^{-n}\begin{bmatrix}T_{11}^{(n)} & T_{12}^{(n)}\\ T_{21}^{(n)} & T_{22}^{(n)}\end{bmatrix} \tag{12.5.16}
$$

对 2×2 矩阵可以很自然地引入(+,−,3,0)分量:

$$\left.\begin{array}{ll} T_{+}^{(n)}=T_{12}^{(n)}, & T_{-}^{(n)}=T_{21}^{(n)} \\ T_{3}^{(n)}=T_{22}^{(n)}-T_{11}^{(n)}, & T_{0}^{(n)}=T_{22}^{(n)}+T_{11}^{(n)} \end{array}\right\} \tag{12.5.17}$$

通过它们 $\boldsymbol{T}(u)$ 可以写作

$$\boldsymbol{T}(u)=\boldsymbol{I}+\sum_{n=1}^{\infty} u^{-n}\begin{bmatrix} \frac{1}{2}(T_{0}^{(n)}-T_{3}^{(n)}) & T_{+}^{(n)} \\ T_{-}^{(n)} & \frac{1}{2}(T_{0}^{(n)}+T_{3}^{(n)}) \end{bmatrix} \tag{12.5.18}$$

引入

$$\left.\begin{array}{ll} I_{\pm}=T_{\pm}^{(1)}, & I_{3}=\frac{1}{2} T_{3}^{(1)} \\ J_{\pm}=T_{\pm}^{(2)}, & J_{3}=\frac{1}{2} T_{3}^{(2)} \end{array}\right\} \tag{12.5.19}$$

则转移矩阵可以表达为

$$\begin{aligned} \boldsymbol{T}(u)= & \boldsymbol{I}+u^{-1}\begin{bmatrix} \frac{1}{2} T_{0}^{(1)}-I_{3} & I_{+} \\ I_{-} & \frac{1}{2} T_{0}^{(1)}+I_{3} \end{bmatrix}+u^{-2}\begin{bmatrix} \frac{1}{2} T_{0}^{(2)}-J_{3} & J_{+} \\ J_{-} & \frac{1}{2} T_{0}^{(2)}+J_{3} \end{bmatrix}+ \\ & \sum_{n=3}^{\infty} u^{-n}\begin{bmatrix} \frac{1}{2}(T_{0}^{(n)}-T_{3}^{(n)}) & T_{+}^{(n)} \\ T_{-}^{(n)} & \frac{1}{2}(T_{0}^{(n)}+T_{3}^{(n)}) \end{bmatrix} \end{aligned} \tag{12.5.20}$$

利用式(12.5.20)的符号标记，容易得到 $\widetilde{\det}\boldsymbol{T}(u)$ 展开式(式(12.5.8))的各阶系数：

$$\begin{aligned} & C_{0}=1, \\ & C_{1}=T_{0}^{(1)}=\operatorname{tr} \boldsymbol{T}^{(1)}, \\ & C_{2}=T_{0}^{(2)}-\frac{1}{2}(2 I_{3}^{2}+I_{+} I_{-}+I_{-} I_{+})+T_{0}^{(1)}\left(1+\frac{1}{2} T_{0}^{(1)}\right) \\ & \quad=T_{0}^{(2)}-\boldsymbol{I}^{2}+T_{0}^{(1)}\left(1+\frac{1}{2} T_{0}^{(1)}\right), \\ & \cdots \end{aligned} \tag{12.5.21}$$

在12.2节中从 $\check{\boldsymbol{R}}=\boldsymbol{I}+u\boldsymbol{P}$ 出发，RTT方程的解 $\boldsymbol{L}_j(u)=\boldsymbol{I}+u^{-1}\boldsymbol{S}_j\cdot\boldsymbol{\sigma}$ 作为局域转移矩阵构成了整体转移矩阵 $\boldsymbol{T}(u)$，它对 u^{-1} 的展开式(12.2.10)是①

$$\boldsymbol{T}(u)=\boldsymbol{I}+u^{-1}\boldsymbol{S}\cdot\boldsymbol{\sigma}+u^{-2}\mathrm{i}\sum_{i,j,i\neq j}\boldsymbol{s}_i\times\boldsymbol{s}_j\cdot\boldsymbol{\sigma}+u^{-2}\sum_{i,j,i>j}\boldsymbol{s}_i\cdot\boldsymbol{s}_j+\cdots$$

与一般形式式(12.5.20)比较，有

$$T_{0}^{(1)}=0, \quad T_{0}^{(2)}=\boldsymbol{I}^{2} \tag{12.5.22}$$

$$I_{\pm}=S_{\mp}, \quad I_{3}=-S_{3} \tag{12.5.23}$$

$$J_{\pm}=\mathrm{i}\sum_{i,j,i\neq j}(\boldsymbol{S}_i\times\boldsymbol{S}_j)_{\mp}, \quad J_{3}=-\mathrm{i}\sum_{i,j,i\neq j}(\boldsymbol{S}_i\times\boldsymbol{S}_j)_{3} \tag{12.5.24}$$

将式(12.5.22)与式(12.5.21)相比，得到 $C_0=1, C_1=0, C_2=0$。因此，u^{-2} 阶有 $\widetilde{\det}\boldsymbol{T}(u)=1$。对于当前的情况，可以严格证明 $\widetilde{\det}\boldsymbol{T}(u)=1$。

---

① $\boldsymbol{s}^2=(\sum_i \boldsymbol{s}_i)^2$ 与 $\sum_{i,j,i>j}\boldsymbol{s}_i\cdot\boldsymbol{s}_j$ 相差 $\sum_i \boldsymbol{s}_i^2$，为一常数。$T_0^{(n)}$ 是通过对易关系定义的，常数不起作用。

有了以上的讨论,可以给与 $SL(2)$ 相关的 Yangian 一个简单的定义。设 $\boldsymbol{R}(u)$ 满足 YBE 且具有 u 多项式形式,$\boldsymbol{T}(u)$ 满足 RTT 关系,则在 $\boldsymbol{T}(u)$ 对 u^{-1} 的展开式中,u^{-1} 与 u^{-2} 前的算符系数诸矩阵元组成 Yangian 的生成元的对易关系由 RTT 关系决定,而 RTT 关系是和余乘法相洽的。对易关系与余乘法是定义 Yangian 的两个要素。但如果从 RTT 关系出发得到 $\{I_\alpha\}$(与 u^{-1} 相联系)与 $\{J_\alpha\}$(与 u^{-2} 相联系)的对易关系,则余乘法自然成立。当 $\widetilde{\det}\boldsymbol{T}(u)=1$ 时,上述 Yangian 是 $Y(SL(2))$,而当 $\widetilde{\det}\boldsymbol{T}(u)\neq 1$ 时,Yangian 为 $Y(gL(2))$。

德里费尔德阐明了 Yangian 的重要性质。如果 $\boldsymbol{R}(u)$ 是 u 的多项式形式(包括上面讨论的 $\check{\boldsymbol{R}}=\boldsymbol{I}+u\boldsymbol{P}$),则称其为 YBE 的"有理解"。对于有理解,只需知道 I_α 与 J_α 共 6 个生成元,则以后各阶 $T_\alpha^{(n)}$($n\geqslant 3$; $\alpha=+,-,3$)元素及其对易关系就都确定了。$T_\alpha^{(n)}$ 组成一组无穷维代数,但这个无穷维代数是由有限个生成元(现为 6 个)决定的。这一点可以和李群与李代数的关系作一个比较。李群是由李代数决定的,群元素在原点附近对群参数的一阶微商(李代数生成元)决定了李群的行为。现在 $\boldsymbol{T}(u)$ 不仅由 $T_\alpha^{(1)}$ 决定,而且还要由 $T_\alpha^{(1)}$ 和 $T_\alpha^{(2)}$($\alpha=+,-,3,0$)决定。YBE 的另一种解是三角解,即对参数 u 具有周期性,对比将另作讨论。

本节内容可参阅文献[7]~文献[9]。

此外,作为 $SL(2)$ 代数的延伸,$Y(SL(2))$ 的表示论已由查理和普雷斯利解决,可参阅文献[15]。

下面研究余乘的具体情况。引入量子直积符号$\otimes$,它是和辅助空间的直积不同的,考虑

$$\Delta(T_{mn}(u))=\sum_k(T_{mk}(u)\otimes T_{kn}(u)) \tag{12.5.25}$$

此处 T_{mn} 是转移矩阵 $\boldsymbol{T}(u)$ 的矩阵元。在上面的例子中,$m,n=a,b=1,2$。
式(12.5.25)对于任何 u 的值都成立,因此我们可以考虑它对于 u^{-1} 和 u^{-2} 的展开,即将 $\boldsymbol{T}(u)=\sum_{n=0}u^{-n}\boldsymbol{T}^{(n)}$ 代入上式。在 $\det\boldsymbol{T}(u)=1$ 的情况下(对于 $Y(SL(2))$),有

$$\Delta(T_{ab}(u))=\sum_{c=1,2}(T_{ac}(u)\otimes T_{cb}(u)) \tag{12.5.26}$$

由于式(12.5.23)和式(12.5.24),$\boldsymbol{I}$ 对应于 u^{-1} 的算符系数,$\boldsymbol{J}$ 对应于 u^{-2} 的算符系数,因此只展开到 u^{-1} 和 u^{-2} 就足够了:

$$\Delta(T_{ab}^{(0)})=\sum_c(T_{ac}^{(0)}\otimes T_{cb}^{(0)}) \tag{12.5.27a}$$

$$\Delta(T_{ab}^{(1)})=\sum_c(T_{ac}^{(1)}\otimes T_{cb}^{(0)}+T_{ac}^{(0)}\otimes T_{cb}^{(1)}) \tag{12.5.27b}$$

$$\Delta(T_{ab}^{(2)})=\sum_c(T_{ac}^{(2)}\otimes T_{cb}^{(0)}+T_{ac}^{(0)}\otimes T_{cb}^{(2)}+T_{ac}^{(1)}\otimes T_{cb}^{(1)}) \tag{12.5.27c}$$

式(12.5.27a)给出 $\Delta(1)=1\otimes 1$,如我们所料。式(12.5.27b)和式(12.5.27c)的另外两式变为

$$\begin{aligned}\Delta(T_{ab}^{(1)})&=T_{ab}^{(1)}\otimes 1+1\otimes T_{ab}^{(1)}\\ \Delta(T_{ab}^{(2)})&=T_{ac}^{(2)}\otimes 1+1\otimes T_{ac}^{(2)}+\sum_c(T_{ab}^{(1)}\otimes T_{cb}^{(1)})\end{aligned} \tag{12.5.28}$$

考虑到 $T_0^{(n)}=T_{11}^{(n)}+T_{22}^{(n)}$,$T_3^{(n)}=T_{22}^{(n)}-T_{11}^{(n)}$,并将

$$T_{\pm}^{(1)}=I_{\pm},$$
$$T_{22}^{(1)}=-T_{11}^{(1)}=I_3,$$

$$T_{\pm}^{(2)}=(-2h)J_{\pm},\ T_{3}^{(2)}=\left(-\frac{4}{h}\right)J_{3}$$

代入上面的方程，就得到

$$\Delta(I_{\alpha})=I_{\alpha}\otimes 1+1\otimes I_{\alpha}(\alpha=\pm,3) \tag{12.5.29}$$

$$\Delta(J_{\pm})=J_{\pm}\otimes 1+1\otimes J_{\pm}\mp\frac{h}{2}(I_{3}\otimes I_{\pm}-I_{\pm}\otimes I_{3})-\frac{h}{4}(I_{\pm}\otimes T_{0}^{(1)}+T_{0}^{(1)}\otimes I_{\pm}) \tag{12.5.30}$$

$$\Delta(J_{3})=J_{3}\otimes 1+1\otimes J_{3}+\frac{h}{4}(I_{+}\otimes I_{-}-I_{-}\otimes I_{+})-\frac{h}{4}(I_{3}\otimes T_{0}^{(1)}+T_{0}^{(1)}\otimes I_{3}) \tag{12.5.31}$$

$$\Delta T_{0}^{(1)}=T_{0}^{(1)}=T_{0}^{(1)}\otimes 1+1\otimes T_{0}^{(1)},$$

$$\Delta(T_{0}^{(2)})=T_{0}^{(2)}\otimes 1+1\otimes T_{0}^{(2)}+2I_{3}\otimes I_{3}+I_{+}\otimes I_{-}+I_{-}\otimes I_{+}+\frac{1}{2}T_{0}^{(1)}\otimes T_{0}^{(1)} \tag{12.5.32}$$

如果我们选择 $T_{0}^{(1)}=0$，$T_{0}^{(2)}=I^{2}$，就得到

$$\Delta(I_{\lambda})=I_{\lambda}\otimes 1+1\otimes I_{\lambda} \tag{12.5.33}$$

$$\Delta(J_{\lambda})=J_{\lambda}\otimes 1+1\otimes J_{\lambda}+\frac{h}{2}\mathrm{i}\varepsilon_{\lambda\mu\nu}I_{\nu}\otimes I_{\mu}-\frac{h}{4}(I_{\lambda}\otimes T_{0}^{(1)}+T_{1}^{(1)}\otimes I_{\lambda})$$

此处 $\lambda,\mu,\nu=1,2,3$，以及

$$\begin{aligned}\Delta(\boldsymbol{I}^{2})&=\Delta\left(I_{3}^{2}+\frac{1}{2}I_{+}I_{-}+\frac{1}{2}I_{-}I_{+}\right)\\&=(\Delta I_{3})\Delta(I_{3})+\frac{1}{2}\Delta(I_{+})\Delta(I_{-})+\frac{1}{2}\Delta(I_{-})\Delta(I_{+})\\&=\boldsymbol{I}^{2}\otimes 1+1\otimes\boldsymbol{I}^{2}+2I_{3}\otimes I_{3}+I_{+}\otimes I_{-}+I_{-}\otimes I_{+}\end{aligned}$$

最后，我们得到原先由德里费尔德给出的余乘的定义：

$$\begin{aligned}&\Delta(I_{\lambda})=I_{\lambda}\otimes 1+1\otimes I_{\lambda},\\&\Delta(J_{\lambda})=J_{\lambda}\otimes 1+1\otimes J_{\lambda}+\frac{h}{2}C_{\lambda\mu\nu}I_{\nu}\otimes I_{\mu}\end{aligned} \tag{12.5.34}$$

在我们的例子中 $C_{\lambda\mu\nu}=\mathrm{i}\varepsilon_{\lambda\mu\nu}$。一般来说，$C_{\lambda\mu\nu}$ 是给定半单纯李代数的反对称张量。

有了上面的讨论，现在可以给出一个与 $SL(2)$ 相关联的 Yangian 的简明定义。令 $\boldsymbol{R}(u)$ 满足杨-Baxter 方程且有 u 多项式的形式，并且 $\boldsymbol{T}(u)$ 满足 RTT 关系，这样在 $\boldsymbol{T}(u)$ 幂级数展开中的 u^{-1} 与 u^{-2} 的系数/算符就组成了 Yangian 生成元，它们的对易关系由 RTT 关系决定，而且 RTT 是和余乘相洽合的。对易关系和余乘是 Yangian 的两个要素。如果能从 RTT 关系得到 $\{I_{\alpha}\}$ 的对易关系（与 u^{-1} 相关联的）和 $\{J_{\alpha}\}$ 的对易关系（与 u^{-2} 相关联的），余乘就自动成立。当 $\det\boldsymbol{T}(u)=1$ 时，Yangian 就是 $Y(SL(2))$；当 $\det\boldsymbol{T}(u)\neq 1$ 时，Yangian 就是 $Y(gL(2))$，它通过 RTT 关系和霍尔丹-沙斯特里模型（Haldane-Shastry model）相关联。

德里费尔德得到了 Yangian 以下的重要性质。如果 $\boldsymbol{R}(u)$是 u 的多项式形式(包括上面讨论的 $\check{\boldsymbol{R}}=\boldsymbol{I}+u\boldsymbol{P}$),它就被称为 YBE 的“有理解”。对于有理解,只要知道 I_α 和 J_α(一共有 6 个生成元)就足以唯一地决定所有的高阶元素 $T_\alpha^{(n)}$($n\geqslant 3$; $\alpha=+,-,3$)和它们的对易关系。$T_\alpha^{(n)}$ 组成了无穷多维的代数,但这个代数是由有限数量的生成元(在当前情况下是 6 个)决定的。这可以和李群与李代数的关系比较。一个李群由李代数所决定,在原点处的一个群元素对于群参数的一阶导数(李代数的生成元)决定了李群的行为。现在 $\boldsymbol{T}(u)$不仅由 $T_\alpha^{(1)}$($\alpha=+,-,3$)决定,也要由 $T_\alpha^{(2)}$ 决定。另一类 YBE 的解是三角解,它对参数 u 有周期性,我们将在以后讨论。

本节的内容基于文献[7]~文献[9],和量子群有关的书籍列在文献[12]~文献[29]中。

作为代数 $SL(2)$的延伸,$Y(SL(2))$的表示理论是由查理和普雷斯利[14]给出的。我们愿意强调 $Y(SL(2))$是无穷维的代数,但它具有有限维的表示。文献[14]给出了详尽的讨论。

12.6 RTT 关系展开式与对易关系

对于 $\check{\boldsymbol{R}}(u)=\boldsymbol{I}+u\boldsymbol{P}$,RTT 关系给出式(12.5.4):

$$(u-v)[T_{bc}(u),T_{ad}(v)]+T_{ac}(u)T_{bd}(v)-T_{ac}(v)T_{bd}(u)=0$$

将 $\boldsymbol{T}(u)$对 u^{-n} 的展开代入式(12.5.16),将 u 与 v 按相应幂次分开,$\boldsymbol{T}^{(0)}$ 的各元素必定为 c 数。由于 RTT 关系允许做变换,$\boldsymbol{T}^{(0)}$ 可以对角化,故一般有

$$\boldsymbol{T}^{(0)}=\begin{bmatrix}1 & 0\\ 0 & \lambda\end{bmatrix} \tag{12.6.1}$$

λ 为任意常数,在 λ 不为 0 时可选

$$\boldsymbol{T}^{(0)}=\begin{bmatrix}1 & 0\\ 0 & 1\end{bmatrix} \tag{12.6.2}$$

其余各阶算符满足

$$[T_{bc}^{(n+1)},T_{ad}^{(m)}]-[T_{bc}^{(n)},T_{ad}^{(m+1)}]+T_{ac}^{(n)}T_{bd}^{(m)}-T_{ac}^{(m)}T_{bd}^{(n)}=0 \tag{12.6.3}$$

观察上式,取 $a=b,c=d$,然后固定 n,让 m 随意变化,就得出

$$[T_{ab}^{(n)},T_{ab}^{(m)}]=0$$

将式(12.6.3)中的 m 与 n 互换,a 与 b 互换,c 与 d 互换。取其结果与式(12.6.3)做差,可以得出

$$[T_{ab}^{(n)},T_{cd}^{(m)}]=[T_{ab}^{(m)},T_{cd}^{(n)}] \tag{12.6.4}$$

将式(12.6.3)对 $T_\alpha^{(n)}$ 和 $T_\beta^{(m)}$($\alpha,\beta=+,-,3,0$)取不同的 α,β 以及 m,n 值时的表达式写出,分别得到

$$\left.\begin{aligned}&[T_\alpha^{(1)},T_\alpha^{(2)}]=0,\quad \alpha=+,-,3\\&[T_3^{(1)},T_\pm^{(k)}]=[T_3^{(k)},T_\pm^{(1)}]=\pm 2T_\pm^{(k)},\quad k=1,2\\&[T_+^{(1)},T_-^{(k)}]=[T_+^{(k)},T_-^{(1)}]=T_3^{(k)},\ k=1,2\end{aligned}\right\} \tag{12.6.5}$$

$$\left.\begin{array}{l}[T_0^{(1)},T_\alpha^{(k)}]=[T_0^{(k)},T_\alpha^{(1)}]=0,\quad \alpha=\pm,3,0,\quad k=1,2\\ [T_0^{(2)},T_\pm^{(2)}]=\pm(T_3^{(1)}T_\pm^{(2)}-T_3^{(2)}T_\pm^{(1)})\\ [T_0^{(2)},T_3^{(2)}]=2(T_+^{(1)}\ T_-^{(2)}-T_+^{(2)}\ T_-^{(1)})\end{array}\right\}\tag{12.6.6}$$

$$\left.\begin{array}{l}T_\pm^{(n+1)}=\dfrac{1}{2}(\pm[T_3^{(2)},T_\pm^{(n)}]+T_0^{(n)}T_\pm^{(1)}-T_0^{(1)}T_\pm^{(n)}),\ n\geqslant 2\\ T_3^{(n+1)}=[T_+^{(n)},T_-^{(2)}]+\dfrac{1}{2}(T_0^{(n)}T_3^{(1)}-T_0^{(1)}T_3^{(n)}),n\geqslant 2\end{array}\right\}\tag{12.6.7}$$

$$[T_\alpha^{(n)},T_\alpha^{(m)}]=0,\ \alpha=\pm,3,0,\ m,n\geqslant 2\tag{12.6.8}$$

此外,还有

$$\left.\begin{array}{l}[T_\alpha^{(m)},T_\beta^{(n)}]=[T_\alpha^{(n)},T_\beta^{(m)}],\alpha\neq\beta,m<n,\ n>2\\ [T_0^{(n+1)},T_\pm^{(m)}]-[T_0^{(n)},T_\pm^{(m+1)}]\pm(T_3^{(m)}T_\pm^{(n)}-T_3^{(n)}T_\pm^{(m)})=0\\ [T_0^{(n+1)},T_3^{(m)}]-[T_0^{(n)},T_3^{(m+1)}]+2(T_+^{(m)}\ T_-^{(n)}-T_+^{(n)}\ T_-^{(m)})=0\\ [T_3^{(n+1)},T_\pm^{(m)}]-[T_3^{(n)},T_\pm^{(m+1)}]\pm(T_0^{(m)}T_\pm^{(n)}-T_0^{(n)}T_\pm^{(m)})=0\\ [T_+^{(n+1)},T_-^{(m)}]-[T_+^{(n)},T_-^{(m+1)}]+\dfrac{1}{2}(T_0^{(m)}T_3^{(n)}-T_0^{(n)}T_3^{(m)})=0,\ m<n,\ n>2\end{array}\right\}\tag{12.6.9}$$

以上关系中仅式(12.6.5)~式(12.6.8)是独立的。经过复杂的计算,式(12.6.9)可以从它们推出。

式(12.6.5)和式(12.6.6)给出了 $\boldsymbol{T}^{(1)}$ 和 $\boldsymbol{T}^{(2)}$ 诸矩阵元($\alpha=\pm,3,0$)间的对易关系,式(12.6.7)是重要的递推关系。给出 $\boldsymbol{T}^{(1)}$ 和 $\boldsymbol{T}^{(2)}$ 便可以给出 $\boldsymbol{T}^{(3)}$,然后可以给出 $\boldsymbol{T}^{(4)}$,$\boldsymbol{T}^{(5)}$,…,即 $\boldsymbol{T}^{(1)}$ 与 $\boldsymbol{T}^{(2)}$ 可以决定任意 $\boldsymbol{T}^{(n)}$($n\geqslant 3$),式(12.6.8)则反映了对高阶 $\boldsymbol{T}^{(n)}$ 的限制。在 $\alpha=+$,$-$,3 时,将式(12.6.7)代入式(12.6.8)得出

$$\left.\begin{array}{l}[T_\pm^{(m)},[T_3^{(2)},T_\pm^{(n)}]]\pm[T_\pm^{(m)},T_0^{(n)}]T_\pm^{(1)}=0\\ 2[T_3^{(m)},[T_+^{(n)},T_-^{(2)}]]+[T_3^{(m)},T_0^{(n)}]T_3^{(1)}=0,m,n\geqslant 2\end{array}\right\}\tag{12.6.10}$$

在 $m=n=2$ 时,用式(12.6.6)可将上式化为

$$[T_\pm^{(2)},[T_3^{(2)},T_\pm^{(2)}]]=(T_3^{(1)}T_\pm^{(2)}-T_3^{(2)}T_\pm^{(1)})T_\pm^{(1)}\tag{12.6.11}$$

$$[T_3^{(2)},[T_+^{(2)},T_-^{(2)}]]=(T_+^{(1)}\ T_-^{(2)}-T_+^{(2)}\ T_-^{(1)})T_3^{(1)}\tag{12.6.12}$$

利用式(12.6.5)求 $T_\pm^{(1)}$ 与式(12.6.12)的对易括号,可推出

$$\begin{aligned}&2[T_\pm^{(2)},[T_+^{(2)},T_-^{(2)}]]\pm[T_3^{(2)},[T_3^{(2)},T_\pm^{(2)}]]\\ &=2(T_+^{(1)}\ T_-^{(2)}-T_+^{(2)}\ T_-^{(1)})T_\pm^{(1)}\pm(T_3^{(1)}T_\pm^{(2)}-T_3^{(2)}T_\pm^{(1)})T_3^{(1)}\end{aligned}\tag{12.6.13}$$

若令式(12.6.5)取 $k=2$,连同式(12.6.11)和式(12.6.12)则正好是 Yangian 对易关系,即式(11.1.13)、式(11.1.14)、式(11.1.17)和式(11.1.18)。

有意思的是 $T_0^{(2)}$。由于 RTT 关系,它不是任意的,要受式(12.6.6)的限制。已知 $\boldsymbol{I}$ 与 $\boldsymbol{J}$ 的物理实现方法,便可通过 $T_0^{(2)}=T_{22}^{(2)}+T_{11}^{(2)}$(式(12.5.17))确定 $T_0^{(2)}$,再由式(12.5.21)得到 C_2。它是整个代数的"中心",因为 $\widetilde{\det}\boldsymbol{T}(u)$ 与所有算符 $T_{ab}(u)$ 对易。

通过直接求解式(11.1.13)、式(11.1.14)、式(11.1.17)和式(11.1.18)实现 $\boldsymbol{I}$ 与 $\boldsymbol{J}$ 再求 $T_0^{(2)}$ 是不容易的,目前较为成功的是一维长程链模型。但 12.7 节中仍以氢原子为例,由于它是单体问题,会使整个问题变得简单,可以对 RTT 关系及其各阶 $\boldsymbol{T}(u)$ 算符和对易关系

有具体的了解。

本节内容请参阅文献[7]～文献[9]。

12.7 氢原子与 RTT 关系

经过本章前面的讨论，对 YBE 和 RTT 关系有了理解。现在回过来看一下氢原子在这些方面还有什么表现。首先重新定义 $\boldsymbol{J}$，不用标度化的 RLR 矢量而用原始的矢量 $\boldsymbol{M}$，目的是显现哈密顿量 H 的标度作用。定义

$$\boldsymbol{J}=\boldsymbol{L}\times\boldsymbol{b}\equiv-\boldsymbol{L}\times\frac{\mathrm{i}}{\sqrt{2}}\boldsymbol{M} \tag{12.7.1}$$

显然 $\boldsymbol{L}$ 与 $\boldsymbol{J}$ 的对易关系仍然是

$$[L_\alpha, J_\beta]=\mathrm{i}\varepsilon_{\alpha\beta\gamma}J_\gamma \tag{12.7.2}$$

另有

$$[J_\alpha, J_\beta]=\mathrm{i}\varepsilon_{\alpha\beta\gamma}L_\gamma(H\boldsymbol{L}^2-\boldsymbol{b}^2-H)$$

仍设质量 $m=1, h=1$，并注意

$$\boldsymbol{b}^2=-\frac{1}{2}\boldsymbol{M}^2=-\frac{1}{2}(2H\boldsymbol{L}^2+2H+k^2) \tag{12.7.3}$$

就得到

$$[J_\alpha, J_\beta]=\mathrm{i}\varepsilon_{\alpha\beta\gamma}L_\gamma\left(2H\boldsymbol{L}^2+\frac{1}{2}k^2\right) \tag{12.7.4}$$

使用(+，−，3)分量，式(12.7.1)是

$$\left.\begin{aligned} J_\pm&=\pm\frac{1}{\sqrt{2}}(L_3M_\pm-L_\pm M_3)\\ J_3&=\frac{1}{2\sqrt{2}}(L_+M_--L_-M_+)\end{aligned}\right\} \tag{12.7.5}$$

使用 $\boldsymbol{I}^2$ 与 $\boldsymbol{J}$ 的对易关系

$$\left.\begin{aligned} [\boldsymbol{I}^2, J_\pm]&=\pm2[I_3J_\pm-J_3J_\pm]\\ [\boldsymbol{I}^2, J_3]&=I_+J_--J_+I_-\end{aligned}\right\} \tag{12.7.6}$$

则得到

$$\begin{aligned} &[J_\pm,[J_3,J_\pm]]=(-4H)I_\pm(I_3J_\pm-J_3I_\pm),\\ &[J_3,[J_+,J_-]]=(-4H)I_3(I_+J_--J_+J_-)\end{aligned} \tag{12.7.7}$$

关系的推导与 11.1 节的完全相同，这里只是明显地呈现出因子$(-4H)$，它可以通过重新定义 $\boldsymbol{J}$ 而消除。对于束缚态，$E<0$，因此 $-4H$ 是正值。在第 4 章中我们看到，再标度是决定氢原子束缚态能谱的关键。

式(12.7.1)可以写作

$$J_\alpha=-\frac{\mathrm{i}}{\sqrt{2}}\varepsilon_{\alpha\beta\sigma}L_\beta M_\sigma=-\frac{\mathrm{i}}{\sqrt{2}}\left(\varepsilon_{\alpha\beta\sigma}\varepsilon_{\sigma\tau\rho}L_\rho L_\tau p_\rho-\mathrm{i}(\boldsymbol{L}\times\boldsymbol{p})_\alpha+\frac{k}{r}(\boldsymbol{L}\times\boldsymbol{r})_\alpha\right)$$

经过直接计算得到

$$J_\alpha = -\frac{\mathrm{i}}{\sqrt{2}}\left(\frac{k}{r}(\boldsymbol{L}\times\boldsymbol{r})_\alpha - \boldsymbol{L}^2 p_\alpha\right) \tag{12.7.8}$$

在 11.3 节(式(11.3.15))曾讨论到 L_α 与 $\boldsymbol{L}^2 p_\alpha$ 组成 Yangian 生成元,此处多了一项$\frac{k}{r}(\boldsymbol{L}\times\boldsymbol{r})_\alpha$。对氢原子而言,$\boldsymbol{L}^2\boldsymbol{p}$ 与 H 不对易,而此处 $\boldsymbol{J}$(式(12.7.8))不但和 $\boldsymbol{L}$ 组成了 Yangian,而且和 H 对易。

在 11.3 节中曾讨论到 $\boldsymbol{J}\rightarrow\boldsymbol{J}+F\boldsymbol{I}$ 仍和 $\boldsymbol{J}$ 一样,满足 Yangian 的各个对易关系,F 是 Yangian 的卡西米尔算符。现在作 $\boldsymbol{J}$ 的平移:

$$\boldsymbol{J}\rightarrow\boldsymbol{\mathscr{J}}=\boldsymbol{J}+F\boldsymbol{L}=\boldsymbol{L}\times\boldsymbol{b}+F\boldsymbol{L} \tag{12.7.9}$$

$$[F,\boldsymbol{L}]=[F,\boldsymbol{M}]=0 \tag{12.7.10}$$

此时$\boldsymbol{\mathscr{J}}$的对易关系是

$$[\mathscr{J}_\alpha,\mathscr{J}_\beta]=\mathrm{i}\varepsilon_{\alpha\beta\sigma}\left\{\left(2H\boldsymbol{L}^2+\frac{1}{2}k^2\right)L_\sigma+2F\mathscr{J}_\sigma\right\} \tag{12.7.11}$$

所有 Yangian 对易关系(例如式(12.7.7))都对$\boldsymbol{\mathscr{J}}$成立。仿照式(12.5.19),将 I_α,$\mathscr{J}_\alpha$ 与 $T_\alpha^{(1)}$,$T_\alpha^{(2)}$ 联系起来,有

$$\left.\begin{aligned} &T_\pm^{(1)}=I_\pm=L_\pm, && T_3^{(1)}=I_3=L_3 \\ &T_\pm^{(2)}=G\mathscr{J}_\pm, && T_3^{(2)}=G\mathscr{J}_3 \end{aligned}\right\} \tag{12.7.12}$$

G 也是卡西米尔算符。由于

$$\begin{aligned}[T_3^{(2)},T_\pm^{(2)}]&=2G^2[\mathscr{J}_3,\mathscr{J}_\pm]\\ &=\pm 2G^2\left\{\left(2H\boldsymbol{I}^2+F^2+\frac{1}{2}k^2\right)I_\pm+2F\mathscr{J}_\pm\right\}\end{aligned} \tag{12.7.13}$$

可以通过递推关系式(12.6.7)得到 $T_\pm^{(3)}$:

$$\begin{aligned}T_\pm^{(3)}&=\frac{1}{2}(\pm[T_3^{(2)},T_\pm^{(2)}]+T_0^{(2)}T_\pm^{(1)}-T_0^{(1)}T_\pm^{(2)})\\ &=\frac{1}{2}\left\{\left(2G^2\left(2H\boldsymbol{I}^2+F^2+\frac{1}{2}k^2\right)+T_0^{(2)}\right)I_\pm+(4G^2F-T_0^{(1)}G)\mathscr{J}_\pm\right\}\end{aligned} \tag{12.7.14}$$

类似地可得 $T_3^{(3)}$:

$$\begin{aligned}T_3^{(3)}&=[T_+^{(2)},T_-^{(2)}]+\frac{1}{2}(T_0^{(2)}T_3^{(1)}-T_0^{(1)}T_3^{(2)})\\ &=\left\{2G^2\left(2H\boldsymbol{I}^2+F^2+\frac{1}{2}k^2\right)+T_0^{(2)}\right\}I_3+(4G^2F-T_0^{(1)}G)\mathscr{J}_3\end{aligned} \tag{12.7.15}$$

由式(12.5.21)可知,$T_0^{(1)}=C_1$ 与任意 $T_\alpha^{(n)}(\alpha=\pm,3)$对易,可以选它为 G 与 F 的组合:

$$T_0^{(1)}=4GF \tag{12.7.16}$$

$T_0^{(2)}$ 由式(12.6.6)所限制:

$$\left.\begin{aligned}&[T_0^{(2)},\mathscr{J}_\pm]=\pm 2(I_3\mathscr{J}_\pm-\mathscr{J}_3 I_\pm)\\ &[T_0^{(2)},\mathscr{J}_3]=I_+\mathscr{J}_- - \mathscr{J}_+ I_-\end{aligned}\right\} \tag{12.7.17}$$

由于$\boldsymbol{\mathscr{J}}$与 $\boldsymbol{J}$ 相差 $F\boldsymbol{I}$,而$[I^2,I_\alpha]=0$,因此式(12.7.6)对$\boldsymbol{\mathscr{J}}$也成立。由此可知

$$T_0^{(2)}=2\boldsymbol{I}^2+Q \tag{12.7.18}$$

其中 Q 为与$(\boldsymbol{I},\boldsymbol{\mathscr{J}})$对易的算符集合。因为 H 与 $\boldsymbol{I}$ 和$\boldsymbol{\mathscr{J}}$对易,我们可以选

$$T_0^{(2)} = -2G^2\left(2H\boldsymbol{I}^2 + F^2 + \frac{1}{2}k^2\right) \tag{12.7.19}$$

这种选择结合式(12.7.16)可以使 $T_\alpha^{(3)}=0$(这点只要将式(12.7.12)和 $T_0^{(1)}$,$T_0^{(2)}$ 代入式(12.7.14)和式(12.7.15)中即可看到),从而使所有的 $T_\alpha^{(m)}=0(m\geqslant 3)$。这使得转移矩阵 $\boldsymbol{T}(u)$可以展开到 u^{-2},以后自动中断,即氢原子只有有限守恒量这个物理要求得以实现。比较式(12.7.18)和式(12.7.19),得

$$G = (-2H)^{-1/2} \tag{12.7.20}$$

$T_0^{(1)}$ 与所有生成元对易,而式(12.7.16)中的 F 尚未选定。要求

$$T_0^{(1)} = H \tag{12.7.21}$$

就选定了 F:

$$F = \frac{1}{4G}T_0^{(1)} = \pm\frac{\mathrm{i}}{2\sqrt{2}}H^{3/2} \tag{12.7.22}$$

总结起来,氢原子全部转移矩阵展开的算符是

$$\begin{aligned}
&T_\pm^{(1)} = I_\pm = L_\pm, \quad T_3^{(1)} = 2L_3, \quad T_0^{(1)} = H,\\
&T_\pm^{(2)} = \pm\mathrm{i}(2H)^{-1/2}\mathscr{J}_\pm, \quad T_3^{(2)} = \pm\mathrm{i}(2H)^{-1/2}\mathscr{J}_3,\\
&T_0^{(2)} = \boldsymbol{I}^2 + H^{-1}\left(\frac{1}{2}k^2 - \frac{1}{8}H^3\right)
\end{aligned} \tag{12.7.23}$$

高阶系数均为 0。Yangian 生成元是

$$\begin{aligned}
&\boldsymbol{I} = \boldsymbol{L},\\
&\boldsymbol{\mathscr{J}} = -\frac{\mathrm{i}}{\sqrt{2}}\boldsymbol{L}\times\boldsymbol{M} \mp \frac{\mathrm{i}}{2\sqrt{2}}H^{3/2}\boldsymbol{L}
\end{aligned} \tag{12.7.24}$$

量子行列式的展开系数是

$$\begin{aligned}
C_1 &= T_0^{(1)} = H\\
C_2 &= T_0^{(2)} - \boldsymbol{I}^2 + \frac{1}{2}T_0^{(1)}\left(1 + \frac{1}{2}T_0^{(1)}\right)\\
&= \frac{1}{2}k^2H^{-1} + \frac{1}{2}H - \frac{1}{8}H^2\\
&\cdots
\end{aligned} \tag{12.7.25}$$

其余 $C_n(n>2)$均为 H 的函数。$\boldsymbol{T}(u)$显然可以表示为

$$\begin{aligned}
\boldsymbol{T}(u) = \boldsymbol{I} + u^{-1}&\begin{bmatrix} \dfrac{H}{2} - I_3 & I_+ \\ I_- & \dfrac{H}{2} + I_3 \end{bmatrix} +\\
u^{-2}&\begin{bmatrix} \dfrac{1}{2}T_0^{(2)} \mp \mathrm{i}(2H)^{-1/2}\mathscr{J}_3 & \pm\mathrm{i}(2H)^{-1/2}\mathscr{J}_+ \\ \pm\mathrm{i}(2H)^{-1/2}\mathscr{J}_- & \dfrac{1}{2}T_0^{(2)} \pm \mathrm{i}(2H)^{-1/2}\mathscr{J}_3 \end{bmatrix}
\end{aligned} \tag{12.7.26}$$

综上所述,氢原子是最简单的满足 RTT 关系的一例。氢原子的哈密顿量并非由 RTT 关系(的解 $\boldsymbol{T}(u)$)确定,而是量子行列式最低阶的非平凡项 C_1,所有更高阶的 $C_n(n\geqslant 2)$都是 H 的函数。按照 RTT 关系的一般形式,$\boldsymbol{T}(u)$对 u^{-1} 的展开式应为无限阶,但在特殊模

型中,它可以为有限的,对应有限个守恒量。由这个例子也可初步了解 Yangian 在氢原子中的表现。

本节内容请参阅文献[16]。

以上讨论的内容都限于 YBE 的有理解。和 YBE 单周期解(三角解)相关的代数称为"量子代数",许多量子理论的问题和它有关,将在下面讨论。

12.8 Yangian 的表示和氢原子能谱

从 11.1 节～11.3 节看到,轨道角动量算符 $\boldsymbol{L}=\boldsymbol{I}$ 和标度的 RLR 矢量 $\boldsymbol{B}$ 组成了一个 $SO(4)$代数。它们的线性组合

$$\boldsymbol{L}_1=\frac{1}{2}(\boldsymbol{L}+\boldsymbol{B}),\boldsymbol{L}_2=\frac{1}{2}(\boldsymbol{L}-\boldsymbol{B}) \tag{12.8.1}$$

组成了两个对易的 $SO(2)$代数。在线性组合之外,我们还可以引入新的张量算符

$$\boldsymbol{J}=\frac{\mathrm{i}}{4}\boldsymbol{L}\times\boldsymbol{B} \tag{12.8.2}$$

显然 $\boldsymbol{I}$ 和 $\boldsymbol{J}$ 组成的集合超越了李代数的范畴。这个集合的算符作用于张量空间,它包含由 $\boldsymbol{I}$ 和 $\boldsymbol{B}$ 所张成的空间的交。(注意式(12.8.2)与式(11.1.4)不同,相差一个因子 2 和标准的 Yangian 关系式(11.2.11)相比,式(11.1.4)应该用因子$\frac{1}{2}$重新标度)。Yangian 独立地在张量空间中操作,并有自己的表示理论[14]。现在的问题是这个表示能否决定正确的氢原子能谱?即要验证 $Y(SL(2))$的表示理论能否用于氢原子。

从轨道角动量和标度的 RLR 矢量开始,设磁单极不存在:

$$\boldsymbol{L}\cdot\boldsymbol{B}=0 \tag{12.8.3}$$

有

$$\boldsymbol{L}_1^2=\boldsymbol{L}_2^2=\frac{1}{4}(\boldsymbol{L}^2+\boldsymbol{B}^2) \tag{12.8.4a}$$

在矢量空间中,如 4.3.2 节所示,对称性导致氢原子能谱的产生。现在从 $Y(SU(2))$或$\{\boldsymbol{L},\boldsymbol{J}\}$开始重新推导氢原子能谱[30-32]。我们将利用

$$\boldsymbol{J}^2=-\frac{1}{16}\{\boldsymbol{L}^2(\boldsymbol{B}^2-1)-(\boldsymbol{L}\cdot\boldsymbol{B})^2\}=-\frac{1}{16}\boldsymbol{L}^2(\boldsymbol{B}^2-1) \tag{12.8.4b}$$

令 $\boldsymbol{L}^2=(\boldsymbol{L}_1+\boldsymbol{L}_2)^2$ 的量子数为 $l=2k,2k-1,\cdots,0$。一般情况下,权重为

$$l=2k-p(p=0,1,\cdots,2k) \tag{12.8.5}$$

其中 $\boldsymbol{L}_1^2=\boldsymbol{L}_2^2=k(k+1)$。容易找到 $\boldsymbol{L}_1\cdot\boldsymbol{L}_2$ 的本征值为$\frac{1}{2}[l(l+1)-2k(k+1)]$。由于

$$\boldsymbol{B}^2=\boldsymbol{L}_1^2+\boldsymbol{L}_2^2-2\boldsymbol{L}_1\cdot\boldsymbol{L}_2 \tag{12.8.6}$$

可以求得 $\boldsymbol{B}^2$ 的本征值为 $4k(k+1)-l(l+1)$,因此 $\boldsymbol{J}^2$ 的本征值为

$$J(J+1)=-\frac{1}{16}l(l+1)\{4k(k+1)-l(l+1)-1\} \tag{12.8.7}$$

还有

$$\boldsymbol{B}^2=-\left(\boldsymbol{L}^2+\frac{\mathcal{K}^2}{2E}+1\right) \tag{12.8.8}$$

并从式(12.8.8)和式(12.8.4)得到

$$\boldsymbol{J}^2=\frac{1}{16}\boldsymbol{L}^2\left(\boldsymbol{L}^2+\frac{\mathcal{K}^2}{2E}+2\right) \tag{12.8.9}$$

或

$$\boldsymbol{J}^2=\frac{1}{16}l(l+1)\left\{l(l+1)+\frac{\mathcal{K}^2}{2E}+2\right\} \tag{12.8.10}$$

将式(12.8.10)与式(12.8.7)比较,就得到

$$\frac{\mathcal{K}^2}{2E}=-[4k(k+1)+1] \tag{12.8.11}$$

即

$$E=-\frac{\mathcal{K}^2}{2(2k+1)^2}=-\frac{\mathcal{K}^2}{2n^2} \tag{12.8.12}$$

此处 $n=2k+1$,k 取值为 $0,\frac{1}{2},1,\frac{3}{2},\cdots$,将式(12.8.5)代入式(12.8.7),得到

$$\boldsymbol{J}^2=-\frac{1}{16}(2k-p)(2k-p+1)\{4k(k+1)-(2k-p)(2k-p+1)-1\} \tag{12.8.13}$$

这表明 $Y(SU(2))$在量子张量空间中也能给出氢原子的正确能谱。

因为集合$\{\boldsymbol{L},\boldsymbol{J}\}$满足 $Y(SU(2))$,且 $Y(SU(2))$有它自己独立的表示理论,那么关于氢原子的式(12.8.13)是如何与 $Y(SU(2))$的表示理论联系起来的呢?现在 $\boldsymbol{J}$ 是由李代数的两个生成元的直积组成的。令 e_m 为 $SU(2)$的权重为 m 的基,这样就应将张量积的基选为[14]

$$\Omega_p=\sum_{i=0}^{p}(-1)^i\frac{(m-i)!\ (n-p+i)!}{m!\ (n-p)!}e_{m-i}\otimes e_{n-p+i}\quad(0\leqslant p\leqslant\min(m,n)) \tag{12.8.14}$$

将 $\boldsymbol{L}=\boldsymbol{L}_1+\boldsymbol{L}_2$ 和 $\boldsymbol{B}=\boldsymbol{L}_1-\boldsymbol{L}_2$ 代入式(12.8.2),就得到

$$\boldsymbol{J}=a\boldsymbol{L}_1+b\boldsymbol{L}_2-\frac{\mathrm{i}}{2}\boldsymbol{L}_1\times\boldsymbol{L}_2 \tag{12.8.15}$$

此处对氢原子 $a=-\frac{1}{4}$,$b=\frac{1}{4}$。容易证明在式(12.8.15)中定义的 $\boldsymbol{J}$ 对任意参数 a 和 b 都满足 Yangian 对易关系。注意

$$\boldsymbol{J}^2=\frac{1}{2}(J_+J_-+J_-J_+)+J_3^2 \tag{12.8.16}$$

将 $\boldsymbol{J}^2$ 作用于$\boldsymbol{\Omega}_p$,就得到本征值

$$\begin{aligned}\boldsymbol{J}^2=&\,l_1(l_1+1)a^2+l_2(l_2+1)b^2+\{2(l_1-p)(l_2-p)-p(p+1)\}ab-\\&\frac{1}{4}\left\{(l_1+l_2)l_1l_2+\frac{p}{4}(2l_1+2l_2+1-p)[4l_1l_2+2-p(2l_1+2l_2+1-p)]\right\}\end{aligned} \tag{12.8.17a}$$

这个表达式可以看作查理和普雷斯利的 $Y(SU(2))$表示理论的直接结果,我们所做的是计

算 $\boldsymbol{J}^2$ 的本征值。

将 $b=-a=\dfrac{1}{4}$ 代入 $\boldsymbol{J}^2$，并考虑 $l_1=l_2=k$（因为 $l_1^2=l_2^2$），发现式(12.8.17)变为

$$\begin{aligned}\boldsymbol{J}^2 &= \frac{1}{16}\{2k(k+1)-2(k-p)^2+p(p+1)-8k^3-p(4k+1-p)\cdot \\ &\quad [4k^2+2-p(4k+1-p)]\} \\ &= \frac{1}{16}(2k-p)\{1-2k(2k+p)-4k^2p+2k^2p-2kp+p^2- \\ &\quad p[4k^2+2-p(4k+1-p)]\} \\ &= -\frac{1}{16}(2k-p)(2k-p+1)\{4k(k+1)-(2k-p)(2k-p+1)-1\}\end{aligned} \tag{12.8.17b}$$

它和式(12.8.13)是等同的。这表明我们对氢原子所得到的结果与 $Y(SU(2))$ 表示理论相同，这意味着从量子张量空间看，查理和普雷斯利的 Yangian 确实能够导致氢原子能谱的正确结果。

下面考虑包括磁单极的情况。体系的哈密顿量由下式给出：

$$\mathcal{H}=\frac{\boldsymbol{\pi}^2}{2\mu}+\frac{1}{2\mu}\frac{q^2}{r^2}-\frac{\kappa}{r},\boldsymbol{\pi}=\boldsymbol{p}-Ze\boldsymbol{A} \tag{12.8.18}$$

$$\boldsymbol{L}=\boldsymbol{r}\times\boldsymbol{\pi}-q\frac{\boldsymbol{r}}{r},\boldsymbol{B}=\frac{\mathrm{i}}{\sqrt{2\mu E}}\cdot\frac{1}{2}(\boldsymbol{\pi}\times\boldsymbol{L}-\boldsymbol{L}\times\boldsymbol{\pi})-\frac{\mu x}{r}\boldsymbol{r} \tag{12.8.19}$$

现在 $SO(4)$ 代数是由角动量 $\boldsymbol{L}$ 和重新标度的 RLR 矢量 $\boldsymbol{B}$ 所组成的，此处 μ 是约化质量，$q=Zeg$，g 是磁荷，$\kappa=Ze^2$。$\boldsymbol{A}$ 是磁单极的吴大峻-杨振宁势[33-34]。容易算出

$$\boldsymbol{L}\cdot\boldsymbol{B}=\boldsymbol{B}\cdot\boldsymbol{L}=\boldsymbol{L}_1^2-\boldsymbol{L}_2^2=q\sqrt{-\frac{\mu x^2}{2E}} \tag{12.8.20}$$

$$\boldsymbol{L}_1^2=\frac{1}{4}\left[\left(q+\sqrt{-\frac{\mu x^2}{2E}}\right)^2-1\right]=l_1(l_1+1) \tag{12.8.21}$$

并且确定

$$q=|l_1-l_2| \tag{12.8.22}$$

以及能谱：

$$\varepsilon_n=-\frac{\mu x^2}{2}\frac{1}{n^2},n=l_1+l_2+1 \tag{12.8.23}$$

这表明 ε_n 对于 q 是简并的。因为 l_1 和 l_2 的取值为 $0,\dfrac{1}{2},1,\dfrac{3}{2},\cdots$ 因此

$$q=\begin{cases}0,1,\cdots,n-1, & n=\text{整数}\\ \dfrac{1}{2},\dfrac{3}{2},\cdots,n-1, & n=\text{半整数}\end{cases} \tag{12.8.24}$$

同时，虽然 $l=l_1+l_2-p=n-p+1$ 和 q 的取值范围相同，但这绝不意味着 $q=l$（注意 l 是和 $\boldsymbol{L}^2$ 的本征值 $l(l+1)$ 相联系的）。例如，我们可以有以下组合：

$$
\begin{aligned}
&n=1 \quad (l_1=l_2=0):\ l=q=0\\
&n=\frac{3}{2} \quad \left(l_1=\frac{1}{2},l_2=0;\ l_1=0,l_2=\frac{1}{2}\right):\ l=q=\frac{1}{2}\\
&n=2 \quad \left(l_1=1,l_2=0;\ l_1=0,l_2=1;\ l_1=l_2=\frac{1}{2}\right):\\
&\qquad (l_1=1,l_2=0\ \text{或}\ l_1=0,l_2=1): \qquad l=1,0,q=1\\
&\qquad \left(l_1=l_2=\frac{1}{2}\right): \qquad l=1,0,q=0\\
&n=\frac{5}{2} \quad \left(l_1=\frac{3}{2},l_2=0\ \text{或}\ l_1=0,l_2=\frac{3}{2}\right): \qquad l=\frac{3}{2},\frac{1}{2},q=\frac{3}{2}\\
&\qquad \left(l_1=1,l_2=\frac{1}{2}\ \text{或}\ l_1=\frac{1}{2},l_2=1\right): \qquad l=\frac{3}{2},\frac{1}{2},q=\frac{1}{2}\\
&\qquad (l_1=2,l_2=0\ \text{或}\ l_1=0,l_2=2): \qquad l=2,1,0,q=2\\
&n=3 \quad \left(l_1=\frac{3}{2},l_2=\frac{1}{2}\ \text{或}\ l_1=\frac{1}{2},l_2=\frac{3}{2}\right): \qquad l=2,1,q=1\\
&\qquad (l_1=l_2=1): \qquad l=2,1,0,q=0
\end{aligned}
\tag{12.8.25}
$$

我们看到，从 $n=3$ 开始，当 $q\neq 0$ 时有两个五重态($l=2$)和两个三重态($l=1$)。它们不能用 l 和 $l_3=m$ 加以区别，但却能用 q 加以区别。当 $q\neq 0$ 时有

$$
\boldsymbol{J}^2=-\frac{1}{16}\{\boldsymbol{L}^2(\boldsymbol{B}^2-1)-(\boldsymbol{L}\cdot\boldsymbol{B})^2\} \tag{12.8.26}
$$

此处 $\boldsymbol{L}$ 和 $\boldsymbol{B}$ 由式(12.8.20)给出。从式(12.8.21)中得到

$$
\boldsymbol{B}^2=-\left(\boldsymbol{L}^2+\frac{\mu x^2}{2E}+1\right)+q^2 \tag{12.8.27}
$$

因此

$$
\boldsymbol{J}^2=\frac{1}{16}\left\{\boldsymbol{L}^4+\frac{\mu x^2}{2E}(\boldsymbol{L}^2-q^2)+(2-q^2)\boldsymbol{L}^2\right\} \tag{12.8.28}
$$

将 $\boldsymbol{L}^2$ 代入得到 $\boldsymbol{J}^2$ 的本征值 ρ：

$$
\rho=\frac{1}{16}\{l(l+1)^2-(l_1+l_1+1)^2(l(l+1)-q^2)+(2-q^2)l(l+1)\} \tag{12.8.29}
$$

用 $l_1+l_2=l+p$，得到

$$
\rho=-\frac{1}{16}\{[(l+1)(2p+1)+p^2][l(l+1)-q^2]-2l(l+1)\} \tag{12.8.30}
$$

可以证明式(12.8.30)是和式(12.8.17)相互洽合的。实际上，因为

$$
\begin{aligned}
l(l+1)-q^2&=(l_1+l_2+p)(l_1+l_2-p+1)-(l_1-l_2)^2\\
&=(2l_1-p)(2l_2-p)+l_1+l_2-p\\
&=4l_1l_2-2(l_1+l_2)p+l_1+l_2-p+p^2
\end{aligned}
$$

以及

$$
\begin{aligned}
(l+1)(2p+1)+p^2&=2(l_1+l_2-p)p+l_1+l_2+p+p^2+1\\
&=l_1+l_2+1+2(l_1+l_2)p-p^2+p
\end{aligned}
$$

式(12.8.29)就变为

$$\begin{aligned}\rho=&-\frac{1}{16}\{-l_1(l_1+1)-l_2(l_2+1)+2l_1l_2+4(l_1+l_2)l_1l_2+\\&(4l_1l_2-1)[2(l_1+l_2)p-p^2+p]-[2(l_1+l_2)p-p^2+p]^2+\\&2(2l_1+2l_2+1)p-2p^2\}\\=&\frac{1}{16}\{l_1(l_1+1)+l_2(l_2+1)-[2(l_1-p)(l_2-p)-p(p+1)]-\\&4(l_1+l_2)l_1l_2-p(2l_1+2l_2+1-p)[4l_1l_2+2-\\&p(2l_1+2l_2+1-p)]\}\\=&\frac{1}{16}\{_1(l_1+1)+l_2(l_2+1)-[2(l_1-p)(l_2-p)-p(p+1)]-\\&4(l_1+l_2)l_1l_2-p(2l_1+2l_2+1-p)[4l_1l_2+2-p(2l_1+2l_2+1-p)]\}\end{aligned}\tag{12.8.31}$$

这正好是式(12.8.17)对于$a^2=b^2=\frac{1}{4}$所给出的。显然，当有磁单极存在时，$\boldsymbol{J}^2$的本征值依赖于q。去掉一个共同因子$\frac{1}{16}$，在下面给出$\boldsymbol{J}^2=\rho$本征值的例子：

$n=1$，　$l=q=0(p=0)$：　　$\rho=0$

$n=\frac{3}{2}$，　$l=q=\frac{1}{2}(p=0)$：　　$\rho=(l+1)[l(l+1)-q^2]-2l(l+1)=\frac{3}{4}$

$n=2$，　$l=1(p=0),0(p=1),q=1$：　　$\rho=2(l=1),4(l=0)$

　　$l=1,0;\ q=0$：　　$\rho=0(l=1),0(l=0)$

　　$l=\frac{3}{2}(p=0),\frac{1}{2}(p=1);\ q=\frac{3}{2}$：　$\rho=\frac{15}{4}\left(l=\frac{3}{2}\right),\frac{37}{4}\left(l=\frac{1}{2}\right)$

　　$l=\frac{3}{2},\frac{1}{2};\ q=\frac{1}{2}$：　　$\rho=-\frac{5}{4}\left(l=\frac{3}{2},\frac{1}{2}\right)$

$n=3$，　$l=2(p=0),1(p=1),0(p=2);\ q=2$：　$\rho=6(l=2),18(l=1),36(l=0)$

　　$l=2,1;\ l=1$：　　$\rho=-3(l=2,l=1)$

　　$l=2,1,0,q=0$：　　$\rho=-6(l=2),-10(l=1),0(l=0)$

在本节结束时，我们愿意给出一个有趣的结果。在前面指出过，当$\boldsymbol{J}$满足Yangian对易关系时，任意平移$\boldsymbol{J}\to\lambda\boldsymbol{I}+\boldsymbol{J}$将不会改变对易关系。将这一点用于当前情况，并在式(12.8.2)中平移，可以看到$\boldsymbol{J}'^2$的本征值$\rho\left(\text{在式(12.8.17)中 } b=a=-\frac{1}{4}\right)$是和以下本征值相联系的

$$\boldsymbol{J}'=F\boldsymbol{I}+\boldsymbol{J}\ (\boldsymbol{I}=\boldsymbol{L}_1+\boldsymbol{L}_2)\tag{12.8.32}$$

$$\begin{aligned}\rho'=\rho+\{&2l_1(l_1+1)a+2l_2(l_2+1)b+\\&[2(l_1-p)(l_2-p)-p(p+1)(a+b)]F+\\&[l_1(l_1+1)+l_2(l_2+1)+2(l_1-p)(l_2-p)-p(p+1)]F^2\}\end{aligned}\tag{12.8.33}$$

另一方面有

$$\boldsymbol{J}'^2=\boldsymbol{J}^2+2F\boldsymbol{I}\cdot\boldsymbol{J}+F^2\boldsymbol{I}^2\tag{12.8.34}$$

将其代入式(12.8.2)，并用

$$\boldsymbol{I}\cdot\boldsymbol{J}=-\frac{1}{4}\boldsymbol{L}\cdot\boldsymbol{B} \tag{12.8.35}$$

得到

$$\boldsymbol{J}'^2=\boldsymbol{J}^2-\frac{1}{2}(\boldsymbol{L}\cdot\boldsymbol{B})F+F^2\boldsymbol{L}^2 \tag{12.8.36}$$

注意到

$$\begin{aligned}&2l_1(l_1+1)a+2l_2(l_2+1)b+[2(l_1-p)(l_2-p)-p(P+1)](a+b)\\=&-\frac{1}{4}[2l_1(l_1+1)-2l_2(l_2+1)]=-\frac{1}{2}(l_1-l_2)(l_1+l_2+1)\end{aligned}$$

这样式(12.8.36)就能写作

$$\rho'=\rho-\frac{1}{2}(l_1-l_2)(l_1+l_2+1)F+(l_1+l_2-p)(l_1+l_2-p+1)F^2 \tag{12.8.37}$$

由于磁单极存在，式(12.8.36)给出

$$\rho'=\rho-\frac{1}{2}q\sqrt{-\frac{\mu k^2}{2\varepsilon}}F+l(l+1)F^2 \tag{12.8.38}$$

这和式(12.8.37)完全等同。利用 $l=l_1+l_2-p$ 和 $q=|l_1-l_2|$，我们再次得到

$$\varepsilon=-\frac{\mu\kappa^2}{2}\frac{1}{(l_1+l_2+1)^2} \tag{12.8.39}$$

这意味着氢原子能谱不因平移 $\boldsymbol{J}\to\boldsymbol{J}+F\boldsymbol{I}$ 而有所改变。

12.9 Yangian 和贝尔基

对于由两个自旋 A 和 B 组成的系统，我们用 $|\uparrow\downarrow\rangle$ 来表示状态 $|\uparrow\rangle_A|\downarrow\rangle_B$，这样贝尔基就定义为

$$\left.\begin{aligned}|\Psi^{\pm}\rangle&=\frac{1}{\sqrt{2}}(|\uparrow\downarrow\rangle\pm|\downarrow\uparrow\rangle)\\|\Phi^{\pm}\rangle&=\frac{1}{\sqrt{2}}(|\uparrow\uparrow\rangle\pm|\downarrow\downarrow\rangle),(|\Psi^{-}\rangle=\Psi_{00})\end{aligned}\right\} \tag{12.9.1}$$

它们代表最大缠绕态。在这四个态中，$|\psi^-\rangle$ 在一定意义上是特殊的。它是系统的自旋单态。下面来证明其他三个态(自旋三重态)可以通过 Yangian 算符作用在 $|\Psi^-\rangle$ 上面生成。

定义 Yangian 算符

$$\boldsymbol{J}=a\boldsymbol{S}_1+b\boldsymbol{S}_2-\mathrm{i}\boldsymbol{S}_1\times\boldsymbol{S}_2 \tag{12.9.2}$$

或写为分量形式

$$\begin{aligned}J_+&=aS_1^++bS_2^+-(S_1^+S_2^3-S_1^3S_2^+)\\J_-&=aS_1^-+bS_2^-+(S_1^-S_2^3-S_1^3S_2^-),\\J_3&=aS_1^3+bS_2^3+\frac{1}{2}(S_1^+S_2^--S_1^-S_2^+)\end{aligned} \tag{12.9.3}$$

此处 a 和 b 是任意参量，$\boldsymbol{S}_1$ 和 $\boldsymbol{S}_2$ 分别作用在粒子 A 和 B 上面。$J_\pm$ 与直角坐标分量 J_1 和

J_2 的关系是

$$J_{\pm}=J_1\pm \mathrm{i}J_2 \tag{12.9.4}$$

将 $J_{\pm}$ 作用在 $|\Psi^-\rangle$ 上，得到

$$(aS_1^+ + bS_2^+)\frac{1}{\sqrt{2}}(|\uparrow\downarrow\rangle-|\downarrow\uparrow\rangle)=\frac{b-a}{\sqrt{2}}|\uparrow\uparrow\rangle,$$

$$(aS_1^- + bS_2^-)\frac{1}{\sqrt{2}}(|\uparrow\downarrow\rangle-|\downarrow\uparrow\rangle)=-\frac{b-a}{\sqrt{2}}|\downarrow\downarrow\rangle,$$

$$(S_1^+S_2^3-S_1^3S_2^+)\frac{1}{\sqrt{2}}(|\uparrow\downarrow\rangle-|\downarrow\uparrow\rangle)=\frac{1}{\sqrt{2}}\left(\frac{-1}{2}|\uparrow\uparrow\rangle-\frac{1}{2}|\uparrow\uparrow\rangle\right)=-\frac{1}{\sqrt{2}}|\uparrow\uparrow\rangle,$$

$$(S_1^-S_2^3-S_1^3S_2^-)\frac{1}{\sqrt{2}}(|\uparrow\downarrow\rangle-|\downarrow\uparrow\rangle)=\frac{1}{\sqrt{2}}\left(-\frac{1}{2}|\downarrow\downarrow\rangle-\frac{1}{2}|\downarrow\downarrow\rangle\right)=-\frac{1}{\sqrt{2}}|\downarrow\downarrow\rangle,$$

$$J_+\Psi_{00}=\frac{b-a+1}{\sqrt{2}}|\uparrow\uparrow\rangle,$$

$$J_-\Psi_{00}=\frac{a-b-1}{\sqrt{2}}|\downarrow\downarrow\rangle=-\frac{b-a+1}{\sqrt{2}}|\downarrow\downarrow\rangle,$$

$$(aS_1^3+bS_2^3)\Psi_{00}=\frac{1}{\sqrt{2}}\left\{\frac{a}{2}|\uparrow\downarrow\rangle+\frac{a}{2}|\downarrow\uparrow\rangle-\frac{b}{2}|\uparrow\downarrow\rangle-\frac{b}{2}|\downarrow\uparrow\rangle\right\},$$

$$=\frac{1}{\sqrt{2}}\frac{a-b}{2}(|\uparrow\downarrow\rangle+|\downarrow\uparrow\rangle),$$

$$\frac{1}{2}(S_1^+S_2^- - S_1^-S_2^+)\Psi_{00}=\frac{1}{2\sqrt{2}}(-|\uparrow\downarrow\rangle-|\downarrow\uparrow\rangle)=-\frac{1}{2\sqrt{2}}(|\uparrow\downarrow\rangle+|\downarrow\uparrow\rangle)$$

结果为

$$\left.\begin{aligned}
J_3\Psi_{00}&=\frac{a-b-1}{2}\frac{1}{\sqrt{2}}(|\uparrow\downarrow\rangle+|\downarrow\uparrow\rangle)=-\frac{b-a+1}{2}\Psi^+\\
J_1\Psi_{00}&=\frac{b-a+1}{2}\frac{1}{\sqrt{2}}(|\uparrow\uparrow\rangle-|\downarrow\downarrow\rangle)=\frac{b-a+1}{2}\Phi^-\\
J_2\Psi_{00}&=\frac{b-a+1}{2\mathrm{i}}\frac{1}{\sqrt{2}}(|\uparrow\uparrow\rangle+|\downarrow\downarrow\rangle)=\frac{b-a+1}{2\mathrm{i}}\Phi^+
\end{aligned}\right\} \tag{12.9.5}$$

如果 $a-b-1\neq 0$，即 $|\Psi^-\rangle$ 不是 $Y(SU(2))$ 的亚表示，我们就有在图 12.5 中下面的路线所代表的情况。

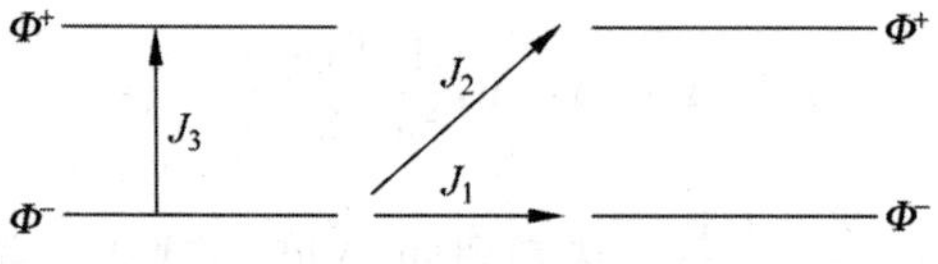

图 12.5 算符 J_1,J_2,J_3 作用于贝尔基

$$\left.\begin{aligned}
J_1\ |\Psi^-\rangle&\to|\Phi^-\rangle\\
J_2\ |\Psi^-\rangle&\to|\Phi^+\rangle\\
J_3\ |\Psi^-\rangle&\to|\Psi^+\rangle
\end{aligned}\right\} \tag{12.9.6}$$

用文字来说明，就是 $|\Phi^{\pm}\rangle$ 和 $|\Psi^+\rangle$ 可以通过将 $\boldsymbol{J}$ 作用在 $|\Psi^-\rangle$ 上面生成。或者

$$\left.\begin{aligned} J_3 &= -\lambda \mid \Psi^+\rangle\langle\Psi^- \mid \\ J_1 &= \lambda \mid \Phi^-\rangle\langle\Psi^- \mid \\ J_2 &= -\mathrm{i}\lambda \mid \Phi^+\rangle\langle\Psi^- \mid \end{aligned}\right\} \tag{12.9.7}$$

从式(12.9.6)和式(12.9.7)可以明显看出，式(12.9.3)给出的 $J_\pm$ 和 J_3 导致了自旋单态和自旋三重态之间的跃迁。长期以来在电动力学中我们知道，这种跃迁可以通过矢量势 $A(\boldsymbol{r},t)$的多极展开来产生。而在这里我们用自旋算符本身构造了提升和降低算符。这个例子证明贝尔基可以自然地用 $\boldsymbol{J}$ 来生成，在实际中这可以用某种电磁激发来实现。

12.10 S-波到P-波超导的转变

通常超导电性(superconductivity，SC)是用库珀对理论描述的，即两个电子形成 S-波配对。另一方面，也有巴利安和沃瑟姆[35](BW)提出的 P-波超导理论。虽然 P-波超导理论已被成功地应用于^{3}He[36-38]的超流性，而非超导性，作为一个练习，我们愿意讨论一下通过哪一类算符可以把 S-波超导转变为 P-波超导。

两个自旋$-\frac{1}{2}$粒子的基可以写成以下形式：

$$\mid W\rangle = \sum_{\beta,\gamma=1}^{2} W_{\beta\gamma} \mid \beta\rangle_1 \mid \gamma\rangle_2 \tag{12.10.1}$$

此处$|\beta\rangle_1$ 和$|\gamma\rangle_2$ 分别表示第 1 个粒子和第 2 个粒子的自旋状态。$|\beta\rangle$和$|\gamma\rangle$的正交性给出：

$$W_{\beta r} = {}_1\langle\beta \mid {}_2\langle\gamma \mid W\rangle = \langle\beta,\gamma \mid W\rangle \tag{12.10.2a}$$

因为 β 和 γ 在自己的空间内分别有指标 1 和 2，$W_{\beta\gamma}$ 的矩阵形式可以用 2×2 矩阵 $\boldsymbol{\Phi}$ 表示：

$$\begin{aligned} \boldsymbol{\Phi}(1,1) &= \begin{bmatrix} 1 & 0 \\ 0 & 0 \end{bmatrix}, \quad \boldsymbol{\Phi}(1,2) = \begin{bmatrix} 0 & 1 \\ 0 & 0 \end{bmatrix}, \\ \boldsymbol{\Phi}(2,1) &= \begin{bmatrix} 0 & 0 \\ 1 & 0 \end{bmatrix}, \quad \boldsymbol{\Phi}(2,2) = \begin{bmatrix} 0 & 0 \\ 0 & 1 \end{bmatrix} \end{aligned} \tag{12.10.2b}$$

将复合算符 A_1B_2 作用在张量态$|W\rangle$上，有

$$\begin{aligned} A_1B_2 \mid W\rangle = \mid V\rangle &= \sum_{\beta,\nu} W_{\beta\nu}(A_1 \mid \beta\rangle_1)(B_2 \mid \nu\rangle_2) = \sum_{\sigma,\iota} V_{\sigma\iota} \mid \sigma\rangle_1 \mid \iota\rangle_2 \\ &= \sum_{\beta,\nu,\sigma,\iota} W_{\beta\nu}A_{\sigma\beta}B_{\iota\nu} \mid \sigma\rangle_1 \mid \iota\rangle_2 \\ &= \sum_{\beta,\nu,\sigma,\iota} A_{\sigma\beta}W_{\beta\nu}(\widetilde{B}_{\nu\iota})_{\nu\iota} \end{aligned} \tag{12.10.3}$$

即

$$V_{\sigma\iota} = \sum_{\beta,\nu} A_{\sigma\beta}W_{\beta\nu}(\widetilde{B}_{\nu\iota})_{\nu\iota} \tag{12.10.4}$$

此处 $\widetilde{\boldsymbol{B}}$ 是矩阵 $\boldsymbol{B}$ 的转置。

对于二自旋的情况有

$$I_\alpha = S_1^\alpha \otimes 1 + 1 \otimes S_2^\alpha \tag{12.10.5}$$

$$J_\alpha = aS_1^\alpha \otimes 1 + b1 \otimes S_2^\alpha - \mathrm{i}v\varepsilon_{\alpha\mu\nu}S_1^\mu \otimes S_2^\nu \tag{12.10.6}$$

此处 $\alpha,\mu,\nu=1,2,3$ 以及 a,b,v 为任意参数。从式(12.10.4)有

$$A_1B_2 \mid W\rangle = \sum_{\beta,\nu}(AW\widetilde{B})_{\beta\nu} \mid \beta\rangle_1 \mid \nu\rangle_2 \tag{12.10.7}$$

形式上可以写为

$$A_1B_2(W) = AW\widetilde{B} \tag{12.10.8}$$

通过式(12.10.5)～式(12.10.8)得到

$$\left.\begin{aligned} I_\alpha(W) &= S^\alpha W + W\widetilde{S}^\alpha \\ J_\alpha(W) &= aS^\alpha W + bW\widetilde{S}^\alpha - \frac{\mathrm{i}y}{2}\varepsilon_{\alpha\mu\nu}(S^\mu W\widetilde{S}_\nu - S^\nu W\widetilde{S}_\mu) \end{aligned}\right\} \tag{12.10.9}$$

采用式(12.10.2)的符号，单态具有以下形式：

$$\boldsymbol{\varphi}(0,0) = \frac{1}{\sqrt{2}}(\boldsymbol{\Phi}(1,2) - \boldsymbol{\Phi}(2,1)) = \frac{1}{\sqrt{2}}\begin{bmatrix} 0 & 1 \\ -1 & 0 \end{bmatrix} \tag{12.10.10}$$

而三重态可以写作

$$\begin{aligned} &\boldsymbol{\varphi}(1,1) = \boldsymbol{\Phi}(1,1) = \begin{bmatrix} 1 & 0 \\ 0 & 0 \end{bmatrix}, \quad \boldsymbol{\varphi}(1,-1) = \boldsymbol{\Phi}(2,2) = \begin{bmatrix} 0 & 0 \\ 0 & 1 \end{bmatrix}, \\ &\boldsymbol{\varphi}(1,0) = \frac{1}{\sqrt{2}}(\boldsymbol{\Phi}(1,2) + \boldsymbol{\Phi}(2,1)) = \frac{1}{\sqrt{2}}\begin{bmatrix} 0 & 1 \\ 1 & 0 \end{bmatrix} \end{aligned} \tag{12.10.11}$$

因此

$$\begin{aligned} J_+(\boldsymbol{\varphi}(0,0)) &= \frac{1}{\sqrt{2}}\left\{ a\begin{bmatrix} 0 & 1 \\ 0 & 0 \end{bmatrix}\begin{bmatrix} 0 & 1 \\ -1 & 0 \end{bmatrix} + b\begin{bmatrix} 0 & 1 \\ -1 & 0 \end{bmatrix}\begin{bmatrix} 0 & 0 \\ 1 & 0 \end{bmatrix} - \right. \\ &\quad \frac{v}{2}\left(\begin{bmatrix} 0 & 1 \\ 0 & 0 \end{bmatrix}\begin{bmatrix} 0 & 1 \\ -1 & 0 \end{bmatrix}\begin{bmatrix} 1 & 0 \\ 0 & -1 \end{bmatrix} - \right. \\ &\quad \left.\left. \begin{bmatrix} 1 & 0 \\ 0 & -1 \end{bmatrix}\begin{bmatrix} 0 & 1 \\ -1 & 0 \end{bmatrix}\begin{bmatrix} 0 & 0 \\ 1 & 0 \end{bmatrix} \right) \right\} \\ &= -\frac{1}{\sqrt{2}}(a-b-v)\begin{bmatrix} 1 & 0 \\ 0 & 0 \end{bmatrix} \\ &= -\frac{1}{\sqrt{2}}(a-b-v)\boldsymbol{\varphi}(1,1) \end{aligned} \tag{12.10.12}$$

类似地有

$$J_-(\boldsymbol{\varphi}(0,0)) = \frac{1}{\sqrt{2}}(a-b-v)\boldsymbol{\varphi}(1,-1) \tag{12.10.13}$$

$$J_3(\boldsymbol{\varphi}(0,0)) = \frac{1}{2}(a-b-v)\boldsymbol{\varphi}(1,0) \tag{12.10.14}$$

现在我们转过来讨论设想中的S-波和P-波超导的转换。一个二电子体系应该在交换时处于完全反对称态。波函数的自旋-角动量部分如下[35]：

S-波：

$$\boldsymbol{\phi}_{J=0,m=0} = \mathrm{Y}_{0,0}\boldsymbol{\varphi}(0,0); \tag{12.10.15}$$

P-波(BW)型[35-36]：

$$\boldsymbol{\Psi}_{J=0,m=0}=\frac{1}{\sqrt{3}}(\mathrm{Y}_{1,1}\boldsymbol{\varphi}(1,-1)-\mathrm{Y}_{1,0}\boldsymbol{\varphi}(1,0)+\mathrm{Y}_{1,-1}\boldsymbol{\varphi}(1,1)) \tag{12.10.16}$$

此处 Y_{lm} 是球谐函数。

在动量空间中有

$$\left.\begin{aligned}\mathrm{Y}_{0,0}&=\frac{1}{\sqrt{4\pi}}\mathrm{Y}_{1,0}=\sqrt{\frac{3}{4\pi}}\cos\theta_k=\sqrt{\frac{3}{4\pi}}\hat{k}_z\\ \mathrm{Y}_{1,\pm1}&=\mp\sqrt{\frac{3}{8\pi}}\sin\theta_k\mathrm{e}^{\pm\mathrm{i}\phi_k}=\mp\sqrt{\frac{3}{8\pi}}\hat{k}_\pm\end{aligned}\right\} \tag{12.10.17}$$

$$\hat{k}_\pm=\hat{k}_x\pm\mathrm{i}\hat{k}_y$$

式(12.10.15)和式(12.10.16)可以改写为

$$\boldsymbol{\phi}_{J=0,m=0}=\frac{1}{\sqrt{2}}\begin{bmatrix}0 & \mathrm{Y}_{0,0}\\ -\mathrm{Y}_{0,0} & 0\end{bmatrix} \tag{12.10.18}$$

$$\begin{aligned}\boldsymbol{\Psi}_{J=0,m=0}&=\frac{1}{\sqrt{2}}\begin{bmatrix}\mathrm{Y}_{1,-1} & -\frac{1}{\sqrt{2}}\mathrm{Y}_{1,0}\\ -\frac{1}{\sqrt{2}}\mathrm{Y}_{0,0} & \mathrm{Y}_{1,1}\end{bmatrix}\\ &=\frac{1}{\sqrt{8\pi}}\begin{bmatrix}\hat{k}_- & -\hat{k}_z\\ -\hat{k}_z & -\hat{k}_+\end{bmatrix}\end{aligned} \tag{12.10.19}$$

用式(12.10.12)得到

$$\left.\begin{aligned}&\hat{k}_-J_+(\mathrm{Y}_{0,0}\boldsymbol{\varphi}(0,0))=\hat{k}_-\mathrm{Y}_{0,0}J_+(\boldsymbol{\varphi}(0,0))=\sqrt{\frac{1}{8\pi}}(b-a+v)\begin{bmatrix}\hat{k}_- & 0\\ 0 & 0\end{bmatrix}\\ &\hat{k}_+J_-(\mathrm{Y}_{0,0}\boldsymbol{\varphi}(0,0))=\sqrt{\frac{1}{8\pi}}(b-a+v)\begin{bmatrix}0 & 0\\ 0 & -\hat{k}_+\end{bmatrix}\\ &\hat{k}_3J_3(\mathrm{Y}_{0,0}\boldsymbol{\varphi}(0,0))=\sqrt{\frac{1}{8\pi}}(b-a+v)\begin{bmatrix}0 & -\hat{k}_+\\ -\hat{k}_z & 0\end{bmatrix}\end{aligned}\right\} \tag{12.10.20}$$

式(12.10.20)可以总结为

$$(\boldsymbol{k}\cdot\boldsymbol{J})\boldsymbol{\phi}_{J=0,m=0}=(b-a+\nu)\boldsymbol{\Psi}_{J=0,m=0} \tag{12.10.21}$$

我们愿意强调 P-波函数 $\boldsymbol{\Psi}_{J=0,m=0}$ 最初是用来描述^{3}He 超流性的，现在被借用来描述超导性。如果将来发现了 P-波超导，并且发现了存在从 S-波到 P-波超导的弱的转变，则这个转变是由 Yangian 算符描述的。

当 $b-a=-1$(通过设定 $v=1$)时，从 S-波到 P-波超导的转变是禁止的，而对 $b-a=1$，转变是允许的。我们看到不同的参数值可以诱导不同的转变体制。对于参数的某些特殊值，转换是单向的，这是由 Yangian 算符诱导的转换的不可逆性所决定的。我们知道李代数作用于线性空间，而 Yangian 算符作用于量子张量空间，后者包括了不同线性空间的相互作用。如何能够在物理上控制参数 a 和 b 是值得进一步研究的。

12.11　量子代数

在12.2节中，我们看到RTT关系式(12.2.3)在量子可积系统的研究中起着重要作用。缔合性式(12.3.2)导致了YBE。在那里我们只考虑了YBE最简单的有理解：$\check{\boldsymbol{R}}(u)=\boldsymbol{I}+u\boldsymbol{P}$，其中$\boldsymbol{P}$代表排列。实际上对$\check{\boldsymbol{R}}(u)$有三种解：有理解、三角解和椭圆解[38]，对于$\check{\boldsymbol{R}}(u)$的一个给定的解应该有由RTT关系给出的相应代数结构。简便起见，将RTT关系写作如下形式：

$$\check{\boldsymbol{R}}(xy^{-1})[\boldsymbol{T}(x)\otimes\boldsymbol{T}(y)]=[\boldsymbol{T}(y)\otimes\boldsymbol{T}(x)]\check{\boldsymbol{R}}(xy^{-1})\tag{12.11.1}$$

在这里谱参数$x=\mathrm{e}^u$和$y=\mathrm{e}^v$用来代替原来的u和v。当u和$v\to\infty$以及$u-v\to\infty$时，有

$$\check{\boldsymbol{R}}(x\to\infty)=\boldsymbol{S},\check{\boldsymbol{R}}(x=1)=\boldsymbol{I}(\check{\boldsymbol{R}}=\boldsymbol{P}v)\tag{12.11.2}$$

$$\lim_{x\to\infty}\boldsymbol{T}(x)=\boldsymbol{T}=\|T_{ab}\|\tag{12.11.3}$$

式(12.11.1)的渐近形式为(对重复指标求和)

$$\boldsymbol{S}(\boldsymbol{T}\otimes\boldsymbol{T})=(\boldsymbol{T}\otimes\boldsymbol{T})\boldsymbol{S}\tag{12.11.4}$$

或

$$S_{ij,mn}(T\otimes T)_{mn,kl}=(T\otimes T)_{ij,mn}S_{mn,kl}\tag{12.11.5}$$

上面我们用到了

$$(A\otimes B)_{mn,kl}=A_{mk}B_{nl}$$

式(12.11.5)的分量形式是

$$S_{ij,mn}T_{mk}T_{nl}=T_{im}T_{jn}S_{mn,kl}\tag{12.11.6}$$

此处对于$SU(2)$辅助空间$i,j,\cdots=1,2$，$\boldsymbol{S}$满足

$$S_{ij,ml}S_{nt,lk}S_{vs,mn}=S_{lm,jk}S_{vn,il}S_{st,nm}\tag{12.11.7}$$

这里有三个入指标i,j,k和三个出指标v,s,t。式(12.11.7)被称为"辫子条件"[39-42]。

容易验证，式(12.11.7)的一个简单解为

$$\boldsymbol{S}=\begin{array}{c}\\ 11\\ 12\\ 21\\ 22\end{array}\begin{array}{c}\begin{array}{cccc}11&12&21&22\end{array}\\ \begin{bmatrix}q&0&0&0\\0&0&1&0\\0&1&q-q^{-1}&0\\0&0&0&q\end{bmatrix}\end{array}\tag{12.11.8}$$

此处矩阵的列用i和j标记而行用m和l标记。在解式(12.11.7)时，在$\boldsymbol{S}$中允许有一个自由参量q。当$q=1$时，有$\boldsymbol{S}=\boldsymbol{P}$，因此$\boldsymbol{S}$仅是排列$\boldsymbol{P}$的变形。

有了辫子群式(12.11.8)的解就容易得到YBE的解：

$$\check{R}_{ij,ml}(x)\check{R}_{nt,lk}(xy)\check{R}_{vs,mn}(y)=\check{R}_{lm,jk}(y)\check{R}_{vn,il}(xy)\check{R}_{st,nm}(x)\tag{12.11.9}$$

直接验证得出

$$\check{\boldsymbol{R}}(x)=\begin{bmatrix}\sinh(u+v)&0&0&0\\0&\sinh u\sinh v&0&\\0&\sinh v\sinh u&0&\\0&0&0&\sinh(u+v)\end{bmatrix}=xs-x^{-1}s^{-1}\tag{12.11.10}$$

满足式(12.11.9)，此处 $x=e^u$，$q=e^v$。我们看到在 $\boldsymbol{S}$ 中有一个变形参数 q，而在 $\check{\boldsymbol{R}}(x)$ 中在 q 之外还有动力学参数 x。当 u 和 $v\to 0$ 时，从式(12.11.10)得到

$$\check{\boldsymbol{R}}(x)\quad\Big|_{u\to 0,v\to 0}\quad=u\boldsymbol{I}+\nu\boldsymbol{P}=u\left(\boldsymbol{I}+\frac{v}{u}\boldsymbol{P}\right)\tag{12.11.11}$$

即 $\frac{v}{u}$ 和式(12.1.12)中的最简单有理形式 $\check{\boldsymbol{R}}(u)$ 相比起着类似作用，因为式(12.11.9)容许任意共同因子的存在。

式(12.11.10)被称为 YBE 的"三角解"，在 $x=e^{iu}$ 和 $q=e^{iv}$ 时仍然成立。

有了式(12.11.8)给出的 $\boldsymbol{S}$(4×4 矩阵)作为工具，我们来求满足式(12.11.6)的 $\boldsymbol{T}$(2×2 矩阵)。采用式(12.11.6)中的指标 $i,j,\cdots=1,2$，例如，对 $i=1,j=2,k=l=1$，在式的等号左侧只有不为零的 $S_{12,21}=1$，而在右侧只有 $S_{11,11}=q$，因此哑标只能是 $m=2$ 和 $n=1$。这导致

$$T_{21}T_{11}=qT_{11}T_{21}\tag{12.11.12}$$

将 $\boldsymbol{T}$ 写作

$$\boldsymbol{T}=\begin{bmatrix}a & b\\ c & d\end{bmatrix}=\begin{bmatrix}T_{11} & T_{12}\\ T_{21} & T_{22}\end{bmatrix}\tag{12.11.13}$$

式(12.11.12)就能写为 $ac=q^{-1}ca$，得到

$$\begin{aligned}&ab=q^{-1}ba, \qquad ac=q^{-1}ca,\ bc=cb,\\ &bd=q^{-1}db, \qquad cd=q^{-1}dc\\ &ad-da=(q^{-1}-q)bc\end{aligned}\tag{12.11.14}$$

最后的关系可以改写为

$$ad-q^{-1}bc=da-qbc\equiv \det q\boldsymbol{T}\tag{12.11.15a}$$

它是 $\det\boldsymbol{T}$ 的 q 变形式。

$\det q\boldsymbol{T}$ 和 a,b,c,d 对易，例如，由式(12.11.15)得到

$$\begin{aligned}[\det q\boldsymbol{T},a]&=(ad-q^{-1}bc)a-a(da-qbc)\\ &=qabc-q^{-1}bca=0\end{aligned}\tag{12.11.15b}$$

此处我们使用了 $bca=q^2abc$。所以 $\det q\boldsymbol{T}$ 是由 a,b,c,d 所形成的代数的中心。以下对易性

$$[\det q\boldsymbol{T},A]=0,\quad A=a,b,c,d\tag{12.11.16}$$

允许我们得到 $\boldsymbol{T}$ 的逆：

$$\boldsymbol{T}^{-1}=(\det q\boldsymbol{T})^{-1}\begin{bmatrix}d & -qb\\ -q^{-1}c & a\end{bmatrix}\tag{12.11.17}$$

由于历史原因，集合 $T=\{a,b,c,d\}$ 被称为与 $SL(2)$ 相关的"量子群"。实际上它不是在通常意义的群论中所定义的群，它属于一个 q 变形的霍普夫代数(Hopf algebra)。

式(12.11.14)的最简单的选择是

$$\boldsymbol{T}=\begin{bmatrix}a & b\\ 0 & a^{-1}\end{bmatrix}\tag{12.11.18}$$

在此情况下仅存的对易关系是

$$ba=qab\tag{12.11.19}$$

它可以通过下面两式来实现

$$\left.\begin{aligned} b &= \exp\{i\alpha\hat{p}\} \\ a &= \exp\{i\beta x\} \end{aligned}\right\}$$

由于$[\hat{p}, x] = -ih$，导致

$$q = e^{i\alpha\beta h}$$

这个例子没有给出什么新东西，它只是和 $\hat{p}$ 与 x 的对易关系等价而已。

和 $SL(2)$相关的量子群式(12.11.14)由 YBE 的解通过式(12.11.6)在 $x\to\infty$时的渐近行为给出，即

$$\check{\boldsymbol{R}}(x) = x\boldsymbol{S} - x^{-1}\boldsymbol{S} \tag{12.11.20}$$

现在将式(12.11.20)代入式(12.11.1)，并假设 $\boldsymbol{T}(x)$有以下形式：

$$\boldsymbol{T}(x) = x\boldsymbol{L}^{+} + x\boldsymbol{L}^{-}, \boldsymbol{L}^{\sigma} = \|(\boldsymbol{L}^{\sigma})_{ij}\| \ (\sigma = \pm, i, j = 1, 2)$$

如此就得到了有名的莱舍提金-法捷耶夫-塔赫他间(Reshetikhin-Faddeev-Takhtajan，RFT)关系[41]

$$\boldsymbol{S}(\boldsymbol{L}^{\pm} \otimes \boldsymbol{L}^{\pm}) = (\boldsymbol{L}^{\pm} \otimes \boldsymbol{L}^{\pm})\boldsymbol{S} \tag{12.11.21}$$

$$\boldsymbol{S}(\boldsymbol{L}^{+} \otimes \boldsymbol{L}^{-}) = (\boldsymbol{L}^{-} \otimes \boldsymbol{L}^{+})\boldsymbol{S} \tag{12.11.22}$$

此处 $\boldsymbol{S}$ 由式(12.11.8)给出，在代入式(12.11.21)～式(12.11.22)后得到

$$L_{12}^{\sigma} L_{12}^{\sigma} = 0 \tag{12.11.23}$$

$$[L_{ii}^{\sigma}, L_{jj}^{\sigma}] = 0 (i, j = 1, 2, \sigma = \pm\phi) \tag{12.11.24}$$

$$L_{ii}^{\sigma} L_{12}^{+} = q^{+\sigma\varepsilon(i)} L_{12}^{+} L_{ii}^{\sigma} \tag{12.11.25}$$

$$L_{ii}^{\sigma} L_{21}^{-} = q^{-\sigma\varepsilon(i)} L_{21}^{-} L_{ii}^{\sigma} \tag{12.11.26}$$

$$[L_{12}^{+}, L_{21}^{-}] = (q - q^{-1})(L_{22}^{-} L_{11}^{+} - L_{22}^{+} L_{11}^{-}) \tag{12.11.27}$$

$$\varepsilon(1) = -1, \ \varepsilon(2) = +1$$

此处对重复指标不求和。

从式(12.11.23)得到

$$\boldsymbol{L}_{+} = \begin{bmatrix} L_{11}^{+} & L_{12}^{+} \\ 0 & L_{22}^{+} \end{bmatrix}, \quad \boldsymbol{L}_{-} = \begin{bmatrix} L_{11}^{-} & 0 \\ L_{21}^{-} & L_{22}^{-} \end{bmatrix} \tag{12.11.28}$$

式(12.11.24)指明 $\boldsymbol{L}_{\pm}$ 的对角元是对易的。满足式(12.11.23)～式(12.11.28)的 $\boldsymbol{L}_{\pm}$ 应该具有以下形式：

$$\boldsymbol{L}_{-} = \begin{bmatrix} k & (Q - Q^{-1})X_{+} \\ 0 & K^{-1} \end{bmatrix}, \quad \boldsymbol{L}_{+} = \begin{bmatrix} K^{-1} & 0 \\ -(Q - Q^{-1})X_{-} & K \end{bmatrix} \tag{12.11.29}$$

此处 $Q = q^{-1}$ 以及 K 与 $X_{\pm}$ 满足

$$K X_{\pm} K^{-1} = Q^{\pm 1} X_{\pm} \tag{12.11.30}$$

$$[X^{+}, X^{-}] = \frac{K^{2} - K^{-2}}{Q - Q^{-1}} \tag{12.11.31}$$

定义 $K = Q^{X_3} = e^{\gamma X_3}$，于是有

$$[X_{+}, X_{-}] = \frac{\sinh(2\gamma X_3)}{\sinh 2\gamma} \tag{12.11.32}$$

式(12.11.30)和式(12.11.31)所定义的代数和余乘积

$$\Delta(K) = 1 \otimes K + K \otimes 1,$$

$$\Delta(X_\pm)=X_\pm\otimes K+K^{-1}\otimes X_\pm \tag{12.11.33}$$

和对映(antipode)S：

$$S(1)=1,S(K)=K^{-1},S(X_\pm)=-Q^{\pm 1}X_\pm \tag{12.11.34}$$

以及协单位元(co-unit)

$$\varepsilon(1)=1,\varepsilon(K)=\varepsilon(X_\pm)=0 \tag{12.11.35}$$

形成与 $SL(2)$相联系的量子代数。式(12.11.30)～式(12.11.35)首先是由神保[43]提出的，同时法捷耶夫也在一篇未发表的论文中提出过类似的概念。实际上，德里费尔德[7-9]还提出了更普遍的满足式(12.11.21)和式(12.11.22)的 $L_\pm$ 形式。与此相关的更多的研究可以在文献[19]中找到。

12.12 双频谐振子与量子代数对易关系

在杨-Baxter 系统文献中，Yangian 和量子代数(quantum algebra)都属于量子群结构。以下着重从量子力学角度研究量子代数简单形式的物理意义。

考虑谐振子体系，并删去零点振动能，其二次量子化形式的哈密顿量是

$$H_0=\omega_1 a^\dagger a+\omega_2 b^\dagger b \tag{12.12.1}$$

$a^\dagger,a$ 和 $b^\dagger,b$ 分别是频率为 ω_1 和 ω_2 的振子的产生和消灭算符，它们满足对易关系

$$[a,a^\dagger]=1,\qquad [b,b^\dagger]=1 \tag{12.12.2}$$

而 a 与 b 是独立的，a 和 $a^\dagger$ 与任一个 b 和 $b^\dagger$ 对易。二次量子化 $\boldsymbol{\psi}$ 算符及其共轭是

$$\boldsymbol{\psi}=\begin{pmatrix}a\\ b\end{pmatrix},\qquad \boldsymbol{\psi}^\dagger=(a^\dagger,b^\dagger) \tag{12.12.3}$$

H 可以写为

$$H_0=\boldsymbol{\psi}^\dagger\begin{bmatrix}\omega_1 & 0\\ 0 & \omega_2\end{bmatrix}\boldsymbol{\psi}=(\omega_1\omega_2)^{1/2}\boldsymbol{\psi}^\dagger\begin{bmatrix}q^{1/2} & 0\\ 0 & Q^{-1/2}\end{bmatrix}\boldsymbol{\psi} \tag{12.12.4}$$

其中

$$q=\omega_1/\omega_2$$

若引入相互作用(如令粒子带电，置于共振光场内)，则可以产生跃迁。$S^+=a^\dagger b,S^-=b^\dagger a$ 是跃迁算符。如果用 $\boldsymbol{\psi}$ 和 $\boldsymbol{\psi}^\dagger$ 表示，它们是

$$\left.\begin{aligned}S^+&=\boldsymbol{\psi}^\dagger\boldsymbol{X}^+\boldsymbol{\psi}\\ S^-&=\boldsymbol{\psi}^\dagger\boldsymbol{X}^-\boldsymbol{\psi}\end{aligned}\right\} \tag{12.12.5}$$

其中

$$\boldsymbol{X}^+=\begin{bmatrix}0 & 1\\ 0 & 0\end{bmatrix},\qquad \boldsymbol{X}^-=\begin{bmatrix}0 & 0\\ 1 & 0\end{bmatrix} \tag{12.12.6}$$

这显然是熟知的 σ^+ 和 σ^-。我们引入新记号的目的是要建造另一组代数生成元 $\boldsymbol{K},\boldsymbol{X}^+,\boldsymbol{X}^-$。另一个生成元是

$$\boldsymbol{K}=\begin{bmatrix}q^{1/2} & 0\\ 0 & q^{-1/2}\end{bmatrix} \tag{12.12.7}$$

与它有关的是：

$$\left.\begin{array}{l}\boldsymbol{K}^{-1}=\begin{bmatrix}q^{-1/2} & 0\\ 0 & q^{1/2}\end{bmatrix},\quad \boldsymbol{K}^{2}=\begin{bmatrix}q & 0\\ 0 & q^{-1}\end{bmatrix},\boldsymbol{K}^{-2}=\begin{bmatrix}q^{-1} & 0\\ 0 & q\end{bmatrix}\\ 2\boldsymbol{X}_3=\begin{bmatrix}1 & 0\\ 0 & -1\end{bmatrix}=\dfrac{\boldsymbol{K}^2-\boldsymbol{K}^{-2}}{q-q^{-1}}\end{array}\right\}\tag{12.12.8}$$

此时可以将 H_0 写作

$$H_0=(\omega_1\omega_2)^{1/2}\psi^{\dagger}\boldsymbol{K}\psi\tag{12.12.9}$$

用熟知的 σ^+，σ^- 与 σ_3 的对易关系可以写出 $\boldsymbol{X}^+$，$\boldsymbol{X}^-$，$\boldsymbol{X}_3$ 的对易关系：

$$\left.\begin{array}{l}[\boldsymbol{X}_3,\boldsymbol{X}^{\pm}]=\pm\boldsymbol{X}^{\pm}\\ [\boldsymbol{X}^+,\boldsymbol{X}^-]=\dfrac{\boldsymbol{K}^2-\boldsymbol{K}^{-2}}{q-q^{-1}}\end{array}\right\}\tag{12.12.10}$$

式(12.12.10)的第一式还不是最终所需的，要把 $\boldsymbol{X}_3$ 换成 $\boldsymbol{K}$。为此，改写 $q=\mathrm{e}^{\gamma}$，则有

$$\boldsymbol{K}=\begin{bmatrix}\mathrm{e}^{\gamma/2} & 0\\ 0 & \mathrm{e}^{-\gamma/2}\end{bmatrix}=\mathrm{e}^{\gamma\boldsymbol{X}_3}=q^{\boldsymbol{X}_3}\tag{12.12.11}$$

计算 $\boldsymbol{K}\boldsymbol{X}^{\pm}\boldsymbol{K}^{-1}$：

$$\begin{aligned}\boldsymbol{K}\boldsymbol{X}^{\pm}\boldsymbol{K}^{-1}&=\left(1+\gamma\boldsymbol{X}_3+\frac{1}{2!}\gamma^2\boldsymbol{X}_3^2+\cdots\right)\boldsymbol{X}^{\pm}\left(1-\gamma\boldsymbol{X}_3+\frac{1}{2!}\gamma^2\boldsymbol{X}_3^2-\cdots\right)\\ &=\boldsymbol{X}^{\pm}+\gamma[\boldsymbol{X}_3,\boldsymbol{X}^{\pm}]-\frac{1}{2}\gamma^2\boldsymbol{X}_3[\boldsymbol{X}^{\pm},\boldsymbol{X}_3]-\frac{1}{2}\gamma^2[\boldsymbol{X}_3,\boldsymbol{X}^{\pm}]\boldsymbol{X}_3+\cdots\\ &=\boldsymbol{X}^{\pm}\pm\gamma\boldsymbol{X}^{\pm}+\frac{1}{2}\gamma^2[\boldsymbol{X}_3,[\boldsymbol{X}_3,\boldsymbol{X}^{\pm}]]\pm\cdots\\ &=\left(1\pm\gamma+\frac{1}{2}\gamma^2\pm\cdots\right)\boldsymbol{X}^{\pm}\\ &=\mathrm{e}^{\pm\gamma}\boldsymbol{X}^{\pm}=q^{\pm1}\boldsymbol{X}^{\pm}\end{aligned}$$

在式(12.12.11)的定义下，它与式(12.12.10)的第一式是等价的，二者一起被称为"量子代数对易关系"，即

$$\left.\begin{array}{l}\boldsymbol{K}\boldsymbol{X}^{\pm}\boldsymbol{K}^{-1}=q^{\pm1}\boldsymbol{X}^{\pm}\\ [\boldsymbol{X}^+,\boldsymbol{X}^-]=\dfrac{\boldsymbol{K}^2-\boldsymbol{K}^{-2}}{q-q^{-1}}=\dfrac{q^{2\boldsymbol{X}_3}-q^{-2\boldsymbol{X}_3}}{q-q^{-1}}\equiv[2\boldsymbol{X}_3]_q\end{array}\right\}\tag{12.12.12}$$

这个量子代数是与 $SU(2)$联系的。$\boldsymbol{K}$ 通过式(12.12.11)与 $\boldsymbol{X}_3$ 相联系，而 $\boldsymbol{X}^+$，$\boldsymbol{X}^-$，$\boldsymbol{X}_3$ 是 $SU(2)$李代数。以上的作法似乎是避简趋繁，结果并未使 $SU(2)$代数有新的进展。实际上是从一个简单的例子做起，说明如果选 $\boldsymbol{X}^+$，$\boldsymbol{X}^-$(σ^+，σ^-)与 $\boldsymbol{K}$ 作为基底，则原有的 $SU(2)$对易关系就成为 q 变形的形式(式(12.12.12))。式中$[2\boldsymbol{X}_3]_q$ 即意味着 $2\boldsymbol{X}_3$ 的 q 变形。对于 $\boldsymbol{X}^{\pm}$，$\boldsymbol{K}$ 用了 $SU(2)$的 2×2 矩阵表示，变形与不变形没有差别，但对于 $SU(2)$的一般表示，式(12.12.12)与 $SU(2)$有本质的差别。它仅当 $q\to1$ 时，才回到 $SU(2)$代数，这是因为

$$[\boldsymbol{X}^+,\boldsymbol{X}^-]=\frac{q^{2\boldsymbol{X}_3}-q^{-2\boldsymbol{X}_3}}{q-q^{-1}}=\frac{\sinh 2\gamma\boldsymbol{X}_3}{\sinh\gamma}$$

而当 $\gamma\to0$，即 $q\to1$ 时，有通常的

$$[\boldsymbol{X}^+,\boldsymbol{X}^-]=2\boldsymbol{X}_3$$

以上的例子是平凡的，但得到的关系(式(12.12.12))却是普遍的，它揭示了 q 变形的实质问题。

对于式(12.12.12),第二式可以写成二次量子化形式。由于$[\psi_\alpha,\psi_\beta^\dagger]=\delta_{\alpha\beta}$,有

$$\begin{aligned}[\boldsymbol{\psi}^\dagger \boldsymbol{X}^+ \boldsymbol{\psi},\boldsymbol{\psi}^\dagger \boldsymbol{X}^- \boldsymbol{\psi}] &= (X^+)_{\alpha\beta}(X^-)_{\sigma\tau}[\psi_\alpha^\dagger\psi_\beta,\psi_\sigma^\dagger\psi_\tau] \\ &= (X^+)_{\alpha\beta}(X^-)_{\sigma\tau}(\psi_\alpha^\dagger[\psi_\beta,\psi_\sigma^\dagger]\psi_\tau + \psi_\sigma^\dagger[\psi_\sigma^\dagger,\psi_\tau]\psi_\beta) \\ &= \psi_\alpha^\dagger[X^+,X^-]_{\alpha\tau}\psi_\tau \\ &= \boldsymbol{\psi}^\dagger \frac{\boldsymbol{K}^2-\boldsymbol{K}^{-2}}{q-q^{-1}}\boldsymbol{\psi} \\ &= \boldsymbol{\psi}^\dagger[2\boldsymbol{X}_3]_q\boldsymbol{\psi} \end{aligned} \tag{12.12.13}$$

但对式(12.12.12)中的第一式这样做却有困难,因为一般而言,

$$\boldsymbol{\psi}^\dagger \boldsymbol{K}\boldsymbol{\psi} = \boldsymbol{\psi}^\dagger \mathrm{e}^{\gamma \boldsymbol{X}_3}\boldsymbol{\psi} \neq \mathrm{e}^{\gamma\boldsymbol{\psi}^\dagger \boldsymbol{X}_3\boldsymbol{\psi}}$$

对量子代数也应引入余乘法。对于任意算符 A 与 B,应有

$$\Delta(AB)=\Delta(A)\Delta(B)$$

但余乘法的本身是什么才能使式(12.12.12)自洽呢？神保给出定义:

$$\Delta(\boldsymbol{K})=\boldsymbol{K}\otimes\boldsymbol{K},\quad \Delta(\boldsymbol{K}^{-1})=\boldsymbol{K}^{-1}\otimes\boldsymbol{K}^{-1} \tag{12.12.14}$$

$$\Delta(\boldsymbol{X}^\pm)=\boldsymbol{K}\otimes\boldsymbol{X}^\pm+\boldsymbol{X}^\pm\otimes\boldsymbol{K}^{-1} \tag{12.12.15}$$

将 Δ 作用于式(12.12.12)的第一式:

$$\begin{aligned}\Delta(\boldsymbol{K}\boldsymbol{X}^\pm) &= \Delta(\boldsymbol{K})\Delta(\boldsymbol{X}^\pm)=(\boldsymbol{K}\otimes\boldsymbol{K})(\boldsymbol{K}\otimes\boldsymbol{X}^\pm+\boldsymbol{X}^\pm\otimes\boldsymbol{K}^{-1}) \\ &= \boldsymbol{K}^2\otimes\boldsymbol{K}\boldsymbol{X}^\pm+\boldsymbol{K}\boldsymbol{X}^\pm\otimes\boldsymbol{I}, \\ \Delta(\boldsymbol{X}^\pm\boldsymbol{K}) &= \Delta(\boldsymbol{X}^\pm)\Delta(\boldsymbol{K})=(\boldsymbol{K}\otimes\boldsymbol{X}^\pm+\boldsymbol{X}^\pm\otimes\boldsymbol{K}^{-1})(\boldsymbol{K}\otimes\boldsymbol{K}) \\ &= \boldsymbol{K}^2\otimes\boldsymbol{X}^\pm\boldsymbol{K}+\boldsymbol{X}^\pm\boldsymbol{K}\otimes\boldsymbol{I}\end{aligned}$$

将二者相比较,由于$\boldsymbol{K}\boldsymbol{X}^\pm=q^\pm\boldsymbol{X}^\pm\boldsymbol{K}$,故有

$$\Delta(\boldsymbol{K}\boldsymbol{X}^\pm)=q^\pm\Delta(\boldsymbol{X}^\pm\boldsymbol{K})$$

同理可证

$$\begin{aligned}\Delta([\boldsymbol{X}^+,\boldsymbol{X}^-]) &= \Delta(\boldsymbol{X}^+)\Delta(\boldsymbol{X}^-)-\Delta(\boldsymbol{X}^-)\Delta(\boldsymbol{X}^+) \\ &= \frac{1}{q-q^{-1}}(\Delta(\boldsymbol{K}^2)-\Delta(\boldsymbol{K}^{-2}))\end{aligned}$$

因此式(12.12.12)对余乘法是自洽的。

量子代数属于一个更大范畴的霍普夫代数,关于它更广泛的性质可以参阅文献[7-8,25-26,43-44]。

12.13 相干态平移算符与量子代数

考虑电子在 xy 平面运动,在 z 方向有均匀恒定的磁场 B_0,有哈密顿量为(设$\hbar=c=1$,电子电荷为$-e$)

$$H=\frac{1}{2m}(\boldsymbol{p}+e\boldsymbol{A})^2\equiv\frac{1}{2m}\boldsymbol{\pi}^2 \tag{12.13.1}$$

其中

$$\boldsymbol{p}=(-\mathrm{i}\partial_x,-\mathrm{i}\partial_y),\quad \boldsymbol{A}=(A_x,A_y),$$
$$\partial_xA_y-\partial_yA_x=B_0$$

引入

$$\pi^{\pm}=\frac{1}{\sqrt{2}}(\pi_x \pm \mathrm{i}\pi_y) \tag{12.13.2}$$

有对易关系

$$[\pi^-,\pi^+]=eB_0 \tag{12.13.3}$$

在 xy 平面上的幺正平移算符是

$$U(\alpha)=\mathrm{e}^{\alpha\pi^+-\alpha^*\pi^-} \tag{12.13.4}$$

此处 α 为一复数，其实部与虚部表征在 xy 平面上平移的坐标。平移算符(式(12.13.4))也与相干态有关(参阅 4.1 节)。如果定义玻色子产生与消灭算符：

$$b^\dagger=\pi^+\Big/\sqrt{eB_0},\qquad b=\pi^-\Big/\sqrt{eB_0}$$

有

$$[b,b^\dagger]=1$$

将 $U(\alpha)$作用于玻色子真空态$|0\rangle$时，有

$$U(\alpha)\mid 0\rangle=\mathrm{e}^{\alpha\pi^+}\mid 0\rangle\equiv\mid\alpha\rangle$$

得到相干态$|\alpha\rangle$。

考虑在 xy 平面上相继进行以 α 和 β 表征的两次平移，一次是 $U(\alpha)U(\beta)$，一次是 $U(\beta)U(\alpha)$。由于有磁场的存在，这两次平移会有不同效果。此处采用贝克-坎贝尔-豪斯多夫公式的特例：

$$\mathrm{e}^A\mathrm{e}^B=\exp\left(A+B+\frac{1}{2}[A,B]\right)$$

适用条件为$[A,[A,B]]=[B,[A,B]]=0$。先计算对易子

$$\begin{aligned}\frac{1}{2}[\alpha\pi^+-\alpha^*\pi^-,\beta\pi^+-\beta^*\pi^-]&=-\mathrm{i}eB_0(\mathrm{Re}\alpha\,\mathrm{Im}\beta-\mathrm{Im}\alpha\,\mathrm{Re}\beta)\\&=-\mathrm{i}eB_0\cdot(\text{矢量 }\boldsymbol{\alpha}\text{ 与 }\boldsymbol{\beta}\text{ 所张平行四边形的面积})\\&=-\mathrm{i}e\Phi=-\mathrm{i}2\pi\frac{\Phi}{\Phi_0}\end{aligned}$$

其中 Φ 是通过面积的磁通量，磁通量子 $\Phi_0=\dfrac{2\pi}{e}$。因此得到海森堡-外尔关系：

$$U(\alpha)U(\beta)=q^2U(\beta)U(\alpha) \tag{12.13.5}$$

$$q=\exp\left(-\mathrm{i}2\pi\frac{\Phi}{\Phi_0}\right) \tag{12.13.6}$$

如果磁通量 Φ 与磁通量子 Φ_0 之比为 P/Q，其中 P 和 Q 为互质素数，则

$$q^Q=1$$

从 $U(\alpha)$定义可知

$$U(-\alpha)=(U(\alpha))^{-1} \tag{12.13.7}$$

引入算符

$$\left.\begin{aligned}X^+&=\frac{1}{q-q^{-1}}(U(-\alpha)+U(-\beta))\\X^-&=\frac{1}{q-q^{-1}}(U(\alpha)+U(\beta))\\q^{-1}K^2&=U(-\alpha)U(\beta)\\qK^{-2}&=U(-\beta)U(\alpha)\end{aligned}\right\} \tag{12.13.8}$$

则根据式(12.13.5)和式(12.13.7)有

$$\left.\begin{aligned}[X^+,X^-]&=\frac{K^2-K^{-2}}{q-q^{-1}}\\ KX^{\pm}K^{-1}&=q^{\pm 1}X^{\pm}\end{aligned}\right\} \tag{12.13.9}$$

这正是量子代数对易关系(式(12.12.12))。只要幺正算符 U 满足海森堡-外尔关系(式(12.13.5)),便可通过式(12.13.8)定义($X^{\pm}$,K)成为与 $SL(2)$相关的量子代数的生成元。式(12.13.5)也有其他的实现方法,例如磁平移算符:

$$t(\boldsymbol{a})=\mathrm{e}^{\mathrm{i}\boldsymbol{\Pi}\cdot\boldsymbol{a}} \tag{12.13.10}$$

其中

$$\boldsymbol{\Pi}=\boldsymbol{p}+e\boldsymbol{A}+e\boldsymbol{r}\times\boldsymbol{B} \tag{12.13.11}$$

则仍有

$$t(\boldsymbol{a})t(\boldsymbol{b})=\exp\left(-\mathrm{i}2\pi\frac{\Phi}{\Phi_0}\right)t(\boldsymbol{b})t(\boldsymbol{a}) \tag{12.13.12}$$

直接计算给出

$$[H,\boldsymbol{\Pi}]=0 \tag{12.13.13}$$

亦即

$$[H,t(\boldsymbol{a})]=0 \tag{12.13.14}$$

同样,按式(12.13.8)以 t 代替 U 定义 $X^{\pm}$ 和 K,也可得到量子代数生成元,并有[45,57]

$$[H,X^{\pm}]=[H,K]=0 \tag{12.13.15}$$

即哈密顿量与量子代数的生成元对易,或者说 H 具有量子代数对称性。式(12.13.8)与式(12.13.9)等价依赖于 $\boldsymbol{\alpha}$ 与 $\boldsymbol{\beta}$ 所围的面积,当该平面对基本平移具有周期性时,q 由元胞决定,这时对应周期网状结构(式(12.13.9))有明确的定义。

有了以上准备,我们来讨论霍夫施塔特(Hofstadter)模型的量子代数诠释[45]。

考虑在 xy 平面格点上运动的电子,有常数磁场 $\boldsymbol{B}$ 沿 z 方向。电子可以从一个格点跃向其近邻。哈密顿量是

$$H=\sum_{\langle n,m\rangle}\exp\left[\mathrm{i}\frac{1}{2}\boldsymbol{B}\cdot(\boldsymbol{n}\times\boldsymbol{m})\right]c_n^{\dagger}c_m \tag{12.13.16}$$

$\langle n,m\rangle$表示 n,m 格点是近邻。跳跃幅 $t_{n,m}$ 设为1。$\frac{1}{2}\boldsymbol{n}\times\boldsymbol{m}$ 代表 $\boldsymbol{n}$ 与 $\boldsymbol{m}$ 在坐标原点所夹三角形的面积,$\frac{1}{2}\boldsymbol{B}\cdot(\boldsymbol{n}\times\boldsymbol{m})$是穿过三角形的磁通量,而将它对所有格点求和,就是总磁通量 Φ:

$$\sum_{\langle n,m\rangle}\frac{1}{2}\boldsymbol{B}\cdot(\boldsymbol{n}\times\boldsymbol{m})=\Phi \tag{12.13.17}$$

格点 j 上有一个电子的状态$|j\rangle$是

$$|j\rangle=c_j^{\dagger}|0\rangle \tag{12.13.18}$$

令

$$A_{n,m}=\frac{1}{2}\boldsymbol{B}\cdot(\boldsymbol{n}\times\boldsymbol{m}) \tag{12.13.19}$$

并定义平移算符

$$T_{\mu}(\boldsymbol{j})\exp(\mathrm{i}A_{j,j+\mu})\mid \boldsymbol{j}\rangle\langle \boldsymbol{j}+\boldsymbol{\mu}\mid \tag{12.13.20}$$

$$T_{\mu}=\sum_{j}T_{\mu}(\boldsymbol{j})=\sum_{j}\exp(\mathrm{i}A_{j,j+\mu})\mid \boldsymbol{j}\rangle\langle \boldsymbol{j}+\boldsymbol{\mu}\mid \tag{12.13.21}$$

计算两次平移 $\boldsymbol{n},\boldsymbol{m}$ 次序不同的区别，有

$$\begin{aligned}T_{n}T_{m}&=\sum_{j,k}\exp[\mathrm{i}(A_{j,j+n}+A_{k,k+m})]\mid \boldsymbol{j}\rangle\langle \boldsymbol{j}+\boldsymbol{n}\mid \boldsymbol{k}\rangle\langle \boldsymbol{k}+\boldsymbol{m}\mid\\&=\sum_{j}\exp(\mathrm{i}A_{j,j+n})\exp(\mathrm{i}A_{j+n,j+m+n})\mid \boldsymbol{j}\rangle\langle \boldsymbol{j}+\boldsymbol{m}+\boldsymbol{n}\mid\end{aligned}$$

上面用到态矢的正交归一性

$$\langle \boldsymbol{j}+\boldsymbol{n}\mid \boldsymbol{k}\rangle=\delta_{k,j+n}$$

以及

$$T_{m}T_{n}=\sum_{j}\exp(\mathrm{i}A_{j,j+n})\exp(\mathrm{i}A_{j+m,j+m+n})\mid \boldsymbol{j}\rangle\langle \boldsymbol{j}+\boldsymbol{m}+\boldsymbol{n}\mid$$

采用式(12.13.19)，注意

$$\boldsymbol{j}\times(\boldsymbol{j}+\boldsymbol{n})+(\boldsymbol{j}+\boldsymbol{n})\times(\boldsymbol{j}+\boldsymbol{m}+\boldsymbol{n})=\boldsymbol{j}\times(\boldsymbol{n}+\boldsymbol{m})+\boldsymbol{n}\times\boldsymbol{m}$$

于是有

$$\begin{aligned}T_{n}T_{m}&=\exp\left[\frac{\mathrm{i}}{2}\boldsymbol{B}\cdot(\boldsymbol{n}\times\boldsymbol{m})\right]\sum_{j}\exp\left[\frac{\mathrm{i}}{2}\boldsymbol{B}\cdot\boldsymbol{j}\times(\boldsymbol{n}+\boldsymbol{m})\right]\mid \boldsymbol{j}\rangle\langle \boldsymbol{j}+\boldsymbol{m}+\boldsymbol{n}\mid\\&=\exp\left[\frac{\mathrm{i}}{2}\boldsymbol{B}\cdot(\boldsymbol{n}\times\boldsymbol{m})\right]T_{n+m}=\exp\left(\frac{\mathrm{i}}{2}\Phi\right)T_{n+m}\end{aligned}$$

以及

$$T_{m}T_{n}=\exp\left(-\frac{\mathrm{i}}{2}\Phi\right)T_{m+n}$$

若令 $\boldsymbol{n}$ 沿 x 方向，$\boldsymbol{m}$ 沿 y 方向，则上两式给出

$$T_{x}T_{y}=q^{2}T_{y}T_{x}$$

其中

$$q^{2}=\mathrm{e}^{\mathrm{i}2\pi\Phi/\Phi_{0}} \tag{12.13.22}$$

式(12.13.16)因此也可以写成[46-48]

$$\begin{aligned}H&=-\mathrm{i}\sum_{\mu=\pm x,\pm y}\sum_{j}\exp(\mathrm{i}A_{j,j+\mu})\mid \boldsymbol{j}\rangle\langle \boldsymbol{j}+\boldsymbol{\mu}\mid\\&=T_{x}+T_{-x}+T_{y}+T_{-y}\end{aligned} \tag{12.13.23}$$

仿照式(12.13.8)，定义(为与文献[45]和文献[48]一致，注意式(12.13.8)不是唯一的)

$$\begin{aligned}X^{+}&=\frac{1}{q-q^{-1}}(T_{-x}+T_{-y}),\\X^{-}&=-\frac{1}{q-q^{-1}}(T_{x}+T_{y})\\T_{-x}T_{y}&=q^{2}K^{-2},T_{-y}T_{x}=q^{-2}K^{2}\end{aligned} \tag{12.13.24}$$

则 $X^{\pm}$ 与 $K^{\pm 1}$ 满足量子代数关系式(12.12.12)，且 H 也能用量子代数生成元素表示出来：

$$H=\mathrm{i}(q-q^{-1})(X^{-}-X^{+}) \tag{12.13.25}$$

以上讨论的例子，其基本物理内容已在凝聚态物理学中有所了解，现在知道它们原来是量子代数的实现方法。这个新理解带动了之后的一系列研究工作[46-48]。

本节内容请参阅文献[45]和文献[48]。

12.14 相位量子化的可能性与量子代数的循环表示

在量子力学中,量子化的过程是把经典泊松括号{,}换成$\frac{1}{\mathrm{i}\hbar}$[,],此处[,]是量子对易子。但这个“处方”在对相位量子化时却发生了问题。在分析力学中,作正则变换后的可积系统会有作用变量 J 和与它共轭的角变量 ϕ,它们的泊松括号$\{J,\phi\}=1$。在进行量子化时,$J\to\hat{N}$(粒子数),而 $\phi\to\hat{\phi}$(位相算符)。在 $\hat{N}=a^{\dagger}a$ 中,若令 $a=\mathrm{e}^{\mathrm{i}\hat{\phi}}\sqrt{\hat{N}}$,$a^{\dagger}=\sqrt{\hat{N}}\mathrm{e}^{-\mathrm{i}\hat{\phi}}$,则会发现 $\mathrm{e}^{\mathrm{i}\hat{\phi}}$ 并不幺正。对易关系$[\hat{N},\hat{\phi}]=\mathrm{i}$,但若对粒子数本征态$|n\rangle$作平均时却有

$$\langle n|[\hat{N},\hat{\phi}]|n\rangle=n\langle n|\hat{\phi}|n\rangle-n\langle n|\hat{\phi}|n\rangle=0$$

量子相位问题有许多讨论和争论。有代表性的是萨斯坎德-格洛戈尔(Susskind-Glogower)理论和佩格-巴尼特(Pegg-Barnet)理论[49,57](以下简称“S-G 理论”和“P-B 理论”)。S-G 理论定义了不满足幺正关系的指数算符,但保持了玻色子数目为任意这一物理要求;而 P-B 理论则保证了指数算符的幺正性,但限制了玻色子填充数有最大值(实际上不再是玻色子)。以下要证明,P-B 理论与当量子代数 $q^{P}=1$ 时的循环表示有关。事实上,本节就是通过这个例子介绍量子代数的循环表示。

将相位本征态$|\phi_m\rangle$用粒子数态$|n\rangle$展开,并规定粒子数有最高限 S,有

$$|\phi_m\rangle=\frac{1}{\sqrt{S+1}}\sum_{n=0}^{S}\mathrm{e}^{\mathrm{i}n\phi_m}|n\rangle \tag{12.14.1}$$

为了使相位本征态有正交归一性,即

$$\langle\phi_m|\phi_n\rangle=\delta_{mn} \tag{12.14.2}$$

相位本征值要满足

$$\phi_m=\phi_0+\frac{2m\pi}{S+1} \tag{12.14.3}$$

其中 ϕ_0 为任意实数。下面演示从式(12.14.3)可以得到式(12.14.2):

$$\begin{aligned}\langle\phi_n|\phi_m\rangle&=(S+1)^{-1}\sum_{l,k=0}^{S}\mathrm{e}^{\mathrm{i}(l\phi_m-k\phi_n)}\langle l|k\rangle\\&=(S+1)^{-1}\sum_{k=0}^{S}\mathrm{e}^{\mathrm{i}k(\phi_m-\phi_n)}=(S+1)^{-1}\sum_{k=0}^{S}q^{k(m-n)}\end{aligned}$$

其中

$$q=\exp\left(\mathrm{i}\frac{2\pi}{S+1}\right),\quad q^{P}=1,\quad P=S+1 \tag{12.14.4}$$

它显然满足

$$\sum_{n=0}^{S}q^{n}=0$$

因此式(12.14.2)成立。相位算符为

$$\hat{\phi}=\sum_{m=0}^{S}\phi_m|\phi_m\rangle\langle\phi_m| \tag{12.14.5}$$

将 $e^{i\hat{\phi}}$ 作用于$|n\rangle$，有

$$
\begin{aligned}
e^{i\hat{\phi}}\,|n\rangle &= (S+1)^{1/2}\sum_{m=0}^{S} e^{-in\phi_m}\, e^{i\hat{\phi}}\,|\phi_m\rangle \\
&= (S+1)^{1/2}\sum_{m=0}^{S} e^{-i(n-1)\phi_m}\,|\phi_m\rangle
\end{aligned}
$$

将上式与式(12.14.1)比较，可知

$$
e^{i\hat{\phi}}\,|n\rangle = |n-1\rangle,\quad n\geqslant 1 \tag{12.14.6}
$$

但如果 $n=0$，却有

$$
\begin{aligned}
e^{i\hat{\phi}}\,|0\rangle &= (S+1)^{-1/2}\sum_{m=0}^{S} e^{i\phi}\,|\phi_m\rangle \\
&= (S+1)^{-1/2}\sum_{m=0}^{S} e^{i(S+1)\phi_0}\, e^{-iS\phi_m}\,|\phi_m\rangle \\
&= e^{i(S+1)\phi_0}\,|S\rangle
\end{aligned} \tag{12.14.7}
$$

算符 $e^{i\hat{\phi}}$ 本是减少粒子数的，但它作用于$|0\rangle$却不为 0，而是给出了最高的粒子数态$|S\rangle$。总结以上结果如下：

$$
\left.
\begin{aligned}
&e^{i\hat{\phi}}\,|n\rangle = |n-1\rangle,\quad n\neq 0 \\
&e^{i\hat{\phi}}\,|0\rangle = e^{i(S+1)\phi_0}\,|S\rangle \\
&e^{-i\hat{\phi}}\,|n\rangle = |n+1\rangle,\quad n\neq s \\
&e^{-i\hat{\phi}}\,|S\rangle = e^{-i(S+1)\phi_0}\,|0\rangle
\end{aligned}
\right\} \tag{12.14.8}
$$

$$
e^{i\hat{\phi}}e^{-i\hat{\phi}} = e^{-i\hat{\phi}}e^{i\hat{\phi}} = 1 \tag{12.14.9}
$$

需要强调的是，式(12.14.9)不是显然的，它的成立是以存在粒子数最高值为代价的。这一点是和存在粒子数最低值 0 相联系的。如果只有最低值而无最高值，那么 $e^{i\hat{\phi}}\,|0\rangle=0$，$e^{-i\hat{\phi}}e^{i\hat{\phi}}$ 作用于$|0\rangle$显然不等于 $e^{i\hat{\phi}}e^{-i\hat{\phi}}\,|0\rangle$。有了最低值，设定最高值，式(12.14.8)和式(12.14.9)便是自洽的操作。若将 n 的值在展开式(12.14.1)中取为$-\infty\sim+\infty$，就不会发生困难，但要解释负 n 值的意义，例如有的工作将负 n 值解释为带负电的粒子，做成等效理论。算符 $e^{i\hat{\phi}}$ 和 $e^{-i\hat{\phi}}$ 的作用示于图 12.6。

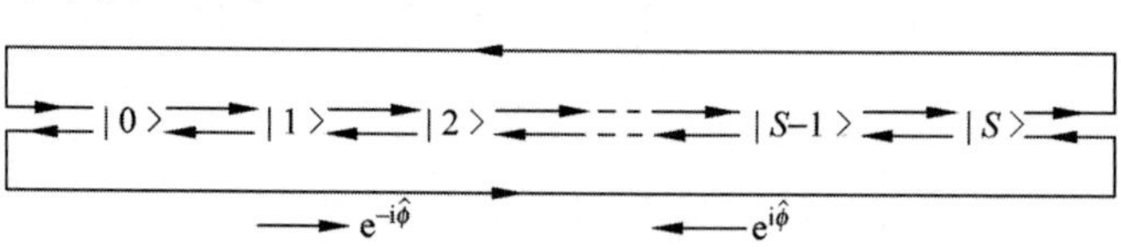

图 12.6　算符 $e^{-i\hat{\phi}}$ 和 $e^{i\hat{\phi}}$ 作用于粒子态

以上介绍的基本上是 P-B 理论的内容。下面用另一种语言描述，说明 P-B 理论与量子代数循环表示的关系[50-51]，定义算符

$$
q^{\hat{N}}\,|n\rangle = q^{n+\eta}\,|n\rangle \tag{12.14.10}
$$

η 为任意复数，式中 q 满足 $q^{S+1}=1$。根据式(12.14.10)和式(12.14.8)，有

$$\mathrm{e}^{\mathrm{i}\hat{\phi}}q^{\hat{N}}\mid n\rangle=q^{n+\eta}\mathrm{e}^{\mathrm{i}\hat{\phi}}\mid n\rangle=\begin{cases}q^{\eta}\mathrm{e}^{\mathrm{i}(S+1)\phi_0}\mid S\rangle, & n=0,\\ q^{n+\eta}\mid n-1\rangle, & n\neq 0;\end{cases}$$

$$q^{\hat{N}}\mathrm{e}^{\mathrm{i}\hat{\phi}}\mid n\rangle=\begin{cases}q^{\eta}\mathrm{e}^{\mathrm{i}(S+1)\phi_0}q^{-1}\mid S\rangle, & n=0,\\ q^{n+\eta}q^{-1}\mid n-1\rangle, & n\neq 0\end{cases}$$

二者相比给出

$$\mathrm{e}^{\mathrm{i}\hat{\phi}}q^{\hat{N}}=qq^{\hat{N}}\mathrm{e}^{\mathrm{i}\hat{\phi}} \tag{12.14.11}$$

类似地还可证明

$$q^{\hat{N}}\mathrm{e}^{-\mathrm{i}\hat{\phi}}=q\mathrm{e}^{-\mathrm{i}\hat{\phi}}q^{\hat{N}} \tag{12.14.12}$$

以上两式导致 $\mathrm{e}^{-\mathrm{i}\hat{\phi}}\mathrm{e}^{\mathrm{i}\hat{\phi}}=\mathrm{e}^{\mathrm{i}\hat{\phi}}\mathrm{e}^{-\mathrm{i}\hat{\phi}}=1$，与式(12.14.9)相同。定义算符

$$\left.\begin{aligned}a^{\dagger}&=[\hat{N}]^{1/2}\mathrm{e}^{-\mathrm{i}\hat{\phi}}\\ a&=\mathrm{e}^{\mathrm{i}\hat{\phi}}[\hat{N}]^{1/2}\end{aligned}\right\} \tag{12.14.13}$$

其中

$$[\hat{N}]=\frac{q^{\hat{N}}-q^{-\hat{N}}}{q-q^{-1}} \tag{12.14.14}$$

从式(12.14.13)有

$$\mathrm{e}^{\mathrm{i}\hat{\phi}}=a[\hat{N}]^{-1/2},\qquad \mathrm{e}^{-\mathrm{i}\hat{\phi}}=[\hat{N}]^{-1/2}a^{\dagger} \tag{12.14.15}$$

从式(12.14.13)和式(12.14.15)得

$$a^{\dagger}a=[\hat{N}],\qquad aa^{\dagger}=[\hat{N}+1] \tag{12.14.16}$$

其中 $aa^{\dagger}$ 的计算需要 $q^{-N}\mathrm{e}^{-\mathrm{i}\hat{\phi}}=q^{-1}\mathrm{e}^{-\mathrm{i}\hat{\phi}}q^{-\hat{N}}$，它由式(12.14.11)和 $\mathrm{e}^{\mathrm{i}\hat{\phi}}=(\mathrm{e}^{-\mathrm{i}\hat{\phi}})^{-1}$ 得到。直接计算 $a,a^{\dagger}$ 的对易关系，得

$$aa^{\dagger}-qa^{\dagger}a=[\hat{N}+1]-q[\hat{N}]=\frac{q^{-\hat{N}+1}-q^{-\hat{N}-1}}{q-q^{-1}}=q^{-\hat{N}}$$

即

$$\begin{aligned}aa^{\dagger}-qa^{\dagger}a&=q^{-\hat{N}},\\ aa^{\dagger}-q^{-1}a^{\dagger}a&=q^{\hat{N}}\end{aligned} \tag{12.14.17}$$

从式(12.14.15)和式(12.14.8)得到

$$\left.\begin{aligned}&a\mid n\rangle=([n+\eta])^{1/2}\mid n-1\rangle, n\neq 0\\ &a\mid 0\rangle=[\eta]^{1/2}\mathrm{e}^{\mathrm{i}(S+1)\phi_0}\mid S\rangle\\ &a^{\dagger}\mid n\rangle=([n+\eta+1])^{1/2}\mid n+1\rangle, n\neq S\\ &a^{\dagger}\mid S\rangle=([\eta])^{1/2}\mathrm{e}^{-\mathrm{i}(S+1)\phi_0}\mid 0\rangle\\ &q^{S+1}=1\end{aligned}\right\} \tag{12.14.18}$$

$[\hat{N}]$的本征值是

$$[\hat{N}]\mid n\rangle=\frac{q^{n}-q^{-n}}{q-q^{-1}}\mid n\rangle\equiv[n]\mid n\rangle \tag{12.14.19}$$

a 和 $a^{\dagger}$ 在粒子态上的作用示于图 12.7。

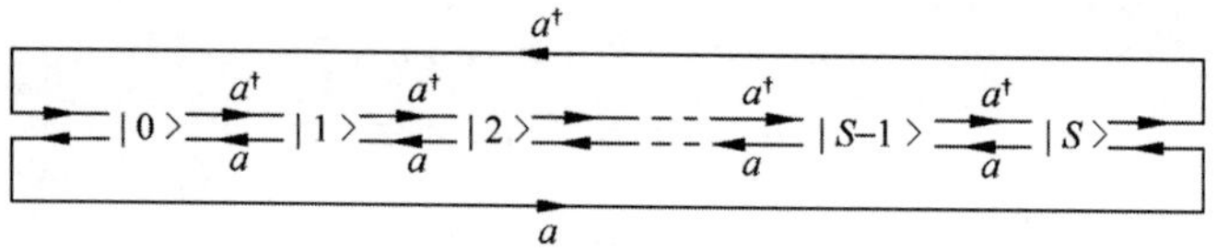

图 12.7　算符 a 和 $a^{\dagger}$ 作用于粒子态

由于 $q^{S+1}=1$,P-B 理论实际定义了 q 变形玻色算符,它们由态 $|n\rangle$ 提供了循环表示,态的数目为 $S+1$。

q 变形的玻色表示(式(12.14.17))是量子代数的一种实现。孙昌璞、傅洪忱[52]、Biedenharn[53] 和 Macfarlane[54] 对此曾独立作出证明。设有两种 q 变形的玻色子,它们的算符彼此对易,又各自遵守对易关系(式(12.14.17)):

$$\left.\begin{aligned} a_i a_i^{\dagger}-q a_i^{\dagger} a_i&=q^{-\hat{N}_i} \\ a_i a_i^{\dagger}-q^{-1} a_i^{\dagger} a_i&=q^{\hat{N}_i}\end{aligned}\right\} \tag{12.14.20}$$

此处以 $i=1$ 和 2 区别这两种玻色子。用 a_i 和 $a_i^{\dagger}$ 可以组成 q 变形的 $SL(2)$ 算符:

$$X^{+}=a_1^{\dagger}a_2,\quad X^{-}=a_2^{\dagger}a_1,\quad J_3=\frac{1}{2}(\hat{N}_1-\hat{N}_2),\quad K=q^{J_3} \tag{12.14.21}$$

用对易关系(式(12.14.17))可得 X^{+} 和 X^{-} 的对易关系:

$$\begin{aligned}[X^{+},X^{-}]&=a_1^{\dagger}a_2a_2^{\dagger}a_1-a_2^{\dagger}a_1a_1^{\dagger}a_2 \\ &=a_1^{\dagger}a_1(qa_2^{\dagger}a_2+q^{-\hat{N}_2})-a_2^{\dagger}a_2(qa_1^{\dagger}a_1+q^{-\hat{N}_1}) \\ &=[\hat{N}_1]q^{-\hat{N}_2}-[\hat{N}_2]q^{-\hat{N}_1} \\ &=\frac{q^{(\hat{N}_1-\hat{N}_2)}-q^{-(\hat{N}_1-\hat{N}_2)}}{q-q^{-1}}=\frac{q^{2J_3}-q^{-2J_3}}{q-q^{-1}} \\ &=\frac{K^2-K^{-2}}{q-q^{-1}}\end{aligned} \tag{12.14.22}$$

这正是量子代数 $U_q(SL(2))$ 的对易关系。因此,P-B 理论涉及的是一类 q 变形玻色子的循环表示。量子代数的引入是与 XXZ 模型相联系的,在那里 q 变形是由 $S_i^3S_{i+1}^3$ 相互作用引起的。在 12.13 节和 12.14 节的例子中,q 是由外磁场引起的。从以上的例子看出,用玻色子表示处理量子代数更直观和有效。一个有趣的问题是:如果在 P-B 理论中令 $S\to\infty$,结果是否会和 S-G 理论一样呢?对这个问题藤川和男[55] 的答案是:即使在 P-B 理论中令 $S\to\infty$,它的拓扑性质也和 S-G 理论不同,即它们是本质上不同的理论。在量子场论中一种正规化的方法是先固定一个量 Λ,最后再令它趋于无穷,即 $\Lambda\to\infty$。循环表示的物理本性在 $S\to\infty$ 时也和不设上限的理论不同。那么,对正规化理论应如何认识呢?

本节讨论的位相量子化方案只是众多理论中的一个。关于这个问题还存在许多不同的观点，有些甚至是对立的。从量子力学角度，我们关心的是位相差，而不是位相的绝对值，因此事实上只要量子化位相差就可以了。还有一种观点认为位相根本不需要用本节的方式量子化，澄清有关争论还需要更深入的研究[56]。有关量子代数的文献可参阅文献[14]和文献[58]，有关的物理含义可参阅文献[59]。

参考文献

[1] FADDEEV L D. Integrable models in 1+1 dimensional quantum field theories[M]. Amsterdam: Elsvier, 1984.

[2] FADDEEV L D. Lectures on quantum inverse scattering method[M]//SONG X C. Integrable systems: Nankai Institute of Mathematics, China, August 1987. Singapore: World Scientific, 1990.

[3] KULISH P P, SKLYANIN E K. Lecture notes in physics[J]. Springer, 1982, 151: 61.

[4] YANG C N. Some exact results for the many-body problem in one dimension with repulsive delta-function interaction[J]. Physical Review Letters, 1967, 19: 1312-1315.

[5] YANG C N. S-matrix for the one-dimensional n-body problem with repulsive or attractive δ-function interaction[J]. Physical Review, 1968, 168: 1920-1923.

[6] ZAMOLODCHIKOV A B, ZAMOLODCHIKOV A B. Factorized S-matrices in two dimensions as the exact solutions of certain relativistic quantum field theory models[J]. Annals of Physics, 1979, 120(2): 253-291.

[7] DRINFELD V G. Hopf algebras and the quantum Yang-Baxter equation[J]. Soviet Mathematics-Doklady, 1985, 32, 254-258.

[8] DRINFELD V G. Soviet Math. Dokl 32 (1985) 254; Drinfeld VG[C]//Soviet Math. Dokl. 1988, 36: 212.

[9] DRINFELD V G. Quantum groups[C]//GLEASON A M. Proceedings of the International Congress of Mathematicians: Berkeley, California, August 3-11, 1986. Rhode Islands: American Mathematical Society, 1987.

[10] BAXTER R J. Exactly solved models in statistical mechanics[M]. London: Academic Press, 1982.

[11] SKLYANIN E K, GE M L, ZHAO B H. Quantum groups and quantum integrable systems[M]. Singapore: World Scientific, 1991.

[12] SHNIDER S, STERNBERG S. Quantum groups: From coalgebras to Drinfeld algebras: A guided tour[M]. Boston: International Press of Boston, 1993.

[13] MAJID S. Foundations of quantum group theory[M]. Cambridge: Cambridge University Press, 1995.

[14] CHARI V, PRESSLEY A. A guide to quantum groups[M]. Cambridge: Cambridge University Press, 1994.

[15] CHAICHIAN M, DEMICHEV A P. Introduction to quantum groups[M]. Singapore: World Scientific, 1996.

[16] KLIMYK A, SCHMüDGEN K. Quantum groups and their representations[M]. Berlin: Springer Science & Business Media, 2012.

[17] BIEDENHARN L C, LOHE M A. Quantum group symmetry and q-tensor algebras[M]. Singapore: World Scientific, 1995.

[18] KAUFFMAN L H. Knots and physics[M]. Singapore: World Scientific, 1991.

[19] ISAEV A P. Quantum groups and Yang-Baxter equations[J]. Japanese edition. Tokyo: Springer, 2004.

[20] KULISH P P. Quantum Groups (Lecture Notes in Mathematics)[M]. Berlin: Springer, 1992.

[21] YANG C N, GE M L. Braid group, knot theory and statistical mechanics[M]. Singapore: World Scientific, 1991.

[22] YANG C N, GE M L. Braid group, knot theory and statistical mechanics Ⅱ [M]. Singapore: World Scientific, 1994.

[23] MA Z. Yang-Baxter equation and quantum enveloping algebras [M]. Singapore: World Scientific, 1993.

[24] GE M L, XUE K. Yang-Baxter equations in quantum information[J]. International Journal of Modern Physics B, 2012, 26(27&28): 1243007.

[25] GE M L, ZHAO B H. Introduction to quantum groups and intergrable massive models of quantum field theory, Nankai Lectures on Mathematical Physics [J]. Singapore: World Scientific, 1994.

[26] GE M L. Quantum group and quantum integrable systems-Nankai Lectures on mathematical physics [M]. Singapore: World Scientific, 1992.

[27] GE M L, WU Y S. New developments of integrable systems and long-ranged interaction models[M]. Singapore: World Scientific, 1995.

[28] GE M L, DE VEGA H J. Quantum groups, integrable statistical models and knot theory-the fifth Nankai workshop[M]. Singapore: World Scientific, 1993.

[29] LIPTATOV L N. Talk at Nankai symposium[Z]. Tianjing: Nankai University, 1994.

[30] GE M L, XUE K, CHO Y M. Greater understanding of the hydrogen atom: RTT-integrability and Yangian symmetry[J]. Physics Letters A, 1999, 260(6): 484-488.

[31] BAI C M, GE M L, XUE K. Further understanding of hydrogen atom: Yangian approach and physical effect[J]. Journal of Statistical Physics, 2001, 102(3): 545-557.

[32] WANG Z F, GE M L, XUE K. The Haldane-Shastry model and RTT relations[J]. Journal of Physics A: Mathematical and General, 1997, 30(14): 5023-5036.

[33] WU T T, YANG C N. Concept of nonintegrable phase factors and global formulation of gauge fields [J]. Physical Review D, 1975, 12: 3845-3857.

[34] WU T T, YANG C N. Dirac monopole without strings: Monopole harmonics[J]. Nuclear Physics B, 1976, 107(3): 365-380.

[35] BALIAN R, WERTHAMER N R. Superconductivity with pairs in a relative P wave[J]. Physical Review, 1963, 131: 1553-1564.

[36] LEE D M. The extraordinary phases of liquid ^{3}He[J]. Review of Modern Physics, 1997, 69: 645-666.

[37] LEGGETT A J. A theoretical description of the new phases of liquid ^{3}He[J]. Review of Modern Physics, 1975, 47: 331-414.

[38] ANDERSON P W, MOREL P. Generalized Bardeen-Cooper-Schrieffer states and the proposed low-temperature phase of liquid He3[J]. Physical Review, 1961, 123: 1911-1934.

[39] BELAVIN A A, DRINFELD V G. Solutions of the classical Yang-Baxter equation for simple Lie algebras[J]. Functional analysis and its applications, 1982, 16(3): 1-29.

[40] BELAVIN A A, DRINFELD V G. Solutions of the classical Yang-Baxter equation for simple Lie algebras[J]. Funktsional'nyi Analiz i ego Prilozheniya, 1982, 16(3): 1-29.

[41] TAKHTAJAN L A. Lectures on quantum groups [M]//Introduction to quantum group and integrable massive models of quantum field theory. 1990: 69-197.

[42] BAZHANOV V V, STROGANOV Y G. Chiral potts model as a descendant of the six-vertex model [J]. Journal of Statistical Physics, 1990, 59(3): 799-817.

[43] JIMBO M. Quantum R matrix for the generalized Toda system[J]. Comuunication of Math Physics, 1986, 102: 537.

[44] DE VEGA H J. Integrable theories, Yang-Baxter algebras and quantum groups: An overview[C]// Group Theoretical Methods in Physics. Lecture Notes in Physics, 1991, 382: 164-176.

[45] WIEGMANN P B, ZABRODIN A V. Bethe-ansatz for the Bloch electron in magnetic field[J]. Physical Review Letters, 1994, 72: 1890-1893.

[46] CHEN G H, KUANG L M, Ge M L. Degeneracy of Landau levels and quantum group $sl_q(2)$[J]. Physical Review B, 1996, 53: 9540-9543.

[47] CHEN G H, GE M L. Quantum-group treatment of substrate potential in the integer quantum Hall effect[J]. Physical Review B, 1996, 54: 7654-7657.

[48] HATSUGAI Y, KOHMOTO M, WU Y S. Explicit solutions of the Bethe ansatz equations for Bloch electrons in a magnetic field[J]. Physical Review Letters, 1994, 73: 1134-1137.

[49] PEGG D T, BARNETT S M. Phase properties of the quantized single-mode electromagnetic field[J]. Physical Review A, 1989, 39: 1665-1675.

[50] BARNETT S, PEGG D. On the Hermitian optical phase operator[J]. Journal of Modern Optics, 1989, 36(1): 7-19.

[51] SUN C P, GE M L. q-Boson realization theory of quantum algebras and its applications to Yang-Baxter equation. Quantum group and quantum integrable systems[M]. Singapore: World Scientific, 1992.

[52] SUN C P, FU H C. The q-deformed boson realisation of the quantum group $SU(n)_q$ and its representations[J]. Journal of Physics A: Mathematical and General, 1989, 22(21): L983-L986.

[53] BIEDENHARN L C. The quantum group $SU_q(2)$ and a q-analogue of the boson operators[J]. Journal of Physics A: Mathematical and General, 1989, 22(18): L873-L878.

[54] MACFARLANE A J. On q-analogues of the quantum harmonic oscillator and the quantum group $SU(2)_q$ [J]. Journal of Physics A: Mathematical and General, 1989, 22(21): 4581-4588.

[55] FUJIKAWA K. Phase operator for the photon field and an index theorem[J]. Physical Review A, 1995, 52: 3299-3307.

[56] MALYKIN G B. Sagnac effect in a rotating frame of reference. Relativistic Zeno paradox[J]. Physics-Uspekhi, 2002, 45(8): 907-909.

[57] SUSSKIND L, GLOGOWER J. Quantum mechanical phase and time operator[J]. Physics Physique Fizika, 1964, 1(1): 49.

[58] 马中骐. 杨-Baxter方程和量子包络代数[M]. 北京：科学出版社, 1993.

[59] 葛墨林, 薛康. 杨-Baxter方程[M]. 上海：上海科技教育出版社, 1999.

第 13 章
杨-Baxter 方程与量子信息

在第 12 章中，已知 $R=P+uI$ 满足杨-Baxter 方程(12.1.39)，它的解有许多推广，形成很大分支。在本章，我们将讨论另一种不同类型的解，称为“第Ⅱ类型的解”，它描述量子信息。以前讨论过的与链模型相关的解称为“第Ⅰ类型的解”。

13.1 贝尔基与辫子群

式(12.1.39)的更一般形式为

$$\breve{R}_{12}(x)\breve{R}_{23}(x,y)\breve{R}_{12}(y)=\breve{R}_{23}(y)\breve{R}_{12}(x,y)\breve{R}_{23}(x) \tag{13.1.1}$$

其中 $\breve{R}_{12}(x)=\breve{R}(x)\otimes I$，$\breve{R}_{23}(x)=I\otimes\breve{R}(x)$，$x$ 和 y 代表谱参数。对于我们熟悉的链模型而言，通常 $x=e^{iu}$，$y=e^{iv}$，这时式(13.1.1)变为

$$\breve{R}_{12}(u)\breve{R}_{23}(u+v)\breve{R}_{12}(v)=\breve{R}_{23}(v)\breve{R}_{12}(u+v)\breve{R}_{23}(u) \tag{13.1.2}$$

其中 u 和 v 代表速度(快度)，这意味着谱参数 u 和 v 满足伽利略型叠加关系。

最简单的杨-Baxter 方程的解，是由杨振宁先生给出的有理解[1-2]。

$$\breve{R}_I(u)=\mathbb{I}+uP,\quad (P^2=I) \tag{13.1.3}$$

当 x 和 y 不依赖于 u 时，式(13.1.2)简化为辫子关系[3]：

$$B_{12}B_{23}B_{12}=B_{23}B_{12}B_{23} \tag{13.1.4}$$

在三个相邻空间点，$B_{12}=B\otimes I$，$B_{23}=I\otimes B$，B 占据两个空间。对 N 个格点，辫子群 B_N 有 $N-1$ 个生成元满足如下关系[4]

$$B_iB_j=B_jB_i,\quad 若\ |i-j|\geqslant 2 \tag{13.1.5}$$

$$B_iB_{i+1}B_i=B_{i+1}B_iB_{i+1} \tag{13.1.6}$$

$$B_i=I_1\otimes\cdots\otimes I_{i-1}\otimes B\otimes I_{i+2}\cdots\otimes I_N \tag{13.1.7}$$

辫子关系式(13.1.6)具有如下图形表：

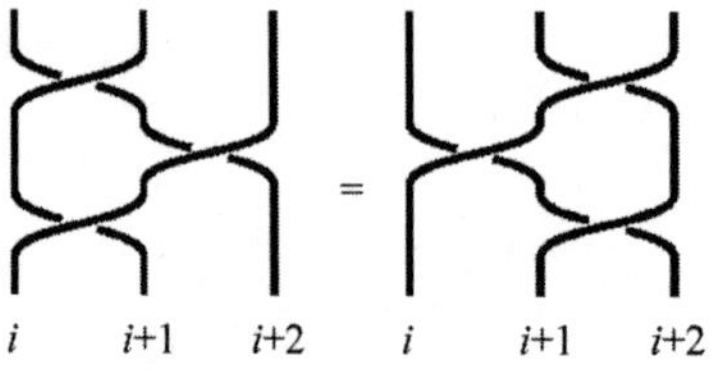

(13.1.8)

该图形可以任意变形，只要保证有三个碰撞点(S-矩阵)，并且上交叉(overcrossing)和下交叉(undercrossing)不变。将式(13.1.4)参数化，即引入参数 x 和 y，使之满足式(13.1.1)，称为"杨-Baxterization"[5-11]。为了将辫子关系式(13.1.4)和式(13.1.1)与量子信息相联系，我们从贝尔基出发。观察从自然基$|00\rangle$，$|01\rangle$，$|10\rangle$，$|11\rangle$(不纠缠)经过变换生成贝尔基的过程。通过矩阵变换[12-13]：

$$\text{贝尔基：}\frac{1}{\sqrt{2}}\begin{bmatrix}|00\rangle+|11\rangle\\|01\rangle+|10\rangle\\|10\rangle-|01\rangle\\|11\rangle-|00\rangle\end{bmatrix}=\frac{1}{\sqrt{2}}\begin{bmatrix}1&0&0&1\\0&1&1&0\\0&-1&1&0\\-1&0&0&1\end{bmatrix}\begin{bmatrix}|00\rangle\\|01\rangle\\|10\rangle\\|11\rangle\end{bmatrix}=B\mid\Psi_0\rangle \tag{13.1.9}$$

$$\left.\begin{aligned}&B=\frac{1}{\sqrt{2}}(I+M),\ |\Psi_0\rangle=(|00\rangle,|01\rangle,|10\rangle,|11\rangle)^{\mathrm{T}}\\&M=\begin{bmatrix}0&0&0&1\\0&0&1&0\\0&-1&0&0\\-1&0&0&0\end{bmatrix}\end{aligned}\right\} \tag{13.1.10}$$

直接验证 $B_{12}=B\otimes I$，$B_{23}=I\otimes B$ 满足辫子关系(13.1.4)。直观想象很容易：

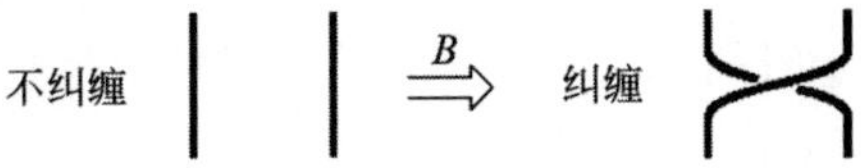

(13.1.11)

当 $B^2=I$ 时，B 就是置换运算 P。

13.2 杨-Baxter方程的新型解与连续纠缠态

将式(13.1.4)参数化，并将谱参数 x 和 y 用角度 θ 表示(代替以前的 u)，将式(13.1.1)表示为 $\breve{R}(\theta)$，它的解称为"第Ⅱ类型的解"，以区别于在第11章中已熟悉的杨-Baxter方程已有解(第Ⅰ类型的解)。注意杨-Baxter方程具有的形式为

$$\breve{R}_{12}(\theta_1)\breve{R}_{23}(\theta_2)\breve{R}_{12}(\theta_3)=\breve{R}_{23}(\theta_3)\breve{R}_{12}(\theta_2)\breve{R}_{23}(\theta_1) \tag{13.2.1}$$

其第Ⅱ类型的解为

$$\begin{aligned}\breve{R}(\theta,\varphi)&=\begin{bmatrix}\cos\theta&0&0&\sin\theta\ \mathrm{e}^{-\mathrm{i}\varphi}\\0&\cos\theta&-\sin\theta&0\\0&\sin\theta&\cos\theta&0\\-\sin\theta\ \mathrm{e}^{\mathrm{i}\varphi}&0&0&\cos\theta\end{bmatrix},\\&=\mathrm{e}^{-\mathrm{i}\theta\,[\sigma^y\otimes\sigma^x]},\ (\text{对于 }\varphi=0),\\&=\cos\theta*(\mathrm{II}_4+\tan\theta M),\ (M^2=-\mathrm{II}_4,\tan\theta=u)\\&=\frac{1}{\sqrt{1+u^2}}*(\mathrm{II}_4+uM)\end{aligned} \tag{13.2.2}$$

将式(13.2.2)代入式(13.2.1)，即式(13.2.2)满足的条件是

$$\tan\theta_2=\frac{\tan\theta_1+\tan\theta_3}{1+\tan\theta_1\tan\theta_3} \tag{13.2.3}$$

在原来的第Ⅰ类型的解中，参数通常被视为速度或快度，式(13.1.2)的杨-Baxter方程的限制为满足伽利略叠加，但现在式(13.2.3)遵从洛伦兹叠加形式。

将 $\breve{R}(\theta,\varphi)$ 作用于自然基，得

$$\breve{R}(\theta)\begin{bmatrix}|00\rangle\\|01\rangle\\|10\rangle\\|11\rangle\end{bmatrix}=\begin{bmatrix}\cos\theta\,|00\rangle-\sin\theta\,|11\rangle\\\cos\theta\,|01\rangle-\sin\theta\,|10\rangle\\\sin\theta\,|01\rangle+\cos\theta\,|10\rangle\\\cos\theta\,|11\rangle+\sin\theta\,|00\rangle\end{bmatrix},(\varphi=0)\tag{13.2.4}$$

当 $\theta=\frac{\pi}{4}$ 时，式(13.2.4)给出贝尔基，因此任意 θ 值(满足(13.2.3))都可以表示连续纠缠度。稍后，我们会指出 $\theta=\frac{\pi}{4}$ 的原因，它有比较深刻的含义。

13.3 量子信息相关的哈密顿量

在量子力学中，系统处于 t 时刻的态可由如下幺正变换描述：

$$|\psi(\alpha(t))\rangle=\breve{\boldsymbol{R}}(\alpha(t))\,|\psi_0\rangle\tag{13.3.1}$$

其中 $|\psi_0\rangle$ 为初始态，不依赖于时间，则

$$\mathrm{i}\,\hbar\frac{\partial}{\partial t}\,|\psi(\alpha)\rangle=\mathrm{i}\,\hbar\frac{\mathrm{d}\alpha}{\mathrm{d}t}\frac{\partial\breve{\boldsymbol{R}}}{\partial\alpha}\,|\psi_0\rangle=\mathrm{i}\,\hbar\dot{\alpha}\,\frac{\partial\breve{\boldsymbol{R}}}{\partial\alpha}\breve{\boldsymbol{R}}^{-1}\breve{\boldsymbol{R}}\,|\psi_0\rangle=\mathrm{i}\,\hbar\dot{\alpha}\,\frac{\partial\breve{\boldsymbol{R}}}{\partial\alpha}\breve{\boldsymbol{R}}^{-1}\,|\psi(\alpha)\rangle\tag{13.3.2}$$

因为 $\breve{\boldsymbol{R}}$-矩阵为幺正 $\breve{\boldsymbol{R}}^{-1}=\breve{\boldsymbol{R}}^{\dagger}$，故有

$$\mathrm{i}\,\hbar\frac{\partial}{\partial t}\,|\psi(\alpha)\rangle=\mathrm{i}\,\hbar\dot{\alpha}\,\frac{\partial\breve{R}}{\partial\alpha}\breve{R}^{-1}\,|\psi(\alpha)\rangle=H(t)\,|\psi(\alpha)\rangle\tag{13.3.3}$$

$$H=\mathrm{i}\,\hbar\dot{\alpha}\,\frac{\partial\breve{R}}{\partial\alpha}\breve{R}^{\dagger}\tag{13.3.4}$$

由式(13.2.1)，设 $\varphi=\varphi(t)$，θ 固定，则得

$$\begin{aligned}\hat{H}_i^{(\varphi)}&=-\mathrm{i}\,\hbar\frac{\partial\breve{R}_i(\theta,\varphi(t))}{\partial t}\breve{R}_i^{\dagger}(\theta,\varphi(t)),\\&=\hbar\dot{\varphi}\sin\theta\left[\frac{\sin\theta}{2}(\sigma_i^z+\sigma_{i+1}^z)-\cos\theta(\mathrm{e}^{-\mathrm{i}\varphi}\sigma_i^+\sigma_{i+1}^++\mathrm{e}^{\mathrm{i}\varphi}\sigma_i^-\sigma_{i+1}^-)\right]\end{aligned}\tag{13.3.5}$$

它是超导类型哈密顿量。

观察 4×4 矩阵式(13.2.2)，

$$\breve{\boldsymbol{R}}(\theta,\varphi)=\begin{matrix}\cos\theta & 0 & 0 & \sin\theta\ \mathrm{e}^{-\mathrm{i}\varphi}\\0 & \cos\theta & -\sin\theta & 0\\0 & \sin\theta & \cos\theta & 0\\-\sin\theta\ \mathrm{e}^{\mathrm{i}\varphi} & 0 & 0 & \cos\theta\end{matrix}$$

它可以分成独立的两部分：外边的框架和内部方块。右上角的元素由 $\sigma_+\otimes\sigma_+$ 得到，而左下角则为 $\sigma_-\otimes\sigma_-$，$(\sigma_\pm=\sigma_x\pm\mathrm{i}\sigma_y)$。但内部方框的右上角则为 $\sigma_+\otimes\sigma_-$，左下角为 $\sigma_-\otimes\sigma_+$。这两个方块是对易的。“外框架”给出了哈密顿量(式(13.3.5))，而内部方框给出了通常的链模型。

而式(13.3.5)相应的链模型为

$$\hat{H}=\sum_i \hat{H}_i^{(\varphi)} \tag{13.3.6}$$

对于 $\hat{H}_i^{(\varphi)}$，相应的非零能两分量态为

$$\left.\begin{aligned}|\psi_+\rangle&=\cos\left(\frac{\theta}{2}-\frac{\pi}{4}\right)\mathrm{e}^{-\mathrm{i}\varphi}|\uparrow\uparrow\rangle-\sin\left(\frac{\theta}{2}-\frac{\pi}{4}\right)|\downarrow\downarrow\rangle\\|\psi_-\rangle&=\sin\left(\frac{\theta}{2}-\frac{\pi}{4}\right)\mathrm{e}^{-\mathrm{i}\varphi}|\uparrow\uparrow\rangle+\cos\left(\frac{\theta}{2}-\frac{\pi}{4}\right)|\downarrow\downarrow\rangle\end{aligned}\right\} \tag{13.3.7}$$

其中 2qubit 纠缠度 $C=|\cos\theta|$。

这样便可得到本征态 $|\psi_\pm\rangle$ 对应的贝利相因子[14]：

$$\gamma_\pm=\mathrm{i}\int_0^{2\pi}\mathrm{d}\varphi\left\langle\psi_\pm\left|\frac{\partial}{\partial\varphi}\right|\psi_\pm\right\rangle=\pi(1\pm\sin\theta)=\pi\left(1\pm\sqrt{1-C^2}\right) \tag{13.3.8}$$

式(13.3.8)表明，系统的纠缠度直接影响其对应的贝利相因子(对 $\beta=\pi-\theta$)。这样，从一个简单的杨-Baxter 方程模型中，便得到了贝利相因子与纠缠度之间的关系。

13.4 拓扑基下的杨-Baxter 方程与维格纳 D^{j-} 函数的关系

在本节中，利用任意子拓扑基，我们可将杨-Baxter 方程的八维张量表示约化至二维空间。而杨-Baxter 方程解的二维表示，正是维格纳 D^{j-} 函数。随后我们将以此为基础，讨论 ℓ_{1^-} 模在量子信息中的物理意义。

首先介绍与杨-Baxter 方程相关的维格纳 D^{j-} 函数。对于任意自旋相干算子，$D(\theta,\phi)=\mathrm{e}^{\xi J_+-\xi^* J_-}$[15]，其等价于欧拉转动：

$$D(\theta,\phi)=\mathrm{e}^{\mathrm{i}\varphi J_z}\mathrm{e}^{\mathrm{i}2\theta J_y}\mathrm{e}^{-\mathrm{i}\varphi J_z} \tag{13.4.1}$$

其中 J_x,J_y,J_z 为李代数 $SU(2)$ 生成元，满足 $[J_i,J_j]=i\varepsilon_{ijk}J_k$，$\varepsilon_{ijk}$ 为三维全反对称张量。

有趣的是，D^{j-} 函数满足杨-Baxter 方程：

$$D(\theta_1,0)D(\theta_2,\phi)D(\theta_3,0)=D(\theta_3,\phi)D(\theta_2,0)D(\theta_1,\phi) \tag{13.4.2}$$

当角度满足关系：

$$\cos\phi=\frac{1}{2}\left[\frac{(\tan\theta_1+\tan\theta_3)-\tan\theta_2}{\tan\theta_1\tan\theta_2\tan\theta_3}-1\right] \tag{13.4.3}$$

式(13.4.3)可以用 $D^{\frac{1}{2}}(\theta,\varphi)$ 直接验算。事实上它对任意的维格纳 D^{j-} 函数都成立。限于篇幅，这里不再证明。

当 $\theta_1=\theta_2=\theta_3=\theta$ 时，杨-Baxter 方程退化为辫子关系[16]，则经角 ϕ 与纬角 θ 被下式限制：

$$\cos\phi=\frac{\cos2\theta}{1-\cos2\theta} \tag{13.4.4}$$

我们引入两个独立基，它们用图形表示，可称为"拓扑基"[17-18]

$$|e_1\rangle=\frac{1}{\sqrt{2}}(|\psi_{12}\rangle|\psi_{34}\rangle+|\phi_{12}\rangle|\phi_{34}\rangle) \tag{13.4.5}$$

$$|e_2\rangle=\frac{1}{\sqrt{2}}\left[(1+\mathrm{i}\mathrm{e}^{\mathrm{i}\varphi})|\psi_{23}\rangle|\psi_{41}\rangle-(1-\mathrm{i}\mathrm{e}^{\mathrm{i}\varphi})|\phi_{23}\rangle|\phi_{41}\rangle-|e_1\rangle\right] \tag{13.4.6}$$

它们是不同格点贝尔基的组合：

$$|\psi_{i,j}\rangle=\frac{1}{\sqrt{2}}(|\underset{ij}{\uparrow\uparrow}\rangle+e^{-i\varphi}|\underset{ij}{\downarrow\downarrow}\rangle),\ |\phi_{i,j}\rangle=\frac{1}{\sqrt{2}}(|\underset{ij}{\uparrow\downarrow}\rangle-|\underset{ij}{\downarrow\uparrow}\rangle) \tag{13.4.7}$$

可证明其量子维度(quantum dimension)$d=\sqrt{2}$。用自旋$-\frac{1}{2}$实现的拓扑弗森(Fusion)基可表示为[17]

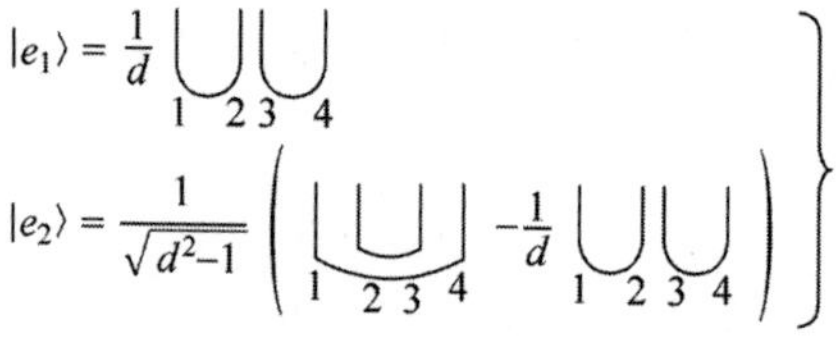

(13.4.8)

将辫子纠缠理解为算符(13.1.11)作用在上述拓扑基上，遂得二维杨-Baxter方程：

$$\breve{R}_{12}(\theta)\rightarrow A(\theta,\phi),\breve{R}_{23}(\theta)\rightarrow B(\theta,\phi) \tag{13.4.9}$$

其中

$$A(\theta)=V^{\dagger}D^{\frac{1}{2}}(\theta,\phi=0)V,\quad B(\theta)=V^{\dagger}D^{\frac{1}{2}}\left(\theta,\phi=\frac{\pi}{2}\right)V \tag{13.4.10}$$

此处 $V=\frac{1}{\sqrt{2}}\begin{bmatrix}1 & i\\ i & 1\end{bmatrix}$，$D^{\frac{1}{2}}(\theta,\phi)=\begin{bmatrix}\cos\theta & -\sin\theta e^{-i\varphi}\\ \sin\theta e^{i\varphi} & \cos\theta\end{bmatrix}$ 为维格纳 $D^{\frac{1}{2}}$- 函数。

在拓扑基下，八维杨-Baxter方程的第Ⅱ类型的解等价于如下二维形式$\left(\phi=\frac{\pi}{2}\right)$：

$$A(\theta_1)B\left(\theta_2,\phi=\frac{\pi}{2}\right)A(\theta_3)=B\left(\theta_3,\phi=\frac{\pi}{2}\right)A(\theta_2)B\left(\theta_1,\phi=\frac{\pi}{2}\right) \tag{13.4.11}$$

当 $\phi=\frac{\pi}{2}$ 时，由式(13.4.3)得到谱参数的限制条件：

$$\tan\theta_2=\frac{\tan\theta_1+\tan\theta_3}{1+\tan\theta_1\tan\theta_3} \tag{13.4.12a}$$

它与式(13.2.3)一致，即洛伦兹叠加。

当 $\theta_1=\theta_2=\theta_3=\frac{\pi}{4}$ 时，二维 $\breve{\boldsymbol{R}}$-矩阵简化为辫子矩阵，对应任意伊辛(Ising)子模型[19-20]，有

$$\mathcal{A}=A\left(\frac{\pi}{4}\right)=\begin{bmatrix}e^{-i\frac{\pi}{4}} & 0\\ 0 & e^{i\frac{\pi}{4}}\end{bmatrix},\mathcal{B}=B\left(\frac{\pi}{4}\right)=\frac{1}{\sqrt{2}}\begin{bmatrix}1 & i\\ i & 1\end{bmatrix} \tag{13.4.12b}$$

它们满足辫子关系

$$\mathcal{ABA}=\mathcal{BAB} \tag{13.4.13}$$

该关系是首先由摩尔、李德和纳亚克、维尔切克导出及发展的[19-20]。

以下扼要介绍他们的结果。

纳亚克、维尔切克引入了描述量子霍尔效应的辫子准空穴(braiding quasihde)波函数：

$$\begin{aligned}&\boldsymbol{\Psi}^{(\pm)}=\frac{(w_{13}w_{24})^{1/4}}{(1\pm\sqrt{1-x})^{1/2}}\{\boldsymbol{\Psi}_{(13)(24)}\pm\sqrt{1-x}\,\boldsymbol{\Psi}_{(14)(23)}\},\\ &w_{ij}=w_i-w_j,x=\frac{w_{12}w_{34}}{w_{13}w_{24}}\end{aligned} \tag{13.4.14}$$

$$\Psi_{(12)(34)}=C\prod_{i=\text{奇数}}\frac{(z_i-w_1)(z_i-w_2)(z_{i+1}-w_3)(z_{i+1}-w_4)+i\leftrightarrow i+1}{z_i-z_{i+1}} \tag{13.4.15}$$

$$\Psi_{(13)(24)}=C\prod_{i=\text{奇数}}\frac{(z_i-w_1)(z_i-w_3)(z_{i+1}-w_2)(z_{i+1}-w_4)+i\leftrightarrow i+1}{z_i-z_{i+1}} \tag{13.4.16}$$

$$\Psi_{(14)(23)}=C\prod_{i=\text{奇数}}\frac{(z_i-w_1)(z_i-w_4)(z_{i+1}-w_2)(z_{i+1}-w_3)+i\leftrightarrow i+1}{z_i-z_{i+1}} \tag{13.4.17}$$

其中 w_i 表示准空穴的位置，C 代表归一化常数。

当第 1 个准空穴与第 2 个互换时，有

$$w_{13}w_{24}\big|_{1\leftrightarrow 2}=w_{23}w_{14}=w_{13}w_{24}(1-x),\quad 1\pm\sqrt{1-x}\,1\pm\frac{1}{\sqrt{1-x}} \tag{13.4.18}$$

因而

$$\left.\frac{(w_{13}w_{24})^{1/4}}{(1\pm\sqrt{1-x})^{1/2}}\right|_{1\leftrightarrow 2}\rightarrow\frac{(w_{13}w_{24})^{1/4}(1-x)^{1/2}}{(\pm 1)^{1/2}(1\pm\sqrt{1-x})^{1/2}} \tag{13.4.19}$$

$$\Psi^{(\pm)}\big|_{1\leftrightarrow 2}\rightarrow(\pm 1)^{1/2}\,\frac{\Psi_{13}\Psi_{24}}{(1\pm\sqrt{1-x})^{1/2}}\{\Psi_{(13)}\Psi_{(24)}\pm\sqrt{1-x}\,\Psi_{(14)(23)}\}=(\pm 1)^{1/2}\Psi^{(\pm)} \tag{13.4.20}$$

即在 w_1 与 w_2 位置互换时，其操作写为 P_{12}，则因为

$$\Psi^{+}_{(12)(34)}\rightarrow\Psi^{+}_{(12)(34)},\quad \Psi^{-}_{(12)(34)}\rightarrow \mathrm{i}\Psi^{-}_{(12)(34)} \tag{13.4.21}$$

故

$$P_{12}\begin{bmatrix}\Psi^{+}_{(12)(34)}\\ \Psi^{-}_{(12)(34)}\end{bmatrix}=\begin{bmatrix}1 & 0\\ 0 & \mathrm{i}\end{bmatrix}\begin{bmatrix}\Psi^{+}_{(12)(34)}\\ \Psi^{-}_{(12)(34)}\end{bmatrix} \tag{13.4.22}$$

同理，对于 $2\leftrightarrow 3$，有 $(1-x)\big|_{2\leftrightarrow 3}=1-\dfrac{1}{x}$，$w_{12}w_{34}\big|_{2\leftrightarrow 3}=w_{13}w_{24}x$，从而

$$\Psi^{(\pm)}\big|_{2\leftrightarrow 3}\rightarrow(\pm 1)^{1/2}\,\frac{(w_{13}w_{24})^{1/4}}{(\sqrt{x}\pm\sqrt{x-1})^{1/2}}\{\sqrt{x}\,\Psi_{(12)}\Psi_{(34)}\pm\sqrt{x-1}\,\Psi_{(14)}\Psi_{(23)}\} \tag{13.4.23}$$

注意到 $x\Psi_{(12)(34)}=\Psi_{(13)(24)}-(1-x)\Psi_{(14)(23)}$，则有

$$\Psi_{(12)(34)}=\frac{1}{x}\Psi_{(13)(24)}-\frac{(1-x)}{x}\Psi_{(14)(23)} \tag{13.4.24}$$

引入 $\alpha=\sqrt{1-x}$，当 $2\leftrightarrow 3$ 时，$\alpha\rightarrow\dfrac{\mathrm{i}}{\sqrt{x}}\alpha$，得到

$$\begin{aligned}P_{23}\Psi^{(+)}&=\frac{(w_{12}w_{34})^{1/4}\sqrt{x}}{\left(1+\dfrac{\mathrm{i}\alpha}{\sqrt{x}}\right)^{1/2}}\left\{\Psi_{(12)(34)}+\frac{\mathrm{i}\alpha}{\sqrt{x}}\Psi_{(14)(23)}\right\}\\&=\frac{(w_{13}w_{24})^{1/4}\sqrt{x}}{(\sqrt{x}+\mathrm{i}\alpha)^{1/2}}\left\{\frac{1}{\sqrt{x}}\Psi_{(12)(34)}+\frac{\mathrm{i}\alpha}{\sqrt{x}}\Psi_{(14)(23)}\right\},\\P_{23}\Psi^{(-)}&=\frac{(w_{13}w_{24})^{1/4}\sqrt{x}}{(\sqrt{x}-\mathrm{i}\alpha)^{1/2}}\left\{\frac{1}{\sqrt{x}}\Psi_{(12)(34)}-\frac{\mathrm{i}\alpha}{\sqrt{x}}\Psi_{(14)(23)}\right\}\end{aligned} \tag{13.4.25}$$

注意 $\boldsymbol{\Psi}_{(12)}\boldsymbol{\Psi}_{(34)}=\frac{1}{x}\left[\boldsymbol{\Psi}_{(13)}\boldsymbol{\Psi}_{(24)}-\alpha^2\boldsymbol{\Psi}_{(14)(23)}\right]$，遂得

$$P_{23}\boldsymbol{\Psi}^{(+)}=\frac{(w_{13}w_{24})^{1/4}}{\sqrt{x}(\sqrt{x}+\mathrm{i}\alpha)^{1/2}}\left\{\frac{1}{\sqrt{x}}\boldsymbol{\Psi}_{(13)(24)}-(\alpha^2-\mathrm{i}\alpha\sqrt{x})\boldsymbol{\Psi}_{(14)(23)}\right\},$$

$$P_{23}\boldsymbol{\Psi}^{(-)}=\frac{(w_{13}w_{24})^{1/4}}{\sqrt{x}(\sqrt{x}-\mathrm{i}\alpha)^{1/2}}\left\{\frac{1}{\sqrt{x}}\boldsymbol{\Psi}_{(13)(24)}-(\alpha^2+\mathrm{i}\alpha\sqrt{x})\boldsymbol{\Psi}_{(14)(23)}\right\}$$

即

$$P_{23}\begin{bmatrix}\boldsymbol{\Psi}^{(+)}\\ \boldsymbol{\Psi}^{(-)}\end{bmatrix}=\begin{bmatrix}\boldsymbol{\Psi}^{(+)}\\ \boldsymbol{\Psi}^{(-)}\end{bmatrix}_{2\leftrightarrow 3}=\frac{1}{\sqrt{x}}(w_{13}w_{24})^{1/4}\begin{bmatrix}\frac{1}{(\sqrt{x}+\mathrm{i}\alpha)^{1/2}} & -\frac{(\alpha^2-\mathrm{i}\alpha\sqrt{x})}{(\sqrt{x}+\mathrm{i}\alpha)^{1/2}}\\ \frac{1}{(\sqrt{x}-\mathrm{i}\alpha)^{1/2}} & -\frac{(\alpha^2+\mathrm{i}\alpha\sqrt{x})}{(\sqrt{x}-\mathrm{i}\alpha)^{1/2}}\end{bmatrix}\begin{bmatrix}\boldsymbol{\Psi}_{(13)(24)}\\ \boldsymbol{\Psi}_{(14)(23)}\end{bmatrix}\tag{13.4.26}$$

注意到 $(\sqrt{1-\alpha}\pm\mathrm{i}\sqrt{1+\alpha})=\frac{\mathrm{e}^{\pm\mathrm{i}\pi/4}\sqrt{2}}{(\sqrt{x}+\mathrm{i}\alpha)^{1/2}}$，$\alpha=\sqrt{1-x}$，则有

$$P_{23}\begin{bmatrix}\boldsymbol{\Psi}^{(+)}\\ \boldsymbol{\Psi}^{(-)}\end{bmatrix}=\left(\frac{\mathrm{e}^{\mathrm{i}\pi/4}}{\sqrt{2}}\sqrt{2}\,\mathrm{e}^{-\mathrm{i}\pi/4}\right)\frac{(w_{13}w_{24})^{1/4}}{\sqrt{x}}\begin{bmatrix}\frac{1}{(\sqrt{x}+\mathrm{i}\alpha)^{1/2}} & -\frac{(\alpha^2-\mathrm{i}\alpha\sqrt{x})}{(\sqrt{x}+\mathrm{i}\alpha)^{1/2}}\\ \frac{1}{(\sqrt{x}-\mathrm{i}\alpha)^{1/2}} & -\frac{(\alpha^2+\mathrm{i}\alpha\sqrt{x})}{(\sqrt{x}-\mathrm{i}\alpha)^{1/2}}\end{bmatrix}\begin{bmatrix}\boldsymbol{\Psi}_{(13)(24)}\\ \boldsymbol{\Psi}_{(14)(23)}\end{bmatrix}\tag{13.4.27}$$

由于式(13.4.23)，

$$\boldsymbol{\Psi}^{(+)}-\mathrm{i}\boldsymbol{\Psi}^{(-)}=\frac{(w_{13}w_{24})^{1/4}}{\sqrt{x}}\left[(\sqrt{1-\alpha}-\mathrm{i}\sqrt{1+\alpha})\boldsymbol{\Psi}_{(13)(24)}+\alpha(\sqrt{1-\alpha}+\mathrm{i}\sqrt{1+\alpha})\boldsymbol{\Psi}_{(14)(23)}\right]\tag{13.4.28}$$

$$\boldsymbol{\Psi}^{(+)}+\mathrm{i}\boldsymbol{\Psi}^{(-)}=\frac{(w_{13}w_{24})^{1/4}}{\sqrt{x}}\left[(\sqrt{1-\alpha}+\mathrm{i}\sqrt{1+\alpha})\boldsymbol{\Psi}_{(13)(24)}-\alpha(\sqrt{1-\alpha}-\mathrm{i}\sqrt{1+\alpha})\boldsymbol{\Psi}_{(14)(23)}\right]\tag{13.4.29}$$

于是 2↔3，即

$$P_{23}\begin{bmatrix}\boldsymbol{\Psi}^{(+)}\\ \boldsymbol{\Psi}^{(-)}\end{bmatrix}=\frac{\mathrm{e}^{\mathrm{i}\pi/4}}{\sqrt{2}}\begin{bmatrix}\boldsymbol{\Psi}^{(+)}-\mathrm{i}\boldsymbol{\Psi}^{(-)}\\ -\mathrm{i}\boldsymbol{\Psi}^{(+)}+\boldsymbol{\Psi}^{(-)}\end{bmatrix}=\frac{\mathrm{e}^{\mathrm{i}\pi/4}}{\sqrt{2}}\begin{bmatrix}1 & -\mathrm{i}\\ -\mathrm{i} & 1\end{bmatrix}\begin{bmatrix}\boldsymbol{\Psi}^{(+)}\\ \boldsymbol{\Psi}^{(-)}\end{bmatrix}\tag{13.4.30}$$

最终得到

$$P_{12}\begin{bmatrix}\boldsymbol{\Psi}^{(+)}\\ \boldsymbol{\Psi}^{(-)}\end{bmatrix}=\begin{bmatrix}1 & 0\\ 0 & \mathrm{i}\end{bmatrix}\begin{bmatrix}\boldsymbol{\Psi}^{(+)}\\ \boldsymbol{\Psi}^{(-)}\end{bmatrix}\tag{13.4.31}$$

$$P_{23}\begin{bmatrix}\boldsymbol{\Psi}^{(+)}\\ \boldsymbol{\Psi}^{(-)}\end{bmatrix}=\frac{\mathrm{e}^{\mathrm{i}\pi/4}}{\sqrt{2}}\begin{bmatrix}1 & -\mathrm{i}\\ -\mathrm{i} & 1\end{bmatrix}\begin{bmatrix}\boldsymbol{\Psi}^{(+)}\\ \boldsymbol{\Psi}^{(-)}\end{bmatrix}=\frac{1}{2}\begin{bmatrix}1+\mathrm{i} & 1-\mathrm{i}\\ 1-\mathrm{i} & 1+\mathrm{i}\end{bmatrix}\begin{bmatrix}\boldsymbol{\Psi}^{(+)}\\ \boldsymbol{\Psi}^{(-)}\end{bmatrix}\tag{13.4.32}$$

该结果正与式(13.4.12)符合。因此 $\boldsymbol{\Psi}^{(\pm)}$ 中的参数互换导致了辫子群关系。由坐标互换引

发的相因子有统计意义,例如式(13.4.31),对角元为±1分别对应玻色、费米性,对角矩阵元 i 表示 anyon 统计。一种简单的作法是从非平凡的融合规则(fusion rule)出发。

定义两种波函数 F_1 与 F_2:

$$\left.\begin{aligned} F_1 &= \left[\frac{1}{w_{12}w_{34}(1-x)}\right]^{1/8}\left(1+\sqrt{1-x}\right)^{1/2}, \\ F_2 &= \left[\frac{1}{w_{12}w_{34}(1-x)}\right]^{1/8}\left(1-\sqrt{1-x}\right)^{1/2} \end{aligned}\right. \tag{13.4.33}$$

设 $w_1=0, w_2=z, w_3=1, w_4=w(\to\infty)$:

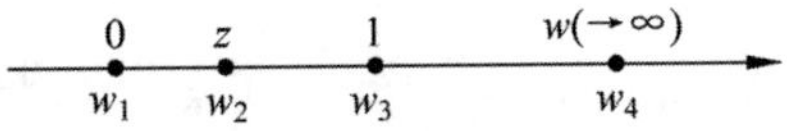

(13.4.34)

则

$$F_1\big|_{z\to 0} \sim z^{-1/8}, \quad F_2\big|_{z>0} \sim z^{3/8} \tag{13.4.35}$$

由于当 1↔2 时,$z\leftrightarrow -z$,$w_{12}\to -w_{12}$,w_{34} 不变,此时由式(13.4.34)可得,

$$\left.\begin{aligned} F_1\big|_{1\leftrightarrow 2} &= \frac{(-1)^{1/8}}{\left(w_{12}w_{34}\dfrac{1}{1-x}\right)^{1/8}}\left[1+\sqrt{\frac{1}{1-x}}\right]^{1/2} = \mathrm{e}^{-\mathrm{i}\pi/8}F_1 \\ F_2\big|_{1\leftrightarrow 2} &= \mathrm{e}^{\mathrm{i}3\pi/8}F_2 \end{aligned}\right\} \tag{13.4.36}$$

当 2↔3 时,有

$$F_1\big|_{2\leftrightarrow 3} = (-1)^{1/8}\left[\frac{1}{w_{12}w_{34}(1-x)}\right]^{1/8}\left(\sqrt{x}+\mathrm{i}\alpha\right)^{1/2} \tag{13.4.37}$$

由于 $(\sqrt{x}+\mathrm{i}\alpha)^{1/2}=\dfrac{\mathrm{e}^{\mathrm{i}\pi/4}}{\sqrt{2}}\left[(1+\alpha)^{1/2}-\mathrm{i}(1-\alpha)^{1/2}\right]$,遂得

$$F_1\big|_{2\leftrightarrow 3} = \frac{1}{\sqrt{2}}\mathrm{e}^{\mathrm{i}\pi/8}(F_1-\mathrm{i}F_2) \tag{13.4.38}$$

同理可算出 $F_2\big|_{2\leftrightarrow 3}$,最后得到

$$\left.\begin{aligned} P_{12}\begin{bmatrix}F_1\\F_2\end{bmatrix} &= \mathrm{e}^{-\mathrm{i}\pi/8}\begin{bmatrix}1 & 0\\0 & \mathrm{i}\end{bmatrix}\begin{bmatrix}F_1\\F_2\end{bmatrix} \\ P_{23}\begin{bmatrix}F_1\\F_2\end{bmatrix} &= \frac{1}{\sqrt{2}}\mathrm{e}^{\mathrm{i}\pi/8}\begin{bmatrix}1 & -\mathrm{i}\\-\mathrm{i} & 1\end{bmatrix}\begin{bmatrix}F_1\\F_2\end{bmatrix} \end{aligned}\right\} \tag{13.4.39}$$

与纳亚克、维尔切克所得的结果相同,该结果也正是式(13.4.12)。

13.5 ℓ_1-模的极值与最大纠缠度

从上述结果可知,作用于拓扑基(式(13.1.31))、杨-Baxter 方程的第Ⅱ类型解的 4×4 矩阵可表示为二维 $D^{\frac{1}{2}}$-函数。其中表示纠缠度的变量 θ 可以是任意的。那么如何确定贝尔基,即 $\theta=\dfrac{\pi}{4}$ 对应的最大纠缠度呢?本节要证明:$\theta=\dfrac{\pi}{4}$ 对应着量子力学 ℓ_1-模的极值。

在量子力学中,我们通常关心概率,设一个态用本征态 $|\psi_n\rangle$ 展开

$$|\psi\rangle = \sum_n c_n\,|\psi_n\rangle \tag{13.5.1}$$

则概率归一条件为$\sum_n |c_n|^2$(称为"ℓ_2-模")有限。但在信息理论中更关心ℓ_1-模,即

$$\| \psi \|_{\ell_1} = \sum_n |c_n| \tag{13.5.2}$$

稀疏信号ℓ_1-模极值理论使得压缩感知(compressive sensing)理论诞生(Donoho-Candes-Tao,[21,22])。

在拓扑基的二维表示中:

$$\begin{bmatrix} |\psi_1\rangle \\ |\psi_2\rangle \end{bmatrix} = D^{\frac{1}{2}}(\theta,\varphi)\begin{bmatrix} |e_1\rangle \\ |e_2\rangle \end{bmatrix} = \begin{bmatrix} \cos\theta & -\sin\theta e^{-i\varphi} \\ \sin\theta e^{i\varphi} & \cos\theta \end{bmatrix}\begin{bmatrix} |e_1\rangle \\ |e_2\rangle \end{bmatrix},$$
$$|\psi_1\rangle = \sum_{n=1}^{2} c_n |e_n\rangle, \quad c_1 = \cos\theta, \quad c_2 = -\sin e^{-i\varphi} \tag{13.5.3}$$

故

$$\| D^{\frac{1}{2}}(\theta,\phi) \|_{\ell_1} = \| \psi_1 \|_{\ell_1} = |\cos\theta| + |\sin\theta| \tag{13.5.4}$$

它的局部极值很容易求出,并由式(13.4.4)决定出相应的ϕ值。

- 极小值$\| D^{\frac{1}{2}}(\theta,\phi) \|_{\ell_1}$,$\theta=\frac{\pi}{2}$,$\varphi=\frac{2\pi}{3}$对应熟悉的链模型的杨-Baxter方程第Ⅰ类型的解,谱参数遵从伽利略叠加:$\tan\theta_2=\tan\theta_1+\tan\theta_3$($u_2=u_1+u_3$)。
- 极大值$\| D^{\frac{1}{2}}(\theta,\phi) \|_{\ell_1}$,$\theta=\frac{\pi}{4}$,$\varphi=\frac{\pi}{2}$对应贝尔基,即杨-Baxter方程第Ⅱ类型的解,$u=\tan\theta$遵从洛伦兹叠加:$\tan\theta_2=\frac{\tan\theta_1+\tan\theta_3}{1+\tan\theta_1\tan\theta_3}$。并且此$\ell_1$-模的极大值与生成态的冯·诺依曼熵的最大值相吻合,相应的冯·诺依曼熵为$\lambda=-|\cos\theta|\log|\cos\theta|-|\sin\theta|\log|\sin\theta|$,如图13.1所示。

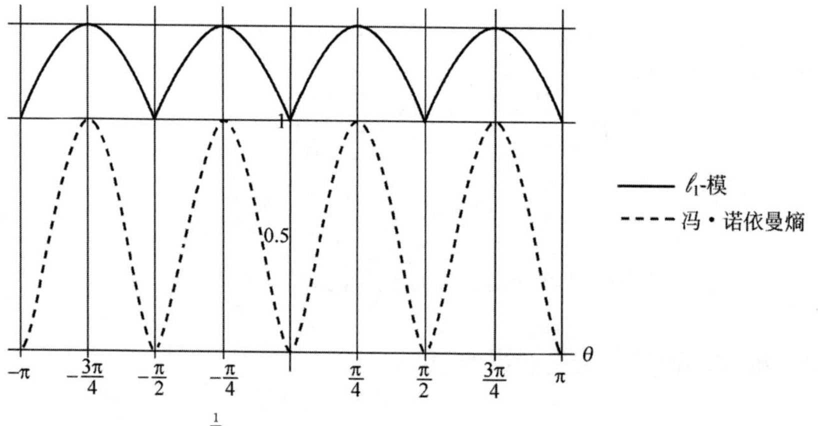

图13.1　$D^{\frac{1}{2}}$-函数的ℓ_1-模和相应冯·诺依曼熵关于θ的函数

当$\theta=\frac{2n+1}{4}\pi$时,系统ℓ_1-模与冯·诺依曼熵均达到极大值,对应杨-Baxter方程的第Ⅱ类型的解

应注意这两种类型解的基本不同点在于$\breve{\boldsymbol{R}}$矩阵结构的不同。第Ⅰ类型的解对应于$SU(2)$李代数,包含$\sigma_+\otimes\sigma_-$与$\sigma_+\otimes\sigma_-$的链模型,其表示分解,典型的是$2\otimes2=3\oplus1$。但对于第Ⅱ类型的解,则为$2\otimes2=2\oplus2$,这在数学上称为"extra special 2-group",是i($i^2=-1$)向矩阵形式的推广[23]。

13.6 杨-Baxter 方程的马约拉纳费米子表示

在前面的章节中,我们主要讨论了杨-Baxter 方程的矩阵形式解,对应于泡利矩阵的张量形式。在本节中,我们关注杨-Baxter 方程第Ⅱ类型解的马约拉纳费米子表示[24,26]。经过乔丹-维格纳变换,泡利矩阵可变换至马约拉纳费米子:

$$\gamma_{j,A}=\left[\prod_{k=1}^{j-1}\sigma_k^z\right]\sigma_j^x,\quad \gamma_{j,B}=\left[\prod_{k=1}^{j-1}\sigma_k^z\right]\sigma_j^y \tag{13.6.1}$$

容易看出,一个自旋格点对应两个马约拉纳费米子格点 $\gamma_{A,B}$,且 γ_i 满足克利福德代数(Clifford algebra)

$$\gamma_i=\gamma_i^\dagger,\{\gamma_{i,A}\gamma_{j,B}\}=2\delta_{ij}\delta_{AB} \tag{13.6.2}$$

此时 $\breve{\boldsymbol{R}}$ 矩阵有如下等价形式:

$$\breve{R}_{i,i+1}(\theta)=\mathrm{e}^{-\mathrm{i}\theta\,[\sigma^y\otimes\sigma^x]_{i,i+1}}=\mathrm{e}^{\theta\gamma_{i,A}\gamma_{i+1,A}} \tag{13.6.3}$$

不难发现,最近邻的泡利表示等价于次近邻的马约拉纳表示。

类似地,我们可以写出 $\breve{\boldsymbol{R}}$ 的最近邻马约拉纳表示:

$$\left.\begin{aligned}&\text{对奇 - 偶格点}:\breve{R}_{2i-1,2i}(\theta)=\mathrm{e}^{\theta\gamma_{i,A}\gamma_{i,B}}\\&\text{对偶 - 奇格点}:\breve{R}_{2i,2i+1}(\theta)=\mathrm{e}^{\theta\gamma_{i,B}\gamma_{i+1,A}}\end{aligned}\right\} \tag{13.6.4}$$

由上述形式可知,最近邻的马约拉纳表示与次近邻的表示稍有不同:奇-偶的 $\breve{\boldsymbol{R}}$ 的马约拉纳表示位于同一个泡利格点,而偶-奇的 $\breve{\boldsymbol{R}}$ 的马约拉纳表示位于两个泡利格点。因此,在泡利格点表示下,奇-偶与偶-奇的 $\breve{\boldsymbol{R}}$ 分别对应横场伊辛模型中,两种不同类型的互作用。这导致了对近邻马约拉纳表示下的 $\breve{\boldsymbol{R}}$ 作微商,可生成具有非平凡拓扑相的一维基塔耶夫链模型。

现在我们通过杨-Baxter 方程第Ⅱ类型解的 $\breve{R}$ 的马约拉纳表示来构造一维基塔耶夫模型[25-26]。假设系统的幺正演化由 $\breve{R}(\theta(t))$ 描述,则系统演化态处于 $|\psi(t)\rangle$ as $|\psi(t)\rangle=\breve{R}_i(\theta(t))|\psi(0)\rangle$。代入薛定谔方程 $\mathrm{i}\hbar\frac{\partial}{\partial t}|\psi(t)\rangle=\hat{H}(t)|\psi(t)\rangle$,可得

$$\mathrm{i}\hbar\frac{\partial}{\partial t}[\breve{R}_i\mid\psi(0)\rangle]=\hat{H}(t)\breve{R}_i\mid\psi(0)\rangle \tag{13.6.5}$$

故由幺正算子 $\breve{R}_i(\theta(t))$ 导致的哈密顿量 $\hat{H}_i(t)$ 如下:

$$\hat{H}_i(t)=\mathrm{i}\hbar\frac{\partial\breve{R}_i}{\partial t}\breve{R}_i^{-1} \tag{13.6.6}$$

将 $\breve{R}_i(\theta)=\exp(\theta\gamma_i\gamma_{i+1})$ 代入上式,可得

$$\hat{H}_i(t)=\mathrm{i}\hbar\dot{\theta}\gamma_i\gamma_{i+1} \tag{13.6.7}$$

上述哈密顿量描述了 γ_i 与 γ_{i+1} 两个马约拉纳费米子的相互作用。当 $\theta=\frac{n\pi}{4}$ 时,体系的幺正演化代表对两个最近邻马约拉纳算子的辫子操作(令 n 为整数,代表辫子操作的次数)。

仅考虑马约拉纳费米子之间的近邻相互作用,并将其拓展至 $2N$ 个格点,且包含不同强

度的相互作用，这时可得一维基塔耶夫超导链模型如下：

$$\hat{H} = \mathrm{i}\hbar \sum_{k=1}^{N} (\dot{\theta}_1 \gamma_{k,A}\gamma_{k,B} + \dot{\theta}_2 \gamma_{k,B}\gamma_{k+1,A}) \tag{13.6.8}$$

$\dot{\theta}_1$ 和 $\dot{\theta}_2$ 分别描述奇-偶与偶-奇马约拉纳费米子对的相互作用。

下面对 $\breve{\boldsymbol{R}}$ 生成的一维基塔耶夫链模型作简要介绍。

1. $\dot{\theta}_1>0,\dot{\theta}_2=0$

此时系统的哈密顿量为

$$\hat{H}_1 = \mathrm{i}\hbar \sum_{k}^{N} \dot{\theta}_1 \gamma_{k,A}\gamma_{k,B} \tag{13.6.9}$$

如式(13.6.1)中定义，马约拉纳算子 $\gamma_{k,A}$ 和 $\gamma_{k,B}$ 来自同一个普通费米子格点 k，$\mathrm{i}\gamma_{k,A}\gamma_{k,B}=2a_k^{\dagger}a_k-1$（$a_k'$ 和 a_k 代表无自旋普通费米子）。$\hat{H}_1$ 代表体系中普通费米子的占据数，且有 $U(1)$ 对称，$a_j \to \mathrm{e}^{\mathrm{i}\varphi}a_j$。特别是当 $\theta_1(t)=\frac{\pi}{4}$ 时，幺正演化 $\mathrm{e}^{\theta_1\gamma_k,A\gamma_{k,B}}$ 代表对同一个普通费米子格点 k 上的两个马约拉纳算子做辫子操作。系统基态代表普通费米子占据数为零。这同时对应着一维基塔耶夫模型的拓扑平凡情况。系统的整体幺正演化 $\mathrm{e}^{-\mathrm{i}\int \hat{H}_1 \mathrm{d}t}$ 代表对所有奇-偶马约拉纳粒子对的交换过程。

2. $\dot{\theta}_1=0,\dot{\theta}_2>0$

此时系统哈密顿量为

$$\hat{H}_2 = \mathrm{i}\hbar \sum_{k}^{N} \dot{\theta}_2 \gamma_{k,B}\gamma_{k+1,A} \tag{13.6.10}$$

此哈密顿量对应一维基塔耶夫模型的非平凡拓扑相且具有 $\mathbb{Z}_2$ 对称，$a_j \to -a_j$。而 $\gamma_{1,A}$ 与 $\gamma_{N,B}$ 在 $\hat{H}_2$ 中不出现。因此，系统具有二重简并基态，$|0\rangle$ 和 $|1\rangle=d^{\dagger}|0\rangle$，$d^{\dagger}=\mathrm{e}^{-\mathrm{i}\varphi/2}(\gamma_{1,A}-i\gamma_{N,B})/2$ 即为一维基塔耶夫模型的马约拉纳零能模。当 $\theta_2(t)=\frac{\pi}{4}$ 时，幺正演化 $\mathrm{e}^{\theta_2\gamma_{k,B}\gamma_{k+1,A}}$ 描述了两个马约拉纳算子 $\gamma_{k,B} and \gamma_{k+1,A}$ 的辫子操作，这两个马约拉纳算子分别处于第 k 个与第 $k+1$ 个普通费米子格点。

综上所述，我们从杨-Baxter 方程的马约拉纳费米子解得到了一维基塔耶夫模型。当 $\dot{\theta}_1=\dot{\theta}_2$ 时，系统处于拓扑相变临界点。选择不同的含时参数 θ_1 与 θ_2，系统 $\hat{H}$ 处于不同的相，如图 13.2 所示。

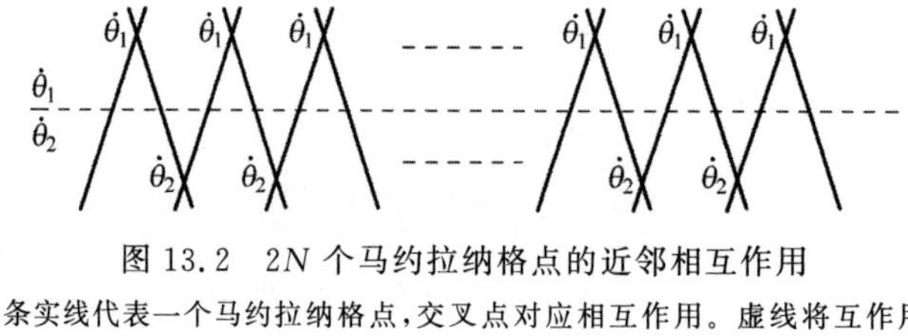

图 13.2　2N 个马约拉纳格点的近邻相互作用

每条实线代表一个马约拉纳格点，交叉点对应相互作用。虚线将互作用分为两部分，由 $\dot{\theta}_1$ 和 $\dot{\theta}_2$ 分别描述。当 $\dot{\theta}_1=0,\dot{\theta}_2\neq0$ 时，首条线和最后一条线不参与相互作用，此时系统处于拓扑非平凡相

13.7 马约拉纳二重简并与整体 $\boldsymbol{\Gamma}$ 对称性

文献[27]中，李和韦尔切克引入了一个新的算子 Γ 用以描述马约拉纳费米子组成的系统哈密顿量的二重简并。马约拉纳算子 γ_i 满足克利福德代数：

$$\{\gamma_i,\gamma_j\}=2\delta_{ij} \tag{13.7.1}$$

体系哈密顿量有如下形式：

$$H_{\text{int}}=-\mathrm{i}(\alpha\gamma_1\gamma_2+\beta\gamma_2\gamma_3+\tau\gamma_3\gamma_1) \tag{13.7.2}$$

在此系统中，式(13.7.1)中的代数显然不完备。除了需要引入系统的电荷奇偶算子 $P=(-1)^{N_e}$ (N_e 代表电子数)，还需引入衍生马约拉纳算子 Γ[26]：

$$\Gamma=-\mathrm{i}\gamma_1\gamma_2\gamma_3 \tag{13.7.3}$$

用以形成完全集：

$$\begin{gathered}\Gamma^2=1, P^2=1, [\Gamma,H_{\text{int}}]=0, [P,H_{\text{int}}]=0,\\ [\Gamma,\gamma_j]=0, \{P,\gamma_j\}=0, \{\Gamma,P\}=0\end{gathered} \tag{13.7.4}$$

其中电荷奇偶性算子 $P^2=1$。Γ 与 P 导致系统在任何能级均至少有二重简并，而不仅限于基态。

在韦尔切克等人的文献[27]中，上述各算子可由泡利算子实现。另一方面，正如式(13.1.9)中提到的，存在 2qubit 自然基与贝尔基之间的变换关系：

$$|\Phi_0\rangle=(|\downarrow\downarrow\rangle,|\uparrow\downarrow\rangle,|\downarrow\uparrow\rangle,|\uparrow\uparrow\rangle)^{\mathrm{T}} \tag{13.7.5}$$

$$|\Psi\rangle=(|\Psi_+\rangle,|\Phi_+\rangle,|\Phi_-\rangle,|\Psi_-\rangle)^{\mathrm{T}} \tag{13.7.6}$$

其中

$$|\Psi_+\rangle=\frac{1}{\sqrt{2}}(|\uparrow\uparrow\rangle+|\downarrow\downarrow\rangle), |\Phi_+\rangle=\frac{1}{\sqrt{2}}(|\uparrow\downarrow\rangle+|\uparrow\downarrow\rangle) \tag{13.7.7}$$

$$|\Psi_-\rangle=\frac{1}{\sqrt{2}}(|\downarrow\uparrow\rangle-|\uparrow\downarrow\rangle), |\Phi_-\rangle=\frac{1}{\sqrt{2}}(|\uparrow\uparrow\rangle-|\downarrow\downarrow\rangle) \tag{13.7.8}$$

通过辫子矩阵 $\boldsymbol{B}_{II}$：

$$|\Psi\rangle=\boldsymbol{B}_{II}|\Phi_0\rangle \tag{13.7.9}$$

其中

$$\boldsymbol{B}_{II}=\frac{1}{\sqrt{2}}\begin{bmatrix}1&0&0&1\\0&1&1&0\\0&-1&1&0\\-1&0&0&1\end{bmatrix}=\frac{1}{\sqrt{2}}(I+M), (M^2=-1) \tag{13.7.10}$$

以及

$$M_iM_{i\pm1}=-M_{i\pm1}M_i, M^2=-I \tag{13.7.11}$$

$$M_iM_j=M_jM_i, |i-j|\geqslant 2 \tag{13.7.12}$$

前文已提到，这种群结构称作“extra special 2-group”。显然，M 可以看作虚数 $\mathrm{i}^2=-1$ 的推广。

观察发现[28]：

$$M = -\mathrm{i}\hat{C} \tag{13.7.13}$$

而 $\hat{C}$ 正是马约拉纳旋量表示的空间的电荷共轭算子。$\hat{C}$ 的本征态有如下形式：

$$\hat{C} \mid \xi_{\pm}\rangle = \mp \mid \xi_{\pm}\rangle, \hat{C} \mid \eta_{\pm}\rangle = \mp \mid \eta_{\pm}\rangle \tag{13.7.14}$$

其中

$$\mid \xi_{\pm}\rangle = \frac{1}{\sqrt{2}}(\mid \uparrow\uparrow\rangle \pm \mathrm{i} \mid \downarrow\downarrow\rangle) \tag{13.7.15}$$

$$\mid \eta_{\pm}\rangle = \frac{1}{\sqrt{2}}(\mid \uparrow\downarrow\rangle \pm \mathrm{i} \mid \downarrow\uparrow\rangle) \tag{13.7.16}$$

在此，我们将利用电荷共轭算子 $\hat{C} = \mathrm{i}M$ 的本征态，来对文献[27]中衍生的马约拉纳算子 Γ 进行更为直观的理解。选择一组新的算子 $D_i\,(i=1,2,3)$ 代替 γ_i，并展示 Γ 如何导致马约拉纳二重简并。

按照文献[27]中对 γ_j 的具体实现($\boldsymbol{I}$ 代表 2×2 单位矩阵)：

$$\gamma_1 = \sigma_1 \otimes \boldsymbol{I}, \gamma_2 = \sigma_3 \otimes \boldsymbol{I}, \gamma_3 = \sigma_2 \otimes \sigma_1 \tag{13.7.17}$$

$$P = \sigma_2 \otimes \sigma_3 \tag{13.7.18}$$

$$\Gamma = -\mathrm{i}\gamma_1\gamma_2\gamma_3 = -\boldsymbol{I} \otimes \sigma_1 \tag{13.7.19}$$

其中 $\gamma_3 = -\hat{C}$ 即式(13.1.92)和式(13.1.93)为 γ_3 的本征态。不难得到

$$\gamma_1 \mid \xi_{\pm}\rangle = \pm\mathrm{i} \mid \eta_{\mp}\rangle, \gamma_1 \mid \eta_{\pm}\rangle = \pm\mathrm{i} \mid \xi_{\mp}\rangle \tag{13.7.20}$$

$$\gamma_2 \mid \xi_{\pm}\rangle = \mid \xi_{\mp}\rangle, \gamma_2 \mid \eta_{\pm}\rangle = \mid \eta_{\mp}\rangle \tag{13.7.21}$$

$$\gamma_3 \mid \xi_{\pm}\rangle = \pm \mid \xi_{\pm}\rangle, \gamma_3 \mid \eta_{\pm}\rangle = \pm \mid \eta_{\pm}\rangle \tag{13.7.22}$$

$$P \mid \xi_{\pm}\rangle = \mp \mid \eta_{\mp}\rangle, P \mid \eta_{\pm}\rangle = \pm \mid \xi_{\mp}\rangle \tag{13.7.23}$$

$$\Gamma \mid \xi_{\pm}\rangle = - \mid \eta_{\pm}\rangle, \Gamma \mid \eta_{\pm}\rangle = - \mid \xi_{\pm}\rangle \tag{13.7.24}$$

在式(13.7.20)～式(13.7.24)的推导过程中，用到了关系式 $\sigma_1 = (S^+ + S^-)$ 和 $\sigma_2 = \frac{1}{\mathrm{i}}(S^+ - S^-)$其中 $S^{\pm} = S_1 \pm \mathrm{i}S_2$。为了展现 Γ 的重要性质，我们定义新的克利福德代数：$\{D_i, D_j\} = 2\delta_{ij}$。其中 $D_1 = \gamma_2, D_2 = \Gamma\gamma_1, D_3 = \gamma_3$。有趣的是：

$$D_j \mid \xi\rangle = \sigma_j \mid \xi\rangle, D_j \mid \eta\rangle = \sigma_j \mid \eta\rangle, \quad (j=1,2,3) \tag{13.7.25}$$

$$\mid \xi\rangle = \begin{pmatrix} \mid \xi_+\rangle \\ \mid \xi_-\rangle \end{pmatrix}, \mid \eta\rangle = \begin{pmatrix} \mid \eta_+\rangle \\ \mid \eta_-\rangle \end{pmatrix} \tag{13.7.26}$$

也就是说，将 D_j 作用于$\mid \xi\rangle$或$\mid \eta\rangle$，其表示完全是泡利矩阵，即属于 $SU(2)$李代数。可以验证

$$D_1D_2 = -\mathrm{i}\Sigma_2, D_2D_3 = -\mathrm{i}\Sigma_3, D_1D_3 = -\mathrm{i}\Sigma_1 \tag{13.7.27}$$

而 Σ_i 构成了 $SU(2)$代数的可约(张量)表示：

$$\Sigma_1 = \sigma_1 \otimes \sigma_1, \Sigma_2 = \sigma_2 \otimes \sigma_1, \Sigma_3 = \sigma_3 \otimes \boldsymbol{I} \tag{13.7.28}$$

这样，可将哈密顿量 $H_B = -\mathrm{i}(\alpha D_1D_2 + \beta D_2D_3 + \tau D_3D_1)$改写为

$$H_B = -(\alpha_1\Sigma_1 + \alpha_2\Sigma_2 + \alpha_3\Sigma_3) \tag{13.7.29}$$

其中 $\alpha_1 = -\tau, \alpha_2 = \alpha, \alpha_3 = \beta$。注意 $D_1D_2D_3 = -i\boldsymbol{I}\otimes\boldsymbol{I}$ 为平凡的。直接计算得到

$$[\Gamma, \Sigma_j] = 0, [\Sigma_j, \Sigma_k] = \mathrm{i}\epsilon_{jkl}\Sigma_l \quad (j=1,2,3) \tag{13.7.30}$$

哈密顿量 H_B 有如下形式：

$$H_B = E\boldsymbol{n}\cdot\boldsymbol{\Sigma}, (\boldsymbol{\Sigma}^2 = \boldsymbol{I}) \tag{13.7.31}$$

$$\boldsymbol{n} = (\sin\zeta\cos\varphi, \sin\zeta\sin\varphi, \cos\zeta) \tag{13.7.32}$$

$$\cos\zeta = -\alpha_3/E, \tan\varphi = \alpha_2/\alpha_1 \tag{13.7.33}$$

显然，$\boldsymbol{\Sigma}$ 是 $SU(2)$ 的四维可约表示。具体而言：

$$\boldsymbol{n}\cdot\boldsymbol{\Sigma} = M_1 \otimes M_2$$

$$= \begin{bmatrix} \cos\zeta & 0 & 0 & \sin\zeta\ \mathrm{e}^{-\mathrm{i}\varphi} \\ 0 & \cos\zeta & \sin\zeta\ \mathrm{e}^{-\mathrm{i}\varphi} & 0 \\ 0 & \sin\zeta\ \mathrm{e}^{\mathrm{i}\varphi} & -\cos\zeta & 0 \\ \sin\zeta\ \mathrm{e}^{\mathrm{i}\varphi} & 0 & 0 & -\cos\zeta \end{bmatrix} \tag{13.7.34}$$

其中

$$M_1 = \begin{bmatrix} \cos\zeta & 0 & 0 & \sin\zeta\ \mathrm{e}^{-\mathrm{i}\varphi} \\ 0 & 0 & 0 & 0 \\ 0 & 0 & 0 & 0 \\ \sin\zeta\ \mathrm{e}^{\mathrm{i}\varphi} & 0 & 0 & -\cos\zeta \end{bmatrix} \tag{13.7.35}$$

$$M_2 = \begin{bmatrix} 0 & 0 & 0 & 0 \\ 0 & \cos\zeta & \sin\zeta\ \mathrm{e}^{-\mathrm{i}\varphi} & 0 \\ 0 & \sin\zeta\ \mathrm{e}^{\mathrm{i}\varphi} & -\cos\zeta & 0 \\ 0 & 0 & 0 & 0 \end{bmatrix} \tag{13.7.36}$$

将 M_1 和 M_2 改写为泡利矩阵形式，有

$$M_1 = \cos\zeta\,\frac{\sigma_3 \otimes \boldsymbol{I} + \boldsymbol{I} \otimes \sigma_3}{2} + \sin\zeta(\mathrm{e}^{-\mathrm{i}\varphi}\sigma^+ \otimes \sigma^+ + \mathrm{e}^{\mathrm{i}\varphi}\sigma^- \otimes \sigma^-) \tag{13.7.37}$$

$$M_2 = \cos\zeta\,\frac{\sigma_3 \otimes \boldsymbol{I} - \boldsymbol{I} \otimes \sigma_3}{2} + \sin\zeta(\mathrm{e}^{-\mathrm{i}\varphi}\sigma^+ \otimes \sigma^- + \mathrm{e}^{\mathrm{i}\varphi}\sigma^- \otimes \sigma^+) \tag{13.7.38}$$

这样 H_B 的意义就显而易见：四维与二维的表示极为不同。"外框"M_1 为超导型哈密顿量，而"内块"M_2 则与通常自旋链相联系。不难得出 M_1 与 M_2 的本征态为

$$M_1 \mid \psi_1\rangle = \mid \psi_1\rangle, M_2 \mid \psi_2\rangle = \mid \psi_2\rangle \tag{13.7.39}$$

其中

$$\mid \psi_1\rangle = \begin{bmatrix} \cos\dfrac{\zeta}{2} \\ 0 \\ 0 \\ \sin\dfrac{\zeta}{2}\ \mathrm{e}^{\mathrm{i}\varphi} \end{bmatrix}, \quad \mid \psi_2\rangle = \begin{bmatrix} 0 \\ \cos\dfrac{\zeta}{2} \\ \sin\dfrac{\zeta}{2}\ \mathrm{e}^{\mathrm{i}\varphi} \\ 0 \end{bmatrix} \tag{13.7.40}$$

将 Γ 作用于式(13.7.40)，可得

$$\Gamma \mid \psi_1\rangle = -\mid \psi_2\rangle, \quad \Gamma \mid \psi_2\rangle = -\mid \psi_1\rangle \tag{13.7.41}$$

因此，Γ 描述同一能级间$|\psi_1\rangle$与$|\psi_2\rangle$的互相转化。这在二维空间是不可能发生的。同时，式(13.7.30)表明 Γ 与体系哈密顿量 H_B 对易，即 Γ 变换并不改变 H_B 的性质。这个例子表明在 $d \geqslant 4$ 维的系统中，Γ 是产生马约拉纳二重简并的关键。鉴于重新对 D_2 做了定义，

也需重新定义电荷的奇偶性算子 P_B：

$$P_B=\sigma_3\otimes\sigma_2 \tag{13.7.42}$$

直接验算可得代数关系完全集：

$$\{D_i,D_j\}=0 \tag{13.7.43}$$

$$\Gamma^2=I,\ [\Gamma,D_j]=0,\ [\Gamma,H_B]=0 \tag{13.7.44}$$

$$P_B^2=I,\ [P_B,D_j]=0 \tag{13.7.45}$$

$$\{\Gamma,P_B\}=0,\ [P_B,H_B]=0 \tag{13.7.46}$$

$$[\Gamma,\Sigma_j]=0,\ [\Sigma_j,\Sigma_k]=\mathrm{i}\epsilon_{jkl}\Sigma_l,(j,k,l=1,2,3) \tag{13.7.47}$$

值得注意的是，不同于 P 与 γ_j 的反对易关系，式(13.7.45)中的 P_B 与 D_j 对易。且 P_B 仍与 Γ 反对易。将 P_B 作用于本征态 $|\psi_1\rangle$ 与 $|\psi_2\rangle$ 上，满足

$$P_B\mid\psi_1\rangle=\mathrm{i}\mid\psi_2\rangle,\quad P_B\mid\psi_2\rangle=-\mathrm{i}\mid\psi_1\rangle \tag{13.7.48}$$

在这个具体模型的实现中，Γ 具有本质意义。由式(13.7.29)组成的哈密顿量式(13.7.31)看起来就像我们熟悉的核磁共振模型，但存在于四维张量空间中。综上表明，只有更高维的空间，才存在衍生马约拉纳算子导致的二重简并。

通过这个例子可以看出，对于某些多体哈密顿量，存在新型的分立对称性。通常在多体问题中，我们常常关心单个粒子的分立对称性，例如 C,P,T。现在对于多体模型，产生了不同于单体 C,P,T 的分立对称性 Γ，我们称之为“集体分立对称性”(collective discrete symmetry)，这个性质还可以推广。$\Gamma^2=1$，实际对应 $\mathbb{Z}_2$。可以构造模型有集体分立对称性 $\mathbb{Z}_3$，即 $\Gamma^3=1$，它对应由 $SU(3)$代数形成的拟费米子(parafermion)链，详见文献[29]。如何解除这种集体分立对称性的本质等问题，是值得进一步研究的课题。

参考文献

[1] YANG C N. Some exact results for the many-body problem in one dimension with repulsive delta-function interaction[J]. Physical Review Letters，1967，19：1312-1314.

[2] YANG C N. S Matrix for the one-dimensional N-body problem with repulsive or attractive δ-function interaction[J]. Physical Review，1968，168：1920-1923.

[3] KAUFFMAN L H. Knots and physics[M]. Singapore：World Scientific，2004.

[4] ROWELL E C，WANG Z. Localization of unitary braid group representations [J]. Communications in Mathematical Physics，2012，311：595-615.

[5] JIMBO M. Quantum ***R*** matrix for the generalized Toda system [J]. Communications in Mathematical Physics，1985，102：537-547.

[6] JONES V F R. On a certain value of the Kauffman polynomial [J]. Communications in Mathematical Physics，1989，125：459-467.

[7] GE M L，WU Y S，XUE K. Explicit trigonometric Yang-Baxterization[J]. International Journal of Modern Physics A，1991，6：3735-3779.

[8] CHENG Y，GE M L，XUE K. Yang-Baxterization of braid group representations[J]. Communications in Mathematical Physics，1991，136：195-208.

[9] Li Y Q. Yang Baxterization[J]. Journal of mathematical physics，1993，34(2)：757-767.

[10] GE M L，XUE K. Trigonometric Yang-Baxterization of coloured ***R***-matrix[J]. Journal of Physics A：Mathematical and General，1993：281-292.

[11] SHINNAI, BRAID GROUP. Knot theory and statistical mechanics Ⅱ [M]. Singapore: World Scientific, 1994.

[12] DYE H A. Unitary solutions to the Yang-Baxter equation in dimension four [J]. Quantum Information Processing, 2003, 2: 117-152.

[13] KAUFFMAN L H, LOMONACO JR S J. Braiding operators are universal quantum gates[J]. New Journal of Physics, 2004, 6: 134.

[14] CHEN J L, XUE K, GE M L. Braiding transformation, entanglement swapping, and Berry phase in entanglement space[J]. Physical Review A, 76: 042324.

[15] PERELOMOV A M. Generalized coherent states and some of their applications[J]. Soviet Physics Uspekhi, 1977, 20: 703-720.

[16] BENVEGNU A, SPERA M. On uncertainty, braiding and entanglement in geometric quantum mechanics[J]. Reviews in Mathematical Physics, 2006, 18(10): 1075-1102.

[17] MATOUSEK J, WANG Z. Topological quantum computation[M]. [S. l.]: American Mathematical Society, 2010.

[18] NIU K, XUE K, ZHAO Q, et al. The role of the ℓ1-norm in quantum information theory and two types of the Yang-Baxter equation[J]. Journal of Physics A: Mathematical and Theoretical, 2011, 26: 5304.

[19] MOORE G, READ N. Nonabelions in the fractional quantum hall effect[J]. Nuclear Physics B, 1991, 360(2-3): 362-396.

[20] NAYAK C, WILCZEK F. 2n-quasihole states realize $2n$-1-dimensional spinor braiding statistics in paired quantum Hall states[J]. Nuclear Physics B, 1996, 479(3): 529-553.

[21] DONOHO D. Compressed sensing [J]. IEEE Transactions on Information Theory, 2006, 52: 1289-1306.

[22] CANDÈS E J, TAO T. Near-optimal signal recovery from random projections: Universal encoding strategies? [J]. IEEE Transactions on Information Theory, 2006, 52(12): 5406-5425.

[23] FRANKO J, ROWELL E C, WANG Z H. Extraspecial 2-groups and images of braid group representations[J] Journal of Knot Theory Ramifications, 2006, 15(4): 413-428.

[24] IVANOV D A. Non-abelian statistics of half-quantum vortices in p-wave superconductors [J]. Physical Review Letters, 2001(2): 268-271.

[25] KITAEV A Y. Unpaired Majorana fermions in quantum wires[J]. Physics-Uspekhi, 2001, 44(10S): 131.

[26] YU LW, GE M L. More about the doubling degeneracy operators associated with Majorana fermions and Yang-Baxter equation[J]. Science Reports, 2015, 5: 8102.

[27] LEE J, WILCZEK F. Algebra of Majorana doubling[J]. Physical Review Letters, 2013(111): 226402.

[28] GE M L, YU L W, XUE K, et al. Yang-Baxter equation, Majorana Fermions and three body entangling states[J]. International Journal of Modern Physics B, 2014, 58: 1450089.

[29] GE M L, YU L W. ℓ_1-norm and entanglement in screening out braiding from Yang-Baxter equation associated with Z_3 parafermion[J]. Physical Letters A, 2017(381): 958-963.